AUDIO
BOOK

民间流传的三国故事版本

说唱三国

陈云鹏 整理

农村读物出版社
CHINA RURAL READING PRESS
中国农业出版社
北 京

图书在版编目（CIP）数据

说唱三国 / 陈云鹏整理 . — 北京：农村读物出版社，2019.10

ISBN 978-7-5048-5294-6

Ⅰ. ①说… Ⅱ. ①陈… Ⅲ. ①说唱文学—作品综合集—中国 Ⅳ. ①I239

中国版本图书馆 CIP 数据核字 (2018) 第 126216 号

说唱三国
SHUO CHANG SAN GUO

农村读物出版社 出版
CHINA RURAL READING PRESS
中国农业出版社
地址：北京市朝阳区麦子店街 18 号楼
邮编：100125
策划编辑：马春辉　　责任编辑：马春辉　甘露佳
版式设计：杨　婧
印刷：北京中科印刷有限公司
版次：2019 年 10 月第 1 版
印次：2019 年 10 月北京第 1 次印刷
发行：新华书店北京发行所
开本：700mm×1000mm　1/16
印张：37
字数：850 千字
定价：98.00 元

出版说明

《三国演义》是一部著名的长篇历史小说。此书描写了东汉末年魏、蜀、吴三国的盛衰兴亡。这部历史名著在中国颇受广大人民群众的喜爱。整理者在民间传统艺人说唱的各种版本的基础上，又参照原著，对三国故事进行整理，形成现在这本《说唱三国》。它既吸收了《三国演义》的精髓，又具有通俗易懂、便于记忆的特色。

为了适应现代社会人们学习与接纳信息的需要，我们采用融合出版的方式，特邀评书艺人关勇超以评书的形式录制了全套三国的精彩内容音频，并制成 80 个二维码，读者"看累了，不妨听一听"。此外，我们还请中国曲艺研究专家张浩先生对著名的传统曲艺的三国名段进行了赏析，以期读者在阅读"三国"的同时了解中国传统曲艺的各种形式。

2019 年 7 月

目 录

出版说明

第一回 | 英雄桃园三结义 破黄巾军首立功

话说天下大势，分久必合，合久必分。自周朝末年，分为列国。后来列国诸侯被秦所灭，又有刘邦、楚霸王项羽共力灭秦。秦被灭后，楚汉相争。汉又灭楚，一统天下。传至灵帝，汉朝气数将尽，灵帝宠信一班佞臣——张让、赵忠、封谞、段珪、曹节、侯览、蹇硕、程旷、夏恽、郭胜，一共十人，号为十常侍。可恨这一群人，上欺天子，下压朝臣，人心思乱，百姓造反，眼看着汉室江山不稳了。

　　自古道国家治乱本无常，谁敢保万载千秋不丧邦？
　　汉高祖斩蛇起义成一统，只想着子子孙孙为帝王。
　　大不幸二百年来王莽篡，多亏了光武中兴走南阳。
　　到后来天下传至汉灵帝，可惜他昏庸不明无主张。
　　都只为宠幸宦官十常侍，被他们结党营私乱朝纲。
　　这些人欺君作弊专国政，只弄得人心思反不安宁。
　　眼看着九州四海刀兵动，可叹他汉朝江山不久长。

话说灵帝为君不识忠奸。此时，朝中有一个忠臣名叫蔡邕，字伯喈，给灵帝上了一本，劝说灵帝休信奸党谗言，贻误国家大事。灵帝不听，贬蔡邕归家为民。这蔡邕原本是个文状元，很有名气，在朝里是个清官。老百姓知道他是个大忠臣，常常为民兴利除害，见他遭贬，人心不服。这时巨鹿郡出了兄弟三人：张角、张宝、张梁。此三人幼年习武读书，文武皆通。他们见汉灵帝昏庸，就起了造反之心。他们招兵买马，不几年便招集人马四五十万，俱以黄巾包头，名曰黄巾军。他们俱能舞刀弄棒，眼看着天下不太平了。

　　都只为天下惶惶民不安，巨鹿郡出了英雄兄弟三。
　　历年来积草屯粮招人马，安排着争夺天下占中原。
　　到处攻打城池侵占土地，拿着那杀官劫掠只当玩。
　　汉天子遣将发兵去征剿，个个是马到疆场不占先。
　　黄巾军兵多将广人人怕，有谁敢扫荡群雄息狼烟？
　　这一日领兵来夺幽州界，吓得个太守刘焉胆战寒。

话说黄巾军来攻幽州城池，太守刘焉见黄巾军将至，自己兵少将弱，若是出兵，唯恐寡不敌众，不能防守城池，遂急急出榜招募乡兵。榜文行到涿郡，引出一个英雄。此人自幼聪明，文武皆备，为人性情宽容和顺，素怀大志，喜好结交天下豪杰。他身高八尺，力举千斤，面如冠玉，两耳垂肩，身材魁伟，仪表堂堂。此人乃中山靖王刘胜之后，汉景帝之玄孙，姓刘名备，字玄德。其父刘弘不曾做官，不幸早亡。玄德没有兄弟姐妹，为母尽孝。他家境贫寒，织席为业，住在楼桑村。他家东南角有一棵大桑树，长得枝叶茂密，高五丈有余，极像一把大伞。玄德幼年曾在树下玩耍，与乡中小儿说道："他日我为天子，必当乘此伞盖。"他叔父刘元起见他出言不俗，说此儿非常人，日后必然有出息。因玄德家贫，叔父常常资助与他。他十五岁师从郑玄读书，与卢植、公孙瓒等为同窗好友。刘焉发榜招军时，玄德已二十八岁。他看见榜文，不觉失声长叹：

> 我刘备本是中山靖王后，原和那当今天子是同宗。
> 想当初布衣出身我的祖，他也曾白手创业起义兵。
> 斩白蛇所仗一口龙泉剑，与父老约法三章定刑名。
> 那时节楚汉针锋相对全，只杀得血染乌江一片红。
> 幸有那萧何韩信和张良，又加上六出奇计有陈平。
> 三五载扫灭群雄成帝业，子孙们承继相传坐朝廷。
> 最可叹奸臣专权天子昏，弄得天下惶惶不得安宁。
> 现如今黄巾造反狼烟起，眼看着汉室江山就要完。
> 可惜我单丝一条不成线，不能为国家报效立功劳。

玄德正在长叹，忽听身后一人高声喊道："大丈夫不与国家出力，剿灭黄巾，何故长叹？"玄德回头一看，只见那人身长九尺，背阔腰圆，豹头环眼，燕额虎须，声若巨雷，势如奔马。玄德见他形貌异常，笑问其姓名。那人说："我姓张名飞，字翼德，世居涿郡，颇有庄田，卖酒杀猪为业。方才见你观看榜文长叹，故有此问。"玄德说："我本是汉室宗亲，姓刘名备，字玄德。今闻黄巾造反，有心参军为民除害，可叹我孤掌难鸣，故而长叹。"张飞说："我家颇有资财，兄若不见外，咱二人招集乡勇，共成大事如何？"玄德闻听大喜，遂邀张飞往酒店中吃酒。正饮之间，忽见一个大汉推着一辆小车进店来了。

> 他二人正在饮酒叙家常，忽见个大汉推车进上房。
> 只见他身体魁伟多出众，黑黢黢五绺长髯世无双。
> 生就得卧蚕眉衬丹凤眼，红彤彤面如重枣起霞光。
> 举止间龙行虎步多端重，又加上威风凛凛好轩昂。
> 看此人不是碌碌无名士，论体统好似天神降下方。
> 真是出乎其类拔乎其萃，堪做那擎天玉柱架海梁。
> 他二人观看一回欠身起，笑吟吟秉手当胸问端详。

他二人见这条大汉非同寻常，便让他来一处同饮，问其姓名。那大汉说："我

说唱三国

姓关名羽，字云长，河东解良人，因本处豪强倚势欺人，我一怒之下杀了他全家。逃难江湖五六年了，今闻此处招军，特来应招。"刘备、张飞闻言大喜，各把姓名、住处一一说明，并讲了也要为国出力的话。三人情投意合，同到张飞家中。他家有所桃园，正值桃花盛开之时。三人在桃园中摆下祭祀之物，焚香奠酒，盟誓结拜为生死弟兄。

> 三人齐跪倒，同声祝苍穹。
>
> 异姓人三个，结为亲弟兄。
>
> 同心举大事，为国把力出。
>
> 今日成兄弟，终生心不移。
>
> 一同享富贵，三人俱不穷。
>
> 安乐共享受，患难一般同。

　　三人盟了誓愿，叙起年庚。刘备最长，为兄；关羽次之；张飞年少为弟。祭完天地，大摆酒席，聚集乡中勇士三百余人，就在桃园中开怀痛饮。次日各自收拾军械，但无马可乘。正思虑间，有人来报，说有两个客人赶着一群好马往庄上来了。三人闻言急忙迎接。原来二客乃中山大商，一名张世平，一名苏双。他们每年往北买马，往南去卖，因有贼人截路，不敢前行，要来庄上避难。三人把二客请到庄上，设宴款待。席间说起要打黄巾军，犯愁无马之事。二客听后大喜，愿将好马五十匹相送，又赠金银五百两，好铁一千斤，打兵器用。玄德谢别二客，便命良匠打造双股剑自用；云长一口青龙偃月刀，重八十二斤；张飞一支丈八点钢矛。兵刃打造完毕，三人率领乡勇去投军，同力破黄巾。不数日，黄巾贼将程远志率五万兵来犯涿郡。玄德三人上前迎战，张飞刺中副将邓茂心窝，云长刀斩程远志。黄巾军五万兵大败，玄德三人夺得首功。

第二回　张翼德怒打督邮
忠臣进谏被杀害

看累了，不妨听一听(2)

　　话说兄弟三人有了马匹器械，又置全身盔甲，共集合乡勇五百余人，去投太守刘焉。刘焉大喜，即令三人为首，率领众乡兵出马，不消两个月，就把黄巾军剿除净尽。刘焉表奏朝廷。汉灵帝因玄德破黄巾军有功，钦封中山府安喜县知县。其余乡勇得了赏赐，回家种田，侍奉老人和妻小去了。

　　众乡勇按功受赏还故乡，只觉得面上增了十分光。

3

这一回鞭敲金镫回家去，不用说喜坏妻儿和爹娘。

大伙同心协力把黄巾灭，愿把那头功让与刘关张。

玄德前往安喜县做县令，他三人食则同桌寝同床。

与百姓秋毫无犯兴教化，博得个清廉声名传四方。

屈指算来到任已月余了，张翼德酒性发作惹祸殃。

话说玄德到任一月有余，大兴教化，万民颂德，都说安喜县有了清廉县太爷，兴利除害，百姓们该过几年好日子。这时，安喜县的一个亲临上司官，任职督邮的，路过安喜县。玄德带领关、张出城迎接，可是这个督邮傲慢无礼，进了公馆面南高坐。玄德在阶下站立多时，督邮才问玄德是何出身。玄德说："是中山靖王之后，因打败黄巾军有功，蒙恩钦赐知县。"督邮听罢，便责怪玄德冒认皇亲骗功，做知县是为勒索贿赂。督邮此举其实是想自己索些银子。玄德才做了一个月官，又甚清廉，哪有银两去赠送督邮？因此，早晚禀见督邮时，受了不少白眼。张飞看在眼里，气得不行。一日他吃得酩酊大醉，闯进公馆，将督邮揪到县衙前，绑在拴马桩上，用马鞭子一顿好打。玄德听说张飞在外边打人，忙从内宅出来，见是督邮被绑在那里挨打呢。

刘玄德急急忙忙问端详，张飞他咬牙切齿气昂昂。

一拱手开口便把大哥叫，他说道此贼行事太猖狂。

咱们曾大破黄巾兵百万，舍性命扶保皇家好河山。

满朝里数着咱们功劳大，在我看封的官职实在差。

还叫这督邮贼来把人欺，照着咱们耍他娘的威风。

这样神气我老张受不惯，也让他尝尝欺人的下场。

我想不如打死这个杂种，倒省得官员百姓遭他殃。

似这样的小官儿见得多，犯不上低三下四受人欺。

倒不如乱杀一阵散了吧，咱们可高山落草去为王。

那时节任意所行尽着我，强似这知县小官捆得慌。

张飞一边说一边打，打得督邮皮开肉绽，鲜血淋漓，苦苦哀求玄德救救性命，发个慈悲。玄德上前让张飞住了手。张飞用鞭子指着督邮骂道："看你所为，本应打死，看我大哥面上饶你狗命去吧。"关公从旁转来说："大哥建此大功，仅给个小小县令，还受此贼侮辱，更是难忍。我想荆棘丛中不是栖凤之地，不如弃官还乡，另图大业。"玄德从其言，遂将官印取来挂在督邮脖子上。三人离了安喜县，同往代州去投刘恢。刘恢见玄德乃汉室宗亲，三人俱是盖世英雄，就收留了他们，这且不提。

再说督邮逃命而归，告于定州太守。太守申明上司，差人各处捕捉三人，这暂且不表。单说朝中十常侍专权，文武官员有不从顺者，不是被杀就是被贬官。灵帝把这伙奸党皆封列侯，朝政日衰，百姓怨声载道。此时，有渔阳、长沙两处人民造反。这两处官员纷纷告急，皆被十常侍把文书压下了。皇上一概不知。一日灵帝在花园正同十常侍喝酒，谏议大夫刘陶来到灵帝前，伏地痛哭。皇帝问其故，刘陶奏曰："天下危在旦夕，陛下不理朝纲，还与群奸共饮。"

一句话说得灵帝不耐烦，眼看着三分怒色上眉尖。

响叮当手中金杯掷御案，意沉沉冷笑几声便开言。

昨日里黄巾造反刀兵滚，十常侍发兵遣将息狼烟。

他们治理得国泰民也安，现如今大家安享太平年。

闲暇中孤与众卿来饮酒，你因何事来到这御花园？

岂不知君不召臣不敢入，你这人真是胆大包了天。

灵帝声声责怪刘陶欺君之罪，刘陶叩头出血，哭着奏曰："今四方群众造反，掠郡破县，皆因十常侍卖官害民，欺君冈上。朝中奸臣当权，朝纲难保，圣上还不省思，还责臣之罪。"此时十常侍闻言皆伏于地，一齐叩头说："陶大人不容臣，臣不能活了。愿圣上开恩，贬臣等归家为民，尽卖家产以助军资。"言罢大哭不起。灵帝大怒，手指刘陶说："你家也有近侍之人，为何你不让朕用近侍之人？你竟敢口出狂言，真是该死！武士们将刘陶推出去斩了！"自古道君无戏言，灵帝口中说出一个斩字，这可就不好了。

汉灵帝一声传旨快拿下，慌了两边武士护驾的人。

嗷的一声一齐往上边闯，一个个怒目扬眉似凶神。

恶狠狠地呼啦啦齐下手，这可吓坏了朝前众大臣。

众兵士上前摘去乌纱帽，急忙忙解下腰中带一根。

身上的蟒袍撕个稀巴烂，顷刻间几条绳索紧缠身。

十常侍见灵帝要斩刘陶，满心欢喜。武士推出刘陶往外急走，忽有一个大臣高声喊道："刀下留人！"众人一看乃是司徒陈耽。当下陈耽来至御花园问圣上："刘陶今有何罪受此大刑？"灵帝说："刘陶诽谤近臣，理当处斩。"陈耽奏曰："今天下人皆知十常侍欺君害民，无恶不作，都想食其肉，扒其皮。唯陛下敬之，身无寸功，俱封为侯。况他们勾结黄巾为内应，陛下不辨真伪，杀忠臣，宠信奸党。刘陶死不足惜，可怜汉室天下四百余年至此休矣。"汉灵帝说："黄巾等人造反之事不是真的？难道十常侍之中就无一二个忠臣不成？你也来胡言乱语，就该与刘陶同罪。"遂把二人收监。当夜十常侍即于监中谋杀了二人。

说唱三国

第三回 刘玄德平原做县令
何国舅诛奸立新帝

话说十常侍夜间令狱卒暗杀了刘陶、陈耽，又假传圣旨，封东吴孙坚为长沙太守，出兵讨伐造反军。半月后，孙坚报捷，长沙造反军被平定。十常侍又假传圣旨说："孙坚讨贼有功，封为乌程侯；封刘虞为幽州牧，领兵往渔阳平反叛。"孙坚、刘虞领兵同到渔阳。两军对垒，孙、刘连败数阵，根本不是对手。这刘虞同代州刘恢原是同宗兄弟，遂差人往代州向刘恢求救。刘恢修书一封，推荐玄德、关、张三人给刘虞。刘虞大喜，便令玄德为都尉。三人领兵前去交战，大获全胜，渔阳又得平定。他三人也有出头之日了。

> 常言说人生道路不平坦，又道是荣辱得失不由天。
>
> 破黄巾马到成功得了胜，奉圣旨安喜县里去做官。
>
> 张三爷鞭打督邮惹下祸，无奈何投奔代州把身安。
>
> 又遇着刘虞搬兵来求救，往渔阳立功得奏凯歌还。
>
> 公孙瓒万岁驾前奏一本，说玄德大小功劳有万千。
>
> 汉灵帝下旨赦免弃官罪，又封他别部司马守平原。

话说弟兄三人因平反有功，天子不但赦了鞭打督邮弃官之罪，又封玄德为平原县的县官。三人在平原县虽有军马钱粮，比安喜县好多了，但仍不中意，这暂且不表。再说灵帝一日身得大病，甚是危急。灵帝西宫何贵妃，有一个胞兄，名叫何进。此人原是个屠户出身，因妹子入宫得宠，他也做了大将军。灵帝病重，要与大臣商议传位之事。灵帝有两个成器的儿子，一名刘辩，是西宫何贵妃所生，是大将军何进的外甥；另一名刘协，是灵帝宠妃王美人所生。这刘协生得聪明，灵帝爱如珍宝。何贵妃恐怕灵帝把帝位传于刘协，因此兄妹同谋，把王美人给毒死了。刘协无人抚养，幸亏灵帝之母董太后将这个无娘的孩子收养成人。董太后常劝灵帝立刘协为太子，将来承袭帝业。灵帝也偏爱刘协。此时，灵帝病重，这就不好了。

> 都只为皇上卧床病得重，因此上万里江山分不平。
>
> 董太后想叫孙孙为天子，何娘娘欲叫儿子进朝廷。
>
> 又加上何进素有偏心病，要把那帝位传于亲外甥。
>
> 幸亏了刘协交下十常侍，他们暗地扶保年幼的君。
>
> 大伙跪在床前叩头奏本，就说道何家兄妹太无情。
>
> 王美人活活死在她的手，抛下幼小孤儿孤苦伶仃。

　　若不是太后心田特别好，就有十个刘协也活不成。

　　万岁叫西宫皇子成大业，看起来这件事人心不平。

　　十常侍一边说着把头叩，汉灵帝想起当年旧冤情。

　　汉灵帝说："何贵妃谋害王美人之心久矣，素日又有立刘辩为君之心。"此时，闻十常侍所言，正合自己主意，在病榻上问十常侍："若立刘协，那何进现掌握大权，他岂肯依？"十常侍叩头奏上："要立刘协必得先杀何进，杀了何进，一来与王美人报仇，二来又绝其后患，岂不一举两得？望陛下速速行之。"灵帝准奏，即传旨召何进入宫，暗伏刀兵欲杀之。何进奉旨来至宫门，司马潘隐上前说："大将军不可入宫，今十常侍俱在宫中，定计害你一死，你如进宫恐有不测之祸。"何进闻言急回私宅。正思虑间，潘隐已到，慌慌张张说道："国舅爷不好了！国舅爷不好了！今帝已驾崩，十常侍密不发丧，假诏你入宫杀之，保刘协为君。圣旨不久即下，国舅早做准备。"何进闻言大吃一惊！

　　何国舅闻听凶信暗沉吟，不由得低头无语口同心。

　　想当初妹子入宫得了宠，我才得官居一品大将军。

　　因后来蒙君作弊下毒手，用酒菜毒死皇妃王美人。

　　实指望外甥长大成人后，俺兄妹竭力扶保他为君。

　　慢慢地再生调虎离山计，再把刘协小儿斩草除根。

　　谁料想老天不肯从人愿，反弄得费尽心机枉劳神。

　　现如今万岁皇爷崩了驾，最可叹出了奸党一大群。

　　暗地里出谋定计把我害，还恐怕妹子外甥祸临门。

　　这不是假传旨来宣伪诏，谁保我无是无非进宫门？

　　何进左思右想全无主意，忽见两员将官进得府来，说道："现今圣上驾崩，应立太子刘辩为君。国舅乃皇亲大臣，何故迟疑不决？"何进视之，乃典军校尉曹操、司隶校尉袁绍。何进说："在下也有此意，但有十常侍作乱，可惜我孤掌难鸣。"袁、曹二人齐声说道："国舅若想成大业，俺二人愿助精兵五百闯进宫去，扶立新君，尽诛奸党，以安天下。"何进闻言大喜，自点御林军五千，霎时聚集大臣荀攸、郑泰等一共三十余员，俱是全身甲胄，各带武士蜂拥而至，闯进宫门去了。

　　也是他逢凶化吉时运好，偏偏地遇着两个救命星。

　　曹孟德带领三百校刀手，袁绍愿助精甲兵二百名。

　　又约上心腹荀攸和郑泰，纠集了同心协力众公卿。

　　一个个各带兵刃防身体，俱都是全身甲胄耀眼明。

　　武士们一直闯进宫院去，扶保着皇子刘辩把基登。

　　满宫里寻找作乱十常侍，谁想他个个潜逃无踪影。

众人进宫就在灵帝枢前，扶立太子刘辩即皇帝位。百官呼拜已毕，又哭奠了先帝灵枢，要把十常侍尽皆诛灭。武士各处寻找，只在花园中杀死郭胜一人。那九人见事不好，一齐跑进何皇后宫中，跪伏于地说："欲害国舅爷是灵帝主意，求皇后做主相救。"这何贵妃能够入宫，当初乃是张让等人举荐。现在张让百般哀求，她动了恻隐之心，即召何进入后宫说："咱兄妹出身微贱，非张让等你我不能有今日。害你的主意是先主所出，与十常侍并无相干。如今你外甥已为新君，要赦免张让等人，日后他们自然会重重报你不杀之恩。"这何进原是个无决断的人，听了何皇后所言，便饶恕十常侍不死。正是一着输了满盘棋。要知后来事，且看下回书。

说唱三国

看累了，不妨听一听(3)

第四回 ┃ 董太后遭贬被杀
　　　　何国舅引狼入室

闲话少说，书接上回。众人听说赦十常侍不死俱不服，袁绍先说道："此事断不可行，国舅之言差矣！"

咱如今扶保新君初即位，　本应该重理国政立朝纲。
十常侍怀揣异心别有诈，　给他们斩草除根是理当。
何太后菩萨心肠看得浅，　全不想人无远虑有近忧。
倘若是不杀奸党十常侍，　但恐怕弥天大祸起萧墙。
想当初项羽设下鸿门宴，　将柬帖下到关中请汉王。
都只为不听范增金石言，　落得他后来自刎乌江旁。
眼前里成败只在此一举，　万不可错过机会失主张。

袁绍言罢，何进仰天大笑说："你所言差矣！眼下初立新君，人心未定，正宜吸引人才，岂可妄行杀人？太后所见不差，我的主意已定，毋庸多言。"众人看何进不肯听劝，大事难成，无奈一哄而散。次日，何太后命何进参录尚书事，其余官员各加三级，自己成了太后，不胜之喜。可是那张让等人，保的主子没捞着做皇帝，还几乎丧了性命，他们岂肯善罢甘休？齐到董太后宫中哭诉前情。这董太后想让孙儿刘协坐殿，竟被何进一党人扶刘辩为君，自己弄个没脸，正怀着一肚子不平之气。又见张让等前来哭诉，就越发生气，咬牙切齿地对张让等人说："何进之妹当初我抬举她，今日她的儿子做了皇帝，内外臣僚皆她心腹，权势太重，将来要逼我无容身之地。"言罢，掩面大哭。张让说："老太后不必悲痛，臣有一计奏于太后。"

他二人一样都为灵帝子，为什么贵贱荣枯皆不同？

自古来立嫡立长是一样，又何况刘协生得甚聪明。

册新君合朝文武有公论，原就该大伙斟酌才相应。

太后你宫中不知一个字，他竟敢独自一个立朝廷。

倘若是太后能给臣做主，俺情愿舍上性命苦尽忠。

但能够小主刘协坐金殿，那时节大家增光众人荣。

　　张让说完，董太后说："你们既要尽忠，我必争这一口气。卿等暂且退下，有事再找你们相商。"张让等叩头谢恩，各自去了。又过了几天，董太后临朝秉政，封刘协为陈留王，封老国舅董重为骠骑大将军，许张让等共理朝政，成心要争皇位与刘协执掌。何太后见董太后如此行事，便于宫中摆下酒宴，请董太后赴宴。董太后乘了辇，张让等保驾直入何太后宫中。何太后接驾，请董太后坐下。何太后捧杯拜说："我等皆是妇人，参与朝政不是我们所为。昔日汉高祖驾崩之后，吕后因握重权弄得她娘家被灭了满门。如今你我都应身居深宫，朝廷大事，就让大臣、元老自去商议才是。小妃之言，望太后裁夺。"董太后大怒说："你毒死王美人，一片狠毒心肠！今倚仗你儿为君和你兄何进之势，无端向我胡言乱语，我让骠骑大将军取你兄妹首级易如反掌。"此时，何太后也大怒说："我以好言相劝，反倒惹出你的怒气来了，真是无理！"董太后又说："你家是一屠户，有何根基？我哪一件事对不起你？"就这样你一言、我一语，吵嚷起来，幸有张让等人劝解，这才各自回宫去了。

她二人酒席筵前闹一场，从这里生出大祸遭了殃。

这何太后上朝奏了一本，一定要传旨贬了董婆娘。

董国舅见事不好寻自尽，十常侍投奔何苗把身藏。

陈留王隐埋深宫常闭户，河间府遭贬祖母一命亡。

汉天子金殿大会文与武，满朝里几个欢喜几个哭。

好一个见事不明何国舅，准备着大祸临头遭灾殃。

　　话说十常侍见董太后被贬到河间府废命，董国舅又寻了短见，自思无处投奔，就以更多金银珠宝收买何进之弟何苗，早晚好在何太后面前说些好话。因此，张让等又得了宠。此时，袁绍、曹操等皆劝何进速杀十常侍，何进不能决断，入宫找何太后商议。何太后说："你为大将军辅佐新主，一味谋杀近臣不好，十常侍并无罪过，不可无故杀人。"何进从来是个无决断之人，听了太后之言，唯唯而退。袁绍迎过来忙问："大事如何？"何进说："太后不同意，我也不敢办。"袁绍说："十常侍不杀终为后患，我意速招四方英雄进京，共杀奸党，不由太后不从。"何进同意，便发了榜文召列镇诸侯来京，这就大事不好了。

常言说祸福无门人自招，何国舅又把主意拿错了。

这一回列镇诸侯把京进，　要弄得国政纷纷乱如毛。

可笑他色厉内荏无决断，　如像是水中浮萍逐浪漂。

眼中有沙子肉中又有刺，　他只是爱惜皮肤不肯挑。

现放着毒瘤在腹中渐长，　又把那野外豺狼引进朝。

也曾有许多谋士来献计，　多次忠言逆耳他把头摇。

一味地胡思乱想无决断，　还觉得他的主见比人高。

大将军拿着国政如儿戏，　但恐怕锦绣江山保不牢。

　　何进发出檄文，召列镇诸侯进京。主簿陈琳说："将军主管兵权，欲灭一伙奸党，易如反掌。若召诸侯进京，群雄集会，各怀异心，不但不能成功，反要别生他变。"何进大笑说："这是愚夫之见。"曹操在旁插嘴说："主簿的见解是对的。国舅何故大笑？"何进怒斥说："尔等皆小儿之见，不必多言。"曹操等满面羞惭，唯唯而退，一齐说道："乱天下的必是何进。"众人暗自谈论，这且不提。再说檄文行到列镇，有一个前将军鳌乡侯西凉刺史董卓，从前因为破黄巾无功，朝廷欲治他罪。他暗地买通十常侍得免，后又结交权贵，遂升为显官，总统西州大兵二十万，常有不轨之心。此时，接榜大喜，立即点起军马，进京来了。

第五回　十常侍谋杀何国舅　董卓专横欲废少帝

　　话说董卓带领四员主将，二十万人马，并谋士李肃、李儒领兵往洛阳进发。左都侍御史郑泰闻报董卓领兵进京，当即向何进说："董卓乃是一个豺狼，他入京必有后患。"卢植也说："素知董卓人面兽心，不如禁止他入京，免去祸乱。"何进一概不听。二人见国家将乱，一齐弃官而逃，朝中大臣也走了一半。何进差人迎董卓于河南地界。董卓进了河南，扎住大营，按兵不动。此时十常侍闻董卓进京，不知来意如何，就在暗地想起主意来了。

十常侍闻听说是外兵来，　一个个暗地辗转犯疑猜。

一齐来埋怨国舅老何进，　他同咱结下冤仇没法开。

他几次暗定机关下毒手，　幸亏早做了准备巧安排。

现如今假诏搬来外兵至，　这其间肯定又有一场灾。

常言说杀人不如先下手，　休等着事到临头再后悔。

众奸党心中定了大主意，　准备着难为何家大将才。

十常侍暗地商量，要将何进诓到宫中，伏兵刺杀。主意已定，一齐来见何太后奏说："今国舅爷与臣等不和，各怀猜疑之心，恐误国家大事。恳请太后宣召国舅进宫，臣等愿听大将军调令，同保圣上江山。"何太后准奏，即宣国舅进宫。何进不知深浅，接诏即进宫来。他走至嘉德殿门内，无有准备，被十常侍围住，刀剑齐举，砍为肉泥。袁绍、曹操听说何进被召进宫，恐有不测，披挂整齐，各带宝剑一口，速至嘉德殿门外。见宫门紧闭，等候多时不见何进出来，二人在宫门外大叫，请大将军快快出来，有要事相商。十常侍在宫内答应说："何进谋杀董太后，独霸朝政，存心谋反，已被杀了，其余人都可赦免。"一边说着，一边把何进的首级从墙内抛将出来。袁、曹二人大吃一惊，齐声高喊："十常侍恶胆包天，谋杀国家大臣，罪该万死。有除奸党的可前来助战。"呐喊声不断。即有何进部将吴匡，见主子被害，便于青琐门外放起火来。袁、曹二人各执手中宝剑，把宫门劈开，带领五百精甲兵，蜂拥而入，一阵好杀。

> 眼看着袁曹二人进了宫，带来了挂甲儿郎五百名。
>
> 一个个刀剑齐砍交了手，十常侍两臂插翅也难行。
>
> 曹孟德刀劈夏恽和程旷，袁绍举剑刺郭胜与赵忠。
>
> 这一个剑照贼人拦腰砍，眼看着一刀两断如切葱。
>
> 那一边屋内只听一声响，乒一声劈开"葫芦"两半平。
>
> 奸党的许多爪牙来助战，皇宫内叫杀连天不住声。
>
> 又加上烟火起处冲霄汉，吓煞人通天彻地一片红。

众人乱杀了一阵，宫里火光冲天，烟气扑地，张让、段珪、曹节等乘机将皇帝、太后并陈留王一齐劫去。吴匡领兵杀入内廷，见何苗举剑来迎，吴匡大呼说："何苗同谋害兄，应当杀之。"众人也说："应斩害兄之贼。"众人一齐动手，将他砍得粉碎。又命军士分头去杀十常侍的家属，不分大小尽皆杀死。曹操一面敖灭宫中大火，一面遣兵追赶张让等，寻找少帝。且说张让、段珪等劫走少帝及陈留王，连夜奔至北邙山。约二更时候，听后面喊声大震，齐声大呼逆贼休走。前面又有大河阻路，张让等见大势已去，遂跳河而死。少帝与陈留王不敢出声，伏于河边草堆之中。众人寻找不见，四处追赶去了。

> 他二人伏于乱草怕人知，战兢兢抱头不敢出声息。
>
> 这时节天高露下凉如水，河岸边双双滚了一身泥。
>
> 最可叹半日奔波没用饭，只觉得腹内难熬十分饥。
>
> 无奈何二人携手去逃命，黑糊糊不见路途高与低。
>
> 脚底下乱石成堆难举步，又被那荆棘划破身上衣。
>
> 说什么龙颜玉体千金贵，落得个孤苦无依没人理。

还不知何时才得安身处，好叫人两泪双流暗里啼。

二人黑夜间傍山依水正苦难行，忽见一群萤火虫照耀得甚是明亮，只在面前飞舞。陈留王说："这是天助我兄弟。"遂跟荧火而行，走到五更渐渐看到路了，路旁有堆乱草，二人足痛，无奈共卧于草堆之上。离草堆不远有一村庄，清晨庄主到庄外散步，看见两个少年男子卧在草堆之上，庄主问："二位少年谁家之子？何故在此？"皇帝不敢说，陈留王指着他弟说："这是当今皇帝，遭十常侍之害，逃难到此，我乃皇上胞兄陈留王。"庄主闻言大惊，拜伏于地，叩头不起。

这庄主闻听此言暗惊讶，战兢兢慌忙跪在地平下。

万岁爷大驾到此不得知，为臣的接驾来迟罪莫加。

我大哥崔烈也曾入户部，十常侍暗定牢笼要害他。

无奈何弃了官职交了印，他情愿不做尚书享荣华。

我是他同胞兄弟名崔毅，现如今隐姓埋名种庄稼。

他边说搀扶二帝把庄进，原来是竹篱茅舍一人家。

他三人同入草堂落了座，来了个小小家僮来献茶。

不言崔毅将两个君王让到家中，设宴款待休息。再说领兵寻找皇帝的这个官员，原是校尉闵贡。他令军士四处追寻，而他自己独自骑马来到崔毅庄上。崔毅引他见了皇上，君臣大哭。闵贡说："国不可一日无君，请陛下即时还京。"崔毅庄上只有瘦马一匹，给皇上骑。闵贡同陈留王二人共骑一匹马，离庄而行。他们去有二三里路，司徒王允带许多官员前来接驾。君臣见面痛哭一场，然后另换好马与少帝并陈留王骑，大家一同还京。走了数里，忽见旌旗蔽日，尘土飞扬，一队人马蜂拥而来，众人俱各失色，皇帝大惊！袁绍一马当先问曰："何处人马到此拦路？"话音刚落，只见绣花旗下一将飞马而到，厉声问道："天子在何处？"少帝抖衣而战，不敢答言。陈留王拨马向前说："来将何名？速来回话。"那将说："西凉刺史董卓也。"陈留王用手中的鞭子指着说："你来接驾还是劫驾？"董卓应声说："特来接驾。"陈留王说："既来接驾，圣上在此，何不下马？"董卓闻言大惊，慌忙下马，拜于道旁。陈留王命董卓起来，大家保驾进京。

众官员拥护圣驾进了京，老董卓复归营寨不入城。

他原来暗藏机关别有图，安排着废帝另立换新朝。

每日里带领人马游城市，纵兵将无拘无束任横行。

老奸臣出入宫廷无忌惮，搅得内外君民不得安宁。

杀宦官方才除了肉中刺，最可恨无端又添眼中钉。

也是这汉家天下气数尽，这朝中连续不断出奸雄。

这董卓素有谋反之意，一进京来看到天子年轻，君臣软弱，他的胆子就更大了。一日他和谋士李儒商议说："我想废了少帝，另立陈留王为君如何？"李儒说："如今朝廷无主，不就此行事，更待几时？明日于温明园内召集百官议废立之事，有不从者斩之。"董卓听后大喜。到了次日就在温明园中大摆宴席，请公卿百官。百官惧怕董卓，不敢不到。董卓待百官到齐，他才慢腾腾地到来。

酒至三巡，老贼一声吩咐停酒止乐，立起身来，手按宝剑厉声说："我有话，众官请听。"

现如今少帝为人多懦弱，实不该为帝四方管臣民。

陈留王聪明好学威仪重，我有心废帝辅佐他为君。

这件事自己不敢来做主，特请公卿众大臣来商议。

我心中打算一定要如此，问一问哪个愿意哪个否？

老董卓起身按剑高声问，酒席前一人不服气冲冲。

你看他口中连声说不可，立起身怒目扬眉把剑抢。

眼睁睁霎时就要一场祸，下回书花园杀个乱纷纷。

第六回 丁原温明园责董卓 李肃献计收买吕布

话说董卓把废少帝、另立陈留王的话说了一遍，文武百官低头不语。忽见一人拍案而立，大声说道："不可呀，不可！天子乃先君嫡子，即位以来，没有任何过失，为什么妄行废立？你想要篡位吗？"董卓看了看此人，乃荆州刺史丁原。董卓大怒说："顺我者昌，逆我者亡。胆大小辈，独你不服，你欺我宝剑不利！"一边说着，一边拔剑，要斩丁原。此时，李儒在董卓身旁，看见丁原身后站立一人，生得面如冠玉，唇若涂朱，志气昂昂，威风凛凛，手执方天画戟，怒目而视，好一个少年英雄。李儒见势头不好，急止董卓说："今日宴会不谈国政，明日在朝堂公论不迟。"众人也劝丁原上马而去，百官也都散了。董卓最后出花园，只见园门外有一人跃马持戟而来，董卓问李儒："这是何人？"

李儒低声说太师听我言，今日会文武饮酒在花园。

太师你提起废立一句话，众文武个个敢怒不敢言。

一个个你看我来我看你，不过是心里沉思嘴不言。

并没一人牙蹦半个不字，独恼了荆州刺史老丁原。

为什么此人违令不顺从？他原来仗着义儿吕奉先。

这个人马快戟馋无敌手，无人敢战场比武把他反。

方才时花园里面若动怒，怕弄个山崩海沸波浪翻。

董卓闻听此言心中惊怕，高声急忙说快把园门关。

董卓听李儒这么一说，慌忙回避不走了。吕布见董卓不来，就保护丁原去了。董卓见吕布去了，这才同李儒回了相府。次日，来人禀报说："丁原在城外讨战。"董卓听说大怒，引众官兵同李儒出马。两军对垒，只听对阵三声炮响，有两杆素罗旗半空飘扬，白旗下边有一少年英雄，原来就是吕布。只见他头戴束发紫金冠，身披百花素罗袍，外罩狮子铠甲，腰系狮蛮宝带，纵马挺戟，拥护着丁原同到阵前，好威风啊！

董卓正在观看，丁原在马上用刀一指，骂欺君之贼："你无寸尺之功，竟敢妄自废立！奉先与我杀此奸臣，以解君民之恨。"吕布答应一声，催开战马，舞动画戟冲过来，两手挥戟，照着董卓分心就刺。董卓忙用宝剑架过，只杀了三个回合，董卓不是吕布对手，拨马而逃。李儒原是个文官，见董卓败下阵来，也随着走了。吕布率兵追杀，董卓大败，被吕布赶杀三十里，方才收兵。董卓收集残兵，安下营寨，聚众商议说："吕布不是寻常人，我若得了此人，何愁天下不得到手？"帐前谋士李肃说："主公若爱吕布，这也不难，我有一计使他来投降主公。"

奉先和末将原来是同乡，南学把书念共卧一张床。

这个人勇而无谋见识浅，平素间见利忘义是寻常。

闻听说主公有匹赤兔马，再把那绸缎金银备几箱。

今夜晚暗地差人送过去，我再去慢慢同他来商量。

素知他水性杨花无主意，我敢保见了财帛要改腔。

说什么忠臣不肯保二主，他定会杀死丁原来投降。

咱营中若添吕布这员将，在朝里任意所为碍何妨。

李肃说罢，董卓大喜，命人快把赤兔马备上金鞍，打点黄金五百两，明珠二十颗，玉带一条，绸缎两箱。李肃带了礼物，直奔吕布寨来。寻哨的前来盘问，李肃说："我不是外人，是吕将军同乡。你速去禀报，就说有故人求见。"军卒听说，报与吕布。吕布慌忙出来迎接。李肃上前拉住吕布之手，笑道："贤弟可好？"吕布说："多蒙承问。"遂作揖说道："久不相见很想念，今得相见甚是欣慰，不知仁兄从何处而来？"李肃说："愚兄今任虎贲中郎将，贤弟匡扶社稷，不胜之喜。兄有良马一匹，日行千里，渡水登山如走平地，名唤赤兔马，特来献与贤弟，以助虎威。"吕布闻言大喜，遂令人牵来观看，果然是一匹好马，有诗为证：

浑身上下似火炭，半根杂毛也不见。

头上微微三寸角，肚下团团鳞儿片。

惯蹿山也能跳涧，日行千里还嫌慢。

从头至尾一丈多，论高也有八尺半。

咆哮嘶声常不断，四蹄圆圆雪里钻。

鬃尾如同千条线，急瞪二目赛铜铃。

玉辔金鞍更好看，宝马无双从没见。

　　吕布见了这匹马，甚是欢喜。他把礼物收下，拱手向李肃致谢说："蒙兄长赐此龙驹，又这些厚礼，弟何以报答？"李肃说："愚兄为义气而来，无须报答。"吕布就在自己帐中置酒款待。两人推杯换盏，叙起家常来。

第七回 ┃ 吕布为利杀丁原
　　　　　董卓立帝杀少帝

　　话说李肃和吕布饮酒之间，天已二更，李肃故意推醉说道："离别以来，你我虽没见面，但却常同令尊大人见面。"吕布笑说："吾兄醉了，家父亡故多年，安能与兄会面？"李肃笑说："不是，我说的是丁刺史。"李肃这一句话，把吕布羞得满面通红，停了良久方才说道："我从丁原是出于无奈。"李肃说："贤弟有顶天架海之才，天下谁不钦佩？要取功名富贵如反掌，何言无奈，而自居他人之下？"吕布说："我深知丁原不是终身可托之人，欲舍他别图，恨不得其主。"李肃笑说："良禽择木而栖，贤臣择主而事，犹豫不决，后悔晚矣。"吕布说："小弟不识贤愚，兄极有眼力，当今朝臣之中何人可保？"李肃忙说："朝中有可保之人，贤弟洗耳听来。"

现如今天子软弱臣刚强，各处里英雄豪杰霸一方。

常言说相机而动真君子，贤弟你也该早早拿主张。

岂不知单丝一条不成线，又道是倚着大树不沾霜。

似如那袁绍袁术不足道，说什么张超张邈太张扬。

北海郡孔融有些书生气，公孙瓒行动一派软弱腔。

满朝中九卿四相文共武，一个个俱是酒桶和饭囊。

昨一日温明园中大聚会，一个个闭目低头口不张。

丁刺史席间说了一句话，倒惹得不欢而散大不光。

虽说是疆场交锋得了胜，须知道兵家胜败是寻常。

董太师兵多将广威权重，定安排重整军威把仇报。

你若是弃暗投明别有意，咱二人同心协力来商量。

　　这李肃所说，分明是叫吕布弃了丁原，去投董卓。吕布早懂其意，遂退去左右，向李肃低声说道："兄长若肯引荐小弟去投董卓怎样？"李肃说："实不相瞒，董公因爱贤弟之才，故命愚兄到此，马匹宝珠皆董公之物。"吕布惊喜说："蒙董公如此见爱，必当重重报答，我不免杀死了丁原去投董公。"李肃说："贤弟若能如此，太好了！你必建一大功劳，事不宜迟，速战速决。"二人商议已定，李肃先辞而归。这夜吕布就把丁原杀了，提了首级，带领丁原全部人马来见李肃。李肃引吕布见了董卓，董卓大喜，设宴款待吕布，遂收吕布做了干儿子。董卓自此威权更大，自己称为相国，总督军马，封吕布为中郎将、都亭侯，出入不离左右。老贼添了吕布如虎添翼，就此更横行无忌了。

　　　　这个贼添上虎将吕奉先，越发地任意横行不怕天。
　　　　他一心要把幼主少帝废，设酒宴召集全朝众官员。
　　　　命吕布点起精兵三千整，两边厢钢刀出鞘弓上弦。
　　　　不多时文武官员一齐到，这董卓手按宝剑便开言。
　　　　他说道主上软弱不中用，我看他万里江山无福担。
　　　　陈留王德才兼备君王体，原应该叫他登基坐金銮。
　　　　想当年伊尹霍光曾如此，不是我别开生面来自专。
　　　　哪一个胆大妄为来违命，立刻就推出辕门刀下砍。

　　老贼话还没说完，中军校尉袁绍挺身而出，大声喝道："住口！少帝即位半年，并无过失，你凭空任意胡行，废嫡立庶，这不是要反了？"董卓大怒说："天下事在我，我想干的谁敢不从？众文武俱不反对，唯你口出狂言，你莫非嫌我的剑不利？"袁绍也大怒，遂拔剑说："你剑利，我剑未尝不利！"两人在酒席宴前就要杀将起来。吕布持戟在旁，单看董卓眼色行事。眼看就要杀将起来，这时李儒忙劝董卓说："大事未定，不可妄杀。"众官也劝袁绍。袁绍手持宝剑愤愤而出，带领手下兵将奔回冀州去了。

　　话说董卓立了新君陈留王，名唤刘协，字伯和，即汉献帝，年方九岁，国号初平。董卓为宰相，将手下心腹俱封大官。谋士李儒劝董卓敬用名流，以收买人心。遂把遭贬的状元蔡伯喈召进京来，董卓爱他的文才，一月三次升他的官职。皇帝只是个虚名，朝中一切事情俱是董卓说了算。这且不说，再说老贼废了少帝为弘农王，与何太后并正宫唐妃困锁在永安宫。衣服饮食渐渐缺少，母子三人无奈痛哭不止。一日弘农王看见双燕飞于庭中，触物伤感，作诗一首：

　　　　固锁深宫无人见，不得衣食真可叹。
　　　　两肋无翅不能飞，自恨不如双飞燕。

　　若度一日如几年，何时重返旧宫殿？

　　谁能仗义杀奸贼？泄我心中千载怨。

　　老贼耳目甚多，不几日便将此诗传于董卓得知。董卓大怒，即命李儒带领武士十数人闯进永安宫，用毒酒将他母子三人毒死，把尸体葬于城外。自此老贼每夜入宫奸淫宫女，宿卧龙床，还时常出城抢掠民间美女赏赐手下人。越骑校尉伍孚，见董卓如此横行，心中怀恨，常在朝服里披小甲带短刀，想在早晚得空刺杀董卓，以除君民之害。一日董卓入朝，伍孚迎至阁下，拔刀直刺董卓，未得近身，被吕布用力揪倒。董卓大怒，问何人指使，从实招来。伍孚说："你不是我君，我不是你臣，我不过要除掉你这个民贼。"

　　伍校尉咬牙切齿皱双眉，高声大骂董卓这老奸贼。

　　你本是人面兽心畜类种，平日里狗仗人势耍权威。

　　满朝中君臣人等皆遭害，普天下黎民百姓吃尽亏。

　　我今要铲除奸党减国患，最可恨天公不从人的愿。

　　伍孚指手画脚骂不绝口，董卓如何容得？一声吩咐便推出宫门之外，千刀万剐，以解他心头之恨。

第八回　王允谎寿邀众臣　曹操行刺献宝刀

　　话说董卓将伍孚立剐于午门，看见的人无不流泪。这时，户部尚书大司徒王允见董卓横行无忌，一日上朝在班阁里，看见一些老臣，便对大家讲："今日老夫生日，晚间请各位年兄到家叙一叙，不知各位肯赏光吗？"众臣齐声答应说："司徒生日，我等理应祝寿。"当日朝毕归家。黄昏之后，众官一齐来到王允家中，王允接入客厅，叙礼让座，献茶摆酒。酒过数巡，王允忽然大哭，众人一齐欠身说道："今日乃司徒生日，大会宾朋，理应欢喜，何故大哭？"王允止泪说道："今日并不是我的生日，我想与众位叙一叙，恐董卓疑心，才说是我生日。今董卓欺主弄权，社稷旦夕难保。想高祖当年诛楚灭秦而得天下，不想传至今日，竟丧于董卓之手！"说罢又哭，众人闻言皆大哭。

　　说什么男儿有泪不轻弹，须知道事到临头心自酸。

　　王司徒为国为民悲切痛，好似那火攻心肺剑刺肝。

　　你看他二目纷纷泪如雨，酒席前叹坏全朝文武官。

一个个仰面朝天足踩地，俱都是伤心无话皱眉尖。

空有那美酒佳肴难下咽，虽摆着满桌酒席也枉然。

一时间兔死狐悲皆落泪，这一旁忽有一人笑声喧。

众官见王允忧国忧民大哭，个个伤心落泪。座上独有一人拊掌大笑说："众公卿夜哭到明，明哭到夜，还能哭死董卓吗？"众官一齐止住哭声，一看是骁骑校尉曹操。众官还没开言，王允大怒说："孟德是你不对了，你祖也食汉禄，你如今做的也是汉家官。今董卓欺君凌臣，社稷危在旦夕，我等为此皆哭，独你大笑为何？"曹操说："我不笑别的，只笑众位无计可除奸党。我曹操虽不才，愿仗三尺剑斩董贼之首级悬于都门。"王允闻言拉曹操问道："孟德有何高见能杀董卓？请快说来！"曹操说："我今屈身而事董贼，得空可杀之，但必近其身。我闻司徒有宝刀一口，请赐予我，我去相府向董卓问安，乘其不备而杀他。事成为国家之福，你我之幸；事不成虽死无怨。"

曹孟德自言能杀老奸贼，把一个司徒王允喜上眉。

一时间破涕为笑止泪眼，你看他变忧为喜展眉梢。

急慌忙让得众官落了座，命家僮重整酒筵和菜肴。

王司徒令人取来刀一口，曹孟德双手接过挂在腰。

一秉手辞别全朝公卿相，急匆匆出门飞上马鞍桥。

不表席散后众官回家，单表曹操次日带了宝刀径入相府而来。董卓在屋中半躺在一张床上，吕布侍立于侧。董卓见曹操到来，便问道："孟德为何来迟？"曹操说："马瘦走得慢，故来迟了。"董卓说："我有西凉进来的好马，奉先可去挑一匹来，赐予孟德。"吕布领命而出。曹操心中暗想：此贼该死！有心拔刀刺杀，惧怕董卓力大，不敢轻易动手。董卓肥胖不能久坐，转面向里侧身而卧。曹操心中大喜，这贼真该死了，急拔刀前走了一步，才要动手，不想董卓看到墙上穿衣镜中，照出曹操在他背后拔刀，急回身向外问道："孟德拔刀做什么？"此时，吕布牵马回来。曹操大吃一惊，慌忙跪下说："我有宝刀一口特献上。"董卓伸手去接，见此刀有尺余长，七宝嵌饰，极其锋利，果真好刀。这时吕布已经将马拴于阁外，进阁而来。董卓把刀递与吕布收了，曹操向腰中解下刀鞘付与吕布。董卓起身出阁，同曹操来看牵来的马，并令人取来鞍子扣备妥当。曹操拜谢说："既蒙恩相赏赐，我就试试此马脚力如何。"说着牵马出了相府，跨上坐鞍，头也不回，加鞭飞奔，一直往东南去了。

常言说谋事在人成在天，只凭主观设想也是枉然。

曹孟德酒席宴前夸下口，决心要巧用机关来除奸。

只说是探囊取物十分准，不料想设计容易实践难。

落了个弄巧成拙扫了兴，无奈何舍死逃生奔东南。

话说董卓回过味来，看透曹操是行刺不成才说是献刀，装着试马畏罪而逃，即将画影图形传遍天下，捉拿曹操。曹操星夜逃到中牟县，被人捉住绑缚起来见知县。知县陈宫将他带到书房，细加审问。曹操立而不跪，陈宫说："我听说丞相待你不薄，为何恩将仇报？今日被擒还敢立而不跪，两边与我拉下，重打四十，打入囚车解往京城，任凭丞相发落。这是你自取其祸，莫怨他人无情。"

第九回 ┃ 陈宫义释曹孟德 孟德疑心杀伯奢

话说陈知县要将曹操打四十大板，解往京城。衙役齐声答应，就要动手。这时，曹操虽然被擒，却毫无惧色，反仰面哈哈大笑说："燕雀焉知鸿鹄之志哉？"陈宫说："有何大志，容你说来。"曹操说："你将我拿住，就速速解京请赏，何必多问？"陈宫说："你先说来，志若可取，我便饶你性命。"曹操笑说："大丈夫立于天地间，生而何患？死而何惧？今已受辱，无颜再生，岂肯向小小县令屈膝求饶？"陈宫见他出言不俗，退去左右差人，亲释其绳，让之上座，说道："你不要小视我，我也不是俗吏，只是没遇好主。"

> 曹孟德闻听此言笑声喧，他说道你且洗耳听我言。
> 现如今董卓老贼专国政，存心要霸占汉室锦江山。
> 我原是为国尽忠除大害，最可恨出谋定计落了空。
> 常常想祖宗都曾食汉禄，怎忍得置若罔闻袖手观？
> 为人臣舍身救国是本分，大丈夫岂肯怕死把生贪？
> 倘若是朝廷有事不出力，但恐怕留下臭名骂万年。

陈知县满面羞惭说道："你所言极是，既为人臣自然应该为国家效力，但目下各处贴你影形，你想到什么地方去？"曹操说："我要回家乡，发下矫诏，集合天下英雄，共倡大义，同杀董卓，扶汉家社稷，以尽人臣之道。"陈知县闻听此言，心悦诚服，向曹操再拜说："孟德公志气高大，心存社稷，真天下英雄忠义之人。我不免弃官而逃，与你共成大事。"曹操大喜说："若得公台同心协力，共举大事，真乃生灵之福，社稷之幸！"陈宫于夜收拾行装，更换衣服。二人各背宝剑一口，并马而逃，星夜往曹操家乡而来。

> 他二人纵马而逃奔家乡，一路上心慌意切马蹄忙。

说什么露宿风餐多辛苦，顾不得披星戴月受风霜。

也不用伞扇旗锣开响道，更去了前呼后拥闹嚷嚷。

曾几时一呼百诺很威风，顷刻间劳神鞍马受凄凉。

各处里画影图形查得紧，少不得藏头束尾带惊慌。

有一日策马前行奔古道，猛抬头山遮红日坠夕阳。

二人正走之间，天色将晚，陈宫在马上说："既不敢往城里投店，今向何处投宿？"曹操说："公台不必担忧，此处有一友人，姓吕名伯奢，是家父拜把子兄弟。我们往他家投宿，万无一失。"二人说话之间已到庄前，正好撞着伯奢在门前闲坐。伯奢原来曾见过曹操几次，这次一见就认出来了，慌忙迎接，彼此问了安，把二人让到家中，叙礼让座。伯奢问曹操："我闻朝廷遍行文书捉你，贤侄为何到此？"曹操将一切事情诉说一遍。伯奢听后不胜叹惜，让二人安坐，起身入后宅去了。过了好久才出来，笑着向二人说："老夫家中无有好酒，二位稍等，我上西村打一瓶来，大家再叙。"说完匆匆而去。

此时，陈宫见伯奢有些忠厚之气，他还不甚惊恐。唯有曹操疑心太大，见伯奢匆匆而去，心中就犯起疑惑来了。

过去我来他家走了几回，从未见单为打酒上西村。

今日里因为逃难又到此，怕的是暗去官府报了信。

急忙忙略说几句出了门，料不透他安的是什么心。

万一他跑到城中去票报，顷刻间带领公差来拿人。

曹孟德思前想后犯疑惑，后宅里连连喊声更惊魂。

曹操正犯寻思，又听得后宅有喊声和磨刀声。曹操向陈宫说道："伯奢不是我的至亲，此去打酒大有可疑。"一边说着，手拉陈宫往后宅来了，偷着听听，有人说："绑上杀了。"曹操大惊说："若不先下手，必遭他们之害。"于是二人一齐拔剑闯进内宅，见人就杀，不分男女老幼，共杀十余口。搜至厨下，看见一只大肥猪，在那里还没杀。陈宫埋怨曹操多心，误杀了好人。曹操说："事已做错，也无法挽回。"只得同陈宫出庄上马急急而行。走了不到一二里路，只见伯奢骑驴而来，驴鞍上挂着两大瓶酒，手提竹篮，带着蔬菜。伯奢急忙问道："二位为何走了？是怪老夫打酒来迟，怠慢了二位？我已吩咐厨下宰猪一口，特买来好酒两瓶还有蔬菜，你二人随我回去，大家共饮。"曹操说："有罪之人不敢久留，我们既已出庄，就不回去了。那不是追兵来了！"伯奢回头看时，曹操挥剑砍伯奢于驴下。

话说陈公台见曹操误杀了伯奢家眷，已懊悔莫及，半途又将伯奢杀了，只叹得双眼垂泪，又埋怨道："你我杀他多人，已是大错，今又杀伯奢，于心何忍？"曹操说："公台乃菩萨心肠，你我既要共成大事，就该存英雄创业之心。你我如不杀他，必留后患，他便要追杀你我前来报仇。常言说：先下手为强，后下手遭殃，宁教我负天下人，莫教天下人负我。"陈宫听了此言，低头默默不语。当夜二人行了数里，黑夜里敲开店门投宿。曹操连日辛苦，身子乏困，就先睡了。陈宫暗自寻思：我当曹操是个成大业之人，故弃官相随，要与他同心协力，精忠报国。不曾想他竟是一个狠心之徒，岂可同他日久相处？不如将他杀了，省得日后为国家大患。想到这里拔剑要杀曹操。忽又想，他为国家之事，不得已而杀人。我若将他暗害，也是不义，不如舍他而去，另寻别计为妙。他主意已定，不等天明提剑上马，自投东郡去了。

> 陈公台自出店门把马催，不由得一阵心焦皱双眉。
> 曾几次仰面朝天长吁叹，顷刻间腹内辗转好几回。
> 我只想曹操是个忠义士，原来是丧尽天良狠心贼。
> 吕伯奢待咱二人那样好，反叫他一家老幼赴黄泉。
> 伤心来懊悔当初失主意，最不该轻易弃官把他随。
> 到如今无国可投家难奔，这是我自己错了埋怨谁！
> 陈公台自言自语自追悔，再表那客店孤眠曹孟德。

不说陈公台马上追悔，自投东郡而去。单说曹操在客房睡醒，不见了陈宫，心中自己思索：他见我杀了伯奢，又说了那两句话，疑我不仁，所以弃我而去。我当急走不可留。遂乘马出店，连夜奔陈留郡，寻着父亲，细说前事。父子二人发矫诏报于各镇诸侯，然后扯旗招军。一时来投的人很多。李典、乐进、夏侯惇、夏侯渊等带领壮士数千来投曹操。曹孟德大喜，一概收留。这个夏侯家二兄弟，同曹操原是同族兄弟。曹操的父亲曹嵩本夏侯氏之子，过给了曹家为子。因此，两家原是一家。又有曹洪、曹仁各引精兵千员来助曹操。因曹洪、曹仁武艺精通，就叫他二人操演军马。又有富户卫弘出钱相助，置买衣甲旌旗等。各地送粮食资财的不计其数。曹操兵精粮足，不久虎牢关各镇诸侯一齐到来。

第十回　｜　曹操集中列诸侯
玄德二次辞县令

话说这时列镇诸侯见了曹操的檄文，都召集众文武商议是否发兵。文武到齐，先看檄文。檄文写的什么内容呢？上写道：

骁骑校尉曹操，谨以大义布告天下：今汉室主弱，董卓专权，灭国弑君，妄行废立，淫乱宫女，残害生灵，暴虐不仁，罪恶累累。曹操我奉天子密诏，大举义兵，誓死剿灭奸党，安抚天下。我等均系汉臣，理应为国尽忠，望兴义师，以泄公愤，扶持汉室，拯救黎民百姓。看到檄文可速发兵。

大家一看檄文，都同意发兵。共有十七镇诸侯，这就是：

第一镇　后将军南阳太守袁术；

第二镇　冀州刺史韩馥；

第三镇　豫州刺史孔伷；

第四镇　兖州刺史刘岱；

第五镇　河内郡太守王匡；

第六镇　陈留太守张邈；

第七镇　东郡太守乔瑁；

第八镇　山阳太守袁遗；

第九镇　济北相鲍信；

第十镇　北海太守孔融；

第十一镇　广陵太守张超；

第十二镇　徐州刺史陶谦；

第十三镇　西凉太守马腾；

第十四镇　北平太守公孙瓒；

第十五镇　上党太守张杨；

第十六镇　乌程侯长沙太守孙坚；

第十七镇　祁乡侯渤海太守袁绍。

诸路军马多少不等，有三万的，有五万的，也有一两万的，各领文官武将投奔洛阳而来，这且不说。单说北平太守公孙瓒，带领精兵一万五千，直奔洛阳。路过德州平原县，正走之间，遥望树木丛中有一面黄旗，迎风飘摆。旗下数员大将，甚是出众，观看之间不觉走到近前。公孙瓒留神一看，乃幼年同学好友刘玄德。

公孙瓒带领人马赴洛阳，不料想半路途中遇同窗。

急忙忙弃镫离鞍下了马，他二人作揖拱手在路旁。

这个说久违兄长我好想，那个道常把贤弟挂心上。

这个说天南地北不见面，那个道天涯海角各一方。

这个说光阴迅速催人老，那个道过眼年华两鬓霜。

这个说闻听驾到来接待，那个道多蒙盛情不寻常。

这个说奉请进城去歇马，那个道无故搅扰我不安。

果真是知己客来情不厌，真是同心人至此话也长。

他二人满腹离情诉不尽，公孙瓒开口又问关与张。

二人突然相会，不胜之喜，就在路旁手拉手地说了一会儿。公孙瓒指关、张说："这二位是何人？怎么不认识？"玄德忙说："兄长不知，这是关羽，这是张飞，是我的结拜兄弟。"公孙瓒大惊说："可是当年同贤弟大破黄巾军的关、张？"玄德说："正是，破黄巾军皆他二人之功。"公孙瓒又问："今居何职？"玄德说："关羽为马弓手，张飞为步弓手。"公孙瓒叹声说："如此本领的人，才为马、步弓手，埋没了英雄。贤弟乃当今豪杰，又有这般英勇兄弟，小小县令岂可久做？今董卓作乱，天下人痛恨。曹操在陈留大举义兵，征剿奸党，以安汉室。以兄愚见，贤弟可舍去县令，与我同赴陈留共成大事如何？"玄德和关、张都很同意。大家进城歇马三天，收拾器械行装钱粮等，弃了平原县令，随公孙瓒同去陈留了。

刘玄德一心保汉室江山，因此上情愿不做知县官。

立刻把两伙兵马合一伙，眼看着前呼后拥出平原。

一路上旗幡招展遮日月，大伙儿你强我胜各争先。

公孙瓒添了大将多得意，刘玄德故友相逢满心欢。

不几日大兵已到陈留郡，传下令各自下寨把营安。

这一时各镇诸侯都来到，曹孟德犒赏三军好几天。

大伙儿会盟吃了三天酒，议论着推荐袁绍掌兵权。

若有人大胆敢违主将令，即刻就绑出辕门刀下砍。

密麻麻一带连营三百里，不久要大战吕布虎牢关。

话说各镇诸侯来到陈留郡，推袁绍为盟主，休息三天，然后到洛阳下寨。袁绍传下令箭，将各镇诸侯和各个带来的将官一齐调进营来。袁绍升帐点将，众人两边排列。袁绍高声说道："我既为盟主，你等各听调遣，有功必赏，有罪必罚，国有常刑，军有纪律，都要遵守，勿得违误。"诸侯众将齐声答应。袁绍遂差袁术总管粮草，东吴孙坚为先锋。

孙坚得令，带领本部人马杀奔汜水关来。守关将士探听明白，差流星马飞奔洛阳，往董卓府中告急。那董卓老贼独揽大权之后，日夜荒淫酒色，朝中大事尽由谋士李儒管理。李儒接了告急文书，禀过董卓，董卓急忙召集众将商议如何迎战。温侯吕布挺身而出说："父亲勿虑，料那列镇诸侯有何能力？为儿虽不才，愿去杀他个片甲不留。"董卓听后大喜道："我有虎将奉先可以高枕无忧。"言还未尽，吕布背后忽有一人应声而出。要知此人是谁，请看下回分解。

第十一回 ｜ 孙坚出师大败回
云长温酒斩华雄

说唱三国

话说吕布在董卓面前讨差，声声要去汜水关。董卓大喜，向吕布嘱咐道："诸侯兵多将广，不可轻敌，奉先此去要多加小心。"吕布尚未开言，只听背后一人连声叫，要去出马迎敌。

> 吕奉先当面讨差要出马，背后里忽有一人喊连声。
> 好似一贯耳春雷平地起，两边厢一干众将吃一惊。
> 贼董卓座上抬头睁双目，细向这众人堆里看分明。
> 这个人虎背熊腰多雄壮，他生得豹头猿臂力无穷。
> 一声声出马临敌打头阵，他要去斩将夺旗立大功。
> 他原来官拜校尉职非小，生长在关西地界名华雄。
> 今日在董卓面前夸下口，定要去汜水关前动刀兵。

华雄声声出马去立头功。董卓大喜，即差他带领马步军兵五万，同李肃、胡轸、赵岑三员将官，星夜起程。马到汜水关正遇先锋孙坚领兵来关下讨敌，两下交兵大杀一阵。孙坚大败而逃，收集残兵，折去大半，回营报袁绍。袁绍大惊，急聚众诸侯商议说："华雄如此骁勇，孙先锋头阵出马折将损兵，被他挫了锐气。目下又来讨阵，大家斟酌看差何人出马？"

> 诸侯们个个低头不言语，无谁敢应承出马战华雄。
> 一个个你看我来我看你，俱是愁锁双眉面带忧容。
> 袁本初见此光景心不悦，不由得长吁短叹两三声。
> 几次他手捻胡须频擦手，急得他欠身离座眼圆睁。
> 猛看见北平太守公孙瓒，身后边站立三人甚威风。
> 有一个方面大耳多出众，好似那托塔天王下九重。
> 有一个卧蚕眉衬丹凤眼，生就得仪表堂堂令人惊。
> 有一个豹头环眼钢须参，如同是力举千钧楚霸王。
> 袁本初观罢一回把头点，你看他落座开言问一声。

袁绍观罢一回，落座问道："孙太守身后站立者是何人？"公孙瓒答道："这是我自幼同窗学友，平原县令刘玄德。"袁绍还没答言，曹操接着问道："当年大破黄巾军的莫非就是这人吗？"公孙瓒说："正是此人。"遂让玄德拜见列镇诸侯，并将玄德功劳及其出身细说一遍。袁绍笑说："既是汉室宗族理应入座。"即令人取过座来，玄德端端正正坐下来，关、张侍立于侧。

忽然探子来报：华雄在营外大骂讨战。袁绍问："谁敢出战？"这时冀州刺史韩馥说："我有上将潘凤出马。"去不多时，探子来报："潘凤被华雄斩于马下。"又派数员大将出马，皆死于华雄刀下。列镇诸侯个个大惊失色。袁绍叹道："此贼骁勇难敌，连伤我数员大将，令人好恼！可惜我帐下大将颜良、文丑不曾到来，若有一人在此，何惧华雄小辈？"话还没说完，阶下一人大呼说："小将不才，愿斩华雄首级献于帐前。"众人一看：此人身长九尺，体壮腰圆，丹凤眼，卧蚕眉，面如重枣，五绺长须，势如龙虎，声若铜钟。袁绍说："你是何人？报上名来。"公孙瓒代答道："此乃刘玄德之弟关羽。"袁绍又问："现居何职？"公孙瓒说："随刘玄德充马弓手。"袁绍听此言沉吟不语，座上袁术大怒冲冲。

> 公孙瓒对着诸侯把话言，　袁术公闻听大怒气冲冠。
> 可笑有眼不识那昆山玉，　竟把那盖世英雄下眼看。
> 只因为关公是个马弓手，　一瞬间紧锁双眉不耐烦。
> 袁术手拍桌案乒乒皆响，　用手一指连声说太猖狂。
> 现如今华雄骁勇无人挡，　疆场上连伤大将好几员。
> 营门外高声呐喊来骂阵，　无谁敢出马交锋去报冤。
> 你不过小小一个马弓手，　最不该藐视全营众将官。
> 拿着咱列镇诸侯当儿戏，　看起来你是胆大包了天。
> 吩咐声两边与我赶出帐，　省得他无故多嘴出大言。
> 老袁术有眼无珠不识人，　急坏了善识英雄曹阿瞒。

袁术大怒不止，曹操上前急止说："袁公不可动怒，我观此人相貌出众，气概不凡，既出大言，必能大用。不如就让他出马迎敌，如不得胜，那时责他不迟。"袁绍冷笑着说："使一马弓手出马，必被华雄耻笑。"曹操说："此人仪表堂堂，华雄哪知他是马弓手？"袁术、袁绍只是沉吟不语。此时关公见袁术百般小瞧他，空怀着冲天志气，也是敢怒而不敢言。但是一言既出，驷马难追，如不出马立功，便甘受袁术一场差辱。想到这里，那股浩然正气，如何按得住？他大步走至帐前，厉声呼曰："关某出马如不胜，愿把首级献于帐前。"曹操大喜，斟满热酒一杯，让关公饮了上马。关公说："斩了华雄回来饮酒不迟。"于是他虎步出了大帐，提刀上马，飞奔疆场，一身披挂，好威风，有诗为证：

> 头带绿缎包巾，　五绺长髯飘摇。
> 身披件绣花袍，　黄巾铠甲笼罩。
> 生就蚕眉凤眼，　人称赤马大刀。
> 重枣面杀气高，　好像天神来到。

关夫子催马提刀出大营，好似那二月春雷起蛰龙。

他不带一个军卒一员将，你看他单人独骑上战场。

雄赳赳战马如飞跑得快，诸侯们又是欢喜又是惊。

耳闻得叫杀连天声不断，疆场上山崩地裂一派鸣。

咚咚咚催阵鼓响如爆豆，乱哄哄人喊马叫不住声。

诸侯们听得营外叫杀连天，有山崩地裂之声，江翻海沸之势。他们正在担惊，探子来报："关公斩了华雄。"话没说完，只听銮铃响处，关公马到中军，将华雄首级掷于帐下。此时，曹操所斟的酒尚温，后人有诗赞说：

威镇乾坤第一功，云长确实很威风。

无双刀马人难比，酒尚温时斩华雄。

关公立斩华雄，帐前下马，诸侯个个惊服。曹操分外欢喜，尚没说话，只见玄德身后转出张飞，高声大叫说："我二哥斩了华雄立了头功，你们看看这个马弓手的本领如何？待老张这个步弓手，出马杀进关去，活捉董卓才算手段。"袁绍、袁术见张飞出言不逊，心中十分不悦，但关公斩了华雄也有他好说的。玄德、公孙瓒起先见袁术小看关公，二人都不平，这回关公斩了华雄，张飞声声出马去拿董卓，二人甚喜。袁家兄弟面带羞惭，低头不语，关、张二人也觉扬眉吐气。公孙瓒见袁绍有功不赏，遂领刘、关、张三人并一干众将，回了自己营盘。诸侯们各自归寨。曹操暗差人带着礼物赏劳玄德兄弟三人，并致谢公孙瓒。

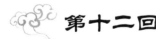

第十二回 ｜ 董卓兵屯虎牢关　王匡劝降吕奉先

话说华雄疆场落马，手下军卒败进关去，李肃忙写告急文书申报董卓。董卓见报大吃一惊，吓得魂不附体，停了好久才缓过那口惊气，双眼含泪说："华将军你死得好苦啊！"

老董卓听说华雄落了马，你看他半天不语把泪滴。

气得他脸黄唇动手也抖，满腹里又是悲来又是仇。

自从你在我手下为大将，我把你当成明珠一样瞧。

实指你同心协力成大业，大伙儿荣华富贵来共享。

谁想你半途花谢无结果，落个尸不全头身两离分。

我好像两臂失去千斤力，疼煞人倒下擎天柱一根。

老奸贼正在伤心悲切痛，又看见帐前来了众将军。

董卓正在悲伤，帐下将官一齐到来劝说："华雄已死，丞相亲领大军前去报仇才是。"董卓这才止住眼泪，亲自点起大兵二十万，带领大将吕布、李儒、郭汜、李傕分为两路而来。不几日兵到汜水关，他先令李傕、郭汜分兵五万把住汜水关。董卓自领兵十五万，同李儒、吕布等屯扎虎牢关，此关仅离洛阳五十里。董卓差吕布领兵三万去关前扎住大营，不日要与列镇诸侯交锋。这时流星马报入袁绍寨来，袁绍慌忙聚众商议。曹操说："董卓兵屯虎牢关，截咱诸侯中路，可用兵一半迎敌。"袁绍听信曹操的话，遂命王匡、乔瑁、鲍信、袁遗、孔融、张杨、陶谦、公孙瓒等八路诸侯，各领本部兵马往虎牢关迎敌。曹操领兵三万往来救应。袁术依然催督粮草。

八路诸侯兵到虎牢关下寨。王匡要立头功，领兵头前先到，趁诸侯之兵未到齐，他就先去讨战。吕布带领精兵三千出关迎敌。两军对垒，列成阵势。王匡立马门旗之下，只见对阵上三声炮响，两杆素罗旗，飘摇摇分为左右，中央闪出一个少年英雄，一身打扮，威风得很。只见他：戴一顶，黄澄澄，耀眼明，蟠金蟒，滚素英，团团杀气顶上生，镶玉珠嵌紫金冠；长一副，粉馥馥，白生生，梨花绽，秋月明，羞杀碧桃败芙蓉，迎风含笑美人面；披一副，雪中炼，霜里浸，银丝扣，白玉吞，寒光片片有龙鳞，锁子连环银叶铠；穿一身，能工织，巧女成，胜瑞雪，似寒冰，漠漠霜花冷气生，不长不短素罗袍；悬一口，葵花裹，云南铜，晃日光，射眼明，一轮秋月照当胸，挡箭遮枪护心镜；勒一根，水中炼，雪里燉，似玉蟒，赛银条，连腰带背缠三遭，束袍紧铠生丝条；蹬一双，皂牛皮，如墨抹，前不宽，后不窄，粉底层层足下啃，登云步雾战将靴；佩一柄，风磨铜，炉中折，起寒光，截生铁，斩将杀兵不见血的太阿剑；挂一张，牛角嵌，画皮韝，野牛肋，打成弦，大将力开二十三，镶玉铜胎铁把弓；攒一壶，插雕翎，点纯钢，能射雁，惯穿杨，寒星崩处敌将亡，透袍钻骨狼牙箭；使一杆，尺半尖，丈八杆，银楮条，水篆磨，玉蟒翻身寒光闪，追魂取命画杆戟；骑一匹，血里生，似火炭，龙出水，虎跳涧，就地红霞滚成片，日行千里赤兔马。驮一员，体态俏，虎力骁，也不矮，也不高，赛潘安，压宋玉，一树梨花带雨娇，真是一位年少英雄风流将，任凭你巧手丹青也难画描！

王匡观罢心中暗暗夸奖，好一个温侯吕布，果真是少年英雄，怪不得董卓老贼爱他如同珍宝。且不说武艺过人，只这一身装束已是盖世罕见。王匡正在暗夸吕布，吕布用戟一指喝道："来将何名？速速报来，叫你戟下做鬼。"王匡说："小将少得猖狂！吾乃河内太守王匡，领兵前来捉拿贼臣董卓。听我好言相劝，快把老贼献将出来，将功折罪，饶你不死；若是不肯，各路诸侯大兵齐到，闯进关去，杀你个片甲不存，那时悔之晚矣！"

王匡开口笑，高声呼吕布。

董卓老奸贼，行事甚可恶。

天下人切齿，皆都要他死。

曹操聚义兵，诸侯十七路。

现如今一带连营三百里，安排着拼力共诛无义徒。

岂不知好人行恶失人性，料想你也曾读过圣贤书。

凭着个盖世英雄奇男子，为何要去舍身把董卓扶？

常言说见机而作真杰士，又道是弃暗投明大丈夫。

你若是栖木择主别有意，咱二人同心另把大业图。

休妄想小人行险以侥幸，须知道天网恢恢不漏疏。

我劝你事要三思免后悔，休等得祸到头来想当初。

想一想大将华雄今何在？落得个白骨飘零梦魂孤。

休仗着少年英雄你好胜，须知道刀快不怕脖子粗。

王太守半软半硬言未尽，吕奉先跨马拧戟连声呼。

王匡诱说吕布献出董卓，归顺列镇诸侯的话还没说完，吕布就大吼一声，跨马挥戟冲过阵来。王匡拦马往旁一闪，背后健将方悦一马当先与吕布杀在一起。二人一场恶战，好惊人啊！

他二人交锋大杀在疆场，两下里大显其能各逞强。

这一个方天画戟狠又快，那一个电转星流银褚枪。

这一个照准分心下毒手，那一个拧动战杆扑胸膛。

这一个两膊一晃千斤力，那一个抖擞精神似虎狼。

这一个誓与华雄将仇报，那一个立意争功不服降。

卖破绽诓骗方悦来追赶，回马戟刺了一个透心凉。

吕布回马戟刺死方悦，驱兵赶杀王匡军卒。王匡抵敌不住，大败而逃，人马折去大半。幸亏乔瑁、袁遗两路人马齐到，杀退吕布军马，救了王匡。三路诸侯各折了些人马，退三十里下寨。此时，那五路诸侯人马也都到了，各安行营，大家商议说："那吕布英雄难敌。"正忧虑间小校来报，吕布又来讨战。八路诸侯一齐上马领兵拒敌。

曲艺名段欣赏 (1)

第十三回 刘关张大战吕布 董卓挟天子迁都

话说吕布戟挑方悦落马，又来营外讨战。八路诸侯分为八队，领兵齐出，列队高冈之上。上党太守张杨部将穆顺一马当先来战吕布，不上三五回合，便被吕布手起一戟刺于马下，众人大惊！北海太守孔融部将武安国抢开铁锤，催动战马来战吕布。二人交手不上十合，被吕布一戟刺断手腕，抛锤于地，大败而走。八路诸侯齐出围住吕布，一阵好杀。

> 好一个万将无敌吕奉先，疆场上一连杀伤二将官。
>
> 众诸侯见此光景动了气，呼啦啦齐催座下马心猿。
>
> 一个个舞动枪刀往上闯，好似那十面埋伏九里山。
>
> 吕奉先以寡能抵千军众，舞画戟人抖精神战马欢。
>
> 只杀得尸横遍野堆成山，听声势如同海啸大江翻。

好个吕布催开赤兔马，舞动画杆戟，左冲右突，纵横于万马营中，如入无人之境，杀得列镇诸侯亡魂丧胆，个个不敢近前。公孙瓒心中好恼，抢开大槊，催开浑红马，直取吕布。二人战不数合，公孙瓒看了看吕布手中方天戟，如雨点一般，见此光景不敢恋战，即拨马而走。吕布催马赶来，他的赤兔马日行千里，其快如风。赶到接连马尾处，他手舞画戟照准公孙瓒后心刺来，公孙瓒说声不好！就在这时，从旁边忽然闪出一将，圆睁双眼，倒竖虎须，执丈八矛，飞马而出，大骂吕布少得撒野伤人，燕人张翼德在此。

> 吕奉先正在追赶公孙瓒，猛然间闪出燕人勇张飞。
>
> 只见他黑盔皂袍乌骓马，喊一声如同平地起春雷。
>
> 声声地大骂吕布狗杂种，吕奉先气炸心肝皱双眉。
>
> 恶狼般回马拧开银戟杆，他两个并不答话杀成堆。
>
> 这一个丈八蛇矛分心刺，那一个方天画戟往外杀。
>
> 这一个枪法高强无破绽，那一个架势周密更难抵。
>
> 这一个虎尾钢鞭顺手摸，那一个得空偷取五光锤。
>
> 这一个万马营中常常闯，那一个千军队里炼几回。
>
> 只杀得兵刃交加一片响，只杀得扑面纷纷尘土飞。
>
> 只杀得二马盘桓滚成堆，只杀得没处分辨谁是谁。
>
> 他二人棋逢对手难分胜，不多时去去来来六十回。

二人大杀疆场六十四个回合，不分胜败。关公心急，把马一拍，舞动八十斤青龙偃月刀，前来夹攻吕布。三匹马往来厮杀，又是三十余个回合，吕布仍不服输，真是一员勇将！有诗为证：

> 吕氏奉先小将，真算盖世无双。
>
> 来与张飞交锋，彼此不分胜负。
>
> 关公催开坐骥，舞动偃月青锋。
>
> 二将合力夹攻，依然雌雄未定。

话说关、张二人抡刀并举，又战三十余合，仍不能战胜吕布。刘玄德又持双股雌雄剑，催开座下黄骠马，也来助战。三人围住吕布，就如转灯儿般厮杀。八路人马都看呆了。吕布虽然勇猛，也挡不住这三员上将拼力夹攻，自觉不能取胜，照玄德虚点一戟，拨马便走。兄弟三人哪里肯舍？一齐拍马赶来。八路军马喊声大震，杀了过去。吕布再勇，怎能抵住八路军马？抛鼓弃旗往关上飞奔而逃，玄德和关、张随后赶杀。后来有人写诗盛赞刘、关、张兄弟三人大战吕布。诗云：

> 温侯吕布世无比，奇才四海夸英伟。
>
> 护躯银铠砌龙鳞，束发金冠簪雉尾。
>
> 参差宝带兽平吞，错落锦袍飞凤起。
>
> 龙驹跳踏起天风，画戟荧煌射秋水。
>
> 出关讨战谁敢当，诸侯胆裂心惶惶。
>
> 踊出燕人张翼德，手持蛇矛丈八枪。
>
> 虎须倒竖翻金线，环眼圆睁起电光。
>
> 酣战未能分胜败，阵前恼起关云长。
>
> 青龙宝刀灿霜雪，鹦鹉战袍飞蛱蝶。
>
> 马蹄到处鬼神嚎，目前一怒应流血。
>
> 枭雄玄德擎双锋，抖擞天威施勇烈。
>
> 三人围绕战多时，遮拦架隔无休歇。
>
> 喊声震动天地翻，杀气弥漫牛斗寒。
>
> 吕布力穷寻路走，遥望家山拍马还。
>
> 倒拖画杆方天戟，乱散销金五彩幡。
>
> 顿断绒绦走赤兔，翻身飞上虎牢关。

话说吕布败进去，闭了关门。三人赶至关下，关上矢石如雨，无奈只好拨马而回。八路诸侯会合一处，同向三人贺功，这且不提。再说董卓见吕布败阵，华雄已死，别无能将出马，遂带领三军飞奔洛阳，召集文武商议。董卓说："汉建都洛阳二百余年，气运已衰。我观旺气在西地长安，我想废去洛阳宫殿，改长安为京城，有不从者斩。"群臣个个懦弱，明知董卓任意胡行，谁敢不从？遂下令着天子后妃，全朝文武，内外宫院男女，一切差役人马等，限即日起程，迁都长安。一路上千军万马塞满道途，抄掠富户银两，不时夺良家子女。经过城市村庄，人烟断绝，啼哭之声震动天地。临行之时，令人把洛阳城四门一齐放火，宫殿、房屋、官衙、民舍都烧了。火光冲天，烟气铺地。火仗风威，声如雷吼，好惊人啊！

> 老董卓无拘无束任意行，平空里改造长安为帝京。
> 临行时四门之内齐放火，好一似当年火焚阿房宫。
> 呼啦啦山崩地裂连声响，烧了个彻地通天一片红。
> 眼看着千年树木成灰烬，顷刻间无数楼台化为灰。
> 惊得那飞禽远避云霄外，吓煞人石块砖瓦漫天崩。
> 烧死了居民牲畜无其数，就是那宗庙祠堂一扫平。
> 黑洞洞烟云散漫几千里，大火烧去了河南洛阳城。

　　董卓火烧洛阳，迁都长安，这且不讲。再说那八路诸侯，正与刘、关、张兄弟三人庆功。大家饮酒，蓝旗来报，董卓同吕布收兵回洛阳去了。袁绍闻报便差先锋孙坚进兵洛阳，孙坚领命即刻起营，督促本部人马往洛阳而来。远远望见火光冲天，又见百姓沿路纷纷逃散，才知道董卓火焚了洛阳，迁都长安去了。待孙坚到了洛阳，宫殿城池俱化为灰烬。各处还有余火尚烧，孙坚急率兵救灭残火。列镇诸侯随后齐到，各在荒地屯营。曹操要追杀董卓，诸侯都按兵不动。曹操赌气自领本部人马追至荥阳地界，中了吕布埋伏，几乎被擒。全亏曹洪舍命相救，方得脱险。曹操损失许多兵马，无奈只好收集残兵，舍了诸侯自奔河内。

　　却说列镇诸侯兵屯洛阳，孙坚屯兵城内，设帐于建章殿基上。是夜星月交辉，他独坐无事，不由得伤感起来。

> 听了听四方无声多寂寞，抬头望明月当空照萧墙。
> 各营里人困马乏不言语，只闻得巡哨铜锣打二更。
> 常言说无限凄凉生静夜，不由人暗自思量愁断肠。
> 最可怜当今天子多软弱，董卓贼任意横行乱朝纲。
> 生生地迁都移向长安去，又加上四门放火焚洛阳。
> 把一座锦绣城池化灰土，各处里园林台榭尽烧光。
> 现如今君王何在臣何在？众生灵舍命奔逃散四方。
> 眼睁睁回头不见旧宫殿，冷清清空余明月照废墙。
> 孙太守触景生情增悲感，猛看见东南角下起霞光。
> 如若问这霞光是怎样起，下回书再向诸位说详细。

第十四回 | 孙坚喜得传国玉玺
董卓杀张温惊百官

说
唱
三
国

话说孙坚正在月下伤感，忽有军卒来报，说有五色祥光起于殿南井中。孙坚抬头看时，只见相隔不远处东南角下，果有一股白气上冲斗牛，便知此井之中必有缘故。遂令军士点起火把，找一个胆大的下井打捞。这人下去捞出一个女子，宫样装束，脖子下挂一锦囊极其华美，取下来打开一看，内有一个朱红小匣，用金锁锁着，打开才知是朝廷玉玺。宝印方圆四寸，上刻五龙，旁缺一角，以黄金镶之，上有八个篆字：受命于天，即寿永昌。孙坚得了此宝，便问谋士程普，程普说："此乃传国玉玺，主公洗耳听我把此宝的来历讲来。"

> 想当初卞和得玉在荆山，楚文王刻为玉玺把国传。
>
> 秦始皇吞并列国成一统，出逃时挟带身边上江南。
>
> 行至那洞庭湖中大风起，吓煞人波浪涛天欲翻船。
>
> 无奈何将此玺投入湖水，才保得君臣性命得安然。
>
> 不几年始皇路过华阴县，有一人拿着此宝来求官。
>
> 到后来子婴献于汉高祖，此玉玺就是汉朝国中宝。

玉玺在汉朝传至孝平帝时，王莽篡位，孝元皇太后拿玉玺去打奸党，崩其一角，后来无奈，只好用黄金镶上，才弄得无价之宝不周全。

> 光武爷南阳中兴即了位，汉天子世代相传到此间。
>
> 十常侍火焚宫殿同作乱，将圣上乘夜劫至北邙山。
>
> 众文武四散追寻救了驾，回宫来不见玉玺在哪边。
>
> 现如今此宝又到主公手，分明是天命攸归付与咱。
>
> 程谋士说到这里多得意，孙太守一团喜色上眉尖。

孙坚得了传国玉玺，又听了程普之言，不胜之喜，便要速回江东，另图大业。他向列镇诸侯假称有病回家疗养，即日率众起程。袁绍大怒，想去追赶孙坚，又怕赶不上，遂差探马星夜赴荆州，让刘表于半途中截杀孙坚，劫下玉玺。自此列镇诸侯各怀异心，渐渐地散去了。此时孙坚到了荆州，被刘表截住，两下交兵，多亏程普、黄盖、韩当三人舍命死战，才夺路奔回江东，折兵大半，自此孙坚与刘表结下冤仇。

> 都只为汉室江山将近倾，因此上列镇诸侯各逞雄。
>
> 起先时会盟除奸倡大义，到后来虎头蛇尾无始终。

吕奉先虎牢关前一场战，　老奸贼一怒火焚洛阳宫。

凭空里强逼君臣长安去，　曹孟德荥阳一败不回程。

刘玄德依然去做平原令，　公孙瓒带领人马回北平。

受伤的太守王匡回河内，　得传国玉玺孙坚赴江东。

眼看着张邈张杨一齐走，　袁绍他伙同袁遗收了兵。

西凉州走了马腾父子俩，　北海郡回去太守老孔融。

一回首不见韩馥和刘岱，　顷刻间孔伷乔瑁拔了营。

老陶谦策马河南徐州地，　最后边鲍信张超也不停。

十七镇诸侯收兵一齐散，　到后来弄得个有始无终。

　　却说董卓在长安闻听列镇诸侯各怀异心而散，自此愈加骄横。他自称为尚父，出入使用天子仪仗，封其弟董旻为左将军，其侄子董璜为侍中，总管军机重务。但凡董氏宗族不拘老幼俱封列侯。离长安二百五十里，另筑一城，名为郿坞，其城高大与长安城一样。内盖宫室仓库存放无数钱粮，选民间美女八百人在内，金玉彩帛珍珠等不计其数，他的家眷也住在里面。董卓两下往来，或半月一回，或一月一回，百官无不迎送。有一日董卓在相府大会百官，酒过数巡，吕布忽来董卓耳边低声细语，不知说些什么。董卓点头说："原来如此。"即命吕布于酒席上捉司空张温下堂，百官无不失色。不多时武士用一朱红盘托起张温首级献于席前，百官一见，惊了个魂不附体。董卓笑说："诸公勿惊！张温小辈结连袁术，欲图于我。袁术使人下书，误下在吾儿奉先之手，我才斩了张温。公等无事，不要惊疑。"众官唯唯而散。

众官员出离相府各回归，　一个个交头接耳说是非。

这个说今日饮酒多扫兴，　那个道老贼行事甚可畏。

这个说怎么就把机关漏，　那个道他不小心埋怨谁。

这个说画虎不成反类犬，　那个道天公不把人愿遂。

这个说可怜张温死得苦，　那个道身首异处令人悲。

这个说仕宦官场凉如水，　那个道眼中流血心成灰。

且不言满朝文武暗谈论，　再说那司徒王允锁双眉。

　　不言众官担惊受怕，单说司徒王允这日也在其中。他见董卓杀了张温，心中又惊又气，回到府中坐立不安，夜不能寐。借着月光他来到后园，立于茶棚架侧，仰天垂泪。忽闻牡丹丛边有人长吁短叹。王允悄悄走至近前，偷眼看时，乃府中歌妓貂蝉。王允将此女自幼选入府中，教她歌舞，拿她如亲生女儿一样看待。她年方二八，色技俱佳，不知为何在此长叹？王允偷听多时，遂大声说道："贱婢将有私情？"貂蝉大惊，跪下说道："贱妾多蒙大人另眼相待，清白自守，安敢有私？"王允说："既无私，夜深不去睡觉，为何在此长叹？"貂蝉说："大人有所不知，听贱妾把长叹之故从实说来。"

> 貂蝉女从从容容跪在前，尊了声大人听我说实言。
> 奴自幼选入府中学歌舞，数年来多蒙老爷另眼看。
> 只觉着您老恩情深似海，叫贱妾万分之一报答难。
> 这两日常见老爷心不悦，时常是面带愁容在眉尖。
> 今晚上退朝归家回了府，又见您忘餐废寝心不安。
> 几次我当面不敢开口问，因此才对月长叹在花园。
> 也不知朝中出了什么事，好叫奴百转柔肠想不出。
> 大人您早晚若有用妾处，总就是粉身碎骨理应当。
> 貂蝉女说到这里把头叩，王司徒慌忙弯腰用手扶。

王允听貂蝉之言，慌忙将她挽扶起来，以杖击地说："谁想汉室四百年天下竟在此女手中。"一伸手将貂蝉拉住说道："随我到画阁中央。"貂蝉移动金莲，同王允进了画阁。王允屏退妻妾，扶貂蝉于上座，即下拜叩头。貂蝉惊伏于地说："折死贱妾了，大人何故如此？"王允说："你可怜天下生灵。"泪如泉涌。要知王允说出何事？且听下回分解。

看累了，不妨听一听(13)

第十五回　王司徒智定连环计　吕奉先难过美人关

话说貂蝉见王允泪如泉涌，秋波之中也落下了几滴泪来，开口说道："方才言过了，但有用妾之处，万死不辞，有话只管讲来。"王允说："今百姓有倒悬之苦，君臣有累卵之祸，非你不能救。"貂蝉："妾乃女流之辈，怎么救呢？"王允说："董卓将欲篡位，满朝文武公卿无计可施。老贼有个义子姓吕名布，骁勇异常。我看他父子俩俱是酒色之徒，我今要用连环计，先将你许嫁吕布，后将你献于董卓。你在其中离间他们父子成仇，使吕布刺杀董卓，以除君民之患。重扶社稷，保住汉室江山，皆你之功，不知你意下如何？"

> 王司徒说到这里又叩头，貂蝉女说道大人莫担忧。
> 您尽可依计而行休迟误，我一去不得成功死不休。
> 不过是暗用一条美人计，管叫他父子反目成了仇。
> 想当初姑苏台上西施女，她原来也是香闺一女流。

生生的舌剑唇枪杀吴主，传下了芳名佳话几千秋。

望大人明晨就把貂蝉献，好安排香饵丝绳去下钩。

貂蝉说完，王允转悲为喜，与貂蝉一齐起得身来，坐在画阁中又商议一回，这才各自去睡觉。第二天王允用明珠数颗，命良匠嵌造金冠一顶，暗地使人送与吕布。吕布收了大喜，次日要亲自来致谢。王允早知吕布必来，预备下佳肴美酒。吕布果然来了，王允接入后堂，请到上座。吕布说："我乃相府一将，司徒是朝中大臣，蒙大人如此错爱，我何以当报？"王允说："将军说哪里话，当今天下别无英雄，唯有将军一人，我不是敬将军之职，实敬将军之才。"王允假意奉承，吕布不胜之喜，二人开怀畅饮，许多美女侍候。酒过数巡，王允说："唤孩儿出来劝酒，请吕将军多饮几杯。"两旁侍候的美女忙答应，回后宅去，过不多时，只见两个使女扶貂蝉艳妆而出。吕布抬头一看，着实一惊，但见此女有沉鱼落雁之容，闭月羞花之貌！

只闻得一阵风来兰麝香，出来个千娇百媚小女郎。

恍疑是月里嫦娥下凡世，凭空里撒花仙女降下方。

只见她乌云巧挽簪珠翠，弯弯的两道蛾眉细又长。

水灵灵秋波转将人魂引，粉馥馥面如梨花带雪香。

红殷殷朱唇一点樱桃小，白生生无瑕碎玉摆两行。

赤旭旭红缎宫袍大花绣，韵姗姗裙拖环佩响叮当。

娇怯怯慢步轻盈金莲小，婀娜娜柳腰花体世无双。

从容容举止一派大家气，喜滋滋笑倚东窗白玉床。

吕奉先胡思乱想心不定，一霎时眼花缭乱口难张。

吕布一见貂蝉，被弄得个眼花缭乱，魂销魄散，呆了多时方才开口问道："这是何人？为何到此？"王允笑说："这是小女貂蝉，蒙将军厚爱，要小女来与将军相见。"一边说着便叫貂蝉前来与吕布斟酒。貂蝉故作羞态之状，轻展翠袖，慢伸十指尖尖的手，拿起镂金花盏，满酌美酒一杯，递与吕布。吕布慌忙欠身伸手来接，两下眉来眼去，彼此有情。王允见貂蝉如此伶俐，心中暗喜，故说："孩儿陪将军多喝几杯，我们一家老小全靠将军扶持。"吕布见王允这样，便请貂蝉入座共饮。貂蝉故意推辞含羞欲去，王允说："孩儿好不大方！吕将军是我的挚友，不是外人，共坐何妨？"貂蝉含笑坐于王允身旁，与吕布正坐对面。他俩眉眼传情，彼此留意，你亲我爱的光景就令人难以言传了。

酒席前坐下佳人美貂蝉，这回可喜坏温侯吕奉先。

分明是男女之间两相诱，却是为各有心事不一般。

这一个目不转睛呆呆看，那一个眼角眉梢把情传。

第十五回　王司徒智定连环计　吕奉先难过美人关

35

这一个一片赤心无二意，那一个假装相思蹙眉尖。

这一个手拿酒杯懒张口，那一个假意殷勤让几分。

这一个滚热肝肠还嫌冷，那一个别有心事把人瞒。

他二人交杯换盏各有意，王司徒满面带笑又开言。

话说吕布是真心喜爱，而貂蝉假意殷勤，眉来眼去，彼此留情。王允手指貂蝉向吕布笑说："我想将小女送与将军为妾，不知将军肯同意吗？"吕布闻听不胜惊喜，慌忙离席致谢说："若是如此，杀身难报。"王允说："既蒙将军不弃，慷慨允诺，早晚择一良辰送入府中。"吕布谢了又谢。那一股欢喜之态，得意之状，真令人难以描画。他频频以目看貂蝉，貂蝉也以秋波送情，这时天色将晚，酒席已终，王允说："本想留将军住宿，恐董卓太师见疑，如之奈何？"吕布满心里也想住下，难舍难离，无奈惧怕董卓，不敢擅自在外边住宿，不得已再三拜谢而去。

吕奉先万般出于无奈中，不得已再三拜谢辞了行。

来到这辕门以外上了马，王司徒前送几步打一躬。

吕奉先欠身回头说声请，响叮当鞭敲金镫把缰松。

这一回满面春风归相府，得意处较比寻常不大同。

在马上低头无语心暗想，就说道今朝等的是奇逢。

王司徒珠嵌金冠送一顶，细想来无功受禄就不该。

谁曾想他又献我貂蝉女，送与我洞房花烛把亲成。

酒席前并不回避对面坐，还叫她翠袖殷勤捧玉盅。

俺二人眉来眼去两相照，可喜那红粉佳人最有情。

细想来这场喜事出意外，莫不是身赴阳台一梦中。

第十六回　董卓愚中连环计　吕布梦中会貂蝉

不说吕布得意而去。再说到了次日，王允在朝堂见了董卓，吕布不曾在旁，伏地拜见说："卑职想明晨欲屈太师大驾到寒舍一叙，不知太师肯不肯去？"董卓笑说："那太好了，明日早到府上打扰。"王允拜谢归家，安排酒宴，设座于中堂，锦毡铺地，内外各设幔帐。次日晌午，董卓来到王允家，王允朝服朝冠迎接，再拜请安。董卓下轿，左右持戟，约百余人拥护入堂端坐。甲士站立两旁，王允于堂下再拜，行了全礼。董卓命人扶起入座，王允谢座，忙吩咐行酒作乐。饮酒至晚，王允请董卓入后堂。董卓吩咐甲士外厢伺候，王允另用酒款待来人。董卓进了后堂并无一人。王允有意献媚董卓，假意奉承起来了。

王允满面带笑说道："太师在上，卑职有句肺腑之言，趁此无人就对太师说了吧。"

> 我自幼曾学天文习地理，每夜里独上高台去观星。
> 现如今汉家气数不久尽，老太师应登九五坐朝廷。
> 比作那舜之受尧禹继舜，正合着天意人心理上通。
> 又何况自古有道伐无道，为什么不按武王行一行？
> 这句话旁若有人难出口，不过是天知地知你我明。
> 王司徒虚情假意哄奸党，老董卓满面添欢喜气生。

王允原是虚情假意奉承，老贼董卓正在安排篡位，一听王允之言正合自己心意。他欢欢喜喜地说："老夫福浅德薄，哪有这个想法？司徒太过举了。"王允说："岂敢过举？自古有道伐无道，无德让有德。今太师功德威震天下，恩泽四方百姓，应为万方之主，就像汤灭桀、武王伐纣一样，正合天下民心。"董卓捻须大笑说："若果如此，司徒应为元勋。"王司徒忙于席前叩头谢恩。此时天色将晚，中堂点起烛火，四面俱是锦屏，内外都有幔帐，悬灯结彩十分辉煌。两边使唤之人俱是少年美女，一个个花团锦簇，各尽风流，殷勤奉侍。有斟酒的、下菜的、吹竹的、弹丝的、歌舞的，笙簧缭绕。放下珠帘，令打扮得花枝一般的貂蝉，翩翩起舞，歌喉婉转。

董卓原是个好色之徒，如何见得这般光景？真是酒兴高时色兴起，不觉梦赴巫山十二峰，一时眼花缭乱，心神恍惚。这些女子假意奉承，尽心歌舞，容颜妖艳，曲调悠扬，真如九天仙乐。老贼悦目怡情，心花怒放，猛抬头又见一个红衣女子，舞于珠帘之下。董卓将她叫到近前，女子就在席前深深下拜。董卓睁眼仔细一看，见这个女子与其他女子不大相同，风姿婉妙，倾绝人寰。董卓惊问王允："此女何人？"王允说："是小女貂蝉。"董卓笑着问貂蝉："能唱吗？"貂蝉故意含羞不答。王允代答说："此女颇晓音律，就是口羞，既蒙太师见爱，貂蝉你就歌一曲与太师下酒，太师还要重重赏赐。"貂蝉这才轻敲檀板，微启朱唇，低唱一曲。

> 一点樱桃启绛唇，两行碎玉喷阳春。
> 丁香舌吐纯钢剑，要斩奸邪乱国臣。
> 好一个足智多谋貂蝉女，你看她胸中圈套似海深。
> 好容易假意虚情赚吕布，还只得装娇献媚哄奸臣。
> 虽然在人前卖尽千般俏，却不是私奔相如卓文君。

休将个忠肝义胆奇侠女，错认成水性杨花淫妇人。

最可怜香闺绣阁千金体，假装作出墙红杏一枝春。

好叫人一时难辨真和假，谁知她笑里藏刀有用心。

慢夸奖惑乱吴王西施女，细看来貂蝉真是汉忠臣。

贼董卓生生坠入牢笼计，从今后父子成仇绝了恩。

话说貂蝉歌毕，董卓称赞不已。王允又命貂蝉与董卓把盏，董卓手擎酒杯，目望貂蝉笑着问："你青春几何？"貂蝉说："二八。"董卓笑着说："风姿绝世，真神仙中人。"王允见董卓心动，便乘机说："卑职想将小女送与太师，不知太师如意否？"董卓大喜说："司徒如果这样，何以报答？"王允说："此女得侍太师，其福不浅，太师既肯容纳，卑职沾光多矣。"董卓再三致谢。王允即刻命备车先把貂蝉送到相府，董卓也就告辞了。

话说王允送董卓直到相府，方告辞而归。走到半路他只见两行红灯引路，吕布骑马执戟而来，正与他撞到一处，便勒住马一伸手揪住他衣襟，厉声问道："司徒既以貂蝉许我，今又送与太师，无故相戏，莫非你看我剑不利？"王允急忙说："将军请不要动怒，此地不是讲话地方，请到寒舍对你诉说。"吕布撒手随王允到家，叙礼让座。家僮上茶来，每人斟上一盏。王允说："将军何故责怪老夫？"吕布说："有人报我说，你用车送貂蝉到太师府，是什么用意？"王允说："有这样的事。将军原来不知，昨日太师在朝中对老夫说：'我有一事明日要到你家。'我只得回家预备小宴。午时太师来了，饮酒之间他说：'我闻听你有一女，名唤貂蝉，已许吾儿奉先。我恐言语有出入，故特来求亲，并请出一见。'太师亲自相求，老夫岂敢违命？遂让小女貂蝉出来拜见公公。太师大喜说：'此女真堪配我儿为妻！今日就是吉日良辰，我不免就把貂蝉带去配与奉先。'太师亲口吩咐，老夫岂敢违太师之命？"

话说吕布听了王允之言，认假为真，满心欢喜辞别而去。回到相府内门已封，不得进去，无奈独宿自己寓所，一夜无眠。待到次日清晨，忙进府中打听，杳无音信。走入堂中询问丫鬟，都说昨晚太师归来就与新人饮酒行乐，方才共寝，至今还不曾起来。吕布闻听心中好恼，即潜入董卓卧房之外偷瞧。此时，貂蝉已起来了，正在窗下梳头。忽见窗外鱼池中照入一个人影，偷眼一看，原来是温侯吕布站在卧房之外往里偷瞧，面带恼恨之色。佳人看吕布这番光景，就把连环计使出来了。

貂蝉女抬头看见吕奉先，霎时间粉面红了好几阵。

咯吱吱银牙咬破樱桃口，闷悠悠秋波带恨踩金莲。

不住得衫袖轻拭腮边泪，纤手儿窗台画损凤头簪。

极像是一腔幽闷难分诉，　仅用那眉眼暗把心事传。

吕奉先目不转睛呆呆看，　只觉着火燎心肺剑刺肝。

分明是落花有意随流水，　恨杀人对面如隔万重山。

老奸贼如同九曲银河水，　阻住咱织女牛郎见面难。

凭空里快斧劈开连理树，　怎么会钢刀斩断并头莲？

实指望百岁良缘今宵定，　反弄得万种相思各一天。

这豪杰回肠九转难忍受，　好不待喜坏佳人女貂蝉。

　　话说貂蝉见吕布目不转睛地看她，带出难禁难受之状，知计不难成，便以衫袖频频假拭泪眼，又以秋波送情。二人你看我，我看你，看了多时，空有无限情怀，彼此不能倾诉。貂蝉虽是假意，吕布却是真心，空发急躁，又不敢擅进董卓卧房，不由得缓步走出复又回来。此时，董卓已起床穿衣，坐于中堂，见吕布自外进来，问道："外面无事吗？"吕布答道："无事。"口中虽和董卓说话，二目却是偷看貂蝉。貂蝉在绣帘之内，微露半面，往外偷瞧。吕布见这光景神魂飘荡。董卓见吕布这番形态，心中疑惑，便说道："奉先无事可先回去。"吕布无奈怏怏而出，回到自己住房，坐卧不安，饭也不愿意吃，待到天黑秉起灯来，和衣倒在床上，辗转思量　心中好生烦恼。

　　吕布胡思乱想一回，听了听谯楼更鼓已打三更三点，合眼蒙眬，只听得外面有人叩门，仔细听来原是个女子声音。吕布暗喜说，莫不是貂蝉来了，慌忙起来开门一看，果真是貂蝉。吕布惊而问："夜静更深，相府中重门深锁，小娘子怎么到此？"貂蝉摇手说："将军不可高声，奴家趁老贼睡熟爬墙越壁而来，万一泄露机关，你我死无葬身之地。此来非为别事，只因你我相爱一场，竟成画饼。今被老贼强迫奸污，非奴水性杨花，变心负义。但得将军见谅，貂蝉虽死也得甘心瞑目。"吕布说："既如此，这不是叙话之处，请娘子同到里边略叙片刻。"一边说着，一边拉着貂蝉的手，同进卧房来了。

他二人骤然相会满心欢，　这一回喜坏温侯吕奉先。

一伸手拉住多情貂蝉女，　笑说道多谢小姐好心田。

喜滋滋携手同把卧房进，　急转身慌忙去将门来关。

来在这牙床之上并肩坐，　两下里各诉知心肺腑言。

这个说你我结亲真大喜，　那个道爱你英雄美少年。

这个说可恨老贼强行占，　那个道怨积心头恨如山。

这个说莫非也嫌董卓老，　那个道强扭瓜儿总不甜。

这个说为你得了相思病，　那个道妾与将军是一般。

这个说不想今夜得相会，　那个道舍命私奔到这边。

这个说侯门似海难出入，那个道偷开后门出花园。

二人共诉知心，两下情浓，宽衣解带，方欲沾身，忽听有人门外高声说道："太师醒来不见貂蝉，不想竟在这里，大家快快捉拿去见太师，"吕布大惊，忙把貂蝉推开，起身下床，跌了一跤，猛然惊醒，乃是南柯一梦。睁眼一看，只见桌上残灯半明不灭，依然是自己倒在床上。听了听谯楼梆锣已打四更，不由得长叹了几声，扶枕起得身来，回想梦中景况，好生烦恼。

第十七回 ‖ 董卓大闹凤仪亭
李儒劝卓效楚庄

话说董卓自得貂蝉之后，为色所迷，月余不出理事。董卓偶染小疾，貂蝉衣不解带，曲意奉承，以求欢心。董卓只当是实意，满心欢喜。一日吕布进来假意请安，实则来看貂蝉。吕布到来正值董卓朝眠未起，貂蝉先起立于床后，一见吕布如醉如痴，紧蹙双眉，暗错玉齿，以手指自心，又以手指董卓，挥泪不止。吕布见此光景，心肝欲碎。两个仅以眉眼送情传心，彼此不敢通话。董卓蒙眬双目，看见吕布进来，站立多时，并不言语，目不转睛呆呆地往床后看，有眉眼弄情之形。回身一看原是貂蝉立于床后，所以吕布呆看不语。董卓大怒说："奉先无礼，敢戏我爱姬，左右与我逐出，从今以后不许擅入后堂。"吕布被责，含羞忍气，愤恨而归，路遇李儒，遂把前后一事告诉了李儒。李儒安抚吕布几句，急入相府来见董卓。

> 慌忙中李儒急把相府进，正遇着董卓净面换衣服。
> 老奸贼抬头只见女婿至，忙吩咐家僮提过茶一壶。
> 李子文手拿茶杯面带笑，口里连声把太师称又呼。
> 吕奉先今朝进来把安问，怎能为些小事就将他赶？
> 太师你当面给他太没脸，方才他亲口对我来诉说。
> 自古道宽宏大度真君子，倘若是量小怎把大业图？
> 咱如今正要兴兵取天下，这中间全仗温侯来帮扶。
> 万一这激恼奉先心改变，谁保你南面登基去称孤？
> 老董卓闻听此言把头点，笑着说此事真是我糊涂。

李儒言罢，董卓点头笑道："贤婿之言有理，是我做错了。但奉先已愤愤而去，如何是好？"李儒说："此事不难，明日来朝将他唤进府中，赐以金帛，用好言安慰，自然无事。"董卓依李儒之言，次日使人将吕布唤来，董卓说："我前日病中心神恍惚，一言不周，奉先不要记怀。"言毕赐金十斤，锦二十匹。吕布领谢而归，自此仍在董卓左右。总不得见貂蝉之面，吕布时时怀恨董卓。一日董卓入朝议事，吕布执戟相随。吕布见董卓与献帝共议国事，趁此机会提戟出了内门，上马急拨相府而来，将马拴在府前，提戟直入后堂，寻着貂蝉。貂蝉说："此处不可久叙，你去花园中凤仪亭前等我，我随后就到。"吕布提戟忙进花园，立于亭下曲栏之旁。不多时，见貂蝉分花拂柳而来。吕布仔细一看，真如月宫仙子，出水芙蓉。说话之间貂蝉已来之近前，一手拉住吕布就哭诉起来。

吕布见貂蝉哀哀哭诉说的话，句句钻心刺骨，急得两眼纷纷落泪。他手拉貂蝉劝道："小娘子不必如此，原是那老贼强行霸占，不是你故意失节。吕布昌愚却非草木，不是连娘子的心事也看不透，小将至死也不昧你一片痴心。"貂蝉含泪说："老贼将妾奸污，恨不能即死，只因未见将军一面，所以忍辱偷生。今日幸得见面，将我一片赤心对将军吐说分明，倘蒙见谅，貂蝉死而无憾了。此身已被他人淫污，不能服侍英雄，愿死于将军面前，以明妾志。貂蝉死后愿将军珍重自保，勿以妾身为念。"说完手攀曲栏一纵身就往荷花池中跳。吕布慌忙抱住说："吾知汝心久了，只恨不能在一起，叫人无可奈何。"貂蝉扯住吕布又哭诉，今生妾不得与将军为妻，愿等待于来世。吕布瞪大眼睛说道："我吕布今生不得与你为夫妻，不是英雄。小娘子不要寻短见，暂且忍耐一时，容我慢寻良策，咱夫妻自有团圆之日。"貂蝉止住眼泪说道："妾在老贼手中，似在枉死城内，将军速速设法相救才好。"吕布说："不劳娘子多嘱，小将记下了。我今偷空而来，不敢久留，倘若被老贼撞见，那时便连累小娘子。"一边说着提戟要去，貂蝉扯住衣襟不肯放手。

再说董卓在金殿与献帝交谈，一回头不见吕布，心下怀疑，急忙辞了献帝，坐轿速回相府。他见吕布的赤兔马拴在府前，不见吕布的人，忙问门吏。门吏说："见温侯拴马在此，提戟忙入后堂。"董卓闻言心中更疑，急忙下轿，退去左右，独自急入后堂。他不见貂蝉，也不见吕布，急问侍女，侍女说："貂蝉在后花园观花多时。"董卓急入后园，正见吕布和貂蝉同在凤仪亭下相偎相靠，画戟倚在一旁，貂蝉以袖拭泪。老贼见此光景，哪里还容得？

老董卓大步闯进后花园，猛抬头看见少年吕奉先。

与貂蝉相偎相抱在一起，身旁的画戟斜倚曲栏杆。

听不清二人说的什么话，但只见貂蝉眼中泪涟涟。

这奸贼见此光景气炸肺，急忙忙闯到凤仪小亭前。

你看他先把画戟拾在手，说了声奉先胆大包了天。

吕奉先猛然看见董卓到，好像那扬子江心把船翻。

一撒手舍了多情貂蝉女，迈大步疾走如飞出花园。

董卓提戟随后赶来，身体肥胖赶不上，便要掷戟来刺吕布。

他大喝一声："好小子你往哪里走？吃我一戟！"恶狠狠一戟照准后心去。吕布眼力好，回身用手一拨，乒的一声，一掌将戟打落。

董卓拾起复又追赶，一直赶出园门。不提防自外跑进一人，把董卓劈面撞倒在地。董卓看了看，乃是李儒。董卓跌倒喘息不止，李儒将他搀扶起来，同入书房。气喘多时，董卓方才说道："贤婿为何而来？"李儒说："我到府门得知老太师怒上后园寻找吕布，晚生才急急赶来。在花园门外，正遇上奉先带惊奔走，说道太师后边追杀他。晚生忙来解劝，不想正巧撞倒太师，晚生无意中冲撞太师，有罪呀，有罪！但不知太师因何怒杀奉先？"董卓说："吕布这厮屡次戏我爱姬，誓必杀他以解我心头之恨。"李儒说："太师之言不妥，你不记得列国时楚庄王之事了？昔楚庄王夜宴群臣，让他爱妾侍席把盏，忽被风吹灭烛灯。座中有个少年武将，名唤蒋雄，于黑影里拽他爱姬之手，他爱姬大声说：'有人调戏我，我已将他帽缨拿下，快秉烛看是何人，好按法治罪。'楚庄王肚量宽宏，命在座的将士把帽子上的缨都拿下来，然后秉烛，起名这个宴叫绝缨会。并不追究调戏爱妾的人，君臣尽欢而散。自此，蒋雄感谢庄王，舍命保他的江山，使楚国得成霸业。楚庄王肚量宽宏，终得蒋雄之力，后来传为美谈。事在春秋，流芳千古！"

李儒说完，董卓说："猛将固然可爱，可他屡次戏我爱姬，这怎么能容忍？"李儒说："见小利则大事不成，小不忍则乱大谋。太师既有大志，万不可为一妇人失一心腹猛将。以晚生愚见，太师趁此机会将貂蝉赐予吕布，吕布感恩，必以死报太师，何愁大事不成？晚生所见不知太师同意否？请太师权衡定夺。"董卓沉思良久说道："你的意见容我想想。"李儒辞别而去。董卓入后堂对貂蝉说："你为什么与吕布私通？"貂蝉哭诉说："妾在后园观花，吕布突然而来，妾一见慌忙躲闪。他说：'我乃太师之子，何须回避？'他手提画戟赶妾至凤仪亭前。妾见他安心不良，恐为所辱，欲投荷花池自尽，又被他抱住。正在生死之间，幸得太师来及时救了妾身。本来是吕布安心强逼妾，为何说是私通？"说完秋波落泪不止。董卓说："美人不必如此，原本没有你的事。那吕布既然爱你，我就把你送与吕布，郎才女貌，年庚相仿，胜过老夫，你是否愿意？"

貂蝉女闻听此言吃一惊，吓得她神魂飘荡走真灵。

并不是贪恋董卓嫌吕布，原来她是怕连环计不成。

曾在那王允面前夸下口，施妙计为国除奸立大功。

倘若真的把貂蝉嫁过去，那么何人才能够杀奸雄？

想到此粉面红了二三阵，就说道太师之言理不通。

奴如今既然侥幸得恩宠，怎么肯另与他人把亲成？

自古道好马不配双鞍辔，这件事妾身宁死也不应。

哭诉间壁上拿下龙泉剑，刷拉拉亮出纯钢二刃锋。

恶狠狠照准咽喉就下手，这一回慌了董卓老奸雄。

董卓慌忙夺剑说："美人不必着急，我是说笑话。"貂蝉倒在董卓怀中大哭，一边哭一边说："这必是李儒的主意，他与吕布交情厚，所以他才这样做。他只想为了朋友之情，全不顾太师体面，妾恨不能剥其皮，食其肉，才解我心头之恨。以妾看来，此处不可久居，恐被吕布、李儒所算。"董卓说："美人放心，明日我同你到郿坞共享安乐，料也无妨。"貂蝉闻听此言，方才收泪拜谢。此时天色已晚，貂蝉命使女收拾床帐，叠被熏香，服侍董卓睡觉，自己独对银灯，不由得满怀愁肠，好一阵伤心。

好容易花言巧语赚吕布，还得要多方谄媚老奸雄。

奴虽然对着这个说那个，却不是没有廉耻不正经。

现如今孤身独留宰相府，愁煞人何年何月才成功？

吕奉先少年英雄人也好，老奸贼要咱与他把亲成。

咱要是水性杨花心改变，王司徒计献连环落场空。

我宁可赤心耿耿无二意，誓必要舍身为汉苦尽忠。

一来是拯救君民免受苦，二是来报答老爷养育恩。

落一个全忠全孝心无愧，再不能半途而废留骂名。

貂蝉千思万想直到夜半，只觉着身子乏困，不由得和衣倒在牙床，斜靠凤枕，二目蒙眬。只见司徒手提宝剑，温侯吕布倒提画戟，二人自外而来。貂蝉一见又惊又喜，慌忙迎至门外。司徒低声问道："老贼在哪？"貂蝉说："大人与将军来得凑巧，正值老贼睡熟，身旁无人，正好下手。"二人闻言满心欢喜，仗剑持戟一直闯进卧房。吕布手拧画戟，照准董卓分心刺去。董卓疼痛难忍，一声怪叫，血自口中喷出，势若泉涌。王允手起剑落砍下董卓头来，满地乱滚。貂蝉大惊，忽然醒来，乃是一梦。她用手将秋波揉了几揉，看了看窗台上残灯半明不灭，听了听谯楼更鼓正打三更，不由得长叹了一声说："梦是心头想，奴存此心因得此梦。老贼呀，老贼！奴家梦中情景，想来就是你的结果了。"这佳人梦中欢喜醒来惊，闷向银灯叹几声，大事牵心睡不稳，翻来覆去到天明。要知后来事，且听下回书。

第十八回 ┃ 董卓赴郿坞行乐
四人定计杀董卓

说唱三国

话说貂蝉一夜未睡，至次日清晨，早早梳洗完毕，伺候董卓穿衣净面完毕。李儒自外而来，请过安，施礼，让座，家僮献茶。董卓问："外面有何事情，贤婿进来这么早？"李儒说："晚生此来不为别事，只为貂蝉一事。今日乃黄道吉日，不如就把貂蝉送与吕布成亲如何？"董卓摇头说："不可呀，不可！吕布与我有父子名分，此女已侍老夫，如何再赐吕布？我不治他罪，宽恕他，你传我意，以好言说之。"李儒说："太师欲图大业，何以舍不出一个女子？太师高明，万不可被妇人所惑。"董卓变脸说："你的爱妾何不赐予奉先？貂蝉之事休再多言，再言者必斩。"李儒满面羞惭而去，仰天叹曰："我等皆死于妇人之手。"李儒自此不管老贼的事了。

此时吕布闻知老贼带着貂蝉同赴郿坞，预先站在高冈之处，等着偷看貂蝉。只见貂蝉在香车之上，高卷珠帘，满面带恨，以罗袖频频擦眼泪。吕布见此光景，肝肠俱碎。他骂了一声欺人的奸贼，无良心的匹夫，我和你势不两立！

> 你如今恶胆包身同天大，但恐怕以力服人人不服。
>
> 须知道独乐不如与人乐，老苍生也算读过圣贤书。
>
> 只顾你妻妾百千纵淫欲，全不管他人无偶一身孤。
>
> 狗奸党灭绝天伦伤风化，咱把那父子情肠有若无。
>
> 你几时恶贯满盈入罗网，我再与你把账目算清楚。
>
> 吕奉先一时发下冲天恨，身后边有人来把将军呼。

吕布在高冈之处，痛骂了一回，只见貂蝉车仗去得远了，望尘叹息。忽闻背后一人问："温侯不随太师大驾同赴郿坞，为何在此遥望叹息呢？"吕布回头一看，乃司徒王允，慌忙拱手相见。王允说："这几日老夫因染小疾，闭门没出，久未与将军相会，想念至极。今日太师驾临郿坞，只得扶病出送，可喜得遇将军。"吕布说："你我久违不见，不知司徒贵体欠安，失误问候，有罪，有罪！万望见谅。"王允说："岂敢，岂敢！请问将军在此长叹是为何事？"吕布说："不为别事，正为你女貂蝉。"王允故意惊问说："许多时了，太师还不曾将貂蝉送与将军？"吕布说："老贼自己宠幸已经月余，司徒尚不知吗？"王允假装大惊说："不料太师竟有此事，老夫病中没出门，无从得知。"吕布遂将前事一一告诉王允。王允仰面跌足半晌不语，过了良久说道："太师真是禽兽，请将军且到舍下商议。"吕布随王允到家，同入密室置酒款待。吕布又将凤仪亭前貂蝉哭诉，被董卓撞见，掷戟赶杀等情形细说一遍，王允听罢大怒不止。

吕布越说越气，虎目圆睁，拍案大叫说："我必杀此奸贼，以雪我之耻，以解军民之恨。"王允故意制止说："将军不可高声，万一泄露出去累及老夫。"吕布怒目说："大丈夫生长天地之间，岂肯低头甘心久居他人之下，况有夺妻之恨，谁能容忍？"王允说："这我相信，以将军之才，实不该受董太师的限制。以盖世英雄，甘心服人管辖，更兼受此侮辱。"吕布又说："我想杀死老贼，无奈有父子名分，恐被别人指责。"王允微笑着说："将军自姓吕，太师自姓董，他与你哪有父子名分？如有就不该父霸子妻。花园掷戟之时，有父子情肠吗？"吕布愤然说："不是司徒说，我几乎自误。我与老贼不但没有父子情肠，实有万世不解之仇，不杀此贼何以为人？"王允见吕布主意十分决断，这才把肺腑之言对吕布说了出来。

王允说完，吕布说："司徒之言极是，我意已决，勿劳多嘱。"王允说："一言既出，驷马难追，只因你我至亲缘故，才敢全抛肺腑之言，如不成我有灭门之祸。"吕布见王允心中无底，抽出身边宝剑刺臂出血为誓。王允跪下谢过，又说："社稷复存皆将军之力，且勿泄露，临期有计自当报知。"吕布答应辞别王允而去。王允即请仆射士孙瑞、司隶校尉黄琬商议。孙瑞说："方今主上有病才好，可派一能说之人往郿坞请董卓回京议事。一面暗以天子密诏付吕布，让他兵于朝门之内，引董卓入来杀之，此上策。"黄琬说："董卓所恃者吕布，今吕布心已变，董卓好图了。但不知何人赴郿坞为妥？"孙瑞说："有一个人可去，骑都尉李肃恨董卓不升其官，心中怨恨他，若使此人前去，董卓必不疑。"王允说："此计很妙，即刻将吕布清来商议。"吕布说："当日劝我杀丁原归董卓即此人，今若不去，我先杀他。"遂使人密请李肃来到，他四人布谋定计杀奸雄，将李肃即刻请到后堂中。

> 大伙儿谦逊一回落了座，家僮给每人斟上茶一盅。
> 吕奉先未曾开口心不悦，你看他双眉紧锁面绯红。
> 顷刻间欲言又止两三次，意沉沉秉手尊声李年兄。
> 想当初小弟听了你的话，杀丁原立刻弃暗来投明。
> 你说他盖世英雄数第一，又加上礼贤下士最谦恭。
> 谁料想风里传言不可信，细看来竟是一个糊涂虫。
> 平常里胡作非为灭伦理，施暴虐杀害无辜惯行凶。
> 起先时废嫡立庶杀人子，用药酒毒死太后和正宫。
> 现如今世人共怨恶贯满，咱何不随机应变顺时行？
> 只要你假传天子一道旨，往郿坞诓哄奸贼进京城。
> 朝门内暗地埋伏刀斧手，敢保一鼓而擒就能成功。

大伙儿力扶汉室除国患，好歹是搭救君臣众生灵。

李肃闻听吕布此言，说："我想除此贼也很久了，恨无同心协力之人，今将军与列位年兄如此行事，是天助我们。"说毕折箭为誓。大伙又商议一回，这才散去。

第十九回　李肃郿坞传圣旨
司徒为国捐身躯

次日，李肃引数十骑到郿坞，对门吏说："天子有诏，让丞相回京，有要事共议。"门吏禀告董卓，董卓将李肃唤入，李肃请安，一旁站立。董卓问天子有何圣旨？李肃将圣旨呈上，老贼并不接拜，拿过来放到书案上看了一遍，微笑着说："圣上因何有此诏？"李肃说："天子病痊愈后，自想才能不行，不足以平天下，命钦天监大人上观天文，下察地理，才知汉家气数已尽，应让有德之人。天子欲会众文武于未央宫殿，共议将禅位于太师，故写此诏。"董卓笑说："老夫功微德薄，哪堪为君？"李肃说："这有何妨？昔日尧禅舜，舜又禅禹，不都如此吗？今老太师德高望重，有功于汉室，承袭大统正合天意人心，不过分。"董卓一闻此言，心中更喜，又说："王允的意见如何？"李肃说："司徒已命人筑受禅台。"董卓暗自思道，那日我到司徒家中，将美人貂蝉送我，所说的心腹话与李肃说的一样。此人素日决烈，我甚畏他，今既顺服，我无忧了。遂命心腹部将李催、郭汜、张济、樊稠领飞熊军三千把守郿坞重地，自己即日起程回京。临行斟酒与貂蝉话别，将天子禅位、王允筑受禅台的话说了一遍。貂蝉便知连环计已成，暗中庆幸，遂假意奉承许多。董卓大喜说："我今日进京即为天子，当立你为贵妃。"貂蝉叩头谢恩。董卓别了貂蝉，上轿离开郿坞，带领甲士三千随路保驾，前呼后拥直奔长安来了。

好一个不知天命老奸臣，你看他拿着棒槌认了针。

排车驾欢天喜地把京进，带领着挂甲儿郎一大群。

可笑他只知利而不知害，并不问九曲黄河几丈深。

安排着受禅台上为天子，反成了森罗殿前见阎君。

从今后辞去阳世归阴世，还休想上欺天子下压臣。

话说董卓离郿坞城，急行军赶往长安，很快就到了长安城外，文武百官俱来迎接。董卓进入相府，吕布入室请安。董卓说："我当天子，你当一品大将军，总领天下兵马。"吕布谢恩，就在帐前歇宿。深夜董卓听到大街有人作歌，声音极为清切，其词为："千里草，何青青！十日卜，不得生。"这"千里草"是董字，"十日卜"是卓字，"不得生"即死。董卓听后不解，天明问吕布，吕布含混答说："歌词无非是说，刘氏已灭，董氏将兴。"董卓信以为真。遂梳洗穿衣，用了点心，传令一干人役侍候，辕门上放了九声大炮，老贼乘轿出府，排开仪仗，前呼后拥，一直入朝来了。

话说老贼董卓，一片痴心，不知利害，排开仪仗，昂昂然直入朝来。此时文武百官，一拥齐到。李肃并不骑马，手执宝剑扶轿而行。来到禁门，将董卓跟随的护卫军都挡在门外，独有抬轿等十余人，得入禁门。董卓猛然看见，司徒王允等多人，各执宝剑叉手立于殿门，并不见受禅台在何处。轿继续往前行，王允大呼说："反贼至此，武士何在？给我拿下！"

王司徒手持宝剑一声喊，　慌张了两边武士挂甲郎。
嗷的声如狼似虎往上闯，　一个个手中俱持刀和枪。
顷刻间围了个风雨不透，　武士们抢头功个个逞能。
恶狠狠枪刀并举齐下手，　老奸贼手忙脚乱心里慌。
刷的下腰中宝剑亮出鞘，　你看他左右遮架不着伤。
纵身躯双足一蹬往下跳，　呼了声我儿奉先在哪厢？
吕布说有诏讨贼我在此，　奸贼你且放宽心不用忙。
拧了拧方天画戟明又快，　刷的声刺了一个透心凉。
哎哟一声把三尺龙泉扔，　扑通下肥胖身躯倒地声。
吕奉先顺手抽回银战戟，　老董卓口中涌出血一腔。

话说董卓被吕布一戟刺死，李肃忙用宝剑砍下老贼首级，此时文武官员惊了个魂不附体，个个抖衣战栗。吕布大声说："我奉天子密诏，讨杀贼臣董卓，其他人都无事。"众文武闻听此言，方才压下那口惊气，命将老贼尸首抛在京城大街十字口。过往行人无不足践其尸。王允又令吕布、黄琬二人领京兵五万，往郿坞去杀董卓家属。那董卓有李、郭、张、樊等勇将把守郿坞城，他们已听说董卓被杀，京兵将到，便领兵三万分四队，从山僻小路连夜进京，来为董卓报仇。京城中尚有老贼心腹余党，私开城门，李傕、郭汜、张济、樊稠趁京城没防范，四路人马蜂拥而至。不论官员百姓，一齐开刀，乱杀乱砍，好惊人啊！

都只为董卓余党开城门，　闯进了三万贼兵乱纷纷。
一个个要与主公把仇报，　苦了这长安城里众居民。
也不论文武官员和铺户，　哪里管士农工商和王孙。
只杀得无数尸体堆成垛，　到处是人头乱滚血淋淋。
年壮的舍生忘死去逃命，　苦了那儿童老年俏佳人。
见多少妇女抢去遭强奸，　再就是填满沟壑几丈深。

第十九回

李肃郿坞传圣旨　司徒为国捐身躯

满城中翻天掘地如锅滚，　乱哄哄女哭儿啼不可闻。

此一时无有官兵和战将，　一个个闭户藏头手捧心。

朝堂上两班文武多懦弱，　没谁敢平贼灭寇息狼烟。

且不言长安城里刀兵乱，　急回来再表温侯吕奉先。

　　不言长安城贼兵作乱，再说吕布、黄琬兵至郿坞，吕布先把貂蝉安排好，留下几个贴心丫鬟服侍。其余老贼所霸占良家女子尽行释放归家，唯董卓家属亲眷不分老幼统统杀死。郿坞城仓库之中所贮的金银珠玉器皿粮草之类不计其数，用车辆解回京来。到了长安城下，两军相遇一场厮杀，将车辆搬运之物抢去许多。此时禁城青琐门已关，贼兵虽多，但没有几个骁勇的，被吕布一阵杀退。吕布得空找了一所宅院，安置家小，封锁严密。此时也不知黄琬生死存亡，人在何处，吕布无奈催马拎戟杀进城来，闯至青琐门外，正见王允在城头上督兵守城。吕布在马上向王允大呼说："事情很急，请司徒开门上马，杀出城去，再作良图。"王允在城上高声说："我因要救君王、安国家，方定计除奸。不料董卓方除，贼兵又到，我要生与天子同生，死与天子同死。岂不知忠臣之节有死无二，临难逃生不是我的主张。"吕布再三劝说："杀身成仁固然是仁人之大节，而明哲保身亦是智士之大略，要见机而作，徒死无益。"吕布百般劝解，王允不听。二人说话间，四门火光冲天，满城中杀声四起，四路贼兵蜂拥而至，一齐杀到禁城。顷刻间围将上来，风雨不透。吕布虽说是员勇将，此时单丝不成线，孤掌难鸣，料想不能取胜，难以平贼，无奈杀开一条血路，闯出重围，保护家小，投奔袁绍去了。

　　话说贼兵把长安城围了个水泄不通，声声高叫汉天子城头说话。献帝出于无奈，带领群臣上了城楼，高声问道："你们闯进长安城杀人放火是何意？声声呼唤寡人还有什么话说？"李傕、郭汜等勒马持刀望着城头，口呼万岁，说："董太师乃社稷之臣，并无犯罪，凭空被王允等谋杀。臣等特来替主人报仇，不是造反，但见王允，臣即退兵。"此时，王允在献帝身旁，闻听众贼之言，慌忙跪倒说："臣因社稷将倾，不忍坐视，所以定计除奸。不料事已至此，皆臣之过。臣敢作敢当，决不畏枪避剑。臣请下城见贼，万岁勿以臣为念。"言罢叩头起来，一蹿双足便往下跳。

王司徒万般无奈要跳城，　汉献帝抓住袍服不放松。

龙目中纷纷落下几滴泪，　急切切呼声司徒王爱卿。

只因你胸怀报国心一片，　昼夜里废寝忘食苦尽忠。

多亏了貂蝉巧施连环计，　吕奉先挟仇共谋杀奸雄。

实指望剿灭元凶除后患，　国家里君安民乐过几冬。

谁料想波浪初平风又起，　最可恨剪草留根复又生。

咱君臣事已至此须忍耐，　要的是大家商量把贼平。

说唱三国

尚能够列镇诸侯闻凶信，他必然擒王救主奔京城。

只等得四面八方人马到，那时节再振军威把贼平。

你若是尽节捐生殉国难，但恐怕抽去栋梁大厦倾。

咱君臣要死死在一起吧，倒省得抓碎肝肠满腹疼。

汉天子悲悲切切苦相劝，王司徒闭目摇头不肯听。

　　献帝再三哭劝，两边群臣也都苦口劝阻，王允冷笑说："万岁撒手，臣不死就是了。"

　　汉献帝抓住袍袖再不放手。城下贼兵声声只叫王允下城，不然要火烧全城。王允着急，抽出宝剑割断袍袖，跳下城来大声呼喊："王允在此。"李傕、郭汜、张济、樊稠一齐下马上前围住，枪刀并指说："董太师何罪，你把他杀了？"王允冷笑说："董贼之罪弥天盖地，罄竹难书。他恶贯满盈，人神共愤，应杀。长安士民皆相庆贺，你们就没听到？"众贼又说："太师有罪，我等何罪？为何赶尽杀绝？"

　　王允大骂："尔等狼子野心，行同禽兽，助纣为虐，死有余辜！长安军民皆欲食尔等之肉，喝尔等之血，罪恶滔天，还说无罪吗？逆贼不必嚼舌，王允有死而已。"众贼枪刀齐举，杀死王允于禁城之下。

王司徒捐生尽节跳城楼，咬银牙手指逆贼骂不休。

他说道既做忠臣不惜命，我王允只知有死不求生。

众贼兵手举枪刀一齐上，眼看着万段分尸鲜血淌。

你看他视死如归多慷慨，从容容临难没有蹙眉头。

为国家生生把他心使碎，好容易计献貂蝉巧连环。

现如今三寸气断千军队，落得来一事无成万事休。

叹杀人飘零白骨无人问，有谁去葬埋荒郊土一丘？

从今后闭目不管朝中事，抛开那忧国忧民无限愁。

说什么满腔热血扶汉室，空自有一点忠魂贯云霄。

王司徒慷慨只身殉国难，到如今名垂青史表千秋。

第二十回　除余党马腾发兵
让徐州陶谦诚心

　　话说众贼杀了王允，又把他宗族老幼尽皆杀死。依着李傕、郭汜二贼就要攻城杀君，张济、樊稠说不可。若杀献帝，恐众人不服，不如仍奉为君，发诏诓哄众侯进京杀之，先去其羽翼，再把大事谋图。李、郭二人从其言，这才按住兵器，又叫天子城头说话。此时，献帝同群臣在城楼上，见众贼杀死王允，一个个心胆俱裂，魂魄皆销，无不捶胸跺足，仰天流泪。正在难堪之际，众贼又来叫喊。献帝惊慌，忙止住眼泪问道："卿等自己说，与王允有仇，杀了王允即退兵，何故还不退兵？"众贼齐声说："臣等有功于宗庙社稷，未经圣上加封，故不退。"献帝说："卿等想封何职？"李、郭、张、樊四个各写头衔，献上城去，必要如此品职，方能退兵。献帝只好依从。他将四人皆封为列侯、一品将军，同秉国政。随即开禁门，四人入朝，下令将人马安置于京城。四人自此任意横行，与董卓无有两样。列镇诸侯此时各怀异心，俱都置若罔闻，独有西凉太守马腾率其子马超领兵奔长安救驾讨贼。兵至长安与贼兵交战，一场好杀。

> 众贼徒任意横行专大权，诸侯们置若罔闻袖手观。
> 唯独有西凉太守秉大义，同儿子带领兵将奔长安。
> 一心里报国除奸来救驾，到了长安城外扎立营盘。
> 两下里列开旗门相对全，杀了个地裂山崩海水翻。
> 马孟起枪法高强无敌手，小将军盖世英雄正少年。
> 他在那两军阵前打几仗，最可喜马快枪尖总占先。
> 第一次贼将王方落了马，二阵上箭射李蒙赴黄泉。
> 次后来李催郭汜双出战，疆场上数着马家小魁元。
> 这一个五光锤下着了重，哇的声血溅鞍桥一溜烟。
> 那一个枪挑袍服伤左肋，哗啦啦逃命飞奔拨马还。
> 马小将一连数阵皆得胜，最可惜粮草都断成功难。

话说马超连胜数阵，王方、李蒙丧命；李催、郭汜受伤，张济、樊稠督战保护李、郭二人败进城去，闭门不出。这长安城虽被火焚，但自从众贼专权之后，另行重修，甚是坚固。马腾父子领兵攻城多日，攻打不下，又加相隔西凉甚远，粮草难运，也曾发书各处搬救兵，借粮草，诸侯们俱不前来救应。马腾无奈，欲收兵回西凉。张、樊二贼得知领兵出城杀来，西凉兵大败，且败且走。多亏马超在后死战，杀退贼兵，败回西凉。自马腾兵败之后，列镇诸侯就更不敢动了。唯有曹操在东郡招贤纳士，积草囤粮，决心剿除董卓余党。众贼闻知此信，正无可奈何，恰好青州一带地方，黄巾又起，便假传圣旨，派曹操征伐黄巾，要借黄巾之手以杀曹操，好绝其后患。曹操正想为国立此功，以收买民心。曹操接旨即赴青州，兵马所到处，无不降顺。不上一个月，就招安到降兵二十余万，号为青州兵。捷报报进长安，朝廷封曹操为镇东将军、兖州太守。他就在兖州积草囤粮，威名日重了。

话说曹操在兖州招集谋士二十余人，战将三十余员，兵马粮草不计其数。其父曹嵩听说儿子在兖州成了大业，用车辆搬运家口，自东郡赴兖州，与儿子同享富贵。不料走到半路，被徐州太守陶谦的部将把曹嵩及其家口全杀了。曹操要为父报仇，兵围徐州。幸有北海太守孔融素与陶谦交厚，到北平与公孙瓒借一旅人马，由勇将赵云带领；又往平原县请上刘、关、张三人同来徐州，杀退曹兵，救了陶谦满门。

陶谦因谢孔融、玄德等相救之恩，一面犒赏军马，一面设宴与孔融、玄德等庆功、酬劳。席间，陶谦拱手对众说："刘公乃帝室之胄，德广才高，可领徐州。"玄德闻言十分不安，慌忙离席，再拜说："公言差矣！刘备虽汉室苗裔，但功微德薄，恐不称其职。今番相助，为大义而来。公出此言，莫不是疑刘备有吞并之意？如有此念，皇天必不佑我。"陶谦说："将军请坐，不必过谦。"玄德落座。陶谦说："我已老而无能，不胜徐州之任，所以要让与将军，实出于本心而无有他意。"陶谦再三相劝，刘玄德哪里肯从？是日宴终而散，各归本帐安歇。次日陶谦又请孔融、玄德、关羽、张飞、赵云等赴宴，让玄德于上座，拱手向众将说："老夫年迈，二子不才，不堪国家大任。刘公乃帝室之后，管领徐州牧实不为过。"玄德说："我来徐州为大义，今若徐州无端归我所有，天下将以刘备为无义之人。此事绝不敢从命。"陶谦泣泪说："我今一见玄德，如得泰山之靠，若要舍我而去，陶谦死不瞑目。"陶谦苦苦相让，玄德不肯收。

> 都只为陶谦年迈儿子小，因此才两次三番让徐州。
> 一个家弱肉强食想吞并，眼看着胜者王孙败者囚。
> 预先里送个人情双手献，倒省得便宜列镇众诸侯。
> 见玄德左推右辞不应允，急得他二目纷纷泪不休。
> 关云长旁边无计干擦掌，恨不能兄长允诺快收场。
> 张翼德生平直烈性子暴，此一时欲不多言不自由。
> 一秉手开口就把大哥叫，今日你做的事儿有些差。
> 他原来真心实意情愿让，不是咱贪图名利强相求。
> 在我看权且收下无妨碍，不必要顾虑多端不肯收。
> 张三爷口快心直说一遍，刘玄德微微冷笑蹙眉尖。

张飞言罢，玄德微微冷笑说："三弟要置我于不义吗？任他怎么让，你怎么说，我的主意已定，誓死也不应允。"陶谦又说："如玄德必不肯从徐州，求你弃了平原，我这有一地，名叫小沛。其地虽小，足可屯兵。请将军到小沛驻扎，使我朝夕领教，早晚有事也好彼此相帮。大家相依相靠，协力同心，共保徐州如何？"玄德低头沉思良久，众人皆劝玄德驻扎小沛，以慰陶谦相慕之情。玄德无奈，只得从之。遂同关、张二人带领本部人马屯扎小沛，又将孔融、赵云请到小沛住了几天，这才各自散去。玄德自此与赵云交厚，这话暂且不提。

第二十一回 陈宫献计赚曹操 曹操用谋攻吕布

再说曹操自徐州兵败，要回兖州。行至中途，忽有蓝旗来报，吕布领兵袭了兖州，进据濮阳。只有鄄城、东阿、范县三处，被荀彧、程昱设计死守得全，其余俱破。曹操闻报大惊说："闻听吕布自李傕、郭汜之乱，单人独骑保着家小逃出长安，去投了袁绍。袁绍不能收留，他东奔西走，并无容身之地，哪有兵袭我兖州？"蓝旗说："小人探得吕布去投袁绍，袁绍不收留，他又去投了张邈，恰有张邈之弟张超引陈宫来见。陈宫对张邈说：'今天下分崩，英雄四起，君以千里之地而受制于人，不觉得可笑吗？今曹兵东下，兖州空虚，而吕布当世虎将，若同他共取兖州，大事可图。'张邈从其言，遂命吕布、陈宫共取兖州，夺去三县。曹仁屡战不胜，特此告急。"曹操闻此言说："兖州有失，使我无家可归了。"

> 长探马从头到尾诉分明，曹孟德大厦崩塌吃一惊。
> 不由得手捻胡须把头点，满腹里九转回肠暗思量。
> 都只为奉旨去把黄巾破，到那边逐路招安成了功。
> 不多日召集人马数十万，盘算着大业从此事竟成。
> 我父亲带领家眷来投奔，疼煞人全家被害半途中。
> 无奈何率兵督将把仇报，谁料想又被吕布夺了城。
> 弄得我前不着村后无店，这才是一事无成事事空。
> 曹孟德千思万想心不悦，有一人秉手开言呼主公。

曹操只因父仇没有报，又被吕布夺了州县，思前想后，心中不胜悲酸。谋士郭嘉说："事已至此，不可迟疑，当火速进兵去守住鄄城、东阿、范县三处，然后再作良图，乃为上策。"曹操从其言，领兵飞奔鄄城。先令曹仁领一支人马，去围兖州；自领大兵去破濮阳，离濮阳三十里下寨。吕布闻曹操大军到，命张辽、臧霸、郝萌、曹性、成廉、魏续、宋宪、侯成共八员大将前去迎敌。曹操这边是夏侯惇、曹洪、李典、毛玠、吕虔、于禁、典韦并谋士郭嘉也是八员。两阵对垒，主将当先，众将在两边，雁翅一摆，兵卒在后。

> 曹孟德阵前勒马将鞭停，就说道吕布做事太不应。
> 想当初董卓专权废少帝，我因此聚会诸侯起义兵。
> 你在那虎牢关前败一阵，小冤家助纣为虐任胡行。
> 凭空里火焚洛阳王宫殿，迁君臣改造长安作帝京。

荥阳城中了你的埋伏计，幸有那救命将军小曹洪。

归东郡赌气不管朝中事，你父子无拘无束更是凶。

弘农王题诗惹出杀身祸，连累了何氏太后和正宫。

王司徒连环计献貂蝉女，才弄得义父干儿绝了情。

挟私仇共设牢笼杀奸党，也不知尽忠报效于朝廷。

跳城楼王允全家殉国难，你却是保护妻小逃了生。

现如今董卓余党还未灭，你小子凭空又夺兖州城。

我和你昔日冤仇不曾报，眼前里找上门来岂肯容？

曹孟德数长道短带着骂，吕奉先催动战马把戟拧。

　　曹操鞭指吕布大骂不止，吕布哪里肯容？他用方天画戟一指说："曹贼住口，少得胡言！咱吕布谋杀董卓是要斩草除根，怎奈朝臣个个软弱，无一忠勇之人，叫我单丝不成线，孤掌难鸣。只有司徒王允忠臣除奸，可惜他太执迷，枉将全家死于贼人之手。吕布不才还能明哲保身，谁像你曹操，当日行刺不成，就说献刀，真乃掩耳盗铃之计。及至拐马奔逃，诓骗陈公台，杀害伯奢全家，还将无良心的话说出口来。陈公台见你心中又奸又狠，所以舍你而去。后来虎牢关会盟，不过狗仗人势，及至荥阳一败竟成了虎头蛇尾，并无半点功绩。你自为兖州太守，朝中治乱置若罔闻，积粮招兵，所存何意？家眷被人杀害原是天理循环。如今天下混乱，江山无主，英雄豪杰各踞一方。汉家城池只许你霸占？自己不正，焉能正人？"吕布一边说着一边催动赤兔马，拧开手中画戟，冲过阵来直取曹操。曹操勒马往后一退，手中丝鞭一摆，众将齐出。两阵上十余员大将俱都动手，将对将兵对兵，刀枪并举，战鼓齐鸣，一场好杀。

　　话说曹操的将士兵马自徐州打了败仗而回，中途接报急奔濮阳，路远疲困，哪是吕布对手？被吕布一阵好杀，杀得人仰马翻。曹操几乎被擒，幸有勇将典韦舍命相救方才得脱。他收集残兵回营，折了许多人马，重赏典韦。大家商议进兵之策，这且不言。再说吕布胜了一阵，收兵进城犒赏三军，大摆酒席。众将饮酒之间，与谋士陈宫商议说："今日曹兵虽败，咱也不可轻敌，此贼诡计多端，其心难测，宜用计取，不可力擒。"此时陈宫早已定出一计。

陈公台手端酒盏笑吟吟，尊了声主公你且放宽心。

常言说将在谋而不在勇，我如今有条妙计暗中存。

濮阳城数着田门是首富，手下足有家僮千百多人。

着他去诈降曹营把书下，就说咱专行残暴不爱民。

假装叙不忘旧恩思故主，都情愿里应外合献城门。

诓着他自进龙潭入虎口，预先里埋伏儿郎众三军。

　　单等到狡兔迷窝无处跑，那时节密张罗网把他擒。

　　曹孟德心中纵有千条计，管叫他试试黄河几丈深。

　　陈宫言罢，吕布大喜说："此计大妙，宜速莫迟。"遂将濮阳城中富户田氏唤来，嘱咐一遍，密差他往曹营诈献降书。田氏来到至曹营，说吕布得胜轻敌，悄悄领着众将往黎阳，只留一将守濮阳，城中空虚。百姓被吕布作践不堪，思念故主，愿为内应，城上插白旗一面，便是暗号。曹操闻言大喜，重赏来人。到了初更时分，曹操令夏侯惇领兵一支在左；曹洪领兵一支在右；自领夏侯渊、李典、乐进、典韦四将直奔濮阳。才到中途，早有探子来报说："城西北角上有一面白旗上写着大大的一个田字，灯笼照耀看得清楚。"曹操闻报，信以为真，满心欢喜。

　　曹孟德马上闻报笑声狂，就说道吕布失了大主张。

　　既然要占据城池图大业，怎么叫黎民百姓尽遭殃？

　　想当初项羽灭秦仍暴虐，一味地坑儒焚书抢村庄。

　　赶不上善得人心汉高祖，与百姓约法三章在咸阳。

　　次后来萧何月下追韩信，九里山十面埋伏困霸王。

　　他只为不得民心一着错，才弄得拔剑自刎在乌江。

　　你如今凭空夺我宛州郡，百姓们思念故主不服降。

　　计议着私献城门为内应，大伙儿里应外合干一场。

　　曹孟德自言自语正得意，猛听得城上更鼓打二梆。

　　话说天才交二鼓，曹操兵马已到濮阳。刚到城壕边，城门已开，催督兵将一拥而进，直到县衙前不见一人，猛然吃惊！想必是诈，马上大叫："快快退兵出城。"这还如何能退出去？只听得衙中一声炮响，金鼓齐鸣，四门上烈火冲天，满城中杀声震天。伏兵一拥而来，曹操急奔南门，被兵马截住，拨马又奔北门。此时众将满城乱杀，俱各失散。曹操一人一骑独奔北门，迎头撞上吕布。幸亏不是白日，火光中看不真切，曹操以手掩面，加鞭而走。吕布以手中方天画戟照曹操盔上一打说："曹操何在？"曹操回手往南指说："那骑黄马的就是。"吕布信以为真，向南赶去。曹操回头看着吕布走远了，这才拨马急走，正赶上勇将典韦杀开一条血路，保护曹操来闯东门。

　　典韦保着曹操顶烟冒火闯至东门底下，恰好自城门上塌下一根大梁，打在曹操战马后胯，连人带马倒在地上。满地是火，曹操手脚眉须俱被烧伤，多亏典韦死力相救，方得回营。众将直杀到天明，兵折大半，这才陆续回来。众将拜伏问安，曹操仰天笑道："误中小人之计，我必报之。"谋士郭嘉说："有何妙计？"曹操说："今只将计就计，只说我被烧伤，已经身死，他必引兵来攻。咱将人马埋伏于马陵山下，等他兵来半途而袭之，吕布可擒。"郭嘉说："真是一个良策。"于是命军士各自挂素，扬言曹操已死。

　　　　曹孟德布谋定计要报冤，吩咐着三军挂孝传谣言。

　　　　都声言主将已被火烧死，不久要倒卷旌旗拨马还。

　　　　濮阳城探子闻听忙来报，好不待喜坏温侯吕奉先。

　　　　发号令立传帐下众将士，商议着去劫曹操大营盘。

　　　　一个个手提枪刀拉战马，不多时大兵已到马陵山。

　　　　哗啦啦四面伏兵一齐起，两边厢沟深崖陡追捕难。

　　　　曹营里人马早把高冈占，咕噜噜就将石头往下掀。

　　　　山坡后转出三千弓箭手，响嗖嗖扑面星飞万点寒。

　　　　两下里恶战一场乱了队，这一回雪上加霜不似前。

　　吕布人马被曹操伏兵截住，弓箭顽石一齐动。吕布兵将着急，舍命死战，满山满沟乱乱哄哄，一阵好杀。

　　话说吕布兵马在马陵山中了曹操埋伏，两下厮杀了一天，吕布兵折大半，败回濮阳闭门不出。这一年蝗虫遍地，吃尽田禾，曹操粮草缺少，收兵回鄄城暂住，曹仁也从兖州撤兵而回。吕布闻曹兵俱回鄄城，因自己人马疲困也不追赶，因而两下休兵。

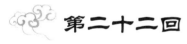

第二十二回　陶谦三让徐州　荀彧连献二计

　　再说陶谦年已六十余岁，忽然大病着床，故与糜竺、陈登商议说："我欲将徐州让与刘备，他只是推辞不收。今我大病，再将玄德请来，仍将徐州让他，看他怎样？"糜竺说："主公之言有理。曹操退兵只因吕布袭了兖州，今因年荒才收兵，来春必又来。主公从前两次让徐州予玄德，彼时主公尚强健，玄德所以推辞。今病已沉重，若再相让，玄德焉有不受之理？"陶谦闻言，便差人请玄德、关、张三人来徐州。玄德一到，陶谦请他入后堂，玄德上前请安问病情。陶谦拉住玄德之手，未曾开口，泪已纷纷而下。

　　　　刘玄德榻前问安看病容，陶恭祖拉住衣服手不松。

　　　　你看他未曾说话先流泪，尊了声将军听我诉实情。

　　　　从前我几回要把徐州让，你只是两次三番不肯应。

　　　　现如今卧床大病多沉重，转眼间命丧黄泉万事空。

虽有那陶应陶商二犬子，可惜软弱终难将大业成。

说什么父争江山儿承受，自古来传子传贤一样同。

将军你最得人心功德大，又何况与今圣主是同宗。

求你快慷慨收下徐州牧，倒省得汉家土地属曹公。

倘若能家务城池你接管，我陶谦命到九泉目也瞑。

陶公他病中又把徐州让，刘玄德病榻前边打一躬。

话说陶谦手拉玄德谆切相托，痛哭流涕。玄德欲不受又十分不忍。正在左右为难之际，陶谦以手指心，目看玄德而死。玄德万分无奈，这才收下牌印权领徐州牧。玄德一面出榜安民，一面料理丧事，大小三军尽皆挂孝，选择吉地葬陶谦于黄河之边。

此时，曹操在鄄城。有黄巾军何仪、黄邵二人，广有钱粮，被曹操领兵夺了。曹操得此粮草，把兖州、濮阳俱各夺回。吕布兵败没处安身，只因曹操与陶谦有杀父之仇，陶谦已死，刘备做了徐州牧，他往徐州投了刘备，刘备让吕布在小沛屯扎。曹操闻知陶谦已死，玄德、吕布在徐州，他与陶谦有杀父之仇，与吕布有夺城之恨。玄德先助陶谦，后收吕布，以此冤上加冤，仇上加仇！便要兴兵来夺徐州，乃设宴于后堂，聚众商议。

后堂里摆宴设席把酒斟，曹孟德聚会帐下文武军。

第一为兖州濮阳得了胜，二来是得陇望蜀别有心。

不多时酒过三巡菜回味，他说道列位将士请听真。

现如今徐州陶谦身亡故，刘玄德执掌牌印管军民。

吕奉先收集残兵屯小沛，又加上关张英勇实过人。

常言说一分亲近一分厚，但恐怕两地相交结同心。

看起来杀人不如先下手，休等他结党成群不能收。

话说曹操声声要下徐州，座中大将许褚应声说道："主公之言正合末将之意，末将不才，愿领精兵五万斩刘备、吕布之首献于帐下。"曹操尚未答言，谋士荀彧说道："许将军见识不高，我有一计名为二虎争食。今刘备虽领徐州，未得天子诏命。主公奉请诏命，授刘备为徐州牧，并附密书一封，着他设计杀吕布。如事成，刘备没有吕布之助，图之不难了；如事不成，则吕布必反而杀刘备，此乃二虎争食必有一伤。"曹操闻言大喜说："真妙计。"即时奏请诏命，遣使往徐州，封刘备为征东将军、宜城亭侯，领徐州牧，并附密书一封，着他设计杀吕布。玄德接诏谢恩，款待来使说："杀吕布一事，容我计议斟酌，不敢允诺。"来使辞别而去，玄德便同众人商议。

刘玄德送别来使回了程，与众将大家商议论军情。

起先时喜得徐州相庆贺，　次后来商量曹操书一封。

张翼德环眼圆睁钢须参，　就说道此事不必太犯难。

现如今既有曹操书信到，　咱就该谨依来命满口应。

吕奉先反复无常多奸诈，　他几次干的事情丧人性。

到如今脚跟无线如蓬转，　凭空里大哥给他小沛城。

现放着董卓丁原是榜样，　到头来恩将仇报遭了殃。

咱不如斩草除根绝后患，　我看他终是肉刺眼中钉。

张三爷说长道短不住口，　刘玄德开言又把三弟称。

　　张飞声声要杀吕布，玄德说："三弟不可多言，他势穷无奈而来投我们，若杀了他，是不义。此事不可造次，还须慢慢商议。"张飞与众将这才散去。

　　却说曹操破了吕布，复得濮阳等城池，自此威名日重，四方豪杰俱来归附。因此，他帐下战将如云，谋士如雨。只因李傕、郭汜等在朝作乱，他便领兵进京，剿除董卓余党。李傕等与曹军对敌，被曹军杀得大败，逃向深山，落草为寇去了，曹操自恃功高，复蹈董卓旧辙，废了长安又改许都为京城，修盖宫室殿宇，创建社稷宗庙等。曹操自封为大将军武平侯，手下大小将士皆封官职，赏功罚罪不用请旨，国政朝纲任意所行。眼看着汉室江山到了曹操之手，又与董卓、李傕、郭汜等人一样了。

　　吕布闻听玄德接了天子诏命，授予徐州牧，自小沛来贺。彼此行礼致谢一回，方才落座，只见张飞仗剑上来要杀吕布，玄德慌忙拦住。吕布大惊说："翼德因何杀我？"张飞怒说："曹操说你是无义之徒，让我哥哥杀你。"

张翼德心直口快说实言，　刘皇叔再也不能来隐瞒。

不得已同入后堂对面坐，　将密书亲手递与吕奉先。

吕奉先看罢书词吓一跳，　一伸手抓住玄德绿罗衫。

他说道曹操因何下毒手，　却原来我与老贼素有嫌。

他当初聚会诸侯十七路，　咱也曾冲锋大战虎牢关。

虽然是拼决雌雄死争斗，　那时节各为其主理当然。

次后来领兵夺他兖州地，　濮阳城被火烧得甚可怜。

马陵山我又中了埋伏计，　疼煞人折去雄兵好几万。

两下里各卷旌旗息干戈，　都只为蝗虫遍起遇荒年。

又被他夺回城池无片土，　幸亏了投奔此处把身安。

现如今暗寄密书将我害，　这件事好歹全靠你周全。

他说着桌前施礼把躬打，　刘玄德秉手当胸把言发。

　　玄德说："此乃曹贼欲令我两人不合，请你不要担忧，刘备不会行此不义之事。"吕布再三拜请玄德去小沛赴宴，玄德不肯去，吕布拜别而行。关、张说："兄为何不杀吕布？"玄德说："曹操恐怕我与吕布合谋起兵讨之，故用此计，使我俩自相吞并，他从中取利。"关、张闻言点头说："兄长说得对。"却说来使回了许都，向曹操说："玄德不杀吕布。"曹操问荀彧，此计不成怎么办。荀彧说："还有一计，名为驱虎吞狼。"曹操说："这是什么计？"荀彧说："要暗中差人去见袁术，就说刘备上密表，要占南郡土地。袁术恼怒必攻刘备。主公再下诏让刘备讨伐袁术，两相吞并。吕布必生异心而夺徐州。此为驱虎吞狼之计。"

说
唱
三
国

荀彧献二虎争食多巧妙，刘玄德猜透机关未成功。

曹孟德殷勤致敬来相问，霎时间驱虎吞狼计又生。

果真是越出越奇居人上，这一回较比从前大不同。

即刻地密书发向南阳去，袁术他反身跌入万丈坑。

发矫诏差人下到徐州府，刘玄德中了他的计牢笼。

但只用一人一马走几趟，拨弄得袁刘两家动刀兵。

单等着鹬蚌相争机会好，那时节渔人得利等现成。

好一个神机妙算荀谋士，果真是胸有韬略计无穷。

 第二十三回 ┃ **曹操借刀杀人**
吕布夜袭徐州

话说徐州玄德接了诏书看罢，原来是叫他除袁术。他领旨谢恩，送走来使，大家商议兴兵。谋士糜竺说："这又是曹操之计，叫咱们与袁术结怨，两相吞并，他好从中得利。"玄德说："虽然是计策，不能不从，如违王命，必然出兵攻我们。"遂点兵起程。孙乾说："必先定守城之人，然后方可发兵。"玄德向关、张笑说："两家贤弟谁来守城？"关羽说："小弟愿守。"玄德说："愚兄出兵早晚与你议事，岂可相离？"张飞说："两家兄长出兵，小弟守城。"玄德笑说："三弟守不了此城，一来好吃酒；二来又好鞭打士卒；三来做事不肯听人劝，你守此城，我不放心。"张飞说："小弟尽心守城，大哥有什么不放心的？"

张飞哈哈笑，抱拳秉着手。

你们去出兵，老张把城守。

改过不打人，从今忌了酒。

有人将我劝，敬听不开口。

小弟如此行，大哥放心走。

糜竺面带笑，将军休夸口。

说话虽中听，就怕丢了丑。

张飞只说糜竺小看他，说什么也要守城。玄德笑着说："三弟不可动怒，常言说事要多知，酒要少吃，糜竺之言不是恶意。三弟所说虽如此，愚兄还是放心不下，还要陈元龙辅助，早晚禁止你饮酒，休要误事。"遂留陈登和张飞共守徐州。玄德与云长、糜竺、孙乾等领兵三万离徐州往南阳进发。却说袁术接了曹操密书，说刘备上表要来夺其州县，便大怒道："刘备乃一织席编鞋之夫，今占据大郡与诸侯同列，我不打你也算罢了，你反而来打我，真是可恨、可恼！"

袁术他听说刘备要南征，急忙忙差遣大将名纪灵。

带领着马步军卒十余万，好一似风涌江潮往北迎。

刘玄德一见敌兵忙下寨，两下里话不投机就交锋。

这一边兵微将寡能敌众，关云长无双刀马比人能。

那一家安心以强来欺弱，安排着不得全胜不回朝。

眼看着马到疆场摆开阵，乱纷纷将对将来兵对兵。

咚咚咚两营各催蟒皮鼓，闹吵吵呐喊声急鼓角鸣。

只杀得尘飞五岳山光暗，只杀得土落三江水不清。

只杀得尸横遍野堆成垛，只杀得血溅征袍绿变红。

疆场上一时不分胜和败，惹恼了山西解良关圣公。

晃了晃青龙偃月刀一口，好似蹿山的猛虎下水龙。

催战马乱杀乱砍三两趟，南阵上人仰马翻炸了营。

话说两阵交兵奋力厮杀，先时关羽抵住纪灵，玄德抵住副将荀正。战有三十余回，纪灵不是关羽对手，大败而逃。荀正舍了玄德来战关羽，交手不过三个回合，被关羽斩于马下。关羽催马舞刀如入无人之地。玄德也催兵杀将过来，袁兵大败而走，退三十里下寨。玄德胜了一阵，也就收兵回营。这且不表。再说张飞送走玄德、关羽之后与陈登同守徐州，有事二人商议。玄德临行嘱他少吃酒，他自己许下不吃酒。话不过是那样说，好吃酒的人如何能记得住呢？

张翼德平生好把酒来贪，这一回要想戒住是枉然。

在徐州好歹挨了数十日，只觉着如饥如渴直发馋。

大厅中排筵请来众官到，笑吟吟手擎酒杯便开言。

我大哥临行嘱咐少饮酒，屈指算已经戒了十数天。

咱今日开怀畅饮吃个醉，看起来不误大事不相干。

一边说把盏他将客来让，一个个献斝交错拉长谈。

话说张飞与众官开怀畅饮，十分高兴。坐中一人唤曹豹，酒量小，推辞不吃。张飞酒性发作，认为曹豹扫了他的兴，心中大怒，把曹豹绑起来，重打一百皮鞭，打了个皮开肉绽，鲜血淋漓。这曹豹原是吕布的丈人，因吃这顿苦打，怀恨在心。是夜趁着张飞与众官俱醉，小沛离徐州四五十里，他便把吕布勾来，夺了徐州城池。张飞因大醉不能力战，多亏了众将保护杀出城来，奔逃淮南，将玄德家眷陷在城中。吕布进了徐州城，安抚百姓，拨军士一百人把守玄德宅门，众人不许擅入，如有敢入者立刻打死。却说张飞引十余骑来见玄德，诉说曹豹里应外合与吕布同袭了徐州，众人闻言俱各失色。玄德叹说："得失之事是常事。得何足喜？失何足忧？"关羽问："嫂嫂何在？"张飞哭诉说："在徐州城中。"

> 关夫子闻听此言双足跳，满口里责怪张飞气不休。
>
> 临行时大哥说的什么话？嘱咐你休要吃酒守徐州。
>
> 问一问保的城池今何在？哪去了咱家嫂嫂众女眷？
>
> 三弟呀颈上首级割了吧，倒省得立在人前满面羞。
>
> 关云长数长道短声不止，张翼德怪叫如雷贯斗牛。

话说关羽吵嚷不休，张飞惶恐无地自容，只急得连声怪叫说："我今天失了徐州，陷了家眷，罪该万死！不用二哥埋怨，张飞只有死而已。"腰中抽出宝剑就要自刎，刘玄德急忙上前抱住，夺剑掷地说："三弟不必如此，二弟也不要埋怨。自古道兄弟如手足，妻子如衣服，衣服破了可缝，手足断了难续。吾三人桃园结义不求同生，但愿同死，今虽失了城池家小，怎忍叫你半途而亡？况且城池本来就不是我们的。家小虽然被陷，我想吕布念交情必不谋害，还可设计接回。此乃三弟一时之误，岂可轻生？"

此时袁术听说吕布取了徐州，心中大喜。他星夜差人到吕布处，许粮五万斛，织锦五百匹，金银三千两，好马二百匹，让他攻击刘备，使其无家可奔，无国可投。以待两家并力，断了这桃园兄弟后方，再把所许之物送来。

吕布观罢袁术之书，左右不能决断，问谋士陈宫。陈宫说："此乃袁术之计，咱若擒了刘备，他把良心一昧，就不给咱财物了；他若真心，此时为何不送来？况且那桃园兄弟也不是好惹的，倘若画虎不成惹出仇家，与我不利。玄德待咱原来不薄，他的家眷现在徐州，不如请他回来，暂屯小沛，让他全家团圆。他会感咱恩情，必来相报。他日令玄德兄弟为先锋，先取袁术后图袁绍，大事可成。"吕布从其言，即令人持书去请玄德回徐州。玄德接书大喜，向关、张说："我说得怎样？我知道吕布不会害我家眷，今果然如此。"遂同关、张和众将士速回徐州。关、张怕有诈不肯入城，吕布先令人送还家眷。甘、糜二夫人见了玄德，诉说吕布差人把守宅门，不许一人擅入，又常让侍妾送吃食和应用之物。兄弟三人闻言，俱各欢喜，但张飞恼恨吕布，不肯进城，保护着家眷先往小沛去了。

> 张翼德保护二嫂归小沛，关云长保着玄德进了城。
>
> 吕奉先慌忙接出辕门外，见了面前迎几步打一躬。
>
> 手拉手一直就把后堂入，紧跟着保驾将军关圣公。
>
> 他二人彼此谦逊来让座，刘玄德朝上作揖说声请。
>
> 吕布说夜袭徐州非本意，三将军酒后打人惯行凶。
>
> 玄德说三弟自把大事误，多亏了保守城池有长兄。
>
> 吕布说还将徐州交与你，我仍旧回到小沛去屯兵。
>
> 玄德说刘备不堪当大任，你如今坐领徐州是理应。
>
> 这一个虚心假意来相让，那一个真切推辞是实情。

吕布虚情假意，声声将徐州还给玄德，玄德力辞回了小沛。关、张心中十分不悦，要攻吕布夺回徐州。玄德说："等待时机吧，现在不可去夺。"吕布使人送粮草、缎匹等应用之物，陆续不断，自此两家和好，这且不提。

再说东吴孙坚因报刘表夺玺截杀之仇，被刘表乱箭射死。长子孙策将父亲尸体葬于曲河之源。他仍居江东，招贤纳士，积草囤粮，此时也有独霸江东之意。

> 孙伯符占据土地霸江东，逐日里纳士招贤广集兵。
>
> 头一个姓周名瑜字公瑾，生就的文武全才比人能。
>
> 更有那程普蒋钦并黄盖，又加上周泰张昭和顾雍。
>
> 这些人上马能战千回合，果真是文也通来武也懂。
>
> 论形势长江一条为襟带，打造下许多战船练水兵。
>
> 自古来姑苏山明水又秀，到如今此处人杰地也灵。
>
> 孙伯符江东图霸声名远，南阳郡袁术闻知怒气生。

话说袁术听说孙策要霸占江东，因何发怒呢？其中有两个缘故：一来江东相隔袁术地面甚近；二来当初孙坚被刘表乱箭射死之时，孙策力弱势孤，曾投袁术帐下为部将，屡次立功，袁术甚爱之。后因孙策母舅丹阳太守吴景被扬州刺史刘繇所杀，夺去土地，孙策便向袁术借兵五千与他母舅报仇。袁术怕他得了江东不回南阳，不想借兵给他，孙策乃以玉玺为质押给袁术。袁术得了玉玺，借兵马五千给孙策。孙策破了刘繇，尽得扬州、丹阳之地，招降许多人马，想独霸江东成其基业，自称为东吴侯。他上表申奏朝廷，差人去向袁术强讨玉玺，袁术因此大怒冲冲。

袁术大怒，就要兴兵伐吴。长史杨大将说："不可！此事不宜造次，今孙策踞有长江之险，兵精粮足，不易图他。如今之计不如先伐刘备，以报以前无故攻我之仇，然后再伐孙策不迟。"袁术说："现在伐刘备有什么计策吗？"要知杨大将定出何计？请看下回分解。

第二十四回 | 袁术发兵攻玄德
奉先说情两家兵

话说杨大将对袁术说："今刘备屯兵小沛，虽然易取，奈吕布虎踞徐州，前日许他金帛、粮马至今还未给他，现在可速差人送去，以结其心，使他按兵不动，则刘备可擒。先擒刘备后图吕布，徐州可得也。"袁术闻言大喜，即差韩胤将所许吕布的金帛等物如数送到徐州。吕布一见大喜，写信答应袁术，徐州按兵不动。袁术便命纪灵为大将，雷薄、陈兰为副将，领兵十万往小沛来攻玄德。玄德闻知此信，便致书于吕布求发救兵，书中大意说："自从将军垂念，令刘备小沛安身，实在拜谢！今袁术欲报私仇，遣纪灵统兵十万之众，不日到来。小沛危在旦夕，非将军莫能救。望发一旅师，以解倒悬之危，伏唯垂怜，不胜感激。"

> 吕奉先看完来信细思量，不由得左右辗转犯了难。
> 想了想受人之恩宜应报，从来是一分交厚一分甜。
> 我当初兵败濮阳无投奔，多亏了玄德仁义好心田。
> 即刻地着我领兵屯小沛，并不曾拿着吕布下眼看。
> 都只为张飞醉酒打曹豹，才弄得夜取徐州那一番。
> 现如今刘备又与我和好，看光景心悦诚服不记嫌。
> 袁术他此时才将金帛送，他原是等到渴时才掘泉。
> 刘玄德力穷势孤来求救，我怎好袖手旁观不近前？
> 倘若是小沛城池有差错，但恐怕我这徐州也不安。
> 吕奉先心中定了大主意，一声里吩咐兴兵把令传。

话说吕布思念旧情，要救玄德，这且不提。却说纪灵兵近小沛下寨，玄德也带关、张及众将出城安营，两下准备交兵大杀。忽有吕布差人下帖来请玄德，便知他有意相救，马上要去。关、张说："大哥不可去，吕布恐有异心，不得不防。"玄德说："我待他不薄，他必不肯害我。"遂上马而行，关、张只得相随，同到吕布寨中相见。吕布说："我今解你之危，他日得志不可忘恩。"玄德称谢说："忘恩负义不是刘备所为，今日蒙情后当重报。"吕布与玄德对坐，关、张按剑侍立于侧。忽有人来报说纪灵到，玄德大惊，欲避之。吕布说："我特意请你二人见面，为什么要回避？玄德不必生疑，我自有办法。"说话之间，纪灵也到，猛然看见玄德兄弟三人在内，大吃一惊，抽身便走。吕布上前一把拉回。纪灵问说："将军要杀纪灵？"吕布说："不是。"纪灵又问："莫非要杀刘玄德？"

吕布说："也不是。"纪灵又说："那为什么要这样？"吕布说："将军不必惊慌，听我说来。"

> 吕奉先说道将军听分明，刘玄德与我原来论弟兄。
>
> 又加上有仁有义袁术公，历年来两次三番蒙他情。
>
> 自古道两国相争和为上，为什么你强我胜各逞能？
>
> 岂不知城门失火池鱼死，这一回徐州作践众生灵。
>
> 又何况与你两家皆相好，只觉得袖手旁观理不应。
>
> 我如今特来中间把和讲，善劝你各卷旌旗且罢兵。
>
> 倘能够彼此有情息征战，那时候大家沾光大家荣。
>
> 有谁敢半个不字蹦出口？少不了我要跨马把戟拧。
>
> 常言道执迷不悟非君子，总不如随风转舵把船撑。
>
> 听我劝各人收兵回去吧，想一想人生何处不相逢？

吕布说完，玄德尚未开口，纪灵先问和解之法。吕布笑说："吾有一法，凭天决断。"乃拉纪灵之手入帐，与玄德相见，二人各怀疑忌之心。吕布居中坐，使二人坐在两边，吩咐设宴吃酒。酒过数巡，吕布说："你两家看我面上俱各罢兵，万望允诺。"玄德无语，纪灵说："吾奉主公之命，提十万大兵来捉拿刘备，这兵如何罢得？"张飞大怒，拔剑在手说："小辈休得无礼！昨日在南阳被我二哥杀得抱头鼠窜，你是我们兄弟手下败将，怎敢逞强？我兵虽少，视尔等如同儿戏。你敢藐视我哥哥？你比百万黄巾军如何？"说话之间舞剑要杀纪灵，纪灵也拔剑在手，怒目而视，关羽忙把张飞拉住说："三弟息怒，且看吕将军如何调解。如调解不成，那时再回营寨厮杀不迟。"

话说吕布腰藏弓箭，手提画戟，玄德、纪灵俱各失色，唯有张飞不怕，还要厮杀。关羽向他使了个眼神，也就不言语了。吕布见此光景，复又笑道："我劝你两家罢兵，尽听天命。"遂令左右接过画戟，去辕门外远远插定，回头向纪灵、玄德说："辕门离中军帐一百五十步，我若一箭射中画戟，你两家就各自罢兵；如射不中，你们各自回营安排厮杀，有不从此言者，我同他厮杀。"纪灵不想和解，心中暗想，戟在一百五十步之外，岂能射中？我先应允，如射不中时再厮杀，吕布也不怪我了。主意已定，满口应允，玄德是很愿意讲和的，也就应允了。吕布一声吩咐拿酒来。

> 吕奉先安排玄德和纪灵，亲手儿每人斟上酒一盅。
>
> 鲨鱼鞘抽出一支穿杨箭，右边厢取过铜胎铁把弓。
>
> 转身躯掠袍端带往前走，丁字步站立红罗帐当中。
>
> 从容容雕翎搭上朱红扣，一转身二目有神看得清。
>
> 用虎力推开前拳撒后手，好一似半弯新月挂当空。

嗖的声虎星一点去得准，眼看着画戟张在地平川。

两边厢儿郎将士齐喝彩，吕奉先仰面大笑二三声。

吕布果真射中画戟，然后哈哈大笑，掷弓于地，拉纪灵、玄德之手说："是天叫你两家罢兵。"大喝一声又叫拿酒来，每人饮一大盅。玄德暗暗称谢，纪灵默默不语。过了一会儿，纪灵说："将军之言不敢不从，怎奈我回去如何向主人交代？他怎肯相信？"吕布说："我写书信回他，不由他不信。"酒过数巡，纪灵得书先回营寨了。吕布向玄德说："我这样做对大家都有好处。"玄德拜过，同关、张回营了，次日三处人马各自散去。

说唱三国

第二十五回 | 吕布许亲又悔亲 刘备弃城投曹操

纪灵回南阳见袁术诉说吕布射戟调和之事，袁术不信，纪灵拿出书信来给袁术看。袁术看后大怒说："吕布收我许多礼物，乃以儿戏此事，拥护刘玄德。欺我太甚，孤当亲提大兵前去捉此二人，以解我心头之恨。"纪灵说："主公不可造次，且听末将一言。"

昨一日射戟辕门把和讲，吕奉先心中意思不公平。

收下咱粮马金银不出力，分明是早已相商暗里通。

倘若是二次再把徐州下，但怕他两处人马合了营。

我从前两军阵前打败仗，关云长无双刀马令人惊。

现如今徐州小沛结成党，怎担得前后受敌两下攻？

末将我不才可有一条计，但不知主公肯听不肯听？

吕奉先所生一女十六岁，认容颜堪配咱家大相公。

请个人两家速将赤绳系，择一个良辰吉日把亲成。

你这里声名门第居他上，料吕布他疼爱女必然应。

常言说是厚则偏亲则向，他肯定背了玄德顺主公。

纪灵说罢，袁术说："此乃疏不间亲之计，委实可行。"随召谋士韩胤为媒，去徐州提亲。却说这吕布原来是二妻一妾，凤仪亭大闹之后，他见貂蝉到不了手，遂托媒娶严氏为正妻，后又娶貂蝉为妾，及居小沛时又娶曹豹之女为次妻。曹氏先亡无生儿女，貂蝉也没生儿女，唯严氏生有一女，年已二八，聪明俊秀，吕布甚是疼爱。袁术派人求亲，吕布便与严氏商议，严氏说："我闻袁术久镇淮南，兵精粮足，早晚终成帝业。他若为天子，吾女便是后妃，不必迟疑，许之可以。"吕布又说："女为后妃还是以后的话，亲事一成，我徐州便有磐石之安了。"夫妇二人计议已定，吕布出见媒人韩胤，一面应承，一面许了婚姻，款待媒人以上宾之礼。韩胤辞别吕布，回淮南禀报袁术。袁术大喜，备办聘礼，差韩胤送至徐州。吕布欢欢喜喜一概收下，并设宴相待，留韩胤于馆舍中安歇。

> 好一个水性杨花吕奉先，你看他竟与袁术把亲连。
> 严夫人欢天喜地遂心愿，但只见彩礼花红件件全。
> 回绣房对着女儿说一遍，好不待喜煞多情小婵娟。
> 将媒人让至馆中来款待，吕奉先亲自相陪好几天。
> 陈公台衣冠整齐把客拜，与韩胤叙礼让座细长谈。
> 这个说两家结亲多般配，那个说男婚女嫁理当然。
> 这个说何人定的反间计？那个说袁公为主自己专。
> 这个说醉翁之意不在酒，那个说其中定有巧机关。
> 这个说内里消息我猜透，你如今说话不必将人瞒。

韩胤说："两家结亲并无别故，公台何出此言？"陈宫说："先生不必瞒我，他与奉先之女结亲，意在取刘玄德之头。"韩胤闻言大惊说："此是实情，公台勿泄露出去。"陈宫说："吾岂肯泄露出去？若迟疑恐他人识破，计就不成了。"韩胤说："这怎么办好？"陈宫说："此事最宜速，不宜迟。我这就去见奉先，让他把女儿送去成亲如何？"韩胤说："若能如此，主公感德不浅。"陈宫辞别韩胤，入见吕布说道："主公可知婚姻之制吗？"吕布说："我不知，望公台赐教，以便遵制而行。"陈宫说："古者自受聘至成婚之期各有定例：天子一年，诸侯半年，大夫一季，庶民一月。"吕布说："袁术天赐国宝，早晚定为天子，今从天子制如何？"陈宫说："不可。"吕布说："那就从诸侯制。"陈宫说："也不可。"吕布说："那么从大夫制。"陈宫说："更不可。"吕布笑曰："公台让我从庶民制？"陈宫说："不是的。"吕布说："那又怎么样？"

> 吕奉先满面带笑连声问，陈公台秉手又把主公呼。
> 袁公路兵精粮足声名重，早晚间独霸淮南要称王。
> 现如今袁吕两家成姻眷，谁敢保列镇诸侯不嫉妒？
> 倘若是吉日良辰择得远，但恐怕事久生变在中途。
> 总不如即时送女把亲就，悄悄地暗把生米做成熟。
> 万一的画虎不成反类犬，少不了被人耻笑不丈夫。
> 常言说机不可失时不待，这件事不可迟延最要快。

陈宫说完，吕布说："公台之言很对。"遂与夫人严氏说明，连夜备办妆盒，收拾香车宝马，一路应用之物，差部将宋宪、魏续同韩胤送女速赴淮南。此时陈元龙之父陈珪养老在家，闻知此事惊说："袁、吕结亲，玄德危在旦夕了。"遂扶病而出，慌忙来见吕布。吕布问大夫因何而来。陈珪说："闻将军死期将至，特来吊丧。"吕布大惊说："何出此言？"陈珪说："将军死在眼前，还不知道吗？"

> 常言说事要三思免后悔，原就该细心商量犯琢磨。
> 袁公路昨日来将金帛送，分明是要掀刘备安乐窝。
> 亏了你射戟辕门手段准，才与他两家休兵讲了和。
> 他那里一计不成生别计，无端地又来平地起风波。
> 现如今差媒行聘求亲事，这其间鬼没神出计谋多。
> 你若将女儿送到淮南去，还不知他的心里是如何？
> 不消说即日兴兵伐小沛，眼看着烟尘滚滚动干戈。

陈珪言还未尽，吕布插话说："既如此，愿大夫明白指示该如何办？"陈珪说："袁术求亲是欲将将军之女为质，然后兴兵攻玄德而伐小沛。小沛亡徐州危险，且他兴兵来此，不是借兵，就是借粮草，给他就得罪了玄德，不给他又得罪了袁术。自古道远亲不如近邻，今将军方与玄德和好，又与袁术结亲，弃旧迎新，舍近求远。小沛一失，徐州难保，唇亡齿寒，是自求之祸。况且袁术久有称帝之心，是造反。你与他结成儿女之亲，便是反贼亲属，皆为天下所不容，将军须再思再想。"

话说吕布听了陈珪之言，恍然大悟，说陈宫误我了，急命部将张辽领兵追到三十里之外，将女夺回，连媒人韩胤也拿回来下在监狱。陈珪又让吕布将韩胤解赴许都，吕布左右未决，正在迟疑之间，忽有一个家将慌慌张张跑进中军帐来把话说。

> 他说道小人山东去买马，到那里买了约有二百多。
> 不料想来到小沛北边界，凭空里忽有强贼将马夺。
> 咱二人话不投机动了手，舍性命恶战强贼在山坡。
> 那贼徒黄袍黑面乌骓马，蛇矛杆蛟龙离水出江河。
> 疆场上小人问他名和姓，他说道玄德原是他大哥。
> 白白地他将马匹抢了去，特地来禀报主公把贼捉。

家将言罢，吕布大叫一声："哎呀！你今说的这是张翼德将马夺去了。"吕布遂领兵去围小沛，玄德闻知大惊，慌忙引军出迎。玄德一马当先，在马上抱剑拱手说："兄长何故领兵到此？"吕布在马上用戟指玄德喝道："我辕门射戟救你性命，你不报恩，反而夺我马匹，这是何意？"玄德并不知道张飞劫夺吕布之马，一闻此言，心中十分纳闷，拱手说道："小弟并无此事，这话从何说起？"吕布怒说："你让张飞夺我马匹，还来推说不知。"张飞挺枪出马说："是我夺了你的马，你便怎么样？我夺你的马你就恼，你夺我哥哥的徐州就不说了？"吕布骂道："环眼贼，你屡次小看我，无礼太甚。"说话之间挺戟出马直取张飞，张飞挺枪来迎，一场好杀。有赞词为证：

> 两员将，争斗赌，大交锋，来比武，盖世英雄真上数。
> 画戟来，蛇矛堵，黑云翻，梨花舞，人勇如同南山虎。
> 戟共枪，一齐举，赛狂风，像骤雨，半悬空中飞尘土。
> 错钢牙，不言语，谁着伤，谁受苦，破了肚子谁能补？
> 都只为劫夺战马在中途，这一回雪上加霜不如初。
> 想当年虎牢关前大交战，一见面就骂三姓狗家奴。
> 次后来夜袭徐州将城陷，把张飞弄了一个不丈夫。
> 这一个恨塞胸腔没出气，那一个怨结肝肠积下毒。
> 这一个方天画戟分心刺，那一个手捻蛇矛连声呼。
> 这一个心高汲尽三江水，那一个志大平吞洞庭湖。
> 这一个赤兔频嘶如虎豹，那一个乌骓咆哮似龙驹。

二人大战一百余合，不分胜负。玄德恐怕张飞有失，鸣金收兵，入城封了城门。玄德唤张飞，责备他说："都是你夺了他的马匹，惹出这事端，如今马匹在何处？"张飞说："寄在各处寺院。"玄德派人出城到吕布寨中说情，愿将马匹送还，两家罢兵。吕布刚想说同意，陈宫说："主公不可！今日不杀玄德，后必为患。"吕布听其言，攻城愈急。玄德与众人商议说："吕布无义之徒，不可久处。听说他与袁术结亲，袁术闻知吕布攻小沛，也必起兵攻我们，倘若两路夹攻，你我岂能支持得住？小沛不是久居之地，不如弃城到许都去，投奔曹操另作别图。"大家计议定，遂令张飞在前，关羽在后，自己同众将居中，保护家小突围而出。吕布率兵追赶，都被关公杀退。吕布见玄德弃城而去，也不远追，遂入城安抚百姓，令部将高顺守小沛，自己带领兵将仍回徐州去了。

> 刘玄德八字算来运不高，你看他迁移一遭又一遭。
> 起初时安喜县里做知县，被张飞鞭打督邮坏前程。
> 第二次平原令随公孙瓒，虎牢关大战一回枉徒劳。
> 陶公祖三让徐州才得地，又被那吕布掀了安乐巢。
> 不得已屈身将就屯小沛，张三爷凭空劫马把祸招。
> 弄得来南北西东无片土，无奈何急奔许都投曹操。
> 多亏了阿瞒素有爱才癖，一见面慷慨收留众英豪。
> 须知道蛟龙不是池中物，鸾和凤荆棘丛中栖不牢。

看起来人生聚散何尝定，好叫人西风冷泪洒征袍。

话说玄德、关、张同众人奔到许都城下寨，先使孙乾入城见曹操，说被吕布追逼，特来投奔。曹操欣然允诺，迎接入城待为上宾。谋士荀彧恐为后患，屡劝曹操杀玄德。而郭嘉就劝曹操恩待玄德，好同心协力共成大事。曹操听从郭嘉之言，即日表奏玄德为豫州牧，给他军马三千，粮一万斛，速往豫州上任。这豫州原来离小沛甚近，玄德一到豫州，小沛军卒百姓思念玄德旧恩，多有来投者。玄德大喜，俱各收留恩待。遂上书曹操，请他发兵前来共伐小沛。

 ## 第二十六回 ┃ 曹操与邹氏私通
贾诩为张绣献计

曹操接书正要起兵，忽有流星马来报说："张济自山中引兵攻南阳，为流矢所中而死。张济之侄张绣统其叔手下之兵，用贾诩为谋士，结连刘表，屯住宛城，欲兴兵往许都劫夺圣驾。"曹操闻报犯起踌躇来了。

> 曹孟德接了刘备书一篇，安排着兴兵去伐吕奉先。
> 忽又有蓝旗飞奔前来报，又恐怕张绣许都来犯边。
> 曹孟德左思右想犯了难，乃问计谋士荀彧怎么办？
> 荀文若秉手当胸面带笑，他说道此事我看不费难。
> 吕奉先水性杨花无主意，眼见他中途反变好几番。
> 他虽然得了小沛徐州地，现如今天子诏命尚未颁。
> 差人去赐爵加官送诰命，着他与玄德和好莫犯嫌。
> 用巧计稳住这个伐那个，也不用有事无事两下耽。
> 曹孟德闻听此言心欢喜，大帐里即刻兴兵把令传。

曹操听从荀彧之计，即差奉军都尉王则，捧着吕布官诰与刘备、吕布和解之书，星夜往徐州去了。而后起兵十万亲讨张绣，兵到宛城交界安营下寨。张绣闻听曹兵到，便与谋士贾诩商议迎敌之策。贾诩说："曹兵势大不可为敌，降为上策。"张绣从其言，与贾诩同到曹营纳献降表。曹操纳其降，待之甚厚。遂分军三路，令夏侯惇、于禁各领一军，在城外驻扎，自领一军入宛城。张绣每日请曹操赴宴，一日曹操饮酒大醉，退入馆舍，私向左右说："此处有妓女否？"此时曹操侄子曹安民在旁伺候，知道叔叔意思，乃附耳说："昨日小侄窥见馆舍之侧有一妇人，生得十分美丽，问得是张绣叔父张济之妻。"曹操闻言便令侄子曹安民带领甲士五十名去拿，去不多时，把那女子取到曹操眼前。曹操上下一看，果真是一个美丽的女子。

话说曹操观罢美人心中大喜，重赏曹安民。责退左右，只留侄子安民，独在帐外侍候。遂同女人并肩而坐，问其姓氏年庚。妇人说："妾年二十三，乃张济之妻邹氏。"曹操笑问："我闻你夫新死，何故不穿素服？"妇人笑说："因为来见丞相，特此换了色服。"曹操说："夫人可认识我吗？"邹氏说："久闻丞相大名，不得见贵面，今天相逢实为三生有幸。"曹操说："我为夫人故，特纳张绣之降，不然你家灭族了。"邹氏说："多谢丞相好心。"一边说着，一边欠身下拜，曹操将她搀扶起来，仍并肩而坐，两个低言蜜语。曹操见此女燕语莺声，花容月貌，含娇带媚，对答如流，心中大喜，情兴倍浓。

> 好一个好色之徒老曹操，你看他不顾廉耻耍上嫖。
> 曹孟德伸手放下青纱帐，提防那侍卫军兵来偷瞧。
> 喜滋滋收拾床铺同寝睡，安排着共枕同裘云雨交。
> 这一个满怀喜气额边现，那一个一团春风上眉梢。
> 这一个解带宽衣不回避，那一个脱衣露体面带臊。
> 这一个卖饭却怕大肚汉，那一个久旱偏得细雨浇。
> 这一个津津汗点身边滚，那一个呖呖莺声枕上娇。
> 常言说人逢喜事嫌夜短，不觉得巡哨梆锣四更敲。

二人睡到天明起来，梳洗穿衣。邹氏说："你我久住城中，但恐张绣知道，不可贪一时之欢，当图个长远之计。"曹操说："此事不难，明日同你往城外寨中安歇，几天后同回京都，享荣华富贵，料那张绣怎奈你我？"二人商议已定，次日曹操密将邹氏送至城外营中，自己也出了城来，与邹氏一处安歇，食则同桌，寝则同床，如鱼得水，如胶似漆。令心腹将军典韦在中军帐处歇宿，留侄子曹安民在左右侍候，其余将士不唤不得擅入中军。因此，内外不通，待了多日。

常言说，若要人不知，除非己莫为。曹操与邹氏昼夜取乐，不思归期。二人在万马营中，如何能瞒得许多人耳目？张绣闻知心中好恼，便以实情告诉贾诩，求计雪耻。贾诩说："曹操手下典韦，明日将他请来，使其大醉而归，暗使人盗其双戟。此人手中没有兵刃，便不足畏，乘其醉而图之，曹操可擒。"张绣闻言大喜说："真妙策。"次日将典韦请来吃酒，将典韦灌得大醉，密令心腹猛将胡车儿，乘夜入曹营，把典韦双戟盗走了。

> 都只为曹操邹氏来私通，把张绣气了一个眼儿红。
> 悄悄地暗与贾诩定下计，预先里四面埋伏虎狼兵。
> 城头上连珠号炮几声响，四下里一拥齐来扑大营。

差下人五营四哨齐放火，顷刻间翻天覆地乱哄哄。

曹孟德怀中搂抱邹氏女，在那里相偎相亲弄风情。

猛听得叫杀连天吵成片，乱嚷嚷四面火起烧得凶。

曹操正与邹氏同寝，听得叫杀连天，抬头一看，天地皆红，慌忙呼唤典韦。典韦正在醉梦中，跳将起来，双戟找不着了。此时贼兵已到辕门，典韦手无寸铁，心中着急，拿出步卒腰刀拒敌。只见无数军马一齐拥来，典韦奋力向前，砍死二十余人，军马被他杀退，不敢近前，远远以箭射之。曹操多亏典韦挡在前面，一时贼兵不得进来。曹安民好歹保护着曹操偷出后寨而逃。典韦身无片甲，被乱箭射死。曹操右臂中了一箭，所乘之马也被箭伤，负疼而奔。逃到淯水河边，贼兵追到，曹安民在后拒敌，与敌人拼杀，被贼兵砍为肉泥。曹操催马舍命冲过河去，才上了岸，贼兵一箭射来正中马腹，那马跌倒在地。曹操长子曹昂此时也随父逃奔，把自己骑的马给了曹操，曹操骑上逃命而去，曹昂死于乱军之手。却说夏侯惇和于禁各在城外安营，是夜三更时分，巡哨军卒来报。远远望见丞相营中四面起火，二人大惊，急忙追下去了。二人领兵火速赶来，到淯水河方才赶上，救了曹操，杀退了张绣军马。张绣势孤力弱，不回宛城，赴荆州投奔刘表去了。

曹孟德因为好色惹灾殃，这一回贪淫败德不寻常。

半夜间中了张绣贾诩计，杀了个人仰马翻闹嚷嚷。

乱箭下大将典韦死得苦，曹安民乱箭穿身一命亡。

淯水河边为换马来救父，被贼兵乱刀剁了小曹昂。

火烧了衣甲帐房和器械，最可怜数万粮草一扫光。

中军帐拔剑自刎邹氏女，把一个花朵般人两分离。

只说是带结同心火炭热，谁料想水涨蓝桥被淹没。

一心想同赴许都享富贵，反落得独奔清水着了伤。

还亏了两路军马来救应，才能够收集残兵回故乡。

曹操多亏夏侯惇和于禁杀退贼兵，这才安下行营，医治箭伤，又设祭祭典韦，亲自哭奠说："我死长子爱侄，俱无深痛，唯失典韦，我实实痛心。"众将也十分感叹，祭毕班师回许都。

曲 艺 名 段 欣 赏 (2)

第二十七回 | 曹操用陈登为内应 袁术起七军攻吕布

话说王则受了曹操嘱托，捧诏至徐州，封吕布为平东将军。吕布接了诏旨，收了官诰，又看过曹操书信，设宴款待王则。王则说明曹丞相敬重之意，吕布大喜，厚待王则。正饮酒间，忽报袁术派使臣来，吕布唤入来问，使者说："袁公早晚要继皇帝位，册立东宫，催取皇妃早到淮南。"说着呈上书信，吕布观完大怒，传令斩了来使，将韩胤用枷钉了。让陈登捧谢书，押解韩胤一同与王则上许都谢恩，并答书给曹操，恳求授徐州牧。曹操接了吕布谢表和回书，知他已拒婚，心中大喜，遂斩韩胤于市。曹操设宴款待陈登。

> 曹孟德大摆桌宴设酒席，陈元龙朝上躬身忙作揖。
>
> 两下里谦逊一回落了座，眼看着主在东来客在西。
>
> 他二人推杯换盏闲叙话，彼此间说得言语甚投机。
>
> 曹操说吕布为人多奸诈，陈登说人品本就无根基。
>
> 曹操说狼子野心难久养，陈登说斩草除根不宜迟。
>
> 曹操说得您父子同帮助，陈登说丞相之命无不依。
>
> 曹操说早晚用你为内应，陈登说同心协力莫猜疑。
>
> 他二人酒逢知己千杯少，只吃得月上纱窗影儿移。

话说曹操安心取徐州，陈登当面应允，父子二人愿为内应。曹操大喜，即表奏陈珪食禄二千石，陈登为广陵太守。陈登辞谢曹操，回徐州来见吕布，告说父子赐禄加官之话。吕布听了大怒说："你父要我拒婚于袁术，结连曹操。你不为我求徐州牧，却自己求取官职，我肯甘心为你父子所卖吗？"遂拔剑要杀陈登，陈登仰面大笑说："将军你不明白。"吕布停剑问道："我哪点不明白？"陈登说："吾与曹公讲，养将军比如养虎，当饱吃肉，不饱则将吃人。曹公说：'你说得不对，我没那样讲，我说过养温侯如养鹰耳，饥则为我用，饱则飞去。今狐兔未尽，不敢令其先饱。'我问曹公谁为狐兔，曹公说：'淮南袁术、江东孙策、冀州袁绍、荆襄刘表、益州刘璋、汉中张鲁之徒，皆为狐兔。'"吕布掷剑于地，笑说："曹公知我。"

> 自古道人勿直言信谄言，看起来这句俗话是果然。
>
> 说什么口说实言是良药，多半是灭之则恼誉则欢。
>
> 陈元龙撒了一个漫天谎，却喜坏无知温侯吕奉先。
>
> 急慌慌宝剑忙往鞘中填，向陈登拱手作揖来赔罪。

71

曹孟德核桃栗子两处数，可喜他善识英雄眼里宽。

拿着那列镇诸侯作狐兔，他竟然将我吕布另眼看。

不是我卖名浪言夸海口，我吕布剿灭群雄有何难？

不说吕布得意，再说淮南袁术，自恃四世三公，粮多地广，又有良策，手中有传国玉玺，因此，自称帝号，有反对的俱各斩首。遂建号仲氏，立台省等官职，乘龙凤辇，出入皆天子仪仗，册封皇后，立太子，催娶吕布之女为东宫皇妃。听说吕布已将韩胤解去许都，让曹操斩了，心中大怒，遂拜张勋为大将军，统领大军二十余万，分为七路军，往徐州进发。流星马探知此信，飞奔报入徐州。吕布请众将士商议，陈登、陈珪父子俱到。陈宫说："徐州之祸，乃陈珪父子献媚朝廷，以邀官爵，便宜被他父子讨去，却移祸于将军。若斩二人首级献于袁术，其兵自退。"吕布从其言，传令将陈珪父子绑将起来，开刀问斩。陈珪声气昂昂，陈登仰天大笑说："我看袁术七军如同七堆腐草，何足介意？"吕布说："你若有退兵之策，我便饶你父子不死。"陈登说："若听我言，不但能退敌军，还可生擒袁术。"吕布问有何计策，陈登说："袁术部将杨奉、韩暹系汉时旧臣，因惧曹操而去，无家可归，才投袁术。将军暗使人下书一封，使为内应，更联刘备为外合，生擒袁术不难。"吕布闻言，将他父子释放。急派人上许都请求曹操出兵，下书与豫州刘备，让他速发救兵来，又令陈登引数骑在下邳地方等候。韩暹、杨奉二人兵到下邳安营。陈登入见，韩暹问道："你乃吕布之人，为何到此？"陈登闻言哈哈大笑。

陈元龙志气昂然一丈夫，你看他闻听此言大不服。

在帐前仰面大笑两三阵，他说道将军言语太糊涂。

我如今虽跟吕布为参谋，却原来滚热肝肠将汉扶。

将军你汉室公卿声名重，为什么拥护袁术去称孤？

常言说良禽择木臣择主，最不该舍身扶保无义徒。

莫说是从贼谋反人嗤笑，还恐怕惹出大祸灭九族。

须知道苦海无边回头岸，休等到后悔不及想当初。

陈元龙唇枪舌剑千般巧，说得个韩暹低头暗踌躇。

陈登的一席话，分明是让韩、杨二人背叛袁术。韩暹闻言低头不语，杨奉说："我俩归附袁术实非本意，想归汉的心思久矣，只可惜无门可入。"陈登说："这有何难？"遂将吕布之书呈上说："二公如果想归汉，这里就有门可入。"二人接书同看一遍，俱点头说："我们知道了，你暂且先回去，看南方火起，便是暗号。我二人反戈击之，吕将军引兵相应，大事可成。"陈登大喜，辞谢而归，报与吕布。吕布重赏陈登，分兵五路迎敌。是夜二更时分，韩、杨二人暗使军卒于袁军营寨各处放火，袁军不击自乱。吕布见南方火起催兵前进，袁军大败而逃，吕布乘势追杀，韩暹、杨奉左右夹攻赶杀。直到天明，正遇大将纪灵领兵来到，想与吕布交锋，又见韩、杨二将催兵追杀袁军，便知二人投了吕布，不敢交战，率兵败走。吕布刚想追杀，忽见山背后一彪军马突出，截住去路。门旗开处，只见军中打着龙凤日月旗幡，四斗五方旌旗，金瓜银斧，黄钺白旄，黄罗绡金伞盖之下，袁术身扳金甲，手提双刀，立于阵前，两边护将士雁翅排列。吕布观罢，也列阵扎住，一马当先。老袁术一见吕布，心中好怒。

袁术他阵前看见吕温侯，一霎时怒气冲天贯斗牛。
恶狠狠用刀一指泼口骂，骂了声背主家奴行事羞。
想当初杀害丁原你干爹，跟李肃甘心去把董卓扶。
都为你父子争夺貂蝉女，又弄得结义天伦成了仇。
你当日不肯嫁女无妨碍，为什么将我花红彩礼收？
做圈套借女诈财还可恕，最不该把媒人向监里囚。
更可恨解赴许都面天子，问问你韩胤何罪该砍头？
现如今其中缘故我猜透，想必是与你儿把情偷。
笑话人家教不严闺门乱，你怎么立在人前不害羞？
老袁术不住声地泼口骂，吕奉先气塞胸膛恨不休。
你看他拧开画戟催战马，袁术他双刀并舞蹙眉头。
眼前里惊天动地一场战，杀一个遍野尸山血横流。

第二十八回 ｜ 袁术败于关云长
曹操借头稳军心

话说袁术指着吕布骂不绝口，吕布哪里肯依？用方天画戟一指，也骂道："老贼你谋反朝廷，大逆不道，自称帝号，罪不容诛。我乃大汉臣子，岂肯与反贼结亲？少得多嘴，看我取你首级。"一边骂着，边催开赤兔马，拧动画戟，冲将过来，直取袁术。袁术拨马往旁边一闪，部将李丰出马迎敌，战不过三合，吕布一戟刺于马下。袁军大乱，纷纷败走。吕布催兵赶杀，抢夺衣甲马匹无数。袁术领着败军走不到三五里路，山背后一彪人马截住去路，当先一将立马横刀，大喝："袁术休走。"袁术一看，乃关云长，吓了个胆裂魂飞，舍命奔逃，袁军纷纷四散，被关云长大杀了一阵。袁术收拾残军，飞奔淮南去了。吕布大获全胜，邀请关羽、杨奉等诸路军马，同到徐州大摆宴席，慰劳三军。次日关羽辞别吕布。吕布保奏韩暹为沂都牧，杨奉为琅琊牧，二将各自赴任去了。

却说袁术败回淮南，差人往江东向孙策借兵报仇。孙策接书大怒说："老贼赖我玉玺称帝，独霸淮南，背叛汉室，我正要兴兵伐之，岂肯反助叛贼？"遂撕碎书信，斩了来使，即想兴兵伐袁术。此时曹操差人来，封孙策为会稽太守，令起兵征讨袁术。孙策接书，便同众将商议。

> 孙策他接了曹操书一封，设酒宴会同谋士众英雄。
> 一来是册封太守该庆祝，二来是大家商议要兴兵。
> 后堂里推杯换盏同布谋，酒席前长史张昭尊主公。
> 他说道淮南袁术虽新败，现如今甲兵犹存十万零。
> 咱若是军卒将士全出马，但恐怕诸侯乘空取江东。
> 总不如差人许都把书下，请曹操统领大军来会同。
> 共商量谁为前驱谁后应，两下里同心协力把贼平。
> 将人马护守城池留一半，那一半相随曹操去出征。
> 先打算瞻前顾后无差错，才省得一事不成两事空。

张昭言罢，孙策喜从其言，便差人往许都下书给曹操。曹操见书允诺，即时兴兵。令曹仁守许都，其余兵将尽皆从征，一共马步军十七万，粮食千余车。欲先会合刘备，再往徐州会齐，曹兵才到豫州地界，玄德已领兵来迎，献上首级二颗。曹操惊问："这是何人首级？"玄德说："这是韩暹、杨奉之头。"曹操说："何故杀之？"玄德说："我有下情要禀报。"

> 曹阿瞒面带惊疑连声问，刘玄德开言又把丞相称。
> 都只为吕布绝婚囚韩胤，袁术他报仇雪恨起七军。
> 多亏了韩暹杨奉为内应，暂叫他沂都琅琊把兵屯。
> 原就该各守封地安本分，而竟自横行无忌来殃民。
> 用帖去将他诓至豫州地，酒席前掷杯为号剑分身。
> 这是我无命擅专一件事，特地来负荆请罪见将军。

玄德说完，上前打躬。曹操笑说："为国除害是一大功，何言有罪？"遂重赏玄德，兵合一处同到徐州。吕布出迎，曹操以好言相慰，封吕布为左将军，并说待回京之后，再把印绶交来。吕布大喜，设宴款待曹操、玄德，两营将士一并犒赏。三军停了几日，曹操令吕布一军在左，玄德一军在右，自提大军在中，令夏侯惇、于禁为先锋，头前破路，后边三路大军一拥齐进。却说淮南袁术闻听曹操、吕布、刘备分东西南北四面夹攻，自料不能抵敌，分兵十万给李丰、乐就、陈纪、梁刚四将带领守城，闭门不出。自领御林军数万将士，携带金玉珠宝细软之物，渡淮河避难去了。

话说曹操攻打寿春城池日久不开，营中粮草缺乏，兵卒饿死不少，无奈向江东孙策借粮十万斛。支粮官王垕说："兵多粮少，怎样支发？"曹操说："可用小斗支出。"王垕说："军卒见粮米不足从前之数，必要埋怨丞相。"曹操说："不妨事，军卒要埋怨，我自有办法。"王垕遵命以小斗支出。军卒挨饿多日，闻听借得粮都甚喜，及至领到手里比从前数少，仍然吃不饱，个个埋怨不休，有逃散之势。曹操着急，心生一计，差人把王垕叫来说："我今借你一物，以压众心，可愿意吗？"王垕说："要借何物？"曹操说："借你首级以示众。"王垕大惊说："末将无罪，何故加刑？"曹操说："我也知你无罪，若不杀你，军心要变，你死之后妻子我代养，不必顾虑。"王垕再欲说时，曹操呼刀斧手推出斩首。头悬高杆，遍示军营，说："王垕克扣军粮，以致兵卒受饿，今被丞相查出，已正法了。自今以后尔等莫怨丞相。"自此众怨才解，不两日攻破寿春城池了。

　　　　　曹阿瞒奸雄第一世无双，　满腹中许多诡诈不寻常。
　　　　　分明是兵多粮少难支撑，　反说那仓官王垕扣军粮。
　　　　　即时间将他斩首来示众，　眼看着高挂人头游四方。
　　　　　好叫人一时不辨真和假，　生生地哄信三军众儿郎。
　　　　　一个个舍命攻城效死力，　不几日炮打敌楼破城墙。
　　　　　吕奉先活捉李丰和陈纪，　关云长刀劈乐就和梁刚。
　　　　　吓得那黎民百姓皆逃散，　好一些守城军兵投了降。
　　　　　乱军中抄掠钱粮无其数，　一把火殿宇宫廷一扫光。

　　话说曹操破了寿春城，斩了一些贼将，招降士卒，仓库抄掠一空，宫殿烧毁尽净。正欲渡淮河追杀袁术，忽有飞马来报说："张绣结连刘表去打许都。"曹操闻报大惊，不去追赶袁术，班师而回，临行令吕布回徐州，吕布遵令而去。又密向玄德说："我令你仍屯小沛，是掘坑待虎之计，你可同陈珪父子商议此事。"玄德点头应允而去。曹操安排完毕，自领大军回许都。走到半路有人报说，李傕、郭汜的部将段煨、伍习把二人杀了，现提人头来献，曹操听后大喜，俱各封官。此时张绣闻曹操班师回来，也就退兵了。

第二十九回　曹孟德割发代首
郭嘉评曹袁胜败

　　话说曹操班师回京，面奏天子说："张绣作乱，当兴兵讨伐。"天子准奏。曹操不日兴师，天子亲排銮驾送出京城。这时正是建安三年夏，遍野麦子将熟之时，曹操要收买民心，一路出示晓谕，让老百姓不要受惊。大小将校各带好车马，有骚扰作践麦子者斩首。军令一下，过麦田的军士俱各下马，手皆扶麦而行。

> 曹孟德一路告示贴几张，这一回轰动所过众村庄。
>
> 百姓们提壶捧茶来迎送，岔路口焚香跪叩摆成行。
>
> 俱说是致君泽民苦征战，曹丞相兴利除害做榜样。
>
> 老曹瞒闻听此言心欢喜，在马上手捻长须喜气洋。
>
> 忽有个斑鸠腾飞起路旁，坐骑受惊跳在了麦中央。
>
> 双蹄抬起吼声不住地叫，踢弄得大块麦子乱糟糟。

话说曹操所乘之马眼差，把麦子作践一分有余。左右把马拢住，来到柳荫之下，曹操便叫行军主簿拟自己践踏麦田之罪。主簿说："丞相是统帅，岂可问罪？"曹操说："我定的法，我自己犯了，若不问罪，怎么能服众人？"即自拔所佩之剑欲自刎。众将上前拉住说："古时春秋之义，法不加尊。丞相统领大军，为国剿贼，若要自杀，何人平定天下？"曹操沉吟良久说："春秋既有法不加尊之意，我可免死。"但仍以剑割自己的头发掷于地说："割发以代首吧！"郭嘉将割发传示三军说："丞相犯法理应斩首，如斩首无人执掌大权，今割发以代之，尔等各加小心。"三军闻言无不悚惧，个个严守军令。却说张绣闻知曹操兵来，急忙报于刘表，使他为后应，张绣与雷叙、张先二将出城迎敌。两军对阵，张绣一马当先来与曹操交战。

> 两下时列开旗门摆阵图，这边厢张绣出马大声呼。
>
> 骂了声假仁义无耻奸雄，本是个人面兽心无义徒。
>
> 历年来行奸使诈千条计，满腹中天良丧尽半点无。
>
> 须知道横行自有恶贯满，那时节刀快不怕脖子粗。

张绣刀指曹操骂不绝口。曹操大怒，一声喝道："勇将许褚何在？快与我生擒此贼。"许褚一马当先，直取张绣。张绣差部将张先出马迎敌，交战不上三合，许褚刀斩张先于马下。张绣军大败而走，曹操催兵赶杀，追至南阳城下。张绣军入城闭门不出。曹操心急，是夜二更时分，暗令军士越墙进去偷开城门，大队人马一拥而入，指望攻其不备，成功擒拿张绣，不想反中贾诩、张绣之计。军兵俱在马道中埋伏，被他一阵好杀，兵折数万，大败而逃。逃到半途，又有刘表从后边截杀，张绣又来追袭。幸亏曹操埋伏奇兵，杀退两家人马才奔回许都。刘表回了荆州，张绣屯兵襄阳，以唇齿相依，这且不提。

再说曹操败回许都，郭嘉入相府抽出一书，向曹操说道："今袁绍出兵伐公孙瓒，发书前来借兵借粮。"曹操接书在手，沉思良久说："他见我军新败，来借兵借粮，必有他意。"郭嘉说："袁绍无谋之辈，何足惧也？主公你有十胜袁绍之处，可听我说来。"

袁本初繁礼多仪虚谦逊，主公你小节不拘度量宏。

袁本初兵无纪律多散乱，主公你军令森严谁不惊。

袁本初俗子庸夫一齐用，主公你因才施用识英雄。

袁本初多谋少决无主意，主公你闻策能中立刻行。

袁本初专听名誉喜高帽，主公你好行实惠存至诚。

袁本初听谗惑乱心间弱，主公你佞言不得入耳中。

袁本初是非混淆多颠倒，主公你一切法度甚严明。

袁本初不知深浅和利害，主公你审时度势会用兵。

袁本初忠言逆耳不肯信，主公你谏则从之言则听。

袁本初专好贪财溺妻子，主公你一赏千金从不疼。

　　郭嘉品评曹、袁两家有十胜十败之说，曹操听了大喜说："既如此，今来借兵借粮怎么办？"郭嘉说："吕布虎踞徐州，终为心腹之患，今袁绍北征，我当乘其远出，先取吕布为上策。若此时去攻袁绍，吕布必来乘虚袭许都，为害不浅。"曹操从其言，遂一面发书邀玄德来议事，一面应允借兵借粮，并封袁绍为大将军，督管冀、青、幽、并四州地方。另外寄密书一封，叫他讨伐公孙瓒，情愿相助。差官回去禀报，袁绍大喜，即时起兵北征。

　　却说玄德接了曹操密书，也修密书一封，回答曹操暗约共擒吕布。不料差官半途中被吕布谋士陈宫所获，连书带人献于吕布。吕布大怒，将差人斩首。即令陈宫、臧霸领兵取山东、兖州诸郡；令宋宪、魏续领兵西取汝、颍地方；令高顺、张辽等领兵攻打小沛；自领大兵，三处往来救应。

　　玄德闻知吕布兵到，速差简雍往许都向曹操告急，一面分兵守城：关羽守西门，张飞守东门，孙乾守南门，玄德守北门。糜竺、糜芳原是糜夫人之弟，叫他们保护家小。

　　话说简雍往许都求救兵，曹操令夏侯惇为先锋去小沛救援。

　　夏侯惇引军前进，正与高顺军相遇，便挺枪出马迎战。夏侯惇与高顺战有四五十回合，高顺败下阵来。夏侯惇纵马追赶，两马绕阵而走。高顺手下曹性见此情景，暗地里拈弓搭箭，一箭射去，正中夏侯惇左目。夏侯惇大叫一声，急忙用手拔箭，不想竟将眼珠一起拔出，于是在马上大呼："父精母血，不可弃也！"遂纳于口内啖之，然后挺枪纵马，直取曹性。曹性来不及提防，被一枪击中面门，死于马下。两边军士见此，无不骇然。

　　此时，高顺已从背后杀回，全军齐上，曹兵大败。夏侯渊救护哥哥，败退而走。高顺得胜，引军回击玄德。恰好吕布大军也到了。吕布与张辽、高顺分兵三路，来攻打玄德、关、张三寨。

兄弟三人被吕布兵马围住，大杀一天一夜，俱各失散。玄德怕陷了小沛城池，奋力杀出重围，不见关羽、张飞，急奔小沛。他来到城边，见城上遍插吕布旗号，便知城池、家小皆陷，无奈，单枪匹马逃难去了。吕布兵围玄德住宅，糜竺出迎说："我闻大丈夫不废人之妻。与将军争天下的是曹操。玄德念将军辕门射戟之恩，时刻不忘，今不得已而投曹操，请将军怜之。"吕布思念玄德旧情，不忍害其妻子，叫糜竺兄弟搬移玄德家小，共往徐州城中安身。此时关羽、张飞二人杀出重围，也各自失散，寻找不到玄德，只好收集些残兵，暂在山中驻扎，再慢慢打听大哥音信。正是兄弟妻子皆离散，不知何年才相逢。

话说玄德匹马逃难，正行之间，忽听背后一人高声呼唤，回头一看是孙乾，他二人弃鞍下马坐山坡。二人悲酸一回，看了看天色已晚，无奈往村庄投宿。

曹操兵到济北，夏侯渊等人迎接入寨，诉说兄长夏侯惇损去一目，卧病未愈。曹操自到病榻前看望，令其回许都调养。同时，派人打听吕布现在何处，想往何处进兵。探马回报，吕布同陈宫、臧霸勾结泰山贼寇，共攻兖州诸郡。曹操令曹仁领一支兵马去攻小沛，自领大军同玄德来战吕布。走到山东地界，路近萧关，正遇泰山寇孙观、吴敦、尹礼、昌豨四人领兵截住去路。曹操差许褚迎敌，两家排开阵势，一场好杀。

> 曹孟德安排去战吕奉先，正遇上泰山贼寇把路拦。
> 传号令一声纷纷安营寨，急忙忙大小儿郎众将官。
> 一个个齐离雕鞍下坐骑，霎时间无数帐房紧相连。
> 即刻地差遣许褚去出马，提兵刃率领军卒到阵前。
> 众贼徒人多势众齐下手，一个个各显其能来争先。
> 被许褚刀劈昌豨和尹礼，贼吴敦疆场中了回马鞭。
> 孙观他见事不好逃了命，率领着数万兵卒一溜烟。
> 曹孟德用鞭一指说声赶，大伙儿催马舞刀齐上前。
> 好一似风卷残云扫落叶，贼徒们大败奔逃进萧关。

第三十回 ┃ 陈珪父子计擒吕布
三兄弟阵前喜相逢

话说曹操挥兵追杀一阵，贼军败进萧关，闭门不出。此时吕布已回徐州。探马飞报吕布，吕布同陈登去救萧关，留陈珪守徐州。陈登临行时，父亲陈珪嘱他说:"昔日你同王则上许都,曹公曾说徐州之事托在咱父子身上,今吕布如有败势,你可乘便图之。"陈登说:"外边之事,我自有主张,如见吕布败回,父亲可同糜竺守住徐州,休要放他进城,吕布可以被擒。"陈珪说:"我在徐州城里,料那吕布也无可奈何。你在城外,他岂肯与你干休?"陈登说:"那时为儿自有脱身之计,父亲不必挂念。"陈珪说:"吕布妻小在此城中,还有一些心腹之人怎么办?"陈登说:"这也不难,我有一计,吕布最信儿言。我叫他将家小移到下邳城去,他的心腹自然也就跟着去了。徐州城中没有他的人,此城易守。我让曹公死攻下邳,下邳一失,吕布无家可奔了。"

话说陈登与他父亲计议已定,然后来见吕布。陈登说:"徐州四面受敌,曹操兵来必先攻这里,咱得早做准备,不可不防。"吕布说:"有什么妙计?"陈登说:"徐州城池虽大,不如下邳坚固,不如将要紧之物移至下邳城中。若徐州有失,退居下邳,内有粮草,外有泗水之险,闭门坚守可保安全,此为狡兔三窟之计。"吕布闻言大喜说:"元龙之言正合我意,我想将妻小也移去,更为稳妥。"遂令宋宪、魏续保护妻小并钱粮珍贵之物尽移下邳城中,一面与陈登统领大军去救萧关。陈登与曹军里应外合,放火为号,私开关门,引进曹兵,把吕布兵马杀了个人仰马翻。泰山贼寇孙观,带领手下贼徒舍命奔逃去了。吕布收集残军败回徐州,众将来叫城门,城上乱箭射下,雨点相似。糜竺在城楼上大声喝道:"你夺我三徐州,如今复到我手,哪个容你进城?"吕布大怒,高声叫道:"陈珪何在?"糜竺哄他说:"我把他杀了。"吕布又回顾众将说:"陈登何在?"陈宫在马上哈哈大笑。

陈公台马上哈哈笑连声,　他说道主公看事好不明。

老陈珪着你绝婚袁公路,　他原是偏心向了玄德公。

父子俩怀揣异心别有图,　主公你言则听之谏则从。

陈元龙昨同王则把京进,　明明的是与曹操暗里通。

并不是实授将军徐州牧,　他父子增禄加官自己荣。

原就该斩草除根绝后患,　凭空里解去绳索把他松。

到如今水落石出真形现,　才知道中了他的计牢笼。

小冤家溜字号里无踪影,　将军你至此才知陈元龙。

想当初杀人不如先下手,　倒省得事到头来悔不成。

陈公台说话之间又大笑,　吕奉先羞了一个面绯红。

陈宫言罢,复又哈哈大笑,把吕布羞得面红过耳。停了良久,他方才说道:"当初不听公台之言,才有今日,纵然懊悔也是晚了。为今之计大家去救小沛才是。"陈宫说:"正该如此。"于是大家急奔小沛而来。到了小沛,只见城上遍插曹兵旗号,原来曹仁领了曹操之命率兵袭城池。次后来陈登亦投奔到这,听说吕布兵到，与曹仁同上城头观兵。吕布在城下见陈登在城楼上，大骂陈登是无良心的小辈，卖我城池，父子同谋害我，有一日落到我手里，就是千刀万剐也难解我心头之恨。陈登在城楼上也高声骂道："我父子乃大汉臣子，岂肯甘心保你反贼？"一时滚木、礌石齐往下打。吕布方欲攻城，背后喊声大震，一彪军马到来，当先一将乃张飞。吕布催马直取张飞，二人交锋大杀，战不数合，阵外喊声大起，曹操大军已到。吕布心想不能取胜，引军东走，舍命飞奔下邳。曹操追杀不舍，吕布率领兵将跑得人困马乏，方把曹兵撇开。当头又有一彪军马截住去路，当先一将立马横刀大喝："吕布休走，关云长在此。"吕布方想接战，又见张飞背后赶来，不敢交手，引众将急奔下邳，侯成引兵接应，入城闭门不出。

关羽、张飞二人洒泪诉说失散之苦，别离之情，哭了一回，同往曹营寻见玄德，三人哭拜于地。玄德悲喜交集，兄弟三人又哭诉一回，这才同见曹操。曹操也为之感叹，大家共入徐州城来。糜竺接见，诉说满门老小都好。玄德、云长、张飞同来见甘、糜二夫人。孙乾、简雍此时俱在，一家团圆，欢天喜地，这且不说。

再说曹操一进徐州，陈登自小沛赶来，同父陈珪齐来参拜曹操，并与玄德兄弟三人相见。曹操一面犒赏三军，一面设宴，请众将赴宴，自己居中坐，令玄德居左，陈珪居右，其余将士各按次序相挨。饮酒之间，曹操嘉赏陈珪父子，赏陈珪十县之禄，封陈登为伏波将军，父子二人就在席前谢恩。此时，曹操得了小沛、徐州两座城池，心中不胜之喜，便与众人商议，起兵去攻下邳。

> 曹孟德安心去把吕布擒，帐下里程昱又把主公尊。
> 吕奉先只剩下邳城一座，在那里屯扎兵辛武共文。
> 满门中一家老幼皆在内，仓库里堆积钱粮百万金。
> 现如今将寡兵少思退步，他一定死守孤城紧闭门。
> 咱若是统领大军攻下邳，要逼得人急造反不顾身。
> 现放着淮南袁术今尚在，不得已还结从前旧婚姻。
> 万一的两家势弱言归好，但恐怕依然为党成了群。
> 又何况臧霸孙观还未灭，现在那兖州一带几十村。
> 倘若咱置若罔闻不理论，恐落得上边怨下失民心。
> 这一回检点不到有疏漏，才成了空费机关枉劳神。
> 程谋士破釜沉舟说一遍，曹孟德手捻胡须笑吟吟。

程昱说完，曹操连连点头，笑而问道："此事应如何呢？"程昱说："丞相自领一支人马往兖州一带擒拿臧霸、孙观；令玄德兄弟三人兵屯淮南要路，断其两家往来，使吕布不得结连袁术，势孤力弱，不难图他。"曹操从其言，即令玄德兄弟兵屯淮南要路；令夏侯渊、许褚围下邳；留糜竺、糜芳、简雍、孙乾守徐州；自同陈珪父子率领大兵去救兖州诸郡。方欲兴兵起程，蓝旗来报说："臧霸、孙观等闻听吕布失了小沛、徐州两处城池，不知逃向何处去了，现今兖州一带平安无事。"曹操闻报，不上兖州，便同许褚、夏侯渊、陈珪父子一干众将统领大兵共围下邳。却说吕布自恃粮食足备，又有泗水之险，以为安心坐守可保无忧。忽闻曹兵来，便同众将商议，陈宫说："今曹兵初到，人马困乏，可乘其寨栅未定，以逸待劳，无不胜之理。"吕布摇头说："我军屡败，元气未复，只能固守，不可轻出，让其来攻而后迎敌。"未听陈宫之言。过了数日，曹操安就营寨，领众军兵攻城，吕布在敌楼上，曹操说："今闻奉先又欲结亲袁术，我故领兵到此。袁术有谋反大逆之罪，将军有剿除董卓之功，何故弃其功，甘心而从叛贼？若肯回心转意，开城投降，尚不失封侯之位。若要执迷，城池一破，悔之晚矣。"吕布闻言低头不语。陈宫手指曹操，开口大骂。

陈公台站立敌楼气昂昂，他说道奸贼休得太猖狂。
你当初行刺董卓把刀献，弄了个画虎不成反类犬。
那时节天下图形将影画，吓得你东跑西窜没处藏。
中牟县你被我们拿住了，推拥拥绳索脖子到大堂。
多亏了奸贼生得脸皮厚，人前以假充忠义扶汉皇。
也是我看事不明失主意，被老贼花言巧语将我诓。
吕伯奢合家大小死得苦，你是个人面兽心丧天良。
悔煞人那年店中没杀你，到如今弄得天下尽遭殃。
我这里决一死战不投降，你不必装模作样玩官腔。
一边说城头射下雕翎箭，嗖的声一点寒星扑顶梁。

第三十一回 | 吕布不纳陈宫之谋 水淹下邳吕布被擒

话说陈宫一箭射来，正中曹操帽盖，曹操大怒，挥兵攻城。陈宫向吕布说："曹兵远来，士卒乏困，将军挑选马步勇士出城而战，我将率众坚守于内。曹军如攻将军，我引军出城袭其背；若来攻城，将军可从后面击之。你我两路夹攻，使他两面受敌，往还不定，不过数日，曹操粮草已尽，那时不击自乱。"吕布从其言，回府更换戎装。吕布正妻严氏，闻知出来问道："将军要往哪里去？"吕布将陈宫之谋告知。严氏说："将军把城交与别人，弃妻子，孤军出去，一旦有变，妾还能安身吗?"言罢挥泪不止,吕布踌躇不决,三日不出。陈宫入见说:"曹操回营休息去了,将军可乘此率军出城,不然等着他恢复过来,四面围城就出不去了。今闻曹操缺粮,差人往许都去取,早晚要回来。将军出城领兵断其粮道,使其无粮,必然军变。你我两路夹攻,曹操可擒。"吕布从其言,又入内与严氏商议,严氏闻听此言,手拉吕布就哭起来了。

> 严夫人秋波垂泪心痛酸,一伸手拉住夫君吕奉先。
>
> 你如今带领精壮出城去,抛却了内里将弱兵又残。
>
> 陈公台纸上谈兵无勇略,指望他护守城池是枉然。
>
> 妾看着明哲保身为正理,不记得当年害你出长安?
>
> 现如今要走不如全家走,好容易夫妻相守这几年。
>
> 你若是舍弃妾身自己走,万一的有点差错塌了天。
>
> 倒不如将军没走奴先死,还捞个亲埋荒郊土几锹。
>
> 吕奉先见夫人痛哭流涕,心中愁叹不决入告貂蝉。

貂蝉说:"妾随将军如得泰山之靠,今若弃而去之,使妾身无主了。"言罢也掩面哭起来了。吕布忙把貂蝉搂在怀中说:"美人莫哭,我仗画戟赤兔马,谁敢近我?固守此城料也无妨,我怎么能舍你们而去?"是夜与貂蝉同寝。次日,告诉陈宫说:"人说曹操军粮少是诈,曹操诡计多端,你我且宜坚守,不可轻举妄动。"陈宫再三劝说,吕布执意不肯出城,陈宫叹说:"我等死无葬身之地了。"吕布自此终日不出,只同妻妾饮酒解闷。谋士许汜、王楷劝吕布说:"咱今固守不出,终非久远之计,不如仍结亲袁术,求他相助,共力破曹,乃为上策。"吕布从其言,即差二人为使赴淮南。令张辽、高顺掩护许汜、王楷杀出城去,打马飞奔,越过玄德营寨。及至关羽出营截杀时,许汜、王楷已经去远,张辽、高顺也退入城中去了。却说许汜、王楷奔到淮南见了袁术呈上书信,袁术观罢微微冷笑。片刻,袁术大怒,撕了来书,要斩来使。没等许汜开口,王楷从容说道:"明公息怒,我有下情要说。前者奉先绝婚于明公,是被曹操奸计所误。今不得已又来相求,明公若肯许亲,彼此都有益;如不相救,吕布失去下邳,势必祸及淮南,唇亡齿寒。"袁术又说:"吕布如不是曹兵到来,他岂肯把女儿许我?他为人反复无信。得让他先把女儿送来,我就发兵相救。"王楷、许汜满口应允,辞了袁术回下邳。越过玄德营寨,悄悄地摸进城来。二人将袁术先要媳妇,然后发兵之言对吕布说知,吕布一切应承。是夜二更时分,即令张辽、高顺点齐三千人马,预备飞车一辆。吕布要将女儿亲自送出二百里外,再让张辽、高顺二人送至淮南。

话说吕布将女儿以帛缠身,用甲包裹,负于背上,使丝绦扎个结实,提戟上马。放开城门,吕布当先,张辽、高顺带领三千人马左右保护,闯出城门。将近玄

说唱三国

德营寨，一声鼓响，关、张二人并马齐出，各执刀枪，拦住去路，大叫吕布休走。吕布无心恋战，只是夺路纵马急奔。玄德又引一军截杀，吕布虽勇，乃缚一女在身上，唯恐有伤，不敢突出重围。后面许褚、徐晃又一齐杀来，众人齐声吆喝，俱说要捉吕布献功。吕布见人马越来越多，走脱不成，拧戟催马杀开一条血路，同张辽、高顺退入城中，闭门不出。玄德、关、张收军，许褚、徐晃回营，这且不提。单说吕布回到城中入府下马，将女儿惊了个死而复苏，连哭也哭不出来了，妻妾老小一齐埋怨。吕布心中着实难为情，别无计策，只有饮酒解闷。却说曹操兵攻下邳两月攻不下，忽有探马来报说："河内太守张杨出兵欲救吕布，被部将杨丑所杀，想将首级来献丞相。其又被张杨心腹之人眭固所杀，率领张杨之兵投大城去了。"曹操闻报即遣部将史涣追杀眭固。

都只为眭固作反投大城，曹孟德即刻传令发了兵。
中军帐吩咐厨官设酒宴，请到那文官武将来会同。
首座上大夫陈珪年高迈，第二位玄德关张三弟兄。
这边厢郭嘉荀彧二谋士，紧挨着许褚徐晃和陈登。
满营中大小将士皆落座，曹孟德端端正正在当中。
不多时酒过三巡菜几味，你看他自发议论众人听。
他说道河内张杨虽自灭，却还有张绣刘表二枭雄。
围下邳屡次进攻不能胜，到如今屈指算来两月零。
我有心暂回许都去歇马，但不知此事可行不可行？

话说曹操欲舍了下邳，暂回许都。谋士荀彧急制止说："不可！吕布屡败，锐气已衰，兵以将为主，将衰则兵无战心。陈宫虽有计策，奈何吕布不听。而今吕布气数已衰，陈宫之谋难实现。若速攻之，吕布可擒矣。"谋士郭嘉说道："我有一计，下邳城不攻自破，远胜十万之师。"荀彧笑说："莫非要决沂、泗之水？"郭嘉点头说："正是。此计你我不谋而合，事必能成，但不知主公以为可否？"曹操说："此计极妙，宜速行。"即令军士决两河之水，曹兵尽居高处，坐视水淹下邳。不两日二水相合直灌下邳，全城只剩东门无水，其余各门俱被水淹。门军飞报吕布，吕布说："我有画戟赤兔马渡水如走平地，何足惧也？"仍与妻妾痛饮而已。

吕奉先事至无计低头捱，昏沉沉贪花恋酒解愁怀。
全不理曹军决水淹下邳，他只是一心陪伴女裙钗。
白日里共坐传杯闲耍笑，到晚上两朵鲜花一处栽。
严夫人此时但图眼前乐，好一似交颈鸳鸯拆不开。
貂蝉女大功已成了心事，下一步生死存亡命里该。

张文远束手无策空搔头，气坏了献计不从陈公台。

满城里一干文武丧了气，准备着白门楼中那场灾。

话说吕布酒色太过，形容销减。一日取镜自照，忽惊曰："我被酒色所伤矣！不可不戒。"随即下令城中但有饮酒者，不论军民皆斩。此时部将侯成因马丢失又找回，欲饮酒庆贺，先来请示吕布，吕布大怒要斩侯成。多亏众将苦苦求情，这才饶了死罪，重打一百马鞭。侯成被打得皮开肉绽，鲜血淋漓，带伤归家。宋宪、魏续至侯成家探视，侯成哭着说："若不是众人求情，我命休矣！吕布只恋妻妾儿女，视我等为草芥，情实难堪。"宋宪说："兵围城下，水绕壕边，我等死在日前矣。"魏续说："吕布无仁无义，我等弃而走之如何？"宋宪说："非大丈夫之所为，不若擒了献给曹公。"侯成说："我因得马受辱，而吕布所恃者赤兔马，你二人果能献门擒吕布，我先盗其马去献曹公。"三人商议已定，那侯成夜间盗去赤兔马，出城将马匹献给了曹操。

曹操得了吕布之马，又听侯成诉说宋宪、魏续共谋献城，擒拿吕布，城上白旗为暗号。曹操闻言大喜，即写榜文数十张射进城去。榜文是："大将军曹公特奉命诏讨吕布，如有抗拒大军者破城之日满门皆斩！上自将校下至庶民，有能擒吕布来献者重赏，此谕！"

次日城外喊声震天，吕布提戟拉马，方知马被侯成盗去，乃提戟步行上城，大骂宋宪、魏续守门失职，走脱了侯成，盗去战马。此时天刚初亮，曹兵见城上果有白旗一面，大家奋力攻城。吕布督守城将士将滚木、礌石齐往下打，从天明打至日落，曹兵稍退。吕布觉得乏困，坐在城楼中歇息，不觉合眼睡着。宋宪屏退左右，先盗其戟，又与魏续一齐动手用绳索将吕布捆绑起来。吕布睡梦中惊醒，方知被擒。魏续将白旗一招，大声喊道："我们把吕布生擒了。"曹兵恐怕有诈，宋宪将吕布画戟从城上掷将下来，大开城门，曹兵一拥而入。高顺、张辽在西门被水围困难出，被曹兵抓住。陈宫奔到南门被徐晃所获。曹操入城见吕布等俱各被擒，遂下令退了水，一面出榜安民；一面同玄德坐在白门楼上，关、张侍立于侧，吩咐将擒拿之人俱带上来。吕布虽然力大，此时被绳索捆作一团，他大声喊道："绑得太紧，要松一点儿。"曹操说："缚虎不能不紧。"吕布抬头只见侯成、宋宪、魏续皆立于侧，心中大怒。

吕奉先看看宋宪与侯成，又只见魏续也在门楼中。

急得他双足跺了好几跺，霎时间气了一个眼睛红。

恶狠狠虎目圆睁泼口骂，匹夫们行的事儿太不通。

想一想自从我们在一处，我吕布对待众人俱有情。

常言说食人之禄解人难，原就该同心协力保孤城。

为什么盗我画戟赤兔马，你们大伙擒主人来献功？

真正是兽心人面无良辈，只恐怕做的事儿天不容。

吕奉先数长道短不住口，忽听得背后有人喊一声。

吕布言还未尽，宋宪、魏续一齐喝道："匹夫住口，你听妻妾之言，不从将士之谋，待我等何为不薄？"吕布闻言低头不语。

第三十二回 ┃ 吕布白门楼下丧命 刘备见献帝叙家谱

众将拥高顺到，曹操问："你有何言？"高顺闭目不答，曹操下令推出斩了。徐晃押陈宫到，曹操笑问说："陈公台别来无恙？"陈宫大怒说："你心术不端，我才弃汝。"曹操说："我心术不端，你又为何独事吕布？"陈宫说："吕布虽无谋，不似你诡诈奸险。"曹操说："你谓足智多谋，现在如何？"陈宫目视吕布说："恨此人不听我言，若从我言，未必有今日。"曹操说："今日之事应当怎样？"陈宫大声说：'今日有死而已！"曹操说："你死你父母咋办？"陈宫说："我闻以孝治天下者，不害人之亲；施仁政于天下者，不绝人之嗣。老母妻子之存亡，亦在于明公矣！我已受缚，情愿去死，没有什么说的。"曹操尚有留恋之意，陈宫抬腿就走去受刑，左右拦住他。曹操起身泣而送之，陈宫并不回头。曹操向左右说："陈宫死后，将他老母妻子送回许都养老，如有违者斩首。"陈宫闻言未开口，伸头受刑。众人无不落泪。曹操以棺椁盛其尸骸，厚礼葬之。后人有诗叹之：

生死无二志，丈夫何壮哉！

不听金石言，空负栋梁材。

辅主真堪敬，辞亲实可哀。

白门身死日，谁肯似公台？

当曹操送陈宫下楼时，吕布苦口哀求玄德与他求情。

方才时曹送陈宫下楼去，吕奉先乞求玄德甚悲哀。

说的是丈夫有泪不轻落，你看他泪水纷纷洒下来。

想当初徐州你我争城时，咱不曾害你家眷众裙钗。

那一日糜竺糜芳失小沛，还把你家小徐州来安排。

又何况辕门射戟把和讲，大约你牢记心头未忘怀。

常言说是是非非何日了，咱为何冤孽扣子解不开？

公若肯丞相面前将我救，吕布今生誓不忘救命情。

吕布站在阶下，苦苦求玄德在曹操面前与他求情饶命。玄德也不答言，只是点头应之。曹操送陈宫回来，吕布向曹操说道："丞相所虑者莫过于吕布，如今吕布已服矣。丞相若网开一面，吕布当以死报丞相，你我同心，大事不难定也。"曹操素有爱吕布之心，见他如此求饶，心中左右不定，乃看玄德说："此事应如何办？"玄德微微一笑说："公不见丁建阳、董卓之事吗？"吕布一闻此言，怒目而视。玄德又说："这人最无信用。"曹操吩咐将吕布拉下去用绳缢死。吕布回头跟玄德说："大耳儿不记辕门射戟之时……"忽一人大叫曰："吕布匹夫死则死也，何惧之有？"众人视之，乃武士拥张辽至。曹操命令将吕布缢死于白门楼下，后人有诗叹曰：

　　　　洪水滔滔淹下邳，当年吕布受擒时。

　　　　妄跨赤兔千里马，空有方天戟一枝。

　　　　恋妻不纳陈宫谏，枉骂无恩大耳儿。

　　　　怒目而视也枉然，白门楼下赴黄泉。

又有诗论玄德曰：

　　　　伤人饿虎缚休宽，董卓丁原血未干。

　　　　玄德既能历史鉴，应该留吕害阿瞒。

这四句诗是说，玄德既知丁原、董卓之事，何不劝曹操收下吕布，日后让他杀了曹操以绝后患？然而曹操非丁原、董卓可比，曹操若不杀吕布，必要重用他。用吕布他不能不防备，先以恩厚待之，再以计谋缚之，使吕布既感不杀之情，又怀厚待之恩，吕布岂肯去害曹操？曹操收吕布是如虎添翼也，玄德看到这一点，所以叫曹操杀了吕布。

闲言不必多说，且说武士拥张辽至，曹操指张辽说："此人好生面熟。"张辽说："当时濮阳城中相遇，为何忘了呢？"曹操笑曰："你原来还记得。"张辽说："虽然记得，只是可惜一件。"曹操问说："哪一件呢？"张辽说："可惜当时火不大，没烧死你这个国贼。"曹操大怒说："败将竟敢辱骂我？"即拔剑在手，亲自来杀张辽。

　　　　几句话骂恼阿瞒老曹操，恶狠狠亲持宝剑杀张辽。

　　　　张文远志气昂然如无事，坦坦然视死如归不再言。

　　　　曹孟德手中宝剑往下落，刘皇叔上前拉住锦战袍。

　　　　他说道文远为人多忠义，他平生正大光明志气高。

　　　　现如今虽保其主随吕布，久有意改邪归正扶汉朝。

　　　　愿丞相网开一面留生路，收下这架海擎天柱一条。

　　　　可喜他忠心耿耿无二意，在我看可作心腹生死交。

玄德拉着曹操，架住宝剑相劝多时，关云长也上前给曹操打躬说道："关某久知文远乃忠义之士，愿以性命保他。"曹操本来就有爱恋张辽之意，虽然拔剑要杀他，是被张辽骂几句火上来了，不得不如此。现在玄德兄弟保他，是怕别人做了好人，乃掷剑在地，笑说我也知文远忠义，故戏之。于是亲自解了绑绳，让之上座。张辽感其恩，遂降曹操。曹操拜张辽为中郎将关内侯，让他招安臧霸、孙观等人来降，封臧霸为琅琊相，孙观等亦俱封官，领守青、徐沿海地面。将吕布妻小解赴许都，自此不知貂蝉下落。咳，好可怜的人啊！

> 好一个忠肝义胆女貂蝉，你看她事到头来甚可怜。
> 同王允巧定一条连环计，实指望重扶汉室锦江山。
> 不料想皇帝无能诸侯反，却叫人为国尽忠是枉然。
> 王司徒自坠城楼死得惨，断送他一家老幼刀下舔。
> 她闻听主人满门皆被害，疼得她剑刺柔肠泪不干。
> 虽然是能与吕布成夫妇，也不过糊糊涂涂混几年。
> 现如今水淹下邳城池破，白门楼缢死温侯吕奉先。
> 被曹操将她解赴许都去，从此后不知流落在哪边。
> 好一个忠孝两全侠义妇，留下了世代美名万古传。

再说曹操犒赏三军已毕，拔寨班师。路过徐州，百姓焚香路旁，请留刘备为徐州牧。曹操说："刘使君功大，且待面君封官，回来未迟。"百姓叩谢而去。曹操要车骑将军车胄权领徐州牧兼管小沛、下邳等处城池。曹操安置停当，回了许都，封赏从征人员，留玄德兄弟一干人等，在相府附近居住。次日献帝早朝，曹操表奏玄德军功，引玄德见献帝。玄德具朝冠拜呼万岁，献帝将他宣上金殿，问话说："你祖上什么地方人？"玄德说："臣乃中山靖王之后，孝景帝阁下玄孙，刘雄之孙，刘弘之子。"献帝命人取过宗族世谱查看，令宗正卿宣读：

> 孝景帝生十四子，第七子乃中山靖王刘胜。刘胜生陆城亭侯刘贞；刘贞生沛侯刘昂；刘昂生漳侯刘禄；刘禄生沂水侯刘恋；刘恋生钦阳侯刘英；刘英生安国侯刘建；刘建生文陵侯刘哀；刘哀生胶水侯刘宪；刘宪生祖邑侯刘舒；刘舒生祁阳侯刘谊；刘谊生原泽侯刘必；刘必生颍川侯刘达；刘达生丰灵侯刘不疑；刘不疑生济川侯刘惠；刘惠生东郡范令刘雄；刘雄生刘弘；刘弘不仕。刘备乃刘弘之子。

话说献帝按家谱排来，玄德长他一辈，是他的叔叔。献帝大喜，请入偏殿叙叔侄之礼。献帝暗想曹操弄权，国事不由自主，今得此英雄之叔来辅助，遂拜玄德为左将军宜城亭侯，设宴款待。玄德谢恩出朝。自此人皆称刘备为刘皇叔。

第三十三回 | 曹操许田猎欺君
献帝密诏董国舅

说唱三国

汉献帝和刘备各自欢喜，这且不说。再说曹操出朝回府，众谋士入见说："今天子认刘备为叔，二人同心共谋，恐无益于明公。"曹操笑曰："天子既然认他为叔，我以天子之命挟制，他就不敢不服了。"

> 他二人如今既把叔任论，这一回好似撑船得顺风。
> 我凭着国家法令天子诏，刘玄德岂敢相违不依从？
> 我原来怕他在外生别事，因此上带领他们进了京。
> 他三人中了调虎离山计，就好似三只雄鹰入樊笼。
> 汉献帝虽然称他为尊辈，而其实叔任在我掌握中。
> 到明天请上天子去打猎，刘玄德必然随驾出京城。
> 围场中你我存心观动静，那时节大家斟酌怎样行。
> 众谋士闻听此言把头点，急忙忙准备马匹犬和鹰。

话说曹操与众谋士商议定下，挑选名鹰俊犬和弓箭等物，便入朝请天子出城，兴围打猎。献帝明知不是正道，也不敢不从，遂乘上御马，带宝雕弓、金鈚箭，排开銮驾出城。玄德闻知此信，便同关、张引数军士骑马出城。曹孟德骑一匹黄骠马，引十万大军，同天子猎于许田。军士排开围场，约二百余里，好威风啊！

> 好一个任意胡为老奸臣，你看他狂妄生事又欺君。
> 凭空里诓着天子去打猎，传号令带领十万虎狼军。
> 武官们骏马雕弓穿杨箭，预备着猎取走兽与飞禽。
> 众大臣无可奈何也随驾，一个个交头接耳暗议论。
> 这个说无故狩猎非正礼，那个道谁能猜透他的心？

话说汉献帝出城狩猎，曹操与他并马而行，只差一个马头，前后左右俱是曹操心腹将士。众文武远远相随，不敢靠近。走到一个宽阔地，名为许田。玄德带领关、张早在路旁接驾，献帝在马上欠身笑曰："朕今与老皇叔射猎，皇叔须在朕的左右，不可远离。"玄德、关、张紧紧随驾。正行之间，草丛中跳出一只白毛玉兔。玄德搭箭上弦，一箭射中，献帝喜不自胜，连声喝彩。转过土坡，又在棘丛中赶出一只大鹿。献帝连射三箭不中，回头向曹操说："寡人箭法不准，卿可射之。"曹操身边无有弓箭，就借天子的宝雕弓、金鈚箭在手。弓开弦响，"嗖"的一声，一箭将鹿射倒在地。这金鈚箭是皇帝的东西，他人使不得。此时群臣将士，见那鹿被金鈚箭射倒，只当是天子射中，俱各踊跃连呼万岁三声。

> 金鈚箭射倒大鹿在许田，喜坏了随驾田猎文武官。
>
> 在马上齐齐躬身来庆贺，向天子山呼万岁连声喧。
>
> 曹孟德鞭催坐骑往前凑，眼看着君王在后他在前。
>
> 一霎时手拈胡须多得意，竟把那天子弓箭不奉还。
>
> 分明是试探群臣欺天子，众文武都是敢怒不敢言。
>
> 刘玄德见此光景双眉皱，气坏了心直口快张老三。
>
> 关云长凤眼圆睁钢须参，提大刀要斩欺君老曹瞒。

话说关公见曹操胆大欺君，目中无有皇上，竟敢替天子受贺，藐视群臣，心中大怒，直竖卧蚕眉，圆睁丹凤眼，提刀拍马上前要杀曹操。张飞在关公身后，环眼圆睁，钢须倒参，催马挺丈八蛇矛也要动手。玄德见此光景，心中着急，忙向二人摇手，急急丢了个眼色。关、张二人见玄德如此，也就忍气吞声，不敢动手了。玄德止住关、张，这才欠身向曹操称贺说："丞相神射，果真盖世无双。"曹操笑说："不是我箭法高强，是天子洪福。"说完也不向天子称贺，也不归还弓箭，自己带在身边。直到狩猎完，驾回许都，群臣散去。玄德、关、张同归寓所，关公问玄德说："今日围场之中，曹操有意欺君，我欲杀他，以除国害，兄长为何制止？"张飞也接着说："老贼替天子受了庆贺，弓箭也不奉还，依着我跟二哥，杀了这国贼岂不痛快？大哥只是瞪眼摇手不依我们，这是为何呢？"玄德微笑说："两家贤弟不必埋怨于我，且听愚兄说来。"

> 你不见老贼手下将士广，一个个紧紧相随不远离。
>
> 倘若是你俩枪刀动了手，曹贼说惊了圣驾罪不轻。
>
> 如果是老天有眼从人愿，有何难让他头身两分离！
>
> 从今后除去国家心腹患，省得他藐视群臣把君欺。
>
> 但恐怕画虎不成反类犬，我因此送目摇手不依从。
>
> 依愚兄两位贤弟且忍耐，休弄得事到头来悔不及。
>
> 单等到兵多将广粮草足，那时节与国除奸不为迟。

玄德说完，关、张二人很是赞服，这且不说。再说献帝回宫，伏皇后接驾，先行君臣之礼，后叙夫妇之情。二人面对面坐下，宫女献上茶来，献帝也无心吃茶，眼含热泪向伏皇后说："御妻呀！朕自即位以来，福浅命薄，奸雄并起，先受逆贼董卓之殃，后遭李傕、郭汜之乱。常人未受之苦，你我亲自受之。次后得了曹操以为社稷之臣，不料他专国弄权，欺压朕和群臣，朕较他比董卓更甚。"遂把围场中曹操擅受众官朝贺，借弓箭不还之事诉说一遍。伏皇后闻言也哭道："老贼如此无理，早晚必然谋反，吾祖江山定丧他手了。"献帝一阵伤心，掩面哭泣，口不能言。

二人正在悲啼，忽见一人由外而来，口尊："万岁娘娘不必悲伤，臣保举一人可除国害。"二人止住泪一看，乃是伏皇后之父老臣伏完。献帝含泪问："老皇丈可知曹操专权欺君？"伏完说："许田射鹿之行都看见了，但满朝公卿不是曹操宗族，就是他的心腹。若不是皇亲国戚，谁肯尽忠讨贼？老臣无权，难行此事。车骑将军董承可委此重任。"献帝说："董国舅一生忠勇，朕知久矣。快将他宣进宫来，共议大事。"汉献帝准了伏完奏本，急宣皇亲老董承。

话说献帝准了伏完所奏，要召董承入宫。伏完又奏说："陛下，左右俱是曹贼耳目，若将董国舅召进宫来，共议大事，倘若泄露，其祸不浅。以臣愚见，陛下可做锦袍一件，玉带一条，密赐国舅董承。却于带衬中缝一密诏，他到家中见密诏，必然昼夜策划以除奸党。神不知鬼不觉，岂不正妙？"献帝闻奏大喜，即刻依计而行。

汉献帝催促针工昼夜不停做成锦袍一件，玉带一条，又用白绢一幅，咬破指头写一血诏，让伏皇后悄悄地缝在玉带衬内。献帝将锦袍穿在身上，将玉带系在腰中。等董承来到，献帝与他同登功臣阁，阁当中悬挂汉高祖影像。献帝焚香拜毕，向董承问道："当年我高祖皇帝是何出身？怎样创业的？卿知道吗？"董承闻言大惊失色。

> 汉献帝明知故问说一遍，老国舅大惊失色心胆寒。
>
> 你看他双眉紧锁忙下跪，连连叩头声声地呼万岁。
>
> 他当年泗水县里当亭长，生就得气概峥嵘志不凡。
>
> 幼年时曾与霸王结兄弟，一心里除恶伐暴把民安。
>
> 斩白蛇提着一口龙泉剑，同父老约法三章函谷关。
>
> 次后来灭秦亡楚成帝业，到如今世代相传四百年。
>
> 这些事天下何人不知晓？万岁因何向老臣问根源？

董国舅一边说着把头叩，汉天子急忙伸手拉衣衫。董国舅说话之间连连叩头，献帝一伸龙腕将他拉起来，长叹一声说："爱卿呀，高祖创业之事朕岂能不知？但祖宗那般英勇，而子孙如此懦弱，岂不可叹呀？"一边说着，又向左边一指问道："这是何人图像呢？"董承说："那是留侯张良。"献帝又往右边一指说："这一幅呢？"董承说："这是萧何。当年高祖创业开基全赖此二人之力。"献帝看了看随从相离较远，低声向董承说："卿要像此二人立于朕左右如何？"董承说："万岁过奖了，臣无寸尺之功，哪敢如此？"献帝说："卿家之功不在二人之下，有什么不敢的呢？"

> 汉献帝低语细言呼爱卿，你对孤王说话不必谦恭。
>
> 朕自幼就与令妹为夫妇，老国舅较比群臣大不同。
>
> 历年来鞠躬尽瘁劳王事，果真是一身为国苦尽忠。
>
> 常想着如何酬谢无可赐，叫寡人心中惶恐不安宁。

现如今新制锦衣和玉带，特意要送给卿家表表情。

须知道其物虽轻情义重，国舅你收留穿戴莫嫌轻。

汉天子一边说着就动手，伸龙腕亲自宽衣把带松。

献帝一边说着，一边脱袍解带钦赐董承。董承叩头谢恩接将过来，穿袍系带已毕。献帝又密语说："爱卿到家须要仔细观看，不可轻视此袍带。"董承见献帝钦赐袍带，言语之间，半吞半吐，便知袍带中必有缘故，遂把头点了几点，辞了汉天子，下了功臣阁，缓步出朝来。此时早有人报知曹操，言说："董承与献帝同登功臣阁，说话多时，钦赐董承锦袍玉带，不知为何。"曹操闻言，慌忙入朝来看。此时，董承下了功臣阁，才出宫门，顶头撞上曹操，又没处回避，只好立于路旁施礼。

曹操上下一打量，非要看锦袍玉带。董承明知衣带中必有密诏，恐他看破，迟迟不脱。曹操喝令左右强解下玉带，细细看了多时，没有看出破绽；又叫脱下锦袍来看，董承不敢不从，遂将袍脱下递给曹操。曹操接过来对照日影又看了多时，也没有发现什么。这才自己穿在身上，系上玉带，向左右说："长短怎样？"左右齐声说："甚是可体。"曹操向董承说："你将此袍带转送给我如何？"董承说："天子所赐之物不敢转送他人，待我另做一件奉送。"曹操说："国舅受此衣带不肯送我，莫非其中有诈？"董承说："岂敢有诈？丞相若爱此袍带，留下就是了，何必多疑呢？"口中虽然如此说，可心中那个难受的滋味就难以言表了。

曹操见衣带中并无破绽，这才脱下来还给董承，一拱手而去，把国舅吓得冷汗淋漓。看见曹操走得远了，他这才出朝回府。

第三十四回 ｜ 王子服发现密诏 血诏上签名六人

天已黄昏，董承在书房秉烛独坐，脱锦袍，解下玉带，细看多时，也没看出什么来，心中暗自想：天子赐我袍带时叫我细观，不是无意中说的，今不见什么踪迹，是何缘故？又取玉带来看，见此带盘龙紫锦绣装成，玲珑白玉镶嵌，针工极其完整，内外并无一物。心中甚是疑惑，放在桌上反复细细寻看。忽然爆一灯花掉在带上，董承慌忙用手扑灭，已将玉带烧了一个小孔，微露素绢，隐见血迹。急取小刀拆开来看，乃天子用指血写的密诏，诏书上写：

朕闻人伦父子为先，尊卑君臣为重。今曹操弄权欺君，败坏朝政，敕封赏罚不由朕主，朕昼夜忧思，恐天下将危。卿是国家大臣，朕的至亲，当念高祖创业之艰难，纠合忠义两全之将士，共同灭奸，以安社稷，祖宗甚幸！天下甚幸！破指出血，书诏付卿，再三慎之，勿负朕意。建安四年三月诏。

> 董国舅观罢血诏心痛酸，扑簌簌眼泪流下似涌泉。
> 几次他背手徘徊足踩地，又几次仰面搔首口呼天。
> 书房中蜡烛燃尽不去换，昏沉沉闷坐深更不去眠。
> 眼望着金殿龙楼呼万岁，难为你写密诏咬破指尖。
> 又叫了一声娘娘呀娘娘，这一回实实让你受苦了。
> 我和你一母同胞亲兄妹，比着那寻常臣子不一般。
> 现如今奸臣当道君王弱，妹妹你名位虽尊受倒悬。
> 又狠骂了声曹贼呀曹贼，从此我和你势不两立了。
> 眼前里暗地领了天子诏，舍死命扶保圣上锦江山。
> 汉朝中一日有我董承在，曹贼想任意横行是枉然。
> 老国舅志气昂然冲斗牛，不觉得金鸡三唱亮了天。

话说董承悲愤交集，一夜没有合眼。清晨独坐书房，将诏书再三观看，没有想出计策，乃放诏于几上，沉思灭贼之计。思想多时，不知不觉合眼睡着了。忽有工部侍郎王子服来访，门吏素知王子服和董承是莫逆之交，并不拦阻他，不通报就让他进去了。王子服一直走进书房，见董承伏几而睡，也不叫醒他。悄悄地走至近前一看，见他袍袖底下压着一片素绢，微露着一个朕字，那字是红的。他轻轻地将素绢抽出来，董承也没发觉，依旧沉睡不醒。子服将血诏看了一遍，遂藏于袖中，这才大声叫说："国舅好睡呀！"董承猛然惊醒，睁眼不见了血诏，吓了个魂不附体，手足无措。

> 董国舅伏几而睡在书房，醒来时不见诏书着了慌。
> 你看他猛然抬头睁双眼，但只见子服站立在身旁。
> 几回他犯难不好当面问，弄得他面带惊慌口难张。
> 王子服微微冷笑用手指，就说道国舅干的好勾当。
> 我问你几时讨来天子诏？整日你偷偷摸摸袖中藏。
> 曹丞相力扶汉室功劳大，你因何暗定机关将他伤？
> 我往那宰相府里去出首，管叫你枉做痴心梦一场。
> 你看他一边说着往外走，董国舅忙上前来拉衣裳。

王子服一边说着往外走，董承慌忙拉住哭诉说："年兄果然如此，汉室休矣！"二目中纷纷泪下。王子服微笑说："国舅休慌，是玩笑话。我祖宗世世代代食禄汉室，岂无报国之心？国舅若能倡议除奸，我王子服愿助一臂之力，共诛国贼，同扶汉室。"董承闻言转悲为喜，就让王子服写名摁手印于血诏后尾。王子服又安排约上心腹人上将军吴子兰，子兰又约上长水校尉种辑，种辑又约上议郎吴硕。三人一齐到董承家中，签名画押，大家同看血诏泪流不止。忽然门吏来报，西凉太守马腾门外求见。董承因与马腾不是挚交，吩咐门吏说："你出去就说我身上有病不能会客。"门吏出来依着吩咐回话。马腾大怒说："夜来在东华门，我亲眼见他锦袍玉带而出，何故推病呢？我不是无故而来，是与主人有要事相商，为什么避而不见呢？"门吏又进来将马腾之言告诉董承。董承无奈叫众人后堂回避，自己出来迎客。

二人分宾主坐下，家僮献上茶。马腾说："卑职入京见过天子，就要回西凉了，特到府上辞行，为何拒我于门外？"董承说："偶得风寒，甚是怠慢，万望莫怪。"董承假装染病，马腾看得明白，微微冷笑，目视董承说："面带春色，哪有病容？"董承满面羞惭，无言答对。马腾拂袖而起，自叹说："皆非救国之人。"董承见马腾口出此言，挽其落座问道："公言谁不是救国之人？"马腾说："许田射猎之事，我气在胸中。你乃国之大臣，君的至亲，竟然置若罔闻，若无其事，岂能为皇家救难扶危？"董承恐其中有诈，乃惊问："曹公乃治国能臣，朝廷依赖他如靠泰山，马公怎么说保国无人？"马腾睁目大怒说："你以为曹操是忠臣吗？"董承闻言，忙摇手说："公且低声，倘有泄露，连累老夫。"马腾责备说："贪生怕死之徒，难与共谋，成不了大事。"一边说着起身要走。

> 董国舅不知马腾假和真，因此他不敢全抛一片心。
>
> 几番他含含糊糊频相试，满口里反言假意探话音。
>
> 马太守此时虚实猜不透，气得他交错钢牙咬破唇。
>
> 忽的声拂袖而起往外走，口中说贪生怕死怎算人？
>
> 董国舅见他真心无二意，才知那西凉太守是忠臣。
>
> 喜悠悠欠身起来面赔笑，急忙忙伸出手来拉衣襟。

董承拉回马腾又落座，传出命令将内外大小数层门都封锁，不许外人进来。吩咐已毕，这才与马腾携手入后堂，同众位官员相见，让马腾看了血诏，马腾看完签名画押，指在座的五人说："我们六人同心，即能共诛国贼，重扶汉室。"大家商议一番，马腾又说："还有一人可用，何不去请来？"众人问是何人，马腾说："现有豫州牧刘备在此，他乃汉室宗族，又是天子皇叔，素行忠义，何不去请？"王子服等人一齐说道："此人虽是皇叔，今正依附曹操，岂肯与我们共谋这件大事？"马腾摇头说："不然，昨日围场之中，曹操接受众臣之贺时，云长要杀他，玄德摇手送目，云长才没动手。在我看来玄德不是不想杀曹操，而是因曹操爪牙太多，恐自己力量不行。我们要是去请他，他不会不来。"吴硕说："此事不易太快，要从长计议而行。"众人又议论了多时，这才各自散去。

董承闷坐一日，捱至天晚，家僮点上蜡烛后，用了几块点心，喝了一杯茶，将血诏带在怀里，吩咐家丁备马，只让一个人跟随，不打灯笼，黑夜里悄悄地直奔玄德住处。门吏入报，玄德出迎，接入小阁落座，关、张侍立于侧。玄德说："国舅因何黑夜来此？"董承说："白日来访恐曹操见疑，所以深夜求见。"玄德斟酒相待，对坐共饮。董承说："昨日围场之中云长要杀曹操，将军摇手送目而又为何？"玄德大惊说："国舅怎么知道？"董承说："旁人或许没看见，我是看得很真切。"玄德见不能隐讳，遂据实说道："云长见曹操胆大欺君，故而发怒。"董承闻言掩面痛哭说："朝中大臣都如云长这样，何愁天下不太平？"

董承话到伤心处泪涌流，刘玄德尊声国舅莫担忧。

现有那智勇双全曹丞相，赫赫有名的英雄盖九州。

手下武将个个英勇善战，谋士们满腹经纶好运筹。

虎牢关谋代董卓倡大议，次后来起誓兴兵报父仇。

公不见下邳城前一场战，白门楼吕布陈宫两命完。

虽有那江东孙策不足惧，何足论软弱无谋刘荆州。

现如今袁绍袁术兄弟俩，曹孟德早晚取他颈上头。

虽然是盗贼蜂起天下乱，咱只管且放宽心不用愁。

刘玄德假意虚情来讲话，董国舅一股怒气贯斗牛。

玄德言还未尽，董承面目改色，拂袖而起，用手照玄德一指，大声吼道："你乃大汉宗亲天子皇叔，我才在你面前，剖心沥胆以实相告，你为何如此之诈？"玄德微笑说："我恐国舅有诈，故用诈相试。"董承见玄德又如此说，才知方才的话并非本意，遂由怒变喜，又取血诏与玄德、关、张同看。

看累了，不妨听一听(18)

 第三十五回 | **曹操煮酒论英雄**
刘备脱身伐袁术

话说玄德见血诏的后尾签名的已有六人：第一名车骑将军董承；第二名工部侍郎王子服；第三名长水校尉种辑；第四名议郎吴硕；第五名昭信将军吴子兰；第六名西凉太守马腾。玄德看完说："国舅既奉诏讨贼，我刘备怎敢不效犬马之劳？"董承闻言躬身拜谢，即请玄德签名画押，玄德便亲自写上左将军刘备，又画了押，将诏书复交董承收了。大家又议论了一番，谈至五更董承才回去。玄德自此恐曹操见疑，就在公馆后园种菜，亲自浇灌，以为藏拙之计。关、张二人心中不服说："大

说唱三国

哥不留心天下大事，而为农夫之举，为何？"玄德微笑说："此非二弟所知。"二人不再讲什么了。

> 刘玄德自己种菜自灌园，倒惹得关张二人不耐烦。
> 他俩对兄长心事看不透，不知道内藏机密巧机关。
> 有一天云长翼德去玩耍，闯进了许褚张辽二将官。
> 他说道奉命来请闲饮酒，刘使君快些同去莫迟延。
> 刘皇叔闻听此言吓一跳，急忙忙吩咐备马整衣冠。

此时，玄德虽惊也不敢不去，急忙更衣上马而行，与二位将军同到相府来见曹操。曹操笑着说："玄德在家做得好大的事！"这一句话吓得玄德面如土色，无言以对。曹操携玄德之手直入后园，笑着问："玄德在家种菜，亲自浇灌，莫非要当庶民自食其力吗？"玄德从容答曰："备赖丞相保荐，又蒙天子洪恩，爵禄丰厚，何用自食其力？但闲暇无事，种菜消遣。今丞相将我唤来，不知有何教谕？"曹操说："今见枝头梅子青青，回想去年征张绣时，路上缺水，将士皆说口渴，我心生一计，在马上以鞭虚指说：'前边有好大一片梅林。'将士听了口皆生津，都说不渴了。今见此梅触景生情，不可不赏，又置煮酒正热，特请使君园亭小酌，共乐一醉。"玄德听到这里心神方定，说话之间同入小亭，杯盘已设，一盘青梅，一壶热酒。二人对坐开怀畅饮，酒至半酣，忽然阴云漠漠，大雨将至。左右侍席之人，遥指天上龙挂，曹操与玄德凭栏观看。曹操问玄德："使君知龙挂之变化否？"玄德说："不知其详。"曹操说："使君既然不知，听我说来。"

> 曹阿瞒手拉玄德凭栏望，你看他触景生情谈论龙。
> 他说道神龙见首不见尾，奇怪处较比他物大不同。
> 鳞虫中三百六十它为长，生就得能大能小变无穷。
> 若要大顷刻兴云就吐雾，若要小方寸之地可藏身。
> 时而升纵横无阻遍宇宙，时而隐潜伏江河湖海中。
> 现如今时值春深腾空起，就像那丈夫得志任意行。
> 细想来龙之为物有一比，但只是盖世无双自不同。

曹操一边说着微微笑，玄德说："丞相说龙有一比，但不知比从何来？"曹操说："方今春深，龙乘时变化如人，得志纵横四海，龙之为物，可比世之英雄，使君久在四方，见的人多，必知谁是英雄，谁是杰士。请为我指点。"玄德说："刘备肉眼安识英雄？"曹操说："休得过谦，但说无妨。"玄德说："岂敢虚言？实不得知。"曹操说："纵然不识其面，也闻其名，但言无妨。"玄德故意装呆说道："淮南袁术兵粮足备，可为英雄？"曹操说："冢中枯骨，早晚吾必擒之。"玄德说："河北袁绍四世三公，门多故吏，虎踞冀州，可为英雄？"曹操说："袁绍色厉胆薄，好谋无断，干大事而惜身，见小利而忘义，非英雄也。"玄德说："有一人名称八俊，威镇九州，刘景升可为英雄？"曹操说："刘表有名无实，善人而不能用，恶人而不能去，非英雄也。"玄德说："还有一人血气方刚，江东领袖孙伯符，可为英雄？"曹操说："孙策子承父业，何为英雄？"玄德说："益州刘璋可为英雄？"曹操说："刘璋虽系宗室，乃看家犬也，未为英雄。"玄德说："如张绣、张鲁、韩遂等辈皆如何？"曹操拊掌大笑说："此等碌碌小人，何足挂齿？"

> 刘玄德暗藏机关假装憨，满口里东扯西拉尽试探。
>
> 曹阿瞒听到说完哈哈笑，他说刘使君听我说一番。
>
> 似那样出类拔萃英雄汉，他生来举止行动就不凡。
>
> 真正是怀揣壮志冲霄汉，满腹里奇谋神机妙中玄。
>
> 胸怀广包藏宇宙容得下，眼里宽目空天地只等闲。
>
> 走走步双脚踏断三江水，动动手单臂推倒太行山。
>
> 说什么武王伐纣除残暴，恨不能一怒就把天下安。
>
> 老奸雄自负自大高了兴，刘皇叔合手当胸又开言。

曹操说到得意之处，拈须大笑不止。玄德说："这样英雄谁能做到？"曹操以手指玄德，复又自指说："当今天下英雄，唯使君与曹也，他人怎能相比？"玄德闻言大吃一惊，手中所拿的筷子不觉落地。此时恰好雨如倾盆，雷声大作，玄德从容将筷子拾起说："一震之威乃至于此。"曹操笑着说："大丈夫还怕雷吗？"玄德说："昔日孔圣人说：'迅雷风烈必变。吾人安得不畏？"玄德这几句话，才把闻言失掉筷子之事，轻轻地掩饰过去。后人有诗赞道：

> 勉从虎穴暂趋身，说破英雄惊杀人。
>
> 巧借闻雷来掩饰，随机应变信如神。

话说玄德托言闻雷吃惊落筷子，故意掩饰过去，曹操遂信而不疑。停不多时，云收雨止。只见两个人闯进门来，手提宝剑笑至亭前，左右拦挡不住。曹操视之，乃关、张兄弟二人。

> 他二人城外跑马去射箭，回公馆不见桃园结拜兄。
>
> 闻听说独自一人进相府，但恐怕轻入虎穴有灾星。
>
> 因此上随后跟寻来保驾，提宝剑不用通报闯园亭。
>
> 这才是异姓高过亲骨肉，羞煞那一母同胞众弟兄。

话说曹操见关、张二人突然到来，问二人因何而来。关公说："闻听丞相同兄长园亭小饮，特来舞剑，以助兴也！"曹操笑曰："此处不是鸿门宴，何用项庄、项伯？"不由得玄德也笑了。不多时酒足席散，玄德辞别而归。关公对刘备说："几乎吓死我们俩。"

玄德告说掉筷子之事。关、张问道："这是何意？"玄德说："我种菜灌园，正想使曹操知我无大志，谁料他竟指我为英雄，我故失惊落筷。又恐操生疑，故借怕雷以掩饰，方才混过去。"关、张闻言，才服兄长高见。停了数月，曹操又请玄德相府饮酒，正饮之间，忽有人报说："北平公孙瓒被袁绍连败数阵，兵围城池，趁夜放火，全家都被烧死，尽得北平地方，又得了公孙瓒兵马。袁绍之弟袁术欲弃淮南，要赴河北将玉玺献于袁绍，即便称帝为君，若兄弟二人同心协力就难图治了。探得这些，不敢不报，望丞相早做准备。"

> 那个人一五一十把话回，刘玄德闻听此言皱双眉。
> 回想起有情有义公孙瓒，曾引带虎牢关前展雄威。
> 到如今那段恩情还未报，他竟然全家一刻化为灰。
> 最可怜存亡得失何常定，真令人搔首跺足泪暗垂。
> 又挂着常山子龙无下落，那原是盖世无双一英魁。
> 料不定一条性命在不在？未可知流落天涯投奔谁。
> 转念想不必替旁人担忧，还是自己寻思出路要紧。
> 我如今一身好似笼中鸟，恨煞人粘住翎毛不能飞。
> 这些人若不早寻脱身计，但恐怕错过机会悔难逃。

玄德兄弟三人，在京如在虎穴中，终非久居之地。今日闻报，便是可乘之机，遂向曹操笑而说："刘备久在京城无所事事，愿丞相赐一旅之师，到徐州截杀袁术，不知丞相之意如何？"曹操说："玄德若肯前去，那无忧矣！"遂拨给玄德五万人马去杀袁术。

玄德领命即刻收拾起程，暗暗地将家眷保护着走了。董承闻知此信，赶到十里长亭，一来饯行，二来叮咛带诏之事。二人商议的是：董承若一举动，玄德发兵应之。叮嘱已毕，掉泪分手。玄德星夜急奔，不敢停留。此时曹操闻知玄德连家眷带走了，便知中了刘备的脱身之计，不胜后悔。他马上遣将领兵追赶，俱被关、张二人杀退。玄德兵到徐州界，正与袁术人马相遇，两下交锋杀得袁术尸山血海，又将粮草劫夺一空。袁术被玄德困在半途，进退无路，没有粮饷，饥饿难耐，呕血而亡。玄德军中一人得了玉玺，送回许都献于曹操，曹操给予重赏。玄德灭袁术表奏天子，书呈："曹操五万人马留下，保守徐州重地。"曹操见书大怒，暗地送出一封书给徐州牧车胄，让他设计谋杀玄德。不料又被陈登父子里外勾结，由玄德杀了车胄，得了徐州城池。百姓见故主重来，俱各焚香跪接。玄德出榜安民，同关、张设宴给陈登父子庆功，慰劳军士。

> 且不言众人庆功来饮酒，再表那蓝旗飞报到许都。
> 说的是刘备杀了徐州牧，全部的官员百姓投了降。

曹孟德闻听此报怒冲冲，霎时间气了一个脸儿黄。

骂了声大耳匹夫无道理，你竟敢暗存疑心将我诓。

凭空里拐去雄兵五万整，又夺了徐州地面共钱粮。

我必然统领大军将你会，比一比谁家软弱谁家强。

老奸贼大帐正发冲天恨，忽见有谋士献计到身旁。

曹操发恨完了，谋士荀彧献计说："今刘备虽然灭了袁术，而袁绍竟不与刘备结仇，目的是要并力攻我。今丞相可令刘岱、王忠每人领五万人马，打着丞相旗号先去徐州地界安营，虚张声势，不可进取。丞相可领大军屯扎黎阳。刘备兵来，王忠、刘岱二将军迎敌，丞相可以为后应。袁绍兵来，丞相阻挡，使袁绍、刘备两家兵马不得相合，先擒刘备后破袁绍，此一举两得之计。"曹操从其计，即刻发兵。两家相持半年，俱各按兵不动。曹操让刘、王二将兵屯徐州地界以镇刘备，自领大军回了许都。次后刘岱、王忠都被关、张杀退，折尽人马败回许都。关、张说："王、刘二将败回许都，曹操必要亲自来，不可不防。"孙乾告玄德说："徐州乃受敌之地，不可久居，以防曹操。"玄德从其言，令云长守下邳，甘、糜二夫人在下邳安置。甘夫人乃小沛人，糜夫人乃糜竺之妹。孙乾、简雍、糜竺、糜芳守徐州，玄德与关、张屯小沛。三处俱各小心把守城池。

看累了，不妨听一听(19)

第三十六回 ｜ 裸祢衡击鼓骂曹操
董国舅梦中吐真情

再说刘岱、王忠回见曹操，诉说折兵败走之事，曹操勃然大怒，言要斩二将，北海太守孔融上前谏说："二将本非刘、关、张对手，今若斩首，恐冷了众将之心。不如暂时放过，令其立功赎罪。"曹操准了人情，遂把二人放了，便要自领大军去伐刘备。孔融又建议说："方今正是隆冬寒冷天气，不可动兵，以待来年，未必为晚。"正说话间，忽报宛城张绣同谋士贾诩等统领本部军马钱粮前来投降。曹操闻言大喜，命他进来。停不多时，张绣已到座前叩头，曹操慌忙扶将起来，拉其手笑而说："从前得罪，勿记于心。"张绣面红过耳，无言可答。曹操封张绣为扬武将军，贾诩为执金吾使，即命张绣前去招安刘表。贾诩说："刘表结纳名流，要他来降，必得一素有文名之人前去。"曹操问荀攸说："何人可去呢？"荀攸说："孔文举可担此任，主公何不求他？"

荀文若曹操面前荐孔融，孔文举朝上连忙打一躬。

他说道卑职不能当此任，现在是真有一人甚相应。

这个人天下闻名皆都晓，他就是姓祢名衡字正平。

我俩自幼在南学把书念，学就的三教九流无不通。

果然是张仪言谈苏秦口，盖天下舌辩之士第一名。

若用他前往荆州走一趟，保能说服刘景升来投降。

话说孔融向曹操推荐故友祢衡。曹操说："可让人把祢衡召来回话。"不久祢衡至。曹操见他是个无职之人，并不让座。祢衡原是个狂士，性急无比，生来不好趋炎附势，任你怎样富贵权势，他都不肯高攀。今日因友人孔融荐举说"曹操最重视读书人"，因此肯来相见。不想曹操又甚轻他，连个座也不让，他却如何容得？他立于曹操面前，仰天大笑说："天地如此之大，怎么没有一人呢。"曹操说："我手下有数十人，皆当世英俊之士，何谓无人？"祢衡说："愿闻其名。"曹操说："荀彧、荀攸、郭嘉、程昱都是深谋远虑之人，就是萧何、陈平也比不上他们；还有武将张辽、许褚、李典、乐进，都是勇冠三军，就是岑彭、马武也不及。吕虔、满宠为从事，于禁、徐晃为先锋。夏侯惇为天下奇才，曹子孝世间福将，你怎说无人？"祢衡说："这些人我都认识。荀彧可使吊丧问疾；荀攸可使看坟守墓；郭嘉可使白词念赋；程昱可使闭户守门；张辽可使击鼓鸣金；李典可使传书送帖；吕虔可使磨刀铸剑；满宠可使饮酒食糟；于禁可使负土筑墙；徐晃可使杀猪屠狗；夏侯惇称为完体将军；曹子孝为要钱太守；其余俱是衣架、饭囊、酒桶肉袋矣。"曹操闻言大怒说："既如此说，你有何能，就这样小看他人？"祢衡笑曰："我之所能，就难以细数了，听我粗略说来。"

祢正平志气昂昂立阶前，几番他仰面鼓掌笑声喧。

问起来我的所能难细数，大略着暂且对你说一番。

头一件天文地理皆知晓，第二件三教九流学得全。

若出仕上可致君为尧舜，若说是德业堪称古圣贤。

论文事五车八斗容不下，论武我布阵排兵只当玩。

你手下纵有许多文和武，俱是些井底之蛙不见天。

不是我卖句浪言夸大口，祢正平盖世无人可并肩。

祢衡连嘲带骂，狂笑不止，无非灭他人志气，逞自己威风。曹操怒犹未发，张辽却坐不住了，拔剑要杀祢衡，孔融上前拦住说："张将军不可造次，丞相欲用贤人而不以礼相待，还怪人发狂？"曹操说："文远你且休动手，他说你可使击鼓鸣金，我正少一鼓吏，早晚朝会宴庆击鼓无人，留下他以充此职。"祢衡并不推辞，应声允诺而去。张辽说："狂夫无礼，羞辱丞相太甚，何不杀他以消心头之恨？"曹操说："我也想杀他，但此人素有虚名，今若将他杀了，天下人必笑我不能容人，还要落个害贤名声。"张辽只能忍气吞声。次日曹操大会宾客，祢衡不用呼唤，早早就侍候打鼓。他将鼓敲了三遍，渊渊然有金石之音，坐客闻之无不慷慨下泪。左右喝祢衡说："击鼓必更新衣，何穿旧衣而来？"祢衡立刻将衣裤从容脱掉，全身皆露。

祢正平志大心高性子狂，你看他没把曹瞒挂心上。
在客前安心要将奸雄辱，浑身衣服脱了个净溜光。
众人前面不改色亭亭立，最可笑目若无人脸儿扬。
众宾客俱各掩面哧哧笑，大伙儿交头接耳论短长。
这个说此人算是心胆大，那个道傲慢无礼世无双。
这个说赤身露体实难有，那个道全然不怕羞得慌。
这个说丞相若要怪下罪，那个道活活拿来开了膛。
这个说口舌能惹塌天祸，那个道天下何人似他狂？
这些人你一言来我一语，曹孟德一股恶怒透上苍。

祢衡赤身裸体站立多时，也不管人笑不笑，过了良久才穿上衣服。曹操大怒说："你在客人面前为何太无礼？"祢衡说："欺君犯上乃为无礼，我露父母这遗体，以显清白之身，何为无礼？"曹操说："你为清白，谁为污浊？"祢衡说："你不识贤愚是眼浊也；不读诗书是口浊也；不讷忠言是耳浊也；不通古今是身浊也；不能容人是腹浊也；常怀篡逆是心浊也。我乃当代名流，用为鼓吏，如同阳货轻仲尼、臧仓毁孟子也。你想称王霸业而如此轻人，能成功吗？"此时孔融在座，恐曹操怒杀祢衡，便从容说道："此乃仕人故态，丞相不必介意。让他去说刘表以将功折罪，如刘表不降，然后杀之不迟。"

孔文举曹操面前荐祢衡，实指望去说刘表立大功。
倒不想曹操不以礼相待，惹得他千态万状骂奸雄。
曹孟德变羞为怒将他斩，无奈何舍上脸皮讲人情。
差他去荆州办事功赎罪，你看他一味执迷不肯应。
老曹瞒吩咐备上三匹马，两边的二人夹他在当中。
祢正平虽然倔强多文弱，这一回满心不愿得屈从。
不多时并马来至东门外，又只见许多文武来饯行。

此时曹操让手下文武齐到东门外设酒饯行。荀彧说："祢衡狂慢无礼，羞辱我们太甚，等他到来，大家都不要起身，看他面上如何？"说话之间祢衡到来，下马与众官相见，众官端坐不起身。祢衡忽然放声大哭，荀彧问曰："先生何故啼哭？"祢衡说："走到死尸堆中如何不哭？"众官齐声说："我们是死尸，你是无头狂儿。"祢衡说："我乃大汉臣民，不是曹操一党，怎么能无头呢？"一边说着上马而去。众官口舌不抵，含恨而散，这且不提。再说祢衡至荆州见了刘表，依旧出言不逊，左右要杀他。刘表恐受害贤之名，让他往江夏见黄祖。祢衡仍然旧态不改，谩骂黄祖，黄祖将他杀了，葬于鹦鹉洲边。曹操知祢衡被害点头笑曰："狂夫舌剑伤人，今日才被杀。"因不见刘表来降，便欲起兵伐之。

> 曹孟操不见刘表来投降，　安排着兴兵问罪下荆襄。
>
> 帐前里谋士苟彧献上计，　他说道丞相不可失主张。
>
> 现如今徐州刘备兴兵反，　但怕他窥窥中原犯许都。
>
> 袁本初虎踞河北要称帝，　他那里兵多将勇有钱粮。
>
> 此二人原来是咱心腹患，　必须得细细斟酌多提防。
>
> 只等到灭了袁绍擒刘备，　那时节方可兴师破襄阳。

曹操听从苟彧之计，便不兴兵，这且不讲。再说董承自送玄德去后，日夜与王子服等商议，无计可施。建安五年元旦朝贺，看见曹操骄横愈甚，董承感愤成疾。国舅染疾，献帝命太医院医官前去治病。太医乃洛阳人，姓吉名太，字平，是当时的名医。吉平到国舅府用药调治，旦夕不离。时值元宵，二人饮酒。饮至更余，董承身觉困倦，伏于桌上竟睡着了。忽报王子服等人来了，董承接入后堂，王子服说："机会到了，今刘表结连袁绍起兵十万，共分五路杀来。马腾结连韩遂，起西凉军七十二万杀来。曹操起许昌兵马分头迎敌，京城空虚。若聚五家僮仆可有千余人，乘今夜曹操府中大宴庆贺元宵不做准备，咱将相国府围住，一鼓而擒之，不可失此机会。"董承说："大喜。"即刻唤家奴，各人收拾兵器，自己披挂了提枪上马，约就在内门全齐。夜到一鼓时分，众家奴仆皆到，董承下马，手提宝剑直入相府。只见曹操设宴后堂，大叫一声："曹贼休走！"一剑砍去，曹操随剑倒下。忽然惊醒，乃是南柯一梦。

> 董国舅梦中得意醒来惊，　顷刻间一场喜事变成空。
>
> 猛抬头睁眼看见太医在，　他那里端然对坐不出声。
>
> 桌儿上杯盘碗盅依然在，　那一旁站立家奴秦庆童。
>
> 细想想梦中之事记得清，　但恐怕瞒人事儿透了风。
>
> 痴呆呆张口结舌无言语，　满脸上一阵白来一阵红。
>
> 吉太医浩然正气面带笑，　从容容尊声国舅莫胆惊。
>
> 我虽然职居医人官爵小，　常想着要与皇家苦尽忠。
>
> 连日来见君搔首长叹气，　知大人国事在心不安宁。
>
> 好叫我几番要问难开口，　你方才梦中言语吐真情。
>
> 老国舅早晚如有用我处，　我就是赴汤蹈火也全应。

第三十七回 | 吉平投毒遭杀身 五家被斩因密诏

说唱三国

话说吉平言罢，董承掩面大哭说："但恐你非真心，故不敢以实相告。"吉平咬掉一指为誓。董国舅遂拿血诏给他观看，吉平观罢愤怒不止。董承说："只因刘备、马腾分头而去，所以此事到今不成。数日来我悲愤成疾，竟被你看破心事，又听我梦中之言语，愿先生同心协力共除国贼。"吉平说："不劳大人忧虑，曹贼性命在我掌握之中。"董承惊问说："你有何计可杀老贼呢？"吉平："曹贼常患头风病，但发作即请去医治。他若再来请我用药时，只用毒药一剂，大事成矣。"董承说："若得如此，重扶汉室，天下皆汝之力。"次日吉平辞去。董承心中暗喜，天晚步入后堂，忽见家奴秦庆童与侍妾云英在暗处私语。董承大怒，每人杖责四十，将秦庆童囚在冷房，谁料他夜间断锁链，越墙逃走，去了曹操府。

且说秦庆童逃入丞相府，他说有机密大事要亲告丞相。曹操将他唤入密室问之，秦庆童说："王子服等五人在董承府商议机密，必是谋害丞相。董承拿出白绢一幅，前边写着红字，众人又在后面写几个黑字，不知写的是什么言语。又见太医院的吉平咬指为誓，不知为何？"曹操闻言，便知有谋己之心，遂将秦庆童留在府中。此时董承只当他逃往别处去了，也没寻找。次日曹操诈称头风病又犯了，招吉平前去拿药，吉平喜曰："此贼命该休矣。"身带毒药入府，见曹操卧在床上。曹操让吉平煎药，吉平暗将毒药放入。须臾，药煎好，双手送在曹操面前。曹操说："你既读书便知礼义，岂不知君有疾服药，臣先尝之，父有病服药，子先尝之。你虽非我之臣子，也是心腹之人，何不先尝后再给我喝？"曹操这几句语，吉平知事已泄露，此时骑上虎也就下不来了。

> 好一个忠君爱国吉太医，一心里暗放毒药杀奸雄。
>
> 最可气客观不肯从人愿，偏偏的该死家丁泄了风。
>
> 你看他明知事泄不害怕，急忙忙下手抓起煎药盅。
>
> 走上前硬是强行将他灌，曹贼有防备怎能灌得成？
>
> 你看他双手一推往后闪，眼看着药汁泼在地平川。
>
> 当啷啷堂前打碎煎药盅，曹操声声喝道反了天了！
>
> 武士快来抓人不得了了，众武士呼啦一下来得凶。

话说众武士闯进来，把吉平拿住，取来绳索，五花大绑了个结实。曹操冷笑说道："我是没病特来试你，不想你果然有害我之心。"遂命二十个精壮狱卒将吉平带到后园拷问。曹操坐在亭子上，将吉平缚倒在地，吉平面不改色。曹操皮笑肉不笑地问："谅你是个医人，焉敢下毒害我？定是被人所使，说出那个人来，我便饶了你。"吉平睁目喝曰："你乃欺君罔上之贼，天下人皆想食你的肉，扒你的皮，何独我吉平一人？今事不成，有死而已。"曹操大怒，喝令狱卒用棒痛打，打得皮开肉绽。曹操恐怕打死无可对证，便传令歇息，先将吉平押下。

次日设宴请众文武饮酒，董承托病不来。王子服等有心不来，恐怕曹操疑心，无可奈何只得赴约。

老奸贼安心拷问吉太医，因此上摆筵设席请公卿。

众官员午时三刻齐来到，落了座接着次序把酒行。

不多时酒过数巡菜几道，曹孟德眼望阶下喊一声。

吩咐声把人犯给带上来，众狱卒一齐答应快如风。

顷刻间堂前来了人一个，只见他五花大绑。最可怜见面先打四十棍，浑身上血溅衣衫满地红。

众官员见此光景，个个面目改色，一齐欠身齐问说："此是何人？犯有何罪？"曹操说："众位不知，此人结连恶党谋反朝廷，要将我杀害。今日既已败露，特请诸位来听口词。"此时已将吉平打得昏厥于地，吩咐用凉水喷其面。吉平苏醒过来，二目圆睁，切齿大骂说："曹贼不杀我还待何时？"曹操说："你将主谋供出来，便不杀你。"吉平只是大骂，不肯说出旁人来。此时，王子服等便知是带诏之事发了，如坐针毡一般。曹操见吉平不肯实供，令人一面打，一面喷，无有口供，喝令暂且押下。众官席散辞归，独留王子服等四人夜宴。四人魂不附体，只得留下。曹操冷笑："前日你四人在董承家中所议何事？"王子服皆说："没商议什么事情。"曹操喝令秦庆童出来对证，秦庆童说："前日你们四人在董府商议，都往白绢上签名画押，我亲眼见的，如今怎么赖账呢？"

好一个丧尽天良秦庆童，你看他得意洋洋当凭证。

向前一五一十说了一遍，曹孟德提笔落供写得清。

王子服种辑吴硕齐分辩，秦庆童死口咬住不放松。

无奈何大家席前将躬打，口中连连把丞相等人称。

这个人胆大包天欺家主，却原来与他侍妾有私通。

昨夜被国舅撞见打一顿，冷房里扭断身边锁和绳。

小冤家情恨奔逃进相府，因此他才编虚言害董承。

为什么诬害我们同谋反？都只为求俺讲情俺未应。

岂不知舌剑杀人不见血，似这样无稽之言不可听。

他四人满口饰词来掩盖，倒把个奸贼气得唇发青。

王子服等人说罢，曹操大怒喝道："同谋之事件件有据，还要强辩吗？吉平下毒药，若非董承所使，他是不敢的。你们若是说实话尚可饶恕，不然大罪难免。"王子服等四人都说没有谋反之事。曹操立刻将四人收监，囚禁一夜。次日带领四人往董承府，说是来问病情，董承只得迎接入府让座。曹操说："国舅知道吉平事吗？"董承说："不知。"曹操说："昨日为何不去赴宴？"董承说："偶患小疾，不敢轻出。"曹操笑曰："国舅之病是忧国病，我今带来一人与你的病一样。"吩咐带上吉平来，左右推拥吉平到阶下。吉平一见曹操大骂逆贼不止。

> 勇吉平大骂逆贼连声喊，董国舅魂灵飞上九重天。
>
> 眼看着身体晃悠坐不稳，一霎时冷汗淋漓遍体寒。
>
> 满腹中剑刺肝肠难忍受，弄得他张口结舌不能言。
>
> 看吉平绳索捆缚阶下立，浑身上一片通红血未干。
>
> 心中暗想是我害苦了你，咱只想共扶汉室除国奸。
>
> 落一个不朽芳名万古传，可怜你九泉之下永含冤。

董国舅暗叫几声吉平呀吉平，你的命丧在奸贼的手，也休要埋怨于我。你今一死，我也不能独生了。又看了看王子服等四人身上俱带绳索，他就越发心如刀绞了。

> 王子服身带铁索怒冲冠，绳缚着吴硕种辑并子兰。
>
> 咱六人生则同生死同死，大伙儿一同去上阎王殿。
>
> 可喜那刘备马腾没被害，想他们跳出虎口脱龙潭。
>
> 他们俩各自为政无力量，要想着除奸也是枉徒然。
>
> 董国舅千思万想双眉皱，气坏了行凶作恶老曹瞒。
>
> 眼前里是我惹出杀身祸，眼看着翻江倒海塌了天。

说话曹操手指吉平喝道："谁指使你用毒药害我？你要从实说来。"吉平大声说道："天使我来杀你这逆贼。"曹操大怒，喝令重重打，只打得浑身无容刑之处。董承亲眼看着，只疼得腹如刀绞。曹操又问说："你原是十个指头，因何只有九个呢？"吉平说："咬指为誓，杀你这国贼。"曹操命取刀来，把吉平的九指割去，然后冷笑道："你还咬指为誓吗？"吉平说："虽然我无指可咬，尚有口可以吞贼，有舌可以骂贼。"曹操喝令割去舌头。吉平："且不要动手，令我受刑不过只是招供，若割去舌头怎么说话？给我解去绳索听我招来。"曹操说："解去料你也走不了。"即令将吉平绳索解去。吉平望北拜三拜说："圣上，臣今不能为国除奸是天意！"说罢触阶而死，后人有诗赞说：

> 汉朝天子弱，医人有吉平。
>
> 立誓除奸党，捐躯报圣明。
>
> 严刑词愈烈，撞死气如生。

十指淋漓处，千秋留美名。

曹操见吉平已死，吩咐牵过秦庆童来，向董承问道："国舅认识此人吗？"董承说："这是我家逃奴，怎不认识呢？"一边说着，一边传令要杀秦庆童。曹操说："要杀不行，恶党谋反凭他为证，谁敢杀他？"董承说："丞相不可听逃奴一面之词，屈了多人。"曹操说："王子服等四人与秦庆童俱已证明，你还想抵赖吗？"命左右将董承拿下，从他卧房中翻出衣带诏来。曹操看后骂道："鼠辈怎敢如此？"将董承家眷统收监。次日将王子服并董承五家人全家老小满门皆斩，一共七百余口。军民等文武公卿见着无不落泪。

汉天子暗地传出衣带诏，董国舅枉费徒劳一片心。
只觉得机深志远妙如神，大家伙一腔热血扶汉室。
偏偏有该死家奴走了风，吉太医受尽苦刑殉国难。
落得了五家忠良灭满门，叹煞人血流成河尸成垛。
想一想人生自古谁无死，这些人为国捐躯传万年。

话说曹操杀五家七百余口，怒气还未消，又带剑入宫来杀董妃。董妃是董承的妹妹，即日在宫中同献帝、伏皇后三人议论衣带诏之事，至今没见音信。正在议论纳闷之时，忽见曹操带剑而入，面有怒色，献帝一见大惊失色。曹操说："董承谋反，圣上知道吗？"天子知曹操明知故问，乃含混答道："董卓已诛，还提他做什么？"曹操厉声说："董承，不是董卓。"献帝战栗说："朕实不知。"曹操将血诏掷于献帝面前，大声喝道："你看此物是何人写的？"献帝不能答。曹操让武士将董妃擒下，献帝哀告说："她有五个月身孕，望丞相见怜。"曹操摇头不允。伏皇后也哀求说："将她贬在冷宫，待分娩后杀也不迟。"曹操瞪大眼说："留此逆种为母报仇？"董妃哭着说："但求全尸而死。"曹操点头说："这倒可以。"

好个欺天灭理的曹阿瞒，你看他为报私仇杀董妃。
汉天子眼看妻死不能救，只急得两袖掩面泪双流。
伏皇后哀告一回没中用，也不过几声长叹几声悲。
董贵妃死在眼前没处跑，吓得她三魂七魄一齐飞。
可怜那皇帝拉住娘娘手，哀切切呼声御妻听明白。
你如今死到九泉不瞑目，这是咱自惹其祸自己招。
伏皇后紧把董妃怀中抱，满口里叮咛一回又一回。
御妹呀你且头前归阴去，我不久就要随后将你追。
董妃她口咬舌尖不言语，但见她双合凤目蹙蛾眉。

却说汉献帝夫妇抱头大哭，曹操喝说："不要作儿女之态，还不快撒手，等到何时？"无奈他们只得撒手，武士们强将董贵妃推将出去，缢死于宫门之外。后有诗叹曰：

　　　　金殿承恩亦枉然，怀了龙种也是完。

　　　　堂堂帝王难相救，掩面徒有泪涌泉。

第三十八回　郭嘉献计伐刘备　关公降汉不降曹

　　曹操杀了董妃，吩咐宫门太监说："自今日起，但有皇亲宗族不奉我旨擅自入宫格杀勿论，守门不严的斩首。"又拨心腹将士领兵三千充御林军，昼夜巡查宫门。曹操吩咐已毕，回府向众谋士商议说："今董承等虽除，还有刘备、马腾二人也在其内，不可不除。"程昱说："丞相勿忧，我有一计在此。"

　　　　程谋士说丞相且莫担忧，这件事卑职早已细运筹。

　　　　现如今马腾已回西凉去，路途远发兵遣将功难成。

　　　　去封公文邀他把京来进，就说是愿归和好不记仇。

　　　　调弄得虎离深山龙出水，设巧计慢慢取他颈上头。

　　　　岂不知河北袁绍兵将广，更有那刘备屯兵在徐州。

　　　　咱若是一旦来征伐刘备，那袁绍必乘机来犯许都。

　　　　但恐怕外患未除生内忧，常言道人要三思而后行。

　　　　程谋士破釜沉舟说一遍，曹孟德手捻胡须尽摇头。

　　程昱说罢，曹操摇头说："西凉道路遥远不足为虑，刘备乃世上英雄，若不早除必为后患。"曹操话还没说完，谋士郭嘉插话说："丞相说得对，为今之计，先伐刘备为上策。袁绍虽强，但遇事多迟疑不决，不在话下。"曹操说："奉孝说的正合我意。"遂起兵二十万分为五路齐下徐州。探马报进徐州，孙乾先往下邳报告关公，又到小沛报知玄德。玄德与孙乾计议，差人向袁绍处求救。正值袁绍死了心爱的幼子，心情不好，不能发兵救援，但答应如果刘备打败了可以前来。孙乾见袁绍不肯发兵，只得速回小沛来见玄德，告诉玄德袁绍不发救兵，若是打败了可以前去相投。玄德大惊，张飞说："兄长勿忧，曹操远来，兵马疲困，乘他初到不做准备，先去劫他营寨。"玄德从其言，日日操练人马，养精蓄锐，准备劫寨偷营。不几日曹兵已到，安下营寨，谋士荀彧说："我估计玄德、关、张夜间可能偷营，要做好准备。"他们将人马四面埋伏好，单等刘备来偷营。

　　话说张飞献计劫营，玄德从其言。

兄弟们分兵劫寨来偷营，这一回弄巧成拙落场空。

张翼德统领人马为前部，刘玄德带领大队随后行。

猛听得惊天号炮一声响，曹营中四面围得不透风。

张翼德见事不好往外闯，看了看许褚张辽在正东。

正西方来了李典和于禁，往南瞧杀来夏侯二弟兄。

北面有乐进徐晃催战马，呐喊声枪刀齐举往上冲。

多亏了张飞勇猛枪法好，只杀得湿透战袍血染红。

张飞在万马军中，左冲右突厮杀多时，手下所领军卒原是曹操旧兵，见势不好都投降了。只剩下十余骑，杀开一条血路要奔小沛，又被曹兵截住，只得混战乱杀。此时玄德也被曹兵杀败要奔小沛，抬头望见小沛城中火起，便知小沛已失。拨马又奔徐州、下邳，又被曹兵杀回，自思无路可走，遂单人独马往河北投袁绍去了。此时曹操得了小沛，随即进攻徐州，糜竺、简雍把守不住，弃城逃走了。陈登父子又献了徐州，曹操大军进城安民，商议打下邳，荀彧说："云长保着玄德老小死守此城，若速取恐为袁绍所得。"曹操说："我久仰云长武艺超群，人品也好，想得到他为我效力，可使人劝说他来投降。"帐下一人说："我与云长相识，愿去说他来降。"曹操一看是张辽。程昱说："文远虽和关公有旧交，此去说他来降，他未必肯。我有一计献于丞相。"

岂不知关张刘备同生死，他三人虽然异姓胜同胞。

他怎肯有始无终半途废？必然是心如铁石难动摇。

咱这里暗差降兵下邳去，就说是得空偷回把信捎。

只用他伏于城中为内应，再引诱云长出马把兵交。

准备下大队人马截归路，却将那下邳城池用火烧。

弄得他前不着村后无店，那时候文远再去走一遭。

程昱说完，曹操大喜，即令徐州降兵十数名来降关公，关公一看是旧部就留下了。次日，夏侯惇领兵到下邳城外讨战，关公出城迎敌，战了数个回合，夏侯惇拨马败走，关公随后赶来，夏侯惇且战且走。关云长追至十余里，恐怕下邳有失，提兵而回，又被曹兵截住归路，万箭齐发，箭如雨点。徐晃、许褚截住混战，关公奋勇杀退二人，急奔下邳，夏侯惇又来截杀。此时天色已晚，云长无路可归，只得退到一座土山上，将兵屯于山头。曹兵将土山团团围住。

关公被围山上，又见下邳火起，恐怕家眷有失，只急得心如刀绞。好容易挨到天亮，才要下山冲杀，只见一人飞马跑上山来。关公看看乃张辽，迎面问道："文远来和我交战吗？"张辽说："不是。我想故人往日之情，特来相见。"遂抛刀下马与关公见礼，礼毕，共坐山头上。关公说："文远这次来是当说客吗？"张辽说："不是。昔日蒙兄长救小弟，今日小弟怎能不来救兄长呢？"关公说："是来助我一臂之力？"张辽说："也不是。"关公说："你既不战我，又不相助，那么你到此何干呢？"张辽说："玄德存亡不知，张飞不知去向，今曹操已破了下邳，军民俱无损伤，差人护围玄德住宅，不许惊扰家眷。曹操如此相待，小弟特来报兄。"关公怒说："你这话是劝我降曹操，我今虽处绝地，视死如归，你快让我下山会战。"张辽说："兄长出此言，岂不为天下人耻笑？"关公说："我为忠义而死，有什么耻笑的？"张辽说："兄今若死，其罪有三，请兄长听来。"

张文远满面带笑呼兄长，你若是果然捐生有罪名。

当初你兄弟三人盟结义，原说下死则同死生同生。

刘使君眼下虽无音和信，倘若是使君回来兄过世。

岂不负焚香桃园旧日盟，这是兄长的第一条罪状。

听我再把这第二条来讲：

刘使君满门家眷托与你，你就该尽心保护有始终。

想一想兄若战死于军中，二夫人靠一回你落场空。

岂不负了刘使君的重托？这就是你的第二条罪状。

听我再把这第三条来讲：

何况你刀马高强无人挡，又加你熟读春秋礼义尚。

殊不思匡扶汉室安天下，却反要半途而废死无名。

赴汤蹈火以成匹夫之勇，这就是你的第三条罪状。

你如果死后遗留三条罪，倒不如见机而行保全生。

张文远如情如理说一遍，关夫子捻须低头暗思忖。

张辽把话说完，关公低头不语，良久才说道："既如此怎么办呢？"张辽说："现在四面俱是曹兵，如若不降必死无疑。以小弟拙见，不如暂降曹公，再打听刘使君的下落，知道他流落何处，再去投他。这样一来可以保全二位夫人，二来不背桃园之盟，三来留下有用之身以图后计。望兄长三思。"关公沉思良久说："要我暂降，必须依我三件事，曹公若不从，我宁受三条罪而死。"张辽说："丞相宽宏大度，没有不依的，但不知依哪三件？"关公说："第一件我与刘皇叔立志共扶汉室，我今只降汉帝不降曹操；第二件，仍给皇叔俸禄赡养二嫂，觅一庄院居住，一切闲杂人等不能上门干扰；第三件，如知皇叔下落，不管千里万里，我也去投奔。"

关夫子虽然被困志不摇，你看他宁死降汉不降曹。

他不是有始无终心改变，却原来见机行事主意高。

愤愤然当面说出投降话，这一回可喜坏说客张辽。

满口里慷慨应承三件事，立刻他辞行飞奔马鞍桥。

一路上心急只恨马行慢，几次他提缰连将鞭子摇。

张辽营门外下马入见曹操，诉说关公降汉不降曹。曹操笑说："我为汉相，汉即我，同意他有什么关系？"张辽又说："关公要皇叔俸禄，赡养皇叔老小和众人。"曹操说："可以，还要加倍给他。"张辽又说："关公说若知皇叔音信，不管多远也要去相投。"曹操一听这话，蹙眉摇头说："这一件答应不行，要是这样我养云长何用？"张辽说："这又何妨？那玄德待云长不过恩深义重，云长因此十分敬重他。若丞相加倍施恩以结其心，那云长也感恩于丞相。何况玄德生死不明，怎么能说他必去呢？"曹操点头说："文远说得对。你速去回答关公，就说三件事我都依他。"

张文远第二次又来到土山见关公，说明丞相应允三件事。关公说："如这样，就请丞相退军，待我去禀告二嫂，然后投降。"张辽辞别下山，到营内报告曹操，曹操即刻传令退军。关公入城果见家眷安然无事，遂将投降事告知二位夫人。二位夫人说："叔叔有事自己拿主意就行了，不必问我们。"关公见二嫂应允，这才引数十骑来见曹操。

关公他禀过二嫂进曹营，这一回喜坏阿瞒老奸雄。
一声吩咐将士们列好队，飘飘的旗幡招展斗悬空。
老曹操不骑马来不坐轿，带领着许多文武接出营。
营门外关公离镫下了马，老曹瞒会同众将齐打躬。
笑吟吟携手同入中军帐，他二人亲热平拜把礼行。
两下里谦让一会落了座，大帐中文官武将列西东。
预备下美味佳肴和好酒，为关公摆筵洗尘来接风。

曹操说："久仰将军忠义，今得相见，三生有幸。"关公说："张文远所许三件事，丞相慷慨应允，谅不食言。"曹操说："我既说了怎么能失信！"关公说："我一旦知皇叔下落不管多远也要去。那时思兄情急，如不辞而行，丞相别怪。"曹操说："玄德若是还在，云长便去，但恐死于乱军，你且宽心慢慢打听。"

次日曹操班师回许都。关公命从人收拾车仗行装，提刀上马保护家眷而行。天晚要住宿，曹操有意乱其君臣之礼、男女之别，让关公同二嫂共居一室。关公秉烛立于户外房檐下，从黄昏至拂晓，一夜毫无倦意，后来传为佳话，秉烛达旦就是指这一夜。

关公到许都官宅，安置二嫂住下。他自己独居外宅，一日三次到内宅请安，并且天天如此。曹操引他见过皇帝，皇帝封他为偏将军。曹操三日大宴，五日小宴，赠关公美女十人，绫锦八箱，一切应用之物俱不缺少。一日曹操见关公所穿锦袍已旧，便用上好的丝绵做成华美无比的一件新袍，差人送关公。关公收下穿在里面，仍将旧袍穿在外面。曹操一见笑说："云长太俭朴了。"关公说："不是我俭朴，旧袍乃皇叔所赠，将它穿在外面，低头如见皇叔，此乃不敢迎新弃旧之意。"曹操叹气："真义士！"

口虽称赞，心实不悦。一日曹操请关公赴宴，酒喝到一半，关公拈须叹说："生不能报效国家而背其兄，白做人了。"曹操见关公拈须而叹，即赠锦囊盛其须。一日上朝，献帝见关公有一锦囊挂在胸前，便问那是什么，关公奏道："臣须很长，丞相赐锦囊盛了。"天子命去囊看看，见关公须长过腹，十分秀美。天子大喜，称赞说："真美髯公也！"从此人都称关羽美髯公。

都只为天子亲口将他封，因此上人皆称为美髯公。

金銮殿三呼已毕朝臣散，众文武拱手而别各西东。

关夫子相随曹操回府转，几次他顿缰提镫马不行。

惊动了一路同行曹丞相，在马上满面带笑问一声。

咱现今府上草料不缺少，为什么坐骑瘦得如骨龙？

美髯公抱拳秉手尊丞相，笑说你原来不知这里情。

我生来身体就比别人重，故此战马才常瘦不堪乘。

曹孟德闻听此言把头点，相邀着云长同到相府中。

曹操百般奉迎关公，真是无所不至。见关公的坐骑瘦弱，便邀入相府，命人备马一匹。此马身如火炭状，十分雄伟。曹操指着马问云长："你认识这匹马吗？"关公说："这是吕布所乘赤兔马吗？"曹操说："是的，若不嫌弃情愿奉送。"关公闻言大喜，躬身下拜。曹操心中很不高兴，表面笑着问："我送美女、金帛未尝拜谢，今我送马你来拜谢，是轻人重畜吗？"关公说："我素知此马日行千里，今幸得了。若知兄长下落，骑上这匹马不日可见到兄长，故此拜谢丞相。"曹操闻言很是后悔。关公辞了曹操，乘上赤兔马回去了，后人诗赞说：

美女金银并锦袍，谁能贪得半分毫。

欣逢赤兔来相赠，方肯躬身谢老曹。

话说曹操赠了马，关公拜谢领马归去。曹操心中不高兴，问张辽："我待云长不薄，任我怎样奉迎，他为何还是要走？"张辽说："让我去当面探问，听他怎说？"遂辞了曹操，出了相府来见关公，关公接入让座侍茶。张辽说："小弟荐兄长到此，丞相待你怎样？"关公说："丞相待我虽厚，可我心中忘不了皇叔。"张辽摇头："兄长说得不对。"

关夫子一心只思刘皇叔，张文远摇头冷笑心不服。

他那里抱拳开口尊兄长，你如今的想法有点糊涂。

昨日只因赠马躬身下拜，当面说出的话是将他疏。

常言道知恩不报非君子，须知道不识人敬不丈夫。

曹丞相待兄之情深似海，你怎么一点留意全然无。

刘皇叔无音信存亡未得，张飞下落不明生死不知。

你就该全力扶助曹丞相，大家伙同心共把事业图。

眼前看富贵荣华享不尽，不比你漂流江湖一身孤。

张辽说完，关公叹息说："丞相待我甚厚，我怎能不知？但我受到皇叔大恩，誓同生死，怎么能背弃他？我实不能久居这里。我要先立功以报丞相，然后方可辞去。"张辽说："如刘使君已下世，你将怎么办？"关公说："皇叔若下世，我愿相随于地下。"张辽见关公志不可夺，遂叹息而告退，以实告知曹操。曹操说："我总不叫他立功，看他怎走？"

第三十九回 ┃ 关公斩颜良文丑 袁绍怒欲杀玄德

再说刘玄德去投袁绍，门吏报知，袁绍亲自去接迎。玄德下拜，袁绍慌忙答礼说："昨日小儿夭折，没能去救援，我心甚觉不安，今日相见很高兴。"玄德说："我刘备久想相投于门下，今日才遂心愿。昨日让曹操攻破城池，兄弟失散，妻子也陷入城中。我素知将军容纳四方人士，故不避羞惭前来相投，望乞收留，万分感谢。"袁绍大喜，收留玄德在府，待为上宾。玄德只是牵挂关、张，朝夕烦恼。袁绍问为什么，玄德说："将军不知，听我细细说来。"

> 刘玄德未曾开言叹一声，提起来怎不叫人痛伤心。
>
> 咱兄弟桃园结义起下誓，实指望同心共把汉室兴。
>
> 每日里枪刀队里拼老命，最可怜四海为家任飘零。
>
> 前几日才得徐州席未暖，倒惹得曹瞒一怒动刀兵。
>
> 杀得我两个兄弟皆失散，苦煞人满门老小陷贼营。
>
> 上不能报效君王除国患，下又是一家分离各西东。
>
> 只剩下无用刘备人一个，如同是细弱单丝线难成。

刘玄德说到伤心处，不觉得落下几滴泪来，袁绍说："玄德不必伤心，待我出兵为你报仇。"玄德拜谢而退。袁绍遂差大将颜良领兵十万到白马安营下寨。曹操亲领大军迎敌，头一阵被颜良刀劈了宋宪、魏续；第二阵徐晃出马大败回营。曹操连伤二将，无人可敌颜良，心中十分忧虑。程昱说："要斩颜良非关公不可。"曹操说："他说立功就走，怎么能用呢？"程昱说："我想刘备如活着必投袁绍，咱们使云长破了袁绍，袁绍必恨刘备而杀之，刘备一死云长就不能走了。"曹操听了后大喜，即差人回许都将关公搬来，曹操接入大营，设宴接风。正饮酒时，人报颜良前来讨战，关公立刻披挂，提青龙偃月刀，上千里赤兔马，独立一人到阵前，凤目圆睁，蚕眉直竖，直冲阵中。河北兵如波开浪翻一般，众将士纷纷倒退，好惊人啊！

　　　　　　说起关夫子，果真是勇将。

　　　　　　独闯万马营，英勇谁敢挡！

　　　　　　马如出水龙，人似天神降。

　　　　哗啦啦舞开大刀催战马，好似那猛虎下山捕群羊。

　　　　河北兵渐渐倒退往后闪，如同是风吹波浪两分张。

　　　　此一时颜良勒马还骂阵，弄了个措手不及无提防。

　　　　关夫子马快刀馋人难比，眼看着马到阵前斩颜良。

　　　　众军卒舍命奔逃乱了队，乱哄哄抛旗弃鼓舍刀枪。

　　　　曹孟德令箭一摆说声追，呼啦啦战将雄兵如虎狼。

　　　　好比似风卷残云扫落叶，猛听得一声铜锣响当当。

　　关公刀劈颜良于马下，袁绍军纷纷大乱而逃，曹操乘势追杀十余里。曹操恐有伏兵接迎，急鸣金收兵。关公下马割下颜良首级，拴在马脖子上，飞身上马提刀回营，众将无不称赞。关公将首级献于曹操，曹操大喜说："将军真好刀法。"关公笑着说："关某算不了什么，我三弟张翼德在百万军中取上将首级如探囊取物。"曹操大惊，回头向众将说："以后若遇张翼德不可轻敌。"令众将写在衣襟底下不要忘了。遂在大帐设宴与关公庆功，这且不讲。再说颜良的败兵逃回河北见了袁绍，诉说主将颜良被红面长须、手使大刀的一员勇将斩了，袁绍惊问说："这是何人呢？"谋士沮授说："想必是玄德与关公通谋，斩了颜良。"即传令要杀玄德。

　　　　袁本初冲冠大怒把令传，刘玄德从从容容到帐前。

　　　　劝将军且息雷霆休动怒，不可听一面之词把脸翻。

　　　　天下人面貌相似从来有，不见得红脸长须都姓关。

　　　　我二弟徐州失散无音信，与曹操结下不共戴天冤。

　　　　不知道一条性命在不在？他岂能身入曹营事阿瞒。

　　　　似这样猜疑的话不可信，望将军以理推情细细想。

　　　　刘皇叔刀斧临头巧分辩，袁本初双眉紧蹙又开言。

　　玄德说完，袁绍责备沮授说："误听你的话，几乎把好人杀害，天下的人面貌相似者多了，哪见得赤面长须的就是云长？玄德的话是对的。"请玄德升帐而坐。此时忽有一将帐前说："颜良与我如兄弟，本将愿领一旅之师与颜良报仇雪恨。"玄德看了看，乃河北有名上将文丑。袁绍听了大喜说："非文将军不能报颜良的仇。"当即叫他领兵十万立刻起程，玄德想打听关公的消息，遂说道："刘备蒙将军大恩无可为报，我想同文将军前去共破曹操，立寸尺之功以报将军。"袁绍听后说："玄德若去我更放心。"玄德即刻披挂整齐，带剑上马与文丑同行。十万军兵分为两队，文丑带七万先行，玄德领三万为后部，两路人马浩浩荡荡直奔白马来。

却说曹操见关公斩了颜良，班师回朝来奏天子。天子封关公为汉寿亭侯，曹操便铸印送给关公。

> 关夫子刀斩颜良立大功，曹孟德表奏天子把侯封。
>
> 大伙儿谢恩出朝入相府，在后堂设宴庆贺饮刘伶。
>
> 忽有个蓝旗飞刀前来报，他说道大将文丑领兵到。
>
> 曹孟德即刻下令起人马，复到那白马之处安大营。
>
> 差派那徐晃张辽去出征，与文丑疆场比武决雌雄。

徐晃和文丑交马数合，被文丑刀斩盔缨，拨马败下阵来。张辽出战，战马中箭逃回大营。文丑催马提刀随后赶来，正赶之间，只见曹营中出来十余匹马，旗幡招展，一将骑飞马而来，正是关云长，大声喝道："贼将慢走，我来战你!"两下交锋不到三个回合，文丑见云长刀马难敌，心中甚是恐惧，拨马而走，关公马快赶上，从背后一刀将文丑斩于马下。

话说关公斩了文丑，袁兵大乱。关公催开千里赤兔马，舞动着青龙偃月刀，左冲右突赶杀文丑军卒，任意纵横，如入无人之境。此时玄德所领人马也到，尚没过河，远看黄河南岸阵前一将，往来如飞，旗上写着汉寿亭侯关云长，心中暗谢天地。有心召唤，又见曹兵杀来，只得领兵退后。袁绍随后领兵也到，接迎到官渡安营，听败军说："又是从前那位赤面大将斩了文丑。"袁绍闻听大怒，命刀斧手立斩玄德。玄德说："玄德无罪。"袁绍说："你勾结云长连杀我两员上将，还说无罪?"

> 袁本初他气冲冲怒不息，刘玄德轻摇舌剑把话应。
>
> 曹孟德素与刘备有仇恨，想把我万段分尸肉剁泥。
>
> 他如今知我投在你门下，因此他差遣云长来对敌。
>
> 疆场上走马连伤两员将，那云长尚被蒙头不得知。
>
> 这明明是想借刀杀刘备，料将军知是关羽怎肯依?
>
> 你今日果然动怒将我斩，曹阿瞒定笑将军少见识。
>
> 总不如高抬贵手留条路，到省得昏然落在他套里。
>
> 悄悄地寄书搬取云长到，我二人立功赎罪也不迟。

刘皇叔说完，袁绍说："玄德说得对，我若杀了你，解了曹操的恨，我却落个害贤罪名，上了他的圈套。"玄德说："屡蒙将军不杀大恩，无可以报，今可差一心腹人，携书去见云长。他得知我在这里必然星夜赶来。云长如果到来，我兄弟二人同心协力辅助将军，共灭曹操，以报颜良、文丑的仇怎样?"袁绍听后大喜说："若得云长，胜颜良、文丑十倍。"遂收兵回营。

曹操也班师回了许都，大会文武群臣，设宴给云长庆功。一日关公往郊外闲游，偶遇孙乾，二人不胜惊喜。关公问他从何而来？向何处去？孙乾说："皇叔在袁绍府中，我要前去相投，不想在这遇着将军，实在意外。"彼此都说了离散之情。关公托孙乾前去报信，孙乾急忙辞去。关公回府参见二嫂，二位夫人说："叔叔两次出马，可知皇叔消息吗？"关公说："没听到消息。"问安叙话完，关公告退。二位夫人因不见皇叔消息痛哭不止。

二位夫人抱头痛哭，悲声不止。有一位老门军在门外高声说："二位夫人不要哭了，现在皇叔就在河北袁绍处。"二位夫人齐声问："你由哪儿得知？"老门军说："小人跟关将军郊外闲游，见有人来报信。"二位夫人闻说，急唤关公前来问话，说道："皇叔不曾辜负于你，你今受曹操厚恩，弃旧迎新，不以实情相告。"关公泣而说道："我非忘恩负义之人。兄长现今实在河北，恐有泄露，所以不敢以实情相告。"二位夫人闻听此言才放心。一日关公在家闷坐，忽然张辽来访，见面说道："闻兄今知刘皇叔消息，特来贺喜。"关公说："故主虽然有消息，还没能见面，贺什么喜呢？"张辽说："兄与玄德交情比弟与兄交情怎样？"关公说："你我是朋友之交，我与皇叔是朋友加兄弟，是兄弟又是君臣，不可一概而论。"

张辽听关公讲述一番，心中很不高兴，告辞回了相府，将关公的话告诉了曹操。大家定计挽留关公。

第四十回　关公挂印封金而行　曹操备资亲自相送

关公一日独坐无事，忽然门军来报说："有故人相访。"关公慌忙出迎，见面却不认识。请入外舍，让座侍茶，关公问："你是何人？"那人说："我乃南阳陈震，特来给玄德寄书。"一边说着，从怀中取出书信来交给关公。关公一看果是玄德的信，遂拆信细看，大意是：备与足下自桃园结义，誓以同心，今为何中途相违，割恩断义？君必欲取功名，图富贵，备愿献首级以成全功。书不尽言，谨待来命。

关公看完大哭说："我不是不想找兄，只是不知兄的下落，岂敢图贵而背旧盟？"陈震说："玄德盼你甚切，既不背盟，宜快去相见。"关公说："人生天地间，有始无终非丈夫。我来时明白，去时不可不明白。待我写书一封请带回，先告诉皇叔，待我辞谢曹公，即同二嫂前去相见。"说完写书一封，大意如下：

我闻义不负心，忠不顾死。关羽自幼读书，粗知礼义，观羊角哀、左伯桃之事，未尝不三叹而流涕。前守下邳，内无粮草，外无援兵，我即想死，奈有二位嫂嫂，才未肯断首捐躯。恐负兄相托，因此暂投曹操安身再图后会。昨见孙乾，方得兄信，我当即面辞曹，同二位嫂嫂前去。我关羽如怀异心，天打雷劈。披肝沥胆，言不尽意，瞻拜有期，伏唯见谅。

关公写完，封好后，交给陈震。陈震得书辞别而去。关公入内告知二位嫂嫂，遂即到相府辞别。曹操知其来意，高高挂起回避牌，关公只得回来。次日关公又去丞相府辞行，曹操还是不见。无奈去见张辽，张辽推病不出。关公不得已，写书一封，以辞曹操。书中大意是：关羽侍奉皇叔刘玄德，誓同生死。皇天后土，实闻斯言。因守下邳失守，所请三件事，经丞相同意。今探知故主在袁绍军中，回想昔日之盟，岂容违背？新恩虽厚，旧义难忘。兹特奉书告辞，余恩未报，等待他日。

关公写完书信封好，差人往相府投递。所有原赐之物都留在府中，一一封在库内，又将汉寿亭侯印挂在堂上。收拾行装，请二位夫人上车，自己上赤兔马，提青龙偃月刀，率领来时跟随人等，保护车仗出北门而行。此时，曹操正与众谋士和文武们议论关公走的事，忽传入关公书信，拆开一看大惊说："云长已走了。"

曹孟德观罢书信暗思沉，不由得垂头无语口问心。

几番他搔头踟蹰干擦手，痴呆呆好像一个木头人。

暗称美云长仁义人间少，又加上无敌刀马竟绝伦。

满指望笼络英雄为我用，谁料他心如铁石硬几分。

许多的金帛珠宝买不透，他不看貌似天仙十美人。

封他汉寿亭侯爵不算小，他看那功名富贵似浮云。

像这样忠贞义士世无双，果真是正大光明亘古今。

天下人迎新弃旧寻常有，谁似他一心只有刘使君。

那一日斩了颜良和文丑，阵中他匹马单刀破袁军。

咱丢了架海金梁擎天柱，痛煞人失去英雄何处寻？

曹操见书，只是默默不语。一将挺身而出说："末将愿领三千兵，生擒云长献于帐下。"曹操一看，是蔡阳。曹操说："不可。云长不忘故主，来去分明，真是丈夫，你们都应效仿。"遂责退蔡阳不许追赶。程昱说："丞相待他恩深似海，他竟不辞而行。若使他归袁绍，那么袁绍如虎添翼，不如追而杀之，以免后患。"曹操说："昔日他来降前，早已讲明，若知玄德音信，不论远近，必去相寻。当时我已同意，如今岂可失信？况他此去，原是各为其主，为什么要追呢？"遂向张辽说："云长封金挂印，财物不足以动其心，爵禄不足以移其志，此等人我甚敬之。想他此时去不远，你先请住他，待我给他送行，更以路费锦袍赠他，大小做个人情，以为日后念我。"张辽得令，即刻备马上路。

关公正走之间，忽听背后一人大叫，原来是张辽飞马赶来，顷刻之间相隔已近。关公在马上问："文远莫非前来追我回去？"张辽说："不是，丞相要来为你饯行，先差我来留住你。"关公说："便是丞相亲领铁骑来，我愿决一死战。"遂立马于桥上等候。只见曹操领数十骑飞奔而来，曹操来到近前，见关公勒马横刀立于桥头，遂一齐收下坐骑，曹操居中，左右摆开。关公看了看众人，手中都没兵器，这才放心。曹操说："云长此行为何那么急？"关公在马上欠身答道："今故主现在河北，只得急急前往。几次到府辞行不得参见，故封金挂印而行，望丞相勿忘土山相约的话。"曹操说："我欲取信天下，怎肯失言？我恐将军匆匆而去，途中费用不足，特备路费亲来相送。"命左右从马上托过黄金一盘，战袍一件。曹操笑着说："白马两次大功，我实在难忘。今稍具礼物，略表寸心，万望领受，不胜荣幸。"关公说："丞相如此费心，实不敢领。既蒙恩惠，辞金受袍可以吧？"关公恐有他变，不敢下马，用刀尖挑起锦袍披在身上，抱刀向曹操称谢说："多蒙丞相恩赐，自有报答之期。"说完，催马提刀下桥，朝正北扬长而去。

> 关夫子存心精细非等闲，你看他刀挑锦袍披在肩。
>
> 在马上欠身回头说声请，从容容鞭敲金镫去不还。
>
> 曹孟德一同众将呆看，几番他眼望云长锁眉尖。
>
> 他二人今日离别再分手，须知道腹中滋味不一般。
>
> 关夫子脱离曹营多得意，曹孟德失去虎将心不安。
>
> 这一个纵马加鞭不回首，那一个张望一番又一番。
>
> 这一个襟怀磊落泪如水，那一个滚热肝肠彻骨寒。
>
> 这一个寻兄急急匆匆去，那一个爱将情深慢慢还。
>
> 他二人各有心事不一样，张文远见此光景不耐烦。

此时，张文远见关公挑锦袍并不下马，匆匆而去，心中不悦说："关公太薄情，丞相亲来饯行，匆匆而去，可为无礼至极。"许褚说："忘恩负义的人应追而杀了，以绝后患。"曹操说："不可！他一人一骑，我们人多，他能不疑心吗？我已放行，不可去追。"遂同众将进城，一路叹声不断。

曹操牵念关公这且不讲。再说关公来赶车仗，约走三十余里总没赶上。关公心慌，骑马四处寻找，只见一人在山头高叫："关将军到这边来。"关公一看，是一少年，黄冠锦袍持枪，骑一匹战马，马脖子上拴一人头，率百余人飞奔而来。关公问道："你是何人？"那少年弃枪下马，拜伏于地说："我乃是襄阳人，姓廖名化，因世乱落荒江湖，占聚山林，劫掠为生。方才同伴杜远下山寻哨，误将二位夫人劫掠山上。我向随人问及，知是大汉皇叔夫人，且有将军护送。我要将夫人送下山来，杜远不肯，被我杀了，特来献上首级请罪。"要知后事如何？且看下回书。

第四十一回 | **关公千里走单骑
五关闯过斩六将**

话说廖化杀死杜远，将首级献于关公，以谢罪过。

> 这少年俯伏马前诉实情，关云长闻听此言喜气生。
>
> 就说道从来不知不怪罪，请壮士不必害怕将身平。
>
> 廖化说冒犯虎威该万死，惊吓着皇叔夫人罪不轻。
>
> 关公问两位嫂嫂在何处？你头前引路追寻快快行。
>
> 廖化说已送她们到山下，此一时相隔不过二里多。
>
> 关公说杜远的心术不正，你将他立刻杀死理上通。
>
> 廖化说贤愚不知非君子，须知道有眼无珠非英雄。

他二人说话之间，只见有百余人护拥车仗而来。关公下马，车前打躬问道："二位嫂嫂受惊否？"二位夫人说："若非廖将军保全，必受杜远之辱，我俩命休矣！"关公闻言重谢廖化，廖公拜别，引人投山谷中去了。云长将曹操赠袍赠金之事告知二位嫂嫂，催促车仗前进。走到天晚，没有客店，只好投一村庄借宿。庄主出迎，须发皆白，手扶拐杖说："将军姓甚名谁？"关公忙施礼说道："我乃刘玄德之弟关羽。"老者惊喜说："是斩颜良、文丑的关公吗？"关公说："正是。"老者大喜说："闻名多时，今得相见，可喜可贺！"即刻请进庄中。关公说："车内还有刘皇叔的二位夫人。"老者便唤妻女迎接进入内宅。他请关公同入草堂，分宾主坐下。关公便问老者姓名，老者说："我姓胡名华，汉桓帝时曾做过官，今居林中。我有一小儿胡班，现在荥阳太守王植部下为从事。将军若去荥阳，我有一书捎去，交与小儿。"关公说："可以。"胡华款待酒饭住下。次日，早饭后关公取了胡华书信，请二位嫂嫂上车，自己提刀上马，向老者拜辞出庄，拥护车仗前行。

话说关公保护车仗而行，前到一关，名为东岭关。守关将士姓孔名秀，出关来迎。关公下马与孔秀施礼，孔秀问道："将军将去何处？"关公说："辞别丞相要去河北寻兄。"孔秀说："可有丞相文凭吗？"关公说："走得急促，不曾带来。"孔秀见无文凭不肯放行。关公大怒，举刀来杀孔秀。孔秀退入关去，鸣鼓聚兵披挂上马杀下关来。关公让车仗退一旁，提刀催马直取孔秀。交锋不上三合，关公斩孔秀，尸横马前，众军卒纷纷逃散。

关公保护车仗闯过东岭关，往洛阳进发。早有探子报进洛阳，洛阳太守韩福聚众将商议说："关羽勇猛难抵，颜良、文丑俱被他斩，不可力抵，只得设计擒他。"

117

部将孟坦说："我有一计，将鹿角拦定关口，待他到时，我引兵与他交锋，佯败诱他来追，公可用暗箭射他。"大家商议妥当，有人报说："关羽车仗已到关前。"

> 韩太守听说关公车仗来，你看他不但不怕喜盈腮。
>
> 暗下里他与孟坦定下计，安排着谋害皇家栋梁才。
>
> 一见面开口先把文凭要，看样子不见文凭关不开。
>
> 关云长马上躬身面带笑，他说是走得急促没带来。
>
> 韩福说没有文凭回去吧，这分明不是丞相把你差。
>
> 关夫子闻听此言心好恼，顿时间怒气塞胸气满怀。

韩福见关公没有文凭，不放过关。关公大怒，催马抡刀直取韩福。部将孟坦出马迎杀，不到三五回合拨马而走，本想引诱关公，不想关公马快，即刻赶上，背后一刀将孟坦分为两段。此时韩福见关公斩了孟坦，一箭射来，正中关公左臂。关公用口拔出，血流不止，飞马直取韩福。韩福走不及，被关公一刀斩于马下，杀散众军，催促车仗闯过关来。

关公用细帛束住箭伤，一路恐人暗算，不敢停留，连夜奔汜水关来。此把关将乃并州人氏，姓卞名喜，善使流星锤，原是黄巾余党，投降曹操，守此关口。他闻知关公到来，预设一计，在关前镇国寺中，埋伏下刀斧手二百人，诱关公入寺，约定暗害关公，以掷杯为号。

> 这个贼掘下陷坑擒虎豹，安排着撒下金锁捉蛟龙。
>
> 镇国寺预先差人摆酒筵，埋伏下精壮刀兵二百名。
>
> 实指望暗算无常下毒手，万不料弄巧成拙遭了殃。
>
> 关夫子见面下马忙施礼，这卞喜笑脸相迎打一躬。
>
> 他说道将军威名满天下，习就的刀马无敌谁不惊。
>
> 似如那韩福孟坦和孔秀，俱是不识贤愚的糊涂虫。
>
> 将军你满腔忠义寻兄长，为什么闯关过口要文凭？
>
> 这真是枉费心机白送死，倒不如早早开关送人情。

卞喜说完，关公信以为真，遂一同上马，保护着二位嫂嫂过了汜水关，来到镇国寺，寺前下马入席赴宴。这寺中有一僧人，法名普净，乃蒲东人氏，与关公原是同乡。他早知卞喜设计，一心要救关公。关公一入寺，就请入方丈侍茶。卞喜恐怕普净走漏消息，便与关公同入方丈。普净手指所佩戒刀，以目视关公，关公会意。他同卞喜来至席前，早见壁中有人埋伏，急忙拔剑在手。卞喜知事已泄露，大叫左右快下手。刀斧手还未来得及动手，关公抢剑乱砍，俱各不敢前进。卞喜绕廊而走，关公弃剑，手执大刀赶来。

> 卞喜他见事不好走如飞，关云长手提大刀随后追。

卞喜他安排败中要防胜，　嗖嗖声扑面飞来流星锤。

关云长手疾眼快急躲闪，　铜锤打倒自己军卒李奎。

青龙刀顺风扫叶分腰砍，　卞喜他躲之不及挨了刀。

只听得耳边一阵寒风过，　眼看着两段分尸血成河。

关夫子刀劈卞喜丧了命，　又看见军卒来把车仗围。

关公刀劈卞喜，急忙来看二位嫂嫂，只见车仗被军卒围住。关公大喝一声，抢刀就砍。军卒胆裂魂飞，四散奔逃而去。关公谢普净说："若不是法师相救，吾已被卞喜害了。"普净说："此处不可久居，我要收拾衣钵往他处云游去了。将军保重，后会有期。"关公也辞别普净法师，离开镇国寺，保护车仗往荥阳进发。

荥阳太守王植与韩福原是儿女亲家，闻听关公杀了韩福，心中恼恨，要杀关公，与韩福报仇。关公到后他以礼迎接，诓到馆中。四面早已埋伏好，暗令部将胡班，待到夜间放火，将关公及众人尽皆烧死。胡班领命埋伏军卒，安排好柴薪引火等物，心中却犯起盘算来了。

王太守暗定毒计害关公，　这胡班左右辗转犯嘀咕。

闻听说云长仁义人间少，　练就得无敌刀马比人强。

兄弟们桃园结义同生死，　三匹马粉碎黄巾百万兵。

到后来虎牢关前一场战，　关云长温酒策马斩华雄。

前些时兵败徐州大失散，　屯土山宁死不肯降曹公。

路途中秉烛达旦宿一晚，　这件事贯耳春雷有大名。

现如今封金挂印扬长去，　一路上闯关斩将无不惊。

今夜晚虽然领命将他害，　但恐怕画虎类犬计难成。

总不如打碎玉笼飞彩凤，　悄悄地砍断金锁走蛟龙。

常言说不怜真才非君子，　又道是从来杰士爱英雄。

我不免暗地与他见一面，　悄悄地搭救云长出陷坑。

你看他暗暗思索入馆驿，　关夫子秉烛观书兴正浓。

生就的卧蚕眉衬丹凤眼，　黑黪黪长须五绺过前胸。

论相貌出乎其类拔乎萃，　看仪表好似天神下凡尘。

难怪他金殿龙楼去见驾，　汉天子御口亲封美髯公。

胡班看后满口称赞，遂上前给关公施礼。关公正在观书，忽然灯光下出现一名青年小将，座前打躬。关公问道："你是何人？贪夜到此必有话说。"胡班说："我乃王太守部下从事胡班。"关公说："莫非是东陵关下胡华的儿子吗？"胡班说："正是。将军怎知吾父名字？"关公遂把前日借宿捎书之事，细说一遍，取出书来交于胡班。胡班接了父亲书信，心中大喜，便对关公说破王植计谋，并说相救之意。关公又惊又喜，拜谢胡班，急忙披挂，提刀上马，请出二位嫂嫂说知此事，并请两位夫人快些乘车。关公带领从人，拥着车仗出了馆驿，来到城门。胡班已开城门等候。关公急出城门，辞别胡班而行。胡班送走关公，去见王植说道："末将发火去烧关公，不知何人走漏消息，没等火发，关公保护车仗，闯出公馆，今已出城去了。末将不敢去追，特来禀报。"王植闻言，急忙披挂上马，领兵赶出城来，当下大叫："关公休走。"关公勒马横刀大骂王植："匹夫我与你无冤无仇，何故放火烧我？你既赶来，待我赏你一刀。"一边说着拍马直取王植，王植措手不及，被关公拦腰一刀分为两段。众军卒见主将已死，舍命奔回。关公也不追赶，催促车仗速行，一路深感胡班相救。不几日走到滑州地界，便是黄河渡口，此渡口原是夏侯惇部将秦琪把守，闻知关公到来，起兵出迎。

好一个有眼无珠小秦琪，你看他要与关公来对敌。

高声问哪里来的车和马？一路上闯关斩将把人欺。

云长说姓关名羽就是我，圣上封汉寿亭侯谁不知。

秦琪说丞相文凭拿来看，凭空里要过黄河我不依。

他说着两手端枪往上闯，关夫子急催战马把刀提。

明晃晃青龙偃月空中舞，这一回苦了短命小秦琪。

被关公当头一刀脑袋掉，如同是劈开葫芦瓢两只。

关公劈了秦琪，众军卒纷纷乱逃，关公执大刀喝说："秦琪阻挡我前进，我已杀之，尔等不要惊慌，速备船只送我渡河。"众军卒不敢不从，急忙撑船傍岸。关公催促从人把车仗运上船，自己拉马登船，提刀站立船头。众军卒摇橹，不多时过了黄河，请二位嫂嫂下船换车。关公提刀上马，保护车仗而行。这黄河北岸是袁绍边界。关公自离许都一路上过关五处，斩将六员，至此方出曹操虎口，不由得在马上叹息说："吾岂愿沿途杀人？迫于不得已，曹操若，知必以我为负义之人。"正在思索之际，只见一匹马飞奔而来，要知来人是谁？且听下回书分解。

第四十二回　斩蔡阳兄弟释疑
　　　　　　关云长汝南寻兄

话说关公正行之间，忽见一匹马飞奔而来，关公勒马一看，乃是孙乾，二人一齐下马相见。关公问玄德消息，孙乾说："皇叔因你斩了颜良、文丑，不敢久留，辞别袁绍，往汝南投奔刘辟去了。恐将军误到河北被袁绍所害，特让我来报信。今在途中相逢，可喜可贺！不免你我同赴汝南，与兄长相会如何？”

二人来至车前请安，二位夫人又悲又喜，急问皇叔、翼德的消息，孙乾说：“三将军无有音信，皇叔昨日在袁绍营中，自陈震寄书之后，又往汝南去了。”二位夫人闻言哭泣一番。大家也很悲酸，然后商议同赴汝南。正行之间，忽听背后喊声连天，尘土大起，原来是夏侯惇闻听关公一路闯关斩将，又杀了部将秦琪，故领兵前来截杀。关羽、夏侯惇二人见面并不答话，杀在一处，战三十余合，不分胜败。正在酣战之时，只见一人飞马而来，大叫：“二位将军住手。”众人一看是张辽。二人这才把战马勒住，张辽前来说道：“闻云长一路闯关斩将，特奉丞相旨意前来报予各处，不许阻挡。”夏侯惇说：“秦琪是蔡阳的外甥，托付于我。如今他将秦琪斩了，老将军蔡阳岂肯与我干休？”张辽说：“丞相之命谁敢不从。”夏侯惇无奈，只得收兵而去。张辽问关公：“公今想到哪里去？”关公说：“今兄长又不在袁绍军中，吾将走遍天下寻找去。”张辽说：“既不知玄德下落，你我再回许都如何？”关公笑说：“吾既出来，岂能回去？烦文远回见曹丞相，为我谢罪。”

关公闻听此言把笑脸扬，张文远欲劝关公回许都。
刘皇叔虽然不在河北地，吾何惧寻遍天下游四方。
到如今土山之约犹在耳，不是我背弃前言负丞相。
一路上守关将士多诡诈，几处里暗定毒计将我伤。
逼得我万般无奈动刀枪，不得已闯关斩将把人伤。
想当初蒙兄相救情谊重，好叫俺没齿不忘挂胸膛。
烦文远回去代禀曹丞相，就说是关某感恩非寻常。
常言道人生自有相逢处，日久后报答深情是理当。

关公言罢拱手而别，张辽只得自回许昌。关公与孙乾保护车仗同行。走了数日，忽遇大雨，投宿郭常之家。郭常有个不肖之子，见了赤兔马，起了偷马之心。次日勾结黄巾余党裴元绍，半途劫马。裴元绍一见关公神威，吓得拜伏于地，认罪请死。关公也不杀他，让他去了。关公带领人马往前行走，不几日到了卧牛山，忽见一支人马到来，当先一人黑面长身，持枪乘马带众人到来，一见关公惊喜说：“莫非是关将军吗？”急忙离鞍下马，拜伏于道旁说：“周仓参拜。”关公问道：“壮士为何知我姓名？”周仓说：“昔日在黄巾张宝部下之时，曾识尊颜，自恨失身张宝部下。今幸得见，请将军开恩收为部卒，早晚执鞭随镫，死也甘心了。”关公见他意诚，日后必有大用，将他收在部下。周仓使小卒仍回山寨安身，自己跟随关公保护车仗而行。正走之间，远远望见一座山城不知何地，恰好有一樵夫路过，关公问路，樵夫说：“是古城，请将军听其详。”

古城中有个县官行不正，他平日盘剥百姓又贪赃。

闹得那一方人民难度日，受苦难没处躲来没处藏。

也是他恶贯满盈活到头，来了一黑面将军是姓张。

那个人铁甲皂袍乌骓马，手提着丈八蛇矛黑缨枪。

带领着十数余骑从此过，无盘缠向这县官去借贷。

这赃官有眼无珠不应允，从这里惹出一场大祸殃。

张将军怒气冲天变了脸，捆赃官拿住活活开了膛。

张将军占了此城把官做，竟成了俺县仁慈父母官。

屈指算到此约有三个月，论行为较比前官十分强。

他给百姓们兴利来除弊，不平事接连打了好几场。

现如今积草囤粮招人马，安排着为国除奸赴许都。

那樵夫说到这里扬长去，是恐怕言多有失惹祸殃。

樵夫口中说出积草囤粮为国除奸的话，自觉失言，恐怕生出是非来，言还未尽就急急地走了。关公闻言大喜说："我三弟自徐州失散至今，音信全无，不想却在此处相会，可喜可贺！"遂命孙乾进城通报，叫三弟前来迎接二位嫂嫂。孙乾领命进城，见了张飞，礼毕落座，告说玄德离了河北奔赴汝南去了，云长自许都保护二位嫂嫂到此，现在城外等候迎接。

张飞听完并不回言，当即披挂提枪上马，引一千多人马耀武扬威出了北门。孙乾心中大吃一惊，只好跟出城来。关公见张飞到来，心中大喜，把刀递与周仓，催马来迎。只见张飞环眼圆睁，倒竖虎须，大吼一声，拧动丈八蛇矛，直扑关公，分心就刺。关公大惊，急忙闪过说："三弟这是何故？"张飞并不答言，恶狠狠地又是一枪。关公忙又闪过说："三弟，你忘了桃园结义之盟吗？"张飞大喝说："倒有一个忘了桃园结义之盟的。"

张翼德手持无情丈八矛，你看他怒目而视喊声高，用枪一指大声吼："你既忘恩负义，又有何面目前来见我，可恼哇！可恼！"

想当年兴兵共把黄巾破，在桃园兄弟结义把香烧。

那时俺们曾对天发下誓，原说是患难相从胜同胞。

自从我鞭打督邮惹下祸，舍弃了县官不做共奔逃。

幸遇着北平太守公孙瓒，大伙儿共显威名步虎牢。

到后来陶谦三把徐州让，又被那吕布掀了安乐巢。

那一日兵败徐州大失散，你怎么背却前盟降了曹。

在许都封侯赠金真富贵，最可笑反颜成仇不害臊。

白马阵斩了颜良诛文丑，几乎断送了大哥命一条。

原说是海枯石烂无二意，而今你自把良心改变了。

话说张飞数长道短，声声只要厮杀，关公说："三弟暂且息怒，我说不曾降曹不足为凭。现有二位嫂嫂在，你可去问。"二位夫人在车中高声说道："三弟不可如此，你二哥实不曾降曹，不远千里寻兄，一路上闯关斩将，方得到此，三弟不要委屈了好人。"二位夫人极力替关公辩解。张飞哪里肯听，瞪目切齿说道："二位嫂嫂是被他瞒过了，待我杀了负义之人，再请二位嫂嫂进城不迟。他说不曾降曹如何可信？忠臣宁死不辱，大丈夫岂有事二主之理？"关公说："三弟休委屈了我。"孙乾说："云长若是背盟，就不来寻将军了。"张飞瞪目喝曰："如何你也胡说，他哪里还有好心，定是来捉我。"关公说："我若是来捉你必带军马来。"张飞用枪一指说："那边的军马不是吗？"关公回头一看，果见尘土大起，一彪军马到来，风吹动旗号，正是曹兵。

张翼德不许云长进古城，这一回困住蒲城关圣公。
弄得他浑身是口难分辩，不管怎么说他也听不进。
旁边里孙乾从中来解劝，甘糜二夫人说的也不信。
关云长满腹冤枉无处诉，最可怜谁能与他作凭证？
又加上事不随心偏凑巧，恰遇上老将蔡阳发来兵。
但只见尘土纷纷腾空起，顷刻间叫杀连天不绝声。
一时间不知人马有多少，哗啦啦各催战马响銮铃。
张翼德见此光景炸了肺，你看他大吼一声把枪拧。

张飞见军马来到，用枪一指，大声喝曰："那不是曹兵已到，还敢说没有？"一边说着，又使丈八蛇矛分心刺来。关公又忙闪开，急制止说："三弟且慢动手，看我斩此来将，以表我心。"张飞说："如果你能斩来将，我亲助你三通战鼓。若不成功，你我再厮杀。"关公允诺而去。此时曹兵已到，为首一将乃是蔡阳，提刀纵马迎面大喝说："你杀我外甥秦琪，却原来奔逃在此，吾奉丞相之命赶来捉你。"关公也不答话，拍马舞刀直取蔡阳，蔡阳提刀来迎，二人杀在一处。这蔡阳虽是曹营中有名的上将，但已上了年岁，不是关公对手。张飞一通鼓未尽，只见关公刀起，蔡阳的头已落地。

张飞见关公斩了蔡阳，方信云长没有降曹，慌忙弃枪下马前来谢罪。二人没等交谈，忽见两匹马飞奔而来，一齐离鞍下马。兄弟二人一看，是糜竺、糜芳。关公问："从何而来？"糜竺说："自从徐州失散，我兄弟二人逃难还乡，远近使人探听，才知云长降了曹操。主公投奔河北，又闻简雍也往河北去了。还听说三将军在古城，故到此来相会。不料关将军同孙乾也来了，实为三生有幸，可喜可喜！"一边说着同来车前参见二位夫人，大家叙谈一回失散之情，这才拥车仗进城。来到衙中，二位夫人将关公在许都不纳美女，不受金帛，封金挂印，辞别曹操，并过关斩将，一路上遭的惊险受的辛苦，从头至尾细述一遍，张飞这才大哭参拜关公，关公也伤心得泪流满面。糜氏兄弟并孙乾和二位夫人，无不悲酸流泪，有诗曰：

徐州失散各西东，海角天涯万里情。

河北栖身夫念妇，五关斩将弟寻兄。

虽遇相府新恩人，不负桃园把誓盟。

刀斩蔡阳身死后，丹心一点表精诚。

话说关、张与孙乾等相会，古城宴席贺喜，共叙别后之情。又商议留张飞在古城，保护家眷，关公与孙乾同赴汝南去探听兄长消息。不几日到了汝南，才知道玄德与刘辟不相投，又回河北去了。二人只好投河北而来。

话说二人自汝南又奔河北，将至河北边界，孙乾说："将军不可轻入，你斩他爱将颜良、文丑，今若与袁绍见面他必不饶你，可在此住下等候。"计议一定，孙乾单人独行，直奔冀州城去了。关公带领十余人，只得寻个住处。相离不远有一片树林，树林那边浮起炊烟，定有人家，便领众人前去。来至庄前，见一老翁扶杖立于桥头，关公向前施礼，告知姓名，讲明借宿之事。老翁慌忙答礼，惊喜说："莫非那日在白马边斩颜良、文丑的关公吗？"关公说："正是。"老翁大喜说："久闻大名，今得相见，足慰平生之愿。老朽也姓关，名定。"关公说："如此说来是一家人了。"老翁说："岂敢。"一边说着一边把关公让进庄院款待，这且不说。

再说孙乾至河北袁绍处见了玄德，恰巧简雍也到不多日子，三人暗定一条脱身之计。玄德去见袁绍，告知要往荆州去说服刘表发兵共伐曹操，以报白马损兵折将之仇。袁绍答应了，便设酒与玄德饯行，命玄德即刻起身。玄带、孙乾、简雍三人急忙出了冀州城，找寻关公来了。要知后事如何？且看下回分解。

第四十三回　古城宴喜庆团聚　孙策亡孙权为主

话说玄德与孙乾、简雍三人暗定脱身之计，向袁绍说要往荆州刘表处借兵，共伐曹操，以报白马之仇。袁绍欣然应允，便与玄德饯行，饮宴已毕，三人即刻起身寻关公去了。

袁本初原来是个糊涂虫，大小事真假虚实看不明。

刘皇叔暗定一条脱身计，只说是荆州约会刘景升。

告别了大帐辞行上了马，　　另外携带了孙乾和简雍。

好似那鱼儿脱却金钩线，　　又如同彩凤腾空出玉笼。

眼前里虎归深山龙入海，　　这一去大家相会在古城。

一个个心急只恨马行慢，　　不住地摇动嚼环把辔松。

命孙乾催马飞奔头前走，　　先往那关定庄上把信通。

关云长闻听兄来悲又喜，　　急忙忙接出庄外远相迎。

眼看着兄弟相逢双携手，　　只哭得高一声来低一声。

说什么丈夫有泪不轻弹，　　此一时心如铁石也伤情。

二人见面抱头哭一回，略叙离别之苦，大家同进庄来。关定接入草堂让座，命其二子拜于堂前。玄德问其姓名，关公说："此人与弟同姓，长子关宁学文，次子关平习武。"关定接口说："我想让次子跟随关将军去，不知肯容纳否？"玄德说："关平多大了？"关定说："十九岁。"玄德说："既蒙长者美意，吾弟尚没有子，即以令郎为子如何？"关定大喜，即命关平拜关公为父，呼玄德为伯父。

玄德恐怕袁绍知道脱身之计，前来追赶，即刻辞行关定，携关公、关平和众人一同起身奔古城。走到半途，忽见一支人马迎面而来，当中一青年，一见玄德滚鞍下马，拜伏道旁。玄德看了看，乃是赵云，众人一齐下马相见。玄德说："当年我被曹操所困，幸亏将军领兵解围。自从徐州一别，至今没见，令我好想。今日有幸相见，我平生心愿足矣！但不知将军从何至此？"赵云长叹一声说："皇叔哇，真叫我一言难尽了。"

赵子龙未曾开口锁眉尖，　　尊了声皇叔听我诉根源。

想当初徐州一别各分手，　　我依旧带领人马回平原。

公孙瓒素与袁绍不和睦，　　历年来争锋对垒结仇冤。

倒惹得火焚城池金石碎，　　好歹的末将性命得周全。

那时我有心投奔徐州去，　　闻皇叔全家失散好多天。

弄得俺四海为家无定所，　　不得已客身且住卧牛山。

赵子龙说到这里言未住，　　关夫子满面带笑便开言。

赵云话还未说完，关公接口说："昨天我从卧牛山经过，收了周仓，怎么不曾见你？"赵云说："那时我还未到。数日以前末将从卧牛山经过，山上盗寇想劫我马，被我杀了，占住山寨，暂安身。听军卒说'关将军由此过，收去周仓'。又闻听三将军住在古城，想往投之，不想在这儿相遇，真是大喜。"玄德说："当时，我在徐州一见子龙就很难舍。后在许昌听说公孙瓒被袁绍将全家烧死，恐怕子龙也被害，日夜忧伤，放心不下，今日相逢真是谢天谢地！"赵子龙说："末将奔走四方，择主而事，人品、德行未有如使君的。我想常侍左右，平生之愿足矣！纵然是肝脑涂地也无恨矣！"大家又叙一回，一齐上马，带领军卒同至古城。张飞接入，大家相见哭诉离别之情。二位夫人向玄德把关公在许昌美女金帛都不贪，挂印封金，闯关斩将，一路上遭的那些艰险，受的那些辛苦，细细地叙述一遍。玄德听了挥泪拜谢关公，又向关公说道："贤弟在白马斩颜良、文丑，袁绍将我捆绑两次，辕门问斩。幸是我极力分辩，也亏了袁绍柔而无断，侥幸脱得虎口，今日相逢算是两世为人了。"关羽、张飞、赵云等闻言都落了泪，二位夫人俱各悲伤。大家哭诉了一回，这才杀牛宰羊大谢天地，设宴贺喜。此时相会的人，玄德、关羽、张飞、赵云、孙乾、简雍、糜竺、糜芳、周仓、关平，马步军校四五千人，大家欢喜无限。

　　刘玄德大摆宴席会古城，此一时万般喜上他心中。

　　看了看关张二人依然在，半途中收来常山赵子龙。

　　左边厢糜竺糜芳兄弟俩，右座上挨次孙乾和简雍。

　　真可喜黑脸周仓是好汉，爱煞人朱唇白面小关平。

　　眼前里甘糜二妇重聚首，并不曾损伤使女和家丁。

　　又加上新添五千人和马，卧牛山带来粮草数万零。

　　眼看着夫妻兄弟和众将，一个个展放眉头喜气生。

　　不言古城相会，再说东吴孙策，自霸江东以来，兵粮足备，常有图许昌之意。此时江东出了一个人，姓于名吉，能治人疾病，又会呼风唤雨，人皆称他为于神仙。孙策说他扰乱民心，一怒将他杀了。不久，孙策渡江，中了贼船暗算，毒箭伤了面门，时常起卧不安。一日直卧，忽见一人徒步而来，举目一看，原是于吉。孙策大怒，起身拔剑要砍，这时大叫一声，箭伤迸裂，昏倒于地，其母吴夫人命人扶入内室。孙策苏醒过来，含泪自叹说："吾不久于人世了。"急召张昭、顾雍等两班文武并胞弟孙权，同至病榻前，嘱咐说："今天下方乱，英雄豪杰各踞一方，咱踞吴越之地，三江之固，人杰地灵，大有可为。卿等辅助吾弟共成大业，保守江东，勿失先人之志。"遂命取印绶交付孙权。

　　好一个创业英雄孙伯符，自幼来占据长江霸东吴。

　　病榻前眼望两班文共武，手拉孙权连连把贤弟呼。

　　若要论运筹帷幄兄居上，至于任贤举能你比我行。

　　嘱咐你千万要继先人志，与群臣同心共把大业图。

　　孙权闻言大哭，拜接大印。孙策又把母亲及夫人请至面前，伸出虎掌拉住母亲吴夫人手，叫道："母亲呀！"

　　为儿的如今大数已将尽，再不得承欢膝下挽灵车。

　　还可幸吾弟尽能当大任，望母亲训诫严明莫漏疏。

　　孙伯符言之谆谆嘱后事，吴夫人刀绞柔肠泪扑簌。

这边里叹坏两班文共武，一个个珠泪点点湿衣服。

话说孙策嘱咐身后之事，吴夫人大哭说："恐汝弟年轻，不能承当大任。"孙策说："吾弟之才胜我十倍，能当此重任，但要贤臣辅任。儿死之后，若内事不决，可问张昭，外事不决，可问周瑜。可叹周瑜不在此处，不得面嘱。"又唤其妻乔氏嘱说："你我不幸中途永别，你须孝养母亲。早晚你妹妹来时，嘱她说与周瑜尽心辅佐我弟，休负我心。"言罢瞑目而亡，时年二十六岁。孙权哭倒于地，张昭说："请将军节哀，现在要一面治丧，一面料理军中大事。"于是立孙权为江东之主。此时，周瑜在外，镇守巴丘，闻孙策已死，急急奔丧而来，拜于孙策灵前。大哭不止。孙权陪着哭了一回，向周瑜说道："先兄留有遗命，外事尽托公瑾，我江东父兄的大业将如何守呢？"

周公瑾远自巴丘来奔丧，灵柩前伏地哀哀哭断肠。

孙仲谋悲伤一回止泪眼，来把那国家大事问周郎。

他说道不幸先兄身辞世，抛闪下事大如天我怎当。

周瑜止住泪眼说："主公有句语说得好，荷花虽好，还得绿叶儿扶持。"

想当初高祖创业得天下，全仗着萧何韩信张子房。

似如那光武虽是中兴主，也亏了邓禹姚期将他帮。

如若是欲待成王图大业，第一件先要任能举贤良。

用文官运筹帷幄秉国政，得力处还得武将镇边疆。

但能够文武齐心同协力，怕什么敌人压境来诈降。

周瑜言罢，孙权大喜，自此谦恭下士，任用贤能。周瑜推荐一人，姓鲁名肃，字子敬，谋深智远，真有治国之才。鲁肃又荐一人，复姓诸葛名瑾，字子瑜，乃南阳诸葛孔明之兄。此人满腹经纶，胸怀安邦之策。一时间，东吴人才隆盛，不可小看。此时，曹操闻听孙策已死，孙权坐领江东，欲起兵伐之。侍御史张纮谏曰："不可乘人之丧而伐之，不如发诏封之。"曹听其言，即发诏封孙权为将军，总领江东州郡。

第四十四回　袁绍官渡败于曹　刘备荆州投刘表

话说袁绍此时听说孙策已死，曹操结好孙权，如孙曹相合为害不浅，因此起兵伐曹。曹操遂发兵迎之，两家大战于官渡。结果袁绍兵败，被曹操劫了粮草，大将张郃、谋士许攸都投降曹操了。

> 袁本初水性杨花无主张，历年来屡次领兵犯许昌。
>
> 平素里自不量力胡厮混，好一似春前柳絮随风狂。
>
> 自古道知己知彼战必胜，要清楚谁家弱来谁家强。
>
> 那一日白马津边相对垒，被关公刀劈文丑斩颜良。
>
> 为报仇又到官渡安营寨，两下里列开旗门动刀枪。
>
> 弄了个折兵损将稀胡烂，倒被那曹操放火烧了粮。
>
> 再加上赏罚不明无纪律，生逼得张郃许攸去投降。
>
> 亲领着三个儿子来雪恨，与曹兵死杀恶战又一场。
>
> 只杀得血流成河尸遍野，万马营父子数人俱带伤。

袁绍与曹操一连两番交兵，被曹操杀了个尸山血海，父子四人俱各受伤，舍命厮杀冲开一条血路，飞奔而逃。曹操得了全胜，也不追赶，遂即鸣金收兵。袁绍父子这才脱得重围，只剩下百余骑，逃奔河北去了。曹操下令大军回许昌，忽有蓝旗来报说："刘备闻丞相出兵河北，许昌空虚，结连汝南刘辟、龚都，合兵一处，共有数万人马，乘虚入境，来攻许昌。"曹操闻报大惊，命曹洪屯兵官渡，镇守黄河一带地方，自领大军来迎刘备。刘备同关、张、赵云兵至半途，正遇着曹操大军杀来，两下各自安营，摆开阵势。曹操出马大叫刘备阵前答话，玄德即同关、张、赵云披挂整齐，各提兵刃一齐上马，飞奔疆场。曹操一见玄德冲冲大怒。

> 曹孟德勒马提鞭气不休，骂了声匹夫刘备大不该。
>
> 凭空里勾通董承将我害，为外应骗得人马上徐州。
>
> 咱在那下邳城前一场战，关云长兵困土山向我投。
>
> 回许昌待他情义深似海，当今主御口亲封寿亭侯。
>
> 闻听说你在河北依袁绍，竟将我天大之恩一笔勾。
>
> 赶到那八陵桥上把饯行，可是他刀挑锦袍不回头。
>
> 一路上他过五关斩六将，一个个两段分尸血水红。

云长纵然闯关斩将，还有斩颜良、文丑之功，尚能可恕。可是你刘备，就不能原谅。

> 我觉着从来待你无差错，却不该里勾外联来害咱。
>
> 古人说忘恩负义非君子，是怎么一心与我结冤仇？
>
> 现如今朝前亲奉天子诏，不给你斩草除根兵不收。

曹操数长道短，越说越气，玄德喝道："奸贼住口，你虽是汉相，实为汉贼，欺天灭理，无所不至。你的罪恶极大，天下人皆欲食汝之肉，扒汝之皮。我乃汉室

说唱三国

之后，当今天子皇叔，有何可讨之罪？你说奉天子诏，乃欺人也。我在许昌时，曾与国舅董承共奉天子密诏，讨伐你这个奸贼。不幸机关泄露，乃是天意。奸贼听着，待我将血诏中言语念给你。"

刘备在马上将血诏言语高声朗诵。曹操听后大怒，命许褚出马来战。玄德命赵云迎敌，左有云长，右有翼德，各举刀一齐杀来。曹兵不能抵敌，大败而走。玄德胜了一阵，收兵回营去了。

次日又差张飞、赵云去曹营讨战，曹操闭门不出，玄德心疑不解。忽报龚都运粮至，被曹军围住，玄德即令张飞去救。又报夏侯惇领兵去劫古城，玄德又命云长去救。关、张带走两路军马，只剩玄德、赵云，恐怕抵抗不过曹兵，乘夜拔营起寨，投奔古城。走之不及，被曹军团团围住，夹攻截杀。

赵云拧枪催马先出，玄德持双股剑后跟。二人奋力厮杀，冲开一杀血路，闯出重围，奔跑数里。接着云长、孙乾保护家眷而来，诉说古城已被曹兵夺了。玄德大惊，一同保护家眷急向山僻小路而逃。曹兵随后赶来，玄德与孙乾等保护家眷先行。云长、赵云断后，且战且走，恰好张飞也赶上来了，大家杀退曹兵，只剩下败军不满千人而行。前面大江阻路，当地人说，此江乃是汴江。

> 看了看后面没有追兵赶，他这才歇马安营在路旁。
> 刘皇叔仁义名声满天下，众居民齐迎箪食并壶浆。
> 众军士共坐沙滩来聚饮，刘玄德触景生情欲断肠。
> 不由得眼含热泪向众人，太可惜跟随刘备志难扬。
> 每日里枪刀林里苦征战，实指望同把大事做一场。
> 到如今无有立脚插针地，走天涯不知何处可为家。
> 我平生命穷运悖该如此，连累了众位跟我遭了殃。
> 倒不如各寻门路投明主，想一想良禽择木是理当。

刘皇叔话到伤心之处双双泪下，众人无不悲伤，大家哭了一回。关公止住泪眼说："吾兄之言差矣，昔日楚汉争锋，高祖屡被项羽所败，后来九里山一战成功，才有四百年基业。自古胜败乃兵家常事，岂可自灭其志？"

孙乾也劝道："主公不可灰心，此处离荆州不远，刘景升坐镇九州，兵精粮足，与皇叔俱是汉室宗族，何不前去相投？"玄德说："我与他素不相识，恐他不能相容。"孙乾说："主公勿忧，待我先去说说，断无不纳之理。"玄德方转悲为喜。

话说刘备命孙乾连夜赴荆州入见刘表，到后与刘表见礼，并说玄德相投之意。刘表念其同族，欣然应允。蔡瑁说："不可，刘备先从吕布，后事曹操，近投袁绍，三处皆不终，足见其为人了。今为曹操所败，四海漂流，并无立足之地，又来投我们。不如斩孙乾首级，献于曹丞相，再与曹操共擒刘备，曹丞相必重谢主公。"刘表尚未发言，孙乾大笑。

> 笑说道袁绍曹操与吕布，一个个俱是欺心无义徒。
>
> 刘皇叔无奈好意投他们，谁承想个个都是下眼瞧。
>
> 现如今城池失陷无投奔，安排着依附孙权投东吴。
>
> 我就说现有同宗不依靠，为什么却要背亲而向疏。
>
> 因此上先差在下来通报，若这里不肯收留即别图。
>
> 蒙将军欣然允诺多慷慨，满口中不纳之言半句无。
>
> 刘皇叔关张赵云与众将，大伙儿同心共把汉室扶。
>
> 咱原来忠君爱将心不死，却不是摇尾乞怜在穷途。
>
> 蔡兄呀闻听你是仁义汉，今日里声声只要把人斩。
>
> 举刀吧孙乾从来不怕死，须知道贪生怕死非丈夫。

孙乾言罢，刘表怒责蔡瑁说："我与刘备同是汉室宗亲，他今兵败远来相投，岂有不纳之理？吾意已决，汝勿多言。"蔡瑁被责，愤愤而退。

刘表款待孙乾，让他回报玄德，一面亲自接出三十里之外。玄德见刘表执礼甚恭，刘表也待玄德甚厚。关、张众将俱各拜见刘表，刘表以礼相还。大家同入荆州，设宴接风，另拨宅院与玄德居住，一切用物俱全。

第四十五回 | 曹操灭袁夺冀州 曹丕闯府纳甄氏

却说曹操探知玄德投了刘表，即欲领兵攻之，谋士程昱说："不可，今袁绍未除而攻荆襄，倘袁绍从北攻来，前后受敌矣。不如暂回许昌，养精蓄锐，以待来年春暖，然后兴兵，先破袁绍，后取荆襄，南北之利，一举可得两收。"曹操从其言，遂班师回了许昌。

至建安七年正月，曹操亲领大军复至官渡安营。袁绍三子袁尚自恃其勇，领兵数万出马迎敌，被曹兵杀得大败而回。袁绍自去年受伤，一直卧床不起，此时见曹操兵来，三子袁尚前去迎敌，甚是挂心，饮食懒进。正在忧虑之时，只见三子来至面前，浑身是血，说与曹兵交战，折尽人马大败而回。袁绍大吃一惊，大叫一声，吐血斗余而死。

> 袁本初受伤带病不能行，又加上三子兵败吃一惊。

也是他大数已尽活该死，最可怜口吐鲜血赴幽冥。

三个儿袁谭袁熙并袁尚，却原来俱是同胞一母生。

老袁绍胸怀偏心爱幼子，嘱咐下大业传与他继承。

倒惹得两家兄长皆不忿，乱纷纷祖遗家产分不平。

笑煞人如同敌国争天下，屡次地各自逞强动刀兵。

只因为家庭不睦窝里反，被曹操乘机而入困了城。

　　袁绍自从破了公孙瓒，得了平原城池，就命长子袁谭领兵镇守，次子袁熙镇守青州、幽州两个地方。只因父死袁尚不发哀诏而自立，二子不能奔丧，心中好恼，两处人马合成一处杀来。袁尚领兵出迎，兄弟屡次交锋，不分胜败。两家相持日久，各不相下。曹操得了这个空子，自官渡拔营起寨，连夜即奔河北而来。不几日攻开冀州城池，守城将官死的死，降的降。曹操得了冀州，一面出榜安民，一面命夏侯惇领兵五万，在城外屯扎以防袁氏兄弟。

　　却说曹操长子曹丕，出生之时有五色祥云绕其室，终日不散，又生得仪表堂堂，八岁知文，十二岁能武。曹操知此子必贵，心甚爱之，时刻不离左右。曹丕随父亲攻破冀州，见父亲忙于料理军务，自己便领随身军士径奔袁绍官宅而来，门前下马，大家拔剑而入。

率领着军卒闯进袁绍府，手提着宝剑大步奔后堂。

跟随人乱舞短刀齐动手，眼看着家奴婢女遭了殃。

并不论老幼男女与良贱，撞见他两段分尸血一腔。

满宅中叫苦连天如锅滚，好叫人没处躲来没处藏。

胆小的悬梁投井寻自尽，还强似一个身子两分张。

这些人乱杀乱砍热了手，忽听的二女齐声叫亲娘。

小曹丕手提宝剑找下去，才有那佳人才子配成双。

　　曹丕同手下军卒正在搜杀袁绍家眷，忽听有两个妇人大放悲声。曹丕提剑闯入内室，只见两个妇人抱头大哭。持剑才要动手，只见从女子头上起来一片红光，一时间满屋皆红，遂按剑问曰："这一女子是何人？"一中年妇人答："妾乃袁绍之妻刘氏。"曹丕又指那少妇问："此女何人？"刘氏说："这是次子袁熙之妻甄氏，次子出镇幽州，她嫌远，不去相随，故留于此。"曹丕将甄氏拉至近前，见她披发垢面，以衬袖拭其面细细看来，真是一位其貌无比的女子。

　　曹丕见甄氏有沉鱼落雁之容，闭月羞花之貌，又有红光罩顶之祥，便知此女必有大贵，遂生出怜才好色之心，拉住甄氏之手同入卧室牙床之上，并肩而坐。曹丕笑而问道："美人青春几何？"甄氏答曰："虚度十九岁。"曹丕说："好哇，如此说来，你我原是同庚了。"甄氏见曹丕这番光景，不由展放愁眉，拭干泪眼，满脸换上笑容，启齿问道："将军何人？"曹丕说："我乃曹丞相之子。你今人亡家破孤苦无依，同我回到许昌同富贵如何？"甄氏说："若得如此，足见将军一片好心。将军青春美貌，相府公子；贱妾残花败柳，亡国之妻。今蒙不弃卑陋，早晚得侍枕席，平生之愿足矣。"曹丕闻言满心欢喜。

> 他二人携手并肩坐牙床，喜滋滋交头接耳细商量。
> 曹丕说娘子生得容颜好，果真是玉肌花貌世无双。
> 甄氏说将军仪表人间少，最可爱风流潇洒少年郎。
> 曹丕说你若遂我心头愿，咱二人同享富贵回家园。
> 甄氏说活命之恩宜早报，这一回从君心愿是理当。

　　常言说，情至痴时迤逗易，心到迷处把持难，这两句话当真不假。他二人两心相恋，彼此情浓，就要宽衣解带。此时，曹操料理军务已毕，抬头不见曹丕，即问左右，方知入了袁绍宅院，曹操慌忙寻来。曹丕所领军卒见曹丕同一女子入了内室，只得在门外侍候，一见曹操进来，一齐隔窗说道相父来了。曹丕和甄氏才要宽衣解带，听窗外喊，二人双手齐撒，两条滚热肝肠顷刻冷如冰，急忙整衣，由卧房走出来。曹操目视曹丕，责备说："不孝之子，将欲何为？"曹丕面带羞惭，低头不语，刘氏跪伏地下说："若非小将军慈善，我婆媳命已休矣！愿将甄氏送与小将为妻，望乞丞相容纳。"遂命甄氏出来拜见曹操。曹操看了看，此女果然美貌无比，心中大喜说："真是我儿之妇。"遂命曹丕纳之。

> 小曹丕遵从父命把妻收，这一回喜坏甄氏女娇流。
> 几番家暗谢公爹心田好，善体贴儿女之情做事周。
> 虽说是佳人才子都有意，但父命不准好事也难成。
> 小曹丕喜气洋洋多得意，向父亲双膝下跪忙叩头。
> 甄氏女从容大方拜两拜，只觉着半是欢喜半是羞。
> 说什么从一而终是古礼，她竟然怀抱琵琶过别舟。

　　话说曹丕承父命与甄氏成亲，配为夫妇。后来曹丕篡汉为君，册立甄氏为后，这且不表。却说曹操尽得河北之地，心中大喜，免百姓三年租赋，大赦罪囚。又将金帛等物送与刘氏夫人，以好言安抚之。设祭于袁绍之墓前，亲自拜奠痛哭，以厚礼葬之，然后领大兵剿捕袁氏兄弟。袁谭闻冀州城池为曹操所得，急忙领兵来救，路遇曹兵大杀一阵，袁谭死于军中。袁熙、袁尚奔逃辽东去了，又被辽东太守公孙康所杀，将首级来献于曹操。曹操重赏公孙康，公孙康复回辽东而去。曹操收兵又进冀州设宴庆祝，犒赏三军。

第四十六回 | 曹操建筑铜雀台
蔡氏隔屏听密语

话说曹操当夜坐于城东角楼上，仰观天象，忽见楼前一道金光从地而起，直冲云霄。

> 曹孟德城楼夜坐把栏凭，几番家仰视上天观群星。
> 忽看见一道金光从地起，顷刻间直冲云霄半天红。
> 在一旁谋士荀攸呼丞相，他说道必有珍宝在地中。
> 曹操说你们快把高楼下，命军士红光起处来掘坑。
> 不多时果然掘出无价宝，原来是一个铜雀耀眼明。
> 这一回喜坏曹操老奸雄，笑吟吟伸手拿来掌中擎。
> 但只见禅光缭绕射人目，照耀得城角楼前黄澄澄。

曹操得此铜雀心中大喜，笑问荀攸曰："此何兆也？"荀攸说："昔日大舜之母夜梦玉雀入怀而生舜，今得铜雀亦是喜兆。"曹操闻言大喜，乃即日下令，叫来工匠，选拔民夫，破土动工，高筑铜雀台于漳河之岸。

曹操将三子曹植自许昌招来观看，曹植生得聪明敏慧，满腹文章，操甚爱之。曹植看罢说："这台最高，两边不可无台，以陪之中间高台，名铜雀。左边造一座，名为玉龙；右边造一座，名为金凤。再造两座飞桥，横空而起，自桥上三处可通，如此造来实为壮观。"曹操闻言大喜说："吾儿所言甚好，就这样造来，他日合成此台，以为老父晚年娱乐之用。"于是命长子曹丕、三子曹植共守河北冀州地方，并监工大造台桥。

> 好一个任意所为老曹操，凭空里筑起高台接云霄。
> 命二子同心共守冀州地，他这才传令班师转回朝。
> 曹子建即刻兴工把台造，每日家数万民夫闹吵吵。
> 平日里玉龙金凤一齐起，两边厢一字横空架浮桥。
> 安排着老年到此闲玩耍，好携带佳人美女共登高。
> 四面瞧视野可达千里外，往下看漳河一带水滔滔。
> 且不言胡作非为老奸曹，再说那投奔荆襄众英豪。

不言曹丕、曹植监造铜雀台，再说玄德带领众人投奔荆州刘表，刘表待之甚厚。此时有降将张武、陈孙，在江夏地方抢掠人民，刘表命玄德、关、张前去剿捕。兄弟三人马到成功，将张武、陈孙二将杀了，平定江夏一带地方。安民已毕，班师而回。刘表大喜，设宴与三人庆功，饮酒中刘表向玄德说："吾弟如此雄才，吾常常依赖，荆州无忧矣。历年来南越不时入侵，掠夺地方，西有张鲁，东有孙权，皆吾之虑。"玄德说："弟有三人皆可委用，使张飞巡南越之境，使云长据固城以镇张鲁，使赵云据三江以挡孙权，吾与兄长同诸将守荆州，内外有人，虽有强邻压境何足惧哉？"刘表闻言大喜，是日尽欢而散。却说刘表的夫人蔡氏，乃蔡瑁之姊。蔡瑁见刘表十分信任刘备，心中老大不悦。

> 刘表与玄德，来把兄弟论。

> 说话甚投机，所言无不信。

> 蔡瑁生异心，腹内长怀恨。

这个人不敢当面说刘备，因此他暗地挑唆蔡夫人。

你看他低声来把姐姐叫，是怎么姐丈胡为你不管。

现如今穷途玄德来此地，带领着妻儿老小一大群。

更有那关张赵云三员将，吓煞人黑面周仓赛凶神。

小关平二糜简雍好几人，会说的巧嘴谋士本姓孙。

兄弟们要往边疆去镇守，不知他安的是个什么心？

咱家里姐夫年迈外甥小，但恐怕荆襄九郡属他人。

总不如关门闭户叫他走，管什么汉室苗裔系宗亲。

话说蔡瑁言毕，蔡夫人说："贤弟所言极是，愚姐自有道理。"蔡瑁闻言告退。到了晚间，蔡夫人向刘表说："刘备兄弟英雄无比，久留在此，恐生他变，不如遣到外地为上。"刘表说："玄德仁义，不会有坏意。"蔡夫人说："恐怕他不似你心。"刘表原本是个没主意的人，闻夫人之言沉吟许久，次日见玄德说："贤弟久居此地，恐废武业。襄阳属地新野县颇有军马钱粮，贤弟可往新野驻扎。"玄德允诺，领人马赴新野居住。

话说刘备一到新野，与民秋毫不犯，百姓安居乐业，欢笑之声遍于四野。建安十二年春三月，甘夫人生下刘禅，是夜有白鹤一只飞来房上，高鸣四十余声向西飞去。临分娩时，异香满屋。因甘夫人怀孕子夜，梦见北斗，故给其取名阿斗。此时曹操领兵北征，许昌空虚，玄德便往荆州来见刘表。

曹孟德领兵率将去出征，刘皇叔乘马出了新野城。

一路上鞭催坐骑提环辔，急忙忙去见同宗刘景升。

常怀着为国除贼心一片，因此来大家商议论军情。

到了这大门之外下了马，命门吏速到内宅把信通。

不多时出来年高老刘表，闪仪门冠带袍服来迎接。

他二人见面拱手齐下拜，刘景升面目之间带愁容。

说话间彼此请安来问好，眼看着携手相挽进客房。

两下里谦恭让座分宾主，手下人家僮端上茶两盅。

二人对面坐下，家僮献过茶来。茶罢，玄德说："今曹操出师征北，许昌空虚，咱若以荆襄之众，乘机袭之，大事成矣。"刘表说："我今坐据九郡恐不能守，岂可再图？"一边说着引玄德入后堂饮酒，酒过半酣，刘表忽然出声长叹。玄德说："兄长因何叹息？"刘表说："吾有心事，不便明言。"玄德再欲问时，蔡夫人已暗立屏风之后，刘表知觉便低头不语。玄德见刘表如此光景，遂告辞起身复归新野。

日月如梭，不知不觉已是半年，是年冬间，曹操班师回京，玄德甚惜刘表不用其言。忽然一日刘表派人来请玄德，玄德遂至荆州。刘表迎接，叙礼，请入后堂饮宴，刘表手端酒杯向玄德说："近闻曹操班师而回，势力日益强盛，必有吞荆襄之心。昔日不听贤弟之言，失此机会，悔之莫及。"说话之间老泪纵横。

刘景升衫袖拭去腮边泪，他说道贤弟听我讲一番。

我那日欲言又止各分手，我的话存在脑中已半年。

都只为前妻陈氏先亡故，抛撇下长子刘琦倒也贤。

现如今继妻夫人生次子，小刘琮聪明好学占人先。

我有心册立长子继祖业，又恐怕荆襄九郡有了难。

如若是立次子来成大业，恐怕被旁人笑我心太偏。

这件事如何是好心不定，好叫我想来想去左右难。

刘表说着眼中落下几滴泪来，玄德说："自古废长立幼取乱之祸，兄长岂可舍刘琦而立刘琮。"刘表说："贤弟之言很对，我岂不知。但荆襄大权在蔡氏宗族执掌，一立长子，萧墙之祸必矣！"玄德说："蔡氏纵然权重，削之有何难哉？不可溺爱而立幼子。"刘表闻言低头不语。蔡夫人自听了蔡瑁之言，心中最恨刘备。几次玄德与刘表谈话，她必来屏风后边窃听。今日玄德之言都被她听去了，更加怀恨在心。玄德见刘表默默无言，自知失言，遂改口说："方才之言乃小弟戏言，生来愚懦不堪任大事。"刘表说："我闻贤弟在许昌时，与曹操青梅煮酒，共论天下英雄名士，曹操说：天下英雄唯使君与孤耳。曹操那番本事都不敢居吾弟之先，何言愚懦无智？"玄德乘着酒兴，失口答道："我刘备如有基业，天下碌碌之辈，诚不足虑也。"刘表闻言，似乎不悦。玄德已觉失言，托醉而起，归馆舍安歇去了。

眼看着玄德托醉散了席，刘景升自回内宅意迟迟。

暗思考今日酒宴多扫兴，玄德弟说话实在不投机。

若说他腹存异心有所图，可从来举止行为甚厚实。

为什么席前说出那句话？细想想谈吐之间大可疑。

老刘表自言自语进内宅，意沉沉卧室来见蔡氏妻。

却说刘表进了夫人卧房，脱去官服，换上便服，方才落座。蔡夫人说："今日我在屏风后面听到刘备说话，甚是藐视你，足见他有吞并荆州之心，今若不除，为患不小。"刘表也不讲话，只是摇头。

蔡夫人待刘表睡了，便与蔡瑁暗定计策，是夜于馆舍中刺杀刘备。幸亏玄德故人伊籍闻知这个消息报于玄德，玄德大惊，立时奔回新野去了。及至蔡瑁来时，馆舍已空。蔡瑁悔恨不已，乃题反诗于墙上，第二天早上来见刘表，诉说刘备留反诗一首，不辞而去，定有反心。刘表半信半疑，忙入馆舍亲自看视，果然有诗四句，诗曰：

数年徒守困，空对旧山川。

龙岂池中物，乘雷欲上天！

刘表见诗大怒说："吾誓杀此无义之徒。"忽又转念说："且住，我与玄德相处多月，没曾见他题过诗词。他如果有反意，岂肯先自说出来，此必外人离间之计。"遂将墙上诗句用剑削去，上马回府。蔡瑁说："刘备反心已露，不可不除，人马已经点齐，何不去新野擒而杀之？"刘表说："岂可造次，可徐徐图之。"

　　老刘表不能决断无主张，贼蔡瑁暗与姐姐来商量。
　　昨夜晚毒计不成空搔首，因此上反诗题在粉壁墙。
　　此一时刘表难辨真和假，再不肯轻言什么动刀枪。
　　姐弟俩又定一条绝户计，安排着宴席文武会襄阳。
　　差去人柬帖下在新野县，无非是虚心假意把人诓。
　　刘皇叔襄阳城里去赴宴，带着个长枪赵云将他帮。
　　好像似当年项羽鸿门宴，老范增杀人机关暗中藏。
　　若不是又有故人来通信，但恐怕塌天大祸不寻常。

却说玄德在新野接了柬帖，有心去吧，怕其中有不测之事；有心不去，又怕刘表生疑。与关、张、孙乾议定，叫赵云带三百人保驾同行，来至襄阳城外。刘琦、刘琮并不知蔡瑁暗藏诡计，遂引两班文武出迎，先请到馆驿中安歇。赵云领三百人护卫左右。刘琦告玄德："家父年老，不能来接，今会文武诸将，特请叔父入城，到馆舍歇息。"玄德说："我有兄命，焉敢不来？"二人叙一回各自安歇。次日午，前人报九郡四十二州官员，俱已到齐。赵云披甲持剑，保着玄德衙前下马，蔡瑁命人牵过马入后园拴下。玄德坐主席，二公子两边来坐，其余众将按次相挨。赵云立于玄德之侧，文聘、王威来请赵云另处赴宴，赵云推托不去。玄德命他去，赵云才去了。蔡瑁在外边侍候着，将玄德带来的三百人都安排到别处饮酒。单等酒至半酣时，掷杯为号，席间伏兵齐起，捉拿刘玄德。正是挖掘陷坑擒虎豹，撒下金锁捉蛟龙。

话说玄德正在席间饮酒，众人推杯换盏。酒至数巡，恰好伊籍与玄德挨坐，暗暗用手将玄德衣服拉了一把，又以目视玄德。玄德会意，遂起身借故往后园解手。伊籍得空忙入后园寻见玄德，告知蔡瑁之计，并说明东、南、北三门俱有人把守，唯有西门无人。玄德闻言大惊，一时又不见子龙，只得自己牵马偷出后园，跨上雕鞍，飞奔西门而去。门吏拦挡不住，玄德硬强闯出门去，门吏飞报蔡瑁。蔡瑁提刀上马，领五百军卒随后赶来。玄德出了西门，行约数里，前有一条大溪阻住去路，此溪水宽有数丈，名檀溪。水通湘江，其浪甚急。玄德见不可渡，拨马要回，又见背后尘土大起，追兵已近，玄德急忙催马跳入水中。

> 刘皇叔万般无奈着了急，舍性命急催战马跳檀溪。
> 的卢马往前才走两三步，吼一声倒身落水失前蹄。
> 刘玄德紧抱鞍桥暗使力，不管它落水湿衣不湿衣。
> 急得他虎目圆睁双眉皱，无奈何用力加鞭把辔提。

那的卢马鬃尾乱乿，连声吼嘶摇摆，竟从水中踊跃而起，刷的一跳就是三四丈，好似腾云驾雾空中过，竟不觉已登彼岸。自古道真龙天子有神助，细看来这件事儿甚是奇。却说玄德在马上，也不知是云里、雾里、梦里，只听得耳边一阵风响，连人带马已到西岸，回头看时蔡瑁领兵已到溪边，大声说道："使君何故逃席而走？"玄德未及回答，只见乱箭纷纷隔溪射来。玄德急催战马向西南而去，蔡瑁无奈只得收兵进城去了。

第四十七回　玄德夜宿水镜庄 刘表愤怒责蔡瑁

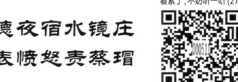

话说赵云被文聘、王威请去赴宴，心中牵挂玄德，不敢久停，略饮几杯，就来州衙前观看动静。只见席中没有玄德，赵云大惊，急问左右，方知玄德逃席，出了西门。急领三百军士，提枪上马追出西门，寻至溪边，并无去路。遥望对岸上有一道水踪，心中暗想难道说皇叔渡溪而去了？波急水深，断不可能，只得各处寻找，杳无踪影，只当玄德回了新野，无奈带领军士回新野去了。却说玄德匹马渡溪如醉如痴，心中暗暗想道，水宽数丈一跃而出，此事真也奇了，昔日有人说，此马妨主，不可骑坐。今日看来，并非妨主，乃救主也。

玄德自言自语说："我今脱离了虎口，多蒙上天加护，可喜可喜。只是运绌时艰，遭逢不遇，我经历无数艰险，俱能苟全性命，寻思起来真可叹也！"

> 想当初徐州失散投袁绍，愁煞人兄弟夫妻见面难。

关云长刀劈颜良诛文丑，　袁本初一连绑我好几番。

幸亏我轻摇舌剑巧分辩，　才保得没伤性命得周全。

如今又兵败古城无投奔，　不得已依附刘表把身安。

实指望协力同心图大事，　偏有个奸贼蔡瑁忌忠贤。

设诡计两次三番下毒手，　险些儿暗算无常命归天。

的卢马跳过檀溪将我救，　这本是死里逃生甚可怜！

赵子龙此时不知我的信，　还恐怕遭困襄阳有祸端。

刘玄德思前想后肝肠断，　不由得信马游缰往西南。

四面瞧荒草迷离铺满地，　往前看林木参天半遮山。

又加上夕阳暗淡西风急，　一阵阵水湿衣裳透体寒。

苦煞人今夜不知何处宿？　冷凄凄万山深处绝人烟。

话说玄德过了檀溪，行了不数里地，一带皆山，并无村落。看了看天色已晚，正愁无处投宿，忽见一个牧童，跨于牛背之上，口吹短笛而来，一见玄德惊问说："将军莫非是大破黄巾的刘玄德？"玄德说："正是，你乃山僻小童，何以知我名字？"牧童说："我本不知，常听师父与客人谈论，有一刘玄德，仪表不凡，双手过膝，目能自顾其耳，乃当世之英雄。今见将军如此模样，想必就是。"玄德说："果然是我，你师父何人？"牧童说："我师父复姓司马名徽字德操，颍州人也，道号'水镜先生'。"玄德说："你师父现在何处？"牧童说："前面林中便是庄院。"玄德说："我今正要拜访你师父，望能引荐。"牧童说："既然如此，将军随我来吧！"

这牧童说完骑牛头前走，　刘玄德催马加鞭随后跟。

弯曲曲羊肠道上人踪少，　黑压压落日寒山草木深。

翠绿绿无边野竹甚繁茂，　花艳艳半溪流水绕柴门。

盖几间土墙茅草低矮屋，　住一个水抱山环小庄村。

看不见古寺禅院在何处，　清幽幽几点钟声隔岸闻。

刘玄德行至小桥下了马，　耳边厢一阵轻风送清音。

拈胡须听罢一回把头点，　想是那水镜先生在抚琴。

玄德进庄下马，忽觉琴声甚美，不由得立于桥头侧耳细听。忽然琴声止住，一人自柴门内笑而出来说："琴韵清幽忽变高亢之调，必有英雄偷听。"牧童指着说："此乃吾师父水镜先生。"玄德视其人，松形鹤姿，器宇不凡，慌忙上前施礼，衣襟尚湿。水镜说："公今得免大难，可喜可贺！"玄德暗自惊讶，心想：他怎么知道了？牧童向水镜先生说道："此乃皇叔刘玄德。"玄德说："久闻大名，特来相访。"水镜遂将玄德请入草堂，命牧童取火来与玄德烘干衣服。此时天已黄昏，水镜一面命童子秉烛，一面让座。二人分宾主坐了，玄德看了看室内的摆设，好清静也。

门儿上精致竹帘高高挂，两边厢圆圆明月小纱窗。

正面瞧八幅纸屏多雅致，端正正题写名人字几行。

两边墙高挂几轴山水画，旁视着丹青写意小斗方。

沉香儿摆设圣贤书几部，桌面上端放七弦琴一张。

按次序列排几把太师椅，南窗下书橱紧靠竹方床。

有道是棋局茶炉和笔砚，帘笼外阵阵风来翰墨香。

看光景往来俱是烟霞客，在这里不许俗人到这厢。

一时间清静幽雅观不尽，又只见童子前来献茶汤。

茶毕，水镜问道："公今日从何而来？"玄德答道："偶然经过此地，因牧童指引，一来拜访，二来借宿，才得见尊颜，不胜欣幸。"水镜笑说："将军不必隐讳，你是逃难至此，吾见将军面上气色已知之。将军乃当世英雄，何故至今犹然落魄至此？"玄德说："时运不佳，才疏不遇，乃如此也！"水镜说："不然，皆因将军左右不得其人也。"玄德笑说："备虽不才，文有孙乾、糜竺、简雍等，武有关、张、赵云，同心协力，何为无人？"水镜说："关、张、赵云本有大将之才，但无人会用。至于孙乾、简雍之辈乃是白面书生，非兴邦济世之才。"

想当初斩蛇起义汉高祖，何尝能亡秦灭楚至今传？

若没有张良韩信萧何辈，他怎能开基创业定江山！

现如今河北袁绍虽然灭，岂不知江东独霸有孙权。

刘景升年迈无能不足虑，小刘璋暧昧不明在西川。

西凉州尚有马腾父子俩，曹孟德兵多将广占中原。

将军你既要兴兵扶汉室，还必须深谷山林访能贤。

水镜先生言罢，玄德说："先生今乃金石之论，我刘备也曾谦恭求贤，奈何不遇其人。"水镜先生说："何谓无人，天下奇才尽在于此，将军何不求之？"玄德急问："奇才在何处？系何人？"水镜先生说："卧龙、凤雏得一人可安天下。"玄德说："卧龙、凤雏姓甚名谁？望先生明以教我。"水镜先生只是笑而非言明，玄德再问时，水镜先生说："今日天晚，请将军安歇，明晨再谈吧！"遂命童子侍候酒饭，玄德用之。饭毕，就宿于草堂侧室。

玄德因水镜先生不肯明言卧龙、凤雏之名，心中纳闷，夜不成眠，约至更深，忽听一人叩门而入，又听得水镜先生问："夜静更深，元直从何而来？"

黉夜间忽听叩门有人声，刘玄德立在窗下侧耳听。

耳闻得共入草堂落了座，他二人说的言语甚分明。

水镜说元直黉夜从何至？那人说日夕方出荆州城。

水镜说你到荆襄何贵干？那人说特去相投刘景升。

水镜说刘表为人无决断，那人说礼贤下士冒虚名。

水镜说果然蔡瑁专权否？那人说最恶刘琦和刘琮。

水镜说何不侧身投明主？那人说未识何人是英雄。

他二人你一言来我一语，又听得水镜先生笑连声。

玄德立在窗下听了多时，二人说话一句也不曾漏，又听得水镜先生哈哈地笑了几声说："元直怀王佐之才，正宜择主而事，奈何轻身而投刘景升，英雄就在眼前，元直自不识矣！"玄德听到这里，心中暗喜说："此人不是卧龙就是凤雏。"有心即求相见，又恐怕太造次了。好歹捱至天明，向水镜问道："夜间来者何人？愿求一见。"水镜说："我的朋友，天亮已去。"玄德问其姓名，水镜又是笑而不答。玄德懊悔不已，便请水镜先生出山相助，同扶汉室。水镜说："山野闲散之人不堪大用，自有胜我十倍者来助将军，将军宜急求之。"

好一个半吞半吐司马徽，不肯说卧龙凤雏果是谁。

几次他笑而不答频支吾，闷煞了创业英雄刘玄德。

请了回水镜先生不应允，弄得他耳赤头晕皱双眉。

一时间求贤若渴空搔首，忽有个报事家僮走如飞。

他说道庄外来了人与马，吓煞人前呼后拥一大群。

头前面有个少年英雄将，手提着丈八长枪把马催。

众军卒乱嚷嚷地连声喊，看光景顷刻要将庄来围。

玄德闻言吃了一惊，只当是蔡瑁领兵赶来，急出庄看，乃是赵云。玄德一见变惊为喜，赵云下马相见，向玄德说："末将往席前探视，不见主公。听人言主公策马出了西门，急领军士寻找不见。回了新野，主公又没回新野，我连夜追寻至此，主公请速回新野，恐蔡瑁领兵去袭击新野。"玄德说："既如此，你我速回去。"一面谢别水镜先生，与赵云领众军回新野。出庄走不过数里，一彪军马来到，大家一看，乃云长、翼德也，彼此相见个个欢喜。玄德诉说马跳檀溪之事，共相嗟叹。回到新野设宴庆贺、压惊。孙乾说："可先致书于刘表，告诉此事。"玄德从之，遂修书一封，着孙乾下到荆州，刘表看完书信，冲冲大怒。

刘景升观罢玄德书一封，气得他怒发冲冠两眼红。

大厅上喊声连天传蔡瑁，蔡瑁贼来至座前打一躬。

刘表一见蔡瑁，用手一指，大声喝道："蔡瑁匹夫，你干的好事！"

我差你设宴襄阳会文武，为什么暗定毒计害英雄？

岂不知嫉贤妒能非君子，又何况我与刘备是同宗。

那刘备马跳檀溪逃了去，吓坏了保驾将军赵子龙。

回新野去见关张二兄弟，定说我与你作弊将他坑。

吩咐声两边武士绑出去，辕门外立刻斩首不留情。

刘表声声要斩蔡瑁，蔡夫人痛哭流涕，乞求免死。刘表怒气不息，不肯赦免，孙乾从容地说："将军若斩了蔡瑁，刘皇叔亦不能久居于此。不如赦之，让他从此改过。"刘表见孙乾讲情才把蔡瑁放过。蔡瑁躬身说道："多谢老姐夫不斩之恩。"刘表说："不是孙先生讲情，定割下汝的首级，以后再要如此，定斩不饶。"蔡瑁满面羞惭，诺诺而退。刘表遂设宴款待孙乾，并命长子刘琦与孙乾同去新野向玄德赔罪。

玄德就在新野县设宴款待刘琦，刘琦表白襄阳之事父子俱被蔡瑁瞒过，实不知情。玄德也不怪他父子，同刘琦饮酒，酒喝到半处，刘琦忽然落泪。玄德问其故，刘琦说："继母蔡氏常怀谋害之心，无计免祸，故而悲痛！乞叔父指教，何以处之？"玄德说："小心尽孝，竭力事父，自然无事。"次日刘琦辞行，玄德骑马相送，并辔而行，玄德指着自己的坐骑的卢马说："昨日若非此马，我命丧檀溪矣。"刘琦说："非此马之力，乃叔父洪福也。"说话之间已至郊外，二人下马相别。刘琦涕泣而去，玄德拨马回城。

 第四十八回 | **单福新野遇明主**
徐庶走马荐孔明

话说玄德送走刘琦，拨马回城，只见街上一人，身穿布袍，脚蹬乌履，从容缓步，歌唱而来，歌词是：天地翻覆兮，火欲殂；大厦将崩兮，一木难扶。山谷有贤兮，欲投明主；明主求贤兮，却不知吾。

> 那个人大街上一直高歌，你看他举步从容足轻挪。
> 生就得清奇体格人间少，论年龄大约不过四十多。
> 行动间温柔典雅多慎重，仔细看形容气色不众同。
> 他是个读书之人文明士，为什么众人之中来唱歌？
> 莫非他饱腹经纶没得意？莫非他能与皇家定干戈？
> 莫非他欲求明主遇不着？莫非他仿效毛遂要自荐？

刘玄德思考多时主意定，下马与那人相见，邀入衙中，问其姓氏。那人答曰："吾乃颍上人，姓单名福，久闻使君招贤纳士，特来相投，不好造次，故歌唱于市，以动听耳。"玄德见其人言词风雅，心中大喜，待为上宾。单福说："方才使君所乘之马再赐一观。"玄德即命人牵至堂下。单福看完说："此乃的卢马，虽能日

141

行千里，却只妨主，不可乘骑。将军心中若有仇怨之人，可将此马赠之，待妨过了主，然后乘之，自然无事。"玄德闻言变色说："先生初至此，不教我以正道，却教我损人利己之事，我岂肯做此等之事，先生请走吧！"单福笑曰："久闻使君仁德未敢深信，故以此言相试也。"玄德起身说："我哪里有什么仁德，此乃他人称之虚名，先生明以教我。"单福说："我自颍上以来，就闻新野人民歌颂新野牧刘皇叔，自到任风调雨顺，民乐粮足，可见使君之仁德也。"玄德乃拜单福为军师，朝夕议论军情。

说唱三国

且不言二人新野论军情，再说那贪得无厌老奸雄。
曹孟德自从冀州灭袁绍，最恼恨玄德投奔刘景升。
传号令即刻差遣四员将，带领着十万人马屯樊城。
大将军李典曹仁为兵主，又有那吕旷吕翔作先锋。
刘玄德一同单福兴人马，紧相随二弟关张赵子龙。
两下里布阵安营打一仗，吓煞人恶战死杀大冲锋。
关云长走马刀劈贼吕旷，张翼德枪挑吕翔落地平。
急煞了常山无敌赵子龙，一杆枪能当曹操十万兵。
哗啦啦匹马踏碎金锁阵，顷刻间人仰马翻炸了营。

话说关、张、赵云连杀一阵，把曹兵杀了个人仰马翻，四散奔逃。刘玄德追杀一阵收兵回县，犒赏三军。单福军师又出谋划策，力主刘备趁机袭樊城。樊城县令刘泌乃长沙人，是汉室宗亲。玄德领兵一到，刘泌就把城池献了。玄德安民已毕，重赏刘泌，命赵云领一千人与刘泌共守樊城。玄德领兵自回新野。

再说李典、曹仁领败残人员回到许昌，见了曹操泣拜于地说："我二人损兵折将，罪该万死。"曹操说："胜败乃兵家常事，何罪之有，但不知何人为刘备出谋划策，能破我八门金锁大阵。"曹仁说："刘备军中有一人姓单名福，与刘备同立高冈之处，手执令箭，指挥兵马硬闯八门金锁阵，直从生门而入，由景门而出，遂使我军不击自破，弄了个折兵损将，真令人可恼可恨！"曹操闻言眉头紧锁说："单福是何人，竟这等厉害？"帐下程昱笑嘻嘻，介绍说："他原是姓徐名庶字元直。"曹操说："既是徐庶，因何又名单福呢？"程昱说："这其中有一个缘故，此人自幼最好击剑，年少侠气峥嵘，曾为朋友报仇，杀人家满门家眷，披发涂面，后被官府所获。问其姓名，不肯实说，把他绑于车上，鸣锣行于市，让市人辨识。虽有识之，俱不肯言，又遇老侠、友人解救，乃更姓改名而逃。近来走访各地名师，与司马徽为友。今日单福即当日徐庶也。"曹操点头说："原来如此，那徐庶之才比你如何？"程昱说："十倍于我。"曹操说："如此有用之人归于刘备，岂不可惜？"程昱说："若要此人归于丞相，也不难。他为人最孝，幼年丧父，只有老母在堂，其弟徐康现今已亡，老母无人奉养，丞相可差人赚其母至许昌，令写书招其子，则徐庶必来。"
曹操大喜，遂差人连夜前去，不几日将徐庶母亲取到许昌。

> 程谋士出谋定计把人诓，一心想赚骗徐母到许昌。
>
> 曹孟德以礼相待十分厚，请进帐来对徐母说细详。
>
> 他说道你儿奇才天下少，为什么甘心去把刘备帮？
>
> 那刘备背叛朝廷罪名大，但恐怕胡作非为不久长。
>
> 到头来难脱一场杀身祸，到那时大厦倾覆鼠辈伤。
>
> 只要你寄书去把儿子叫，管保他靠着大树不沾霜。
>
> 我上那金殿龙楼奏一本，你母子荣光显耀把名扬。

曹操说完，即命左右取来文房四宝，让徐母即刻写书，叫儿子徐庶前来。徐母
说："刘备是什么样的人？"曹操说："沛郡小辈，妄称皇叔，全无信义，所谓外君
子，内小人也。"徐母厉声说："你何必诓我，我久闻玄德乃中山靖王之后，孝景帝
阁下玄孙，屈身下士，谦以待人，仁德著名于世，黄童、老人、牧子、樵夫皆知其
名，真天下英雄！我儿今得其主足矣！你虽托名汉相，实为汉贼。你怎么说玄德是
逆臣，让我儿弃明投暗，岂不可耻？"说着便取石砚照曹操打来。曹操闪过，心中
大怒，传令左右速斩徐母，程昱急止之说："不可，不可。"

> 她如今数长道短泼口骂，分明是豁上一命染黄泉。
>
> 咱若是将她斩首来示众，要落个不美之名天下传。
>
> 徐元直一知母丧丞相手，便与咱结下一天二地冤。
>
> 他定要死心塌地保刘备，那时节弄巧成拙后悔难。
>
> 总不如暂留徐母一条命，让徐庶一条肠子两下牵。
>
> 管叫他新野县中住不下，立辞行疾来许昌是必然。

程昱言罢，曹操深以为然，遂不杀徐母，送于别处养之。程昱每日往徐母面前
问候，诈言曾与徐庶八拜为交，他二人是结盟兄弟，待徐母如同生母一般，时常送
衣送物，徐母还写书答之。程昱得了徐母之书，照着笔记习其字体，写徐母家书一
封，差一心腹之人去新野，将书投送徐庶。徐庶接到母亲手书，拆封一看，其内容
是：今你弟徐康已死，举目无亲。正悲泣间，忽有曹丞相将我赚至许昌，言汝辅助
刘备，背叛朝廷，下我在缧绁之中，幸有程昱救免。汝若来降，能免我死。书到之
日，可念养育之恩，星夜前来，以全孝道。然后归省故园，免遭大祸。我今命若悬
丝，专望求援！别不多嘱。

> 徐元直观罢慈母书一封，只急得纷纷落泪湿前胸。
>
> 见玄德说知来历真名姓，急忙忙整理行装要辞行。
>
> 徐元直声声要离新野县，刘玄德剑挫肝肠满腹疼。

徐庶言罢，玄德大哭说："母子乃天性至亲，元直勿以备为念，可速去探望老夫人。待与老母相见后或可能再来，那也未可知。"徐庶拜谢欲行，玄德又说："你我再聚一夜，明日与元直饯行。"徐庶无奈，只得再住一夜。此时孙乾见徐庶要归曹操，乃密向玄德说："元直天下奇才，久在新野，他知我军虚实。今若让他归了曹操，曹操必然重用。主公一定要苦留他，不可放去。曹操见元直不来必斩其母，元直一知母死，必为母报仇。此千载难逢好机会，万万不可失去。"玄德说："不可，使人杀其母，而我用其子，不仁也；留之不使去，以绝他们母子之情，我不义也。我宁死不做不仁不义之事。"孙乾闻言不胜叹服！说话之间，天色已晚，后堂里点上灯，玄德请徐庶饮酒。徐庶说："今老母被困，纵有玉液金波也不能下咽。"玄德说："我知先生将行，即龙肝凤髓也不甘味。"二人相对而泣，坐以待旦，说一回哭一回，才到天明，即起身辞行。玄德与徐庶并马出城，至长亭下马相辞。

常言说人生最怕离别难，　他二人依依不舍心痛酸。

刘玄德紧紧拉住徐庶手，　两眼中泪洒西风涕连连。

徐元直欲别故人心不忍，　好像那藕节已断有丝连。

玄德说缘薄福浅谁似我，　实叫人伤心无计留名贤。

愿先生善事新主须努力，　这一去功成名就必高迁。

元直说在下学疏才又浅，　蒙使君高待情谊重如山。

实指望相依相互常聚首，　谁料想半途而废这一番。

他二人两个热肠难以冷，　不由得依依难舍尽流连。

这个说一旦情谊分两地，　那个道万种相思各一天。

这个说未知何日重相会，　那个说不在今年在明年。

　　二人依依不忍分手，徐庶说："你我中途相别，实为不幸，但老母在患难之中，又不能不去，以后曹操怎么逼我，我终不设一谋。"玄德说："先生既去，备将远遁山林。"徐庶说："使君何出此言？我能和使君共图大事，只不过有三寸不烂之舌。今为老母方寸乱了，纵然在这，也无益于事，使君可别求高贤，共图大事，何故灰心如此呢？"玄德说："天下高才恐无人能比得了先生。"徐庶说："我乃碌碌庸才，何敢当此美名。"又向诸将说道："跟从使君以图大业，名标青史，切莫似我徐庶无始无终。"诸将无不悲泣。玄德不忍相离，送了一程，又送一程。徐庶辞别说："使君不必远送了，常言说，送君千里终须一别，使君请回，徐庶就此去了。"玄德在马上拱手说："先生此去天各一方，不知何年何月相会？"徐庶说："与使君情投意合，岂忍中途相弃，但母囚于许昌，我无可奈何！"言罢，泪如雨下。玄德勒马于林畔，眼看徐庶乘马匆匆而去。

　　话说徐庶乘马而行，玄德、关、张呆呆张望。徐庶去得渐渐远了，被一个大树林子所遮。玄德望不见徐庶，在马上说："我要砍伐这片树林。"众人问："为什么要砍树？"玄德说："因为它遮挡了我望徐庶的眼睛。"话没说完，只见徐庶催马返来。玄德转悲为喜，忙拍马相迎，笑着问道："元直回来莫非不走了？"徐庶说："不是，我临行心绪缭乱，忘记几句要紧的话，特回来说与使君。此间有一奇士，学问渊博，真有经天纬地之才，治国安邦之策，实为天下第一人！"玄德大喜，问："愿闻此人姓名。"徐庶说："此人乃琅琊郡人，复姓诸葛名亮字孔明，与其弟诸葛均躬耕于南阳卧龙冈，又自号为卧龙先生。此人乃绝代奇才，使君若得此人相助，何愁大事不成！"玄德闻言，说："那日水镜先生曾言卧龙、凤雏得一人可安天下，此人莫不就是卧龙、凤雏吗？"徐庶说："凤雏乃襄阳庞统，卧龙就是诸葛孔明。"

> 徐元直去而复返情谊长，在马上细把孔明说其详。
> 细细地叙诉家乡并住处，二番又拱手而别走他乡。
> 刘玄德带领众人回新野，徐庶走马半路访诸葛亮。
> 诸葛亮故友相访忙接待，喜滋滋携手相率入草堂。
> 这个说兄长身体可安否？那个道久别贤弟却安康。
> 这个道匆匆行走从何至？那个道辞别新野上许昌。
> 这个说何故半途弃故主？那个道为救生身养育娘。

　　二人说话之间，分宾主坐下，童子献上茶来，孔明向徐庶说："闻元直在新野事刘豫州，何故中途而去？"徐庶说："我本想久事刘豫州，奈老母被曹操囚于许昌，寄书来招我，只得前去。我临行时，将贤弟荐于玄德，大约早晚必来相请，来时贤弟不要推辞，可展平生之才以辅助。"孔明闻言，脸色大变，说："先生怎么把我做了牺牲！"说完，拂袖而起，直入后堂不出。徐庶羞惭而退，出门上马而走。

第四十九回 ｜ 徐庶母斥儿绝命
刘玄德三顾茅庐

　　不几日徐庶来到许昌，早有探马报知曹操。曹操遂命荀攸、程昱等一班谋士接出门外，到相府来见曹操，施礼毕，曹操说："公乃高明之士，何故屈身而事刘备？"徐庶说："我幼逃难，偶至新野，遂与玄德交厚，老母在此幸蒙关照不胜感激！"曹操说："公今至此，上可奉事高堂，我早晚得到教诲。"徐庶拜辞而出，急忙来拜见母亲，徐母见儿后大惊。徐庶说："儿在新野事奉刘皇叔，接得母亲手书，故星夜而来。"徐母大怒，手指徐庶破口大骂起来。

徐老母气塞胸膛蹙眉尖，怒冲冲开口骂声忤逆男。

自从你少小离乡去避祸，现如今漂荡江湖十数年。

只说是道明德立多长进，谁料想你自额废不如先。

小畜生既读诗书应明理，岂不知忠孝二字难两全。

常言说良禽择木识好歹，又道是贤臣择让理当然。

曹阿瞒欺君罔上谁不晓，安心要图谋汉室锦江山。

刘皇叔仁义名声满天下，他又是汉室宗亲一脉传。

听说你辅佐玄德在新野，为娘的纵死九泉也心甘。

怎么你一纸假书看不透？生被那曹瞒诓哄到这边。

你说你忠何在来孝何在？到死后什么面目见祖先？

话说徐庶被徐母骂得跪伏于地不敢抬头。其母骂了一回，转入后堂去了。老母未曾吩咐起来，又不敢自己起来，只得跪着候母命。待不多时，只见一个家人慌慌张张跑来，说不好了，老母在屋梁上吊身亡。徐庶忙来救时，已经断气了。徐庶见母亲已死，哭倒于地，良久方苏醒过来。曹操亲自去祭奠。徐庶置买衣服棺椁葬母，埋在许昌城南，自己在那守墓。曹操常来看望赐物，徐庶不收其物，始终一言不发。

此时，曹操想南征，与众谋士商议，荀彧说："现在地冻天寒，不可兴兵。待来年春暖，方可长驱直进。"曹操从其言，乃引漳河水作一池，名玄武池，打造许多船只，在池中训练水军，准备来春征南。

话说玄德自别徐庶，兄弟们同回新野。到了衙门，玄德一是不忘徐庶，二是想起徐庶新荐的孔明，起坐不安，睡卧不宁。

面前里虽有茶饭懒张口，黄昏后书房闷坐对孤灯。

此一时云长翼德都睡去，他独自如饥如渴想卧龙。

诸葛亮屡次闻名未见面，未知他胸中韬略精不精？

徐元直一去许昌无音信，也不知高堂老母死和生？

虽说是忠臣不可保二主，谁保他必不弃旧将新迎。

刘玄德思念徐庶又想孔明，一夜不曾合眼。待到天明，起床梳洗完毕，用了早饭，便同关、张骑马出城，直奔卧龙冈而来。到了庄前下马，亲叩柴门，有一童子出来问道："将军找谁？到此为何？"玄德说："我乃汉朝左将军，宜城亭侯，领豫州牧，大汉皇叔，姓刘名备，字玄德，特来拜见卧龙先生。"童子说："我记不得许多名字，请简便些。"玄德说："既如此，你只说新野刘备来访。"童子说："先生今早出门，不知到何处去了。"玄德说："几时回来呢？"童子说："归期没有一定，或三五日或十数天都不一定。"玄德听后，低头无言。云长说："先生既无归期，我等

暂且回去，使人前来探听。如先生回来了，那时我们再来。"玄德说："可以。"遂
向童子吩咐道："先生回来时，可说新野刘备曾来拜访。"说完同关、张上马回去。

话说三人并马同行，玄德四下观看，忽见一人，容貌轩昂，丰姿俊雅，头带
逍遥巾，身穿皂布袍，从山僻小路缓缓而来。玄德欢喜说："必是卧龙先生。"急忙
下马，向前施礼问道："君是卧龙先生吗？"那人说："我不是卧龙先生，我是卧龙
先生之好友，博陵崔州平。"玄德说："久闻大名，幸得相遇，请就地少坐片时，请
教一二。"二人对坐于林间石板之上，关、张立于面前。崔州平问玄德："将军何故
见孔明？"玄德说："当今天下大乱，想见卧龙先生以求安邦定国之计。"州平听后
说："将军以定乱为主，当然是仁义之心。但自古以来治乱无常，莫说春秋战国，
就以汉朝来说，自高祖斩蛇起义，又平秦灭楚，是由乱到治，至哀、平二世二百
年，太平日久；王莽篡逆，又由治到乱；光武中兴，重整基业，又由乱到治，至今
二百年；民安已久，故干戈又起，现在又由治到乱。天下没有太平时候，孔明虽有
经天纬地之才，也不能以一怒而安天下。将军乃当世英雄，岂不知顺天者逸，逆天
者劳？"

好一个高谈雄辩崔州平，面对着玄德关张说废兴。
玄德道先生之言诚高见，古今来治乱无常是实情。
但只是我乃中山靖王后，与圣上一脉相传是同宗。
原就该匡扶汉室安天下，舍性命为国除奸苦尽忠。
虽然是成败兴亡有定数，怎忍得袖手旁观大厦倾。
也不过且尽人事听天命，谁敢说执意强求事必成。
刘玄德说到这时长叹气，崔州平手捻胡须笑几声。

崔州平说："我本是山野庸夫，何足论天下大事，承皇叔下问，姑妄言之。"玄
德说："先生乃高明之论，何为妄言？备深受教益，更有一事问先生，知孔明去向
吗？"州平说："我也想访他，不知他到何处去了。"玄德说："卧龙既不在家，请先
生至敝县一叙如何？"州平笑说："闲散之人无志于功名，请将军上马，各自奔前程
吧。"说完长揖而去。

玄德与关、张上马而行。张飞道："孔明又访不着，却遇此人，闲谈半日，真
扫兴。"玄德说："他也是一位隐士。"三人说着话同回新野，使人探听孔明音信，
不几日回报说："卧龙先生已回来了。"玄德即吩咐备马，同关、张速往南阳求见
孔明。张飞说："孔明不过是一村夫，何必两次三番哥哥亲去，使人唤来就行了。"
玄德责之说："孔明乃当世大贤，岂可召他。贤弟不愿同去可以不去，我与云长前
去。"张飞说："二位哥哥前去，小弟哪有不去之理。"

三人出了城走不过数里，忽然朔风凛凛，瑞雪飘飘，天气严冷，浑身冻得打

第四十九回　徐庶母斥儿绝命　刘玄德三顾茅庐

147

战。张飞老大不悦，一阵焦躁说："天寒地冷，尚不用兵，岂可远看一个没有用的人。不如且回新野，以避风雪，改日再去。"玄德说："我正要使孔明知我殷勤，如二位贤弟怕冷可先回新野，愚兄自己去。"张飞瞪眼说："死都不怕还怕冷？但恐哥哥白受苦。"说话之间，将近茅庐，忽然路旁酒店中二人作歌，玄德与关、张立马细听。

吾皇提剑清寰海，创业垂基四百载。

桓灵季业火德衰，奸臣贼子调鼎鼐。

青蛇正下御座傍，又见妖虹降玉堂。

群盗四方如蚁聚，奸雄百辈皆鹰扬。

吾侪长啸空拍手，闷来村店饮美酒。

独善其身尽日安，何须千古名不朽？

二人歌罢，拍掌大笑。玄德说："孔明必在其中。"遂下马入店，见二人对坐饮酒，上首的白面长髯，下首的清奇古貌。玄德向前作揖问道："二位谁是卧龙先生？"长髯的说："你是何人？要寻卧龙做甚？"玄德说："我乃刘备，想访卧龙先生，求济世安民之策。"那人说："吾二人都不是卧龙，是卧龙的朋友。我是颍州石广元，此位是汝南孟公威。"言罢，哈哈大笑。

这个说两轮日月走如梭，那个道得蹉跎处且蹉跎。

这个说无情天地催人老，那个道头上萧萧白发多。

这个说山野庸愚闲散愦，那个道人情反复难捉摸。

这个说世道不公何须问？那个道天下大事摸不着。

这个说闷去喝茶敲棋子，那个道闲来对酒且高歌。

这个说龙争虎斗无滋味，那个道空受磨难不成佛。

这个说枉费心机无济事，那个道贪名图利将如何？

他二人言来语去说了一回，又鼓掌大笑。玄德见他满口俱是避世之言，便知又是两个隐士，遂辞别出店，上马同关、张往卧龙冈而来。庄外下马，亲叩柴门，童子出来，玄德问道："今日先生在家吗？"童子说："现在草堂观书。"玄德闻言大喜，跟随童子进门，到中门见门上一副对联：淡泊以明志，宁静而致远。玄德正在看，又听一人吟咏之声，乃立于门外偷窥之，见草堂之上，有一少年拥炉抱膝而歌。

凤翔翔于千仞兮非梧不棲；

士伏处于一方兮非主不依。

乐躬耕于陇亩兮吾爱吾庐；

聊寄傲于琴书兮以待天时。

玄德听完歌，才上草堂施礼说："刘备久慕先生，无缘拜会，只因徐元直推荐，我来贵庄不遇空回，又冒风雪而来，今得见面，实万幸也。"少年连忙答礼说："将军莫非刘豫州来见家兄的？"玄德惊讶说："先生不是卧龙吗？"少年说："我乃卧龙之弟诸葛均。我兄弟三人，长兄诸葛瑾，现在江东孙仲谋处。孔明是二家兄。"玄德说："二家兄今在家吗？"诸葛均说："被崔州平邀着出外闲游已两日了。"

玄德听说孔明又不在家，大失所望，遂向诸葛均说："卧龙先生同崔州平何处闲游去了？"诸葛均说："或驾小舟游于江湖之中，或访僧道于山林之处，或找朋友于村落之上，或会琴棋于洞府之内，往来莫测，实不知去向。"玄德闻言说："我刘备这等命薄，两次前来不遇大贤，真是可叹！"张飞说："先生既不在家，风雪又大，不如早点回去。"玄德说："三弟不要说了，我们既然到此，岂可无话空回。"诸葛均见玄德诚恳，这才施礼让座，命童献茶相待。

第四十九回　徐庶母斥儿绝命　刘玄德三顾茅庐

> 诸葛均吩咐童子把茶斟，刘玄德说道先生听我云。
> 现如今世道惶惶天下乱，曹阿瞒外压群臣内欺君。
> 我刘备汉室宗亲靖王后，常怀着治国安邦一片心。
> 久闻得卧龙先生才学广，习就得胸中韬略妙如神。
> 自古道怀才不展非君子，为何不为民济世展经纶？
> 姜子牙辅助武王伐无道，到如今功垂千古传万春。
> 我正欲匡扶汉室安天下，最可恨一棵孤树不成林。

玄德说话之间泪如雨下，诸葛均说："将军不必悲伤，家兄回来时，我一定将将军的话对家兄说。"玄德就借他笔砚写书一封，留给孔明，书文如下：

> 备久慕高名，两次晋谒，不遇空回，惆怅何似！窃念备汉朝苗裔，滥叨名爵，伏睹朝廷陵替，纲纪崩摧，群雄乱国，恶党欺君，备心胆俱裂。虽有匡济之诚，实乏经纶之策。仰望先生仁慈忠义，慨然展吕望之大才，施子房之鸿略，天下幸甚！社稷幸甚！先此布达，再容斋戒薰沐，特拜尊颜，面倾鄙恫。鉴谅！

玄德写完，交诸葛均收了，再三致意而别。诸葛均送出柴门，刘备同关、张上马而行。忽见小桥之西一人，暖帽遮头，孤裘盖体，骑着一匹小黑驴，跟着一个青衣小童，带一葫芦酒，踏雪而来。转过小桥，口中吟诗一首，诗词是：

> 一夜北风寒，万里彤云厚。
> 长空雪乱飘，改尽江山旧。
> 仰面观太虚，疑是玉龙斗。
> 纷纷鳞甲飞，顷刻遍宇宙。
> 骑驴过小桥，独叹梅花瘦。

玄德听后大喜说："真是卧龙先生。"慌忙滚鞍下马，向前施礼说："先生顶风冒雪从何而来？刘备敬候多时了。"那人慌忙下驴，躬身施礼。这时诸葛均迎上来，忙说道："将军又认错人了，这不是家兄，乃是家兄的岳父黄承彦。"玄德仔细看时，见其须发苍白，果然不像孔明，心中甚是不悦，只得与他交谈。刘备问黄承彦："方才所咏的句子很是高雅，是老先生所作吗？"承彦说："是小婿孔明所作《梁父吟》，老夫记得这首，偶过小桥，因见离落的雪中梅花而吟之，不想被尊客所闻，请不要耻笑。"玄德说："卧龙先生所作《梁父吟》，人人传诵，是一首绝妙好辞，岂敢笑。敢问先生曾见令婿否？"黄承彦说："老夫也是前来看他的，如此说来是不在家了？"二人又叙了几句，拱手而别。玄德同关、张上马而归。此时风雪交加，回望卧龙冈惆怅不已，后人有诗赞玄德风雪中拜访孔明，其诗曰：

<blockquote>
一天风雪访贤良，不遇空回意感伤。
冻合溪桥山石滑，寒侵鞍马路途长。
当头片片梨花落，扑面纷纷柳絮狂。
回首停鞭遥望处，烂银堆满卧龙冈。
</blockquote>

话说玄德回新野后，正是腊尽冬残，不几日又是新春，择选吉日良辰，斋戒沐浴更衣，又要去拜谒孔明。关、张心中都不悦，二人一齐同玄德说："兄长两次去见孔明，其礼已过，想孔明只有虚名而无实学，故避而不敢见兄长。"玄德说："不对，昔日齐桓公想见东郭野人，五次方见其面，况我是要见当世的大贤。"张飞闻听此话，老大不悦。

<blockquote>
张飞闻此言，心中动了气。
呼声二位兄，你俩不必去。
待要请孔明，老张自己去。
他本是三家堡子村俗子，也不过有其名而无其实。
未必然天文地理尽通晓，说什么武子兵法甚出奇。
自古道耳听为虚不可信，大哥你听信传言有些痴。
最可恨两次三番总不见，分明是自高自大把人欺。
那日咱满天风雪跑一趟，冻煞人遍地大雪埋马蹄。
又搭上腊月严冬彻骨寒，一阵阵朔风吹透身上衣。
路迢迢薄暮归来没用饭，饿得我眼冒金花满腹饥。
连日来心中怒火未出口，不料想大哥又把那话提。
</blockquote>

张飞说："不用两家哥哥去了，我只用一条绳子把他绑来。"张飞怒目扬眉，声声要用绳子拴孔明。玄德责备说："汝岂不闻昔日周文王请姜子牙的事。文王乃千古圣人，尚能亲驾龙车，渭水请太公辅助，才有周朝八百余年的基业。文王尚如此敬贤，你怎么可无礼，藐视孔明？这次你不要去了，我与云长自去。"张飞说："二

位哥哥前去，小弟岂肯落后。"玄德说："三弟要去，千万不可失礼。"张飞答应。于是三人乘马出城，直奔卧龙冈，心急马快，不几日就到了。离庄还有半里之遥，玄德便同关、张下马步行，迎头正遇上诸葛均，玄德慌忙上前施礼说："今日卧龙先生在家吗？"诸葛均说："昨晚才回来，将军这回来算是凑巧了。"说完就走了。张飞说："此人真无礼，就该引咱们到庄上才是，竟自己去了，真是可恶至极。"玄德说："三弟不可怪他，各有各的事。"说话之间来到庄前，玄德向前叩门。童子开门，玄德说："有劳仙童通报卧龙先生，就说刘备又来拜访。"童子说："先生现在草堂睡觉未醒。"玄德说："既如此可不必通报。"吩咐关、张二人在门外侍候，玄德自己徐步而入，见先生仰卧于堂中草席上。玄德乃拱立于阶前，半晌多了，先生未醒。关、张二人在门外久立不见动静，一齐进来探看，只见玄德还在阶前站立，不敢动身。张飞一见心中大怒。

> 诸葛亮草堂就寝不曾醒，刘皇叔站立阶前打着躬。
>
> 关云长见此光景心不悦，把张飞气了一个唇口青。
>
> 伸虎掌来将云长拉一把，他说道孔明做事太不通。
>
> 咱大哥规规矩矩阶前站，他竟然挺着身子推耳聋。
>
> 在床上舒卷反复频辗转，并不是梦赴阳台睡得浓。
>
> 明知道有客临门来相访，才故意双合二目眼不睁。
>
> 他既然眼底无人将咱慢，我不免试试村夫有何能。
>
> 悄悄去草堂之后放把火，烧他个彻地通天一片红。
>
> 顷刻间焦枯皮肉成灰烬，梦悠悠气伴残烟化为风。
>
> 省得他傲慢无礼佯装死，从今后不上南阳谒卧龙。

话说张飞恼恨孔明无礼，定要放火烧他，关公再三劝说。玄德着他兄弟二人仍然在门外等候，张飞无奈，只得忍气吞声愤愤而去。

第五十回 诸葛亮隆中决策 徐氏女为夫报仇

话说张飞走后，刘备依旧站立阶下。又停了一会儿，只见孔明翻了个身，面朝里又睡了。童子见玄德立候多时，想入草堂去通报，唤醒先生。玄德摇手不让，又停了一个时辰，孔明才醒，口中吟诗一首：

> 大梦谁先觉，平生我自知。

草堂春睡足，窗外日迟迟。

孔明吟完，翻身向童子说："有客人来吗？"童子说："刘皇叔在此立候多时了。"孔明这才从从容容起身来说："既如此，何不早报？"说着转入后堂更衣。又过一会儿，方整衣冠而出。玄德只见孔明身长八尺，面如冠玉，头戴纶巾，身披鹤氅，飘飘然有仙人姿。玄德观罢，慌忙上前下拜说："汉室刘备久闻先生大名，如雷贯耳，前两次拜访未得一见，曾留书一封，不知看过否？"孔明说："将军所留之书，昨日已看过，足见将军忧国忧民之心。但恨亮我乃南阳野人，疏懒成性，屡蒙将军大驾前来，真是惭愧！"二人谦逊一回，彼此行礼，分宾主落座，童子献上茶来。

诸葛亮看看玄德把茶端，　笑微微尊声将军听我言。
现如今襄阳一带多奇士，　一个个机深谋广非等闲。
司马徽满腹才学经纶大，　果真是举手能把天下安。
崔州平甘老林泉不出世，　孟公威偕隐颍州石广元。
更有那文全武备庞凤雏，　徐元直胸中韬略占人先。
听说他辅助将军在新野，　昨日曾打破金锁阵连环。
这些人当今名士谁不晓，　论本领俱能重整汉江山。
我是个山野庸夫多愚笨，　愧煞人才疏学浅太不堪。
居住在竹篱茅舍山村里，　与舍弟并力同耕数亩田。
每日里闭口不谈天下事，　历年来锄雨犁云乐自然。
我如今青云志气如冰冷，　谁把那功名富贵挂心间。
劝将军休拿顽石当美玉，　倒不如另往别处访高贤。

孔明言罢，玄德说："先生不要太谦，卧龙、凤雏得一人可安天下，此乃司马德操、徐元直之言，二人岂能虚谈。望先生不弃鄙贱，曲赐教诲，天下人民幸甚。"孔明说："德操、元直是世上高士，亮乃一耕夫，安能当此大任？二位错举了。"玄德说："大丈夫抱济世奇才，岂可老于山村，愿先生以天下苍生为念。"孔明笑着说："愿闻将军之志。"玄德说："汉室危矣，奸臣当道，我刘备自不量力，愿伸张大义于天下。而智术短浅，孤立无援，昨日才得徐元直相助一臂之力，因曹操囚禁其母，他去许昌救母去了，使备无有相助的人。所以特来请先生出山，使备有泰山之靠。"孔明说："自董卓篡逆以来，天下豪杰一时并起。曹操势力不及袁绍，而竟能打败袁绍，实非天意，而是人力也。今曹操已有百万之众，挟天子以令诸侯，万万不可与他争锋；孙权霸占江东已历三世，而国险民富，可与他结好，不可与他为敌。荆襄九郡地方，北据汉江，南尽南海，东连吴会，西通巴蜀，此乃用武之地，其主不能守，是天意应归将军。益州险塞，沃野千里，天府之国，高祖得之以成帝业。今刘璋软弱，人民皆怨思明主。将军乃汉室之后，仁义之名传满天下，若得荆襄巴蜀之地，占据险阻，西和诸戎，南连蛮越，外结孙权，内修政理，则大业可成，汉室可兴，这是我为将军所谋，愿将军图之。"说完，命童子取画一轴，挂在堂上，用手指画，向玄德说："这是西川五十四州之图，请将军一看。"

> 诸葛亮呼道将军莫愁烦，你如今要成霸业有何难。
> 现在是曹操早把天时占，再将那江东地利让孙权。
> 将军你独占人和居他上，大伙儿协力同心做一番。
> 先得他荆襄九郡为根本，次后再布谋定计取西川。
> 像这样鼎足三分大势定，那时节方可起意图中原。
> 刘皇叔闻言大开面带笑，急慌忙躬身拜谢在桌旁。

孔明言罢，玄德说："先生之言使我顿开茅塞，如拨云雾而见青天，但荆州刘表、益州刘璋与刘备俱是汉室宗亲，我不忍夺之。"孔明说："夜观天象，刘表不久于人世。刘璋不是守业之主，荆襄巴蜀之地久后必归将军。"玄德闻言顿首拜谢，孔明未出茅庐已三分天下，真是万古之人不及。

话说玄德拜谢孔明说："我刘备才疏学浅，蒙先生不弃，请出山相助，共成不朽之功。"孔明说："我愿意耕耘，懒于问天下事，不能奉将军之命。"玄德泣而言说："先生如不出山，黎民性命休矣！"说毕泪沾袍袖。孔明见其意诚恳，有心不允，于心又不忍，无奈向玄德说："亮本无济世之才，不堪重用，今蒙将军不弃，只得效犬马之劳。"玄德闻言，心中大喜，遂命关、张献金帛礼物，孔明推辞不受。玄德说："这不是聘大贤之礼，只是微表刘备之心。"孔明这才收下。

此时，天色已晚，兄弟三人就在孔明家中，同宿一宵。次日诸葛均回来了，孔明向他嘱咐说："我受刘皇叔三顾之恩，不能不去。你要在此耕种，不要荒废田亩，待我成功之日，仍回来与你耕耘。"诸葛均知兄去心已定，也不挽留。孔明遂同玄德、关、张别了诸葛均，往新野而来。

玄德自得了孔明心中大喜，到新野以来，食则同桌，寝则同床，共论天下大事，这且不表。

再说建安七年，曹操封孙权为将军，命孙权携子入朝随驾。孙权便以此事问周瑜，周瑜说："这是曹操挟制诸侯之法。将军承父兄之基业，兼六郡之首，兵精粮足，将士用心，何必将儿子送去做人质？"孙权闻言点头说："公瑾的话是对的。"便不送儿子入朝。

此时孙权之弟孙翊为丹阳太守，性情刚烈，好饮酒，醉后常鞭打士卒。丹阳督将妫览、郡丞戴员二人，曾被孙翊打过几次，怀恨在心。又见其妻徐氏姿色甚美，一日二人商议，设席请孙翊赴宴，暗差心腹人边洪就席前将孙翊刺死，妫、戴二人把罪责归罪边洪，将边洪斩首示众，二人乘势掠孙翊家资、侍妾，图谋孙翊之妻。

153

妩览贼爱上徐氏女裙钗，因此上谋杀孙翊坏良心。

竟然把罪责推给他人做，将边洪立刻斩首在辕门。

一直去内宅入见徐氏女，满口里花言巧语哄佳人。

现如今将他斩首来示众，这是我替你报的大仇冤。

小娘子年少孤媚无依靠，倒不如你我拜堂把亲成。

我二人同心同德同欢乐，不几年生下儿女一大群。

倒省得独守空房挨寂寞，甘做个红颜薄命未亡人。

你也知私奔相如成连理，那就是昔年新寡卓文君。

说什么从一而终是古礼，也不知毁坏多少青春女。

妩览这个不知死的东西，竟把图霸徐氏的话说出口来。徐氏闻听此言，心中十分难受。虽然怒气填膺，也不敢表现出来，假装欢喜模样说："夫君尸骨未寒，就和别人成亲，也太薄情了。将军暂且忍耐几日，我与他少穿几天孝服，也不枉俺夫妻一场，过三五日就成亲也不迟。若此时就与将军成亲，那就成了一个不贤之妇了。"妩览闻言，不知是假，满心欢喜而退。

且说孙翊手下有两个心腹将士，名叫孙高、傅婴。徐氏密使人将他二人唤来，泣而言说："先夫在日，常言二位将军忠勇，今妩览、戴员二贼谋杀我夫，现归罪于边洪，把我家资、奴仆尽倾掠去，还想霸我为妻。二位将军可火速派人报知吴侯，设计密图二贼性命，以报夫君之仇。妾必重谢。"言毕再拜。

孙、傅二人也跪伏于地，一齐哭说："我二人蒙孙将军恩情似海，将军被害我二人不知，方才夫人之言，正是报仇之计，焉敢不效犬马之劳？夫人快快请起。"徐氏这才起来。二将洒泪而退，遂密遣心腹之人，星夜去报知孙权。过了一二日，徐氏又将孙、傅二将唤来，各持利刀伏于密室帷帐之中。徐氏身穿素衣祭奠夫君灵枢，然后除去孝服。

徐氏打扮得千娇百媚，花团锦簇，在绣房设下酒席。看了看天已黄昏，遂命使女将妩览请来，徐氏接出房门，迎面便拜妩览。妩览此时已经喝得半醉，一见徐氏颜色美丽，打扮风流，顷刻之间弄了个眼花缭乱，大笑说："美人不必行礼，看闪了柳腰，请起来吧！速排香案，我与你拜堂成亲。"徐氏殷殷勤勤将妩览让至绣房，对面坐下，使女们也都打扮得整整齐齐，斟酒的斟酒，献菜的献菜。徐氏与他换盏交杯，开怀畅饮。此时把妩览弄得神魂颠倒，心花都开了。

话说徐氏花言巧语随口应答，把妩览哄得酩酊大醉。命使女将妩览扶入内室，然后，徐氏大呼："孙、傅二将军何在！"傅婴、孙高持刀从帷幕中跃出，没用费劲儿，将妩览砍倒在地。徐氏又把戴员诓来，一进中门，即被傅、孙二将杀了。遂连夜把二贼满门尽皆诛杀，又将掠去的仆人、家资等物夺回。将二贼首级祭于孙翊灵

说唱三国

前，徐氏仍将素服换上，哭奠了一番。之后重赏傅婴、孙高二将。不几日孙权自领大军前来，见徐氏已用计将二贼杀了，报了仇恨，又悲又喜，遂祭于孙翊灵位之前，痛哭一场，即封傅婴、孙高二将为丹阳太守，搬着灵柩，带领徐氏回江东去了。

第五十一回 ｜ 景升意欲让荆州 刘琦撤梯求孔明

话说此时孙权已有战船六千余只，兵精粮足，封周瑜为大都督，总领江东水陆军马，兴兵灭了江夏黄祖，黄祖部将甘宁投降东吴。孙权自此威名大振，这且不提。再说玄德自从将孔明请到新野昼夜计谋，一日正与孔明面谈，忽有探马来报军情。

> 他说道太守孙翊遭了害，徐氏女报仇雪恨在丹阳。
> 孙仲谋一鼓而擒灭黄祖，诱逼得部将甘宁投了降。
> 封了个水陆都督周公瑾，打造了数千战船在长江。
> 现如今领兵驻扎柴桑口，不几日调动人马下荆襄。
> 密麻麻一带连营三十里，列摆着无数枪刀明晃晃。
> 他那里战马汲尽长江水，我们得预先准备来提防。

玄德闻报，正与孔明商议，又报刘表差人来请。孔明说："必因江东破了黄祖，故差人来请，共议报仇之策。我当与主公同去，见机而行。"玄德从其言，留云长守新野，命张飞引五百人保护，同奔荆州而来。玄德在马上向孔明说："今日见了刘景升当如何对答？"孔明说："先诉襄阳蔡瑁相害之事，若令主公去征江东，万万不可应允。"玄德依其言。到荆州后，将张飞留在馆驿中等候，自己和孔明入见刘表。礼毕，玄德提起襄阳被害之事，刘表说："贤弟被害之事我早知道了，当时要斩蔡瑁之首献给贤弟，因孙先生再三告免，我才宽恕他，请贤弟勿怪罪。"玄德说："这与将军没有关系，是下人所为。"刘表说："今江夏失守，黄祖被害，故请贤弟来商议报仇之策。"玄德说："黄祖性暴，不能用人，故遭此祸，今若兴兵南征，万一曹操领兵北来，那时该怎么办？"刘表闻言失声长叹！

> 老刘表未曾开口叹一声，他说道贤弟听我说分明。
> 现如今江夏黄祖遭了害，最可恨甘宁投降上江东。
> 孙仲谋现在柴桑屯兵马，大概是要来侵夺荆州城。
> 我有心兴兵报仇去雪恨，又恐怕前后受敌两夹攻。

又加上愚兄年迈多疾病，眼看着荆襄九郡风里灯，

愁煞人犬子刘琦不中用，刘琮他年幼无知更不行，

要将这一件大事托贤弟，我死后荆州之事你应承，

若能够妻儿老小长倚靠，我死在九泉之下目也瞑，

刘表一边说着，眼中落下几点泪来。玄德连忙打躬说："兄长何出此言？现有二位公子，小弟何敢当此大任？"孔明恨不能玄德应承了刘表之言，见他推辞，遂以目视玄德。玄德会意，改口说："兄长身体欠安，不要久谈，小弟暂且告退，此事再商议。"说完即同孔明告辞而出，回到馆舍，孔明说："景升想把荆州让主公，这是千载难逢的好机会，主公因何不受？"玄德说："景升待我甚厚，我怎能乘其危而受之。"孔明叹说："真是一个仁慈的主。"

二人正说话时，大公子刘琦来见。玄德接入，刘琦泣拜说："继母不能相容，性命危在旦夕，望叔父救我。"玄德说："此乃贤侄家务事，不要问我。"孔明在旁微笑不说话，玄德代刘琦问计孔明。孔明说："此系家事，亮何敢多言？"刘琦见二人都不出主意，只急得泪如雨下。玄德将他送出来，附耳低言说："明日我让孔明进府回拜，贤侄你可如此如此，孔明必有妙计相告。"刘琦点头拜谢而去。次日玄德故推身体不适，让孔明替他前去回拜，孔明应允。来到公子门前下马，刘琦迎接，携手共入后堂。茶毕，刘琦说："继母不容我，求先生相救。"孔明说："我客居于此，不敢管他人骨肉之事，倘有泄露，为害不浅。"一边说着，即起身告辞。刘琦说："既蒙先生光临，请留一叙。"遂邀孔明入密室饮酒。饮酒间，刘琦又说："继母要害我，请先生设一计相救。"孔明说："此等家事，亮不敢谋。"一边说着又要辞去。刘琦说："先生不肯教，琦不敢强求，你我只管饮酒，不提此事。"孔明说："酒也不饮了。"刘琦说："先生既不饮酒，琦这有一部古书，藏于高楼之上，琦学问浅薄，看它不懂，请先生登楼一观如何？"孔明素性爱书，闻言大喜，遂同刘琦共登小楼。

此一时孔明不辨真与假，竟与他欣然携手共登楼。

这原是玄德定的圈套计，预先里安排人将梯子搬。

小刘琦让着孔明落了座，悲切切拜伏楼板泪交流。

他说道继母蔡氏心太狠，他待我如对敌人一般同。

又加上诡计多端蔡国舅，姐弟俩保着刘琮坐荆州。

我父亲年老多病无主意，昼夜里犹豫不决枉自愁。

我如今生死存亡未可知，怕的是暗算无常一命休。

最可喜叔父先生来此地，因此上愿领高教把计求。

小刘琦一边说着泪如雨，你看他下跪俯伏尽叩头。

孔明见刘琦如此，实无古书，仍是求计，急急起身，就要下楼，看了看下边梯子已经搬去。刘琦说："先生恐有泄露，不肯说谋。此处上不着天，下不着地，出君之口，入琦之耳，谁也听不到，请先生赐给良策。自古道救人一命，胜造七级浮屠。蔡氏姐弟定会杀我而立刘琮，先生发一言以相救。"说完，流泪不止。孔明说："从来疏不间亲，母子兄弟之事，原是天伦骨肉之亲，在下乃一外人，何敢管这事？"刘琦泣说："先生不肯赐教，我命休矣！不如即死于先生面前。"一边说着，急拔腰中宝剑，便要自刎。孔明慌忙拉住说："公子不必如此，我有良策说给你就是了。你不闻春秋列国之时，晋献公之子申生、重耳之事吗？申生、重耳系献公嫡妻所生，嫡妻早亡，献公又娶骊戎之女骊姬为继室，生一公子叫奚齐。献公老年偏爱幼子，因此申生、重耳俱遭继母嫉恨。申生在家被害死；重耳逃到国外，周游列国，保全了性命。后来献公一死，晋国大乱，重耳回到本国，平息了国乱，终为晋国之君，遂成了霸主。今黄祖新亡，江夏失守，公子想脱离继母之害，须得禀告你父，前往江夏屯兵，可避祸无忧矣！"刘琦闻言拜谢，唤人取来梯子送孔明下楼。孔明辞别刘琦，回见玄德，具言其事，玄德大喜。话说公子刘琦受了孔明指教，即刻来见父亲。

> 他说道黄祖兵败新亡故，最可恨投降江东贼甘宁。
> 虽然是还有武将两三个，怕他们不能死力守江城。
> 望父亲赐儿牌印发令箭，为儿我前往江夏去屯兵。
> 从今去镇守边疆抵外患，甘将这荆襄大任让刘琮。
> 老刘表闻言连连把头点，满脑子左右辗转犯琢磨。
> 即刻差人去到那新野县，持书简火速来请玄德公。

刘琦要往夏口屯兵，刘表主意不定，又去请玄德商议。玄德说："江夏重地，非他人所能守，公子要去亲守此城，吾兄大可放心。东南之事兄父子自当之，西北之事包在小弟身上。"刘表说："近闻曹操作玄武池，以练水军，必有南征之意，不可不防。"玄德说："弟早已知道，兄勿忧虑。"二人又闲叙了一会儿，玄德辞别刘表，带领张飞与孔明回新野。刘表命刘琦领三千兵往江夏镇守去了。

第五十二回 | 曹操出兵打刘备 孔明用兵博望坡

话说曹操见春气已暖，聚集文武共议南征之事，夏侯惇说："近闻刘备在新野教练士兵，积草囤粮，若不早除，必为后患。"曹操点头同意。即令夏侯惇为都督，于禁、李典、夏侯兰和韩浩四人为副将，领兵十万直抵博望坡以伐新野。谋士荀彧谏说："刘备、关、张英勇盖世，近又得诸葛亮为军师，眼下颇有军马粮草，我们不可轻敌。"夏侯惇说："刘备乃鼠辈，我必擒他。"徐庶在旁说："将军休要轻视刘玄德，他今新得孔明军师，如虎添翼，岂可轻敌？"曹操问徐庶说："诸葛亮何许人？"徐庶说："丞相不知道此人吗？"

> 这个人善识天文和地理，学成的胸中韬略不寻常。
>
> 不弱于兴周灭纣姜吕望，敢比那扶汉灭楚张子房。
>
> 平日里管仲乐毅常自比，论本事果然治国能安邦。
>
> 昨日里玄德请他到新野，昼夜地出谋定计共商量。

徐庶说完，夏侯惇很生气，怒目扬眉说道："元直之言差矣！何故夸他人之威风，灭自己的志气。我看孔明如草芥，我虽不才，如不生擒刘备，活捉孔明，愿将首级献于丞相。"说完，辞别曹操，统领大军即刻登程，直扑新野博望坡而来，这且不表。

再说孔明自到新野，玄德待之如师。关、张二人很是不高兴，一齐向玄德说："孔明年纪最轻，乃是一个书生，有何本领？兄长待他太过了。"玄德说："我得孔明，如鱼得水，二位弟弟不可以年幼轻他。昔日甘罗十二岁即为宰相，岂不闻有智不在年高，无智空长百岁。"二人闻言默默而退。一日玄德正坐，忽有长探来报，曹操命夏侯惇为都督，领兵十万杀奔新野来了。玄德闻报，急请孔明商议，孔明说："新野之众不过数千人，今曹兵十万，何以拒敌？"玄德说："我正愁此事，请先生谋迎敌之策。"孔明说："主公可速招募民众，亮亲自教练，可以对敌。"玄德遂招新野的青壮民夫三千人，孔明日夜教演冲锋上阵之法。

> 诸葛亮教演民兵用心机，刘玄德来与关张共商议。
>
> 曹孟德马步雄师发十万，分明是以强压弱把咱欺。
>
> 关云长默默无言不张口，意沉沉手捻长须把头低。
>
> 张翼德环眼圆睁钢须参，他说道大哥何必来着急。
>
> 现如今放着军师诸葛亮，他生得文武全才世间稀。
>
> 你待他为上宾毕恭毕敬，我二人稍有怠慢你不依。
>
> 你常说得他好似鱼得水，为什么不差孔明去对敌？
>
> 自古道养军千日一朝用，难道说这个情理他不知？

话说张飞满口俱是不忿之言，玄德微笑说："三弟不必生气，孔明虽有运筹帷幄、决胜千里之才，但不能上马厮杀，这马上一枪一刀还需两家兄弟鼎力相助才行。"关、张听后默默不言而退出。玄德请孔明商议对策，孔明说："恐怕关、张二人不听我号令。"玄德说："这有何难？我把剑印交予先生，不由他二人不服。"玄德遂把剑印交予孔明。孔明坐了中军大帐，传众将听令。张飞很不服气，但又不敢不去，遂与关公同进大帐听令。众将俱已到齐，孔明高声说："今曹兵将到，主公赐我剑印，调拨兵将破敌，众将各听号令，有敢违令者斩首示众。"众将齐声答应，唯有关、张二人低头不语。

孔明说："博望坡左边有座山，名叫豫山；博望坡右边有一树林，名叫安林。此二处各能埋伏兵马，云长可引一千军往豫山埋伏，曹军到，不可迎敌。后边必有粮草车辆，但看南方火起，方可催兵自后攻之，发火烧其粮草，不可有误。"关公无奈只得应了一声。孔明又高声说道："翼德可引一千军去安林之后山谷中埋伏，等南面火起，便可催兵直抵博望坡，在曹营安放粮草之处，放火烧其粮草，不可有误。"张飞也没好气地应了一声。又叫关平、刘封各引兵五百，准备引火之物，到博望坡后埋伏，候至初更曹兵到，便可放火。又差人往樊城接回赵云，为前部先锋，前去诱敌。只要败不要胜，违令者斩。又向玄德说："主公可引一军为后应，各要依计而行，不可有失。"云长见孔明安排完，上前问道："我们都去迎敌，不知先生做何事？"孔明说："我只坐守县城。"云长还未说话，张飞失声大笑说："我们都去杀敌，你却在家待着，好个公平的军师。"玄德说："岂不知运筹帷幄之中，决胜千里之外吗？三弟不可违令。"此时关、张及众将还没见孔明的本事如何，虽俱依计而行，但心中都疑惑不定。

话说关、张二人心怀不平，也只得各按吩咐之地而去。孔明又向玄德说："主公今日引兵就在博望坡下屯住，来日黄昏敌军必到，主公便弃营而走，但见火起即回兵厮杀，我与众家兄弟留五百兵共守县城。"命孙乾、简雍预备喜庆宴席，安排功劳簿。

却说夏侯惇和于禁等引兵至博望坡，分一半精兵为前队，其余都护粮车而行。时至秋月，凉风阵阵，人马正往前行，忽见前边尘土冲天。夏侯惇传下令来，人马暂停前进，急唤向导官前来问道："前面是何地方？"答说："前面就是博望坡，后面罗川口。"夏侯惇闻言便令于禁、李典压住阵脚，自己一马当先登高冈遥望。停不多时，兵马也走上来，夏侯惇失声大笑，众将问："将军为何大笑？"夏侯惇说："我笑徐元直在丞相面前夸诸葛亮如神人一样，今观其用兵乃以此等军马为前部，与我们对阵，真是驱犬羊与虎豹耳。我在丞相面前夸下海口，定要生擒刘备，活捉孔明，今必应我之言。"遂亲自出马来战赵云。二人并不答话，两马交战不上十余回，赵云诈败而走。夏侯惇随后领兵追赶。赵云败走十余里，回马又战上数回，拨马又走。

赵子龙且战且走要回营，夏侯惇紧急追赶不放松。
后阵上韩浩看出诱敌计，催战马来谏主将他不听。

领兵将一直追出十余里，忽听得连珠炮响震耳鸣。

刘玄德催马舞动双股剑，带领一千人马就往上迎。

恶狠狠并不答话就交手，夏侯惇马上鼓掌笑连声。

他说道这些埋伏看得见，今日不到新野断不回兵。

此一时日落昆仑天色晚，又加上万里阴云夜不明。

两旁边树木丛杂多昏暗，冷飕飕铺天盖地起了风。

此时天已黄昏，忽然狂风大作，夏侯惇成功心胜，不管天气如何，只是催兵追赶。到了狭窄之处，两边俱是芦苇，李典说："将骄欺敌，取败之道。此处路径狭窄，树木很多，两边山川相逼，崖高涧陡，倘用火攻怎得了？"于禁说："此言不差，你且止住后军，待我前去与都督说知，以收兵为妙。"话没说完，只听背后喊声震地，火光冲天，顷刻之间，四面芦苇树木一齐着火，左右前后俱是大火，又值狂风，火势迅猛。曹兵上天无路，入地无门，叫苦连天，齐声大嚷。李典见势不好，要奔博望坡。正在奔走，火光中一军挡住，当先一员大将乃关云长。李典无奈只得交锋，混杀一场，夺路奔走而逃。于禁见粮草车辆尽被火烧，顺着山僻小路逃命去了。夏侯兰、韩浩来救粮草，正遇张飞前来截杀，大家就在火光中混战。

夏侯惇自负自大志气骄，这一回却把主意拿错了。

路两边山高涧陡无处走，一个个大火之中哪里逃！

见许多人被火烧成灰烬，也有那焦头烂额赤条条。

年壮的扒崖越壁想逃命，滚山坡碰破脑袋跌断腰。

果真是水火无情难躲闪，有谁能插翅腾云上九霄？

又遇上关张赵云三员将，领军卒赶杀曹兵不肯饶。

一时间叫苦连天声一片，个个是乱跑乱钻甚可怜。

话说曹兵被火围住没处逃走，关、张和赵云四面截杀，一直杀到天明，只杀得尸横遍野，血流成河。夏侯惇舍命杀出重围，收集残军败卒，急急逃回许昌去了。玄德也不追赶，同关、张、赵云收兵回城。走不过数里，只见糜竺、糜芳领军士数百人，拥护战车一辆，车上端坐一人，乃孔明也。关、张二人一齐下马拜倒车前。此时关平、刘封二将也到，诸路军马会合一处，按册查点，折去十余人，所得军器粮草甚多，皆分赏士卒，班师回县。方至城外，见有许多百姓望尘而拜说："我们百姓性命得活，都是刘使君得贤人之力！"玄德、关、张下马步行，用好言安慰百姓，命他们各自回家，然后进城犒赏军士。孙乾、简雍二人侍候庆功，众人按次而坐，交杯换盏，开怀畅饮。

大家伙庆功饮宴在堂前，不多时交杯换盏酒半酣。

刘皇叔频夸军师兵法好，　果真是料敌决胜反掌间。

关云长心悦诚服来谢罪，　此一时一派谦恭不似前。

张翼德无边欢喜从天降，　笑嘻嘻连把先生尊几声。

我昨天言语不周多冒犯，　请先生不要把它记心间。

大哥您见识高强有眼力，　也不枉三顾茅庐聘大贤。

咱如今有了先生为扶助，　怕什么天下慌慌民不安？

伐东吴虽然阻挡长江水，　不过是一篷须风驾战船。

小刘璋暧昧不明何足惧？　我想他未必长久坐西川。

曹阿瞒虽然雄兵有百万，　来上个水磨工夫同他缠。

昨夜晚博望坡前一把火，　烧得那肉身成炭地为烟。

　　张飞扬拳舞掌说个不完，玄德笑说："三弟你不要讲了，我与军师还有要事相商。夏侯惇虽然败走，曹操大军必然复来，我们将怎样拒他？"孔明说："新野小县不可久居，近闻刘景升病重，主公可趁机会先取荆州，以为安身之处。添上荆襄之众，加上新野士卒，足可以拒曹兵。"玄德说："先生之言倒也可行，但刘景升待我恩厚，安忍图之？"孔明说："今若不取，后悔莫及。"玄德说："我宁死也不肯夺同宗家业。"孔明闻言长叹不已！

第五十三回　曹操兵攻荆襄　孔明火烧新野

　　话说夏侯惇败回许昌，把自己绑捆起来见曹操。曹操说："胜败乃兵家常事，有什么罪？"令左右去其绳缚。夏侯惇告说博望坡被火烧败之事，曹操说："你久逢战场，岂不知窄狭之处，需防火攻的道理？"夏侯惇说："李典、于禁也曾说过，当时没听二人之言，导致大败，后悔莫及。"曹操闻言重赏李典、于禁。夏侯惇说："刘备、诸葛亮诡计多端，实为心腹大患，不可不早除掉。"曹操说："我所虑的是刘备、孙权，趁此时要扫平江南。"即传令起兵五十万，命曹仁、曹洪为第一队，张辽、张郃为第二队；夏侯惇、夏侯渊为第三队；于禁、李典为第四队；曹操自领大军为第五队，各领军兵十万。又令许褚为先锋官领兵三千，择定建安十三年秋七月丙午日出师。

　　曹孟德兴兵点将要南征，　来了上大夫北海老孔融。

　　你看他掠袍端带迈步走，　就说道此事不可造次行。

现如今刘备屯兵在新野，论声势较比从前大不同。

关云长超群刀马无人挡，张翼德英勇盖世谁不惊。

新添了关平周仓两员将，又有那白马银枪赵子龙。

刚聘到卧龙先生诸葛亮，这个人满腹韬略善用兵。

孙仲谋独霸吴越已三世，现如今龙盘虎踞在江东。

大都督神机妙算周公瑾，当世的文武全才比人能。

此二人当世英雄非易取，万不可无故作践众生灵。

话说孔融忠言直谏，说曹操凭空兴无义之师，恐失天下人所望。曹操大怒说："孙权、刘备皆大汉逆命之臣，岂能不讨？"遂责退孔融，传下令来，如有再谏者必斩。孔融羞愧出府，仰天长叹说："以至不仁伐至仁，安得不败也！"不料被身后一人听见，此人平素与孔融不和，将此话入告曹操，并说："孔融平时毁谤丞相，素与祢衡交厚，祢衡赞孔融'仲尼不死'，孔融赞祢衡'颜回复生'。从前祢衡百般羞辱丞相，都是他唆使的。"曹操闻言大怒说："孔融平日见我就很傲慢，全无恭敬之意，自恃其才，目空一切。今日阻挡发兵，久与刘备暗通，若不早除，必为后患。"遂将孔融下狱。孔融有二子，此时正在家中下棋，手下人来报说："你父被曹操捉去，将要斩首，二位公子可赶快逃走。"二子齐说："破巢之下安得完卵乎？我父如死，我们岂能偷生？"话还没说完，捉人的已到，把孔融的满门人捉去皆斩于市。后人有诗叹说：

北海高人老孔融，无端失节事奸雄。

只因直谏多开口，满腹文章不善终。

曹操杀了孔融，即刻传令五路大军起程，直奔新野去伐刘备，只留荀彧等守许昌，暂且不说。却说荆州刘表病重，使人来请玄德托付身后之事。玄德引关、张至荆州来见刘表，刘表一见玄德，眼中落泪。

刘景升大病卧床渐渐沉，见玄德含泪伸手拉衣襟。

你看他口中连连呼贤弟，有几句要紧言语你听真。

我如今病入膏肓难调治，不久要去见阎王伏鬼魂。

最可怜二子无才年尚幼，好一似两株孤树不成林。

贤弟呀我把全家托与你，咱同为汉室苗裔是同宗。

兄死后贤弟自为荆州主，倒省得九郡城池归他人。

你叔侄同心协力守家业，好歹的留下愚兄后代根。

老刘表一边说着泪如雨，刘皇叔纷纷秋雨湿衣襟。

刘表说完，玄德大哭失声，拜伏于地说："继承父业是公子的事，现有二位公子，小弟岂可为荆州之主？我当竭力辅助二位侄子，安敢有其他想法。"正说话间，人报曹操大兵已到。玄德闻报，急辞别刘表星夜回新野。刘表病中听到曹操兵到大吃一惊，与众人商议写下遗嘱："令玄德辅佐长子为荆州之主。"蔡夫人知道大怒，即刻关上内宅门，让蔡瑁、张允把住那四面城门，不许玄德、大公子刘琦再进荆州。此时，大公子刘琦在江夏，得知父亲病危，急从江夏来探望。才到城门，只见四门皆闭，在马上向城上高叫，只见蔡瑁站立城头说："你奉父命镇守江夏，任务重大，今抛城池擅来荆州，又无父命召你来，如若东吴兵犯江夏，江夏有失其罪不小，公子请回去吧！"说完下城去了。刘琦在城外大哭一场，无奈仍回江夏。刘表病势危急，盼望长子刘琦不到，昼夜啼哭，又想又恨，又愁曹操大兵到来无人能挡，连玄德也不得见了。一连数天汤水不进，至八月中秋，大叫数声而死。

刘表死后，蔡夫人竟同蔡瑁、张允擅立次子刘琮为荆州之主，然后发丧举哀。此时刘琮年方一十四岁，却十分聪明，见立他为主，乃与众人说："吾父下世，吾兄现在江夏，更有叔父刘玄德在新野，汝等擅自立我为主，倘叔父与兄兴兵前来问罪，我怎么答对？"众人未及说话，幕官李珪说："公子之言很对，不可不从。应急发哀诏至江夏，请大公子为荆州之主，再把玄德请来理事。这样北可以拒曹操，南可以拒孙权，这是万全之策。"蔡瑁闻言大怒说："你是何人？胡言乱语，敢违老主之遗命。"李珪大骂说："你兄妹为奸，废长立幼，眼看着荆襄九郡要毁于你们之手，故主有灵，也当杀汝于地下。"蔡瑁大怒，喝令推出斩首，李珪至死骂不绝口。蔡瑁命蔡氏宗族守荆州，刘琮及母前往襄阳驻扎，将刘表灵柩葬于襄阳城东，汉阳之原，竟不讣告刘琦、玄德知道。

贼蔡瑁内外安排自主张，即刻地葬埋刘表发了丧。
命宗族分兵守住荆州地，蔡夫人随同刘琮赴襄阳。
母子俩方才到任两三日，忽有名报事长探跑得慌。
他说道曹操大军将要到，老太太需要早早准备好。
蔡夫人闻听此言双眉皱，小刘琮惊了一个面儿黄。
一旁转过来东曹掾傅巽，进言道太太公子听其详。
且莫说曹操兵来忧患急，现放着心腹之患最应防。
大公子今在江夏屯兵马，蔡将军也曾不依他奔丧。
岂不知玄德孔明谋略广，又有那万将无敌关与张。
但怕他暗地勾通结成党，两下里合兵一处犯荆襄。
咱如今外忧内患一齐起，务必要早早打算拿主张。

傅巽说完，刘琮说："既如此，事将奈何？"傅巽说："我有一计可使荆襄之众安如泰山，又可保全主公。"刘琮说："计将安出？"傅巽说："不如将荆襄九郡献于曹丞相，将军必受重待。"刘琮闻言变色说："少得胡言，孤受先君之基业，尚未坐稳，岂能弃之他人？"蒯越在旁接口说："傅年兄之言是对的。孟子说：'顺天者存，逆天者亡。'寡不敌众，顺逆强弱不可不知。今曹操南征北讨以天子为名，主公拒之，其名不顺。且主公新立，内患未除，外忧将作。荆襄之民一闻曹操兵到来，不战而胆先破，安能对敌？"刘琮说："诸公好言非我不从，但以先君之基业，一旦付之他人，恐天下人耻笑……"话还没说完，一人昂然而出说："傅巽、蒯越二公之言甚好，主公何不从之？"众人一看，乃山阳高平人，姓王名粲字仲宣，生得容貌秀弱，身材短小，才学、记性人不能比，若遇道旁碑文，一看就能记住背诵。一次观二人下棋，偶被风吹乱，他照旧摆出，一点不差。此人满腹经纶，天下闻名。十七岁时天子召他做官，不肯出仕。后因避乱至荆州，刘表用之，待为上宾。刘表死后，同蔡夫人、公子刘琮来襄阳，所以今日来谏刘琮。刘琮说："以先生高见应如何？"王粲说："我有话说与主公。"

> 王仲宣尊声主公听我言，须知道看事分明要周全。
> 曹丞相兵强将勇谁不晓，他手下许多谋士非等闲。
> 想当初水淹下邳一场战，白门楼生擒活捉吕奉先。
> 次后来河北袁绍被他灭，到如今冀州城下血未干。
> 董国舅只因泄露衣带诏，断送了五家忠臣甚可怜。
> 吉太医为下毒药送了命，惊得那西凉马腾去不还。
> 刘玄德纵有关张两员将，也被他攻破城池好几番。
> 咱如今将寡兵微钱粮少，要想着以弱敌强得胜难。

王粲说完，刘琮说："如今之计应当怎样？"王粲说："曹操兵多将勇，又足智多谋，吕布、袁绍俱丧在他手，望风投降者不可胜数。今领大军南下荆襄，势难对敌。傅、蒯二人之谋是上策，主公不可迟疑，免得后悔。"刘琮说："先生之言极是，得告知母亲才行。"话没说完，只见蔡夫人自屏风后转出，向刘琮说："既是他三人所见皆同，何必告我。"刘琮见母亲如此说，主意已决，即刻写降书，差宋忠暗地献于曹操。曹操看书大喜，重赏宋忠，吩咐叫刘琮出城迎接，便让他永为荆州之主。

宋忠拜辞曹操取路而回，将要渡江被云长捉住见了玄德。宋忠隐瞒不了，遂将刘琮投降曹操之事据实说了。玄德闻听大哭失声，张飞说："事已至此，空哭无益。不如先斩宋忠，起兵渡江夺了襄阳，杀了刘琮母子，然后再与曹操交战。"玄德说："三弟不可多言，愚兄自有斟酌。"遂不斩宋忠，放他走。忽报公子刘琦差伊籍到来，玄德感其昔日相救之情，下阶迎之，再三称谢。让座已毕，伊籍说："今大公子闻知其父已死，蔡夫人与蔡瑁不让他奔丧，竟立刘琮为荆州之主。

恐使君不知此事，特差我来报信，并请使君发兵同往荆襄问罪。"玄德说："大公子只知刘琮为荆州之主，还不知刘琮已将荆襄九郡献与曹操。"伊籍闻言又惊又恨。

伊籍他闻听此言恨满腔，顷刻间气了一个脸儿黄。

现如今蔡氏横行无道理，他竟然擅立幼子不报丧。

倒不如杀了刘琮母子俩，从今后弃了新野占襄阳。

孔明点头说："智伯之言极是，公道自在人心，正该如此，主公可从之。"

刘玄德闻听此言又皱眉，二目中痛洒西风泪两行。

他说道景升遗言犹在耳，我怎肯回头转眼丧天良？

倘若是杀其妻子夺其地，九泉下见了刘表面无光。

玄德话到伤心处哀哀痛哭，此时孔明在旁说："主公不可悲伤，今曹兵已到，怎么拒敌？"玄德说："为今之计，不如弃新野走樊城以避之。"正在商议，探马来报，曹兵已到博望坡。玄德着慌，即让伊籍速回江夏，准备兵马共抵曹操，一面与孔明商议迎敌之策。

孔明说："主公放心，曹兵虽多，但我仍叫他中博望坡之计。新野小县实难久停，不如早到樊城为妙。"计议已定，即刻四处张榜晓谕居民，无论男女老幼，愿从者则从，不愿从者听其自便。遂差孙乾往河边调拨船只救济百姓，又差糜竺护送家眷先到樊城。一面聚集众将听令，先差云长：引一千军在白河上头埋伏，各带布袋，多装沙土堵住白河之水。次日三更后，若听下流人喊马叫，就让军卒取起布袋放水，再顺水杀将下来接应。又命张飞：引一千军去博陵渡口埋伏，此处水势最慢，曹兵被水淹必从此处逃走，以便乘势追杀。又命赵云：引军三千分为四队，自引一队伏于东门之外，其余三队分别伏于西、南、北三门。在城内民房之上多藏硫黄、焰硝等引火之物。曹兵入城必占民房安歇，黄昏之后必有大风，看见风起，便令西、南、北三门伏兵，用药箭射进城去。待城中火势大作，就在城外呐喊助威。只留东门放他逃走，你却于东门外从后击之，天明会合关、张同回樊城。赵云领命依计去了。

诸葛亮布谋定计善用兵，安排着火烧新野走樊城。

命云长领兵堵住白河水，张翼德截杀曹军伏博陵。

又吩咐赵云人马分四队，准备着点火烧城立大功。

眼看着分头去了三员将，拔令箭又差糜芳和刘封。

叫二人各带两千人和马，埋伏在新野城外作疑兵。

但看着林中火起曹兵败，二将官左右齐出两下攻。

孔明吩咐已毕，乃与玄德登高观望，等待时机，暂且不提。

却说曹操让曹洪、曹仁领兵十万为前部，杀奔新野而来。是日天到午时，大军离新野城不远地方，地名叫鹊尾坡。只见坡前一队人马，打着旗号，分为二队左右而立。此时许褚带领三千铁甲军头前开山破路，见此光景心中生疑，不敢前进，人马扎住行营，急忙拨回马来见曹仁。曹仁告他说此情形是疑兵，并不是埋伏，只管前进无妨。许褚提兵前进，不见兵马在何处。此时，日将西沉，只见前面山头之上竖着一面大旗，旗下两把伞盖，左玄德右孔明，在那里对坐饮酒。许褚一见大怒，就要催马上山，山上滚木礌石打将下来，人马不能上山。又听得山后炮声大作，正想找路上山厮杀，但天色已晚，曹仁传令，命人马先夺新野城歇息，明日再作商量。

在此时日落西山渐黄昏，　曹营里大家商议把兵屯。
都只为天色已晚难交战，　因此上要夺新野暂歇军。
呼啦啦人马飞奔如水流，　看了看静静无人敞四门。
直直地闯入城中无阻挡，　可真正喜坏曹洪和曹仁。
他们俩马上鼓掌哈哈笑，　都说道玄德孔明啥能人。
想必是势孤力穷难久住，　老早地望影而逃起了身。
最可笑坐在山头胡捣鬼，　还要想虚张声势来哄咱。
咱暂在新野城中宿一晚，　待成功还需忍耐到天明。

二人领兵进了新野城，就在衙中安歇，传出令来命军卒各找民房歇息，次日好进兵。此时曹兵人马困乏，都去找民房，做饭充饥。初更后，狂风大作，守门军飞报火起。曹仁说："此必军士做饭不小心失了火，不可惊动大家。"言还未尽，一连数处来报西、南、北三门大火齐起。曹仁大惊，急令军士上马出城，哪还出得去呢？四面八方一片通红。曹仁着急引众将突围，寻路奔走。闻说东门无火，曹仁、曹洪和众将舍命闯出东门，才脱火险，背后一声大喊，赵云领兵赶来混战。曹兵只顾个人逃命，谁肯回身厮杀。正在奔逃时，糜芳、刘封引兵齐出，大杀一阵。直杀至四更时，曹军人困马乏，军士大半焦头烂额，逃到白河水边。可喜河水不深，人马都下河饮水，人相喧嚷，马尽嘶鸣。此时云长在上流头听得真切，急令军士一齐取起布袋，水势滔天，直扑下流头而去。曹兵淹没在水中，死者不计其数。曹仁引众将往水浅处逃走，走到博陵渡口，只听喊声大起，一彪军马拦路，当先一员大将乃张飞，两下不曾答话，交锋大杀。正杀之间，又遇许褚杀来，三人混战厮杀。曹仁不敢恋战，夺路而逃。此时天已平明，玄德、孔明众将齐到，大家收兵回了樊城。

　　话说曹仁、曹洪和许褚三人，收集残败军马在新野驻扎，让曹洪去见曹操，报说新野遭火烧，后又被水淹，以致兵败之事。曹操听后大怒说："诸葛村夫安敢如此猖狂？"遂催动三军直至新野下寨，差人一面搜山，一面填河，令大军分为八路进攻樊城。

> 曹孟德兵分八路取樊城，苟文若来至帐前打一躬。
> 他说道丞相威名满天下，昨一日收了投降小刘琮。
> 咱如今大军初入襄阳郡，万不可无拘无束任意行。
> 昨夜晚火烧新野一场战，众居民纷纷四散各逃生。
> 这一回兴兵去把樊城取，受害的又是全城众百姓。
> 自古道仁君爱民如爱子，劝丞相收买人心是正经。
> 倒不如差人前去见刘备，要叫他前来投降进曹营。
> 他若是一味执迷不应允，咱们再兴兵去夺那樊城。

　　苟彧说完，曹操从其言，便问帐下将官，差何人前去？苟彧说："徐庶与刘备交厚，如今现在军中，何不差他前去？"曹操将徐庶唤进帐来说："吾本想扫平樊城，怜惜百姓性命，烦先生去说告知刘备，如肯来降可赦免其罪，加赏封官；他若执迷不悟，难免玉石俱焚。吾知先生忠义，特烦一往，必不负吾之托也。"徐庶受命而行。到了樊城，玄德、孔明一齐迎接，共叙昔日之情。徐庶说："曹操差我今日来招降使君，此乃曹操收买人心之计。他今兵分八路攻取樊城，此城恐不可守，望早做安排。"玄德要留徐庶，徐庶说："我若不速回去，老贼必要生疑。今老母已故，抱恨终身。我虽在曹营，誓不为设一谋。使君有卧龙辅佐，何愁大业不成？我就此告别去了。"玄德无奈只得洒泪而别。徐庶回见曹操，说明玄德并无投降之意。曹操大怒，即日进兵樊城。玄德问计孔明，孔明说："可速弃樊城赴襄阳暂住，再作商量。"玄德说："可怜百姓相处日久，怎忍心抛弃？"孔明说："可让人遍告百姓，有愿随者同行，不愿者自便。"玄德同意，令孙乾、简雍绕城高呼："今曹操大兵将至，孤城不可久守，我们要撤出城去。众百姓有愿追随的可同行渡江，不愿追随的可听其自便。"喊完了一遍，满城百姓俱都情愿同行。

　　此时城中百姓听得孙乾、简雍喊声，各处齐声大呼：我们就是死也与使君死在一处。然后各家安排起身。有用车辆载的，有用驴马驮的，有用担挑的，也有扶老携幼的，闹闹哄哄悲声四起。此时关公已将渡船安排好，大家不多时同到江边。玄德登船立在船头，见百姓忙乱争渡，拥挤不堪，不由得心如刀绞，失声大哭说："我刘备无能，使众百姓遭此大难，不如一死算了。"一边说着就要投江自尽，左右一齐拦住，俱各掩面痛哭。不多时船到南岸，玄德回顾百姓，有不得过江的望南而哭，又令关公催船再渡，这才上马与百姓同行。

来到襄阳东门之外，只见城上遍插旌旗，玄德勒马大喊说："刘琮贤侄快快开门，我为救万民而来，并无他意。"刘琮听是玄德叫喊，不敢见面。这时蔡瑁、张允走上敌楼，吩咐守城军卒乱箭射下，城外百姓皆望敌楼大哭。

城中忽有一将领数百人跳上楼，大骂："卖国奸贼，刘使君乃仁义之主，今为救民而来，因何不开城门？"其人身长八尺，面如重枣，乃义阳人，姓魏名延字文长，素行忠义。他闻听蔡瑁、张允不许玄德进城，心中大怒，走上城来，舞开大刀砍死守门军士，开了城门，放下吊桥来，大叫："刘使君快领兵进城，共诛卖国贼。"张飞闻言催马入城，玄德急止之说："三弟不可入城，恐吓坏百姓。"话还没说完，只见城中一将飞马引军而出，大叫："魏延无名小卒，安敢造反！认得我大将文聘吗？"魏延大怒，抢刀跃马来交战，两下军兵就在城边混战厮杀。玄德见此光景恐伤百姓，便与孔明商议，不入襄阳直奔江夏去。魏延和文聘交战自辰至午，手下军卒渐渐死尽，无奈拨马而逃，又寻不着玄德去向，只得单人独马投长沙太守韩玄去了。

却说玄德带领将士百姓数万人，大小车辆数千，挑担背负者不计其数。路过汉阳，只见道旁碑文上有一行大字：荆襄太守刘景升之墓。玄德一见哀哀痛哭不止，他说道："兄长呀！小弟刘备无德无才，有负吾兄相托之重了。"

> 刘玄德看完碑文心痛酸，带领着军民将士跪坟前。
> 我自从古城兵败来投奔，历年来多蒙兄长另眼看。
> 实指望协力同心图大业，舍性命重扶汉室锦江山。
> 谁料想志愿未遂身先亡，咱二人阻隔阴阳见面难。
> 空叫我千行血泪江边洒，从今后万种相思各一天。
> 临危时一件大事托付我，我只是千斤担子不肯担。
> 到如今后悔不听你的话，落得来荆襄九郡属阿瞒。
> 你在那九泉之下不瞑目，小弟也漂流无处把身安。
> 这原是蔡氏姐弟干的事，并非我忘却同宗一脉传。
> 大哥呀你若还有英灵在，保护着军民将士得周全。
> 好歹的大汉江山存片土，也不枉你嘱咐我那一番。
> 刘玄德捶胸跺足哀哀痛，两旁里哭坏文武众将官。

大家正哭之时，忽有哨马来报说："曹操大军已屯樊城，即收拾渡船，不久过江来。"玄德闻言大吃一惊。众将说："江陵要地足可拒守，今领百姓数万，日行二三十里，似这样几时才到江陵？倘追兵赶上如何迎敌？不如舍了百姓，以速走为妙。"玄德大哭说："自古举大事者以民为本，今日百姓归服于我，安忍弃之？我宁与百姓同死于曹贼之手，也不肯舍之而去。"百姓闻言莫不伤感流泪。

玄德带领数万军民，拥护家眷缓缓而行。孔明说："追兵不久就到了，可令云长往江夏去借兵数万，让公子刘琦急速起兵，会于江陵，共抵曹兵。"玄德从之，立刻修书一封，令云长和孙乾领兵五百往江夏求援。令张飞断后，赵云保护家眷，其余将士护佑百姓而行，每日不过二三十里路就得住下歇息。

此时曹操兵屯樊城，使人渡江招公子刘琮前来相见。刘琮惧怕曹操，不敢前去。蔡瑁、张允催促刘琮速去，唯恐去迟了曹操见怪。王威密告刘琮说："如今将军已投降，玄德渡江逃走，曹操必然宽心大意，不做准备。将军可出奇兵埋伏于险要之处击之，曹操可擒矣！擒了曹操威名震天下，中原虽广可传旨而定，此千载难遇的机会，主公不可失也。"刘琮听后迟疑不决，以此言告知蔡瑁，蔡瑁责怪王威说："你不知天命，在此胡言乱语。"王威说："卖国之贼，背主忘恩，将九郡土地去换富贵功名，人人皆欲食你肉。我乃忠心保主，怎说胡言？"蔡瑁恼怒，要杀王威，左右劝阻方止。蔡瑁与张允同到樊城拜见曹操，曹操问："荆州军马钱粮共有多少？"二人答说："马军五万，步军十六万，水军八万，共不足三十万。钱粮汇陵最多，自有册籍可查。"曹操又问："战船多少？是何人管领？"二人回答："大小战船一共七千余只，就是我们二人管领。"曹操闻听大喜，遂封蔡瑁为镇南侯，水军大都督；封张允为助顺侯，水军副都督。二人大喜拜谢。曹操又说："刘景升已死，其子又来降顺，我不计他收留刘备之罪。今当表奏天子，使刘琮永为荆州之主。"二人喜之不胜。

曹孟德亲封二人为都督，	帐前里谋士荀攸大不服。
你看他秉手当胸尊丞相，	就说道事要斟酌莫心粗。
现如今蔡瑁张允人两个，	看样子俱是谄媚面谀徒。
虽然是闻风而降来纳贡，	却原来忠义之心半点无。
似这样小人如何堪大用？	岂不知弃旧迎新不丈夫。
常言说前车既覆后当戒，	看一看他对刘琮是如何？
曹阿瞒闻听此言微微笑，	叫了声先生不必犯思量。
他二人荆襄九郡双手献，	咱岂可眼中无人将他疏？
又何况北军不曾习水战，	一个个摆渡撑船俱不能。
暂用他教练水军演兵马，	事成后自有办法将他除。

曹操说完，荀攸躬身拜谢说："丞相高见，人不及也。"说完自归本帐去了。

却说蔡瑁、张允二人回见刘琮说道："今曹公对我二人当面许下，要奏明天子，使将军永为荆州之主，这实出本心，并不是虚言。"刘琮大喜，重赏二人。

次日同蔡夫人捧印绶兵符，亲自渡江迎拜曹操。曹操大喜，统领大军直入襄阳府中坐定，将蒯越、傅巽、王粲三人唤来，说："刘琮投降，皆你三人之力也，蒯越为樊城侯，另二人皆封关内侯；刘琮封为青州刺史，即日起程。"刘琮闻听大惊，亲见曹操，愿辞官不做，请回父母乡土。曹操不允，立刻逼他赴任。刘琮无奈，只得与母亲蔡夫人同赴青州，只有旧将王威跟随，其余众官送至江口而回。曹操密差于禁引军五百赶至中途，将蔡氏母子和老将王威以及跟随人役，尽都杀死。又差人往南阳杀孔明家眷，那孔明自出茅庐之后，已将妻小不知移到何处去了。曹操心中甚恨，但也没办法。

曹操得了襄阳设宴庆贺。荀攸拜见曹操说："江陵乃荆襄重地，钱粮众多。刘备若据此城死守，很难除掉。"曹操说："我也早虑到这些，你我不谋而合。"说话之间，襄阳众将俱来参拜，唯独不见文聘，曹操使人寻找，方才来见。曹操说："将军为何来迟了？"要知文聘怎么说，且看下回书。

看累了，不妨听一听 (35)

第五十五回 ｜ 曹操大兵围景山 赵云单骑救阿斗

话说文聘来迟，曹操问："将军为何来迟？"文聘未曾开口，先失声哀叹。

> 老文聘未曾开口蹙眉头，你看他长吁短叹声不休。
>
> 意沉沉秉手当胸呼丞相，且休怪末将做得礼不周。
>
> 刘景升从来待我恩情重，原就该食人之食忧人忧。
>
> 大不幸故主年迈身辞世，抛撇下夫人蔡氏一女流。
>
> 现有着刘琦刘琮兄弟俩，众将官理应扶他坐荆州。
>
> 我如今一字不知若做梦，有人竟唆使母子把降投。
>
> 虽然说一木不能支大厦，也觉得君辱臣降满面羞。
>
> 老文聘挺身而立不肯拜，曹阿瞒手捻胡须频点头。

曹操见文聘这番光景，点头叹说："真忠臣也。"遂封为江夏太守，赐爵关内侯，叫他引军开道，追杀刘备。忽有探马来报说："刘备带领百姓日行只二三十里，走得不远，可以赶上。"曹操听后令八路军马部下，各选精甲兵五千，共是四万人马，限一日一夜，务必赶上玄德，大军随后而进。却说玄德带领十数万百姓，三四千军马，一程一程挨次往江夏进发。赵云保护老小，张飞断后。孔明说："云长去江夏借兵，杳无音信，倘曹兵追来怎样对敌？"玄德说："敢烦军师亲自云走一遭，那刘琦感念昔日登楼求教之情，无不发兵之理。"孔明应允，即同刘封领兵五百急往江夏求救去了。玄德自与简雍、糜竺、糜芳拥护百姓同行。正走之间，忽然狂风大作，面前刮起尘土冲天。玄德大惊，急问简雍："此何兆也？"简雍说："这是大凶之兆，应在今夜，主公应速弃百姓逃走，不然大祸难免矣！"玄德闻言双双落泪感言。

> 咱那日为避曹兵弃新野，众百姓情愿跟随走樊城。
> 次后来又舍樊城走江夏，最难得百姓依旧要同行。
> 一路上千辛万苦同遭罪，屈指算舍命奔逃十日零。
> 虽然是百万雄兵眼前到，我怎肯半途而废无始终？
> 我宁与民生同生死同死，也不能抛舍赤心众生灵。
> 大不了枪刀林里一场战，哪怕是粉身碎骨也心甘。

玄德掩面大哭，军民无不落泪。大家哭了一回，玄德这才止住泪眼问道："前面是何地方？"左右答说："前面是当阳县，离此不远有一座山，山叫景山。"玄德传令就依此山安营下寨。

此山草木不多，军民无所依靠。时值秋末冬初，凉风彻骨，黄昏将尽，哭声遍野。至四更时候，只听得西北角下，喊声震地而来。玄德大惊，知道曹兵来到，急上战马，引本部精兵二千余人迎敌，被曹兵围住大杀一阵。曹兵越杀越勇，势不可当。玄德无奈，只得舍命冲杀。正在危急之中，幸得张飞杀开一条血路，将玄德救出重围，直向正东而逃奔，又被文聘当先，挡住去路。玄德在马上用剑指着大骂："背主卖国之贼，有何面目前来？"一边骂着催马抡剑当头就劈。文聘满面羞愧，并不答话，也不交手，拨转马头往东北去了。

张飞保着玄德且战且走，逃到天明，闻喊声远了，这才下马休息。手下跟随军士只有百十余人，家眷、百姓、糜竺、糜芳、简雍和赵云等一千多人不知下落。玄德大哭说："几万生灵皆因恋我遭此大难，诸将家小不知下落，存亡未保，真让人悲痛欲绝！"

大家正在凄惶，这时忽见糜芳踉跄而来告说："赵子龙投降了曹操。"玄德责备说："子龙是我故友，安能背我而去？"张飞在旁说："他今日见咱势孤力穷去投曹操，也是有可能的。"玄德摇头说："不然，子龙从我于患难之中，心如铁石，绝不可能弃我而去。"糜芳说："我亲眼见他往西北而去，不是背叛又是什么？"张飞说："待我前去寻他，若撞着那个无良心的，定要一枪刺死，方解我心头之恨。"玄德说："三弟不要错怪了他，不记得你二哥诛颜良、文丑之事吗？子龙此去并不是降曹，必有别的事。"张飞哪里肯听，遂引二十余骑而去。到了长坂坡桥，见桥东一带有树木，张飞遂心生一计，令他带来的二十余骑，都砍下树枝拴在马尾上，在树林里往来跑动，拖起尘土以作疑兵。张飞立马于桥上，横丈八蛇矛向西而望，等曹兵来时好寻赵云厮杀。

却说赵云自四更时分与曹兵交战，往来冲突，杀至天明不见玄德，又失去了玄德家眷，心中甚是着急。打算决一死战，也要找到主母与小主人的下落。回顾左右，只有三四十骑相随，子龙提枪催马在乱军中各处寻找，百姓痛哭之声震天动地，中箭、着枪、抛儿弃女而走者不计其数。赵云又惊又痛，正走着看见一人卧在草丛中，一看乃是简雍。子龙急忙问，可见二位夫人？简雍说："二位夫人舍了车仗，怀抱阿斗走了。我飞马赶去，转过山坡被一将一枪刺下马来，被他将马夺去了，我无奈故卧于此。"子龙将随人所乘之马与简雍骑坐，又派二人扶持简雍先去报知主人。心想：我上天入地也要寻到主母和小主人，若寻不见时便死于军中。然后拍马往长坂坡而去。正走之间，忽有一人大叫说："赵将军要往哪里去？"子龙勒马一看，见此人浑身是血，并不认识，提枪问道："你是何人？为何叫我？"那人说："我乃刘皇叔帐下护送车仗的军士，被箭射倒在此。"子龙便问二位夫人消息。军士说："方才甘夫人披头跣足，相随一伙百姓妇女往南去了。"子龙闻言急催战马往南赶去。走不多远，只见一伙百姓男女数百人，哭哭啼啼相携而走。子龙大叫说："内中有甘夫人吗？"甘夫人跟随众人不上，正在后头，看见子龙放声大哭。子龙下马插枪于地，泣说："使主母失散受惊，是我之罪也！糜夫人与小主人安在？"甘夫人长叹一声说："将军问起他们来，就令人一言难尽了。"

甘夫人正在哭诉，忽有一队人马到来。子龙提枪上马，只见马上绑着一人是糜竺，跟随一将，手提大刀，引着千余人而来，此将乃曹仁部下淳于导，擒了糜竺要去献功。子龙催马拧枪赶来，直取淳于导。淳于导抵挡不住，被子龙一枪刺于马下，夺马二匹，救下糜竺，请甘夫人同糜竺一齐上马，杀开一条血路，直送至长坂桥。见张飞勒马横枪立于桥头，大叫："赵云，你背叛投降曹操，有何面目前来见我？"子龙说："我因为寻主母落后，三哥何出此言？"张飞说："你说没背叛，保的糜夫人和小主人呢？"说话之间，把甘夫人并糜竺让过桥去，独不许子龙上桥。子龙无奈，拨马复回曹营寻找糜氏母子。正走之间，只见一将，手提长枪，背着一口剑，引十余骑跃马而来。子龙并不答话，挺枪直取那人，交马只三个回合，把那将一枪刺死，随人逃散。原来曹操有宝剑两口，一名倚天剑，自己佩带；一名青釭剑，让随身监将夏侯恩佩带。今被子龙一枪刺中，子龙下马取剑，提枪上马杀入重围，回顾所领军士并无一人，只剩孤身。他四处寻找，看见百姓就问糜夫人消息，忽有一人说："糜夫人抱着孩子，腿上中了一箭，不能行走，在前面破墙之下坐着哭呢！"子龙听说急忙去找，看见夫人抱着阿斗，在破墙角边枯井之旁坐着，将有投井之势。子龙下马哭拜于地。

> 糜夫人抬头看见赵子龙，你看她双袖掩面放悲声。
> 哀切切叫道将军快请起，听我把话儿说给你心中。
> 小阿斗甘氏所生非吾子，俺从来视为己生一样痛。
> 不知他母亲性命在不在，急煞人被兵冲散各逃生。
> 我今把这个孩子托付你，千万要搭救小主出火坑。
> 好歹的要他父子见一面，那时我死到九泉目也暝。

糜夫人说完，复又哀哀痛哭。子龙泣说："夫人受难是赵云之罪，不可迟延。请夫人上马，待末将步战厮杀，保着夫人闯出重围。"糜夫人说："不可！将军不可无马！此子专赖将军保护，我已受重伤，死何足惜？望将军速抱阿斗逃走，勿以我为累赘。"子龙说："追兵将至，喊声四起，请夫人速速上马，好闯出重围。"夫人说："儿在怀中不能上马。"乃将阿斗递给子龙，子龙解开袍甲，用线绳把阿斗扎在怀中。夫人说："此子性命全在将军身上。"子龙三番五次请夫人上马，夫人只是不听。四面喊声渐近，子龙着急，大声呼喊："夫人不听我言，贼兵若至，如之奈何？"夫人双足一纵，反身投于井中而死。

子龙见夫人已死，眼望着枯井哭了一场，听得曹兵呐喊之声渐渐将近，又恐曹兵盗其尸骸，当即推倒土墙掩了井口，将怀中阿斗扎了个结实，然后提枪上马。这时恰有一队军马到来，旗上写的是大将张郃。子龙并不答话，奋力交锋，约战十余合，子龙不敢恋战，夺路而走。张郃哪里肯舍，随后赶来。子龙飞马奔走，没提防连人带马跌落土坑之内。

曹兵四面围住，套锁挠钩一齐动手。正在危急之际，忽然一道红光自土坑中滚起，这时白龙马将身一纵，刷的一下跳出坑来。子龙如在云里雾里一般，拧枪崔马冲开曹军夺路而走。背后忽有二将大叫：赵云休走！面前又有二将截住去路。后面追赶的是马延、张颐，前面阻来的是焦触、张南。子龙力战四将，毫无惧色，而曹兵蜂拥而至，这时子龙忙拔青釭剑在手，远者枪刺，近者剑砍。枪刺者穿衣透甲，剑砍者尸分两段，一阵乱杀乱砍，才杀退众军，闯出重围。

此时曹操在景山上观兵，望见一员白袍将，单枪独马，任意纵横于万马军中，如入无人之境。急问左右，此将是谁？曹洪说："此常山赵子龙。"曹操说："真虎将也，一定要生擒活捉，为我所用。"遂差曹洪飞马传报各处，如赵子龙到处不可放冷箭伤他，只要生擒活捉，违令者斩首。曹操传出此令，谁敢违抗。所以子龙所到之处无人拦阻，怀抱阿斗直穿重围，砍倒大旗两面，夺槊三条，剑刺枪挑杀死曹营名将五十余员，军卒不计其数。杀得汗湿铠甲，血溅素袍，催马提枪离了曹兵大队。正走之间，又有数员大将赶来，都被子龙杀退。子龙直奔长坂桥而来，又听后面喊声大震，原来是文聘引兵赶来。

第五十六回　张飞大闹长坂桥　刘备败走汉津口

　　话说文聘领兵赶来，子龙奔至长坂桥边，人虽不困，马已乏矣。见张飞横矛立马在桥上，子龙大叫说："三哥闪开，让我过桥。"张飞把马一跨往旁一闪，子龙纵马闯过桥来，行有二十余里，只见玄德与众人俱在树下，子龙滚鞍下马哭拜于地。玄德上前把子龙抱住，泪如泉涌。

　　子龙跪在玄德面前，闭目低头久久不能言语。玄德将他抱在怀中，泪如涌泉，心似刀绞一般，连声叫道："四弟醒来，四弟醒来，吓坏愚兄了。"子龙喘息多时，这才睁开双眼，哭着说："赵云之罪万死犹轻，夫人身带重伤不肯上马，末将没有提防，夫人投井死了。我只得推倒土墙，掩了井口。怀抱小主人死闯重围，托小主人洪福幸而得脱。方才小主人还在怀中啼哭，这一回不见动静，想是有些难保了。"忙解袍看，可喜阿斗竟在子龙怀中睡着了。子龙欢喜说："幸得小主人无恙。"遂双手递给玄德，玄德接过掷之于地说："为这一小冤家几乎损我一员大将，要你这孺子干什么？"子龙忙从地下抱起阿斗，哭拜说："夫人身亡，小主人受惊，皆我之罪，蒙主公如此宽宏，我赵云虽肝脑涂地也不能报答。"遂将阿斗递与甘夫人抱去，大家就在树下围坐，共诉被困之事。

　　再说文聘引军追赶赵云至长坂桥，只见张飞倒竖虎须，圆睁环眼，手握蛇矛，立马桥上。又见桥东树林之后尘土冲天，疑有埋伏，忙收住战马不敢前进。停不多时，曹仁、李典、夏侯惇、夏侯渊、乐进、张辽、张郃及许褚等一齐俱到，见张飞怒目横矛勒马立于桥上，又怕是孔明之计，不敢近前。只得扎住阵脚，人马雁翅摆开，使人飞报曹操。曹操闻知，策马来看，从阵后偷偷观看，只见张飞圆睁环眼，立马横矛，样貌甚是凶恶，就像烟熏的太岁，火燎的金刚一般。此时张飞见后阵上，青罗伞盖，旄钺旌旗，便知是曹操疑心，亲自来看。张飞在马上大声喝曰："我乃燕人张翼德，谁敢与我决一死战？"接连大喊数声，如同沉雷一般，曹军闻之无不发惧。

张翼德立马横矛气昂昂，站桥头大喊三声震上苍。

如同是贯耳春雷平地起，喝得那河水倒流两分张。

旁边里寒林黄叶纷纷落，鹊巢中惊起飞鸟远翱翔。

曹家军齐乱拨马往后闪，曹阿瞒吓了一个面儿黄。

在马上眼望众将低声语，我想起云长那日在许昌。

他往那白马津边去出战，头阵上刀诛文丑斩颜良。

我称赞云长武艺人间少，云长说燕人张飞比他强。

练就得万将无敌枪一杆，果真是捉将擒兵如探囊。

咱今日与他当头逢夹道，必须要格外谨慎犯提防。

曹孟德说话之间心惊惧，众将官个个改色面带慌。

张飞立于桥头，挺枪大喝说："燕人张翼德在此，谁敢与我决一死战？"喊声未绝，曹操身边一将名唤夏侯杰，惊得肝胆碎裂，翻身倒于马下。曹操拨马而走，三军众将一齐奔逃，正是黄口孺子怎闻霹雳之声，病体樵夫难听虎豹之吼。一时间人如潮涌，马似山崩，丢枪落盔，自相践踏者不计其数，有诗赞曰：

好似春雷贯耳鸣，千层杀气令人惊。

横枪立马三声喊，喝退曹营百万兵。

曹操被张飞吓破胆了，拨马就走，帽子也掉了，发也乱了，只顾奔逃。张辽、许褚赶上，拦住马头。曹操手足失措，不敢回顾。张辽说："丞相不要着慌，料那张飞一人，何必深惧，咱要回军杀去，刘备可擒矣。"曹操见是张辽这才神色稍定，乃令张辽、许褚复回长坂桥探听消息。再说张飞见曹军一拥而退，满心欢喜，急唤跟随军士摘去马尾树枝，将长坂桥拆毁，这才回马来见玄德，向玄德说喝退曹军、拆除桥梁一事。玄德说："吾弟勇则勇矣！就是不善于用脑。"张飞问其故，玄德说："你今拆除桥梁，曹操追兵必复来。"张飞说："他被我一喝倒退数里，岂敢再回？"

再说许褚、张辽来到长坂桥看了看，人也没了，桥也拆了，急忙回报曹操。曹操说："他今拆桥而去是心怯也，可速搭浮桥连夜追赶。"李典说："这其中恐有诡诈，不可不防。"曹操说："诸葛亮虽有机谋，当阳一败锐气全挫，桥梁既断，逃走无疑了，还有何诈？"遂下令火速进兵，务要赶上玄德，给他个斩草除根。

却说玄德急行军将近汉津，忽见后面尘土冲天，杀声震地，玄德仰天叹说："前有大江阻路，后有雄兵追击，新败之后，人困马乏，少粮无草，怎样对敌？此处是我尽头之地了。"赵云说："主公勿忧，末将不才，还能与曹兵决一死战。"张飞说："大哥同众将保护老小，我与子龙共拒曹兵。"二人准备迎敌。

175

再说曹操催督大军追赶玄德，相隔不远，吩咐下寨安营。

> 曹孟德安营下寨把令传，大帐里吩咐儿郎众将官。
>
> 现如今长坂坡下一场战，刘玄德锐气全挫不似前。
>
> 前面里阻隔一道长江水，白茫茫雪浪翻腾少渡船。
>
> 两边厢山高涧陡无出路，不怕他插翅飞上九重天。
>
> 似这等瓮中之鳖笼中鸟，众三军要是捕捉有何难？
>
> 必须要斩草除根不再发，万不可纵龙入海虎归山。
>
> 有谁能擒军捉将把功立，即刻就赐爵封侯不食言。

曹操传下令来说："玄德、孔明、关羽、张飞和赵云之辈有能擒一名者，赏千金，封万户侯。"众将闻言个个争先，各提枪刀上马追杀。忽见山坡之后，鼓声响处，一彪军马飞出，一人高声喊道："老爷在此等候多时了。"众人举目一看，当头一员大将，座下赤兔追风马，手中拿着青龙偃月刀，原来是关公往江夏借了军马一万，闻知长坂坡下大战，带领人马要奔长坂坡救应，不想来至此处正遇追兵，纵马舞刀挡住曹军去路。曹营众将素知关公立斩华雄，连诛颜良、文丑，过五关斩六将，威名震天下，谁人不惊？今日曹军望见关公早有三分惧怕，谁愿出头送死？关公见曹军胆怯，领兵一直冲过来。曹操恐中孔明之计，传令大军速退。众将早已胆怯，听到退军之命，谁不快走？一个个乱卷旌旗，倒拖战杆，大败而逃。

关公追杀十余里收兵而回，保护玄德同往汉津，已有船只等候。关公请玄德并甘夫人抱阿斗船中坐定。忽见江南岸战鼓响连天，船桨密摆，顺风扬帆而来。一员少年小将，白面、素盔、银铠立于船头，口中大声喊道："叔父别来无恙，小侄救兵来迟，罪过！"众人一看，是公子刘琦。刘琦跳过船来，哭拜于地说："闻叔父被困，小侄特来接迎。"玄德大喜，合兵一处，同伴渡江，共诉离别困苦之情。又见上流有许多战船顺水而下，刘琦大惊说："江夏之兵小侄都带出来了。今又有战船拦路，不是曹操之兵，就是江东孙权之兵，不可不防。"玄德立于船头看望，见一人纶巾羽扇，道服丝绦，飘飘然端坐船头之上，乃是孔明，背后立着孙乾，船渐渐靠近。玄德忙将孔明请过船来问道："先生怎么来到这里？"孔明说："我一到江夏，就令云长先来接迎，又请公子乘船至此。我料知曹兵必来追赶，主公要从汉津渡江，我又往夏口借兵前来相助。"玄德听后大喜，遂与孔明商定：命关公领兵五千去守夏口。玄德、孔明、刘琦并众将同赴江夏，共议破曹之策。

话说曹操被关公截杀一阵不敢再追，又怕玄德占了江陵，便星夜带领人马奔赴江陵而来。大军入城安民已毕，遂有荆州官员前来投降。曹操喜不自胜，俱有封赏，设宴庆贺，与众谋士商议说："今刘备已投江夏，他若结连东吴为害不小，当用何计以破之？"荀攸说："为今之计不如差人至江东，请孙权会战于江夏，共擒玄德，平分荆州之地，永结盟好。孙权如来，大事可成。"曹操遂一面遣使赴东吴，一面点齐马步水军共八十三万，诈称一百万，水陆并进，船骑双行，沿江寨棚接连三百余里。

此时孙权正在柴桑郡屯兵，闻听曹操大军已入襄阳，刘琮母子投降被杀，又得了江陵，大有发兵犯东吴之意，即同众谋士商议。鲁肃曰：

> 眼前看荆襄已入阿瞒手，准备着城门失火百姓殃。
>
> 咱如今强邻压境居虎口，但恐怕弥天大祸起萧墙。
>
> 总不如即速差人带祭礼，往江夏权为和好去吊丧。
>
> 实则是结连刘琦邀刘备，两下里同心协力破许昌。

鲁肃说完，孙权从其言，即命鲁肃为使，携带祭物前往江夏吊丧。此时玄德在江夏，与孔明、刘琦共议长策。孔明说："曹操势大难以抵敌，不如结好孙权，共破曹操，使南北相持，我们从中取利。"玄德说："江东人物甚多，必有远谋高见。我今新败，他与公子原系仇敌，咱去求他支援，岂有应允之理？"孔明笑说："今曹操雄兵百万之众，虎视江东，荆州与吴地接壤，孙权心惊。定使人来探听虚实，早晚之间若有人到，我孔明愿同他一同去江东，凭三寸不烂之舌去说服孙权，管叫他南北起兵互相吞并。若南军得胜，就与他共诛曹操；若北军得胜，咱就乘机而取江南地方，此一举两得之计。"玄德说："此计高是极高，怕没有江东人来。"正说话间，人报江东孙权差鲁肃前来吊丧，船已傍岸。

孔明喜说："果不出我所料，大事成矣！"遂问刘琦："昔孙策死时你父可曾差人前去吊丧否？"刘琦说："先生不知，孙权之父孙坚，早年是被先父所杀。我与他原有不解之仇，怎能去吊丧？"孔明说："这就对了，鲁肃此来非为吊丧，是来打探军情。"玄德说："鲁肃到来，若问曹操虚实怎样说？"孔明说："他若问时，主公只推不知，叫他问我，自有话答复。"大家计议已定，然后使人迎接鲁肃。鲁肃进城吊丧完，刘琦请他与玄德相见，彼此礼毕共入后堂饮酒。

鲁肃言语之间，一派谦恭之意。玄德说："败军之将很是羞愧，今蒙先生过誉，更是羞愧难容。"鲁肃说："胜败兵家之常事，有何羞愧的？子龙单骑救主，翼德独马挡桥，真令人可敬可羡。前日皇叔在当阳长坂坡与曹操会战，定知彼军虚实，目下曹兵共有多少？"玄德说："我兵微将寡，一闻操兵到，我立刻败走，安得知虚实？"鲁肃说："闻皇叔用诸葛孔明之计，两次火烧得曹兵魂亡胆落，怎能不知？"玄德说："要知其详，还请问诸葛先生。"鲁肃说"久仰卧龙先生，愿求一见。"

玄德即令人请出孔明与鲁肃相见吃酒，二人见面礼毕，客气一番坐下。鲁肃说："久闻先生大名，未得拜晤，今幸相遇足慰矣！曹兵今有多少？愿先生明确告我。"孔明说："曹操奸计，我尽都知晓，但恨力不能及，只得避之。"鲁肃说："皇叔今在江夏安身，如同燕雀处堂，亦非久居之地。"孔明说："主公与苍梧太守相知，想去投他。"鲁肃笑说："苍梧太守吴臣兵微将少，自不能保，何能容下别人？"孔明说："苍梧之地岂可久居，不过暂住些时日，再另作别图。"鲁肃闻听此言微微而笑。

现如今江夏既非久居地，你何不别找门路另调弦。
岂不知苍梧地如弹丸小，去投奔太守吴臣是枉然。
常言说林深鸟鹊栖方稳，似如那荆棘岂堪栖凤鸾。
原就该出自幽谷迁乔木，才能够倚着大树霜不沾。
既然要合适地方寄存身，总不如江东择主投孙权。
孙仲谋礼贤下士行仁义，他生来爱敬英雄非等闲。
此一时兵强将勇多谋士，库房中堆满钱粮积如山。
安排着要与皇叔结唇齿，大伙儿同心协力诛曹瞒。
这是我倾心斗胆真情话，望先生莫作虚言一样看。

鲁肃说完，孔明心中暗喜，随口说道："刘皇叔与孙将军素不相识，怎好前去相投？万一不肯容纳，面子下不来。"鲁肃说："先生之兄现为江东谋士，他朝思暮想，只恨不得相见。在下不才，愿与先生同赴江东去见令兄与孙将军，共谋伐曹之计。"此时玄德在座，心中甚愿孔明与鲁肃同赴江东，却故意说："孔明是吾之师，顷刻不可相离，他如何能去？"鲁肃再三恳求，玄德方才允诺。是日宴席散去，鲁肃即辞别玄德，同孔明登舟望柴桑口而来。

二人对坐闲谈，说话甚是投机。鲁肃嘱咐孔明，先生此去见了孙将军不要说曹操兵多将广，不然事就难成了。孔明说："不用子敬嘱咐，我自有对答之言。"说话之间，船已傍岸，二人下了船。鲁肃请孔明到馆舍安歇，自己去见孙权。此时孙权正在中堂召集文武等人议事，一见鲁肃回来，急忙问道："子敬往江夏探听事情怎样？"鲁肃说："已知大概，听我慢慢禀告。主公大会文武议何事？"孙权说："自你去后就有曹操檄文到来，邀我与江夏会合，正与众官商议，主意未定。檄文在此，请子敬一观，看是何意？"鲁肃接过檄文在手。细细看一遍，只见上面写着：

> 孤今奉命南征，刘琮束手而降，荆襄军民望风归顺。今领雄兵百万，战将千员，愿与将军会师江夏，共擒刘备，平分土地，永结盟好，幸勿见疑，檄文到东吴速赐回音。

鲁肃观罢，问孙权："主公意见如何？"孙权说："未有定论。"张昭说："曹操拥有百万之众，借天子之名以征四方。主公所以拒曹操者，乃有长江之险。今曹操得了荆州，长江之险被他分去一半了，也就不险了。以我愚见，不如投降为万全之策。"张昭话还未完，众谋士齐声说："子布之言正合天意人心，主公可从之。"孙权闻言沉思不语。张昭又说："主公不必迟疑，若降曹操，东吴有磐石之固；若不降曹操，则有累卵之危矣！"孙权仍然不语，从容而起退入后堂更衣。鲁肃随于身后，孙权猜透鲁肃之意，乃执其手说："此事依你将如何对待？"鲁肃说："众人之言有误，将军不可听也。众人降曹皆可图富贵，求功名，指望官高位显，还不失人臣之位；若将军降曹将会家破人亡，六郡失去，岂不负父兄重托？众人之意各自为己，千万不能听。"

> 常言说眼看不如样子比，你不见荆襄投降小刘琮。
> 都因为水性杨花没主意，到如今河边白骨无人问。

鲁肃说完，孙权叹说："此天意以子敬赐我，众人之言大失孤望。子敬高见与我相同，但曹操新得袁绍之众，又添荆州之兵，声势浩大，难以抵敌。我们要细细斟酌怎样对敌。"鲁肃说："我到江夏引诸葛瑾之弟诸葛亮至此，现在馆舍，主公若问他，必有良策。"孙权说："莫非卧龙先生到此？"鲁肃说："正是卧龙先生。"孙权说："今日天晚不可相见，明朝集合众文武于中堂，先叫他见我江东英俊之士，然后再见我。"鲁肃领命而出。

次日早饭后，鲁肃与孔明二人同至帐下，早见张昭和顾雍等二十余人，顶冠整衣端坐。这些人见孔明丰神秀雅，气宇轩昂，就知是来游说东吴的。张昭先以言挑之说："闻听先生高卧隆中，自称卧龙，先生常以管、乐来比，此话是否当真？"孔明说："此话是真的，没有什么可疑的。"张昭说："闻听刘备三顾草庐才得了先生，以为如鱼得水，欲席卷荆襄如探囊取物，今何败于曹操？"

> 张子布当面来将孔明羞，诸葛亮早有主意在心头。
> 你看他秉手当胸面带笑，说的是子布听我诉根由。
> 我要是袭取荆襄如反掌，偏有个多仁多义刘豫州。
> 刘景升九郡城池频相让，他只是再三推辞不肯收。
> 小刘琮年幼无知孩子气，蔡夫人水性杨花一女流。

吃亏在奸臣蔡瑁和张允，恨煞人迎新弃旧把降投。

我主公宁无不夺同宗业，因此才便宜曹操老奸雄。

虽则是兵败当阳奔夏口，却留下不朽声名传万秋。

诸葛亮冠冕堂皇一席话，张子布闻听此言蹙眉头。

张昭心中十分不服，冷笑几声说道："如此说来，言行就相违了。刘豫州未得先生之时，不过关羽、张飞、赵云而已，尚能纵横天下，攻取城池。刘豫州自得先生，弃新野，走樊城，败当阳，奔夏口，刘豫州反不如当初了。"

第五十八回 | 诸葛亮舌战群儒 孙权犹豫战和降

张昭百般小看孔明，孔明面不改色哑然而笑说："鹏飞万里，其志岂是群鸟能识？比如人得重病日久，身体虚弱，当先用米粥以饮之，平和之药以服之。待其身体渐安，再用肉食以补之，猛药以治之，则病可痊愈。若不论病之轻重，体之壮弱，更不看气脉和缓，便以猛药、厚味食之，虽想是让他快好，实则害了他，让他速死也。我主刘豫州，当年兵败汝南，投了刘表，暂住新野小县，人民稀少，钱粮也很少，我主不过暂借栖身。正如病势极度虚弱之时，谁真想坐守于此？然而博望坡烧屯，白河用水，使夏侯惇、曹仁等辈心惊胆破，就是早年管仲、乐毅用兵，未必如此。至于刘琮降曹，我主实出不知，且又不忍乘乱夺取同宗之基业，此真乃大仁大义之事，就是当阳之败却也有名，你听我说来。"

我主多仁义不忍夺荆襄，甘心同患难携民渡长江。

每日里行程不过三十里，也不肯丢弃百姓走他乡。

曹孟德催命星夜来追赶，两下里长坂坡下立战场。

我们还不到一千人和马，曹人马八十三万赛虎狼。

赵子龙怀中抱着小阿斗，他还能以寡敌众弱抵强。

杀曹营有名上将六十整，斩军卒如同猛虎捕群羊。

糜夫人捐生尽节多慷慨，留下个不朽声名万古扬。

更有那翼德桥头三声喊，曹孟德吓得胆落面儿黄。

急慌忙拨马加鞭落伞盖，领兵将舍命奔逃闹嚷嚷。

现如今虽然兵败居江夏，也不肯含羞屈辱去投降。

"常言说胜败乃兵家之常事，何足为辱？当年楚霸王百战百胜，终而一败而失天下；汉高祖百战百败，终而一胜而得江山，岂能以偶尔胜败论人！月缺自能复圆，花落还可再开，死灰尚有复燃之时，怎见得败军之将，就没有得胜之期了。目前我虽遭穷困，但志气不衰。却不似那等寡廉无耻之辈，贪生怕死之徒，不思扶持汉室，只求自己富贵，动不动就要卖主求荣，甘心投降曹操去，留下万古骂名，百世不能改了。"

这孔明一到江东就听人言，众谋士俱劝孙权投降曹操，所以才说出这些言词，分明是骂江东众谋士。张昭被孔明捅着疮疤了，只羞得满面通红，无可言答。

座间忽有一人高声问道："今曹公千员猛将，百万雄师，若要平吞江夏，先生以为如何呢？"孔明看了看说话的人，原来是姓虞名翻字仲翔，也是江东有名人物。孔明开言说道："曹操先得袁绍蝼蚁之兵，又添刘表乌合之众，虽有数百万也不足为惧！"虞翻闻言鼓掌大笑说："兵败于当阳，计穷于夏口，屈尊求救于人，还说不惧？先生之言不但欺人，真是掩耳盗铃自欺也！"一边说着，又哈哈大笑。满屋谋士个个点头微笑，洋洋得意之色。孔明说："东吴粮多将多，尚要投降；而我家主公败走，尚一心抵曹，比起诸位，难道不是不惧吗？"虞翻理屈辞穷不能答对。

座间又有一人说道："孔明欲效当年张仪，巧舌苏秦，妄口游说我东吴吗？"孔明看了看此人，姓步名骘字子山，是江东一个谋士。孔明回头向他说道："步子山你以苏秦、张仪为舌辩之士，却不知苏秦、张仪也是豪杰。苏秦佩六国相印，张仪两次相秦，皆有扶持社稷之才。尔等既读诗书，也该明理，岂不知食人之食即当忧人之忧！怎闻曹操虚诈之辞，就惊得魂飞胆破，使主子屈膝降曹。似这样的小人，浅见的匹夫，还在人前小视苏、张为舌辩之士，也不想想，哪赶得上苏秦、张仪万分之一？"步骘被说得垂头丧气，黯然无语。

忽有一人问道："先生以苏、张为豪杰之士，俱有济世之才，此言说得也是。然则当今曹丞相，据你眼力以何等人看他呢？"孔明看了看，此人姓薛名综字敬文。孔明答道："曹操挟天子令诸侯，心怀篡逆，他虽为汉相实为汉贼，这是人人皆知的，何必多问？"薛综闻言鼓掌大笑。

> 这个人座上鼓掌笑连声，他说道先生说话大不通。
>
> 现如今有仁有义曹丞相，数年来天意人心归附他。
>
> 常言说不识时务非君子，又道是扭天别地不通达。
>
> 刘玄德自不量力来抗拒，最终落得个徒劳而无益。
>
> 细流水如何比那长江浪？浅泥沟哪里敢上恒河沙？
>
> 拙石匠休问鲁班掉大斧，软枣枝弄不过那硬梆碴。

薛综东扯西拉，将大比小，一味地高抬曹操，小看玄德。孔明闻听厉声说："薛敬文安得出此无父无君之言？大丈夫生天地间，以忠孝为立身之本。你既食汉禄为汉臣，若见汉朝贼子，即使不能出力剿除，亦当切齿痛恨，乃臣之道也。今曹操祖宗世为汉朝臣子，不思报效，反怀篡逆之心，天下之忠臣义士、英雄豪杰且不必说，就是那牧子村夫，也恨不得食其肉扒其皮。你真是忠奸不辨，黑白颠倒。"薛综满面羞惭，不能对答。

座上又有一人应声问道："曹操虽挟天子以令诸侯，但他是相国曹参之后。刘豫州据说是中山靖王之后，但无可稽考，不过是一织席贩履之夫，怎能与曹公抗衡？"孔明看了看是陆绩，遂带笑说："公莫非是袁术座间怀桔之陆郎吗？请听我一言。"

孔明未开口哈哈笑一阵，　　秉手呼陆郎我要将你问，
二十年以前听得人议论，　　有个陆公子人人爱亲近。
六七岁知书识字就能文，　　老袁术一时怜才动了心。
用车马将你请至淮南地，　　看了看才学压众貌出群。
客舍中酒宴款待多亲敬，　　方信道儒者堪为席上珍。
数日后思家告辞归故里，　　临行时暗将果品袖中吞。
老袁术殷勤携手来相送，　　你二人相依相恋泪沾巾。
那时你作揖拜别来辞谢，　　骨碌碌数枚橘子落埃尘。
幸亏你陆郎生得舌尖巧，　　仓促间自有言词挡众人。
你说道席前怀橘非为己，　　却原来家中去奉老娘亲。
都只为孝心一点人人敬，　　因此上天下传名说到今。

孔明继续说："我且问，你六七岁时就知道怀橘奉母，至今年富力强，正该改身事君。自古求忠臣于孝子之门，以你而论这句话就大不该了。肉眼不识贤愚忠奸，讲话并无伦理。你既从事孙仲谋，何故高抬曹操？曹操既为高祖驾下曹相国之后，则世为汉臣，今乃专权肆横，欺凌君父，不但无君，而且蔑祖，是汉室乱臣，曹氏之逆子。刘豫州堂堂帝后，当今皇帝按家谱赐爵，称之为叔。因此人皆以皇叔称之，这些来历天下通知，何云无可稽考？且高祖皇帝起于泗上亭长，平秦灭楚，终有天下，开大汉基业四百余年。况且伊尹耕于莘野，子牙钓于渭滨，百里奚牧牛于秦邦，伍子胥吹箫于吴市，大丈夫不得志，何事不可为？吾主生不逢时，织席贩履，又何足为辱呢？"孔明说完，陆绩满面通红，低头不语。

座间又有一人说："我江东俱是些诚实之士，并非妄口之人，所以被你这副巧嘴夺了正词，我且问你，平生所学何经何典？"孔明看了看，乃彭城人氏严峻。孔明说："寻章摘句世间腐儒，怎能论天下大事？自古耕莘伊尹，渭钓子牙，张良、

陈平之辈，邓禹、耿弇之流，皆有匡扶宇宙之才，不知他所学何经，所学何典？岂可笑书生沾沾于笔砚之间，数黑论黄，舞文弄墨而已。"严峻低头而不能对。

忽又有一人大声说："孔明好说大话，未必有真才实学，恐为儒者所笑！"孔明看了看，此人是汝南程德枢。孔明答曰："儒有君子、小人之别。君子之儒，忠君爱国，守正弃邪，泽及当时，名留后世；小人之儒，尽信书史，专工翰墨，青春作赋，皓首穷经，笔下虽有千言，胸中实无一策。昔日孝平之时，西蜀扬雄，以文章名世，而屈事王莽，恶贯满盈，不免投阁而死。那些劝主投降曹操者，皆扬雄之类，虽日赋万言，又有什么可取之处呢？"程德枢垂头丧气而不能答。众人见孔明对答如流，尽皆失色。

忽有一人自外而入，向众人厉声说："孔明乃当世奇才，众位与他口舌相争，不是敬客之礼。曹操大军临境，不想退敌之策，乃与宾客斗口。"众人一看，乃是零陵人，姓黄名盖字公覆，现为东吴粮官。他见众人与孔明口舌相争，因而前来阻挡，众人被他说得无言可答。黄盖这才向孔明笑说："先生若有金石之论，当为我主公说明，不必与众人辩论。"孔明说："小弟一到，还未见孙将军，列位先生就来互相诘难。"黄盖、鲁肃引孔明入见孙权，正遇诸葛瑾自内而出，兄弟见面又高兴又心酸。

话说诸葛瑾叮咛一回，辞别孔明而去。鲁肃引孔明同黄盖共入后堂，孙权迎接，优礼相待，施礼毕，分宾主而坐。众文武也都随着进来，站立两旁。子敬立于孔明之侧，单听宾主讲话。孔明偷眼打量孙权，只见他碧眼紫髯，仪表堂堂。观罢一回，心中暗想，此人相貌不俗，可激而不可说也，等他问时再用言激他。孔明正拿主意，左右献上茶来。

孙仲谋让着孔明端茶盅，喜滋滋满面带笑呼先生。

鲁子敬屡在面前夸足下，他说你盖世奇才第一名。

每常恨禄薄福浅不得见，最可喜今日枉驾得相逢。

孔明说山野庸愚多鲁莽，这一回多有见笑于明公。

孙权说先生用火烧新野，必知道曹操虚实多少兵。

孔明说未悉其详知其略，大约着马步水军百万多。

孙权说玄德人马不足万，他怎么以寡敌众决雌雄？

孔明说无敌恶战凭天命，全仗着云长翼德赵子龙。

孙权说阿瞒行事多奸诈，莫非是虚张声势把人惊？

孔明说："这不是诈，曹操原有青、兖二州之兵，就是二十余万；灭了袁绍，又得五六十万；中原新招之兵三四十万；今又得荆州之兵二三十万，共计有一百四五十万。在下以百万言之，恐惊江东之士。"此前鲁肃再三嘱咐孔明，见孙权休说曹操兵多将广，恐怕孙权畏惧投降。不想孔明初见孙权，不但说曹操有雄兵百万，而且说有一百四五十万。鲁肃闻听此言面目失色，以目看孔明，孔明只装没看见。孙权又问道："曹操部下战将现有多少？"孔明说："足智多谋之士，能征惯战之将，何止一二千人。"孙权说："今曹操得了荆襄，还有远图之意吗？"孔明说："目前沿江下寨，准备战船，意在平吞东吴。"孙权说："他既有吞并江东之意，战与不战，请先生为我一决。"孔明说："我有一言，但恐将军不肯听从。"孙权说："愿闻高明之论。"孔明说："向来天下大乱，英雄豪杰各霸一方，历年来大半为曹操所灭。此时与曹操争天下的唯我主与将军也。我主刘豫州兵败当阳，栖身江夏，兵微将寡，粮草缺少，仅能固守，不能迎敌。将军若以吴越之众，长江之险，自量能与之抗衡，倒不如决一死战。如其不能，何不从众谋士之论，按兵投降。若战而不战，降又不降，一味犹豫不决，大祸临头，悔之晚矣！"孙权不悦说："诚如先生之言，你主刘豫州何不投降？"

孙仲谋一阵心焦不耐烦，霎时间面目改色蹙眉尖。

诸葛亮见此光景心暗喜，故意用言语又把刘备赞。

他说道堂堂帝后我主公，他生来气宇轩昂人非凡。

兄弟们英雄盖世人难比，一心要重扶汉室锦江山。

虽然是粮草无多兵将少，与曹操旗鼓相当好几番。

就是那徐州失散当阳败，也不过谋事在人也在天。

现如今寄身江夏遭穷困，断不肯忍辱屈膝降曹瞒。

须知道蛟龙不是池中物，似如那鹌鹑怎能比凤鸾？

我主公凌云志气高千丈，劝将军休作寻常一例看。

孙权听了孔明之言，不由得勃然变色，拂衣而起，退入后堂去了。两班文武俱各大笑而散，都说孔明言语不周，使得孙仲谋没脸。孔明意气扬扬，他只是不以为意，鲁肃责孔明说："先生何故出此狂言，幸亏我主宽宏大度，不曾面责你。先生之言，藐视我主太甚，自此以后万万不可如此。"孔明仰天大笑说："我久闻孙仲谋礼贤下士，度量宽宏，今日一见不是那么回事，他不能容我把话说完。我自有破曹之策，他不问我，我怎么说？"鲁肃说："你若果有良策，我能使主公求教于你。"孔明说："我视曹操百万之众如群蚁，只一举手则皆骨粉肉泥矣！"

鲁肃闻言大喜，急入后堂来见孙权。此时孙权怒气未息，一见鲁肃带怒说："孔明欺我太甚！"鲁肃说："臣以此责孔明，孔明反笑主公不容人，破曹之策，不肯轻言。主公何不求之？"孙权闻言说："原来孔明有良策，故以言词激我。"急出后堂，与孔明相见，不知说出什么话来，且听下回分解。

第五十九回 张昭劝孙权投降 孔明激周瑜用计

话说孙权、孔明二人二番对面坐下，彼此谦逊一番，孙权请孔明入后堂置酒相待。酒过数巡，孙权说："曹操平生所虑者吕布、刘表、袁绍、袁术、刘豫州和我，今数雄已灭，唯刘豫州与我尚存。我虽不才，不能以东吴之地而甘心受制于人，我心已决矣！"

孙权说完，孔明听后大喜，即席致谢说："将军若果如此，是社稷之幸，生灵之福。我主刘豫州虽然新败，但志气没挫，兄弟同心，将士听命。曹兵远来，步行太急，日行军三百多里，人马乏困，又加北方人不习水战，荆州军民投降曹操是畏曹操势力，迫不得已，并不是出自本心。将军若与刘豫州同心协力，攻击曹操，没有不胜的。曹操一败，荆襄之众无不恋其故土，而反戈以击曹操。这样荆、吴之势，形成鼎足之状。成败之机在此一举，望将军思之。"孙权闻言大喜说："先生之言，句句皆合我意，使我顿开茅塞，我意已决，更无别的想法。"遂命鲁肃传谕众文武官员，不日兴兵与刘豫州共破曹操。酒终席散，仍送孔明到馆舍安歇。

张昭闻知此事与众官商议说："今日主公中了孔明之计，我不可不去说明。"众人认为应该说明，遂一齐去见孙权。张昭说："臣等听说主公听信孔明的话，要兴兵与刘备共同破曹，此事是事实吗？"孙权说："是有这事。"张昭说："主公你想想，你比袁绍怎么样？"孙权说："我不如袁绍。"张昭又说："主公既知不如袁绍，却要与曹操交锋，这不自找失败吗？"

> 刘豫州兵败当阳奔江夏，　无奈何依附刘琦把身安。
> 现如今百万雄师将近到，　他料想以弱做强取胜难。
> 诸葛亮仗着妄口舌尖巧，　因此他游说东吴来求援。
> 分明是驱狼斗虎一条计，　为甚他下个套子咱就钻？
> 主公你不见河北老袁绍，　没来由自不量力抗中原。
> 依仗着兵多将广儿子勇，　与曹操对垒冲锋好几番。
> 都只为宁战不降一招错，　落了个家破人亡塌了天。
> 常言说事要三思免后悔，　咱如今听信孔明是枉然。
> 古人说前车之覆后当戒，　万不可轻举妄动惹祸端。

张昭说完，孙权只是低头不语。顾雍接着说："子布说得对，主公何故执迷不悟？那刘备被曹操打败，君臣亡魂丧胆，故想借我江东的兵以拒敌。若听孔明的话，轻易发兵，如火上加油，自取灭亡。"孙权听后依旧沉吟不决。张昭等见孙权如此态度，无奈陆续退出。鲁肃入见说："方才张子布等人又劝主公投降，不要发兵，都是为了保全妻儿老小，是为自己打算，主公不可听。"孙权只点头不语。鲁肃跺足而言曰："主公这样犹豫，必被众人所误。"孙权说："卿且退下，容我三思。"鲁肃无奈只得退出。

孙权退入内宅，睡不好，吃不下，坐卧不宁。吴国太见他这样，开口问道："何事在心，使你睡不好，吃不下？"孙权说："国太有所不知，今曹操屯兵于江汉，显然有吞并东吴之意。众文武有爱战的，也有爱降的。想战恐寡不敌众，想降又怕曹操不容。有此两难，因而犹豫不决。"吴国太说："伯符临终之时有遗言说：'内事不决问张昭，外事不决问周瑜。'兴兵交战系外事，何不去问周公瑾？"孙权闻言大喜，立刻差人去请周瑜前来议事。

此时周瑜正在鄱阳湖训练水军，闻听曹操大兵到来，便星夜前来会见孙权。鲁肃和周瑜交情最厚，先来将事情告诉一番。周瑜说："子敬不要忧愁，我自有主意。你快去请孔明前来相商。"鲁肃上马急急而去。周瑜才要歇息，忽报张昭、顾雍、步骘，张纮四人求见，周瑜接入坐下。张昭眼望周瑜开口讲欲降之意。周瑜待张昭说完，问其他人："公等意见相同否？"四人答说："所见相同。"周瑜笑着说："我想降久矣！公等回去，明日见了主公，自有定议。"张昭等人辞别而去。

过不多久，又报程普、黄盖、韩当和周泰等一班战将来见，周瑜接入，各问安毕。程普说："都督可知江东早晚属他人吗？"周瑜："不知道。"程普说："我等自随孙将军开基创业，大小经数百战，方才争得六郡城池。今主公听从谋士的话，想投降曹操，真是可耻的事。我等宁死不辱，望都督向主公说明即刻兴兵，我等愿决一死战。"周瑜说："众将军的意见是否一样？"程普没来得及回答，黄盖愤然而起，以手指头说："我头可断而志不可夺。"众人都说："我们誓死也不降曹。"周瑜说："我正要与曹操交战，怎能降曹？将军们暂且请回，我见主公自有定论。"程普等又叙了一回，这才辞别而去。

众人去不多时，又有诸葛瑾、吕范等一班文官前来求见，周瑜迎入叙毕，诸葛瑾说："舍弟诸葛亮自江夏来说，刘豫州想同东吴联络共伐曹操。只因舍弟为使，在下不敢多言，专候都督来决此事。"周瑜说："以先生看法怎样？"诸葛瑾说："降者易安，战者难保。"周瑜笑说："我自有主张，明日见主公再定。"诸葛瑾等辞退。又有甘宁、吕蒙等一班将官来见，公瑾接入礼毕让坐。然后议论战与降的事，有的要战，有的要降，争论纷纷。周瑜说："不必争了，明日见了主公自有定论。"众人愤愤而出，周瑜冷笑不止。

此时天色已黄昏，秉起灯烛，人报鲁肃引孔明来此。周瑜忙出中门迎接，携手共入叙礼完，分宾主而坐。子敬向周瑜说："今曹操领兵南侵，是和是战，主公不能自决，专候都督意见来定，都督意见是什么？"周瑜答曰：

> 我今日暂住帅府宿一晚，到明晨大家同去见主公。
>
> 万不可尽犯狐疑难决断，细看来纳款投降是正经。

周瑜说投降曹操，原是虚言，并不是真心话。鲁肃是个忠厚老实人，便认以为真，一阵抓耳挠腮，说了许多急话。周瑜冷笑几声说："子敬不必太急，你说江东六郡有多少生灵？若一打起来，必遭刀兵之祸，到那时必要归怨于我，故决计请降。"鲁肃说："这也不然，以将军之英雄，东吴之险固，曹操也未必就能打得进来。"

子敬和公瑾二人互相争辩，孔明在旁只是笑而不言。周瑜说："先生何故发笑？"孔明说："我不是笑别人，而是笑子敬不识时务。"鲁肃说："先生何故反笑起我来了？我有哪些不识时务？"孔明说："公瑾决定要降曹操甚为合理，你却不愿意，这不是不识时务是什么？"孔明说完，鲁肃勃然大怒，拂衣而起，用手指着孔明，厉声说道："你是想叫我主屈膝受辱于国贼吗？"孔明说："那也不一定，我有一计，可以保全江东安若磐石之固。"鲁肃说："是什么样的计呢？"孔明说："也不用牵羊担酒，也不用纳款献降表，只要一名船夫使一扁舟渡江送两个人与曹操。曹操得此二人，纵有百万之众，也会卷旗卸甲而退。"鲁肃笑说："先生何故说这样戏话？你说送两个人给曹操他就会退兵，若果然这样，这有何难？别说两名，就是二十名、二百名、二千名也送给他。"孔明说："不用那么多，只用两个人就可以退曹兵。"鲁肃说："就是两个金人、两个银人、两个珊瑚玛瑙人送给他，他也未必退兵。"孔明说："子敬不要认为我说玩笑话，我说的是实话。"周瑜插口说："先生既是实言，是用两个什么人就可以退曹兵？"孔明说："江东去此二人也无关紧要，不过如大海漂一叶，大仓减一粒。可曹操得此二人，赏心得意非比寻常，必然得意而去。"周瑜又说："此二人在何处？请先生明说。"孔明说："我居南阳之时，闻听曹操于漳河岸上新造一台，名叫铜雀台，极其高大壮丽，要挑选天下美女到台中。曹操老来到此台闲居，与美女朝夕在一起，以享晚年之乐。

> 闻听说江东一代山川秀，出了个高年老翁本性乔。
>
> 这个人一世无子生二女，果真是闭月羞花模样娇。
>
> 乱纷纷天下相传人称赞，哄动那好色之徒老曹操。
>
> 好叫他朝思暮想劳魂梦，时常里对天祷祝把香烧。
>
> 第一愿扫平四海成帝业，保佑他百岁荣华福寿高。
>
> 第二件再得江东二美女，携手儿铜雀台上共欢娱。

孔明说："曹操虽有百万之众，虎视江东，实为得此二女。将军何不去寻找乔公，以千金买此二女，差人送给曹操。曹操得此二女，心满意足，必定退兵而回。这是范蠡献西施之计，将军何乐而不为？"周瑜蹙眉说："曹操想得二乔有何凭证？"孔明说："曹操幼子曹植，字子建，是当今第一才子，能出口成章。曹操盖造铜雀台，曾命曹植作赋庆贺，名曰《铜雀台赋》，大意说，曹操应为天子，该娶二乔为妾。"周瑜说："《铜雀台赋》先生见过没有？"孔明笑说："不但见过，而且我爱其文辞之美，常常背诵，熟记胸中，一字不差。"周瑜说："既如此，请先生背诵一下，让我听听。"孔明即高声朗诵《铜雀台赋》：

从明后以嬉游兮，登层台以娱情。见太府之广开兮，观圣德之所营。建高门之嵯峨兮，浮双阙乎太清。立中天之华观兮，连飞阁乎西城。临漳水之长流兮，望园果之滋荣。立双台于左右兮，有玉龙与金凤。揽二乔于东南兮，乐朝夕之与共。俯皇都之宏丽兮，瞰云霞之浮动。欣群才之来萃兮，协飞熊之吉梦。仰春风之和穆兮，听百鸟之悲鸣。云天亘其既立兮，家愿得乎获逞。扬仁化于宇宙兮，尽肃恭于上京。惟桓文之为盛兮，岂足方乎圣明？

休矣美矣！惠泽远扬。翼佐我皇家兮，宁彼四方。同天地之规量兮，齐日月之辉光。永贵尊而无极兮，等君寿于东皇。御龙旗以遨游兮，回鸾驾而周章。恩化及乎四海兮，嘉物阜而民康。愿斯台之永固兮，乐终古而未央！

周瑜闻赋怒气冲天，大骂不止，孔明故意劝说："昔年汉明帝时单于屡犯疆界，明帝乃以公主嫁之。昭君出塞之后，汉天子才得安枕。今将军想退曹兵，何惜民间二女子？"周瑜说："先生有所不知，大乔是孙伯符将军之妻，小乔就是我周瑜之妻。"孔明佯装惶恐说："我实不知，失口乱说，罪该万死。"周瑜说："先生既不知，何罪之有？曹贼痴心妄想，欺我太甚。自古道杀父之仇不共戴天，夺妻之恨难与并立。老贼虽无其事，已有其心。我周瑜不才，也是堂堂男子，岂肯与他甘休？"

> 周瑜面带恨连把先生呼，　曹操老奸党藐视我东吴。
> 只仗着将广兵多声名大，　全不顾以力服人人不服。
> 常言说畏枪避剑非君子，　又何况贪生怕死不丈夫。
> 我自从辕门一见蓝旗报，　即刻地起兵离了鄱阳湖。
> 安排着准备战船兴人马，　与曹操对垒安营列阵图。
> 料着他兵多将广胃口大，　须知道刀快不怕脖子粗。
> 撞它个不是鱼死是网破，　有谁肯忘却前言背当初？
> 孙伯符临危托孤有遗命，　病床前携手叮咛泪簌簌。
> 牵挂着爱弟年轻难守业，　嘱咐我尽心竭力将他辅。
> 倘若是屈膝他人献降表，　何颜面九泉之下见伯符？
> 愿先生同心协力相辅助，　大伙儿齐力重将汉室扶。

说唱三国

孔明来江东原为结连孙权共破曹操，一闻周瑜之言，满心欢喜，欣然答应说："若蒙将军不弃，愿效犬马之劳。你我两地同心，莫生猜疑之念，省得单丝不成线，孤掌难鸣。"周瑜说："先生说得很对，你我既然要协力破曹，就要一条心。明日见了主公就要兴兵，早晚之间还求先生指教。"

第六十回 │ 孙权意决战曹操 周瑜忌才害孔明

话说周瑜天明起得身来，梳洗已毕，用了早饭，整理衣冠入见孙权。此时孙权升堂端坐，文东武西，分班排列。左边文官张昭、顾雍等三十余人；右边武将程普、黄盖等三十余人，都衣冠整齐，分班侍立。

周瑜行礼已毕，孙权让座，彼此请安。周瑜这才问道："近闻曹操江外屯兵，持书至此，主公尊意如何？"孙权说："未有定论。"遂取曹操书信与周瑜看。周瑜看完，冷笑说："老贼视我江东无人，竟敢如此相欺？"即将书信扯个粉碎。孙权问道："将军之意是什么？"周瑜说："一人之见不是众人之见。主公曾与众文武议过吗？"孙权说："连日大家公议，有劝我降者，有劝我战者，我意未定，故请都督前来一决。"周瑜说："谁劝主公投降？"孙权说："张子布等俱是这个主意。"

周瑜向张昭问道："先生为什么劝主公投降？"张昭说："曹操挟天子以征四方，都以朝廷为名。今又得了荆州，声势愈大。我江东所持以拒曹操的只有长江，今曹操得了荆襄战船不下千余只，水陆并进，怎么能挡得住？不如暂且投降，慢慢再图后计。"周瑜冷笑说："此书生迂儒之见。"接着他向孙权说："今曹操此来，多犯兵家之大忌：北方没平而又南征，马腾、韩遂为其后患，这是一忌；北军不习惯水战，今与东吴交兵，只得舍车马而改用战船，这是二忌；又值隆冬盛寒，马吃冷草多瘦不壮，这是三忌；中原兵将远涉江湖，不服水土，必生疾病，这是四忌。曹兵犯此四忌，虽多必败，不就今日破曹操更待何时！"孙权闻听此言，欣然而起说："老贼想废汉自立久矣！所惧的袁绍、袁术、刘表、吕布、玄德与我，今数雄已灭，唯玄德和我尚存。我和老贼势不两立，将军之言甚合我意。"周瑜说："至为主公决一血战，万死不辞，但恐主公狐疑不定。"孙权抽出身边所佩之剑，将面前桌案砍去一角说："不论文官武将，如有再讲降的，与此案一样。"说完把宝剑赐给周瑜，众将有不服的可先斩后奏。随即封周瑜为兵马大元帅，仍兼水陆大都督，总管江东兵权；封程普为副都督；封鲁肃为赞军校尉。

周瑜接过宝剑，谢过孙权，仗剑对众人说："我奉主公之命率众破曹，文武将士明日齐到江边行营听令。如有迟误不到的，即用此剑杀之，号令辕门，绝不宽恕！你们各守军令。"说完辞了孙权挺身而去，众文武都不讲话，各自散了。

不言文武各自回衙，单说周瑜回至帅府下马，即时去请孔明、鲁肃前来议事。不多时二人到来，周瑜接入书房，分宾主坐下，左右献上茶来。周瑜说："今日与主公议定，决心破曹，再无异说。先生破曹之策，即请赐教。"孔明说："孙将军心尚未稳，不可以决策。"周瑜说："怎么说是心尚未稳？"孔明说："心怯曹兵之多，恐寡不敌众，口中虽说决战，心里却犯思量，必须一心无疑，方可兴兵。"周瑜说："先生说得甚好，待我再见主公一回。"

周瑜入见孙权。孙权说："公瑾夜来必有大事。"周瑜说："来日调拨兵马，主公心中尚有疑吗？"孙权说："担心曹兵多，恐寡不敌众，别的无疑。"周瑜笑说："我正为此事开释主公。主公见曹操檄文上写有雄兵百万，就不调查虚实，心怀疑惧。其实这是老贼奸诈欺人之计，主公不要相信。他实有水陆军兵不过十五六万，自中原远道而来，甚是疲困。他得袁绍、刘表之众，也不过七八万人，多数人心不服，总计有二十余万人马，不足惧也。我们用精兵五万就能破之，愿主公休忧虑。"孙权闻听心中大喜。

> 孙仲谋满面春风喜气昂，携手儿口中连连呼将军。
>
> 曹孟德沿江布阵安营寨，命差官披星戴月传檄文。
>
> 他说是战将千员兵百万，好叫我不察虚实认了真。
>
> 众谋士劝我投降去纳贡，仔细想来是孤家不怨人。
>
> 唯独有赤心无二鲁子敬，你两个说得皆称我的心。
>
> 现如今打破疑团主意定，再不用胡思乱想枉劳神。
>
> 到明晨即传号令兴人马，火速地点齐兵将把阵临。
>
> 哪一个大胆敢违你的命，你可以先斩后奏再报我。

孙权决心与曹操交战，周瑜满心欢喜，辞别而出。孙权携手相送到二门以外，又向周瑜嘱咐说："将军与子敬、程普点齐五万精兵火速前进，孤当亲自领兵多带粮草以为后应。我今立意与曹操决一死战，没有疑意了，将军即日兴兵出发。"周瑜点头应允，辞别孙权而归，一路走来心中暗想："孔明早已猜透吴侯之心，真料事如神，就像眼见一般，足见他心机、计谋在我之上，久后必为江东大患，不如杀之为上策。"说话之间回到帅府。此时，鲁肃、孔明还在书房等候回音。周瑜存心要杀孔明，乃令人传话说："诸葛先生到此为客，今日天晚不便再谈，请回馆舍安歇，有事明日相商。"孔明闻言起身回馆舍去了。

鲁肃将孔明送出大门后，返身复回帅府来见周瑜。周瑜即把要杀孔明之意告诉鲁肃。鲁肃说："都督为什么要杀孔明？孔明这次来是结好东吴共破曹操，未灭曹操，而今先杀孔明，是自去助手，此事不可行。"周瑜说："此人料事如神，其心难测，今不早除，必为江东后患。"鲁肃闻言微微而笑。

鲁子敬满面带笑把头摇，都督你这个主意不甚高。

依我劝将军休把孔明害，不如用调虎离山计一条。

周瑜蹙眉问道："你用什么调虎离山计呢？"鲁肃说："吴侯驾前参谋诸葛瑾与孔明原是同胞兄弟，孔明此时跟随刘备受尽困穷，应有愧悔之心。以我愚见，不如让诸葛瑾将孔明留在江东共事，让他为我所用，岂不妙哉？为什么要将他杀死？不但自己失去辅助，又落个害贤之名。"周瑜说："此计甚好，今已天晚，你我各自歇息，改日再议。"鲁肃闻言即辞周瑜而回。

到次日平明，周瑜先令人向江边扎下行营，此后他披挂整齐，大炮三声出了帅府，辕门上马，军卒将士人马排开大队，前呼后拥，直奔行营而来。此时文武将官马步儿郎早已到齐，各按次序迎接。一个个盔甲鲜明，刀枪出色，极其威风。周瑜高坐中军，刀斧手摆列两边，文官武将听令。

第六十一回 | 孔明神算遣周瑜
玄德受骗到东吴

话说周瑜升帐，众将俱已到齐，唯有程普未到。程普年长周瑜一倍，孙权封周瑜为兵马大元帅、水陆大都督，仅封程普为副都督。程普见周瑜年轻，官职反居其上，心中十分不服。周瑜江边点将，他托病不出，让长子程咨代之。周瑜认为程普乃东吴老将，且人长于自己，点卯不到也不怪罪于他，准许程咨代父从军。

周瑜号令众将说："军法无亲，也无情。诸君各守其职，务要小心从事。今曹操弄权胜于董卓，囚天子于许昌，行暴虐于百姓，今领大军前来，将有吞并江东之心。我奉主公之命，领兵讨之，诸君须努力向前，大军到处勿得骚扰居民。有功者赏，有罪者罚，秉公而断，决不徇情。"吩咐已完，即令韩当、黄盖为前部先锋，领本部战船即日起程，前往三江口下寨；调拨蒋钦、周泰为第二队；凌统、潘璋为第三队；太史慈、吕蒙为第四队；陆逊、董袭为第五队；吕范、朱治为四方巡警使，催促六部兵马水陆并进。调拨完，众将各自收拾船只、军器起程。

程咨回见父亲程普告说："周瑜调兵有法。"程普大惊说："我平日欺周郎年轻不足为将，今竟如此安排，真是大将之才，我服了。"遂亲至行营谢罪。周瑜也忙赔礼，程普告辞而退。

第二天，周瑜将诸葛瑾请至行营，二人对坐叙话。

> 小周郎抱拳秉手面带笑，我今日并非请你论军情。
>
> 都只为先生胞弟诸葛亮，此一时现在柴桑馆舍中。
>
> 凭着他王佐之才有名士，为什么跟着玄德来受穷？
>
> 常言说良禽择木而栖立，又道是贤臣择主而尽忠。
>
> 烦先生不顾疲劳走一趟，叫令弟舍弃刘备投江东。
>
> 他若是全力尽忠保吴主，又何愁不得富贵与功名？
>
> 你兄弟朝夕相见常聚首，不强似海角天涯信难通？

周瑜说完，诸葛瑾说：“在下自至江东以来，愧无寸功，今都督有命，敢不效犬马之力？”说完即时出营，上马直奔馆舍而来。孔明接入诉说离别之情，诸葛瑾泣说：“弟知伯夷、叔齐为何人吗？”孔明答说：“古之贤人，弟怎能不知？”诸葛瑾说：“夷、齐虽然饿死首阳山下，兄弟二人是在一处。我与你同胞共乳，乃各保其主，不得相聚，和夷、齐之比能无愧？”孔明说：“兄讲的是实情，弟所守的是义。咱兄弟两人皆汉朝人，今刘皇叔乃汉室后裔，当今天子之叔，堂堂正正，天下皆知。兄若能弃了东吴与弟同事刘皇叔，则上不愧为汉室臣子，而手足又得相聚，此情义两全之道。也免得人居两地，天各一方，弟思兄不得见面，兄想弟音信难通，弟的愚见不知兄意如何？”诸葛瑾心中暗想，我来劝他反被他来劝我，沉思良久无言回答，起身辞退而行，见了周瑜细说孔明的话。周瑜说：“孔明既然让你同事刘备，先生之意如何？”诸葛瑾说：“我受孙将军厚恩，安肯背他而去？”周瑜说：“先生既忠心保主，不必多言。”诸葛瑾告辞而退。

> 诸葛瑾起身告退辞周郎，周公瑾怒上心头恨满腔。
>
> 恨孔明舞弄唇枪摇舌剑，众谋士理屈词穷面无光。
>
> 他既有苏秦巧舌张仪口，不用说出谋献策比我强。
>
> 鸿门宴项羽不听范增话，落了个拔剑自刎在乌江。
>
> 细想来杀人就该先下手，休等得事后补牢已亡羊。
>
> 周公瑾心中打算把人害，听了听巡营更鼓打四梆。

周瑜自从诸葛瑾去后，心中打算要杀孔明，左思右想，直到三更未睡着。听了听巡营锣鼓已打四梆，这才收拾入寝。

到了天明，周瑜同程普、鲁肃点齐人马，即刻拔营起程，相邀孔明同行，孔明慷慨应允同行。大家一同登船，驾起风帆，正遇顺风，不多时已离三江口不远，相隔三四十里，船只靠岸，兵马上岸，依山安营下寨。周瑜居中央，孔明只在一只小船上安身。周瑜安营下寨，分配已毕，使人请孔明议事。孔明到中军帐，叙礼毕，周瑜向孔明说："昔日曹操兵少，袁绍兵多，而曹操反倒胜了袁绍，这是什么缘故？"孔明说："曹操听从荀攸之计，先烧了袁绍乌巢粮草，因而取胜。"周瑜说："今曹兵八十三万，我兵只六万，怎么取胜？我们也先烧他的粮草，乃为上策。我已探知曹操粮草皆屯于聚铁山下，先生久居荆襄，熟知地理，敢烦先生与关、张、赵云等星夜往聚铁山去烧曹操粮草，断其粮道。我助三千兵马，请先生莫要推辞。"孔明口中不言，心中暗自思道：这是因我不肯归顺东吴，周郎设计要害我。我若推辞，他必笑我，不如先应承，再图良策。孔明主意已定，遂即欣然应允。周瑜大喜，就在中军帐设宴，同鲁肃给孔明饯行。

宴席完毕，孔明辞退，复登小舟安歇。鲁肃对周公瑾说："都督使孔明前云烧粮草是什么用意呢？"周瑜说："我想杀孔明，怕人笑我不能容人，要落个害贤之名。故借曹操之手以杀之，以绝后患，此为驱狼奔虎引虎吞羊之计。"鲁肃点头而出，心中暗思："我不免去见孔明，此计看他知也不知？"一边想着上了孔明小船，只见孔明欢天喜地，面上并无忧色。鲁肃只当孔明不知周瑜之计，心中不忍孔明前去送死，乃以话试探孔明。鲁肃说："先生此去自料能成功吗？"孔明笑说："我水战、陆战、车战、马战都会，何愁不能成功？你与周郎只会一能，要去必不成功。"鲁肃说："我与公瑾能文能武，文能运筹帷幄之中，武能决胜千里之外，何为只一能呢？"孔明说："我初到江东就听小孩谣传：'伏路把关唯子敬，临江水战有周郎。'你在陆地上能伏路把关；公瑾只能水战，而不能陆战。"

鲁肃无言而退，就以孔明的话告知周瑜。周瑜听后大怒说："孔明笑我不能陆战，如此眼中无人，我今不用他去，我自引一万军马，往聚铁山走走，成功之后，看孔明服我不服？"鲁肃又将此话告知孔明。孔明听后微微而笑。

孔明微微笑连把子敬称，都督周公瑾安心太狠毒。
我只为钦奉主命来通好，才和你同舟共济上东吴。
不料想周郎一见生妒忌，你看他安心狠毒又残酷。
差我去聚铁山下烧粮草，分明是巧定机关将我图。
常言说宽宏大度真君子，须知道不能容人非丈夫。
周公瑾暗度陈仓把人害，我却要明修栈道教他服。

孔明说破周瑜之计，鲁肃十分吃惊地说："周郎实有此心，我却不与他同谋，我今到此是想据实相告，不料先生都清楚。"孔明笑说："我因公瑾设计杀我，故有不能陆战之戏言激他，他忍耐不住，就要亲去，他去必被曹操所擒。虽然他待我无情，我却不肯待他无义。眼下用人之时，需要两地同心，岂可互相谋害？若都与周郎一样，大事难成了。那曹操惯用烧别人的粮草，他囤粮之处，怎能不用重兵把守？我们用三二千兵前去，怎能不败？如今是先决水战，挫北军锐气，然后再寻妙计破之。望子敬善言以告公谨，劝他回心转意，改去前非，莫起猜疑，休生疑忌，大事可成矣！"

鲁肃急忙下船，到中军帐来见周瑜，详说孔明的话。周瑜听后顿足说："此人见识胜我十倍，今若不除，必为东吴后患。"鲁肃说："如今正在用人之际，要以国家为重，破曹之后杀之未晚。"周瑜连连点头，沉思不语。再说玄德自孔明同鲁肃去江东，日夜放心不下，同公子刘琦聚众商议。

正商议时，忽有长探来报说："江南岸遥望旗幡隐隐，枪刀重重，想是东吴发来的兵？"玄德闻报，乃率江夏之兵到樊江口，即差糜竺携带礼物至江东，以慰劳三军为名，探听孔明消息，速来回报。糜竺领命独驾小舟顺风而下，直到周瑜寨旁，登岸求见。糜竺参拜，诉说玄德相敬之意，献上礼品。周瑜收下，设宴款待糜竺。糜竺说："孔明来东吴多日，临行之时，主公有命，让我二人同回。"周瑜说："孔明在此与我同谋破曹之策，岂能回去？我想前去见刘豫州，共议破曹良策。可惜我身统大军，重任在身，不能前去。烦先生回见刘豫州，若他能大驾光临，是我所盼。"糜竺应诺，拜辞而回。

鲁肃问周瑜："都督想见玄德是何意？"周瑜说："刘备世之英雄，不可不除，我今将他诱至江东，连同孔明一齐杀之，免除后患。"鲁肃再三劝阻，周瑜不听，并传密令：如玄德到，先埋伏刀斧手五十人，看我掷杯为号，下手杀之。周瑜安排谋杀玄德，暂且不提。

再说糜竺回见玄德，据实说周瑜所说之话。玄德命收拾一只快船，起行去东吴见周瑜。云长谏说："周瑜是个多谋之士，又无孔明书信，唯恐其中有诈，大哥不可轻往。"玄德说："我今联合东吴共破曹操，周瑜既要见我，我若不去，他必犯疑。"云长说："兄长坚持要去，小弟与你同去，才能放心。"张飞也说："我也跟去。"玄德说："我与你二哥同往，敢保平安无事，三弟与子龙小心守寨吧！"

都只为糜竺归来把信通，刘玄德心忙意急赴江东。

一来是会盟与见周公瑾，二来是打探消息找孔明。

关云长匹马单刀来保驾，带领着十余军卒把船撑。

兄弟俩软甲遮身披短铠，赤旭旭外罩公衣猩猩红。

急忙忙一齐上前争摇橹，哗啦啦冲开波浪几千层。

荡悠悠水映山光相映射，恍忽忽却疑人在画图中。

一阵阵微风过处水波动，飘飘摇吹送扁舟一叶轻。

雾茫茫回头不见江北岸，高耸耸过去青山百万重。

眼看着孤帆远影碧空尽，又只见傍岸临崖扎大营。

话说玄德到江东，看了看战船、旌旗，甲兵左右分布，甚是齐整，观看一回，心中甚喜。此时江东军士飞报周瑜，周瑜问道："玄德带多少人马？"军士说："只有一只小船，十几名从人。"周瑜说："此人命该休矣！"先命刀斧手埋伏，然后出寨迎接。玄德同云长带领十余人，直入中军，叙礼已毕。周瑜让玄德上坐，玄德说："将军名传天下，如雷贯耳，今得瞻拜虎威甚慰，备不才岂敢上坐？"乃分宾主对面坐定。周瑜设宴款待，这且不讲。

孔明闻听玄德来此，大吃一惊。急悄悄走近中军帐，偷看动静。只见周瑜面带杀气，两边壁衣中伏有甲兵。又见玄德谈笑自若，背后一人按剑而立，乃是云长。孔明自言自语说："二将军在此，主公无危险了。"遂不入中军帐去，转身而出，仍回江边等候。此时周瑜陪着玄德饮宴，酒过数巡，起身斟酒，猛见云长按剑立于玄德身后，忙问玄德："此是何人？"玄德说："吾弟关云长。"周瑜惊问说："莫非是昔日在虎牢关立斩华雄，白马诛颜良、文丑，过五关斩六将的美髯公吗？"玄德说："正是此人。"周瑜大惊，汗流满面，便躬身下拜说："请入席吃酒。"

> 周公瑾面带惊慌把酒斟，不由得低下头去口问心。
>
> 几次他偷眼打量云长将，果真是仪表堂堂赛天神。
>
> 听说他大破黄巾兵百万，虎牢关立斩华雄酒尚温。
>
> 战白马刀斩颜良诛文丑，一路上闯过五关斩六将。
>
> 他如今跟随玄德来赴会，看光景未必能将刘备擒。
>
> 万一是画虎不成反类犬，但恐怕惹下塌天祸临身。

周公瑾左思右想暗拿主意，玄德说："孔明若在，烦都督请来一会。"周瑜说："且等破了曹操，与孔明相会不迟。"玄德闻听蹙眉不语。云长以目看玄德，玄德猜透云长之意，慌忙起身告辞说："备暂且告别，以待破曹之后再来叩贺。"周瑜也不留，也不敢下手，无奈送出大帐，方才离去。

玄德同云长带领从人来至江边，只见孔明已在小船上等候。玄德一见孔明心中大喜，孔明说："主公知今日之险吗？"玄德浑然不知。孔明又说："主公今日若不同关将军同来，早被周郎谋害了。"遂将壁衣中藏刀斧手之事说知。玄德方醒，惊了一身冷汗，遂问孔明说："自先生与鲁肃同赴江东，叫我日夜放心不下。昨使糜竺来探消息，未见先生而回，我同云长急急至此。虽说前来会盟，其实为先生而来。今周郎既有谋害之心，先生岂可久居于此？不如和我一同回去。"孔明说："主公不必担心，我虽居虎口，敢保安如泰山，料那黄口周郎不能把我怎样。主公可同二将军先回去，收拾船只军马侍候，以十一月二十甲子日后为期，那时可差子龙驾一小船来南岸等候，不可误了日期。但看东南风起，那时我便返回！"说完催促玄德火速开船。玄德有留恋难舍之意，孔明说："我在此万无一失，主公不可迟疑，万一生变不得了。"一边说一边下船而去。

再说周瑜将玄德送出中军帐回来落座，鲁肃问："都督既诳玄德至此，为何又不下手？"周瑜说："云长世之虎将，他与玄德行坐相随，一步不肯相离，我若下手不成，反遭他害，我故放他去了。"鲁肃顿感欣然。

第六十二回 | 三江口曹操折兵 群英会蒋干中计

话说周瑜与鲁肃正说话间，忽报曹操遣使送书到。周瑜接书在手，只见书皮上写的是：汉大丞相付周都督开拆。周瑜一看书皮大怒，也不拆书观看，两把撕成纸条，掷于地下，喝令将使者斩首。鲁肃说："都督息怒，岂不知两国相争不斩来使。"周瑜说："不斩来使是为了讲和，我今与曹贼决一死战，正当斩其来使以示军威。"遂将来使斩了，将首级交与来使随人带回。即刻传令：命甘宁为先锋，韩当领兵在右，蒋钦领兵在左，周瑜自领大军在后接应，来日四更造饭，五更开船，务要鸣锣呐喊，有违军令，定按军法斩首。

周瑜斩了曹操使者，随人将首级带回交与曹操，并哭诉说："周瑜撕碎书信，斩了来使。"曹操一见勃然大怒！

曹孟德骂了一回，即唤蔡瑁、张允等荆州降将为前部，曹操自领后军督战。战船火速前进，才到三江口，早见东吴船只漫江而来。为首一员大将站立船头大呼说："我是甘宁，谁敢前来与我决一死战？"蔡瑁之弟蔡壎应声而出，来战甘宁。两船相近，甘宁拉弓搭箭，照准蔡壎射来。蔡壎招架不住，躲闪不及，嗖的一声应声而倒。甘宁催船前进，万箭齐发，密如雨点，曹军不能抵挡。右边蒋钦，左边韩当，直入曹军船队混战乱杀。曹军大半是青、徐之兵，素日未习水战，大江之上水深浪急，战船乱摆乱晃，把人弄得前仰后合，一个个站立不稳。甘宁等三路战船往来水面，任意纵横，如走平地一般。周瑜又催战船前来助战，曹兵中箭者不计其数，从巳时直杀到未时。周瑜虽然得胜，恐怕寡不敌众，遂传令鸣金收军。

蔡瑁、张允大败而回，遇上曹操后队人马正在登岸。曹操进了大寨，于中军帐坐下，唤蔡瑁、张允到来，责备说："东吴兵少而得胜，我们兵多而打败，是你等不肯用心的原因。"蔡瑁说："荆州水军久不操练，青、徐之兵未习水战，所以才败了。当今应先立水寨，令青、徐军在内，荆州兵在外，每日加强练习，待练精之后再战，就能取胜。"曹操说："就准你们立水寨，加紧教练水军，以后再若不胜，定要斩你二人首级。"蔡瑁、张允领命叩谢而出。乃沿江立二十四座水门，将大船居

说唱三国

于外为城郭，小船在内，以通往来。黄昏之后点起灯火，照得江心水面一片遑红。江岸之上连营三百余里，灯火不绝。

周瑜得胜回寨，一面差人去向吴侯报捷，一面慰劳三军。

周公瑾得胜回营喜气生，　即刻地慰劳将士和兵丁。

中军帐山珍海味摆酒宴，　大伙儿交杯换盏来庆功。

正面上兵马元帅端端坐，　两边厢列摆文武众英雄。

鲁子敬紧挨孔明诸葛瑾，　老程普相陪黄盖和甘宁。

太史慈周泰蒋钦按次序，　又只见潘璋凌统列西东。

更有那朱治董袭和陆逊，　命韩当挨次吕范和吕尝。

大家伙略叙言语闲耍笑，　比不得号令森严在军中。

军卒们三五成群按原地，　每人是羊肉一方酒一瓶。

一阵阵五营四哨欢声起，　酒席上齐乱猜拳把令行。

众人饮至三更方散。周瑜恐怕军卒酒醉懈怠打更，便同众将各处巡查。登高观看，只见西北角下火光冲天，照得水面皆红。周瑜忙问左右这是怎么回事，左右说："此是曹营灯火之光。"周瑜点头说："想是他败了一阵，不分昼夜操练水军，明天我亲自去打探。"说完下了高冈，嘱咐巡营军士小心巡哨，这才归帐安歇。

到了次日，周瑜吩咐收拾楼船一只，带领健将数员，挑选精壮水手摇橹，大家一齐上船。船到江心，相隔曹军水寨不远，把船稳住仔细看了一回。周瑜大惊说："他所布置，深得水战之法，不知他水军都督是谁？"左右说："是荆州降将蔡瑁、张允。"周瑜暗想："此二人在曹营教习水军是我之患，我必设法除掉二人，然后方可破曹。"军士飞报曹操说："周瑜前来偷看水寨。"曹操闻报，亲领快船十只，带领蔡瑁、张允前来擒捉周瑜。周瑜已有准备，看见水寨中战船之上，旗号欲动，急命水手掉转摇橹，向东南如飞而去。曹操蹙眉向众将说："昨日我们败了一阵，将锐气全挫，今周瑜又偷来窥看水寨而去，我们用什么计破他？"众将都未回答，忽有一人出来说："我有一计献于丞相。"

你看他屈背弯腰把躬打，　尊了声丞相不必恨满腔。

我自从孩提之时识公瑾，　咱二人情同手足是同乡。

十年前焚香结拜曾结义，　彼此间双方父母叫爹娘。

虽然是各为前程各保主，　也还是故人相见情意长。

自古道两国相争和为上，　倒不如舍命驾舟过大江。

我虽无苏秦巧舌张仪口，　情愿去连横合纵说周郎。

但得他心悦诚服来归顺，　倒省得苦争血战动刀枪。

你说这个献计之人是谁呢？他是九江人氏，姓蒋名干字子翼，现为曹操幕宾。

曹操听后大喜说："子翼果与周郎相厚吗？"蒋干说："岂敢虚哄丞相，我二人自幼同学念书，又是结义兄弟，知无不言，言无不尽。在下这次去保证成功，也不用带礼物，也不领兵马，只用一童子跟随驾船，我凭三寸不烂之舌，就能使周瑜来降。"曹操闻听更加欢喜，立刻摆宴与蒋干送行。蒋干略饮几杯辞行就走，头戴麻巾，身穿布袍，驾一小船过江。

周瑜正在中军帐议事，闻听蒋干到来，笑着对众将说："说客来了。"遂向众将附耳低言如此如此，众将领命而去。

周瑜整理衣冠，引随行数百人，俱是锦衣花帽，前后簇拥而出。蒋干引一青衣小童昂然而入。周瑜忙拜迎，蒋干也忙还礼，笑问说："公瑾别来无恙？"周瑜说："身体还结实，子翼远涉大江，为曹操来做说客吗？"蒋干被周瑜这句话弄了个张口结舌，蹙眉答道："我因久别足下，朝思暮想，特来叙旧，为何疑我做说客？足下心既生疑，我这就告退。"一边说着回身往外就走。周瑜笑着挽其臂说："我恐怕兄长为曹操做说客，既无此意，何必速去？"两人同入大帐叙礼、让座，左右献上茶来。

周瑜笑着让茶说："兄长不要见怪，只因你我各保其主，正是两国交兵之际，兄长突然到来，弟所以生出疑心。"二人说话之间，只见众文武俱各穿锦衣，将校均披银铠齐齐楚楚昂昂而入。周瑜命众文武与蒋干互相见礼，然后两旁列坐，大摆宴席，奏军中得胜之鼓乐，轮换斟酒。周瑜手指蒋干对众官说："此位是我同窗好友，虽然从曹营而来，但不是来做说客，公等勿疑。"一边说着，先解自己腰中佩剑交与太史慈说："公佩带此剑，以作监酒官。今日宴饮只叙朋友交情，如有提起曹操与东吴军情之事，就以此剑杀之。"太史慈接剑在手，坐于席上。蒋干惊惧，不敢多言。周瑜说："我自领兵以来，滴酒不饮，今日见了故人，又无疑忌，不论军情，应当喝个大醉。"遂即欢笑畅饮。

饮至半醉，周瑜起身拉着蒋干的手，同出帐外，左右将士军卒戎装各持兵器而立。周瑜向蒋干说："我的军士雄壮吗？"蒋干说："真是熊虎之师！"周瑜又同蒋干至帐后，只见许多粮草堆积如山，又向蒋干问道："你看我的粮草足备吗？"蒋干说："江东兵精粮足，名不虚传。"周瑜故意装醉，仰天大笑说："当年你我同学攻书，谁知也有今日。"蒋干说："以吾弟之高才，实不为过。"周瑜又携蒋干之手，仰面哈哈大笑。

　　周公瑾故意装醉作疯魔，高声儿仰面朝天叫子翼。
　　咱二人从师共读在南学，不觉得分手离别十余载。
　　咱兄弟各寻门路各保主，到现在你今如何我如何？
　　大丈夫处世为人逢知己，像周郎这般遭遇不甚多。

孙仲谋言听计从多信任，他待我如兄弟情同骨肉。

就是那昔日苏秦重出世，哪怕有当年张仪口悬河。

纵然是巧嘴说得天花落，我也是铁石心肠志不移。

须知道说之无益休开口，倒省得心机费尽枉张罗。

蒋干吓得面如土色，无言答对。周瑜乃携其手同入中军帐，和众将饮酒并说："江东英杰今日聚会，可名群英会，不饮大醉不可散席。"说话之间，天色已黄昏，大帐中点起灯烛，开怀畅饮，满堂欢笑。蒋干告辞说："我酒量小，不能再饮了。"周瑜大笑说："我已吃醉了，大家散席吧。"众将闻言辞谢而出。周瑜说："久不能与子翼同床，你我今夜不可两处睡宿，要抵足而眠，重叙昔年旧事。"一边说着，装成大醉之态，相携蒋干入帐共寝。周瑜故意连衣卧倒，呕吐狼藉，酒气熏人。

蒋干怎能睡得着，伏枕听时，军中锣鼓正打二更。抬头一看残灯尚明，只听周瑜鼾声如雷，不由得起身来，看桌案上堆放着许多文书。偷拿手中一看，原来是往来书信，内有一卷皮面上写着"蔡瑁、张允谨封"。蒋干大惊，暗自思道："蔡、张二人因何有书在此，其中缘故令人可疑。待我拆封一观，看是写的什么言语？"回头看周瑜依然酣酣而睡，这才拆开封皮，只见上面写着：

我等降曹非出本心，迫于势威，但得其便，即将曹贼之首级献于都督帐下，早晚之间便有捷报，幸勿见疑，先生敬禀。

蒋子翼偷偷看完书一封，不由得左右辗转暗思量。

我在那丞相面前夸下口，谁承想枉费徒劳落场空。

正发愁无脸去见曹丞相，恰巧儿天公又把人愿从。

现今有蔡瑁张允书一纸，凭空里竟然落在我手中。

回营去偷偷将书双手献，曹丞相的首级他割不成。

轻轻地一针挑去肉中刺，也算我初出茅庐第一功。

蒋干一边思索着将书藏于袖内，再捡看别书时，只听床上周瑜翻身，口中嘟嘟哝哝地说话。蒋干急忙吹灯倒在床上。周瑜口中含含糊糊地说："子翼，我数日之内叫你看曹贼首级。"蒋干勉强应之，复问周瑜话，周瑜却又睡着了。蒋干暗想：人说梦中吐真言，果然不假。如此看来，蔡、张结连东吴，这封私书就是千真万确了。正在思索之际，天已四鼓有余，忽听有人入帐说："都督醒来。"周瑜假装惊醒之状，问那人说："床上睡的何人？"那人答说："都督请故人同床，为何忘了？"周瑜故意懊悔说："我平日未尝饮醉，今日为何醉得如此厉害？不曾说些什么言语？"那人说："小的进帐之时，听得都督好像在梦中说话一般，小的却没听清楚。"周瑜说："天还没亮，你来唤我，有什么事吗？"那人说："江北有人到此。"周瑜喝道："少得胡言。"那人被周瑜喝住，就不往下说了。周瑜这才起来，唤蒋干。蒋干也装睡着，不肯答言。周瑜下床悄悄出帐而去。蒋干轻轻起来偷听，只听有人在外与周瑜说："蔡、张二位督都说眼下不便下手……"只听这一句，被周瑜止住。往下声音更低，就听不清了。停不多时，周瑜入帐又唤蒋干，蒋干不答应。周瑜二次上床脱衣就寝。

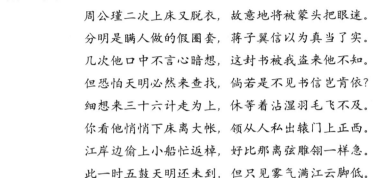

周公瑾二次上床又脱衣，故意地将被蒙头把眼迷。
分明是瞒人做的假圈套，蒋子翼信以为真当了实。
几次他口中不言心暗想，这封书被我盗来他不知。
但恐怕天明必然来查找，倘若是不见书信岂肯依？
细想来三十六计走为上，休等着沾湿羽毛飞不及。
你看他悄悄下床离大帐，领从人私出辕门上正西。
江岸边偷上小船忙返棹，好比那离弦雕翎一样急。
此一时五鼓天明还未到，但只见雾气满江云脚低。

话说蒋干偷偷溜走，渡过江来，登岸来见曹操。曹操问道："子翼这次去江东办事如何？"蒋干说："周郎心如铁石，说不动他。"曹操蹙眉说："事既不成，岂非让人耻笑？"蒋干说："虽然没劝动周郎，却给丞相打听来一件机密大事。请丞相退去左右人，我再告说。"曹操把头一摆，左右一齐退下。蒋干遂把书信事情一一告诉曹操，然后呈上书信。曹操看完大怒说："二贼竟敢如此无礼。"即刻把二人唤至帐下，吩咐说："我要你二人进兵东吴如何？"二人一齐答道："现在士兵还不曾练熟，不能轻举妄动。"曹操大怒说："若等军士练熟，我的首级也献给周瑜了。"二人听说摸不着头脑，惊慌不能回答。曹操见二人闭口无言，就认为那封书信越发真了，即命武士将二人推出斩之，顷刻之间献上人头。曹操此时已省悟："我中计了！"

众将见斩了蔡瑁、张允，一齐进帐问道："有何缘故杀此二人？"曹操知道自己中计，很是懊悔，又不肯对人说出来，乃对众将说："二人怠慢军法，我把他二人斩了。"众将不语，曹操便于众将中挑选毛玠、于禁为水军都督，以代蔡、张二人之职。江东长探将事报知周瑜，周瑜大喜说："我所虑的是这二人，今既已除，我无忧了。"鲁肃说："都督料事如神，何愁曹贼不能破？"周瑜说："我猜众人不知此计，唯有孔明见识过人，此计必不能瞒过他。子敬前去探试，看他知也不知？"

鲁肃领命即到孔明船中，孔明接入小船坐定。鲁肃说："连日料理军务，没来领教于先生。"孔明说："我还没给都督贺喜呢！"鲁肃说："都督有何喜事可贺？"孔明闻言微微而笑。

诸葛亮满面春风笑开言，他说道子敬休得把人瞒。

周公瑾也知事情我猜透，因此上差你来用话试探。

昨一日曹营蒋干把江过，大帐里中了周郎巧机关。

无非是暗用一条反间计，最可笑下了网套他就钻。

曹阿瞒明知中计空懊悔，也不愿甘将错误自己担。

弄得他口含冰糖难说甜，这一回好像哑巴吃黄连。

　　鲁肃听了，唬得脸上失色，开口不得，支吾了半晌，别孔明而回。

第六十三回　用草船孔明借箭 献密计黄盖受刑

　　话说鲁肃回见周瑜把孔明的话诉说一遍，周瑜大惊说："此人绝不可留，我必杀他。"鲁肃说："若杀孔明，恐被曹操耻笑。"周瑜说："我自有妙法斩他，叫他死而无怨。"鲁肃说："有何妙法？"周瑜说："此日且不必问，明日便知。"

　　次日周瑜聚众将于帐下，差人去请孔明前来议事。孔明慨然而至。周瑜让座坐下，说："过不几日要与曹操交战，水上用兵，当用什么兵器为先？"孔明说："大江之中以弓箭为先。"周瑜说："先生之言甚合我意，但咱军中正缺箭用，敢烦先生监造十万支箭，以作应敌之用。此系军中大事，请先生万勿推却。"孔明说："都督差遣自当效劳，敢问十万支箭何时交付用？"周瑜说："十日之内能造完吗？"孔明说："曹操大兵不日将至，若待十日大事误了。"周瑜说："以先生意见，几日能完成？"孔明说："只需三日可造完十万支箭。"周瑜说："先生此言莫非戏耳？"孔明说："军中无戏言！愿立军令状为凭，若三日之内造箭不完，甘受重罚。"周瑜大喜，即唤军政当面把军令状立了，让孔明画押，自己又用大印附其上，遂置酒相待。周瑜殷勤相劝，孔明开怀畅饮，是日宴终席散。周瑜说："先生费心，暂且不谢，待工完之日，自当重重酬劳。"孔明说："今日天晚造不及了，从明日造起，至第三日，可差五百人往江边搬箭就是了。"说完辞别而去。

诸葛亮宴终席散辞别归，鲁子敬狐疑不定皱双眉。

与周郎复归大帐重落座，他二人东西对坐共举杯。

鲁子敬手端酒杯把话发，细算来雕翎十万非容易。

他怎么慨然应允就同意，问都督孔明之言是也非。

周公瑾手拿酒杯面带笑，诸葛亮一直眼高天下小。

他若是造箭违了三日限，这一场杀身大祸埋怨谁？

对众将当面立下军令状，这是他自己送死来找的。

好一似鸟入樊笼双折翅，纵然是两肋生翅没处飞。

鲁肃说："这回是他自己送死，不是都督逼他。"周瑜说："还用逼？只要吩咐工匠军役人等，故意拖延时间，凡一切应用物料不要送去。他虽心急，材料没有，工匠又不出力，岂能不误日期？日期一误，我有军令状为凭，那时再按军法问罪。你去探探消息。"

鲁肃领命来见孔明，孔明说："今日我在周郎面前许下愿，三日内造十万支箭，回来懊悔失言。这三日工夫，如何造得十万支箭出来？我若误了日期，要按军令状问罪了。子敬要来救我。"鲁肃说："先生自取其祸，别人如何救？"孔明说："子敬若肯相救，我有一法在此，只要子敬借给我二十只船，每只船上要带军士三十人，船上用青布围罩，上边束上草把千余个，扎在船两边，我别有妙用。第三日包管有十万箭，一支不少。却万万不能让周郎得知，他若得知，我计破了。子敬若肯如此，便是救我之法，万望成全，自当重报。"鲁肃为人忠厚老实，素日常存不忍杀孔明之心。辞别孔明登岸回寨，见了周瑜果然不提孔明借船之事，只言孔明不用箭竹翎毛胶漆等物，他说自有造箭之法。

周瑜千思万想，全没猜透孔明究竟是什么意思，只怕他使脱身之计偷着走了，想了想对鲁肃说："我限孔明十日之期造十万支箭，想是怕做不出来，又不敢不应，所以自己限三日来安我心。他要脱身之计走了，如同放虎归山，纵龙入海！你拿我令箭一支，去见孔明。只说奉我所差，与他同力相帮，监工造箭，饮食坐卧一刻不要相离，将他绊住。若不小心走脱孔明，你须知军法无情，定斩你头，决不宽容。"说完手拔令箭一支，递与鲁肃。

鲁肃接令箭而出，瞒着周瑜私拨轻快战船二十只，每船三十余人，布幔草束等物都准备好，一件不少，锁在江边伺候。鲁肃调用安排完，带着令箭来见孔明，告诉周瑜之言。孔明笑说："周郎是怕我偷着走了，真是以小人之心而度君子之腹。"鲁肃说："周瑜之言，且不必论，速速造箭要紧。二十只船诸事齐备，先生怎样使用？及早安排。"孔明说："多劳子敬用心，但今时辰未到不可动。"鲁肃闷闷而退，就在那二十只船上安身。第一日孔明不动，第二日孔明仍还不动。至第三日四更时，孔明来到鲁肃船上，鲁肃接入让座问："今已第三日了，先生若无其事，是何道理？"孔明说："我特为此事而来，时辰到了。子敬随我前去取箭吧！"鲁肃说："先生莫非睡梦中来，请问先生往何处取箭？"孔明笑说："我不是做梦，你不要问从何处取，只随我前去，便见分晓。"

话说这夜大雾垂江，甚是昏暗。孔明同鲁肃带快船二十只离开东吴，直奔西北而来，五更时将近曹营水寨。孔明吩咐把船头西船尾东一字排开，叫军士们一齐擂鼓呐喊。鲁肃大惊说："倘曹兵齐出，如何挡之？"孔明笑说："我料大雾之中，曹操必不敢出，你我只管酌酒取乐，以待云收雾散之后，方可拨船而回。"一边说着，取出酒来，便与鲁肃在舱中对坐饮酒。此时，曹操寨中听得江心擂鼓呐喊。水军都督毛玠、于禁急忙飞报曹操，曹操说："重雾迷江，彼军忽至，必有埋伏，切不可枉动。速拨水军弓箭手，以乱箭射之。"二人领命而行，曹操又让旱寨张辽带领弓箭手三千，火速到江边相助射，共有二万余人，尽皆往江中放箭。

> 好一位神机妙算诸葛亮，你看他判断分析实在精。
> 命军士船中呐喊齐擂鼓，同鲁肃推杯换盏饮刘伶。
> 将战船一字长蛇江心摆，俱各是头朝西来尾向东。
> 曹营内烟水茫茫看不见，又加上一天雾气雨蒙蒙。
> 一时间不知兵将有多少，曹孟德心怯不敢把敌迎。
> 弓箭手顷刻挑选两三万，水寨里纷纷齐放箭雕翎。
> 好一似万里秋风吹细雨，又如同九天云外下寒冰。
> 响嗖嗖电闪星飞只一阵，虎皮囊十个军卒九个空。

话说曹操水军寨中箭如雨发，不多时把孔明的船坠歪了。孔明又叫士兵将船调过来，头东尾西逼近水寨受箭，待至日高雾散了，曹营的箭也就射净了，二十只船两边束草上排满箭支。孔明令各船上的军士齐声高叫："多谢丞相赐箭了。"说完，收船急走，直奔南岸。曹兵报知曹操时，孔明船轻水急已行二十余里，追出来不及了。曹操才知中了江东之计，懊悔不已。

孔明甚得意，坐在船上大笑，向鲁肃说："每船上箭约有五六千支，不费江东分毫之力，就得箭十万余支，明日拿来反射曹军岂不妙哉？"鲁肃说："先生真神人也，若非神人，怎么知今朝有这样大雾？"孔明说："为将而不知天文，不识地理，不知奇门，不晓阴阳，不看阵图，不明兵势，是庸才。我于二日前已算定，今朝必有大雾弥江，因而敢许三日之限。周郎限我十日，工匠、物料俱不应手，就是十年也造不成，分明是要杀我。我命上天保佑，周郎岂能杀我？"鲁肃口服心服，再次下拜，谢过。二人说话之间，船已傍岸。孔明叫早已等候在岸边的军士们一齐上船从草把上取下箭来，共计十万有余，俱搬入大寨中军帐交纳。鲁肃进帐向周瑜禀告说孔明借箭一事，周瑜大惊，慨然叹说："孔明神机妙算，我不如也。"

周瑜看看那十万支箭，心中甚喜。想想孔明那样本事，心中又惊慌。一时间翻肠搅肚，不知是个什么滋味。正在难为情之际，只见孔明入寨来，周瑜无奈只得出帐相迎，上前携手称道："先生神算，令人敬服。"孔明说："雕虫小技，何足为奇？"说话之间二人同入大帐，对坐饮酒。酒过数巡，周瑜举杯说："昨日我主遣使前来催促进兵，我没想出奇谋，愿先生教我。"孔明说："我乃碌碌庸才，哪有什么奇计？"周瑜说："先生神机妙算，人不能比，怎么无计？我昨观曹营水寨极其严整，是不好攻的。这几日思得一计，不知可否？乞先生为我决断。"孔明说："都督先不要讲，你我各自写在手心，看两下同也不同？"

周瑜大喜，取过笔砚自己先写了，然后递给孔明。孔明接笔也在手上写了，这才一齐伸手掌对看。原来周瑜手心里写着一个"火"字，孔明手心中也写一个"火"字。二人观完，不由得一齐大笑。周瑜说："你我不谋而合，此计更无疑了。"诸葛亮说："这条计策曹操虽然中过两次，那博望、新野俱是陆地，今在大江水面之上，此计他必不防备，都督可以用。"二人又商议一会儿，席终而散。

再说曹操凭空里被江东诓去十万余支箭，心中十分气恼，有心进兵报仇，但因水军尚未练好，不敢出去，因此眉头不展，闷闷不乐。

> 曹孟德连日不乐闷塞胸，你看他两朵愁云锁眉锋。
> 怀雄心兵进东吴把仇报，又可惜数万水军没练成。
> 好叫他干发急躁空搔首，整日里闷闷不乐叹连声。
> 那一日谋士荀攸来献计，他说道丞相何必带愁容。
> 周公瑾串谋孔明来诓箭，咱和他慢拨盘珠把账清。
> 蔡都督辕门斩首废了命，想一想蔡氏宗族谁不疼。
> 急不如厚待蔡中和蔡和，让他去诈称投降上江东。
> 东吴营里勾外合寻机会，成功后赐爵加官将他封。

荀攸说完，曹操大喜说："此计甚妙。"当夜将蔡中、蔡和悄悄地唤进帐来，每人赏白银五十两，锦缎三匹。二人一齐叩谢说："无功受赏于心有愧，丞相若有用咱兄弟二人之处，万死不辞。"曹操说："用你二人引些小兵去东吴诈降，见了周瑜只说我无故杀了你哥哥蔡瑁，因此怀恨来降，这样做周瑜便不疑心。你在他营中用心打听，若有什么消息，使人尽快密报。事成之后再加封赏。你二人休怀二心，今后自有功名富贵。"二人齐说："我们妻儿老小俱在荆州，怎敢怀二心？丞相放心，我们兄弟此去东吴，取周瑜、孔明之首，献于帐下。"曹操闻言大喜说："若果真如此，你二人真忠臣也。打点速去，不可迟疑。"二人叩谢而出。次日晚上，二人带领五百军士，驾船数只，黑夜顺风而下，直扑东吴去了。

话说周瑜料理进兵之事，忽报江北有数只战船来到江口，自称是蔡瑁之弟蔡和、蔡中前来投降。周瑜传令，叫他们上岸进营大帐回话。二人随令而入，来到周瑜座前哭拜于地说："我兄无罪被曹操所杀，我二人想为兄报仇雪恨，因此前来投降。望都督可怜收留，愿为前部破曹。倘若能雪兄恨，自当重报。"周瑜大喜，重赏二人，即命与甘宁为前部，领兵作先锋。

甘宁说："二人来降并非真心，都督不可认真。"周瑜微微而笑，说："故让你多加小心，不可疏忽。"甘宁领命去了。鲁肃入见说："二蔡此来乃诈降，不可收用。"周瑜要将计就计，恐怕泄露消息，乃假意责鲁肃，向鲁肃说："他恨曹操杀其兄，要为兄报仇而来投降，何诈之有？你若如此多疑，怎么能容天下之士？"鲁肃无言而退，乃将此事禀告孔明。孔明笑而不言。鲁肃说："先生何故发笑？"孔明说："我笑子敬不识公瑾之计。东吴与曹营阻隔大江，细作最难往来。那曹操放这二蔡前来诈降，打探我军中的消息。周郎识曹操之心，将计就计，正要利用他通报消息。我想兵不厌诈，公瑾之谋是对的。"鲁肃方才醒悟，佩服周郎用计之巧妙，孔明料事如神，这且不提。

再说周瑜此夜坐在帐中，秉烛正看兵书，忽见黄盖自外而入，周郎让座问："公覆深夜到来，必有良策赐教。"黄盖说："曹操兵多，咱的兵少，不可久持，何不用火攻？"周瑜说："谁让你来献此计？"黄盖说此计出自本心，不是他人教的，周瑜说："我正要为此故，留蔡中、蔡和诈降之人，以通消息，恨无一人为我去诈降。"黄盖说："末将愿行此计。"周瑜大喜，遂与黄盖附耳低言说："明日你我要如此如此，计可言行。"黄盖应诺去。

次日，周瑜将众将齐聚帐下，也将孔明请来坐在帐中。周瑜说："今曹操引百万之众，连营三百余里，不是一日二日可破的。众将各领三个月的粮草，准备迎敌。"众将都未开口，黄盖没好气地大声说："莫说三个月粮草，就是三十月粮草也无济于事！不如依张子布之言，卸甲倒戈向北而降。"周瑜听后，勃然大怒！

> 周公瑾故使威风把脸变，在座上勃然大怒蹙眉梢。
> 你看他手指黄盖身立起，响乒乓惊堂不住连声敲。
> 倘若是谁再提起投降话，管叫他颈上头颅落下来。
> 你如何明知故犯违军令？须知道王法无亲不可饶。
> 吩咐声两边武士绑出去，准备着辕门以外来开刀。
> 周公瑾声声传令把人斩，众将官魂飞胆破魂欲销。

周瑜声声传令要斩黄盖，黄盖大怒说："我自随孙伯符将军纵横东南，历经三世，所立功绩不可胜数。就是孙仲谋也不敢轻易斩我，你不过少年小将，奈我何哉？"周瑜大怒喝令速斩。甘宁近前说："黄公覆乃东吴老臣，望都督宽恕他。"周瑜责怪说："你敢多言乱我军法？左右先把甘宁乱棒打出去。"众将一齐跪倒说："黄盖之罪是应斩，但于军不利，乞督都先宽恕，破曹之后再斩不迟。"周瑜只是大怒不息，众将官苦苦恳求，周瑜良久说："若不看众将官之面，绝斩不饶。今且免死，左右拖出重责四十大棍，以正军法。"众将仍跪不起，苦求免打。周瑜推翻桌案，责退众将，喝令行杖。两边武士只得依令而行，将黄盖剥去衣服，拖翻在地，打了四十大棍，打了个皮开肉绽，血流满地。周瑜骂声不绝而去。

两边人扶起黄盖，只见他鲜血淋淋，顺腿而流，扶进本帐，昏迷不醒，所见之人无不落泪。鲁肃也来看望一回，到了孔明船中，向孔明说："今日周郎怒责黄公覆，我等俱是他的部下，不敢犯颜苦谏。先生到此为客，为何袖手旁观，不发一语？"孔明笑说："子敬又来欺我。"鲁肃说："先生渡江以来，我没有一件相欺，今何出此言？"孔明笑说："公瑾毒打黄盖是计也，我为何去劝他？"鲁肃问："公瑾所用何计？"孔明说："今日计乃是苦肉之计。"

话说鲁肃听孔明之言如醉初醒，孔明说："你今去见周郎，休要说我猜破今日之计，只说我怨他无情。"鲁肃应声辞去，回寨去见了周瑜。周瑜将他邀入后帐吃茶，鲁肃问道："今日都督何故痛责黄公覆？"周瑜说："众将有怨心吗？"鲁肃说："倒是不敢怨，多数心中不安。"周瑜："孔明之意如何？"鲁肃说："他也埋怨都督太薄情了。"周瑜笑说："今番也被我瞒过了。"鲁肃心中暗服孔明，却不敢说出口来。

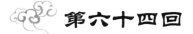

第六十四回　阚泽密献诈降书　庞统巧授连环计

话说黄盖身受重刑，卧在自己帐中，诸将都来看望。黄盖并不言语，只是长吁短叹。忽报参谋阚泽来访，黄盖吩咐快请进来。不多时阚泽进了卧室，黄盖责退左右，独留阚泽叙谈。阚泽说："将军莫非与周郎有仇吗？"黄盖说："没有。"阚泽说："黄公受刑莫非苦肉计？"黄盖惊问："你怎么能知道呢？"阚泽说："我看公瑾之举动，已猜透八九分。"黄盖闻言连声长叹！

阚泽说："将军以实言告我，无非是叫我去献诈降书，这有何难？"黄盖说："我素知公有口才，又有胆量，你去献诈降书如何？"阚泽欣然允诺说："大丈夫不能建功立业不如草芥，为主捐躯有何惜哉！"黄盖闻言大喜，滚下床来，叩头谢过。阚泽忙伸双手搀扶黄盖上床说："事不宜迟，今日我就动身，恐日久生变，万一泄露消息，计不成了。现在快写降书，我即刻便行。"黄盖说："书早已写好，就在这里。"

阚泽取了降书，当夜扮作一个渔翁，独驾小舟往北岸而去。是夜满天明月，一江星斗，阚泽自初更起程，三更时候到了曹军水寨。巡江军士把阚泽捉住，急忙报知曹操。曹操说："莫非是奸细吗？"军士说："只是一渔翁，自称是东吴参谋阚泽，有机密之事来见丞相。"曹操说："既如此，带他进来见我。"军士将阚泽拥至中军帐。阚泽抬头一看，只见帐上灯烛辉煌，曹操凭几而坐，拿着官腔问道："你既是东吴参谋，来此为何？"阚泽仰天叹曰："人言丞相求贤若渴，今听此问大不相合，黄公覆你又错认人了。"曹操说："我与东吴旦夕之间就要交兵，你今私行来此，我怎能不问？"阚泽说："你既要问，听我道来。"

> 黄公覆三世老臣功勋大，历年来尽心竭力保江东。
>
> 昨一日无心多了几句话，周公瑾勃然大怒使威风。
>
> 声声要绑赴辕门欲问斩，多亏了众将乞恩苦求情。
>
> 大帐里立刻重责四十棍，只打得血染衣衫一片红。
>
> 他本来赤心耿耿保吴主，弄得他滚热肝肠冷似冰。
>
> 我二人情同骨肉多交厚，彼此间恼恨周瑜把人轻。
>
> 暗地里商议计谋报仇恨，我因此来献投降书一封。

阚泽说完，曹操说："书在哪里？取出我看。"阚泽将书呈上，曹操即拆封就灯下观看，只见上面写道：

> 盖受孙氏厚恩，本不当怀二心。然以今日事势论之，用江东六郡之兵，挡中原百万之师，寡不敌众，海内所共见也。东吴将吏，无论智愚，皆知其不可。周瑜小子，偏怀浅戆，自负其能，辄要以卵击石。兼之擅作威福，无罪受刑，有功不赏。盖系东吴旧臣，无端为所摧辱，心实恨之！伏闻丞相诚心待物，虚怀纳士，盖愿率众归降，以图建功雪耻。粮草车仗，随船献纳。泣血拜白，万勿见疑。

曹操于几案上反复将书看了十余次，忽然拍案大怒说："黄盖用苦肉计，令你下诈降书，就中取事，却敢来戏弄我？"便叫左右推出斩首。两边刀斧手答应一声，拿绳锁齐往上闯。阚泽面不改色，仰天大笑，曹操喝令武士暂且松手。阚泽昂然而立，毫无惧色，看着曹操说："要杀就杀，要斩就斩，你让武士放手还有什么话说吗？"曹操说："没什么话说，我要问你，何故大笑？"阚泽说："我不是笑你，我笑黄公覆不识人！"曹操说："何为不识人？"阚泽说："杀便杀，砍便砍，何必多问？"曹操说："我自幼熟读兵书，深知奸诈之事。你们这条计，只好瞒别人，如何瞒得我？"阚泽说："你且说说书中哪件事是奸计？"曹操说："我说出你那破绽处，叫你死而无怨。我且问你，你既是真心降我，何故不说明日期呢？明是诈降还有什么说的？"阚泽闻言，更加大笑起来。

> 都只为周瑜无情打黄盖，我因此偷驾小船夜渡江。
>
> 实指望丞相面前把书献，一定会欣然应允咱投降。

谁料想明珠暗投选错地，又成了卞和献璞反遭殃。

你既然兵书不读无韬略，原就该善识英雄辨忠良。

岂能够不分贤愚一样待？细看来干事有些糊涂腔。

我劝你及早收兵回去吧，倒省得许多性命丧他乡。

阚泽说了这些话，曹操不但不恼，面上反有愧色，停了良久说："我怎么是无学之辈？"阚泽说："你不识机谋，不明道理，岂不是不学无术之辈？可惜我死在你手，待到九泉之下也不瞑目。"曹操说："你就把那不学无术之辈处讲来我听。"阚泽说："你无待贤之礼，我唯死而已，何必多言？"曹操说："你若说得有理，我自然敬服。"阚泽说："岂不知背主作窃，不敢定期。倘今约下定期，急切不得下手，这里再去接迎，事必泄露，画虎不成，无福反有祸。只可相机而动，待便而行，岂可预期相定？你原不明此理，反要屈杀好人，不是无学之辈吗？"曹操听完，改容下帐而谢："我见事不明，误犯尊威，幸勿挂怀。"便请阚泽入帐落座。曹操自己在阚泽对面坐下，曹操大喜说："你二人若能建立大功，他日赐爵必在他人之上。"阚泽说："我等非为爵禄而来，实为应天顺人。"曹操闻听大喜，酌酒以待。只见有人入帐，向曹操耳边低声细语，曹操说："拿书来看。"其人将密书呈上，曹操自己看了一遍，面有喜色。阚泽暗思，此必是蔡中、蔡和来报黄盖受刑的消息。

曹孟德观罢来人书一封，顷刻间满面添欢显笑容。

举酒杯殷殷勤勤频相让，喜滋滋眼望阚泽呼先生。

你既有真心无二意待我，烦先生仍驾小船回江东。

我这里接应战船预备就，你须知暗地差人把信通。

倘若是捉了孔明与周瑜，我保你升官赐爵将侯封。

曹操说完，阚泽说："我今已离江东，不可得复还，望丞相别差机密人去方妥。"曹操说："若他人去，事要泄露，那还得了？依然还得你去。"阚泽推辞不去，曹操一定让他去。阚泽说："若要我亲自回去，则不可久停，即刻就走。"曹操以金帛赏赐阚泽，阚泽回辞不受，即刻起行，仍驾小船回江东，来见黄盖诉说过江在曹营所干的事，黄盖大笑说："公实在能干，我没白受苦肉之刑。"阚泽说："我到二蔡寨中探探二蔡消息，看他如何？"说完辞了黄盖来至甘宁寨中。

甘宁接入让座。阚泽说："昨日将军为救黄公覆被周郎所辱，我甚不平。"甘宁闻言笑而不答。只见蔡中、蔡和自外而入，二人一齐欠身让座。坐下后，阚泽向甘宁丢了个眼色，甘宁早知其意，微微点点头，便开言说："周瑜自恃其能，不以我等为重，他那日无故痛打黄盖，我给黄盖求情。周瑜不允，还吩咐左右将我乱棒打出。我受其莫大之辱，羞见江东众将。"说完，咬牙切齿，拍案大叫。阚泽即向甘宁耳边低声说话，甘宁低头不语，长叹数声。二蔡见甘宁、阚泽惧恨周瑜，都有反意，乃以言挑之说："甘将军有何烦恼？阚先生有何不平？"阚泽说："我二人腹中之苦，你们哪里知道。"蔡中闻言微微而笑说："你二人要叛东吴。"

蔡中说完，阚泽大惊失色，甘宁腰中拔剑而起说："我俩瞒人私事，而竟被你等看破了，不可不杀，以灭其口。"蔡中、蔡和一齐忙说："二位不必着慌，我等有心腹之言相告。"甘宁大喝说："快说！"蔡和说："我二人是曹操使来诈降的，不是真降。二位若有归顺曹操之心，我兄弟愿为引荐。"甘宁说："汝言果真吗？"二人齐声说："安敢相欺。"甘宁假装高兴说："若如此，是天赐我等之便。"二蔡说："实不相瞒，黄公覆与甘将军被辱之事，我已报知曹丞相了。"阚泽说："我也给黄公覆献书与曹丞相，丞相让我相约甘将军、黄公覆等同去投降。"二蔡闻言大喜，即把这话当真。甘宁也装欢喜样子，大帐摆酒，四人共饮，同论心事。二蔡就在甘宁帐中写书一封，使人密报曹操，告知说："甘宁与我同为内应，早晚一心办事。"阚泽也修书一封，另差人去报曹操，书中说："黄盖急想来投，未得其便。早晚之间，但见船头插有青牙旗而来的即是。"

曹操连接二书，心中疑惑不定，聚众谋士商议说："江东甘宁为周郎所辱，愿为内应；黄盖受刑，让阚泽来献书约降，俱未可深信。谁敢直入周瑜寨中深听虚实？"

蒋干自愿要去江东打探实信，曹操大喜，即令蒋干起身。蒋干奉命带领三两个随从，驾一小船直到东吴上岸，使人通报周瑜。周瑜听说蒋干又到，大喜说："我成功只在此人身上了。"

周瑜闻蒋干又来因何如此欢喜呢？其中有一个缘故，原来蒋干未到之先，有襄阳人庞统字士元，因避乱寓居于江东，鲁肃荐之于周瑜。周瑜问计于庞统："破曹当用何策？"庞统密告周瑜说："欲破曹兵须用火攻。但大江面上，一船着火余船四散，除非献连环计，叫他把船按序钉在一处，然后才能成功。"周瑜深服此论。

周瑜遂使人请蒋干入帐相见。蒋干入帐，周瑜作色说："子翼何故欺我如此之甚？"蒋干笑说："我因与你是旧日同盟兄弟，特来诉说心腹之事，何言相欺？"周瑜喝道："昨日你偷我私书，叫曹操杀了蔡瑁、张允，我事不成。今日无故又来，必定不怀好意。我若不看旧日之情，必将与你一刀两断。我本想送你回去，怎奈我一两日就要兴兵伐曹。左右送子翼往西山庵中歇息，待我破曹之后，再送他过江未迟。"蒋干刚想讲话，周瑜退入后帐去了。左右军士牵过一匹马与蒋干骑上，将他送到西山背水小庵之中，拨四名军士侍候，酒饭不缺。

蒋干到庵内心中十分忧闷，寝食不安，想要私自逃走，既无颜去见曹操，又不知周瑜将他送至此处是什么意图，左思右想没有主意。出得小庵，忽然听到读书声，仔细一看，只见山半坡丛树林中隐隐有灯光射出。蒋干朝着灯光走去，有一条羊肠小道，虽然弯曲狭窄，但可上去。走至近前，见山岩畔有草屋数间，自内射出灯光。蒋干从外偷眼观看，只见一人约有三十上下年纪，体貌秀雅，眼中有神，壁上挂一剑，坐在灯下，正在朗诵孙子兵法。

蒋干随即敲门请见，那人开门出迎，共入茅屋，对面坐下。蒋干问其姓名，那人说："姓庞名统字士元。"蒋干惊喜说："莫非是凤雏先生吗？"其人说："正是。"蒋干大喜说："久闻大名，未得见面，今为何僻居此庵？"庞统说："周郎自恃才高，不能礼贤下士，我故隐居此庵中。公是何人？星夜至此何事？"蒋干说："我乃曹丞相幕宾蒋干。"庞统喜说："我道公是何人，原来是江北名士，黉夜至草舍，可敬呀，可敬！"二人各相欢喜，共坐谈心。蒋干说："以先生之才，何往而不利？如能肯归曹，我愿为先生引荐。先生年富力强，正宜施展经纶，建功立业，以图富贵，择明主而事之。岂可甘隐林泉，老于林庵中？"

> 现如今先生年富力正强，原就该大展宏图保明王。
>
> 周公瑾自恃其才多傲慢，你因此隐姓埋名这里藏。
>
> 倘若是甘老林泉了此生，岂不负十年学道坐寒窗？
>
> 必须要出山寻找思进步，怎么肯怀其宝而迷其邦？
>
> 曹丞相礼贤下士多仁义，他从来敬重斯文不寻常。
>
> 现如今将广兵多声势大，博得个无敌英名传四方。
>
> 安排着里勾外联机关巧，不日间兴兵伐罪灭周郎。
>
> 咱二人萍水相逢真奇遇，彼此间说话投机甚热肠。
>
> 劝先生乘此机会归曹去，我和你同舟共济渡长江。

蒋干说完，庞统喜说："我想离江东而投曹公久矣，可惜无门而入。公既有引荐之心，即当速行，若周瑜得知就走不成了。"蒋干说："先生之言极是，就此同行。"

二人连夜奔下山来，到了江边，寻到来时船只，飞快投江北而来。二人下船登岸，蒋干先入大帐来见曹操，备诉前事。曹操闻听凤雏先生来了，天大之喜，亲自出迎，共入大帐，叙礼毕，分宾而坐，左右送上茶来。曹操带笑说："江东周瑜自恃才能，眼底无人，不用他人良谋。久闻先生大名，今蒙不弃，枉驾来临，我早晚领教，万望先生不吝赐教。"庞统说："素闻丞相用兵有法，今愿一睹军容，未知丞相意下如何？"曹操说："正要请先生指教，但看何妨。"遂吩咐备马，先邀庞统同观旱寨，二人并马登高而望。庞统说："傍山依，前后顾盼，出入有门，进退曲折。

虽孙、吴再生，穰苴复出，也不过如此。"曹操说："先生过誉了，尚望指教。"于是二人又去观水寨，但见向南分二十四座门，周围用船列为城郭，中藏小船，进退有序。庞统笑说："丞相用兵如此，名不虚传！"手指江东又说："周郎，周郎，克期必亡！"曹操大喜，回寨请入帐中共饮。

话说二人对面饮酒，共论军机大事。庞统高谈雄辩，对答如流，曹操很敬报，诚心相待。庞统装醉说："敢问丞相，军中有良医吗？"曹操说："先生要医何用？"庞统说："不是我用医，水军多疾病，需用良医治。"曹操说："军士远来不服水土，俱生呕吐之疾，正愁无法可除。先生既问，想是能医治吗？"庞统说："能治，丞相教练水军之法甚妙，但可惜其法不全。"曹操再三请问，庞统说："我有一法，可使大小船只上的水军不生疾病。"曹操大喜说："先生有何妙法？万望指教。"庞统说："大江之中潮涨潮落，风浪不息，北兵不习惯，乘船受此颠险，便生疾病。若以大船小船各相配搭，或三十为一排，或五十为一排，首尾用铁环连锁在一起，上面平铺木板，虽在船上，如在旱地一般，不但人可行，马也可行。若果如此，任凭风浪潮水上下，都不怕了。此系愚浅之见，请丞相自裁。"曹操下席而谢说："非先生良谋，安能破周郎？"即刻传令，唤军中铁匠，昼夜打造铁环、大钉，把许多战船锁在一起，军士们都很高兴。

第六十四回　阚泽密献诈降书　庞统巧授连环计

> 庞统拿酒杯带笑尊丞相，我这里有句实言向你明。
>
> 现如今我看江东文和武，大半是怨气冲天塞满胸。
>
> 都因为周郎自恃才高大，平常里目空一切把人轻。
>
> 那一日无故动刑打黄盖，为说情更用乱棒逐甘宁。
>
> 因此上众将三军俱不平，咱如今顺水行舟得顺风。
>
> 我情愿凭着三寸不烂舌，扁舟一棹立即就去江东。
>
> 使反间计说服吴营将士，敢保能里勾外联都归从。
>
> 叫周郎单丝虽好难成线，我看他孤掌一只怎能鸣？

庞统说完，曹操大喜说："先生若能建此大功，我奏报天子封赐先生三公之位。"庞统笑说："我不是为富贵而来，是为救万民也。在下这次过江去，敢保东吴英杰皆来归顺。周瑜孤立无援，必为丞相所擒。擒了周瑜，则刘备不足为虑。我去后丞相速进兵，不可让周郎得知。"曹操从其言，安排不日兴兵。

庞统辞行，方到江口，忽见一人，道袍竹冠，风姿雅秀，走上前来，一把扯住庞统说："你们江东人好大胆子，黄盖用苦肉计，阚泽下诈降书，你又来献连环计，只恐烧不绝。下这样毒手，你们这只能瞒过曹操，如何能瞒得过我？"庞统闻听，大吃一惊！

第六十五回

宴长江曹操赋诗
锁战船北军用武

说唱三国

却说庞统闻言，吃了一惊，急回头一看，原来是徐庶。庞统见是故友，心神方定，回顾左右无人，对徐庶说："你若说破我计，可惜江东八十一州百姓，命丧你手了。"徐庶笑说："然则，此处八十三万人马，性命如何？"庞统复又惊说："元直真想破我计吗？"徐庶说："岂有此理！我感刘皇叔厚恩，未尝忘报。曹操害死我母，我已说过，终身不出一谋。身虽在此，只为与慈母守灵墓，岂能为曹操所用？"

徐庶说完，庞统说："兄今要保持名节，何不与弟同上江东？"徐庶说："我若去江东，你的计便不成了。"庞统说："同归江东不行，你靠前来。"徐庶走近庞统身边，庞统向徐庶耳边低声说："要如此如此，即可无事。"徐庶大喜，两人拱手而别。庞统急忙上船，回江东去了。

是夜徐庶让心腹之人去各寨中散布谣言，次日各处寨中军士三三两两交头接耳，纷纷乱说。早有探事报知曹操，并说："军中传言，西凉州韩遂、马腾一齐造反，杀奔许昌来了。"曹操大惊，急聚众谋士商议说："我今领兵南征，心中所虑的是韩遂、马腾。军中谣言，虽然真假难分，却也不可不防。"话还未说完，徐庶说："我蒙丞相收留，至今寸功皆无，何以报答？愿领三千人马，星夜去散关，把住隘口，如有紧急事，再行禀报。"曹操大喜说："若得元直亲去，我无忧了。那散关之上，亦有兵马，再拨三千，归你统领。命臧霸领兵为先锋，星夜前去，不可迟疑。"徐庶辞了曹操，与臧霸领兵便行。

却说曹操自从徐庶走后，心中稍安，遂上马先看沿江旱寨，然后看水寨，乘大船一只，上建"帅"字旗号。曹操坐在中央，仓里埋伏许多弓箭手，早晚保护。此时乃建安十三年十一月十五日，天气晴朗，风平浪静，举目远看，一派好江景。

话说曹操见东山已是月上皎皎，如同白日，长江一带景色宜人，又见群贤毕至，坐在船上，心中暗喜，带笑向众官说："我自起兵以来，与国家除凶害，誓愿扫清四海，削平天下，所没得到的是江东。今我有百万雄师，更仰赖诸将用力，何愁不能成功？收服江东之后，天下无事，与诸公共享富贵。"这时文武官员，大小将士都一齐说："但愿早奏凯歌，我等终身依赖丞相之福。"曹操大喜，命左右取酒，大家共饮。

饮到半夜，曹操酒喝得高兴，指江南岸说："周瑜、鲁肃不识天时，孔明助纣为虐，今幸有投降之人，才能去心腹之患，此天助我也。"荀攸说："此时丞相不可多言，倘有泄露，事难成了。"曹操大笑说："座上诸公与左右近侍，都是我心腹之人，说说无事。"又遥指夏口说："刘备、刘琦实不自量，蝼蚁之力，还想撼泰山，真是愚夫也！"

> 曹孟德手擎酒杯笑哈哈，我屈指算来今年五十四。
> 历年来奉命征剿除暴乱，立誓愿扫平四海净山河。
> 想当初水淹下邳擒吕布，袁术他命丧军中见阎罗。
> 到后来营安官渡一场战，又被我掀了袁绍安乐窝。
> 都只为冀州城下铜雀现，因此才高台筑起靠山河。
> 我素知东吴乔公有二女，生就得花容月貌世无双。
> 竟被那孙策周瑜娶了去，好叫人恨积心头没奈何。
> 倘若我一旦吞并江东地，我必要亲自取回二娇娥。

曹操说到得意之处，满心欢喜，正在谈笑之间，忽闻群鸦而起，往南鸣声而去。曹操向众官说："此鸦何故夜间飞鸣？"左右回答："鸦见月明，疑是天晓，故离树而飞鸣。"曹操大笑不止。此时，曹操已大醉，乃取槊在手，立于船头之上，以酒奠于江中，自己又满饮三杯，横槊向众官说："我持此槊，破黄巾，擒吕布，灭袁术，收袁绍，深入塞北，直抵辽东，纵横天下，无人能敌，颇不负大丈夫之志。今对此江月鸦飞，心中甚是慷慨，不可不以歌和之。我作歌，汝等和之，以记此盛会，其歌词是：

> 对酒当歌，人生几何？譬如朝露，去日苦多。
> 慨当以慷，忧思难忘。何以解忧？唯有杜康。
> 青青子衿，悠悠我心。但为君故，沉吟至今。
> 呦呦鹿鸣，食野之苹。我有嘉宾，鼓瑟吹笙。
> 皎皎如月，何时可掇？忧从中来，不可断绝。
> 越陌度阡，枉用相存。契阔谈讌，心念旧恩。
> 月明星稀，乌鹊南飞。绕树三匝，何枝可依！
> 山不厌高，海不厌深。周公吐哺，天下归心。

歌毕，众皆贺之，大家欢笑，忽然座上一人说："大军相战之际，将士用命之时，丞相何故出这样不吉之言？"曹操抬头一看，是扬州刺史刘馥。曹操横槊说："我言有何不吉？"刘馥说："月明星稀，乌鹊南飞。绕树三匝，何枝可依？此不吉之言。"曹操大怒说："匹夫无礼，你敢败我之兴。"手起一槊刺死刘馥，众官无不惊慌，遂即宴罢而散。

次日，曹操酒醒，悔恨无及。刘馥之子刘熙求见曹操，告请父尸归葬。曹操哭泣说:"昨晚我因醉酒,误杀你父,悔之晚矣。可以三公厚礼葬之,葬完,你回去袭你父之缺。"刘熙泣谢而去。忽有水军都督毛玠、于禁来在帐下禀道:"今大小船只,俱用链锁好。旌旗战具,一一齐备,特来请命丞相。几时进兵?"曹操即至水寨中央大船之上坐定,唤众将听令。吩咐水旱二军,都用五色旗号,每旗之下大将两员,领兵一旅,俱按五方五行。水寨中是毛玠、于禁、张郃、吕虔、吕通、文聘;旱寨中是徐晃、李典、乐进、夏侯惇、夏侯渊、曹洪;其余将校,各依队伍。传令已毕,水军寨中擂鼓三通,各船一齐拽起风帆。正遇西北风起,吹动战船,冲波激浪,稳如平地。军士们在船上,往来自如,抢枪使刀。前后左右旗号不杂,又有小船五十余只,往来巡警。曹操立于将台之上,观看调练,心中大喜,以为必胜之法。看毕,传下令来,吩咐隐住船只,众将官各依次序回寨。曹操升帐坐下,对众将说:"若非天意助我,安得凤雏先生这条妙计?铁锁连舟十分平稳,如同旱地一般,何愁不胜周郎?"程昱说:"船接连在一处,固然平稳,但他若火攻,却难逃难避,不可不防。"曹操大笑说:"程仲德虽有远虑,未免虑得过了一些。"荀攸说:"仲德之言是对的,丞相何故大笑?"曹操说:"凡用火攻,必借风力。方今隆冬之际,但有西风北风,不会有东风南风。我们在西北之上,他的兵都在南岸,若用火攻,是烧他自己之兵,我有什么怕的?若是十月小春之时,我早防备了。"众官闻言,都下拜说:"丞相高见,人所不及。"

曹操又说:"青、徐、燕、代之兵,不惯乘船,若非此计,怎么能渡大江之险?"曹操话还没说完,只见班部中二将挺身而出说:"小将虽幽、燕之人,也能乘船,请丞相赐我俩巡船二十只,去三江口,夺取旗鼓而还,以显北军也能乘船之威。"曹操看了看二人,乃袁绍手下旧将焦触、张南。曹操说:"汝二人皆生长在北方,恐乘船不便,不可轻往。"

曹操说完,焦触、张南齐声说:"丞相只管放心,我二人此去,若不得胜,甘受军法。"曹操说:"如今战船俱已连锁了,只有小船能载二十余人,但恐不便交战。"焦触说:"不用大船,只用小船二十只,直达江南岸,必能夺旗斩将而还,挫挫周郎锐气。"曹操见二人坚决要去,只得应允,遂拨小船二十只,军士五百人,俱是长枪、硬弓,极其精锐。二人大喜,即刻开船往南岸进发。

南岸军士忽闻江北鼓声大震,慌忙报知周瑜。周瑜登高一望,只见长江一带,五色旗号飘摇,有许多小船,冲波破浪而来。周瑜急回军中,向众将说:"谁敢先去迎敌?"韩当、周泰齐出说:"我二人愿立头功。"周瑜大喜,即命二人各领战船五只,火速前去。走不多远,就和江北小船相近。焦触、张南仗恃一勇夫,乘小船而来,便命军士挡住韩当、周泰之船,乱箭齐发。韩当用牌遮护,周泰手持长枪,把焦触分心刺死,跌落江中。张南大叫一声,飞船赶来,军士一齐放箭，韩当一手拿牌，一手提刀，距离张南之船还有七八尺远，他竟将身一跃，跳将过去，手起刀落，砍张南于水中。军士见主将俱被杀，拨船急回。韩当、周泰催船追赶。

此时，周瑜立于江边山头之上观看，遥望江北水面，又有战船前来接迎，唯恐韩当、周泰有失，传令鸣金收兵。韩、周二人返棹而回，江北小船直入水寨去了。周瑜向众将说："江北战船如芦苇，曹操又是足智多谋，不可力敌，须用妙计破之。"言还未了，忽然见曹操军寨中，中央黄旗被风吹折了，飘入江中。周瑜大笑说："风吹旗断，此不吉之兆。"

> 周公瑾高冈之上观曹军，猛看见风折大旗落江心。
>
> 不多时江水泛泛连天涌，冷飕飕波涛起伏甚是急。
>
> 眼前是冷风阵阵吹南岸，周公瑾猛想一事涌上心。
>
> 蹙双眉大叫一声往后倒，眼看着鲜血而出口内喷。
>
> 一时间二目双合不言语，躺地下呼之不应直发昏。
>
> 乱哄哄三军众将齐来看，大家伙用手搀扶进中军。

话说周瑜昏倒在地，左右急忙救进帐中，众将都来看望，一齐惶恐不安。现在江北百万之众，虎踞鲸吞，而今都督如此，曹军要得知不得了，急忙差人报吴侯，一面请医调治。

此时鲁肃见周瑜卧病，心中十分忧愁，来见孔明告说周瑜突然病倒之事。孔明说："子敬认为是怎么回事？"鲁肃说："以我看来这是江东之祸，曹操之福。"孔明笑说："不然，公瑾之病，我也能医。"鲁肃喜说："先生如能医好，东吴转祸为福，真乃国家之万幸！"即请孔明同去看病。

鲁肃先入见周瑜，向前问道："都督病体如何？"周瑜说："心腹绞痛，时时昏迷。"鲁肃说："吃过药吗？"周瑜说："呕吐逆药，不能下。"鲁肃说："我方才云见孔明，他说能治都督的病，现在帐外，就烦他前来医治如何？"

第六十六回 | 孔明设坛借东风 周瑜用火烧曹营

话说周瑜命鲁肃帐外请孔明，左右把周瑜扶将起来，坐在床上。这时孔明进来说："连日不曾见面，都督因何贵体不安？"周瑜说："人有旦夕祸福，岂能自保？"孔明笑说："天有不测风云，人岂能料到？"周瑜闻听失色，乃作呻吟之声。孔明说："都督心中似觉烦躁吗？"周瑜说："很烦躁。"孔明说："必得用凉药以解之。"周瑜说："凉药也曾服过，都无效。"孔明说："当先理其气，气若顺，则呼吸之间自然痊愈。"周瑜闻言，闷闷不语。

　　周瑜猜透孔明必知其病的来由，乃以话挑之说："先生说我的病必得气顺，方可痊愈，不知顺气当用什么药？先生明告。"孔明笑说："我有一方能给都督顺气。"孔明让左右人退下，就在桌案上，用笔写在纸上十六个字，递给周瑜说："这就是都督的病源。"周瑜接过一看，上边写的是："欲破曹公，须用火攻，万事俱备，只欠东风。"

　　周瑜看完大惊，自己暗思：孔明真神人，我的心事他无不知，只得以实言相告。乃对孔明笑说："先生既知我的病，应用什么药来治呢？万望赐教。"孔明说："我虽不才，曾遇异人传授我奇门遁甲天书，可以呼风唤雨。今都督要把西北风换成东南风，这也不难。可于南屏山建一台，名为七星台，台高九尺，分三层，用一百二十人，手执旗幡围绕。我在台上作法，借三日三夜东南风，助你用兵，可破曹操。如此用药，可医都督病否？"周瑜听后惊喜，病立刻好了。他从床上下来，急急说："不用三天日夜，只一夜大风，事可成了。"孔明说："十一月二十日，甲子祭风，立叫东南风起，至二十二日丙寅风息，如何？"

　　周瑜即刻传令，差五百军士往南屏山筑台，拨一百二十人执旗守坛，听候使唤。孔明辞别出帐，与鲁肃上马同行。到南屏山看好地势，令军士取东南方赤土筑坛，方圆二十四丈，每一层高三尺，共高九尺。下一层插二十八宿旌旗：东方七面青旗，按角、亢、氐、房、心、尾、箕七星，布苍龙之形；北方七面皂旗，按斗、牛、女、虚、危、室、壁七星，作玄武之势；西方七面白旗，按奎、娄、胃、昴、毕、觜、参七星，踞白虎之威；南方七面红旗，按井、鬼、柳、星、张、翼、轸七星，成朱雀之状。第二层周围黄旗六十四面，按六十四卦，分八位而立。上一层用四个人，各戴束发冠，穿皂罗袍，凤衣博带，朱履方裾。前边东西对站立二人，一个手执长竿，竿尖上插鸡羽，以招风信；一个手执长竿，竿上系七星号带，以表风色；后面东西对面站立二人，一个捧宝剑，一个捧香炉。坛下二十四人，各持旌旗、宝盖、大戟、长戈、黄钺、白旄、朱旛、皂纛，围绕四面，上下三层，周围共是一百二十人，各有定所。孔明于十一月二十日甲子吉辰，沐浴斋戒，身披道服，赤足散发，来到坛前。向鲁肃说："子敬自往军中相助公瑾调兵。倘我所祈不应，不可有怪。"鲁肃辞别孔明去了。

　　鲁肃走后，孔明吩咐守坛军士说："不许擅离方位，不许交头接耳，不许失口乱言，不许失惊打怪。如违令者斩！"众皆领命。孔明缓步登坛，观看方位已定，焚香于炉，注水于盂，仰天暗祝。下坛入帐少歇，令军士更替吃饭。孔明一日上坛

说
唱
三
国

三次，下坛三次，并不见有东南风起。

此时，周瑜同鲁肃、程普一班将士，俱在帐中等候，只等东南风起，就要兴兵；一面报知孙权接应。黄盖早已准备火船二十只，船上装满芦苇干柴，使鱼油灌了，上铺硫黄、焰硝引火之物，外用青布油单遮盖，防备失火，把船泊在江边，单听周瑜号令。甘宁、阚泽把二蔡留在水寨，每日和他们饮酒，不放一卒登岸，怕走漏消息。周围俱是东吴兵马，把守得水泄不通，单听号令而行。

周瑜正在大帐与众将军共议军情，忽有探子来报说："吴侯船只离此处四十里停泊，专听都督好信。"周瑜闻报，即差鲁肃告各部下官兵将士："俱备收拾船只、军器、帆橹等物。号令一出，即刻出发。倘有违误，定按军法处置。"众兵将得令，一个个摩拳擦掌，准备厮杀。

这一日天将昏黑，莫说东南风起，树头不动，连西北风也不刮了。

> 这些时浪静波平水没潮，周公瑾心中着急瘿眉梢。
>
> 大帐里眼望鲁肃呼子敬，他说道孔明干事甚奇妙。
>
> 昨日他同你问病来探望，十六字写出我的病根由。
>
> 对我说曾遇异人相传授，习就的呼风唤雨法术高。
>
> 南屏山筑起七星坛一座，好叫人牵肠挂肚把心操。
>
> 现如今作法祭风一日整，却怎么旗幡树木全不摇。
>
> 眼前里时至大寒冬至月，要叫那东南风起是枉然。
>
> 他竟敢故弄玄虚将我戏，看起来真是胆大欲瞒天。
>
> 我平日要割这块忧心病，这次他颈上难脱这一刀。

周瑜满腹牢骚，鲁肃低头不语。将近三更时分，忽听风声响动。二人一齐出帐，只见中军大旗直往西北飘摇，霎时间东南风大作。周瑜大惊说："此人有夺天造地之法，鬼神不测之术，若留此人，便是东吴祸根，不如及早杀之，免生后患。"立即唤来帐前护军校尉丁奉、徐盛二将，各带精壮军士一百人，徐盛从江里去，丁奉从旱路去，速到南屏山七星坛前，休论长短，捉住诸葛亮便行斩首，拿他首级前来庆功。

二将领命前去，徐盛上船，一百刀斧手齐到，摇橹去了；丁奉上马，一百弓箭手也一齐上马，扑南屏山来。路上正迎着东南风起，丁奉马先到，见坛上坛下周围一百多人，俱都执旌旗，当风而立。见丁奉到来也不言语，也不动移。丁奉下马，吩咐弓箭手把七星坛团团围住，若见孔明逃走，乱箭齐发，务要捉住，不要走脱。吩咐已毕，提剑上坛，不见孔明，忙问守坛将士。将士说："方才下坛去了。"丁奉急忙下坛寻找。此时，徐盛船只也到了，二人到江边寻找孔明。有一小卒说："昨晚一只快船，停在前面滩口，方才我见孔明披发上了那只快船，那船往上水去了。"

二将闻言，分水陆两路追赶。徐盛同众士卒一齐摇橹逐流而上。船行甚急，相距前船不远，徐盛立在船头，高声大叫说："先生不要去，都督有请。"孔明立于船尾哈哈大笑。

> 诸葛亮挺身而出笑哈哈，叫徐盛你且洗耳听分明。
>
> 周公瑾两次三番将我害，下毒手定计布谋好几回。
>
> 头一次聚铁山下烧粮草，是要我性命送与曹孟德。
>
> 次后来造箭立下军令状，我借了十万雕翎没吃亏。
>
> 七星坛祭的东南风已起，因此我功成身退驾船归。
>
> 你明是奉差领命来追赶，还拿着这个请字瞒哄谁。
>
> 万望你好言回复周公瑾，乘顺风速用火攻破曹贼。
>
> 我二人自有后期再会面，现如今志已决定不必追。

孔明说的话，徐盛哪里肯听，吩咐军士，并力摇船，往前急赶，个个钢刀出鞘，预备厮杀。赵云心中好恼，站在船尾，拉弓搭箭，大声喝道："我乃常山赵子龙，奉刘皇叔之命，前来接军师回去。你要强行，我本想一箭将你射死，又恐伤了两家和气。"一边说着，弓开弦响，一箭射断徐盛船上篷索。那篷坠落水中，其船横而不动。赵云让自己船拽起满帆，顺风而去，其船如飞，追之不及。此时，丁奉人马已到。孔明的船已经去得远了，赶也赶不上了。遂下马立在江边，呼唤徐盛将船傍岸，说："孔明神机妙算，人所不及。更有赵子龙保护，那赵云有万夫不当之勇。莫说赶不上了，就是赶上，你我奈他何？只得回去复命。"于是二人回见周瑜，均说："孔明预先约定赵云，自江中乘快船一只逃走。我二人追之不及，特来复命。"周瑜闻言吃一大惊！

周瑜悔恨孔明走脱，不住搔首叹息。鲁肃劝说："孔明已经去了，咱也无奈他何。且待破曹之后，再图良策。"周瑜从其言，即传众将听令，差甘宁、太史慈、吕蒙、凌统、董袭、潘璋等六队军马战船，乘夜渡过江去，劫寨的，烧粮的，接应的，各自分头去了。又令黄盖安排火船，使小卒下书去，约曹操接迎，书上说："黄盖今夜来降。"一面拨船四只，随黄盖船后接迎。

周瑜安排水路大军：第一队韩当，第二队周泰，第三队蒋钦，第四队陈武。这四员大将，各引战船三百只，战船前头俱有火船二十余只。周瑜与程普坐着一只大船督战，徐盛、丁奉各领精兵三百人，俱驾小船，为左右护卫，只留鲁肃、阚泽与众谋士守寨。程普见周瑜调军有法，甚是敬服。此时，孙权又差使命，持兵符前来，催周瑜进发，他亲自领兵为后应。周瑜奉命又差人西山放火炮，南屏山举号旗，一切军务俱各准备妥当，单等黄昏之后行动。

再说刘玄德在夏口，专候孔明回来。忽见数只船到，乃是公子刘琦前来探听消息。玄德将他请至敌楼坐定，说："我差子龙去接孔明，东南风起多时，至今未见到来，我甚忧之！"言还未完，忽有小卒前来报说："樊江口港上，一帆风送小船来到，必定是军师回来了。"玄德、刘琦一齐站起身来，举目观望。只见一只小船乘风而来，不多时相距已近，二人忙下敌楼迎接。须臾之间，船已傍岸。孔明与子龙下船登岸，玄德大喜。孔明说："现在无暇告诉别事。前者所约军马战船，准备妥否？"玄德说："早准备妥当，只候军师调用。"

三人一齐入城，大帐坐下，叙别后之事。玄德说："自军师一去东吴，叫我日夜挂心。周郎诡诈多端，其心莫测。军师遭了这些颠险，才得成功，真令人可喜。"孔明说："我料定祭得东南风来，周郎必要害我。我才下坛登船，果然就有兵将前来追杀。今日若不是子龙，我怎能安然而回？以往之事不必说了，点军破曹最为要紧。"即吩咐说："赵云带三千人马，取乌林小路，于树木丛杂芦苇稠密之处埋伏。今夜四更之后，曹操必要从那条路上奔走，等他军马过去一半，你放火烧之，虽不能杀死他，却也叫他七零八落。"赵云说："乌林有两条路，一条通南郡，一条通荆州，但不知他从哪条路上奔来。"孔明说："曹操一败，必从荆州而奔许昌，哪有去南郡之理？"赵云领命而去。又命张飞近前，吩咐说："你领三千人马，去葫芦谷口埋伏，来日雨过，曹操败后至此，必定埋锅造饭。但见烟起，你在山边放起火来，虽然捉不住曹操，翼德这场功劳也不小。"张飞领命去了。又差糜竺、糜芳、刘封三人，各驾船只，绕江剿捕败军，劫取器械，三人领命去了。孔明站起身来，向公子刘琦说："武昌切近之地，最为要紧，公子可统部下之兵，屯扎其地。曹操一败，兵将必有奔逃至此者，你可就而擒之，切不可轻离城郭。"刘琦即刻辞别去了。孔明向玄德说："我与主公兵屯樊口，凭高而望，看今夜周郎成大功。"

此时，云长在侧，孔明全然不睬。云长心怀不平，带气相问："今日逢大敌，军师却不用我，这是何意？"孔明说："关将军莫怪，如今倒有一处咽喉之地，本想烦将军前去把守，但我有些担心，不敢相烦。"云长说："有何担心的？请即说明。"孔明说："昔日将军在许昌时，丞相待将军甚厚。这次曹操兵败，必从华容道奔逃。我若是叫将军前去，把守华容道，你必放他过去，因此不敢相烦。"云长说："军师也太多心了，当年曹操待我虽厚，我已斩颜良、文丑，解他白马之围。今日撞见，岂肯将他放过？"孔明说："倘若放了，却待如何呢？"云长说："我若把他放了，愿把首级献于军师。"遂立了军令状，交与孔明说："若曹操不从那条道来，却怨不得我。"孔明说："我也立军令状，与你收着。"说话之间，已将军令状立了，交与云长。孔明又叮咛云长说："你可在华容小路高山之处，堆积柴草，放起一把烟火，引曹操来此。"云长说："曹操望见烟火，知有埋伏，如何肯来呢？"孔明笑说："岂不知虚虚实实乃兵法所云，那曹操虽能用兵，也可将他瞒过。他见此处烟起，认为虚张声势，必然从这条路来，将军务要将他捉住，不可徇情。"云长领了将令，带领关平、周仓并五百校刀手，直扑华容道埋伏去了。

> 关云长华容要去捉曹操，刘玄德双眉紧蹙把头摇。
>
> 大帐里眼望孔明秉秉手，才说道军师听我诉根由。
>
> 想当初兵败徐州大失散，我二弟宁死降汉不降曹。
>
> 丞相府三日设宴五日请，赠许多美女金银和锦袍。
>
> 关云长挂印封金辞行走，老奸贼饯行亲到八棱桥。
>
> 一路上马过五关斩六将，张文远走马还把文凭交。
>
> 自古道知恩图报真君子，又何况待他恩义十分高。
>
> 这一回云长埋伏华容道，定要念昔日恩情将他饶。

玄德说完，孔明满面带笑说："不但主公料云长必然释放曹操，我也素知云长义气深重。他一见曹操感许昌昔日之情，不肯下手捉拿曹操，这是其一。其二，我昨夜观天象，曹贼大数未尽，还不该死，我故叫云长前去做人情。"玄德点头笑说："先生神算，世所罕见，人不及也。"二人出帐，往樊口看周郎用兵破曹，留孙乾、简雍守城。

再说曹操在大寨，专等黄盖消息。是日东南风大起，谋士程昱入告曹操说："今日东南风甚急，黄盖来时不可不防。"曹操大笑说："此乃冬至，阳生之时，时起东风，何足为怪？"言还未尽，军士忽报说："江东一只小船到来，那人说有黄盖密书。"曹操急将那人唤进大寨，来人将书呈上，书中诉说：

> 周瑜防备甚紧，无计脱身。今有鄱阳湖新运到粮草，周瑜差我巡视接迎，这是可乘之机。我必杀江东名将，将首级来降。今晚二更前后，船上插青龙牙旗的即是粮船。

曹操大喜，即同众谋士来水寨大船中坐下，聚集众将等候黄盖船到。

此时江东天色傍晚，周瑜唤出蔡和，命军士将他绑了起来。蔡和大叫说："我无罪，何故绑我？"周瑜冷笑说："你是何等之人，敢来诈降骗我，我今将你首级祭旗，有何不可？"蔡和抵赖不过，又说："我来诈降是真，你家甘宁、阚泽与我同谋。"周瑜说："他二人是我让装的。"蔡和悔恨无及，低头等死。周瑜命人将蔡和牵至江边，大旗之下，奠酒、烧纸已毕，一刀斩了蔡和，用血祭旗，便令兴兵开船。黄盖在第三只大船上，身披护心甲，手提利刃，旗上大书"江东先锋黄盖"，乘着顺风，往赤壁进发。

> 这一时东南角下大风狂，曹孟德水寨高坐喜气扬。

对面瞧江水滔滔拍两岸，抬头看云浪连天接上苍。

不多时灯光照耀十重影，碧澄澄月色朦胧一片黄。

好似那万道金蛇江心戏，如同是天外云霞闪电光。

眼前里江天晚景堪娱乐，曹阿瞒欣欣得意笑声狂。

方才黄盖差人来把书下，约定的今晚投降到这厢。

最可喜天公一旦从人愿，我们就里勾外联把人伤。

曹孟德心满意足哈哈笑，但恐怕空做黄粱梦一场。

曹操对景生情十分得意，忽一军士向南指说："江上隐隐一簇船，顺风而来。"曹操闻言，慌忙就高处望去。军士又说："船上头插青龙牙旗，内中有面大旗，大书'江东先锋黄盖'。"曹操闻听大笑说："公覆来降，此乃天助我也。"说话之间，来船渐近。程昱观看良久，密向曹操说："来船必有诈，且不让他近前。"曹操说："怎么知道呢？"程昱说："粮在船中，船必稳重。今观来船轻而且浮，其中唯恐有诈。"曹操从其言，让文聘驾一小船，迎头大叫说："丞相有令，南船休进寨，快落了篷，泊在江心。"文聘话还没说完，弓弦响处，文聘中箭而倒，军士急忙拨船而回。此时，南船距水寨已近，黄盖用刀一指，前船一齐放火，火仗风威，风助火势，一时间烟气冲天，二十只火船闯入水寨。寨中船只，俱被铁环锁住，无处逃避，满船军士，齐声叫苦。

曹操水寨火光四起，又听得隔江炮响，四下火船齐到，火光耀眼，上下皆红。黄盖独乘小船，手提利刃，顶烟冒火，来寻曹操，只见数人保护一个穿红袍的，方欲下船登岸。黄盖料定是曹操，急忙追赶，提刀大叫说："曹贼休走，黄盖寻你多时了。"张辽拉弓搭箭，照准黄盖射来。此时，风声正大，黄盖在火光中没提防，被张辽一箭射中，翻身落水。张辽等保护曹操登岸，寻着马匹奔逃。再说黄盖落水，幸得韩当救起，上得船来，拔出箭杆，箭头陷在肉内。韩当急忙为其脱云湿衣，用刀剜出箭头，撕裂旗子束好，又脱下自己战袍，给黄盖穿了，先令别船送回江东调治。

再说满江火海，喊声震地。左有韩当、蒋钦，带领战船六百只，火船四十只，从赤壁西边杀来；正中是周瑜、程普、徐盛、丁奉大队战船齐到。火借风力，风助火威，一场好烧好杀。此时，正是三江水战，赤壁鏖兵。曹军着枪、中箭、火烧、水溺的，不计其数。后人有诗说：

魏吴争斗决雌雄，赤壁楼船一扫空。

天助东南风一阵，周郎纵火破曹公。

第六十七回 | 曹操兵败走华容 关羽义重放奸雄

说唱三国

　　江中鏖兵，死者不计其数，这暂且不说。再说东吴甘宁骗着蔡中同去投降，渡过江去，直入曹操旱寨。二人并马而行，甘宁乘蔡中没提防，一刀将其砍于马下，就在粮草上放起火来。吕蒙遥望曹营大寨火起，也放火接应。甘宁、潘璋、董袭分头放火、呐喊。曹操和张辽引百余骑，在火林中奔逃。漫山遍野一片火光，人马难过。张辽说："唯有乌林地面空阔好走。"曹操闻听，就同众将急奔乌林。

　　　　曹阿瞒大火烧怕惊了魂，不得已带领众将奔乌林。

　　　　正行间吕蒙伏兵截去路，幸亏了张辽阻挡退吴军。

　　　　急忙忙行程不到三十里，山背后又有人马一大群。

　　　　原来是东吴凌统守要路，准备着擒了阿瞒立功勋。

　　　　恰正巧大将徐晃领兵至，各处里寻找曹操救主人。

　　　　徐晃与凌统交锋一场战，老奸贼舍命窜逃夺路奔。

　　话说孙权、陆逊放火为号，接应周瑜。曹操奔至合淝，望见火光，知有埋伏，只得拨马往空阔地面，落荒而走。陆逊领兵来追。曹操幸遇大将张凯，便令其断后。陆逊抵敌不过，收兵而回。曹操方得走脱。

　　走到五更，曹操回望火光渐渐远了，心神稍定，问众将说："此外是何地面？"左右说："此地乌林之西，宜都之北。"曹操见这个地方树木丛杂，山川险峻，在马上仰面朝天大笑不止，众将忙问："丞相何故大笑？"曹操说："我不笑别人，笑周瑜、孔明无智，不在此处设埋伏。"言还未尽，两边鼓声震地，火光冲天而起，惊得曹操几乎跌下马来。只见一队人马突然杀出，马上将军大叫："老贼莫笑，我赵子龙奉军师将令，在此等候多时了。"曹操命徐晃、张辽来战赵云，自己顶烟冒火而去。赵云追之不及，也不恋战，只顾掠取旗帜等物。曹操与众将同奔得脱。

　　天色微明，只见黑云罩地，东南风尚不息，忽然大雨倾盆，湿透衣甲，大家冒雨而行，诸军皆有饥色。走到葫芦口，在马上饿得坐也坐不住了。曹操无奈，叫军士们去村庄抢粮，自己与众将坐在路旁喘息。只见后边一队军马赶到，急忙起身看，原来是李典、许褚保护众谋士到来。曹操大喜，大家下马同歇。不多时，军士们从村中抢来柴米，于山坡之下埋锅造饭，准备饱餐一顿。此时，雨也住了。大家脱下湿衣烤晒，马都卸去鞍辔，寻些干草落叶吃。曹操坐在树林之下，忽又仰天大笑，众将问道："方才丞相笑周瑜、孔明无智，惹出赵子龙来，又折了许多人马，如今为何又笑？"曹操说："我笑周瑜、孔明毕竟是智谋不足，若是我用兵，此处埋伏一队人马，以逸待劳。敌人纵然得脱活命，不免也要受重伤。他不这样做，所以我才发笑。"

> 曹孟德笑罢一回地下起，　安排着等候吃饭来充饥。
> 猛听着树林深处沙沙响，　呼啦啦冲出军马一大群。
> 众将士各跨战马取兵刃，　仓促间乱抓鞍辔慌不迭。
> 造饭的半生不熟舍锅灶，　空忙了宰杀猪羊两手血。
> 各处里湿衣湿甲晒满地，　乱混混舍命奔逃一齐撇。
> 张翼德催马拧开蛇矛杆，　曹阿瞒你来认认张三爷。
> 想当初长坂桥上三声喊，　夏侯杰翻身落马地下跌。
> 我笑你扯落伞盖抽身跑，　你这贼原来生得胆子怯。
> 曹孟德头也不回夺路走，　抱鞍辔催马频把鞭子摇。
> 怒恼了许褚张辽和徐晃，　他三人齐举枪刀把马催。
> 四员将并不答话杀成堆，　张翼德立抵三将不吃亏。

徐晃、许褚和张辽虽是曹营有名上将，此时，人困马乏，腹中饥饿，又唯恐曹操有失，不敢恋战，舍了张飞，追赶曹操去了。张飞得了许多马匹、旌旗、枪刀、衣服、粮米之物，回营交令。

此时，曹操奔跑已远，回顾众将，多半带伤。正走之间，军士告说："此处有两条路，请问丞相从哪条路走？"曹操说："哪条路近？"军士说："大路稍平好走，却远五十里；小路走华容道，近五十里，只是地窄路险，坎坷难走。"曹操命军士往山顶上瞭望，然后斟酌而行。军士上山看了一回，回来说："小路有数处烟火，大路无有动静。"曹操说："既如此，就走华容小路。"诸将说："烽烟起处，必有人马埋伏。为什么要走这条路呢？"曹操说："岂不闻兵法有云：'虚则实之，实则虚之。'孔明诡计多端，故用人在山僻小路点起烟火，使我生疑，怕有伏兵不敢从此过，却在大路上伏兵等着。我已看破，偏不中他这条诡计。"众将说："丞相神算，人不及也。"

曹操带领众将正在行走，忽然前军停住不动。曹操说："为什么不走？"军士告说："前面山僻小路，因早上下了雨，坑坎中积水太深，路窄泥滑，不能前进。"曹操大怒说："逢山开路，遇水搭桥，岂有泥泞不堪行走之理？"遂传令，叫老弱受伤军士后边慢行，强者担土，砍柴垫道，军马即时前进，违令者斩。众军士无奈，一齐上马，就路旁砍伐竹木，担土垫路。曹操唯恐追兵来赶，令张辽、许褚、徐晃执刀在手，催促众军士快干，有迟慢者斩。众将告说："人马太乏走不动，只好稍歇片刻再走。"曹操说："赶到荆州休息不迟。"众将只得加鞭策马前行，走不到数里，曹操在马上扬鞭又大笑。众将又问道："丞相又何故大笑？"曹操说："我仍笑周瑜、孔明无智。"

曹操正在马上哈哈大笑，猛听得一声炮响，两边五百名校刀手，当头摆开。为首一员大将，鞭催赤兔追风马，手执青龙偃月刀，大吼一声，截住去路。曹操一看是关云长。曹操众将一见，亡魂丧胆，面面相觑，手足无措。曹操说："既到此处，只得决一死战。"众将说："人是可以拼命而战，但马力不行，怎么能战呢？"程昱说："我素知云长，傲上而不欺下，强不凌弱，恩仇分明，信义为重。丞相昔日在许昌，待他恩情天高地厚，若今日亲自去见，可脱此危险。"曹操从其言，即纵马向前，欠身对云长说："将军别来无恙？"云长也欠身说："我奉主公、军师之命，来此等候丞相多时了。"曹操说："我兵败势危，到此无路，望将军看昔日之情面，格外施恩，若蒙重怜，没齿难忘。"云长说："昔日关某虽蒙丞相厚恩，但我斩颜良，诛文丑，解白马之危，此恩已报矣！今日之事，是公事；昔日之情，是私情。我今领命而来，怎敢以私废公？况军师法令森严，我怎敢放你过去？"曹操说："白马解危之情至今未忘，五关斩将之事，将军还记得吗？"

> 这些事屈指一算已数年，现如今提起如同在眼前。
> 想当初徐州城下一场战，可记得将军被困在土山。
> 素知你襟怀磊落多忠义，又加上无敌声名天下传。
> 恨不得协力同心保汉王，谁肯和盖世英雄结仇冤？
> 那时节你我当面约三事，因此才并辔同归进中原。
> 咱二人携手言欢非一日，我也曾一片诚心敬大贤。
> 次后来闻我五关斩六将，我没把那些事儿挂心间。
> 常言说忘恩负义非君子，望将军追思旧事想昔年。
> 但求你网开一面留生路，好叫我返回许昌见吾皇。

曹操苦苦哀求，言词甚是谦恭。关公是个义重如山之人，想起昔日土山被困，张辽说服归许昌，曹操待他的那些恩义，哪有不动心之理？又见曹操甜言蜜语，百般哀告，众谋士皆惶惶垂泪，武将闭目不敢抬头。关公见此情形，心中十分不忍，遂把马头拨转回来，吩咐众军散开。曹操看透关公有放他的意思，便同众将一齐纵马冲将过去。云长勒马回身时，曹操和众将都过去了。云长大喊一声，众军皆下马哭拜于地，云长越发不忍。正犹豫间，张辽催马而来。云长知他是来求饶的，越发动了故旧之情，不等他开口讲话，长叹一声，闭目摇头，把刀一摆，都放过去了。

曹操脱离华容之险，行至谷口，回顾身后谋士、将官之外，军士相随的只剩二十七骑，看了一回，不由失声长叹！正在心酸之时，看看天色已晚，只见前面山坡之下，火把齐明，一队人马挡住去路。曹操大惊说："我命休矣！"说话之间，相距很近，方认出是曹仁军马，这才放心。曹仁接着曹操说道："明知丞相兵败，因把守要地，不敢远离，只在附近接迎。"曹操一见曹仁，不由得落下几滴泪来。大家伤感一回，这才同入荆州歇息。

数日后，曹操令曹仁守荆州，夏侯惇守襄阳。而合淝最为紧要之地，命张辽为主将，李典为副将，尽心把守，如果有事飞快来报。曹操安排完，遂上马带领众将及荆州文武降将回许昌去了。曹仁差曹洪守彝陵、南郡，以防周瑜。

却说关公放了曹操，领军回夏口。此时，诸路军马俱各得胜，抢掠钱粮、器械而回，唯有云长未得一人一物。回见玄德时，孔明和玄德闻听云长到来，慌忙离座，执杯接迎说："且喜将军立此盖世之功，除天下大害，可喜可贺！请领此杯，容当另行庆贺！"云长默然不语。孔明说："将军莫非怪我不曾远接，故此不乐？"回顾左右说："关公得此大功而回，尔等何不早来报知？"

　　诸葛亮明知云长放了曹，你看他装腔作势把话绕。

　　笑吟吟高高擎起一杯酒，走近前伸手来牵锦战袍。

　　现如今诸路军兵皆得胜，一个个俱已回营把令交。

　　也不过抢些器械和粮草，有谁能赶上将军功勋高？

　　华容道拿住曹瞒贼奸党，料想他两肋生翅也难逃。

　　从今后国家割去忧心病，省得他无父无君篡汉朝。

　　将军你这场大功非小可，准备着凌烟阁上把名标。

关公面有难色，打躬说："军师请听，关某特来请死。"孔明故作惊惶说："莫非曹操没有自华容道来吗？"关公说："是从华容道来，关某无能，竟被他走脱了。"孔明说："曹操走脱，可捉几名将士来吗？"关公说："也未曾捉到。"孔明冷笑说："将军在百万军中，取上将之首易如反掌。今在华容咽喉绝地，反不能捉一曹操，较比昔日立斩华雄，诛颜良、文丑，过五关斩六将之事，分明是念曹操昔日之恩，故意将他放了。军中无戏言，王法无亲，既有军令状在此，不得不按军法从事。"

说着孔明便令军士将关云长推出斩首，玄德忙劝说："云长违令，军师本当出斩，但我兄弟三人，桃园结义誓同生死。若斩云长，我也不能得生了。望军师权且饶恕他，异日立功赎罪，重报军师。"孔明这才放了关公，大家设宴庆贺。

第六十八回 | 曹仁大战东吴兵 孔明一气周公瑾

说唱三国

话说周瑜得胜回营,查点将士,按功领赏,上表申报吴侯。吴侯大喜,重加周瑜爵禄。周瑜大犒三军,歇马数日,然后进军攻打南郡。前队临江下寨,军马分为五营,周瑜居中,正在同众将商议进取之策,忽报刘玄德派孙乾携带礼物,来与都督贺喜。周瑜命他进来,孙乾献上礼物说:"主公特命我来拜见都督,送上薄礼,请都督笑纳。"周瑜命人收过礼物,向孙乾问道:"玄德今在何处?"孙乾说:"兵移油江口屯扎。"周瑜又问:"孔明是否也在油江口?"孙乾说:"军师与主公同在油江口。"周瑜闻言,蹙眉向孙乾说:"足下先回去,见了刘豫州,就说我不日要亲自去谢。"孙乾辞谢而行。

鲁肃问周瑜说:"方才都督听说玄德同孔明驻扎油江口,面上何故带惊?"周瑜说:"你有所不知,听我说来。"

> 周瑜叫声大夫你细耳听,你我保吴主致身苦尽忠。
> 好容易定出一条苦肉计,凭空叫黄老将军受了刑。
> 多亏了巧献连环庞凤雏,七星坛诸葛孔明借东风。
> 吓煞人赤壁鏖兵一场战,烧得那千百楼船一扫空。
> 曹孟德舍生忘死逃了命,只剩下二十七骑走华容。
> 他虽然大败而回许昌去,却留人死守城池在荆襄。
> 现如今刘备屯兵油江口,诸葛亮要取南郡计谋生。
> 咱江东耗费钱粮和人马,为什么却叫他人得现成?
> 看起来此事须当先下手,万不可迟延时日不先攻。

周瑜说完,鲁肃很敬服,二人商量点齐人马,驾船十余只,投油江口来。

此时,孙乾已回到油江口,见了玄德诉说周瑜亲来相谢之言。玄德问孔明:"周郎此来是何用意?"孔明笑说:"他不是为这点薄礼而来相谢,是为南郡而来。"玄德说:"他若提兵而来,应怎样对待?"孔明说:"他若来时,主公你可如此如此答应。"遂于油江口摆开战船,岸上列着人马,专等周瑜到来。

过不多时,周瑜兵到。孔明早命赵云带领十余骑来接。周瑜见玄德军威雄壮,心甚不安。走到营门之外,玄德、孔明迎入帐中叙礼、设宴。酒过数巡,周瑜说:"将军与诸葛先生屯兵在此,莫非有取南郡之意?"玄德说:"闻听都督要取南郡,故来相助。若都督不取,我必取之。"周瑜笑说:"我东吴很久想进兵汉江,只

226

是未得其便。今南郡在掌握之中，怎能不取？"玄德说："胜败不可预定，那曹操虽然败回许昌，临走之时，吩咐曹仁把守南郡、彝陵等处城池，他必有奇谋。那曹仁勇不可当，恐都督不能取得。"周瑜说："我若取不到手，任凭将军去取。"孔明在旁说："都督之言甚对，如此就不用我主相助了。先让东吴去取，如取不到，主公去取。此事有我和子敬作证，或得或失不可后悔。"周瑜说："大丈夫一言既出，何悔之有？"说完同鲁肃辞别而去。刘备颇感不安。

　　　　现如今周郎进兵取南郡，只怕他一到成功占了先。
　　　　咱眼下身若飘蓬无着落，愁煞人哪讨寸土把身安？
　　　　眼前里一朝错过好机会，恐弄得事到头来后悔难。

　　玄德说完，孔明大笑说："我当初劝主公取荆州，主公不肯，今日却无立足之地，主公是否后悔了？"玄德说："当初荆襄九郡乃刘景升之地，我不能取。今为曹操之地，理该取之。"孔明说："主公不必忧虑，要取南郡这也不难。先让周瑜去厮杀，亮虽不才，早晚必让主公在南郡城中高坐。"玄德说："有什么好计谋？"孔明说："只须如此如此。"玄德大喜，只在油江口屯扎，按兵不动。

　　却说周瑜同鲁肃回寨，鲁肃说："都督为何答应玄德取南郡？"周瑜笑说："我唾手可得南郡，当面许他，虚做个人情。"遂命蒋钦为先锋，徐盛、丁奉为副将，领兵去取南郡。蒋钦兵到，被曹仁杀了个大败而回。周瑜大怒，喝退蒋钦等三人，命甘宁领兵三千去取彝陵，自领大军随后。这彝陵城是大将曹洪把守。甘宁兵到彝陵，曹洪出城交战，被甘宁杀得大败而走。甘宁得了此城，兵才入城，南郡曹仁救兵到，与曹洪兵合一处，困住彝陵，甘宁把守不住。

　　　　甘兴伯挥马得了彝陵城，却不料曹仁救兵把城围。
　　　　长探马飞报都督周公瑾，他即刻带领兵将走如飞。
　　　　周公瑾马快枪馋人人怕，三国时文武全才更有谁。
　　　　还有那陈武潘璋齐奋勇，更有那丁奉徐盛抖雄威。
　　　　又加上甘宁出城来助战，大伙儿乱马交枪战一回。
　　　　只杀得曹兵大败奔南郡，周公瑾催兵紧紧随后追。

　　曹兵大败而逃。周瑜催兵追至南郡城下，曹兵并不入城，只望西北而走。城中军士也都拥挤而出，腰下束着包袱，似有弃城逃走之势。周瑜望之，见城上虽有旌旗，但无人守护。周瑜看完，心中暗想说："曹仁必不敢进城，才逃走了。"遂传令进城，号令一出，即有数十骑抢先而入。

　　周瑜纵马加鞭闯入城去。不想曹仁定的是空城计，内里却有埋伏。曹仁部将陈矫，站在敌楼墙边，望见周瑜入城，一声梆子响，万箭齐发。周瑜知道中计，急忙拨马出城。城上一箭射来，正中左肋，翻身落马。曹纯、牛金二将从城中一齐领兵杀出来，要活捉周瑜，幸有徐盛、丁奉舍命救出城外。曹兵蜂拥杀回，吴军大败，自相践踏，死者不计其数。多亏韩当、周泰两路军马前来救应，杀退曹军，大家收集败军回寨，曹洪也得胜进城去了。曹仁领兵常来骂阵，这且不提。

再说周瑜中箭被救回营，唤随军医士到来，用铁钳子拔出箭头，敷上金疮药，疼不可忍，饮食俱废。医士说："此箭头上有毒，非短时间能好，最怕着气恼，若被怒气冲激，疮口必然发作。"众将闻听此言，紧闭营门，不许轻出。曹仁屡次前来骂阵，恐怕周瑜生气，不敢告知。

一日曹仁又来讨战，声声要捉周瑜。周瑜唤众将问："何处鼓噪呐喊之声？"众将说："军中教练士卒之声。"周瑜怒说："为何欺我？我早已知道，曹兵常来骂阵，何必隐瞒！"众将说："我们不敢隐瞒都督，前者医士曾说：'都督箭疮，一着气恼，必要发作。'所以曹军挑战不敢报知。"周瑜问程普："众将对不战是怎样看？"程普说："都督不必急躁，听我把众将看法说来。"

> 现如今都督中箭身被伤，昼夜间辗转反侧疼难当。
> 曹营里虽然天天来讨战，众将们哪个大胆敢声扬？
> 倘若是都督闻知一个字，怕就怕一听气恼犯了疮。
> 常言说知难而退实为上，咱如今只得闭户把头藏。
> 但等着都督疼愈身体壮，那时节报仇雪恨动刀枪。
> 众将士不谋而合都主张，打算着早早收兵回柴桑。
> 周公瑾闻听收兵一句话，你看他气了一个脸儿黄。

程普说完，周瑜愤然而起说："大丈夫既食君禄，当战死疆场，以马革裹尸而还，乃是本分。岂可因我一人，而废国家大事？"说完即刻披挂上马，带领众将出马迎敌。众将个个担惊，也只得勉强相随。周瑜耀武扬威，领数百骑直至营前，见曹兵已经列成阵势。曹仁手提大刀，立马于门旗之下，扬鞭大骂："周瑜孺子被箭伤身，侥幸没死，我今特来取你首级。"曹仁又回顾众将说："可大骂之。"众将士一齐厉声大骂。周瑜大怒，就要出马交锋，潘璋慌忙止住说："都督伤口未合，不可轻出，待末将当此头阵。"说完，一马当先，还没交手，忽听周瑜大叫一声，口内喷血，坠落马下。曹兵见周瑜落马，一齐冲杀过来。东吴众将向前抵住，两下混杀疆场。东吴将士救起周瑜，回至营中，程普近前问道："都督贵体如何？"周瑜密告程普说："疆场落马乃我之计。"程普惊问："是什么计？"周瑜说："我身体本来不太疼痛，是假装疼痛落马，要使曹兵知道我病重，他必然欺咱。可使几名心腹军士，去他那里诈降，说我已死。曹仁认为真，今夜必来劫寨，我们将人马四面埋伏，等他到来时，一拥齐出，则曹仁可擒矣！"

随即，吴营中三军全身挂孝，打着素白旗幡，齐声说道："都督死了。"军士们

说
唱
三
国

放声大哭，风声传至曹营。曹仁闻听此言，半信半疑，乃与众将商议说："昨日周瑜疆场落马，口中喷血，想是箭疮迸裂，不久必死无疑。如今传言周瑜已死，倒也在理。但他诡诈多端，未可全信。"众将说："将军说得对。"正议论时，忽报东吴寨中有十多名军士来投降。曹仁慌忙唤入，其中竟有几名是曹营军士，被吴兵掳过去的。他们说："我们思念旧主，得空跑回，尚有军情来报。"曹仁见有自己的人，心中大喜，问其来意。军士们说："昨日周瑜阵前落马，箭疮裂开，救入营中，半夜就死了。今将士都已挂孝，因为我们是曹营被掳之人，程普另眼看待，今日乘机走出，特来归降。"曹仁大喜，信以为真，即刻商议，当夜前去劫寨，夺周瑜尸体，斩其首级，解赴许都，请功受赏。曹仁命令大将牛金为先锋，自己为中军，曹洪、曹纯为后应，只留陈矫领兵五百守城，其余士卒都出马劫寨。初更以后，曹军悄悄出城，往周瑜大寨而来。到了寨门以外，不见一人，但见虚插旌旗，知是中计，即刻传令退兵，怎么能退得了呢？

吴营众将领定人马围住曹兵一阵好杀。曹仁、曹洪左冲右突，杀出重围。大家齐乱奔走，直到天明，相距南郡不远，一声鼓响，凌统领军截住去路厮杀。曹仁、曹洪引兵转路而走，又遇甘宁截住，大杀一阵。曹兵不敢回南郡，急奔襄阳去了。周瑜传令不要追赶，速取南郡城池。周瑜同程普率众军急到南郡城下，只见城上旌旗插满，四门紧闭，敌楼上站立一员大将，高声叫道："都督休怪，我奉军师将令，今夜已取此城，我是常山赵子龙。"周瑜大怒，便要攻城，城上乱箭射下，不敢进前，无奈只得收兵回营。大家商议，命甘宁领兵五千去取荆州，凌统领兵五千去取襄阳，然后再取南郡未迟。刚分配完，两路人马还未起程，忽然探马飞报说："诸葛亮命张飞已取下荆州。"又一探马飞报说："诸葛亮命关云长取下襄阳。"周瑜闻报，南郡、荆州、襄阳三处城池全不费力都让刘备得去了。当时大喊一声，箭疮迸裂，气死过去了。

 第六十九回 | **孔明智辞鲁肃**
子龙计取桂阳

话说周瑜气得半死，多时才苏醒过来。众将再三劝解，他只是怒气不息，咬牙切齿地说："若不杀诸葛村夫，怎解我心头之恨？"伸出双手拉住程普、鲁肃说："我想起兵与刘备、诸葛亮共决雌雄，二位肯助我吗？"程普沉吟未及回话，鲁肃说："都督不可，不可呀！"

鲁子敬伸手来把周瑜扶，　　你看他低声连把将军呼。

咱如今三处城池没取到，　　原就该多加仔细莫心粗。

一来是军马屡战多困苦，　　又搭上都督伤口未平复。

眼前里大家心情须忍耐，　　在我看此事不急要缓图。

倘若是发人马攻打刘备，　　怕曹瞒乘虚而入下东吴。

那时节你我杀前难顾后，　　空落得悔之不及想当初。

又何况曹刘当年原相好，　　还恐怕两家联合取姑苏。

鲁子敬破釜沉舟说一遍，　　周公瑾腹中如同转葫芦。

　　鲁肃说完，周瑜沉吟良久说："你我用了多少计谋，损兵折将，费尽钱粮，他却图现成的，岂不可恨？若不动兵夺回城池，心中怒气如何能解？"鲁肃说："都督且忍耐，容我去见玄德讲理。他若不服，然后动兵不迟。"众将都说："子敬的话说得对，都督应从其言。"周瑜点头同意，让鲁肃即刻起程，带领从人数名，往荆州来见玄德。

　　孔明吩咐大开城门接入，双方叙礼已毕，分宾主而坐。鲁肃说："我主吴侯与都督公瑾命我前来再三致谢皇叔与卧龙先生。前些日子，曹操拥有百万之众，名义是下江南，而实为来图皇叔。幸得东吴杀退曹兵，救了皇叔。如今荆襄九郡，理当归我东吴，而皇叔竟使诡计夺去三处城池，使江东空费钱粮军马，皇叔安享其利，似乎于理不合，愿皇叔与先生思之。"孔明说："子敬是江东第一明事理的人，怎么说出这样的话？"

你从来悖谬之言不出口，　　是怎么今朝说话理不通？

岂不知南郡荆襄九郡地，　　想当初故主原是刘景升。

最可恨一旦落入曹操手，　　好不待疼杀皇叔我主公。

昨夜晚周郎中箭落了马，　　我这才计取荆襄南郡城。

现放着公子刘琦依然在，　　从来是子承父业本理应。

想一想物归本主该不该，　　为什么祖传故土让江东？

　　孔明说完，鲁肃羞了个面红过耳说："若是公子刘琦占据城池是可以的，若皇叔自己占据，就不对了！"孔明说："荆襄乃刘景升之基业，景升之子与我主又是叔侄，以叔辅侄而取父兄之荆襄，有何不可？"鲁肃说："公子出居江夏，何尝在此？"孔明说："子敬想见公子吗？我叫公子出来。"遂命左右扶出公子刘琦，向鲁肃说："病重不能相陪，子敬莫怪。"说完就回后堂去了。

　　鲁肃见刘琦病重，便用话引孔明说："若公子不在了，城池如何？"孔明说："公子在一日，守一日。若不在时，另作商议。"鲁肃说："若到公子不在之时，需把城池还我东吴。"孔明顺口答应。说话之间设宴款待，鲁肃宴毕，辞行出城，回见周瑜诉说前事。

周瑜说:"刘琦正在少年,几时才能死呢?这荆州何日才能回还呢?"鲁肃说:"都督请放心,那刘琦过于酒色,病得甚重,气喘吐血,我亲自见了。至多半年,这人必死无疑。那时去要荆州,刘备只好奉还。"周瑜仍然怒气不息。忽报孙权的使臣到,周瑜请入座,使者说:"主公去围合淝不下,令都督派大军前去相助。"周瑜只得班师回柴桑养病。命程普领战船,急赴合淝,听候孙权调用。

且不言周瑜班师回柴桑,再说那孔明玄德在荆襄。
只因为得了城池心欢喜,大伙儿设宴庆功坐大堂。
牵挂着公子刘琦身带病,各处去寻找名医把病治。
怕周瑜暗取荆襄和南郡,命众将日夜不分苦提防。
有一日故人伊籍把计献,让玄德江夏求贤聘马良。
用金锦拜请贤士马良到,那马良胸中谋略好主张。
刘皇叔领兵去取零陵地,关夫子长沙去动刀和枪。
张三爷征伐武陵兴人马,赵子龙马快枪馋取桂阳。

话说玄德听从马良之计,南征武陵、长沙、零陵和桂阳四郡。玄德同孔明兵到零陵,零陵太守刘度被孔明弄了个三擒三纵,只得俯首而降。孔明许刘度仍为太守,其子刘贤赴荆州,随军听用,一郡居民尽皆欢喜。安民已毕,玄德即同孔明暂在零陵驻扎,命赵云领兵三千,去取桂阳。

赵云带领人马往桂阳进发。早有探马报知桂阳太守赵范。赵范急忙与众将商议,部将陈应、鲍隆自恃其勇,对赵范说:"若刘备来时,我二人情愿出马。"赵范说:"我闻刘备乃大汉皇叔,更有孔明多谋,关、张甚勇,今日领兵来的赵子龙,昔日在长坂坡下,曹操百万军中如入无人之境,咱桂阳能有多少人马?所以不可出战,只可投降。"陈应不肯投降,恰好探马来报说:"赵云领兵到来。"陈应急忙领兵三千人马出城迎敌,两下排开阵势。陈应与赵云交马不过三合,抵挡不住,拨马逃走。赵云挥军赶杀,陈应大败入城。鲍隆还要出马,赵范说:"赵子龙是一员虎将,不可与他为敌。我本要投降,你们偏要出战,以致如此,这不是自取其辱吗?"

不一刻儿,赵范亲捧印绶,带着十数骑出城投降。赵云出寨迎接,同入大帐,行过宾礼,置酒相待。赵范献上印绶,赵云接过,酒过数巡,赵范说:"将军姓赵,我也姓赵,将军乃真定府人,我也是真定府人,又是同乡,五百年前原是一家,倘蒙将军不弃,结为兄弟,不知将军意下如何?"赵云大喜,欣然允诺,各叙年龄,赵云年长赵范一岁,赵范拜赵云为兄,二人十分高兴。赵范请赵云入城,赵云令军马仍屯城外,只带五十余骑入城。居民执香伏道接迎。

赵云安民已毕,入衙赴宴,酒到半酣,赵范又请赵云共入后堂深处,设宴再饮。赵云微醉，赵范忽然请出一个美人，与赵云把盏。赵云见这妇人，雅服淡妆，一身缟素，真有倾国倾城之色，心中不胜惊疑，忙问赵范说："这是何人？"赵范说："家嫂樊氏。"子龙闻言，改容敬之。妇人斟酒已毕，赵范即令就座同饮。子龙说："古人说：'男女不同席，不同食。'尊嫂乃女流之辈，共坐不雅，理当避嫌。"樊氏面带羞容，辞别后堂而去。后人有诗赞赵云，诗曰：

> 领兵率将来攻城，两赵欣然论弟兄。
>
> 太守无端献美女，殷勤樊氏最多情。
>
> 当年玄德赴江东，迷恋佳人脂粉丛。
>
> 今日不收同龄嫂，子龙真是一英雄！

话说女子走后，子龙很不高兴地对赵范说："男女有别，你我饮酒，为什么让令嫂把盏？"赵范说："这其中有一段缘故，请兄长听来。"

> 我哥哥娶了嫂嫂三年整，可惜她嫁入赵家没生育。
>
> 大不幸家兄得了不治症，好好的姻缘拆散在途中。
>
> 樊氏女正值青春难守寡，最可怜独卧空床昼夜哭。
>
> 现如今屈指算来两年半，好容易再过几月就满服。
>
> 我曾将改嫁之事将她问，要选个文武全才美丈夫。
>
> 我看你枪马人才皆出众，像这样堂堂仪表世间无。
>
> 对兄长当面恳请一件事，万望你慷慨应承莫推脱。
>
> 若不嫌家嫂貌陋肯将就，你二人今夜生米做成熟。

赵范满口替他嫂子求亲，子龙大怒，挺身而起，厉声说："我既与你结为兄弟，你嫂既是我嫂，何出此言？赵云虽然不才，岂肯做此乱伦之事吗？"赵范满面羞惭说："我以好心相待，如何这般无礼？"目视左右有害赵云之意，赵云已发觉，上去一拳将赵范打倒，然后出府门，带领从者上马出城去了。赵范急唤陈应、鲍隆商议。陈应说："赵云带怒而去，只得准备与他厮杀了。"赵范说："恐敌他不过。"鲍隆说："有了，我二人可去诈降，太守却引兵去讨战，我们为内应，两下夹攻，赵云可擒矣。"陈应说："我们去诈降，要多带些人才好。"鲍隆说："你我可带五百骑去。"二人商量妥，当夜引五百军往赵云大寨来诈降。赵云将二人唤进帐来问话。他二人进帐打躬说："赵范想用美人计哄军爷，用酒灌醉后杀害，去丞相处献功。我俩不同意他的狠毒之计，他很生气。多亏将军不上他的圈套，打倒他逃出。我俩怕受连累，因此，带领手下士卒，瞒着赵范投降将军，望军爷收留。"子龙明知是诈，故装作欢喜，置酒与二人痛饮，灌得二人大醉，就帐中将他二人绑将起来。擒其手下人一问，果然是诈降。赵云将他五百军士唤来，各赐酒食，向他们说："要害我的是陈应、鲍隆，不干你们的事。你等如若按我的计谋去做，皆有重赏。"众

说唱三国

士卒俱都拜谢，愿听将军指使。赵云大喜，一概收下。即时把陈应、鲍隆二人斩首，叫五百军士引路在前，赵云引一千军马在后，连夜到桂阳城下叫门。

> 赵子龙文武全才有见识，你看他将计就计用心机。
>
> 黄夜间里勾外合把城叫，一个个满口指东又说西。
>
> 都说是诈降杀了常山将，大伙儿收兵回城献首级。
>
> 贼赵范只见自己军马到，一时间认假为真不犯疑。
>
> 挑灯笼急开城门来接待，被子龙双手抓住身上衣。
>
> 喝了声左右快上绳和锁，好叫他两肋生翅飞不及。

赵云命左右绑了赵范，入城安抚百姓，然后差人往零陵报信。玄德、孔明得信，即刻起身到桂阳。赵云迎接入城，大堂坐定，推赵范于阶下，孔明问赵范，赵范备诉以嫂许嫁之事。孔明对赵云说："这是赵太守美意，将军何故推辞，反起争端呢？"赵云说："他既与我结为兄弟，又要以嫂嫁我，陷我于不义。我若娶之，惹人唾骂，这是一；妇人从一而终，乃是正理，我若娶之，使她失去终身大节，这是二；赵范初降其心难测，以嫂嫁人，怎见得不是美女胭粉之计，这是三；赵范纵是真心，主公新定江汉，枕席未安，赵云焉敢为一妇人而废国家大事？"孔明闻言，点头叹服。玄德说："待我大事定后，与你仍娶赵范之嫂为妻，全其体面，四弟以为如何？"赵云微笑说："天下女子不少，但恐功名不立，何患无妻？"玄德说："子龙真大丈夫！"遂释放赵范，仍为桂阳太守，重赏赵云。张飞在旁大叫说："偏偏子龙干得功劳！难道我老张就是无用之人？只拨三千军马我去武陵郡，活捉太守金旋来献！"玄德、孔明大喜，遂点军马三千，张飞得令，领兵欣然而去。

武陵太守金旋亲领军马就要出城迎战，从事巩志说："刘皇叔乃大汉皇叔，仁义布于天下。张飞骁勇非常，不可出战，不如降了为上。"金旋闻言大怒说："你要与贼人勾通吗？"喝令武士推出斩了。

第七十回　关云长义释黄忠　孙仲谋大战张辽

话说金旋要斩巩志，众将齐说："未曾兴兵先斩自己人，于军不利，愿太守开恩。"金旋准了众官情面，乃责退巩志，自率军马出城。离城二十里，正遇张飞人马，撞在一处。张飞一马当先，挺矛大喝。金旋在马上回顾众将说："谁敢先出马？"众将俱各畏惧，不敢向前，金旋自己催马舞刀向前迎战。张飞大喊一声，似巨雷之响。金旋吓得胆破心碎，不敢交锋，拨转马头便走。张飞催马赶来。

金旋领兵大败而逃，逃至城下叫门，城上乱箭射下。金旋大惊，举目一看，巩志在城上喝道："你不顺天时，自取失败。我与众百姓自降刘玄德了。"言未毕一箭射中金旋脑门，坠落马下。军士割其首级献于张飞，巩志开城纳降。张飞入城屯兵，就令巩志代金旋之职。

玄德、孔明到武陵安民已毕，发书给云长，告知子龙、翼德各得一郡。云长荆州回信说："我闻长沙尚未去取，如兄长不以小弟不才，我愿去取长沙。"玄德接书大喜，遂命张飞星夜替云长守荆州，换回云长来取长沙。不几日云长到来，入见玄德、孔明。孔明说："前者子龙取桂阳，翼德取武陵，都是用三千军马。今将军去取长沙，那长沙太守韩玄是微不足道的。但他手下有一员大将，乃南阳人，姓黄名忠字汉升。他原是刘表旧将，当年与刘表之侄刘磐共守长沙，如今从事韩玄，虽早过六旬，却有万夫不当之勇。将军去时须加小心。"

玄德、孔明拨三千军马，关公坚持不要，只要五百校刀手，昂然而去。孔明向玄德说："云长轻视黄忠，唯恐有失，主公当去救应。"玄德从之，随后领兵进发。

却说长沙太守韩玄，平生性急，时常打杀军士，众皆怨恨。此时，闻知云长兵到，便与老将黄忠商议，黄忠说："不需太守忧虑，末将凭着这口刀，这张弓，一千个来，一千个死，怕他怎的。"原来黄忠会使七十二路花刀，万将无敌，能开二石力的硬弓，百发百中。话未说完，只见阶下一人，应声而出说："不必老将军出马，关公来时，末将出马，定要活捉他来献于帐下。"韩玄一看，乃是管军校尉杨龄。韩玄大喜，遂令杨龄引军一千出城迎敌，约走五十余里，望见尘土起处，关公军马到来。杨龄提枪出马，立于阵前讨战，关公大怒。

> 杨校尉阵前讨战把舌饶，关夫子一股怒气冲九霄。
> 哗啦啦催开赤兔追风马，当啷啷舞动青龙偃月刀。
> 贼杨龄初生牛犊不怕虎，竟敢挺枪催马来把兵交。
> 青龙刀使个凤凰单展翅，好叫人没处躲闪没处逃。
> 只听得顶梁穴上一声响，眼看着一个葫芦两扇瓢。
> 众军士轰的一声齐逃命，一个个抛旗丢鼓舍枪刀。
> 关夫子大刀一摆说声赶，呼啦啦五百精兵似海潮。
> 如同是风卷残云扫落叶，只杀得人头乱滚血中漂。
> 闹哄哄一路追杀三十里，眼前里长沙不远到城壕。

关公催兵追杀败兵直到长沙城下，韩玄闻之大惊，急令黄忠出马，韩玄自登城楼观阵。黄忠提刀上马，带领五百军，飞过了吊桥，见了关公就要厮杀。关公见一老将出马，知是黄忠，便把五百校刀手一字摆开，横刀立马而问："来将莫非是黄忠吗?"黄忠说:"既知我名还敢犯我境界。"关公说:"特来取你首级。"一边说着,舞刀催马直取黄忠。黄忠拍马相迎,杀在一处,双刀并举,二马盘桓,大战百余合,不分胜败。韩玄恐黄忠有失,鸣金收兵。黄忠入城,关公退军十余里下寨,心中暗思说:"老将黄忠,名不虚传,一百余合,全无破绽。明日交锋,我用拖刀之计,便可成功。"当晚安歇,次日早饭后,又去城下讨战。韩玄仍登城楼观看。黄忠领兵开城杀过吊桥,又与关公交手,大杀五十余合,依旧不分胜败。

两阵儿郎齐声喝彩,两员上将一阵好杀。正战之间,关公要耍手段,拨马便走。黄忠赶来,相隔不远,关公正要使他那拖刀之计,忽听得那马扑通一声响,回头一看,只见黄忠马失前蹄,连人带马都倒下了。关公急拨马回,举刀大喝说:"马失前蹄,我要杀你不丈夫。我且饶你性命,快换马来,咱们再战。"黄忠忙把马拉起,飞身上马,奔城中去了。韩玄下城惊问:"为什么落马?"黄忠说:"此马久不上阵,故失前蹄。"韩玄说:"你的箭百发百中,为何不以箭射之?"黄忠说:"明日败了引他来追,用箭射之。"韩玄将自己骑的一匹青鬃马赐给黄忠,黄忠拜谢退回本帐去了。

> 黄汉升退回本帐卸戎装,你看他连衣倒在一张床。
> 闷沉沉独对孤灯斜靠枕,满腹里左右辗转犯思量。
> 我今日疆场出马监军队,遇着个盖世无双关云长。
> 不曾想马失前蹄跌阵前,他竟然刀下饶人不杀伤。
> 常言说知情不报非君子,似这等不杀之恩不寻常。
> 俺虽有百发百中雕翎箭,怎忍得忘恩负义将他伤。
> 老黄忠踌躇一夜没合眼,猛抬头一轮红日上纱窗。

黄忠辗转一夜,到了次日天明,人报关公又来城下讨战。黄忠用过早饭,披挂整齐,提刀上马出城。二人见面也不说话,齐催战马各舞大刀,不由分说杀在一处,大战三四十合,依然不分胜败。正战之间,黄忠诈败而走,关公催马赶来。

黄忠念昨日不杀之恩,不忍箭射云长,想要不射,韩玄在城上观兵,还要掩他耳目。黄忠马鞍桥上挂了大刀,取弓在手,也不搭箭,扭身只拉空弓。关公听得弦响,低头急闪,不见箭到,又往前赶。黄忠又拉空弓,关公急闪,又不见箭到。只想黄忠不会射箭,竟拉空弓吓人,依然急追,将近吊桥,黄忠在桥上,搭箭开弓,弦响箭到,正射在关公盔缨根上。阵前军士齐喊:关公中箭了。关公大吃一惊,拨马而走,负箭归来,方知黄忠有百步穿杨之能。先时屡拽空弓,不肯放箭,是报前日不杀之恩。黄忠见关公退兵而去,他也收兵入城来见韩玄。韩玄大喝说:"左右来给我拿下黄忠。"黄忠说:"末将无罪,何故如此?"韩玄大怒说:"我在城上观战三日,难道还看不出你的破绽来吗?你不肯用力,必有私心,还要来欺瞒我吗?"

韩玄喝令武士绑起黄忠立刻要斩，众将俱都求情。韩玄说："有求情的要与黄忠一律问斩！"众将面面相觑，不敢多言。不想刚走出辕门，忽见一员大将，手舞大刀，闯进前来，砍死刀斧手，救起黄忠。吓得护卫军士纷纷乱逃，那将厉声大喊说："黄汉升乃是长沙的保护士，一郡的依靠。今日若斩了他，是杀长沙的百姓。韩玄残暴不仁，乱杀有用之人，我们不如舍他而去，有愿随我的走。"众人一看，见其人面如重枣，目似朗星，乃义阳人魏延。

这魏延是从何而来呢？他自从刘表故去，蔡瑁、张允、蔡夫人和公子刘琮献了荆襄九郡，投降了曹操，一气之下，反出襄阳。后来无处安身，才来长沙奔太守韩玄。韩玄嫌他傲慢无礼，不肯重用。幸与黄忠交厚，黄忠将魏延收留在家，好意相待。魏延不能得志，困居长沙。他几次暗与黄忠商议，里应外合，杀了韩玄，献了城门，引进关公，大家去降玄德，黄忠不肯。今日见韩玄怒斩黄忠，他便前来相救黄忠，聚集百姓，共杀韩玄。韩玄素日不得民心，众人一闻关公兵来，都有投靠之意。眼下魏延高声一呼，相从者不下数百人。黄忠阻挡不住。魏延为首，率城中百姓竟自反了长沙。

魏延率领众百姓，刀劈宅门，闯进内院，把韩玄家眷满门杀死，寻到韩玄之尸，割下首级，提头上马，引众百姓大开城门来见云长投降。云长大喜，遂入城。安抚百姓已毕，请黄忠相见，黄忠托病不出。此时玄德因为关公来取长沙，顾虑关公不是黄忠对手，又带的兵马不多，唯恐有失，随后领兵前来接应。正行之间，只见前哨青旗无风自卷空中，有一只乌鸦自北向南而飞，连叫三声而去。玄德向孔明问道："此兆主何吉凶？"孔明在四轮车上袖占一课，笑着答道："此乃大吉之兆，主公长沙有喜信，现在城池已得，必得一员大将。"话还没说完，只见一小校飞报前来。玄德勒马，孔明停车，唤之近前回话。小校滚鞍下马，跪在车马之前，报关公之捷。

小校说完，孔明、玄德不胜之喜。玄德向孔明说："军师真乃神算，人不及也。"说完，吩咐催兵急行，兵至长沙。云长迎接入城，大家衙中坐定。关公对着玄德、孔明讲说黄忠之事，玄德大喜，亲自前去拜请黄忠，黄忠闭门不出。玄德再三恳求，方得出见。黄忠感激情切，无奈投降，乞请韩玄尸首厚葬于长沙之东，玄德允许。玄德待黄忠甚厚，而黄忠因事二主，终有惭愧之色。玄德因得四郡城池，心中大喜，传令犒赏将士，设宴庆功。

未及入席，关公引魏延来见孔明。孔明一见大怒，喝令刀斧手推出斩了。玄德惊问，孔明不语，摇头而已。云长说："魏将军捉韩玄、献长沙，乃有功无罪之人。军师杀之无名，恐叫他死不心服。"玄德说："云长之言很对，魏延有功无罪，军师为何杀他？"孔明说："他食韩玄之禄，反害韩玄是不忠也；久居长沙之地，而陷其

说唱三国

百姓，以卖主之名，是不义也。不忠不义之人，留之必为后患。我观魏延脑后有反骨，久后必反，故先斩之，以绝后患。"玄德说："咱今新得四郡城池，降将必多，若斩魏延则降者人人自危，必生异心，望军师放他。"孔明指魏延说："我主公饶你不死，你可尽忠报主，勿生异心。若生异心，早晚难逃我手。"魏延羞惭而退，大家方才入席。饮酒之间，黄忠向玄德说："刘表的胞侄刘磐，今在攸县闲居，何不取回，住在长沙？"玄德从之，即命人取回，由刘磐主掌长沙。

自此武陵、长沙、零陵、桂阳四郡俱平，荆襄之地皆为玄德所有，班师回了荆州，改油江口为公安。自此钱粮广有，军马壮威，日子又好过了。

再说周瑜自南郡中箭着伤，接了孙权诏旨，遂收兵回了柴桑养病，让甘宁守巴陵郡，让凌统守汉阳郡，两处俱有战船听候调用。令程普带领其余将士，去合淝来助孙权。原来孙权自从赤壁鏖兵之后，就在合淝与曹兵交锋，大小十余战，未决胜负，两地相持，各不相上下，不敢逼城下寨，离城五十里屯兵。

孙权闻听周瑜中箭受伤，发诏班师。又不见到来，心绪缭乱，坐卧不安，忽闻报程普领兵到来，鲁子敬头前先到。孙权闻报大喜，慌忙出寨迎接，下马等待。鲁子敬见孙权站立等候，忙滚鞍下马，两人见面一齐施礼。众将见孙权如此敬重鲁肃，都很惊异。二人一齐上马，并辔而行。孙权在马上向鲁肃笑着说："我下马相迎，足以让您更显威名否？"鲁肃摇头说："不见得。"孙权说："那么，怎样才能让您更显威名呢？"鲁肃说："愿我主威德加于四海，位登九重而成帝业，使鲁肃名标青史，这才是更显我威名呀！"孙权闻言拍掌大笑说："子敬之志不小，但恐我无此洪福。"二人说话之间，程普军马已到，大家一同进营。孙权传令，犒赏三军，帐中摆宴庆贺。

众将与鲁肃、程普等共议破敌计策，忽有曹营张辽差人来下战书。孙权拆封，同众人看毕大怒说："张辽欺我太甚，闻听程普军来，故来挑战。我不用新军去战，看我大战曹兵。"即时传令，当夜三更造饭，五更起营，马军望合淝进发。太阳方出，人马走到半途，曹兵迎头而来，两边布成阵势。孙权金盔金甲，亲自出马。左有健将宋谦，右有先锋贾华，二将各执方天画戟两边护卫。三声炮响，龙凤旗左右分开，孙权同两员大将并马齐出，立于阵前。

曹军大将张辽纵马当先，大刀一指说："对阵上莫非孙权？你撒马过来，我和你决一死战。"孙权闻言大怒，拧枪就要出马，忽然背后一大将大声说："主公不可亲自出战，待末将杀此狂徒。"孙权一看，是太史慈。张辽挥刀来迎，两人杀在一处，大战七八十个回合，不分胜败。曹阵上李典向乐进说："对面那个戴金盔的是孙权，若能捉住孙权，可报八十三万大军之仇。"乐进说："既如此待我捉他过来。"说完舞刀催马直取孙权，如同一道电光飞到面前，手起眼看着刀落。宋谦、贾华齐用画戟招架，刀落处两只戟杆齐断。宋谦抓过军士的枪来战乐进，战有三四回合，乐进拨马而走。宋谦赶来，李典一箭射来，正中宋谦心窝，翻身落马。此时太史慈与张辽大战一百余合，不分胜败，忽见宋谦中箭落马，不敢久恋疆场，拨马便走。张辽乘势挥军追杀过来。吴军大乱，四散奔逃。

张辽望见孙权，催马赶来。孙权的马慢，眼看被张辽赶上，幸亏程普兵到，救了孙权。张辽得胜收兵回合肥去了。

> 张文远得胜收兵进了城，孙仲谋也同大将败回营。
> 一个个抛撇旗幡舍战鼓，许多人丢掉枪刀两手空。
> 也有的身带重伤跑不动，血淋淋染透征袍遍体红。
> 军政司按着册籍点一遍，马步兵三停整整折一停。
> 若不是程普领兵来救应，哪一个能保孙权吉和凶？
> 疆场上宋谦中箭丧了命，好叫人刀割柔肠满腹疼。

孙权因为折了宋谦，只痛得放声大哭，众将无不落泪。大家正在悲伤，太史慈入帐说："今日大败，宋谦已死，设法报仇才是正理，空哭何用？"孙权这才止住泪眼，向太史慈问道："报仇有何良策？"太史慈说："末将手下有一人，姓戈名定，与张辽养马士卒戈安是兄弟。那戈安没喂好马，挨了张辽一顿苦打，心中怀恨，今夜使人报来，他要里应外合，举火为号，刺杀张辽。咱报宋谦之仇，他雪挨打之恨，实为一举两得之计。末将不才，愿领兵前去刺杀张辽。"孙权说："戈定现在哪里？"太史慈说："已混入合肥城中去了。"孙权闻言变悲为喜，遂命太史慈领兵五千去为外应，以擒张辽。此时，戈定已混入合肥城中，寻着养马士卒戈安，暗地商议，举火为号。

是夜张辽得胜回城，犒赏三军，传令不许解甲睡觉。左右说道："咱今日全胜，吴兵大败而逃，为何不解甲安息？"张辽说："不对，为将之道，勿以胜为喜，勿以败为忧。倘吴兵趁我不备，乘虚攻击，我何以应付？今夜防备当比每夜更加小心。"话未说完，只见后寨火光冲天，一片喊声，军士纷纷来报。

张辽率众出帐，提刀跨马，当道而立。众将都想前去捉拿放火人，张辽说："不可自乱，李典现在后寨，他自可办理。"众将听令，不敢妄动。停不多时，望见火光渐息，李典捉戈定、戈安并喂马军士三十余人到来。张辽问出实情，将叛乱军士一齐斩首，然后将计就计，城门内放起火来，大开城门，命将士们齐声叫反。

此时，太史慈领兵已到，只见城中火起，一片叫反之声，城门大开，只想内变是真，一马当先，率领一千五百人马蜂拥而入。城上一声炮响，乱箭射下，太史慈急忙退兵，身中数箭。李典、乐进领兵一齐杀出，吴兵大败而逃。曹军随后赶杀，乘势赶至寨前。太史慈兵折大半，幸亏陆逊、董袭杀出，救了太史慈进营。孙权见太史慈身受重伤，更加伤感，遂收兵回了徐州。方才屯住军马，太史慈病已沉重。孙权亲到面前问安，众将一齐到太史慈病榻前，太史慈眼望众人纷纷落下泪来。

> 太史慈自知伤重更伤情，不由得眼望众将放悲声。
> 既然是生逢乱世为男子，原就该心高志大做英雄。
> 我自幼腰间常带三尺剑，实指望青史垂名立大功。
> 不料想寿短才疏空有志，到如今一事无成万事空。
> 最可叹身受主恩还未报，我不久就要辞世见阎王。
> 愿众位协力同心保吾主，好容易三分割据占江东。
> 说着话大叫一声不言语，哇一声口吐鲜血满地红。

太史慈大叫一声，口吐鲜血而死，年仅四十一岁。孙权亲见其死，不胜伤感，厚葬于南徐北固山下。养其子太史亨于府，待其长大成人，子袭父职。

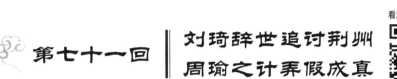　## 第七十一回 ┃ 刘琦辞世追讨荆州 周瑜之计弄假成真

再说玄德在荆州，闻听孙权合肥兵败，已回南徐，便与孔明商议。孔明说："我昨夜观星见西北有星坠地，必应在大公子刘琦身上。"正说之间，忽有人报说："公子刘琦病亡。"玄德闻听痛哭不止。孔明劝说："死生有命，主公不可过于悲伤，要料理后事，可急差人前去，保护城池，料理丧事。"玄德说："谁可前去？"孔明说："襄阳乃紧要之地，公子系皇族之丧，此去非云长不可。"二人商议定，即命云长前去襄阳。玄德又问孔明："今日刘琦已死，东吴闻知，必要差人来讨荆州。他若来时，怎样答复他呢？"孔明说："主公勿忧，若有人来，我自有话对他说。"

过了十数日，人报东吴鲁肃特来吊表。玄德、孔明出城迎接，入城相见，鲁肃说："闻听令侄弃世，特备薄礼，聊表吊敬。周都督再三致皇叔、诸葛先生。"玄德、孔明收礼称谢，置酒款待鲁肃。鲁肃说："皇叔曾有言，公子不在世，即还荆州。今公子已经去世，自然荆州可还，但不知何日交付东吴？"玄德未及回答，孔明勃然变色说："鲁子敬你不要无理，刘皇叔是天子的叔父，是皇族的人，让我细对你说来。"

> 他本是汉室苗裔靖王后，孝景帝嫡派亲支一脉传。
> 想当初高祖斩蛇开基业，中兴主光武恢复汉江山。

到如今献帝为君多软弱，　大不幸群雄并起窃中原。

毕竟要天道好还归正统，　我主公分享疆土理当然。

何况是荆襄九郡城池地，　刘景升也曾让过好几番。

蔡夫人听信蔡瑁和张允，　将城池双手献给曹阿瞒。

前日我计取南郡荆襄地，　原说是两家得失总由天。

刘皇叔高才捷足先得鹿，　你怎么三番两次胡纠缠？

孙仲谋八十一州不为过，　难道我九郡城池无福担？

　　孔明话还没说完，鲁肃皱眉说："先生如此说来，这荆州是不还了。"孔明说："荆州乃刘景升之基业，我主乃刘景升之弟，弟承兄业理所当然，为什么要给他人呢？你主孙权乃钱塘小吏之子，素无功德于民，更无功德于朝廷，倚仗势力占据八十一州六郡地，尚且贪心不足，要想全吞汉土，夺取刘氏天下。我主姓刘，倒不应坐领荆襄之地，你主姓孙，反要强争？且赤壁之战，我主费了许多勤劳，众将竭尽平生之力，岂独是你东吴之功？若不是借得东南风到，周郎怎么能火烧战船？倘若江东一破，休说二乔置于铜雀台上，连你们众将士的家眷也不能保。方才我主不肯答话，是因子敬你到此是客，不好直言。你是高明之士，何用细说？"孔明这一些话，说得鲁肃半晌无言，过了良久方说："先生之言何尝无理，但这事在鲁肃身上甚是不便。"孔明说："有什么不便？"鲁肃说："昔日皇叔当阳受难时，是我引先生渡江，见我主公。后来周瑜定要兴兵取荆州，又是我挡住了。那时皇叔和先生都说待公子不在时，还荆州于东吴，又是我作保。如今不应前言，叫我怎样回话？"

　　孔明说："既如此，我劝主公立张文书与你，暂借荆州。待我主公再取得城池之时，便将荆州交还东吴，你看如何？"鲁肃说："夺得何处城池，还我荆州呢？"孔明说："中原急未可图，西川刘璋软弱，我主想图之。若图得西川到手，那时便还。"鲁肃无奈，只得应承。玄德亲写了一纸文书，画了押；孔明担保，也画了押。孔明说："我是皇叔这边保人。少不了子敬就为吴侯担保，也请写书画押。"鲁肃说："我知皇叔乃仁义之人，日后必不负我，画押何妨？"遂即写了文书，画了押，起身辞行。玄德、孔明送到江边。

　　孔明向鲁肃说："子敬此去江东，见了吴侯，善言大意，劝他休生妄想。若不准我文书，我翻了脸，连六郡八十一州都夺过来，叫他无立足之地。你要多加美言，成全两家和气，休叫曹操耻笑。"鲁肃点头应允，上船而回。鲁肃见周瑜复命，周瑜问道："子敬此去讨回荆州吗？"鲁肃说："现有文书在此。"一边说着，将文书呈上，周瑜看毕说："子敬中诸葛亮之计了。他若是十年不得西川，十年不还荆州，这样文书如何可信？你还画押担保。他若不还必然连累于你，倘主公见怪，如何是好？"鲁肃闻言，呆了半晌说："想来刘玄德未必负我。"周瑜笑着说："子敬真是诚实人，玄德枭雄之辈，孔明奸猾之徒，恐不似子敬所想。"鲁肃心中十分不安。

过了数日，鲁肃又和周瑜商议索讨荆州之策。忽有长探来报，荆州城旦扬起布幡做好事，城外建造新坟，军士都挂孝。二人惊问："是何人死了？"长探说："刘玄德的甘夫人死了，不日安排出殡。"周瑜闻言大喜说："我计成矣！使刘备束手受缚，荆州反掌可得。"鲁肃问："是何计？"周瑜说："刘备丧妻必要续娶，主公有一妹，极其刚勇，侍婢数十人，身常带刀，屋内兵器排列，遍满英武之气，虽是男子所不及。我修书一封，奏明主公，让他差人过江说亲，诓刘备来入赘到南徐。妻不能得，因在狱中，叫孔明拿荆州来换。等他交割了荆州城池，我别有主意，那时子敬就无事了。"鲁肃闻言喜而拜谢。周瑜写了书，即令鲁肃往南徐来见孙权，告诉借荆州及周瑜之计二事。孙权说："你怎么如此糊涂了？这样的文书，要它何用？"

鲁肃满面羞惭，将周瑜之书顺送孙权。孙权看毕心中暗喜。

> 孙仲谋看罢周郎书一篇，霎时间春风喜上两眉尖。
>
> 几次他手捻胡须心暗想，然后便传下旨意召吕范。
>
> 不多时吕范奉命来参见，施礼毕孙权赐座便开言。
>
> 现如今荆州玄德才失妻，大约他订结新婚另续弦。
>
> 我妹妹早已三八未订聘，我有心差你提媒到那边。
>
> 这一去他若应承把亲许，就请刘玄德江东走一番。
>
> 咱这里洞房花烛收拾安，倒赔上花红彩礼与嫁妆。
>
> 不用他亲迎车马和彩轿，我情愿招赘新郎偕凤鸾。
>
> 咱两家协力同心把曹破，再不要各怀猜忌起争端。

孙权瞒过吕范，只说实心实意将妹子与玄德结亲，令吕范去做媒。吕范认以为真，即日收拾船只，带领几个跟随的人，渡江往荆州来了。

却说玄德自从死了甘夫人，日夜烦恼。一日正与孔明闲谈，人报东吴差吕范到。孔明笑说："此乃周瑜之计，为讨荆州而来。我且回避，看他与主公有何话说。"玄德命人请进吕范，叙礼让座，左右献上茶。吕范说："近闻皇叔丧妻，有一门好亲特来做媒，不知皇叔意下如何？"玄德叹说："中年丧妻是大不幸，前妻甘氏尸骨未寒，安忍再谈亲事？"吕范说："人若无妻，如屋无梁。今皇叔中年丧妻，虽为不幸，正当续娶，岂可中道而废人伦？我主吴侯之妹，美而且贤，年已二十余岁，愿望极高。若非天下英雄，不肯以身从之，所以耽搁至今，尚未许人。今皇叔乃汉室宗亲，仪表非凡，与吴侯结为秦晋之好，真是门当户对，且使曹贼不敢正眼而看东南。此事于国于家两便，皇叔不可推辞。"

玄德说："我已年过百，鬓发斑白。吴侯之妹正当妙龄，老夫少妇，恐非配偶。"吕范说："吴侯之妹身虽女子，志胜男儿，常言若非英雄豪杰，不肯去嫁。今皇叔名闻四海，正所谓淑女配君子，佳人伴才郎，岂能以年龄上下相嫌？"玄德说："既如此，容我思之，来日再商议。"遂设宴款待吕范，留在馆舍安歇。

玄德辞别吕范，便来与孔明商议。孔明说："这件亲事主公只管应允，往江东招亲。先叫孙乾同吕范过江去见吴侯，当日许亲，回来择定吉日便去入赘。"玄德说："此乃周瑜定计谋害于我，咱已猜透他的机关，就该谢绝，岂可答应，轻入险地？"孔明大笑说："主公只管放心，那周郎虽能定计，岂能出诸葛亮之料？"

玄德闻听孔明之言，心中怀疑不定。孔明竟令孙乾同吕范赴江东为媒，撮合这门亲事。孙乾受了孔明的嘱咐，过江来见孙权。孙权说："我愿小妹招赘玄德，并无二心，你主人愿意吗？"孙乾说："我主孤穷落魄，不敢高攀，既蒙不弃，唯命是从。"孙权假作欢喜之状，命孙乾回报玄德。孙乾拜谢而回，见了玄德说："吴侯专候主公前去就亲。"玄德怀疑，仍不敢去。孔明说："我已定下三条妙计，让子龙保护主公前去，万无一失。"遂把子龙唤来，孔明自袖中取出锦囊三个给了子龙。孔明说："这是三条计策，你保主公赴江东成亲，依计而行，并无妨碍。你要细心收存，千万不可失落。"子龙即将三个锦囊，带在身上贴肉之处。

孔明先使人赴东吴纳了聘礼，然后催促玄德与子龙过江，时乃建安十四年冬十月。

第七十二回　国太寺中定新郎　刘孙砍石兆蜀吴

话说玄德、子龙同孙乾共坐十只快船，带领五百军士，前往东吴进发。荆州之事，一切听从孔明指挥，玄德倒无内顾之忧。只是东吴入赘，未知吉凶，故提心吊胆，时常闷闷不乐。正行之间，不觉已到南徐，将船靠岸。子龙向玄德说："临行之时，军师给了我三个锦囊，他说内有三条妙计，叫我依次而行。今已到此，当先开第一个锦囊，看了计策，原来是如此如此。"便吩咐五百军士，依计而行。玄德依计，先去拜见乔国老。乔国老乃是二乔之父，大乔是孙策之妻，孙权之嫂，小乔是周瑜之妻。乔国老与孙权之母吴国太是儿女亲家，居住南徐城外。玄德没去见孙权，依从孔明之计，命人牵羊担酒先去拜见乔国老。乔国老迎接入府，叙礼让座，摆酒款待。玄德于酒席宴前，将孙权以妹子许嫁，吕范为媒人，来江东招亲之事说了一遍。乔国老是个最诚实之人，久闻刘皇叔之名，没得见面。这次刘备到江东招亲，先来拜望自己，心中大喜。宴毕，玄德辞行而去。

　　刘玄德席终马上就辞行，乔国老送出门来打一躬。

　　两下里一拱而别各分手，眼看着客往西来主向东。

　　见皇叔亲自送礼来拜奉，喜得他心满意足乐无穷。

　　安排着贺喜去见吴国太，孙仲谋瞒人之策透了风。

　　且不言未来之事成与败，五百军耀武扬威齐进城。

　　都说是皇叔东吴来招赞，满街上纷纷传说不住声。

　　店铺里置办东西买礼物，一个个身边挂彩又披红。

　　这是那锦囊之中一条计，须知道许多玄妙在其中。

　　军士们声扬玄德东吴入赘之事，满城皆知。孙权闻听玄德已到，心中暗喜，只想妙计必成，叫吕范接待玄德，且在馆舍安置，徐徐行事。

　　却说乔国老到了次日早，先来回拜玄德，然后入见吴国太贺喜。吴国太说："有何喜事敢劳亲翁相贺？"乔国老说："国太为何欺我？令爱已许与玄德为夫人，现有吕范做媒，请玄德前来就亲。今玄德已到，为何相瞒？"国太大惊说："老身确实不知此事，国老休怪我。待我使人外面探听，便知虚实。"遂使人出去探听，不多时回来报说："果有此事，女婿已在馆舍安歇，五百名同来的军士俱各披红挂彩，满城中置买猪羊果品预备成亲，两个媒人女家是吕范，男家是孙乾，都在馆舍相待。"国太闻言大吃一惊，即刻差人把孙权叫来。孙权才入后堂，见母亲捶胸大哭。孙权说："母亲何故烦恼？"国太哭而不言。孙权连问数次，国太才止住泪眼说："你竟敢这样轻视我，你自己做下亏心之事，还明知故问我吗？"

　　乔国老在旁说："此事老夫也知道了，今日特为此前来贺喜。"孙权瞒不住了，方才说："此事虽有，乃是周瑜之计。因要取荆州，故以此为名，诓骗刘备过江而来，将他囚禁在此，让他拿荆州来换。若要不从，先斩刘备，后取荆州，此乃调虎离山之计，并不是实意。"国太闻听此言，冲冲大怒，立起身来，用手一指大骂："周瑜呀，周瑜，你这无耻匹夫，你做江东六郡八十一州的大都督，却没有个计策去取荆州，竟以我女儿为名，使美人胭粉之计。若事不成，把刘备杀了，我女儿虽担个虚名，也算是个望门寡妇了。日后另嫁他人，难免让人耻笑。你们一个吴侯，一个都督，干此好事。"乔国老说："若用此计，就是得了荆州也不光彩，而且误了小姐的终身，此事做不得。"二人你一言，我一语，说得孙权无话可讲。国太不住口地骂周瑜，孙权更加羞惭。

　　吴国太不住口地骂周郎，孙仲谋羞惭满面口难张。

　　在那旁转过年高乔国老，他说道国太息怒听其详。

周公瑾事已做错应就错，　这其间老夫有个妥善方。

刘皇叔汉室宗亲人品好，　足可以匹配小姐做东床。

南门外有座禅林甘露寺，　你母女明晨推故去烧香。

请玄德寺里游玩去赴宴，　国太你当面相亲看新郎。

乔国老劝吴国太说："事已至此，也不必难为吴侯了。今刘皇叔乃汉室宗亲，仪表不凡，不如真的招他为婿，一来完成令爱的终身大事，二来也省得东吴丢丑。"孙权说："那刘备年纪太大，吾妹正在青春年少，这门亲事如何做得？"乔国老说："玄德乃当世豪杰，若招得这个女婿，也不亏负令妹。"国太说："此事倒也做得，但我不认识刘皇叔是何样的人物？"乔国老说："其人我曾见过，方面大耳，眉清目秀，真是龙凤之姿。"国太说："既如此，明日就在甘露寺相见，如不中意，任从你们所行。若中我意，我愿把女儿嫁他，不由他人做主。"孙权是个孝子，见母亲这样说，只得应承。

孙权正往外走，吕范自外而来，二人撞在一处，只见孙权有不悦之色，急忙上前打躬问道："主公面带愁容，所为何事？"孙权说："子衡有所不知，此事一言难尽，随我到屋来。"二人共进密室。吕范施礼毕，坐下。孙权说："我前几天让你渡江提亲，是为讨荆州杀刘备，不是真的要把妹妹嫁他。不料乔国老走漏消息，国太闻知此事，明日要往甘露寺相看新郎，若一看中，就把妹子许配于玄德。若果如此，是弄假成真，荆州讨不回，刘备杀不了，叫我无颜见人了。"吕范闻言蹙眉不语，停了良久，方才说道："不知竟有此事，以我看来这也不难，国太既然要当面相女婿，就于甘露寺中设下宴席，请玄德赴宴。令贾华带领三百名刀斧手，伏于西廊，国太看得中意便罢，若看不中意，击杯为号，两边伏兵齐起，将刘备拿下，囚在狱中，让孔明拿荆州来换刘备。如其不听，先杀刘备，然后发兵取荆州，何尝不可？"孙权闻言大喜，依计而行。

话说孙权、吕范、贾华三人计议一定，设下宴席，安下伏兵，单看国太喜怒如何，以便行事。此时乔国老与吴国太，又闲叙了一回，告辞出府，即把国太次日甘露寺相女婿之事，告知了玄德，嘱咐他小心在意。玄德闻知此事，便与赵云、孙乾商议，赵云说："明日宴席凶多吉少，末将领五百兵保驾，料也无妨，那时应见机而行。"三人计议一定，天已黄昏，又说些别的事，这才收拾睡觉。

到了次日，吴国太母女二人和乔国老到甘露寺中坐定，叙话吃茶，专等女婿到来。孙权引一班谋士也来到，叫吕范往馆舍去请玄德。玄德早做好了准备，内披细甲，外罩锦袍，从人背剑紧随，上马往甘露寺来。赵云全装披挂，领五百军士随到寺前。玄德下马，孙权带领众谋士出寺迎接，见玄德非凡，赵云威仪出众，看了一回，心中有畏惧之意。二人并肩入寺，叙礼已毕，进方丈来见国太。国太一见玄

说唱三国

德，大喜说："真吾婿也。"此时孙小姐坐在国太身旁，见玄德到，又羞又喜，粉面立即红了，忙向壁衣中回避了。

孙小姐壁衣柜内把身藏，暗地里秋波偷视看新郎。

只见他年虽半百不显老，生来得堂堂仪表世无双。

实可喜方面大耳人间少，飘摇摇颌下乌须美又长。

又加上龙眉凤目多清秀，论体统尽可称孤为帝王。

现如今母亲已有八分爱，想必要与俺招赘为东床。

不说孙小姐看中了刘玄德，愿意与他成亲。再说乔国老见国太心中甚喜，知道是相中了，对国太说："刘皇叔有龙凤之姿，天日之表，更兼仁德布满天下，声闻传遍四海，国太得此佳婿，真是可喜可贺！"玄德闻言心中暗喜，谢过乔国老，再拜吴国太，然后告坐，共饮于方丈之中。不多时，子龙全身披挂，带剑而入，昂昂然立于玄德之侧。国太向玄德问道："这位是何人？"玄德答道："常山赵云，我四弟也。"国太大惊说："莫非是在当阳长坂坡怀抱阿斗，大战曹兵的赵子龙吗？"玄德说："正是此人。"国太高兴地说："真是一位俊将军也。"吩咐左右赐酒，子龙转至席前，立饮三杯，躬身谢过国太，然后向玄德附耳说："方才我往廊下巡视，见两廊之中，俱有刀斧手埋伏，此宴必非好意。主公可告知国太，看是如何？"玄德听赵云之言，慌忙欠身离座，跪在国太席前，泣而告说："国太要杀刘备就动手吧。"国太急忙说："新婿请起，何出此言？"玄德说："两廊之内，俱埋伏下刀斧手，不是杀刘备是做什么？吴侯既要杀我，怎能逃过一死，今日就死在国太面前。"国太闻听两廊俱有埋伏，就知是孙权所使，勃然大怒！

吴国太气上心头脸儿红，你看她手指孙权骂几声。

她说道蠢子胡为无道理，把为娘不该看得这样轻。

刘玄德今日既成我门婿，和老身膝下儿女一样同。

我问你哪里来的刀斧手？为什么谋害新郎下绝情？

我婿刘玄德现今依然在，看何人老身面前敢行凶？

眼前里国太岳母来做主，新女婿安如磐石不必惊。

话说吴国太带怒责骂孙权。孙权故推不知，唤入吕范问之。吕范无奈，推贾华身上。贾华不敢说出孙权，只是低头不说话。国太大怒，命左右推出斩了。玄德向国太说："今日若斩大将贾华，于亲恐有不利，而且小婿不能久屈膝下，望求岳母将他饶恕。"乔国老也劝说："玄德之言很对，国太应从之。"国太见二人与他求情，乃一手指贾华、吕范而责之说："都是你们这些小人，助纣为虐，陷我儿于不义。若非国老、皇叔与你求情，必割汝等首级。从今以后，再敢如此无礼，定斩不饶。"贾华叩头谢恩，含羞走出，刀斧手抱头鼠窜而去。

天过午时，宴终席散，众使女搀扶吴国太和孙小姐出寺，登车而回。孙权同玄德送出寺门，又回方丈。玄德见大殿前有一四方石块，遂拔子龙所佩之剑，仰天大笑说："若刘备能回得荆州，成王霸之业，一剑砍石为两段；如死于此地，剑落砍石不开。"说完手起剑落，火光迸出，砍石为两段。孙权立即到前说："玄德公何故恨此石？"玄德说："不是我恨此石，备年近五旬，不能为国家剿除奸党，心常自恨。今蒙国太错爱招为女婿，是我平生的机遇。方才向天买卦，如能破曹兴汉，砍断此石。今果然断了，应破曹兴汉之兆。"孙权心中暗自思想说："他不是为破曹买卦，是为破东吴而砍石，故以破曹之言瞒我。"一边说着也抽出腰中所佩之剑，向玄德说："我也向天买卦，若破得曹操砍断此石。"话如此说，心中暗想说："若能取得荆州，振兴东吴，砍石为两半。"说着，宝剑落处巨石大开，分为两断。至今南徐城外，甘露寺之旁，尚有断石，后人见此作诗赞曰：

> 宝剑落处山石断，金环响处火光生。
>
> 两朝旺气从今定，三分天下自此成。

二人大笑，弃剑于地，携手入席。乔国老见他二人和好，年老不胜酒力，告辞去了。孙权也不强留，送几步便回，与玄德对坐继续饮酒。酒过数巡，孙乾目视玄德，玄德会意，便起身告辞。孙权送出寺，并肩而站，共看江山光景。玄德见江山如画，景色宜人，乃喜而赞曰："此处乃天下第一山。"至今甘露寺故碑之上有行大字："天下第一山"。

话说玄德辞别孙权，同赵云、孙乾等人回馆舍，到了馆舍，孙乾说："今日亲事成功，多亏乔国老相助。为今之计，主公要去国老府，请国老同吴国太说，要早早完婚才是。"玄德深以为然。说话之间，天已黄昏，大家用了晚饭，又商议一会儿，这才各自安寝。

第七十三回 ｜ 刘皇叔洞房续佳偶 孙夫人设计离东吴

话说到了次日，玄德起得床来，梳洗完，用过饭，冠戴已毕，焕然一新，骏马雕鞍，带领数十从人，前呼后拥，直到国老门前下马。乔国老闻听玄德到来，慌忙出府迎接，二人携手而入，进了客房，叙礼落座，左右献茶毕。玄德说："吴侯不怀好意，有谋害刘备之心，若亲事不成，恐不能久居于此。"乔国老说："皇叔放心，我去告知国太，早早完婚就好了。"玄德闻言拜谢而去。乔国老即时入见国太，向国太说:"玄德怕人谋害,要立即回去。"国太听后大怒说:"我的门婿,谁敢害他?且请入内书院暂住,速速择日完婚。"国太发话,谁敢违抗?孙权只得请玄德到书院中住。赵云、孙乾等人连同随行五百军士,也都搬入书院中来了。

话说玄德在内书院住了几天,良辰吉日已到,后堂悬灯结彩,书院内摆宴设席。孙权和乔国老相陪,玄德赴宴已毕,与孙夫人拜堂成亲。二人拜了天地,焚香奠酒,又拜了吴国太和乔国老。国老辞别而去,孙权也自回避。国太在堂中排下喜宴,留玄德与孙夫人同饮喜酒,夫人略饮几杯,侍女拥簇回了洞房。玄德与吴国太饮酒叙话,饮至天晚,国太命侍女数十人,挑起两行红灯,引玄德入洞房去。

玄德见孙夫人绣房之中,两边兵器森列,侍婢佩剑挂刀,以为还是孙权美人之计,不由大惊失色。有一个管家婆看出新郎心思,上前告玄德说:"贵人不必惊怕,夫人自幼好武,因而侍婢们时常挂剑带刀。"玄德说:"武器不是妇人所随身携带的,更不能在洞房所摆,我心中恐惧,可令去掉。"管家婆禀告孙夫人说:"房中摆列兵器,贵人不安,令去掉。"孙夫人微笑说:"厮杀半生还怕兵器吗?"命全撤掉,叫侍婢们解下腰中刀剑。玄德这才由惊为喜,心中稍安。这孙夫人一派大家之气,端庄秀雅,非比寻常之家女子,一见男子伸头缩脑,羞却满面。此时孙夫人大模大样,坦坦然然,与玄德并肩而坐,命侍婢斟上酒来,二人对坐而饮。饮宴完,左右送上茶来,吃完。侍婢们一齐动手与孙夫人撤去装束,给玄德脱下官服,然后扣好房门,就各自散去了。

却说皇叔与孙夫人成亲这一夜,彼此亲爱,两情欢洽,相亲相爱。常言说欢娱嫌夜短,夫妇二人正在情思绵绵之际,金鸡三唱,天已大明。遂起床来,各整衣巾,开了房门。侍婢们齐到,服侍着梳洗完,穿好衣服。玄德来到客厅,谢过国太。这时乔国老、孙权同一班谋士前来贺喜。国太大排宴席,共吃喜酒,足足地乱了一日。天晚客散,玄德仍回孙夫人绣房歇宿,夫妇二人情投意合。玄德又将金帛赏赐侍婢,以慰其心。先叫孙乾回见孔明报喜信,时常与国太闲叙,国太十分敬重。只是孙权不欢喜,差人往柴桑郡去报周瑜。孙权信中说:"国太力主,已将吾妹嫁了刘备,不想弄假成真。此事还应如何?请都督酌处。"周瑜闻报大惊,饮食骤减,坐立不安,想出一条妙计,修密书一封,交来人带回,复孙权。孙权拆封看书,书文写着:

> 周瑜所谋之事,不想弄到此等地步。既已弄假成真,还得就此用计。刘备以枭雄之姿,有关、张和赵云之勇,诸葛孔明之谋,必非久居人下。以瑜拙见,不如把他留在东吴,以软法困之,为他建宫室,以丧其心志。多送美女玩物,以娱其耳。目的使他分开关、张之情,割断孔明之谋,各居一处,渐渐疏远。然后以兵击之,荆州可得,而刘备可擒,大事定矣。今若放他去,恐蛟龙

得云雨，终非池中之物，望主公思之。

孙权看完书，以示张昭。张昭看了一遍说："周郎之谋可行。"

孙权即时令兴工修建新宅，亭台楼榭，曲栏回廊，花草树木，盆景古玩，器具等一概俱全，请玄德与孙夫人居住。又买美色女乐数十人，俱穿锦绣之衣，貌若天仙，倾绝人世，送入府中，整日侍席、吹竹、弹弦、歌舞，玄德不知不觉入孙权美人计中。吴国太见孙权如此奉迎玄德，只当他是好意，哪知还是计策。玄德虽是英杰之志，竟被女色所迷，不想回荆州了。赵云同那五百军士，在新府前院居住，曾多次劝玄德回荆州，玄德也答应，只是不肯动身，赵云也无可奈何，闷急了去城外同军士们射箭，演习武艺。

日月如梭，光阴似箭，不觉秋去冬残，已是年终了。赵云心中十分着急，忽然猛醒说："当日临行之时，军师给了三个锦囊。叫我一到南徐开第一个，住到年底开第二个。到危急无路之时，再开第三个。其中自有妙策，可保主公无事，平安转回荆州。此时岁已将终，主公迷恋女色，不思回去，许多日子连我的面也不见了，何不拆开第二个锦囊，看计而行。"遂拿出锦囊，拆开一看说："原来如此，真妙策。"即时到内门要求见玄德。侍婢说："贵人夜间与夫人饮宴，共看乐女歌舞，乐极大醉，酣睡绣房之中，至今未起床，不敢去惊醒。请将军且去，明日再来吧。"子龙说："事关紧要，等不到明天，你们只管去说，赵云定要求见，有要事禀明，虽然惊醒也无妨。"侍婢闻言，只得前去通报。子龙又等了多时，侍婢才出来，引子龙进去见了玄德。子龙见到玄德，佯作大惊失色之状说："主公深居内宅，享荣华富贵，把那荆襄九郡城池置之度外了吗？"玄德说："有什么大事这样惊慌？"子龙说："荆州有天大的祸，主公还若无其事吗？"

> 不记得军师登坛去借风，周公瑾纵火烧船一扫空。
>
> 三江口赤壁鏖兵一场战，曹孟德二十七骑走华容。
>
> 曹阿瞒心中结下仇和恨，现如今要报前仇发大兵。
>
> 闻听说马步儿郎五十万，率领着千员战将尽英雄。
>
> 他那里一带扎营三百里，不久要两家临敌大交锋。
>
> 二将军领兵镇守襄阳郡，荆州地只有翼德和孔明。
>
> 想一想将寡兵微谁出马？主公你岂可贪恋在江东？
>
> 诸葛亮快船飞报两三次，咱只得辞别回去速登程。

玄德闻听子龙之言，手捻胡须低头默默不语，沉吟良久说："待我去与夫人商议。"子龙说："若和夫人商议，必不肯放主公回去，不如勿言，私自起程为妙。如延误时日，必误大事。"玄德说："你且暂退，我自有道理。"子龙故意催逼数次而出。玄德入，坐于孙夫人之侧，暗暗掉泪。夫人问道："贵人何故烦恼？想是妾身有得罪之处吗?"玄德叹道:"不是,夫人与我夫唱妇随,有何得罪的。眼下大年将近,忽然想起一件事来,因此伤心不觉泪下。"夫人说:"丈夫想起何事?可对妾言明。"玄德说:"想我刘备年将半百,一无所成,流落异乡,依靠妻子为生,不能侍奉父母。今已年关,又不得祭祀祖宗,实为不孝,何以为人?"孙夫人说:"你休瞒我,我已知道了,方才子龙入报说荆州危急。你要还乡,却以此故瞒我,怕是走不成。"玄德慌忙跪而告说:"夫人既知,刘备怎敢相瞒?"

> 说什么男儿膝下有黄金,刘玄德竟自低头跪夫人。
> 感动了三从四德孙小姐,急忙忙伸出纤手拉衣衫。
> 与新郎牙床之上并肩坐,刘玄德龙目之中泪纷纷。
> 那曹操率领大兵五十万,安排着九郡荆襄一口吞。
> 现如今二弟襄阳去镇守,赵子龙随我江东来招亲。
> 诸葛亮胸中纵有千条计,张翼德一株孤树不成林。
> 我有心速回荆州去救应,怎舍得夫人恩情两下分?
> 如说是贪恋夫人不回转,要叫那天下之人笑万春。
> 这件事左右为难不能断,真好似万把钢刀刺我心。

玄德一边说话,泪落不止。孙夫人劝说:"丈夫不必为难,休得烦恼,新婚事小,城池事大。丈夫入赘东吴婚配已完,江东不是你我久居之地,同回荆州,乃是正理。妾既以身事君,必当生死相从。"玄德闻言又下跪说:"若果如此,夫人真贤妻。但夫人虽能与我同去,国太必不肯,吴侯要知道更不会让夫人去。夫人若可怜刘备,暂放我去,咱二人后会有期。"说完泪如雨下,孙夫人也陪着落泪,她说道:"丈夫不必如此,妾当苦求母亲,母亲必然放妾与君同去。"玄德说:"虽然国太肯放你我去,那吴侯如何肯依?他若阻挡,纵有母命也走不成。"孙夫人沉吟良久说:"今已年终,不几天就是正月初一,到这一日拜贺新岁之时,推说往江边祭祀,连母亲、哥哥俱瞒过,不告而去如何?"玄德说:"若得如此,生死难忘。这一消息,只许你我知道,万万不可泄露。"孙夫人说:"这是咱夫妻还家的密计,岂肯泄露?丈夫不必多嘱了。"

玄德唤赵云嘱咐说:"你于初一带领随行五百军士,先去城外等候,不可有违。"赵云领命而去。建安五年正月初一,吴侯大会文武在堂上。玄德与孙夫人入拜国太,庆贺新春,国太大喜,设宴款待。饮酒之间,玄德故作忧愁不乐状。国太问道:"元旦佳节正是欢喜之日,贤婿何故不乐?"玄德沉吟不答,孙夫人就把瞒哄母亲的话说出来了。

> 好一个心机灵巧孙夫人,你看她假言瞒哄老母亲。
> 宴席前手拿酒杯面带笑,满口里连把高堂母亲尊。

刘皇叔自从去岁来招赘，不觉得冬残腊尽又一春。

现如今身在异乡思故土，忽然想起家中先人祖坟。

自古道为臣当忠子当孝，谁不想祖宗面前尽孝心？

俺夫妇不能前去亲叩拜，我见他整天不乐锁眉尖。

我有心同往江边去祭奠，得先来禀告母亲没阻拦。

孙夫人说完，吴国太笑着说："这是尽孝道，岂有阻拦之理？你同丈夫前去祭拜，以尽为妇之礼。"孙夫人闻听，即同玄德拜谢而出，悄悄地瞒着孙权，携带些随身细软之物，夫人登车，玄德上马，前后数骑相随出城，与赵云五百军士相会，前呼后拥，直奔江边而来。要知能否走成？且看下回书。

第七十四回 ‖ 玄德实情禀夫人
孔明二气周公瑾

话说孙权因会文武庆贺新年，饮酒大醉，左右扶入后堂，文武皆散。待到众官得知玄德与孙夫人逃走之时，天色已晚，立刻报告孙权。孙权大醉，招呼也不醒。等孙权醒来，已是五鼓平明了。孙权听说玄德同妹子逃走，即同众文武商议如何办。张昭说："今日走了此人，日后必生祸乱，可急速派人去追，莫叫逃回去。"孙权即令陈武、潘璋点精兵五百，不分昼夜追赶，定要捉回。二将领命去了。孙权深恨玄德，将桌案上玉砚摔得粉碎。程普在旁说："主公空有冲天之怒，也是枉然。"

现如今夫妇二人扬长去，跟着个保驾将军赵子龙。

他原来马快枪馋无敌手，常山将四海九州有大名。

想当初长坂坡下一场战，一杆枪能挡曹瞒百万兵。

主公你差遣潘璋和陈武，他两个疆场未必将他胜。

又加上女大外向孙郡主，平常里威严刚正令人惊。

她既然情愿偕逃跟刘备，不用说放弃故土舍江东。

这一去潘陈二将若动手，怕得是郡主一怒不留情。

自古道己知彼战必胜，在我看追回玄德万不能。

程普说完，孙权大怒说："唤蒋钦、周泰听令。"蒋钦、周泰来至座前，孙权说："你二人拿我这口剑去取吾妹和刘备首级来，违令者立斩不饶。"二将领命接剑而出，引一千军马从后追赶。

此时，玄德和子龙打马催车，带领五百军士急急而行，将近柴桑地界，望见后面尘土飞扬，军士报说："追兵到了。"玄德闻报大惊，在马上问赵云："追兵既至如何办？"赵云说："主公保护车辆先行，我来断后。"玄德与孙夫人车马并行，方才转过山脚，一路军马拦住去路，当先二员大将高声说："刘备早早下马受缚，我们奉周都督将令，在此等候多时了。"这二将是何人呢？原来周瑜恐怕玄德逃走，先差徐盛、丁奉领三千人马，在重要处扎营等候，时时令人登高遥望。料玄德走旱路，必由此道而过。今日一见玄德到来，二将领兵拦住去路。玄德一见十分惊慌，勒回马头问赵云。玄德说："前有兵将拦路，后有军马追赶，前后无路，可怎么办？"赵云说："主公休慌，军师有三条妙计，在锦囊之中。我已拆了两个，囊中之计无不应验。现还有第三个未拆，军师嘱咐我，事情危急时，方可拆看，今日应当拆开看。"便将锦囊拆开，把书呈玄德看。玄德看了急来车前泣告孙夫人，刘备说："夫人啊！我有实言相告。"

刘玄德提鞭立马在车前，尊了声夫人听我诉实言。

想当初东吴招亲非好意，原来是为讨荆州要报冤。

幸有位走漏风声乔国老，又亏了国太将我另眼看。

甘露寺一言为定结亲事，与夫人配成一对并蒂莲。

但恐怕久住江东被人害，因此想一心一意转回还。

谁料想后面竟有追兵赶，头前里又遇军马把路拦。

愁然我兵微将寡难敌众，但恐怕前后夹攻得胜难。

这一回夫人不与我做主，刘玄德要回荆州是枉然。

孙夫人闻听大怒说："我兄是以妹为香饵，以钓君耳。他既不以我为亲骨肉，我还有何面目与他重相见？丈夫放心，今日之危，我自有法解之。"说完，吩咐从人推车直出，闯至徐盛、丁奉近前，卷起车上的珠帘，向二将大声喊道："你二人要造反吗？"二将慌忙滚鞍下马，弃了手中的枪刀，车前打躬说："末将就是吃了熊心豹子胆也不敢在郡主面前造反。今奉周都督将令，屯兵在此，专等刘备。"孙夫人大怒，粉面变得赤红，展开翠袖，伸出玉腕，向车外一指说："你二人好大的胆子！刘备是你叫的吗？那周瑜逆贼，我东吴不曾亏负于他。玄德公乃大汉皇叔，是我丈夫，我已对母亲、哥哥说知，要回荆州去。现在你两个在此山中，带领许多军马截住去路，口说不敢造反，那么，是要劫掠我夫妻财物吗？"徐盛、丁奉一齐打躬连声说："不敢不敢。"孙夫人大怒说："我乃汉室皇叔之妻，东吴国太之女，吴侯之妹。那周瑜小子，原是我家的官儿，你们只怕他，唯独不怕我。周瑜杀得你，我就杀不得你？"口中大骂周瑜不止，命从人推车前进。二将暗自想：我等小小武将，怎敢与夫人对抗？又见玄德持双股剑，志气昂昂，赵云立马横枪，威风凛凛。二将见此光景不敢拦挡。

话说徐、丁二将被孙夫人责备一场，不敢阻挡，分开军马，闪出一条大路，竟放玄德车马过去。二将才要收兵去见周瑜，只见陈武、潘璋追兵到来，二将备言其事。陈、潘二将说："你们真没胆量，听了孙夫人几句虚言大话，怎么就放他们走了？我二人奉吴侯之命，前来追赶，务必要捉他回去，咱大家只管前去捉拿。"于是四人合兵一处，飞奔而来。

玄德正走之时，忽听身后杀声不绝，催马登高一望，只见尘土飞扬，急到车前，向孙夫人说："后面追兵又到了，怎么办？"夫人说："你且头里先走，我与子龙断后，料也无妨。"玄德闻言，即引三百兵先往江岸去了。子龙横枪立马在车旁，夫人高卷珠帘，端庄正坐。士卒雁翅摆开，专等人来。四将来到车前，只得下马，垂手而立。夫人问道："陈武、潘璋来此何干？"二将躬身答："奉主公之命，来请夫人与玄德回去。"夫人正色责备说："你们胡说，我夫妇要回荆州，怎么能半途而回呢？"

> 孙夫人端坐车中怒满腔，　眼看着朱颜改色面儿黄。
> 刘皇叔与我配成夫和妇，　在东吴结亲已久要还乡。
> 我二人庆贺新春同赴宴，　当面我也曾禀过老高堂。
> 母亲说嫁夫随夫应归去，　我不是与人私奔做不良。
> 须知道娘家不是久居地，　纵然我哥哥知道也无妨。
> 我问你何故领来人和马？　为什么手中都拿刀和枪。
> 大约是任意胡为施权势，　你竟敢在我面前来装腔。
> 现放着常山赵云依然在，　休想着假传圣旨把人诓。
> 依我说你们赶快回去吧，　俺夫妇今日同舟要过江。
> 匹夫们若敢说半个不字，　叫子龙送你们个透心凉。

孙夫人骂得四员将闭口无言，俱各心中寻思道："她一万年也是兄妹，更有国太做主，吴侯是个孝子，岂敢违背母命？日后国太不依，吴侯翻过脸来，又要拿我们垫背了。不如放她过去，落得做个人情。"四将想到这里，一齐收兵而退。赵云带领二百名军士，保护车辆，直奔江边，追赶玄德去了。

四员将正要同去禀复周郎，只见一队军马如飞而来。众人一看，当先两员大将，乃是蒋钦、周泰。说话之间，二将来到跟前说："你们看到刘备过去否？"四将说："早晨从这过去，已半日了。"二将惊问："既然见他过去，为何不拿下？"四将说："夫人大骂周都督。就是吴侯亲自来，她也不回去，谁敢阻拦她？"蒋钦说："吴侯就怕这样，才命我二人亲执他的剑，叫先杀夫人，后杀刘备，违者立斩。"四将说："此去已远，追也来不及了，怎么办？"蒋钦说："他终是些步军，走不甚快。差人飞报周都督，让他从水路调快船追赶，我等领兵在岸上追赶。不论是水旱，赶上就是大功。"四人商议定，即刻差人飞报周瑜。大家催动人马往前急赶。

此时玄德、子龙带领五百军士，拥护夫人车辆到了江岸。玄德登高一望，只见无数军马前来，急同赵云来至车前，对夫人说："连日奔走，人困马乏，追兵又到，你我大家死无葬身之地了。"赵云说："主公与夫人休慌，待我杀退追兵，再寻渡江之计，我想军师必有防备。"正在这时，忽见江边自上头流来大船二十余只，子龙喜说："真天助我也，现有这二十只船，请主公与夫人速速登船，大家渡过江去，再作打算。"玄德与夫人急忙上船，子龙同五百军士也急急上船。只见船舱中坐着一人，纶巾道服，大笑而出说："恭喜主公，诸葛亮在此等候多时了。"又见船中有许多人扮作客商模样，原来俱是荆州水军。玄德一见孔明，真是天大之喜，让孔明与夫人相见，子龙与来人相见。大家正在高兴，岸上六将领兵赶到。孔明站在船头，笑对六将说："你等枉费徒劳，我早已算定了。请你们转示周郎，自此以后，不要使美人计的手段，我主公有这一位夫人就够了。"

> 诸葛亮谲言相戏笑声狂，　江岸上六将闻言恨满腔。
>
> 冷飕飕儿郎乱放雕翎箭，　乱纷纷万点寒星落大江。
>
> 幸亏了玄德船快去得远，　空叫他生气不能把人伤。
>
> 飘悠悠风送轻舟疾如箭，　一个个摇橹心急两手忙。
>
> 忽闻得翻波滚浪江声响，　下流头飞来战船一大群。
>
> 明晃晃枪刀森列无其数，　呼啦啦帅字旗号半空扬。
>
> 旗角下站立都督周公瑾，　率领着水军勇士众儿郎。
>
> 左边有计献苦肉老黄盖，　右边有能征惯战将韩当。

话说周瑜带领许多战船，无数水军，同黄盖、韩当两员大将，势如飞马，疾似流星，眼看就要赶上。此时玄德的船已到北岸，大家弃船上岸，车马登程急走。等周瑜赶到江边，再上岸追赶，水军都是步行，只有极少数将官骑马。周瑜当先，黄盖、韩当紧随，追不多时，望见车马不远。周瑜传令，加速追赶。正赶之间，一声炮响，山脚下闪出一队人马，截住去路，为首的大将乃是关云长。周瑜大惊，拨马便走。关公后面催兵赶杀，正奔走间，相隔江岸不远，左边黄忠，右边魏延，两军一齐杀出，吴兵大败。周瑜同黄盖、韩当和那些败残军士，急忙上船而逃。岸上玄德的军士，一齐大声喊叫道："周郎妙计安天下，赔了夫人又折兵。"

这周瑜自从南郡中箭，伤口未愈，至此着了气恼，疮口迸裂，倒下昏迷不醒。众将士救入船舱，掉船而逃，折去军士无数。孔明传令，不叫追赶，大家回了荆州，设宴贺喜，犒赏将士。玄德脱离虎口，又娶一位夫人。赵云保驾有功，重重有赏，深服孔明锦囊妙计之妙，这且不讲。

再说周瑜自回柴桑，卧床不起。周泰、蒋饮、潘璋和陈武带领兵马回南徐，参见孙权告知事情经过。孙权听后很是愤恨，因周瑜卧病，拜程普为大都督，欲起兵取荆州。周瑜在病中，也上书于孙权，请兴大兵报仇雪耻。孙权与众谋士商议，张昭说："不可兴兵，曹操日夜思报赤壁之仇，因恐孙、刘同心，所以不敢轻举妄动。今主公如与刘备相互吞并，曹操必然乘虚来攻。不如结好刘备，并力破曹，乃是上策。"孙权闻言，犹豫不决。顾雍说："子布说得对，主公勿疑。"

顾雍说完，孙权沉吟了一会儿，方才说道："以卿高见应怎么办呢？"顾雍说："为今之计，莫若使人赴许都，表荐刘备为荆州牧。曹操知道不敢加兵于东南，使刘备又感于主公。主公若愿与刘备交往便好，彼此相助；如不愿与他交好，即用心腹人，使反间计，令曹、刘两家相攻，我们可以从中取利，乘隙而图之。"孙权听后大喜说："真妙策，甚合我意，但表荐刘备，谁可为使呢？"顾雍说："此间有一人，是曹操平素所敬慕者，若使他去便妥。"孙权急问："那人是谁呢？"顾雍说："华歆在此，何不用他去？"孙权大喜，即遣华歆赴许都。华歆领命起程，到许都求见曹操。要知后来事，且看下回分解。

第七十五回　曹操大宴铜雀台　孔明三气周公瑾

话说曹操自从赤壁一战，败走华容，归许昌之后，常思报仇之机。因孙、刘联合，不敢轻举妄动。此时正是建安十五年春三月，曹操将铜雀台造成，会文武于邺郡，设宴庆贺。此台正临漳水河岸，这台原有三座，中央乃铜雀台，左边一座名玉龙，右边一座名金凤。台乃盖世之奇观。

这一天，曹操头戴珠宝金冠，身穿绿锦花袍，腰系锦带，足蹬朱履，凭高而坐，文武百官侍立台下。曹操要观武将比试弓箭，乃命人取西州所制红锦战袍一件，挂在垂杨枝上。立一箭垛，约有百步之远。分武将为两队：曹氏宗族俱穿红，为一队；其余将士俱穿绿，为另一队。各带雕弓、长箭，骑马列为两排，听后指挥。曹操传令说："有谁能射中箭垛红心的，以红袍赐之；如射不中，罚酒一杯。"号令一下，只见红袍队中，一名少年将军拨马而出。众人一看，是曹休。这曹休顺着箭道，跑马飞奔，连跑三趟，这才勒住战马，扣上箭，拉满弓，正中红心，金鼓齐响，众皆喝彩。曹操在台上，望见笑说："这是我家千里驹。"方要让人取袍赐予曹休，只见绿袍队中一骑而出，大喊说："丞相锦袍须让外姓先取，不应赐予曹休。"众人一看乃是文聘，也齐声说："且看文仲业箭法如何？"文聘扶鞍上马，飞跑三趟，弓开弦响，一箭射去，也中红心。文聘大呼说："快取袍来。"言还未尽，只见红队中一员大将飞马而出说："曹休小将军先射中的，文仲业为何争功？看我与你两个和解。"一边说着，雕弓拉满，一箭射出，也中红心，众人一看是曹洪。

话说曹洪箭射红心，方去取袍，只见绿袍队中，又有一将扬弓大叫说："你三人射法有什么奇的？看我射来。"众人一看，乃是张郃。张郃飞马翻身，背射一箭，也中红心。四支箭齐齐地攒在红心里。众人齐声大喝说："真是好箭法！"张郃洋洋得意说："这锦袍是我的了。"话音刚落，红袍队中一将飞马而出，大叫说："尔等箭射红心，翻身背射，有什么奇的？看我夺射红心！"众人一看，乃是夏侯渊。只见他纵马扶弓，扭回身一箭射出，不但射中红心，且正中四箭当中。金鼓齐鸣，众皆喝彩。夏侯渊按弓勒马大声喊道："我这一箭可以夺得锦袍吗？"话音刚落，又见绿袍队中一将应声而出说："不要动手，留下锦袍给我徐晃。"夏侯渊说："你不让我取锦袍，你有什么射法呢？"徐晃说："你们五人不过都射进红心，这也平常，看我单射锦袍落地。"说完拉满弓弦，一箭射去，恰好射断挂袍的那根柳枝，眼看着锦袍飘飘摇摇落了地。

徐晃大将军果真好武艺，五箭中红心他便生了气。

拉开宝雕弓一箭射了去，咯吱一声响锦袍落在地。

急慌忙红锦花袍抢在手，喜滋滋双手拿起身上披。

两边厢文武官员齐喝彩，都说是这样箭法世间稀。

真算是百步穿杨手段准，就是那千军队里少人比。

徐晃身披锦袍来至台前，勒马躬身说："多谢丞相赐袍。"曹操与众官无不称赞。徐晃很得意，方想拨马而回，猛然从铜雀台边跃出一人，是一位绿袍将军，大呼说："你披锦袍往哪里去？快快留下给我。"众人一看，乃是许褚。徐晃说："我的箭法高强，丞相将锦袍赐我，你为何要争夺？"许褚也不答话，只飞马夺袍。两马相交，徐晃使弓来打，许褚以手按住马，单手把徐晃拉离鞍桥。徐晃急忙弃了雕弓，翻身下马。许褚急忙跳下坐骑，二人揪住厮打一起，不分上下。曹操急忙叫人拉开，一件锦袍已撕得粉碎。曹操令二人上台，亲自与他二人和解。徐晃扬眉怒目，许褚咬牙切齿，各有相争之意。

二人你强我胜，为争锦袍不平，声声要下台比武。曹操慌忙止住说："我是要看公等弓马如何，岂惜一锦袍？你二人不必争了，我自有公论。"遂下令给诸将每人赐蜀锦一匹，各做锦袍一件，众将一齐谢赏。曹操令众官依次而坐，设宴庆贺。

文官武将共饮行令。曹操眼望众官说："武将是以走马射箭为乐，足显武将勇矣！公等皆饱学之士，登此高台，何不每人作诗一首，以记一时之盛事。"众官皆躬身说："愿从尊命。"此时在座的文官有王朗、钟繇、王粲、陈琳一班文墨之士，进献诗章，书多有称颂曹操功高德厚，应该受命为天子。曹操看完笑说："诸公佳作过誉了，孤自幼读书，二十考入秀才，三十中举，后遇天下大乱，安排着春夏学文，秋冬习武，待天下太平之时，然后出仕做官。不料朝廷宣我进朝，封为点军校尉之职，专为国家出力，平乱讨伐舍死立功，身死之后，但得墓碑上写'故征西将军曹侯之墓'几个字，平生之愿足矣！"

> 想当初朝廷征诏去做官，　到如今屈指将近三十年。
> 自从那大破黄巾分了手，　伐董卓诸侯聚会虎牢关。
> 次后来奉命行事除国乱，　舍性命一心要把天下安。
> 先灭了河北冀州老袁绍，　接连着剿除袁术定淮南。
> 小刘琮奉献荆襄九郡土，　白门楼缢死温侯吕奉先。
> 现如今几起乱贼除八九，　只剩下枭雄刘备和孙权。
> 汉朝里若非有我一人在，　有谁能为国出力息狼烟？
> 我已在万人之上一人下，　人臣中身为丞相我居先。
> 天下人见吾功大威权重，　妄猜度要想篡位坐金銮。
> 这些话诸公听见不要信，　却原来我这心中大不然。

曹操说完，众官说："丞相尽忠保国，功高德厚，就是伊尹、周公也不能及。若说丞相有异心，真是小人之见，有谁能相信呢？"曹操闻听大喜说："诸公能理解我心，我曹操平生足矣！"一边说着，连饮数杯酒，不觉大醉。唤左右捧过笔砚，要作《铜雀台诗》，方想下笔，忽报东吴孙权派使臣华歆到此，表奏刘备为荆州牧。

孙权以妹嫁玄德，荆州城池大半也属于刘备。曹操听后，手中失措，投笔于地。谋士程昱说："丞相在万马军中，交战无数次，沉着冷静，未尝动心。今闻听刘备得了荆州，与东吴结亲，何故如此吃惊？"曹操说："刘备乃人中之龙，平生未尝得水，今得荆州是困龙入大海矣。我怎能不惊？"程昱说："丞相知华歆来意吗？"曹操说："不知，华歆这次来是何意？"程昱说："华歆此来，表刘备为荆州牧，并不是孙权本心。"

> 历年来两家摩擦不和睦，　彼此间猜嫌疑忌暗中存。
> 诡骗着玄德东吴去入赘，　到头来竟然以假弄成真。
> 孙夫人女大心眼必外向，　反叫个吞饵之鱼脱了身。
> 周公瑾口含黄连难说苦，　孙仲谋使出计谋枉劳神。

又恐怕咱与刘备结唇齿，因此上修成荐表使华歆。

一来是要买人心安玄德，又省得丞相兴兵将他擒。

安排着一举两得机关巧，在那里静观其变看风声。

单等着丞相兴兵攻刘备，他便要从中取利来乘机。

　　程昱说完，曹操点头说："仲德之言，正合孤意，然而此事如何办？"程昱说："有一计使孙、刘自相吞并，丞相乘机而图之。"曹操说："是什么计谋？"程昱说："东吴所仰仗的是周瑜，丞相速上表，荐周瑜为南郡太守，荐程普为江夏太守，留华歆在朝重用。周瑜和程普空有其职，不得其地，二人必与刘备为敌，两相吞并，咱们乘其相并而图之。"曹操听后大喜说："仲德之言真是良策。"遂召华歆上台，重加赏赐。然后，曹操同众文武回许昌，就在天子面前，表奏周瑜为总领南郡太守，程普为江夏太守，华歆为大理寺正卿，在朝重用，以解孙权之心，命使臣领旨去东吴。

　　这周瑜自得了南郡太守之职，便要报仇，一封书送给吴侯，让他差鲁肃去荆州。孙权接了周瑜的书，触动了心中仇恨，急把鲁肃召来说："昔日你保借荆州给刘备，至今不还，是何居心？"鲁肃说："文书上写得明白，待得了西川，便还荆州。"孙权厉色说："此乃刘备支吾之词，你怎么信他？他只说取西川，至今又不动兵，要等人老了吗？"鲁肃见孙权恼了，便躬身说："主公息怒，我情愿过江再去催讨。"于是辞别孙权，带领从人数名，驾舟渡江，直奔荆州而来。

　　此时，玄德与孔明在荆州，广积钱粮，操练军马，远近之士多归顺。忽报东吴鲁肃到，玄德问孔明说："子敬渡江来意是什么？"孔明说："前日孙权表奏主公为荆州牧，并不是惧怕主公，实为惧怕曹操。曹操封周瑜为南郡太守，这是要咱们与东吴两相吞并，他好从中渔利。鲁肃此来，又因周瑜既受太守之职，要讨荆州。"玄德说："怎样对付他？"孔明说："他若是提起荆州之事，主公可放声大哭。哭到悲切之处，我便出来解劝，自有回答之法。"二人计议一定，迎接鲁肃入府。礼毕，鲁肃说："皇叔今做了东吴女婿，便是鲁肃主人，如何敢坐？"玄德说："子敬与我相交已久，何必太谦？"

　　鲁肃把讨还荆州的话说出口来，玄德也不回言，忽然掩面大哭。鲁肃惊问说："皇叔何故如此？"玄德不答，依旧哭声不绝。孔明从屏风之后出来说："我听了好久了，子敬知我主公哭的缘故吗？"鲁肃说："不知。"孔明说："当初我主人借荆州时许下取得西川便还。仔细想来，那西川刘璋，是我主人之弟，俱是一脉相传，同是汉朝骨肉，若要兴兵取他城池，恐被天下唾骂；要是不取，还了荆州，何处安身？若不还，我主人又不好做这勉强之事，出于两难，因而痛哭。"孔明这些话，触动玄德本心，果真捶胸顿足地号啕大哭起来。

鲁肃说："皇叔且休烦恼，应与孔明从长计议。"孔明说："相烦子敬回见吴侯，将皇叔烦恼情形，多加美言，告诉吴侯，再借荆州暂住几时。"鲁肃说："倘吴侯不从，如何是好？"孔明说："吴侯既以妹子嫁皇叔，借他城池暂住几时，就是不为皇叔，也该为妹子。子敬去说，没有不从之理，万望子敬美言。"这鲁肃是个忠厚长者，心最慈善，见玄德这般悲痛，孔明如此恳求，无计奈何，只得应允。玄德、孔明拜而谢之。宴完，送鲁肃过江。

鲁肃先到柴桑，见了周瑜，言玄德痛哭，孔明恳求之事。周瑜顿足说："子敬又中诸葛亮之计了。刘备倚刘表之时，尚有吞并意，何况西川刘璋呢？他如此推托，只是不想还。我有一计，使孔明再也不推托。"鲁肃说："愿问妙计。"周瑜说："你不要去见吴侯，还回荆州对刘备说：'孙、刘两家既为亲眷，就是一家人，若皇叔因与刘璋同宗，不忍去取西川，我东吴兴兵取，取得西川以作夫人陪嫁之资，送给皇叔居住，皇叔再把荆州交还东吴。'"鲁肃说："西川遥远，山险难行，取它不易，都督此计恐不行。"周瑜笑说："子敬真是实心人！"

> 周瑜笑哈哈子敬你好笨，孔明巧支吾虚言你就信。
>
> 那年我偷营中箭在南郡，咱使憨力气他来得便宜。
>
> 现如今荆州不还百般赖，你竟然拿他虚言认了真。
>
> 咱这里兴兵去把荆州取，他那里巧使机关暗里存。
>
> 发兵过江到荆州推歇马，玄德他必来奖赏众三军。
>
> 趁着他粗心大意不防备，呼啦啦围在营中将他擒。
>
> 即刻就夺过荆襄九郡土，捉住那诸葛孔明报冤恨。
>
> 这原是指东打西诓诈计，给他个大被蒙头不知情。

周瑜说完，鲁肃大喜，即刻掉船过江，又往荆州而来。玄德与孔明商议，孔明说："鲁肃必然没去见吴侯，只到柴桑郡，同周瑜商议什么计策，来诱我们上当，不然为什么回来得这样快？看他开口说何言语。主公见我点头，便可应允。"计议一定，请鲁肃进来，两下礼毕，让座待茶。鲁肃说："下官去见了吴侯，诉说皇叔悲痛情节，不忍取西川之意。吴侯甚喜，心悦诚服，盛称皇叔仁德。遂与众将商议，发兵马替皇叔去取西川。取了西川，作为夫人陪嫁之资，但要皇叔把荆州交还东吴。东吴军马去取西川，由此经过，要准备些粮草，还望皇叔出城劳军，更鼓舞士气，也叫旁人好看。"孔明听完此言，忙点头说："难得吴侯一片好心。"玄德见孔明点头，也满口应承，说："此皆子敬之力，粮草、劳军理所当然，若不从吴侯之命，足见我刘备不识高低了。"玄德说完，鲁肃认以为真，心中大喜。玄德设宴款待。宴完，鲁肃辞别而回。

玄德向孔明笑说："周瑜小儿使的假道灭虢之计。"孔明也笑说："正是虚名去西川，其实是荆州。诱骗主公出城劳军，乘势拿下，杀入城来，夺下荆州。此等计策，小儿也瞒不过。这次足以让周郎速死。"玄德说："为什么这样说？"孔明说："主公放心，只管准备弯弓以擒猛虎，安排香饵以钓鳖鱼。等周瑜到来，就是不死，也九分无气。"急唤赵云来授计，只要如此如此……赵云领命而去。又与玄德计议这般这般……玄德心中大喜。

话说鲁肃把玄德、孔明的话信以为真，回去见了周瑜，诉说玄德、孔明满口应承预备粮草出城劳军。周瑜大喜说："他这回也中了我的计了。"即着鲁肃去报吴侯得知，派程普起兵接应。

周瑜的军马乘着战船行至夏口，早有糜竺接迎，对周瑜说："玄德劳军都预备妥了。"周瑜说："皇叔何在？"糜竺说："现在荆州城外等候劳军，与都督把盏送行。"周瑜催船速行，越过公安江口，离荆州仅有十余里，长探来报说："荆州城上没有一个人影，只见两面白旗。"周瑜心疑，令大军且在江边屯扎，他亲自上岸乘马，带领甘宁、徐盛、丁奉一班军马，引亲随精兵三千，直扑荆州而来。到了城下，不见玄德，全无动静。周瑜勒住马，令军士叫门，城上问是何人，吴军答说："是东吴大都督周瑜带领人马到了。"军士一齐竖起枪刀，赵云站立敌楼，高声问道："都督此行究竟为何？"周瑜说："我替你主取西川，你怎不知呢？"赵云说："孔明军师早知你是指东打西诓诈之计。主公有话，他与刘璋同是宗亲，宗亲安忍背义而取西川？若你东吴必要去取，他即披发入山，总不失信于天下。"周瑜闻言，便知又中孔明之计，勒马便回，传令退兵。只见一人手执令字旗号，飞奔而来，滚鞍下马，跪在周瑜前面，慌忙说："都督，大事不好了。"

> 那人跪马前连声说急报，　无数人和马不久就杀到。
> 闻听说喊声震动百余里，　顷刻间四面围来如海潮。
> 关云长亲率襄阳兵五千，　催战马手执青龙偃月刀。
> 张翼德摆下伏兵截要路，　恶狠狠拧开掌中丈八矛。
> 新投降长沙魏延本领大，　又加上黄忠老将武艺高。
> 咱如今孤军独入敌人境，　吓煞人四路雄兵来得猛。
> 自古道见可而进知难退，　总不如收兵速退急奔逃。

周瑜因中了孔明之计，已十分烦恼，又听长探之言，又惊又气，怒气填膺，坠落马下，左右救起抬上船。军士传说："玄德与孔明在西山顶上饮酒。"周瑜听后大怒，咬牙切齿，箭疮复裂，昏绝多时才苏醒过来。忽报孔明使人送书到，周瑜强打精神拆封观看。要知其内容，且看下回书。

第七十六回

柴桑口卧龙吊丧
耒阳县凤雏理事

说唱三国

话说周瑜拆信一看，其内容是：

> 大汉军师中郎将诸葛亮，致书于东吴大都督周公瑾先生：亮与先生自柴桑一别，至今念念不忘。今闻足下欲取西川，理应相助。但益州乃天府之地，地险民强。刘璋虽软弱，足以自守。劳师远征，而入险地，就是吴起、班超之能，欲收全功或难矣。况曹操失利于赤壁，他怎能忘记报仇？足下万里西征，阿瞒乘虚而入，东吴能保住吗？亮不忍坐视，特此告知。幸蒙垂鉴！

周瑜看完信，长叹一声，唤左右取纸笔写书，表奏吴侯，书写完，对众将说："我不是不尽忠报国，奈寿命已厥绝，汝等善事吴侯，共成大业。"说完又昏厥，徐徐又醒，仰天长叹说："天呀！既生瑜，何生亮！"连叫数声而死。终年三十六岁。后人有诗叹周瑜：

> 吴将谁居首？周郎第一名。青年挂帅印，赤壁破曹兵。
>
> 半世扶吴主，平生恨孔明。命终三十六，寿短足伤情。

周瑜已死，停丧于巴丘，众将把他写下的书信，使人飞报孙权。孙权闻听周瑜已死，放声大哭，拆书观看。书中写：

> 瑜本不才，蒙主公重用，敢不竭尽全力，以效犬马之劳。但人的寿命长短，实乃天定。我今大数已尽，自此永别。遗憾的是曹操虎视江东，玄德、孔明荆襄独霸，瑜今虽死心不忘。可让鲁肃代瑜之职，此人忠烈老成，临事不苟同。望主公重用此人。尚蒙恩准，瑜死无憾。

孙权看完周瑜之书，放声大哭说："公瑾有王佐之才，今竟短命而死，让孤依赖何人？他今荐子敬，我怎敢不从！"即日封子敬为都督，总统军马。一面传旨，运回周瑜灵柩。

此时孔明在荆州，夜观天象，见东南有一将星坠地，乃笑说："周瑜死了。"并告诉玄德。玄德使人打探，果然死了。玄德问孔明："周瑜已死，下一步应当怎么办？"孔明说："代周瑜之职，必是鲁肃。亮夜观天象，将星聚于东南，江东必有贤士。倘为孙权所得，对主公不利。亮以吊丧为由，往江东走一趟，去寻访贤士，以辅佐主公。"玄德说："咱与东吴有仇，若去吊丧，只恐将士加害先生。"孔明说："周瑜在世时，我尚不惧。他今已死，我怕什么？"遂同赵云领五百军士，带上祭礼，上船往巴丘吊丧。

路上听说，孙权已封鲁肃为都督，周瑜灵柩已发柴桑去了，孔明便不上巴丘，即往柴桑而来。鲁肃以礼迎接。周瑜的旧将皆恨孔明，因见带剑相随的赵子龙，不敢下手。孔明来至周瑜灵前，摆上祭物，亲自奠酒，跪于地上，痛读祭文。

　　呜呼公瑾，不幸夭亡！修短数天，人岂不伤？
　　我心实痛，酹酒一觞。君其有灵，享我烝尝！
　　吊君幼学，以交伯符；仗义疏财，让舍以居。
　　吊君弱冠，万里鹏抟；定建霸业，割据江南。
　　吊君壮力，远镇巴丘；景升怀虑，讨逆无忧。
　　吊君风度，佳配小乔；汉臣之婿，不愧当朝。
　　吊君气概，谏阻纳质；始不垂翅，终能奋翼。
　　吊君鄱阳，蒋干来说；挥洒自如，雅量高志。
　　吊君弘才，文武筹略；火攻破敌，挽强为弱。
　　想君当年，雄姿英发。哭君早逝，俯地流血。
　　忠义之心，英杰之气。命终三纪，名垂百世。
　　哀君情切，愁肠千结。唯我肝胆，悲无断绝。
　　昊天昏暗，三军怆然。主为哀泣，友为泪涟。
　　亮也不才，丐计求谋。助吴拒曹，辅汉安刘。
　　犄角之援，首尾相傅。若存若亡，何虑何忧？
　　呜呼公瑾！生死永别！朴守其贞，冥冥灭灭。
　　魂如有灵，以鉴我心。从此天下，更无知音。
　　痛呼哀哉！伏唯尚飨。

　　孔明读完祭文，伏地大哭，泪如涌泉，哀恸不已。众将私下议论说：“人都说，公瑾与孔明不和，今看他祭奠之情，恐怕都是虚言。”鲁肃见孔明如此悲切，也很伤感，自思说：“孔明是个有情之人，是公瑾量窄，自取其死。”忙设宴款待孔明。

　　宴完，孔明辞别而回，刚要上船，只见一人在江边，道袍、竹冠、皂绦、青履，一手揪住孔明，大笑说：“你三计气死周郎，又来吊孝，分明是欺东吴无人。”孔明细看其人，是凤雏先生庞统。孔明也大笑，二人携手登舟，共诉心事。二人共叙多时，孔明写书一封，留给庞统说：“我料孙仲谋必不能重用君。公若有不如意之处，可去荆州，你我共扶玄德，成其大业。我主公礼贤下士，宽仁厚德，必不负公平生所学。”庞统接书允诺别去。孔明同赵云带领随同军士回了荆州。

　　此时，鲁肃送周瑜枢至芜湖。孙权哭祭于前，命厚葬于本乡。瑜有二男一女，孙权都抚养。鲁肃说：“我碌碌庸才，误蒙公瑾重荐，其实不称职。我愿保举一人，以助主公之力。此人上通天文，下晓地理，谋略不比管、乐差，兵法有胜于孙、吴。昔日周公瑾在日多用其言，孔明也深服其谋。现在这人就在江东，何不重用他？"孙权闻言大喜说道："此人是谁？"鲁肃说："这人是襄阳人，姓庞名统，字士元，道号凤雏先生。"孙权说："我闻其名很久了，现在在哪儿？可请来相见。"鲁肃使人请来庞统。

庞统见了孙权施礼已毕。孙权见这人浓眉掀鼻，黑面短髯，形象古怪，心中不喜，便问道："公平生所学以何为主？"庞统说："没有一定，随机应变。"孙权说："公的才学与公瑾相比谁为上？"庞统笑说："我的才学周郎怎能相比？"孙权平生最喜欢周瑜，见庞统轻视周瑜，很不高兴，于是对庞统说："公且退下，待有用公之处，再请相谈。"庞统长叹一声而退。

> 庞凤雏谋略高强人不及，可惜他直言不讳惹人烦。
>
> 鲁子敬吴侯面前来举荐，实指望龙虎风云会昌期。
>
> 孙仲谋以貌取人见识浅，因为他古怪长相甚出奇。
>
> 生来的眉浓鼻掀不好看，又加上短髯圈腮黑面皮。
>
> 说的话带出轻视周公瑾，一味地逆着孙权岂肯依？
>
> 眼看着座上吴侯说声请，庞士元抽身而回意迟迟。
>
> 这才是暗投明珠人按剑，最可叹卞和献玉楚王疑。

鲁肃说："主公为何不用庞士元？"孙权说："此人我看是个狂士，用他没什么好处。"鲁肃说："主公看错人了，昔日赤壁鏖兵时，此人曾献连环计，才成此大功，是个很有本事的人，为什么说是狂士？"孙权说："那是曹操为了把船钉在一起平稳，未必是此人之功。我不能用他。"鲁肃无奈，告辞而出，来见庞统，对他说："不是我不极力推荐先生，是吴主不肯用先生。"庞统低头长叹不语。鲁肃说："先生莫非对江东无缘？"庞统不答。鲁肃说："先生有匡济之才，可机遇不佳，你打算到何处去？"庞统说："我想去投曹操。"鲁肃闻听忙说："不可呀！不可！"

> 鲁子敬双眉紧皱把手摇，先生您明智之人选错主。
>
> 岂不知良禽择木栖高树？自古道忠臣择主保圣朝。
>
> 你既然要做一番大事业，怎么能助纣为虐投曹操？
>
> 现放着招贤纳士刘皇叔，何不到荆州那里走一遭？
>
> 他手下关张赵云多英勇，诸葛亮心中韬略比人高。
>
> 想当初巧借雕翎我亲见，七星坛祭来东风把船烧。
>
> 现如今三计气死周公瑾，扶玄德九郡荆襄保得牢。
>
> 我情愿写封书信将您荐，咱两家彼此相帮共破曹。

鲁肃说完，庞统说："我本意也是这样，我说投曹操是谎话。"鲁肃遂写荐书一封，交给庞统说："先生往荆州辅佐玄德，必让孙、刘两家和好，不要攻击，共力破曹。"庞统说："这也是我的心愿。"说完，辞别鲁肃，前往荆州来见玄德。

此时偏不巧，孔明到外地巡察四郡未回。门吏通报，江南名士庞统特来相投。玄德久闻其名，便叫人请来相见。庞统入见玄德，长揖不拜。玄德见他貌丑，也不怎么喜欢，便说："足下远来有何见教？"庞统见玄德不甚敬重，没把孔明、鲁肃的书信拿出，也不提此二人，慢腾腾地说："闻皇叔招贤纳士，特来相投。"玄德说："荆楚稍安定，没有闲缺。此去东北一百二十里，有一县名为耒阳县，缺一县官，公暂任其职，以后有大缺，另有重用。"庞统闻言暗自想：玄德也不肯重用我呀！我先答应去，待孔明回来再说。想到这里勉强应承，辞别玄德而去。

话说庞统耒阳县里做官，自从到任以来，不理政务，终日饮酒取乐，一切钱粮词讼，全不办理。有人将此事报知玄德，玄德大怒说："如此腐儒，竟敢乱我法度。"遂唤张飞吩咐说："你带领从人往荆南各县巡察，各县如有不公不法的，立刻拿问。"恐张飞不晓文理，让孙乾同去。张飞领命与孙乾带领十数从人，同往耒阳县，军民官吏俱出城迎接，唯独不见庞统知县。张飞说："县令何在？"同僚答："庞县令自从到任以来，至今将余百日，县中之事，并不理不问，只是终日饮酒。今日宿酒，尚在醉乡。"张飞大怒，想去擒来。孙乾说："庞士元乃高明之士，人所共知，断不能以酒废事。我们到县里当面问他，如果说得与理不合，治罪未晚。"张飞乃与孙乾到县衙正厅坐了，叫出县令来见。

> 张翼德一同孙乾坐大厅，来了个凤雏先生庞县公。
> 只见他醉醺醺露眼蒙眬，看光景酒后大睡尚未醒。
> 浑身上衣冠歪斜不周正，笑煞人倒跤横拖袍带松。
> 他自从到任以来百余日，昏沉沉天明彻夜饮刘伶。
> 时常里好与杜康相来往，好朋友最喜相交史国公。
> 五花马何妨换个酩酊醉，千金裘将去沽它酒儿瓶。
> 好一个耿直倔强庞知县，如同那不肯折腰陶渊明。

张飞一见庞统这个样子，心中大怒，说："吾兄委你为县令，你竟敢废县中之事。"庞统笑说："将军你说我误了县中何事？"张飞说："你到任百余日，常在醉乡中，怎能不误事？"庞统说："像这个百里小县，虽有些公务，有何难断处？将军小坐一会儿，看我办来。"遂唤公差吏役人等，命将百余日所积讼词案卷，全拿上堂来，一切原告、证人等，挨肩同跪阶下。庞统手批卷，口中发落，耳听词讼，曲直分明，没有半点儿差错。民皆叩头下拜，口服心服，俱说青天县爷，断的官司公道。不到半日时间，就把百余日的诉讼全部断完，投笔于地，对张飞说："所误之事何在呢？曹操、孙权，我以怀中婴儿看待，似这个小县算个啥？"张飞大惊，下座说："先生大才，我多有失敬。"

> 当初俺兄弟徐州大失散，无奈何荆襄依靠刘景升。

都只为徐庶临行荐诸葛，因此才三顾茅庐谒孔明。
那时我心中不服将他冷，我和他彼此赌头把印争。
自从博望坡下一场恶战，才知道卧龙本事比人能。
现如今军中大权他执掌，被封为汉室军师统大兵。
果真是运筹决胜计谋好，中军帐号令一出谁不从？
先生你屈尊耒阳做知县，就和那当年诸葛一样同。
这一回荆州城里去复命，我必然禀明吾兄将你升。

张飞说完，庞统这才取出鲁肃荐书。张飞说："先生既有此书，初次见吾兄时，为何不拿出？"庞统说："那时我要把荐书拿出来，便是借他人之力了。似乎我只是想谋个差事而已。"张飞点头，与孙乾辞了庞统回到荆州，细言庞统之才。

玄德大惊说："屈待大贤，我的过错。"张飞又把鲁肃举荐庞统之书，呈给玄德，玄德拆书一看，书中写道："庞士元乃当世奇才，不比寻常之士，如以貌取人，恐负所长，终为他人所得，实可惜了。"玄德看完，不胜嗟叹，悔不该错待庞统。正要后悔，忽报孔明巡察回来了，玄德接入礼毕。孔明说："凤雏来了吗？近日可好？"玄德说："来了，我让他到耒阳做县令，好酒废事。"孔明笑说："士元岂是知县之才，他胸中之才胜亮十倍，委一县令，未免屈尊他了。亮曾写荐书一封，给了士元，主公没见吗？"玄德说："没见到，今日才见到鲁肃书信。"孔明说："大贤屈尊县令，不得展其才，往往是以酒消愁。"玄德说："军师不在荆州，几乎失一大贤。"即令张飞速往耒阳县，请庞统回荆州。

不几日庞统到来，玄德下阶请罪。庞统这才拿出孔明书，玄德大喜说："昔日司马德操曾说卧龙、凤雏得一人可安天下。今我两人都得了，何愁汉室不兴吗？"遂拜庞统为副军师、中郎将，与孔明共掌兵权。

早有人报到许昌，说刘备又添了庞统为副军师，与孔明共掌兵权，现在正招兵买马，积草囤粮。荆州结连东吴，早晚必要兴兵进攻许昌。曹操闻报，即与众谋士商议南征之事。

第七十七回　马孟起为父报仇
　　　　　　曹孟德割须弃袍

话说曹操与谋士议南征，欲攻打刘备卷土下江东。
谋士荀攸走向前献一计，他说道此事不能这样行。

想当初讹言乱传纷纷讲，俱说是反了西凉老马腾。

徐元直带领人马潼关去，到如今全无音信转回程。

咱若是南伐孙权征刘备，又恐怕西凉乘虚起大军。

总不如丞相速传一道旨，将马腾不分昼夜召进京。

册封他征南将军加官诰，暗地里调虎离山掘陷坑。

诓他来一鼓而擒绝后患，免得他时常窥窃许昌城。

荀攸说完，曹操大喜说："昔日赤壁鏖兵之时，军中乱传讹言，西凉马腾造反，才让徐庶领兵去守潼关。常言说，无风树不摇，既有这个风声，不可不防。你方才说的计谋，降诏封马腾为征南将军，令讨孙权，诱马腾来京。先除掉马腾，再南征无后患了，此计甚好。"即日使人捧诏去西凉，招马腾入京。

却说马腾字寿成，乃汉朝伏波将军马援之后。其父名马肃，字子硕，汉桓帝时，做天水县知县，后来失官，流落陇西，与西羌人同住一寨，遂娶羌人之女为妻，生了马腾。马腾身高八尺，体态雄健，性情温良，人多敬仰。汉灵帝末年，羌人造反，马腾招募民兵破敌。因他讨敌有功，封为征西将军、西凉侯，统兵驻扎西凉，与镇西将军韩遂结为兄弟。此时，马腾见诏书，是让他进京，心想恐曹操之计，便与长子马超商议。马超说："父亲与曹操不和，此诏书恐不是好意。"马腾说："为父看诏也是这样想。"

想当初奸贼董卓任横行，安排着夺权篡位坐朝廷。

王司徒连环计献貂蝉女，吕奉先为报情仇杀老贼。

惹出他余党逞凶齐作乱，为父我救驾勤王去进京。

不料想董贼方灭曹贼起，衣带诏献帝偷赐老董承。

大伙儿共立义状除国乱，我与那刘备签名在其中。

实指望协力同心杀奸党，偏有个国舅家人秦庆童。

他往那曹贼府中把信通，将俺们瞒人之事透了风。

吉太医毒计未成丧了命，董国舅满门家眷问斩刑。

咱父子远在西凉没被害，刘玄德弃了新野走樊城。

他如今独占荆襄得九郡，闻听说草足粮广许多兵。

我有心相约重展当年志，安排着差人荆州把信通。

曹孟德今有旨意来宣诏，这件事还需仔细来商量。

马腾说完，马超说："曹操挟天子命，下诏让父亲进京，今若不去，他必然以抗旨之罪对待。不如趁他来诏之机去京师，从中取便而图之。"马腾的胞侄马岱在旁说："曹操奸诈难测，叔父应诏而去，要遭其害怎么办？"马超说："兄长勿忧，弟起西凉大兵，同父亲杀入许昌，消灭奸党，除去天下大害。"马腾说："你统军兵保

265

守西凉，我叫你弟马休、马铁并侄儿马岱随我进京。有俺父子四人，保证无事。你在西凉有韩遂相助，料那曹贼不敢加害我。"马超说："父亲此去，不可轻入京城，要随机应变，观其动静而行。"马腾说："我自有主张，不必多虑。"父子计议一定，马腾领西凉精兵五千，先命马休、马铁为前部，马岱在后，往许昌进发，离城二十里屯住军马。曹操闻听马腾已到，命门下侍郎黄奎听令。

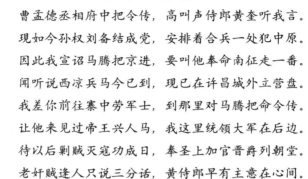

曹孟德丞相府中把令传，高叫声侍郎黄奎听我言。

现如今孙权刘备结成党，安排着合兵一处犯中原。

因此我宣诏马腾把京进，要叫他奉命南征走一番。

闻听说西凉兵马今已到，现已在许昌城外立营盘。

我差你前往寨中劳军士，到那里对马腾把命令传。

让他来见过帝王兴人马，我这里统领大军在后边。

待以后剿贼灭寇功成日，奉圣上加官晋爵列朝堂。

老奸贼逢人只说三分话，黄侍郎早有主意在心间。

话说黄奎领命来见马腾，马腾设宴相待，二人在中军帐中饮酒。酒至半醉，黄奎说："我父黄琬死于李傕、郭汜之手，我心中恨恨不已，不想今日又遇欺君之贼。"马腾说："欺君之贼是谁呢？"黄奎说："欺君的是曹操，公岂不知？还来问我。"此时，马腾恐怕他是曹操派来探听口气的，故意阻止他说："此处耳目较多，不要乱讲。"黄奎变脸说："公竟忘了衣带诏吗？"马腾见他说出自己心事，这才说："侍郎息怒，我怕公有诈，故不敢以实相告。今曹贼下诏，命我进京，定不怀好意。我应命而来，是想乘机杀他。公肯相助我吗？"黄奎说："为国除奸乃是忠臣，我黄奎不才，是大汉忠臣之后，哪有不相助之理？"

二人商议一定，黄奎醉酒归家，脸上恨气未消。其妻再三问为什么，他不肯说。他有一爱妾名唤李春香，同一个家人苗泽私通，想谋黄奎不得其便，也无计可施。此时，李春香见黄奎满脸恨气，遂私对苗泽说："今日黄侍郎商议军情，归来时心中甚是气愤，不知为谁？"苗泽说："他所恨的是曹操，今日从马腾军中带恨而回，必有同谋曹操之意。他若进你房去，你以言挑他，可对他说：人皆说刘玄德仁义，曹操奸雄，这是为什么？看他怎样回答。"二人正在暗中商议，只见黄奎走进李春香房中，李春香慌忙跟进来，殷勤服侍，以言挑之。此时黄奎醉着说："你一妇人都知忠奸，何况我黄侍郎？我所恨的是曹操。"春香说："官人想杀他吗？怎样下手呢？"黄奎说："我已约好马将军，明日在城外边，等曹操去劳军时杀他。"一边说着话，竟睡熟了。

黄侍郎说话之间眼蒙眬，顷刻间一梦阳台睡得浓。

李春香手摸肩头晃两晃，向耳边细语低言叫几声。

只见他沉睡如雷不言语，李春香低下粉头暗思量。

　　自奴家嫁与黄奎身为妾，大夫人朝夕打骂不相容。

　　长年我独守空房捱寂寞，因此才暗与苗泽来私通。

　　恨煞人官盐当作私盐卖，好叫我提心吊胆不安宁。

　　倘若是耳目众多难遮掩，但恐怕瞒人之事透了风。

　　我二人要图天长与地久，必须是巧定机关下绝情。

　　他今宵肺腑之言对我吐，叫苗泽丞相府中把信通。

　　到明晨除去曹公心腹患，看起来也算奴家一大功。

　　让我和喜爱人儿成夫妇，这才是天公肯把人愿从。

　　这妇人拿定了主意，悄悄出房说给苗泽。苗泽连夜报知曹操，曹操密唤曹洪、许褚、夏侯渊和徐晃四将前来，吩咐他们如此如此，四将领命各自去了。然后命将黄奎一家老小乘夜拿下。

　　到了次日，马腾带领西凉兵马，往城内移动。只见前一簇红旗，打着丞相旗号，马腾认为是曹操出城劳军，拍马上前。忽听一声炮响，红旗开处，乱箭齐发，一将当先乃是曹洪，马腾急忙拨马而回。两下喊声又起，左边许褚，右边徐晃，一齐杀来，后面又有夏侯渊领兵杀到，切断西凉兵马归路，将马腾父子三人困在垓心，马腾父子奋力冲杀。此时三子马铁早被乱箭射死，次子马休随着马腾左冲右突也冲不出去。父子二人俱受重伤，坐的马又被冷箭射倒，父子被擒。

　　曹操命将黄奎同马腾父子一齐押来，黄奎大叫无罪。曹操叫出苗泽，当面对证，黄奎对苗泽骂不绝口。马腾仰天长叹说："我不能杀此贼，是乃天意。"曹操命将三人一齐斩首。苗泽见斩了三人，乃向曹操说："不愿受丞相重赏，只求李春香为妻。"曹操冷笑说："你为了夫人，害死你主子家，留你这不义之人何用？"命将苗泽和李春香以及黄奎满门老小一齐斩首，然后对西凉军说："马腾父子谋反，我把他父子除了，不干你们众人之事。"西凉军士只得投降曹操。

　　且说马岱自领一千兵马在后，早有许昌城外外逃军士报告马腾父子被曹操杀害之事。马岱大惊，只得舍了军马扮作客商模样，连夜逃回西凉。

　　曹操杀了马腾父子，要自己领兵亲自南征。忽有人来报说："刘备操练人马要取西川。"曹操大惊说："刘备要得西川，如虎入深山，龙潜大海，我若图之难。"只见阶下一人说："我有一计，使刘备、孙权不能相顾，江南、西川尽归丞相。"曹操一看，乃是治书侍御史陈群，字长文。曹操说："陈长文有何良策？坐下说话。"陈群上阶应答。

　　现如今孙刘相联结唇齿，诸葛亮出谋玄德取西川。

　　等着他点将兴师发人马，咱这里速动大兵下江南。

孙仲谋必往荆州去求救，刘玄德不能舍己为孙权。

柴桑郡死去都督周公瑾，果真是塌了江东半边天。

鲁子敬忠厚诚实不足惧，纵有那许多谋士也等闲。

咱率领战将千员兵百万，料想他孤军无援得胜难。

先夺过八十一州东吴郡，叫刘备九郡荆襄坐不安。

他就是一旦得了西川地，也不能虎视眈眈犯中原。

丞相你要得天下成一统，在我看不在今年在明年。

陈群说完，曹操大喜说："长文的话，正合我的想法。"即起大兵三十万下江东，令合肥的张辽准备粮草，以作供应。

此事早有人报知孙权，孙权忙聚众将商议。张昭说："可速差人告诉鲁肃，让他写信给刘备，求刘备同力破曹。子敬有恩于玄德，求之必应。况且玄德又是东吴女婿，义不容辞。若玄德肯来相助，东吴无事了。"孙权从其言，即刻差人去见鲁肃。鲁肃从命，立即写书送到荆州。玄德见书便与孔明商议，孔明看了看鲁肃的来书说："不用动荆州的兵，也不用动江东的兵。亮有一计，能使曹操不敢攻打江南。"

诸葛亮呼道主公不必忧，现如今在下心中有一筹。

昨一日马腾失算中了计，被曹操调离高山把虎囚。

许昌城父子三人同丧命，叹煞人河边白骨谁来收？

眼前里现有西凉马孟起，他若是闻知此信怎干休？

主公你差人速发书一封，让马超即时兴兵报父仇。

曹孟德纵有许多兵和将，他得知西凉兵到必烦愁。

又怎能兴兵去把江东下，咱在这荆襄高枕可无忧。

话说玄德听从孔明之言，写书一封，差人往西凉去下书。

再说马腾长子马超统兵镇守西凉，夜间做一梦，自己身卧雪地，群虎来咬，惊醒后心中疑惑，忙聚帐下谋士告说梦中之事。帐下一人应声说："此梦乃不祥之兆。"众人一看，是帐前心腹校尉姓庞名德，字令明。马超说："令明是什么看法？"庞德说："雪地遇虎，梦兆甚恶，莫不是老将军在许昌有什么不测之事？"话还没说完，忽有人踉跄而入，哭伏于地说："叔父与两个弟弟全死了。"马超一看，是马岱。马超急问道："是怎么回事？"

马超闻听父难哭倒于地，众将慌忙扶起，好大一会儿才醒过来，咬牙切齿恨骂曹贼。忽报荆州刘皇叔使人送书一封，马超拆开一看，书中写：

伏念汉室不幸，操贼专权，欺君罔上，百姓皆受倒悬之苦。昔日备与令先君同受密诏，誓诛此贼，不料令先君竟被奸贼所害，此将军不共天地，不同日月之仇。若能率西凉之兵，以攻操之右，备起荆州之兵，以逼操之前，则逆党可灭，公辱可报，汉室可兴。书不尽言，立待回音。

马超看完，即写回书，让使者回荆州回复玄德，然后起西凉军马进发。正欲起程，忽有镇西将军韩遂，使人请马超议事，马超立刻去见。韩遂取出曹操一封书来，交给马超。马超接书一看，原是曹操恐怕马超子报父仇，寄书于韩遂，让韩遂谋杀马超，成功后即封韩遂为西凉侯。马超看完书信，拜伏于地说："请叔父将我兄弟二人绑缚起来，解往许都，请功受赏。"韩遂慌忙扶起说："公子何出此言？我与你父结为兄弟，怎能做出不仁之事？你若兴兵报仇，我应相助。"马超闻听，泣而拜谢。韩遂把曹操下书的人推出斩了，乃点手下八员大将，领兵与马超军马一同进发。这八员大将是谁呢？他们是侯选、程银、李堪、张横、梁兴、成宜、马玩、杨秋。这八员将随着韩遂，和马超手下庞德、马岱，共起大兵二十万。

话说马超、韩遂带领兵将，不到十数日，闯过长安、潼关两处城池，大兵占了潼关，暂且歇马。曹操兵至关下安营，分为三寨，左边曹仁，右边夏侯渊，曹操居中寨。次日曹操引众士来到关前讨战，西凉军马下关迎敌，两下布成阵势。曹操出马在门旗下观看西凉将士，个个踊跃，又见马超生得一表人才，手提长枪，立马阵前。左有庞德，右有马岱，昂昂杀气，凛凛威风。曹操观罢，心中暗暗称赞，乃纵马上前，以手中鞭向马超一指说："你乃汉朝名将子孙，何故造反朝廷？"马超咬牙切齿，大骂曹操乱国之贼。

马孟起怒气冲霄眼睛红，满口大骂曹奸贼不住声。

我父亲当年义受衣带诏，安排着杀你这乱国奸雄。

最可恨天公不肯从人愿，秦庆童奴才害主走了风。

董国舅满门俱受刀下若，惨死了忠肝义胆医吉平。

前日我父又中你诓诈计，疼煞人父弟命丧许昌城。

咱二人结下不共戴天仇，纵然是生食你肉不嫌腥。

自西凉起兵来把冤仇报，俺何是无故肯反于朝廷？

老奸贼快把性命拿来吧，要想逃出我手万万不能！

一边说催开座下白龙马，恶狠狠两膀一晃把枪拧。

曹孟德急忙勒马往后退，一旁那于禁催马来交锋。

于禁出马交战，不过十合，大败而逃；张郃出马，战了二十余回合，也拨马败回阵去；李通又来交战，不上三合，被马超一枪刺死。马超把枪往后一晃，西凉兵一齐冲杀过来，曹兵大败。西凉兵来得势猛，曹营将士抵挡不住。马超、马岱和庞德三人，引百余骑直入中军帐，来捉曹操。曹操在乱军中，只听西凉兵声声喊："穿红袍的是曹操。"曹操在马上急忙脱下红袍。又听西凉兵喊："长须的是曹操。"曹操急忙抽出身边所佩之剑，割断长须。又被人看见了，齐声喊道："短须的是曹操。"曹操闻此言，亡魂丧胆，急扯旗角遮住颜面。正奔逃时，背后一将飞马赶来。曹操回头一看，正是马超，曹操大惊失色。左右军士见马超赶来，个个逃命而去，独抛下曹操一人。马超厉声大叫："曹贼休走，留下性命给我。"吓得曹操马鞭掉地，看看赶上，马超从后使枪扎来，恰好面前几棵大树，曹操绕树而走。马超一枪扎在树上，急忙抽出枪来，曹操已走远了。

> 老贼舍生死逃命头一回，马孟起纵马飞奔随后追。
> 山坡下猛然闪出一员将，提大刀急催战马走如飞。
> 喊一声马超休得伤我主，如同是蛟龙出海起春雷。
> 恶狠狠手舞大刀分头砍，小将军拧动长枪往外推。
> 细看来原是曹洪截去路，半途中单刀救主脱身归。
> 马孟起走了仇人心好恼，只气得肝肠裂炸皱双眉。
> 拧了拧取命追魂银枪杆，他二人话不投机杀成堆。
> 只杀得枪刀相撞叮当响，只杀得扑面纷纷尘土飞。
> 只杀得二马盘旋滚成堆，只杀得都分不清谁是谁。
> 两员将多时不分胜和败，夏侯渊带领诸将来助威。

话说马超与曹洪大战，不分胜败。夏侯渊又领十余骑杀来，马岱也寻马超前来，大家乱杀一阵。韩遂恐众将有失，慌忙鸣金收兵，三将遵令，拨马而回。曹营众将也不追赶，大家归寨。

曹操为曹洪相救有功，重加赏赐，传令坚守寨门，不许出战。马超每日引兵寨前辱骂，曹操只是闭门不出。徐晃说："坚守不战，何日破敌？我看贼兵尽屯关上，渭河之西必无准备，不如命一军暗渡渭河，截其归路，使贼身后受敌，两下夹攻，贼可破。"曹操笑说："公明的计谋很好，正合我意。"即令徐晃引精兵四千，暗自渡河西去了。又命曹洪安排战船侍候，留曹仁守寨。曹操自领大军渡渭河。早有细作报知马超。马超说："今曹操不攻潼关，而使人预备战船要渡河而攻我的后面，我们要待他渡半而攻之，使曹兵皆死于河内。"此时曹操不知马超有了准备，只管催兵渡河。

> 好一个时运不佳老曹操，你看他大败一遭又一遭。
> 昨日和西凉军马大交战，只弄得割去长须脱锦袍。
> 现如今暗领大兵渡渭水，被马超又把诡计先猜透。
> 老奸贼按剑高坐河南岸，观看着三军争渡闹吵吵。
> 忽有名长探飞奔前来报，他说道来一将军穿白袍。
> 众人闻听此言吓破了胆，乱纷纷弃旗扔鼓舍枪刀。

一个个手抓船舷把船上，真是闻名丧胆都把命逃。

众军一见马超领兵杀来，一个个丢魂丧胆，齐乱争船逃命，纷纷吵嚷。曹操按剑不动，向三军说："人言贼至者诈也，你们不必惊慌。"船上一将纵身跳上岸，大喊："贼到了，请丞相快上船。"曹操一看，是许褚。听得人喊马叫，回头看看果然军马到来。马超当先，已经相离不远了。许褚驾着曹操上船时，船已离岸一丈有余。许褚挟着曹操一跃而上，还有没上船的将士都下河了，把住船边要上船逃命。船小人多，将有翻船之势，许褚忙用宝剑砍断扒船将士的手，船才前进。许褚用木篙撑船。此时马超已经领兵赶到河岸，见船已到河中央，吩咐将士一齐放箭。曹操船上的人俱被剑射倒，掉落水中去了，无人撑船。船在水中旋转不前进，河岸之上箭如雨点射来，曹操着急，用一个马鞭子遮挡，蔽于许褚脚边。

好个许褚，两腿夹舵摇杆，一手举鞍挡箭护卫曹操，一手使篙撑船，竟然救护曹操逃脱。西凉兵无船渡河，只得收兵回关，曹操得脱登岸。徐晃领兵来救时已晚了。许褚身披重铠，箭射到铠上，不曾伤着皮肉，大家同到徐晃寨中安歇不提。

再说马超回关，见韩遂说："今日又几乎捉住曹操，有一员大将携曹操下船，奋勇救护而去，不知那将是谁？"韩遂说："我听说，曹操选精壮之士，以作帐前侍卫，名虎卫军，以骁勇大将典韦、许褚带领。曹操南征张肃时，典韦阵亡。今日救曹操的，必是许褚。此人勇力过人，人都称为虎将，如遇上他不可轻敌。"马超说："我也闻其名久了，不知今日救曹操的竟是此人。"韩遂说："今日曹操渡河将攻我们后尾，应速击之，不可使他建立营寨。若建立了营寨，就难除了。侄儿坚守此关，我领手下八员大将，去战曹贼。"马超说："既如此，叔父与庞德领兵五万同去。"

马孟起自己守护安乐寨，老韩遂领兵率将战曹操。
谁料想阿瞒预先有准备，营寨外周围土坑掘遍了。
悄悄地坑里灌满渭河水，水面上木架芦席若浮桥。
上边厢又用一层土来盖，叫敌人仓促之间没处瞧。
庞令明一同韩遂军马到，忽听得一声号炮震九霄。
霎时间四面伏兵一齐起，西凉军连人带马掉坑壕。
曹孟德手中令旗只一摆，呼啦啦大小三军如海潮。
一个个套锁挠钩齐下手，活活地抓住袍服勒甲绦。
老韩遂困在垓心无出路，庞令明左突右冲舞大刀。
大将军马前威风百步远，生叫他杀开血路一大条。

话说庞德匹马单刀，杀开一条血路，救出韩遂，带领残军败将，且战且走，多亏马超引军接应，杀退曹兵，救出大半军马。回关后，一查点折了程银、张横二将官，军士死坑内的二万余名。马超、韩遂只因败阵，折兵损将，紧闭关门，数日不出。

第七十八回 ┃ 许褚脱衣战马超
曹操使用反间计

　　话说马超、韩遂因败阵折将，紧闭关门不战，曹操趁这几日的工夫，先灌水后加土，天冷冻得快，连夜筑起一座土城，将军马屯扎其中。探子报知马超，马超带众将一看，大吃一惊。回关与韩遂商议，次日领兵出关，来攻打曹操土城。曹操出马，只有许褚一人随后，曹操大声说："我单骑到此，请马超前来答话。"马超催马挺枪而出。曹操说："你欺我营寨不坚固，我今一夜造出此城，你还不早降？"马超大怒，想上前去捉曹操，见他身后一人，圆睁怪眼，手提钢刀，十分勇猛。马超疑是许褚，乃以枪指曹操："闻听你军中，有一虎侯将军，现在来了吗？"

　　　　马孟起立马横枪问一声，操背后猛然闪出猛英雄。

　　　　只见他紫面短须血盆口，赤旭旭圆睁二目赛铜铃。

　　　　戴一顶凤翅金盔朱缨滚，身披着连环铠甲响叮咚。

　　　　勒甲绦攒成九股垂双穗，护心镜恰似三秋月色明。

　　　　走兽斛斜插百步穿杨箭，鲨鱼袋揣带一把宝雕弓。

　　　　手提着明晃晃的刀一口，座下骥跳涧登山似活龙。

　　　　抖辔环催动战马迎头立，猛然间大刀一指喊连声。

　　　　曹营里虎侯将军就是我，谁不晓许褚何处不闻名？

　　　　你既然阵前开口来相问，想必要疆场比试大交锋。

　　　　非是我自说大话夸海口，何惧你未褪胎毛小后生。

　　马超正要与许褚交战，忽听关上鸣金，只得收兵回关。曹操也同许褚回寨，诸将皆说："对方知道许仲康为虎侯，他必然惧怕。"许褚得意说："明日末将出马，一定要活捉马超。"曹操说："马超英勇，不可轻敌。"许褚说："明日会战誓必擒他。"即刻使人去下战书说："虎侯单战马超，明日决战。"马超接书大怒说："匹夫为什么这样猖狂？"即把战书批回，来日誓杀虎侯。

　　到了次日，两军出营，布成阵势。马超令庞德为左翼，马岱为右翼，韩遂在中军。马超提枪纵马立于阵前高叫："虎侯快出，决一死战。"这边曹操也早列开旗门，两边将士呈雁翅摆开，见马超声声讨敌，曹操在马上回顾众将说："马超小将不减当年吕布之勇。"话还没说完，许褚拍马舞刀而出，马超挺枪相迎，二人并不答话，就交锋大杀。这一场大战，比平日不大相同。

二人大战一百余合，不分胜败。骑的马匹疲乏，各回营中换了马，又战一百回合，依然胜败不分。许褚性起，飞马回营，卸了盔甲，浑身筋肉突起，裸体提刀，翻身上马，来与马超决战。两阵将士，无不骇然。二人又战了二三十个回合。许褚奋勇举刀便砍，马超招招闪过，一枪照许褚心窝刺来。许褚弃刀，将枪尖夹住，二人在马上夺枪。许褚力大，砰的一声，折断枪杆，各拿半截，在马上乱打。曹操恐许褚有失，急令夏侯渊、曹洪两将齐出，来夹攻马超。庞德、马岱见此光景，指挥两翼军马，直杀过来。曹兵大乱，各自奔逃，退入土城寨中。许褚只因裸体，臂中两箭，查点军马折去三千有余。马超追杀曹兵，直至壕边方回。

停了几天，两家又打一仗，胜败不分。马超对韩遂说："我们几次与曹贼交战，胜负不分，大仇难报，怎么办呢？"

马孟起长吁短叹蹙眉尖，不由得一阵焦躁心痛酸。
咱自从起兵西凉来此地，一回想不觉光阴多半年。
起初时闯过长安没费力，次后来大兵已到潼关前。
一连着渭水河边打几仗，老奸贼死到临头又保全。
想人生得失荣辱不由己，看起来杀父之仇报也难。
吾之父连同两弟死得苦，到现在尸体尚未得掩埋。
最可叹河边白骨无人问，空叫人悲痛欲绝泪不干。
每日里耗费钱粮劳军马，未可知几时得奏凯歌还？
眼前里正值隆冬天地冻，连夜来雪花飞舞朔风寒。
要这样两地相持不得胜，但恐怕三军生怨说衣单。
小将军寻思一回心缭乱，猛抬头日落昆仑黑了天。

马超愁叹之时，天已黄昏，部将李堪说："天气寒冷，三军衣单，实难再战。为今之计，不如割地讲和，两家罢兵，捱过冬天，以待来年春暖，再从长计议。"韩遂说："李堪之言很对，应该这样做。"马超犹豫不决，杨秋、侯选皆劝马超与曹操讲和。马超见众人俱无战心，天气又冷，只得答应。韩遂即令杨秋为使，到曹操寨中下书，言割地讲和之事。

曹操拆封看毕，对杨秋说："你先回去，我待明日使人回答。"杨秋辞别回关去了。曹操问谋士贾诩："此事该如何办？"贾诩说："我有一计，不知丞相肯听否？"曹操说："请讲出来。"

马孟起今日差人把书下，想必是百般出在无奈何。

岂不知路距西凉几千里，大约着运来粮草不甚多。

又加上三军衣单天渐寒，因此要罢兵割地来求和。

自古道大将行军不厌诈，咱应该将计就计弄风波。

咱暂时假意应承亲口许，且让他内里虚实摸不着。

这其中暗用一条反间计，让马超自与韩遂动干戈。

挑弄得两下疑忌猜嫌起，就趁机掀了他的安乐窝。

贾诩说完，曹操大喜说："君之谋正合我心中所想。"遂写书回复马超，以渭水为界，愿将河西之地给马超，永不犯边，待搭起浮桥徐徐退兵。马超见书，向韩遂说："曹操虽然许和，但他奸险难测，若不准备？必受其害。我与叔父轮流调兵，今日叔父在北防备曹操，侄儿在西防备徐晃。明日叔父防备徐晃，侄儿防备曹操。你我分头准备，以防其诈。"韩遂说："贤侄精心布置，可保无虑，你我依计而行。"

早有细作报知曹操。曹操向贾诩说："我们的计谋成矣，明日我去亲见韩遂，自有用计之法。"次日曹操引众将出营，走不过数里，早见韩遂领兵阻住要路，遂命众将雁翅排列。曹操一马当先，立于中央，使人请韩遂前来答话。韩遂乘马出营，见曹操并无甲仗，回营卸了披挂轻服，匹马而出，二人马头相交，各自在鞍辔对话。

曹操对韩遂只把昔年旧事细说，并不说现在军情，说完哈哈大笑，谈了一个小时，方才回马而别，各自回寨。早有人把此事报知马超，马超慌忙来问韩遂。马超说："今日阵前曹操与父立马相谈何事？"韩遂说："只说昔年旧事。"马超说："安能不言军务？"韩遂说："曹操不言，我怎能言？"马超甚疑心，走了。

此时，曹操回寨对贾诩说："文和公知我今日阵前讲话之意吗？"贾诩说："此意虽妙，尚不能离间他二人。我有一计，能使马超、韩遂自相仇杀，丞相高坐，可破西凉之兵。"

马孟起一勇之夫正年轻，我料他机密军情不甚通。

丞相你亲笔写成书一封，故意地含糊字样也朦胧。

必须要中间紧要相关处，一字字改易涂抹然后封。

速速地差人寄送韩遂寨，漏消息去叫马超得知情。

小将军闻知丞相书信到，一定会猜测顿提疑心生。

他若是亲向叔父索书看，涂抹得恍恍惚惚看不明。

必能说韩遂内中有奸诈，准备着自相残杀劫刀兵。

贾诩说完，曹操大喜说："此计甚妙，马超若见书中有涂抹字句，必疑韩遂有什么机密通私之事，自行涂改，故意叫人看不出来，以掩马超耳目，正合着我与韩遂对马相语之疑了。马超生疑，必要生乱。我再暗结韩遂部下诸将，看他两下互相离间。马超可图矣！"曹操即写书，将紧要之处，尽皆改抹，然后封好，派人送入韩遂寨中。

果然有人报知马超，马超心生疑虑，急来韩遂寨中，要书观看。韩遂将书递给马超，见上面有改抹字样，向韩遂问道："书上如何有改抹不清之处？"韩遂说："原书送来就是这样，我正不知何故。莫非他误将草稿送来了吗？"马超冷笑说："这谁能信？曹操乃精细之人，岂有错将草稿寄出之理？必是叔父怕我知道什么，先改抹了，省得走漏消息。我与叔父并力讨伐曹操，怎能异心？"韩遂说："贤侄不要错怪人，愚叔实无他意。"韩遂说完，马超说："若能如此，方见叔父真心。"

二人约定：次日韩遂带领部将侯选、李堪、梁兴、马玩、杨秋五人出阵，马超藏在门旗影里。韩遂使人到曹营寨前高声喊道："韩将军请丞相阵前答话。"曹操不出，令曹洪引数十骑到阵前与韩遂相见，两下马头将欲相接。曹洪在马上欠身说："昨日丞相与将军计议之言，切莫有误。"说完拨马而回。马超听得曹洪说的话，就认为是韩遂与曹操真有私通之事，上马挺枪便刺韩遂，五将慌忙架住，劝解回寨。韩遂向马超说："贤侄不必生疑，叔父实无反心。"马超哪里肯信，与韩遂吵闹一场，恨恨而去。韩遂长叹说："我本真心，他却当了假意，此事如何解释？"众将都气恨马超，部将杨秋向韩遂建议。

第七十八回

许褚脱衣战马超　曹操使用反间计

> 杨秋面带恨切齿把牙咬，今日这件事真真令人恼。
> 想当初马腾父子丧了命，曹孟德也曾遣使把书捎。
> 吩咐咱暗中相图马孟起，主公你不变良心念旧交。
> 即刻地领兵率将来相助，纵就是关山万里不辞劳。
> 咱也曾屡次冲锋打死仗，舍性命亲冒矢石却枪刀。
> 陷马坑断送许多人和马，痛煞人疆场折去二英豪。
> 他如今凭空找错疑心生，把咱们天大之恩都忘了。
> 主公你浑身是口难分辩，似这样无影冤情哪里诉？
> 在阵前催马拧枪下毒手，看光景狠心不肯把人饶。
> 一味地恃勇欺人使威势，现如今还没过河就拆桥。
> 若如此他既无情咱无义，总不如就此投降奔曹营。
> 到后来不失封侯一品贵，为什么忍辱甘心随马超？

杨秋说完，韩遂说："我与马腾结为兄弟，马超乃是我侄儿，怎忍心舍去？"杨秋冷笑说："方才枪刺主公时，还有叔侄情分吗？事已至此，不得不这样了。"韩遂良久才说："谁去曹营通消息？"杨秋说："末将不才，情愿前去。"韩遂即写密弓一封，派杨秋暗到曹营告说投降之事。曹操看书大喜，许封韩遂为西凉侯，杨秋为西凉太守，其余将士皆有官爵，约定放火为号，共诛马超。杨秋拜辞而回，见了韩遂备言其事，约定当夜放火，里应外合。韩遂就令军士于中军帐堆积干柴，预备放火，五将各悬刀剑侍候。韩遂与众将计议已定，宴设中军，诓马超前来饮酒，于席前捉之。不想马超早已探知详细，叔侄二人都中了曹操反间计了。

> 曹孟德诡计多端人不及，生弄得马超韩遂两相离。
>
> 这一边掘就陷坑擒虎豹，不曾想内里机关人早知。
>
> 马孟起身披软铠腰挂剑，带领着贴心家将来赴宴。
>
> 安排下马岱庞德为后应，你看他直扑中军来得急。
>
> 此一时韩遂杨秋没准备，小将军闯至近前用剑劈。
>
> 韩太守忙使空拳来招架，眼看着手不成双少一只。
>
> 五员将各抢短刀齐动手，两下里好似饿虎来争食。
>
> 中军帐乱杀乱砍嚷成片，只杀得血崩湿透素罗衣。
>
> 后边厢火光突起冲云汉，吵闹声四面伏兵来会齐。
>
> 霎时间惊天动地一场战，眼前里不见生死谁肯依？

马超宝剑抢开，力抵五将，砍翻马玩，剁倒梁兴，其余三将护着失去左手的韩遂逃走了。帐后一把火起，各寨兵马皆动。马超连忙上马，庞德、马岱领兵已到，与韩遂兵马混战一起。曹兵望见火起，四面杀来，前有许褚，后有徐晃，左有夏侯渊，右有曹洪，围起西凉之兵，混砍乱杀。马超不见了庞德、马岱，乃领百余骑，阻住渭河桥口，截杀曹仁。正杀之间，天色微明，只见韩遂部将李堪领一军马从桥下过，马超挺枪纵马追赶，李堪拖枪而走。恰好于禁从马超背后赶来，开弓便射。马超听得背后弦响，低头闪过，却射中前面李堪，落马而亡。马超回马来杀于禁，于禁打马逃了。马超又回到桥口，曹兵前后夹攻，乱箭齐发，马超以枪拨箭落地，不得伤身。

马超纵有万夫之勇，也抵不过曹兵一齐上，到了力竭气尽，眼看就要落马，这时庞德、马岱自西北角杀来，三人杀开一条血路，闯出重围，朝着正西大败而走。曹操闻听马超走脱，传令诸将不分日夜，务要赶上拿回，取其首级来献的，赏千金，封万户侯，生擒的封大将军。众将闻令，各要争功，随后赶来，此时马超也顾不得人困马乏，只是连夜奔逃。军士渐渐皆散，只剩三十余骑，与庞德、马岱奔陇西、临洮而去。曹操催促众将，追至长安，一看马超去远了，这才不追了。此时韩遂已无左手，成了残废人，曹操看他前功，封为西凉侯，杨秋等皆封要职把守渭口，留夏侯渊统领新降之众，守住长安，以防马超。曹操班师回许都。

说到此处算一段，下回书要说软弱刘璋在西川。

第七十九回 | 曹操貌取误国事 刘备仁义得西川

话说西川刘璋，字季玉，乃益州太守刘焉之子，为人生得昏弱不明，与汉中张鲁地方接壤。张鲁见他昏弱，便要兴兵攻取西川。刘璋闻听此信，心中大惊，急同众官商议。忽一人昂然而起说："某虽不才，愿凭三寸不烂之舌，能使张鲁不敢正目而视西川。"刘璋一看，乃是益州别驾，姓张名松，字永年。张松人生得额长、头尖、鼻矮、齿露，身短不足五尺，言语声大，响若洪钟，乃西蜀第一舌利之士。刘璋说："别驾有何高见，可解张鲁之危？"张松说："我有一计献给主公。"

> 现如今大汉丞相老曹操，学就得胸中谋略比人高。
>
> 想当初刺杀董卓把刀献，他也曾大会诸侯在虎牢。
>
> 次后来冀州袁绍被他灭，老袁术四进三公绝了根。
>
> 伐徐州水淹下邳一场战，吕奉先断送残生命一条。
>
> 现如今西凉韩遂又投顺，反间计潼关一战败马超。
>
> 主公您宽心不要双眉锁，待我去亲往许昌走一遭。
>
> 劝曹操兴兵来取汉中地，管保他掀了张鲁老窝巢。
>
> 那时他自己城池不相顾，又何敢还把西川正眼瞧？
>
> 只需要主公备办一件礼，我即刻起身而去不辞劳。

张松说完，刘璋大喜，传令收拾金银珠宝进献之物，张松为使去见曹操。张松暗画地理图一张，带在身上，领数十骑取路赴许都。早有人报知荆州，孔明使人赶许都打探消息。

张松到了许都馆舍住下，每日往相府求见曹操。曹操自从破了马超，自以为功高，每日饮宴，无事轻易不出，一切国政皆在相府商议。张松候了三日，方才得通姓名，贿赂了近侍，这才被引见曹操。曹操坐在堂上，张松拜完，曹操说："你主连年不进贡，是为什么？"张松说："路途艰险，贼盗抢劫，不能前来。"曹操说："我扫清了中原，有什么贼盗？"张松说："南有孙权，北有张鲁，西有刘备，他们各自至少有兵十万余，这怎能说天下太平呢？"说完仰天大笑。

曹操一见张松长得丑陋，早有几分烦。又见他说的话冲撞，遂拂衣而起，转入后堂。左右责怪张松："你既为使，为什么不知礼？出言不逊，一味冲撞丞相。幸得丞相看你远来之面，不加罪责，你可速去，不可在此久留。"张松笑说："我西川无谄佞之人，直言怎算冲撞？"忽阶下一人大声说："你西川无有谄佞之人，难道我中原有诏佞人吗？"张松看其人眉清目秀，面白神爽，问其姓名，乃太尉杨彪之子杨修，字德祖，现为丞相门下堂库主簿。此人博学能言，知识过人。张松素闻其名，知其是个舌辩之士，要与他舌战一场。杨修也恃才高，小视天下之人，便邀张松入书院中，分宾主坐下。

杨修向张松说："蜀道崎岖远来劳苦了。"张松说："奉主公之命，赴汤蹈火，在所不辞，说什么劳苦？"杨修说："蜀中风土如何呢？"张松说："蜀为西郡，古号益州，路有锦江之险，地连剑阁之雄。回还二百八程，纵横三万余里，鸡鸣犬吠相闻；土地肥沃，山清水秀，年无水旱之忧；所产之物多如山积，真是国富民丰，别处莫及也。"杨修又问张松说："蜀中人物如何呢？"张松说："文有如相如之赋，武有如伏波之才；医有如仲景之能，卜有如君平之隐。三教九流，出其类，拔其萃的不可胜计。"杨修又问道："现今刘璋手下如公者还有几人？"张松说："如松不才之辈，车载斗量，不可胜记。"

张松高抬西川，言语之间，带出小视中原之意。杨修见他对答如流，心中不胜惊讶，不由暗自思索："人常说'人不可貌相，海水不可斗量'。当真不假，你看此人，身小貌陋，生得一张好嘴，但不知他的官职大小，待我问他一回，看是如何。"杨修想到这里，立即问道："先生今居何职？"张松说："滥充别驾之任，甚不称职。敢问公为朝廷何官职？"杨修说："现为相府司库主簿。"张松笑说："久闻您杨家世代均为汉朝近臣，立朝堂之上，辅佐天子，何故您现在区区甘做相府门下一吏呢？"杨修闻言，满面羞愧，勉强答道："某虽居下职，蒙丞相委以钱粮之重任，早晚领丞相教诲，受益匪浅，故就此职。"张松闻听哈哈大笑起来。

> 张松哈哈笑，呼声杨德祖。
>
> 你乃官门后，诗书也曾读。
>
> 不去立朝堂，何故在相府？
>
> 小小门下吏，区区难上数。
>
> 虽然是委以军政钱粮重，看起来这等官职有若无。
>
> 每日里殷勤服侍曹丞相，无非是专心趋炎把势附。
>
> 孟德公孔孟之道他不晓，就是那孙子兵书未必熟。
>
> 也不过独立朝堂专国政，他平日狡猾奸诈不丈夫。
>
> 有什么仁义之德指教你，最可笑竟自心悦而诚服。
>
> 他不是立教兴学孔夫子，你怎么甘心学道做门徒？
>
> 张永年唇枪舌剑来嘲笑，杨德祖含羞又把先生呼。

张松说完，杨修满面羞愧说："公远在西蜀，怎知丞相大才？我取书令公一看。"唤左右从书橱中取出书一卷，交给张松。张松接过一看，题目是《孟德新书》，从头至尾看了一遍，共一十三篇，皆用兵之要法。张松看完，向杨修说："公可知为何叫此书名？"杨修说："是丞相酌古准今，仿《孙子十三篇》而作。公说丞相无才，此书以传后世否？"张松大笑说："此书我蜀中三尺儿童也能背诵，何为说新书？这是战国时无名氏所作，曹操盗窃为己有，这只能瞒足下。"杨修："丞相密藏之书，虽已编成，未传于世，你说蜀中小儿都能背诵，我是不信。"张松说："你若不信，我可背诵给你听。"遂把《孟德新书》朗诵一遍，从头至尾一字不差。杨修大惊说："先生有过目成诵之才，真天下奇才也。"张松起身告辞。杨修说："先生暂居馆舍，待我再禀丞相，领你面君。"说完，张松辞去。

杨修去见曹操，向曹操说："丞相何故慢怠张松？"曹操说："张松体貌不扬，言语不逊，我故慢怠他。"杨修说："丞相尚容一祢衡，为何不纳张松？"曹操说："祢衡文章，当今少见，我因此不忍杀他，张松有什么本事？"杨修说："丞相岂不知以貌取人古之忌。"

> 自古道智者重才不貌取，劝丞相肺腑之言说您听。
>
> 张永年虽然貌丑不好看，却原来胸中谋略比人能。
>
> 他这人锦心秀口才学大，果真是伶牙俐齿压苏秦。
>
> 我二人馆舍之中闲叙话，才知道此人学问甚惊人。
>
> 且莫说三教九流他知晓，就是那诸子百家他也通。
>
> 曹丞相《孟德新书》看一遍，顺口儿朗诵不差半毫分。

杨修说完，曹操说："过目成诵之才，古今少有，我的《孟德新书》，想是被他偷看了。"杨修说："没有，此书乃丞相密藏，他怎能得见？他说此书乃战国时无名氏所作，蜀中小童都能背诵。"曹操蹙眉说："看来古人之书与我的书相同了。"即刻取来，将书扯碎，用火焚了。杨修说："张松老远来了一回，丞相不免引他面君，叫他见过天子回去，也好说些。"曹操说："不可让他面君，明日我下西教场点兵，你可引他前来，使他见我军容之盛，叫他回去传说，我即日下了江南，就去收取西川。"杨修领命而去。

到了次日，即与张松同到教场，曹操点齐虎卫雄兵五万，布于教场之中，果然盔甲鲜明，袍铠灿烂，金鼓震天，戈矛耀日；四面八方，各路队伍，旌旗飘舞，人马喧腾。曹操高冠博带，朱履锦袍，意气扬扬，将台高坐。张松斜目而看，良久不语。曹操将张松唤到近前，指着队伍说："你在西川见过这等英雄人物吗？"张松冷笑说："我西蜀乃以仁义治人，何用此甲兵？"曹操闻言变色，怒目而视，张松全无惧意。曹操又向张松说："我视天下鼠辈如草芥，大军到处，战无不胜，攻无不取，顺我者生，逆我者死，你知道吗？"张松说："丞相大军到处，战必胜，攻必取，不但张松尽知，即天下人也无不知。"

丞相你钦奉王命常出征，历年来四海九州有大名。

带领着大将千员兵百万，到处里闻风而逃谁不惊？

想当初濮阳城里攻吕布，一把火烧得军马着实凶。

接连着宛城远去征张绣，大不幸损兵折将使人疼。

次后来赤壁之战又纵火，难为你二十七骑走华容。

幸亏了吉人天相神保佑，喜遇着刀下饶人美髯公。

最可叹兵起西凉马孟起，弄得你割须弃袍在临潼。

这都是天下无敌谁不晓，须知道不只西蜀我张松。

张永年当面揭短来嘲笑，把曹操羞了一个面绯红。

喝了声两边武士绑下去，眼看着抓住张松就上绳。

曹操喝令左右推出斩首。杨修上前说："张松纵有应斩之罪，但自西蜀进贡而来，今若斩了，恐失西蜀人心。"荀彧也说："丞相息怒，此人斩不得。"曹操方说："免其死罪，乱棒打出。"张松急回馆舍，收拾行装，带领从人，连夜出城而去。行程之中，犯起打算来了。

我在那刘璋面前夸下口，特此来劝伐张鲁说曹操。

而其实安心要将西川卖，暗中绘西蜀地图怀中藏。

谁料想奸贼一见将我慢，空叫人跋山涉水枉徒劳。

他原来撞着财神使脚卷，我好似自把明珠暗里抛。

这一次要是回到西蜀去，免不了被人耻笑将我嘲。

闻听说玄德今在荆襄地，他平生礼贤下士敬英豪。

自古道人生荣辱不要惊，我不免前往荆州走一遭。

若果然汉室皇叔多仁义，那时节就把西川图献了。

张松拿定主意，带领从人往荆州而来。方才走进交界，只见一队军马，约有五百余骑，为首一员大将轻装打扮，勒马于道旁说："来者莫非西蜀张别驾吗？"张松答说："正是。"那将闻听，慌忙下马，躬身说："赵云此地等候多时了。"张松也急忙下马答礼说："将军是常山赵子龙吗？"赵云说："正是。"张松喜说："好哇，闻听将军昔日在当阳长坂桥，怀抱阿斗，独战曹兵八十三万，杀死他上将六十余名，我闻名久矣，可喜今日得见，真是荣幸！将军身无盔甲，却有军马，不知在此为何？"赵云说："末将奉主公刘玄德之命，为别驾远涉路途，鞍马劳顿，特来此处，奉献酒食。"说完，军士跪进酒食，赵云亲手献上。张松暗想："人说刘玄德宽厚仁义，敬贤爱客，今果如此，方信话不虚传。"遂与赵云饮了数杯酒，马上同行。

二人带领仆从等人一路行来，天色将晚，恰好走至馆舍，只见门首有百余人，两边侍立，一将来马前施礼说："奉兄长将令，为别驾远涉风尘，令关某洒扫馆舍，以待歇宿。"张松慌忙下马，问赵云："此人是谁？"赵云说："二将军关云长。"张松吃惊地说："莫非当年温酒斩华雄的关云长吗？"子龙答："正是此人。"张松大喜，上前施礼说："久仰将军神威，没识尊颜，今幸得见，平生之愿足矣。"云长与张松寒暄一番，大家同入馆舍，叙礼已毕，按次而坐，张松首座为客，关公、赵云相陪，大家开怀畅饮。三人借酒谈心，不觉更深夜静，席宴已毕，大家又叙了一会儿，这才各自安寝。

到了次日，早饭已毕，大家上马同行，走了二十余里，只见一队人马到来，乃玄德同卧龙、凤雏亲自来迎，遥见张松，先下马等候。张松到后，慌忙下马，彼此相见。玄德说："久闻别驾大名，如雷贯耳，蜀地遥远，不得赐教。今闻回都路过此地，专来相接。倘蒙不弃，到荒州暂歇，以叙仰慕之思。"张松大喜，大家上马，并辔入城，至府堂下马，各叙礼毕，分宾主而坐，设宴接风。

饮酒间，玄德只说闲话，并不提西川之事。张松以言挑之说："今皇叔守荆州，余外还有几郡？"玄德尚未开言，孔明就先说："荆州乃借东吴之地，常使人来催讨。因皇叔是东吴女婿，故而在此权且安身。"张松说："东吴占有六郡八十一州，国富民强，尚不知足吗？"庞统说："我主乃汉朝皇叔，反而不能占据州郡，他人皆汉室蠹贼，却都恃强侵占土地，真让人为之不平。"张松说："先生之言很对。"

现如今奸臣当道乱朝纲，　因此上列镇诸侯各逞强。
孙仲谋八十一州掌六郡，　为什么贪而无厌要荆襄？
闻听说赤壁烧船那场战，　还亏了孔明协力助周郎。
又何况孙刘两姓成姻眷，　看起来住他城池也应当。
似如那汉中太守贼张鲁，　现如今任意横行太猖狂。
我主公昏弱不明没主张，　我料定锦绣西川不久长。
你若想占据州郡成大业，　就应该早早安排拿主张。
皇叔你汉室宗亲靖王后，　行仁义五湖四海把名扬。
莫说是占据城池与州郡，　纵然是位居正统也应当。
张永年言语之间皆有意，　刘皇叔拱手相谢不敢当。

张松说完，玄德拱手谢过说："公言过了，备不敢当。"张松说："天下非一人的天下，乃天下人的天下，凡有大德的皆可以得。皇叔乃汉室宗亲，仁义四海闻名，继正统而登帝位，怎能说过分呢？"玄德又谦逊一番，一连留张松饮宴三日，并不提起西川之事。

张松告辞起程，玄德在十里长亭设宴，为他饯行。玄德酌酒对张松说："今蒙别驾不弃，留叙三日，今日相别，不知何日才能听教。"说完泪洒衣襟。张松暗自思想："玄德如此宽人爱士，怎忍舍之？不如说之，让他取西川。"想完，这才说:"我张松也愿朝夕相随皇叔,观荆州东有孙权,北有曹操,都想吞并它,不是久居之地。"玄德说:"我也知荆州险居虎口,终非久远之计,但无安身之所,是不得已的事。"张松说:"益州险要,沃野千里,国富民强,智能之士久慕皇叔之德。若起荆州之众,长驱西川,霸业可成,汉室可兴。"玄德说:"我刘备安敢如此?刘璋是汉室宗亲,在蜀中久矣,怎忍夺他?"张松闻言微微而笑。

> 张永年抱腕秉手笑几声,须知道我非卖国以求荣。
>
> 常言说良禽择木而栖上,原就该贤臣择主以尽忠。
>
> 现如今既遇皇叔多仁义,有何妨倾肝掏胆吐实情。
>
> 刘璋他而今虽是西川主,却不知谦恭下士用贤能。
>
> 又加上汉中张鲁常侵犯,眼看着锦绣西蜀风中灯。
>
> 我本来求见曹操去纳贡,谁料想奸贼眼底把人轻。
>
> 须知道张松来此非无意,却原来有件要事相商量。
>
> 刘皇叔先取西川为根本,然后再徐图张鲁收汉中。
>
> 慢慢地再除曹瞒等奸党,取中原伐暴安民定太平。
>
> 倘若你有意西蜀起兵马,那时节理应外合有张松。

张松尽吐真情。皇叔说:"深感别驾厚意,但刘璋与我同宗,若攻取他,恐被天下人唾骂。"张松说:"大丈夫处世,当建功立业,岂可拘于小节?皇叔今若不取,必为他人所得,那时悔之晚矣!"玄德说:"我闻蜀道崎岖,千山万水,地险途长,兵马难进,要取之用何良策?"张松从袖中取出一图,递给玄德,说:"我感谢明公盛德,谨献此图。明公看后,便知蜀中道路。"玄德接在手中,展开一看,只见上面将地理行程,远近阔狭,山川险要,府库钱粮,一一俱写明白。张松嘱咐玄德说:"事不宜迟,皇叔可速行。我有心腹朋友二人,一名法正,一名孟达,此二人必能相助。皇叔若约他到荆州,可将心腹之事与之共议,功可成矣!"玄德闻言,拱手而谢说:"蒙别驾如此盛情,何以图报?"

玄德决心攻西川,张松大喜。宴毕起程,玄德殷勤相送,乃执张松手说:"青山不老,绿水长存,此事一举,全赖别驾用心,他日事成,必当重报。"张松说:"幸遇明主,不得不以真情相告,岂敢望报?"说完,作别而去。玄德也回荆州不提。

单说张松回到西蜀,先见知心朋友法正。这法正字孝直,乃扶风郿人氏,贤士法真之子,久慕刘皇叔仁德,心欲归附。此时,张松回来,对法正说:"那曹操轻贤傲士,只可同忧,不可同乐,我已将西川许于刘皇叔。"法正说:"刘璋昏弱无能,我有心归皇叔久矣,你我不谋而合。"二人说话之间,恰好孟达到来。孟达字子庆,与法正同乡,也是贤能之士,一进门见法正与张松密语,乃笑说:"我已知二公之意了，莫不是要献西川？"张松说："正要如此，请兄猜猜应献给谁？"孟达说："要献西川，必献刘玄德。"三人拍掌大笑。法正向张松说："明日兄见刘璋怎样回复？"张松说："我自有话回答，二公勿忧。"说完，各自散去。

次日张松见了刘璋，刘璋问张松事情办得怎样，张松将曹操欺主之言说出来了。

曹孟德独断国政欺天子，安排着篡朝夺位窃中原。

我劝他兴兵汉中伐张鲁，那老贼竟然决心取西川。

刘璋闻听大惊说："要这样，应该怎么办？"张松说："主公莫慌，我有一计，能使曹操、张鲁，不敢正目而看西蜀。"

现如今汉室宗亲刘皇叔，和主公玉叶金枝一脉传。

他为人宽慈厚德多仁义，做的事正大光明可对天。

都只为赤壁鏖兵一场战，诸葛亮相助周郎烧战船。

关云长释放曹操华容道，至如今阿瞒不敢正眼看。

周公瑾巧献美人脂粉计，只落得丧了性命误孙权。

主公你遣使荆州去通禀，恳求他念及同宗当外援。

咱这里有了依靠得帮助，料张鲁不敢兴兵来犯边。

曹孟德纵然要将西川取，有玄德并力阻挡他不敢。

张松说完，刘璋大喜说："我也有此心久矣！但不知谁可为使呢？"张松说："非法正、孟达不可。"刘璋即修书一封，令法正为使，先通情好，然后，遣孟达领兵五千，迎接玄德入西川。正商议间，忽有一人自外而入，汗流满面，大声说："主公若听张松之言，则西蜀四十一郡，属他人矣！"若知此人是谁，且看下回书。

第八十回 | 玄德进兵赴西川 庞统主张杀刘璋

你道说话的人是谁呢？张松一看，乃是益州人氏，姓黄名权，字子衡，现为刘璋府下主簿。刘璋对黄权说："玄德与我同宗，我故求他援助，你为何出此言？"黄权说："我素知刘玄德宽以待人，柔能克刚，英雄莫敌，多得人心，兼有诸葛亮、庞统之智谋，关羽、张飞、赵云、黄忠、魏延为羽翼。若将他召入蜀中，以部将待之，刘备怎肯服从？若以客待之，一国不容二主。主公若听臣言，则西蜀有泰山之安；主公若不听臣言，则城池有累卵之危。张松昨日从荆州所过，必与刘备同谋，今应先斩张松，后绝刘备，则西川可保矣！"刘璋说："若曹操、张鲁兴兵到来怎么办？"黄权说："咱这山路险峻，兵马难行，可堵塞要路，深沟高垒，断绝山口。"刘璋说："贼兵犯界，有燃眉之急，如何是好？"遂不听其言，使法正持书起程，先赴荆州。又有一人阻止说："不可呀，不可！"刘璋一看，是帐前从事官王累。王累叩头说："主公今听张松之言，是引贼入院，自取其祸。"刘璋说："不然，我结好刘备，实为当外援，何为自取其祸？"王累说："张鲁犯界，乃癣疥之疾；刘备入川，实为心腹大患。主公仔细想来。"

说唱三国

> 王累忙叩头面上带着恨，张松是虚言主公不可从。
> 凭空里荆州去请刘玄德，不知他安的是什么样心？
> 主公你若要听从他的话，分明是引贼入川自开门。
> 那刘备世之枭雄谁不晓，咱们不能像项羽不知人。
> 他当初相随曹操许昌去，最可恨转眼之时就忘恩。
> 衣带诏断送董丞死得苦，自己却诓着军马起了身。
> 周公瑾定的美人脂粉计，安排着调虎离山把他擒。
> 到头来画虎不成反类犬，而竟然活活将假弄成真。
> 强夺他九郡荆襄不撒手，鲁子敬几番索讨枉劳神。
> 现如今又与张松弄圈套，无非把锦绣西川一口吞。
> 主公你若失主意上了当，但恐怕四十一州属他人。

王累一边说着，连连叩头，刘璋大怒说："少得胡言。玄德是我同宗，他岂肯夺我基业？若再乱说，定斩你头。"黄权、王累带恨含羞而出，一齐仰天长叹说："主公不纳忠言，我等死无葬身之地。"二人自此推病不出。

却说法正持书到荆州，见了玄德，参拜毕，呈上书信。玄德拆封一看，书中内容是：

> 族弟刘璋，再拜致书于玄德宗兄将军麾下：弟久慕大德，奈蜀道崎岖，千里迢迢，未得瞻拜，心实惶愧！弟闻"吉凶相救，患难相扶"，朋友尚然，何况宗族？今张鲁在北，兴兵犯界，弟危在旦夕，孤立无援。今派专人，谨奉尺书，以通往来。倘念同宗之情，全手足之义，即日兴师，剿灭邻寇，永为唇齿，自有重报。书不尽言，专候车骑。

玄德看完大喜，设宴款待法正。酒至数巡，玄德屏退左右，密语对法正说："久仰孝直英名，张别驾多称公之盛德，今得领教，幸慰平生。"法正说："西蜀小吏，何足挂齿？但马见伯乐而嘶，人为知己而死。张别驾昔日之言，将军取西川果有意吗？"玄德说："刘备寄居荆州，终不是长远之计。西川这一宝地，不是不想取，但刘璋乃是我同宗，不忍夺其基业。"法正闻言，微微而笑。

大夫张别驾临行亲口嘱，与将军商量一定取西蜀。

岂不知西川四十一州郡，原来是天府之国可建都。

那刘璋暧昧不明多懦弱，他生来英雄气质半点无。

皇叔你仁义声名满天下，论根基汉室宗亲谁不服？

纵就是位继正统非过分，有何妨南面为郡称了孤？

现如今天将西川付给你，你若是拘于小节非丈夫。

岂不闻逐兔先得那句话，眼前里绝妙机关休漏疏。

凭着俺里应外合人三个，算计着协力同心将你扶。

自古道议而不决误大事，取西川不可迟延要速办。

法孝直倾心吐胆说一遍，刘玄德低头无语暗思索。

法正说完，玄德沉吟良久，方才说："如此盛情，岂敢不从？但得大家相商，从长计议。"说话之间，宴毕席散，孔明亲送法正往馆舍中安歇。玄德独坐，庞统进言说："事当决而不决，是愚人。主公乃高明之人，何必多疑？"玄德说："以公之意应当如何呢？"庞统说："荆襄之地，险居虎口，东有孙权，北有曹操，强邻压境，得志甚难。西蜀户口百万，地广财多，可成大业。今幸得法正、张松为内应，此乃大好机会，何必多疑？"玄德说："与我大相反的曹操，曹以忍，我以宽；曹以暴，我以亡；曹以谲，我以忠。我每与他相反之事，方可成。若以小利，而失信义于天下，我是不肯的。"庞统闻言，哈哈大笑！

庞士元座上哈哈笑连声，你看他抱腕来把皇叔称。

咱如今生逢乱世为男子，若没有创业之心不英雄。

想当初殷朝纣王君不正，出了个除恶伐暴姜太公。

他保着武王兴兵伐无道，只杀得血流成河满地红。

似如那似臣杀君不为过，说什么刘璋与你是同宗。

想人生专谕良心与天理，须知道举足寸步也难行。

我劝主公今要把西川取，倒省得刘氏基业属曹公。

倘若是一朝错过好机会，但恐怕事到头来悔不成。

庞士元破釜沉舟说一遍，刘玄德满面春风喜气生。

庞统说完，玄德恍然大悟说："金石之言，当铭肺腑。在此混乱形势，实难拘执常理。若事成之后，报之以义，封为大国，何负于信？"庞统说："今日之事，正该如此。"遂请孔明共议起兵西行。孔明说："荆州之重地，必须分兵守之。但不知留何人守城？"玄德说："我与庞士元、黄忠、魏延领兵进西川，军师和云长、子龙同守荆州。"孔明应承，总理荆州。关云长踞襄阳一带地方。张飞总领四郡和巡查各处江口。子龙屯兵江陵，镇公安要渡。玄德令黄忠为前部，魏延为后军，他自己和刘封、关平为中军，庞统为军师，马步兵五万起程西行。临行时，忽廖化引一军来降。廖化从何处来呢？昔日关羽五关斩将之时，廖化曾有功于关公，以此来投奔。玄德叫他辅佐云长，以拒曹操，自己统领大兵，往西川进发。

却说刘璋闻听玄德起兵而来，便要远去亲自迎接。黄权叩头流血向刘璋哭谏说："主公此去必遭刘备谋害，我食禄多年，实不忍主公误中他人之计。"张松在旁说："黄权此言明是与张鲁勾结，疏间宗族之情，唯恐主公得玄德为外援。"黄权上前口衔刘璋衣角，仍然苦苦相谏，刘璋大怒，扯衣而起，摔掉黄权门牙两个，黄无奈大哭而归。刘璋刚想走，又有部将李恢叩头说："主公不纳黄权忠言，是自绝死地。父有诤子，君有诤臣。黄权忠义之言，应当从之；若不从，迎刘备入川，是开门放盗，引虎食人。"刘璋说："玄德是我宗兄，怎肯害我？再言者必斩。"命左右推出李恢。张松说："今蜀中文官各顾妻子，不肯与主公出力；武将恃功骄傲，俱有外心，不让刘皇叔为援。敌攻于外，民攻于内，必败也。"说话之间，马到城门，只见从事王累，自用绳索倒吊城门之上，一手执谏章，一手仗剑，口称如谏不从，自割绳索，撞死于地。刘璋让人取来谏章看，内容是：

> 益州从事臣王累，泣血恳告：窃闻"良药苦口利于病，忠言逆耳利于行"。昔楚怀王不听大夫屈原之言，会盟于武关，为秦所困。今主公轻离大都，敬迎刘备于涪城，恐有去路而无回路矣。倘能斩张松于市，绝刘备之约，则蜀中老幼之幸甚，主公基业亦大幸！

> 刘季玉马上细细读谏章，霎时间气了一个脸儿黄。
> 恶狠狠手中丝鞭指一指，喝了声从事王累心不良。
> 都只为张鲁兴兵来犯界，张别驾万苦千辛赴许昌。
> 刘玄德与我原是宗兄弟，他情愿结为唇齿两相帮。
> 昨一日黄权谏阻我不允，你二人推病不出卧了床。
> 自古道国有诤臣家诤子，从没见倒吊城门捧谏章。
> 凭空里千态百状将我辱，问问你这是耍的什么腔？
> 说着将谏表撕个粉粉碎，一抬手顺风抛去半空扬。
> 王从事大叫一声绳割断，摔了个脑浆迸裂冒血光。

话说王累大叫一声摔死于地，刘璋也不管他，带领三万人马往涪城而去。随后装载物资钱粮织帛等一千余车，奉送玄德。

再说玄德入川，一路所到之处，俱有官员迎接供给钱粮。玄德号令严明，如有妄取百姓一物的，斩首示众。因此将士军卒一路与民秋毫无犯。百姓扶老携幼，沿路观看，焚香下拜，玄德毕用好言安慰。此时，法正在玄德军中，接了张松密书，即秘告庞统：今张别驾有密书到来，说刘璋在涪城和玄德相会，那时便可图他，此等机会切不可失。庞统说："此时切莫讲明，万一泄露出去，事难成了。以待二刘见面时，乘便图之。"法正点头应允，即领此意，秘而不言。

这涪城离刘璋所住的成都府三百六十里，不几日刘璋已到，使人迎接玄德，两下人马俱屯于涪江之上。玄德入城与刘璋相见，各叙兄弟之情，挥泪以诉衷肠。宴毕，各归本寨安歇。刘璋向跟随众官说："可笑黄权、王累等人，不知宗兄之心，妄加猜疑。我今日相见，真是仁义之人。我有他为外援，又何惧曹操、张鲁？要不是张松，怎能得此膀臂？"随即脱下身上锦袍，取黄金五百两，赐给张松。部下将佐刘璝、泠苞、张任、邓贤等一齐说："主公休要欢喜，刘备柔中有刚，其心莫测，应当防备。"刘璋笑说："你们都是心疑之人，我的宗兄与我无有二心。"众将叹息而退。

> 此一时皇叔席散归本寨，庞士元开言又把主公尊。
> 刘璋他虽然忠厚多善良，却带着保驾文武一大群。
> 又加上三万甲兵皆勇士，现如今立寨安营江上屯。
> 咱若是不早安排有准备，但恐怕哪里图谋别有心。
> 倒不如设宴再把刘璋请，就说是弟兄酌酒叙寒温。
> 壁衣橱暗中埋下刀斧手，宴席前掷杯为号将他擒。
> 领大兵一拥而入成都府，倒省得日久生变祸临身。

庞统说完，玄德说："刘璋是我同宗兄弟，他诚心待我，更因我初到蜀中，恩信未立，若做此事，上天不容，下地也怨。公此谋虽能成，但不可为。"庞统说："这不是我所谋，是法正、张松密书所讲，事不宜迟，早晚当图之。"话未说完，法正入见说："我等非为自己，乃顺人心，应民意之举。"玄德说："刘璋与我同宗，不忍取他。"法正说："皇叔此言差矣！若不如此，刘璋曾杀张鲁之父，他二人仇深似海，故历年以来，每想兴兵报仇，攻取西川。皇叔不取，张鲁必取。皇叔远涉山川，来到此地，进则有功，退则无益。若执狐疑之心，迁延日久，恐机会错过，机谋泄露，反为他人所算，悔之晚矣！不如乘此机会，出其不意，早立基业，乃为上策。"玄德闻言，失声而叹！

二人再三劝谏取西川杀刘璋，玄德只是不从。二人退而叹说："皇叔真乃仁义之人。"次日玄德与刘璋宴于城中，彼此同叙衷情，言谈甚是投机。这时，庞统与法正商议说："事已至此，也由不得主公了，让魏延登堂舞剑，乘便杀刘璋。"魏延席间说："军中无以劝酒，末将情愿舞剑，以助一乐。"庞统呼众将士立于堂下，只待魏延下手。刘璋手下诸将，见魏延舞剑席前，又见堂下武士，俱都手按刀鞘，直视堂上，从事张任也拔剑说："舞剑须有对，我愿与魏延将军同舞。"二人对舞于酒席前。魏延目视刘封，刘封也拔剑助舞。刘璋的部将刘璝、泠苞、邓贤一齐执剑而出说："我等当群舞助一笑。"玄德大惊，急抽出左右佩剑，立于席上说："我兄弟相逢痛饮，并无疑岂，又不是昔日鸿门宴，何用舞剑？不弃剑的立斩。"刘璋也说："兄弟二人相见，何用带剑。"命侍卫尽去佩剑。众属纷纷下堂搁剑。玄德唤两家将士上堂，赐酒说："我兄弟同宗骨肉，共议大事，并无二心，汝等勿疑。"众将皆拜谢下堂而立。刘璋执玄德手流泪说："吾兄之恩，誓不敢忘。"二人痛饮至晚而散。玄德归寨，责庞统说："公为什么陷我刘备于不义？从今以后不要这样。"庞统叹息而退。此时，刘璋也回本寨，众将说："今日主公不见席上光景吗？不如早回，免生后患。"刘璋说："吾兄刘备非比他人。"众将说："玄德纵无此意，他手下之人皆想吞并西川，以图富贵。"刘璋说："汝等不要离间我兄弟情谊。"遂不听众将之言，日与玄德饮宴。忽报张鲁带兵马来犯葭萌关，刘璋便请玄德领兵拒敌。玄德欣然允诺，当即领本部军而去。众将劝刘璋差大将把守各处关隘、山口，以防玄德兵变。刘璋因众将苦劝，只得从之。遂令白水都督高沛、杨怀二人把守涪水关。刘璋自引众将回了成都。

第八十一回　赵云截江夺阿斗　孙权写书退曹兵

上回书说到刘璋自领大军回成都去了。早有探子报入东吴，吴侯孙权忙召集文武商议。

> 孙仲谋大会文武论军情，　帐前里上来谋士是顾雍。
> 刘玄德领兵率将西川去，　往西蜀山径崎岖路不平。
> 荆州城远隔成都几千里，　要知道大军往还不易行。
> 咱这里先差人马截归路，　然后再攻取西川发大兵。
> 庞士元担任军师随刘备，　同去的大将魏延老黄忠。
> 诸葛亮总领城池守要地，　也不过只有关张赵子龙。
> 给他个出其不意攻不备，　在我看攻取荆襄易成功。
> 孙仲谋闻听此言把头点，　霎时间满面添欢喜气生。

顾雍说完，孙权大喜说："此计甚妙，宜速行。"正商议间，忽然从屏风后转出一人，大喝说："献此计的人可斩，这是想害我女之命。"说此话的是吴国太。孙权慌忙跪倒在地，连连叩头。国太责备说："汝执掌父兄之业，坐领八十一州，尚不知足，仍贪小利，而不念骨肉之情，何以为人？"孙权叩头说："老母教训，岂敢有违?"国太也不理他，愤然走了。孙权立起身来，自言自语地说："今日计谋一失，荆襄何日可得?"正沉思间，只见张昭来见说："主公面带不乐，有何忧愁之事吗?"孙权即将顾雍之言，国太之怒一一告诉张昭。张昭说："这件容易，今差心腹之人，带五百军，潜入荆州。一封密书下给郡主，只说国太得了想儿之病，要见女儿。郡主得知此信，必然星夜回东吴。玄德平生只有一子阿斗，叫郡主将阿斗带来，何愁玄德不把荆州来换阿斗?""此计大妙!"孙权一边说着，修书一封，密差周善带五百军，扮作客商模样，船中暗藏兵器，取荆州水路而来。

船停江边，周善自己入荆州，求门吏通报夫人。入内庭后，周善呈上密书。夫人拆封一看，见书中讲国太病危。孙夫人洒泪问国太病情，周善诉说："国太因思念夫人，病得甚是危急。倘去迟了，恐母女不能相见。国太让夫人把阿斗带去，要见外甥一面。"孙夫人说："皇叔领兵远出，我今要回江东，要报军师知道，方可起程。"周善说："若军师不能做主，再等着禀明皇叔，还不知让不让去。国太病甚危，岂不误了母女见面吗?"孙夫人说："若不辞而行，恐有阻挡。"周善说："大江之岸，已备下船只，夫人速登车出城为妙。"夫人含泪说："如此说来，我只好不辞而行了。"

孙夫人要私自过江，周善闻言大喜，即刻催促起程。孙夫人便把七岁的孩子阿斗带上车中，随行带有三十余人，提刀上马出城，往江边上船。府中人报信时，孙夫人已到沙头镇，上船去了。周善刚让开船，只听岸上一人高声喊道："不要开船，我来给夫人钱行。"周善一看，是赵云。原来赵云巡哨方回，听得这个消息，吃了一惊，带领四五骑，快马如飞，沿江赶来。周善大喝说："你是何人，敢来阻拦?"这时孙夫人令军士开船，各船把所藏的枪刀竖起，显其威风。风顺水急，船顺流而去。赵云沿江赶出十余里，忽见江边锁着一只渔船，赵云弃马提枪跳上渔船，跟随的人也都跳将上去，一齐搬棹摇橹，向着夫人所乘的大船赶来。

好一个奸诈张昭与顾雍，施密谋夫人阿斗回江东。

悄悄地暗度陈仓把船上，偏有个不做人情赵子龙。

江岸上得到渔船来追赶，飘摇摇逐浪随波乘顺风。

惊煞了保驾将军小周善，忙吩咐士辛齐放箭雕翎。

赵子龙眼睛明亮手段高，用长枪拨箭纷纷落水中。

真正是自古忠臣不怕死，你看他敢冒矢阵往上迎。

话说赵云用枪拨箭，纷纷落水，不顾性命往前直闯。相隔夫人大船一丈余，吴兵用长枪一齐乱刺。赵云弃了枪，放在小舟之上。急执所佩青釭剑在手，分开吴兵的枪，纵身一跃，跳上大船。吴兵尽皆惊倒。

赵云进了船舱，见夫人将阿斗抱在怀中，夫人喝道："子龙何故无礼?"赵云躬身说："末将怎敢无礼，主母想回江东，怎么不让军师知道？"夫人说："我母病在危急，来不及报知。"赵云说："主母回家探病，何故带小主人去？"夫人说："阿斗是我的孩子，才七岁的稚子，难离母亲教养，留在荆州无人看管。"子龙冷笑一声说："主母说话差矣！"

> 我主公年将半百只此子，这是他承先传后一条根。
>
> 他原来不是夫人亲生子，但恐怕吴侯一见起祸心。
>
> 主母您要去您就自己去，千万要留下荆襄小主人。
>
> 赵子龙一边说着把躬打，孙夫人即刻变脸把话发。

赵云说完，夫人责怪说："你不过帐下一名霸武夫，怎敢管我家事？阿斗是皇叔之子，我虽是他继母，也算我的孩儿。俺母子同下江东探亲，谁敢暗算于他？纵有闪失，也和你赵云无干。"赵云冷笑说："主母乃聪明人，怎么说糊涂话？皇叔兵进西川，把九郡荆襄一切事务，尽托与诸葛军师、关、张、赵云负责。小主人倘有意外，吾等罪该万死。夫人要去便去，必须留下小主人。"夫人大怒说："你擅自闯入船中，必有反意，你敢在俺母子面前行凶吗？"

夫人吩咐开船，喝令侍婢上前赶赵云。赵云一一将侍婢推倒，从夫人怀中夺下阿斗，立于船头。子龙想上岸去，又无帮手；有心行凶，又觉无理，一时间进退两难。夫人吩咐侍婢齐夺阿斗。赵云一手抱着阿斗，一手仗剑，无人敢进前。

周善在船后尾上掌舵，只管放船下水，风顺水急，船往中流而去。赵云孤掌难鸣，束手无策。正在危急之时，忽见下流头一连有十余只船，船上摇旗擂鼓，各执刀枪。赵云大惊说："今番我中东吴之计了。"话说之间，相隔已近，只见船头上站立一员大将，手执丈八蛇矛，高声大叫道："嫂嫂要去，留下侄儿。"赵云仔细看来，乃是张飞。原来张飞沿江巡哨，听到夫人要走的消息，带领军士忙来查看，才到沿江口，正遇吴船，他便迎头截住，提剑跳上吴船。周善见张飞上船，提刀来迎，被张飞一剑砍倒。

话说张飞斩了周善，将人头摔向夫人面前。夫人大惊说："叔叔何故无礼？"张飞说："嫂嫂背着哥哥，私下江东无礼，何故反责老张？"夫人说："我母病重，甚急甚危！若等你哥哥回来，便误了俺见母一面，你要不放俺去，俺便投江而死。"张飞闻听此言，双眉紧蹙把头摇了两摇，暗自说："不好，不好。"遂与赵云商议说："若逼死夫人也是大错，只夺回阿斗就够了，不免放她去吧。"赵云说："正该如此。"二人商议一定，张飞向夫人说："我的哥哥乃大汉皇叔，别让他受辱。嫂嫂今日而去，探望母亲，要思哥哥情义，早早回来。"说完，抱着阿斗同赵云跳上自己船，放夫人去江东了。

张飞和赵云回船走不过数里，孔明引大队船只前来，见夺回阿斗甚喜。三人将船靠岸，弃船上马，并辔而归。孔明写文书往葭萌关，把夫人归家之事，报知玄德。玄德接书一看，大吃一惊说："夫人此去永不归矣！"无可奈何，常常叹息！

且不言葭萌关上玄德公，再说那夫人探母回江东。

母女俩离别日久初见面，一时间悲喜交集痛伤情。

孙夫人手拉母亲双流泪，吴国太怀抱娇儿放悲声。

才知道吴侯定的诓骗计，孙仲谋尽把实言诉个明。

说妹妹只有来路无回路，好叫她事到头来悔不成。

话说孙权又用了一回计策，反让张飞杀了周善，赵云夺去阿斗。虽然妹妹回了东吴，却又让国太责怪一番，也十分恼火，遂与众文武商议说："今吾妹已回，和刘备不是亲眷了，周善之仇不可不报。"便要兴兵攻取荆州。正要点军起程，忽报曹操起兵四十余万，来报赤壁之仇。孙权闻言大惊，只得搁下荆州之事，商议怎样拒曹操。人报长史张纮因病归家，今已病故，留下哀书一封，现呈主公。孙权拆书一看，书中大意是劝孙权迁居秣陵，说秣陵山川有帝王之气，可速迁都于此，以立万世之基业。孙权看完放声大哭。

孙仲谋观完书信心感伤，不由得痛洒西风泪两行。

大不幸长兄孙策去世早，抛下了祖父基业我承当。

所仗着武将文臣相辅助，周都督智勇双全世无双。

他和那诸葛孔明处不睦，最可恨一连三计气周郎。

落了个箭伤发作丧了命，我江东抽去玉柱紫金梁。

谁料想半路途中失膀臂，又死了深谋远虑张子刚。

留哀书劝我迁居秣陵去，为的是山明水秀要发祥。

这件事孤家不能独做主，还得咱大家共议犯思量。

孙权有意迁都，不能决断，与众将商议。众将齐说："秣陵地名，古来叫建业，取其吉利之名，迁都为妙。"因此，决定迁都，筑起石头城，以居之。这建业石头城，相隔长江北岸濡须水口甚近，进可攻击，退可固守，是用兵之地。孙权遂于濡须口外，筑起高大长堤，以拒曹兵。

此时，乃建安十七年冬十月。曹操自恃其功大，自称魏公，出入乘天子仪仗，乃兴兵下江南。大军将近濡须江口，先差曹洪领兵十万，往江边巡哨。回报遥望沿江一带，有无数旌旗，不知兵聚何处。曹操放心不下，自己领兵前来，就在濡须口排开阵势，带领百余人，到山上观望。遥见江边摆列战船，各分队伍，旗分五色，兵器鲜明。当中大船之上，青罗伞下，坐着孙权，文武侍立两边。曹操心中感慨，以手中丝鞭指着说："生子当如孙仲谋！若刘表儿子刘琦、刘琮之辈，真是猪犬之辈呀。"话还没说完，忽听一声炮响，南船一齐飞奔过来，江口长堤之内，一军突出攻击曹兵。曹操兵马退后便走，制止不住了。

猛听得一声炮响震天曹，　　眼看着无数战船水上漂。

荡悠悠如飞直扑江北岸，　　众军士各自争先不辞劳。

又加上长堤之内一军起，　　呼啦啦蜂拥而出似海潮。

曹家兵仓促之间无准务，　　生被吴兵把阵势冲散了。

吵嚷声倒卷旌旗往后退，　　乱哄哄手脚无措舍枪刀。

好似那漏网之鱼丧家犬，　　大伙儿抱头鼠窜把命逃。

曹孟德忙同众人把山下，　　催坐骑心急频加鞭子敲。

山背后转出韩当和周泰，　　带领着如狼似虎众英豪。

恶狠狠战马争催往上闯，　　满口里一齐嚷叫拿曹操。

幸有个虎侯许褚来接应，　　才抵住东吴二将把兵交。

曹操几乎被擒，幸亏许褚杀退吴兵，将他救去。曹操回寨重赏许褚，责骂众将临阵先退，挫了锐气，以后再如此，定斩不饶。众将羞惭而退，各自安歇。是夜二更时刻，忽听寨外喊声震地，四面火光通红，吴军暗来劫营。曹兵连夜逃走，直到天明才停下来，退六十里下寨，烧了许多粮草，折兵三千有余。

曹操连败二阵，心中甚是烦躁。谋士们有的主张退兵，有的主张进攻，曹操一概不听，整天在中军帐内观看兵书。身子困乏，就伏几而睡，忽听潮水汹涌，如万马奔腾。曹操急看，见大江中升出一轮红日，光华射目，仰望天上，又有两轮太阳对照，忽见江心那轮红日，飞起来坠于寨前山中，响声如雷。猛然惊醒，原来在帐中做了一梦。出帐看时，天正当正午，吩咐备马出营，领五十余骑，到梦中日落之处。正看之时，只见一队人马，当先一人金盔金甲，乃是孙权。孙权望见曹操，不慌不忙，勒住马头，以鞭指着曹操怒斥：“你坐镇中原，富贵至极，为何贪心不足，又来侵害我江南！”

老贼怎能容忍？用手中丝鞭一指说：“你这小儿少饶舌，你为臣子，不尊王室，吾奉天子诏，特来捉你。”遂喝诸将去擒孙权。

忽然一声鼓响，山背后两路军马杀出，左边韩当、周泰，右边陈武、潘璋四员大将，带领三千弓箭手，箭如雨点似的射出。曹操急引众将回马败走，四将随后赶来，又多亏许褚领虎卫军，杀退吴将，救出曹操。吴军齐唱凯歌，回濡须江口去了。

曹操回营，自思梦中红日升天，坠落山前的兆应在孙权身上，久后必为帝王。想到这里，便有退兵之意，又恐东吴耻笑，进退未决，两下里又相持了一月有余。数次交战，不分胜负。至来年春天，春雨连绵，遍地是水，军士多在泥水之中，困苦异常，曹操心中甚忧。忽报东吴使人送书，曹操拆封观看，书中大意是：

孤与丞相，彼此皆汉朝臣。丞相不思报国安民，乃妄动干戈，残虐生灵，岂仁人之所为哉？即日春水方生，公当速去。如其不然，复有赤壁之祸矣。公宜自思恶。

书后又有一行小字写着："曹公不死，孤不得安。"曹操看完书，大笑说："孙仲谋尚惧我。"众人不解其意。

　　　　曹孟德看完孙权书一封，你看他捻须大笑两三声。
　　　　人都说吴侯生来识好，他果然眼中看我是英雄。
　　　　虽然俺兵败疆场好几阵，却也是恶犬咬狼两下惊。
　　　　现如今连绵春雨天连水，屈指算至今半月不开晴。
　　　　一来是军营粮草难搬运，又恐怕军士受湿把病生。
　　　　自古道不识进退非君子，我何不将计就计做人情？
　　　　老奸贼心中定了大主意，即刻便传令班师退了兵。

话说曹操收兵拔营回许昌去了，孙权也同将士归秣陵。孙权与众将士商议说："曹操虽然北去，刘备尚居西川，我想起兵取荆州，各位看如何？"

第八十二回 ｜ 取涪关杨高被斩 攻雒城黄魏争功

话说孙权要攻打荆州，与众将商议，张昭献计说："先不要动兵，要一动兵去，曹操必然回来。不如写两封书信，一封送给刘璋，就说刘备结联东吴，共取西川，使刘璋心疑而攻刘备。另一封送给张鲁，叫他进兵荆州，使刘备首尾不能相顾，我们乘机出兵取之，大事可成。"孙权从其言，便依计而行。

再说刘备在葭萌关，日子久了甚得民心。自从接了孔明文书，知孙夫人已回江东。又闻曹操要兴兵攻取濡须口，与东吴相持，乃与庞统商议："曹操攻击孙权胜必然取荆州，若孙权胜也必取荆州，如之奈何呢？"庞统说："吾有一计，主公勿忧。"

　　　　主公你速把书信写一封，快差人马上飞奔寄刘璋。
　　　　就说是东吴孙权来求救，咱这里旌旗倒卷要还乡。
　　　　与吴侯协力同心把曹破，倒省得强邻压境来欺降。
　　　　葭萌关留兵镇住贼张鲁，我料他仅能固守不敢狂。
　　　　荆州城兵微将寡钱粮少，望贤弟念其同宗将我帮。

293

他若是慷慨应承肯相助，诳骗的兵粮到手再商量。

庞统献计，玄德欣然应允，即刻写书，使人持书去见刘璋。差官来至关前，杨怀、高沛屯兵在此，防备玄德。杨怀见差人下书，唯恐有诈，便让高沛守关，自己同差人共入成都。见了刘璋呈上书信。刘璋拆封看完，问杨怀："你为何与使者同来？"杨怀说："专为此书而来。刘备自入川以来，广布恩德，以收民心，其心莫测。今来求军马钱粮，主公万勿应允。若以军粮相助，是用柴助火。"刘璋说："吾与玄德有兄弟之情，今来相求，怎能不助呢？"话没说完，一人出来说："刘备乃世之枭雄，若久留于西川，是纵虎入室。今再助他军粮，岂不是如虎添翼吗？"众视其人，乃零陵人氏，姓刘名巴，字子初，现为刘璋从事。刘璋问道："公之意不应助玄德吗？"刘巴说："不但不应助，还应让他速速回去。"

刘璋听了刘巴之言，左右未决。黄权又来苦谏，刘璋乃拨老幼残军二千，米三千斛，发书遣使回报玄德。玄德见书大怒说："我为你拒敌，费力劳心，你异常吝啬，怎能使士卒效命？"遂扯碎来书，大骂而起，下书人抱头鼠窜而去。庞统说："从前主公只以仁义为重，今日毁书、发怒，前情尽弃了。"玄德说："以公之见应该怎样？"庞统说："我有三条计策，请主公自择而行。"玄德说："哪三条计策呢？"庞统说："选精兵火速前进，直取成都，此为上计；杨怀、高沛乃蜀中名将，各领强兵，据守隘口，今主公假称回荆州，二将闻之必来送行，就送行处擒下杀了，夺下关隘，先取涪城，然后兵进成都，此为中计；私离葭萌关，连夜退回荆州，徐图进取，此为下计。此三计任选其一，不可犹豫不决。"玄德说："上计太促，下计太缓；中计不迟不疾，可以行。"说完，写书给刘璋。

话说书到成都，张松闻知此信，只当玄德真心要回荆州，乃写书一封，正要差人密送玄德，不叫他回去。恰好这时，哥哥广汉太守张肃到来，张松急忙藏书于袖中，陪他哥哥说话。张肃见张松神情恍惚，心中甚是疑惑。张松取酒与兄共饮，应酬之间，将密书失落在地，被张肃跟来的人拾去。席散之后，跟随人将书交给张肃，张肃拆封观看，书中大意是：

　　松昨与皇叔共议取西川之事，原是真心并无虚假，何故迟迟不行？今大事已在掌握之中，为什么要舍弃，返回荆州？使松闻知如有所失，此书到日，即速进兵，松为内应，万勿东归。若失此机会，西蜀四十一州郡，何日得到你我手中？望皇叔思之。

张肃看完，大吃一惊说："我弟做此灭门大祸，我若不先自首，累我全家。"遂连夜来见刘璋，诉说其弟张松与刘备同谋，共取西川，把书呈给刘璋。刘璋看书大怒说："我平日没有怠慢他，为什么谋反？"下令武士捉拿张松和其全家老小，皆斩于市，一共三十余口，死得好惨！

刘璋斩了张松，聚众文武商议说："刘备想夺我的基业，应当怎么办？"黄权说："事不宜迟，可速差人报知各处关隘、山口，添兵把守，不许荆州一人一骑入咱境界。"刘璋从之，依计而行，星夜差人往各关口报信。

此时，玄德离了葭萌关，兵近涪城，使人报上涪水关，假称要回荆州，向杨怀、高沛告别。杨怀、高沛闻知商议说："玄德勾通张松共取西川，今说回荆州，显然有诈，他说向我告别，其心更难测。我二人要借机行事。"

话说杨、高二人商议已定，各披软铠，暗藏利刃，只带随人二百名，出关为玄德送行。此时，玄德大军到涪水关，庞统在马上向玄德说："杨怀、高沛若是欣然而来，就在送行处擒他；若不来，便直取其关，不可迟缓。"正说话间，忽然一阵风来，把前边帅字旗吹倒，玄德惊问庞统："这是什么兆头？"庞统说："此是警报，杨、高二人来，必有行刺之心，可用心防备。"玄德身披重铠，腰佩宝剑。人报杨怀、高沛前来送行，玄德传令军队停住。庞统吩咐魏延、黄忠，凡是涪水关上来的军士，不论多少，一个也不许放回，二将领令而去。杨怀、高沛身边各藏利刃，带二百军士，牵羊担酒，直到军前。一看刘备并无防备，心中暗喜，以为计谋已成，同入大帐。玄德正与庞统在帐中共坐，二人来到座前一齐躬身说："闻皇叔要回荆州，特备薄礼相送。"遂进酒劝玄德饮，玄德说："二将军守关辛苦，当先饮此杯。"二将接杯在手，一饮而尽。玄德说："我有密事与二位将军商议，需要随人回避。"遂把他带来的二百军士一律赶出中军。

刘玄德高坐中军把令行，即刻地赶出杨高带来兵。

立起身吩咐拿人一声喊，帐后边猛然闪出二英雄。

这一边刘封备勇往上闯，那一边应声跳出小关平。

大帐中杨怀高沛要动手，被二将捉住袍服不放松。

好一似鹰抓燕雀难行动，顷刻间五花大绑上了绳。

只见他短甲外露公服罩，从身边搜出钢刀利刃锋。

刘皇叔怒满胸膛把脸变，此一时欲加之罪更有名。

玄德大喝说："我与你主同宗兄弟，你二人何故同谋离间我们骨肉之情？"即令刀斧手立斩杨怀、高沛于大帐之外。此时，黄忠、魏延早把二百名军士捉住，没能走脱一个。玄德唤入中军帐，赐酒压惊，并向随来的众军士说："杨怀、高沛离间我兄弟之情，又怀利刃，前来行刺我，故捉下杀了，你们无罪，不必惊疑。"众军士叩头而谢。庞统说："我主不斩之恩，不可不报。就用你等引路，前去取关，若得功效，俱有重赏。"众人一齐答应愿往。庞统便叫二百人先行，大军随后前进。

来到关下，天已二更时，那两百人就在关下，齐声大叫说："杨、高二将军有急事，连夜回来开关。"

> 众军士投降玄德实无奈，皆因为诛杀杨高二将爷。
>
> 常言说蝼蚁飞虫皆惜命，似如这死到临头谁不怯。
>
> 不得已听从指使把关叫，城头上认以为真开了门。
>
> 大伙儿蜂拥而入往里闯，呼啦啦进去军马一大群。
>
> 刘玄德入城即刻传下令，招军榜示谕高悬各处贴。
>
> 有谁敢大胆违抗不降顺，立刻要拿来一刀两半截。

榜文一出，蜀兵皆降，玄德喜之不胜，一概重赏，遂兵分两处，前后把守。次日劳军，大摆宴席，同饮喜酒。玄德酒至半酣，向庞统说："今日之宴，可为快乐？"庞统说："不然，伐人之国，以为快乐，非仁者之兵。"玄德说："我闻昔日武王伐纣之后，庆功作乐，此亦非仁者之兵吗？你讲的好不合道理，速去吧！"庞统大笑而起。左右扶玄德入后堂，睡到半夜酒醒，左右把逐庞统之言说了，玄德悔恨莫及。次日升堂，请庞统前来，玄德赔罪说："昨日醉酒，言语不周，千万莫怪。"庞统照旧谈笑，并不挂怀。玄德说："昨日之言，是我有失。"庞统说："君臣俱失，岂止仅仅是主公。"玄德也大笑，其乐如初。

却说刘璋闻听玄德杀了杨、高二将，大惊说："不料今日果有此事，我后悔不听王累劝说。"

> 刘季玉事到眼前后悔难，手搔头长吁短叹蹙眉尖。
>
> 无奈何聚集帐下文武官，商议着发兵去夺涪水关。
>
> 这才是自失主张后了悔，羞答答又来问计向黄权。
>
> 黄公衡赤胆忠心保蜀主，你看他献计陈词说不完。
>
> 成都府全凭雒城为保障，那一边涪江环抱锦屏山。
>
> 用大将领兵把住咽喉路，刘玄德就是会飞想过难。
>
> 要知道草缺粮空难进取，管叫他兵阻高关马不前。
>
> 倘若是玄德一旦把兵退，那时节乘势追袭在后边。
>
> 若能够一鼓而擒捉刘备，方才能城池永固保西川。

黄权献计，刘璋欣然从计，即令刘璝、泠苞、张任、邓贤点齐五万大军，星夜奔赴雒城，以拒刘备。四将领兵起程，兵至雒城，分兵把守各处隘口。刘璝说："雒城是成都的咽喉，此城若失去，成都便无保障了。我们四人，留二人守城，二人去雒城前面，依山傍险，扎下两个营寨，勿使敌兵临城，城就不会失守。"泠苞、邓贤说："我二人愿去立寨，以挡敌兵。"刘璝大喜，分两万军马给泠、邓二人，离城六十里下寨。刘璝、张任守护雒城。早有长探报给玄德，刘璋来四员大将，发来五万雄兵，刘璝、张任留兵三万守雒城，泠苞、邓贤分兵两万，离城六十里，立下两个寨栅，以防荆州之兵。

玄德问众将说："谁敢建立头功，去取敌人大寨呢？"话还没说完，众将应声而出，各自争先要去。魏延与黄忠俱要抽刀拉马，比试高低。玄德急止说："不可，我今提兵取西川，全仗你二人之力。今若两虎相斗，必有一伤，要误了我的大事。休得争论，我与你二人和解。"庞统说："你二人何必相争？现今冷苞、邓贤立了两个大寨，你二人自领本部军马，各打一寨。黄忠打冷苞的寨，魏延打邓贤的寨。"庞统说完，二人从命，各自领兵去了。庞统说："他二人此去，恐有路上相争，主公你领兵为后应。"玄德从之，留庞统守城，自己同刘封、关平引五千军马，随后进发。

却说黄忠回到本帐，传令次日四更造饭，天明进兵，顺左右山谷而进。却说魏延得知黄忠所传之令，自己便传令，二更造饭，三更起兵，天明要到邓贤寨前。

> 魏延巧计生要把头功占，吩咐众三军二更就造饭。
>
> 传下令马摘銮铃悄悄走，也不许儿郎说话大声喧。
>
> 大伙儿小心谨慎无动静，一定要暗行来把黄忠瞒。

话说魏延三更时分，领兵悄悄起程，走到半路，在马上暗自思想："我打邓贤寨，就是打破了，也不为奇。不如趁着黄忠未来，先去打冷苞的寨，再领得胜兵打邓贤寨，两处功劳都是我的，这不更好？"想到此，在马上传令，军马开往冷苞寨栅。天色微明，离寨不远，少歇片时，叫军士安排金鼓旗幡、枪刀器械，侍候劫营。

早有伏路小军飞报入寨，冷苞闻报，做好准备。魏延还没来得及动手，猛然一声炮响，军马杀出寨来。魏延纵马提刀与冷苞交战，战到三十余合，川兵分两路来攻。汉军走了半夜，人困马乏，抵挡不住，退后便走。魏延见自己人马阵脚不稳，撇下冷苞，拨马而回，川军随后赶来，汉兵大败，退走三五里。

忽听山背后，金鼓震地，喊杀声连天，右寨邓贤领兵从山谷中杀来，大叫："魏延休走，快快下马受降。"魏延急纵马飞奔，战马忽失前蹄，将魏延掀将下来，邓贤一马闯到近前，挺枪便刺。魏延大惊说："我命休矣！"正在这时，忽听弓弦声响，邓贤中箭落马，后面冷苞方想来救，山坡上一员大将催马而出，厉声大喊："老将黄忠在此。"一边说着，舞刀催马直扑冷苞。冷苞抵敌不住，退后便走，黄忠乘势赶来，川军大乱。黄忠这一队兵马来得虽晚，恰好杀了邓贤，救了魏延，直追到冷苞寨前。冷苞回马与黄忠交战，战不到数十回，汉兵一拥而来，只得舍了左寨，领着败军奔投右寨。

话说冷苞带领败军来到邓贤大寨，又被玄德夺了，只得沿山僻小径，急奔雒城。走不到十余里，两山峡谷之间，伏兵忽起，套锁挠钩，一齐动手，活活将冷苞捉下马来，用绳捆住。这是何处兵马呢？原来魏延自知兵败有罪，又无脸去见黄忠，所以伏军等候，捉了泠苞，军士都降了，直投玄德寨来。此时，玄德立起免死牌，不许杀害川兵一人，如有违命故伤一人的，立刻偿命。因此，川兵尽降。玄德唤降兵们近前说："你们川人俱有父母妻小，愿降者，吃粮当兵；不愿降者，各自归去。"于是，欢声动地，无不愿降。黄忠来见玄德说："魏延违了军令，理当斩首。"话未完，魏延押解泠苞到来。玄德喜说："魏延虽有罪，此功可赎，魏延应拜谢黄忠救命之恩，今后两相和好，休再争功。"魏延顿首伏罪。玄德重赏黄忠。

> 刘玄德从中和好善周全，二将官顿释前仇不记嫌。
> 喜滋滋彼此作揖双拱手，吩咐人立将泠苞解帐前。
> 眼看着皇叔亲自去绳索，好叫他低头无语带羞惭。
> 大伙儿急速共入中军帐，刘皇叔赐酒压惊亲手端。
> 笑哈哈问询将军肯降否？贼泠苞顺口答话把人瞒。
> 他说道活命之恩无可报，我虽不才情愿相助西川。
> 雒城县尚有刘璝和张任，我与他交厚生死已多年。
> 倘若肯宽心不疑放我去，我保证劝他投降到这边。
> 刘皇叔闻听此言心欢喜，即吩咐送归鞭马放他还。

泠苞说完，玄德大喜，便将衣服、鞭马给他，放他回雒城。泠苞见了刘璝、张任，不说被人捉住，却说杀了十余人，夺得马匹逃回。刘璝见折了大将邓贤，降去两万人马，急差人往成都报信，请求援助。

刘璋乃命长子刘循，带领吴懿、吴兰、雷铜三员大将，二万军马来守雒城。大家商议，要决涪江之水，以淹汉军。又被法正故友彭永言破了他的计策，移兵高冈之处。泠苞领兵星夜决水，又被魏延擒住，解到涪水关。玄德斥责说："我以仁义待汝，何故背叛？"传令斩了泠苞，重赏魏延，并设宴款待彭永言。

第八十三回　诸葛亮痛哭庞统　张翼德义释严颜

话说玄德设宴款待彭永言，忽报军师孔明使马良送书到，玄德召入问他，马良礼毕说："荆州平安，不劳主公挂念。"然后把书呈上，玄德拆封一看，内容是：

> 亮夜算太乙数，今年岁次癸巳，罡星在西方；又观乾象，太白临于雒城之分。主将帅身上多凶少吉，切宜谨慎。

庞统低头自思说："这是孔明怕我西川成功，故以此书相阻。"玄德与马良叙了一回，向庞统说："军师寄来此书，应该怎么办呢？"庞统说："我也知罡星在西，此乃应主公得西川之兆，别无凶事；太白临于雒城，咱斩蜀将泠苞，已应凶兆了，主公不可疑心，速速进兵，总无妨碍。"玄德令孟达同其故友霍峻领兵五千，守住葭萌关，以防张鲁。自己与文武众将离开涪水关，直取雒城。走到半路，黄忠、魏延迎入寨，庞统问法正说："此去雒城，走哪条道近？"法正画一地图，玄德取出张松所献地图，进行对照，并无差错。法正说："山北有条大路，正到雒城东门；山南有条小路，正到雒城西门。两条路皆可进兵。"庞统说："既如此，我让魏延为先锋，由南小路而进；主公令黄忠为先锋，由北大路而进，两路军马同到雒城会齐。"玄德说："我夜梦一人，手拿铁棒，打我右臂，军师此行，莫非不利吗？"庞统说："壮士临阵，不死也伤，这是必然，怎么以梦之事相疑呢？"玄德说："我所疑的是孔明的书信，军师请回去守涪关如何？"庞统闻听此言，哈哈大笑。

第八十三回　诸葛亮痛哭庞统　张翼德义释严颜

那凤雏哈哈大笑呼主公，主公你莫以书辞信孔明。
现如今他的心事我猜透，唯恐怕我取西川立大功。
都只为接了孔明书一纸，因此上皇叔疑心噩梦生。
似如那梦里的事为何信？咱只管勇往直前且进兵。
须知道既做忠臣不怕死，虽然是肝脑涂地也情愿。
好容易闯关斩将来此地，眼看着唾手之间得雒城。
想一想半途而废成何事？怎么好休兵不前无有终？

玄德听从庞士元之言，传下号令，次日五鼓造饭，天明进军，黄忠、魏延领兵先行。玄德与庞统约定会齐之地，分路而走。忽坐下马偶打前失，把庞统掀将下来。玄德慌忙跳下坐骑，给庞统把马拢住说："军师为何乘此劣马？"庞统说："此马久乘，从没这样。"玄德说："临阵眼生，误人性命。我所骑白马，性极老实，换给军师骑坐万无一失，劣马我自乘坐。"遂与庞统更换马匹。庞统说："深感主公厚恩，虽万死不能报答。"说完与玄德分路而行。

谁想刘璝恐怕汉兵取雒城，令张任埋伏军马于小路旁，见魏延领兵而来，知是开路先锋，张任叫放过去，不许打。后面庞统军到，张任士卒遥指说："那骑白马的在中军，必是刘备。"张任大喜，便吩咐如此如此。

话说庞统见两山很窄，树木丛杂，又值夏末秋初，枝叶茂密，心中生疑，勒住马问道："此处叫何地名？"军中有新降士卒说："此处叫做落凤坡。"庞统闻言大惊说："我的道号叫凤雏，此处叫落凤坡，于我十分不利，退军为好。"遂吩咐火速退军。话刚说完，只听山坡前一声炮响，万箭齐发，俱照骑白马的射来，可怜庞统竟死于乱箭之下，年仅三十六岁。

> 庞士元万箭穿身一命休，苦了那大小儿郎挂甲兵。
>
> 幸亏了魏延回兵忙来救，大伙儿且战且走扑雒城。
>
> 这张任催军后面急追赶，闹嚷嚷军士好似一窝蜂。
>
> 好容易飞奔到了雒城下，出来了吴兰刘璝和雷铜。
>
> 三员将同领儿郎往上闯，呼啦啦四面围来不透风。
>
> 此一时魏延纵有冲天力，怎担得前后受敌两下攻？
>
> 忽听得东北角下乱哄哄，顷刻间人仰马翻炸了营。
>
> 原来是后面玄德领兵到，领头的正是年高老黄忠。
>
> 两下里乱杀乱砍好一阵，刘皇叔收军急退转回程。

玄德一看不能取胜，忙收兵退回涪关。刘璝领兵一直追到关下，幸亏刘封、关平领三万生力军杀下关，刘璝方才退回，夺回战马甚多。

刘备率兵入关，查点人马，折去三千余人，又被乱箭射死军师庞统，不由得痛哭不止，即刻设祭，众人皆哭泣。黄忠说："如今庞军师死了，张任必来攻打涪关，不如差人往荆州请诸葛军师前来，共商收川之计。"玄德从其言，立刻修书一封，差关平星夜赴荆州而去。

却说孔明在荆州，夜观天象，见正西一星，其大如斗，从天坠下，流光四散，天地皆明。孔明失惊，掷杯于地，失声大哭，众官惊问说："军师为何如此？"孔明哭而不言，众官再三劝解，孔明这才哭诉情由。

> 说什么丈夫有泪不轻弹，须知道事至伤心情自酸。
>
> 诸葛亮捶胸跺足哀哀痛，哭了声聪明才高庞士元。
>
> 想当年我往江东把丧吊，俺两个萍水相逢在江边。
>
> 那时节一封荐书交你手，刘皇叔让你去做知县官。
>
> 三将军伙同孙乾去巡视，才知道凤雏先生是大贤。
>
> 现如今统领大军参国政，与众将同心保主下西川。
>
> 方才看斗大明星从天坠，必是那士元身死命归天。
>
> 实指望同保皇叔成大业，谁料想半途而亡赴黄泉。

孔明说完，众官皆惊，半信半疑，是夜酒不尽欢而散。数日后，孔明、云长等正坐间，忽见关平自外而入，呈上玄德书。孔明拆封一看，内言七月初七日，庞军师在落凤坡被张任乱箭射死。孔明大哭，众官无不落泪。孔明说："主公在涪关进退两难，亮只得前去。"云长说："军师若去，何人保守荆州？"孔明说："荆州重地非同小可，非你不行。"遂向云长说："二将军念桃园结义之情，竭力保守此地，责任重大，公应尽全力。"云长也不辞，欣然应允。孔明设宴交割印绶，云长双手接

说唱三国

过。孔明捧着印说："这担子都在将军身上。"云长说："大丈夫既领重任，虽死不辞。"孔明听云长说出一个死字，心中不悦说："倘曹操前来，应当怎样对待？"云长说："以力拒之。"孔明又说："倘孙、曹一齐起兵来，应怎么办？"云长说："分兵拒之。"孔明说："若如此则荆州必失。"

　　诸葛亮杀罚牌印手中擎，　　满口里连把将军尊又称。

　　现如今庞统西川殒了命，　　令关平马上飞传书一封。

　　我若是稳坐荆州身不动，　　有谁能参与军机佐主公？

　　我把这荆州九郡交与你，　　须知道其中干系却非轻。

　　倘若是曹操一旦领兵到，　　将军你无妨出马把敌迎。

　　必须要东结孙权为唇齿，　　两下里共拒曹瞒老奸雄。

　　万万不可与江东结仇恨，　　但恐怕前后受敌两下攻。

　　常言说将在多谋不在勇，　　必须要远虑深思计老成。

　　诸葛亮嘱咐叮咛相告诫，　　关云长慨然应允满口行。

　　孔明说完，云长说："军师之言当铭记在心。"孔明这才交了印绶，令文官马良、伊籍、向朗、糜竺，武将糜芳、廖化、关平、周仓，两班文武辅佐云长，同保荆州。先拨精兵一万，叫张飞率领，取大路奔四州，杀奔雒城之西；又拨一支人马，叫赵云为先锋，溯江而上，会于雒城。孔明随后领简雍、蒋琬等起程。

　　张飞兵到巴州地界，细作报知巴州太守严颜。严颜是蜀中名将，年纪虽高，精力未衰，善开硬弓，百发百中，赤马大刀，有万夫不当之勇。早前严颜在巴州，闻听刘璋正请玄德入川，叹息说："此所谓独坐穷山，引虎自卫。"后闻玄德居住涪关，大怒，想提兵去战，又恐怕这条路上再有兵来。此时，得知张飞兵到，便点起五千人马，准备迎战。

　　老严颜准备迎敌把兵交，　　帐下里谋士献上计一条。

　　他说是勇将燕人张翼德，　　从来是无敌枪马比人高。

　　他也曾三声喝退兵百万，　　曹阿瞒胆战心惊魂魄销。

　　咱不如固守城池不出战，　　有谁能抵住无情丈八矛？

　　他营中军粮路远难搬运，　　又加上张飞性情最粗暴。

　　平常里鞭打士卒只当耍，　　他平生稍不如意心自憔。

　　单等着性情发作施暴力，　　准备着他把军心逼变了。

　　那时节乘势攻击下毒手，　　张翼德要想取胜枉徒劳。

　　老严颜闻听此言把头点，　　一霎间春风喜上两眉梢。

　　大帐中聚集将士传军号，　　四下里紧闭城门撤吊桥。

　　城头上周围俱用兵巡守，　　女儿墙遍插旌旗竖枪刀。

倘若是敌人攻城来讨战，众军士滚木礌石一齐抛。

安排下深沟高垒不出马，要把这巴州城池守个牢。

张翼德每日领兵来骂阵，总不能疆场之上把兵交。

严颜听从军师之言，传令军士上城守护，闭门不出。张飞率军离城十里下寨，差人入城，告知严颜："早早出城投降，保留满城性命；若不投降，就杀进城去，老幼不留！"军士便把张飞言语相告，严颜大怒，骂道："匹夫焉敢无礼？我严某岂能降你？"命人割去军士耳鼻，放他回寨。军士回寨见张飞，告诉严颜大肆辱骂。张飞怎能容得？立刻披挂，提枪上马，引数百骑，来巴州城下挑战。城上众军百般痛骂，张飞性急，几番杀到吊桥，俱被乱箭射回。次日早晨，又来讨战，严颜在敌楼上，一箭射中张飞头盔，张飞指而恨说："我拿住你这匹夫，必定生食你肉。"两下相持至晚，无奈又回。

张翼德连日攻城调三军，老严颜固守城池紧闭门。

无奈何复又提枪上战马，带领着军士儿郎一大群。

巴州城四面高山有百丈，各处里悬崖峭壁大沟深。

大伙儿弃马步行登绝顶，看了看周围一带墨松林。

仔细瞧孤城建在山坡下，最可喜居高临下看得真。

有许多如狼似虎披甲士，飘摇摇遍插旌旗五色分。

又只见民夫相助把城守，来往的搬砖运石受劳累。

张翼德细观一会把头点，不由得拨马回寨暗沉吟。

张飞看了一会儿，带领军士回寨，自言自语地说："任我百般辱骂、讨战，他只是不出，怎样是好？"猛然心生一计，只叫三五十个军士，前去城下叫骂。骂了三日，全然不出。张飞又出一计，传令叫军士四散砍柴打草，寻找道路，不去讨战。严颜在城中，连日不见张飞动静，心中疑惑。让十几名小军，扮作张飞砍柴的军士，悄悄出城，夹在人群中，混入张飞寨中。是日天晚，骂阵的军士回营说："严颜紧闭城门不出。"张飞顿足咬牙，大骂不止，帐前有几个军士说："将军不必心焦，我等连日入山砍柴，探得一条小路，可以越过巴州，直达雒城。"张飞故意高声大嗓说："既有这条路，何不早说？事不宜迟，今夜便走。二更造饭，三更拔营，马摘銮铃，身披软铠，悄悄地走，不许高声说话。我在头前开路，你们随后依次而行。"令一下传，即刻准备。

好一个粗中有细张老三，你看他心中暗定巧机关。

老严颜紧闭城门不出马，命军士砍伐柴薪齐入山。

巴州兵大寨来把消息探，便吩咐儿郎各处传谣言。

都说是偷奔雒城走小路，悄悄地陈仓暗度过昭关。

说唱三国

凭空里定出一条诓诈计，哄信了西蜀大将老严颜。

即刻地聚集将士传军令，开城门半路截杀不放宽。

只说是破敌擒将机关巧，再不想弄巧成拙枉徒然。

话说严颜探得张飞消息，便初更造饭，二更出城，令军士伏在树木丛杂之处，自引十余骑下马伏于林中。约到三更后，明月当空，照耀得白日一样，望见张飞亲自在前，横矛立马悄悄地引军前进，约有三四里路，背后车仗人马陆续进发。严颜看得分明，号炮一声响，伏兵四起，一齐上前抢走车仗。不料，背后一声鼓响，一彪军马突然杀来，大喝说："老贼休走，快快投降，免你死罪。"严颜回头看时，只见为首大将，豹头环眼，燕颔虎须，坐下深乌马，手中丈八矛，乃是张飞。严颜吃一大惊。张飞挺枪便刺，严颜舞刀来迎。战不上十余合，张飞卖个破绽。严颜一刀砍来，张飞侧身闪过，把马一提，往上一靠，说了一声"过来吧"，眼看着把一个老将严颜生擒活捉了。

严颜被擒，军士们把他捆绑起来。原来头前过去的是个假扮的张飞，这个真张飞捉了严颜。无数的川兵逃的逃，散的散，死的死，降的降。张飞领兵一直杀到巴州城下，军马一拥入城。张飞传令，不许伤害百姓，急忙出榜安民。刀斧手把严颜推到张飞座前，严颜不肯下跪，张飞怒目咬牙大声说："将军到此为何不降？"严颜全无惧色，向张飞大声说："尔等侵我州郡，是我的仇人，今虽被擒，视死如归。自古有断头将军，哪有投降将军？"张飞听后大怒，喝令左右速斩严颜，严颜冷笑说："匹夫要斩便斩，哪个还怕你不成？"张飞见严颜声音雄壮，面不改色，英杰之气，令人可敬，乃转怒为喜，离座下阶，喝退左右，亲解其绳，取衣穿好，扶在正面高坐，躬身下拜说："方才言语冒犯，多有得罪，请勿见怪。我素知老将军乃忠义豪杰之士，仰慕久矣！"

话说张飞百般劝解严颜，严颜感其恩义，情愿投降。张飞心中大喜，设宴款待，大家共坐饮酒，请问入川之计。严颜说："败军之将，蒙将军厚恩，无可以报，愿施犬马之劳。从此西去，直至雒城，把守关口之兵，俱归老夫所管。今感将军厚恩，老夫愿为前部，所到之处，俱叫他投降。"张飞大喜，便令严颜为前部，直抵雒城。一路所到之处，川军闻风而降，并无阻挡。及至雒城，玄德、孔明两路人马已到，大家会齐，分路攻城。

两家打了几仗，皆不是汉兵对手，雷铜、吴兰俱降，玄德又用伏兵擒了张任，立即将张任斩首。雒城之内，只有刘璝、吴懿同公子刘循死守城池，闭门不出。玄德令蜀中一班降将直抵雒城，大叫："早早开门投降，免叫城中百姓受苦。"刘璝在城上大骂，严颜刚想用箭射之，忽然城上一将，拔剑砍倒刘璝，开门投降，玄德大军一拥入城。刘循开西门逃走。

第八十四回 | 法正劝刘璋投降 杨阜破马超借兵

说唱三国

话说玄德大军入城，出榜安民，众军皆降。原来在城上拔剑砍死刘瑰的是武阳人张翼。玄德重赏张翼。

> 刘玄德唾手之间得城池，　大堂上摆宴庆功散金银。
> 命赵云镇守外水江阳处，　张翼德一同严颜抚德阳。
> 安排着兵进西川拔营寨，　法孝直帐前打躬忙作揖。
> 咱如今既得雒城咽喉路，　刘璋的蜀中州郡难支持。
> 皇叔你自离荆襄来此地，　有一个仁义声明谁不知？
> 倘若是一味好杀行残暴，　恐人说有其名而无其实。
> 依我劝主公不必行人马，　先差人成都府里把书寄。
> 刘季玉若知进退识时务，　他必然投降纳贡卷旌旗。
> 倘若是胆敢抗命不归顺，　那时节不速兴兵谁肯依？
> 法孝直如情如理说一遍，　诸葛亮满口称赞有见识。

法正说完，孔明说："孝直之言最好。"即令法正修书一封，差人往成都去下书。

此时，公子刘循已逃回成都，向父亲禀告说："雒城已失，众将皆降。"刘璋大惊，忙聚众官商议，从事郑度献策说："今刘备虽能攻城夺地，然兵不甚多，粮草难运，到处割谷为食，不如尽驱巴西之民偷过涪水之西，把那一带仓库、田谷都烧毁。我们深沟高垒静以待之。他来讨战，咱们闭门不出，待粮尽草无必然败走，那时可乘虚击之，刘备可擒。"刘璋说："不行。我听说拒敌以安民，从没听说动民以拒敌，此非上计，不可行。"正商议时，人报法正有书来。刘璋把使者唤入，拆封观看。

> 昨蒙遣差结好玄德，不料主公左右不得其人，以致如此。今玄德思念旧情，不忘族谊。主公若能欣然归顺，玄德不肯薄待。望主公三思。书不尽言，乞赐回音。

刘璋看完书大怒，扯碎来书，大骂："卖主求荣，忘恩负义，有何脸面来书说我？"将来使赶出城去。即刻遣妻弟费观提兵前去，把守绵竹要地。费观又保举一人，姓李名严，两人领兵三万，共守绵竹。此时，益州太守董和上书刘璋，希望刘璋往汉中向张鲁借兵。刘璋说："张鲁与我有杀父之仇，怎肯相救？"董和说："不会不管。"

想当初张鲁兴兵来犯边，　出了个卖国求荣张永年。

凭空里自往许昌走一趟，　而竟然勾通刘备取西川。

现如今唾手而得雒城地，　老黄忠把守咽喉涪水关。

主公你不见枭雄刘玄德，　动不动江东求助结孙权。

总不如急速修成书一纸，　急差人连夜飞奔到那边。

须把那利害之处说个透，　料想他也怕唇亡齿也寒。

倘能够愿为外援兴人马，　给他个两路夹攻得胜难。

刘璋立即修书遣使，急往汉中求援。

再说马超自从兵败，逃入西羌二年有余，结好羌兵，攻取陇西一带州郡。所到之处，尽皆归降，唯有冀州刺史韦康不肯归顺。这陇西原是曹操之地，韦康多次往长安求救夏侯渊，夏侯渊不得曹操之命不敢动兵。韦康见救兵不到，与众商议投降马超。参军杨阜谏说："马超乃叛君之贼，岂能投他？"韦康说："攻打甚急，救兵又不见来，岂可闭目等死？"于是大开城门投降马超。马超大怒："你看攻打甚急，才来投降，定无真心。"当即将韦康一家老小四十余口都杀死了。有人说："杨阜不让韦康投降，更不可留。"马超说："此人为主守义，不可斩。"于是用杨阜为参军，杨阜又荐二人，一名梁宽，一名赵衢。马超即用二人为领军校尉。杨阜向马超谎称其妻死于临洮，停棺未葬，现告两个月假，归葬其妻，事完即回。马超同意。杨阜私自去历城，来见镇西将军姜叙，二人是姑表之亲，姜叙之母是他姑母，年已八十二岁。杨阜入内宅，拜见其姑母，痛哭流涕不止。

杨阜连连叩头，哀哀痛哭。姜母唤姜叙来，责备说："韦康遇害，是你的罪。"又向杨阜说："你既投降，日食其禄，为何又要讨之？"杨阜说："侄儿所以不死，留下性命，是为了与主报仇。"姜叙说："马超英勇，不易图他。"杨阜说："有勇无谋，有什么难图的？我已约下梁宽和赵衢，里应外合。兄若兴兵，二人为内应，大事可成。"姜母说："既如此，我儿可早出兵，不要迟疑。谁都有一死，要死于忠义，死得其所，勿以老身为念。你若不听杨阜之言，我当先死。"姜叙听了母亲之言，乃与帐下统兵校尉尹奉和赵昂商议。原来赵昂之子赵月，现随马超为部将，赵昂心中不愿兴兵，只得勉强应允。回到家来，告知妻子说："我今日与姜叙、杨阜和尹奉一起商议，要报韦康之仇。我想儿子现在马超部下，若一兴兵，马超必然要先杀我儿子。此事，让我好为难。"其妻王氏闻言，勃然变色，微微冷笑。

王夫人冷笑几声怒气发，　她说道将军想事也太差。

既然是身为臣子食君禄，　原就该尽忠报国舍了家。

现如今西凉逆贼马孟起，　凭空里横行无忌乱中华。

姜将军威镇陇西为主帅，正应该剿除流寇去征伐。

岂不知食人之禄应效力，你如今畏枪避剑做什么？

急发兵扫荡马超是正理，不能将数郡城池付与他。

做武将马革裹尸不惜命，你怎么只顾自己孩子芽？

王氏说了这一些话，赵昂低头半晌不语。王氏厉声说："丈夫要报君父之仇，虽身亡家灭，尚且不惜，何况一子？你若顾子，而不出兵，我当先死。"赵昂主意方决。次日起兵。

早有细作报告马超，马超大怒，即把赵昂之子赵月斩首。令庞德、马岱起羌兵，杀奔历城而来。姜叙、杨阜引兵迎敌。姜叙一马当先，大骂叛君无义之贼。马超大怒，纵马挺枪冲杀过来，两军混乱，乱杀乱砍。姜叙、杨阜不是马超对手，抵挡不过，大败而走。马超催兵赶杀。背后喊声大起，尹奉、赵昂领兵杀到。马超拨马回走，四将前后夹攻。此时，长安夏侯渊得了曹操军令，领兵来战马超。

马超怎能抵住三路军马，大败奔逃了一夜，天亮时方到冀城，大叫："快开城门。"城上乱箭射下。原来是杨阜暗约梁宽、赵衢占了冀城，不让马超进城。又将马超幼子二人，及全家老小十余口，在城上一刀一个砍下来。

马超见夏侯渊兵来，料不能胜，与庞德、马岱杀开一条血路，闯出重围，零零落落只剩下五六十骑，连夜奔走，四更时来到历城城下，守门的只当是姜叙的兵马回来，开门迎入。马超、马岱、庞德一同那五六十骑，见人就杀，直闯入姜叙内宅，拿住姜母，姜母全无惧色，马超亲自杀了她。尹奉、赵昂满门老幼亦俱被马超所杀。

天已大明，夏侯渊领兵赶到，马超弃城逃走，往西奔去，走不到二十里，杨阜伏兵截住去路。马超咬牙切齿，怒气塞胸，并不答话，挺枪便刺。杨阜兄弟七人俱在军中，齐来助战，都被庞德、马岱杀死。杨阜身中五枪，仍然死战马超。后面夏侯渊大兵已到，两军大杀一阵。马超不敢恋战，夺路而逃，只有庞德、马岱五七骑相随。夏侯渊也不追赶，安抚陇西人民。令姜叙、尹泰、赵昂等分守诸郡，以车拉杨阜同归许昌来见曹操。曹操大喜，封杨阜为关内侯。

且不言杨阜受职于曹操，再说那四海无家小马超。

同众人信马由缰奔山路，不住得仰天长叹蹙眉梢。

想当年我父许昌身被害，与韩遂报仇雪恨走一遭。

最可恨误中曹操反间计，到头来画虎成犬枉徒劳。

我如今气满胸膛心不死，又做了冤上加冤恨难消。

疼煞人一门老幼死得苦，更难忍飘零白骨在城壕。

眼前里脚跟无线如蓬转，何脸面再回西凉旧窝巢。

马超思前想后，泪如雨落。马岱说："咱们屡次兵败，无脸回西凉，不如去投张鲁，权且安身，慢慢再图后计。"马超从其言，大家竟往汉中去投张鲁。

张鲁仰慕马超之名，一见大喜，遂即在帐下重用。正值刘璋遣使下书求救，张鲁不应，使者空回。忽两日刘璋使者又来见，向张鲁说："今东西两川，实为唇齿，西川若破，东川也难保。若肯发兵相救，我主愿以二十州地方，相酬厚德。"张鲁贪图其利，欣然应允。谋士阎圃谏说："刘璋与主公有世仇，今事急求救，谎称割地以相酬，并非真心，不可信他。"张鲁还未回答，忽阶下一人，应声而出说："末将不才，愿乞一旅之师生擒刘备。"张鲁一看，是马超。马超说："深感主公之恩，无可以报，愿意领兵擒拿刘备，务要刘璋割地二十州，以酬主公。"张鲁大喜，即点精兵二万与马超。此时，庞德卧病不能出马，张鲁令大将杨柏为监军。马超和其弟马岱领兵起程。

再说玄德在雒城，只因法正所差下书人回来说刘璋不肯投降，玄德大怒，立刻兴兵攻打绵竹。绵竹守城之将费观、李严开门投降，玄德顺利得了绵竹地。

> 刘玄德一举又得绵竹城，安排着攻打成都发大兵。
>
> 猛然间流星探马来急报，只跑得全身是汗似蛟龙。
>
> 大帐前滚鞍下马双膝跪，喘吁吁叩头连把主公称。
>
> 现如今刘璋勾结贼张鲁，两下里同与皇叔开战争。
>
> 昨一日亲到西凉马孟起，与其弟兵进高关犯葭萌。
>
> 连日来拼力相攻将打破，命小的飞报前来不许停。
>
> 现有这书信告急呈一纸，望皇叔火速兴师发救兵。

报信的说完，玄德大惊。孔明说："只有张飞、赵云二将方可退敌。"玄德说："赵云领兵在外未回，三弟在此，可差他去。"孔明说："主公先不要说，待我激他一激。"话还没说完，只见张飞大叫而入说："小弟辞别哥哥便去战马超。"孔明故装不闻，对玄德说："今马超侵犯葭萌关，他的人马是无人可敌，除非往荆州调关云长来，才是马超对手。"张飞一听，环眼圆睁说："你也太小看我了，我虽不才，也曾在当阳长坂坡桥独拒曹兵百万之众，军师难道不知吗？"孔明说："你昔据水断桥，只因曹操不知虚实，若知虚实，将军哪能无事？今马超之勇，天下皆知，渭桥大战，杀得曹操割须弃袍，几乎丧命。云长也未必是他的对手，别人怎能行？"张飞说："我今必定要去，如胜不了他，甘当军令。"孔明又说："你若肯立下文书，便为先锋，还请主公亲自去走一遭。我留守绵竹，待子龙回来，再作计议。"魏延说："我也愿往。"孔明让魏延带五百军先行，张飞为第二队。玄德催促后营，陆续往葭萌关进发。

魏延先到关上，正遇大将杨柏讨战，下关与他交锋大战。

307

魏将军单刀匹马战杨柏，一心里要立头功自夺魁。

疆场上二马盘旋十数趟，眼看着汉中大将拨马回。

恶狠狠魏延舞刀随后赶，猛然间迎头一人飞马到。

只见他双手拧开银枪杆，并不问来将姓甚与名谁。

催战马长枪直扑胸前刺，急忙忙大刀一摆往外推。

他二人枪刀高举齐动手，两下里你强我胜杀成堆。

这一个咬牙切齿翻虎目，那一个怒满胸腔皱双眉。

这一个护心镜边金弄影，那一个刀劈颈项放光辉。

阵头上大杀大砍六十趟，那将军败走疆场把马催。

喝了声无能小辈哪里走，猛然间如同平地起春雷。

谁料想敌将败中来取胜，呼的声扑面飞来透甲箭。

那将一箭射来，魏延躲闪不及，正中右臂，拨马便走。那将催马赶来，魏延正在危急之际，只见一员大将喊声如雷，自关上飞奔而来。你当来将是谁，且听下回书。

第八十五回　张飞夜战马超　刘备做牧益州

话说一名大将自关上飞奔而来，魏延一看，乃是张飞。原来张飞初到关上，听说魏延下关与贼厮杀，张飞来观看，正遇魏延中箭，救了魏延，挡住来将，大喝一声说："你是何人？快报姓名，叫你在我枪下做鬼。"那将说："我乃西凉马超之弟马岱。"张飞说："你原来不是马超，哪是我的对手？快快回去，叫马超出马，你说燕人张飞在此。"马岱大怒说："好你个黑贼，怎敢小看于我？我和你决一死战，拼一个你死我活。"说完挺枪催马直取张飞，二人大战有十余合。马岱抵敌不住，败阵而走。张飞正要追赶，忽听关上鸣金收兵，慌忙回关而来。原来是玄德后队已到。张飞说："我几乎要捉住马岱，哥哥何故鸣金？"玄德说："咱军初到关上，人马困乏，魏延头阵受伤，已被他挫了锐气。今马岱已败，不可去追。且歇一夜，明日好战马超。"张飞摩拳擦掌，急不可待。到次日天明，关下鼓声震地，马超兵马到来。

耳闻的战马嘶鸣鼓紧敲，刘皇叔居高临下细观瞧。

看了看兵排阵势多齐整，各处里杀气凌空冲九霄。

赤旭旭明盔亮甲射人目，齐楚楚儿郎各执枪和刀。

虚飘飘素罗旗幡如雪片，正中央大旗飞舞半空摇。

门旗下出来一匹白龙马，有一员小将端坐马鞍桥。

披一身连环银铠沿中甲，罩一领可体团花素锦袍。

胸前里护心宝镜悬秋月，垂双穗九股生丝勒甲绦。

狮蛮带金镶玉箕玲珑砌，有两柄打将银锤肋下捎。

手提着梨花枪杆丈八矛，坐下马腾越翻身逐海潮。

好一个风流年少英雄将，真是位仪表堂堂俊俏男。

玄德看完，称赞不已，点头而叹说："人言锦马超，果然名不虚传。"张飞便要下关交战，玄德不许。关下马超点名要和张飞厮杀，关上张飞急不可待要与马超交战，三番五次要下关，都被玄德挡住。直到午后，玄德望见马超阵上人马困倦，遂选五百精壮军马，跟着张飞冲下关来。马超见张飞兵到，把枪往后一摆，军马退一箭之地。张飞军马扎住阵脚，自己一马当先，挺丈八蛇矛，环眼圆睁，钢须倒竖，大声喝道："认得燕人张翼德吗？"马超冷笑说："我家屡世公侯，岂识村野匹夫？"张飞大怒，拧枪催马直取马超。马超挺枪忙迎，二马相交，双枪并举，一场拼死厮杀。

二将大战一百多回，胜败不分。玄德看后叹说："真虎将也！"唯恐张飞有失，慌忙鸣金收兵，二将各回本阵。歇有片刻，张飞摘去头盔，只扎包巾，上马又出阵，声声与马超交战。马超应声而出，二人又战一百余回，依然胜负难分。此时，天色已晚，玄德披挂下关，令军士鸣金收兵，二将复又拨马各回本阵。玄德说："马超英勇不可轻敌，今日天晚，且回关去，明早再战。"张飞杀得性起，哪里肯依？大叫说："不战败马超誓死不回。"玄德说："今日天已晚不要战了。"张飞说："多点火把，安排夜战。"马超换了马出阵叫说："张飞你敢夜战吗？"张飞性起，也换了马闯出阵来说："我不活捉你誓不上关。"马超咬牙说："我胜不了你死不回寨。"两军呐喊，点起千百火把，照耀如同白天。二将又在火光之下鏖战二十余回，马超拖枪便走，张飞大叫说："好小子哪里走？走了还算好汉？"

锦马超料想不能胜张飞，猛然间心生一计拨马回。

张翼德大叫似雷连声喊，恶狠狠催马拧枪随后追。

小将军鞍桥押下银战杆，一回手腰间偷取玉光锤。

回转身照准张飞下毒手，冷飕飕一颗寒星扑面飞。

眼看着三爷低头闪过去，往后边打倒军人李士梅。

阵头上拨马败走燕山将，拢坐骑回来西凉小英魁。

谁料想败中求胜张三爷，向马超施射雕翎透甲箭。

马孟起眼力垂滑只一闪，也叫他后面儿郎吃了亏。

他二人恶犬咬狼两下怕，不由得一齐收兵各自归。

二将一锤一箭，俱没受伤，一齐拨马各自回阵。玄德立马在阵前大声说："我以仁义待人，不施诡诈。马孟起你只管收兵歇息，我不赶你就是了。"马超闻言，亲自断后，令速退军。玄德迎接收兵回关，置酒共饮。

次日，张飞欲出关再战马超，人报军师孔明来到。玄德迎接孔明，孔明说："我听说马超乃世之虎将，若与翼德死战，必有一伤。故令赵子龙、黄汉升共守绵竹，我星夜来此，要用一条小计，让马超归降主公。"玄德说："我见马超英勇异常，心甚爱之，怎样能得？"孔明说："亮有一计，献给主公。"

现如今汉中张鲁甚猖狂，历年想自己立为汉宁王。

他手下谋士杨松贪贿赂，从小路即速差人到那厢。

暗地里多送金银与珠宝，管叫他背主图财改了腔。

紧跟着写书下给贼张鲁，书写上一片虚言将他诳。

就说是冤有头来债有主，咱原是争夺西川灭刘璋。

与东川人居两地无仇恨，为什么凭空结怨为帮腔？

想一想妄动干戈有何益？原不该枉劳军马费钱粮。

总不如速令马超把兵撤，两下里彼此依靠两相帮。

他若是见书听信咱的话，那时候计赚马超去投降。

孔明说完，玄德大喜，即时修书一封，差孙乾带上金银珠宝从小路至汉中，先见杨松献了金银珠宝，告知此事。杨松大喜，便引孙乾到张鲁面前，又多加美言，说："玄德与刘璋争夺西川，是为主公报仇，我们为什么与他相争？他今日派人前来恳求撤回马超兵马，事定之后，愿保主公为汉宁王。"张鲁说："玄德也不过是左将军之职，如何保奏我为汉宁王？"杨松说："他是天子皇叔，为什么不能保奏？我们结好玄德，胜过他人。"张鲁大喜，便差人去叫马超撤兵。孙乾就在杨松家听候回信。不两日差官回来说："大功未成，马超不肯退兵。"张鲁又差人去，马超仍不肯回，一连三次马超也不回。

马孟起再三不肯把兵还，好不待喜坏杨松狗佞奸。

你看他平地生波将人怨，暗差下众多心腹造谣言。

都说是兵败西凉马孟起，他平素并无信用在人间。

现如今领兵不退违军令，这一回叛逆之心已显然。

倘若是粗心大意不防备，但恐怕事到临头后悔难。

眼看着心无主意贼张鲁，活活地中了杨松巧机关。

张鲁闻听这一些话，便向杨松问计，杨松说："主公可速差人去说与马超：'你既要成功，给你一个月期限，必依我三件事：一要取西川；二要刘璋首级；三要退荆州之兵。三件事情有一件不成，定斩不饶。'一面差大将领兵镇住马超，以防兵变。"张鲁从其言，即差人到马超寨中告说这三件事。马超大惊，便与马岱商议罢兵。杨松又造谣言说："马超回兵并非好意。"于是张鲁兵分七路把守隘口，不放马超兵入。马超进退两难，无计可施。

孔明闻听，向玄德说："今马超正在进退两难之时，亮凭三寸不烂之舌，亲到马超大寨劝他来降。"玄德说："先生乃是我心腹，岂可轻易而入凶险之地？倘有差错，那时怎么办？"孔明坚持要去，玄德说什么也不肯让去。正在这时，忽报赵云有书荐西川一人来降，玄德召入问之，其人乃建宁人，姓李名恢，字德昂。玄德说："昔日闻你苦谏刘璋，今日为何归我？"李恢笑说："皇叔岂不闻，良禽择木而栖，贤臣择主而事吗？"

玄德大喜说："先生此来必有益于刘备，不知有何高见？"李恢说："今闻马超在进退两难之际，我当年在陇西与他有一面之识，愿去招安马超前来归降，皇叔以为如何？"此时，孔明在座，闻言大喜说："正缺一人替我前去，愿闻公的计策是什么？"李恢向孔明耳边低语如此如此。孔明点头大笑说："此计大妙，可速去。"

李恢立刻起身，来到马超寨中，先使人通报姓名。马超说："我知李恢乃舌辩之士，今日来此，必为刘备当说客。"于是唤二十名刀斧手伏于帐下，嘱咐说："我令你们砍时，就将来人砍为肉泥。"吩咐已毕，传令让李恢进来。不多时，李恢昂然而入。马超坐在帐中，动也不动，用手一指，责备李恢说："你来做什么？"李恢说："特来与刘备当说客。"马超作色说："我的宝剑新磨的，你想试一试吗？"李恢笑说："将军之祸不远了，但恐所磨之剑，不能试我之头，将要试自己之头。"马超说："我有什么祸？"李恢说："吾闻越国的西施，善毁者不能闭其美；齐国的无盐，善美者不能掩其丑；日中则昃，月满则亏，此天之常理。"

岂不知为人需要顺时行，眼前里大势必得看得清。
将军你素与曹操有仇恨，只因他昔年杀了令尊公。
昨一日又在陇西死争战，最可怜断送全家失冀城。
现如今归附汉中投张鲁，偏出了里勾外合贼杨松。
他说你胸中怀着谋反意，屡次地违抗军令不回兵。
平地里生出一条绝户计，安心要暗藏机会害英雄。
将军你进而不能攻刘备，杀刘璋西川何日得成功？
各处里俱有军马查要路，要想去回见张鲁万不能。
弄得你进退两难无投奔，孤零零漂流四海也难容。
若再有冀城之失渭桥败，我看你待到何处把身存？

李恢说完，马超离座谢说："公言甚对，但我无路可走，怎么办呢？恳请明公赐教。"李恢说："公既听我言，帐外何故埋伏刀斧手？"马超满面羞惭，立即将埋伏兵撤退。李恢说："今皇叔礼贤下士，我想他大业必成，故舍刘璋而投之。公之令尊，昔年曾与皇叔订约共讨曹贼，公何不弃暗投明以报父仇？"马超闻言大喜，即唤杨松之弟杨柏前来，一剑砍了，提了首级，同李恢一同上关来降玄德。玄德接入，待为上宾。马超叩首而谢说："今遇明主，如拨云雾而见青天。"

话说玄德收了马超，心中大喜，留下霍峻、孟达领兵仍把守葭萌关，自己提兵返回绵竹，准备攻取成都。大家商议攻取成都之事，马超说："不用军马厮杀，我能唤出刘璋来降。他若不肯，末将再与舍弟马岱攻取成都，双手来献。"玄德大喜，甚敬马超。马超即时领兵与其弟马岱共取成都。长探报与刘璋，刘璋大惊，急忙登城远望。马超兄弟二人，立于城下。马超以手中丝鞭指着刘璋，高声说话。

> 马孟起丝鞭一指双眉蹙，你看他眼望刘璋大声呼。
>
> 我不是领兵前来将你救，谁料想发生变故在中途。
>
> 贼张鲁听信谗言把人害，我因此归降大汉刘皇叔。
>
> 现如今绵竹城里屯兵马，差遣俺兄弟二人取成都。
>
> 依我劝快快投降去纳贡，倒省得无数生灵血模糊。
>
> 你若是紧闭城门不归顺，须知道刀快不怕脖子粗。
>
> 常言说善识时务真君子，世间人见机而动是丈夫。

这马超原来是刘璋用金银珠宝买通杨松，差他来退荆州兵的，不想投降了玄德。刘璋听完马超之言，惊得面如土色，翻身倒地不醒，众官救下城来，苏醒多时方才说："我后悔也来不及了，不如开门投降，以救满城百姓，免做刀下之鬼。"一边说着泪如雨下。董和说："主公勿忧，城中还有三四万兵，钱帛粮草可用一年，怎能投降，而受他人管呢？"刘璋说："我父子在蜀二十余年，对百姓无有恩德。今攻城日久，一旦城池攻破，百姓被杀，都是我的罪过。不如投降，以安百姓。"众人不言，忽有一人说："主公之言，正合天意。"众人一看，乃巴西西充国人，姓谯名周，字允南。此人素晓天文，刘璋十分器重，便问："允南有何所见？"谯周说："我夜观天象，见群星聚于蜀郡，其大星光如皓月，乃帝王之兆。况一年之前，便有小儿唱歌谣：'若要吃新饭，须待先主来。'咱今投降玄德，真乃上顺天意，下合人心，不可执迷，而取灭亡之祸。"黄权、刘巴闻听此言，勃然大怒，要斩谯周，刘璋阻挡。忽报蜀郡太守许靖开城出降了，刘璋大哭，众官也无可奈何。

次日人报刘皇叔差谋士简雍来到，现在城下叫门。刘璋无奈，吩咐开门接入。简雍坐在车上，一派骄傲之气，忽一人仗剑大喝："小辈得志，旁若无人，你敢藐视我蜀中人吗？"简雍慌忙下车迎之，此人乃广汉绵竹人，姓秦名宓，字子敕，是西蜀有名之士。简雍笑说："不识贤兄，幸勿见责。"遂同入见刘璋。告知刘璋，玄德宽宏大度，并无相害之心。刘璋闻言，心中稍放宽一些，只得投降，亲捧印绶、文籍，与简雍同车出城。玄德出寨迎接，双握刘璋之手流涕说："不是我不行仁义，乃是出于不得已。"说话之间，共入大寨。交割印绶、文籍已毕，并马入城，百姓迎门拜接。玄德升堂，文武众官皆拜于堂下，唯独黄权、刘巴闭门不出，众将愤怒要去杀了。玄德慌忙传令说："如有害此二人的灭其三族。"玄德亲自登门，请二人出来。黄权、刘巴感玄德厚待，只得出来。孔明说："今西川平定，难容二主，将刘璋送至荆州驻扎。"玄德说："我刚得蜀郡，不可令刘璋远去。"孔明说："主公之言差矣。"

> 诸葛亮连连摇头蹙眉尖，从容容呼道主公听我言。
> 你亲见软弱无能刘季玉，皆因为暧昧不明失西川。
> 自古道前车既覆后车戒，咱如今深思远虑理当然。
> 岂不知天无二日传今古，又怎么容纳刘璋在此间？
> 眼前里现有西蜀文共武，必须要小心谨慎早来防。
> 谁猜透刘巴心里怎么想？更有个赤胆忠心老黄权。
> 万一他心怀不测生变故，怕主公锦绣西蜀坐不安。
> 常言说事要三思免后悔，万不可妇人之仁心肠软。
> 诸葛亮破釜沉舟来劝诫，刘皇叔听从金石肺腑言。

玄德听从孔明之言，即刻设宴款待刘璋，让他收拾财物，领镇威将军之印，携带妻儿老小，赴南郡公安之地驻扎，即日起程去了。玄德自领益州牧，西川投降文武俱都重赏，排定名次：严颜为前将军，法正为蜀郡太守，董和为掌军中郎将，许靖为左将军长史，庞义为营中司马，刘巴为左将军，黄权为右将军。其余文武投降官员，共六十余人，尽皆提拔重用。诸葛亮为军师，关云长为荡寇将军汉寿亭侯，张飞为征虏将军新亭侯，赵云为镇远将军，黄忠为征西将军，魏延为扬武将军，马超为平西将军。孙乾、简雍、糜竺、糜芳、刘封、吴班、关平、周仓、廖化、马良、马谡、蒋琬、伊籍及旧日荆襄一班文武官，尽皆升赏。差人带黄金五百斤，白银一千斤，蜀锦一千匹，赐予云长。其余官将俱都有赏，开仓放赈，救济百姓，军民大悦。

玄德既得了西川，想将有名的田宅分给诸官。赵云说："不可。益州人民屡遭兵火，田宅皆无，今当归还百姓，让其复居旧业，民心方服。若夺之以赏众官，管保百姓有怨言。"玄德听从其言，命诸葛军师制订一个治国律条，整理官制法度，其法颇重。法正说："昔年高祖约法三章，百姓皆感其德，愿军师宽刑省罚，以安民心。"孔明说："当年秦君暴虐，万民皆怨，故高祖以宽待人，甚得人心，当今之世昔日可比。"

> 自古道残酷虐政是秦君，始皇帝虎狼成性太狼心。
> 凭空里焚书坑儒嫉贤能，普天下填海下石谁不闻？
> 一味地灭绝仁义行无道，那时节苦熬乱世众黎民。
> 幸亏了除残伐暴汉高祖，和项羽协力同心灭了秦。
> 汉高祖约法三章与父老，因为他宽刑治世得民心。
> 现如今刘璋昏弱纲常坠，众百姓更有谁知狱吏尊？
> 若不着律例森严刑法重，但恐怕难治奸邪并小人。
> 须得是恩威并用两相济，才能够重整乾坤国政新。

孔明说完，法正十分心服。常言说："人随王法，草随根。"一点不假，自从刘皇叔驾坐西川，德政严明，威刑重肃，军民守法，各安其业，四十一州地方，处处平定。

一日玄德正和孔明闲叙，忽有云长差关平来谢所赐金帛。玄德召入，关平拜礼，呈上书信。玄德拆封与孔明同看，书中说："云长素知马超武艺过人，我去川与他比试，以见高低。"玄德大惊说："二虎相斗，必有一伤。若云长入川，和孟起比试，势难两立。"孔明说："无妨。亮亲自写书给他。"让关平星夜回荆州去见云长。云长接了书，拆封一看，书中内容是：

> 亮闻将军要与孟起分别高下，以亮度之，孟起虽然雄勇过人，仅可与翼德、子龙并驱争先，犹未及美髯公之绝伦超群。公今当重任，岂可轻离此地？倘一入川，若荆襄有失，罪就大了，愿将军察之。

云长看完，自捻须髯说："我想与马超比试，恐他自恃其枪马无敌，再生反心。今孔明知我之意，将我高抬，压倒马超，西川无虑了。"众官甚服其说，自此无有入川之意。

此时，孙权闻知玄德吞并了西川，遂与张昭、顾雍商议说："当初刘备借咱荆州，屡讨不还，曾说取了西川便还。他今已得巴蜀四十一州，咱得要荆襄九郡，若再不还，即动干戈。"张昭说："东吴方才安宁，不可动兵。我有一计，使刘备将荆州双手奉献东吴。"未知其计如何？且听下回书。

曲艺名段欣赏 (3)

第八十六回 | 关云长单刀赴会 伏皇后为国捐躯

话说孙权要发兵取荆州。张昭说："不可动兵，我有一计，献给主公。"

岂不知江东谋士诸葛瑾，他和那孔明本是同胞兄。

将他的全家老幼皆囚禁，就说道不还荆州灭满门。

让子瑜独驾小船把江过，星夜间奔赴西川见孔明。

到那里讨还荆州苦哀告，刘皇叔必为军师满口应。

常言说恻隐之心人皆有，诸葛亮也该思念手足情。

悄悄地九郡城池诓到手，不强似花费钱粮起大兵。

话说张昭说完，孙权说："此计倒也可行，但诸葛子瑜乃诚实君子，并无过错，不忍凭空囚其老小。"张昭说："与他说明，叫他知是计策，自然就放心了。"孙权欣然从之，和诸葛瑾说明，然后虚张声势拘其全家老小，修书一封，打发诸葛瑾过江，急奔西川而来。不几日诸葛瑾到了成都，先使人通报。玄德问孔明："今兄此来为何呢？"孔明笑说："别无事情，是要讨还荆州。"玄德说："如何答复？"孔明说："只要如此如此。"二人计议已定，孔明自己迎接其兄，不进私宅，同入宾馆。叙礼已毕，彼此让座。尚未开言，诸葛瑾放声大哭。孔明说："兄有何事，不妨明讲，何故悲伤？"诸葛瑾拭泪告说："贤弟不知，我一家老小休矣！"孔明说："莫非为不还荆州吗？"诸葛瑾说："正为此事。"孔明说："因弟之故，拘囚兄长一家老小，弟心不安。兄长不要悲痛，弟自有计奉还荆州。"诸葛瑾闻听此言，变悲为喜。兄弟二人即同入见玄德，呈上孙权书信。玄德拆封看完，勃然大怒。

刘玄德面目改色皱眉头，一霎时咬牙切齿恨不休。

乒乒乒手拍惊堂连声响，满口里怒骂江东斥吴侯。

他当初诓我江东去入赘，原来是调离深山把虎囚。

幸亏了孙氏夫人与国太，母女俩暗暗灶底把柴抽。

好容易夫妇脱难把江过，又被他诓去贤良一女流。

自古道夺妻之恨难两立，我正要遣将发兵去报仇。

他也该手拍良心细思想，何颜面差人来此讨荆州？

若不看军师与你是兄弟，一定要即刻割了颈上头。

刘玄德数长道短声不住，诸葛瑾闭口无言满面羞。

刘皇叔半真半假，诸葛瑾羞愧难当。孔明哭拜于地说："吴侯囚禁我兄全家老小，倘若不还荆州，我兄全家老小难活。我兄若死，亮怎能独生？望主公看我的面子，将荆州还了东吴，成全我兄弟之情，日后自当重报。"玄德只是不肯。孔明再三恳求，涕泣不止。玄德说："既如此，看军师面上，分荆州一半奉还。将长沙、零陵、桂阳三郡地方交割与他。"孔明拜谢而起说："既蒙主公施恩允诺，请写书与云长，让他交割三郡。"玄德说："子瑜到荆州，用好言劝说我二弟云长，他性如烈火，我都惧怕他，你要小心。"诸葛瑾取了书信，辞了孔明、玄德，登程来到荆州。云长将他请入了中堂，分宾主而坐。诸葛瑾呈上玄德书信说："我在西川蒙皇叔面许，先以三郡还东吴，望将军即日交割，我好回江东去见吴主。"云长闻听此言，勃然变脸。

> 你原来平素为人通大理，是怎么今日开口就胡言？
>
> 俺兄弟自从桃园三结义，原来是同心恢复汉江山。
>
> 最可恨群雄并起天子弱，曹孟德安排篡位占中原。
>
> 我大哥汉室宗亲靖王后，总就是位继正统理当然。
>
> 你江东八十一州不为过，难道他九郡荆襄无福担。
>
> 又何况寸尺地方皆汉土，更谁肯凭空无故给孙权？
>
> 依我劝死心塌地回去吧，不必要三番两次胡纠缠。
>
> 关云长义正词严讲道理，诸葛瑾面红过耳带羞惭。

诸葛瑾听了关公之言，满面惊愕，停了许久方说："刘皇叔亲自面许，先把三郡还东吴，又有他亲笔写的信，将军就应该交割，为什么要违命呢？"关云长说："荆州乃大汉疆土，怎能送人呢？将在外军令有所不受。我兄虽有书来，但我是不能交割的。"诸葛瑾说："今吴侯囚禁我一家老小，若不还荆州，命全休矣！望将军可怜我全家老小，救救他们吧。"云长笑说："这是吴侯诡计，何用瞒我？"诸葛瑾说："将军太不给面子了。"云长拔剑在手，责备说："休得多言，这剑上无面子。"说着用宝剑来砍诸葛瑾。关平忙上前劝说："这恐于军师面上不好看，万望父亲息怒。"关平说："不看军师面子，叫你回不了东吴。"诸葛瑾满面羞惭，急急忙忙辞别而去，又往西川来见孔明。这时孔明出巡去了，诸葛瑾只得求见玄德，哭诉云长要杀之事。诸葛瑾说完，玄德说："我二弟性急，此事容缓办，子瑜暂且回去，待我取了汉中诸郡，将云长调离荆州，再把三郡交割。"诸葛瑾无奈，只得回东吴来见孙权，告说其事。

孙权闻言大怒说："子瑜此去，反复奔走，莫非又中孔明之计吗？"诸葛瑾说："没有。我弟曾哭求玄德，方能面许，先还三郡。是关公虎踞荆襄，不肯交割。"孙权说："刘备既有先还三郡的话，咱就差官员前往长沙、零陵、桂阳等处赴任，看他如何？"诸葛瑾说："主公之言，倒也使得。"然后放出子瑜一家老小，一

说唱三国

316

面差官前去赴任。不几日三郡差去的官吏，全被逐回来了。孙权大怒，命人召回鲁肃前来议事。孙权说："子敬当年为刘备担保，说暂借荆州，待得西川便还。今西川已得，仍不肯还。子敬岂能坐视而不管吗？"鲁肃说："我想得一计，正想来启知主公。"孙权问："是什么计呢？"鲁肃说："我们屯兵于江口，请云长过江赴会。他若推辞不来，即刻进兵夺取荆州。"孙权说："子敬此言，正合我意，可速行。"阚泽在旁说："不可。"

> 阚泽呼主公此计不可行，鲁子敬此言原非老诚计。
> 他原来刀马高强好武艺，有名的无敌将军谁不知？
> 想当初立斩华雄酒未冷，虎牢关列镇诸侯都惊疑。
> 辞曹瞒马过五关诛六将，古城下刀劈蔡阳血溅衣。
> 咱如今诓他赴会把江过，但恐怕万一泄露出偏差。
> 这就叫画虎不成反类犬，那时节大祸临头躲不及。
> 常言说事要三思免后悔，这其间休得粗心失良机。

阚泽说完，孙权大怒说："若如此，荆州何日可得？"即令鲁肃速去。此时，鲁肃辞别而出，和吕蒙、甘宁商议，设宴于江口临江亭，然后写书一封，选帐下能言军士一名为使，登舟渡江来荆州见云长，说鲁肃相请赴会之意，呈上请书。云长观毕，对使者说："子敬下书相请，我明日便去赴会，你且先回江东通知子敬。"使者叩头辞别而去。

关平说："鲁肃无故相请，必不怀好意，父亲断不可去。为什么要当面许下要去？"云长笑说："我怎不知？这是诸葛瑾回去说我不肯还三郡，故令鲁肃设宴江边，请我赴宴，以讨还荆州。我若不去，必被吴人所耻笑。明日我独驾小舟，只用亲近十余人，单刀赴会，看鲁肃如何待我？"关平谏说："父亲为何以万金之躯，亲赴虎狼之穴？"云长说："我在千枪万刃之中，矢石交攻之际，匹马纵横，如入无人之境，岂惧江东群鼠吗？"马良也谏说："鲁肃虽有长者之风，但今事急，不容不生异心。将军不可轻信前往。"云长闻听，微微而笑。

关公志气昂昂，坚持要去。马良说："将军必要去，也该有个准备。"关公说："只叫我儿关平，选快船十只，内载水军五百人，在江上等候。但见红旗起处，便去接迎。"关平领命自去准备，云长也自打点过江。此时，东吴下书人回见鲁肃说："云长慨然应允，来日必到。"鲁肃与吕蒙商议。吕蒙说："他若带军马来，我和甘宁各领一支人马，伏于岸侧，放炮为号，准备厮杀；无军马来，就他一人，只在亭后埋伏刀斧手五十人，于宴席间擒而杀之。"

次日，令人在江边遥望，辰时之后，只见江面上一只船来，艄公、水手不过数人。一面红旗飘扬，显出一个大"关"字来。顷刻之间船已近岸，云长青巾、绿袍，端坐船上。身旁黑面周仓，全身披挂，双手拿着大刀。还有八九个关西大汉，侍立两边，各带腰刀一口，那一团威风，好似天神下界。鲁肃见此光景，心中大惊，慌忙迎接下来，请到临江亭内。叙礼已毕，分宾主而坐，开宴饮酒。鲁肃举杯相劝，谦恭之中，却带有惊恐之状。关公开怀畅饮，谈笑自若，酒至半酣后，鲁肃开始讲话。

　　鲁肃说出讨还荆州的话来，关云长说："喝酒不言公话。荆州一事，在宴席上不要说了。"鲁肃说："我主肯将荆州借给皇叔，是因为你们兄弟兵败，无处安身，故以城池相助。而今已得西川，荆州就应归还。现在仍不归还，岂不失信吗？且皇叔亲口应允，先交割三郡，而将军又不肯听从，这于理恐说不过去。"关公说："赤壁之战，火烧战船，亏了军师孔明借了东风。乌林之败，幸得我主相助。就是荆襄九郡，也是我们兄弟奋力破敌所得。你江东不识进退再三强讨荆州，真是恬不知耻。"鲁肃说："不对。昔日皇叔败于当阳，无处安身，我主一心结连桃园兄弟，共力破曹，以图后功，岂料今日反倒如此。"

　　鲁肃见关公不还荆州，说话十分着急。关公也不管他，只微笑说："这是我兄弟之事，关某不敢做主。"鲁肃说："我闻君侯与皇叔桃园结义，誓同生死。皇叔即是君侯，君侯自当做主，为什么要再三推托呢？"关公未及回答，周仓在阶下厉声说："天下土地，唯有德者居之，岂独你江东所有？"关公变脸而起，夺了周仓大刀，立于亭下，目视周仓而责备说："此乃国家大事，汝何敢无故多言？可速出去。"周仓会意，急到江口，把红旗一招。关平十只快船，疾如箭发，奔过江来。关公右手提刀，左手挽住鲁肃，佯装醉酒说："公今请我赴宴，是吃闲酒，不要提荆州之事。我今已醉，恐伤故旧之情。待他日请公到荆州回席，另行商议。"一边说着，便往外走。鲁肃吓得魂不附体，被关公扯到江边。吕蒙、甘宁各引本部军马想战，看见关公一手提着刀，一手挽着鲁肃，恐怕鲁肃被伤，不敢动手，眼看着关公上船去了。

　　关公直到船边，方才放手，撇开鲁肃，一同与周仓上船，立于船头，拖刀拱手与鲁肃作别。鲁肃如痴如呆而立，眼看着关公乘船顺流而去。关公走后，鲁肃与甘宁、吕蒙商议说："此计又不成，如之奈何？"吕蒙说："可速报主公，起大军过江与他决战。"随即速报孙权。孙权听后大怒，与众将商议，起全国之军来取荆州。忽报曹操又起三十万大军，来报赤壁之仇。孙权大惊，叫鲁肃暂缓取荆州，移兵向合肥、濡须等处，以拒曹操。这暂且不提。

　　再说曹操要发兵南征，参军傅干上书苦谏，曹操才罢南征之念。此时，侍中王粲、杜袭、卫凯、和洽四人，要尊曹操为魏王。中书令荀攸阻挡说："不可，丞相官至魏公，荣加九锡，位已极矣；今要升为王位，于理似乎不可。"曹操闻之，怀

说
唱
三
国

恨荀攸，要杀他。荀攸气愤成疾，卧病十余日而死，亡年五十八岁。曹操命厚葬，遂不提立魏王之事。

都只为荀攸阻止称魏王，曹孟德恨积心头气满腔。

老奸贼凭空寻衅欺天子，你看他无端带剑入朝堂。

闯宫门大摇大摆谁敢挡，众彩女下跪迎接在两旁。

汉献帝正和皇后对面坐，猛抬头看见曹操面带慌。

忙欠身一齐下阶来接迎，君与后浑身战栗似筛糠。

老奸贼意气扬扬不下拜，一开口手捻胡须论短长。

他说道今有孙权和刘备，他二人不尊王室自逞强。

这一个虎踞江东要称帝，那一家占住西川霸一方。

眼前里滚滚狼烟天下乱，你也该有个安排做主张。

老贼声声相问，献帝战栗而答说："寡人软弱无能，一切朝政尽凭丞相裁处。"曹操大怒说："陛下出此言，外人闻之，说我欺君罔上，我名声不好。"献帝说："丞相若肯相辅，则幸甚矣，不然愿以天下相让如何？"曹操闻言，怒目视帝，恨恨而出。左右宫人报献帝说："近闻魏公欲自立为王，想篡朝夺位，就在早晚之间。"献帝与皇后闻听此言，俱掩面大哭。哭了一回，皇后说："妾父伏完，常有杀曹之心。妾不免修书一封，密寄父亲，以除奸贼。"献帝说："昔日我曾将衣带诏交给董丞，以除曹贼。不料他做事不密，走漏消息，反惹灭门之祸。今日又要寄书于国老，恐再泄露，你我死期到了。"说完掩面大哭。伏皇后泪如涌泉。

似这样苟且偷生不如死，还贪恋在世为人做什么？

妾看着太监穆顺多忠义，差他去寄书父亲把贼杀。

倘若能大事得成天保佑，那时节整理国体定中华。

纵然就机关不密有泄露，也不过舍上一命染黄沙。

皇后一边说着，回了后宫。献帝退去左右内侍，自己跟将进去。二人又商议一回，即将穆顺召入后宫，帝后一齐哭告穆顺。献帝说："目下曹操想自立为王，早晚之间，必实行篡夺皇位。朕想令伏后之父伏完，密杀此贼。而朕的左右，皆是曹贼心腹，无有可托之人。朕想将皇后密书，寄给伏完，希望你忠义为国尽力，一定不要辜负朕之所托。"穆顺闻听叩头说："臣受陛下大恩，无以为报，但有用臣之处，万死不辞。"伏皇后写密书一封交给穆顺，穆顺接书藏在发中，偷出禁门，到伏完内宅，将书呈上。伏完见是女儿亲笔所写，向穆顺说："曹贼心腹太多，不可轻图，只得邀江东孙权、西川刘备二处，一齐起兵杀来。那时曹贼必要亲自出征，乘机求在朝忠义之臣动手，内外夹攻，方可图之。"穆顺说："既如此，国丈写书一封，我带回去，让帝后发密诏，暗差人往吴、蜀二处，让他们约会起兵讨贼救主。"

伏完即取纸笔写书一封，交给穆顺带回。

> 果真是谋事在人也在天，小穆顺凭空又要起祸端。
>
> 想当初董丞泄露衣带诏，已经是先有榜样在从前。
>
> 岂不闻前车既覆后当戒？似这样秘事只能用口传。
>
> 偏偏要寄书回音失主张，但恐怕棋错一着输全盘。
>
> 老奸贼耳目心腹无其数，动不动被他猜透巧机关。
>
> 好一似绵里之针肉里刺，好叫人无处躲来无处防。
>
> 早有个细作密报老奸党，准备着盘查宫门捉穆顺。
>
> 汉献帝皇位将终该倒运，伏皇后大祸临头躲过难。
>
> 自古道奸雄得道忠臣死，最可怜又灭全家老伏完。

话说穆顺将书藏在头发中，辞别伏完回宫而来。曹操早在宫门等候。穆顺来到宫门，曹操迎头拦住说："你到何处去来？"穆顺忙说："皇后有病，叫我去请先生。"曹操说："请的先生在什么地方呢？"穆顺说："明日早晨到。"曹操冷笑说："皇后要效仿昔日董丞，害起忧国病来，又有一个医士吉平吗？"穆顺无话可答，面有惊慌之色。曹操喝令搜遍全身，并无有带什么，只得放他走。忽然一阵风来，吹落他的帽子。曹操又将他唤回，取帽子看，并无东西，令其戴帽而去。穆顺就手把帽子戴上，结果戴倒了。曹操疑心，令左右搜他的头发，搜出伏完信来。曹操拆封一看大怒，拿下穆顺，带人密室细细拷问，穆顺宁死不招。

> 老奸党不得口词心好恼，传号令速点三千挂甲兵。
>
> 悄悄地连夜来到国丈府，捉伏完满门老小不留情。
>
> 又搜出皇后亲笔写的诏，以此物同罪伏完当证凭。
>
> 命华歆领兵直闯皇宫院，眼看着正宫娘娘有灾星。

曹操将伏完老小并三族，尽皆下狱。天明时，命尚书令华歆领五百甲兵，闯入宫门。此时，皇后初起，对镜梳头，一见兵到，便知事发，忙向房内壁衣中藏躲。华歆先取皇后玺绶而出。献帝见此光景，心胆俱碎。华歆问："伏后哪里去了？"帝不答，宫人也不讲。华歆大怒，喝令甲士，动手打开房门，挨间寻找，也不见伏后。料想必在壁中，破壁搜寻。华歆亲手揪伏后头发拖出来。

话说华歆同武士将伏后拥到外殿，献帝上前抱住伏皇后大哭。华歆喝说："魏公有命，不许多留，你速去见魏公。"皇后睁开凤目向献帝说："皇帝不能救我性命，妾今定死无疑。"献帝说："我的性命还不知谁能救？情愿与你同死。"甲士推开献帝，拥伏后而出。献帝捶胸大哭，环顾宫人说："天呀！世间岂有这等事吗？"一边说着，哭倒于地，昏迷不醒，左右抬入宫去。华歆拖着伏后见了曹操，曹操指着伏后说："我以诚心待你，你还想杀我，今日被杀，是你自惹其祸。"命左右用乱棒将伏后立刻打死。随即曹操入宫，又将伏皇后所生二子杀了。

　　话说曹操打死皇后，杀伏完、穆顺宗族二百多口，朝野之人，无不震惊。献帝连日不食。曹操入宫说："陛下勿忧，臣不得已而为之。臣女已与陛下为贵人，大贤大孝，宜居正宫。"献帝不敢不从，于建安二十年正月，庆贺元旦之际，册立曹贵人为正宫皇后。

第八十七回 | 曹操汉中平张鲁 张辽威震逍遥津

　　话说曹操自从女儿做了正宫皇后，权势日甚，便要起兵往西川征伐刘备，往江东剿灭孙权，并召夏侯惇和曹仁商议此事。夏侯惇说："西蜀刘备，江东孙权，兵多将广，不容易打胜。当今应先取汉中张鲁，然后以得胜之兵，再取西蜀。"曹操说："此言正合我意，可速行。"当即发兵西征，兵分三路而进。前部先锋夏侯渊、张郃；曹操自领众将居中；曹仁为后部，押运粮草。三路大军浩浩荡荡，直往汉中进发。

> 曹孟德杀死皇后自逞凶，立即就册立女儿做正宫。
> 汉献帝软弱无能空悲愤，也只得委曲求全快应承。
> 老奸贼自此胆大更妄为，越发得欺压合朝众大臣。
> 这一日分兵点将兴人马，却说是奉命征西伐汉中。
> 早有个长探飞奔报张鲁，好叫他闻言失色吓掉魂。
> 急忙忙擂鼓辕门聚众将，大伙儿商议迎敌论军情。
> 帐下边胞弟张卫呼兄长，我如今有条妙计退曹兵。
> 阳平关咽喉之地山路险，曹孟德大军必由此处行。
> 咱这边速点精兵运粮草，观左右树傍靠山扎大营。
> 安排着十面埋伏查要路，他除非人会驾云马腾空。

　　张卫献计拒敌，张鲁欣然从之，即令大将杨昂、杨任与其弟张卫，立刻点兵起程。军马到阳平关下寨，已见夏侯渊、张郃前军到来。曹军闻听阳平关已有准备，离关二十里安营。是夜曹军士远来疲困，各自安歇。睡到半夜，忽然寨后一把大火起，杨昂、杨任分兵两路来劫寨。夏侯渊与张郃急上马时，四面大军一拥而入，乱杀一气。曹兵大败而走，退回见曹操。曹操大怒说："你二人行军许多年，岂不知兵马远行疲困，须防劫寨偷营，怎么不做准备，被他挫了锐气。"传下军令，要斩二人，以明军法。众将一齐求情，方才饶恕。次日，曹操亲自引兵为前队，见山势险恶，树木丛杂，不知路径，恐有埋伏，忙引兵回寨，向许褚、徐晃二将说："我要知道这地方这样险恶，就不起兵前来了。"许褚说："兵已到这儿了，主公只能督军前进。"曹操从其言，复又上马，只带许褚、徐晃二将来看张卫的寨栅，三匹马转过山坡，早已看见张卫营寨。

> 曹孟德手提丝鞭摆蛮环，　在马上观看张卫的营盘。
> 但只见四面沟深涧又陡，　一处处傍险围林紧靠山。
> 齐整整营按九宫分八卦，　里外的枪刀列摆甚森严。
> 有许多巡哨儿郎披甲士，　虚飘飘旗分五色半空悬。
> 老奸贼马上回头呼二将，　这光景叫咱攻寨怎争先？
> 在马上一言未尽喊声起，　耳闻得杀声震地炮惊天。
> 这一边杨任领兵往上闯，　那一边许多军马齐向前。
> 冷飕飕三军乱放雕翎箭，　好一似扑面星飞万点寒。
> 眼看着慌了阿瞒贼奸党，　急忙忙手扯丝缰加马鞭。

话说杨昂、杨任两路军马一齐杀来，箭如雨点。曹操大惊，许褚高声向徐晃大呼："我自己阻挡贼后，徐公明你保护主公快走。"说完，纵马舞刀，奋勇上前，力敌二将。杨昂、杨任不是许褚对手，收兵退去。徐晃保着曹操逃过山头，前面又有一军到。曹操十分吃惊，仔细一看，原来是夏侯渊、张郃二将，他们怕主公有失，领兵前来接应，大家回寨。曹操重赏四将，自此两家相拒五十余天，并不交战。曹操因山险路窄，难以进攻，便要退兵。贾诩谏说："贼势强弱未知，主公为何要退兵？"曹操说了自己的打算。

> 我如今退兵之意原非真，　都只为贼人傍险安营寨。
> 可恨他阻塞咽喉堵要道，　无非是峭壁悬崖斗涧深。
> 现如今两军相拒许多日，　空叫咱几次相攻实无门。
> 定巧计虚张声势把军退，　我料他必发追兵随后跟。
> 两旁里悄悄埋伏人和马，　那时节两下夹攻把贼擒。

曹操说完，贾诩同众将齐声说："丞相神机不可测。"曹操闻听十分得意，即差夏侯渊、张郃分兵两路，各引轻骑三千，悄悄地由山僻小路行走，抄过阳平关之后埋伏。曹操自引大军拔寨起程。杨昂得知曹操退兵，便同杨任商议，乘退追杀。杨任说："曹操诡计多端，后退一事不知真假，不可追他。"杨昂不听杨任的话，自领五寨人马，来追曹兵。是日大雾迷漫，对面望不见人，走到半路，扎住阵脚。此时，夏侯渊率一支人马，在山后埋伏，只见大雾漫漫，天地昏暗，又听人言马叫，恐有埋伏，急催人马行动，大雾中误到杨昂寨前。守寨军士只当是杨昂兵回，大开寨门，曹军一拥而入，见寨中军士甚少，撞着就杀，守寨军士不能抵敌，纷纷逃跑。

及至雾散，杨任领兵来救，与夏侯渊战不数合，张郃背后杀到。杨任不能抵敌，杀开一条血路，带领残军奔回南郑。此时，杨昂正追曹兵，闻听后面叫杀连天，便知中了曹操埋伏之计。杨昂慌忙回兵来救，杨任已经败走，正遇夏侯渊、张郃，三人交锋一阵好杀。曹操又回兵杀来，两下夹攻，四面无路。杨昂死于万马军中，残军败将奔回阳平关，报于张卫。张卫闻听杨家二将一死一逃，便连夜弃关而走。曹操得了阳平关，犒军歇马不提。

再说张卫、杨任败回，见了张鲁诉说损兵折将，失关弃寨之事。张鲁大怒，要斩杨任。杨任说："我苦劝杨昂，不叫他追赶曹操，他怎么也不听，所以才有这一败。望主公饶恕，再给末将一支人马，前去挑战，必斩曹操首级，献于帐前。如再败，死而无怨。"张鲁取了杨任的军令状，又给他二万军马，前去挑战。

话说曹操得了阳关平，想进兵攻取南郑，恐中埋伏，先令夏侯渊领精兵五千，往南郑路上探听虚实。走了约十里，正遇上杨任军马到来。两军布成阵势，列开旗门。杨任出马，与夏侯渊交战，战不到三回，被夏侯渊一刀斩于马下。军士们见主将疆场丧命，纷纷而逃。长探报给曹操，曹操听夏侯渊斩了杨任，提兵离了阳平关，与夏侯渊会合一处，火速进发，直抵南郑城下。张鲁大惊，忙聚文武商议应敌之策。谋士阎圃说："主公勿忧，我保举一人，以破曹操之兵，易如反掌。"

阎圃话还没说完，张鲁接话说："此人莫不是南安人，姓庞名德，字令名，前同马超来投降的吗？"阎圃说："正是此人，前回因病不能出战，故没有同马超去。今蒙主公之恩，在此养病，现病体已好，他刀马无敌，何不差他去破曹兵？"张鲁大喜，即刻把庞德召来，重加赏赐，点齐一万军马，令庞德率领出城，立下营寨，与曹操对阵。

曹操昔日在渭桥时，深知庞德之勇，心甚爱他，乃吩咐众将说："庞德是西凉勇将，昔日随马超，未展其志；现今随张鲁，未称其心。我想得此人，为我所用。汝等要与他缓战，不可死杀。等他力乏，然后用计擒他。"众将领命，依令而行。张郃先出马与庞德战了几回而退，夏侯渊又出马，战了几回也退了，次后许褚、徐晃战了十余回也都退了。庞德力战四将，毫无惧色。四将都在曹操面前夸奖庞德本事高强，骁勇无比。曹操素有爱才之德，现在越发动心，和众将商议怎样才能让他投降。

> 曹孟德心中爱上庞令名，恨不得当作明珠掌上擎。
>
> 帐前里谋士贾诩呼丞相，你看他满面带笑打一躬。
>
> 谁不知独据汉中贼张鲁，他有个心腹谋士叫杨松。

那个贼平常贪财图贿赂，天大事若有金钱就能行。

咱这里多送金帛与珠宝，再寄去肺腑之言书一封。

托付他暗下谗言与张鲁，无非是从中离间害英雄。

倘能够激恼庞德心改变，那时节必然弃暗来投明。

贾诩说完，曹操想了一会儿说："此计倒也可行，但可惜无门而入。纵有金银珠宝，怎么才能送到杨松手里？"贾诩说："这事不难，明日庞德必来讨战，我们选一能言军士，扮成他的军卒模样，将珠宝和书信带在身上，趁交锋时，混进他的营中，乘机入城，去见杨松。"曹操大喜，依计而行。次日，庞德果然来讨战，众将一齐出马，两下交锋乱杀一阵。曹操兵多将广，庞德不能抵敌，大败而走，急急唤开城门，人马一拥而入。此时细作已混入人群，进了城，暗见杨松，献上礼物，呈上密书。杨松看了大喜，对细作说："你且回去，请丞相放心，我自有良策让庞德前去投降。"说完打发细作走了。杨松忙见张鲁，对张鲁说："庞德受了曹操贿赂，心中怀着反意，早存里勾外合念头，早晚必然做出来。"张鲁也不调查，听后大怒，立将庞德唤来，责骂一场，喝令推出斩了。阎圃苦谏才免斩。张鲁怒目向庞德说："明天你再出战，如再败回必斩。"庞德抱恨而退。

次日，曹兵攻城，庞德引兵杀出，与许褚交战，许褚诈败而走。庞德催马赶来，只见曹操立于山坡之上，大呼说："庞令名，何不早降？"庞德一见曹操，心中怒火上升，舞刀直扑曹操而来。

庞令名舞刀催马奔山头，你看他怒目扬眉恨不休。

这回要生擒活捉曹丞相，替主人以报昔年肺腑仇。

猛然间山崩地裂一声响，眼看着连人带马跌下坑。

老奸贼挖下陷阱擒虎豹，引诱他蛟龙吞饵上金钩。

话说曹兵捉了庞德，押到曹操面前，曹操慌忙下马，责退众人，亲解其绳，笑着说："将军肯降吗？"庞德暗自寻思，张鲁如此不仁，保他也无益，不如归降曹公，以图功名。主意已定，庞德说道："愿降丞相。"曹操亲手扶他上马，同回大寨。城上人看见庞德与曹操并马而行，报与张鲁，张鲁越发相信杨松的话。次日，曹操于南郑城外，三面竖起云梯，飞炮攻打。张鲁见势甚急，与弟张卫商议。张卫说："为今之计，走为上策，可放火烧了仓储府库，由南门钻山而逃，去守巴中，然后再另行打算。"杨松说："不如开门投降为上。"张鲁犹豫不定。张卫便要放火烧毁府库等。张鲁叹说："我早想归顺国家，没得其便，今不得已而逃，仓储府库皆国家之物，不可烧毁。"遂命令封存加锁。是夜二更，张鲁保护全家老小，开南门往外冲杀。曹操传出命令，不许阻挡追赶，由他逃去。

最可笑张鲁是个糊涂虫，你看他专听谗言信杨松。

说唱三国

起行时逼反马超归刘备，又弄得投降去了庞德公。

到头来三十六计走为上，带领着全家老小奔巴中。

曹孟德传下号令不追赶，急忙忙率领大军进了城。

看了看军民人等皆逃散，各处里府库仓储上锁封。

寄书前去劝张鲁来归顺，偏有个胞弟坚决不应承。

贼杨松暗将密书寄一纸，约曹操攻取巴中速进兵。

不多日曹操亲自领兵到，开城门张卫出马把敌迎。

与许褚大战疆场三五趟，眼看着两段分尸战血红。

无奈何张鲁领兵亲出马，好不待喜坏奸贼老杨松。

传下令紧闭城门不开锁，被曹操活捉生擒进大营。

话说张鲁被擒来见曹操，只得下跪而降。曹操念他封库之心，以礼相待，封为镇南将军，阎圃等皆封列侯，于是汉中平定，大赏士卒。唯有杨松卖主求荣，立刻拿来斩首示众。

曹操既得东川，主簿司马懿说："刘备以诈求取西川，蜀人心尚未归。今主公已得汉中，益州震动，可速进兵征讨，机不可失。"曹操叹道："天下之人苦于不知足，既得陇西，还望蜀地吗？"参谋刘晔在旁说："司马仲达的话，主公应听。"

曹操沉默良久说："军士远涉劳苦，宜养精蓄锐，按兵不动。"此时西川百姓闻听曹操取下东川，料定必来取西川，人心恐慌。玄德与孔明商议，孔明说："我有一计，可退曹兵。"玄德问："是什么计呢？"孔明说："曹操命张辽领兵镇守合肥，是惧孙权。今若遣善辩之人，陈说利害，着孙权起兵攻合肥，曹操闻知必然班师而回。"玄德说："谁可为使呢？"幕宾伊籍说："我愿去走一趟。"玄德大喜，遂写书令伊籍先到荆州告知云长，然后入东吴，到秣陵来见孙权。孙权说："汝到此有什么事吗？"伊籍说："以前诸葛子瑜曾到西川去，索取长沙等三郡，云长不知，不肯交还。军师在外巡视又未回来，因此，没能移交。今将三郡先送还，其余荆州、南郡、零陵等地，本想一并送还，今被曹操取了东川，使关将军无容身之地。现在曹操大军到东川，合肥兵微将寡，望君侯起兵攻打，曹操会勒兵而回。我主取了东川，即还荆州全土。"孙权说："你且归馆舍安歇，容我商议，再给回信。"伊籍辞了孙权回馆舍，孙权便向众谋士问计。

张子明座前屈臂把躬打，微微笑尊声主公听我言。

想当初玄德强将荆州借，几次他东扯西拖不肯还。

现如今凭空自愿还三郡，他这是等到渴急才掘泉。

因曹操得了汉中平张鲁，又怕他乘时就势取西川。

似这样明显计谋人尽晓，要想着瞒过江东难上难。

张昭说:"这虽是孔明之计,可他还了三郡,且因曹操在东川,我们去取合肥,更是上策。"孙权点头说:"正合我意。"于是写了回书,交给伊籍带回西川。令鲁肃去接收三郡,差吕蒙、甘宁、凌统先攻皖城,皖城是合肥守将张辽囤积粮草之地。三将一到,杀了皖城太守朱光,得了皖城。孙权带领大军随后赶到,入城犒赏三军,慰劳将士,设宴庆功。吕蒙便让甘宁为上座,当着孙权的面称赞甘宁之功。凌统之父凌操早年被甘宁所杀,凌统见吕蒙盛称甘宁的功劳,心中不平,又想起早年杀父仇恨,不觉大怒,连酒也不喝了。

> 想当初父亲命丧甘宁手,我和他结下冤仇似海深。
>
> 都只为同在江东保吴主,好叫我含羞忍气强咽吞。
>
> 他今日自恃功劳居上座,昂昂然心高眼大太无人。
>
> 似这样骄傲之态看不惯,我不免仿效项庄在鸿门。

话说凌统主意已定,抽出腰中宝剑,立于宴前说:"席前无以为乐,看我舞剑与诸公助酒。"甘宁猜知他意,立起身来,双手取两只戟,走下席来说:"看我席前使戟。"吕蒙见二人俱有相斗之意,一手抓过一面藤牌,一手提刀,立在中央说:"你二人使戟舞剑,俱不如我使得巧。"一边说着,舞起刀牌,把二人两下分开。早有人报告孙权,孙权慌忙来看。众人见孙权到来,方才放下军器。孙权向凌统、甘宁说:"我常说你二人休念旧仇,为什么今日又如此呢?"凌统哭拜于地说:"父仇未报,于心不甘。"孙权再三劝止,凌统方才息怒。甘宁自知礼亏,去一旁回避了。次日,孙权同众将,带领大军来攻合肥。

> 先差遣甘宁吕蒙为前部,后边他亲统中军紧相随。
>
> 曹营里长探闻知忙来报,哗啦啦流星快马跑如飞。
>
> 张文远擂鼓辕门聚众将,急调来乐进李典二英魁。
>
> 半途中埋伏三千弓箭手,准备下无数雕翎透甲锥。
>
> 不几日东吴前队军马到,两下里话不投机杀成堆。
>
> 逍遥津小狮桥下一场战,咕咚咚连珠炮响似春雷。
>
> 惊动了后队孙权和凌统,急忙忙督军接应把马催。
>
> 两下里兵对兵来将对将,闹吵吵双方枪刀使一回。
>
> 甘兴伯交战不利败李典,张文远箭射孙权紫金盔。
>
> 这一边乐进吕蒙死争战,那一边凌统单枪闯重围。
>
> 冷飕飕曹军乱放雕翎箭,东吴兵没处躲闪尽吃亏。

张辽率领众将,杀得孙权君臣大败而逃。曹兵又把逍遥津上小狮桥折断,使孙权兵马无路可归。凌统着急,保护孙权就像昔日玄德马跳檀溪一般,连人带马跳过逍遥津。张辽在后边催兵赶杀。吕蒙、甘宁且战且走,败到逍遥津边,无计可过,幸亏徐盛、董袭驾舟前来接迎，众军舍命抢船而上，落水死者不计其数。又加曹军乱箭射来，凌统身受数箭，救护孙权回到濡须口，兵折大半。

这一阵被张辽杀得江东人人丧胆，一听张辽姓名，小儿也不敢夜啼。孙权重赏凌统救驾之功，和随营将士就在濡须口屯扎，差人往江东调兵前来助战。再说长探将逍遥津大战之事，报知曹操。曹操留夏侯渊、张郃镇守汉中各处隘口，其余兵将拔寨起程，杀奔濡须口来。

孙权调兵遣将，水陆俱有防备，谋士张昭说："曹贼远来，军马乏困，当先挫其锐气。"孙权向帐下问道："谁敢前去挫曹军锐气？"要知帐下谁肯出马，请看下回书。

第八十八回 | 甘宁百骑劫魏营 左慈法术戏曹操

话说孙权向帐下问道："谁敢先出马，挫曹军锐气？"帐下凌统挺身而出说："末将愿往。"孙权说："你要带多少人马？"凌统说："三千人马够了。"甘宁插口说："只用百骑，足可破敌，为何用三千呢？"凌统大怒，两人就在孙权面前争吵起来。孙权慌忙止住说："大敌当前，岂可自相争吵？曹军势大，切莫轻敌。"乃命凌统带三千军，出濡须口外打探，若遇曹兵，便和他交战。凌统领命引三千人马，出了濡须口，杀奔曹营来了。

> 猛凌统带领三千人和马，径直地出离江口扑曹营。
>
> 遥望着遮天映日尘土起，原来是大将张辽发来兵。
>
> 两下里列开旗门相对垒，二将官出马临敌大交锋。
>
> 这一个锋刃战戟分心刺，那一个大刀照准劈天灵。
>
> 这一个盖世英雄堪上数，那一个武艺超群比人能。
>
> 这一个要将敌人挫锐气，那一个愿为前部立头功。
>
> 这一个志大心高性子傲，那一个马快刀馋胆气生。
>
> 他二人死杀恶战六十回，有谁肯败走疆场落下风？

他二人大战六十个回合，不分胜败。孙权恐怕凌统有失，命吕蒙接迎回营。甘宁见凌统不分胜败而回，向孙权说："末将今夜只带一百人马去劫曹营，管保全胜而归。若少一人一骑，甘当军法。"孙权即选一百精锐马军交付甘宁，又以酒五十瓶，肉五十斤，赏赐这一百名军士。甘宁同众军士回到自己本帐，叫这一百人团团围坐，先用银碗斟酒，自吃两碗，向众人说："我今夜奉主公之命，前去劫寨。请诸位每人满饮一碗，努力向前，争立大功。"众人闻言，面面相觑，个个不语。甘宁见此光景，拔剑在手，怒目斥责说："我为上将，且不惜死，汝等为何畏枪避剑？岂不知养军千日，用军一时？"众人见甘宁恼怒，这才一齐起拜说："我等愿效死力。"甘宁闻听此言，转怒为喜，将许多酒肉与百人共饮。约至二更时分，取白鹅翎一百根，插在众人盔上，以为暗号，披挂上马，飞奔曹营，大喊一声，闯开营门，杀将进去，直扑中军帐来杀曹操。不料中军帐外，周围俱用车仗围绕，铁桶相似。甘宁军马不能进入，率领一百军马，左冲右突，见人就杀。

话说甘宁领百骑在曹营里横冲直撞，见人就杀，各处放火焚烧寨栅，一时间火光冲天，杀声震地。甘宁不见曹操，恐怕自己被火烧，令大家从寨南门杀出，无人敢挡。孙权怕甘宁有失，令周泰引一支人马，前去接应。甘宁领百骑回到濡须口。曹军恐有埋伏，不敢追杀。因此，没有折一人一骑。众军士在马上，鞭敲金镫，齐唱凯歌。孙权大喜，亲自迎接进营。甘宁下马拜伏于地，孙权慌忙扶起，携其手说："将军此战，足让曹贼惊讶！"即赐绢千匹，利刀百口。甘宁拜接，分给一百军士。大家谢赏完，孙权当众夸奖说："曹操有张辽，孤有甘宁，足以相抵，我何惧他！"

孙仲谋存心激怒众英雄，因此上口中夸奖说甘宁。

两旁里哄动文官和武将，一个个交头接耳齐论评。

众将议论纷纷，忽然帐下一将挺身而出，声声要出马去战张辽。众人一看，乃是凌统。孙权准了他的请求。恰好天明之时，张辽领兵前来讨战。凌统引三千人马，离开濡须江口，望见尘土起处，知是曹兵到来。凌统一马当先，张辽舞刀来迎，二人也不道名，就交锋杀在一处。大战五六十合，胜败不分。此时，孙权、曹操都来观阵，见二将交战不止，曹休在曹操背后，射来一支冷箭，正中凌统战马。那马负疼，把两只前蹄直跶起来，将凌统掀翻在地。乐进急忙舞刀，来杀凌统，刀还未到，只听对阵上弓开弦响，一箭射中乐进面门，乐进翻身落马。两阵儿郎齐出，各救一将回营，彼此鸣金收兵。凌统归寨，拜谢孙权，孙权说："今日疆场放箭救你的是甘宁。"凌统这才顿首拜谢。甘宁说："你我平素不睦，不想今日如此这样。"自此二人结为生死之交，再不为仇。此时，曹操回营见乐进中箭，心中烦恼，命归本帐将息调理，一面兵分五路来战孙权。

话说曹操兵分五路而行，自领中路，左一路张辽，二路李典，右一路徐晃，二路庞德，每路各带一万人马，杀奔江边而来。此时，徐盛、董袭驾着战船，领兵在江边巡哨，见曹操五路军马到来，军士们皆有惧色。徐盛说："食君之禄，忠君之事，有什么可惧怕的？"遂引军士数百人，摆船上岸杀入李典军中去了。董袭在船上令众军擂鼓呐喊助威，忽然江上狂风大作，白浪滔天，军士们见大船将翻，争上小船逃命。董袭仗剑大喝说："我奉命在此守防，谁敢弃船而去？"立斩下船军士十余人。顷刻之间狂风更急，翻船落水。董袭竟死于江口水中。徐盛在李典军中，往来冲杀，两军混战。陈武听得江边叫杀连天，急忙领兵前来救迎，正遇庞德军马，两下混战乱杀。孙权在濡须口船中，闻听曹兵杀来，亲自和周泰领兵杀出，正见徐盛在李典军中杀作一团，即催马闯入阵中去了。

都只为徐盛厮杀在曹营，孙仲谋亲到疆场领救兵。
同周泰大喊一声往里闯，恶狠狠舞刀催马把枪拧。
你看那张辽徐晃多骁勇，把孙权团团困在正当中。
又加上曹操立马高冈处，睁双眼居高临下看得清。
眼看着吴侯被困垓心地，即差遣许褚飞奔闯大营。
孙仲谋枪刀林里死争战，又来了万将无敌杀人精。
四面瞧跟随士卒皆失散，眼巴巴不知周泰死和生。
催战马单刀独闯千军队，相隔着十殿阎罗只一层。
他这里左冲右突无出路，最可喜来了一个救命星。

这时是谁来了呢？原来是周泰在万马营中，被曹兵冲散，匹马单枪杀开一条血路，来到江边。回头不见了孙权，急忙勒马而回，又杀入阵中，遇着本部军士，便问："主公何在？"军士用手指兵马多的地方说："主公在那里被困，几乎落马，将军快去救。"周泰闻听吃一大惊，催马拧枪杀将进去，寻着孙权一看，就像血人一般。周泰大呼说："主公快随我来。"周泰在前，孙权在后，君臣二人奋力冲杀到江边。周泰回头又不见孙权，便回马杀去，见孙权被曹军拦住，拧枪杀入重围。孙权说："弓箭齐发不能冲出，怎么办？"周泰说"主公在前，臣在后，就能冲出去。"孙权纵马前行，周泰左右护卫，身受数处枪箭，重铠都穿透了，救护孙权到了江边。幸有吕蒙一支水军到来，接应孙权上船去了。此时，陈武在阵中已被庞德所杀。

孙权牵挂徐盛不知生死，眼中落下泪来。周泰弃船，提枪上马，又杀入重围，救出徐盛。

曹操见孙权走脱了，催兵赶至江边，令三军万箭齐发，往江中乱射。吕蒙也叫军士用箭射岸上曹兵，两家对射。吕蒙兵少，箭也没有了，心中着慌，忽见上游头来了一船，当先一员大将，乃是孙权之侄婿陆逊，领了十万精兵前来救应，挥军登岸，杀退曹兵，寻着陈武尸首而回。孙权见陈武阵亡，又听说董袭沉江而死，痛哭一场。

话说孙权悲痛一回，令人于水中寻找董袭尸首，并陈武遗体，俱厚葬之。又感周泰救驾之功，设宴款待。孙权亲自把盏，手抚其背，满面流泪说："卿两番救我，不惜性命，挨数十枪，箭伤多处，皮肤如刻画，孤怎能不待卿以骨肉之恩，委卿以兵马之重职？卿是孤的功臣，孤与卿共荣辱。"说完，令周泰解衣给众将看，皮肉肌肤，如同刀剜，遍体是伤。孙权手指其痕，一一问之。周泰具言战时被伤情况。一处伤令周泰吃一杯酒，是日周泰大醉。孙权以青罗伞赐之，令出入张盖，以示显耀。

孙权在濡须口与曹操相拒月余，不能取胜，孙权十分发愁。

> 孙仲谋心中不乐闷悠悠，都只为兵难取胜便生愁。
> 每日里进退两难无决断，帐前里谋士张昭进一言。
> 现如今两军相拒已多日，似这样苦争恶战几时休。
> 用去了钱粮百万损兵马，好几次锐气全挫满面羞。
> 常言说适可而止知难退，总不如旌旗倒卷把兵收。
> 回江东积草囤粮三五载，然后再遣将兴兵大报仇。

张昭劝谏收兵，孙权只好依从，即令谋士步骘往曹营求和，许愿年年进贡，永结和好。曹操见江南势力一时也难取下，欣然从之，向步骘说："吴侯先撤人马，我然后班师回去。"步骘得了曹操许和的话，辞别而出，回营复命。孙权留蒋钦、周泰把守濡须口，自领大军上船，与众将同归秣陵。曹操见孙权兵退，留曹仁、张辽守合肥，也班师回了许昌。

文武百官见曹操平定了张鲁，又打败孙权，都争相趋附奉迎，议定曹操为魏王。建安二十一年夏，群臣表奏献帝，称颂魏公曹操功德无量，即使昔日伊尹、周公也不及，宜晋爵为魏王。献帝只得听从，即命文臣钟繇写诏，册立曹操为魏王。曹操假意推辞，天子下诏三次，曹操方受魏王之爵。出入用天子銮仪，于邺郡盖魏王宫，议立世子。曹操正室丁夫人无子女；次妻刘氏生子曹昂，昔年征张绣时死于宛城；其妾卞氏所生四子，长子曹丕，次子曹彰，三子曹植，四子曹熊。因此废了丁夫人，而立卞氏为魏王后。三子曹植，字子建，生得聪明过人，出口成章，曹操想立为太子。

话说曹操见左右近侍时常称赞曹丕之德，想立曹植的心迟疑未定。但凡曹操出征，四子都来送行，曹植赞扬父亲的功德，出口成章。曹丕受了贾诩之计，和父亲离别时，只是流泪而拜，左右无不伤感。曹操因此又疑三子虽然乖巧，但不如长子心诚，于是向贾诩问道："孤想立太子，在四子当中，应选哪一个？"贾诩低头不答。曹操说："你为什么不答？"贾诩说："我正想起两个人，故没有立即回答。"曹操说："你想起什么人呢？"贾诩说："我想起袁本初、刘景升父子之事。"曹操大笑，明白了应以长幼为序，乃立长子曹丕为太子。是年冬十月修造魏王宫，差人往各处收取奇花异草，栽植花园之中，以供玩赏。派使者到江东见孙权，传魏王旨意，叫吴侯往邺郡送柑橘。孙权让下人拣选上好的柑橘四十担，星夜送往邺郡。

众夫役挑着柑橘，走到中途，身上疲困，放下担子歇于山脚下，见一先生，瞎一目，跛一足，头戴白藤冠，身穿青衲服，来到近前，给夫役施礼说："你们挑担劳苦，若不嫌弃，贫道我替每人挑一次如何？"众人正愁着不好走，又太累，闻听道人的话，很高兴，就让先生每担替挑五里。夫役再挑起来走，只觉得担子都轻了，众人都惊疑不止。那位先生临走时，与押担子的官员说："贫道乃魏王同乡，姓左名慈，字元放，道号乌角先生，你们到邺郡时，便说左慈问候魏王。"说完拂袖而去。押柑橘的官员将柑橘送到邺郡，见了曹操。曹操将柑橘剖开，都是空壳，内并无肉。曹操惊讶，便向押送柑橘的官员问："这是何故？"官员就把路遇左慈挑担之事，告诉曹操。曹操不肯全信，正在猜疑之时，忽然门吏来报，外面有一先生，自称姓左名慈，求见大王。曹操召入宫中，押送柑橘官在旁说："他正是途中所遇的人。"曹操变脸说："汝用什么妖术盗我佳果？"左慈笑说："我乃出家之人，清廉为本，身外之物，一毛不取，岂有盗人佳果之事？"一边说着，取过柑橘剖开一看，内里都有肉，其味甚甜。但曹操一剖，就是空的。曹操十分吃惊，乃命左慈入座，赐给酒肉。左慈饮酒五斗不醉，食肉全羊不饱。曹操说："汝有何术而至此？"左慈微微而笑。

> 也不知左慈是妖还是仙？你看他竟把奸雄下眼看。
> 对曹贼无拘无束端然坐，一开口捻须而笑扯长谈。
> 想当初弃了红尘去学道，跟师父同入西蜀峨眉山。
> 古洞中修身养性持斋戒，整整地不动荤腥三十年。
> 有一日独自焚香来打坐，忽听着石壁之中有人言。
> 顷刻间霹雳闪电平地起，哗啦啦崩壁悬崖塌半边。
> 好一似风吹黄叶凭空落，飘摇摇三卷天书到面前。
> 左元放说到这里哈哈笑，曹孟德双眉紧蹙便开言。

左慈话还没有说完，曹操插话说："三卷天书都是什么名目呢？"左慈说："上卷名天遁，中卷名地遁，下卷名人遁。天遁能腾云驾风，半空而行；地遁能穿山入石，土中去行；人遁能云游四海，变化无穷，飞剑取人首级。大王位极人臣，名立功成，应思退步，何不跟随贫道往峨眉山中修行。若肯去时，愿以三卷天书相授。"曹操说："我也想急流勇退，但朝中之内，出力如孤的未有其人。"左慈笑说"益州刘玄德乃献帝同宗，何不将此位让他，不然贫道即飞剑，取汝之首。"曹操当即大怒。

曹操声声要斩左慈，谋士贾诩谏说："不可，他不过一疯癫之人，赶出去算了，何必斩他？"曹操说："他是刘备细作，不可释放，死罪饶了，活罪难免。"喝令武将士重责四十大棍。左慈面无惧色，大笑不止。曹操吩咐重打，武士们轮班打。打完四十大棍，左慈在地下鼾声熟睡，并不觉疼，像没打着一样。曹操更加发怒，命取大枷枷了，铁钉钉了，送入牢中囚禁，派十数名狱卒看守，不许走脱。左慈来到牢中，枷枷自落，并无伤损。一连七八日，不与饮食，不但不饥饿，而且面皮有红有白，反比从前面色好看多了。狱卒报告曹操，曹操自牢中提审问之。左慈说："我十数年不食也无妨，但日食千羊也不饱，这才七八日，不食有何妨碍？"曹操闻言，也无可奈何。这一日正逢曹操在宫中大宴，百官正饮酒间，不知左慈从何而来，足穿木履，站在席宴之下，众官惊疑不止。

> 只见他足穿木履挺身站，浑身上衣服破烂太难堪。
>
> 酒席前眼望众官秉秉手，笑嘻嘻口呼大王便开言。
>
> 你今日大会群臣设酒宴，果真是高朋满座有三千。
>
> 虽然是佳肴美酒无其数，在我看美味珍品也不全。
>
> 必须是水陆俱备方为盛，问大王内中缺少哪几样？
>
> 且别说贫道人前夸海口，用什么立刻取来不费难。

左慈说完，曹操说："既如此，我要龙肝作羹，汝能取来吗？"左慈说："这有何难哉？"自袖中取出笔墨，就在粉墙之上，画一条龙，用袍袖一指，龙腹自开。左慈伸手自龙腹中取出龙肝一副，鲜血淋漓。曹操不信，怒斥说："汝先藏于袖中。"左慈说："我被大王囚禁多日，龙肝带血，怎能藏我袖中呢？"曹操无言可答。左慈说："现在天寒，草木已枯死，大王要看什么好花？贫道即可取来。"曹操说："我只看开花牡丹一株，别花不要。"左慈笑说："这太容易了。"令人取花盆一个，放在宴席前，再用水喷之，顷刻间发出一株牡丹，开放双花，其大如盘。众官惊喜不定，无不喝彩，将左慈让之上座，同桌饮食。只见左右端上几碗鱼来，左慈说："天下之鱼，莫过松江鲈鱼之美。"曹操说："千里之遥，怎能取来？"左慈说："这有何难？"遂欠身离座，令人取来钓竿，就在堂下鱼池中钓之，顷刻间钓上十数尾大鲈鱼来，献在宴席前。众官一见越发惊喜。

曹操从来诡计多端，心机灵巧，不想此时竟被左慈蒙住了，把十数尾鲈鱼呆呆地看了一回说："我池中原有此鱼，并不是鲈鱼。"左慈说："大王何必相欺呢？别处鲈鱼只有两腮，唯独松江之鲈鱼有四腮。这其中真假可辨。"众官闻听，争相验证，果然是四腮。左慈笑说："这是松江的鲈鱼吗？"众官齐声说："是也。"曹操说："已有鲈鱼，却无蜀地的生姜为佐料。"左慈说："这更不费难。"差人取来金盆一个，左慈用衣盖上，停不多时，紫芽姜长满金盆，拿给曹操看。曹操拿到手中看，忽见金盆之内，有一本书，封皮上有四个字：孟德新书。曹操拿在手中，翻开一看，一字不差。曹操大疑。左慈取桌上玉杯，斟满酒，递给曹操，说："大王可饮此酒，寿可千年。"曹操叫左慈先饮，左慈拔下头上戴的玉簪，于杯中一画，竟把杯中之酒分为两半，自饮一半，将另一半回敬曹操。曹操怒而责之。左慈掷杯于空中，化成白鸽一只，绕殿而飞。众官仰面来看，左慈不知所往，众皆惊疑不定。忽有人来报说："左慈大摇大摆，出宫门去了。"曹操说："如此妖人，必当除之，不然定为后患。"遂令许褚引三百军追赶，必须擒回正法。

许褚上马领兵赶至城门外，遥见左慈足穿木履，缓步而行，相隔不远。许褚带领军士飞马追赶，却追赶不上。直赶到一座山中，有一牧羊童子，赶着群羊而来。眼见左慈走入羊群内。许褚取箭射之，踪影皆无。许褚无奈，把羊全杀了，回去交差。牧童守着死羊大哭，忽见羊头在地，口吐人言说："你不要哭，把羊头都合在羊脖子上，自有活羊还你。"牧童大惊，掩面而走，忽闻背后有人说："不必惊疑，回来看，羊全活了。"

牧童回家，将此事告知主人，主人不敢隐瞒，报知曹操。曹操画影图形，各处捉拿左慈，二三日间，城里城外，所捉的瞎一目、跛一足、白藤冠、青衲衣、穿木履的先生，都一模一样，足有三百名之多。街市的人都争先恐后地来观看。曹操令众将用黑狗血泼之，押送城南教军场。曹操亲引五千军围住，把抓来的人都斩了。人人颈腔内起一道青气，飞到天上，聚成一处，化成一个左慈，向空招白鹤一只骑坐，拍手大笑说："土鼠随金虎，奸贼一旦休！"曹操看得真，听得切，心中大怒，令众将用箭射之。忽然狂风大作，飞沙走石，所斩之尸，一齐跳将起来，手提其头奔上演武厅来。

众文武大惊失色魂不在，乱嚷嚷四散奔逃各西东。要知曹操性命如何，且看下回书。

第八十九回　卜周易管辂知机 讨曹操众臣废命

话说曹操惊倒在地，众官纷纷乱跑。顷刻之间，黑风已息，尸体皆无。左右拥护曹操回宫，从此惊吓成疾，服药无效。太史丞许芝自许昌来见曹操。曹操令许芝占卜《周易》，问其疾病几时能好。许芝说："大王曾闻神卜管辂吗？"曹操说："颇闻其名，未知其术，你可详细说说。"许芝说："管辂字公明，平原人，容貌丑陋，好酒疏狂。自幼便喜仰视星辰，夜多不寐，父母不能禁止，即作儿戏之事。他画地为天，分布日月星辰。长大后，善通《周易》，深明算法，兼会相术。瑯琊太守单子春闻其名，请去相见。管辂此时年仅十二三岁，见单太守坐客百余人，皆能言之士。管辂向单子春说：'我年轻，胆子小，请赐美酒三升，饮而后言。'子春甚以为奇，遂亲自斟酒三升，交他饮完。子春请管辂讲《周易》，说理分明，发言精妙，人人心服。管辂自此号为神童，善卜之名，天下皆知。此人现在平原。"

曹操立刻差人，往平原把管辂召来。管辂来后见了曹操，施礼毕。曹操将左慈之事告知，令卜其疾病。管辂说："此是幻术，何必为忧？"曹操闻言，心中方安，病渐渐地好了。又令占卜天下大事，管辂卜后说："三八纵横，黄猪遇虎；定军之南，伤折一股。"又令卜传祚修短之数，管辂卜完说："狮子宫中，以安神位；王道鼎新，子孙极贵。"曹操问其详，管辂说："茫茫天数，不可预知，待后自验。"曹操想封管辂为太史，管辂说："命薄相穷，不宜为官，虽蒙大王抬举，实不敢受。"曹问其故，答说："额无主骨，眼无守睛，鼻无梁柱，足无天根，背无三甲，腹无三壬，只可做个术士，不能做贵官。"曹操说："你看我相如何？"管辂说："位极人臣，又何必问相。"操再三问，管辂只笑不言。曹操又令给文武官僚看相，管辂说："皆治世之臣。"曹操又令卜东吴、西蜀二处吉凶，管辂各占一卦说："东吴不久亡一大将，西蜀不日必有兵来。"曹操半信半疑。忽合肥张辽来报，东吴鲁肃死了。曹操这才相信管辂的话，便差人往汉中打探消息。

> 不几日跑来一匹流星马，哗啦啦昼夜飞奔赴邺城。
>
> 辕门外弃镫离鞍下坐骑，急慌忙复命直入魏王宫。
>
> 来到这曹操面前把头叩，现如今刘备西川发大兵。
>
> 原来是西凉小将马孟起，这个人渭水潼关有大名。
>
> 但恐怕张郃杀前难顾后，夏侯渊兵微将寡怎交锋？
>
> 望大王速传号令兴人马，前往那葭萌关下把敌迎。

曹操闻听刘备兴兵犯界，便要亲领大军往汉中，以拒蜀军，不知胜败如何，令管辂卜之。管辂说："大王不可妄动，来春许昌必有火灾，切宜防之。"曹操见管辂之言屡次效验，不敢不听，只得留居邺郡。让曹洪领兵五万，去助夏侯渊、张郃同守东川；差夏侯惇领兵三万，在许都城外一带，往来巡视。又叫长史王必总督御林军马，主簿司马懿说："王必嗜酒性宽，恐不堪任此职。"曹操说："他是孤披荆棘历艰难时，舍命相随之人，忠而且勤，心如铁石，实应委此重任。"遂委王必总督御林军马，兵屯许昌城里东华门外。

此时，有一人姓耿名纪，洛阳人氏，官居侍中少府，与司直韦晃交厚。见曹操自尊自大，晋升王爵，出入用天子车服仪仗，心甚不平。建安二十三年春正月，耿纪与韦晃密议。

说唱三国

他已是官至首相居一品，　　凭空里自尊自大又封王。

伏皇后乱棒之下死得苦，　　小穆顺两段分尸血一腔。

老国丈满门俱作刀头鬼，　　偏偏的奸贼女儿坐昭阳。

曹阿瞒自此心高胆愈大，　　眼看着从心所欲霸朝纲。

合朝里虽有许多文共武，　　一个个趋炎附势丧天良。

咱二人虽然俱是功臣后，　　但为何助纣为虐将他帮？

虽说是食人之禄忠人事，　　怎忍得坐观天子受欺降？

耿纪一边说着，眼中落下泪来。韦晃也哭了，并说道："曹贼奸恶日甚，早晚之间，必然篡位。你我世为汉臣，岂可同侍奸相，不为国家出力。我有一心腹之人，姓金名祎，乃昔年汉相金大人之后，素有杀曹之心。他与王必交厚，若得金祎同谋，大事成矣。"耿纪说："他既与王必交厚，岂肯与你我同谋？"韦晃说："且去探听一下，看他如何？"于是二人同到金祎宅中，金祎将二人接入后堂，叙礼让座说："现今长史王必总督御林军马，甚得魏王之心，我二人特来相求。"金祎说："所求何事？"韦晃说："闻魏王早晚受禅，位登大宝，您与王长史必要高升，万望您二位一步登天，莫忘故人，倘蒙提携，感恩匪浅。"金祎闻言，变色拂袖而起，连茶带盏掷于地下。韦晃、耿纪一齐吃惊说："我三人多年故交，怎么这样薄情呢？"金祎闻言微微冷笑。

您二位平素所行通大礼，　　为什么今朝满口发狂言？

曹孟德欺君罔上谁不晓？　　安心要图谋大汉锦江山。

咱三人既要同心保明主，　　大伙儿共除国贼理当然。

凭空里无耻之言说出口，　　羞煞人仰面怎见头上天？

话说韦晃、耿纪见金祎口中虽说忠义之言，还恐有诈，又以言探之说："虽然如此，但天数难违。"金祎大怒说："我与你等交厚多年，为你等是汉朝臣宰之后。但你等竟不思报效，反辅他人，还有何面目来与我为友？快快给我出去，不必在此胡言。"二人见金祎果有忠义之心，乃以实情相告说："我二人本想讨贼，来同足下同谋，唯恐足下不是真心，故以言试。"金祎变怒为喜："我累世汉臣，岂有助贼之理？公等欲扶汉室，有何高见？"韦晃说："早有报国之心，未有讨贼之计。"金祎说："我有一计，不知可否？"

现如今曹贼晋升封王位，　　每日他宴乐深宫在邺城。

老奸雄势压君臣欺天子，　　早晚要篡夺大位坐朝廷。

令王必总督御林统军马，　　就在那东华门外安大营。

往常时虽然与我多交厚，　　到如今低三下四附曹公。

他既然贪图富贵随奸党，　　总不如各寻门路奔前程。

安排着暗地差人去行刺，把他那兵权夺在我手中。

必须要急去西川结刘备，即刻地征进许昌速动兵。

曹孟德虽然势重权威大，也难挡前后受敌两下攻。

金祎吐露真情，二人齐声称善说："此计大妙，宜速行。"金祎说："我有两个心腹，与曹操有杀父之仇，现在城外郊边居住，可用为羽翼。"耿纪问："是何人？"金祎说："太医吉平有二子，长子吉邈，字文然；次子吉穆，字思然。昔日董承衣带诏之事，曹操曾杀其父，当时二子逃到外乡，得免于难。今已潜回许都，无计报仇。若约他二人相助讨操，再无不从之礼。"耿纪、韦晃闻言大喜，即刻使人密唤二吉前来商议。二吉感愤流泪，怨气冲天，誓杀国贼。金祎说："今年正月十五日晚上，城中大张灯火，庆贺元宵。耿少府、韦司直，你二人，各领家僮杀到王必营前，但看营中火起，分两路杀入营中，杀了王必和贼人们。然后我们请天子登五凤楼，召文武百官面谕讨贼。吉文然、吉思然，你兄弟二人，聚集乡勇，自城外杀入，截住夏侯惇。天子降诏，尽发京兵，杀奔邺郡，共擒曹操。我一面差人往西川送书，与刘皇叔约定日期，人马必到。大家务必小心，莫似昔年董承自取其祸。"五人计议定，各自归家准备军马器械。

耿纪、韦晃家中俱有僮仆三四百人，吉邈兄弟也集会多人，声称打猎，准备厮杀。大家安排已毕，金祎这才求见王必。

历年来江东孙权已归顺，刘玄德虽得西川坐不成。

都只为威震天下曹丞相，费心机治国安邦成大功。

眼前里时至元宵佳节到，原就该君安民乐贺升平。

出告示晓谕居民和铺户，在各条街前巷口挂花灯。

最可贺军民同庆不禁夜，明皎皎灯满大街月满城。

万不可虚度时光轻放过，必须要热闹元宵数帝京。

王总督闻听此言心欢喜，你看他并不生疑满口应。

金祎说完，王必欣然从之，即出告示晓谕城里居民铺户人等，家家门口，俱要张灯结彩，庆贺元宵佳节。

到了正月十五日晚上，天色晴朗，星月交辉，三街六市，齐放花灯，京城的人们在元宵节的夜里游玩，可以不受卫军的干涉和时间的限制。王必同御林军的诸将在营赴宴，饮酒至二更，忽然闻营中呐喊，人报后营起火。王必大惊，慌忙出帐观看。只见火光冲天，又听喊声连天，便知营中有变，急忙上马出营，走南门，正遇上耿纪，被耿纪一箭射中肩膀，几乎落马，不敢往南，遂往西门而走。背后又有一军赶来。王必着忙，弃马步行，走到金祎家门前叩门。此时，金祎一面使人于营中放火，一面亲领家僮随后助战，只留妇女在家。女人们听叩门声，只当是金祎归来。金祎之妻前来开门，隔门道："你怎么回来了？把王必那厮杀了吗？"王必闻言大惊，方知金祎、耿纪和韦晃共同谋反，慌忙拨马而回，急投曹休家中去了。

此时全城大火，连金銮殿、五凤楼都烧着了。献帝避居深宫，有曹氏心腹死守宫门。耿纪等三人见不着天子面，也不过率领家僮满城乱杀，齐声喊叫：杀尽曹贼，以扶汉室。

夏侯惇早奉曹操之命，领三万军众警卫许昌，离城五里下寨。是夜望见城中火起，急领大军前来，围住许昌，使一支人马入城救火，另一支人马接应曹休。曹休催兵混战，一直杀到天亮。耿纪、韦晃、金祎和二吉等家僮乡勇，不过千余人，怎能敌住王必、曹休、夏侯惇大军，均被生擒活捉去了。

夏侯惇捉了耿纪、韦晃，救灭残火，又拿下五家及老小宗族，使人飞报曹操。曹操传回令来，叫将耿纪、韦晃二人及五家老小都斩首示众，并将在朝大小百官都解往邺城，听候发落。夏侯惇押耿纪、韦晃二人到市曹，耿纪厉声大叫说："曹贼呀曹贼，我生不能食你的肉，死后变作厉鬼，也要杀你这奸党。"刽子手以刀扎其口，顿时血流满地，大骂不绝而死。韦晃以面门叩地说："画虎不成，此乃天意。"以头碰桩而死。夏侯惇斩了五家老小，将百官解赴邺郡。曹操于教场中，立红旗于左，立白旗于右，传令说："耿纪、韦晃等造反，放火烧许都，你们文武百官，也有出来救火的，也有闭门不出的。如曾救火的，可立于红旗下；如不曾救火的，就立白旗之下。"众官各自想：救火的必无罪。因此，到红旗之下的十有六七，只有三两成停立于白旗之下。曹操命把立于红旗下的都捆绑起来。众官都到曹操面前分诉无罪，曹操微微冷笑说："你们皆是出来助贼。"

曹操命将红旗下文武众官员三百多名牵到漳河边斩首，尸体皆抛河内，水面全变红了。立于白旗之下的，俱有赏赐，仍还许都任职。王必身中箭伤而死，曹操命厚葬。令曹休总督御林军马钟繇为相国，华歆为御史大夫，朝中官员多半改换。曹操方醒悟管辂算正月有火灾之说，遂重赏官爵，管辂不受，辞别去了。

再说曹洪奉曹操之命领兵到汉中，令张郃、夏侯渊各据隘口，曹洪亲自率兵拒敌。此时，马超兵至汉中边界，安下行营，令吴兰为先锋，领军四面巡哨，正遇曹洪军马到来，吴兰胆怯，便想后退。牙将任夔说："贼兵初来，身体疲困，若不先挫其锐气，有何脸面回见主将？"一边说着，提刀挺枪出来，与曹洪交战。

二人大战二三十合，曹洪宝刀落处，任夔分尸落马。吴兰大败而逃，回见马超，马超责备说："你们不听我的军令，为何轻敌，遭到失败？"吴兰说："任夔不听我言，才自送其死。"马超说："紧守隘口，不要交锋。"一面呈报成都，听候命令。曹洪见马超连日不出战，恐有诈谋，收兵退回南郑。张郃闻听曹洪收兵而回，让夏侯渊代守隘口，也回了南郑来见曹洪。夏侯渊问道："将军既已取胜斩将，为何又退兵呢？"曹洪说："我见他坚守不出，唯恐有诈。且我在邺郡之时，曾听神卜管辂有言，当于此处损一员大将，我疑此言，故而不敢轻进。"张郃大笑说："将军用兵半生，为什么信卜卦之言？我张郃不才，愿领本部军马去取巴西，若巴西取下，得蜀郡就容易了。"曹洪闻听此言，摇头说："不那么容易吧？"

曹子廉摇头带笑尊将军，你可知巴西守将猛张飞。

他从来本领高强无敌手，大不同白马银枪小马超。

想当初长坂坡下一场战，将军你曾在阵前把兵交。

只说是定捉桃园兄和弟，谁料想损兵折将枉徒劳。

他现今镇守巴西查隘口，万不可轻视无敌丈八矛。

曹洪说完，张郃心中不服，蹙眉说："人人皆怕张飞，我看他如草芥，有何惧怕？此去巴西，若不生擒活捉，誓不为人。"曹洪说："倘有失误如何？"张郃说："愿意立下军令状。"曹洪取了张郃军令状，张郃即刻进兵。张郃手下有三万军兵在南郑，分作三寨，各傍山险之处屯扎。三寨中各分军马一半去取巴西，留下一半守寨。不几日兵到巴西，眼前又是一场大战。

第九十回 张飞智取瓦口隘 黄忠计夺天荡山

话说张飞镇守巴西，忽有长探来报张郃军马到来，即与部将雷铜商议。雷铜说："自南郑到此，地恶山险，可以埋伏。将军领兵迎敌，我出奇兵相助，张郃便可擒矣。"张飞从其言，即拨精兵五千与雷铜，预先埋伏去了。张飞领兵一万，离阆中三十里下寨，安排刚完，张郃大军到来。

张郃、张飞两军对阵，二人疆场大战三十余合，不分胜败。张郃后军忽然喊声大起，原来后军望见山背后有蜀兵旗幡飘舞，故此呐喊。张郃不敢恋战，拨马便走。张飞随后掩杀，雷铜伏兵又从山中前来截杀，两下夹攻，曹兵大败而逃。张飞、雷铜兵合一处，连夜追袭，直到宕渠山。张郃依旧分兵守住三寨，多备擂木炮石，坚守不战。张飞离宕渠山十里之外下寨，领兵屡次骂阵，张郃只是不出。几番催兵上山，俱被炮石打退。两下相拒多日，张郃无计可施，就在山前扎住大寨，日日饮酒至醉，便同众军在山前辱骂。玄德差人前来犒军，见张飞天天醉酒，慌忙回报玄德。玄德大惊，忙问军师孔明，孔明笑说："原来如此，军前恐无好酒，成都佳酿很多，可将五十瓮送至军前，以备张将军饮用。"玄德说："吾三弟从来饮酒误

说唱三国

事，军师何故还要送酒与他？"孔明笑说："主公与三将军做了多年兄弟，尚不知他的为人吗？"

<blockquote>
您兄弟当初结义在桃园，三将军酒兴高时不怕天。

起先时鞭打督邮惹下祸，次后来酒醉徐州又一番。

他原能粗中带细改刚性，那一日收川之时释严颜。

现如今两军相拒许多日，这张郃坚守营盘不下山。

虽然是相传翼德朝朝醉，我料他好酒贪杯不似前。

领军马叫骂狂呼去讨战，这其中定存一段巧机关。

自古道将在谋而不在勇，准备着取胜成功是必然。
</blockquote>

孔明说完，玄德说："虽然如此，未免使人担心，可令魏延前往助战。"孔明说："这也使得。"遂令魏延押着酒车，以赴军前，车上插着大大黄旗，上面有六个贴金大字：阵前公用美酒。张飞听说主公赐酒，拜而受之，问魏延来意。魏延就以玄德、孔明之言相告。张飞大喜，吩咐魏延、雷铜各引一支人马，为左右两翼，只看军中红旗起，一齐进兵。吩咐已毕，将酒摆列帐下，令军士大张旗鼓而饮。早有细作报上宕渠山来。张郃亲自上山观看，见张飞坐于帐下饮酒，令几对小卒在面前相扑为戏。张郃观罢，蹙眉说："黑炭头欺吾太甚。"即刻传令，今夜下山劫寨偷营。原来张郃三寨，乃宕渠寨居中，张郃守之；蒙头、荡石二寨，分列左右，各有兵将把守。张郃传下令去，命二寨将官早先预备，若听山下喊杀，齐去救应，杀奔张飞营寨，同立大功。

<blockquote>
乘夜黑张郃偷营心胆壮，谁曾想空把大梦做一场。

不多时来到寨前勒坐骑，见张飞帐中独坐在当阳。

桌面上灯烛辉煌如白昼，在那里志气扬扬耍大腔。

勇张郃观罢一回把头点，急慌忙催开战马舞长枪。
</blockquote>

张郃看完，满心欢喜，当先大喊一声，山头擂鼓为助，径直杀入中军。只见张飞端坐不动，马到近前，两手端枪，分心刺倒，却是一个草人。张郃大惊，知是中计，急忙拨马而回。帐后连珠炮响，一将先拦住去路，圆眼环睁，声若巨雷，乃是张飞。张飞挺矛跃马，直取张郃，张郃只得接战。二将在火光中，战到三四十合。张郃盼望两寨军马前来救应，谁想两寨救兵已被魏延、雷铜两将杀退，乘势夺了寨栅。张郃不见救兵到来，心中很着急，又见山上火起，知已被张飞后军夺了营寨。张郃三寨俱失，只得杀开一条血路，奔逃瓦口关去了。张飞大获全胜，报入成都。玄德大喜，方知翼德饮酒是计。

此时，张郃败至瓦口关，三万军马折去二万，派人往南郑来向曹洪求救兵。曹洪勃然大怒，撕书逐使，不发救兵，还差人到瓦口关催督张郃进兵，不胜必斩。张郃心慌，只得定计，分两路军马去关前埋伏，吩咐兵将说："我诈败，张飞必然赶来，汝等齐出，截其归路，两路夹攻，张飞便可擒矣。"吩咐完，两军各去埋伏。

是日张郃领兵前进，正遇张飞差部将雷铜引军来攻关口，两下交锋，战不数合，张郃败走。雷铜赶来，两边伏兵齐起，截住归路。张郃复回，前后夹攻。战不上三合，张郃长枪刺去，雷铜尸横落马，败军舍命逃回，报与张飞。张飞亲自出马来与张郃交战，张郃败走，张飞勒马不追。张郃回战，不数合，又败走。张飞看破是计，收兵回营，与魏延商议说："张郃用埋伏计，杀了雷铜，又要赚我，正好将计就计。"魏延说："用什么计呢？"张飞说："老张有条计策，你且听来。"

> 瓦口关树木丛杂山径险，一路上都是陡涧与深沟。
> 到明晨我引精兵为前哨，只用你带领轻骑在后头。
> 必须要多用车辆盛柴草，暗地里堵塞归途插咽喉。
> 便等他两处伏兵一齐起，咱二人前后夹攻杀贼囚。
> 一时间车上柴草俱发火，管叫他通天武艺也发愁。

二人计议已定，各自预备。次日，张飞引兵前进。张郃军马又来，与张飞交锋，战有十余合，依旧诈败。张飞领马步军赶来，张郃且战且走，引着张飞赶过山口。张郃以后军为前部，扎住阵脚，回马与张飞交战，指望两路伏兵齐起，共困张飞。不想被魏延军赶入山谷之中，用车辆塞了路口，放火点着，车上柴薪、山谷中草木全都起火，崖深山陡，兵不得出，两路伏兵多半死于山谷之内。张飞、魏延夹攻张郃，张郃大败，死命杀出重围，奔上瓦口关去，收残兵坚守不出。张飞、魏延连日攻打不开，只得退军十里安营。

> 都只为张郃死守不开关，好叫人费尽心肠是枉然。
> 连日来围而攻之不能胜，有谁能插翅飞上九重天？
> 无奈何三爷传令将兵退，远退那十里之外把营安。
> 几次他带领军士来骂阵，全都是敌人不见却空还。
> 有心想直闯高关去劫寨，可恨他滚木礌石往下掀。
> 张翼德束手无策难进取，带领着精兵壮士出营盘。
> 悄悄地哨探宕渠关左右，各处里搜寻小路入深山。

张飞同魏延引十数骑，各处巡探小路，忽见有男女数人各背小包于山僻小路攀藤附葛而走。张飞在马上以鞭指与魏延说："要夺瓦口关，只在这几个百姓身上。"便吩咐军士说："好好去叫那几个百姓前来，我有话问他们。"军士领命而去。张飞同众人下马，坐于石板之上。停不多时，军士们将百姓们唤至面前，张飞恐他们害怕，先用好言以安其心，然后问："从何而来，向何而去？"百姓告说："我们都是汉中居民，从前兵荒马乱逃亡在外。今闻家中安静，要回乡去，不料又遇大军厮杀，咳，又拿错主意了。"

众百姓说完，张飞仍以好言安慰百姓说："你们不必忧愁，我就是大汉刘皇叔之弟，奉我大哥之命，领兵来取东川，不久就得汉中之地。我大哥一片仁义之心，与民秋毫无犯。你们还乡之后，管保安居乐业，共享太平。"百姓们一听这话，不胜惊喜，齐声问道："将军莫非是昔年与刘皇叔、关云长桃园结义，破黄巾军，擒吕布，在当阳长坂拒水断桥的张飞吗？"张飞说："正是我。"百姓们闻听，一齐叩头说："久闻将军大名，今得见面，真是小民之幸。将军唤小民前来，有何吩咐？"张飞说："你们走的这条小路，能到瓦口关吗？"百姓说："从梓潼山小路奔汉中，正走到瓦口关背后。"张飞大喜，同众军士上马，带领百姓回寨，赏百姓酒食。即令魏延引军往瓦口关前骂阵，自己领轻骑，用百姓引路，由梓潼山小路而进。

> 且不言三爷穿山而进兵，再说那勇将张郃自叮咛。
>
> 现如今三万精兵折两万，但恐怕违了军令有罪名。
>
> 又只见小校飞奔前来报，就说是关前魏延调来兵。
>
> 急慌忙披挂提枪拉战马，见几个巡哨小卒跑得凶。
>
> 关背后五路大军一齐到，各处里放火烧山下绝情。
>
> 这张郃舍了前营扑后寨，旗开处张飞催马把枪拧。

张郃领兵下关迎敌，顶头撞上张飞，催马当先领兵杀上关来，关前魏延攻打又甚急。眼看难以支持，急奔山僻小路而逃，小路崎岖，马很难行。后面张飞追赶甚急，张郃弃马而行，方得走脱。随行只剩十余人，步行到南郑，来见曹洪。曹洪大怒说："当日我说张飞骁勇不可轻敌，你强立军令状，非得要去，如今折尽大军，尚不知羞愧自死，还有什么脸面前来见我？"喝令左右推出斩了，行军司马郭淮谏说："三军易得，一将难求。张郃虽然有罪，是魏王平时深爱之人，未可擅自斩之。可再与五千军马，去取葭萌关，牵制刘备的兵力，汉中自安。如不成功，二罪俱问。"曹洪从其言，又命张郃率兵马五千去取葭萌关，将功折罪。张郃羞愧满面，领兵即刻起行。

却说葭萌关守将孟达、霍峻闻听张郃兵来，霍峻只要坚守，孟达定要迎敌，引军下关，与张郃交锋，不能取胜，大败而回，只得闭关不出。急申文书，飞马报入成都。玄德便与孔明商议，孔明聚众将于堂上说："今葭萌关告急，必须瓦口关取回翼德，方可退张郃。"法正闻听微微而笑。

> 法孝直满面带笑把头摇，他说道军师主见不甚高。

二将军瓦口关前几场战，只杀得张郃钻山把命逃。

现如今镇守巴西紧要地，即便是八面兵来他能敌。

若取回翼德来把葭萌救，撇下那千斤担子让谁挑？

眼前里饥渴怎能求远井？距巴西山川阻隔路途遥。

要知道一身不能担二任，现放着帐前战将众英豪。

常言说畏枪避剑非好汉，谁不能葭萌关前走一遭？

即为将宁可争先不退后，又何况养军千日用今朝。

法正说完，孔明笑说："张郃乃魏之名将，骁勇无比，除非翼德无人可挡。"孔明话还没说完，忽有一人厉声而出说："军师为何如此轻视众将，高抬翼德呢？吾虽不才，愿提一旅之师，斩张郃首级，献于帐前。"众人一看，乃是老将黄忠。孔明说："汉升虽勇，怎奈年纪大了，恐不是张郃对手。"黄忠闻听这话，白发倒竖而说："末将虽老，两臂尚开二石之弓，一身还有千斤之力，还不能敌张郃那匹夫吗？"孔明说："将军年近七十，怎能说不老？"黄忠急走下堂，取过架上大刀，左抢右舞如玩一般，又抓过硬弓一连拉折三张。孔明说："如此看来，将军倒也去得，但谁为副将呢？"黄忠说："老将严颜可同我去。军师放心，只管差我二人同去，怕有闪失，请先留下我这颗白头。"玄德、孔明俱各大喜，即令黄忠、严颜去与张郃交战。

刘玄德差遣严颜与黄忠，上来个文武双全赵子龙。

葭萌关咽喉之地多紧要，倘若是有些失错却非轻。

这一回迎敌休得当儿戏，难倚仗老将严颜与黄忠。

孔明说："你认为二将年老，不能担此大任。我想要取汉中地，非此二人不可。"赵云同众将听孔明这样说，都面带讥笑而退。孔明即命二将领兵去葭萌关。孟达、霍峻一见二将到来，笑着说："孔明所差的人年岁太大，怎能取胜？"黄忠看出来了，私下向严颜说："你见众人的样子吗？他笑咱二人年老，我们不立奇功，不足以服众心。"严颜说："愿听将军之令。"黄忠说："只要如此如此。"二将商议一定，黄忠引军十万与张郃对阵。张郃出马，见了黄忠笑说："你这么大年纪尚不知进退，来疆场送死。"黄忠大怒说："匹夫欺我太甚，我虽年老，但手中宝刀却不老，撤马过来，叫你刀下做鬼。"一边说着，拍马舞刀向前，与张郃交战。

二人大战三四十合，不分胜败，忽听背后喊声大起，原来是严颜从小路抄过来。张郃大败而逃，黄忠、严颜催兵随后赶杀，张郃兵退八九十里下寨。黄忠、严颜二将恐有埋伏，收兵上关，两下都按兵不动。

曹洪听张郃又输了一阵，大怒不止，要将他调回问罪。行军司马郭淮谏说："不可。若逼迫太甚，张郃必投西蜀，可调兵帮助，也可监军，省他生外心。"曹洪从之，即遣夏侯惇之侄夏侯尚和韩玄之弟韩浩二将，引五千兵马前去助战。二将即时起程，兵到张郃寨中。问及军情，张郃说："老将黄忠甚是骁勇，更有严颜相助，不可轻敌。"韩浩闻听此言，怒气大发。

我大哥出仕为官做太守，　长沙郡廉洁声名传四方。
那时节家兄死守长沙地，　关云长又释黄忠甚大方。
几次他只扯空弓不放箭，　而竟敢连连败阵在疆场。
被家兄看破机关要问罪，　贼魏延大反长沙投了诚。
狗奸党卖主求荣图富贵，　最可恨弃旧图新丧天良。
我和他冤家对头逢狭道，　这一回报仇雪恨理应当。

话说韩浩一心要替兄报仇，即同夏侯尚引兵而进。原来黄忠连日派哨兵探山，已知路途。严颜说："此处有一山，名天荡山，山中乃是曹操囤粮积草之地。咱们要取下天荡山，断其粮道，汉中可得矣。"黄忠说："将军之言，正合我意，必须如此如此。"严颜领计，自引一支军马去了。黄忠也引一支军马，来与夏侯尚、韩浩对敌。韩浩一见黄忠，催马而出，大骂黄忠无义之徒，两手端枪分心就刺，黄忠舞刀相迎。夏侯尚又来助战夹攻。黄忠力抵二将，战有十余合，拨马败走。二将追赶二十余里，夺了黄忠营寨。黄忠退二十里，扎下营盘。次日二将领兵杀来，黄忠出马又战数合，仍旧败走，二将又夺了营寨。张郃领兵随后也到。韩浩命张郃看守所夺二寨，要同夏侯尚再往前追。张郃说："黄忠连日败走，必有诡计，不可再追。"韩浩斥责张郃说："这样胆怯，还算什么大将？屡次败阵，不必多言，看我二人建立大功。"张郃羞愧而退，二将又往前赶。黄忠望风而逃，连败数阵，一直退至关上。韩浩、夏侯尚二将逼关下寨，黄忠坚守不出。孟达当成真败，暗中发书申报玄德。玄德忙问孔明，孔明笑说："这不是真败，乃老将骄兵诱敌之计。"玄德半信半疑，急差刘封来关上接应。刘封与黄忠相见，黄忠问道："小将军为何到此？"刘封说："父闻听将军屡败，故差我前来相助。"黄忠笑说："并不是真败，乃老夫骄兵诱敌之计。小将军看我今夜一战，能把所失诸寨都夺回来，并劫其粮草马匹。前番屡败，不过是借寨与他囤辎重。"说话之间，天已黄昏时候了。

好一个智勇双全黄汉升，　安排着乘夜下山劫贼营。
传下令看守高关留霍峻，　叫敌人马匹旌旗一切空。
差孟达抢夺器械与粮草，　同刘封带领精壮五千兵。
悄悄地开放关门把山下，　命三军各将坐骑摘銮铃。
没有声进营直扑中军帐，　大伙儿舞刀催马把枪拧。

曹营内夏侯韩浩无准备，这叫他仓促之际怎交锋？

众儿郎帐中正做还乡梦，一个个手忙脚乱眼蒙眬。

慌张地摸着雕鞍当战马，有许多倒拿枪刀自受疼。

乱哄哄弃舍营寨齐逃命，好一似游鱼脱网鸟惊弓。

　　夏侯尚、韩浩二将见黄忠连日闭关不出，军士兵卒都懈息，三更半夜，被黄忠破寨直入，人不及甲，马不及鞍。二将各自逃命而走，军马自相践踏，死者无数。黄忠杀到天明，连夺三寨，寨中器械、鞍马无数，尽被孟达搬运入关。黄忠催军马随后而进。刘封说："军士力乏，可以暂歇。"黄忠说："不入虎穴，焉得虎子？"驱兵前进，军卒皆努力争先。张郃人马又被自己败兵冲动，屯扎不住，望后而走，数处营寨尽弃，直奔汉水之旁。张郃见黄忠不来追了，这才草草立寨，夏侯尚、韩浩也领残军随后赶来。大家查点人马，折去十分之七，失去器械、马匹、粮草等，不计其数。

　　张郃屡次兵败，心中感伤，韩浩说："将军不必如此。天荡山乃粮草之所，与之相连的米仓山也是屯粮之地，这是汉中军士养命之源。此山若失，汉中危矣。我三人占驻天荡山，再思进取之计，最为上策。"夏侯尚说："米仓山有我叔父夏侯渊分兵守卫，那里又接定军山，不必担心。天荡山有我哥哥夏侯德把守，可去投他。一来共保此山，二来借些军马钱粮，再与黄忠决战。"张郃、韩浩齐说："此计大妙，宜速勿迟。"于是三人拔营起程，连夜投天荡山来。

　　夏侯德说："我此处有十万大兵，你可引去，以报前仇。你们要歇几日再去。"夏侯德情愿借兵，又说以逸待劳，势必取胜。三将闻听大喜。正在商议之时，忽听山下金鼓喧天，人报黄忠兵到。夏侯德大笑说："黄忠老贼不懂兵法，只恃勇敢，有什么可惧的？"张郃说："黄忠很有智谋，不是只有勇敢。"夏侯德摇头而笑，说："不是吧？"韩浩说："希望将军能借给精兵五千，下山迎敌，定胜黄忠。"夏侯德即点五千精甲兵，交给韩浩带领下山，黄忠提兵来迎。刘封谏说："日已西沉，军马远来疲困，且宜休息，不可出战。"黄忠笑说："不对。这是天赐奇功，不取是逆天行事。"说完，传令军士擂鼓挥兵大进。韩浩挺枪出马，黄忠舞刀直取韩浩，战不上三合，黄忠宝刀落处，韩浩尸横马前。蜀兵大喊，杀上山来，火光冲天而起，上下通红。夏侯德慌忙提兵来救，正遇老将严颜，夏侯德措手不及，被严颜一刀劈于马下。

　　张郃、夏侯尚见大势不好，只得弃了天荡山，往定军山投奔夏侯渊去了。黄忠、严颜守住天荡山，捷音飞报成都。玄德忙聚众将贺喜，大家饮酒之间，法正又献一计。要知法正献的什么计，请看下回书。

话说法正献计，献的什么计呢？听我道来。

> 法孝直秉手开言呼主公，眼前里成败之机最易明。
> 想当初汉中张鲁降曹操，原就该乘势征西速进兵。
> 他竟然收军回到许昌去，留下了夏侯张郃二英雄。
> 那曹操一返中原失了计，料想他事到如今悔不成。
> 咱如今天荡山前已得胜，必须要决计兴师定汉中。
> 倘若是延误时日不进取，但恐怕也要失落一场空。
> 常言说事要三思免后悔，这其间绝妙机关宜速行。
> 法孝直劝取东川献上计，话说完喜坏玄德和孔明。

法正劝取东川，玄德、孔明听后大喜，欣然用其计。遂传令赵云为先锋，玄德与孔明亲自统兵十万，择日兴师，去取汉中。传檄文晓谕西川四十一处官将，严加防守，不可疏懈。此时，乃建安二十三年秋七月吉日，玄德大军出葭萌关下安营，把黄忠、严颜召来，重赏二将。玄德携黄忠的手，笑着说："人都讲将军老了，唯有军师独知将军的能耐。今果立奇功，将军真是我的股肱。但天荡山虽得，而定军山乃汉中之保障，粮草积集之所，若得定军山，平阳一带不足忧矣，将军还敢取定军山吗？"黄忠慨然允诺，便要领兵前去。孔明说："不可，那定军山非天荡山可比。听我说来。"

> 常言说为人应要知进退，万不可大意粗心把敌欺。
> 将军你虽然虎力还雄壮，则已是年过花甲近七十。
> 却休要血气既衰不服老，夏侯渊马快枪馋人皆知。
> 定军山威镇汉中为保障，曹操把这件大事托与他。
> 似这样无双将才人间少，有一个赫赫英名天下闻。
> 要得胜除非取得云长到，他二人不定谁高与谁低。
> 老将军应要听从好言劝，切莫要总不服输尽执迷。

孔明说完这些，黄忠心中不服，奋然而起说："昔战国时，廉颇年八十，尚食斗米，肉十斤，诸侯畏其勇，不敢侵犯赵国边界，何况我黄忠才将近七十岁嘛！军师你说我老了，我今不用副将，只领本部军马三千，立斩夏侯渊之首，献于帐前。"孔明再三不许，黄忠坚持要去。孔明见其志已坚，方才说："将军一定要去，我令法孝直随军相助，凡事计议而行。我随后调拨人马前去接应。"黄忠这才转怒为喜，同法正带领本部军马而去。孔明告诉玄德说："此老将不用话激他，虽去不能成功。他今既去，需要发兵相助。"遂命赵云引一支人马，从小路出奇兵接应。黄忠若胜，不必出战；倘有疏失，速救勿迟。又差刘封、孟达领三千兵，于山中险要之处，多立旌旗，以壮声势，令敌人惊疑。三人各自领兵去了。又差人去授计于马超，让他如此如此而行。又差人去巴西守隘口，把张飞、魏延替回来，同取汉中。一切安排妥当，暂且不提。再说张郃与夏侯尚带领败兵到定军山，见了夏侯渊诉说前情。

夏侯渊闻听失了天荡山，死了夏侯德和韩浩，又损了无数兵马钱粮，心中甚是着急，立刻差人报知曹洪。曹洪星夜赴许昌，亲见魏王曹操。曹操大惊，急聚众文武商议如何发兵去救汉中。长史刘晔说："汉中若失，中原震动。大王休辞辛苦，必须亲自西征为上。"曹操自悔说："昔张鲁降之时，卿曾劝我，就势取西川。我说既已得陇，不可望蜀，所以没去取西川。恨当年不听卿言，以致如此。今又劝我亲征，岂有不从？"遂传令起兵四十万，亲征汉中。此时，乃建安二十三年秋七月，曹操兵分三路而进。

话说曹操兵出潼关，正在往前走，遥望前边一深林，极其茂盛。在马上问左右说："这是什么地方？"左右说："此处一带地名叫蓝田，林中乃状元蔡邕的庄。昔年蔡邕死于董卓之余党李傕、郭汜之手。今其女蔡琰，与其夫董祀居此。"曹操闻听此言，不胜感叹。

> 曹孟德兵至蓝田蔡邕庄，不由得触景生情心感伤。
> 想当初我往京城去赶考，和蔡邕见面相逢在店房。
> 我二人两相爱怜结朋友，彼此间留恋诗酒论文章。
> 他聪颖资质高明才学大，揭榜后登科得中状元郎。
> 蒙圣恩留在京城把官做，因此他一去三年不还乡。
> 可怜他家贫双亲遭荒旱，难为那千里寻夫赵五娘。
> 老董卓爱他年少学问好，一月内三升其官机遇强。
> 王司徒连环计献貂蝉女，吕奉先夺妻之恨塞胸腔。
> 到后来朝臣共谋董卓死，蔡伯喈头枕其尸哭痛伤。
> 被王允捉来囚在监牢狱，最可怜气愤成疾一命亡。
> 这些事屈指算来十余载，没想到今日偶过故人庄。

曹操触景生情，叹息不止。随军主簿杨修，字德祖，与曹操并马而行，见曹操历诉蔡邕之事频频叹息，马上秉手笑着说："如此说来，这蔡状元就是大王的故人了。"曹操说："对的。那蔡邕早亡无子，只有一女蔡琰，嫁与文人卫仲道为妻。荒乱年间，竟被北方胡人掳去。我念他系故友之女，使人持千金入北方赎她。胡人惧怕于我，只得送蔡琰回中原。其夫卫仲道已死，我将蔡琰配与董祀为妻。不想今日遇其居处，不可不去探望。"遂命军马头前先行，只带心腹十余骑，到庄门下马。此时，董祀出侍于外，只有蔡琰在家，闻听曹操到来，慌忙迎接，让人中堂落座。蔡琰请安已毕，侍立座旁。曹操偶然看见壁上挂着一幅碑文图轴，欠身离座，近前观看，问于蔡琰。蔡琰说："此是孝女曹娥的碑文图。"

第九十一回

占对山黄忠逸待劳 过蓝田杨修破字谜

> 想当初大汉天子和帝朝，上虞县有个亚神本姓曹。
>
> 都只为五月端阳龙舟戏，大不幸船头失脚逐波涛。
>
> 次后来浪静尸沉寻不见，好叫人踪影皆无没处捞。
>
> 那时节其女曹娥十四岁，而竟能沿江寻父哭号啕。
>
> 纵金莲双足跳入江中去，五日后身负尸骸水上漂。
>
> 一时间孝女芳名传远近，众乡人出资厚葬不辞劳。
>
> 知县官奏闻朝廷将表上，发圣旨立碑传记把名标。

"圣旨发下表彰孝女，上虞县令度尚命邯郸淳作文刻碑，以记其事。那时邯郸淳年方十三岁，文不加点，一挥而就，立石墓侧，时人俱以为奇。妾父蔡邕闻听前往观看，到曹娥墓前，天已黑了。妾父寻不到灯烛，乃以手摸碑文而读，用笔大书八字于碑之后面。后人将这八字刻之于石。妾因是父亲遗笔，故将八字拓将下来，悬挂这壁上。妾早晚见此八字，恍若见父亲一般。"曹操说："曹娥跳江而死，能寻父尸，实为孝女。你父遗迹，如此珍重，也是孝女。"遂读其八字："黄绢幼妇，外孙齑臼。"曹操读后，问蔡琰说："你知道这八字之意吗？"蔡琰说："虽是先人遗笔，妾实不解其意。"曹操回顾众谋士说："你等知道啥意思吗？"众都低头不答。背后一人说："我虽不才，能解其意。"曹操一看，乃是主簿杨修。曹操说："卿且不要说，容我想想。"说完，辞了蔡琰，引众出庄，上马而行，心中暗思暗想。

曹操左思右想，总是解不开，约走二三里，有心说实话，说是解不了，又不肯甘心落杨修之后。忽然心生一计，笑向杨修说："我已解开了，你先说说，看我所解与你所解同也不同。"杨修说："这是隐语。黄绢乃颜色之丝，色旁加丝，是绝字。幼妇乃少女，女傍少字，是妙字。外孙乃女之子，女傍子字，是好字。齑臼乃受五辛之器，受傍辛字，是辤字。总而言之，是绝妙好辤四字。"曹操大笑说："正合我意，我也是如此解之。"众谋士都称赞杨修才思敏捷，而不察曹操心性之奸。不几日兵到南郑，此时，曹洪已自许昌先回，一听曹操兵到，忙来迎接。大家入城屯扎兵马已毕。曹操升堂而坐，文官武将拜见过了。曹洪说："眼前，刘备派黄忠攻打定军山，守将夏侯渊知大王带兵将到，固守未曾出战，特此禀明大王，伏乞定夺。"曹操说："若不出战，岂不被人所笑？"便差人持令箭到定军山，催促夏侯渊进兵。刘晔说："夏侯渊性气太刚，恐中敌人奸计。"曹操写书一封，使人送与夏侯渊。

> 夏侯渊观罢曹操书一封，你看他满面春风喜气生。
>
> 与张郃位列东西坐大帐，他二人彼此商议论军情。
>
> 现如今魏王寄送书信到，是说我平素为人胆气雄。
>
> 又怕我恃勇欺敌性子暴，若不着刚柔相济难成功。
>
> 南郑城屯扎大军四十万，在那边粮草堆积如山平。
>
> 眼前里救兵粮草不缺少，怕什么西蜀大将老黄忠。
>
> 到明晨我要疆场去出马，将军你坐镇高山守大营。
>
> 常言说畏枪避剑非好汉，若老是闭门不出怎立功？

话说夏侯渊声声要出战，张郃说："黄忠既有勇，又有谋，更有法正相助，不可轻敌。此处山路险峻，只宜坚守。"夏侯渊说："许昌大军已到，若不出战，倘被他人立了功劳，你我有何面目见魏王？你只管小心守山，待我前去出战。"遂向帐下说："谁敢前去诱敌，以立头功？"夏侯尚挺身而出说："末将不才，愿立头功。"夏侯渊说："你去出马与黄忠交战，只许败，不许胜，我有妙计如此如此。"夏侯尚领了计策，引三千兵而去。

却说黄忠与法正兵屯定军山口，屡次挑战，夏侯渊只是坚守不出，待要进兵，又恐山路险阻，难以料敌，也只得据守营寨，细寻进兵之策。当日，忽报山上曹兵下来讨战。黄忠闻言，即时披挂出马迎战。牙将陈式说："不用老将军亲临疆场，末将不才，愿打头阵。"黄忠大喜，准了陈式的披挂，给一千军马，出寨到山口迎敌。

> 你看他带领一千人和马，来到这定军山下动枪刀。
>
> 两下里列开旗门相对垒，夏侯尚略战几合就败了。
>
> 小陈式胜过敌军多得意，他岂肯疆场举手把人饶？
>
> 领兵辛催马拧枪往下赶，看光景不见生死不开交。
>
> 猛抬头面前两山夹一峪，高冈处滚木礌石齐乱抛。
>
> 无奈何急忙回马后边退，两边里声声呐喊把旗摇。
>
> 夏侯渊几处伏兵截归路，呼啦啦一拥齐来似海潮。
>
> 大将军空手拿人不费力，伸虎爪抓住陈式勒甲绦。
>
> 喝了声小辈给我过来吧，眼看着生挟过了战鞍桥。
>
> 众军士贪生怕死皆归顺，这叫他将海兵山何处逃？

夏侯渊生擒陈式，士兵多半投降，得胜回寨而去。黄忠忙与法正商议，法正说："夏侯渊为人轻躁，恃勇少谋。我们可激劝士卒，拔寨前进，步步为营，诱他来战而擒之。这是反客为主之法。"黄忠用其谋，将金银钱帛等物，重赏三军，一时欢声满营，情愿死战。黄忠见这光景，喜不自胜，即日拔寨前进，步步为营，每营住三五日，又往前进。夏侯渊闻之，便要出战。张郃说："此乃反客为主之计，不可战，战则有失。"夏侯渊不听劝，即令夏侯尚引五千兵下山，直扑黄忠寨前。黄忠提刀上马，亲自出营，与夏侯尚交战，只一合，生擒夏侯尚归寨。兵卒纷纷败走，跑回山去，报知夏侯渊。夏侯渊急忙差人，到黄忠寨里告说："愿用所擒陈式来换夏侯尚。"黄忠点头应允，约定次日同在阵前交换。次日，两军齐出，于宽阔平坦地，分列成阵势。黄忠、夏侯渊各立马于本阵门旗下，黄忠带着夏侯尚，夏侯渊带着陈式，身上俱无袍铠，只穿盖体薄衣，一声鼓响，陈式、夏侯尚各往本寨飞奔而回。

> 只听得一声鼓响震山林，眼看着两营奔回二将军。
> 小陈式脚下生风跑得快，好似那飞鸟投巢扑阵门。
> 夏侯尚相隔几步还未到，被黄忠一箭射来中后心。
> 夏侯渊大喊一声把阵临，恶狠狠双手舞刀分头剁。
> 老黄忠虽则年高不让人，你看他两膀一晃力千斤。
> 两下里兵对兵来将对将，顷刻间杀个江翻海水浑。

两阵交兵，乱杀乱砍，未分胜败。忽然曹营鸣金收兵，夏侯渊慌忙收军回营，黄忠乘势追杀一阵而回。夏侯渊向押营官说："黄忠不曾得胜，为何鸣金？"押营官说："我见山洼中，数处俱有蜀兵，旗幡飘舞，恐有伏兵，故招将军回来。"夏侯渊听此言，坚守不出。黄忠逼到定军山下寨，与法正商议，法正用手反指西北说："你看定军山之西，巍然有座高山，四面俱是险峻之地，我们占了此山，足可以看透定军山之虚实。"黄忠仰面一看，见山顶稍平，上面有些人马。是夜二更之后，黄忠引军马，一直杀上山顶。此山乃夏侯渊部将杜袭把守，只有数百人，一见黄忠大兵上来，只得弃山而去。黄忠军马占了山顶，正与定军山东西相对。及至天明，法正将山的左右前后看了一遍，复又想出一条计来。

> 你看他眼望黄忠秉秉手，我如今有计能破定军山。
> 山顶上插得红白旗两面，进和退军令暗从旗中传。
> 将军你半山坡下安营寨，我在这山顶之上把兵观。
> 如若是敌将领兵来讨战，你要看什么旗号在上边。
> 山顶上高高悬挂白色旗，将军你紧闭营门莫近前。
> 若看那红旗飘摇腾空起，就即刻催促军马各争先。
> 这本是以逸待劳一条计，敢保你活捉曹军夏侯渊。

法正说完，黄忠大喜，即按计而行。却说杜袭逃去见了夏侯渊，说："黄忠占了西山。"夏侯渊闻听大怒，即刻领兵围住西山大骂，声声要黄忠出战。黄忠见山顶上高挂白旗，任凭夏侯渊怎样辱骂，黄忠只是闭寨门不出。午时后，法正见曹营兵疲倦，多半下马坐地上歇息，即刻将白旗卸下，换上红旗。黄忠一见，提刀上马，军士一齐拥下山来，喊声大起，金鼓齐鸣，真有天崩地塌之势。夏侯渊措手不及，黄忠闯到近前，大喝一声，如同雷鸣。夏侯渊才要来迎，黄忠宝刀已落，连头带肩将其砍为两段。曹兵大败，各自逃生。黄忠催兵赶杀，乘势去夺定军山。张郃大惊，只得下山迎敌。黄忠、陈式两下夹攻，混杀一阵。张郃招架不住，大败而逃。忽然山背后一彪人马杀出，挡住去路，为首一员大将，挺枪跃马，大喊说："常山赵子龙在此。"一边说着，两手端枪直取张郃。张郃急忙来迎，二人杀在一处。赵云所领军马一拥围将上来，一场好杀。

话说张郃昔年在长坂坡见过赵云的本事，今日相逢大吃一惊，不敢恋战，夺路而走，要奔定军山去。只见前面一支人马来迎，一将当先，原是杜袭，慌慌张张说："今定军山已被刘封、孟达夺去。"张郃着急惊走，舍了定军山，与杜袭败至汉水。离定军山远了，这才敢立营寨，急差人往南郑报知曹操。曹操闻听夏侯渊已死，放声大哭，众将全都落泪，方信管辂之言，现在应验了。曹操与夏侯渊，祖先是一姓，而今也有兄弟之情。曹操深恨黄忠，亲统大军，来给夏侯渊报仇。兵到汉水，张郃、杜袭接入，安了营寨，二将告说："今定军山已失，可将米仓山的粮草，移在北山寨中囤积，然后进兵，方为妥当。"曹操从其言，让速办。

却说黄忠提了夏侯渊的首级，来葭萌关上见玄德，报捷献功。玄德大喜，加封黄忠为征西大将军，设宴庆贺。忽然汉将张国安来报说："曹操亲领大军二十万，来给夏侯渊报仇。现今张郃在米仓山搬运粮草，移到汉水北山之下。"孔明听后，心生一计。

第九十二回　赵子龙寡兵胜众　曹阿瞒败退斜谷

上回书说到孔明心一计，是什么计呢？听我道来。

诸葛亮秉手主公听我言，曹阿瞒兵临汉水把营安。

那曹兵来后几日不行动，是恐怕草缺粮空进取难。

米仓山粮草搬运北山去，没有那十日工夫弄不完。

常言说杀人就该先下手，却不得眼前错过好机关。

总不如调拨精兵差猛将，悄悄地连夜奔驰到那边。

如能够放火烧他粮草尽，若再想报仇雪恨枉徒然。

但不知深入险境谁敢去？问一问帐下英雄众将官。

孔明话没说完，玄德尚未开言，老将黄忠说："老夫不才，愿立此功。"孔明说："曹操非夏侯渊可比，不能轻视。"玄德说："夏侯渊虽是总帅，不过一勇夫，哪及张郃智勇双全？若能斩了张郃，胜夏侯渊十倍。"黄忠奋然说："张郃虽然有智有勇，老夫也要斩他。"孔明说："既然如此，你与子龙同领一支人马前去，凡事要计议而行，看你二人谁能立功。"黄忠高兴，便与赵云领兵即时起程。孔明又令张著为副将，与二人同去。赵云对黄忠说："今曹操领兵四十万，分扎十营，将军在主公面前夸口，要去迎敌，这不是小可之事，将军要用何策？"黄忠说："我既夸口，心中自有安排。看我先去，便见分晓。"赵云说："将军年老，我正在年壮，该我先去。"黄忠说："我是主将，你是副将，岂有我不先去之理？"赵云说："既然将军定要争先，我大力相助，但此去必得约定时刻。如将军依时刻而还，我就按兵不动；如将军过时不还，我便领兵前去接应。"于是二人约定午时为期，黄忠领五千军马，争先去了。

大将黄汉升英勇古今少，年已近七十还是不服老。

领兵去劫粮号令传得早，军士用完饭战马喂饱草。

领兵出营盘才闻鸡报晓，争把头功立出战不辞劳。

你看他迈步当先心胆壮，在头前鞭催战马手提刀。

安排着深入虎穴得虎子，怕什么长江大海捣龙巢。

同军士悄悄而来渡汉水，一个个步行牵马过长桥。

不多时前哨已距北山近，看了看日出东方不甚高。

但只见粮草堆积无其数，众军卒齐乱上前放火烧。

这张郃急忙领兵来救应，与黄忠厮杀恶战似海潮。

黄忠被团团围困垓心中，呼啦啦一拥而来把兵交。

曹孟德又差徐晃领人马，有谁能插翅腾飞上九霄？

黄忠被困不能得出，张著领兵逃走，要回本寨去报赵云。忽有一支军马拦住去路，为首一员大将文聘，一声大喊杀来，把张著围住混杀。此时，赵云在营中等到天近午时，不见黄忠回来，急忙披挂上马，引三军前去接应，临行向部将张翼说："你同众军士坚守营寨，寨两边多设弓箭手，做好防备。"张翼领命而去。赵云领兵一直杀上前去，来到汉水。迎头一将乃文聘部将慕容烈，一见赵云兵来，拍马舞刀来战赵云，交马三合，被赵云一枪刺死，兵卒纷纷而逃。赵云杀过汉水，闯入重围，又有一支兵马截住，为首乃徐晃部将焦炳，赵云大喝一声说："蜀兵何在？"焦炳说："都杀尽了。"赵云大怒，手起一枪刺焦炳于马下，杀散军卒，直到北山，见张郃、徐晃二将围住黄忠。赵云大喊一声，挺枪骤马，杀入重围，左冲右突，如入无人之境，真是一员虎将。

话说张郃、徐晃一见赵云，心惊胆怯，不敢迎敌，各自逃走。赵云救出黄忠，带领军士直奔本寨而走，所到之处，无人敢阻拦。曹操在高处观兵，望见惊问众将说："此将是何人？"有认识赵云的答道："此乃常山赵子龙。"曹操点头称赞说："昔日当阳长坂英雄尚在。"急传号令，晓谕众将，赵子龙所到之处，不可轻视。赵云救护黄忠渡过汉水，忽见东南角下有许多兵围着一将厮杀，军士们说："被围困者必是副将张著。"赵云闻听此言，又往东南杀来。围困张著的兵将望见赵云旗号，纷纷乱跑。赵云又救了张著，大家回营来。曹操见赵云如生龙活虎一般，无人敢靠近他，勃然大怒。

> 想当初孔明定计烧新野，我领兵报仇雪恨把气消。
> 刘玄德夜走樊城奔夏口，有谁肯不想重杀却轻饶？
> 带领着八十三万兵和将，我一直赶到当阳长坂桥。
> 实指望捉拿桃园三兄弟，而竟将定盘星儿看错了。
> 赵子龙匹马踏碎千军队，倒被他杀伤好汉六十条。
> 最可恨张郃定下牢笼计，小冤家跳出陷坑出战壕。
> 自那年至今还恨常山将，谁料想受他欺负又一遭。
> 吩咐声左右将士速追赶，你们要上前死战莫辞劳。

曹操要报当年仇，亲领将士来赶赵云。此时赵云已回本寨，部将张翼接应，望见后面尘烟大起，知是曹兵赶来，向赵云说："追兵前来，军士困乏，不能厮杀，可令军士闭上寨门防守。"赵云喝道："不要闭寨门！你怎么这样胆怯？岂不知我当年在长坂坡时，单枪匹马，视八十三万曹兵，如同草芥？现在有将有兵，还有什么可怕的？"遂令弓箭手于寨外壕中埋伏，吩咐寨中偃旗息鼓，自己匹马单枪，立于营门之外。

却说曹操令徐晃、张郃为前部，杀到赵云寨前，天已将黑，见寨中金鼓不鸣，又见赵云匹马单枪，立于营门外，寨门大开。二将唯恐有诈，不敢近前。正在猜疑之间，曹操随后已到，急催众军向前。军士听令，大喊一声，齐向前进，将到营门，见赵云岿然不动，曹军转身就回，拨马乱跑。

> 曹家军唯恐有诈胆子怯，刷的声齐乱回身把马打。
> 赵子龙长枪摆动一声喊，如同是虎啸深山龙起蛰。
> 眼看着寨壕里边伏兵起，弓箭手顷刻拥出一大群。

冷飕飕拉弓乱射雕翎箭，叫敌人没处躲闪哪里遮？

众三军各执枪刀往外闯，一个个飞奔追赶似疯邪。

咕咚咚连珠号炮声不断，好一似空中闪电响雷声。

又加上儿郎频催驼皮鼓，曹孟德抱头鼠窜不回顾。

曹操败兵拥到汉水河边，三军争渡，自相践踏，落水死的无计其数。赵云、黄忠随后领兵追杀甚急。曹操慌慌张张才过汉水，忽报刘封、孟达各领一支人马从米仓山杀来，放火焚烧粮草。曹操大惊，弃了北山，奔回南郑。徐晃、张郃立脚不住，都弃寨逃走。赵云占了曹操营寨，黄忠夺了北山粮草。汉水一带连营，将士皆走，所得器械无数，差人去报玄德。玄德即同孔明至汉水，步卒将子龙救黄忠之事细说一遍。玄德大喜，看了山前山后险峻之地，欣然对孔明说："子龙一身都是胆。"遂封子龙为虎威将军，犒赏将士，设宴欢饮。忽报曹操又发大兵，从斜谷小路而来取汉水。玄德笑着说："曹操这次来也无能为力，我料他必走汉水。"乃率兵于汉水之西拒敌。

曹阿瞒兴兵来将汉水争，刘玄德即差赵云把敌迎。

两下里对开旗门打几仗，曹家军不抵常山赵子龙。

疆场上亮银枪下败徐晃，那张郃最怕年高老黄忠。

又来了西凉小将马孟起，张三爷也同魏延调来兵。

曹操他虽有大兵二十万，被玄德夺了东川南郑城。

无奈何兵退斜谷安营寨，不几日支持不住走阳平。

诸葛亮暗定一条烧山计，阳平关百万粮草一扫空。

曹阿瞒汉中屡败难存在，又只得舍了高关再向东。

曹操失了南郑城，兵退阳平关屯扎。又被赵云攻打甚急，只得弃阳平关，望东而去，蜀兵随后追来。曹操正走之间，将出斜谷界口，忽前面尘土大起，一支人马到来。曹操大惊说："此人马若是伏兵，我命休矣。"曹操正在吃惊，及至近前，乃是次子曹彰。曹彰，字子文，自幼善能骑马射箭，膂力过人，二牛相顶，能用双手分开。曹操曾告诫说："你不读书而喜好弓马，能有出息吗？"曹彰说："大丈夫应学勇将卫青、霍去病，立功塞北、沙漠之地，长驱数十万雄兵，纵横天下，为什么要去做那寻章摘句的腐儒呢？"曹操笑着说："我儿有志要做大将吗？"回答说："正是。"曹操说："为将之道你懂吗？"曹彰说："披坚执锐，临难不苟，身先士卒，赏罚分明，此为将之大略。"曹操听后大喜。建安二十三年北方反乱，曹操令曹彰领五万兵马征剿，不过数月，大获全胜，平定北方而还。此刻闻曹操兵败阳平关，故前来助战。

都只为塞北来了小曹彰，曹孟德心高胆大要逞强。

就在那斜谷界口安营寨，两下里布成阵势动刀枪。

刘玄德差遣西凉马孟起，与张飞领兵出马到疆场。

这一回要看曹操二公子，他要为父报前仇说大话。

虽然是一将难敌双将勇，他竟然前后夹攻也能挡。

年轻人初生牛犊不怕虎，又岂肯甘心败阵受人降？

话说曹彰力敌二将，大战多时，胜败不分，只因天晚，两下收兵。张飞、马超领兵回了阳平关。曹彰归寨，同曹操在斜谷界口安营。兵屯日久，曹操想进兵，又有张飞、马超等拒住险要山口，无路可进；有心收兵回去，又怕蜀兵耻笑。心中犹豫不决，寝食不安。

曹操正在思虑，恰好厨人来送鸡汤，只见碗中有鸡肋一块，因而有感于怀。正在沉吟间，夏侯惇入帐请示夜间口号，曹操脱口说："鸡肋！鸡肋！"夏侯惇遍传全营将士。行军主簿杨修，听说曹操说出这样的口号，便令随行军士收拾行装，准备起程。有人报知夏侯惇，夏侯惇大惊，忙来问杨修为什么让人收拾行装，杨修说："以今夜口令，便知魏王不日要退兵回去。"夏侯惇说："怎么知道的呢？"杨修说："鸡肋鸡肋，食之无肉，弃之有味，今进不能取胜于敌，退又恐蜀人见笑，在此无益，不如早归。故知魏王不日必将班师而归，故先收拾行装，省得临行仓促。"夏侯惇说："公真能知魏王之肺腑。"遂亦收拾行装。于是营中将士兵卒，都准备走。是夜曹操心乱，睡卧不稳，手提宝刀，自出大帐，绕寨行走，只见夏侯惇寨中军士，个个准备行装。曹操不解何故，急回帐中，召夏侯惇来问，夏侯惇说："主簿杨修先知大王欲要回归，军士们才早准备行装。"曹操急唤杨修来问，曹操说："你怎么知我要回归？"杨修即以鸡肋的口号说之，曹操大怒。

曹孟德怒发冲冠气狠狠，喝一声杨修眼里无有人。

我爱你聪明伶俐才学大，因此上重用高抬做幕宾。

谁料想匹夫不识人钦敬，时常里自负才大自夸文。

想一想曹植待你怎样好，你两个较比他人厚几分。

一心要设计谋害大公子，全不想丈夫不以疏间亲。

现如今斜谷界口屯军马，安排着征进高关把阵临。

你不但不劝士卒把功立，反而是谣言惑众乱军心。

吩咐声两边武士绑出去，即刻就开刀斩首在辕门。

曹操传令将杨修立刻斩首，号令辕门。全营将士认为曹操刑罚太重，而不知曹操想杀杨修已久，因杨修为人恃才放旷，常常得罪曹操。曹操从前曾造花园一所，完工后，曹操去看，并不说好和坏，只取笔于门上写了一个"活"字而去。人皆不晓是什么意思，杨修说："门内添活字，是阔字，丞相嫌园门盖得阔了。"立刻改窄门，请曹操再去看，曹操喜说："谁知我意？"左右说："是杨修。"曹操口虽说好，心却不乐意，不乐意他能知意中之事。又一次塞北送酥一盒，曹操在盒上写"一合酥"三个字，放在案头。杨修入见，竟取来分给众人吃了。曹操问："何故如此？"杨修说："上面明白写着一人一口酥。这一盒酥三字，拆开便成一人一口酥五个字了，岂敢违丞相之命？"曹操更加不乐意。曹操恐人暗杀他，常吩咐左右说："我睡觉中好杀人，凡我睡觉时，尔等切莫近前。"一日曹操白天睡在帐中，被子落地下，一名近侍慌忙拾起，给他盖好。曹操猛然跳起，拔剑把近侍杀了，仍上床睡。半晌而起，佯惊问道："何人杀我近侍？"众人以实相告，曹操痛哭，命厚葬此人。人们都认为曹操果真睡中杀人，唯有杨修能知其意。

> 曹孟德有意说谎把人瞒，睡中将近侍杀死是虚言。
> 哄得人拿着棒槌当针认，更有谁见他睡觉敢近前？
> 传下令厚葬近侍不惜费，故意地自悔自恨假悲酸。
> 杨德祖早已猜透其中意，在一旁哈哈大笑面朝天。
> 曹孟德又是羞惭又是恼，恼恨杨修猜破他巧机关。
> 又加上蔡琰庄上读碑记，最可气打破哑谜他占先。
> 到现在惑乱人心把兵退，算总账如今只在这一番。

　　曹操久有杀杨修之心，这次便以惑乱军心的罪名将他杀了。

　　话说曹操杀杨修，又假意而迁怒夏侯惇，要斩他。众将一齐乞恩免罚，方才饶恕。即传号令，来日进兵，出斜谷口。早有刘备的军马到来，为首大将乃是魏延。曹操令庞德出马迎敌，二将正交锋，忽报后寨内火起，马超领兵劫营。曹操拔剑在手说："众将有后退的斩首，要努力向前。"魏延诈败而走，曹操这才回军来救营寨。众将与马超厮杀。曹操立马于高冈之处观兵，忽见一队军马急来面前，大喊一声："魏延在此！"拉弓搭箭射中曹操，曹操翻身落马。魏延弃弓，手提大刀，上山坡来杀曹操。忽然一旁闪出一员大将，大叫："休伤我主！"魏延一看，是庞德顷刻之间闯到近前。魏延顾不上去杀曹操，只得来和庞德交战，战不数合，魏延败走。庞德救护曹操上马前行。此时，马超的兵已被众将杀退。曹操带伤回营，原来被射中人中，门牙折掉两颗，让医士调治。方忆杨修之言，令人将其厚葬。即刻下令回师，让庞德领兵断后。曹操卧于毡车之中，虎卫军拥护而行。

　　此时，曹兵锐气挫尽，大队正往前行，马超追兵赶来了。要知曹操能否走脱，且看下回分解。

第九十三回　刘备晋位汉中王　关羽一战取襄阳

说唱三国

　　话说曹操败走，马超追赶一程而回。汉中各处隘口官员守将，多是张鲁旧人，闻听曹操弃汉中而败走许昌，都投降了玄德。玄德得了汉中之地，安民已毕，大赏三军，人心尽悦。众将皆有推玄德为帝之心，孔明也有此意，便和法正进言，对玄德说："今曹操虽败而归许昌，朝廷大权仍归他执掌，天子懦弱，百姓无主，主公仁义名于天下，遍于四海，今已有两川之地，可以应天顺人，即皇帝位，名正言顺，以讨国贼。事不宜迟，请择日速办。"玄德大惊说："军师之言差矣，刘备虽是汉室宗族，乃是臣子，要即登皇帝位，是反汉矣。"孔明摇头微笑说："主公说得不对。"

　　现如今君弱臣强是劫年，曹孟德独专国政掌朝权。
　　汉献帝囚禁深宫不管事，弄得他束手无策枉呼天。
　　想必是国运将终天分尽，因此才万里山河无福担。
　　历年来盗贼蜂至狼烟起，一个个存心篡位窃中原。
　　虽然是列镇诸侯今已灭，眼前里江东独霸有孙权。
　　主公你汉室宗亲根基深，现如今将广兵多得两川。
　　想一想随营将士儿郎辈，日夜在枪刀林里苦纠缠。
　　为什么舍生忘死甘效命？俱指望功成名就列朝班。
　　倘若是主公不肯登龙位，但恐怕冷淡赤心众将官。
　　又何况鼎足三分天注定，万不可一味执迷尽避嫌。

　　孔明说完，玄德摇头说："让我登皇位我是不肯，军师不要存此心，必须另行计议。"众将齐声说："我等舍生忘死以事主公，皆欲攀龙附凤，建立功名。主公避嫌守义，一味推辞，众心不悦，愿主公深思。"玄德紧锁双眉，只是摇头而已。孔明又说："主公平生以义为本，不肯称帝号。今有荆襄、两川之地，可暂为汉中王。"玄德说："汝等皆称我为王，若不得天子明诏，是妄自尊大，是不可行的。"孔明说："当此之时，宜变通行事，不可拘执常理。"玄德只是沉默不答。张飞在旁大叫说："异姓之人皆可为君，何况哥哥乃汉室宗亲，莫说汉中王，就是称皇帝有何不行？"

　　张飞见玄德不称帝也不称王，因此口中说出许多气话来。玄德变脸而责备说："不得无礼，勿要多言。"张飞说："我乃金石之论，何为多言？"孔明说："曹操挟天子以令诸侯，天子之诏乃曹操做主。主公宜从权变，先称汉中王，然后表奏天子不迟。"玄德再推却不成，只得应允。建安二十四年秋七月，筑坛于汉中府南门外，方圆九里，分布五方，各设旌旗仪仗，群臣皆依次列排。许靖、法正请玄德登坛，进冠冕玺绶已毕，面南而坐，请文武官员拜贺为汉中王。立子刘禅为世子，封许靖为太傅，法正为尚书令。诸葛亮为军师，总理军国重事。封关羽、张飞、赵云、马超、黄忠为五虎大将，魏延为汉中太守。其余官员将士各按功劳定爵。玄德修表一道，差人赴许都表奏天子。

曹操在邺郡闻知，大怒说："织席小儿，安敢如此猖狂！我不灭他，誓不为人。"即时传令，起倾国的兵，去伐玄德。

第九十三回 刘备晋位汉中王 关羽一战取襄阳

曹孟德要往西川把兵交，司马懿帐前献上计一条。

大王你昨日汉中曾失利，并不用二次再去受操劳。

现如今为臣心中有一计，又不必兴师动众使枪刀。

想当初江东都督周公瑾，与孔明赤壁鏖战把船烧。

次后来为夺荆襄争南郡，可笑他才过河水就拆桥。

胭粉计孙权以妹嫁刘备，只说是调虎离山计策高。

谁料想女大外向孙郡主，与丈夫背兄撇母暗奔逃。

小周善荆州密送书一纸，孙夫人又被江东诓去了。

自这里孙刘结下冲天恨，彼此是怨积心头气未消。

现只用遣一舌辩能言士，写封书前往东吴走一遭。

让孙权发兵去把荆州取，管叫那玄德西川坐不稳。

他若是调兵遣将来救应，那时节咱可汉中把兵交。

叫刘备首尾不能两相顾，给他个前后夹攻难招架。

司马懿说完，曹操大喜，即刻修书一封，差满宠为使，星夜赴江东来见孙权。孙权便与众谋士商议，张昭说："魏与吴本来无仇，前因听信孔明之言，以致两家连年征战，干戈不息，使无数生灵尽遭涂炭。今魏王使满宠来此，必有讲和之意，主公可以礼接待。"孙权从其言，令谋士迎接满宠入城相见。大家礼毕，孙权以上宾之礼待满宠。满宠呈上曹操书信说："吴、魏从来没仇，都是因刘玄德之故，两家才起战争。今魏王差某来此，约将军起兵取荆州，魏王发兵取汉川，首尾夹攻，破刘之后，共分疆土，两家和好，永不相侵。"孙权听了满宠之言，又把书信看了一遍，设宴款待满宠，宴毕送归馆舍安歇。孙权又和众谋士商议。顾雍说："满宠之言却也有理，今可一面应允，送满宠回，约会曹操一齐起兵，夹攻刘备。一面差人过江，去探云长动静如何，然后方可行事。"诸葛瑾在旁说："不可。我有一计，可一举两得。"

曹孟德惯用驱虎吞狼计，他从来胸中诡计比人多。

虽说是愿与江东结唇齿，听不得舌辩之士口悬河。

常言说先礼后兵步子稳，却不要凭空生事惹风波。

闻听说云长娶妻生一女，正好与主公世子结丝罗。

总不如我往荆州提亲事，探一探他的口气是如何。

他若是肯结婚姻当面许，咱两家同与曹操动干戈。

话说诸葛瑾说完，孙权从之，先送满宠回许都，后使诸葛瑾为使，投荆州而来。入城见云长，施礼毕，云长问他来意，诸葛瑾说："特来求结两家之好。我主吴侯有一子，甚是聪明，闻听将军有一女，特来求亲，两家结好，并力破曹，此是美事，请君思之。"云长勃然大怒说："我的虎女安能嫁一犬子，不看汝弟诸葛军师之面，立斩汝首，休再多言，左右与我逐出去。"诸葛瑾羞惭满面，抱头鼠窜而回江东，见了吴侯不敢隐瞒，逐一实告。

孙权大怒说："云长如此无礼，令人可恨。"便同众文武官员商议攻取荆州之策。步骘说："曹操久想篡汉，所惧的是刘备。昨使满宠来，令吴兴兵吞蜀，此乃嫁祸于东吴。"孙权说："孤想取荆州之意，并不是为曹操所使才兴兵。"步骘说："主公虽然有意，也不可此时兴兵。现今曹仁屯兵于襄阳、樊城，旱路即可攻打荆州，他为何不取，却令主公动兵？足见曹操之用心。主公不妨派使节去许都见曹操，让曹操令曹仁起兵攻取荆州，关羽必然会率众攻打樊城。此时，主公可派一将暗取荆州，一举可得！"

步骘说完，孙权大喜，便从其计，即刻遣使过江，上书于曹操，陈说其事。曹操向使者嘱咐说："我这边即令曹仁进兵，攻打荆州。叫吴侯那边速速兴兵过江夹攻云长。若荆州疆土能得，两家平分，决不食言。"遂款待使者，打发先回去，后派遣满宠往樊城助曹仁，为参谋官，商议动兵；一面驰檄至东吴，令吴侯兴兵水路接应，共取荆州。

再说汉中王令魏延总督军马，守东川一带地方，自引百官回成都，建造宫廷，又置许多馆舍，自成都至白水郡，共建四百多处馆舍亭邮。广积粮草，多造军器，以图进取中原。细作探得曹操结连东吴，欲共取荆州，急忙飞报入蜀。汉中王忙与孔明商议，孔明说："主公勿忧，我有一计，能使荆州不失，更得樊城。"

曹孟德大败汉中回许昌，他岂肯忍辱甘心气不争？

我早料必与东吴结唇齿，用巧计自占便宜愚江东。

要知道孙权手下多谋士，要想着协力同心实不能。

这一回两家共把荆州取，在我看定使曹仁先动兵。

咱速速去与云长送官诰，叫他兴师起兵马取樊城。

说唱三国

二将军无敌之威谁不怕？一举动能使孙曹两家惊。

孔明说完，汉中王大喜，即差前部司马费诗为使，捧送云长诰命赴荆州。云长出郭，迎接入城。到公厅礼毕，云长问道："今汉中王封我何爵？"费诗说："五虎大将之首。"云长又问："哪五虎将？"费诗说："关、张、赵、马、黄。"云长大怒说："翼德是吾弟弟；孟起世代名家；子龙久随吾兄，也是吾弟，位和我相并可以。黄忠何等人，敢于吾同列？大丈夫不和老卒为伍！"遂不肯接受诰命，费诗劝道："将军之言差矣。昔日萧何、曹参与汉高祖共举大业，如同骨肉之亲。而韩信乃楚之亡将，后来封为三齐王位，居萧、曹之上，未闻萧、曹以此为怨。今汉中王虽有五虎大将之封，而与将军有兄弟之义，视同一体。将军即汉中王，汉中王即将军，岂与诸人等论而齐观？将军受汉中王厚恩，当与汉中王同休戚，共祸福，不可计较官职的高下，愿将军思之。"云长闻听此言，方才悔悟。费诗又说出取樊城之意，云长领命。即命傅士仁和糜芳为，先锋先引一军于荆州城外屯扎，一面在城中设宴，款待费诗。饮酒至二更，忽闻城外寨中火起。

原来是傅士仁和糜芳安营城外，在寨内饮酒，剪的烛花烧着火炮上信子，以致满营撼动，到处起火，把军器粮草都烧掉了。云长领兵救火，扑打到四更，方才息灭。召傅士仁、糜芳责备道："我令汝二人为先锋，未曾出兵，自己不知小心，先把许多兵器粮草烧毁，火炮打死数名军士，如此失误，要你二人何用？两边武士推出斩首。"刀斧手齐声答应，就要拿人。费诗急忙制止说："不可。未曾出师，先斩大将两员，唯恐于军不利，将军免其死罪才好。"云长怒气不息，对二人说："我若不看费司马之面，定将你二人斩首，死罪饶了，活罪难免。"令武士将二人，各打四十大棍。打了个鲜血直流，摘去先锋牌印，罚糜芳守南郡，傅士仁守公安。又对二将说："若我得胜回来之日，尔等再有差池，二罪俱罚。"二将满面羞惭，诺诺而退。

话说关公不用糜、傅二将，便以廖化为先锋，关平为副将，亲自统中军，马良、伊籍为参谋，一同进兵取樊城。此时，有胡华之子胡班投奔荆州而来，关公念昔日过五关时相待之情，写了一封荐书，让他跟随费诗入西蜀见汉中王，封官赐职，以报昔日相救之恩。

话说关公择定吉日，祭了帅字大旗。忽西蜀使者到，奉汉中王旨，拜云长为前将军，都督荆襄九郡事务。云长接旨。受命已毕，众官拜贺。遂起大兵征进，奔襄阳大路而来。

曹仁闻听云长亲领大军来，大吃一惊，便要坚守不战。副将翟元说："魏王约会东吴取荆州，让将军进兵，同云长决战，今他自己来送死，为何避而不战？"

说得个曹仁触起浩然志，大帐里即刻披挂戴金盔。

辕门外惊天动地三声炮，咚咚咚聚将鼓响似春雷。

传号令点起五千披甲士，安排着不败敌人誓不归。

雄赳赳手提宝刀上战马，开城门催动三军快如飞。

出襄阳人马才行十余里，正撞着关平廖化二英魁。

两下里列开旗门排阵势，眼看着副将出马杀成堆。

疆场上曹营翟元战廖化，顷刻间去去来来二十回。

二将战有二十余合，不分胜败。廖化早受关公之计，拨马诈败而走。翟元随后追杀，荆州兵败二十里下寨。次日又来讨敌，骁将夏侯存、副将翟元一齐出马，荆州兵又败二十里，曹兵随后追杀。忽听背后喊声震地，鼓角齐鸣，曹仁知是中计，收军速回，背后关平、廖化催兵杀来。曹仁先领一队军马，头前奔走，飞去襄阳。眼望襄阳距数里，前面绣旗招展，关公勒马横刀拦住去路。曹仁心惊胆碎，不敢交锋，望襄阳斜路而走。云长也不追赶，停不多时，夏侯存、翟元军到。夏侯存便与关公交锋，只一合，被关公刀劈马下。翟元大惊而走，被关平随后赶上，一刀砍为两段。乘势追杀，曹兵大半死于襄江之中。曹仁支持不住，弃城而走，败归樊城，固守不出。关公一战，得了襄阳，赏军抚民，众皆大喜。随军司马王甫说："将军一鼓而下襄阳，曹兵虽然丧胆，也不可以得意。"

咱如今虽然一战得襄阳，也不可志大心骄喜欲狂。

天下人满则招损谦受益，又何况兵家胜败本无常。

这其间不可舍近而求远，必须要瞻前顾后拿主张。

岂不知荆州城池为根本，许多的册籍军器与钱粮。

那本是东吴西川咽喉地，咱只得严加守护紧提防。

闻听说吕蒙陆口屯军马，但怕他乘虚而入过长江。

万一要弄个杀前不顾后，那时候得轻失重悔难当。

原应该未雨绸缪早准备，休等得贼去补牢已亡羊。

好一个深思远虑王司马，提醒了足智多谋关云长。

王甫说完，关公说："我也想到这些，你可速速回去，带领荆州兵沿江上下，或二十里或三十里，选高冈之处，立一座烽火台，每台用五十名军士看守。倘吴兵渡江，夜则明火，白天则举烟为号，我即亲自去战。"王甫说："糜芳、傅士仁去守南郡和公安两个紧要隘口，恐不竭力，必须再用一人，以总督荆州。"关公说："我已命治中潘濬守之，又有何虑呢？"王甫说："潘濬平生多忌而好利，不可重托。可差军前督粮官赵累代之。赵累为人忠诚廉直，若用此人代潘濬之任，万无一失。"关公说："我素知潘濬为人，没有差错，今已差定，怎好更改？况且赵累现管粮草，也是重差，汝勿多疑，只管去筑烽火台，不必迟误。"王甫只得拜辞起行，怏怏而

说唱三国

去。关公日后失荆州，皆因此时不听王甫的话。

再说曹仁折了二将，退守樊城，向满宠说："不听公言，大败失去襄阳，该怎么办呢？"满宠说："云长虎将，又足智多谋，不可轻敌，只宜坚守。"正在说话之时，人报云长渡过江来，攻打樊城。曹仁大惊，满宠说："将军莫慌，只管坚守城池，待他的军马乏困后，开门再打，敌人可退。"曹仁的部将吕常愤然说："末将不才，愿领一旅之师，破来军于襄江之内。"满宠说："智勇过人的云长，你怎么是他的对手？坚守为高，不可轻敌。"吕常大怒说："据你们文官之言，只讲坚守不战，何日才能退敌呢？岂不知兵法有云，敌兵涉水渡可击之。今云长军马正渡襄江，为何不乘势打他？若等兵临城下，将到壕边，就难抵挡了。"曹仁从其言，即拨三千兵，令吕常出城迎敌。

话说云长提刀出马，吕常正要来迎，不想后面众军见关公神威凛凛，心惊胆破，不战自走，齐往后退。吕常制止不住，关公混杀过来，曹军大败而逃，被关公催军赶杀。吕常军折大半，奔入樊城，闭门不出。曹仁见吕常又败一阵，心中大惊，急差人往邺郡求救。信中说："云长破了襄阳，现正围樊城甚急，望拨大将火速救援。"曹操看完来书，指班部一人说："汝可去樊城，以解此危。"众人一看，是于禁。于禁说："我求一将为先锋，领兵同去。"一将应声而出说："末将不才，愿效犬马之力，生擒关某献于帐下。"未知此人是谁，且看下回分解。

第九十四回 | 庞德抬榇决死战
关羽放水淹七军

曹操一看，乃是庞德。曹操大喜说："关公威镇华夏，未逢对手。今遇庞令明，真是劲敌。"遂加于禁为征南将军，加庞德为征西先锋，大起七军，前往樊城。这七军皆北方强壮之士，两员领军将校，一名董衡，一名董超，二将引各军头目，参拜于禁。董衡说："今将军提七支大兵，去解樊城之危，期望在必胜。乃用庞德为先锋，岂不误事？"于禁惊问为什么，董衡说了一番。

> 马孟起今在西川已得地，封他为五虎大将职位高。
> 又加上庞柔蜀中把官做，他二人嫡亲兄弟是同胞。
> 现如今庞德一挂先锋印，但恐怕念主思兄想旧交。
> 这一去倘若军前生变故，准备着酿成大祸你难逃。
> 好一个深思远虑董副将，只说得于禁心动蹙眉梢。

于禁听后，连夜入宫，禀明魏王曹操。曹操猛然醒悟，忙唤庞德把先锋印解下来。庞德大惊说："末将正要与大王出力，既蒙重用，为何又如此见疑？"曹操说："今马超现在西川，汝兄也在西川，俱辅佐刘备，不由孤不生疑。"庞德闻听此言，顿首血流满面而告说："末将自汉中投降大王，蒙以厚恩相待，虽肝脑涂地，也难补报大王。昔日末将在故乡时，与兄同居，嫂嫂甚不贤，末将酒醉把她杀了。吾兄恨入骨髓，誓不相见。我与兄恩情已断，岂肯归兄？故主马超有勇无谋，兵败将亡，孤身一人入川，各事其主，旧义已绝。末将感大王恩典，安敢怀二心？愿大王明察。"曹操见此光景，忙将他扶将起来。

话说庞德又挂了先锋印，心中大喜，拜谢而出，回到家中，令木匠造了一口棺材。次日请诸友赴席，列棺材于堂下。众亲友见着皆大惊，问道："将军就要出师，为何摆此不祥之物？"庞德举杯对众人说："吾受魏王厚恩，誓以死报。今去樊城与关公决战，吾若不能杀他，也必为他所杀。即使不为他所杀，亦当自杀，故先备此木棺，以示决无生回之理。"人人闻听嗟叹不已。酒终席散，庞德唤其妻与子庞会同到席前饮酒，并告诉其妻说："吾今为先锋，义当效死疆场。我死之后，你好生看养吾儿，吾儿有异想，日后长大成人，必能为父报仇。"他妻子闻听此言，俱各掩面大哭。

话说庞德别了妻子，命军士抬木棺而行，一边走着，吩咐部将说："我今去与关公决战，若被关公所杀，汝等将我尸首置此木棺中；我若杀了关公，取其首级置此木棺中，回献魏王。"部将五百人皆说："将军如此忠勇，我等敢不竭力相助？"庞德大喜，一直催军前进。有人将抬木棺之言报知曹操，曹操喜说："庞令明忠勇皆因我一激之力，今既如此，孤何虑关公？"谋士贾诩说："庞德徒恃血气之勇，去与关公一决死战，让人很担忧。主公且不可喜。"曹操从其言，急令人传旨说："关公智勇双全，切不可轻敌，可战则战，不可战则宜坚守，不可作无益之死，那是无济于事。"庞德闻言，心中老大不服。

再说关公帐中正坐，忽探马来报，曹操差于禁为帅，领七支精壮大兵到来。前部先锋庞德，军前抬一木棺，口出不逊之言，誓与将军决一死战，此时离樊城只有十余里。关公闻听，勃然变色，美髯飘动，大怒说："天下英雄闻我名字，无不闻风丧胆，庞德匹夫竟敢藐视我。关平你自己领兵攻打樊城，我亲自去斩匹夫，以雪我恨。"关平说："父亲不可以泰山之重，与顽石争高低，为儿情愿替父去斩庞德。"关公说："既如此，你且先去迎敌，我随后救应。"关平领命出帐，提刀上马，引兵来迎庞德。两阵对列，只见魏营当先一面皂旗，上边大书"安南庞德"四个白字，旗角下，庞德青袍银铠白马双刀，背后五百军兵相随，步卒数人抬木棺而出。关平看完，心中又笑又恼，用刀一指，破口大骂。

想当初你与马超称部将，你也曾报仇雪恨赴许昌。

与曹操渭水之滨几场战，杀得他割须弃袍胆战惊。

次后来冀城兵败投张鲁，那时你大病缠身着了床。

那杨松暗定一条反间计，马孟起弃暗投明是理当。

你就该私奔西川寻故主，为什么半世相知改了腔？

又何况庞柔现在成都府，你和他原是同胞一个娘。

最可恨离兄背主生别调，甘心去遗留骂名把贼帮。

现如今两军阵前抬木棺，我问你耍得一个什么腔？

既然是自知疆场难取胜，为何不马前求命早投降？

献樊城将功补过为引进，跟着我西川去见汉中王。

倘若敢执迷不听好言劝，管叫你宝刀之下两分张。

庞德见来将不是关公，向左右军士道："这是何人？"左右答道："此乃关公义子，名关平。"庞德闻听冷笑说："我奉魏王之旨，来取你父首级。你乃黄口小儿，虽说几句不逊的话，我也不会杀你，快快去换你父前来。"关平大怒，纵马舞刀，直取庞德。庞德急架刀相还，杀在一处。战三十余合，胜败不分，二将各回本阵暂歇，早有人报知关公。关公大怒，令廖化去攻樊城，自己来战庞德。来到阵前大声喊道："关云长在此，庞德何不早来受死？"言还未尽，只听鼓声响处，庞德来到阵前，大声叫道："我奉魏王之命，特来取你首级，恐你不信，备木棺在此，你要怕死，早早下马受降。"关公大骂说："你一匹夫，有何本事？可惜我这青龙刀斩你这一鼠贼。"一边说着，纵马舞刀，直取庞德。庞德挥刀来迎，二将杀在一处，这一场大战，比寻常大不相同，好惊人呀！

果真是强中还有强中手，这一回不见高低不罢兵。

这一个双刀并举分头剁，那一个青龙偃月劈天灵。

这一个上阵冲锋无敌将，那一个疆场从未落下风。

这一个渭水桥边战许褚，那一个虎牢关下斩华雄。

这一个临潼阵上威风远，那一个白马津边有大名。

这一个超群本事儿郎惧，那一个安心定要取樊城。

他二人大杀大砍百余趟，并不见哪家输来哪家赢。

二将大战一百余回，不分胜负，精神备长，各要争先，两阵儿郎都看呆了。魏军恐庞德有失，急令鸣金收兵。关平怕父亲年迈劳累，也叫鸣金。二将拨马各回本阵。庞德对众人说："人说关公英勇，今日我才相信。"正说话时，于禁到来，相见礼毕，于禁向庞德说："闻将军大战关公一百余回，未曾取胜，何不退避呢？"庞德愤然说："魏王命将军为大将，你为何这样软弱呢？我明日定要与关公决一死战，为什么要退避呢？"于禁见此光景不敢阻止而回。此时，关公回寨对关平说："庞德

第九十四回 庞德抬榇决死战 关羽放水淹七军

363

刀马纯熟，真是我的对手。"关平说："俗话说，初生牛犊不怕虎。父亲纵然斩了此人，也不过西凉一小卒儿，倘有疏忽，恐误伯父的重托。"关公说："我若不斩此贼，难雪心头之恨。我意已决，你勿多言。"关平诺诺而退。关公即刻提刀上马，引军前进。庞德也领兵来迎，两阵对面，二将齐出，并不答话，交锋大杀，战五十余回，庞德拨马便走。

说唱三国

> 关云长催马提刀赶下去，　谁岂肯疆场举手把他饶？
> 小关平恐父有失来相助，　随后边急催坐骑喊声高。
> 庞德他双刀齐向鞍桥挂，　不住地扭颈回头往后瞧。
> 鲨鱼鞘伸手忙把弯弓取，　走兽壶提出雕翎箭一条。
> 嗖的声飞星一点去得准，　好叫人没处躲闪没处招。
> 眼看着后面敌人着了重，　左臂上穿透团花锦战袍。
> 美髯公紧蹙双眉晃几晃，　依然地端坐镀金战鞍桥。
> 伸右手胸前拔出雕翎箭，　哗啦啦战马频催舞大刀。

话说关公中箭还要与庞德厮杀，关平阻止，救护回营。庞德回马舞刀赶来，忽听后营锣声大震，唯恐后军有失，急勒马回。原来于禁见庞德射中关公，恐他成功，把自己的威风灭了，所以鸣金收兵。庞德回营问于禁说："为什么要鸣金呢？"于禁说："魏王有言，关公智勇双全，他虽中箭，不可轻敌。我恐有诈，故此鸣金。"庞德闻言，有不服于禁之意，不便说出来，闷闷归帐去了。此时，关公回营，解袍一看，幸喜伤口不深，敷以金疮药，保养将息。关公深恨庞德，定要出马报仇，关平屡次阻止。庞德令小卒前来骂阵，关平把住隘口，不让众将报知关公。庞德讨战七日，无人出马，乃与于禁商议说："我去讨战多日，无人出马，可能是关公箭疮发作，不能行动。不如乘机统领七军一拥杀入寨中，破了关公大军，可解樊城之危。"于禁不允许，乃移七军转过山口，离樊城正北十里，依山下寨。令庞德屯兵于七军之北，自己领兵截断大路，使庞德不能进兵成功。此时，关公箭疮已合，关平甚喜，忽听于禁移兵于樊城之北下寨，不知其意，忙报关公。关公披挂上马，带领十余骑，到高冈处张望。

关公看了半晌，唤乡导官来问道："樊城北十里，于禁屯兵的谷口，叫何地名？"乡导官答道："是罾口川。"关公大喜说："于禁必被我所擒。"众将士说："将军怎么知道？"关公说："鱼入罾口，岂能长久吗？"众将半信半疑。关公回寨而来，时值八月秋天，连日下大雨，昼夜不晴，关公便令人预备船筏，收拾水具。关平问道："陆地交兵为何用水具？"关公笑说："这你就有所不知了！于禁七军不屯在广阔地方，而屯于罾口川险隘之处。方今秋雨连绵，襄江的水必然泛涨。我已差人堵住各处水口，以待江水泛涨之时，我们大家就乘船放水，以淹樊城。于禁罾口川七寨之兵，皆丧鱼腹。"关平同众将闻言，无不拜服。

再说魏军屯于罾口川，日夜大雨不止。庞德着急，冒雨来找于禁，大家商议移兵。

> 罾口川地势甚低居险要，但恐怕躲避不及被水淹。
> 闻听说关公各处塞江口，昼夜里无数工人打战船。
> 倘若是一朝泛涨襄江水，怕做了下邳城中吕奉先。
> 总不如大军移向高冈处，倒省得事到头来后悔难。

庞德说完，于禁责备说："你要惑我军心吗？再要多言，定斩。"庞德满面羞惭，愤愤而退，自己想将本部兵马移到高冈之处，打算一定，单等次日行动。不想当夜风雨大作，只听有万马争奔之声，响彻山谷。庞德大惊，急忙出帐上马，只见四面八方，大水一涌而来。于禁七军人马，随波逐浪的不计其数。平地水深一丈有余，于禁、庞德同众将俱登小山避水。到了天明，关公带领众将，摇旗擂鼓，乘大船而来，包围了小山。于禁见四面无路，左右只有六七十人，料不能逃出，口称愿降。关公应允，令去其衣甲，拘入船中，然后来捉庞德。

此时，庞德同众将及士卒五百人，皆无衣甲，立在土堤上。庞德全然不惧，前来接战。关公把船四面围住，令军士一齐放箭，庞德周围士兵被箭射死大半。董衡、董超见势危急，一齐向庞德说："军士死伤大半，四面无路可逃，不如投降为上。"庞德闻言，勃然大怒，斩了董超和董衡，仗剑大声说："再有说投降的以此二人为例。"军士们奋力对敌，无人敢后退，从早战到午，勇力倍增。关公催军四面急攻，矢石如雨。庞德向部将成何说："我闻勇将不怯死以苟免，壮士不毁节而求生。今日是我死日，你须努力向前，决一死战。"成何奋力争先死战，被关公一箭射落水中。众军士皆降，只有庞德一人力战。只见十余人驾一小船而来，离堤甚近，庞德一跳飞上小船，立杀十余军士，一手提刀，一手执短棹使船，要向樊城而走。只见上游一将撑大筏到来，将小船撞翻，庞德落在水中。那将撑筏来赶，筏大不能快行，追赶不上，那将也跳下水去，二人就在水中战在一处。战不多时，生擒庞德，上了关公船来。众人一看，是周仓。原来周仓素知水性，又在荆州江口住了数年，在水中行走，如走平地一般，更有力大无比，因此生擒了庞德。

于禁所领的七军，皆死于水中。有些会水的，料无去路，全部投降了。关公回到高冈处，升帐坐定，刀斧手押过于禁来。于禁拜伏于地，哀告求饶。关公说："汝怎敢抗我？"于禁说："上命差遣，身不由己。望君侯怜悯，誓以死报。"关公笑说："我杀你如杀猪狗，还怕污了我的刀斧。先解送荆州，囚在牢里，听候发落。"关公又令绑上庞德，庞德怒目扬眉，立而不跪。

> 庞德他怒目扬眉气不休，关夫子从从容容诉根由。

他说道你今行事无道理，为什么甘心自把曹操投？

每日里助纣为虐行不正，准备着留下恶名骂千秋。

常言说随机应变真君子，却休要一味执迷不回头。

你若是改邪归正肯降顺，我情愿消释前嫌不记仇。

关公爱庞德之才，劝他投降。庞德大怒："我宁死刀下，岂能向你投降！"口出狂言，骂不绝口。关公只得喝令推出斩首。庞德坦然，引颈受刑。

关公乘水势未退，再上战船，领兵来攻樊城。此时，樊城周围白浪滔天，城垛口上往里灌水，城墙渐渐浸塌，男女搬石运土也堵塞不住。曹营将士个个丧胆，慌忙来报曹仁，劝说："今日之危，非人力可救，乘着敌军未到，大家乘船夜走。虽然失城，尚可全身。"大家正商议乘船逃走，满宠谏说："不可。大水骤至，但时间不会太长，不数日会自退。今若弃城而走，黄河以南，就不再属于我们了。愿将军固守此城，以为保障。"曹仁拱手而谢说："非伯宁教我，几乎误了大事。"乃骑马上城聚集众将发誓说："我受魏王之命，保守此城，若有言弃城而去的，斩！"众将说："我等俱愿死守此城。"曹仁大喜，传令死守樊城，并在城上设弓弩数百，昼夜防护，不敢懈怠。十几天后水势渐退。

关公因擒了于禁，又水淹七军，此时威震天下，无不惊骇。这一天，次子关兴来寨内探望父亲，关公命他带了众将立功文书，去西川成都府见汉中王，各求升迁。关兴领命，拜辞父亲，奔成都府去了。关公依旧督兵攻城，马到北门之外，立马扬鞭指道："尔等鼠辈何不早降，还等何时？我若攻破城，给你个玉石俱焚，那时悔之晚矣。"正说话时，曹仁在敌楼上见关公只披掩心甲，斜袒着绿锦袍，急令弓箭手一齐放箭。关公急忙勒马后退时，右臂上中了一箭，翻身落马。未知关公性命如何，且听下回分解。

第九十五回 | 关公刮骨疗毒 吕蒙白衣渡江

话说曹仁见关公落马，引兵冲出城来，被关平一阵冲杀而回，救护关公归寨。拔出箭来，原来箭头有药，毒已入骨，右臂青肿，不能运转。关平忙同众将商议说："父亲要损此臂，安能杀敌？不如暂回荆州调理。"众将都认为应该这样。大家入帐，来见关公，说："今君侯右臂损伤，不便临敌，末将等公议，暂且班师回荆州调理。"关公闻听，微微冷笑。

说唱三国

关云长微微冷笑蹙眉尖，他说道你们不用把惊担。

现如今曹仁被困已多日，眼看着要破樊城在眼前。

咱既然数日之内得两郡，就应该长驱而进入中原。

困许昌捉住曹瞒老奸党，有何难双手扶起汉江山。

虽然是弓箭射来伤右臂，似这样小伤有什么相干？

你们等各要争先休退后，再不要惑乱军心出乱言。

从今后何人再说收兵话，立刻要绑出辕门刀下斩。

众将闻听此言，无不惊恐，俱各默默而退。关平见父亲不肯退兵，箭伤又不好，只得四方求名医。忽一日有人从江东驾小船前来，直到寨前，小校引见关平。关平见其人方巾阔服，臂挽青囊，自说姓名，乃沛国人氏，姓华名佗，字元化，久闻关将军乃天下英雄，被毒箭所伤，特来调治。关平问道："莫非昔日医东吴周泰的吗？"华佗点头称是，关平大喜，即和众将引华佗入帐来见关公。此时，关公箭伤本来是疼痛难忍，又恐影响军心，无何消遣，正和马良下棋。闻听有医人来，即令召入，彼此礼毕，赐座，侍茶。华佗说："请将军伸出臂来看看。"关公解开衣袍，伸臂让华佗看。华佗说："此乃弩箭所伤，其中有乌头药，毒气入骨，若不早治，此臂无用了。"关公问道："当用什么药来治？"华佗说："我自有法治，但恐君侯惧怕。"关公笑说："我视死如归，有什么可怕的？"华佗说："既如此，可在僻静地方，立一标柱，上头钉一大环，请君侯将臂穿在环中，以绳系好，然后用被蒙住头。我用刀割开皮肉，刮去骨上箭毒，用药敷上，以线缝其口，方可无事。但恐君侯惧怕。"关公闻言，微微而笑。

关公令设酒宴，款待华佗，自己饮了数杯说："就在此处医治。"伸臂令华佗割，自己仍和马良下棋。华佗取尖刀在手，让小校捧一大盆，在臂下接血，用尖刀割开皮肉，直至于骨，然后用刀刮骨，吱吱有声。众人看着无不掩面失色。关公饮酒食肉，谈笑如常，与马良下棋，全无疼痛之状。顷刻之间，血流满盆。华佗刮尽其毒，敷上药，用线缝好。关公大笑而起，同众将说："此臂屈伸如故，并无疼痛之感，先生真神医。"华佗亦喜说："我半生为医，从未见此，君侯真是天神。"关公大喜，复又设宴款待华佗。华佗说："君侯箭疮虽愈，却要自己爱惜保护。过百日后，自然康复如旧。"关公以金百两酬谢，华佗不收，并说："我慕君侯仁义，前来医治，怎能要报酬呢？"竟辞别而去。

关公擒于禁，斩庞德，威名远播。探马报到许都，曹操便同文武商议。曹操说："关羽今既得襄阳，又困樊城，斩庞德，擒于禁，水淹七军，把咱们锐气全挫，倘率兵直到许昌，该如何办呢？孤想迁都以避之。"司马懿说："不可。于禁、庞德被水所淹，故此失败。胜败乃兵家之常事。今孙、刘两家关系不好，云长得志，孙权必不高兴。大王可差人去东吴，陈说利害，令孙权悄悄起兵，击云长之后。成功后，许将襄阳、樊城给他，以谢孙权。孙权必喜，可很快起兵，樊城这围可解。"主簿蒋济说："仲达之言是对的。今只可遣使赴东吴，不可迁都。"曹操依允，即刻修书一封，差人赴东吴去了。又令徐晃为将，领五万精兵，去救樊城。

却说孙权接了曹操之书看完，欣然应允，打发使者先回，乃聚文武商议。张昭说："近闻云长擒了于禁，斩了庞德，威震华夏。曹操想迁都，以避其锋。今樊城危急，因此前来求援，事定之后，恐有反复。曹操的话，不可轻信。"话还未说完，忽见吕蒙来到面前，有事禀报孙权。

> 咱前日愿与云长结姻眷，诸葛瑾过江为媒把亲提。
> 实指望两家并力将曹破，谁想他铁面心肠太执迷。
> 纵然是不愿结亲咱不恼，最可恨说的言语将人欺。
> 似这样不解之仇应当报，喜只喜眼前正有可乘机。
> 关云长领兵围困在樊城，荆州内兵微将寡甚空虚。
> 我们可速发大兵把江过，这其间兵贵神速不宜迟。

吕蒙说完，孙权大喜说："卿言正合我意，既如此，卿速为进取之计，孤随后便起大兵。"吕蒙辞了孙权，回到屯兵江口，早有哨马报告说："西岸沿江上下，或二十里或三十里，高阜之处，各有烽火台。荆州兵马整肃，严加准备。"吕蒙闻报大惊说："若果如此，很难夺取荆州。我在吴侯面前劝取荆州，这却如何是好？"左思右想无计可施，乃托病不出。孙权闻吕蒙患病，心甚不安。陆逊进言说："吕子明的病是诈，不是真病。"孙权说："卿既知其诈，可去看看。"陆逊领命星夜至江口寨中，来见吕蒙，果然面无病色。陆逊说："我奉吴侯之命，来探望子明，贵体怎样？"吕蒙说："贱躯偶感小病，何劳主公挂心？"陆逊微笑说："吴侯以重任相托，子明不乘时而动，空怀忧闷，这是为何？"吕蒙看了看陆逊，良久不说话。陆逊又说："我有一方，能医治将军的疾病，不知肯不肯用？"吕蒙屏退左右问道："伯言有什么良方？请赐教。"陆逊笑说："子明的病不过因荆州兵马整肃，沿江有烽火台防备。我有一计，可使沿江守将不能举火，荆州之兵，束手归降。"

> 关云长自恃英勇无敌手，所虑的东吴唯独有将军。
> 将军你装病辞职卸了任，却把这兵权重务让他人。
> 只要用甜言蜜语常献媚，使关公不把江东放在心。
> 他若是撤兵去把樊城取，咱这里乘虚而入调三军。
> 那时节云长杀前不顾后，我们把九郡荆襄取到手。
> 陆伯言巧献一条骄兵计，吕子明霎时病好不缠身。

陆逊说完，吕蒙大喜，自此托病不起，上表辞职。陆逊回见孙权，诉说所定之计，孙权便召吕蒙还建业城养病。不几日，吕蒙到来。孙权说："江口重任，昔周公瑾荐鲁子敬担任，次后子敬又荐卿担任，今卿也应荐一才智过人的担任，方为妥当。"吕蒙说："若任用名望大的人，关公必然防备。陆逊才智都过我，尚未出名，用他代臣的职务，关公必不放在心上，计谋可成。"孙权大喜，即日拜陆逊为偏将军、右都督，代吕蒙守江口。陆逊接了印绶，连夜往江口查点马步水军之后，即修书一封，备置名马、金锦、美酒等礼物，遣使送至樊城，来见关公。

此时关公正在将息箭疮，按兵不动。忽报东吴巡江守将吕蒙病危，孙权把他调回建业城治疗，派陆逊为将，巡查江口，代吕蒙之职，现今差人捧书带重礼特来拜见。关公召入，向来使说："仲谋见识短浅，用此孺子为将。"使者伏地告说："陆将军呈书备礼，一来与君侯作贺，二来求两家和好，幸乞笑留。"关公拆书看，书中言词极其谦诚。关公看完来书，仰面大笑，令左右收了礼物，打发使者回去。使者回见陆逊，并告说："关公很高兴，没有忧虑江东之意。"陆逊大喜，使人暗探，关公果然把荆州之兵撤了一大半去围困樊城，陆逊便星夜报知孙权。孙权与吕蒙商议说："今云长果然撤荆州之兵，攻取樊城，咱可设计袭荆州。卿与我弟孙皎同引大军前去如何？"这孙皎是孙权叔叔孙静之次子。吕蒙见孙权要孙皎同领大军，心中很不高兴。

> 吕子明微微冷笑把头摇，就说道主公见识不甚高。
> 倘若是兼用二将统军马，但恐怕从中酿出祸根苗。
> 想当初水陆都督周公瑾，与程普孩提相知是故交。
> 只因为军马都督分左右，才弄得军务纷纷如乱毛。
> 他二人各要争先把功立，彼此的疑忌猜嫌好几遭。
> 孙叔明主公与他称兄弟，迥不同文官武将众臣僚。
> 现如今少年血气方刚勇，一定要恃亲挟贵把人欺。
> 常言说前车既覆后当戒，非为臣畏枪避剑不敢担。

吕蒙说完，孙权心悦诚服。遂单拜吕蒙为大都督，统领江东诸路军马，令孙皎押运粮草。吕蒙拜谢，点兵三万，战船八十余只，挑选会水的军士扮作商人，皆穿白衣，在船上摇橹，却把军马伏于船舱之内。次日调韩当、蒋钦、朱然、潘璋、周泰、徐盛和丁奉七员大将，相继而进，其余皆随吴侯在后救应。一面遣使致书于曹操，发兵攻打云长；一面传报陆逊，说吴侯已动大兵，分派已完。然后，让穿白衣的士兵驾快船往浔阳江去，昼夜速行，直抵北岸江边。烽火台上军士盘问来历，白衣人说："我们都是客商，因江中遇风，到此一避。"遂将财物送给守台军士。军士信而不疑，任他停船江边。约到二更后，船舱中精兵齐起，将烽火台上官军捉住，不曾走脱一个。三万精兵长驱而进，直取荆州。

吕蒙得了荆州，便传号令，军中如有妄杀一人，妄取民间一物的，定按军法斩首。原任官吏，愿降的仍充任旧职。将关公家眷另养别宅，不许闲人搅扰。一面差人报孙权。不几日，孙权领众将到，吕蒙出郭迎接入衙。孙权慰劳完，仍令潘濬为治中太守，掌管荆州。牢里放出于禁，遣归曹操。然后安民赏军，设宴庆贺。孙权向吕蒙说："今荆州虽得，但公安傅士仁，南郡糜芳，这两处怎样收服呢？"话没说完，忽有一人说："不需枪箭，我凭三寸不烂之舌，去说服公安傅士仁来降。"众人一看，是虞翻。孙权喜而问道："卿有何良策能使傅士仁归降？"虞翻说："我与傅士仁同乡，自幼交厚，今去以利害说他，必来降主公。"孙权大喜，即令虞翻领五百军，直奔公安而来。

此时，傅士仁探听到荆州失地，急令闭城门坚守。虞翻兵到，见城门紧闭，遂写书一封，拴于箭上，射入城中。军士拾来，献给傅士仁。傅士仁拆开一看，乃是吴侯招降之意，想起昔日关公打他四十大棍，感觉不如早降，于是，大开城门，迎接虞翻入城。行礼已毕，各诉昔日交情。虞翻说："吴侯宽宏大度，礼贤下士，是贤德之主，君可早降。"傅士仁即带印绶，同虞翻来荆州投降孙权。孙权大喜，仍叫他去守公安。吕蒙对孙权说："今关公尚据襄阳而困樊城，兵粮足备，若留傅士仁守公安，后必有变，不如让他往南郡，招降糜芳。"孙权从其言，召傅士仁来，吩咐说："卿与糜芳交厚，你可前去招来归降，孤自有重赏。"傅士仁慨然允诺，遂引十余骑，直奔南郡来招降糜芳。

第九十六回 | 徐晃大战沔水 关公败走麦城

话说糜芳听到荆州失守，正在惊慌，忽报公安守将傅士仁到，糜芳慌忙接入，彼此叙礼，问其事故。傅士仁说："我非不忠，势危力困，不能支持。我今已降东吴，将军不如早降为妙。"糜芳说："你我受汉中王厚恩，安忍背弃？"傅士仁说："昔日关公痛恨你我，但有疏失，必不轻饶。"糜芳说："我兄弟久事汉中王，岂可一朝相背？"正犹豫间，忽报关公遣使到，糜芳慌忙迎接。使者说："关公军中缺粮，特来南郡、公安二处取白米十万石，令二位将军要星夜解去军前交割。如有迟误，立刻斩首。"糜芳大惊，看看傅士仁，说："今荆州已失，被东吴占有，这粮怎样才能送过去？"傅士仁厉声说："不必多想，我意已决。"一边说着，遂拔下腰中佩剑，立斩来使于公堂上，糜芳大惊说："公为何如此？"傅士仁说："事已这样，不得不如此了。"

糜芳万分无奈，只得同傅士仁开城投降。吕蒙大喜，将他们带到荆州，引见给孙权。孙权重赏二人，安民已毕，犒赏三军。

再说曹操在许昌，正在同众谋士商议荆州之事，忽然接到吴侯来书。曹操拆封一看，是说吴兵去取荆州，求曹操夹攻云长，须悄悄动兵，勿使云长知觉，趁其不备。曹操看完来书，和众谋士商议。

> 曹孟德观罢书文犯沉吟，班部中闪出董昭老主薄。
> 现如今云长已得襄阳地，领大兵樊城屯扎困曹仁。
> 大王您迅速写成书一纸，就说是不久关公便退军。
> 悄悄地用箭射入樊城去，让曹仁莫要惊慌且闭门。
> 关云长若知荆州敌兵到，他一定立刻拔营就动身。
> 令徐晃随后掩杀去追赶，管叫他前不着店后无村。

董昭说完，曹操大喜。一面差人催徐晃急战，一面亲统大军往樊城来救曹仁。此时，关平、廖化各立一寨，于樊城之北阻挡曹仁救兵。被徐晃乘夜劫了营寨，不能抵徐晃之兵，二人败走，奔至樊城之南大寨中来。见了关公，说道："今徐晃夺了我二人寨栏，更有曹操自引大军，分三路来救樊城。又听说荆州已被吕蒙夺去了。"关公喝道："此敌人传言，以乱我军心，东吴吕蒙病危，孺子陆逊代之，何足为虑？"刚说完，忽报徐晃兵到，关公吩咐拉马抬刀。关平说："父亲身体尚未强壮，不可出战。"关公说："徐晃与我原系旧交，他若不退，我先斩他，以惊魏军。曹操来兵，必自退去。"遂披挂提刀上马，慨然而去。关公来到阵前，立马横刀问道："徐公明何在？"一言未尽，只见魏营门开，徐晃早已出马，来与关公答话。

> 徐公明勒马提鞭在疆场，你看他未曾开言笑脸迎。
> 想当初你在土山身被困，不得已跟随张辽赴许昌。
> 咱二人情投意合相敬重，在相府频频酌酒诉衷肠。
> 最可叹光阴迅速如梭快，数年来再见君侯两鬓霜。
> 到如今回首频频昔年事，好叫人念及旧交心感伤。
> 眼前里君侯英姿震华夏，只觉着故人面上也增光。
> 但可惜人居两地各保主，少不了阵前变脸要逞强。
> 我有句肺腑之言你休怪，总不如收兵休要动刀枪。
> 自古道两国相争和为上，为什么徒劳军马费钱粮？
> 劝玄德同保汉主安天下，强似那占据西川霸一方。
> 君侯你回心转意同我讲，咱二人即刻领兵见魏王。

徐晃说完，关公大怒说："少得胡言，我兄弟桃园结义，誓扶大汉江山，岂肯归顺曹操篡国之贼？公明乃是我旧交，岂不知关某之心吗，还用说这一番话？"徐晃微微冷笑说："既如此，今日乃国家之事，我不敢以私废公。"一边说着催动坐下马，抡开大斧杀将过来，关公舞刀忙迎。二人大战九十余合，未分胜败。关公虽然刀马绝伦，终因右臂少力，不能得胜。关平恐父亲有失，鸣金收兵。关公急忙拨马归寨。

忽闻四面喊声大起，原来是樊城曹仁得知曹操救兵已到，引军杀出城来，与徐晃四面夹攻，荆州兵大败。关公急上战马，领众将奔襄江上流而走。魏兵随后赶杀。关公渡过襄江，要奔襄阳，忽然流星马到，报说："荆州已被吕蒙夺去，家眷尽陷于城中。"关公大惊，不奔襄阳，要去公安。探马又报："公安傅士仁已降东吴去了。"关公大怒，又见催粮官到，报说："公安傅士仁在南郡斩了使者，同糜芳都降了东吴孙权。"关公闻听，又惊又恼，怒气填膺，一翻身落下马，昏迷不醒。

关公醒来，向探马问道："沿江上下烽火台上，军士何不举火呢？"探马答道："吕蒙使水手们都穿白衣，扮成商人模样，伏于船舱之中，渡过江来，先擒了守台军卒，因此不能举火。"关公闻听此言，跺足叹声说："我中奸贼之计了。"管粮官赵累说："事已至此，悔之莫及，可一面差人往成都求救兵，一面从旱路去取荆州。"关公从其言，差马良、伊籍捧文三道，星夜赴成都求救去了。一面领兵来取荆州，自引前队先行，廖化、关平断后。

此时，樊城之围已解，曹仁领众将来见曹操，泣拜请罪。曹操说："水淹樊城是天意，不是你等之罪。"正说之时，徐晃领兵到，曹操亲到寨门迎接。只见大军按队伍而行，整齐有序。曹操大喜，与徐晃携手同行，曹操说："孤用兵三十余年，未敢长驱直入敌围。今荆州兵围困数重，卿竟然深入其中，大获全胜，真是胆识皆优、智勇双全之士。"遂封徐晃为平南将军，同夏侯尚共守襄阳，以抵挡关公之兵。曹操又说："荆州未定，兵屯襄阳之南，以候消息。"大家同意。

且说关公在荆州路上，进退无路，向管粮官赵累说："现在前有吴兵，后有魏兵，我们在其中，救军又不到，这如何是好？"赵累说："我想昔日吕蒙、陆逊在江口屯兵之时，曾致书君侯，两家约好，共诛曹操，今却助操，是背盟之举。君侯暂屯兵于此，可差人送信到吕蒙处责问，看他怎样对答。"关公从其言，立刻修书差人赴荆州。此时，吕蒙在荆州传下号令，凡在荆州的随关公出征的将士家属，不许吴兵搅扰，计算家庭人口，按月发给米粮，有患病的派医调治。将士家属感其恩义，均感心安。忽报关公派使者到来，吕蒙出城迎接，入城以宾礼相待，使者呈书于吕蒙，吕蒙拆封观看。

> 吕子明看完关公书一封，你看他眼望来使笑几声。
>
> 想当初孔明用计烧新野，刘玄德败奔夏口走樊城。
>
> 鲁子敬奉命江夏把丧吊，挟带着诸葛军师赴江东。
>
> 共商议同心协力把曹破，因此才孔明登坛去借风。

三江口赤壁鏖战烧船后，关将军却放曹操走华容。

都只为强借荆州夺南郡，倒弄得孙刘翻脸来相争。

定巧计诓骗玄德招婿来，叫吴侯赔了夫人又折兵。

诸葛亮三计气死周公瑾，孙郡主归家探母不归程。

从这里两家结下仇和恨，说和好无非假意共虚情。

现如今东吴已得荆州地，少不得争强夺胜要冲锋。

相烦你善言回复关将军，我实在不敢徇私以废公。

吕蒙说完，设宴款待来使，送归馆舍安歇。荆州城里城外，凡跟随关公出征的将士之家，都来馆舍中问信，有捎家书的，也有口传音信的，俱说家门无恙，衣食不缺，吕蒙相待之恩，非比寻常。使者辞别吕蒙，吕蒙又亲自送出城来。

使者回见关公，叙说吕蒙一番话，并说："荆州城中君侯家眷和诸将士家属俱各无恙，供给不缺。"关公听后大怒说："这是吕蒙之计，我生不能杀此贼，死必杀他，以雪我恨。"一边说着，责退使者。使者出寨，众将士俱来询问家中之事。使者俱说各家安好，吕蒙多加恩惠，并将捎回的书信转交给各将士。将士欢喜，都无战心。关公并不知道下面军心已变，只顾率军取荆州。一路上将士们思妻念子，不少私自逃回荆州去了。关公更加愤怒，催军前进。忽然喊声震地，一队军马拦住去路，为首大将乃蒋钦。

在马上眼望关公秉秉手，你听我几句金石肺腑言。

现如今吴侯已占荆州地，曹孟德襄江南岸立营盘。

两下里兵多将广声势大，各城中钱粮堆积似座山。

君侯你势微力弱无军助，须知道寡不敌众得胜难。

常言说见机而行真君子，总不如别寻门路另主张。

细看来你我江东同保王，更强似跟随玄德在西川。

你若是执迷不听我的劝，须知道生死关头在眼前。

蒋钦说完，关公大骂说："我乃汉将，岂能降贼？"舞刀拍马直取蒋钦。战不到三五回合，蒋钦败走。关公领兵追杀二十余里，喊声忽起，左边山谷中韩当领军杀出，右边山谷中周泰领军杀出。蒋钦回马复战，三路人马奋力夹攻。关公急忙退兵往回走，行不到数里，只见南山冈上竖着一面大白旗，在空中招展，上写着"荆州百姓"四字，甚是真切。山冈上的人齐声大叫："本处人速速投降。"关公大怒，欲上山杀之。山谷中又有两军冲出，左边丁奉，右边徐盛，和蒋钦、周泰、韩当，共是五路军一齐杀来，喊声震地，鼓角喧天，将关公困在垓心，手下将士渐渐稀少。待杀到黄昏，遥望四山之上，皆是荆州士兵家属，呼兄唤弟，叫儿叫爷，喊声不断。军心尽变，皆应声而去。关公喝止不住，随从只有三百余人，甚是可怜。

关公被困垓心，杀到二更后，左冲右杀不得出。忽听正东方向叫杀连天，原是关平、廖化分两路兵杀入重围来救关公。吴军因深夜而收兵归寨。关平说："军心混乱，必有城池暂且屯兵，以待救兵方为上策。麦城虽小，足可屯兵。父亲何不暂往麦城歇马？"关公从之，大家带领残军急入麦城，分兵把守四门，严加防备。赵累说："此处离上庸郡不远，现有刘封、孟达同在那里领兵把守，可速差人前去求救兵。若先得这支军马接济，以待西川大兵到来，军心自然安了。军心安定后，再取荆州乃为万全之策。"正商议时，忽报吴兵已至，将城四面围定。关公问说："此去上庸求救，谁敢突围而出？"廖化说："末将愿往。"关平说："既如此，我将你送出重围。"关公立即写书一封，交给廖化。

廖化接书藏在身边，饱食上马，开城而出。正遇上吴将丁奉截住，关平当先奋力冲杀，丁奉败走。廖化乘势杀出重围，急奔上庸，见了刘封、孟达先呈上书，后向刘封、孟达恳求发救兵。刘封说："将军暂且歇息，容我计议。"遂将廖化送到馆舍安身。刘封向孟达说："叔父被困怎么办呢？"孟达说："东吴兵精将勇，且荆州郡俱为孙权所得，只有小小麦城，乃弹丸之地，又闻曹操亲督大军屯于襄江之南，你我山城之众，怎能敌两家的强兵？为今之计，不可轻举妄动。"刘封说："这我岂不知道？但关公是我叔父，怎能不救？"孟达笑说："将军以关公为叔，恐关公不能以将军为侄。我闻汉中王开始立嗣，想立将军之时，关公不悦。汉中王登位之后，欲立后嗣，问孔明。孔明说：'这是家事，可问关公、张飞。'汉中王便差人到荆州问关公。关公以将军乃螟蛉之子，不能立嗣，劝汉中王远置将军于上庸山城之地。"

孟达说完，刘封沉吟良久说："关公虽然这样待我，但我若不发兵，怎样对他说呢？"孟达说："就说初得山城，民心未定，恐失所守，不敢兴兵。"刘封便以此言讲给廖化。廖化闻听大吃一惊，以头叩地泣说："将军若如此，关公休矣。"孟达说："我就是兴兵前去，也是杯水车薪。将军回见关公，等候西川救兵到来。"廖化大哭哀求，二人拂袖而入。廖化不肯空回，上马急奔成都，到汉中求救去了。

却说关公在麦城盼望上庸兵到，总不见来，手下只有五六百人，又多数有伤，城中无粮，十分危急。忽报城下大叫："不要放箭，我有话要见君侯。"关公吩咐开城放人，看他有何话说。左右将那人引至城来一看，是诸葛瑾。关公说："先生到此何干？莫不是又给孙权做说客吗？"诸葛瑾说："我有心腹之言告将军。"

自古道善识时务真君子，万不可一味执迷不动心。

将军你九郡城池都没有，只在这弹丸之地来安身。

东吴兵四面围得风不透，昼夜地抓紧攻城打四门。

愁煞人城无粮草养兵马，靠外援不见西川来大军。

岂不知孤掌难鸣少帮助，又道是单丝怎叫线成锦？

听我劝急早归顺吴侯吧，依然去荆州城里把兵屯。

一来是保全家眷安老小，也省得事到头来大祸临。

诸葛瑾说完，关公冷笑几声，正色说："我乃蒲州一武夫，蒙我主以手足相待，怎肯背义投敌国呢！孤城若破，有死而已，岂不知玉可碎而不可改其白，竹可焚而不可毁其节？我身虽殒，而名可垂于竹帛。你勿多言，速请出城，我要同孙权决一死战。"诸葛瑾说："吴侯欲和将军结秦晋之好，同力破曹，共扶汉室，别无他意，君侯为何执迷如此？"话未说完，关平拔剑上前欲斩诸葛瑾。关公制止说："不可，他胞弟孔明现在西川保你的伯父。今若杀了他，伤了兄弟之情。"遂令左右驱逐。诸葛瑾满面羞惭，上马出城，回见吴侯，对吴侯说："关公心如铁石，说他不动。"孙权叹说："真忠臣啊！这如何是好？"

第九十七回 | 关公被擒遭杀害
曹操惊倒见首级

话说孙权叹说："关公是忠臣，这如何是好呢？"吕蒙说："我有一计可擒云长，不知主公意下如何？"

关云长孤城被困无粮草，差廖化远向西川把兵求。

好一似画饼充饥饥难忍，如同是望梅止渴渴怎休。

我料他兵微将寡难久住，一定要弃城而去不回头。

麦城北有条小路山最险，路两边全是陡涧与深沟。

我们只暗地先差人和马，安排下几路伏兵把虎囚。

单等着败军一旦穿山遁，管叫他蛟龙自向网中投。

吕蒙说完，孙权大喜，即令吕蒙安排伏兵。吕蒙差朱然引精兵五千，埋伏于麦城之北二十里。关公兵到，不可与他对阵厮杀，只可随后追杀。关公兵少，必无战心，要奔临沮城。潘璋可领精兵五百，伏于临沮山僻小径，功可成矣。二将领命各自引兵去了。吕蒙又传号令，兵围麦城，各门攻打，只留北门不攻，放关公出走。将士领命依计而行。

此时关公困在麦城，计点马步军兵只剩三百余人，兵无粮，马无草，苦不堪言。每夜吴兵在城外召唤，军士越城而出的很多。救兵又不见到，心中甚是愁烦。关公对王甫说："我昔日悔不听公言，所以才有今日，现在如何办呢？"王甫泣说："今日之事，就是姜子牙再生也无计可施了。"赵累说："廖化去上庸杳无音信，必是刘封、孟达不肯发兵。为今之计不如弃城奔西川，再整兵来。"关公点头说："我也这么想。"遂与大家上城观看，见北门外敌军不多，下城问本城居民："此去往北地势怎样？"居民答说："出了北门往西北走，俱是山僻小径，可通西川。"关公说："如此今夜出北门，由小路入西川。"王甫谏说："小路恐有埋伏，不如由大路走安全。"关公说："虽有伏兵，我何惧哉！"即传号令，马步官军严整装束，准备连夜出城。王甫一见泪落如雨。

关公留周仓、王甫并步兵百余人守麦城，自己和关平、赵累领残军二百余人突围北门。关公催马提刀在前，众军士在后，直奔山僻小路而走。行至半夜，走了二十余里，猛听得山脚下金鼓齐鸣，喊声震地，一彪军马闪出，为首一员大将乃是朱然，挺枪大叫说："云长休走，快快下马投降。"关公大怒，拍马抡刀来战朱然。朱然不战而走，关公乘势追杀。忽听一阵棒鼓响，四面伏兵齐起。关公不敢恋战，望临沮小路而走，朱然率兵随后掩杀。关公的随军渐渐稀少，走了四五里路，前面喊声大震，火光四起。大将潘璋催马舞刀来战。关公大怒，抡刀相迎，只两三回合，潘璋败走。关公不敢追杀，只望小路而走，背后关平赶来说："赵累已死于乱军之中。"关公闻听此言，心中不胜悲伤。

> 美髯公听了关平把话说，　顷刻间心中慌乱跳如梭。
>
> 疼死人赵累命丧千里队，　好叫他如同刀剑刺心窝。
>
> 牵挂着麦城周仓和王甫，　也不知现在情形怎么着。
>
> 我如今杀在前边难顾后，　最可恨拦路伏兵处处多。
>
> 对面瞧树木丛杂山路险，　脚底下竟是石块和蓬科。
>
> 都只为汉室将终天分尽，　因此上盖世英雄受折磨。
>
> 关云长一路走来天际亮，　忽听那树林深处响铜锣。
>
> 呼的声四面伏兵一齐起，　一个个乱投挠钩绊马索。

话说吴兵用套锁把关公坐下马绊倒，关公翻身落马，被潘璋部将马忠所擒。关平知父被擒，火速来救。背后潘璋、朱然率兵齐到，把关平四面围住。关平孤身独战，力尽落马，也被东吴所擒。

到了天明，孙权知关公父子俱已被擒，心中大喜，率众将到帐下，停不多时，马忠带关公父子到来。孙权说："孤久慕将军盛德，以结秦晋之好，为何拒之？将军平时自以为天下无敌，今日为何至此？你现在服孙权吗？"关公蚕眉倒竖，凤目圆睁，厉声骂道："碧眼小儿，紫髯鼠辈，少得猖狂。我与刘皇叔桃园结义，誓扶汉室，以安天下，岂能和你叛汉之贼为伍？我今误中奸计，有死而已，何必多言！"孙权回顾众将说："云长世之豪杰，孤甚爱之，将他以礼相待，使他归降江东，乃孤之愿。若要加害，心实不忍。"

说唱三国

我爱你英雄盖世声名远，　果然是天下无双第一人。

你虽然不逊之言说几句，　我也不积怨怀嫌记在心。

现如今虎离深山龙失水，　仍叫人依然爱慕腹中存。

倘若是回心转意肯将就，　我情愿八十一州平半分。

岂不知见机而作真君子？　大丈夫应要明哲以保身。

想一想无益去死有何用？　万不可自折擎天柱一根。

孙权说完，关公怒目而喝说："少得胡言，关某身虽被获，视死如归。大丈夫生于天地间，不立功业于当时，也应留名于后世。我今头可断，而志不可夺。"关公执意不降，孙权恋恋不舍。主簿左咸说："主公不可这样。当年曹操得此人时，赐爵封侯，三日一小宴，五日一大宴，上马金下马银，美女十人，如此恩礼，尚且留不住，任他闯关斩将而去，后来吃他大亏。今主公既已擒之，若不除掉，恐为后患。"孙权沉思很久说："此言是也。"遂令左右推出斩首。可怜关羽、关平父子二人被害，乃建安二十四年冬十二月。关公亡年五十八岁。后人有诗叹道：

> 汉将谁为首？云长独出群。
>
> 神威能奋武，儒雅更知文。
>
> 天日心如镜，春秋义薄云。
>
> 昭然垂万古，不止冠三分。

话说关公死后，坐下赤兔马被马忠所获，献给孙权。孙权又赐给马忠骑坐，其马嘶叫九日，不食草料而死。

此时，王甫在麦城终日心惊肉跳，坐立不安，乃向周仓说："我昨夜梦见主公浑身血污，立于面前，问他不说话，忽然惊醒，不知主公吉凶？"这时，忽报吴兵在城下，将关公父子首级拿着前来招降。二人大惊，急忙登城观看，果然是关公父子的首级。王甫大叫一声坠城而死，周仓自刎而亡。这样麦城也属于东吴了。

孙权杀害关公后，收复了荆州之地，犒赏三军，设宴大会诸侯庆功，让吕蒙于首座，对诸将说："孤久望得荆州，今唾手而得，皆子明之功。"吕蒙再三谦逊，但自觉满面增光。孙权说："昔日周郎雄略过人，破曹操于赤壁，不幸早亡，鲁子敬代之。子敬初见孤时，就说孤有帝王之大略。曹操次后又下江东，众人个个劝孤投降，子敬独劝孤召公瑾来拼力还击，果然取得胜利。唯有劝孤借荆州给玄德，这是子敬失算之处。今子明设计出谋取了荆州，胜过周郎、子敬矣。"说完亲自斟酒给吕蒙。吕蒙接过酒，刚想饮，忽然掷杯于地，一手揪住孙权，厉声大骂说："碧眼小儿，紫髯鼠辈，还认识我吗？"众将大惊，上前急救。吕蒙推倒孙权，大步上前，坐在孙权位上，两眉倒竖，双眼圆睁说："我自破黄巾以来，纵横天下三十余年，今被你杀害，我生没能食汝之肉，死要追吕贼之魂！我是汉寿亭侯关云长。"

孙权大惊失色，慌忙率众人叩头祷告，只见吕蒙倒在地下，七窍流血而亡。众人一见，魂飞胆裂，受惊而病者有十多人。孙权吓了半死，无奈把吕蒙尸首用棺安葬，赐南郡太守、孱陵侯，令其子吕霸袭父职。孙权自此惊魂不定。

一日张昭自建业而来，孙权召见，张昭说："今主公害了关公父子，江东之祸不远了。此人与刘备桃园结义之时，誓同生死。眼下刘备已有西川之地，兼有诸葛亮之谋，张、赵、马、黄之勇。刘备若知云长父子被害，必起倾国之兵前来报仇，恐东吴难以抵挡。"孙权闻听大惊说："要是这样可怎么好呢？"张昭说："主公勿忧，我有一计，能使西蜀大兵不犯东吴，而荆州如磐石之安。"孙权说："你有什么样的计呢？"张昭说："今曹操拥兵百万，虎视华夏。刘备要急欲报仇，必与曹操联合，如果二家联合起来，那东吴就危险了。不如差人将关公首级送给曹操。让刘备知道，我们害关公是为曹操所使。这样刘备必然痛恨曹操，则西蜀之兵不向吴，而向魏了。我们静观两家胜败，这是上策。"孙权从之，用木匣装上关公首级，差人星夜送给曹操。此时，曹操自襄江移兵洛阳驻扎，闻听东吴送来关公首级，喜说："今云长已死，我高枕无忧了。"

曹操正在得意，忽然阶下一人说："此乃东吴移祸之计，主公有什么可喜的呢？"曹操一看，是主簿司马懿。曹操问其故，司马懿说："昔日刘、关、张三人桃园结义，誓同生死。今东吴害死关公，恐惧刘备报仇，故将首级献给主公。使刘备憎恨主公，不去攻打东吴，而攻打我们。"曹操说："仲达说得对，可有什么办法呢？"司马说："这容易，主公可将关公首级，用香木装好，以大臣之礼葬埋。刘备知道后，必不恨主公，而恨孙权，起兵征吴。我们看他们的胜败来行事。如蜀胜则攻吴，吴胜则攻蜀，两处若得一处，那一处亦不久矣。"曹操听后大喜，从其计，将吴使召入，呈上木匣，曹操开匣观看，见关公面如平日。曹操笑说："云长公别来无恙？"

> 好一个不知趣的老曹操，你看他望着木匣细观瞧。
> 但只见关公面目如平素，笑说道昔日英雄哪去了？
> 老奸贼口中多说一句话，惹恼那关公英魂出了壳。
> 吓煞人眉竖眼开须发动，曹阿瞒一点真灵上九霄。
> 眼看着翻身落倒流平地，笑煞人如同乌鸦蹬翻巢。
> 众官员一齐上前忙救起，垂下头牙关紧咬不做声。
> 一个个低头附耳声声唤，他只是昏沉闭目把头摇。
> 足停了半晌长叹一口气，浑身上流汗好像雨来浇。

话说众官把曹操救起，好久才醒来，看看众官说："关将军是天神，我十分惧怕，你等不可不敬。"东吴来使又将关公显圣，附体吕蒙大骂孙权之事告诉曹操。曹操更加恐惧，遂设香案祭祀。用沉香木为棺，装其首级，以王侯之礼发丧，葬于洛阳南门外，令大小官员皆穿素衣送殡。曹操亲自拜祭，封为荆州王，差官员守坟墓。安排完，这才打发吴使臣回江东去。

再说汉中王自东川回到成都，宴请众文武官员。法正说："臣有一事奏于我主。"

> 想当初长坂坡下一场战，最可叹尽节捐生糜夫人。
> 甘夫人寿终又在荆州府，周公瑾乘机而入来招亲。
> 到后来中了吴侯诓诈计，孙夫人江东一去不回门。
> 到如今宫院虚设后妃位，早晚间寂寞无人伴圣君。
> 后宫中许多内政谁为主，本应该续娶继位后宫妃。
> 臣得知吴懿有个同胞妹，现如今二十有余无婚配。
> 人人说才貌双全贤且美，劝我主纳为后妃主内宫。

法正说完，汉中王不语，众官皆说："人伦之道不可废，我主应早纳王妃，以安内政。吴懿之妹美而且贤，我主可纳为后妃。"汉中王应允，遂纳吴氏为王妃，后亦生二子：长子刘永，字公寿；次子刘理，字奉孝。这是以后的事。此时，东西两川民安国富。

忽有人自荆州来说："东吴求婚于关公，被关公拒绝。"孔明说："荆州危险了，可差人请关公回成都加以劝解。"正商议时，荆州捷报文书一连数次到来，不几日关兴来了，诉说关公得襄阳，淹七军，斩庞德，擒于禁之事。又有报马到来，报说："关公沿江上下多处设烽火台，提防甚严。"因此玄德放心。

忽一日玄德自觉浑身肉颤，行坐不安，到夜间不能入睡，秉烛看书，不觉神思昏迷，伏几而卧。室中起了一阵冷风，灯火微明，抬头见一人立于灯下，玄德问："你是何人，黉夜到我内室？"其人立而不答。玄德疑心，仔细一看，乃是关公，于灯影下来回躲避。玄德问说："贤弟别来无恙？深夜到此，必有大事，我与你情同骨肉，因何回避愚兄？"关公泣告说："愿兄起兵以雪弟恨。"冷风骤起，关公不见了。玄德忽然惊醒，乃是一梦。

玄德心中疑猜不定，急出后厅召孔明来见，告诉孔明梦中之事。孔明说："这是主公思念关公才有此梦，何必多疑？"玄德只是再三疑虑，孔明以好言劝解后出，走到中门外迎着许靖自外边来说："我方才到军师府，得知一机密。听说军师被召入宫来，我特来此。"孔明说："什么机密？"许靖说："外边人传东吴吕蒙已袭荆州，关公已遇害，特来密报军师。"孔明叹说："我夜观天象，见将星落于荆楚之地，早知关公已被害。但恐主上忧虑，故未敢说。"他们二人正说话时，忽然自内殿转出一人，扯住孔明衣袖说："如此凶信，你等为什么瞒我？"孔明一看，是玄德。孔明、许靖一齐奏说："方才所言皆是传闻，不可深信，望主上宽怀，勿生忧虑。"玄德闻听，眼中落泪不止。

刘玄德伸手复又拉衣襟，一霎时龙目之中泪纷纷。

我方才只觉心惊肉也颤，进晚膳空有茶饭懒沾唇。

恍忽忽行坐不安睡不稳，无奈何观看兵书战策文。

灯光下依几而卧得一梦，面前里望见云长十分真。

他叫我兴兵前去报仇冤，分明是被害英灵来显魂。

若果然二弟有个好和歹，咱西蜀折去擎天柱一根。

想当初桃园结义同生死，怎忍那二弟亡故我独存？

玄德哀哀痛哭。孔明劝说："主上不必悲伤，一来是梦中事无凭，二来是传言难信，不是臣等瞒主上。"许靖也好言劝解。三人说话时，天已大明，忽近侍奏说："马良、伊籍到来。"玄德急召入问话。二人诉说荆州已失，关公兵败求救，呈上表章，未及拆封，侍臣又奏说："荆州廖化到。"玄德急急召入。廖化哭拜于地，细奏说孟达、刘封不发救兵。玄德大惊说："若这样我弟命休矣。"孔明说："孟达、刘封这样无礼，罪不容诛，主公请宽心，亮亲自提一旅之师，去救荆襄之急。"玄德泣说："云长有失，孤岂能独生？速差人报知翼德，我兄弟二人亲提大兵前去决一死战，誓不生回。"正安排时，数次来人报说："关公夜走临沮，为吴将所获，义不屈节，父子被害。赵累丧命于乱军中，王甫、周仓殉难。"玄德一听，大叫一声，昏绝于地。众官急救，半晌方醒，扶入内室。孔明劝说："主上要保重，自古道生死有定。关公平日刚而骄，故有此祸，这也无可奈何。"任凭孔明怎样细解，玄德只是痛哭不止，真是可叹！后人有诗称赞。

义结桃园共誓盟，不同泛泛作交情。

泰山倾倒恩常在，沧海枯干心不更。

为念当年同誓死，怎叫今日独捐生？

三人大节传千古，羞煞世间亲弟兄。

话说玄德听说关公遇害，痛哭不止。孔明再三劝说："主上保重身体，不可过于哀伤，事已至此，痛哭也无用，大家共议报仇之策，才是正理。"玄德止住泪眼说："孤与关、张二弟桃园结义时，誓同生死，今云长已亡，孤岂能独享富贵？"这时关兴大哭而来。玄德大叫一声，又哭绝于地。若知玄德死活，且看下回分解。

曲艺名段欣赏(4)

第九十八回 | 治风疾华佗身亡 传遗命曹操寿终

话说玄德又哭绝于地，众官救醒，两手抱住那关兴，二人大哭不止。

> 汉中王用手抱住那关兴，爷儿俩号啕痛哭放悲声。
>
> 你父亲与我桃园三结义，同翼德焚香共誓海山盟。
>
> 自从那大破黄巾起了家，我三人什么风险也不怕。
>
> 张三弟鞭打督邮惹下祸，弃了官奔走天涯也愿从。
>
> 到后来兵败徐州大失散，兄弟们流离失散各西东。
>
> 那时节我在河北依袁绍，苦煞人两家贤弟无影踪。
>
> 不料想你父投向许昌去，曹孟德待他天高地厚情。
>
> 纵就是赐爵封侯全不恋，得了信辞曹就走去寻兄。
>
> 一路上闯过五关斩六将，大伙儿聚会重逢在古城。
>
> 诉不尽枪刀林里常争讨，各处去患难相从共死生。
>
> 我如今占据西川成都府，实指望同享富贵受荣华。
>
> 谁知道上天不肯从人愿，凭空里折断金梁大厦倾。
>
> 如同是快刀割去连心肉，好叫我抓碎肝肠满腹疼。
>
> 刘玄德说到这里双足跳，眼看着跌在尘埃绝了声。

玄德抱住关兴痛哭，说到伤心时，又哭倒于地。众官急忙救起，自此每日哭绝三五次，一连三日水饭不进，只是痛哭，泪湿衣襟，斑斑成血。孔明与众官时刻不离左右，苦口劝解。

忽报东吴将关公首级献于曹操，曹操以香木盛其首，以王侯之礼葬之。玄德闻听此言，拭泪问孔明："这是何意？"孔明说："这是东吴移祸于曹操，曹操知道他的用意，故以厚礼葬关公，令主上怨恨东吴。"玄德说："既然这样，我立即兴师伐东吴，以雪二弟之仇如何？"孔明说："不可。现在是东吴让我们伐魏，而魏让我们伐吴，各怀诡计，伺机而动。主上要按兵不动，为关公发丧，以待吴魏不合，乘机而伐之。"众官也再三劝谏，玄德方才进食。传旨川中大小将士，俱穿孝服，汉中王亲出南门招魂祭奠。

再说曹操在洛阳，自从埋葬关公之后，每夜合眼便见关公。

> 关云长一点阴灵不肯散，各处里显圣惊人好几遭。
>
> 在江东明明去把孙权骂，贼吕蒙血流七孔赴阴曹。

到后日又往西川来托梦，刘玄德饮食懒进哭号啕。

都只为孙权定计将头献，曹孟德口出狂言带笑嘲。

那关公须动口开睁凤目，险些要洛阳惊死老曹操。

众将官一齐叩头忙下拜，有谁敢再将首级来观瞧？

虽然是按照王侯礼来葬，枉想着平安躲祸也徒劳。

曹操夜间见到关公，心中十分恐惧，问众官怎么办。众官说："洛阳行宫旧殿多妖，可盖新宫住。"曹操说："我也想修造一新殿，名建始殿，恨无良工巧匠。"贾诩说："洛阳良工有苏越，最巧了。"曹操召入苏越，令画一图。苏越画成九间大殿，前后廊，无楼阁，呈给曹操。曹操看后大喜说："你画的图正合孤意，但恐无此栋梁之材。"苏越说："洛阳城南三十里，有一潭，名为跃龙潭。潭上有一祠，名为跃龙祠。祠旁有一株大梨树，高十余丈，可做建始殿的栋梁。"曹操大喜，令人前去伐树。次日，回报说此树锯不动，斧破不入，实实不能伐。曹操不信，亲自去看，带百余骑，到跃龙祠前下马，仰目观看。只见这棵大树挺拔而立，直通云霄，圆而且直，并无曲节。曹操喝令众人一齐动手砍伐。有乡老数人前来说："此树已数百年了，常有神人居其上，恐不能伐。"曹操闻听哈哈冷笑，拔所佩之剑，亲自去砍，铮然有声，血溅满身。曹操大惊，掷剑上马，回到宫内。是夜二更以后睡卧不安，坐于殿中，倚几而卧，忽见一人，披发仗剑，身穿皂衣，直来曹操面前，指着曹操说："我乃梨树之神，你盖建始殿，成心篡位，却来伐神树。我知你大数已尽，特来杀你。"曹操大惊，急呼武士快来。皂衣人抡剑便砍曹操。曹操大叫一声，猛然惊醒，乃是一梦。头痛不能忍，遍请良医调治，总不见效。华歆说："大王知有神医华佗吗？"曹操说："是江东医的周泰吗？"华歆说："就是他。"

曹操闻听华歆介绍华佗神术，冷笑问道："快刀破腹怎能复生？"华歆说："人有五脏六腑的病，华佗即以刀破其腹，以药汤洗其肝肠，这时人如醉死，并不觉疼。以线缝其口，用药敷上，或一月，或二月，即可康复。那一日华佗走在道上，听一人呻吟声，华佗说：'这人是饮食不下的病。'过来问病人什么病，病人果然回答："吃不下饭。"华佗叫他回家取蒜汁三升饮下，自口吐出白蛇一条，长二三尺，自此饮食如常。广陵太守陈登腹内饱胀面赤，不能饮食，请华佗医治。华佗给药一剂吃了，吐虫三升，全是红脑袋，头尾乱动。陈登问：'这是何原因？'华佗说：'这是因食多了鱼腥，才有此毒虫。今日虽然打下来了，但三年之后，必然复发，那时不可救了。'三年后陈登果然死了。又有一人眉间生一肿瘤，痒不可忍，请华佗医治。华佗说：'内有飞鸟。'人都笑他胡说，华佗用刀割开，内有一黄雀飞出，瘤症全好了。有一人被犬咬坏脚趾，遂长肉二块，一块疼，一块痒。华佗说：'疼是因里边有钉子十个，痒是因为里边有黑白棋子二枚。'人们不信，华佗用刀割开，果然如他所说。华佗这个人有超人的医术，大王何不召来医病？"

曹操遂差人星夜把华佗召来，先看了脉说："大王头脑疼痛，因受风而起，病根在脑子里，只得用快刀割开脑袋，取出病灶，头疼就好了。"曹操听后大怒说："你要杀我吗？"华佗微微而笑。

> 华神医欠身秉手笑吟吟，微低头把躬打连大王尊。
>
> 我华佗虽然无有医妙手，也不能自做庸医来杀人。
>
> 常言说锅外扬汤难止沸，还是要预先釜底早抽薪。
>
> 大王你头风进入头部里，只能是取出病灶除去根。

华佗辞别要走，曹操哈哈冷笑说："当年关云长箭伤右臂，可以刮其骨，孤的脑袋怎能劈开？你必与关云长有旧交，乘此机会为他报仇。"即令左右把华佗拿下，关在大牢，审问真情。贾诩说："像这样良医世上少有，不可杀他。"曹操责备说："这人想乘机害我，同当年吉平一样。"众人不敢言谏。

华佗在狱中，有一狱卒姓吴，人都称呼吴押狱。此人素知华佗乃天下良医，每日以酒肉送华佗食用。华佗感其恩，告诉他说："我快要死了，但我的《青囊书》没传于世。蒙恩公之情，无有什么报答的，我今写一书信，你差一名心腹之人送到我家，取来《青囊书》，赠送给你。一来是报答你相待之恩，二来是使我的医术不失传。"吴押狱说："我若得此书，就不当这个差了，去医治天下病人，以传先生之医德。"华佗即刻写书一封，吴押狱带在身边，亲到金城南门外，寻找华佗之妻取了《青囊书》，回到狱中。华佗检看一遍，送给吴押狱，吴押狱送到家中收藏。数日后，华佗愤恨不食，死于狱中。吴押狱买棺木葬埋，自己脱掉差服，回到家要取《青囊书》学习医术，只见其妻正将《青囊书》放在火上烧。吴押狱大惊，连忙抢夺下，可是全卷已烧毁，只剩下一两页，吴押狱怒骂其妻，他妻子微微冷笑。

> 吴押狱怒发冲冠不可收，他几次咬牙切齿骂婆姨。
>
> 倒惹得其妻大有不服意，你看她眼望丈夫笑哈哈。
>
> 华医生死于牢中你亲见，都只为无双妙手惹风波。
>
> 为什么还要学他青囊术，分明是自己捐生不爱活。
>
> 常言说眼看不如样子比，现放着行医送命有华佗。

吴押狱闻听其妻的话，十分叹服，因此，《青囊书》不曾传于后世，所传者是阉猪鸡等小法而已。

再说曹操自从华佗死后，病势日益渐危，忽报东吴遣使送书到，曹操接书观看，书中写："臣孙权久知天命已归王上，伏望早正大位，遣将剿灭刘备，扫平两川，臣即率群下纳土归降矣。"曹操看完来书，哈哈大笑，对着群臣说："碧眼小儿想使我居炉火之上烤也。"侍众陈群等奏说："汉室久已衰败，大王功高巍巍，生灵仰望，今孙权称臣归命，此乃天心人意，异气齐声，大王正宜应天顺人，早登大位。"曹操闻听，微微而笑。

> 曹孟德闻言摇头笑微微，一伸手拉住侍中老陈群。
> 我如今力扶汉室三十载，每日里东征西战扫烟尘。
> 虽然是功德天下众百姓，断不敢腹中兴起不良心。
> 历年来几次封公升王位，也算是天下无双第一人。
> 人都说当今天子多懦弱，早晚间篡位夺权我为君。
> 这个是猜疑之词休议论，曹孟德一心掌正不知闻。
> 想当年西伯文王多仁义，殷纣王无道不堪为至尊。
> 他依然三分天下有其二，还甘心年年纳贡去称臣。
> 若果然天命攸归付与我，须知道应时承运有儿孙。
> 这曹操言语之间皆有意，提醒了文武官员一大群。

曹操以周文王自比，众官明白要将篡位的事，留给儿子曹丕。司马懿说："今孙权既然称臣，归顺了大王，可封官晋爵，让他进攻刘备。"曹操从其言，封孙权为骠骑将军、南昌侯兼领荆州牧，即日遣使捧诏赴东吴去了。

不想曹操自此病危，忽一夜梦见三马同槽而食，到天明向贾诩告说："孤从前曾梦过三马同槽，疑是马腾父子为祸。今马腾已死，为何又梦见三马同槽？这主何吉凶？"贾诩说："马者禄马也，禄马归于曹，原是吉兆，大王不必疑它。"曹操因此不疑。是夜曹操卧于内室，睡至三更，自觉头晕目眩，曹操大惊，抬头一看，啊呀！好奇怪呀！

> 忽听见殿中有物响连声，曹孟德忙睁二目看分明。
> 只觉得遍体生寒毛发竖，面前里阵阵扑人起冷风。
> 眼望着多人站立愁云里，一个个遍体鳞伤血水红。
> 董贵人携手相伴伏皇后，二皇子紧蹙双眉怨气生。
> 老伏完泪流满面和穆顺，更有那国舅皇亲老董承。
> 大伙儿一齐上前来索命，都说现在与曹操把账清。
> 这些人吵吵嚷嚷不肯走，顷刻间又有许多人涌现。
> 头里是文士杨修字德祖，后跟着北海高人老孔融。
> 隐隐像江东蔡瑁和张允，真切切荆州公子小刘琮。
> 血淋淋最后又上来一个，原来是含冤屈死医吉平。
> 这些人指手画脚口中骂，只骂得高一声来低一声。

话说曹操明明望见许多人声声索命，心中又惊又恼，急拔宝剑向空中砍去，忽然一声响，恰似沉雷，震塌了宫殿西南角，把曹操惊倒在地。近侍救起，迁于别宫养病。次日又闻门外男女多人哭声不绝。天明召群臣前来，曹操说："孤在戎马之中，三十余年没有信妖之事，今日为何如此？"群臣说："大王请道士来做法，怪异之事可自消。"曹操叹说："圣人说获罪于天，无所祷也。孤现在命已尽，是救不了的。"遂不请道士做法，召夏侯惇入内商议。夏侯惇走到殿门，忽见皇后、董贵人、二皇子并伏完、董承等二十余人，立于阴云之中，夏侯惇吃一大惊，昏倒于地，左右扶起，自此得病。曹操召陈群、曹洪、贾诩和司马懿等人到病榻前，嘱咐后事。曹洪等顿首说："大王善保玉体，不日会好的。"曹操闻言叹说："孤不久就要离开人世了。"

> 谁料想两处枭雄还未灭，而竟然患了头病不见痊。
>
> 眼前里自觉病情多沉重，看起来争名夺利是枉然。
>
> 我如今脑子有件未了事，怕到那阴曹地府心不安。

曹操说："我平常喜欢第三子曹植，但他为人虚华，少诚实，好酒放纵，因此，不能立他；次子曹彰，勇而无谋；四子曹熊，多病难保；唯长子曹丕，笃厚恭谨，可继我业。卿等宜辅佐他。"曹洪等哭着领命出去。曹操命近侍取来自己平日所藏名香，分赐给许多侍妾美人。

曹操说："我死之后，你们要按我的吩咐去做；如做出不好事，我必然为厉鬼以击你们的头。"众妻妾美女含混应之。又命侍妾居于铜雀台中，一日三时设祭，必令女伎奏乐上食。又遗命彰德府讲武城外，设立疑冢七十二个："不让后人知我葬处，恐知道后挖掘毁了。"嘱毕，长叹一声，泪如雨下，顷刻之间气绝而亡，终年六十六岁。此乃建安二十五年正月。

曹操已死，文武百官举哀挂孝，一面差人去世子曹丕、鄢陵侯曹彰、临淄侯曹植、萧怀侯曹熊处报丧。众官用金棺银椁将曹操入殓，星夜扶灵赴邺郡来。曹丕闻知父亲病死，放声大哭，率领大小官员出城十里之外，伏道迎接入城，停于偏殿。众官穿孝，大家齐集殿上，痛哭不止。忽一人挺身而出说："请世子节哀，商议大事要紧。"众人一看，是司马孚。众官说："公既有主见，请明讲。"司马孚说："当前机会不可失。"

> 现如今魏王寿终已归天，弄得来天下震动不得安。
>
> 原就该早立世子承王位，莫把这可乘机会失当前。
>
> 须知道得失关头在此日，谁不想继位称王掌大权？
>
> 王世子恰好降身留邺郡，最喜那兄弟第三人在外边。
>
> 若等到一齐奔丧来吊孝，但恐怕家庭不睦起争端。
>
> 又何况魏王临终有遗命，大公子恭谨厚泽世称贤。
>
> 咱大家推而尊之是正理，万不可眼前失掉好机关。

司马孚说完，兵部尚书陈矫说："司马孚讲得对。魏王已寿终，若不早立王位，倘生变故，则社稷危矣！"遂拔剑割下袍袖，厉声说："今日便请世子登位，众官有不服者以袍为例。"百官悚然，都不敢言。忽报华歆飞马自许昌来邺郡，顷刻之间到面前。众官问他来意，华歆说："今魏王寿终，天下震荡，何不早请世子继位，以安众心？"众官说："我等正在议这事，因无天子诏命，不好造次行事。"华歆说："我已于汉帝面前讨来诏命在此。"众官踊跃称贺。华歆于怀中取出诏命开读，众官跪下听旨。原来华歆与曹操交厚，闻听他已死，便在许昌立逼汉帝降诏，封曹丕为魏王。读诏已毕，即请曹丕登了王位，众官朝拜。忽报鄢陵侯曹彰自长安领十万大军来到，曹丕闻听吃一大惊。

话说曹丕闻听曹彰提兵前来，惊问众官如何办，一人挺身而出说："臣虽不才，愿去见他。"未知此人是谁，且听下回分解。

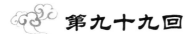

第九十九回　兄逼弟曹植赋诗　侄误叔刘封伏法

话说曹彰提兵到来，一人说要去见他，众人一看，是谏议大夫贾逵。曹丕大喜，即令贾逵去见曹彰。曹彰问道："我父魏王印绶在什么地方？"贾逵正色说："家有长子，国有储君，先王印绶，你问它做甚？"曹彰无话，跟贾逵一同入城，至宫门外。贾逵说："君侯此来是奔丧吗？"曹彰说："是奔丧而来，并无异心。"贾逵说："既无异心，为何带兵入城？"曹彰斥退左右将士，孤身入宫来了。

曹彰住了三两日辞行，仍回鄢陵镇守去了。曹丕安居主位，改建安二十五年为延康元年，封贾诩为太尉，华歆为相国，王朗为御史大夫，大小官员俱有封赏。追封曹操为武王，葬于邺郡铜雀台之西，名为高陵。差于禁料理坟陵之事。于禁来到高陵，见陵屋中白粉壁上，画着关云长水淹七军，擒于禁的故事。画中关云长俨然上座，庞德愤怒不屈。于禁拜伏于地，哀求饶命。原来曹丕为于禁兵败被擒，不能死节，既已降敌而复归，心甚鄙其为人，故先令人画在陵屋粉壁上，让于禁看着来羞他。果然于禁一见画像，又羞又恼，气怒成病，不久就死了。后人有诗叹曰：

二十年来说旧交，可怜临难不忠曹。

知人宜向心中识，画虎须从骨里描。

华歆相国对曹丕说："今鄢陵侯已回去了，临淄侯曹植、萧怀侯曹熊至今不来奔丧，理当问罪。"曹丕从其言，即刻分遣二使前往二处问罪。不几日去萧怀侯处使者回来报说："萧怀侯曹熊惧罪，自缢而亡。"曹丕命厚葬，追为萧怀王。又过了几日，去临淄的使者来报。

> 臣如今奉钦差命去问罪，　临淄侯为人倨傲不寻常。
> 见了我端然而坐身不动，　又加上志气昂昂弄大腔。
> 他与那丁廙丁仪同饮酒，　一个个出言不逊把人伤。
> 他说道聪明颖悟三公子，　学问满腹才学世间无双。
> 想当初先王久有爱他意，　欲要他日后继承为魏王。
> 最可恨谗臣挑拨立长子，　历年来怨积心头恨满腔。
> 现如今王死不久来问罪，　有谁肯冒死祭父去奔丧？
> 一边说喝令乱棒往外打，　好叫人含羞忍辱面无光。
> 自古道打狗还看主人面，　他竟然恃才欺主敢逞强。

使者说完，曹丕冲冲大怒，即差许褚领虎卫军三千，火速赴临淄去擒曹植等人到来。许褚领命，星夜至临淄城，守门将士拦阻，被许褚斩了。直入城中，并无一人敢挡。径到府堂，见曹植与丁廙、丁仪等尽皆醉倒。许褚乘曹植等人大醉，全给绑了，载到车上，并将大小官员全拿下，解往邺郡，听候曹丕发落。曹丕传旨，先将丁家兄弟并大小官员杀了，死六七十人。这丁廙字敬礼，丁仪字正礼，是沛郡人氏，有名的才子，因与曹植结为笔砚之交，所以同赴临淄。每日相聚诗酒，不料竟然惹下杀身之祸，人皆叹惜。此时，曹丕之母卞氏闻听四子曹熊自缢身亡，心甚悲伤；忽又闻听曹植也被擒来，其友丁家兄弟被杀，大惊。急出前殿，召曹丕相见。曹丕忙来拜母，卞氏一见曹丕，就哭起来了。

> 卞氏女一阵悲伤两泪倾，　你看她手扯曹丕放哭声。
> 昨一日你父洛阳晏了驾，　撇下我孤身无靠苦伶仃。
> 全凭你兄弟四人来相伴，　萧怀侯悬梁自死是曹熊。
> 问一问子建犯了什么罪，　为什么立刻擒来动大兵？
> 他不过陶情诗酒心疏放，　也不能一律开刀问斩刑。
> 休听信以疏间亲谗臣话，　一时间忘了天伦手足情。
> 且莫说狠毒之心人耻笑，　又何况兄弟同胞一母生。
> 你为我留的活命曹植在，　做娘的命归黄泉心也甘。

话说曹丕听了母亲说完，他说道："儿也深爱其才，怎么能害他性命？我不过是杀杀他的傲性，请母亲勿忧。"卞氏闻听洒泪入内室，曹丕便召曹植来见。华歆说："方才莫非是太后劝殿下不要杀子建吗？"曹丕说："正是。"华歆说："子建怀才抱智，终非池中物，若不早除，必为后患。"曹丕说："我也想乘此杀他，奈有母命，不能相违。"华歆说："既如此，人都说子建出口成章，臣未深信。主上将他召入，当面试之，若不能，则杀之；若果然能，则贬之，以绝天下文人之口。"曹丕从其言，即刻召曹植入见。曹植惶惶恐恐拜伏请罪。

大帐中曹丕用手只一指，他说道抬起头来你听真。

我二人虽是手足亲兄弟，现如今应按大义论君臣。

你生来无双才学多明见，为什么父王之丧你不奔？

我这里派人前去将你劝，而竟然打骂差官逐出门。

在临淄诗酒相连恣放荡，问一问安的是个什么心？

论王法逆兄背父应斩首，怎奈是碍着高堂老娘亲。

想当初父王在日将你爱，只为你出口成章善能文。

那时节未见虚实我不信，不知是求谁代笔来骗人。

如今你七步能吟诗一首，我情愿赦罪从宽施大恩。

这一回若是不能仍问罪，却休说为兄残忍灭天伦。

曹丕说完，曹植说："既如此，乞赐题目。如诗不成，情愿请罪。"曹丕说："我与你乃是兄弟，就以此为题，却不许犯着兄弟二字。"曹植闻言，前行七步，其诗已成。诗云：

煮豆燃豆萁，豆在釜中泣。

本是同根生，相煎何太急！

曹丕听了潸然泪下，其母卞氏从殿后出来说："兄为何这样逼弟呢？"曹丕慌忙离座说："不敢相逼，是国法不敢废。"遂贬曹植为安乡侯。曹植辞别上马而去。曹丕自从继立为王之后，法令一新，威逼汉天子更甚。早有细作报入成都，汉中王闻听吃一大惊，即刻同众文武商议。

话说玄德想兴兵伐东吴，以报关云长之仇，然后讨伐中原，以除曹丕。话还没说完，只见廖化出班哭拜于地说："关公父子遇害，实属刘封、孟达之罪，乞恳先杀此二人，再伐江东。"玄德便欲遣将去擒这二人。孔明谏说："不可，宜缓图之，急了怕生变。可将二人分开，各在一处，便易擒他。"玄德遂将刘封调去守绵竹，孟达自领一两千军独守上庸。孟达知道这是调虎离山之计，不敢久留，急忙投曹丕去了。曹丕大喜，叫他同徐晃、夏侯尚同守襄阳。细作报入成都，汉中王闻孟达降曹，冲冲大怒，便想起兵擒他。孔明说："可派遣刘封进兵，着二虎相斗。刘封或有功，或失败，必回成都，就此擒他。"玄德从之，即遣人赴绵竹，令刘封进兵襄阳，去擒孟达。刘封只得遵令前往。不料一到襄阳就中了徐晃埋伏之计，损兵大半，大败而逃。奔到成都见汉中王，诉说兵败之事。汉中王一见刘封，勃然大怒。

你看他冷笑几声用手指，怒冲冲开口大骂无义男。

你虽然不是我的亲生子，问一问何曾将你下眼看？

失荆州二弟云长遭了困，差廖化急上庸关把兵搬。

眼看着长者之死而不救，小畜生真是胆大包了天。

疼煞人云长父子齐被害，更有那王甫周仓死可怜。

好容易得的荆襄九郡土，落得个现今全都属孙权。

玄德骂声还未完，刘封叩头哭诉说："叔父有难，不是孩儿不救，是孟达不让孩儿去救，是孟达之罪，与我无关。"玄德越发愤怒说："你是木偶人，任听他人拨弄，左右推出斩了。"汉中王杀了刘封，又想起关公之死，大病卧床不起，因此按兵不动。

且说曹丕自即王位，将文武官僚尽皆升赏。大家都很得意，独有大将夏侯惇病危身亡。曹丕挂孝，以礼厚葬。是年八月间，报称石邑县凤凰来仪，临淄城麒麟出现，甘露降于许昌，黄龙现于邺郡。因此中郎将李伏、太史丞许芝商议说："今种种祥瑞，乃魏当代汉之兆，可安排受禅之礼，令汉帝将天下让于魏王。"遂同华歆、王朗、辛毗、贾诩、刘廙、刘晔、陈矫、陈群、桓阶等一班文武官僚四十余人，直入内殿，来奏汉献帝，请禅位给魏王曹丕。

好一个助纣为虐贼华歆，你看他要灭天理丧良心。

幼年时曾与管宁为朋友，他二人结伴锄园同见金。

都只为爱财反目乘轩贵，倒惹得好歹绝交不上门。

次后来委身而事曹丞相，入宫院捉拿伏完欺了君。

到现在强逼天子降诏旨，大伙儿共保曹丕把王尊。

凭空里又让献帝禅龙位，带领着文武奸党一大群。

昂昂然见了皇帝不下跪，最可恨恭敬全无半毫分。

他说道自从魏王即了位，行仁政德化恩波及万民。

自古道尧舜禹汤无过此，而本朝汉高光武何足论。

陛下你应将大位让他坐，这件事甚合天意与民心。

献帝闻听大惊，半晌无话，停了良久，眼望百官大哭。

第一百回 ┃ 曹丕篡汉自立帝 刘备正位续大统

话说献帝大哭说："朕想昔日高祖提三尺剑，斩蛇起义，平秦灭楚，创造基业，世世相传，四百年了。朕虽不才，也没过失，怎能将祖宗大业交给他人？卿等还

得从公计议，绝不能这样。"华歆引李伏、许芝近前说："陛下若不信，可问此二人。"献帝低头不语。李伏说："今汉室已终，天命久归于魏。故魏王继位以来，麒麟降生，凤凰来仪，黄龙出现，甘露下降，皆是魏代汉之兆。"许芝说："臣执掌司天，夜观天象，见汉朝气数已终，陛下帝星隐匿不明，魏国天象，极天察地，不可尽言。臣占一卦，卦上说：'鬼在边，委相连；当代汉，无可言。言在东，午在西；两日交光上下移。'以此而论，陛下宜早禅位。鬼在边，委相连，是'魏'字；言在东，午在西，乃'许'字；两日交光上下移，乃'昌'字。这是魏在许昌应受汉禅，愿陛下察之。"汉献帝说："祥瑞、卦辞皆虚妄之事，为什么用虚妄之事，要朕舍祖宗之基业呢？"王朗一听，心中不悦，他说道：

常言说为人应要知进退，万不可贪名图利失主张。

想当初高祖起兵把秦灭，乌江岸逼死同盟楚霸王。

打成了一统天下四百载，谁能保万古千秋不丧邦？

到如今国运已终天数尽，陛下你锦绣江山不久长。

自古来人事兴存必有废，论气数魏王继汉理应当。

一回首强秦霸王今何在？偏偏你刘氏儿孙不灭亡？

依我劝及早回头思退步，倒省得塌天大祸起萧墙。

话说汉献帝被逼不过，大哭回去了，百官哂笑而退。次日，文武百官又集合大殿，令宦官请献帝，献帝忧惧不敢出。曹皇后说："百官请陛下设朝，陛下何故推阻？"献帝泣说："汝兄篡位，今百官相逼，朕故不出。"曹皇后大怒说："我兄为何做这样叛逆之事？"话还没说完，曹洪、曹休带剑而入，请帝速出朝。曹皇后大骂说："都是你们这些乱国之臣，贪图富贵，共谋篡逆。我父功高盖世，威震天下，还不敢兴起篡逆之心。今我兄继位不久，便要夺汉室天下，老天必不佑你。"说完痛哭入宫，左右近侍无不流涕。曹洪、曹休力请献帝出殿，献帝被逼不过，只得更衣而出，坐于朝堂之上。华歆说："陛下可同意昨天臣的意见？"献帝痛哭说："卿等各食汉禄久了，其中多有功臣子孙，何忍做这样不忠之事？"华歆说："陛下若不从众人之议，恐旦夕萧墙祸起，非臣等不忠于陛下。"献帝止住泪眼说："谁敢杀朕不成？"

华歆纵步向前，拉住献帝，怒目而视说："应允还是不应允？快说话。"献帝抖衣而战，不能对答。曹洪、曹休拔剑大叫说："符宝郎何在？"掌印绶之官祖弼应声而出说："符宝郎在此。"曹洪便向他索要玺绶，祖弼说："玺绶乃天子之宝，为何强行索要？"曹洪喝令武士推出斩了，祖弼骂不绝口而死。献帝见斩了祖弼，战栗不已。只见殿下披甲执戈之士数百人，俱是曹兵，乃向百官哭说："朕愿将天下禅于魏王，留下我这条命以终天年，是卿等之恩了。"贾诩说："陛下请宽心，魏王必不负你，可快些降诏，以安众心。"献帝无奈，只得令陈群书写禅位诏书。华歆捧着禅位诏和传国御玺，引百官到魏王宫，向曹丕献上诏书和御玺。曹丕大喜，华歆开读诏书：

朕在位三十二年，遭天下荡覆，幸赖祖宗之灵，危而复存。

然今仰瞻天象，俯察民心，炎精之数既终，天下应归曹氏。朕仰慕唐尧高风，愿禅大位于魏王，正合天心人意，王其毋辞！

曹丕听完，便想受诏，司马懿谏说："不可。虽诏玺已到手，陛下要上表谦辞以绝天下的诽谤。"曹丕从之，命王朗作表，自言德薄，不敢为君，请别求大贤以嗣天位。献帝览表，心甚惊疑，对群臣说："魏王谦逊不受，应怎么办呢？"华歆说："昔魏武王曹操封王爵之时，三辞而后受之。今陛下可再降诏，魏王自当允从。"献帝不得已，又命桓阶写诏，送到魏王宫，曹丕亲自开读，诏书全文如下：

咨尔魏王，上书谦让。朕因衰微，为日已久。幸赖武王操，奋扬神武，剿除凶暴，扫荡中原。今魏王曹丕，继承前绪，功德倍多，仁风被于四海，泰化遍于九州，天之历数，实在尔躬。昔舜有孝顺之德，而尧便让之江山；禹有治水之功，舜即禅之以天下。今朕相授以大位，亦犹尧之传舜，舜之传禹也。王其受之。

曹丕读完，心中大喜，对贾诩说："虽二次降诏，终恐天下人说有篡位之名。"贾诩说："此事不难，可再命华歆将玺绶送回，并让汉献帝筑一高台，名受禅台。择一吉日良辰，会聚大小公卿，俱到台下，让献帝亲捧玺绶，禅天下于魏王，便可以释群臣之疑，而绝后世之谤。"曹丕大喜，即令华歆捧回玺绶，将筑受禅台之言奏明天子。天子只得从之，于午朝门前，筑起三层高台，择于十月庚午日寅时禅位。

是日百官齐至，皆跪于台下，共有四百多员。曹丕引御林军三十余万，凡街头巷口查得水泄不通。献帝请曹丕登台受禅，亲捧玺绶交给曹丕。可叹大汉朝四百多年，从此归于曹姓。

汉献帝亲捧玺绶和印章，无奈何竟把江山让魏王。

最可怜眼含珠泪不敢落，他只是心如刀绞暗悲伤。

不得已眼望台下高声宣，就说道百官用耳听其详。

想当初高祖手提三尺剑，五七载平秦灭楚占咸阳。

谁料想传至朕时天分尽，各处里群雄拥起似蜂狂。

幸亏了魏王神威声势大，专征伐扫荡烟尘净四方。

朕如今自觉不能坐天下，要学那昔年尧舜让贤良。

愿将这大位禅于魏王坐，若论起天心人意理应当。

献帝说完，曹丕大喜，接了玺绶，双手高捧，放在受禅台正中，面向南而坐。贾诩率大小官员，于台下朝拜毕。曹丕登了大位，改延康元年为黄初元年，国号为大魏，传旨大赦天下，追赠其父曹操为太祖武皇帝。华歆奏说："天无二日，民无二主，汉帝既禅天下，理应退居外藩。乞降明旨，安置刘氏于何地？"说完，扶献帝跪于台下听旨。曹丕降旨，封献帝为山阳公，即日起行。华歆按剑指着献帝说："立一帝，废一帝，古来常事。今我皇仁慈，不忍加害于你，封你为山阳公，立刻就走。自今以后，没有圣旨宣诏，不许入朝。"献帝含泪拜谢，即时上马，赴山阳去了。

话说曹丕贬了汉献帝，群臣皆以万岁呼他，请他下台拜谢天地。忽然台前卷起一阵怪风，飞沙走石，急如骤雨，对面不见人，台上火烛都被吹灭，把曹丕惊倒。百官急救下台，半响方苏醒。侍臣扶入宫中，数日不能设朝，半月后疾病痊愈，才能上朝，受群臣朝贺。封华歆为司徒，王朗为司空，大小官僚一一升赏。曹丕自从受惊后，时常惊恐不安，疑许昌宫室有妖怪，便迁都于洛阳，于洛阳城大建宫殿。

早有细作报入成都，告说："曹丕已废汉献帝，自立为大魏皇帝，于洛阳大造皇宫，且传说献帝已遇害。"汉中王闻听，痛哭不止，令百官挂孝，设祭拜奠，群臣皆哭。玄德自此日夜忧虑，因而大病，不能理事，诸事尽托孔明。孔明便和太傅许靖、光禄大夫谯周商议，说："天下不可一日无君，正好推尊汉中王为帝，然后，再起大兵征伐中原，以讨曹丕篡逆之罪。"谯周说："先生之言，正当如此。"

话说孔明、许靖二人商议完，遂同大小官僚上表，请汉中王即皇帝位。汉中王览表大惊说："卿等欲陷孤为不忠不义之人吗？"孔明奏说："非也。今曹丕篡汉自立。主上乃汉室苗裔，理应继位，以延汉室。"汉中王变脸说："孤岂能效逆贼所为？"拂袖而起，入后宫去了，众官默默而散。停了两三日，孔明又引众官入朝，请汉中王出。众官拜伏于地，许靖奏说："今汉天子已被曹丕所杀，主上不继位，兴兵讨逆，是不忠不义。天下臣民无不欲主上为君，替汉献帝报仇雪恨。若不从臣等所议，是失天下之望。"汉中王说："孤虽是景帝之孙，并没有德泽以布子民。今一旦自立为帝，与篡窃何异？"孔明苦劝数次，汉中王坚执不从。孔明设一计，对众官说："只应如此如此。"于是孔明托病不出。汉中王信以为真，到卧榻边探望说："军师所忧何事？"连问数次，孔明只说病重，闭目不答。汉中王再三询问，孔明长叹一声。

> 臣当初僻处南阳学耕稼，蒙主上茅庐三顾冒风寒。
>
> 大伙儿患难相随同甘苦，屈指算计听言从二十年。
>
> 每日里枪刀林中来创业，好容易兵进成都是西川。
>
> 应验了三分鼎足真图像，到如今方信为臣不食言。

眼前里曹丕竟敢篡皇位，汉天子斩祀绝宗甚可怜。

众文武劝立主公称帝号，一个个齐心恢复汉江山。

主公你再三再四不应允，眼瞧着灭曹兴刘是枉然。

倘若是坚执不肯从公议，但恐怕冷淡满朝文武官。

万一要吴魏夹攻兵马到，武将们死力冲锋不似前。

众文武俱都灰心生怨恨，眼看着锦绣西川坐不安。

孔明说完，又闭目不语。汉中王说："我不是故意推阻，恐被天下人议论。"孔明说："圣人云：'名不正，则言不顺。'今主上名正言顺，以大汉皇叔继正统有何可议的？岂不闻'天予弗取，反受其咎'？"汉中王说："既如此，待军师病痊之后，可行之。"孔明一听此言，从卧榻上跃然而起，将屏风一击，外面文武众官皆入，拜伏于地说："主公既允，便请择吉日以行大礼。"汉中王一看，是太傅许靖、安汉将军糜竺、青衣侯向举、阳泉侯刘豹、别驾赵祚、治中杨洪、议曹杜琼、从事张爽、太常卿赖恭、光禄卿黄权、祭酒何宗、学士尹默、司业谯周、大司马殷纯、偏将军张裔、少府王谋、昭文博士伊籍、从事郎秦宓等人。汉中王大惊说："陷孤于不义，皆卿等人。"孔明说："主公既允所请，便可筑台择吉，恭行大礼。"汉中王只得应允回宫。孔明令博士许慈、谏议郎孟光掌理，筑台于成都之南。不一日，诸事齐备，众官整设銮驾，迎请汉中王登坛致祭。谯周高声读祭文：

　　唯建安二十六年四月十二日丁巳。皇帝备，敢昭告于皇天后土：汉有天下，历数无疆。昔日王莽篡位，光武帝愤怒而诛之，中兴天下，社稷复存。今曹操残忍弑君杀后，罪恶滔天。其子曹丕，更肆凶逆，窃据大位。蜀中将士，以为汉祀将废，备宜继之，恭行天子，力扶汉室。备无德以居帝位，天下军民皆说，天命不可以不答，祖业不可以久替，四海不可以无主。士庶仰望，在备一人。众议难违，无奈应允。谨占吉日，登坛祭告，受命于天，抚临万民，唯神明缵祚汉家。备不胜悚惧，惶恐之至。

读完祭文，孔明率百官奉上御玺。汉中王接了，双手捧之，立于坛上，再三推让说："备无才无德，请择有德有才者居之。"孔明奏说："主公平定四海，功德昭于天下，又是大汉宗族，宜即皇帝位。已祭告天神，为何又让呢？"文武百官，皆呼万岁。拜礼已毕，改元章武。立妃吴氏为皇后，长子刘禅为太子。封次子刘永为鲁王，三子刘理为梁王。封诸葛亮为丞相，许靖为司徒，其余大小官僚，俱各升赏，大赦天下。两川军民，无不欣跃。次日设朝，文武百官拜毕，列为两班。先降诏晓谕众臣。

　　刘玄德奉天承运把基登，你看他端坐朝堂呼众卿。

　　想当年兄弟桃园三结义，原说是患难相从共死生。

大不幸云长兵败荆襄地，痛煞人父子归天在麦城。

如同是钢刀割去心头肉，好叫我扯碎肝肠满腹疼。

与孙权恨结冤仇深似海，昼夜地深入骨髓恨江东。

现如今曹丕篡汉夺了位，众卿家劝孤称帝把基登。

我若不兴兵去将冤仇报，岂不是背叛桃园旧日盟？

话说先主要兴兵东伐孙权，以雪关公之恨，赵云出班跪于丹墀之下。先主问道："卿莫不是要替朕分忧，以伐东吴吗？"未知子龙如何回答，且看下回分解。

 第一百一回 │ 急兄仇张飞遇害
雪弟恨先主兴兵

话说赵云奏道："我不是主张伐东吴，国贼是曹丕，不是孙权。今曹丕篡汉，神人共怒。陛下可发兵进关，中军屯渭河上流，齐讨篡国凶逆。关东义士，必然献粮策马以迎王师。若不伐魏以伐吴，岂不是舍近而求远吗？愿陛下察之。"先主说："孙权害了朕弟，又兼傅士仁、糜芳、潘璋、马忠皆有切齿之仇，食其肉，灭其族，方雪朕恨。卿为什么要阻挡呢？"赵云说："汉室之仇，公也；兄弟之仇，私也。愿我主思之，当以天下为重。"先主说："弟仇不报，死不甘心。"

刘先主报仇之心已决，不听赵云所谏，下令兴兵伐吴。一面遣使往五湖，借番兵五万，前来相助。一面遣使往阆中，升张飞为车骑大将军，领司隶校尉，封西乡侯，兼阆中牧。二处使者，分头而去。

却说张飞在阆中，闻知关公被东吴所害，昼夜哭泣，血湿衣襟。众将以酒劝他，醉后怒气更大，帐上帐下，但有犯者，即鞭打，有的被打死。每日望东南切齿睁目，怒恨不息，痛哭不止。忽闻成都使到来，慌忙接入，开读诏旨。望北拜毕，收了官诰，设宴款待来使，张飞向使者说："吾兄被害，仇深似海。庙堂之臣，何不早奏先主，起兵雪恨？"使者说："多有上本相劝，先灭魏而后伐吴。"张飞怒说："先主是怎么说的？当年我兄弟三人，桃园结义，誓同生死。今不幸二兄半途而亡，我怎能独享富贵呢？我当面见天子，请为前部先锋，挂孝伐吴，生擒逆贼，剖其心肝，祭告二兄，以践前盟。"说话间，宴席已完，即刻收拾行装，便同使者急奔成都而来。

且不言使者张飞共起程，再表表驾坐西川仁义龙。

他一心要替云长雪仇恨，每日里自下教场训练兵。

安排着誓师祭天兴人马，不久要御驾亲征出都城。

都只为蛟龙不可轻离水，因此上惊动合朝众公卿。

大伙儿一拥齐来丞相府，要把这国政商议问孔明。

诸葛亮敞开仪门忙接入，叙礼毕雁行而坐列西东。

赵子龙开言说："今天子初临大位，亲统大军而出，是不重视社稷也。丞相为何不劝谏呢？"孔明说："我曾苦谏数次，圣上不听。今日诸公随我齐到教军场，大家一起阻谏如何？"说完，引百官来奏说："陛下初登宝位，若去讨汉贼，以伸大义于天下，方可亲统三军。若只想伐吴，命一大将领兵代之可也，何必亲劳圣驾？"先主见孔明苦谏，心中稍有收意。

忽报张飞到来，先主急急召入。张飞来到演武厅，拜伏于地，抱先主之足大哭，先主也哭。张飞哭着说："陛下今日为君，忘了桃园结义之誓吗？二兄之仇为何不报？"先主说："孤想兴兵亲伐孙权，众官劝阻，没有行动。"张飞说："他人怎知昔年之盟？若陛下不去，臣舍身前去，与二兄报仇！若不能报时，臣死不见陛下。"先主说："既如此，朕与卿领兵同往。卿提本部兵，自阆中出发。朕统精兵与你会于江州，共伐东吴，以雪此恨。"张飞领旨欲行，先主又向张飞嘱咐叮咛，唯恐张飞醉酒误事。张飞说："勿用陛下多嘱，臣一定牢记。"说完拜别而去。

次日先主点军要走，学士秦宓奏说："陛下舍万金之躯而徇小义，非重天子之尊，愿陛下思之。"先主大怒说："朕欲兴兵，你为何出此不吉利之言？武士将他推出斩了。"秦宓面不改色，回顾先主而笑说："臣死无恨，但恐陛下亲得基业，从此而失去了。"众官一齐为秦宓乞求，先主说："暂且囚在牢中，待朕报了仇回来时再发落。"任凭群臣怎样苦谏，也不肯听，决意起兵。遂命丞相诸葛亮保太子守西川；骠骑将军马超与其弟马岱、镇北将军魏延三人同守汉中，以挡北魏兵；虎威将军赵云为后应，兼管粮草；黄权、程畿为参谋；马良、陈震掌管文书；黄忠为前部先锋；冯习、张南为副将；傅彤、张翼为中军护尉；赵融、廖淳为合后。川将数百员，从五湖借来的番兵一共七十五万人马，择定章武元年七月丙寅日出师。

却说张飞回到阆中，传下军令，命军中三日内置白旗白甲，三军挂孝伐吴。次日，两员末将范疆、张达说："白旗白甲，出兵不利，一时备办不及，须多限几日才能备齐。"张飞一听勃然大怒，令两边武士将这两个匹夫绑了，每人重打五十皮鞭。这就苦了两员将军了。

眼看着帐前绑了两员将，武士们手执皮鞭重重打。

果真是言出法随不敢慢，顷刻间皮开肉绽吃了亏。

话说张飞喝令武士把二将鞭打五十，打得鲜血淋漓。打完说："限你们明日要备好白旗白甲，若敢违了限期，必将你俩斩首示众。"二将含羞怀愤回到自己帐中，两人商议说："咱今日受了鞭打，但明日旗甲如何能办妥？主将性如烈火，倘若明日办不完，你我死无葬身之地。"张达说："常言道：'狗急跳墙，人急造反。'为今之计，怎能低头等死？不如先下手为强。"范疆说："你我都皆接近不了他，这便如何是好呢？"张达说："咱俩若该死在他手里，他便不醉；若不该死在他手里，今夜便醉在床上。"二将商议一定，单等乘便而行。

此时张飞在帐中，只觉着神思散乱，行止恍惚，乃向帐下部将问道："我今心惊肉跳，坐卧不安，是何故呢？"左右答道："这是君侯思念关公的缘故。"张飞深信不疑，遂同部将在帐中共饮。范、张二贼探知这个消息，初更时分，各藏短刀，密入大帐，诈言有机密大事来禀告，直到床前。原来张飞夜间虽睡熟，却不合眼，二贼见他须动目张，不敢下手。又听他鼻息如雷，才知他是睁眼而睡，方敢近前，以刀刺入其腹。张飞大叫一声而亡，时年五十五岁。

范、张二贼割下张飞首级，当夜引数十人投东吴去了。有张飞部将吴班见张飞被害，先发表奏先主，后令张飞的长子张苞用棺椁收敛父尸。张苞便令其弟张绍同吴班及众部将共守阆中，自己入成都来见先主。

此时先主已经领兵而出，孔明同大小官僚送至十里方回。孔明只是快快不乐，向众官说："法孝直若在，必能阻止主上东征。"众官无不嗟叹，这且不言。

再说先主行军在路上，天晚安下行营歇宿。是夜心惊肉跳，寝卧不安，出帐散步，仰观天文，见西北一星，其大如斗，忽然坠地。先主惊疑，连夜差人来问孔明。孔明说："此非吉兆，阆中损一员大将，三两日内必有惊报。"先主闻言，按兵不动。次日，侍臣奏说："阆中张东骑部将吴班差人捧表到。"先主顿足说："三弟休矣！"接表拆开一看，果然张飞凶信。先主放声大哭，昏绝于地。众官急救，停了多时，方才苏醒过来。哭喊一声："二弟，三弟，你们死得太冤了。"

> 说什么丈夫有泪不轻弹，须知道事至伤情心自酸。
>
> 刘先主一见张飞凶信至，疼得他死而复苏好几番。
>
> 哀切切两手捶胸双足跳，扑簌簌龙目之中泪涌泉。
>
> 想当初三人同看招贤榜，咱兄弟焚香结拜在桃园。
>
> 起誓愿同扶汉室安天下，每日里血战苦争受艰难。
>
> 吓煞人枪刀林里熬日月，保得我三分鼎足坐西川。
>
> 大不幸云长命丧东吴手，活活地如同摘去我心肝。
>
> 实指望翼德健在为依靠，不料想双折二臂一身单。
>
> 凭空里损去金梁抽玉柱，好叫我大厦难撑塌了天。
>
> 对三弟谆谆切切嘱咐你，万不要性情粗暴似从前。
>
> 是怎么执迷不听人劝解，依然是自惹杀身大祸端。

刘先主哭得一个肝肠断，纵就是铁石心肠也心酸。

先主从此昼夜哭泣，寝食俱废。众将百般劝解，也止不住眼泪。忽报有一支军马到来，先主出营观看，只见一员小将，浑身穿素来到近前，滚鞍下马，伏地而哭，仔细瞧正是张苞，哭着说："范疆、张达杀了臣父，割下首级，带着投东吴去了。"先主见张苞，大叫一声，又绝于地。众将救起，同张苞共入大营。先主与张苞又抱头大哭。群臣苦谏说："陛下要为二位将军报仇，不能自残龙体，要进膳，要进兵。"先主这才好些，向张苞说："你与吴班带领本部军马为先锋，去与你父报仇如何？"张苞说："为国为父，万死不辞。"先主见张苞应承，便想差他起兵。又报一支军马蜂拥而到，先主令侍臣探明，不多时，侍臣领来一员小将，白袍银铠，来在先主面前，伏地大哭，先主一看，是关兴。又想起关公，心如刀绞，复又掩面大哭。

伯侄三人痛哭不止，众官无不落泪，一齐上前劝解说："二位小将军且去歇歇，主上好将息龙体。"张苞、关兴这才拭泪而退。左右侍臣奏先主说："陛下年过六旬，不可过于悲痛。"先主说："两个弟弟俱亡，朕怎能独生？又见两家侄儿来，不由人肝肠寸断。"说完以头触地大哭。众官相劝不行，大家商议说："今天子这样烦恼，这便如何是好？"马良说："主上亲统大兵伐吴，终日痛哭，于军不利，总不是吉祥之兆。"陈震说："闻听成都青城山有一隐者，姓李名意，字天然。世人传说此人今已三百余岁，能知人生死吉凶，乃当今世上活神仙。可奏明天子，将此人召来，问他吉凶。"众官同意，一齐入奏先主。先主从其言，即遣陈震为使，捧诏赴青城山召李意来。

这一天行程已过成都府，寻了个乡人引路找茅庵。

但只见羊肠小径生蔓草，哗啦啦小桥流水多幽偏。

果然是深山树密人迹少，难得有避世高人在这边。

陈震将车马留在平坦之地，带领一二名从人，随引路乡人步行入山。约走三五里，只见山谷深处，有一小小仙庄，白云隐隐，极其清幽。行至门前，早有小童来迎。小童忙问："来人可是陈孝起吗？"陈震大惊说："仙童怎么知道我的姓名？"童子说："昨日我师父有话，今日必有皇帝诏命到，使者定是陈孝起。"陈震闻言说："令师真是神人。"遂与小童同入仙庄，拜见李意，宣读天子诏书。李意推老不去，陈震说："天子急想见仙翁一面，请勿吝行。"仙翁还是不肯前去。经陈震再三恳求，李意不好推却，只得同陈震出山，登车而行。不几日，来到御营，入见先主。先主见此老翁鹤发童颜，仙风道骨，碧眼方瞳，灼灼有光，身如古柏，形若苍松，一看便知是异人，先主以优礼相待。李意说："老夫乃山野村叟，无学无识，辱蒙陛下宣诏前来，不知有何见谕？"先主紧蹙眉头，长叹一声说："仙翁有所不知，听朕道来。"

刘先主未曾开口蹙眉头，满口里长吁短叹声不休。

朕当初结拜关张两仁弟，发誓愿力扶汉室共兴刘。

俺三人誓同生死心无二，屈指算至今三十有余秋。

最可叹两家贤弟皆遭害，朕因此兵发江东去报仇。

未可知吴蜀胜负谁高低，不得已宣诏仙翁把教求。

又闻你深山修炼神仙术，一切的玄机通晓看得透。

望仙翁高张慧眼看一看，施教益指点迷途朕好行。

先主诚心求教，李意微笑说："此乃天意，非老夫所知。"先主再三求问，李意乃取纸笔，画兵马器械四十余张，却又一张张纷纷扯碎。又画一个大人，仰卧于地，旁边一人，掘土埋之。大人头顶上，写着一个大"白"字。画毕，起身辞谢而去。先主心中不悦，对群臣说："此狂叟也，不足为信。"遂将纸上所画的大人，用火烧了，即刻催军前进。张苞入帐奏说："吴班回阆中搬兵已回，小臣愿为先锋。"先主见他年轻志壮，即取先锋印给张苞。张苞才要挂印，只见又一员小将愤然而出说："留下先锋印，让我来挂。"先主一看，是关兴。张苞说："我已奉诏，你为什么要争？"关兴说："你有何能，敢当此重任？"张苞说："我自幼习武，箭无虚发，怎么说无能？"先主说："朕正要观看贤侄武艺，以定高低。"张苞即令军师于百步之外，立一面旗，旗上画一红心。先主坐而视之。张苞拈弓搭箭，连射红心。正在这时，头上一行雁过来，关兴仰面指着说："我定射那飞雁第三只。"一箭射去，那第三只雁应弦落将下来。文武百官个个喝彩。张苞大怒，飞身上马，手提其父所使丈八蛇矛，大喊说："你敢与我比试武艺吗？"关兴也上马，提家传大砍刀，纵马而出说："偏你会使矛，我岂不会使刀？"二将方想交锋，先主喝说："二子休得无理。"二将慌忙下马，各弃枪刀，拜伏请罪。

御驾前双双跪倒小英豪，刘先主龙颜不悦蹙眉梢。

喝一声两家侄儿无道理，为什么见面争先把舌饶？

朕昔日与卿先父三结义，我们是赤心无二生死交。

自幼年异姓结成亲骨肉，虽则是结盟兄弟胜同胞。

你二人应按名分称伯仲，原就该协力同心保汉朝。

你不思替父报仇去雪恨，反而要自相争闹比枪刀。

且莫说失去大义人耻笑，又何况身边挂孝穿白袍。

现如今父丧不久就如此，这以后怎灭孙权齐破曹？

先主说着，泪如雨下。二将再拜伏罪，叩头乞求开恩。先主问道："二卿谁年长呢？"张苞说："臣长关兴一岁。"先主命关兴拜张苞为兄。二将就在御驾前结拜，折箭为誓，永相和好，彼此关照。先主这才下令，使吴班为先锋，命关兴、张苞护驾相随。水陆并进，船骑双行，浩浩荡荡，杀奔吴国而来。

话说范疆、张达拿着张飞首级，投奔吴侯告说前事。孙权听完，收下二人，对众官说："今刘备登了帝位，新统精兵七十五万，一拥而来，其势甚大，如之奈何？"众官听了此话，大惊失色，面面相觑，闭口无言。诸葛瑾出班奏说："我主勿忧，臣虽不才，有计可退西蜀之兵。"

> 我要用一叶扁舟把江过，有何难只身而入进敌营？
> 去到那玄德面前陈利害，由不得金石之言他不听。
> 无非是吴蜀相交结和好，我两家起兵共困许昌城。
> 大伙儿同伐曹丕篡逆罪，咱和他汉室江山对半分。
> 想当初关公不听我的话，落了个麦城一败丧残生。
> 他如今胜负高低料不就，刘玄德满心不悦得依从。

诸葛瑾说完，孙权从之。即命诸葛瑾为使，过江而去。

第一百二回 ┃ 孙权降魏受九锡 先主征吴赏三军

话说诸葛瑾过江而来。此乃章武元年秋八月，先主大军至白帝城，屯扎歇马。近臣奏说："东吴诸葛瑾到。"先主传旨，不许放人。谋士黄权奏说："诸葛瑾的弟弟诸葛亮，现在西蜀为相。他今过江而来，必有要事相商，陛下为何不见呢？以臣愚见，将他召进来，看他有何话说。可从则从，如不可从，则借他口回去说与孙权，使其知我问罪，这有什么不可？"先主从之，即召诸葛瑾入城，来到先主驾前，拜伏于地。先主说："子瑜远来，不知有何事？"诸葛瑾说："臣弟久事陛下，臣故不避刀斧而来，启奏荆州之事。前者关公在荆州时，吴侯屡次求亲，关公不允。即取荆州也不是吴侯本意，因吕蒙与关公不和，所以背着吴侯取了荆州。害死关公的不在吴侯，而在吕蒙。今吕蒙已死，无处问罪。现在吴侯悔之莫及，而孙夫人思归西蜀已久。故吴侯令臣为使，情愿送回夫人，缚范疆、张达两员降将，并将荆州交还，永结盟好，共伐曹丕，以正其篡逆之罪。"先主闻听大怒说："你江东害了朕弟，又以巧言来说朕，是何居心？"诸葛瑾说："不是。"

> 劝陛下休要烦恼蹙眉梢，听微臣眼前大势细分剖。
> 陛下你原系中山靖王后，汉天子嫡脉皇叔在当朝。

现如今曹丕弑君夺了位，　他真是心高胆大把天欺。
原就该速正奸雄篡逆罪，　为什么兵发东吴不伐曹？
而竟然甘心弃舍君臣义，　却为那异姓之弟去操劳。
又何况洛阳本是中原地，　论形势较比西川十分高。
抛撇开海内皇州不去取，　反要来过江涉险逐风涛。
今天下皆知陛下即帝位，　何不想恢复山河捣贼巢？
以臣劝不如吴蜀结唇齿，　两下里从前仇恨俱勾销。
咱情愿送归夫人还降将，　即刻地荆襄九郡一齐交。
然后再两营兵马合一处，　大伙儿同伐篡位狗奸曹。
劝陛下回心转意须将就，　臣速去复命吴侯走一遭。

　　诸葛瑾说完，先主大怒说："杀弟之仇不共戴天！要朕不伐东吴，除死方休！朕若不看丞相之面，定斩汝首！今且放你回去，说给孙权，让他洗颈而受诛才行。"诸葛瑾见先主不允讲和，只得回江东，对孙权说："先主不肯讲和。"孙权大惊说："若如此则江东危矣。"阶下一人进前说："臣有一计可解此危。"孙权一看，是中大夫赵咨。赵咨说："主公写一表章，臣愿为使，去见魏帝曹丕，陈说利害，让他兴师，攻取汉中，则蜀兵不击而自退。"孙权大喜说："此计最妙，宜速行。但卿此去，却丢了东吴体统。"赵咨说："主公放心，臣此去，若有差失，即投江而死，没有脸见江东人了。"孙权见他志坚，心中更喜，即写表称臣，命赵咨为使，星夜到许都，先见太尉贾诩等大小官僚。次日早朝，贾诩出班奏说："东吴遣使捧表到。"曹丕笑着说："此举是为蜀兵临境，乃退敌之计。"即传旨召入，吴使赵咨入朝拜伏。

　　曹丕览表已毕，向赵咨问道："吴侯是个什么样的主呢？"赵咨答道："聪明仁智，胸怀雄略之主。"曹丕笑说："卿夸奖得太过了吧？"赵咨说："不是过誉。吴侯纳鲁肃于凡品，是其聪也；拔吕蒙于行阵，是其明也；护于禁而不害，是其仁也；取荆州兵不血刃，是其智也；占据三江虎视天下，是其雄也；屈身而事陛下，是其略也。以此论之，岂非聪明仁智、雄略之主吗？"曹丕又问："吴侯有学问吗？"赵咨说："吴侯浮江万艘，带甲百万，任贤使能，志存经略，少有余闲，博览群书，历观史籍，采其大旨，不效书生寻章摘句而已，怎能说无学问呢？"曹丕又说："朕想伐吴，可否？"赵咨说："大国有征伐之兵，小国有抗敌之策。"曹丕又说："吴怕魏国吗？"赵咨说："雄兵百万，战将如云，谋士如雨，何怕之有？"曹丕说："东吴如大夫者几人？"赵咨说："聪明特达者八九十人；如臣之辈，车载斗量，不可胜数。"曹丕叹说："使于四方，不辱君命，卿可以当之。"遂降诏书，命太常寺卿邢贞捧旨往江东，封孙权为吴王，加九锡。赵咨谢恩，同邢贞出城，回江东去了。

赵咨他谢恩辞出许昌城，金殿下大夫刘晔把本奏。

孙仲谋畏惧蜀兵声势大，因此他投降陛下来奉承。

刘玄德白帝城中屯军马，没多久两家就要大交锋。

任凭他鹬蚌相持争胜负，咱做个渔人得利获现成。

有可能西蜀取胜东吴败，总不如遣将兴师起大兵。

悄悄地出战渡过三江口，使孙权前后里外受夹攻。

先夺过八十一州六郡土，然后再兵进西川白帝城。

倘能够擒拿孙权捉刘备，一下子除去肉刺眼中钉。

那时候三分天下成一统，不强似吴蜀鼎足并称雄。

刘晔说完，曹丕说："卿言何尝不是。但孙权既以礼事朕，朕若再攻打他，让天下投降者心冷，不如纳之为高。"刘晔又奏说："孙权纵有雄才，不过是残汉骠骑将军南昌侯之职，其官甚小，官小则势微，尚有畏中原之心。若加以王位，则去陛下一阶耳。今陛下信其诈降，崇其位号，是与添翼，请陛下察之。"曹丕说："不然。朕不助吴，亦不助蜀。待看吴、蜀交兵，若灭一国，只存一国，那时方可起兵伐之。朕意已决，卿勿多言。"刘晔怏怏而退。

再说孙权聚集百官，商议抗敌之策。忽报赵咨从许昌回来，魏王遣使捧诏，封主公为王，礼当迎接上国来使。孙权闻报，便想出迎。

孙仲谋情愿称臣为下邦，方让那赵咨捧表上许昌。

闻听说曹丕降诏封王位，只喜得迎接来使意忙忙。

大帐前谋士顾雍奏一本，他说道我主听臣诉其详。

想当初奸贼曹操专国政，才弄得各处英雄霸一方。

我江东祖遗基业传三世，曾与那曹刘对垒屡逞强。

都只为麦城咱把关公害，刘玄德报仇雪恨下荆襄。

众谋士自己胆虚先害怕，一些人劝说主公投了降。

咱凭着武士文臣兵百万，怎么肯忍辱甘心为下邦？

为什么让他魏王加封诰，主公你自当王公也不妨。

顾雍说完，孙权说："昔日沛公受项羽之封，孤为何拒绝魏帝的封爵？"遂不听顾雍之言，竟率百官出城迎接。邢贞自恃上国天使，藐视东吴，入门不下车。张昭大怒，厉声说："礼无不敬，法无不肃。你虽魏国之使，岂可枉自尊大，莫非欺我江东无尺寸之刃吗？"邢贞慌忙下马，与孙权相见，并车入城。忽车后一人，放声大哭说："我等不能以身舍命，为主并魏吞蜀，乃令主公封爵，真是可耻。"众人一看，是徐盛。邢贞听了，长叹说："江东将相如此，终非久居人下。"说话之间，一同入府。孙权听诏爵，款待来使已毕，收拾美玉明珠等物，派人送往许都，以报魏帝封赏之恩。早有探子来报说："蜀主引本国大兵，及蛮王沙摩柯番兵数万，又有洞溪汉将杜路、刘宁两支兵，水陆并进，声势震天。水路军已出巫峡江口，旱路军已到湖广秭归地界。"孙权闻报大吃一惊！

话说孙权沉思良久，向众文武说："今蜀兵临境，曹丕不肯起兵，这便如何是好？"连说数次，文武个个不说话。孙权仰天长叹说："周郎之后有鲁肃，鲁肃之后有吕蒙。今吕蒙已死，竟无人与朕分忧，真可叹！"话没说完，忽然班部中出来一位少年将军，愤然伏地说："臣虽年幼，颇晓军机，愿乞数万之兵，以破蜀兵。"孙权一看，是孙桓。孙桓其父名唤孙河，原不是孙氏正支，本姓俞氏。孙策甚爱他，收为养子，赐姓孙，因此也成为吴王宗族。孙河生四子，孙桓是长子，练就弓马纯熟，常跟吴王出阵，屡立奇功，官授武卫都尉，年方二十五岁，生来骁勇，兼有机谋。

> 好一个年轻志大小孙桓，你看他要挡蜀兵去占先。
> 孙仲谋见此光景心欢喜，封侄儿领兵去做先锋官。
> 即点给水陆大军五万整，更有那都督副将名朱然。
> 传号令鼓响三通兴人马，轰隆隆金鼓齐鸣炮惊天。
> 转眼间前哨已到三江口，在那里早有军人摆渡船。
> 前行到湖广荆州西南界，屯军马依山傍水把营安。
> 西蜀兵长探飞奔忙来报，吴先锋奏闻先主御驾前。

话说吴班领兵出川以来，所到之处，望风来降；兵不血刃，直到湖广荆州界口。探知孙桓在此安营，兵分三队，便不敢前进，依山下寨，飞报先主。先主此时已到秭归地方驻扎，闻奏大怒说："此小儿安敢与朕对抗？"关兴说："孙权令此人为将，不劳陛下亲征，小臣愿去擒他。"先主说："朕正要看你志气怎样。既要立功，必须多加谨慎。"关兴领旨辞驾欲行。张苞出奏说："关兴要去捉贼，臣愿同去。"先主说："两家贤侄同去，朕更放心，但务要各加小心，不可造次。"两名小魁元。拜辞先主，会合先锋吴班，一同进兵，相隔吴营不远，列成阵势。孙桓闻听蜀兵到来，起全寨人马，两阵对峙。孙桓引监将李异、谢旌，立马于门旗下，对面观瞧。

孙桓看着，正在暗想。张苞用枪一指，破口大骂说："孙桓你死在眼前，还敢抗拒天兵吗？"孙桓也骂道："你父已做无头鬼，你又来送死。"张苞大怒，拧枪直取孙桓。孙桓背后谢旌出马，来抵二将，杀在一处。战有三十余合，谢旌败走，张苞挺枪赶来。李异见谢旌败走，忙抡动蘸金斧，前来接战。与张苞大杀二十余合，不分胜败。吴军中裨将谭雄见张苞骁勇，李异不能取胜，暗放冷箭一支，正中张苞所骑坐骑，那马疼痛，奔回本寨，来至门旗前倒地，把张苞掀将下来。李异飞马赶

说唱三国

到近前，抡起大斧，照准张苞脑后便砍。忽见一道红光闪出，李异被砍落马。原来关兴见张苞马回，正要迎上去，只见张苞马倒，李异赶来。关兴闯到近前，大喝一声，劈李异于马下，救了张苞。乘势掩杀吴兵，孙桓大败，被蜀将赶杀一阵，天晚鸣金收兵。次日，孙桓领兵又来挑战。关兴、张苞一齐出马，关兴立马阵前，指名与孙桓交锋。孙桓大怒，舞刀拍马直取关兴。关兴抡刀相迎，战在一处，一场好杀。

他二人战有六十余合，孙桓气力不佳，拨马便走，想使拖刀计，这怎么使得了？关兴家传刀法，惯使拖刀之计。孙桓使用拖刀伤人，被关兴躲过，马上还一刀来。孙桓眼快，侧身一闪，关兴刀也落空，仅斩了孙桓盔缨。孙桓大惊，急败回阵。二位小将军奋勇追杀，直入吴营。吴班也领张南、冯习驱兵进攻。张苞当先闯入吴营，正遇谢旌措手不及，被张苞一枪刺死。吴兵四散奔逃，蜀将得胜回营，只不见了关兴。张苞大惊说："安国有失，我不独生。"一边说着，提枪上马，四处追寻，约有数十里，只见关兴左手提刀，右手活挟一将。张苞问说："这是何人？"关兴说："我在乱军中，正遇仇人，故生擒而来。"张苞一看，乃是昨日放冷箭的谭雄。张苞转惊为喜，同回本寨，将谭雄斩首，祭了死马。遂差人捧表，赴先主御营中报捷。

孙桓损兵折将，只好单等救兵到，这且不提。且说蜀将张南、冯习告诉先锋吴班，说道："今孙桓兵败势孤，正好乘虚劫寨。"吴班说："孙桓虽然折了许多兵冷，但朱然水军现在江面扎营，未曾损兵。咱去劫营，如水军上岸，断我归路，如之奈何？"张南说："此事不妨，可使关、张二位将军，各引五千军马，伏于山谷中。若朱然领水军来救时，左右两军齐出，杀退水军，可获全胜。"吴班说："既然如此，我有一计，可先使数名小卒诈降，将咱劫寨之事告诉朱然。朱然见旱营起火，必来救应，可令伏兵击之，大事可成。"冯习、张南大喜，便依计而行。此时朱然闻听孙桓损兵折将，正想上岸来救，忽见伏路军领西蜀几个小卒上船投降。朱然问，小卒说："我等系冯习帐下士卒，只因主将有功不赏，心怀怨恨，特来投降，更报机密。"朱然说："有何机密？"小卒说："今夜冯习乘虚要劫孙将军营寨，约定放火为号，不可不防。"朱然听了，立即差人报知孙桓。报事人走到半途，被关兴杀了，朱然也不知道，还要上岸去救孙桓。

这朱然安排上岸调三军，帐下边部将崔禹呼将军。
自古道大将行兵不厌诈，依我看小卒之言莫认真。
但恐怕吴班定就牢笼计，故意来实者虚之诱我们。
他既然乘夜偷营来劫寨，又岂肯疏忽大意走了人？
为什么士卒投降把船上？这其间定有机关暗中存。

倘若是数万水军上了岸，怕的是弄个进退两无门。

劝将军水寨按兵休要动，待我去探探黄河几丈深。

崔禹定要领兵相替，朱然从其言。遂令崔禹领一万军，弃船从旱路扑孙桓营寨而来。传令三军，人披软甲，马摘銮铃，不许声张，悄悄而进。是夜，冯习、张南、吴班兵分三路杀入孙桓寨中。四面火起，吴兵大乱，纷纷逃走。崔禹领兵正行之间，远远望见孙桓营中，火光冲天，急忙催兵前进。方才转过山坡，只听山谷中鼓声大震，左边关兴，右边张苞，一拥齐出，两路夹攻。崔禹大惊，拨马要走，正遇张苞，交马只一合，被张苞生擒活捉而回。败军逃上船来，报知朱然。朱然见势急，不敢上岸，将船往下流头退五六十里去了。孙桓支持不住，引军士大败而逃。一边走着，向部将问道："前去何处城坚粮多？"部将说："此去正北不远就是彝陵城，城坚可屯兵。"孙桓闻听此言，引败军急往彝陵而走。方进得城，吴班等追兵已到，四面围了城池。关兴、张苞押着崔禹到秭归，先主大喜，立即传旨，将捉来的吴将崔禹开刀斩首，大赏三军。自此威震江东诸将，无不胆寒。

却说孙桓差人求救于吴王，吴王大惊，即召文武商议说："今孙桓受困于彝陵，朱然大败，江中蜀兵势大，如之奈何？"张昭说："今江东众将亡故的虽多，但还有十余人，何惧刘备？可命韩当为正将，周泰为副将，潘璋为先锋，甘宁为粮官，凌统为救应，起兵十万拒敌。"孙权准其所奏，即命众将速行。此时甘宁身患痢疾，带病出征。大家安排过江，这且不表。

再说先主自巫峡建平地方起，直到彝陵之界，七十里立一营寨，共立四十余寨，长七百余里，兵士往来不断。见张苞、关兴屡建大功，先主自叹说："昔日从朕创业诸将俱已老迈无用了，幸有二侄如此英雄，朕何虑孙权？"正说着话，忽报韩当、周泰领兵到来，老将黄忠引着亲随五六人，投降东吴去了。先主闻言，微微而笑。

听说是投降去了老黄忠，刘先主手捻长须笑几声。

黄汉升耿耿赤心无二意，非比那糜芳小辈与刘封。

只因他收服东川功最大，封他为五虎将中占一名。

同朕结肝胆之交非一日，他不会喜新弃旧投江东。

见孤家曾说老将皆无用，因此他赌气争先去立功。

平素里上阵冲锋不服老，可惜他而今七十有五春。

万一里疆场有个好和歹，那时节事到头来悔不成。

刘先主心中定了大主意，忙传旨急宣张苞和关兴。

话说先主即召关兴、张苞前来说："黄忠此去，必然有失。二位贤侄，休辞劳苦，速去相助。略有微功，便可令回，勿要有失。"二位小将拜辞先主，引本部军马来助黄忠。要知黄忠此去如何，且看下回分解。

第一百三回 ｜ 战猇亭先主杀仇人
守江口书生拜都督

话说黄忠来到猇陵营外，吴班与冯习、张南连忙接入，问道："老将军此来有何事？莫非相助我们？"黄忠答说："不是相助。我自长沙跟随天子到今天，多负勤劳。今虽七旬有余，尚能食肉十斤，臂开二石之弓，能乘千里之马，未显为老。昨日先主说我等老迈无用，故来此与东吴交锋，看我斩将老也不老。"正说之间，忽报东吴兵马已到，前哨离营不远。黄忠愤然而起，出帐提刀，飞身上马。吴班等劝说："老将军且休轻进，尚容计议而行。"

> 吴先锋谆谆相劝把舌饶，黄汉升浩然正气蠹云霄。
>
> 哗啦啦催开闪电千里马，光闪闪倒提青龙大砍刀。
>
> 老将军横刀立马声声喊，众鼠辈谁敢与我把兵交？
>
> 贼潘璋差遣史迹临军队，安排着擒拿大将逞英豪。
>
> 他二人并不说话动了手，顷刻间战马盘桓好几遭。
>
> 老黄忠虽然年迈多骁勇，贼史迹要想取胜枉徒劳。
>
> 五虎将宝刀响处人头落，眼看着半截身躯落鞍桥。

话说黄忠刀劈史迹落马，潘璋大怒，舞起孙权所赐关公的青龙偃月刀，催马来战黄忠。交手数合，黄忠见是关公仇人到来，愤怒填膺，奋力去战潘璋。潘璋料难取胜，拨马便走。黄忠乘势追杀一阵，全胜而回。路上遇到关兴、张苞，大家并马而归。关兴说："我兄弟二人，钦奉圣旨来助老将军。将军既已斩将立功，事实说明不老，可以速回营，免得圣上担心。"黄忠大笑，摇头不肯。次日潘璋又来讨战，黄忠提刀上马，毅然而出。关、张二将要助战，黄忠不依。吴班也要助战，黄忠也不从。自引五千军出马迎敌，与潘璋战不数合，潘璋拖刀败走。黄忠纵马追去，厉声说："鼠辈休走，我今要与关公报仇雪恨，岂肯刀下饶人？"潘璋头也不回，只是催军急跑。黄忠带领五千人马，随后掩杀，追出三十余里。

> 这潘璋佯输诈败拨马回，猛听得大炮惊天响似雷。
>
> 一层层将海兵山往上裹，好叫人两肋生翅没处飞。
>
> 回头看五千军士没了影，黄汉升只好单刀闯重围。
>
> 吴军众丧胆亡魂往后闪，所到处怕死儿郎挤成堆。

果真是一个发威十难抵，生生地震住江东众鼠贼。

老将军杀条血路往外闯，最可恨四面飞来透甲锥。

仓促间招架不及伤右臂，疼得他浑身酸软皱双眉。

颤乎乎支持不住落了马，恰这时来了关张二英魁。

话说吴军见黄忠中箭，几乎落马，大家一齐上前。好黄忠一手拔出箭来，依然舞刀，奋力死战。正在危急时候，忽听外围喊声大起，两路军马杀来，赶散吴兵，把黄忠救出重围。来人是关兴、张苞，两家小将保护黄忠，把他送回先主御营养病。怎奈他年老体衰，箭疮疼裂，病甚沉重。先主御驾亲临榻前看望，伸龙腕以手抚其背说："今老将军中箭伤，是朕的过错。昨日失口多言，悔恨无及。"黄忠说："何出此言？人自古皆有死，死得其所，死而无恨！但得为子死孝，为臣死忠，虽死犹生。臣乃一武夫，幸蒙陛下厚爱，当以死相报。臣年七十有五，寿数已足，望陛下善保龙体，以图中原，勿以臣为念。"说完，不省人事，是夜死于御营。后人有诗赞：

老将说黄忠，收川立大功。

重披金锁甲，双挽铁胎弓。

胆气惊河北，威名震蜀中。

临亡头似雪，独自显英雄。

话说先主因疼黄忠，又哭关、张二弟，悲痛不已。文武官员无不伤心落泪，大家哭了一回，置办棺椁，将黄忠安葬于成都。因黄忠死在御营，便移大兵到猇亭屯扎。大会诸将，分军八路，水陆并进，水路令黄权领兵，先主自率大兵从旱路进发。时乃章武二年二月中旬。

韩当、周泰听知先主御驾亲征，领兵来迎。两阵对垒，韩当、周泰一齐出马，只见蜀营门旗开处，先主自出，黄罗销金伞盖，左右白旄黄钺，金银旌节，前后围绕。韩当大叫说："陛下今为蜀主，为何轻出？倘有疏失，悔之莫及！"先主用手中鞭指骂说："汝等吴狗，伤朕手足，我与你誓不两立。"韩当回顾众将说："谁敢出阵？"部将夏恂答说："末将不才，愿立头功。"大喊一声，挺枪出马。先主背后，张苞拎丈八矛，催马而出，直取夏恂。夏恂见张苞声若巨雷，心中惊惧，不敢交锋，拨马要走，这如何走得了？

夏恂他倒提银枪催坐骑，对阵上来了勇将小张苞。

喝了声小辈要往哪里走，为什么还没交锋就败了？

恶狠狠长枪直扑分心刺，那夏恂心惊胆战忙招架。

在马上哎哟一声侧身倒，吓煞人口中喷血把头摇。

小魁元顺手抽回蛇矛杆，眼看着翻身跌下马鞍桥。

吴营中周平飞马临阵来，蜀营中小将关兴舞大刀。

光闪闪青龙偃月空中摆，把周平劈破葫芦两扇瓢。

二豪杰疆场走马斩双将，吓得那周泰韩当魂魄销。

二魁元立杀双将，直取吴营。周泰、韩当大惊，慌忙退入本阵。先主看见叹说："虎父无犬子。"用鞭一指，蜀兵一齐掩杀过去，吴兵大败。蜀军势如泉涌，声若海潮，杀得东吴尸横遍野，血流成河。

此时甘宁正在船中养病，闻听蜀兵到来，火速上马，登岸助阵。正遇一彪蛮兵，人皆披发赤足，不似天朝打扮，俱使弓弩长枪，搪牌刀斧。为首大将乃蛮王沙摩柯，生得面如原砂，口似血盆，金睛突出，使一个铁蒺藜骨朵，腰带两张长弓，威风抖擞。甘宁见其势大，不敢交锋，拨马而走，被沙摩柯一箭射中头部，几乎落马，带箭而逃。走到江口，回顾番兵不曾赶来，下马歇息，竟死于大树之下，树上群鸦数百围绕其尸。吴侯闻听哀痛不已，运尸过江，以厚礼安葬，在大树下盖庙祭奠他，至今江口还有甘宁庙。

话说先主挥军追杀，吴兵四散奔逃。先主收兵，就在猇亭安营下寨，查点军士俱不少，只不见了关兴。先主大惊，忙令张苞和众将四处寻找。原来关兴自从斩了周平，催马舞刀，直入贼阵赶杀吴兵，正遇仇人潘璋，便骤马提刀而追。潘璋大惊，奔入山谷之内，不知所往。关兴在山中往来寻找，寻到天晚，不见踪迹。想出山回营，又迷了路途。幸喜星夜有光，信马由缰慢慢地走。天到二更后，还出不了山，遥望前面树林深处，隐隐约约有灯光射出，关兴就照灯光走来。近前一看，原是一所小小山庄，小桥流水，直冲柴门，这家看上去，有茅屋数间。关兴下马叩门，有一老翁出来开门，月光之下，见关兴提刀牵马，全身披挂，乃惊问道："何处将军到此？"关兴说："西蜀小将山道迷路，特求一饭充饥。"老翁听说接马前边走，引关兴入院，把马拴好，取草喂上。关兴进入草堂，见屋里点着灯烛，中堂挂着一轴画图，乃是关公像。关兴一见大哭，叩头下拜。老翁惊问说："将军为什么这样？"关兴说："这是我父亲。"老翁听说大吃一惊，下拜说："你是关公之子吗？"关兴说："正是。"老翁大喜说："好哇，关老将军有报仇之人了。"

老翁说话之间，家僮送来酒饭来待关兴，二人谈话，直到三更天。忽听外面有人叩门，老翁出屋去问，竟是吴将潘璋山中迷路，也来投宿。老翁暗喜，将他引进草堂。关兴一见，拔剑喝说："反贼来此正好，我等你多时了。"潘璋大惊，转身便走，关兴提剑追赶。忽见门外一人，面如重枣，丹凤眼，卧蚕眉，三绺长须，绿袍金铠，按剑而入。潘璋过去知道关公曾显圣吓死吕蒙，此时又见关公显圣，大叫一声，神魂惊散，手足无措，被关兴手起剑落，尸首两截，用剑剖出心肝，就关公像前祭祀。关兴得了父亲的青龙偃月刀，割了潘璋首级，拴于马脖之下，同老翁把尸体抛下河中，顺水流去。这才辞谢老翁，拉马提刀出门上路。此时天已大亮，走不数里，忽听人喊马叫，一彪军马来到面前，为首一员大将，乃马忠。

话说马忠的军马要围困关兴，被关兴舞开大刀，杀了个七零八落。马忠才要败走，只见糜芳、傅士仁引兵来助战，三将合力夹攻关兴。正在危急之际，恰好张苞领兵来寻关兴，大喊一声，杀进阵来。三将不敢恋战，引兵败走。关、张二人追杀一阵，恐有埋伏，收兵回营。见了先主，献上潘璋首级，诉说关公显圣擒拿潘璋之事。先主叹声说："我弟屡次显圣，追杀仇人，死无恨矣！"遂将潘璋首级拿上，生食其脑。众将无不扬眉吐气。

再说马忠带领残军回见韩当、周泰，大家查点军士，折去大半，分路在江岸屯扎。马忠和糜芳、傅士仁共屯一寨。到三更天忽闻军士哭声不止，糜芳暗听，有一伙军士说："我们都是荆州兵，可恨被吕蒙害死主公。今刘皇叔西蜀为帝，御驾亲征，东吴灭在眼前，我等何不把糜芳、傅士仁杀了，同往蜀营投降。"又有一人说："不要心急，慢慢找个空儿下手不迟。"糜芳听完大惊，遂和傅士仁商议说："军心变了。"

> 我方才前往四哨去巡营，只听得军士成群放悲声。
> 这些人不恋江东思故主，一个个痛骂关公恨吕蒙。
> 安排着刺杀你我投蜀去，咱二人性命如同风里灯。
> 原就该早做打算先下手，总不如随机应变顺时行。
> 刘先主亲领大军来雪恨，细想来第一仇人是马忠。
> 咱不免暗地杀他把头献，乘夜去将功赎罪入蜀营。
> 见皇叔哭诉降吴非本意，因此才仍归故土背江东。
> 岂不知先主仁慈多宽厚，未必要怀恨前嫌问罪名。

糜芳说完，傅士仁说："不可去，恐有祸。"糜芳又说："蜀主宽仁厚德，而且阿斗太子是我亲外甥，他念亲戚之情，必不肯加害你我。"傅士仁说："你这样说，很有道理，倒也可行。"二人计议一定，立刻马备鞍辔，等三更天，悄悄入帐，杀了马忠，割下首级，二人又带十多人，直投先主御营来了。有人引着见了先主，献上马忠首级，哭告御前说："臣等以前这样并无反心，被吕蒙用诡计赚开城门。臣等不得已而降吴，但无日不思念陛下。今闻圣驾前来，特杀仇人，以雪陛下之恨，乞赦臣等之罪。"先主大怒说："朕离开成都许多日了，你两个怎么才来投降？分明是如今势危，才花言巧语求全性命。朕若饶你两人，九泉之下，有何面目见关云长？"说完叫关兴在御营前设立关公灵位。先主亲捧马忠首级，到灵位前祭奠。又命关兴把糜芳、傅士仁剥去衣服，跪在灵前。先主亲手用刀剖出心肝，以祭关公之灵位。关兴及众将无不痛快。忽然张苞上前，跪在先主面前，号啕痛哭不止。

先主腹如刀绞，手拉张苞哭说："贤侄勿忧，朕一定要扫平江东，杀尽吴军，捉住张、范二贼，任凭贤侄发落，以祭你父。"张苞这才止住哭，辞谢而退。此时先主声威大震，江东之人尽皆胆裂，日夜号哭。韩当、周泰大惊，急奏吴侯，说糜芳、傅士仁杀了马忠，去投蜀帝，也被蜀帝杀了。孙权心中胆怯，遂聚文武商议。步骘奏说："蜀中所恨的是吕蒙、潘璋、马忠、糜芳、傅士仁，如今这些人俱已亡故，唯有范疆、张达二人，还在东吴。何不擒此二人，并张飞首级，遣使送还荆州，送回孙夫人，与刘备重叙旧好，再续前情，共同灭魏，则蜀军自退。"孙权从其言，遂备沉香木匣，装了张飞首级，绑了范疆、张达，关在囚车之内，令程秉为使，捧书赴猇亭而来。

此时先主正想起兵前进，忽近臣奏说："东吴差人送三将军之首级，并囚范疆、张达二贼到来。"先主两手抚额说："此天所赐，也是三弟之灵。"即令张苞设立张飞灵位。打开木匣，先主见张飞首级面目如生，乃放声大哭。张苞自己仗剑，将范、张二贼万剐凌迟，祭了父亲灵位。先主祭完，传旨进兵东吴。

> 刘先主愤怒传旨调三军，一定要兵进东吴把贼擒。
>
> 老马良先主驾前奏一本，万不可造次行事要细心。
>
> 现如今孙权囚送二贼到，小将军亲持刀剑剐仇人。
>
> 方才时吴使程秉对臣讲，孙权他愿意讲和比前亲。
>
> 速回去就送夫人把江过，仍将那九郡荆襄付与咱。
>
> 常言说事要三思免后悔，望陛下圣意裁夺仔细酌。

马良说完，先主大怒说："朕切齿仇人乃是孙权，今若同他讲和，是负二弟之盟。必要先征东吴，后灭北魏。"说完便要斩来使，以绝吴情，众官苦谏方免。程秉抱头鼠窜而去，回到江东，奏吴主说："蜀主不同意讲和，誓欲先灭吴，而后伐魏。众官苦谏不听，如何是好？"孙权闻听此话，大惊失色。阚泽出班奏说："我主不要惊，现有擎天之柱为何不用？"孙权急问说："你说的是何人？"阚泽说："昔日东吴大事全靠周郎；次后鲁子敬代之；子敬亡后，又托吕蒙；今吕蒙虽亡，现有陆伯言在荆州。此人年轻，名虽儒生，实有雄才大略。以臣看来，不在周郎之下。前破关公，取荆州，其谋皆出于伯言。主上若能用此人，破蜀有何难哉？如或有失，臣愿与伯言同罪。"孙权闻听大喜："非臣之言，孤家几误大事。"张昭说："陆逊是一书生，不是刘备对手，恐不可用。"顾雍也说："陆逊年幼，名望最轻，若托以军国大事，是不适宜。"顾雍说完，孙权低头不语。阚泽大呼说："若不用陆伯言，则东吴休矣！主公勿疑，臣愿以全家人性命保举他。"孙权说："孤素知陆伯言乃奇才，必有大用。今卿保举他，甚合孤意。朕意已决，他人不要多讲了。"遂传旨速赴荆州去召陆逊。

陆逊本名陆议，后改名陆逊，字伯言，乃吴郡吴人，汉城门校尉陆纡之孙，九江都尉陆骏之子，生得身高八尺，面如白玉，举止儒雅，满腹经纶，官居镇西将军之职。当下奉诏来见孙权，参拜已毕，孙权说："今蜀兵临境，孤特召卿前来，总督江东兵马，以破刘备，卿勿要推辞。"陆逊说："江东文武都是主上故旧之臣，臣年幼无才，安能服众？谁能听小臣的命令？"孙权说："阚德润以全家性命保卿，孤也素知卿才，故拜卿为大都督，卿何故推辞？"陆逊说："倘文武不服，如何是好？"孙权自腰中解下所佩之剑，亲手递给陆逊，并告诉说："如有不听号令者，可先斩后奏。"陆逊见孙权以剑赐他，仍不肯接受，说道："今蒙主公重托，敢不遵命？但乞主公择一良辰吉日，大会众官，然后赐臣，那时方敢受。"阚泽说："伯言所说极是，古来天子拜大将都如此。"

> 自古道君命大将掌兵权，俱都是郑重其事若泰山。
> 想当年萧何月下追韩信，汉高祖封侯挂印筑高坛。
> 只为他军令森严人惧怕，才打就一统江山四百年。
> 主公你今日也得把坛筑，择吉日大会合朝文武官。
> 陛下你亲交水陆都督印，赐给他宝剑兵符件件全。
> 那才能威行令肃能服众，有谁敢违令不遵下眼看？
> 倘若是草草而行不郑重，怎能算王侯拜将掌兵权？

阚泽说完，孙权同意，即差人连夜筑坛。筑坛完毕，大会百官，请陆伯言登坛，拜为大都督、右护镇西将军，封为娄侯，赐以宝剑印绶，掌六郡八十一州兼荆、楚诸路军马。孙权又嘱咐说："城以内，孤主之；城以外，将军制之。"陆逊领命下坛，令徐盛、丁奉护卫，即日兴师，调诸路军马，水陆并进。文书到韩当、周泰营中，二将大惊说："主上用一书生为总兵，东吴无人了。"不几日，陆逊大军到来，韩当、周泰只得迎接，全营人勉强参见，心中却不服。陆逊升帐而坐，众将站立两边。陆逊说："主上命我为大将，督军破蜀。军有常法，诸公各宜遵守，违令的王法不容，勿致后悔。"众将俱不答应，低头无语。周泰挺身而出，开口讲话。

> 想当初蜀主报仇军初至，咱主公亲遣侄儿来领兵。
> 他和那关兴张苞打几仗，疆场上大将双双殒两名。
> 无奈何退归彝陵屯兵马，被西蜀先锋吴班围了城。
> 屈指算遭困将近一个月，现如今来往文书总不通。

小孙桓里无粮草外无援，但恐怕攻破城池有灾星。

最可喜都督亲领大军到，正好去解围相助救彝陵。

周泰说完，陆逊笑说："此事不劳将军挂心。我素知孙大将军深得军心，必能坚守，不必去救。待我破蜀之后，他自能解围而出。"众将听此话，俱各暗笑而退。韩当问周泰说："主上命此孺子为将，东吴休矣！不见今日之事吗？"周泰笑说："我特以言试之，并无计策去救彝陵，怎能破蜀呢？"二人正说话时，陆逊传下号令，叫众将各处把守隘口，不许轻举擅自进兵。众将皆笑他软弱无能，不肯听他的命令。次日陆逊升帐，聚集众将，吩咐说："我今钦承王命，总督诸军，昨日已屡次下令，叫你等严守隘口，俱不遵我号令，这是为什么？"众将还未答话，韩当愤然而出，开口说：

我自从吴王升基初创业，就跟他南征北战动刀枪。

众将士披坚执锐劳鞍马，谁都是上阵冲锋数百场。

且莫说勇而无谋见识浅，也俱能颇晓军机有主张。

都督你既奉王命统军马，就应该兴兵遣将去逞强。

为什么却令众人守隘口，莫非怕出头露面惹灾殃？

我虽然老迈年残无气性，实不能避剑畏枪家里藏。

话说韩当一边说着，哈哈大笑。众将异口同腔，俱各应声说："韩将军的话是对的，我等情愿决一死战，不能贪生怕死，惹西蜀嗤笑。"陆逊见此光景，执剑在手，厉声喝道："我虽一书生，今蒙主上重任相托，但有寸尺可取，能忍辱负重吗？你等要各守隘口，牢把险要之地，不许妄动，违令者斩首示众。"众将敢怒而不敢言，俱各愤愤而退。

再说刘先主，自猇亭而西，沿路布列军马，直到西川界口，接边七百里，前后四十营寨，白天旌旗蔽日，夜间火光冲天。忽然细作报说："东吴用陆逊为大都督，总制军马。传下号令，让众将各守险要，不许轻出。"先主问说："陆逊是什么样的人？"马良奏说："此人虽是东吴一介书生，却年幼多才，深有谋略，前些日子取荆州皆是此人的诡计。"先主闻听此话，勃然大怒说："竖子小儿，用诡计害我二弟，袭了荆州，我必擒他，以雪我恨。"马良谏说："陆逊雄才大略，不下周郎，未可轻敌。"先主说："朕用兵半生，今已老矣，反不如黄口孺子吗？"

西蜀主心如铁石主意定，即刻地降旨兴兵把令传。

命众将各领本部人和马，打隘口昼夜猛攻不放宽。

有谁敢轻示圣旨违君命，一定要拿入军营刀下砍。

好一个执迷不悟刘先主，到头来错用机关后悔难。

话说韩当见先主兵来，攻打各处隘口，慌忙差人报告陆逊。陆逊恐韩当妄动，急来韩当处。只见韩当立马于高冈远望，见蜀兵漫山遍野而来，只得接着与陆逊并马观看。韩当指着说："蜀军中黄罗隐隐，必有刘备，我不如下山击他。"陆逊说："刘备领兵东征，连胜十余阵，锐气正盛。你我只可占高守险，不可轻出。劝将士死守，以观其变。"陆逊说完，韩当口虽应允，心中只是不服。

先主在关隘之下紧促前哨搦战，辱骂百端。陆逊吩咐塞耳休听，不许出马迎敌。亲自遍巡诸关隘口，抚慰将士，俱令坚守，以听号令而行。此时先主见吴兵不出，心中焦躁万分。马良说："陆逊深有谋略，今陛下远来，攻战自春到夏，吴兵坚守不出，欲待我军之变，愿陛下明察。"先主笑说："他有什么能耐？我看他是胆怯。前者屡次大败，如今怎敢再出？"副先锋冯习奏说："眼下天气炎热，军队如在烈火之中，人马皆渴，取水不便，特请圣上裁夺。"先主说："即将各营移于山林茂盛之地，靠涧傍溪，以待夏尽秋来进兵。"冯习领旨传令，遂将沿路四十余营都移到林木阴密之处。马良奏说："我军移营一动，倘吴军突然而出，可怎么办呢？"先主说："朕早有一计，以防吴军突击，不须多虑。"

> 刘先主手捻长须笑吟吟，他说道卿家你等且宽心。
> 咱如今安排移兵去避暑，朕早有一条妙计腹中存。
> 令吴班带领老弱兵半万，一直去关前骂阵诱敌人。
> 孤亲提八千精壮人和马，埋伏在陡涧深谷数丈深。
> 这陆逊若知西蜀移营寨，他必然乘势来击下关门。
> 吴先锋望影而逃诈败走，陆伯言定促追兵随后跟。
> 山谷中伏兵拥起截归路，你这里出马迎敌把阵临。
> 给他个前后夹攻难招架，有何难共将东吴陆逊擒？

先主说完，文武齐声称赞说："圣上神机妙算，臣等不如。"马良奏说："近闻诸葛丞相自东川来西川，查看各处隘口，恐怕魏兵入侵。陛下何不将各营移居之地，画一图本，送与丞相一看。可行则行，可止则止。"先主微笑说："朕也颇知兵法，何用去与丞相商议？"马良奏说："陛下岂不闻兼听则明，偏听则暗，望陛下察之。"先主点头说："所言是也。既如此，卿可自去各营画成四至八道图本，亲到东川去见丞相。如有不便之处，可回来报知。"马良奉旨而去。先主便移营于林木阴密处，乘凉避暑。

早有细作报知韩当、周泰，二将闻听此事，心中大喜，一齐来报陆逊说："今蜀兵四十余营，俱移于林木阴密之处，依溪傍涧，就水歇凉。都督何不乘虚击之？"要知陆逊如何回答，请看下回分解。

第一百四回 | 陆逊放火烧连营 孔明巧布八阵图

话说陆逊闻听韩当、周泰所报，即刻出帐上马，登高远望。陆逊观看一会儿，猜透是诱敌之计，不对众将说明，只是点头微笑。周泰说："我看这些兵如儿戏，愿同韩将军分两路去杀他，如不胜，甘当军令。"陆逊又看多时，用鞭一指说："前面山谷中，隐隐然有杀气，其内必有伏兵。故平地设这些老兵，以诱我们，切不可出兵。"众将听了皆以为怯敌，大家哂笑而退。次日蜀先锋吴班引兵又来讨战，耀武扬威，百般辱骂，多有解衣卸甲赤身裸体，或坐或卧而骂。徐盛、丁奉看见，一齐入帐见陆逊说："蜀军欺我太甚，我等情愿出去杀敌。"陆逊笑说："公等但凭血气之勇，不知孙、吴妙法。此乃诱敌之计，三日后必见其诈。"徐盛说："三日后移营已定，如何去攻击？"陆逊说："我正希望他们移营呢，公等不必多虑。"众将俱心不服，无话而退。过了三日，陆逊大会众将同到关上来看，只见吴班兵已退去。陆逊又向山谷中指说："杀气已起，刘备大军必从山谷中出来。"话刚说完，只见蜀兵全装惯束，簇拥先主而过。

> 山谷中杀气腾腾出大军，众吴将个个胆裂俱惊魂。
>
> 陆伯言马上回去微微笑，诸公啊前日话语真不真？
>
> 他预先定下一条诱敌计，故意来平坦地面把兵屯。
>
> 你可见连日号呼齐叫骂，无非是老弱兵卒残废军。
>
> 我料定必有伏兵截要路，安排着叫咱进退总无门。
>
> 自古道见可而进知难退，又岂肯依你迎敌把阵临？
>
> 到如今诡诈情形已出现，众将军应改从前不服心。
>
> 咱大家再等十天或半月，那时节争先出马杀敌人。

话说众将闻听陆逊的话，一齐说："破蜀当在初时，如今他连营六七百里，险要之处俱已固守半年有余，怎么能破呢？"陆逊说："诸公不知兵法，刘备乃当世之枭雄，多智多谋。大兵初到时，法度森严。今守之已久，不能交战，兵卒疲懒，俱生懈怠之心，取之正在今日，怎么说不能破呢？"众将闻听此话，似有信服之意。陆逊定了破蜀之策，然后写表上奏孙权，说不日即可破蜀。孙权阅表心中大喜。

再说刘先主见诱敌埋伏计不成，遂自猇亭驱水军顺流而下，沿江水寨相连，深入吴境。黄权知道这事，忙见先主奏说："西蜀水军沿江而下，前进容易，后退就难了。臣愿为前阵，陛下居后阵，敢保万无一失。"先主说："东吴众将士被朕连胜数阵，胆都吓破了，今日长驱直进，有什么妨碍？"众将苦谏不听。这荆州东南一带，长江水源是自西南向东北而流，分南北两岸。先主分兵两路，命黄权统江北之兵，先主自领江南之兵，夹江分立营寨，以图进取。

细作连夜报知魏王，说蜀兵伐吴，树栅连营四十余处，相接六七百里，皆依山林下寨；今黄权领兵在江北岸，每日出哨百余里，不知为什么。魏王听后，仰面大笑说："刘备必败。"众臣问："为什么会败？"魏王微微冷笑。

> 刘备他南征北战多半世，而竟然孙武兵法没全通。
> 现如今两国交兵决胜负，不多日高低强弱便分明。
> 为什么一带连营七百里，又加上俱傍山林大树丛？
> 现在是时值九月秋将尽，但恐怕要被东吴用火攻。
> 最可笑井泉远在千里外，要指望止渴生津万不能。
> 更何况傍溪依涧屯军马，原来是兵家大忌主多凶。
> 陆伯言虽然年少谋略广，这一回西蜀休想胜东吴。

曹丕说完，群臣半信半疑，都请求调兵以防备。曹丕说："陆逊要胜，必起吴兵去取西蜀。吴兵远去，国内空虚。朕假装以兵助战，三路一齐进攻，东吴可得。"众将都心服。曹丕下令，使曹仁督一军，出濡须口；曹休督一军，出洞口；曹真督一军，出南郡；三路军马会合日期，暗取东吴。魏王自领大军随后救应。

再说先主差马良到东川见了孔明，呈上图本说："今主上移营夹江，立寨相连七百里，共有四十余营，俱各依溪傍涧，位于林木茂盛处。皇上命臣送图本来给丞相看。"孔明接图看完，拍案大叫说："是谁叫圣上这样立寨？可斩此人。"马良说："全是皇上自己的主张，不是别人计谋。"孔明叹说："汉朝气数完了。"马良惊问缘故，孔明说："傍林依树而安营，是兵家大忌。倘若对方用火攻，怎样脱险？又怎么连营七百里长呢？这样首尾不能相顾，又怎能防备敌人呢？"

孔明说完，马良说："倘若吴兵已攻破营寨，那可怎么办呢？"孔明说："纵然陆逊胜了，也不敢来追，成都可保无虑。"马良说："陆逊为什么不敢追？"孔明说："主上若有失，可去白帝城以避祸。我入川时已设下伏兵十万，在鱼腹浦。"马良闻听惊疑不定说："我从鱼腹浦往来数次，未见一兵一卒，哪有十万人马？丞相何故说这样诈语？"孔明说："后来必见，不劳多问。"马良不敢多问，求了回表，火速投御营而来。孔明自回成都，调拨军马救应。

却说陆逊见蜀兵移营已毕，升帐聚会大小将士听令说："我自受命以来，未曾出战，今迎敌日期到了。我想先取江南岸第四营，谁敢去取？"话未说完，韩当、周泰、凌统等应声而出说："我等愿往。"陆逊摇手不用，独唤阶下淳于丹说："我与你五千兵去取江南第四营，是蜀将傅彤所守。今晚就去，必须成功。我自提兵前去救应。"淳于丹领命引军去了。又唤徐盛、丁奉吩咐说："你二人各领三千兵，离这五里埋伏，如淳于丹败回，齐出救之。蜀兵若退，不可追赶。"二将得令引军埋伏去了。

> 他二人离营五里停人马，无非是崖傍深沟依树林。
>
> 淳于丹点齐五千披甲士，看了看西山日落渐黄昏。
>
> 传号令取路进兵攻蜀寨，安排着要立头功把敌迎。
>
> 到营前鼓响一声往里闯，出来了西蜀傅彤小将军。
>
> 恶狠狠催马拧枪拦头阵，后退着马步儿郎一大群。
>
> 两下里兵对兵来将对将，顷刻间杀了一个乱纷纷。

两下交兵战不多时，淳于丹抵敌不住，夺路就走，折兵大半。正走之间，山后一彪蜀兵拦住归路，为首一员大将是赵融。淳于丹不敢交手，舍命而奔。又有一彪军出，是蛮王沙摩柯，截杀一阵，淳于丹死战得脱。背后三路军马赶来，离寨只有五里，徐盛、丁奉两下伏兵齐出，蜀军这才退去。淳于丹带伤入帐，来见陆逊请罪。陆逊说："这不是你的过错，是我试敌人虚实。破蜀大计，我已定了。"徐盛、丁奉说："蜀军势大，难以攻破，恐损兵折将。"陆逊笑说："我这条计瞒不过孔明，但此人幸好不在这儿，能使我成功。"遂集中大小将士听令：使朱然于水路进兵，明日午后，东南风大作，用船装载茅草，依计而行。韩当引一军攻江北岸，周泰引一军攻江南岸。每人手执茅草一把，内藏硫焰硝等物，各带火种，俱执枪刀，一拥而上，到了蜀营顺风点火。

> 七百里相连四十余营寨，俱依着古木深林沾火着。
>
> 给他来一个干柴近烈火，纵然是两肋生翅也难逃。
>
> 必须要隔它一寨烧一寨，叫蜀兵音信难通没处逃。
>
> 昼夜里进攻直到西川口，让军士各将食品怀里揣。
>
> 哪一个半途而废往后退，须知道军法森严俱不饶。
>
> 有谁人能成大功擒刘备，我保他官居一品在当朝。

众将听了军令，各自依计分头准备行动。

此时，先主正在御营寻破吴计策，忽然帐前中军旗幡无风自倒。问程畿这是什么兆头，程畿说："今夜莫不是吴兵来劫营？"先主说："昨夜又败一阵，片甲未归，怎敢前来？"正说话时，人报远远望见山上吴兵一拥而起，望东去了。先主说："这是疑兵，不用管他。"传旨诸军不许妄动，命关兴、张苞各引五百骑，出寨巡视。

黄昏时分，关兴回奏说："江北营中起火。"先主大惊，急令关兴速往江北，张苞速
往江南，探看虚实，倘吴兵到来，可急速回报。二将领命去了。初更时分，只见御
营左寨火光突起，正想去救，右寨火光又起。而且风大，火借风势，树木全着，喊
声震地，两寨军马齐出，俱奔御营而来。御营军士自相践踏，死者无数。吴兵杀
到，又不知军马多少。先主着忙，急上马奔副先锋冯习的营，又见冯习营中火光连
天而起。

但只见冯习营中火冲天，刘先主急催坐骑奔西南。

副先锋舍死忘生来保驾，偏遇着徐盛军来把路拦。

慌得那刘备一见拨马走，无奈何望影而逃颠哉鞍。

面前里丁奉又来截去路，这一回前后夹攻取胜难。

正是这汉室皇帝遭了困，最可喜来了张苞小魁元。

话说先主被困危急，四面无路。忽然喊声震地，一彪军杀入重围，正是张苞。
张苞救了先主，引御林军一同奔走。正走之间，前面一军又到，原来是蜀将傅彤，
合兵一处而行。合边大兵追来。先主前边到一山，名马鞍山，张苞、傅彤请先主
占了此山。山下喊声震地，陆逊大军到来，将马鞍山四面围住。张苞、傅彤死守
山口。先主凭高远望，遍野火光，死尸重叠，顺江流下。先主君臣三人，就困在
此山，住了一夜。次日，吴兵又四面放火烧山。军士慌乱，无路可出。先主大惊，
忽见火光中，一将引数十骑杀上山来，一看是关兴。关兴到后伏地说："四面大火
逼近，此山不可久停，陛下速回白帝城，再收军马。"先主说："谁敢断后？"傅彤
说："臣愿以死挡住。"是日黄昏，关兴在前，张苞在中，留傅彤断后，保着先主杀
下山来。吴兵见先主君臣下山，俱各争先杀来，大军遮天盖地望西追赶。先主着
急，令军士脱袍铠，塞道而焚之，以断后军。正在奔逃，喊声又起，是吴将朱然引
一军自江边杀来，截住去路。先主仰天叹说："朕命休矣。"此时，关兴、张苞纵马
往前冲突，又被乱箭射回，各带重伤，不能杀出重围。此时，背后喊声又起，陆逊
引大军从山谷中杀来。

先主正在危急之时，天已微明，只听前面喊声震地，朱然的兵纷纷落涧，滚滚
投崖，一彪军杀入前来救驾。先主大喜，一看是常山赵子龙。这赵云是从何处来
的？原来赵云在东川江州镇守，闻听吴蜀交兵，恐先主有失，特来接应。一看东
南一带火光冲天，赵云大惊，慌忙赶来，奋勇冲杀救驾。陆逊一见赵云，忙收兵
退去。赵云撞着朱然，二将交锋，不上三合，一枪刺朱然于马下，杀散吴兵，救
出先主，大家拥护着往白帝城而走。先主说："朕虽得脱，众将不知吉凶，这可怎
么办？"赵云说："敌军在后，不可久停，陛下进白帝城休息，臣再领兵去救众将。"
可怜先主此时仅剩百余人，进入白帝城，这且不讲。再说傅彤断后，被吴兵围住，

说唱三国

左冲右突也不得出。丁奉大叫说："川将死者无数，降者最多。你主刘备已被擒，你今力穷势孤，何不早投降？"傅彤怒目而责说："我是汉将，怎能降你东吴？"手中拧枪催马奋力死战，往来百余合，不能出去。乃长叹说："我命休矣。"说完口吐鲜血，死于吴军中。西蜀参谋程畿，匹马奔到江边，招呼水军抵敌。吴兵随后追来，手下部将说："吴兵来了，你我快快走吧。"程畿大怒说："我随主上出阵不止一日，并不曾临阵脱逃。"话还没说完，吴兵四面围住，无路可走，遂拔剑自刎于军中。此时，西蜀先锋吴班、张南久围彝陵城，忽冯习到，说蜀兵败，遂引兵来救先主。孙桓方能得脱。张、冯二将正走之间，前面吴兵杀来，背后孙桓从彝陵城杀出，两下夹攻。张南、冯习奋力冲杀，不能得脱，死于乱军之中。吴班杀出重围，东吴兵随后追杀，幸得赵云接应，救回白帝城去了。蛮王沙摩柯，将番兵折尽，只剩匹马奔走，正遇周泰，交战二十余合，人困马乏，被周泰所杀。蜀将杜路、刘宁二将降吴。西蜀连营四十余座，一切粮草器仗寸尺不存，蜀将川兵降者无数。此时，孙权之妹孙夫人在东吴闻听西蜀兵败，传说先主死于疆场上，遂瞒过老母、吴王，私自来到江边，望西大哭。

> 常言说男女居室乃大伦，　又道是一夜夫妻百年恩。
> 刘先主讹传已死千军队，　这一回疼煞东吴孙夫人。
> 你看她瞒过高堂老国太，　悄悄地徒步而行至江边。
> 这佳人眼望西川落下泪，　悲切切金莲踩地启朱唇。
> 想当初周郎巧定胭粉计，　我哥哥牢笼皇叔来招亲。
> 刘皇叔时至年终思故土，　俺只得女大外向撇亲人。
> 同丈夫定计奔回荆州地，　与皇叔夫唱妇随度几春。
> 小周善诈将家书送一纸，　诓骗我归家探母转回门。
> 从此后孙刘又结仇和冤，　弄得来同林宿鸟两离分。
> 实指望破镜还有重圆日，　再不想鸳鸯拆散不成群。
> 现如今先主龙驾归沧海，　如同是尖刀剜去我的心。
> 哭了回罗衫蒙了芙蓉面，　纵金莲跳入长江百丈深。

话说孙夫人在江边哭了一回，投江而死。使女没有拉住，急忙回报国太，到江边急救，也来不及了。

再说陆逊闻知先主归白帝，遂领得胜兵往西追赶。军马正行时，陆逊在马上望见前面山脚下，傍江一阵，杀气冲天而起，遂勒马回顾对众将说："前面必有伏兵，三军不可轻进，立刻兵退十里，于地势空阔之处，排成阵势，以禁敌军。"即差哨马前去探看。探子回报说："并无敌军。"陆逊不信，下马登而望，杀气又起。陆逊又差人前去仔细察看，回报前面实无一人。陆逊见日将晚，杀气越来越大，心中疑虑，令心腹人再去探看。回报说："江边只有乱石八九十堆，并无人马。"陆逊大疑，令寻本地居民来问，不多时，找来十几个人，跪于面前。陆逊说："什么人将乱石做成堆？为什么乱石中又有杀气冲起？"居民说："将军有所不知，其中有个缘故。"

这件事屈指算来已多年，一回头恍惚如同在眼前。
想当初荆州有个刘皇叔，这张松勾引他去取西川。
庞凤雏落凤坡前丧了命，长探马荆州飞报把书传。
搬来了护国军师诸葛亮，行到这鱼腹浦里把营安。
第二日起程拔寨扬长去，堆起了许多乱石在沙滩。
从此后这里常常生云雾，如同是万马千军杀气寒。
最可疑时隐时现无定准，无人能猜透内里巧机关。

陆逊听完，心中惊疑不止，暗暗称奇，遂以金银赏赐居民去了，自己立刻上马引数十骑来看石阵。立马山坡上，仔细观看，但见四面八方，有门有户。陆逊笑说："这是惑人之术，有什么用呢？"遂引数人下了山坡，直入石阵的周围观看。部将说："天将黑了，都督可早回。"陆逊方想出阵，忽然狂风大作，顷刻间飞沙走石，遮天盖地，但见怪石嵯峨，槎枒似剑；横沙立土，重叠如山；江声浪涌，势如金鼓之声。陆逊大惊说："我中诸葛亮之计了。"急忙拨马而退，无路可出。正在惊疑时，忽见一老人来到马前笑说："将军想出此阵吗？"陆逊说："愿长者指引出去。"老人扶杖头前徐徐而行，走出石阵，并无所碍，仍送到山坡。陆逊问："长者何人？"老人答说："老夫是诸葛亮的岳父黄承彦。早年小婿入川时，在此处布下石阵，名'八阵图'，有门有户，共是八门，按遁甲分成休、生、伤、杜、景、死、惊、开。每日每时，变化无穷，可比十万精兵。临去时，曾吩咐说，日后会有东吴大将迷于阵中，不要老夫管此事。"

老人说完，陆逊说："长者是从何门救我出来的呢？"老人说："方才老夫在山坡上，见将军从死门而入，料想不识此阵，必为所迷。老夫平生好善，不忍将军正在青春陷没于此。所以没听小婿之言，故从生门引出。"陆逊说："长者会此阵法吗？"黄承彦说："变化无穷，不能学。"陆逊下马拜谢而回。陆逊回寨叹说："孔明真卧龙也，我不能及。"即刻下令班师而还。将士们说："今刘备兵败势穷，孤城困守，正好乘势以击，为什么见石阵而退呢？"陆逊说："我不是惧怕石阵而退兵，岂不知魏王曹丕，奸诈甚过其父？他今知我追赶蜀兵，必乘虚而取东吴。"遂令一将断后，统令大军而回。东行才三两日，三处人来飞报说："魏王使曹仁领兵出濡须，曹休领兵出洞口，曹真领兵出南郡，三路兵马数十万人，星夜到境，不知何意？"陆逊笑说："不出我之所料。我已令兵拒之。"

说唱三国

第一百五回 ｜ 刘备遗诏托孤 孔明计平五路

话说刘先主奔回白帝城，赵云督兵据守。忽见马良自东川归来，见大兵已败，即将孔明的话奏知先主。先主长叹说："朕早听丞相的话，不会有今日的失败，我今有何面目回成都再见群臣？"遂传旨就在白帝城驻扎，将居馆改名为永安宫。人报冯习、张南、傅彤、程畿、沙摩柯等俱已阵亡，先主闻报，十分伤感。又有近臣启奏说："黄权引江北兵降魏去了，陛下何不将他家属送衙门问罪？"先主说："黄权被吴兵隔断在江北岸，想归无路，不得已而降魏，是朕负于他，不是他负于朕。不必问罪他的家属，仍给钱粮养着。"这且不表。

再说黄权降魏，见了曹丕。曹丕说："卿今降朕莫不是远蜀而喜魏吗？"黄权哭告说："不是，臣受蜀主厚恩，今臣督军于江北，被陆逊截断归蜀的路，无奈故投陛下来，怎敢弃旧而迎新？"曹丕大喜，封黄权为镇南将军，黄权坚辞不受。忽近臣奏："有细作自西蜀来，说蜀主将黄权家小尽皆诛杀。"黄权说："此话不真，蜀主知臣本心，必不肯杀臣的家小。"说完而退。曹丕问贾诩说："朕想统一天下，是先取西蜀呢，还是先取东吴呢？"贾诩说："臣有几句话，奏于我主前。"

陛下你要将天下成一统，却休说容易成功事不难。

昨一日西蜀刘备虽然败，现如今兵屯白帝把身安。

赵子龙匹马单刀能保驾，不记得长坂坡前那一番。

刘玄德世之枭雄人难比，诸葛亮妙算神机非等闲。

鱼腹浦不知是何鬼八卦，而竟然吓退江东陆伯言。

以微臣量其时而审其势，细看来不可轻易取西川。

虽然说陆逊焚营七百里，他竟然抢前顾后撤兵还。

分军马固守封疆查险要，闻听说一带连营在江边。

他那里昼夜严防做准备，咱岂能一鼓而下破孙权？

纵不如相机而动且等待，单等候蜀吴吞并起祸端。

贾诩说完，曹丕不悦说："陆逊未归之前，朕已差三路军马伐吴，怎能不胜？以卿所奏，难道叫朕撤回军马吗？"贾诩还没回答，尚书刘晔奏说："眼下东吴陆逊新破蜀兵七十余万，锐气正盛。上下齐心，更有长江之阻，实难攻进。陆逊足智多谋，必有足够准备。"曹丕说："卿以前劝朕伐吴，今又阻朕伐吴，这是为什么？"刘晔说："臣前劝而后阻是因情况变了，以前东吴屡败于蜀，锐气尽挫，故可攻也；

今日东吴大获全胜，锐气百倍于前，已不可攻。"曹丕说："朕意已决，卿勿多言。"遂引御林军亲往接应三路军马。忽有哨马来报说："东吴已有准备，令吕范领兵拒住曹休，诸葛瑾拒住曹真，朱桓引兵拒住曹仁。"刘晔说："既有准备，去恐无益。"曹丕不听，引兵去了。

再说吴将朱桓，年二十七岁，很有胆略，孙权甚爱他。此时奉孙权之命，来战曹仁。恰好曹仁率领大军到来，众军全有惧色。

朱桓见众将士俱有战心，遂下令让众军偃旗息鼓，装作无人把守之状，以诱敌军。曹仁军近濡须，望见城上并无军马，催军急进。将到城边，忽听一声炮响，城上旌旗齐举，朱桓提刀飞马而出，正遇曹仁的部将常雕，战不到三合，被朱桓一刀斩了常雕。吴军乘势冲杀，魏兵大败而逃，滚山落江而死者，不计其数。曹仁败回，见了魏王细奏损兵折将之事。曹丕大惊，忽探马来报说："曹真领兵围了南郡，被陆逊伏兵于内，诸葛瑾伏兵于外，内外夹攻，因此大败。"话还未说完，忽有探马来报说："曹休也被吕范杀败。"曹丕闻言，三路军马都败了，叹说："朕不听贾诩、刘晔的话，果然败了，后悔莫及。"时值夏天，瘟疫流行，军士死亡较多，只得引军回洛阳。吴魏自此不合。

这时先主在白帝城永安宫中，只因兵败懊悔交集，睡不好觉，吃不下饭，忧郁不乐。

> 刘先主败后兵屯白帝城，因此将馆驿改为永安宫。
> 都只为陆逊烧营七百里，疼煞人折了许多将和兵。
> 落得个错用计谋空自悔，好叫他难回西川见孔明。
> 这才是马到临崖收缰晚，为什么昔日群臣谏不从？
> 到现在断送大军七十万，不用说必然贻笑于江东。
> 想当初断肠悲痛关张死，到如今剑刺心肝满腹疼。
> 更可恨报仇未得遂心愿，倒弄得雪上添霜又一层。
> 因此他寝食俱废心不宁，常言说烦恼多时疾病生。

话说刘先主忧愤成疾，自觉病重，又哭关、张二弟，他的病渐渐重了。两目昏花，讨厌从人，乃斥退左右，独卧龙榻。忽然阴风骤起，将灯摇晃灭而复明，只见灯影下，站立二人。先主怒说："朕心绪不宁，你等已退，为什么又来？"斥之不退。先主起身仔细一看，左边是云长，右边是翼德。先主惊喜说："两家贤弟，原来尚在。"云长说："臣等已成神了，哥哥与我俩聚会不远了。"先主扯住衣袖大哭，忽然惊醒，不见踪影。先主大惊，即唤近侍问，时正三更天。先主叹说："朕不久于人世了。"即传旨往成都去请丞相诸葛亮、尚书令李严等，星夜来永安宫，听受遗命。

孔明一见诏旨，即同先主之子鲁王刘永、梁王刘理，来永安宫见驾，留太子刘禅守成都。孔明入永安宫，见先主病甚沉重，慌忙拜伏于地。先主传旨，请孔明坐于龙榻之上。先主伸出龙腕，以手抚其手背说："朕与丞相不久即永别了。"

先主哭得不能说话，泪流满面。孔明哭着说："陛下有什么旨意，请明说。"先主说："朕智识浅薄，没听丞相的话，自找失败，悔恨成疾，死在旦夕。太子懦弱，不得不以大事相托。"一边说着，一边又哭，不能说话。孔明说："陛下保重，臣愿效犬马之劳。"先主看了一下群臣，只看马良之弟马谡在旁。先主令马谡暂回避，马谡告退。先主对孔明说："丞相看马谡之才如何？"孔明说："此人当世之英才。"先主说："不然，朕看此人言过其实，不可重用，丞相应深察之。"吩咐完，传旨召诸臣入宫，取纸笔写了遗诏，交给孔明。先主说："朕读书不多，粗知大略，圣人说'鸟之将死其鸣也哀，人之将死其言也善'。朕本想与卿等同灭吴、魏，共扶汉室，不幸中道而别，真不幸也。烦丞相将诏付于太子刘禅，令勿以为常言。凡事更望丞相教他。"

> 朕如今不能恢复旧江山，咱君臣半途永别总堪怜。
> 说什么彼此眷恋难割舍，从今后阻隔幽明各一天。
> 想一想虽人尽能逃脱，免不了七尺身躯到九泉。
> 但可惜尚有一件挂心事，嗣位的软弱无能小刘禅。
> 常言说能知子者莫若父，唯恐他三分山河没福担。
> 朕如今一天大事托给你，愿丞相协力同心仍似前。
> 倘若能西蜀之地常相守，谁不望打成一统定中原？
> 只求得汉室宗支不绝后，不枉我为帝称王这一番。
> 还有句要紧之言心腹话，却休要拿着真情作假看。

先主半吞半吐，想言又止。孔明与众臣都泣拜于地说："陛下将息龙体，臣等尽效犬马之劳，以报陛下知遇之恩。"先主命内侍扶起孔明坐在龙榻之上，一手掩泪，一手执其手说："朕今死了，有心腹之言相告，丞相之才，十倍于曹丕，必能安邦定国，终成大事。若太子可辅则辅之；如其不然，丞相可自为成都之主。"孔明听了这话，汗流遍体，手足无措，哭拜于地说："臣之节，到死为止。"说完，叩头流血。先主又唤鲁王刘永、梁王刘理到近前，吩咐说："我儿切记朕言，我死之后，你兄弟三人，皆以父事丞相。"先主即命二王同拜孔明。孔明说："臣肝脑涂地，也难报陛下天高地厚之恩。"先主又对众臣说："朕已托孤于丞相，令嗣子以父事丞相，卿等都不可怠慢，以负朕托。"又将赵云唤到近前，扯其手而嘱说：

> 想当初徐州一见两心印，因此上患难相从共死生。
> 与曹操长坂坡前那场战，一匹马踏碎千军万马营。

怀揣着阿斗独把重围闯，还能够伤他大将六十名。

自那年杀得曹操皆丧胆，老阿瞒九泉之下梦神惊。

次后来孙权又定牢笼计，孙夫人探母归家暗起程。

若非你截江救主夺阿斗，势必我刘家后嗣丧江东。

小刘禅两次俱得将军力，爱卿你须要全始更全终。

先主说完，赵云叩头说："臣蒙陛下厚恩，敢不效犬马之劳？"先主又对众臣说："卿等多人，朕不能一一嘱托，只希望你们和丞相同心，勿负朕望。"说完驾崩。时年六十三岁。

先主驾崩，文武百官无不哀痛。孔明扶着梓宫回成都，众官拥护而行。到了成都，太子刘禅出城迎接梓宫，安在正殿内，举哀行礼完，开读遗诏：

朕闻人过五十，不为夭寿。今朕年六十有余，死复何恨？但以卿兄弟为念耳。勉之！勉之！勿以恶小而为之，勿以善小而不为。唯贤唯德，可以服人。卿父德薄，不足效也。卿与丞相从事，事之如父，勿怠！勿忘！至嘱！至嘱！

群臣读诏完，孔明说："国不可一日无君。请立嗣君，以承汉统。"乃立太子刘禅即皇帝位，改元建兴，加诸葛亮武乡侯，领益州牧。葬先主于惠陵，号曰昭烈皇帝。尊皇后吴氏为皇太后，追谥甘夫人为昭烈皇后，糜夫人也谥为皇后。重赏百官，大赦天下。

早有细作报入中原。近臣奏知魏主，曹丕大喜说："刘备已亡，朕无忧矣。何不乘其国中无主，起兵伐之？"贾诩谏说："不可。臣有言奏于主上。"

刘玄德白帝城中虽亡故，现放着正宫太子小刘禅。

我想他临死托孤必受命，诸葛亮定扶小主坐西川。

岂不知盛哀改节非君子，他怎肯有始无终不似前？

感皇恩倾心竭力辅孤主，料必能防备森严拒中原。

如果要轻举妄动兴人马，但恐怕还似从前那几番。

贾诩说完，司马懿出班奏说："不乘此时进兵，更待何时？"曹丕闻言大喜，便向司马懿问计，司马懿说："若只起中原之兵，极难取胜。必须五路大军，四面进攻，令诸葛亮首尾不能相顾，然后可图。先写一封信，给辽东鲜卑国国王轲比能，以金帛贿赂他，令起辽西羌兵十万，先从旱路取西平关，这是一路；再写信遣使捧官诰赏赐，直入南蛮，见蛮王孟获，令起兵十万，攻打益州、永昌等处，以击西川之南，这是二路；再遣使入吴讲和，以割地相酬，令孙权起兵十万，攻两川峡口，直取涪城，这是三路；再遣使到降将孟达处，令起上庸兵十万，西攻汉中，这是四路；然后命大将军曹真为大都督，提兵十万，出阳平关取西川，这是五路。一共大军五十万，五路并进。孔明说是有吕望之才，也抵挡不住。"曹丕闻听大喜说："即

说唱三国

刻写信遣使，五路进兵。"这且不提。

再说蜀汉后主刘禅自即位以来，旧臣多有病亡的。凡朝廷选法、钱粮、词讼等事，俱听诸葛亮裁处。

> 都只为先主驾崩白帝城，成都府扶起刘禅把基登。
> 最可惜昔年老将多年迈，想一想长生不老有谁能？
> 须知道大难临头脱不过，一个个相继而亡寿数终。
> 幸亏了诸葛孔明还未老，许多的军机国政他权衡。
> 临危时昭烈皇帝亲顾命，他只得披肝沥胆苦尽忠。
> 想当初三顾之恩非小可，又何必临危托孤白帝城。
> 时刻间先主遗言常在耳，好叫人抓碎肝肠血泪流。
> 最可叹到头未遂平生志，说什么仍归南阳耘和耕。

话说孔明和群臣对后主说："主上今已即位，应立皇后。已故车骑将军张飞之女美而且贤，年方一十七岁，可为正宫皇后。"后主准奏，即纳为后。建兴元年秋八月，忽有边报说："魏王曹丕五路大军取西川，此五路军马甚是厉害。先已报知丞相，丞相不知为何数日不出？"后主闻听这话，大吃一惊，即遣近侍传旨，宣孔明入朝。近侍去了多时，回报说："丞相府人说，丞相患病不出。"后主更惊。次日，又命黄门侍郎董允、谏议大夫杜琼去丞相卧榻前，相告曹丕五路大军伐蜀之事。杜、董二人到丞相府前，皆不得入，二人心中不悦。

二人正发急躁，只见门吏传丞相令说："丞相病体稍愈，明日出班议事。"董、杜二人叹息而回。次日，多官又来相府门前伺候，从早到晚又不见。多官惶恐无奈散去。杜琼对后主说"丞相连日不出，请陛下圣驾亲临问计。"后主心中甚慌，即引多官入宫，启奏皇太后。太后大惊说："丞相何故如此？有负先帝委托重任，我亲自去问。"董允奏说："娘娘未可轻出，以臣看法，丞相可能有高见，请主上先往，看是如何。如果心肠改变，娘娘再于太庙中召丞相来问不迟。"太后准奏。次日，后主銮驾亲到丞相府。门吏见圣驾到，忙跪伏相迎。后主问道："丞相何故不出？"门吏叩头奏说："小臣不知其故，丞相有旨，叫臣挡住百官，不许放入。"后主闻听此言，乃下车步行，独入相府，不许群臣跟随。

话说后主独入相府，进了第三重门，见到孔明自倚竹杖，在小池边观鱼戏水。后主在背后站立多时，不见孔明回头，乃慢慢说："相父平安吗？"孔明回头一看是后主驾到，慌忙弃杖拜伏于地说："不知圣驾到此，臣该万死。"后主亲手扶起，对孔明说："今曹丕分兵五路犯境甚急，相父何故不肯出府理事？"孔明大笑，忙扶后主入内室坐定说："五路兵到，臣怎能不知？臣不是观鱼，是在思考呢！"后主说："有何计策能退五路大兵？"孔明说："羌王轲比能，蛮王孟获，反将孟达，大将曹真，这四路大兵，臣已退去。只有孙权这一路兵，臣已有退兵之策，但要有一能言之士为使，未得其人，故在此反复思考。陛下何必忧愁？"后主闻听又惊又喜说："相父真乃神人也，愿闻退兵之策。"孔明说："先帝把陛下托付给臣，臣安敢旦夕怠慢？成都众官不晓兵法之妙贵在使人不测，怎么能事前便泄露于人？"

臣先闻辽东番王轲比能，	领兵马攻打关隘犯阳平。
岂不知祖居西凉马孟起，	与羌人从前来往有交情？
早差人星夜飞驰书一纸，	令孟起挡关查隘伏奇兵。
这一路羌王畏惧马孟起，	我料他不战而退自保身。
又有那南蛮国王贼孟获，	听说他侵犯四郡各处攻。
为臣我暗寄魏延书一纸，	叫他去左出右入调疑兵。
众蛮贼勇而无谋多疑惧，	料不敢欺心大胆破山城。
至于那反将孟达小奸党，	与李严肝胆之交结死生。
白帝城如今现有李严在，	臣令他寄去收兵书一封。
料孟达必能安兵不肯动，	无非是假装一病哄奸雄。
阳平关虽有曹真调人马，	却有个常胜将军赵子龙。
领精兵严查隘口防险要，	曹家军粮草耗尽自回程。

"臣以防万一，又密调关兴、张苞二将，各引三万人马，屯一紧要之处，以为救援。这几处调遣之事，都是送的密书，所以成都之人，皆不知晓。现有东吴这一路兵，一时还未动。他若见四路兵胜，川中危急，就会来相攻。若四路兵不胜，怎肯轻出？臣料孙权怀恨曹丕三路伐吴之怨，必不肯从其言。虽然如此，应用一舌辩之士，去东吴以利害说之，先退东吴之兵。因没选好去吴之人，臣在此暗想。何劳陛下圣驾来此？"后主喜说："今朕听相父之言，如梦初醒，有何忧矣。"孔明和后主共饮数杯，然后送后主出相府返驾回朝。众臣疑惑不定，唯有户部尚书邓芝点头而笑。这邓芝乃新野人氏，汉司马邓禹之后，字伯苗。孔明见他面有喜色，暗令人将他留住，请入书院让座饮茶。孔明说："今蜀、魏、吴三国鼎立，我想讨二国，统一天下，当先伐哪一国？"邓芝闻言微微而笑。

邓伯苗满面带笑把茶端，	我现在智短才疏要妄言。
那曹丕兵多将广声势大，	又加上子承父业占中原。
好像那根深树大难摇动，	只能是徐图缓慢伺机端。
现如今后主登基新即位，	岂不知西蜀民心尚未安？
眼前里量时审势别无计，	必须要东吴修好结孙权。
咱和他解释昔日仇和恨，	倒省得孙曹两路伐西川。

诸葛亮手拿茶杯将头点，你看他春风满面笑开言。

孔明闻听邓芝之言，大笑说："我也这样想，但未得说服东吴之人，公既明此意，就烦你往东吴一行。"孔明即同邓芝入朝，奏明后主。后主准奏，即命邓芝往江东而去。要知后事如何，且看下回分解。

第一百六回 ┃ 秦宓天辩难张温 徐盛火攻破曹丕

话说东吴陆逊自从收军而回，又在南郡退了魏军，孙权大喜，拜为辅国将军、江陵侯，领荆州牧，一切军机重务归他管。孙权遂称帝号，为黄武元年。此时，曹丕四路兴兵伐蜀。孙权虽接了曹丕之书，陆逊却按兵不动，单看四路曹兵胜败如何，然后行事。忽有兵探来报说："番兵出西平关，见了马超，不战自逃；南蛮孟获兵败四郡，被魏延疑兵所退，回洞去了；上庸孟达兵到半路，忽然染病，不能行程而止；曹真兵出阳平关，赵云拒住各处险道，曹真不能取胜而回。"孙权闻听此言，心中大喜。

> 孙仲谋闻听曹兵废半途，即刻地会集公卿众大夫。
> 合朝里文官武将来参驾，一个个蟒袍玉带执牙笏。
> 朝驾毕东西列摆分班立，少不了仍按次序旧规模。
> 往上看正座吴王面带笑，喜滋滋边将文武众卿呼。
> 想当初陆逊登坛拜大将，满朝中大小官员俱不服。
> 全都说年轻资浅书生气，何能做一国兵权大都督？
> 谁料他一阵营烧七百里，问一问似此功劳谁曾有？
> 小曹丕昨日又送一纸，邀孤家兴兵遣将伐西蜀。
> 陆伯言虽然应允兵不动，暗打听曹兵胜败是如何。
> 安排着见机而进知难退，最可喜老成精细不心粗。
> 我若是轻举妄动兴人马，必然会东吴结怨与西蜀。
> 陆伯言强似昔日周公瑾，真算是年轻有为大丈夫。

话说孙权大夸陆逊的能力，众官俱各心服。忽报西蜀邓芝到来，张昭说："此来必是孔明退兵之计，使邓芝做说客。"孙权说："既如此，应当怎么办？"张昭说："先于殿前立一大鼎，贮油数百斤，下用炭火烧，使油滚沸。选用身高力大武士一千人，各执枪刀，从宫门前摆到殿上。再唤邓芝进来，不要等他说话，仿效

425

汉高祖当年使郦食其说齐故事，以上例烹之，看他如何对答。"孙权从其言，依计而行。油鼎、武士一切备妥，才唤邓芝入见。邓芝整衣而入，一到宫门，只见两边武士，俱执大刀，威风凛凛，直至殿前。邓芝毫无惧色，昂然而行，来到殿下，又见大鼎中热油滚沸，左右武士以目视之。邓芝也不理他们，只是微微笑。近臣引到帘前，邓芝长揖不拜，孙权吩咐卷起珠帘。武士大喝说："西蜀使臣何不下拜？"邓芝昂然答说："上国天使不拜小邦之主。"孙权大怒说："汝不自量，欲掉三寸之舌，效郦生说齐吗？可入油鼎！"邓芝大笑说："人都说东吴多贤，谁想惧一书生？"

> 吴王你虎踞龙盘霸江东，为什么却惧西蜀一书生？
>
> 成都府奉旨钦承天子命，臣特来通好东吴叙旧情。
>
> 原为你东吴分忧陈利害，休认为无端掉舌说江东。
>
> 除没有礼贤下士高情意，一见面自大自尊甚不恭。
>
> 犯不上许多武士两边摆，笑煞人军器参差耀眼明。
>
> 须知道既敢前来谁怕死，又何妨刀斧临头赴鼎烹？
>
> 自古来两国主将争天下，从没见隔绝来使把信通。
>
> 你也是八十一州六郡主，而竟然蜀中一儒不能容。

孙权闻言，满面羞惭，即斥退武士，请邓芝上殿坐。孙权说："吴魏的利害如何？愿先生明确告我。"邓芝说："大王想与蜀讲和，还是想与魏讲和？"孙权说："孤想与蜀讲和，但恐蜀主年轻识浅，不能全始全终。"邓芝说："大王乃今世之英豪，孔明也是一俊杰。蜀有山川之险，吴有三江之固，若两国联合，结为唇齿，进可以兼吞天下，退可以鼎足而立。今大王若进贡称臣于魏，必将奉诏朝觐洛阳。如若不去，必然兴兵攻打。西蜀也顺流而进，如此江东之地就不为大王所有了。若大王以臣言为不然，我这就死于大王面前，以绝说客之嫌。"一边说着，撩衣下殿，往油鼎便跳。孙权急忙命人拉住，请入后殿，待以上宾之礼。孙权说："方才先生之言，正合孤意，今想与西蜀讲和，先生肯为我说和吗？"邓芝笑说："方才想烹小臣者，乃大王也。今欲使小臣者，也是大王。大王犹豫狐疑未定，安能取信于人？"孙权说："孤意已决，先生勿疑。"复请邓芝坐于殿上。集合众官，孙权问说："孤掌江东六郡八十一州，更有荆楚之地，反不如西蜀偏僻之地，尚有邓先生不辱主命。东吴竟无一人入蜀，以达孤意。"忽有一人说："臣不才，愿赴西蜀为使。"众人一看，是吴郡人，姓张名温，字惠恕，任中郎将之职。孙权说："恐卿到蜀见诸葛亮，不能表达孤的情意。"张温笑说："孔明也是人，臣有什么怕他的？"孙权大喜，重赏张温，即命他同邓芝入西川通好。

再说孔明自从邓芝起身之后，便与后主商议。

内殿里君臣二人对面坐，喜滋滋带笑开言呼主公。

臣昨日定出一条退兵计，邓伯苗此去江东事必成。

须知道吴国多有能言士，这一回必有来使通盟好。

咱只得恭敬待之加礼貌，万不可轻视奚落慢贤名。

倘若是蜀吴同盟结唇齿，小曹丕未必往西敢动兵。

那时节东北二处息征战，臣好去征剿蛮方定太平。

然后再扫荡中原平贼魏，孙仲谋安能稳坐在江东？

诸葛亮要将山河成一统，汉后主闻听此言喜气生。

孔明要复一统之基，后主大喜。忽报东吴张温同邓芝自江东而来，入川答礼。后主闻报，忙召聚文武于丹墀，召邓芝、张温进来。张温自以为得志，昂然上殿来见后主使礼。后主赐座，设御宴相待。孔明陪席，对张温说："昔先帝在日与东吴不睦，今已晏驾。当今主上，深慕大王，欲去旧仇，永结盟好，并力破魏。望大夫善言回奏。"张温一面应承，一面饮酒谈笑，颇有傲慢之意，宴毕送归馆驿歇宿。次日后主以金帛赐之，张温辞行要走。后主在长亭设下酒宴，命众官送行。孔明请张温上坐，殷切劝酒。正饮之间，忽一人乘醉而入，昂然长揖，入席就座。张温不高兴，问孔明："此何人？"孔明说："此人姓秦，名宓，字子敕，现为益州学士。"张温笑说："名为学士，未知胸中曾学事否？"秦宓闻听，微微冷笑。

秦子敕微微冷笑两三声，你不必开言说话将人轻。

我西蜀山明水秀人民广，论文风比你东吴大不同。

纵就是三尺顽童知文理，不须提高年宿儒少书生。

某不才曾受十年窗下苦，也可以背诵五车贤圣经。

自幼来上知天文下地理，十多岁三教九流尽知情。

历来的诸子百家无不晓，就是那古今兴废也全通。

你若是不信我言当面考，看一看西川学士空不空。

如若大夫问的我答不上，从今后愿将天下让江东。

张温闻听此言，心中有些不服，遂冷笑说："先生既出大言，全通天文地理，请即以天为问，天有头吗？"秦宓答说："有头。"张温说："头在何方？"秦宓答说："在西方。《诗》云：'乃眷西顾。'以此推之头在西方。"张温又问道："天有耳吗？"秦宓答说："天居高而听卑。《诗》云：'鹤鸣于九皋，声闻于天。'无耳何能听？"张温又问说："天有姓吗？"秦宓答说："人尚有姓，天岂无姓？"张温说："何姓呢？"秦宓答说："姓刘。"张温说："何以知道？"秦宓答说："天子姓刘，所以知道。"张温又问说："日生于东吗？"秦宓说："虽生于东，而没于西。"张温见秦宓言语清朗，对答如流，低头无语了。

秦宓见张温低头不语，便问道："先生是江东名士，既以天事下问，必能明天之理。昔混沌既分，阴阳剖判；轻清上浮而为天，重浊下凝而为地；至共工氏战败，头触不周山，天柱折，地维缺：天倾西北，地陷东南。天既轻清而上浮，何以倾其西北乎？又未知轻清之外，还是何物？愿先生教我。"张温无言可答，乃避席谢说："不想蜀中多俊杰，方才讲论，使我顿开茅塞，多领教了。"孔明恐张温羞愧，故以善言解释说："席间问难，皆戏言。足下深知安邦定国之道，何必在乎口舌之戏哉？"张温这才拜辞而行。

孔明又令邓芝同张温入东吴答礼。二人到江东，见了孙权，张温拜于殿前，盛称孔明之德，愿永结盟好，特遣邓尚书来答礼。孙权大喜，设宴款待。孙权对邓芝说："若吴、蜀二国，同心灭魏，求得天下太平，二主分治岂不是大好事？"邓芝答说："天无二日，民无二主，灭魏之后，不知天下所归何人。但为君的各修其德，为臣的各尽其忠，则战争方息。"孙权闻听此话，更加欢喜，厚赠邓芝，命返还西蜀。孙、刘自此和好。

魏国细作探知吴、蜀交好之事，火速报入中原。曹丕闻听大怒说："吴、蜀联合必图中原，不如朕先兴讨伐。"于是大会文武商议起兵伐吴。此时，大司马曹仁、太尉贾诩已死。侍中辛毗出班奏说："中原之地，土阔民稀，而欲用兵，未见其利。为今之计，不如养兵屯田十年，兵壮食足，然后用之，吴、蜀可破。"曹丕闻听此话，冲冲大怒。

> 小曹丕闻言恶气塞胸膛，怒冲冲紧皱双眉把口张。
> 他说道侍中讲话不晓理，最可笑胸中主意甚平常。
> 想当初孤家封爵登王位，孙仲谋甘心乐意自投降。
> 现如今又与刘禅结唇齿，这本是弃旧迎新改了腔。
> 就应该火速兴师去问罪，给他个迅雷掩耳不提防。
> 孤若是十载屯田兵不动，但恐怕早有敌军伐洛阳。
> 似这样无益之言任入耳？何必你强自出头奏本章。
> 眼前里曹丕指责辛毗过，好叫他羞惭无地面无光。

曹丕斥退辛毗，立刻传旨起兵伐吴。此时是魏国黄初五年秋八月，魏帝曹丕令曹真为前部先锋，张辽、张郃、文聘、徐晃四人为大将先行，许褚、吕虔为中军护卫，曹休为合后，刘晔、蒋济为参谋官。前后水陆军马三十余万，即日起兵，水陆并进。封司马懿为尚书，留在许昌，一切国政，听其掌管。曹丕御驾亲征。

东吴细作探知此事，报入吴国。孙权大惊，聚文武商议。顾雍奏说："今主上既与西蜀联合，可修书与诸葛孔明，令兴兵出汉中，以分其势；一面遣一大将，屯兵南徐以拒之。"此时，陆逊镇守荆州要地，不可轻动。孙权乃拜徐盛为安东将军，总督建业、南徐军马，屯兵江岸，设计以破曹丕。

不几日魏主驾龙舟到广陵，前部曹真早领军马列于大江岸。曹丕问说："江南岸有多少吴兵？"曹真隔江远望，不见一人，也无旌旗寨营。曹丕哈哈冷笑，传令将龙舟停泊于江心水面之上，瞭望江南岸，不见一人，心中惊恐，不敢过江。天色已晚，宿于江中。是夜风月黑，军士各执灯火，照耀如同白天。遥望江南，仍不见半点火光。曹丕问左右说："此何故呢？"近臣奏说："想是孙权闻听主上天兵到此，早已望风而逃了。"曹丕暗笑而已。到了天明，大雾迷漫，对面看不见人。过了一会儿，江心风起，雾散云收，忽见江南岸一带，俱是连城，城楼上枪刀耀目，遍城尽插旌旗。正惊疑间，来人报说："南徐沿江一带至石头城，相连数百里，城郭舟车，连绵不绝，一夜成就。"曹丕大惊，众人不解其故。原来徐盛同军士乘夜叟缚芦苇为人，尽穿青衣，各执旌旗，立于假城疑楼之上。魏兵隔江而望，看不真切，难辨虚实，如何不胆寒？正惊疑间，忽然狂风大作，白浪滔天，江水飞扬，龙船将翻，龙舟上人站立不住。文聘撑一小船，急来救驾。文聘跳上龙舟，将曹丕扶入小船，急奔北岸。才到江港之中，忽流星马报说："西蜀赵云兵出阳平关，直取长安。"曹丕大惊失色，急令回军，众军各自奔走，背后吴军追至。

> 小曹丕收军回马要奔逃，东吴兵一拥追来似海潮。
>
> 密麻麻水面战船无其数，江面上伏兵截杀喊声高。
>
> 曹家军不敢交手来抵挡，一个个舍生忘死把命逃。
>
> 好似群漏网之鱼丧家犬，乱纷纷抛撇旗鼓和枪刀。
>
> 有许多着枪中箭废了命，淹死的尸体沉浮水上漂。
>
> 众将官救护魏王渡淮水，如同是惊弓之鸟脱钩鱼。
>
> 他君臣舍死飞奔三十里，恰此时江边芦苇着了火。
>
> 淮水旁早有伏兵截归路，一时间四面八方大火烧。
>
> 吓煞人火仗风威声吼吼，小曹丕难脱龙潭出虎巢。

火势甚急，阻住去路。曹丕忙下船上岸而走，还未上马，前有一彪军马杀来，为首大将乃丁奉。张辽急忙拍马来迎，被丁奉一箭射中其腰，几乎落马。幸得徐晃相救，同保魏王而逃，折兵大半。后面丁奉夺得马匹、车仗、器械、船只，不计其数，收兵而回。吴兵重赏徐盛和众将，各记其功。

曹丕大败而归许昌。张辽箭疮迸裂而死，曹丕命厚葬。此时，方悔没听辛毗之言，以致兵败，深感自愧。再说赵云兵出阳平关，行不数日，忽报丞相有文书到来，信中讲："南蛮孟获起十万蛮兵，侵掠四郡，不必去攻长安，可速回兵。"赵云闻报，令马超守阳平关，自回军成都来见孔明。要知后事如何，请看下回分解。

第一百七回 | 孔明统军征南蛮 蛮王孟获初被擒

说唱三国

　　话说此时孔明在成都，事无大小，都亲自从公决断。西川人民共享太平，真是路不拾遗，夜不闭户。又幸连年大丰收，老幼鼓腹讴歌，凡遇差徭，事先早备妥。因此，军需器械，应用之物充足，米满仓，财满府库，真是君民安乐。偏在这时，南蛮造反，蛮王孟获起十万蛮兵犯境侵掠。建宁太守雍闿结连孟获造反；牂牁郡太守朱褒、越嶲郡太守高定；二人献了城池。只有永昌太守王伉不肯反。现今雍闿、高定、朱褒三人与孟获并力攻打永昌郡。王伉与功曹吕凯，会集百姓，死守此城，其势甚急。孔明闻听，急入朝奏后主，说：“臣观南蛮不服，实为国家大患。臣当亲自领大军，前去征讨。”后主闻言，大吃一惊。

　　　　白帝城先帝寿终晏了驾，众卿家扶孤即位坐西川。
　　　　历年来物丰民安好收成，实指望大家安享太平年。
　　　　谁料想反了南蛮贼孟获，最可恨奸党勾通来犯边。
　　　　眼前里惊动相父劳鞍马，叫寡人挂肚牵肠心不安。
　　　　又加上中原曹丕兵将广，霸江东心怀奸诈有孙权。
　　　　倘若是两处夹攻军马到，但恐怕大祸临头塌了天。
　　　　劝相父切休轻离成都府，倒不如差遣大将去征南。

　　后主说完，孔明说：“陛下放心，今东吴方与我国讲和，料无异心。且有李严在白帝城，此人可挡陆逊。曹丕新败，锐气已挫，不能远图。且有马超拒守汉中诸处关口不必忧它。臣留关兴、张苞，分两军为救应。敢保陛下，万无一失。今臣先去扫平蛮方，后再北伐中原，报先帝三顾之恩，托孤之重。”后主说：“朕年幼无知，全在相父斟酌而行。”话没说完，忽班内一人出说：“不可！不可！”众人一看，乃南阳人，姓王名连，字文仪，现为谏议大夫。王连出班谏说：“南方乃不毛之地，瘴疫之区，丞相秉钧衡之重任，而亲自远征，非所宜也。且雍闿等人乃疥癣之疾，丞相只须差一大将征讨，自会成功。何劳大驾亲出，舍后主而轻离成都，恐非所以重先帝托孤之任。”孔明说：“南蛮之地，离国甚远。那里的人们没有受到教化，收服会很困难。我要亲自出征，或剿灭或怀柔，可灵活处置，这不是能轻易托付他人的”。

　　话说孔明不听王连之谏，即时辞了后主，令蒋琬为参军；费祎为长史；赵云、魏延为大将，总督军马；王平、张翼为副将；并川将数十员，共起川兵五十万，往益州进发。正行之间，忽有关公第三子关索入军中来见孔明说："自从荆州失陷，逃难在鲍家庄养病。每想赴川见帝，疮痕未合，不能起行。近来痊愈，特来西川见后主。恰在途中遇丞相征南之兵，因来投兵。"孔明闻言嗟叹不已，传令安下行营，设宴待之，叙了些当年与关公创业之事，大家都滴下眼泪。宴完，修表申报朝廷，即差关索为前部先锋，一同征南。大队人马，各依队伍而行。所到之处，秋毫无犯。此时，雍闿听说孔明亲统大军前来，即令高定居中，朱褒在右，自己在左，各引五万人马，分作三路迎战。高定令部将鄂焕为先锋，此人身长力大，面貌丑恶，骑一匹浑红马，使一枝方天戟，有万夫不当之勇；领了主将之令，引着本部军马来战蜀军。方到益州界口，就与孔明前部军马撞在一处。

> 诸葛亮差遣魏延为先锋，带领着副将张翼和王平。
> 催人马行程初入益州界，就撞见反贼鄂焕调来兵。
> 老魏延舞动大刀催坐骑，贼鄂焕急忙跨马把戟拧。
> 两员将死争恶战十余趟，一时间难分上下与雌雄。
> 提大刀拨马魏延扑本阵，后边厢鄂焕急追不放松。
> 这个贼只知进而不知退，没提防闯来张翼与王平。

魏延诈败，鄂焕来追。张翼、王平两军杀来，绝了后路。魏延拨马杀回，三军并力夹攻，生擒了鄂焕，来见孔明。孔明令去其绳，以酒食相待，乃问："你是谁的部将呢？"鄂焕说："我是高定的部将。"孔明说："我素知高定是忠义之士，今为雍闿所惑，以致如此。我今放你回去，叫高太守早早归降，免遭大祸，我绝不加罪于他。"鄂焕拜谢而去，回营见了高定，称述孔明之德，高定也感激不尽。次日雍闿入寨来，见了鄂焕惊问说："你如何能回来呢？"高定说："孔明赐酒食而放。"雍闿蹙眉说："这是孔明施的反间之计，想使我两人不和。"高定半信半疑，心中犹豫。忽报蜀将前来讨战，雍闿立时披挂提刀上马，亲领三万大兵出迎魏延。战不数回，抵敌不住，拖刀便走。魏延催兵前进，追杀三十余里，收兵而回，来见孔明。孔明不许出马，安下两路伏兵，等待敌人。次日高定、雍闿两路兵来劫蜀寨，被孔明伏兵截住杀伤大半，生擒甚多。

话说孔明下令把雍闿的兵囚在一边，高定的兵囚在另一边，却命军士传说，但凡高定的兵免死，雍闿的兵尽杀。众军皆闻此言。孔明先把雍闿的兵唤到帐前问说："你们是何人的军士呢？"众军士皆假充说："高定部下。"孔明全免死，以酒食赐之，使人送出大营，放其回寨。孔明又唤高定的兵来问，众皆告说："我等实是高定部下。"孔明也免其死，赏以酒食，就在帐下饮用。

> 众军士饮酒食肉在帐前，诸葛亮从中又用巧机关。
> 故意与高定士坐相答话，使一条反间之计造虚言。

我因何捉来你等又轻放？都只为你王忠义美名传。

昨一日雍闿寄来书一纸，暗地里差人投降到这边。

安排着谋杀朱褒和高定，亲手献一双首级到营盘。

我从来无故杀人心不忍，因此上释放你等转回还。

倘若是再敢造反仍生事，复擒来严加诛戮不放宽。

众军士饮食已毕齐叩首，离大帐出了寨门一溜烟。

众军士进营见了高定，说明献首级之事。高定十分惊疑，秘密差人去雍闿寨中打听消息，又使人往孔明寨中探听虚实，被伏路军捉住，来见孔明。孔明故意认其为雍闿的人，唤入帐中问说："你家元帅约定拿高定、朱褒首级，因何误了日期？你这次又不精细，如何能做细作？幸亏我的人将你拿住，若被高定的人捉去，岂不走漏了消息？"这个军士也不敢分辩自己不是雍闿的人，乃含糊答应而已。孔明以酒食赐之，修密书一封，交给军士说："你持此书交给雍闿，叫他早早下手，不要再误事。"细作拜谢而回，见了高定，呈上孔明的书信，细诉雍闿如此如此。高定看书完，大怒说："我以真心相待，他反而害我，情理难容。"这时鄂焕说："孔明乃仁德之士，背之不祥。我等谋反作恶，皆因雍闿之故，不如杀之，以投孔明。"高定说："我也有此意，但如何下手呢？"鄂焕说："末将倒有一计。"

凭空里雍闿作恶谋反意，而竟然水性杨花心改变。

咱只说协力同心无二意，谁料想归降蜀寨暗相投。

若不着细作得来书一纸，将军你命见阎罗一梦休。

常言说杀人不如先下手，给他个预先灶底把薪抽。

只需要中军帐里摆酒宴，就说是共论军情把计求。

悄悄地掘下陷坑擒虎豹，引诱着蛟龙来上钓鱼钩。

鄂焕说完，高定大喜，立刻设宴，去请雍闿。鄂焕说："他若没有疑心，必坦然而来；他若不来，必有疑心。将军攻其前，末将伏于寨后候他，雍闿可擒。"正商议时，下帖人回来说："雍闿推病不来。"鄂焕说："此事真矣，你我依计而行。"是夜高定领兵杀入雍闿寨中，雍闿军不战自乱，急忙上马出寨，往山路而走。走不过数里，听得鼓声响处，一彪军马杀出，乃是鄂焕挺方天戟，直取雍闿。雍闿措手不及，被鄂焕一戟刺于马下，割其首级，来寻高定。大家来降孔明，献雍闿首级于帐下。

孔明高坐于帐上，喝令左右推出高定斩首。高定大叫说："末将感丞相之恩，特将雍闿首级来降，为何斩我？"孔明大笑说："你来诈降，要瞒哪个？"高定说："丞相怎么知道我是诈降？"孔明从袖中取出一封书，递给高定说："朱褒已密献降书一封，说你与雍闿结生死之交，岂肯杀此人？必是用假头来献，故知你是诈降。"高定说："实是雍闿之首，不要听信朱褒妄言。"孔明说："不要辩解，你若捉他朱褒前来，方信你是真心。"

诸葛亮又定反间计一条，这高定说声遵命竟去了。

活活地坠入孔明圈套内，领人马一心要想捉朱褒。

出门去心中只恨马行慢，催促着大小三军似海潮。

不多时相离朱褒营盘近，走得急蜂拥好似入窝巢。

这朱褒秉烛观书还未睡，猛听得一片杀声震九霄。

只当是蜀兵乘夜来劫寨，急忙忙戴上头盔穿战袍。

顷刻间敌兵已困中军帐，原来是高定催马喊声高。

忙上前抱刀秉手来答话，旁边里闯上鄂焕小英豪。

恶狠狠拧动方天戟一条，眼看着照准前心刺透了。

鄂焕将朱褒一戟刺死，用剑割了首级。高定大喝说："军士有不顺者，皆杀之。"三军一齐拜降。高定又引两部军马来见孔明，呈上朱褒首级。孔明大笑说："我故使汝杀此二人，以表忠心。"遂命高定为益州太守，总管三郡，命鄂焕为牙将。

此时，三郡军马俱平，永昌郡之围已解，太守王伉出城迎接孔明。孔明入城说："谁与公守此城？"王伉说："今日得此城，多亏本郡人氏，姓吕名凯，字季平，皆此人之力。"孔明大喜，即请吕凯前来，叙礼让座。孔明说："久闻先生乃永昌高士，多亏公保守此城。我今想平定蛮方，先生有何高见？"吕凯遂取一图，呈于孔明说："我自出仕以来，知南蛮欲反久矣，故密使人入其境，打探地理。将凡可屯兵作战之处，画成一图，名曰平蛮图，今特献给丞相。丞相观看，可为征南参考。"孔明接图观看，只见南方山川地理如在目前心中，大喜。

即用吕凯为乡道官，提兵南下。正行之间，忽报天子使命到，孔明安下行营，请入中军。只见一人素袍白衣而进，一看是马谡，为兄马良新亡，因此穿孝。孔明说："公为何而来？"马谡说："奉主上之命，赐众官酒帛，特来解送。"孔明接诏完，将酒帛发散众军，留马谡在帐中赴宴。孔明说："我奉天子诏命，统军平定蛮方，素知你高见过人，望乞赐教。"马谡说："愚莽之才，何敢当此过举，但有一言，望丞相察之。"

丞相你亲领君命扫南蛮，须知道民风习诈更皮顽。

他那里相隔中原几万里，却原来天朝王化久不沾。

又加上习染成风村野性，若提起礼义廉耻总枉然。

这一去旗开得胜待服顺，万不可凯歌早奏撤兵还。

咱若是扫平南蛮征北魏，他定要侵略封疆又犯边。

岂不知阻隔江湖山路险，再出征大兵往返甚艰难。

丞相你用兵之道尽皆晓，休忘了攻城攻心那两桩。

望丞相平定南蛮征孟获，必让他心悦诚服三五番。

马幼常献上一条平蛮计，诸葛亮连声称道好机关。

马谡说完，孔明大喜说："愿闻攻心攻城之言。"马谡说："凡用兵之道，攻心为上，攻城为下，心战为上，兵战为下。丞相去征孟获，但服其心足矣。"孔明叹说："幼常深知我肺腑。"遂令马谡为参军，共统大军前进。

此时蛮王孟获得知孔明计破雍闿等三将，急聚三洞元帅商议。第一洞是金环三结元帅，第二洞是董荼那元帅，第三洞是阿会喃元帅。三洞元帅一齐来见孟获。孟获说："今诸葛亮带领大兵侵我境界，不得不用力抵抗。你三人兵分三路而进，如得胜便为洞主。"遂命金环三结取中路，董荼那取左路，阿会喃取右路，各引五万蛮兵，依令而行。

却说孔明兵至蛮方，相隔孟获老巢不远，安下大营。正在中军帐议事，忽哨马飞报说："孟获差三洞元帅，兵分三路到来。"孔明闻报，即唤赵云、魏延前来，却说赵、魏二将不识地理，吩咐马忠、王平分左右路进兵。

赵云心中不悦，将魏延请来商议说："我二人为先锋，却说咱不识地理，而不肯用，岂不羞耻？倘让他人成功，你我脸面何光？"魏延说："不如瞒了丞相，前去迎敌。若能立功，就是违军令，料也无妨。怎肯甘为后应，却将头功让与他人？"赵云说："说得有理。"二人计议已定，上马出寨，同奔中路而来。走不过数里，远远望见前面尘土大起，有数十骑蛮兵纵马前来。二将两路冲出，蛮兵见了大惊而逃。二将赶上，俱各生擒。几人回到本寨，以酒食赐之，细问地理路径，蛮兵告说："往南不远，就是金环三结元帅大寨。在山口两边，有条路可通左右二寨，就是那董荼那、阿会喃二帅屯兵之所。"赵云、魏延闻听此言，即点精兵五千，由擒来的蛮兵引路，立刻起程。出寨天已四更，此时蛮兵方要造饭，准备天明进兵。

众蛮兵埋锅造饭火初红，猛然间闯进魏延赵子龙。

带领着五千精兵齐动手，一个个勇猛好似一窝蜂。

唯有个金环三结大元帅，急忙忙飞身上马把枪拧。

出中军迎头撞上常山将，他二人并不答话就交锋。

赵子龙天下无敌银枪杆，眼看着分心刺落地平川。

下坐骑宝剑取了蛮贼首，一将军分兵起寨扑西杀。

董荼那三十六计走为上，阿会喃溜之大吉无影踪。

两下里齐烧营寨杀军士，才来了部将王平与马忠。

二将斩将劫寨立了头功，马忠、王平才到，不过杀了些败兵而已。此时天已大明，赵云提了金环三结元帅首级，同魏延收兵回营，来见孔明献功说："董荼那、阿会喃弃了坐骑，越岭翻山而走，赶他不上，故此没曾捉住。"孔明大笑说："两个逃蛮，我已擒拿在此。"赵云、魏延并诸将都不信。停不多时，张嶷解董荼那到，张翼解阿会喃到。众人一见，无不惊讶。孔明说："我看吕凯图本，已知他们下寨之处，故以言激子龙、文长，使其深入重地，先破金环三结，后劫左右寨，以王平、马忠应之。非子龙、文长不能当此任。我料董荼那、阿会喃大寨一破，必从小路穿山而走，因此差张嶷、张翼伏兵以待之。令关索领兵接应，擒此二人。"众将都说："丞相妙算，真神鬼不能测。"

中军帐孔明高坐传下令，众将士雁翅挨排在两边。

一声吩咐张嶷和张翼将，速解上董荼那和阿会喃。

命左右当面解去绳和锁，赐酒食二人仍把衣服穿。

立放他俩离营盘回洞去，再不许助纣为虐似从前。

二蛮贼抱头鼠窜跑得快，好叫他孟获羞嗔把脸翻。

孔明放了两洞蛮帅去远，对众将说："明日孟获必然引兵前来，便就此擒他。"即授赵云、魏延密计，各领五千军马去了。又唤王平、关索同引一军，领计而去。

此时蛮王孟获早听三洞元帅被擒，勃然大怒，即起蛮兵往北进发。走到半路，正遇王平军马，两阵对列。王平出马，立于门旗之下，横刀望之，只见对方门旗开处，有数百蛮骑，把两边雁翅排开，中间孟获一马当先。

这王平勒马门旗提大刀，急忙忙虎目圆睁对面瞧。

但只见南蛮国王贼孟获，眼前里威风杀气透九霄。

生就的眼似铜铃蓝靛脸，闹哄哄一蓬红须颔下飘。

戴一顶嵌玉金冠朱缨滚，响叮当甲砌龙鳞兽锦袍。

赤旭旭护心宝镜悬秋水，扎一根九股生丝勒甲绦。

悬两口诛军斩将雌雄剑，铁把弓相伴狼牙箭几条。

跨一匹吐雾吞云卷毛兽，手提着鬼怕神惊大砍刀。

战将靴双尖钭挑铛金钉，雄赳赳天王端坐战鞍桥。

王平正在观看，孟获在马上回头左右笑说："人常说孔明善能用兵，今观此阵，旌旗杂乱，队伍不齐，刀枪器械，无一胜于我，始知人言尽虚谬矣。早知如此，我早反了！谁敢去擒蜀将，以振军威？"话刚说完，身后一将应声而出。这员将使一口截头刀，骑一匹黄骠马，当先出阵，来战王平。二将交锋不数合，王平败走。孟获催兵大进，又遇关索，关索略战几合，也拨马而走，约退二十余里。孟获自追赶间，忽然两边喊声大起，左有张嶷，右有张翼，两路军兵杀出，截断归路。王平、关索一齐杀回，前后夹攻，蛮兵大败。孟获引部将拼力死杀，得脱重围，望锦带山而逃，背后三路兵一齐追来。前面喊声震地，一彪军马截住，为首大将，乃常山赵子龙。孟获一见大惊，急奔锦带山小路而逃，子龙紧紧追杀。

魏延领了孔明之计，率五百名步军伏于小路旁。孟获到此，无处逃奔，被魏延生擒活捉了，所有部将俱都投降。魏延解孟获回大寨，来见孔明。孔明早已设下酒宴等候，令各营将士披挂整齐，各执枪刀，更有御赐黄金钺斧，曲柄伞盖，左右排开，十分严肃。孔明高坐帐中，只见蛮兵纷纷攘攘，解到无数。孔明唤到帐中，尽去其缚，以好言安慰。

> 诸葛亮高坐中军笑吟吟，说你们都是本分好良民。
> 被孟获那贼强逼才反叛，到现在兵败翻山却被擒。
> 想一想谁无父母和妻儿，亲人们盼望早归免担心。
> 若知道你们疆场都被擒，一定要眼中流泪溅衣襟。
> 我情愿网开一面留生路，你们得从今改过要自新。
> 归家去一门老小相团聚，万不可胡作非为做歹人。
> 若再敢前来故意二次犯，要知道难逃杀身大祸临。

孔明说完，赐酒食钱粮而放。蛮兵深感其恩，泣拜而去。令武士押过孟获，跪于帐前。孔明说："先帝待你不薄，何故背反呢？"孟获说："东西两川之地，俱是他人所占土地，你主恃强夺之，以为己有。我世居此处，你们又来侵我边疆，是你们无理，我何为背反？"孔明说："我今擒住你，你心服吗？"孟获说："山僻路狭，误遭你手，如何肯服？"孔明说："你既不服，我放你回去如何？"孟获说："你放我回去，再整军马，共决胜败。若能再被擒，我方服你。"孔明即令去其缚，给衣服穿了，赐酒食，给鞍马，差人送出大营，回寨去了。

第一百八回　渡泸水再擒蛮王　识诈降三擒孟获

话说孔明放了孟获，众将上帐问说："孟获乃南蛮罪魁，今已被擒，丞相为何放他？"孔明笑说："我擒此人，如囊中取物。只待降服其心，南方自然平矣。"众将闻言，将信将疑。此时孟获回了本寨，收集残兵，约有十余万人。董荼那、阿会喃俱到。孟获不肯说孔明放他回来，只说是斩将夺马而回，又对众人说："我知孔明之计了。"

> 西蜀军跋涉山川几万里，这一回长途日久受辛劳。

眼前里时值五月天炎热，赤日中暑气熏蒸似火烧。

又加上军粮路远难搬运，诸葛亮人马饥苦实没招。

咱现有泸水之险为依靠，呼啦啦浪滚波翻少渡船。

快快把土城筑起河南岸，必须要挖得沟深坝垒高。

我们要固守严防不出城，料孔明欲战不得转回朝。

那时节乘势追杀出其后，大伙儿报仇雪恨展眉梢。

　　孟获定下此计，蛮兵依计而行，尽将船筏放在南岸，隔岸一带筑起土城，沿河上下有依山傍崖之地，皆竖敌楼。楼上多设弓弩炮石，准备久守，一切粮草俱是各洞供给。

　　孔明大兵到来，见泸水水势甚急，并无船筏可渡，隔岸一带俱筑土城，许多蛮兵把守。时值五月中旬，天气炎热。南方之地，分外热得透不过气来。孔明大军退十余里安营，聚众将于帐中商议说："今孟获兵退泸水之南，深沟高垒，以拒我军。我既提兵到此，怎可转回？你等可各引本部人马，傍林树茂盛之处屯扎，乘凉休息。"众将依令而行。

第一百八回

渡泸水再擒蛮王　识诈降三擒孟获

众将士傍树依林去扎营，参谋官蒋琬生疑谏孔明。

丞相您兵家大忌尽知晓，为什么明知还要惹灾星？

想当初先主兴兵报仇恨，带领着三军众将伐江东。

都只为人马乘凉皆避暑，因此上沿江一带扎连营。

陆伯言纵火烧营七百里，弄得来损兵折将粮草无。

这些事如在眼前丞相记，就不该仍蹈旧辙不避凶。

但恐怕暗下蛮兵渡泸水，仿效那陆逊烧营有火攻。

　　话说孔明听蒋琬之言，笑说："公勿多疑，我自有妙算。"遂令吕凯离泸水百里之外，选阴凉之处，安下四个大寨，使王平、张嶷、张翼、关索各守一寨，内外皆搭草棚，遮盖马匹，将士乘凉，以避暑气。蒋琬并众将都不晓其意。

　　忽报成都天子差马岱送马和粮草并避暑药到了。孔明唤入问说："我带来的兵马屡战疲困了，想用你新带来的兵马，不知肯向前否？"马岱说："都是朝廷军马，丞相想用，虽死不辞。"孔明闻言大喜。

　　马岱领命，引本部军兵三千，去渡沙滩口砍木做筏，乘之渡水。有不少军士因见水浅，裸体而过。走不远，这些兵士一齐倒在水中，急救登岸，口鼻出血死去，有一千余人。马岱大惊，连夜告知孔明。孔明忙唤本地乡民来问，乡民说："现在天气炎热，毒聚泸水。白天毒气生发，有人渡水，必中其毒，若饮此水，必死无疑。若渡此水，必待夜静水冷，毒气不起之时，饱食而渡，方可无事。"孔明听完，遂选精壮之兵两千人交给马岱，令乡民引路，至泸水沙滩口，乘夜渡之，果然无事。马岱带领壮军，仍用乡民引路，径取蛮洞运粮总路口夹山峪而来。那夹山峪两边是山，中间一条路，只容一人一马而过。马岱分兵伏在峪口。蛮洞不知，正运粮到此，被马岱截住，夺粮一百余车。蛮兵急忙去报孟获。

此时孟获终日饮酒作乐，不理军务，擎杯对众蛮长带笑而谈。忽报泸水被蜀军暗渡过来，打着平南将军旗号，截断夹山峪运粮路口。孟获即差董荼那领兵三千来抵。马岱纵马而出，大骂说："无义忘恩之徒，丞相饶你性命，今又前来，真无耻至极。"董荼那满面羞惭，不战而退，回见孟获，只说马岱英勇，敌他不过。孟获大怒说："我知你曾受诸葛亮之恩，故意不战而退。既是卖降，必有异心，来人推出斩首。"众蛮长再三哀告，方同意免死，重责一百大棍，驱逐出本寨去了。

孟获仍然饮酒，醉在帐中。帐下的人，曾受孔明活命之恩的，心中俱不服，共与董荼那商议，乘孟获大醉，将他绑起来，用船渡过泸水，来见孔明献功。孔明大喜，重赏董荼那等人，遣归大寨而去。然后令刀斧手推孟获入帐。孔明笑说："你有言在先，如再被擒，便肯降服，今日如此。还有什么话说吗？"孟获说："这不是你的本领，是我手下人自相残害，以致如此，我怎么肯服？"

孟获说完，孔明笑说："既如此，我还放你回去，如再擒来，必不能饶恕。"遂令去其绳索，仍赐衣服和酒食。孟获吃完，上马出寨，观看各处营盘。孔明对孟获说："我自出茅庐以来，战无不胜，攻无不取，不料你这蛮人竟敢不服。你不投降，真是个愚人。我有这样精兵猛将，兵器和粮草，你怎能胜我？"

孟获默默不答，辞别而去，回到寨中将董荼那、阿会喃诓来杀了。与其弟孟优商议说："如今孔明虚实我已知道，你可如此前去，我自有计在后。"孟优领了计策，引百余人搬运金银珠宝、象牙犀角等物，渡过泸水，径奔孔明大寨而来。此时孔明在中军帐中，与马谡、吕凯、蒋琬、费祎等人共议平蛮之计，忽报孟获差弟孟优来进宝贝，孔明笑对马谡说："你知其来意否？"马谡说："此事不可明言，待我写在纸上，看是如何？"写完，孔明一看抚掌大笑说："你的所见正和我相同。擒拿孟获之计，早已在我胸中。"遂将赵云、魏延、关索、王平一齐唤来，吩咐如此如此，四将各自领计而去。孔明这才召孟优入见，孟优拜伏于帐下。

好一个卖弄人情贼孟优，你看他前来掩耳把铃偷。

与哥哥暗定一条诈降计，没曾想孔明早已识来由。

最可笑大被蒙头还做梦，跪帐下巧言花语尽叩头。

我哥哥二次三番被擒获，幸亏你高抬贵手把情留。

叫我们活命之恩无可报，因此上送些微礼来这头。

权当作军资助不成敬，望丞相笑纳不推将礼收。

从今后您为上邦咱为下，我兄弟真心诚意愿降投。

称臣后年年进贡成都府，再不敢贪生妄想胡搜求。

孔明早已知他是诈降，故推不知，并问他："你兄今在何处？"孟优说："因感丞相大恩，现往银坑山中收拾宝物去了，不两日便回来。"孔明说："你带多少人来？"孟优说："不敢多带，只有百余人，都是运送货物的。"孔明让都叫进来，一看都是青眼红发，黑面紫须，耳带金环，蓬头跣足，身高力大之士。孔明叫他们与孟优同坐帐中，令众将劝酒，殷勤相待。

早有孟优心腹人报给孟获，孟获大喜，即点起两万蛮兵，分为三队，黄昏之后，渡过泸水。孟获居中，众蛮长各居左右，齐来劫营。到了孔明大寨，并元军马，一拥而入，不见一人。但见中军帐中，灯烛辉煌，孟优和众蛮兵皆醉倒，口不能言，以手指嘴而已。孟获知是中计，忙同蛮兵救着众人，正要逃走，前面喊声震地，火光骤起，蛮兵各自奔逃。一队军杀到，是蜀将王平。孟获大惊，急奔左路，一彪军杀来，是蜀将魏延。孟获忙向右路而来，又一彪军杀到，是蜀将赵云。三路军夹攻，四下无路。孟获弃了军士，匹马望泸水而逃，正见泸水上数十名蛮兵驾一小船，孟获令小船靠岸。人马上了船，还没站稳，上来十数人将孟获擒住。原来马岱领了计策，引兵马扮作蛮兵，驾舟单等诱擒孟获。马忠、王平、关索捉住众蛮长，大家来见孔明。孔明指孟获笑说："你先令你弟以礼诈降，如何能瞒得过我！今番又被我擒，你可心服？"孟获说："此乃我兄弟贪口腹之欲，误了大事。此乃天败，不是我无能，如何肯服！丞相若肯放我兄弟回去，重整蛮兵，再战一场，如再被擒住，那时方才死心塌地而降。"孔明说："再若擒住，必不轻饶，那时不要后悔。"遂令去其绳索。孟获谢了孔明，同众人抱头鼠窜而去。

> 贼孟获抱头鼠窜去不远，　诸葛亮晓谕三军众将官。
>
> 都只为蛮兵造反侵边界，　我因此领兵率将来征南。
>
> 不过是降服其心便罢手，　实不忍灭尽族类绝人烟。
>
> 昨一日阵上三次擒孟获，　是叫他中哨五营亲眼看。
>
> 我原来用的一条诱敌计，　贼孟获果入圈套劫营盘。
>
> 被你们一鼓而擒捉拿住，　一个个铁锁缠身绳子拴。
>
> 现如今三次不杀皆饶恕，　他也该感我深恩不犯边。
>
> 倘若他不知悔改还如故，　咱大家四次擒他有何难？
>
> 望众将休看眼前埋怨我，　必须要尽心为国保江山。

孔明说完，众将皆拜伏于地说："丞相智、仁、勇足备，虽子牙、张良也不能及。"孔明说："我怎敢与古人相比，皆赖众将之力，才能取胜。"众将闻言，尽皆欢喜。这且不提。

再说孟获受了三擒之辱，愤愤然回到银坑洞中，立刻差人入西番，向番王借来番兵二十万，各处兵马俱听孟获调用，来敌蜀军。探马报知孔明，孔明笑说："我正想要蛮兵都来，见见我们之能，看看我们之力。"遂传令拔营起程，自驾小车，引数百人向前探路。这正是：若非洞主威风猛，怎显军师手段高？要知胜负如何，且看下回分解。

第一百九回　孔明四番用计　孟获五次被擒

话说孔明正往前走之时，来到一河，名西洱河，水势虽慢，并无一只船筏。孔明令三军砍木做筏而渡，筏到水就沉底。孔明问吕凯，吕凯说："河上头有一山，山中多竹，大的数围，可令人伐之。在河上面搭起浮桥，可行军马。"孔明从其言，令三万人入山，伐竹数万根，顺水放下，于河水狭处搭起竹桥，阔十余丈。命大军在大河北岸一字下寨，筑土为城，过桥南岸，安下三个大营，以待蛮兵。

> 诸葛亮西洱河南扎大营，安排着佯输诈败诱蛮兵。
> 预先里四面埋伏人和马，悄悄地傍树依林掘陷坑。
> 贼孟获自恃兵多番将勇，而竟然斗胆前来捉孔明。
> 蜀家军一战而败河北岸，引诱得蛮兵追赶快如风。
> 呼啦啦渡过竹桥西洱河，一心要报复前仇立大功。
> 偏也巧对面撞着诸葛亮，在那里端坐小车喜气生。
> 这一回喜坏蛮王贼孟获，带领着众将齐奔往上迎。
> 谁料想齐落陷坑身倒地，弄了个两肋生翅也难腾。
> 霎时间四面伏兵一齐起，一个个抓出坑来上了绳。

众将把孟获、孟优和众蛮长一个个拖出坑来，上了绳索。孔明先入蛮寨招安，蛮兵此时大半已归本乡去了，除死伤外，其余皆投降。孔明以酒食赐之，全都放回。只见张翼解孟优到，孔明责备说："你兄愚迷，你应谏之。今被我擒了四次，有何面目见人？"孟优满面羞惭，伏地哀求免死。孔明说："我不杀你，饶你性命去劝你兄，勿得反复猖狂。"令武士去其绳索，孟优拜谢而去。不多时，魏延解孟获到。孔明大怒说："你今又被我擒，还有什么说的？"孟获说："我今被擒，虽死也不瞑目。"孔明喝令武士推出斩首。孟获并无惧色，回头对孔明说："若敢再放我回去，必然报四次被擒之恨。"孔明不由得大笑起来，令左右去其绳，赐酒压惊。孔明对孟获说："我今四次以礼相待，你还不服，是何故呢？"孟获说："我虽是化外之人，却不似丞相专施诡计，我怎肯服呢？丞相若放我回去，整兵决战，莫以诡计伤人，再擒住我，自然心服，并将洞中所有之物以犒三军。再不兴兵造反，自惹杀身之祸。”

　　诸葛亮不忍一刀杀南蛮，因此上释放一番又一番。
　　贼孟获欣然拜谢出营去，领众将渡过浮桥奔西南。
　　与其弟两处残兵合一处，商议着大家暂避秃龙山。
　　秃龙洞朵思大王忙接待，他二人促膝而坐作长谈。
　　贼孟获叹声开言来相告，他说道一连兵败三四番。
　　现如今洞中谒见来求计，望大王发个慈悲急救援。

　　朵思王说：“大王放心，若川兵到此，管叫他一人一骑不得还，孔明也必死在此处。”孟获大笑，问计朵思。朵思说：“我这只有两条路可入，东北上一条路，就是大王所来之路。此路地势平坦，土厚水甜，人马可走。若以土石堵上洞口，虽有百万之众，也不能过。西北上有一条路，山险岭恶，道路狭窄，其中多有毒蛇恶蝎截路伤人。黄昏之后，烟瘴大起，至次日午时方收。唯独未、申、酉三时可行。这条路有四个毒泉：一名哑泉，其水很甜，人要喝了，不能说话，不过十日必死；二是灭泉，此水与汤无异，人要沐浴，皮肉都烂，见骨必死；三是黑泉，其水微清，人要被水溅在身上，手足皆黑而死；四是柔泉，其水如冰，人要喝了，咽喉无暖气，身体软弱如绵而死。此处虫鸟皆无，人怎么能到？唯有汉伏波将军到过，自此以后，无一人到来。今堵塞东北大路，大王安居洞中。蜀军若见东路堵断，必从西路而来，路上必饮四泉之水。纵有百万之众，皆有来路无归路，必死无疑。”孟获闻听此言，心中大喜。

　　话说孔明连日不见孟获出兵，遂传号令，命大军离开西洱河，往南进发。忽然探马来报孟获退往秃龙洞不出，将洞口和通往洞口的道路截断，内有兵把守，山恶险峻，不能前行。孔明问吕凯，吕凯说：“我听说去此洞，还有一条路在西北，详情不知。”蒋琬说：“孟获四次被擒，吓破了胆，怎敢再出？现今天气炎热，军马劳乏，不如班师返回。”孔明说：“若如此，正中孟获之计。我军一退，他必乘势来追。现已如此，怎能返回？”孔明令王平数百军为前部，让新降的蛮兵引路，寻西北小路而走。前面一泉，人马都走渴了，争先饮此水，饮后都不能说话。王平慌忙去见孔明。孔明大惊，知道泉水有毒，亲驾小车，引数十人前来观看。只见一潭清水，深不见底。下车登高相望，四壁峰岭，鸟雀不叫。忽见远处山冈上有一古庙，孔明附葛抓藤而上，见一石屋供一将军之像，旁边有石碑，乃汉伏波将军马援之庙。昔因平蛮到此，蛮人立庙祀之。

　　诸葛亮只见将军是马援，急慌忙双膝着地跪碑前。

我如今钦受先主托孤重，奉圣旨领兵率将来征南。

安排着一到平定南方地，谁料想孟获猖狂好几番。

愁煞人凯歌难奏归无日，还怎么去征曹丕灭孙权？

众三军不知此地误至此，半路上士卒渴急饮毒泉。

一个个口难出声咽喉哑，还恐怕性命只在早晚间。

望将军显圣通灵相搭救，也不枉本朝将相做高官。

诸葛亮口中祝愿连叩首，从旁边闪出老叟一高年。

孔明叩头而起，忽一老叟扶杖在旁，不知从何而来，形容甚异。孔明慌忙施礼，对坐石板上。孔明问说："老丈高姓大名？"老叟说："老夫久慕丞相高雅，今幸拜见。蛮方的人多蒙丞相活命之恩，感谢非浅。"孔明问泉水之故，老叟说："军士所饮的是哑泉的水，饮后不能说话，数日即死。哑泉之外，更有三泉：东南有一泉，其水至冷，人若饮了，咽喉无暖气，身体软弱而死，名曰柔泉；正南有一泉，人若被水溅在身上，手足皆黑而死，名曰黑泉；西南有泉，沸如热汤，人若沐浴，皮肉尽脱而死，名曰灭泉。此处有四泉，毒气着人，无法可治。又有烟瘴日起，唯未、申、酉三个时辰而往来。其余时辰，瘴气密布，触之即死。"孔明叹说："若这样，蛮方不可平了。蛮方平不了，怎能灭吴、魏，再兴汉室？有负先帝托孤重，生不如死了。"一边说着，泪下湿襟。老叟说："丞相勿忧，我今指引一处，可以解之。"

你领人马速速去寻门路，往正南转过山头上正西。

离这里路程约有二十里，山峪中流水名叫万安溪。

有一个万安隐者居北岸，在那里结庵筑室作幽栖。

草庵后泉名安乐水清浅，到其间沐浴能把百病去。

小溪边更有一种芸香草，密匝匝傍水而生人不知。

命三军各自口中含一叶，纵有那冲天瘴气不沾衣。

管保你一到即除喑哑症，望丞相速奔前程莫延迟。

老叟说完，孔明拜谢说："承蒙老丈如此相救，不胜感激。愿闻大名，以图后报。"老叟忙入庙内说："我是本地山神，奉伏波将军的命令，特来指引。"说完揭开石墙，侧身而入，踪迹不见。孔明惊讶不已，再拜庙神，寻旧路上车，回到大寨。

次日，孔明置备纸、香等物，引王平及哑军连夜往山神所讲的去处。约走二十多里，但见长松大柏，茂竹奇花环绕一庄；篱墙之中，有数间茅屋，闻得异香喷鼻。孔明大喜，上前叩门，有一小童开门而出。孔明刚要通姓名，早有一人竹冠草鞋，素袍皂绦，碧眼黄发，形貌奇古，欣然而出说："来者莫非汉相卧龙先生吗？"孔明笑说："正是，高士怎么知我名字？"隐者说："久闻丞相大驾南征，怎能不知呢？"

即请孔明入草堂，礼毕，分宾主坐下。孔明细说来意，恳切相求，隐者说："此事不难，丞相放心，药泉就在庵后，即命童子将水取来，令哑军各饮一口，吐出涎沫，立刻能言。"又以芸香草赐之，置备柏子茶、松花菜，以待孔明。并告诉此路多有毒蛇恶蝎，柳花飘入泉水中，水不能饮，饮则必死。须掘地为泉，出水饮之，方可无事。各军士口中含芸香草一叶，自然瘴气不染。孔明深感其恩，敬问隐者姓名。隐者笑说："实不相瞒，我是孟获之兄孟节。"孔明愕然不安。孟节说："丞相休疑，容我实告。父母生我三人，长子即老夫孟节，次子孟获，三子孟优。父母皆亡，两弟强恶，不归王化。我屡谏不听，故更名改姓，隐居此地。今两弟造反，劳丞相深入不毛之地，受此辛苦。孟节罪该万死，在丞相面前请罪。"孔明笑说："昔日盗跖为恶，其兄柳下惠也不失为大贤。今老丈拯救军士，又指引迷途，建立了大功，何罪之有？我申奏天子，立你为王，以表今日之功。"孟节说："不可。为嫌功名而逃于此，岂能贪富贵吗？"孔明以金帛赐之，孟节坚决不受。孔明嗟叹不已，拜辞而回。令军士掘地取水，挖下二十余丈深，不见滴水，连掘十余处，都是如此。众军士心慌，孔明心中着忙，于子夜焚香跪拜告苍天，然后就寝。天明一看，所掘十余处，井中清水皆满，三军汲之不尽。遂由小路直抵秃龙洞前下寨。

蛮兵报知孟获，孟获说："蜀军不染瘴气之灾，又无枯渴之患，四个毒泉，皆没伤他，这却如何是好？"朵思大王不信，同孟获登高观看，只见蜀军安然无事，大桶担水，饮马造饭，并无妨碍，不觉毛骨悚然。朵思回顾孟获说："此乃神兵天降，不可进攻。"孟获说："我兄弟两个与蜀军决一死战，就是死了，也不能束手被擒。"说话之间，便要领兵出马迎敌。忽报银台洞二十洞总主杨锋引三万兵前来相助，孟获大喜说："邻兵来助我，我必胜无疑。"遂与朵思大王出洞迎接。

> 贼孟获带领残兵要出马，又来了银台洞主老杨锋。
>
> 你看他忙同朵思来接迎，哪知道双眼瞧错定盘星。
>
> 杨洞主相随五子皆骁勇，俱各是少年壮士大英雄。
>
> 他父子怀揣异心别有调，贼孟获大被蒙头不知情。
>
> 他只顾拱手殷勤把礼让，没防备被人抓住不放松。
>
> 眼看着二弟孟优遭了绑，朵思王也没脱过一条绳。
>
> 一霎时杨锋擒拿三洞主，只听得孟获喊冤不住声。

杨锋绑了朵思王及孟家兄弟二人。孟获说："兔死狐悲，物伤其类，我和你都是蛮洞的洞主，无冤无仇，何故害我？"杨锋说："我兄弟子侄都感诸葛丞相活命之恩，无可为报。你今不识进退，数次反复，我故擒你前去献功。"说完即将三人解到孔明寨来。孔明吩咐带进来，杨锋拜于帐前说："我等子侄皆感丞相大恩，故擒孟获等来献，以报丞相重赏之恩。"遂让解孟获前来。孔明笑对孟获说："你今番又被擒，却心服吗？"孟获说："这不是你的能耐，是我洞中之人自相残杀，以致如此。你要杀便杀，我只是不服。"孔明斥责说："你赚我入无水之地，更有四个毒泉以害三军。可是我三军至今无恙，岂非天意吗？你如何还执迷不悟？"孟获说："我祖居银坑洞中，彼处有三江之险，重关之固。你若能在彼处擒我，我当子子孙孙倾心服侍，永无更改。"孔明闻听此言，不由失声大笑。

孔明又令去其绳索而放之，孟获、孟优及朵思王俱各拜谢而去。蒋琬谏说："纵而复擒已五次，仍然心不服，今又放他去，这是为什么？"孔明说："我征南蛮，是要他心服，不忍灭其类，故数次放他去。等他计尽力穷，自然心服。"众官闻言，俱服孔明之用心。孟获等人去了，便将杨锋父子俱封官位，重赏所带蛮兵。杨锋父子拜谢而去。

第一百十回 | 驱巨兽六破蛮兵 烧藤甲七擒孟获

话说孟获越过秃龙洞，奔回银坑洞。此洞之外有三江，乃是泸水、甘南水、西城水，三路水汇合，故为三江。此洞北有平坦地二百余里，物产丰富。洞西有平坦地二百里，有盐井。西南二百余里，直抵泸、甘二水之源。正南三百余里，这一带皆山，山中有银矿，故名银坑洞。山中建有楼台，是蛮王巢穴。此时孟获回到洞中，聚会宗族有千余人，孟获说："我屡次受辱于蜀兵，势必报此仇，你们有什么高见？快快讲来。"话刚说完，一人应声说："大王莫忧，我举荐一人可破诸葛亮。"众人一看，是孟获妻弟，现为八秋部长，名为带来洞主。孟获说："你举荐何人呢？"带来洞主说："此去西南二百里有八纳洞，洞主木鹿大王深通兵术，骑白象，善能呼风唤雨，行动常有虎豹豺狼、毒蛇恶蝎跟随。手下有三万神兵，甚是英勇。大王修书备礼，我前去求他，料必应允。"孟获便令国舅拿书带礼前去，又令朵思大王把守三江城，以挡蜀兵。

孔明领兵到三江城下寨，遥望此城三面临江，一面通岸，即差魏延、赵云同领一军，于旱路攻城。赵子龙与魏延领兵到城下，看了看城墙摆列刀和枪。

二将军立营出马临城下，城头上大炮三声震上苍。

冷飕飕蛮兵乱放雕翎箭，好一似扑面寒冰万点霜。

俱是毒药养就的尖锋刃，一着人皮黑肉烂命定伤。

常言说见可而进知难退，有谁肯自己轻生取灭亡？

他二人攻打三江不得胜，无奈何回营缴令诉其详。

赵云、魏延不能取胜，回见孔明，告说药箭之事。孔明立即传令，大军退十里安营。蛮兵见蜀军远退，俱都欢喜，皆笑孔明无能，夜间安心稳睡，并不放哨。此时，蜀军安营闭寨不出，一连六七天，并无号令进兵。到了第八日，黄昏之后，忽起微风。孔明传下令来，每名军士要预备衣襟一幅，一更时分都要到齐，按名查点，无有者立斩不赦。众军都不知其意，只得依令行事，未满一更俱已到齐。孔明又传令说："每名军士各将自己衣襟割下，包土一包，俱到三江城下交割，先到的有赏，后到的重责。"众军士闻令，各将衣襟包土，送到城下交割。孔明令众军将士紧靠城墙堆积，以做入城之蹬道，先入城者，为头功。

常言说燕子衔泥垒大巢，众军士仅用衣襟土一包。

眼看着蹬道愈积土堆高，不多时竟与城墙一般高。

乱纷纷士卒争先往上冲，较比那平地不差半分毫。

众蛮军鸦雀无声正入睡，哪料到敌人半夜劫窝巢。

蜀家军枪刀剑戟齐动手，顾不得慈悲丞相把人饶。

不多时生擒活捉无其数，一大半弃城逃走开了跑。

朵思王死于乱军殒了命，真个是枉费心血没好报。

孔明得了三江城，所得珍宝无数，尽赏三军。败残蛮兵逃回，见了孟获告说："朵思王死于乱军，失了三江城池。"孟获闻听大惊。又有探马来报，蜀军已渡江，遍洞下寨，孟获更加慌张。忽然屏风后一人大笑而出说："既是男子，怎么这样软弱？妾虽然女流，听凭坐下马，手中刀，情愿出阵，活捉孔明，以报丈夫数次受辱之仇。"孟获一看，是他妻子祝融夫人。夫人世居南蛮，乃炎帝祝融氏之后，善使飞刀，百发百中。孟获一见大喜，起身称谢说："夫人要与我报仇，真是难得。但那孔明实不好惹，我从前被他捉去数次，俱都放回。夫人是一女流，又有些姿色，前去出马报仇，如得胜回来还好，倘若不能得胜，被他用诡计得去，只怕就不肯放回了。"夫人闻听，掩口而笑。

现如今孔明遍洞安营寨，原就该和他舍命杀一场。

大丈夫生亦何欢死何俱，犯不上闻听失色带惊慌。

待妾身独骑单人去出战，你只管缩脑缩头家里藏。

我上那三江城外跑跑马，会一会大汉丞相又何妨？

这不是妄出大言夸海口，凭仗着飞刀五口比人强。

这一去若能报仇雪了恨，那时节方显无敌是老娘。

纵然就疆场被擒捉拿住，有谁肯弃旧迎新改了腔？

我若是不胜蜀营丢下丑，又叫你有何面目做蛮王？

大王你且放宽心容我去，妾宁死也不从人那一桩。

　　孟获说："休要戏言，这一出马，务必多加小心。要多带兵马，以为护卫，不要光靠五口飞刀。"夫人说："大王不用多嘱，妾身记下了。"说完，翻身上马，带领猛将数十员、洞兵五万，出了银坑洞，来和蜀兵对敌。方才转过洞口，一彪军马拦住，为首大将乃张嶷。蛮兵一见，两路分开，祝融夫人背插五口飞刀，当先出马，手挺丈八梨花杆，坐下赤兔火龙驹，生得面如桃花，身似杨柳，俊俏之中带着一团威风杀气。张嶷看毕，暗暗称奇，自言自语说："人常说南方出美人，果然有如此标致的女子，真名不虚传，令人可爱。"正寻思时，祝融夫人驱马到来，照着张嶷就是一枪。张嶷用枪架过，还一刀去。二人并不答话，接马交锋，好杀一阵。战不数回，夫人拨马便走，张嶷舞刀催马赶下来。夫人祭起飞刀一口，空中落下，把张嶷杀下马后活捉。

　　话说蜀营部将马忠见张嶷被擒，心中好恼，大喊一声，飞临疆场，直扑祝融夫人，抡刀便砍。早有蛮兵困住，坐下马被绊马索放倒，马忠也被捉将过去。夫人连胜两阵，收兵回洞，来见孟获。孟获大喜，设宴与夫人庆功。夫人让将张嶷、马忠推出斩首，孟获急忙说："不可。孔明一连擒我五次，不肯杀我，都放回来了，咱今若杀他二将是不义。不如暂且囚在洞中，待捉了孔明一同杀了不迟。"夫人同意，遂把二将囚起。

　　此时，蜀营败兵奔回，见孔明告知张嶷、马忠被擒。孔明大惊，立即派马岱、魏延、赵云三将出马，用计去擒祝融夫人。蛮兵报入洞中，夫人即领兵出马迎敌。赵云一马当先，前来会战。夫人用枪一指说："来将何人？"赵云冷笑喝说："我乃大汉天子驾前，诸葛丞相麾下为将，官居五虎大将之职，姓赵名云，字子龙，天下皆知，难道你这蛮婆没听说过？"夫人闻听惊喜，问说："昔年在长坂坡下，怀抱阿斗太子，独战曹兵八十三万，损他上将六十余员的就是你吗？"赵云说："正是你赵爷爷，既知我的利害，为何不下马投降？"夫人说："闻名已久，今才见面，真幸会。"赵云大喝一声："好蛮婆招枪。"夫人漫闪二目，轻启朱唇，微微而笑说："我爱你人才出众，枪马无敌，你怎么这般无情呢？"一边说着用刀架过，二马相交战在一处，三两合后，夫人拨马便走，赵云追赶。夫人回头看了看，离阵较远，回顾无人，急忙圈回坐骑，一声招呼："将军休要动手，奴家有好话对你说。"赵云说："好蛮婆，有话就该在阵头说，将你赵爷引到山谷说什么呢？"夫人抱枪秉手满面赔笑说："将军你岂不知奴家飞刀甚是利害，若不是我心中爱上将军，早叫你命丧疆场。今日引将军到此，别无话说，只因妾夫孟获，年老貌陋，不称奴心。将军若能随奴家做夫妻，跟我到银坑洞中，愿将头把交椅让给你。你若允许便罢，要不允许，妾身一怒，马踏蜀营，叫孔明片甲不留，将军你也难脱我的飞刀。"赵云说："蛮婆不得胡说，我赵云乃大汉臣子，堂堂须眉，岂肯收你淫乱之妇？不必饶舌，看我取你。"一边说着，拧动枪杆，分心直刺。夫人急忙架开，二人杀在一处。夫人心爱赵云，不肯使出飞刀。此时，魏延、马岱领了孔明之计，各引军马前来助战。

夫人阵上求亲，子龙嘲笑大骂，拖枪便走。夫人催马来追，存心要捉子龙。忽听一声响，只见夫人仰面翻鞍落马。原来马岱埋伏此处，用绊马索擒了夫人，绳缚二臂，解到大营来。蛮将洞兵齐来相救，被赵云一阵杀退。此时，孔明端坐中军，马岱解祝融夫人到。孔明一看，急令武士去其绳索，请到别帐赐酒压惊。差人去告孟获，情愿送归夫人，换回张嶷、马忠二将。孟获欣然应允，马上将张、马二将送归蜀营。孔明也送夫人回洞。

孟获一见祝融夫人，悲喜交集，急忙吩咐设宴，与夫人压惊。二人正在交谈，忽报八纳洞主木鹿大王到。孟获叫夫人回避，慌忙出洞相迎。见这人骑着白象，披金珠镶嵌连环铠，腰下双悬大砍刀，领着许多喂养虎豹豺狼的士卒，簇拥而来。孟获将他请入洞中让坐再拜，诉说从前之事。木鹿大王即满口应允，愿意去为他报仇。孟获大喜，设宴款待，在洞中歇宿。次日，木鹿大王引本洞之兵，带领猛兽而出，恰好撞上赵云、魏延领军马到来。二将一见蛮兵出，遂将兵马布成阵势，并辔立在阵前看。只见蛮兵器械与孟获不同，兵士多数不穿衣甲，裸身赤体，是异样人。

> 二将官收缰勒马看虚实，但只见这伙蛮兵甚出奇。
> 一个个全无战马少盔甲，更可笑赤身裸体不穿衣。
> 细看来三分人形七分鬼，吓然人红发黄须黑面皮。
> 并没有长枪短剑鞭和斧，一般是鬼头尖刀手中提。
> 队中央木鹿大王骑白象，身披着连环甲胄嵌金珠。
> 明晃晃腰下双悬刀两口，右手边不知挂的何东西？
> 听说是蛮王孟获请大将，好叫人难明来历腹中疑。

二将观完，心中疑惑，只见木鹿大王手中提的如同一颗小钟，口中不知吟的什么咒语。只见其将小钟摇了几摇，有叮当响声，忽然狂风大作，飞沙走石，如同骤雨。一声画角响，虎豹豺狼，毒蛇猛兽，乘风而出，张牙舞爪，冲将过来。蜀兵惊魂丧胆，抵挡不住，一齐后退。蛮兵追杀到三江口界，方才回军。

赵云、魏延收集败兵，回营来见孔明，于帐前请罪，细告其情。孔明说："这不是你二人的罪，是妖蛮邪术所致。我未出茅庐时，就知南蛮有驱虎豹之法，故在蜀中已备下破他此阵之物。随军有二十辆车，俱各封记在此，今日用一半，留下一半，后日还有别用。"遂令左右将十辆红油柜车运到帐下，把柜打开，全是木刻彩画巨兽，用五色绒线为毛衣、钢铁为牙爪，一个可骑十人。孔明挑精壮军士一千余人，又将烟火之物藏在车中，要破木鹿大王虎豹之阵。

次日，孔明驱兵大进。木鹿大王同孟获带领蛮兵齐出洞，只见孔明纶巾羽扇，身穿道袍，端坐于车上。孟获对木鹿大王说："那车上坐的便是孔明，若能擒得此人，大事成矣。"木鹿大王笑说："要擒孔明有何难哉！"说完，口中念咒，手里摇钟。顷刻间，狂风大作，飞沙走石，许多猛兽一拥齐出。孔明将羽扇一摇，其风不往北刮，飞沙走石往南打下去了。蜀营中木刻假兽冲进蛮阵，真兽见蜀阵假兽大于自己，口中吐火，鼻里出烟，毛衣抖擞，张牙舞爪而来，不敢前进，一齐返回，将蛮兵撞倒，踏死无数。孔明驱兵前进，鼓角齐鸣，精壮军士千余人，奋力往前追杀。木鹿大王死于乱军之中，洞里孟获的宗党皆弃洞，爬山越岭而逃。孔明大军占了银坑洞，找不到孟获。

孔明正要分兵追拿，忽报孟获妻弟火焰洞主劝孟获归降，孟获不听，遂将孟获并祝融夫人及其宗党数百人擒来，献于丞相。孔明闻听知是诈降，微微而笑，即唤张嶷、马忠吩咐如此这般。二将领命各引一千兵，伏于两厢。孔明传令叫火焰洞主解孟获等人进来。大家拜于殿前，孔明喝了一声："拿人！"两厢精兵齐出，两人捉一人，都被擒住。

孔明问孟获："你从前曾说，若在你家擒住，方才心服。今日还有什么话说？"孟获说："这是我等自来送死，不是你的能耐，纵到九泉之下，心也不服。你若七次擒住我，方一心归顺，永不反了。"孔明说："你的巢穴已破，我何虑呢？若再擒你一次，这也不难。"令武士去其绳索，并说："下次再擒住，再支吾，必不能饶恕。"孟获等人抱头鼠窜而去，路上与火焰洞主商议说："咱们洞穴俱被蜀兵所占，你我何处安身？"火焰洞主又想出一计来。

好一个火焰洞主贼蛮头，笑吟吟秉手当胸呼姐夫。

弟素知此去东南七百里，有一个国名乌戈可去留。

乌戈王大号称为兀突骨，他生来不食五谷度春秋。

只拿着恶兽毒蛇当了饭，浑身上许多鳞甲赛蛟龙。

又搭上身高丈二力无穷，双手儿能将大树连根拔。

帐下有藤甲军士三四万，一个个惯会爬山与跳沟。

咱如今力单势孤不投降，何不去借兵相助报前仇。

火焰洞主说完，孟获喜而问说："乌戈国王手下武士，为何叫藤甲军呢？"火焰洞主说："其藤生在山涧之中，曲盘石壁之内。人把它采下，浸在油中，约半年之久，再取出来，在太阳光下晒干，再入油浸几十遍，用它造成铠甲，穿在身上，渡江不沉，经水不湿，刀剑皆不能入。因此，号称藤甲军。咱不如前去求他，若得他相助，擒孔明易如利刀破竹，有何难哉？"孟获听完说："甚好。"遂同蛮兵投乌戈国，去见国王兀突骨。乌戈国无军营，皆居土穴。孟获入穴拜上，哀告前情。兀突骨慨然应允，情愿相助。孟获大喜，慌忙拜谢。兀突骨即唤两个领兵俘长，一名土安，一名奚泥，起兵三万，皆穿藤甲，离了乌戈国，同孟获蛮兵往北方而来。兀到一江，名为桃花水，两岸许多桃树，历年桃花落水中，别国人喝了就死，唯乌戈国人喝了，倍添精神。兀突骨兵到桃花渡下寨，以待蜀兵。

探马飞报孔明，说是孟获请乌戈国王引三万藤甲军到，现屯于桃花渡口。孔明闻报，提兵前进，直到桃花江北安营。

> 诸葛亮桃花江外把兵屯，　安排着要捉乌戈藤甲军。
> 传号令埋锅支帐安营寨，　定方位九宫八卦按奇门。
> 领众将乘马亲临桃花渡，　隔江岸望探虚实看假真。
> 但只见蛮兵面貌多奇异，　一个个丑脸形象不似人。
> 好似那夜叉随潮出东海，　又如同阴间恶鬼与凶神。
> 并无有金盔绣袍真银铠，　俱各是浸油藤甲半遮身。
> 也不见长枪短剑刀和斧，　手里边都是狼牙棍一根。
> 但看来行动又与南蛮异，　听他们说话如同鸟成群。
> 诸葛亮观看一回把头点，　传号令挪寨拔营速退军。

孔明见藤甲军甚是丑恶，不似人形；又问当地居民，桃花正落，江水有毒，不能饮，遂退五里下寨。次日，乌戈国军迎敌，蛮兵卷地而来。蜀军用箭射，箭射藤甲上，皆射不透。两边交锋大杀，任你枪刺刀砍都不入。蜀军挡不住，全败下阵来。蛮兵也不追，收兵而回。

魏延回军到桃花渡口，只见蛮兵带甲渡水而过，其中有困乏的将甲脱下来，放在水面，身子坐在上边渡水，恰似船筏一样。魏延急回大寨来告孔明，细说其事。孔明请吕凯并当地土人到帐，询问此事。吕凯说："常闻南蛮有一国，名为乌戈国，其人用藤甲护身，枪刺刀砍难入。又有桃花恶水，本国人饮用，反添精神，而异邦人饮用即死。如此蛮方，就是打胜又有何益？不如班师而回。"孔明笑说："我们不容易到此，岂能半途而废？明日自有平蛮之策。"遂令魏延、赵云同守大寨，自乘小车，带领数人，亲到桃花渡口北岸一带山僻之处，观看地形。

话说孔明看完，下了高冈，令跟随人于山中寻找一名砍柴的人。孔明问说："这谷叫什么名？"樵夫答说："这地方叫盘蛇谷。出谷往北就是三江大路，往南直达桃花渡口，若南方兵来，此谷是必由之路。"孔明闻听大喜说："此乃天赐我成功。"说完赏了樵夫去了。

孔明同随人仍寻原路登车回营，即唤马岱吩咐说："给你黑油柜车十辆，须用竹竿千条，将柜内之物如此如此。可将本部兵去把住盘蛇谷两头，依法而行。给你半月时间，一切应用之物，俱要完备。如有延误，走漏消息，定按军法从事。"马岱应允，受计而去。又唤赵云吩咐说："你去盘蛇谷后，于三江大路口把守，须要如此如此。所用之物，如期完备。"赵云领计去了。又唤魏延吩咐："你可引本部兵去桃花渡口下寨，如蛮兵渡水而来，不要与他交战，必须弃寨而走，望北方有白旗处投奔。限你半个月输十五阵，连弃七处寨栅。若只输十四阵，不要来见我。"魏延领计而出，心中不乐，快快而去。孔明又唤张翼另引一军，依所指之处，筑立寨栅去了。又令张嶷、马忠引所降的蛮兵一千，如此如此行事，各人领计而行。

再说孟获这时正同乌戈国王兀突骨商议如何同孔明交战。

> 贼孟获此时如同在梦中，还与那乌戈国王论军情。
> 现如今两军相拒桃花水，诸葛亮平生惯用埋伏兵。
> 从今后再若渡水去会战，但遇着树木多处勿歇停。
> 一来是怕他内里藏军马，二来是躲避烧山用火攻。
> 盘蛇谷崖净石光无树木，那条路直奔三江一座城。
> 咱如今就由此路把兵进，我保你不遭埋伏免灾星。

孟获说完，兀突骨连连称赞说："大王的话说得很对，我久知诸葛亮多行诡诈，今后依此话办。我在前面厮杀，你在后边救应，可保全胜。"二人正在商议，忽报蜀军在桃花渡口北崖立寨安营。兀突骨听报，即令两家俘长领藤甲军立刻渡江，来与蜀军交战。

魏延领兵迎敌，两下交战，不过数合，魏延依从孔明之计，弃寨败走。蛮兵恐有埋伏，不追自回。次日魏延又往原旧处所立下营寨，蛮兵又渡江来寨前讨战。魏延复出迎，两下交锋，只战两合，魏延败走。蛮兵追杀十余里，见四面无动静，收兵而回，便不渡江。魏延抛下营寨屯扎。次日俘长差人渡江，请国王兀突骨来到寨中，告诉追杀蜀军十余里，不见埋伏兵。兀突骨胆子壮了，便提兵前进。走有数里，又遇魏延军，两下战不数合，蜀军弃甲抛戈而走。

魏延不满半月败走十五阵，连弃七寨。蛮兵大进追杀，兀突骨但见林木茂盛之处，不敢进兵，使人远远探望，果见林中隐处有旌旗。兀突骨与孟获会合一处说："果不出大王所料，孔明伏兵俱在树林之中。"孟获闻听以为得意，向兀突骨口出大言。

> 我从前六次连遭孔明辱，堆积下怨气恶仇在心中。
> 无奈何投奔贵处把兵借，藤甲军较别军队大不同。
> 不两日连胜蜀军十五阵，夺了他器械钱粮七处营。
> 蜀魏延未曾见面先败走，众儿郎舍命奔逃一溜风。

每逢遇树林深处皆躲避，怕什么诸葛暗藏埋伏兵？

细看来从前仇恨今得报，有何难一鼓而擒捉孔明？

贼孟获狗咬尿泡空欢喜，但恐怕两眼瞅错定盘星。

孟获说完，兀突骨大喜，以为蜀军害怕，不敢迎战。到十六日，魏延又引败残军来与蛮兵对敌。兀突骨骑白象当先，众家俘长一并三万藤甲军相随在后，直奔魏延而来。魏延故作惊恐之状，领残军奔逃。兀突骨见此山没有树木，料无埋伏，大家放心追杀。赶到盘蛇谷中，撞着十辆黑油柜车在路上。蛮兵报说："这是蜀兵运粮道路，因大王兵到，丢下粮车，便走了。"兀突骨大喜，催兵急赶，将出谷口，不见蜀兵，但见檑木乱石一齐滚下，堵断谷口，不能得回。兀突骨吩咐蛮兵开路前进，望见前面又有数十辆车，俱装载柴草，霎时间火起。兀突骨见此光景，忙叫退兵。忽有后哨来报说后边谷口也被木石堵断，塞满干柴，火光冲天。十辆黑柜车，原来都是火药，一齐点着，怎么得了？兀突骨令藤甲军爬崖寻路而走，只见谷两岸上俱是蜀兵，齐往谷中丢火把，火把烧着药线，铁炮齐起，好惊人呀！

只说是赶尽杀绝获全胜，不料想自投死地入重围。

盘蛇谷陡壁崖高数十丈，沟底下药线着时铁炮飞。

一时间火光遍地无处躲，咕咚咚一阵声响似打雷。

又加上藤甲俱用油浸过，它竟然遇火便能把身焚。

三万兵一片红云滚成蛋，黑烟中哪里分辨谁是谁。

只烧得手足舒卷难忍受，最可怜焦头烂额垛成堆。

眼看着热气腾腾只一阵，顷刻间无数蛮兵化成灰。

孔明从山上往下看，见三万藤甲军被火烧得伸拳舒腿，多半被铁炮打得头脸粉碎，皆死于火中。此时，孟获正在盘蛇谷外所得蜀寨中等候兀突骨得胜佳音，忽有千余人笑拜帐前说："乌戈国兀突骨与蜀兵大战，将诸葛亮困在盘蛇谷中，特请大王前去接应，共擒孔明。我等皆是本洞人，不得已而降蜀。今知大王在此，我们逃回，请大王收留。"孟获不知是孔明差张嶷、马忠引新降蛮兵千余人来诱敌，乃认以为真，让其头前引路，速到盘蛇谷共擒孔明。这时其弟孟优上前谏说："不可。孔明诡计多端，怕是他巧定机关来哄咱。"孟获笑说："我弟何须多疑，本洞蛮兵不忘故主，特来相投，不可生疑而负众人之心。"此时，祝融夫人、火焰洞主上前进谏，孟获都不听，即同宗党并番兵多人，各提兵器上马，令蛮兵引路，火速进兵。方到盘蛇谷口，只见火光冲天，臭气难闻，又见谷口用木石堵断，知是坠入孔明之计，急忙传令退兵，如何能退出？只听一声鼓响，伏兵齐起，左边张嶷，右边马忠，两路大军杀来。孟获自知不能脱，奋力抵抗。蛮兵中大半是蜀兵，将蛮王、宗党并聚集的番人，都擒获了。

孟获匹马杀出重围，望山路而走。正走回，见山洼处一簇人马拥出一辆小车，小车中端坐一人，纶巾道服，手摇羽扇，乃是孔明。孔明指孟获喝说："无耻贼徒，今番如何？"孟获翻身拨马而走。旁边闪过一将，拦住去路，乃是马岱。孟获措手不及，被马岱生擒活捉而去。此时王平、张翼领军马同到孟获寨中，并将祝融夫人以及满门老小皆捉拿下。蛮兵走的走，伤的伤，死的死，降的降。

　　孔明令押过孟获来，孟获跪伏在地，不敢抬头。孔明令去其绳索，送至别帐，赐酒压惊。孟获和祝融夫人、孟优、带来洞主及一切宗党都在别帐饮酒。忽然一人入帐，对孟获说："丞相面羞，不好和公等相见，特差我来放你回去，再带人马来，重决胜负，你们速速去吧。"孟获哭泣说："七擒七纵自古没有，我虽化外人，也知礼义，怎能如此无耻？"说完即同兄弟、妻子、宗党人等皆跪行，入孔明大帐内叩头，谢罪说："丞相天威，南人不再反了。"孔明说："你说不再反了，是真心吗？"孟获叩头哭泣说："不但我本身心服，我子子孙孙皆感丞相天恩，永不复反。"孔明闻听大喜，设宴庆贺，叫他仍为蛮王，所夺之地，全部退还。孟获之妻、兄弟及一切宗党人等，都深感孔明大恩，一再拜谢后，欣然而去。

第一百十一回　汉相平蛮返成都　武侯统军伐中原

　　话说孟获等人出帐去了。长史费祎入帐谏说："今丞相亲率将士，深入不毛之地，收服蛮王，既已顺服，为何不留下良将，分守此地，以镇孟获？"孔明说："要用良将守之有三不易：留良将，就是留兵，兵无所食，一不易也；蛮人被伤父兄，死亡者不少，留良将而不留兵，必遭蛮人之害，二不易也；蛮人多有废杀之事，自有嫌疑，留良将终不相信，三不易也。我今不留人，不运粮草，各相安无事。"众将无不信服。于是南方皆感孔明恩德，为孔明立祠、塑像，按四时来祭，呼为慈父，各送珠宝、金银、药材、战马以资军用，永世不反。由此南方平定，孔明大赏大军，收兵回蜀。令魏延为前部先锋，过了泸水，兵至永昌；留王伉、吕凯守四郡；吩咐孟获领众回洞，嘱其勤政，善抚蛮民，勿失农业，以务正本。孟获涕泣拜别而去。

　　孔明诸事安排已毕，自领大军回成都。后主亲排銮驾，出城三十里迎接。孔明一见，慌忙下车，伏道而说："臣不才，不能速平南方，使主公担忧，臣之罪也。"后主扶起孔明，并驾而回，大设太平宴会，重赏三军。自此番邦来朝进贡的有二百余处。孔明奏准后主，将战场牺牲的家属一一优恤。人心欢悦，朝野清平。

此时，魏主曹丕在位七年，即蜀汉建兴四年。曹丕先纳夫人甄氏，即袁绍次子袁熙之妻，乃昔年破邺城时所得。后生一子，名唤曹睿，字元仲，自幼聪明，曹丕甚是喜爱。后来，曹丕又纳安平广宗人郭永之女为贵妃，甚有姿色。其父郭永常自喜说："我女是女中之王。"自被曹丕纳为贵妃，便夺了甄氏之宠。

此时，曹丕身有疾病，郭贵妃与张韬密谋，在曹丕面前说："甄氏宫中地下掘出木人一个，上边写有天子年月日时，用巫术害天子。"曹丕听后大怒，将甄夫人赐死。夫人无奈，悬梁自尽。郭贵妃被立为后，因无子女，收养曹睿为己子，甚爱之，但不立为嗣。曹睿年长十五岁，弓马娴熟。是年春二月，曹丕病愈出猎，带领曹睿兴围打猎，来到一树林时，从草丛中出来子母二鹿。曹丕一箭将母鹿射倒，只见那个小鹿跑到曹睿马前，曹丕呼说："我儿为何不快射？"曹睿在马上泣说："陛下已杀死其母，安忍再杀其子？"这两句话，分明是比的他母子两人。曹丕听后，掷弓于地说："我儿真仁德之主！"遂收围猎回朝，封曹睿为平原王。是年夏五月，曹丕生病，吃药不见好转，乃召中军大将军曹真、镇军大将军陈群、抚军大将军司马懿三人共入寝宫，将曹睿唤来，对曹真等人说："今朕病已沉重，很快离开人世，此子年幼，卿等三人可好好辅助他，勿负朕心。"三人皆说："陛下为何出此言？臣等愿竭力以事陛下，至千秋万岁。"曹丕闻言失声而叹。

> 想当初老主保国功劳大，因此上汉家天子把位禅。
> 谁想我命短福浅寿不长，最可叹登基只有六七年。
> 现如今身染大病多沉重，尽一切吃药求神总不瘥。
> 细想来朝夕之间命难保，欲想要在世为人实枉然。
> 小曹睿童蒙无知正年幼，我死后万望卿等另眼看。
> 魏蜀吴三分天下鼎足立，常常要互相吞并起兵端。
> 诸葛亮独在西蜀保后主，占江东虎踞龙盘有孙权。
> 休让他侵略城池夺土地，要好好辅佐小主保中原。
> 似如那万里山河成一统，但恐咱曹氏子孙无福担。

曹丕正在嘱托后事，内侍来奏，大将军曹休入宫问安。曹丕传旨，召他进来。曹休直到榻前，曹丕执其手说："卿等皆国家柱石，要协力同心辅朕之子，朕死也瞑目了。"一边说着，含泪而死，时年四十岁，在位七年。

于是曹真、陈群、司马懿、曹休等一面举哀，料理丧事，一面拥立曹睿为大魏皇帝。封父曹丕为文皇帝，甄后为文昭皇后；封钟繇为太傅，曹真为大将军，曹休为大司马，华歆为太尉，王朗为司徒，陈群为司空，司马懿为骠骑大将军；其余文武大小官员，俱有升赏，大赦天下。此时，雍、凉二州缺人把守，司马懿上表愿去西凉把守。曹睿从其言，遂封司马懿提督雍、凉等处兵马，即日领诏而去。

早有细作报入西川。孔明闻报大惊说："今曹丕已死，其子曹睿即位，实不足虑。但司马懿见识过人，深有谋略，今统雍、凉两处兵马，必为蜀中大患，不如先起大兵讨之。"参军马谡谏说："不可。"

> 丞相你平定南方不几日，众儿郎才得清闲安乐享。
>
> 这些人万里归来席未暖，怎叫他再去临敌动干戈？
>
> 一来是三军力乏身疲困，二来是瘦损征骑步懒移。
>
> 成都府草缺粮空不够用，岂不知库中军饷也不足？
>
> 眼前里兵进中原兴人马，在我看事非紧要合不着。
>
> 总不如暗用一条反间计，司马懿要想得意枉张罗。

孔明说："既如此，有什么妙计呢？"马谡说："司马懿虽是魏国大臣，然曹睿即位以来，对他有怀疑，不太相信他。可密使人往洛阳、邺郡等处，散布流言，就说司马懿要反，并且假造司马懿的告示，遍贴洛阳、邺郡等地。曹睿心中生疑，必杀此人。不知此计如何？愿丞相察之。"孔明说："此计甚妙，可速行。"马谡即遣人密行此计去了。

不几日，邺城门上忽见贴有告示一张，守门人揭下来奏曹睿。曹睿接过观看，其文是：

> 骠骑大将军总领雍、凉等处兵马提督司马懿，谨以信义布告天下：昔太祖武皇帝，创立基业，本欲立陈思王子建为社稷主，不料奸谗交集，竟立长子，今已驾崩。皇孙曹睿素无德行，妄自居尊，有负太祖当日之本心。今我应天顺人，克日兴师，以慰万民之望。告示到日，各应归附新君。如不顺者，定灭九族！先此告闻，均宜知悉，遵照勿违，特示。

曹睿看后大惊失色，忙向群臣问计。太尉华歆奏说："司马懿自己上表，请求守雍、凉等处，就是为了这事。早年太祖武皇帝在时，常对诸臣说'司马懿鹰眼狼腰，不可付以兵权；若他兵权在手，必为国家大患。'今日反情已萌，可速诛之。"王朗也奏说："司马懿深明韬略，善晓兵机，素有大志，不可不除。"曹睿准奏，乃降旨，兴兵马，御驾亲征。忽班部中闪出一人，乃大将军曹真，奏说："不可呀，不可。"

> 想当初先帝临终有遗命，将后事一概托付咱四人。
>
> 病榻前御腕亲执曹休手，眼望着司马懿和老陈群。
>
> 牵挂着万岁年轻难秉政，嘱臣等协力同心辅佐君。
>
> 现如今老主遗言犹在耳，他岂敢灭尽天良起异心？
>
> 邺城门虽将告示揭一纸，这件事未定虚实难说真。

谁能说不是仇人反间计，用计谋散布谣言乱君臣？

倘若是发兵马前去问罪，但恐怕凭空逼他起烟尘。

曹真奏完，魏主沉吟良久说："司马懿若果然谋反，将如何呢？"曹真说："若陛下心疑，可仿昔年汉高祖用陈平的计策，假装到云梦去游玩，骗韩信去迎接，然后抓住他。陛下可御驾亲幸安邑，司马懿必然来迎。观其动静，如有谋反情形，就驾前擒之。"曹睿从之，即命曹真临国，亲领御林军十万，直达安邑。

司马懿不知其故，欲使天子知其统兵的威严，乃整顿军马，率兵数万来迎。近臣奏说："司马懿果率大兵十余万，前来抗拒天兵，反心显然可见。"魏主遂命曹休领兵头前迎敌。司马懿见兵马前来，只当御驾亲征，慌忙下马，伏身路旁相迎。曹休一马当先，刀指司马懿责备说："仲达受先帝托孤之重，为何造反？"司马懿大惊失色，汗流遍体，请问其故。曹休将邺城所揭告示之事说了，司马懿说："这是吴、蜀奸细反间之计，想使咱国君臣自相残害，他乘虚而入境，侵略城池。我自去见天子辩理。"遂退了军马，忙到曹睿面前跪伏，涕泣而奏。

魏主闻听涕述，沉吟未决。华歆奏说："不可付给兵权，应当摘印免职，归老家去。"魏主从其言，立将司马懿削职回乡，命曹休为总督，统雍、凉军马。安排已毕，起驾回洛阳。

西川细作探知此事，忙入成都报给孔明。孔明得知大喜说："我想伐魏久矣，因司马懿兵据雍、凉两州，故不敢轻举妄动。现在他中计遭贬，我没什么担忧的了！"次日，后主驾设早朝，大会文武。孔明出班上表，要率大军北伐中原，以报先帝之恨。后主览表已毕说："相父前些日子南征，远涉艰难，方才回都，坐未安席，今又要统兵北伐中原，恐怕劳心劳力。"孔明说："臣受先帝托孤之重，昼夜不敢忘怀。今南方已平，无内顾之忧，不就此时讨贼，恢复中原，更待何日？"太史谯周忽自班部中出而奏说："臣夜观天文，见北方旺气正盛，不可去伐。"后主又看孔明说："丞相深晓天文，为何逆天行事？"孔明闻听，微微而笑。

诸葛亮眼望谯周笑脸仰，喜滋滋尊声太史听其详。

我前日渡泸水入不毛地，领将士攻擒孟获定南方。

唱凯歌鞭敲金镫回朝转，我几次都想兴师向洛阳。

都只为孺子曹睿新即位，司马懿统领军马据雍凉。

最可喜中了参军反间计，立将他夺权削职贬还乡。

现如今一刀割去忧心结，正好去报复前仇伐许昌。

说什么北方气象依然盛，须知道天气变易总无常。

我今要大兵去驻汉中府，在那里观其动静再商量。

孔明定要兴师北伐，众官苦谏不从，乃留郭攸之、董允、费祎等为侍中，总理宫中之事；又留向宠为大将，总领御林军马；蒋琬为参军；张裔为长史，掌管丞相府事；杜琼为谏议大夫；杜微、杨洪为尚书；孟光、来敏为祭酒；尹默、李譔为博士；郤正、费祎为秘书；谯周为太史；文武百官一百余员，同管理蜀中之事。

孔明受诏回府，唤诸将听令，前都督镇北将军领兵司马凉州刺史都亭侯魏延，前军都督领扶风太守张翼，副将定远将军兼运粮史王平，平北将军马岱，飞卫将军廖化，奋威将军马忠，抚戎将军张嶷，车骑大将军刘琰，扬武将军邓芝，安远将军马谡，前将军袁琳，左将军高阳侯吴懿，右将军玄都侯高翔，后将军安乐侯吴班，领长史绥军将军杨仪，前将军征南将军刘巴，前护军偏将军许允，左护军丁咸，右护军刘敏，后护军官雝，帐前左护卫将军关兴，右护卫将军张苞，以上文武大小官将八十余员，都随军而行。分派已毕，又命李严等数人守川口以拒东吴。选定建兴五年春三月丙寅日，出师伐魏。忽帐下一老将连声大喊，闯进大帐来。

> 诸葛亮点齐将士欲兴兵，　忽听得阶下一人喊连声。
>
> 众官员个个惊疑回头看，　原来是五虎大将赵子龙。
>
> 只见他大步流星闯进帐，　来到了孔明座前打一躬。
>
> 丞相你兵进中原伐北魏，　传命令点齐许多文武卿。
>
> 一切的大小官员有差役，　为什么合朝唯独我无能？
>
> 咱虽然年迈七旬身体壮，　自觉着两臂还能拉硬弓。
>
> 却不是妄卖狂言夸海口，　未见得帐前谁是大英雄！
>
> 常言说大将宁在阵前死，　有谁肯贪生怕死留骂名？
>
> 有何妨走马疆场去比试，　与众将抡刀舞剑把枪拧。
>
> 如若是疆场对阵落了后，　我甘心老死西川不出征。
>
> 一边说扭头回身往外走，　一声喊吩咐抬枪拉白龙。

话说赵云声声要与众将比武，以见高低，孔明急忙说："不是我不肯重用将军。昔日先帝敕封五虎大将，乃关、张、赵、马、黄。未征孟获前，折去三人，平蛮后马超又死了。眼下五将之中，仅剩下将军一人。将军虽没有十分年迈，南征孟获已经受尽操劳，今日征北怎忍再用将军？这一去倘有闪失，灭了将军一世英明，也挫了西蜀锐气。"赵云厉声说："我自随先帝以来，临阵不退，遇敌争先，大丈夫死于疆场是幸事，没有什么悔恨的。这次我一定要当前部先锋。"孔明苦劝不成，说："赵将军要为前部，必得一人同行。"言未尽，一人应声说："我虽不才，愿助老将军前去。"孔明一看，是邓芝。孔明大喜，即拨精兵五千、副将十员，随同赵云、邓芝先去了。孔明遂后起大兵，后主引百官送出北门十里之外。孔明眼望后主叮咛告诫完，后主回朝。孔明率军望汉中迤逦前行。

早有探马报入中原。魏主吃一大惊，慌忙聚会文武商议如何迎敌。忽一人自班部应声而出说："臣父死于西蜀，切齿之恨，至今未报。现在蜀兵犯境，臣愿领本部猛将，乞陛下赐关西之兵，前往破蜀，上为国家效力，下为父亲报仇，臣虽死无恨。"众人一看，乃夏侯渊之子夏侯楙，字子休。此人性甚急，自幼过继给夏侯惇为子。当年夏侯渊在汉中被黄忠所斩，曹操怜之，以清河公主招夏侯楙为驸马。因此，朝中人人钦敬。虽掌兵权，未曾出师。见他自请出征，魏主即命其为都督，提调关西诸路军马前去临阵。司徒王朗谏说："不可呀，不可。"

> 岂不知当朝驸马夏侯楙，他如今时正青春在少年。
>
> 陛下你素闻西川诸葛亮，果真是无双韬略好机关。
>
> 他昨日身入不毛征孟获，渡泸水七擒七纵制南蛮。
>
> 眼前里领兵率将来侵境，万不可疏忽轻举等闲观。
>
> 倘若叫年少将军当大任，休想要旗开得胜凯歌还。

王朗奏完，魏主还未开口，夏侯楙闻言大怒，怒目而视说："司徒莫非结连诸葛亮为内应吗？我自幼跟随父亲习学韬略，深通兵法，你为何欺我年幼无能？我若不能生擒诸葛亮，誓不回见天子。"王朗见魏王信任于他，闭口无言而退。夏侯楙金殿领旨，辞驾出京，星夜赴长安，提调关西诸路军马二十余万，来敌孔明。

第一百十二回　赵云力斩五将 孔明智取三城

话说孔明兵到沔阳，经过马超墓，传令扎住行营，令其弟马岱挂孝，孔明亲自设祭，祭完，拔营前进。忽哨马报说魏主差驸马夏侯楙领关西诸路军马前来，孔明遂传令扎下营寨，商议进兵之策。魏延上帐献策说："夏侯楙少年孺子，弱而无谋，末将愿领精兵五千，取路陕西，循秦岭以东，至子午谷往北，不过十日，可到长安。夏侯楙若闻我骤至，必弃长安，往横门而走。末将从东边杀来，丞相却驱大兵，自斜谷而进。如这样做，咸阳以西可一举而定。"孔明笑说："此非万全之计。"

> 自陕西兵由斜谷出秦岭，那地方原是羊肠路一条。
>
> 再休想小人行险以侥幸，但恐怕轻举妄动枉徒劳。
>
> 倘若是敌人伏兵截小路，那时节困于深山怎么出？
>
> 不但你精兵五千要受害，还叫我大小三军没处逃。

孔明不听魏延之计，要由平坦大路进兵。魏延满面羞惭，怏怏而退。

此时，夏侯楙在长安聚集诸路军马。有西凉大将韩德，善使开山大斧，有万夫不当之勇，引西羌诸路军兵八万到来。夏侯楙一见大喜，重重赏了，就差为先锋。韩德有四子，俱各精通武艺，弓马过人，长子韩瑛，次子韩瑶，三子韩琼，四子韩琪。韩德带四子并西羌兵八万，取路至凤鸣山，与西蜀前部先锋赵云军马相遇。两阵对圆，韩德厉声大骂说："反国之贼，安敢犯我境界？"赵云大怒，挺枪跃马，直取韩德。长子韩瑛催马来迎，战不到三合，被赵云一枪刺死。次子韩瑶一见，催马临阵。赵云施逞旧日虎威，抖擞精神，与韩瑶大战。韩瑶抵敌不住。三子韩琼，四子韩琪，见长兄已死于赵云之手，二兄又不能取胜，齐催坐骑，各舞大刀，围住赵云，并力夹攻。赵云独在中央，力战三将，不多时，韩琪丢枪落马。

> 好一个五虎大将赵子龙，被三将团团围在正当中。
> 老英雄历经大战千千万，只当是昔年长坂战曹兵。
> 抖精神两臂一晃千斤力，哗啦啦急催战马把枪拧。
> 小韩琪手迟难招银战杆，被赵云一枪刺死落川平。
> 恶狠狠杀条血路往外闯，小韩琼偷取铜胎铁把弓。
> 准备着暗箭伤人下毒手，嗖的声脑后心飞去皂雕翎。
> 赵子龙用枪拨落尘埃地，好叫他箭发三支却落空。

话说韩琼三箭不中，舞刀赶来，却被赵云一箭射中面门，落马而死。韩瑶纵马舞刀来战赵云。赵云弃枪于地，闪过大刀，生擒韩瑶归阵来，军士接去绑了，拨马取枪，又杀过阵来。

韩德见四子皆丧于赵云之手，吓得魂飞魄散，肝胆俱裂，急忙败下阵去。赵云之名，西凉兵尽知，今见他英勇如昔，谁敢出头送死？赵云所到之处，士卒乱往外闪，不敢近前，任他左冲右突，如入无人之境。邓芝见赵云大胜，催兵掩杀过来。西凉兵大败而逃。韩德几乎被赵云捉住，下马弃甲而逃。赵云见天色已晚，遂与邓芝收兵回营。邓芝祝贺说："将军虽然年过半百，不减当年之勇。一阵力斩四将，实属罕见。"赵云说："丞相认为我年迈不肯用我，我只得聊以自表。"遂差人押解韩瑶，申报捷书，以达孔明。

此时，韩德忙引败军回见夏侯楙，哭告折兵损子之事。夏侯楙闻言大怒，亲统大兵来战赵云。赵云上马绰枪，率千余军，在凤鸣山前摆成阵势。夏侯楙见赵云跃马挺枪，便要亲自出战，韩德说："杀我四子之仇，我今天必报！"说完，抢开山大斧，直取赵云。赵云接马应招，战不三合，枪刺韩德落马，又扑夏侯楙而来。夏侯楙不敢对敌，退入本阵。邓芝催兵掩杀过来，魏兵又败一阵，后退二十里安营。

夏侯楙连夜与众将商议说："我久闻赵云之名，未曾见面，今虽年老，英雄尚在，方信昔年当阳长坂坡之事，话不虚传。现在无人可敌，如之奈何？"参军程武

说唱三国

乃程昱之子，于帐前说："我料赵云有勇无谋，何足为虑？明日都督再领兵出，先伏两军左右，都督临阵先退，诱赵云到伏兵处。都督登高眺望，指挥军马四面围住，赵云可擒矣。"夏侯楙从之，即差董禧引三万军伏于左，差薛则引三万军伏于右。二人埋伏已定，夏侯楙引大兵到赵云寨前讨敌。赵云同邓芝齐出，邓芝说："昨日魏兵大败而去，今日又来，必有诈，将军要有防备。"赵云说："黄口小儿，有什么可怕的？今日我必擒他。"说完，挺枪跃马而去。魏将潘遂迎战，不几合，拨马便走。赵云赶去，魏阵中八员将齐出，放过夏侯楙先走。八员将且战且退，赵云乘势追杀，邓芝催兵前进。

夏侯楙做成牢笼来诱敌，赵子龙奋勇直前总不疑。

只因为两阵枪挑五员将，因此才把那黄口小儿欺。

明知道敌人败去有奸诈，他只是催马急追推不知。

猛听得惊天号炮三声响，山谷中两路伏兵一齐出。

刷的声四面围来风不透，将士们齐舞枪刀和战戟。

魏家军越杀越厚层层聚，一时间不分南北和东西。

若不是常山大将枪马好，脱不了气化春风肉成泥。

此时，邓芝后军来救赵云，但左有董禧，右有薛则，两军截杀，不能前进。赵云被困在当中，手下只有千余人，都是能征惯战之士。蜀军所到一处，就是一条血路。大家杀到山坡之下，只见夏侯楙立马于高冈之上，指挥三军。赵云投东，则往东指，投西则往西指。因此，赵云不能闯出重围。赵云见此光景，冲冲大怒，引兵杀上山来。半山中，檑木炮石打将下来，兵不能上。赵云自辰时杀到日西，也不能走脱。到黄昏时，无奈何，下马歇息，待月出时，再闯重围。方才卸甲而坐，月光已出，忽见四面火光冲天，金鼓大震，矢石如雨，魏兵漫天盖地杀来，齐声喊叫："赵云早降。"赵云急忙提枪上马，领众迎敌。四面军马渐渐逼近，八方弩箭如雨点而来，月影之中没处躲闪。赵云仰天叹说："我不服老，死于此地。"

话说赵云被困，正愁无路可出，忽见东北角下，喊声大起，魏兵纷纷乱逃。一彪军马杀到，为首一员大将，持丈八点钢矛，马脖下悬挂一颗头，连声招呼而来。赵云在月光中一看，乃是张苞。张苞来到近前说："丞相恐老将军有失，特差末将领五千兵前来接应。正遇魏将薛则，被我刺死，首级在此。"赵云大喜，即同张苞杀出西北角来。只见魏兵丢旗抛鼓而走，又见一彪军自外杀来，为首大将提青龙偃月刀，手挽人头一颗，一看是关兴。关兴见了赵云说："末将奉丞相命，恐老将军有失，引五千兵前来接迎。正遇魏将董禧，被我一刀斩了，首级在此。丞相随后就到。"赵云说："二将军已立奇功，何不就此擒夏侯楙，以定大事。"张苞闻言，即引军马去了。关兴说："张苞既要争先，我为何要落后？"一边说着，也引军马去了。正是两家小将争先去，喜坏常山赵子龙。

赵云见张、关二人走远，也领军马随后而进。此夜三路蜀军进攻，大破魏军一阵。又有邓芝引军接应，杀了个尸横遍野，血流成河。夏侯楙是无谋之人，又年幼，不曾经过大战，见自家军大乱，忙引帐下勇将百余人，望南安郡大败而走。魏军无主，各自逃散。关、张二将赶到南安郡来，围了城池，赵云、邓芝二军随后也到。四面攻打，一连十几日，攻打不开。

忽报丞相领兵到来，众将都来迎接。孔明到城下看了一遍，对众将说："此城壕深墙固，不可力攻，只宜智取。此城西边有天水郡，北有安定郡。天水太守马遵，安定太守崔谅，俱是有勇无谋之人。我有一计，可取二郡到手，那时方可破南安郡，捉夏侯楙。"遂用大胆军士一名，扮作夏侯楙心腹差官，去见安定太守崔谅，假称求救，诓诈崔谅领兵出城，来救南安郡。令关兴、张苞埋伏一旁，半路截杀。孔明同魏延乘夜取了安定城，守城军士俱都归顺。崔谅被关、张二将困住，不得已而降顺了。

话说崔谅暗使心腹人送给夏侯楙一封密书，告知假意投降、里勾外合之意。夏侯楙同南安太守杨陵计议，于是夜间假献城门，诱杀关、张二将，再带领手下兵，捉拿孔明。却不知孔明早已看破崔谅不是真降，要就崔谅之计以成大功。到了黄昏之后，崔谅同关兴带领手下兵，直到南安城下叫门。

杨陵在城上说："何处军马来叫城？"崔谅说："安定救兵到来。"此时夏侯楙也在城上，二人低声商议说："今孔明既已中计，关、张二将一定来了，且不可惊动。开门放入，将他们诓到府中，闭门斩了。再骗孔明进城，伏兵齐出，大事成矣。"商议完，杨陵下城开门，迎接关兴、崔谅。关兴手起刀落斩杨陵于城壕之中。崔谅大惊，拨马便走，方过吊桥，正遇张苞，大喊一声，枪刺崔谅落马。夏侯楙下城而逃，也被关兴捉住。此时，孔明大兵已到，一拥入城，抚慰军民，秋毫无犯。众将各人献功，孔明俱有重赏。

众人坐定，孔明说："我差魏延去取天水郡，为什么到现在没有回信？"赵云说："丞相勿忧，末将愿领一旅之师去接应。"孔明大喜，即令赵云引五千军马救应去了。过了两日，赵云、魏延俱败而回。孔明惊问其故，赵云说："天水郡太守马遵接丞相诈书，便要领兵来救南安。忽有少年英雄，就是天水郡参军，此人姓姜名维，字伯约，智勇足备，文武双全，布谋定计，先于要路伏下军马。我二人前去诓城，马遵开城杀出，姜维自外杀来，两路夹攻，我二人不能取胜，只得收兵而回，报于丞相。"孔明闻听叹说："我今想取天水郡，不料竟有此人破我计策，待我亲自前去看一看。"说完，即起大军往天水大路而来。

此时，姜维与马遵商议说："赵云、魏延败去，孔明必然统兵前来。他料定咱们军马屯扎城中，我们偏不这样，可将军马分为四队，各于要路埋伏。孔明兵来，可四面夹攻，定会取得全胜。"计议已定，各自准备去了。孔明因要看姜维其人，自为前部，到了天水郡边，大军随后俱到，随即传令攻城。天到半夜时辰，忽见四下火光冲天，喊声震地，不知何处兵来，只见城上也都鼓噪呐喊相应。

> 诸葛亮自统大军来攻城，忽听得城头擂鼓喊连声。
> 回头瞧火光四起冲霄汉，猜不透仓促之间多少兵。
> 城墙上三军乱放雕翎箭，密纷纷齐抛檑木撒灰尘。
> 无奈何急令儿郎往后退，埋伏兵四面围来不透风。
> 诸葛亮忙下小车上快马，护卫军幸有张苞和关兴。
> 二小将枪刀并举往外闯，好一似赢山虎豹混江龙。
> 两边厢将海兵山落成垛，有谁敢上前阻挡来交锋？

二将保护孔明，杀出重围。回头看时，只见正东一带，火光势若长蛇。孔明令关兴前去打探，回来说："正东火光是姜维的兵。"孔明闻言叹说："兵不在多，在人调遣，此人真将才。"说完，收兵回寨。

第一百十三回 | 姜维归降西蜀 孔明骂死王朗

话说孔明收兵回寨，思之良久，唤安定降卒问道："姜维是什么样的人？"降卒说："姜维是天水郡冀县人氏，事母至孝，文武全才，真当世之英杰。"孔明说："他母亲还在吗？"降卒说："尚在，就住冀县城中。"孔明闻言大喜说："我有计了。"遂唤魏延吩咐说："你领一军，虚张声势，去围冀县城池。若姜维前去救母，只管放他进城，我自有计擒他。"魏延领命引兵而去。孔明离天水城三十里安营，堵住三岔路口，断其粮道。

早有探马报于天水郡太守，说："孔明拨一支人马取冀县，自统大军截住运粮路口。"姜维闻听对马遵说："我家老母现在冀县城中，倘有闪失，末将虽死难辞。愿赐一军前去救母，兼保此城，实为一举两得。"马遵从之，即令姜维领三千兵去保冀城，以救其母。

> 天水郡领定三千人和马，出城来不分昼夜走如飞。
> 不几日冀县不远前来到，但只见魏延领兵把城围。
> 小豪杰大喊一声往里闯，众儿郎齐来争先将马催。

魏将军迎头舞动刀一口，与姜维话不投机杀成堆。

　　姜伯约无心恋战进城去，而竟然魏延领兵总不追。

　　他原来预先领了孔明计，丞相他纪律严明谁敢违？

　　话说姜维与魏延才战两三回，只见城门已开，姜维急忙领兵进城，拜见老母。紧闭城门，总不出战。魏延也不攻城，团团围住。孔明闻知姜维已入冀城，令人往南安郡，押解夏侯楙来问。孔明说道："如今姜维守冀城，使人持书来，书中说：'要驸马在，我愿投降。'我今饶你性命，你肯招安姜维来降吗？"夏侯楙说："如丞相饶命，我去招安。"孔明让人给他衣服鞍马，放他自去。夏侯楙得脱，急忙奔走，但不知路途，恰遇数人奔逃。夏侯楙问："你们为何奔逃？"答说："我们是冀县百姓，今被姜维献了城池，归降诸葛亮。蜀将魏延纵火烧城，劫掠财物，我们只得弃家而逃奔他乡。"夏侯楙问："何人把守天水城池呢？"逃奔百姓说："守天水郡的是马太守。"夏侯楙闻听，急忙往天水走。又见百姓携男抱女远远而来，夏侯楙一一问过，所说全一样。夏侯楙忙到天水城下，城上人认识是驸马到来，急忙开门迎接入府。驸马见了马遵，讲述姜维降蜀之事。

　　马遵闻听夏侯楙之言，失声长叹说："不想姜维去降蜀了，我是肉眼不识人啊！"这时已是初更了，蜀兵又来攻城，大家齐上城头观看，火光冲天，只见姜维在城下，挺枪勒马大叫说："请夏侯都督答话。"夏侯楙高声说："你已降蜀，还有什么话说？"姜维大叫说："我为都督而降，都督为何背叛前言？"夏侯楙说："你受魏恩，却降西蜀。我背什么前言？"姜维斥责说："你被孔明捉去，写书给我，叫我投降救你性命，你今脱了干净，却说我背叛，真是无耻之徒。"一边骂着，驱兵攻城，至晚才退。

　　原来这是孔明之计，让部卒形貌相似的假扮姜维，故意攻城，夜间火光之中，看不清楚，难辨虚实，竟把天水城中将士哄信。及至天亮，孔明引大军去攻冀县。此时，姜维困在冀县城中，军无粮草，上城巡查，只见蜀军大小车辆押运粮草，俱入魏延寨中。姜维遂引兵出城，劫粮草来了。

　　姜伯约定错机关失主张，领军马开城杀出劫粮草。

　　众儿郎各自争先抢粮草，蜀家军纷纷逃走舍刀枪。

　　大伙儿任意取拿无阻挡，沉甸甸人推车轮马驮忙。

　　打算着急回窝巢把城进，忽听得大炮惊天震上苍。

　　面前里拦路伏兵一齐出，闹哄哄一拥而上似蜂狂。

　　但只见为首大将双双勇，原来是蜀营张翼和高翔。

　　在后边王平又领军马到，吓煞人四面夹攻怎么挡？

　　三将夹攻，姜维不能抵敌，夺路而走，想要进城。催马来到城下，只见城上遍插蜀兵旗号，已被魏延夺了城池。姜维大惊，夺路忙奔天水郡来，手下只剩十余骑，又遇张苞，杀了一阵，仅剩了匹马单枪，奔到天水城叫门。守城军士一见姜维，忙报马遵。马遵说："这是姜维前来诓诈我城池。"即令军士乱箭射下，姜维听得背后呐喊，回头看时，只见蜀兵追来逼近。马遵又在城上大骂说："反国之贼，既已降蜀，还来诓我城池。"吩咐三军射箭，一时箭如雨发。

此时，姜维全身是口也说不清了，不由得在马上仰天长叹，满面流泪，拨马急奔长安。走不过数里，路旁大树林深处，一声鼓响，伏兵齐出，拦住去路。姜维大惊说："我命休矣。"有数千军马而来，为首大将是关兴。姜维略战几回，不能抵敌，拨马落荒而逃。这时从山坡转出一辆小车，上面端坐一人，纶巾羽扇，身披鹤氅，乃孔明。孔明说："姜伯约此时还不投降吗？"姜维勒马提枪，低头深思，前有孔明，后有关兴，两面是山，苦无出路，时势至此，不如投降为上。主意已定，下马投降。

孔明忙下车，携姜维手说："我自出茅庐以来，遍求贤士，欲传授平生之学，只恨未得其人，今遇伯约，如此奇才，我愿足矣。"姜维闻言大喜，拜谢孔明，大家一同回寨，共商取天水之策。

> 诸葛亮共议同攻天水城，姜伯约帐前秉手搭一躬。
>
> 天水城虽有马遵夏侯楙，他二人少年懦弱俱无能。
>
> 我与那部将尹赏和梁绪，咱三人心腹之交志趣同。
>
> 禀丞相取城不用兴人马，待末将密寄招降书一封。
>
> 勾通他里应外合生内乱，寻机会得便开门来献城。
>
> 常言说力夺不如用智取，我管保勿用费事就成功。

姜维献此计策，孔明欣然同意，即令姜维写了招降密书，乘夜用箭将书射进城去，小校拾起，献给马遵，马遵大惊，持密书给夏侯楙看。商议说："二贼与姜维勾结，以为内应，献城投降。都督宜早除掉，以绝后患。"二人商议定，还没动手，不料被尹赏心腹人听去，慌忙密报尹赏。尹赏又和梁绪暗中商议说："此事本来不与你我相干。姜维此书，你我怎能得脱干净？不如献城降蜀，以图功名。"二人正拿主意，夏侯楙、马遵一连数次差人来请前去赴宴。二人料知此事很急，即披挂上马，手提兵器，各引本部军马，大开城门，放入蜀军。夏侯楙、马遵着急，急领数百人逃出西门，投奔羌胡城去了。梁绪、尹赏迎接孔明入城。又有上邽郡守梁虔，乃梁绪之弟，献城来降。孔明大喜，重加赏劳。即令梁绪为天水太守，尹赏为冀城令，梁虔为上邽令。孔明分拨完毕，整兵进发。众将问说："丞相为何不去擒夏侯楙？"孔明说："我放夏侯楙，如放一鸭。今得伯约，如得一凤。"

诸葛亮自从姜维投了降，便得了三郡兵马与钱粮。

　　一时间威震八方传远近，有谁敢出头抵挡动刀枪？

　　传军令起寨拔营往前进，所到处许多州郡自投降。

　　又搭上居民百姓皆欢喜，一路上齐送箪食与壶浆。

　　凡是那富贵之家殷实户，俱资助金银粮饷献猪羊。

　　都只为王师到处人钦敬，汉丞相面上平增十分光。

　　不几日兵出祁山临渭水，早有那探马飞报入洛阳。

　　孔明大军前至渭水之西，探马报入洛阳。此时，正值魏主曹睿升殿设朝，近臣奏说："今夏侯驸马已失三郡，逃窜羌中去了。蜀军已到祁山，前哨将渡渭水，请早发兵破敌。"曹睿闻言大惊，问群臣说："谁能领兵破敌，为朕分忧？"司徒王朗出班奏说："臣见先帝当日每用大将军曹真，所到处必胜。今陛下何不拜曹真为大都督，以破蜀军。"魏主准奏，即宣曹真上殿，对曹真说："先帝托孤与卿，今蜀军入侵中原，卿安忍坐视吗？"曹真奏说："臣才疏智浅，不称其职，不敢坐视。"王朗说："将军乃社稷之臣，不可推诿。老臣虽然年迈，能力很低，愿随将军前往。"曹真又奏说："臣受大恩，安敢推辞？但乞一人为副将。"曹睿说："卿自举荐。"曹真举荐太原阳曲人，姓郭名淮，字伯济，官封射亭侯，领雍州刺史。魏主同意。遂拜曹真为大都督，领军马，命郭淮为副都督，王朗为军师，王朗时年已七十六岁。选调军马二十余万，交给曹真。又保曹真弟弟曹遵为先锋，荡寇将军朱赞为副先锋。当年十一月出师，魏主亲自送到西门外方回。

　　曹真提大兵到了长安，于渭河之西下寨，与王朗、郭淮共议破敌之策。

　　中军帐共议同商破敌计，老军师司徒王朗开了言。

　　尊了声都督宽心休过虑，到明晨我上疆场走一番。

　　多带些挂甲儿郎车马壮，必须是整齐队伍才森严。

　　咱这里鲜明器械旌旗好，到阵前方免敌人下眼看。

　　去会会西蜀丞相诸葛亮，我和他马头相对作长谈。

　　我二人舌剑唇枪比比试，管叫那诸葛孔明来投降。

　　王朗说完，曹真大喜，即时传令，来日平明时分，务要人用战饭，马喂饱草，队伍整齐，人马威仪，旌旗鼓角，各按次序。当时，使人下了战书。

　　次日两军相迎，于祁山之下，列成阵势。蜀军见魏军甚是雄壮，与夏侯楙的军队大不相同。三军鼓角已完，司徒王朗乘马而出，上首乃都督曹真，下首乃副都督郭淮，两边有正副先锋，压住阵脚。探子马飞至军前，大声说："魏国军师请蜀营主将答话。"一言说完，只听三声炮响，蜀阵营门大开。

　　咕噜噜中央拥出车一辆，端正正上面飘然坐一人。

笑哈哈手捻胡须摇羽扇，素净净道服丝绦带纶巾。

整齐齐精壮儿郎排队伍，赤旭旭盔甲枪刀耀眼明。

虚飘飘半空旗上写金字，黄澄澄大汉丞相写得清。

蜀营中出来军师诸葛亮，后跟着耀武扬威虎一群。

孔明来至阵前，举目观看。只见魏阵上当先有三把伞盖，大旗之上，写着姓名，中央白须老者，乃军师司徒王朗。孔明心中暗想说："王朗是舌辩之士，他有来言，我有去语，随机应变。"遂令小校高声喝说："汉丞相请司徒王朗答话。"王朗出来，孔明一见，便在车上拱手。王朗在马上欠身答礼说："久闻公之大名，今幸一会。公既知天命，为何兴无名之兵？"孔明说："我奉天子诏，以讨国贼，为什么说无名？"王朗说："天数有变，天下应归有德之人，这是自然之理。昔桓、灵二帝之时，黄巾作乱，天下争横。降至初平、建安之岁，董卓造逆，催、汜作乱；袁术僭号于寿春，袁绍称雄于邺上；刘表占据荆州，吕布虎吞徐郡，盗贼蜂起，奸雄当道，社稷有累卵之危，生灵有倒悬之急。我太祖武皇帝，扫清六合，席卷八荒，万姓倾心，四方仰德，唾手而得天下，非以权势取得，实天命所归矣。"

王朗说完，孔明在车上大笑说："我以你为汉朝大臣元老，必有高论，岂呈此鄙言？我有几句话，请君静听。昔日桓、灵二帝之世，宦官酿祸，国乱岁凶，四方扰攘。黄巾之后，董卓、催、汜等接踵而起，迁劫汉帝，残暴生灵。因庙堂之上，朽木为官；殿陛之间，禽兽食禄；狼心狗行之辈，衮衮当朝；奴颜婢膝之徒，纷纷秉政，以致社稷倾危，生灵涂炭。我素知你所行，世居东海之滨，初举孝廉入仕。理合匡君辅国，安汉兴刘。何期反助逆贼，同谋篡位！罪恶深重，天地不容！天下之人，愿食你肉！你人面兽心，自不知耻，还向人前说理，充能言之人。"

你本是助纣为虐一奸顽，与曹贼生生图谋汉江山。

做的事灭绝天理坏人情，全不顾留下臭名骂万年。

我问你汉家献帝今何在？是不是负屈含冤卧九泉？

你是个诌谀之徒无良辈，想一想有何面目到此间？

原就该潜身缩首休出世，在许昌敬图衣食且偷安。

还敢来满口大话说天数，果真是畜生作怪吐人言。

老匹夫快快回避速速去，汉丞相抚琴岂肯对驴弹？

王司徒闻听此言炸了肺，在马上哎哟一声面朝天。

眼看着气塞咽喉坠了马，诸葛亮淋漓斥骂美名传。

话说王朗被孔明一顿大骂，羞愤交集，气满胸腔，痰堵咽喉而死。孔明用手中羽扇指曹真说："我不逼你，你可整顿军马，来日决战。"说完，驱车回营。曹真军马也退了。将王朗尸首用棺木收敛，送回长安去了。副都督郭淮向曹真说："孔明料咱军中治丧，今夜必来劫营。咱可兵分四路，两路从山路僻径乘夜去劫蜀营，两路伏于寨外。如蜀兵到，左右齐出，两下夹击，可获全胜。"曹真大喜说："此计甚妙，与我想法相同，可速行。"遂传令唤曹遵、朱赞二先锋吩咐说："你二人各引一万军马，抄出祁山之后，见蜀军往我寨来，你们可进兵去劫蜀寨；如蜀军不来，可收军回营，不可前进。"二人受计引兵去了。曹真对郭淮说："你我各引军马一支，伏于寨外，寨中虚堆柴草，如蜀兵到来，放火为号，左右齐出，可破蜀军。"二人计议已定，各自准备去了。

此时，孔明回营，先唤赵云、魏延听令说："你二人各引本部军马去劫魏寨。"魏延说："曹真深晓兵法，必料我乘他治丧时劫营，加倍提防，去劫营恐无益。"孔明笑说："我正是让曹真知我去劫寨。"孔明吩咐完，二将领令而去。又唤关兴、张苞吩咐说："你二人各引一军，伏于祁山要路，如魏兵到，放他过去，却从魏兵来的原路杀奔魏寨而去。"二将受计去了。又令马岱、王平、张翼、张嶷伏于寨外，迎击魏兵。孔明乃虚立寨栅，堆起柴草，以备火号，自引诸将退于寨后，以观动静。

却说魏先锋曹遵、朱赞黄昏离寨，来劫蜀营。二更时分，遥望山前好像有军马行动。曹遵自思说："郭都督真神机妙算，果不出他所料。"曹遵、朱赞催兵进发，到蜀寨时，未及三更。曹遵当先领兵杀入寨内，并无一人，却是空城，知是中计，急忙退兵，寨中火起。朱赞兵到，自相残杀，人马大乱。曹遵、朱赞两下交马，方知自相践踏。急合兵时，忽四面喊声震地，王平、马岱、张翼、张嶷一齐杀到。曹、朱二人料知不能取胜，引心腹军百余骑，闯出重围望本寨奔走。忽然鼓角齐鸣，一彪军马拦住去路，为首大将乃常山赵子龙，挺枪跃马大叫道："贼将休矣，快拿命来。"二人夺路而逃。前面喊声又起，狼狈逃回寨子。

曹真兵败，愁曰："蜀军势大，将用什么对策，才能退蜀军？"郭淮说："胜败乃兵家常事，不足为忧。我有一计，能叫蜀军不战自走。"

第一百十四回 | 诸葛亮智破羌兵 司马懿先斩后奏

话说郭淮向曹真说："我有一计，能叫蜀军不战自走。西羌之人，自太祖时连年纳贡，文皇帝也给予恩惠。为今之计，咱据守险路要路，使蜀军无路可入。差人从小路直入西羌求救，许以婚姻，令羌人起兵以袭蜀军之后，我们并力以攻其前，使他首尾不能相顾。孔明即使有妙策神机，也难取胜。"曹真从之，即差人持书，携带礼物，急赴西羌去了。

> 贼曹真火速修成书一篇，急差人携带礼物奔西关。
> 到那里羌王喜悦当面允，立刻地发兵相救助中原。
> 传下令一文一武兴人马，起羌兵十万直奔西平关。
> 诸葛亮指挥魏延和马岱，又吩咐关兴张苞二魁元。
> 两下里各列阵势要交战，西羌人要中孔明巧机关。
> 说也巧时值腊月严冬日，连夜来阴云密布雪抛天。
> 寨门外掘下陷坑深数丈，上边盖虚棚芦苇用雪漫。
> 弄圈套引诱羌兵来劫寨，一个个擒来俱用绳子拴。

孔明用计，把西羌元帅越吉、丞相雅丹，俱引入陷坑之内，四面伏兵齐起，把文武二将生擒活捉了。羌兵四散奔逃，雪中不知深浅，又迷路，也有被蜀军杀死的，也有滚山跌死的，十万大军折去大半。

孔明升帐，众将带过雅丹和越吉来。孔明吩咐去其绳缚，用好言安慰说："我主乃大汉皇帝，我奉天子之命讨贼，尔等为何助纣为虐？我今放你回去，说与西羌之主。西羌、西蜀乃是邻邦，从今永结盟好。莫助反贼，免落叛逆之名。"遂将器械交还，都放回国，众皆拜谢而去。孔明带领人马连夜往祁山大寨而来，修表差人赴成都报捷。

此时，曹真不清楚羌人消息，忽有探马来报说："蜀军拔寨起程。"郭淮大喜说："这是因羌兵攻寨，故此退去。"遂命正副二先锋兵分两路追袭。曹遵正赶之间，忽然鼓声大震，一彪军马闪出，为首大将乃魏延，大叫："反贼休走！"曹遵大惊，拍马交战，不上三合，被魏延一刀斩于马下。副先锋领兵赶来，又被赵云伏兵截住。朱赞措手不及，被赵云一枪刺死。此时，曹真、郭淮同领大军来到，见二位先锋已死，急忙收军后退，关、张二将并力攻杀来。曹真、郭淮大惊，舍命冲出重围，引败兵夺路而走，蜀军随后追杀，直赶至渭水边，夺了魏寨方回。

曹真损失两名先锋，兵折无数，只得奏本乞求援兵。曹睿大惊，忙聚群臣商议。华歆奏说："须是陛下御驾亲征，大会诸侯，人皆用命，方可退兵。"太傅钟繇奏说："何须圣驾亲临？凡为将者，智过于人，则能制人。孙子说：'知彼知己者，百战不殆。'曹真虽久用兵，不是诸葛亮对手。臣以全家性命保举一人，可退蜀军。未知圣意准否？"魏主说："卿乃老元臣，所见必高，有什么样贤士能退蜀兵？请召来与朕分忧。"钟繇奏说："早先诸葛亮几番想提大兵来犯中原，因惧老臣所保之人，所以不敢前来。故散布流言，使陛下生疑而不用他，今才敢长驱直入。若陛下肯复用此人，孔明会惧他而退兵。"魏主说："卿荐何人呢？"钟繇奏说："是骠骑大将军司马懿。"曹睿闻听失声而叹。

老钟繇上前一本奏当朝，小曹睿失声而叹蹙眉梢。
想当初骠骑将军挂帅印，诸葛亮散布流言贴告条。
叫寡人一时不辨真和假，传圣旨贬他还乡解战袍。
到如今自觉不对空后悔，怎么会不察虚实就贬斥？
司马懿若和曹真去出战，必不会损兵折将这一遭。
眼前里西蜀孔明声势大，朕纵然亲自前去也徒劳。

魏主说完，即时下诏，让钟繇捧旨去将司马懿宣来，官复原职，加平西大都督，提调诸路军马，去退蜀兵。

此时孔明因出师以来屡获全胜，心中大喜，正在祁山寨中会众议事，忽接孟达降书。孟达原是蜀将，昔日关公遭困时，他和刘封镇守上庸，关公差廖化往上庸求救，他不让刘封发兵，致使关公遇害，失了荆州。刘封被他父亲斩首，孟达这才投降曹丕。曹丕爱其才，待之甚厚，封为散骑将军，镇守上庸、金城等处。曹丕死后，朝中多人嫉妒，说他是降将，对他不以礼相待。此时孔明屡获全胜，他因此送书来降。如孔明兵进长安，他将提上庸、金城等处军马，以攻洛阳、许昌，东、西二京可定，且曹睿首尾不能相顾，中原可得。孔明大喜，即写回书一封，交付来人带回，叫孟达小心谨慎从事。

却说司马懿在宛城闲住，得知魏军屡败于蜀军，乃仰天长叹。其长子司马师，字子元；次子司马昭，字子尚，二人素有大志，通晓兵书。当天侍立一旁，见其父长叹，问说："父亲为何长叹？"司马懿说："你怎知道这其中的大事！"司马师说："莫不是叹魏主不用吗？"司马昭笑说："早晚必来宣诏父亲。"话刚说完，忽报天使捧诏到。司马懿听诏完，遵诏进行。忽又有金城太守申仪家人，有机密事求见。司马懿唤入，其人细说孟达谋反之事。司马懿听后说："此乃皇上齐天洪福。诸葛亮兵在祁山，杀得魏军人人胆惧。今天子不得已而幸长安，若旦夕不用我时，孟达一举，两京休矣！此人必通诸葛亮，我先破他，诸葛亮必然心寒，自退兵去。"长子司马师说："父亲可急写表申奏天子。"司马懿说："若等圣旨，往返得一个月，来不及了。"随即传令叫大军起程，一日要行两日的路，如迟了立斩不饶。

走了两日，山坡下转出一军，乃是右将军徐晃。徐晃下马，见过司马懿，说："天子驾到长安，亲自拒蜀军，今都督何往？"司马懿低声说："今孟达造反，我去擒他。"徐晃说："我愿为先锋。"司马懿大喜，合兵一处。又走了二日，前军哨马捉住孟达心腹人，搜出孔明回书，来见司马懿。司马懿说："我不杀你，你从头如实说来。"其人只得将孔明、孟达来往之事，一一告说。司马懿看了孔明回书，大惊说："世间能者所见皆同。幸得天子有福，得此消息。"遂星夜催军前进。

却说孟达在新城，约金城太守申仪、上庸太守申耽，商讨举事背魏投蜀之事。申仪、申耽佯装同意，每日调练人马，只待魏军到，便为内应。孟达对申耽、申仪深信不疑。

忽报城外尘土冲天，不知何处兵来。孟达一看，只见一彪军，打着"右将徐晃"旗号，飞奔城下。孟达大惊，急扯起吊桥。徐晃坐下马收不住，直来壕边，高叫说："反贼孟达，早早投降。"孟达大怒，急开弓一射，正中徐晃头额，魏军急忙救去。城上乱箭射下，魏兵方退。孟达正要开城门去追赶，司马懿大军到。孟达闭门坚守。

徐晃被救回寨中，取出箭头，令医调治，当晚死去，时年五十九岁。司马懿令人扶柩回洛阳安葬。

次日，孟达登城观望，只见魏军四面围得铁桶一样。孟达惊疑未定，忽见两路兵自外杀来，旗上写着申耽、申仪。孟达只道救兵到，忙引本部兵大开城门杀出。申耽、申仪大叫说："反贼休走！早早受死！"孟达见事变，拨马往城中便走。城上乱箭射下，李辅、邓贤二人在城上大骂说："我俩已把城献了。"孟达夺路而走，申耽赶来。孟达人困马乏，措手不及，被申耽一枪刺下马，割下首级，余军皆降。李辅、邓贤大开城门，迎接司马懿入城。抚民劳军完，差人奏知魏主。曹睿大喜，传令将孟达首级送洛阳城示众；加封申耽、申仪官职，随司马懿出征；任命李辅、邓贤守新城、上庸。司马懿引军到长安城外下寨，自己入城去见魏主。

曹睿大喜说："朕一时不明，误中反间之计，悔之不及！今孟达造反，不是卿及时铲除，两京休矣。"司马懿说："臣闻申仪密告反情，想写表奏于陛下，恐往返日长误事，故不得圣旨，星夜赶去，若待圣旨，则中诸葛亮计了。"说完，将孔明回孟达密书奉上。曹睿看完，大喜说："卿之学识，过于孙、吴矣！"赐金钺斧一对，此后凡遇机密重事，不必来奏，便可行事。随后令司马懿出关破蜀，司马懿奏说："臣举荐一大将为先锋。"曹睿说："卿举荐何人？"司马懿说："右将军张郃，可当此任。"曹睿笑说："朕也想用此人。"遂命张郃为前部先锋，随司马懿离长安来破蜀军。要知后事如何，且看下回分解。

第一百十五回

马谡拒谏失街亭
孔明弹琴退曹兵

话说司马懿领旨破蜀，出关下寨，请先锋张郃至帐下。司马懿说："诸葛亮平生谨慎，不敢造次而行，他若从子午谷进兵，得长安已多时了。他怕有失，不肯走险。如今必然兵出斜谷，来取郿城。若取郿城，必然分兵两路，一路由斜谷而进，一路由箕谷而进。这两路兵我已预先做了防备。"张郃说："此两路兵都督差何人去？"司马懿说："我已令曹真据守郿城，若蜀军来，可坚守不战。令孙礼、辛毗截住箕谷道口，蜀军若来，则出奇兵击之。"张郃又说："今都督应从何处进兵？"司马懿说："进兵之处，我已安排定了。"

> 早知道秦岭之西有条路，那是个多年古路叫街亭。
>
> 正处在汉中咽喉重要地，那一旁依树傍山列柳城。
>
> 诸葛亮料定曹真无准备，他必从此处而来进大兵。
>
> 若是将街亭要地先截断，叫孔明枉费徒劳计不成。
>
> 他一旦兵阻半途难进取，也只得倒卷旌旗返汉中。
>
> 我和你并力急攻不容空，有何难一鼓作气擒孔明？

司马懿说完，张郃拜伏于地说："都督之计真神算，人不能比。"司马懿说："虽然如此，孔明不比孟达。将军为先锋，不可轻进，必须吩咐众将，循山西路，远远探哨，如无伏兵，方可前进。若是疏忽，必中孔明之计。"张郃受计，领兵而去。

此时，孔明在祁山寨中，忽有上庸细作到来，方知司马懿得知孟达造反的消息，悄悄发兵到上庸，擒获孟达杀了。今司马懿领兵至长安，张郃领兵出关来了。孔明听后大惊说："今司马懿出关，必取街亭，断咱咽喉之路。谁敢领兵去守街亭，以拒魏兵呢？"话刚说完，参军马谡应声说："我愿往。"孔明说："街亭虽小，干系甚重。倘街亭有失，我大军休矣。"

孔明还未说完，马谡微微而笑说："我自幼熟读兵书，颇知韬略，就一街亭还不能守吗？"孔明说："司马懿不是等闲之辈，更有先锋张郃是魏之名将，恐你不能拒他。"马谡说："别说司马懿、张郃，就是曹睿亲征，我何惧他？此去若有闪失，就是斩我全家，也死而无怨。军中无戏言，我立下军令状为证。"他即刻写完，呈于孔明。孔明收了军令状，便拨精兵两万，并大将王平相助马谡守街亭。孔明吩咐王平说："我素知你平生谨慎，故以重任相托。你须小心把守此地，下寨要在要道之处，使敌兵急切不能偷过。安营完，要画四至八道地形图送与我看。

凡事俱要商量，斟酌而行，万万不可粗心大意。如你们守街亭无危，就是取长安第一功。戒之慎之，勿忘我言。"二人拜辞，领兵而去。孔明唯恐二人有失，又唤高翔说："街亭东北有一城，名列柳城，乃在山僻小路之间。你引一万兵去扎寨，如街亭危急，可引兵去救。"高翔受计，引兵去了。孔明唯恐高翔不是张郃对手，又命魏延引兵屯于街亭之后，以为救应。魏延说："我为前部，要当先破敌，何故置我个安闲之地？"

诸葛亮闻听此言把手摇，呼了声将军息怒听根由。

咱二人自从长沙同保主，屈指算相从患难几春秋。

你几次出兵多挂先锋印，为前部迎敌破阵去当头。

一来是无双刀马人难比，又搭上老成能把大功收。

现如今兵出街亭拒司马，虽说是多人前去我皆忧。

须知道他人俱是偏裨将，单命你救应街亭堵咽喉。

算计就总守汉中阳平路，你挑此千斤担子不能丢。

想一想似这怎算安闲地，咱营中更有谁人如此能？

魏延听后大喜，领兵前去。孔明方感安心，乃唤赵云、邓芝吩咐说："今司马懿出兵，与往日不同，你二人各引一万精兵出箕谷，以为疑兵。魏兵到来，或战或不战，以惊其心。我自统大军，由斜谷而入，以取郿城。城攻下来，长安才可破。"二人受计，领兵去了。孔明令姜维为先锋，兵出斜谷。

此时，马谡、王平兵至街亭，看了地势。马谡笑说："丞相太多心了，似此山僻小路，魏军如何敢来？"王平说："魏兵就是不敢来，也要在五路总口下寨，以防不测。"马谡说："当道岂是下寨之处？你看那大道西旁有一山，四面不相连，且树木很多，此乃天赐之险地，可在山上设寨屯兵。"王平说："参军差矣，你我屯兵当道，筑起城垣，魏军纵有十万，也不能偷过。今要弃此要路，屯兵于山上，倘魏军骤至，四面围定，用什么计策能保？"马谡大笑说："真是一孔之见。"

王平又说道："我屡随丞相出阵，每到一处，丞相加倍指教。今观此山，乃是绝地，若魏兵断我水道，军士不战自败。"马谡说："休要胡言。孙子讲：'置之死地而后生。'如魏军断我水道，蜀军岂不死战，以一当百？我熟读兵书，丞相诸事尚且问我，你为什么拦阻我？"王平说："参军定要在山上下寨，可分兵给我，我在山下立一小寨，如魏兵来也好救应。"马谡不从，王平无可奈何。忽然山中居民飞奔而来，一齐报说："魏军已到。"王平十分着急，便想回去。马谡说："你我同领丞相命而来，为什么你自己回去？"

马参军满面不悦带怒容，泛双眉哈哈冷笑两三声。

人常说大将一朝权在手，众三军计从言听遵令行。

按兵法正应凭高以视下，把军马孤山屯扎甚相应。

谁想你所见不同生别调，而竟然再三执拗扰军情。

既如此你是你来我是我，又何妨兵分两路各安营？

拨给你人马五千去下寨，免得你说长论短苦相争。

倘若是我破魏兵献捷报，却不许丞相面前去分功。

马谡分给王平五千军马，王平大喜，离山十里下寨。画成图本，即夜去禀孔明，告诉马谡独占孤山下寨之事。

此时，司马懿出关下寨，携二子随营共事。二子素有大志，俱晓兵书。是日司马懿命次子司马昭去探路，嘱说："若街亭有兵把守，当即按兵不行。"司马昭奉父命探了一回，告其父说："街亭有蜀军把守。"司马懿叹说："孔明真乃神算，我不如他。"司马昭在旁笑说："父亲何故长他人志气，而灭自己威风？以儿看来，街亭易取。"司马懿说："你乃年少无知，安敢出此大言？"司马昭说："儿前去探哨，探得当道并无寨栅，路旁数里有座孤山，军马屯于其上，儿固知容易取。"司马懿大喜说："若蜀军果在山上，是天赐我成功。"说话之间，天已黄昏。是夜风清月朗，司马懿上马出营，带百余骑来到山下，周转巡视一遍，回营向左右问说："把守街亭的是何人？"左右说："是马良之弟马谡。"司马懿笑说："徒有虚名，乃是庸才，孔明用此人领兵，怎能不误大事？别处还有兵吗？"左右说："探马来报，离山十里有王平安营。"司马懿问清楚，便于次日进兵。

马谡在山上，只见魏兵漫山遍野而来，队伍旌旗十分严整，蜀兵见了皆丧胆。马谡命兵将下山迎敌，并无一人敢动。马谡怒气冲天，立杀二将。众将士无奈，只得勉强下山。魏军万箭齐发，蜀兵不敢下山，只得退回。马谡督兵，坚守寨门，等待外援。此时，王平见魏兵前来困山，急忙领兵来救应，正遇张郃军马到来，两下军马大战一场。王平不能抵挡，只得退回。马谡在山上，自清晨困至天黑，山上无水，军士不能吃饭，寨中大乱。嚷到半夜，山南坡蜀兵大开寨门，下山投魏，马谡禁止不住。司马懿使人沿山放火，蜀兵大乱。马谡支持不住，乃领心腹军士百余人，杀下山西坡来，夺路而走。司马懿放条路，让过马谡。马谡走十余里，撞着张郃，且战且走。正在奔逃，前面鼓角齐鸣，一彪军马杀出，放过马谡，拦住张郃，正是魏延，与张郃交锋大杀。战十余合，张郃回军便走，魏延催兵赶杀，复得街亭。

赶到五十余里，喊声骤起，两边伏兵齐出，左边司马懿，右边司马昭，从背后杀来。魏延被困垓心，兵折大半，纷纷落马。忽见一人杀入重围，正是王平。魏延松了一口气说："我有救了。"于是二将合兵一处，并力冲杀，魏兵方退。二将忙奔本寨而来，只见寨中遍插魏军旗号，申耽、申仪领兵杀出。魏延、王平二人，人

说唱三国

困马乏，不敢交锋，忙奔列柳城来投高翔。此时，高翔闻街亭有失，忙起列柳城大兵，前来救应。高翔说："不如去劫魏寨，再得街亭。"魏延、王平同意，便与高翔分兵三路去劫寨。魏延当先兵至街亭，营寨中空无一人，心中生疑，不敢轻进，伏在路口等待。不多时，高翔兵到，二人会合说："不知魏兵到何处去了？"疑虑良久，不见一兵到来。

忽然一声炮响，火光冲天，鼓声震地，魏兵齐出，把魏延、高翔军马困在当中。二将左冲右突不得脱身，只听山坡后喊声如雷，一彪军马杀来，乃是王平兵马到来，大杀一阵，救出二将。三人合兵，急奔列柳城来，刚到城下，迎头一军杀来，旗上大书"魏都督郭淮。"那么郭淮是从何处来呢？原来他与曹真在渭水安营，恐司马懿得了全功，乃分兵来取街亭，路上得知街亭已被司马懿、张郃所得，遂引兵取列柳城，不想正同三将相遇，两下交战，一场好杀。

这一场大杀，蜀兵伤折大半。魏延恐阳平关有失，急同王平、高翔且战且走，奔阳平关来。郭淮并不追赶，乃收兵对左右说："我虽没得街亭，取了列柳城，也是大功。"说完，引兵进城。只见城上一声炮响，旗帜齐竖，当先一面大旗，上写"平西都督司马懿"七个大字。司马懿依着护心木栏大笑说："郭伯济为何来迟？"郭淮大惊说："仲达神机，我不及也。今鹬蚌相持，渔人得利。"遂入城相见。司马懿说："今街亭已失，孔明必走。公可同曹真星夜去追，必获全胜。"郭淮从其言，即引本部军马出城而去。司马懿对张郃说："曹真、郭淮恐你我全获大功，故来取此城池，却不想已为你我所得。我料魏延、王平、马谡和高翔必先去据守阳平关。"

> 咱虽然马到成功获全胜，万不可胆大妄为把心贪。
> 自古道满则招损谦受益，愈发要多加谨慎像从前。
> 万不能贪得无厌不知足，得意事不能再干第二番。
> 兵法讲归师勿掩君须记，又道是穷寇莫追乃要言。
> 倘若是捉拿漏网走乏龙，准备着必中孔明巧机关。
> 你先从箕谷小路把兵退，我然后兵屯斜谷立营盘。
> 也不过恶犬咬狼两家怕，有谁能擒获诸葛取西川？
> 司马懿定出一条万全计，这张郃心悦诚服满心欢。

司马懿说完，张郃口服心服，引兵一半而去。司马懿留申耽、申仪守列柳城，自提大兵由西城而进。这西城虽是山僻小县，乃蜀兵囤粮之所，又是南安、天水、安定三郡总路，若得此城，三郡可复矣。因此，司马懿由西城而取斜谷，这暂且不提。

再说孔明自从令马谡等人守街亭后，时刻牵挂，放心不下。一日忽报王平使人送图本前来，孔明拆开一看，拍案大叫说："马谡无知，害死我军了。"左右问说："丞相何故吃惊？"孔明说："我看这图本，马谡失去要路，在山上安营。倘魏军四面包围，断了水道，不出二日军队自乱。若街亭有失，我等怎么回去？"正在嗟叹之间，忽报马谡到来说："街亭、列柳城失守了。"孔明闻听跌足长叹说："大事去矣，此我之过。"

孔明唤张苞、关兴吩咐说："你二人各引三千精兵，投武功山小路而行，若遇魏兵不可攻击，只要鼓噪呐喊，以为疑兵之计。他当自走，也不要去追。待魏兵退尽，方可投阳平关去。"二将领计，引兵去了。又唤张翼先引军去修理剑阁路，以备归程。又令马岱、姜维断后，先伏于山谷中，待西蜀人马起程退尽，方可拔营，随后赶来。又差心腹人分路报于南安、天水、安定三郡官吏军民，皆入汉中。又差妥当之人，到冀县搬取姜维老母，送入汉中。

孔明分拨已定，先引五千兵急去西城县，往汉中搬运粮草。忽然十余次飞马报说司马懿引大军十五万，向西城蜂拥而来。此时，孔明身旁并无一员武将，只有几名文官，所领五千军，有一半向汉中运粮，只剩二千五百军在西城县中。

西城县只有二千五百人，怎能抵司马都督虎狼军？

虽然是现有几位官员在，一个个不懂武来只通文。

眼前里无有关张二勇将，一时间谁来出城拒敌人？

众官员闻听兵来魂魄散，只吓得战战兢兢手捧心。

诸葛亮登上敌楼来观看，但只见遮天蔽日起征尘。

司马懿带领大军来得急，密麻麻枪刀一片赛树林。

孔明见大兵就要到了，并不慌忙，传令将城上旌旗尽皆藏匿，一个人也不许动，如有妄自出入，或高声讲话的，立斩不饶。命大开四门，每门上用二十名军士，扮作乡民，打扫街道，如魏兵到来，不必惊慌。孔明身披鹤氅，头戴纶巾，引两名小童，携琴一张，于城上敌楼前凭栏而坐，焚香抚琴。此时，司马懿大兵前哨到了城边，见孔明如此光景，不敢前进，急忙回马来报司马懿。司马懿不信，止住三军，自己前来，远远观看，果然见孔明高坐敌楼之上，笑容可掬，焚香抚琴。左边有一童子，手捧宝剑；右边有一童子，手执拂尘。城门大开，内处有士卒二十余人，低头打扫街道，旁若无人。城上周围并无旌旗，也不见一名军士，鸦雀无声。听得琴声悠悠扬扬，自城随风而来。司马懿见此光景，大犯疑惑。

他细细看完，拨马急回，即传令叫后军为前军，速往北山而退。次子司马昭说："莫不是孔明没有军马，故作此态，以为疑诈计，父亲何故要退兵？"司马懿说："孔明平生谨慎，不曾弄险。今大开城门，必有埋伏，我军要入城，必中其计。我儿年幼无知，怎晓里边机关？速退莫迟。"军马急速退下。孔明见魏兵退远，抚掌大笑。众官无不惊讶，齐向孔明问说："司马懿乃魏之名将，今统十五万大军前来，一见丞相，为何便速退去？"孔明说："他料我平生谨慎，必不弄险。今见如此模样，疑有伏兵，所以退去。我不是故意弄险，是因不得已而用。现魏军必投北山小路而去。我已令关兴、张苞领兵在山后等候，待他到来进行攻击。"众官皆大惊说："丞相神机莫测，若以我等之见，必弃城而逃。"孔明说："我只剩二千五百兵，若弃城而走，走不多远，就会被司马懿所擒。"

> 诸葛亮一鼓瑶琴退大军，不由得满面添欢长笑容。
> 司马懿带领雄兵十五万，这叫我兵少将无怎交锋？
> 两下里敌众我寡如天壤，他真能凭催军马践西城。
> 无奈何才用疑兵退敌计，最可喜一弹再鼓便成功。
> 须知道形势不好可以走，咱大家收拾行装快起程。
> 速速地星夜投奔汉中府，准备着司马再来找我们。
> 说话间传下号令拔营寨，一霎时夺门而出满城空。

不言孔明弃西城而奔汉中，再说司马懿带领大军，望武功山小路而走。忽然山坡后喊声连天，鼓声震地，司马懿回顾二子，对众将说："看怎样？我们要不走，必中孔明之计！"言还未尽，只见迎头一彪军马杀来，旗上大书"右护卫使虎翼将军张苞"。魏军一见，皆弃甲抛戈而走。走不数里，又听山谷中喊声震地，鼓角喧天，一彪军马杀出，当先一面大旗上书"左护卫使龙骧将军关兴"。司马懿见伏兵自山谷中出，不知有多少兵，心中生疑，不敢交战，弃辎重而去。关兴、张苞俱遵孔明将令，不去追赶，得了许多军器和粮草，收兵而回。司马懿见山谷中俱是蜀军，不敢前进，复回街亭。此时曹真闻听孔明自西城兵退汉中，领兵急来追赶，来到西城山背后，一声炮响，只见蜀兵漫山遍野而来，为首大将乃是姜维、马岱。曹真大惊，急退军时，先锋陈造已被马岱斩了。曹真引兵抱头鼠窜而还。此时，郭淮兵从斜谷来追孔明，又被赵云、邓芝截住，一场好杀，损兵大半而退。会合曹真的兵，占了天水、安定、南安三郡城池，以为己功。孔明诸路军马都顺利退到汉中去了。

单说司马懿退军之后，知蜀兵已尽退回汉中，方知中孔明之计，心甚后悔，乃仰天长叹说："高坐弹琴能退十五万大兵，我远不如孔明。"遂安抚了诸处官民，引兵回到长安，朝见魏主曹睿。曹睿说："今日复得陇西诸郡，皆卿之功劳。"司马懿奏说："今蜀兵皆在汉中，应尽早剿除，臣愿领兵前去，并力收川，以报陛下。"魏主大喜，令司马懿即日兴兵。忽一人出班奏说："臣有一计，足可定蜀降吴。"未知此人是谁，且听下回分解。

第一百十六回 | 孔明挥泪斩马谡
周鲂断发赚曹休

话说出班献计的是尚书孙资。魏主说："卿家有何妙策？当面奏明，大家斟酌而行。"孙资说："昔日太祖武皇帝汉中收张鲁时，向群臣说：'南郑之地，真为天狱。'山谷险道为五百里石穴，非用武之地。今若尽起魏兵伐蜀，则东吴又将入寇中原。不如以现在之兵，命大将据守险要，养精蓄锐，不过数年，我国日盛。吴、蜀二国，必相残害。那时，乘隙而图，大事可成，伏乞陛下裁夺。"魏主闻奏，乃向司马懿说："此论如何呢？"司马懿奏说："孙尚书之言极是，陛下可从之。"魏主准奏，即命司马懿分拨诸将把守险要隘口，留郭淮、张郃守长安，大赏三军，驾回洛阳。

此时，孔明在汉中计点众将，只不见了赵云和邓芝。孔明正在盼望，忽报赵云、邓芝到来，并不曾折一人一骑。孔明大喜，亲引众将迎接。赵云慌忙下马，伏地说："败军之将，何敢劳丞相远接？"孔明急扶起，执其手说："我不识贤愚，以致如此。各处兵将俱有损失，唯独子龙不折一人一骑，这是为什么？"邓芝说："我引军马先行，子龙独自断后，斩将立功。魏兵惊怕而走，因此不曾损兵。"孔明说："真是上将军也。"说着大家齐入城来。孔明以金五十斤赠赵云，又以绢一万匹赏赐赵云的士兵。赵云辞说："三军无一寸之功，我等兵败，俱各有罪。若反受赏，不是丞相赏罚不明吗？且请入库，以待立功后，赏给诸军不迟。"孔明叹说："昔先帝在时，常夸子龙之德，今看果然如此，真是可敬。"

忽然报马谡、王平、魏延、高翔俱到，孔明先唤王平入帐，责备说："我差你同马谡共守街亭，马谡占山下寨，你为何不谏呢？"王平说："末将再三相劝，要在当道筑起土城，安营把守。马参军大怒不听，还说末将是妇人之见，我无奈分兵五千离山十里下寨去了。"

孔明听完，斥退王平，又唤马谡入帐。马谡自已绑了跪于帐前，孔明变色说："你自幼饱读兵书，熟知战法，我几次叮咛告诫，街亭是我根本，你赌上全家性命，领此重任。现在失地陷城，损将折兵，都是你的罪。若早听王平的话，怎会有这样大祸？不整军法，怎么服众？你今犯令，休要怨我。你死以后，你的全家，我按月发给米粮，你不用挂心。"令左右推出斩首。马谡泣告说："丞相待我如儿子，我以丞相为父亲，我的死罪自知难逃，请丞相好好待我儿子，我死而无恨了。"话完伏地大哭。孔明也挥泪说："我和你亲如兄弟，你的儿子即是我的儿子，不必多嘱。"左右推出马谡于辕门外斩首。忽有参军蒋琬自西川来见，看武士要斩马谡，大惊，高声喊说："刀下留人。"急入大帐来见孔明，他说："今天下未定而杀谋臣，岂不可惜吗？"孔明流泪说："军法不可废，罪不可逃，我斩马谡是不得已的事。"

現如今四方纷争动干戈，我岂肯轻将金梁玉柱挫？
马参军执迷不纳王平谏，失主张安营下寨占山坡。
被敌人围困截断运水道，杀了个尸横遍野血成河。
岂不知王法无亲应追问，按军法死罪难饶怎能活？
何况他自己立的军令状，当面里赌上全家把头割。
倘若是赏罚不明轻饶恕，从今后三军懈怠怎如何？
已变通不杀娇妻和幼子，只叫他一人当刑不算多。
诸葛亮无奈要将马谡斩，心痛得如同刀绞泪滂沱。

话说孔明正与蒋琬谈话，辕门外三声炮响，人头落地，顷刻间武士将马谡首级献进帐来。孔明一见，大哭不止。蒋琬问，孔明说："我不是为斩马谡而哭。我想先帝昔日在白帝城，临危之时曾向我嘱咐说：'马谡言过其实，不可大用。'今果然如此误事，深恨自己不明，追思先帝之明，因此痛哭。"将士们听了，全都落泪。马谡亡年三十九岁，时建兴六年夏五月。孔明既斩马谡，将首级遍示各营后，用线缝在尸身上，用棺木装好，以厚礼安葬。其家小按月发给禄米供养。孔明因街亭失守，自写表章，令蒋琬带回成都，申奏后主，自贬丞相之职。蒋琬到了成都，呈上孔明奏章。

后主览毕，向群臣说："胜败乃兵家常事，丞相何故如此？"侍中费祎奏说："臣闻天子治国，必以法为重，若不严法，怎能服人？丞相兵败，自请贬降，正是维护法令。"后主从其言，乃下诏去汉中，贬孔明为右将军，行丞相事，仍然总督军马，令费祎捧诏来见孔明。孔明受诏，拜毕。费祎恐孔明羞愧，乃贺说："西川人民知丞相初得三郡，子龙斩将五员，深以为喜。"孔明变色说："这是什么话？得而复失，与不得有什么两样？公以此贺我，使我更加惭愧。"费祎又说："近闻丞相得了姜维，天子甚悦。"孔明大怒说："兵败而还，不曾夺得寸土，得一姜维何益？"费祎又说："丞相今日虽败了，现有雄师数万，尚可再次伐魏。"孔明闻言，微微冷笑。

想当初奉命兴师出汉中，那时节我军多于魏家兵。
司马懿竟然以寡能敌众，反被他战败马谡夺街亭。
须知道胜败不在兵多少，上阵来全凭主将计谋精。
若都像马谡执迷总不悟，哪怕你带领雄师百万零。
我如今虽被敌人挫锐气，还领着败将残军立大功。

从来是胜败最怕人揭短，亮不才较比凡夫大不同。

但愿你斥我之罪责我过，又何必谤诮阿谀假奉承。

孔明说完，羞得费祎面红过耳，与众官皆服孔明之论。费祎歇息几日，自回成都去了。

孔明在汉中养军爱民，练兵讲武，打造攻城渡水之器，聚集粮草，做远伐的准备。细作探知，报入洛阳。魏主曹睿立召司马懿前来，共谋收川的计策。司马懿奏说："前者孔明虽败，未可去攻。眼下盛暑，天气炎热，我军深入其地，他坚守险要不出，很难攻下。"曹睿说："倘若蜀军再来，应当如何办？"司马懿说："臣已料定今番秋凉时，孔明必效韩信暗度陈仓之计。臣举一人往陈仓道口，筑城把守，万无一失。"魏主问："是何人呢？"司马懿说："此人是太原人，姓郝名昭，字伯道，现为河西将军，镇守河西。他身长九尺，猿臂熊腰，箭法高强，深有谋略。若孔明犯境，此人可以抵挡。"魏主从其言，即封郝昭为镇西将军，镇守陈仓道口，以防孔明。遣使持诏去了。忽报扬州大都督曹休有表章到来。

司马懿举荐郝昭镇陈仓，又有个都督曹休上表章。

有东吴鄱阳太守名周鲂，传密书里勾外合要投降。

魏君臣唯恐吴人有奸诈，预先里准备提防拿主张。

命曹休直取皖城兵先进，司马懿一同贾逵将他帮。

他三人大军齐出分三路，准备着同立大功各逞强。

不曾想误入江东诱敌计，他原是做成圈套把人诓。

自古道两国用兵不厌诈，因此上各显其能生妙方。

话说孙权到武昌巡视，忽接鄱阳太守周鲂密表，会群臣商议说："今有鄱阳太守周鲂密表到来，奏称魏国扬州都督曹休有侵犯东吴之意。周鲂诈施诡计，假称投降，献城引诱魏兵深入重地，我伏兵擒他，卿等有何高见？"顾雍奏说："似这样大任，非陆伯言不可。"孙权即召陆逊到来，封为辅国大将军、平北都元帅，统御林军，摄行王事，授以白旄黄钺，文武百官，皆听约束。陆逊上马，孙权亲自为陆逊执鞭。陆逊谢恩领命，举荐奋威将军朱桓、绥南将军全琮二人为左右都督，以为副将，去挡三路魏兵。孙权从之，即命陆逊总领江东八十一州并荆州湖广之众七十余万，令朱桓在左，全琮在右，陆逊自己居中，三路大兵一齐进发。朱桓献策说："曹休任人唯亲，非智勇之将。今听周鲂诱言，深入重地，元帅以兵击之，曹休必败。败后必由两条路走，左乃夹石滩，右乃挂车谷。这两条路是山僻小路，先以柴木大石塞断路口，然后以兵截杀，曹休可擒。"陆逊说："这不是良策，我自有妙计破他。"即令诸葛瑾据守江陵，以挡司马懿诸路军马。此时，曹休兵临皖城，周鲂来迎，直到曹休帐下。

周太守心高胆大过于人，　你看他孤身敢入是非门。

说什么小人行险以侥幸，　大丈夫义所难辞不顾身。

何曾见不进虎穴得虎子，　须知道骊珠要取得披鳞。

世间人胆小不得将军做，　又何妨探探黄河几丈深。

最可喜勇往直前周太守，　入大帐哄骗曹休弄鬼神。

两下里携手相挽同落座，　早就有随营近侍把茶斟。

那曹休眼望周鲂秉秉手，　笑说道多蒙太守费尽心。

我那日接到足下书一纸，　就立即修道表章奏当朝。

这件事当今天子多欢喜，　传圣旨发来三路虎狼军。

倘若是一举得了江东地，　咱们俩共把城池平半分。

人都说唯恐内里有奸诈，　我料你真心实意不欺人。

第一百十六回　孔明挥泪斩马谡　周鲂断发赚曹休

周鲂闻言，欠身而起，掩面大哭，急取从人佩剑，便要自刎。曹休大惊，慌忙抱住说："我是戏言，足下何必当真？"周鲂伏剑说："我背吴投魏之事，恨不能吐出心肝，今反生疑，必有吴人使反间之计，都督若听此话，我怎能说清楚？只有一死，以表忠心。"说完又要自刎。曹休慌忙抱住说："我是玩笑话，足下不必认真。"周鲂用剑割其发，掷于地说："我以忠心侍都督，都督却以我开玩笑，我割父母所给之发，以表自心。"曹休见此光景，十分信任，设宴款待，席散，周鲂即去。

忽报建威将军贾逵来见，曹休接入问说："你来这儿有什么事？"贾逵说："周鲂是有心之士，其中恐有诈，他暗藏害人之心，都督不可深信。"曹休大怒说："我正要进军，你出此言慢我军心，左右推出斩首。"众将说："未及进兵，先斩大将，于军不利，且乞暂免。"曹休从之，将贾逵削去兵权，留在帐下听用。自引一军，直取皖城。

那周鲂遣人飞报武昌城，　陆伯言半途埋伏虎狼兵。

两下里石亭路上打一仗，　才知道执迷误判计牢笼。

这曹休敌住徐盛死争战，　又出来大将朱桓与全琮。

杀了个乱马交枪人头滚，　曹家军命丧东吴万马营。

都只为认假为真一着错，　弄得来大败疆场落下风。

无奈何舍命一搏重围闯，　忽然间迎头闪出将英雄。

曹休几乎落马，忽见一彪军杀来，为首大将是贾逵。贾逵救出曹休，对曹休说："快奔小路逃走。"曹休惊慌，下马自愧说："我不听将军的话，才有今日失败，后悔晚了。"贾逵说："事已这样，后悔也无用，请都督速走，出这夹石小道。若吴兵用木石塞断路口，我们就危险了。"曹休闻听，慌忙上马前边走。贾逵断后，并在林木茂盛及险猛处虚设旌旗，以为疑兵。吴将徐盛赶来，遥见山坡树林之下闪出

479

旗角，疑有埋伏，不敢前进，收兵而回。因此，曹休得脱危险。司马懿闻听曹休大败，也引军退去。

徐盛、朱桓、全琮得胜而回，来见陆逊缴令。所得车仗、马匹、器械、衣甲不计其数，更得降兵数万人。陆逊大喜，即同太守周鲂并众将班师而还。吴主孙权领文武官员，出城迎接，以御伞覆遮陆逊而入，三军将士俱有升赏。孙权见周鲂无发，乃慰劳说："卿断发成此大事，功名当书于竹帛。"即封周鲂为关内侯，大设宴席，劳军庆贺。陆逊又奏一本。

> 孙仲谋赏劳军士开华宴，陆都督当朝一本奏孙权。
> 现如今曹休上当一场败，司马懿半途而废撤兵还。
> 幸亏了胆大心高周太守，弄圈套计赚曹休入牢笼。
> 直杀得损兵折将舍粮草，料着那魏国君臣胆尽寒。
> 常言说疾病来时方吃药，此刻应修书遣使入西川。
> 诸葛亮目下兵屯汉中府，再叫他兴师伐魏进中原。
> 使一个驱狼围虎奸猾计，须知道顺风使舵好行船。
> 陆伯言借刀杀人下毒手，孙仲谋即刻写成书一篇。

话说孙权写好书，遣使往西川下书，邀孔明出师，往中原来伐魏。要知蜀主如何打算，请看下回分解。

第一百十七回　伐魏武侯再上表　破曹姜维诈献书

话说曹休只因兵败，悔恨交加，气愤成疾而亡，魏主曹睿命厚葬。司马懿收兵回来，众将接入问道："曹都督兵败，元帅理应发兵报仇，为何引兵而回？"司马懿说："我料定西蜀听曹休兵败，孔明必然乘虚而来取长安，倘若陇西一带紧急，何人可救？故此我收军回来。"众将以为惧怕，哂笑而退。

却说东吴遣使持书到西蜀，请蜀主出兵伐魏，并讲如何大破曹休于石亭。一来是夸其威武；二来是通和会之好。后主览书大喜，令人持书赴汉中见孔明。

此时，孔明在汉中兵强将勇，粮草丰足，所用物资一切完备，正想出师伐魏，恰好后主遣使持东吴书来。孔明设宴，大会诸将，共议伐魏之策。忽来一阵大风，把院子中一棵松树吹倒，众将大惊。孔明急占一课，看了一回，面目改色。众将问说："此课主何吉凶？"孔明叹说："主损一员大将。"众皆猜疑，忽报镇南将军赵云长子赵统、次子赵广来见丞相。孔明大惊，用足跺地说："子龙休矣！"这时二子进来，哭拜说："我父于昨夜三更病重而亡。"孔明听了大哭不止，众将无不落泪。孔明即令二子赴成都面君报丧。后主闻听赵云身亡，放声大哭说："朕昔日年幼，若不是子龙舍命相救，早死于乱军中了。"即下诏追赠为大将军，谥封顺平侯，葬于成都锦屏山之东；建立祠堂，四时享祭。后主念赵云昔日之功，祭葬甚厚，封其长子赵统为虎贲中郎，次子赵广为牙门将，敕令守墓三年，二子谢恩而去。忽近臣奏说："诸葛丞相将兵马分拨已定，不日出师北伐中原，有表章到来。"后主将表览毕大喜，即下诏令孔明出师伐魏。孔明受了君命，起三十万大军，令魏延总督前部先锋，直扑陈仓道口而来。

早有细作报入洛阳。司马懿奏知魏主，魏主大会文武群臣。大将军曹真出班奏说："臣有本奏于陛下。"

> 臣从前奉命陇西去出马，实不幸损兵折将败几场。
>
> 虽然是圣意宽宏不加罪，也觉着心中惶恐面无光。
>
> 乞陛下仍颁诏旨传圣命，差臣去立功赎罪到陈仓。
>
> 现如今臣近新得一员将，他练就一身武艺不寻常。
>
> 上阵来惯使大刀骑烈马，千斤力能拽铁胎弓一张。
>
> 倘若是敕赐此人为前部，敢保会必得奇功报君王。

曹真说完，魏主说："这员大将姓甚名谁，何处人氏呢？"曹真说："此人骁勇无比，使六十斤大刀，骑千里烈马，开两面弹弓，暗藏三个流星锤，百发百中，有万夫不当之勇。是陇西人氏，姓王名双，字子全。臣保此人为先锋，必获全胜。"魏主大喜，便召王双上殿，一看王双身高九尺，面黑睛黄，熊腰虎臂，魁伟无比。看完大喜说："朕得此大将，还有什么可忧虑的？"遂赐锦袍、金甲，封为虎威将军、前部大先锋。仍封曹真为大都督。曹真同王双谢恩出朝，即刻起四十万精兵，会合郭淮、张郃二将，分道屯兵把守隘口去了。

此时，蜀兵前队至陈仓，回报孔明说："陈仓道口已筑起一座高城，内有大将郝昭把守，深沟高垒十分严谨，不如仍从祁山而进。"孔明说："陈仓正北是街亭，岂可舍此城而出祁山？"即令魏延领兵到城下，四面攻打，连日攻打不下，向孔明报告说此城十分难打。孔明大怒，欲斩魏延。忽然帐下部曲靳祥告说："丞相不必动怒，末将不才，有计可破此城。"

> 魏先锋连日攻城打不开，也不能斩首辕门开了刀。
>
> 劝丞相宽宏且息雷霆怒，乞将他贵手高抬暂恕饶。
>
> 我如今相依帐下已多载，蒙丞相恩泽地厚与天高。
>
> 时常间思报犬马未得便，眼前里我去陈仓见郝昭。

我二人同乡相交甚厚谊，到那里漫舞唇枪舌剑摇。

进城去陈说利害将他劝，我料定成功必在这一遭。

倘若是弃魏投蜀把城献，也强似围困攻击受熬煎。

靳祥说完，孔明大喜，即令靳祥起程去说郝昭来降。靳祥领命出营，乘马来到城下，高叫说："郝伯道故人靳祥前来相见。"城上人报知郝昭。郝昭传令开门，请靳祥登城来见。郝昭问说："故人因何到此？"靳祥说："我在西蜀孔明帐下，参赞军机，待以上宾之礼，特来访你，有言相告。"郝昭勃然变色说："孔明是我国仇敌，你我各保其主，有何好言相告？不必开口，快请出城。"立即把靳祥赶出城，催逼上马速走。靳祥在马上回头看，只见郝昭昂昂然立于敌楼之上，乃勒马以鞭指说："伯道贤弟为何这样无情义？"郝昭高声说："魏国法度，兄岂不知？我受魏主深恩，怎能背叛？你不必来劝，速回蜀营，叫孔明来攻城，城破我虽死不惧。"靳祥闻言，只得催马回来，见了孔明详说郝昭之事。孔明说："你可再去以利害说之。"靳祥又到城下高喊要见郝昭。郝昭到敌楼之上，来和靳祥相见。靳祥在城下大叫说："伯道贤弟听我良言，你今独守孤城，怎拒数十万之众？今不早降，后悔莫及。你不扶大汉而事奸魏，不知天命，不辨清浊，为后人耻骂，愿故人思之。"郝昭大怒，拈弓搭箭，指靳祥大喝说："我前日已说过，你不必再言。我看故人之面不肯放箭射你，放你去吧。"靳祥见这光景，不敢再言而退。

都只为郝昭绝情拒靳祥，倒惹得诸葛孔明恨满腔。

大帐内即刻传令兴人马，命众将摇旗呐喊奔陈仓。

汉军师将令威严谁敢慢？慌慌张张随营武士众儿郎。

一个个齐争先行恐落后，顷刻间郝昭城下动刀枪。

最可恨沟深垒固难攻打，许多的炮石弓矢守城墙。

连日来围困攻之而不胜，又来了魏国大将贼王双。

两下里列开旗门交了手，乱哄哄枪刀相对战疆场。

话说王双刀劈蜀将谢雄、龚起，蜀兵大败，逃回告诉孔明。孔明大惊，忙命廖化、王平、张嶷三人前去迎敌。两阵对圆，张嶷出马，王平、廖化压住阵脚。王双纵马来迎，与张嶷交马数合，不分胜败。王双诈败，拨马便走，张嶷随后赶来。王平见王双并非真败，高叫："张将军不要赶。"张嶷急回马，被王双的流星锤打来，招架不住，正中右臂。张嶷伏下而逃，廖化、王平同救回阵。王双驱马杀来，蜀军又败一阵，回见孔明，告说王双英勇无敌，领二万兵就陈仓城下安营，与郝昭内外把守，十分严谨。孔明见头阵已折二将，二阵又伤张嶷，与姜维商议说："陈仓道口的路不能过，可求别路走。"姜维说："此处王双、郝昭固守难破，不如留几员大将领兵在此巡查各处隘口，以防街亭、陈仓之兵。末将同丞相统大军仍出祁山，末将自有计策，以捉曹真。"孔明从其言，即令王平、李恢引二支兵分守街亭小路，魏延领一支军马拒住陈仓道口，令马岱为先锋，关兴、张苞为前后救应，由小路出斜谷望祁山进发。

都因为兵阻陈仓逾越难，疆场上损伤大将两三员。
姜伯约孔明面前献一计，又生出诈降假顺巧机关。
不两日兵至祁山安营寨，即写就暗里伤人书一封。
选一名胆大心细能言士，让他去魏营曹真献连环。
魏营中昼夜巡视查隘口，不用说见人就使绳子拴。
谁猜透来人竟是一奸细，喜滋滋押解上来进营盘。
这曹真大帐之内亲盘问，没承想乖巧猴儿上了杆。

曹真盘问捉来的人，这人跪下告说："小人不是奸细，有机密事来见都督，被伏路军士捉来。请都督退去左右，方敢实言。"曹真闻听，退去左右，上前去其绳索，大帐里只有曹真一人。来人告说："小人乃姜伯约心腹人，奉差来送密书。"曹真说："密书在哪呢？"其人于怀内贴肉处取出密书呈上。曹真拆开看，书中内容大略说：

罪臣姜维百拜，书呈大都督曹公阁下：罪将常想世代食魏禄，蒙主厚恩，把守边城，无门相报。昨日误中诸葛亮之计，身在蜀营，思念故国，日不能忘。今幸蜀兵西出，孔明对我实不生疑，乞都督亲统大军而来，如遇蜀军，即当诈败；罪将在后，以举火为号，先烧蜀营粮草，都督领大军返回杀来，罪将以本部军马从后来杀，两路夹攻，孔明可擒。非是立功报国，实想自赎前罪。倘蒙照察，速请回音。

曹真看完，大喜说："此天赐我成功。"遂重赏来人，回信姜维，按书之约，勿要失信，其人拜谢而行。曹真对护军将费耀说："今姜维暗送密书，让我如此如此，可快行动。"费耀说："孔明计多，姜维谋广，唯恐是诈，未必是真。"曹真说："他原是魏人，不得已而降蜀，为什么要疑他？"费耀说："虽如此，都督不可轻出，末将愿引一军接迎姜维，倘得大功，全归都督；若是奸计，末将亲自挡之。"曹真大喜，即令费耀引五万兵，望斜谷而进。

好一似手持肉包将狗打，这一去要想回来枉徒劳。
一直地路由斜谷把兵进，呼啦啦五万雄兵似海潮。
大伙儿行程约有三十里，看了看日落西山不甚高。
不多时星移斗转黄昏后，见前面蜀军擂鼓把锣敲。
姜伯约听魏国兵马已到，霎时间发起火光冲九霄。
魏家军反戈以出齐回转，这回他自入龙潭进虎巢。

左边厢闯上张嶷与马岱，右手下拥出关兴与张苞。

一个个勇猛无比往上闯，叫敌人八面兵来怎么招？

只杀得血流尸垛人头滚，红殷殷好似国花锦战袍。

费耀他被困垓心无出路，不得已自送残生命一条。

费耀唯恐被擒，自刎身亡，余众都投降。孔明连夜驱兵直出祁山前下寨。此时曹真听说折损费耀，很是悔恨。一面与郭淮商议退兵之策；一面上表申奏朝廷，陈述蜀兵又出祁山。曹真损兵折将，形势危急。魏主大惊，即召司马懿问说："今曹真损兵折将，蜀兵又出祁山，卿有什么良策可以退兵？"司马懿说："我主不必担忧，臣已有退诸葛亮之计。"未知其计如何，请看下回分解。

第一百十八回 孔明智取陈仓城 魏延受计斩王双

话说司马懿向魏主说："臣昔日曾奏陛下，孔明必出陈仓，故让郝昭筑城坚守，今果然如此。他若从陈仓入侵中原，运粮甚便。现在有郝昭、王双把守，不敢从此处运粮，只好从小路搬运。臣探得明白，蜀营粮草仅能维持一个月，利在急战。陛下传旨，令曹真坚守诸路隘口，不用一个月，蜀兵粮尽，自然会撤。那时乘势追击，孔明可擒。"魏主闻奏大喜，即依计而行。

即刻地传谕军营出诏旨，各处里坚守关隘不出兵。

曹子丹迎接差官接王命，同郭淮暗地相商怎用兵。

帐前里部将孙礼献一计，咱如今绝妙机关尽可行。

假装着陇西路上运粮草，却用些硫黄焰硝车内盛。

诸葛亮被拦陈仓不能进，此一时粮草不多渐渐空。

他必然领兵率将来行抢，烧他个彻地通天一片红。

须知道水火无情难躲避，再安排埋伏人马四面攻。

这一回孔明就有冲天力，那时节两肋插翅也难逃。

孙礼说完，曹真大喜，即令孙礼依计而行。又令郭淮、王双、张辽之子张虎、乐进之子乐綝等，各自领兵把守箕谷、街亭及诸处险要之所，要严防，不许出战。

话说孔明出祁山寨中，每日令人挑战，魏兵坚守不出。忽报魏军自陇西运粮数千车，今到祁山之西，运粮官是孙礼。孔明问说："孙礼是什么样的人？"长探说："此人曾随魏主打猎山中，惊出一只猛虎，直扑魏主，魏主大惊，几乎落马。

孙礼马快刀馋，立斩猛虎于魏主之前。魏主念其救驾有功，即封为上将军。是曹真心腹之人。"孔明笑说："此乃魏将料我缺乏粮草，故用此计，车中必是茅草引火之物。我平生专用火攻，他竟敢以火攻我。他这是引我军去劫粮草，他来劫寨。咱们可将计就计而行。"

孔明分拨兵马已毕，自在祁山顶上高坐观望。此时，孙礼探知蜀兵要来劫粮，令人飞报曹真。曹真慌忙差人通知张虎、乐𬘘如此如此，二将依令而行。

天至二更时分，马岱引三千兵到，人皆衔枚，马尽勒口，悄悄来到山西，见许多车仗，重重叠叠绕成营盘，车仗虚插旌旗。时至西南风起，马岱令军士从车仗南面放火，一齐点着，火光冲天。

孙礼只当蜀兵到来，自己人放的号火，急引军马来。背后鼓角喧天，两路军马杀来，乃是马忠、张嶷，把魏兵困在垓心。又听得车仗近处，一声喊军马从火光边来，乃是马岱。内外夹攻，魏兵大败。风急火紧，人马乱窜，死者无数。孙礼引残军突烟冒火而走。此时，张虎、乐𬘘在寨中望见火光，领兵齐出，来劫蜀营，到寨中不见一人，知是中计，急收兵回，这怎能回得来啊！

> 好一个神机妙算诸葛亮，预先他早把行动细盘算。
> 而竟然从中将计就了计，令马岱无数粮车一齐烧。
> 杀了个人仰马翻纷纷乱，魏三军连伤带死又奔逃。
> 这边里张嶷三将战孙礼，那边厢张虎乐𬘘入龙巢。
> 魏家军且战且走往后退，乱哄哄抛旗撇鼓舍枪刀。
> 好歹地兵折大半回营寨，到城下箭如密发响嗖嗖。
> 才知道已被二人劫了寨，原来是大将关兴和张苞。

话说魏将孙礼、张虎、乐𬘘等见蜀兵劫了营寨，败兵没处屯扎，只得奔投曹真大营来。曹真大惊，紧守营门，闭关不出。蜀将得胜，回见孔明。孔明一面令人去授密计给魏延，一面传令拔寨而走。杨仪问说："今已取胜，魏军锐气全挫，正好长驱大进，为何退兵呢？"孔明说："我兵缺粮草，利在急战，他今坚守不出，是拖延时间。曹真虽然暂时兵败，司马懿必然还有安排，若以轻骑袭我粮道，那时要归不能。今日乘其新败，不敢正视于我。便可出其不意，乘机退去。所担忧的是魏延一军，在陈仓道口拒住王双，急切不能脱身；我已令人授密计，叫魏延斩王双，使魏军丧胆，不敢来追。"当夜孔明只留金鼓守在寨中打更。一夜之间兵已尽退，只落空营。

此时曹真正在寨中忧闷，忽报左将军张郃领兵到来，曹真唤入相见。张郃说："末将奉旨特来听调。"曹真说："你曾禀过司马仲达吗？"张郃说："临走时，仲达吩咐说，曹都督若胜，蜀军必不撤去；曹都督如失败，蜀兵必然急急退去。"曹真闻听此言，即令人去打探蜀营消息，果然剩下空营，孔明大兵退去已经两三天了。曹真懊悔莫及。

> 且不言曹真懊悔塞胸腔，再说那大将魏延杀王双。
>
> 在营中孔明密授一条计，黄昏后拔营起寨走陈仓。
>
> 长探马连夜飞奔前来到，这王双催兵追赶马蹄忙。
>
> 不料想坠入西蜀圈套内，他原有绝妙机关暗里藏。
>
> 从后边急忙追来六七里，陈仓道所筑城池起火光。
>
> 急冲冲收回军马往后退，大寨中一片红云十里长。
>
> 才知道中了敌人诓诈计，这一回贪前舍后有灾殃。

王双拨马急退到山坡之下，忽有一骑自林中急出，大喝说："魏延在此。"王双大惊，措手不及，被魏延走马刀砍于马下。魏兵疑有埋伏，四散奔逃去了。其实魏延手下只有三十余骑，望汉中缓缓而行。这是魏延受了孔明之计，先将三十余骑埋伏于王双营外树林中，才叫大队军马起行。王双领兵追赶时，去他营中放火，待他收兵回寨，出其不意，突然斩他。魏延斩了王双，引兵回到汉中，见了孔明，交割了人马，孔明设宴大会文武众官，这暂且不提。

再说张郃追赶孔明不上，回到曹真寨中，只见陈仓城郝昭差人前来说："王双被魏延斩了。"曹真伤感不已，因忧成疾，遂回洛阳，命郭淮、孙礼、张郃等分守长安诸处。蜀、魏两家暂且罢兵。

此时，吴王孙权设朝，有细作报告西蜀诸葛丞相出兵两次，魏都督曹真损兵折将。群臣闻知，俱劝吴王兴兵伐魏，以伐中原。孙权犹豫未决。

> 都只为两次孔明出祁山，魏都督败阵损兵将又残。
>
> 那细作探知即速忙来报，孙仲谋大会文武全朝官。
>
> 又只见大小臣僚齐上本，劝主上进兵江北伐中原。
>
> 好叫那吴王龙意决不下，品阶下又有张昭把本参。
>
> 告主公不必狐疑无可否，听为臣细将缘由禀一番。
>
> 现如今曹丕称孤传二世，成都府子承父位有刘禅。
>
> 原就该三分天下皆称帝，是怎么尊卑高低却两般。
>
> 闻听说黄龙屡现三江口，又道是凤凰频落武昌南。
>
> 王上你南面为尊不为过，论功德人心无意理当然。
>
> 筑高坛名正言顺即帝位，然后再征讨北魏伐西川。

话说张昭劝吴王先即皇帝位，然后兴兵，文武大臣众口一词说："子布之言极是，我主应从之。"遂择定夏四月丙寅日，筑坛于武昌南郊。是日，群臣请孙权登坛即皇帝位，改黄武八年为黄龙元年。追谥其父孙坚为武烈皇帝，其母吴氏为武烈

说唱三国

皇后，兄孙策为长沙桓王。立子孙登为皇太子，命诸葛瑾长子诸葛恪为太子左辅，张昭次子张休为太子右弼。

这诸葛恪，字元逊，极其聪明，善于应对，孙权很爱他。年六岁时，东吴宴会群臣，诸葛恪也随其父在座。孙权见诸葛瑾面长，乃令人牵一头驴来，用粉笔于其面上写道："诸葛子瑜。"众人一见，大笑不止。诸葛恪慌忙离座，添二字于其下，成了"诸葛子瑜之驴"。满堂人无不惊讶。孙权大喜，将驴赠他。又一日，大宴官僚，孙权命诸葛恪把盏走到张昭面前，张昭不饮，说："此非养老之礼。"孙权对诸葛恪说："你能说服子布饮了此酒吗？"诸葛恪领命，对张昭说："昔姜尚父年九十，秉旄仗钺，未尝言老。今临阵之日，先生在后，饮酒之日，先生在前，怎叫不养老呢？"张昭无话可说，只得强饮此酒。因此，孙权甚爱他，故命辅佐太子。却说孙权即帝位，以顾雍为丞相，陆逊为上将军。是日与群臣共议伐魏之策，张昭出班又奏一本。

> 现如今曹刘两家争强弱，诸葛亮屡败中原大都督。
> 彼此的仇恨相结难罢手，俱不能别生枝节惹东吴。
> 依臣看不要此时兴人马，只需要修书遣使联西蜀。
> 咱这里养精蓄锐积粮草，在此时我主登基即龙位。
> 造就成三分天下鼎足立，须知一统江山是蜀魏吴。
> 常言说人心不足蛇吞象，这其间准备好要力量足。
> 整朝纲习文演武学国典，传圣旨大兴学校劝农夫。
> 只等着国富兵强人马壮，那时节纵横天下总无阻。

孙权听张昭一席话，即令使臣星夜入西川来见后主，呈上书信。后主拆封观看，书中大意是孙、刘两家联盟，共伐中原。后主与群臣商议，众文武都说："宜绝其盟好，不与通和。"蒋琬说："差人去问丞相，看丞相怎样说。"后主即遣使入汉中来问孔明。孔明说："可令人多带礼物入吴祝贺，并请陆逊都督兴师伐魏，这样魏国必命司马懿拒他。如司马懿去抵挡东吴，我兴师伐中原，长安可取得。"使者将孔明的话回奏后主，后主从其言，遂令太尉陈震持名马、玉带、金珠等物，入吴作贺。陈震到了东吴，见了孙权，呈上国书。孙权大喜，设宴款待，打发回蜀。孙权召陆逊入朝，告诉西蜀相约兴师伐魏之事。陆逊说："这是孔明惧怕司马懿之谋，虽然是谋，也得从之。"

话说陈震回到西川，奏明后主，又到汉中来见孔明，报知东吴应允兴兵之事。孔明想动兵，又恐陈仓难进，先令人去探听。回来入报说："陈仓郝昭病重。"孔明大喜说："大事成了。"遂唤魏延、姜维吩咐说："你二人领五千兵，星夜兼程，直奔陈仓城下。如见火起，一齐并力攻城。"二人领兵去了。又唤关兴、张苞前来，附耳低言嘱说："如此如此。"二人各受密计而去。

此时，郭淮闻郝昭病重，与张郃商议说："现今郝昭病重，你去替他守陈仓城池，我上表申奏朝廷。"张郃即刻领三军兵马去替郝昭。郝昭在陈仓病已危急，正在呻吟，忽报蜀兵已到城下。郝昭大惊，即令人上城把守，四门火光齐起，城内大乱，竟把郝昭惊死。蜀兵一拥入城。魏延、姜维领兵到来时，只见城上并无一面旌旗，毫无动静，二人惊疑未定，不敢进城。正在犹豫之时，忽城上一声炮响，四面旗帜飘扬，只见一人纶巾羽扇，鹤氅道袍，大声说："你二人来迟了。"二人一看是孔明，慌忙入城相见，拜伏于地说："丞相真神计矣。"孔明闻言，微微而笑。

诸葛亮春风喜上两眉梢，晓谕这魏延姜维二英豪。
我安排兵进陈仓未决断，恰恰好忽报病危贼郝昭。
差你俩缓行也要三日限，原为是稳住众心不动摇。
我只带城外军士来此地，带领着大将关兴和张苞。
预先使十余细作藏城内，到那时四面火攻一齐烧。
陈仓城兵无主将必慌乱，要守住城池不失枉徒劳。
这本是出其不意攻无备，管叫他仓促之间没处招。

孔明说完，魏延、姜维十分拜服。孔明怜郝昭之死，令他妻小扶灵柩回魏，以表其忠。此时，张郃领兵到来，被蜀将一阵杀退。不两日，蜀军又夺了散关。孔明亲提大兵由陈仓斜谷取了建威，又来到祁山，安营下寨。郭淮在长安闻知此事，吃一大惊，又见张郃大败而回说："陈仓已失，郝昭已死，散关已被孔明夺了，复出祁山下寨，各处攻打城池。"郭淮听说，急忙修表，飞报洛阳。魏主览表大惊，正要与群臣商议，忽满宠上表说："东吴孙权称帝，与西蜀同盟，今陆逊在江边操练人马，听候调用，只在旦夕，必然入侵。"魏主闻听两处危急，只惊得手足无措，即召司马懿入朝商议。司马懿说："以臣所料，东吴必不动兵。"魏主说："卿家怎么知道？"司马懿说："陛下勿忧，听臣奏来。"

诸葛亮受命托孤有遗诏，时刻地咬牙切齿恨江东。
他有心兴兵伐吴把仇报，恐中原乘虚而入将他攻。
现如今孔明定出奸猾计，送礼物才与江东去结盟。
料想那陆逊也晓其中意，弄圈套虚张声势不兴兵。
看着咱鹬蚌相持死争斗，他却要渔人得利吃现成。
劝陛下不怕江东兴人马，他原是坐观成败取相应。
只应要防备西蜀诸葛亮，速速地发兵遣将救街亭。
司马懿见识高强能料事，这曹睿愁眉展开喜气生。

司马懿说完，曹睿大喜说："卿真是高见，其他人不能比。"遂封司马懿为大都督，总领陇西诸路军马。令近臣去取曹真总兵将印来，交与司马懿。司马懿说："不用近臣去，待臣自去取来。"说完辞驾出朝，来到曹真府下见曹真，问完病情，司马懿说："今东吴、西蜀兴兵，入寇中原。孔明又出祁山下寨，公知道吗？"曹真大惊说："我手下人怕我担忧病重，不让我知道，似此国家危急，圣上为何不拜仲达为都督，以退蜀兵？"司马懿说："恐我才薄智浅，不称其职。"曹真说："取印过来，交于司马仲达。"司马懿说："都督莫忧，末将不才，愿助一臂之力，只不敢受此印。"曹真在病榻上跃身而起说："如仲达不受此印，中原危矣。我抱病见帝，来保举你。"司马懿说："天子有诏，但我不敢受。"曹真闻言大喜说："仲达若领此印，足能够退蜀兵。既然天子有命，还谦让什么？"司马懿见曹真再三让印，遂受了印，入朝辞了魏主，择于建兴七年夏四月，引兵往祁山去抵挡孔明。要知胜败如何，请看下回分解。

第一百十九回 | 孔明大破魏军 曹真复出雨归

话说司马懿引兵往祁山去抵挡孔明，兵至长安，张郃接入城中，备言前事。司马懿便令张郃为先锋，戴陵为副将，引十万精兵到祁山之北，渭水之南下寨。

都只为孔明三次出祁山，司马懿顶替曹真掌兵权。
带领着十万雄兵精壮士，来到这渭水南岸把营安。
闻听说蜀兵已得阳平郡，即差遣郭淮孙礼二魁元。
实指望领兵去袭敌人后，谁料想中了孔明巧机关。
半途中一声炮响山坡下，闪出了一队伏兵把路拦。
大旗上书写丞相诸葛亮，四轮车端坐一人在上边。
只见他纶巾羽扇多雅净，飘摇摇丝绦道服甚安闲。
雄赳赳护卫将军分左右，原来是关兴张苞二将官。
这一个好似蒲州关夫子，那一人更赛燕人张老三。
两员将刀快枪馋人人怕，只吓得郭淮孙礼胆战寒。

二人一见大惊。孔明大笑说："郭淮、孙礼休走。司马懿之计，怎能瞒过我？他知道我取了阳平，叫你二人来袭我军之后，哪知我在此等候多时了。你二人不早降，还敢和我交战不成？"二人大惊，拨马便走。忽然背后喊杀连天，王平、姜维引兵从后杀来，关兴、张苞又从前面杀来，两下夹攻，魏兵大败。郭淮、孙礼弃马爬山而走，张苞一见，催马赶来，不想连人带马跌下涧去。军士急忙救起，头已跌破。孔明派人将张苞送回成都养病，然后收兵回营。

郭淮、孙礼逃回，见司马懿说："孔明伏路截杀，因此大败，弃马爬山方得逃回。"司马懿说："这不是你等的罪，孔明智慧在我之上。他今既取阳平，必取雍、郿二郡，你二人领兵去守雍、郿二郡，切勿出战。我自有破敌之策。"二人拜辞而去。司马懿又唤张郃、戴陵吩咐说："今孔明既得阳平，必然去各处抚恤百姓，以安民心，不在营中。你二人各引一万精兵，乘夜抄在蜀营之后埋伏，我提大兵随后就到，放炮为号，两路夹攻，可夺蜀寨。"二人受计，引兵而去。戴陵在左，张郃在右，各取小路进发，到蜀营之后，方才三更，两军会合一处，直扑蜀营。走不过数里，只见当道有数百辆草车横截大路。二人惊疑说："这般光景必有准备，不可轻进，仍由旧路回去吧。"

> 猛听得惊天大炮似雷响，四下里叫杀连天齐呐喊。
> 好一似潮涌蜂狂往上裹，密麻麻枪刀剑戟若云屯。
> 恶狠狠兵刃齐抢下毒手，极像是恨积心头似海深。
> 魏家军舍生忘死向外闯，吓煞人杀得尸横血肉混。
> 两下里乱马交枪打一仗，一时间不见高低胜败分。
> 诸葛亮高冈之处端然坐，在那里轻摇羽扇笑微微。

张郃、戴陵引兵正闯重围，面前一座小山，孔明在山顶上大声喊："张郃、戴陵可听我言。司马懿料我出外抚民，不在营中，故让你等来劫我寨，却不想入我计中。你二人乃无名下士，我不杀害你们，可下马早降，免得受死。"张郃大怒，指孔明大骂说："你乃山野村夫，侵我国领土，还敢来发狂言？我要捉住你时，定要碎尸万段，方解我心头之恨。"一边说着，纵马挺枪杀上山来。山上矢石如雨，张郃不能上山，乃拍马拧枪闯出重围，无人敢挡。蜀兵把戴陵兵马围在垓心，乱杀乱砍。张郃杀出重围，不见戴陵，复又奋勇杀入重围，救出戴陵而归。孔明在山上火光中，见张郃在万马营中往来冲杀，英勇无敌，乃对左右说："久闻张郃大名，今日一见，方知其勇。若留此人，必为后患，早晚我必除掉他。"说完下山收兵回营。此时，司马懿提兵大进，半途遇着张郃、戴陵狼狈而来。司马懿惊问说："你二人为何如此？"二人齐说："孔明计谋，世人难比。"

> 咱奉军师将令，领兵去劫蜀营。
> 草车横路不通，回军忙走旧径。
> 四面伏兵齐起，火光一片通红。
> 好似兵山将海，如同猛虎蛟龙。

天罗地网不透，杀得天摇地动。

孔明浪言大话，说来十分难听。

死闯重围折兵，请罪特来听令。

司马懿闻言大惊说："孔明真神人也！不如退兵。"遂传令大军拔营回寨，固守不出。

且说孔明归寨，三军前来献功，所得器械马匹不计其数。孔明大赏三军，歇马数日。差魏延去魏营多次挑战，魏军闭门不出。忽报天子遣使捧诏到，孔明接入营中，焚香礼毕，开诏读说："街亭失败，咎在马谡，而相父认罪自贬，孤实不忍。尊重国法，不得不如此。前年挥师，斩王双，败郭淮，取州郡，以振军威，功莫大焉，理应恢复原职，仍为丞相。公勿推辞，以光扬洪烈。"孔明听完诏，对使者说："我今大事未成，怎么可复丞相职呢？"使者说："丞相如不受职，有负天子之意，又冷淡了将士之心，受下才是正理。"孔明只得拜受，复丞相职。使者回朝交旨。

孔明见魏兵连日不出，思得一计，传令叫各处皆拔寨而起。早有细作报知司马懿，说孔明大兵已退去了。司马懿说："孔明必然有诈，不可追赶。"张郃说："他必是因粮食没有了才走的，怎能不追呢？"司马懿说："西蜀上年丰收，今年麦子又熟了。我料孔明粮食充足，虽然搬运艰难，也可用半载有余，怎能回军？他见我连日不出，故作此诈，以诱我们。"张郃听后，大有不信之意。

张郃还是要追赶孔明。司马懿说："你既要去，可分兵两路，你引一军先行，须奋力死战；我领一军随后接应，以防伏兵。"张郃领命，同戴陵引副将数十员、精兵三万，立刻起程，走到半路下寨。司马懿留下许多军马，护守本寨，只引五千精兵，随后进发。

孔明已知道追兵半途歇息，即令张翼、王平各引一万精兵，乘夜前去，伏于山谷之中，待追兵过尽，从后边掩杀。若司马懿兵到，可分作两路，张翼引一军挡住后队，王平引一军截其前队，须要奋勇死战。二人受计，引兵而去。又唤姜维、廖化吩咐说："我给你二人一个锦囊，共引三千精兵，偃旗息鼓，伏于前山之上。如见魏兵围住张翼、王平，十分危急，不必去救，打开锦囊，自有解危之策。"二人受计，引兵前去。又唤吴班、吴懿、张嶷、马忠吩咐说："如来日魏兵到，锐气正盛，不可硬打，且战且走。只看关兴兵到之时，方可回军掩杀。我自有兵接应。"四将受计，引兵前去。又唤关兴吩咐说："你引五千精兵，伏于山谷之内，但见山上红旗招展，即可引兵杀出。"关兴受计，引兵而去。

话说张郃、戴陵领兵赶来，急若风雨。马忠、张嶷、吴班、吴懿四将出马交锋，略战几合，且战且走。魏兵赶来，约有三十余里。时值六月，天气十分炎热。

魏军人马汗出如水，喘息不定。孔明见此光景，在山顶上把红旗一招。

> 但只见红旗一面半空摇，从旁里闪出关兴将英豪。
>
> 哗啦啦催开赤兔追风马，明晃晃舞动青龙偃月刀。
>
> 带领着三千人马截归路，这张郃回兵走脱枉徒劳。
>
> 头前里四将一齐围坐骑，引三军反戈相向把兵交。
>
> 又加上来了王平和张翼，催军马一拥齐上似海潮。
>
> 司马懿随后亲提大兵到，喊杀声围剿蜀兵好几遭。
>
> 两下里乱马交锋好一阵，只杀得尘土纷纷透九霄。

姜维在山顶上探望，只见司马懿把王平、张翼困在垓心，乃向廖化说："张、王二将如此危急，可开锦囊看计。"二人拆开锦囊观看，见书上写着："若司马懿来困王平、张翼，你二人可分兵两队去劫司马懿之营，他必急退去。你二人乘乱攻营，虽不能得营，可获全胜。"二人得计，分兵两队，急去劫营。司马懿正在指挥三军围困张翼、王平，忽探马来报说："两路蜀兵直取大寨去了。"司马懿大惊，急忙收兵去救本寨。张翼、王平随后掩杀，魏兵大败。张郃、戴陵见司马懿败去，也望山僻小路而走。关兴引兵救应诸路军马，大家回寨。司马懿大败一阵，收集残兵回营，责骂诸将说："你等不懂兵法，只仗血气之勇，强要出战，以致损兵折将，以后再有不遵军法的，定斩不饶。"众皆羞惭，无言而退。

此时，孔明收得军马回营。过了几日，又想起兵进发。忽然成都有人来报说："张苞身亡。"孔明听了放声大哭，口中吐血，昏厥于地。众人救醒，自此得病卧床不起，众将无不感叹。数日后，孔明唤董厥、樊建等人入帐吩咐说："我自觉昏沉，不能理事，不如暂回汉中养病。你等不要走漏消息，司马懿若知道，必然来攻击。"遂传令当夜拔寨起程回汉中。

五日后，司马懿方才得知，乃长叹说："孔明真有神出鬼没之计，我不及也。"遂留诸将分兵把守各处隘口，自己班师回洛阳。孔明把大军屯在汉中，自回成都养病，文武官员出城迎接，送入丞相府。后主御驾亲来问病，君臣二人说了说征战之事，又叙了些离别之情，命医调治。孔明渐渐痊愈。

建兴八年秋七月，魏都督曹真病愈。魏主设朝，大会文武。曹真出班奏本。

> 诸葛亮屡犯中原侵境界，最可恨咱国损将又折兵。
>
> 他前日疆场得胜偷归去，现正在歇马劳军驻汉中。
>
> 眼前里时值七月凉风起，较比那暑热炎天大不同。
>
> 原就该报仇雪恨兴人马，一定要吞并西川捉孔明。
>
> 倘若是不早除根绝后患，但恐怕终成肉刺眼中钉。
>
> 臣不才还要出征去赎罪，与仲达协力同心立大功。

好一个败将曹真心不死，你看他又要寻衅把事行。

曹真奏完，魏主还未说话，侍中刘晔奏说："大将军的话是对的。孔明有神出鬼没之策，东吴孙权不能比。若不早除，必为后患。"魏主见奏大喜，即拜曹真为大司马、征西大都督，司马懿为大将军、征西副都督，刘晔为军师。三人拜辞魏主，引四十万大兵，由长安直奔剑阁，来取汉中。

汉中人报入成都。孔明病好多时，每日操练人马，学习战法，尽皆精熟，正想取中原。闻听这个消息，即唤王平、张嶷吩咐说："你二人先引一千兵去守陈仓古道，以挡魏军，我提大军随后接应。"二人皆说："人报魏兵四十万，诈称八十万，声势浩大，为何给一千兵去守隘口？倘魏兵来了怎能拒敌？"孔明说："我想多拨兵，恐士兵辛苦。"王平、张嶷面面相觑，不敢领命。孔明说："若有疏失，非你等之罪，不必多言，领兵速去。"二人又哀告说："丞相要想杀我二人，就此请杀，只是不敢领命前去。"孔明说："你二人怎么这样愚呢？"

> 我拨你一千军马查要路，须知道我有主见腹内存。
> 昨夜晚乘凉观月在庭院，更深时仰见星斗察天文。
> 算定了毕星当值多秋雨，此月内必有大雨昼夜淋。
> 倘若是多差众兵陈仓去，但恐怕雨水之中要死人。
> 司马懿虽有雄兵四十万，扛不住大雨连天人马浸。
> 等着他粮草耗尽把兵退，咱们再紧追急赶调三军。
> 这本是以逸待劳一条计，又怎肯凭空断送你二人？

孔明说完，二将欣然拜谢，领兵前去。孔明随后提大兵出汉中，传令叫各处隘口预备干柴、草料、细粮，及一切避雨之物，俱够人马支用一月，以防秋雨。

此时，曹真和司马懿同领大兵，直到陈仓城内，不见一间房屋，询问居民，皆说："孔明回军时，放火烧了。"曹真便要进兵，司马懿说："不可轻进。我夜观天文，见毕星在太阴之分，此月内必有大雨。若入险地，遭此秋雨，进退两难，人马受苦，悔之莫及。不如且在城中搭起栅棚、窝铺，以防阴雨，晴后再议进兵。"曹真从其言，便在陈仓城中搭起栅棚、窝铺，屯扎军马。不几日，果然大雨来临，日夜不止。陈仓城外水深三尺，军器都湿了，人也不能睡，昼夜不安。一连三十天不开晴，没有草料，马死得甚多，大小三军怨声不绝。

曹真报入洛阳。黄门侍郎王肃还有杨阜、华歆等人上表，劝魏主下诏，召曹真、司马懿收兵回朝。此时，曹真、司马懿因秋雨连绵一月不止，军无战心，皆有思归之意。正在进退两难，忽有使来召曹真、司马懿还朝。二人遂将大军前队为后队，后队为前队，徐徐而退。孔明闻听，并不派兵追赶。要问为什么，且听下回分解。

第一百二十回

诸葛亮三出祁山
汉后主信谗召回

说唱三国

孔明闻听司马懿退兵，但不去追赶。众将问说："魏兵因遇雨退去，丞相为什么不派兵追呢？"孔明说："司马懿善能用兵，此去必有埋伏，若去追必中其计，不如放他去。分兵出斜谷，而取祁山，攻其不备。"众将又问说："取长安有别的路可走，丞相为何要取祁山？"孔明说："取祁山自有个中道理，不是无故去取。"

> 须知道提调三军统大兵，　所到处先看山川地理形。
> 自汉中进兵长安别有路，　俱都是狭窄拥塞不相应。
> 走祁山是去长安必经道，　那条路前后宽阔左右通。
> 倘若是陇西诸郡兵马到，　他只得进退皆由此处行。
> 咱这里堵住咽喉总路口，　占地利一处能挡八面风。
> 又加上前临清水池饮马，　后靠着斜谷弯环可伏兵。
> 似这样用武之地若不占，　如何能进取中原立大功？

孔明说完，众将俱各拜服。孔明令魏延、张嶷、杜琼、陈式出箕谷，马岱、王平、张翼、马忠出斜谷，俱到祁山会齐。调拨已毕，自提大军，令关兴、廖化为先锋，随后进发。此时，曹真、司马懿大兵已过祁山，令一军入陈仓古道探视，回报说蜀兵没来追赶。又行数日，后面埋伏断后的将士皆回，说蜀军全无音信。曹真说："连绵秋雨，栈道断绝，蜀军怎能知道我已退军？"司马懿微笑说："当然知道。蜀军随后就出。"曹真说："怎么知道的？"司马懿说："这几日天晴，蜀兵不追赶，是料我有埋伏，以待我兵退尽，他去夺祁山，而取长安。"曹真摇头笑说："那也不一定。"司马懿说："子丹为什么不信？我料蜀兵必从两谷而来。你我各守一个谷口，十日为期，若蜀军不来，我到你面前请罪。"曹真说："若有伏兵来，我愿将天子所赐玉带一条、御马一匹给你。"于是二人分兵两路，曹真引兵屯于祁山之西斜谷口，司马懿引军屯于祁山之东箕谷口，各于要处安营。司马懿先令一支兵伏于山谷中，他更换衣服，夹在众军内，遍巡各营。忽到一营，有一个部将仰天而叹！

> 司马懿扮作军士把营巡，　唯恐那将士儿郎有怨心。
> 耳听得一员部将仰天叹，　似俺这吃粮当兵不算人。
> 人都说光宗耀祖把官做，　而其实不如回家去为民。
> 最可怜苦甜皆听主将令，　诉不尽冷热饥寒受苦辛。
> 前几天雨中淋了一月整，　几乎就命丧波涛几丈深。

只说是奉诏归家脱灾难，谁料想又在途中鬼弄神。

当头的口舌相争来赌赛，全不管苦了将士众三军。

看起来主帅有些糊涂气，做下这混账事儿恨煞人。

这部将几句怨言说出口，司马懿侧耳听得十分真。

话说司马懿听了此人话，回营升帐，聚众将到帐下，将说怨言的人叫出来。司马懿说："养军千日，用在一时。你怎敢口出诳言，以慢军心？给我推出斩了。"顷刻之间，献上人头，众将无不悚然。司马懿说："你们众将都要尽心，以防蜀兵。听我军炮响，四面皆进。"众将受令，担惊而退。

却说魏延、张嶷、陈式、杜琼四将，引二万兵，取箕谷而进。陈式要争头功，领五千兵自己先行，三将大兵在后。陈式走不过数里，忽听一声炮响，四面伏兵齐出，围得谷口铁桶一样。陈式左冲右突，不能得脱。忽闻喊声震地，一彪军马杀入重围，乃是魏延，救了陈式，回到谷中，五千兵只剩四五百人，又都有伤。背后魏兵赶来，被杜琼、张嶷领兵杀退，方知司马懿早有准备，先在箕谷中安下埋伏，截杀蜀兵。陈式败了一阵，悔之莫及，与三将商量进军之策，暂且不提。

再说曹真把守祁山之西斜谷口已经七日，不见蜀兵到来，乃令副将秦良引五千兵去探哨。行了五六十里，并无蜀兵，遂同军士下马坐地歇息。忽然哨马来报，说前面不远有蜀兵埋伏。秦良大惊，急令军士上马，准备厮杀。

只听一声炮响，喊杀连天，四面伏兵，一拥齐来。

秦副将闻听哨马报一番，忙吩咐大小儿郎上马鞍。

刷的声四面伏兵一齐起，恰像是风吹波浪水漫山。

前面里闯出关兴与廖化，背后头又来吴懿和吴班。

一个个枪刀剑戟齐下手，魏家军寡不敌众取胜难。

仰面瞧左右皆山无出路，好叫人四面八方无处钻。

山顶上嗖嗖乱放雕翎箭，如同是秋雨纷纷人皆寒。

眼看着廖化舞动刀一口，把秦良疆场走马劈两半。

魏家军胆战心惊魂不在，一个个哀告投降跪马前。

关兴刀劈秦良落马，军士尽皆投降。孔明将降兵放在后军，命将魏军衣甲脱下，给蜀军五千人穿了，扮成魏兵。令关兴、廖化、吴班、吴懿带领此五千军投奔曹真寨来，假冒秦良回兵。曹真大喜，收入寨中。曹真问："秦良为什么没回来？"蜀兵顺口答说："恐有蜀兵来追，秦将军亲自断后，很快就到。"曹真信而不疑，等候秦良到来。不多时，天已黄昏，忽然寨中几处火起，五千蜀兵就在寨中杀将起来。关兴、廖化、吴懿、吴班四将从营前杀入，马岱、马忠、张嶷、王平从后营杀入。魏军措手不及，各自逃生。曹真抵挡不住，只得夺路而走。忽然喊声大震，又一彪军杀来。曹真大惊说:"我命休矣!"抬头一看,是司马懿。司马懿大战一场,蜀兵方退。曹真得脱,羞惭得无地自容。司马懿说:"今诸葛亮夺了祁山,我们不可久居此地,可速去渭滨安营下寨,再作良图。"司马懿说完,曹真满面羞惭,十分心服,立刻拔营,屯兵渭水。自此曹真甚是惶恐,气愤成疾,卧床不起。

此时,孔明大驱军马,复出祁山。安营劳军完毕,魏延、陈式、杜琼、张嶷入帐,拜伏请罪。孔明说:"是谁把大军失陷了?"魏延说:"陈式不听号令,潜入谷口,所以失败。"陈式说:"这是魏延叫我做的。"孔明说:"他救了你,你反而说他!将令已违,不必辩解。"即令武士推出陈式斩首示众。孔明斩了陈式,正议进兵,忽有细作报说:"曹真卧病不起,现在营中医治。"孔明闻听大喜,对诸将说:"若是曹真病轻,必回长安。今魏兵不退,必是病重,故留于军中,以安众人之心。我写一书,叫秦良的降兵去送给曹真。曹真见书,必死无疑。"遂唤降兵到帐下。孔明说:"你等都是魏国人,父母妻子俱在中原,你们不可久居蜀中。我现在放你们回家,愿意吗?"众军士皆涕泣拜谢。孔明说:"曹子丹与我有约,我有一书,你们带回送给子丹,必有重赏。"魏兵领了书,复又拜谢,出营奔向本寨,将孔明的书交给曹真。曹真抱病而起,拆封观看,书中内容是:

> 汉丞相、武乡侯诸葛亮,致书于大司马曹子丹之前:夫为将者,能屈能就,能柔能刚,能进能退,能弱能强。不动如山岳,难测如阴阳;无穷如天地,充实如太仓;浩渺如四海,眩曜如三光。预知天文识旱涝,先识地理之平康。察阵势之期会,揣敌人之短长。嗟尔无学后辈,上逆穹苍,助篡国之反贼,称帝号于洛阳;走残兵于斜谷,遭霖雨于陈仓;水陆困乏,人马猖狂;抛盈郊之戈甲,弃满地之刀枪;都督心崩而胆裂,将军鼠窜而狼忙!无面见关中之父老,何颜入相府之厅堂?史官秉笔而记录,百姓众口来传扬:仲达闻阵而惕惕,子丹望风而遑遑!我军兵强而马壮,大将虎奋以龙骧!扫秦川为平壤,荡魏国为丘荒!

曹真看完来书,大叫一声,吐血不止,至晚而亡。司马懿用兵车装载,送回洛阳安葬。魏主得知曹真已死,不胜伤感,即下诏催司马懿出战。司马懿提大军前来与孔明交锋。

战书下到蜀营,孔明对众将说:"曹真必死了。"遂唤姜维授了密计,命他如此而行。又附耳对关兴说:"如此如此。"次日,孔明尽起祁山之兵,到渭水之滨,一边是河,一边是山,中央是平川旷野,好一个宽阔战场。两军相迎,俱布成阵势。三通鼓完,魏阵之中门旗开处,司马懿一马当先,众将随后而出。只见孔明端坐四轮车上,手摇羽扇。司马懿勒马停鞭,眼望孔明高声喊话。

我主公效法神尧禅舜位,到如今相传二帝坐中原。

能够让吴蜀两国存现在，原来是仁慈天子待人宽。

你不过南阳耕夫身卑贱，占西川狂妄自称武乡侯。

也应该固守边疆安本分，为什么丧心病狂来纠缠？

动不动攻打城池侵中原，历年来频繁三次出祁山。

公然地抗拒王师不服顺，真算是胆大包身欺了天。

依我看及早回头顺改过，递一张降书降表撤兵还。

魏蜀吴三分天下鼎足立，服王化年年纳贡入中原。

自古道人识时务真君子，万不可贪得无厌惹祸端。

司马懿说完，孔明冷笑说："我受先帝托孤之重，怎能不倾心竭力，以讨国贼？你祖父皆为汉臣，世食汉禄，不思报效，反助篡逆，岂不自耻？"司马懿说："不怕饶舌，我与你一决雌雄，你若胜了我，我誓不为大将；你若败了，早归南阳，我不害于你。"孔明说："你要斗将？斗兵？斗阵法？"司马懿说："先斗阵法。"孔明说："如此，你先布阵我看。"司马懿说："这有何难。"说完，拨马回了中军，手执黄旗，左右招扬，各处军马齐动，排出一个阵来，复出营门，对孔明说："你认识此阵吗？"孔明笑说："此等阵势，我军中小卒也能布。"

司马懿说："口说不为凭。此阵叫什么名字？"孔明说："此乃'混元一气阵'，我怎么不识它？"司马懿说："你布个阵来我看。"孔明在车上，把手中的羽扇向背后摇了几摇，军马即成阵势，乃问司马懿说："你识此阵否？"司马懿说："这是'八卦阵'，如何不识得？"孔明说："识便识了，未必敢打。"司马懿："我既认识此阵，打又何妨？"一边说着回到本营中，唤戴陵、张虎、乐綝三将来，令领三千精壮军马，去攻打孔明所布的阵。临行吩咐说："今孔明所布的阵，按休、生、伤、杜、景、死、惊、开八门。你三人可从正东生门打入，往西南休门杀出，再从正北开门杀入，此阵便可破矣。你等要多加小心，不可疏忽。"三将受计而去。戴陵在中，张虎在前，乐綝在后，各引三千骑，从生门打入阵中。

三将杀入蜀阵，只见阵如连城，左冲右突也出不去，只顾乱闯。喊声起处，魏军一个个俱已被缚，押送孔明帐下。孔明笑说："我捉住你们不足为奇。我要把你们放回去见司马懿，叫他再读兵书，重观战策，学习几年武艺，那时再来决雌雄，也不迟。只饶你等性命，却留下衣甲、战马、兵器。"遂命魏军把衣服脱下，以墨涂面，步行而回。司马懿见了大怒，回顾众将说："如此挫败锐气，有何面目回见中原人？"说完，指挥三军奋力闯阵，他自手拿宝剑，引百余名勇将并力冲杀。

两军刚交锋，忽然阵后鼓角齐鸣，一彪军自西南杀来，乃是关兴。司马懿分兵拒抗。又有一彪军自西北杀来，为首大将乃是姜维。司马懿亲自阻挡。两下交锋，大杀一阵，把队伍杀乱了。这一场大杀，魏军十伤六七。司马懿见不能取胜，引败将死命冲出，兵退渭滨下寨，坚守不出。孔明收得胜兵，仍回祁山大寨。

此时，永安城李严遣都尉苟安押解粮米到军中，违了期限，被孔明重责四十。他怀恨孔明，逃奔司马懿营中投降。司马懿叫他赴成都散布流言，说孔明自恃功大，有意篡国。后主所宠宦官听说流言，奏于后主。后主大惊说："若这样应该怎么办？"宦官说："将他召回成都，削去兵权，免生篡逆之事。"后主即下诏祁山，宣召孔明班师回朝。孔明接入受诏完，仰天叹说："必有佞臣作乱，我不能成其大功。"只得收兵回汉中屯扎。孔明入成都来见后主奏说："老臣出祁山，正要取长安，蒙陛下去诏召回，不知有何大事？"后主无言可答，良久才说："朕久不见丞相之面，甚是想念，所以召回，别无他事。"孔明说："这恐怕不是陛下本意，必有奸臣献谗言，说臣有二心，谋我主江山。"后主听了默默无语。

> 汉后主无言自把眉头皱，诸葛亮嗟叹一声陛下呼。
> 想当初三顾之恩非小可，叫老臣义不容辞出草庐。
> 与先帝同心协力图大业，立誓愿扫除北魏灭东吴。
> 大不幸昭烈皇爷龙归海，临危时白帝城中亲托孤。
> 臣因此五月渡泸征孟获，历年来几出祁山又北图。
> 决心要恢复天下成一统，肺腑中邪念异心半点无。
> 在祁山气死曹真败司马，安排着兵进长安没有阻。
> 也不知何人献谗惑圣上，去召臣班师见驾退成都？
> 既然是朝有奸邪先拨乱，若不然怎会尽心讨敌巢？
> 若不是先帝待臣恩情重，恼一恼仍去南阳把地耕。
> 诸葛亮话到伤心痛流泪，如同是纷纷秋雨洒衣服。
> 话到此后主大悟也痛哭，流泪说朕听宦官之言误。

后主说："相父之言令朕今日茅塞方开，悔之莫及。"孔明见后主知悔，遂唤众宦官追问，方知是苟安散布流言，急令缉拿，早投魏国去了。孔明将奏本的宦官斩首示众，其余的皆逐出宫外。又深责蒋琬、费祎不能觉察奸邪，规劝天子，二人诺诺服罪。孔明拜辞后主，又到汉中来，与众将共议兴兵伐魏之事。

第一百二十一回　孔明装神赚司马　张郃中计亡剑阁

话说孔明复回汉中，召集众将共议出兵伐魏之事。此时，魏主曹睿闻听孔明又伐中原，急召司马懿商议。司马懿说："今曹子丹已亡，臣愿意去剿除西蜀，以报陛下。"曹睿大喜，即命司马懿出师迎敌。魏主设宴款待，又亲自送出城。司马懿辞了魏主，直到长安，大会诸路军马，共议破蜀之策。

司马懿令张郃为先锋，总督大军；令郭淮守陇西诸郡；其余众将分道而行。前军哨马报说："孔明提大兵直进祁山，前部先锋王平、张嶷出陈仓，过剑阁，由散关望斜谷而来。"司马懿闻听此言大吃一惊。

> 司马懿闻听此言带惊慌，急传令唤回张郃来商量。
> 诸葛亮诡计多端人难比，我被他两次三番辱几场。
> 只因为打他八卦连环阵，最可恨将士不死也受伤。
> 命降卒悄悄拿来书一纸，活活地断送曹真一命亡。
> 现如今匹夫又领大兵到，必要割陇西之麦做军粮。
> 那一边虽有郭淮守诸郡，但怕他这样大任不能当。
> 咱不如提兵去屯天水县，在那里安营来把孔明防。

话说孔明兵至祁山安营，留王平、张嶷、吴班、吴懿四将守祁山，亲自率姜维、魏延等诸将到陇上割麦，以助军粮。前军回报说："司马懿引兵在此，各处查巡。"孔明惊说："我来割麦，他已知道。"遂沐浴更衣，令人推过三辆一样的四轮车来。令姜维引一千军护车，五百军擂鼓，伏在大营之后；马岱在左，魏延在右，也各引一千军护车，五百军擂鼓。每一辆车上，用二十四人，皂衣跣足，披发仗剑，手执七星皂幡，在左右推车。三人受计，各自引兵推车而去。孔明又令三万军皆拿镰刀、绳子，等候割麦。又选二十四名精壮之士，俱穿皂衣，披发仗剑，为推车使者。令关兴装束为天蓬模样，手执七星皂幡，赤脚徒步于车前。孔明端坐车上，望魏营而来。

哨探见之大惊，不知是人是鬼。司马懿看后对众将笑说："这是孔明弄神，你等领二千人马冲将过去，连人带马都捉来。"众将领命引兵齐往上闯。孔明见魏兵迎头而来，吩咐回车望蜀营缓缓而行。魏兵骤马飞追，见孔明连人带车像腾云驾雾一般，总赶也赶不上，众将把马勒住说："真奇怪，分明在前不远，怎么赶了三四十里还是赶不上？这可如何是好呢？"众将空发急躁，俱都束手无策。孔明见追兵不追，又令回车，朝魏兵方向歇下。魏兵又赶，孔明又缓而行，仍然赶不上。后面司马懿领兵来说："孔明善用八门遁甲，能驱六丁六甲之神。此乃六甲天书内缩地之法，众将不可追他。"话还未说完，左边鼓声大震，一彪军杀来。只看蜀军队中二十四人，披发仗剑，皂衣光脚，拥出一辆四轮车来，车上端坐一人，簪冠鹤氅，手摇羽扇，又是一个孔明。司马懿大惊说："方才车上坐着的孔明追赶不上，怎么这里又有一个孔明？真奇怪。"话还未说完，右边战鼓齐鸣，又有一彪军杀来。

> 一言还未尽又来一彪军，　四轮车一辆二十单四人。
>
> 披发持宝剑皂衣赤脚跟，　孔明车上坐羽扇戴纶巾。
>
> 司马懿回头大呼众将官，　你们看奇怪事儿气煞人。
>
> 凭空里孔明竟有三四个，　莫非他异端邪术会分身？
>
> 吵嚷声四面八方往上闯，　齐吆喝擒拿司马大将军。
>
> 魏家军不知天兵是天将，　一个个心惊胆战走真魂。
>
> 乱哄哄齐拨坐骑往后退，　有谁敢出马交锋把阵临？
>
> 急忙忙一气跑了四十里，　归本寨缩头藏身紧闭门。

司马懿逃回本寨，闭门不出。孔明早令三万军把陇上麦子割完，运回卤城打晒去了。司马懿一连三日不敢出营，闻听蜀军退去，才令军士探听，路上捉来一名蜀兵，来见司马懿。司马懿细问来人，这个人告说："小的是割麦之人，因走失马匹，才各处寻找，所以被捉来。"司马懿说："前几日那三四个孔明，领的是什么神兵？"这人答说："那三路伏兵，俱不是真孔明，乃是姜维、马岱、魏延假扮的。每路伏兵只有一千军护车，五百人擂鼓。唯有前面诱敌的，才是真孔明。"司马懿闻听，仰天长叹说："孔明有神出鬼没之机，我不能及他。"忽报副都督郭淮入见。司马懿接入，礼毕。郭淮说："我闻蜀兵今在卤城打麦，为何不去攻打？"司马懿说："孔明诡计多端，不可轻易去惹他。"郭淮说："他瞒过一时，今已被识破，有什么可惧的？我引一军攻其后，都督引一军攻其前，卤城可破，孔明可擒。"司马懿从其言，遂与郭淮分兵两路而来。来到卤城，天已黄昏，司马懿对众将说："咱若白日进兵，孔明必有准备，今可乘夜进攻。"刚说完，郭淮引兵也到，两下兵合一处，将卤城团团围住，如铁桶相似。

> 司马懿会同郭淮把城围，　众三军环而攻之奋虎威。
>
> 不料想孔明预先有准备，　城头上乱箭齐发扑面飞。
>
> 魏家军不敢近前往后闪，　猛听得一声大炮似春雷。
>
> 四下里埋伏兵将一齐起，　火光中突然闯上四英魁。
>
> 东北方来了马岱和马忠，　西南上原是魏延和姜维。
>
> 一个个催促雄兵齐动手，　两下里话不投机杀成堆。
>
> 闹哄哄乱马交枪一处嚷，　火光下分辨不清谁是谁。
>
> 又加上四面城门皆闪开，　从里边三军齐出来助威。
>
> 一时间枪刀剑戟馋又快，　冷飕飕乱散雕翎透甲锥。
>
> 眼看着内外夹攻好一阵，　司马懿手下儿郎吃了亏。

孔明内外夹攻一阵大杀，魏兵折其大半。司马懿引败兵，奋力杀出重围，占了山顶。郭淮引败兵，奔到山后扎住。孔明入城，令四将于城的四角安营，以防魏兵。

再说司马懿与郭淮商议，去取雍、凉等处军马前来报仇。细作报于孔明，孔明传令叫城外安营，等待魏兵到时，休等他歇息便和他交锋，这是以逸待劳之法。众将领命，离城十余里埋伏等待。过不几日，西凉兵马到。远路而来，人困马乏，方欲下寨喘息，蜀兵一拥而起，四面夹攻。西凉兵抵挡不住，往后败走。蜀兵奋力追杀，杀得西凉兵横尸遍野，血流成河，折伤大半逃去。孔明收得胜之兵，入城犒赏三军。忽报永安郡太守李严有书告急，孔明大惊，拆书观看，上写的什么言语呢？

> 上写着永安李严顿首拜，致书于大汉丞相武乡侯。
> 今西蜀兵出祁山三四次，司马懿屡败疆场满面羞。
> 雍凉兵昨入中原来救应，又把他杀得尸横血水流。
> 有曹睿送与东吴书一纸，两下里又把早年旧好修。
> 闻听说都督陆逊领军马，不几日乘船江北到荆州。
> 若果然入寇西川侵土地，那时节事急怎能把救求？
> 因此上一封书送祁山外，预先里恳求丞相把兵收。
> 诸葛亮观罢一回频搔首，不由得长吁短叹蹙眉头。

孔明看完书，十分惊疑，乃对众将说："今西川来书，说有吴兵入侵，我们只得收兵速回。"即传令叫祁山大寨人马先回西川。于是王平、张嶷、吴班、吴懿分兵两路，徐徐退入西川去了。

张郃在祁山之北，渭水之南安营，见蜀兵退去，恐有诡计，不敢追杀，乃引兵到陇上，来见司马懿。张郃说："今祁山大兵拔营而走，不知何意？"司马懿说："孔明诡计多端，不可轻动，不如坚守，等他粮尽，自然退去。"大将魏平说："蜀兵拔祁山大营而退，正好乘势追他。都督按兵不动，畏蜀如虎，岂不被天下人耻笑？"众将俱要追赶，司马懿坚持不追。

此时，孔明知祁山的兵已退，唯恐东吴入侵西蜀，急要退兵，又恐司马懿来追。遂令杨仪引一万弓箭手埋伏在剑阁；马忠引一万弓箭手埋伏在木门道口，以拒追兵；魏延、关兴领兵退后。四将受计，引兵去了。孔明于土城之上，四面遍插旌旗，城内乱堆柴草，虚放火烟，迷惑敌人。孔明引大军往木门道口而去。

> 诸葛亮大军退去过祁山，长探马飞奔报入魏营前。
> 司马懿听说按兵还不动，偏有个先锋张郃要争先。
> 即刻就点齐五千精壮士，直扑那木门道口一溜烟。
> 领三军行程约有三十里，只见那一彪军马把路拦。

原来是魏延领兵来断后，与张郃略战几回奔西南。

张先锋随后急赶不肯放，安心要自显其能取胜还。

眼看着蜀兵已过木门道，又闪出赤面将军本姓关。

引军士立马横刀阻去路，这一回张郃要活是枉然。

张郃正在往前追赶，又遇关兴，二人大战十余合，关兴催马便走，张郃领兵随后追赶。只见前面魏延败兵，与关兴败兵一齐奔逃，尽弃铠甲等物，塞满一路。魏兵一见，下马去取。此时，天已黄昏，前离剑阁不远。魏延、关兴的兵，一齐奔上关去。张郃催兵也要上关，关上礌石滚将下来，不得前进。张郃大惊说："我中他的计了。"急忙收兵后退，背后已被礌石把路塞满，两边俱是峭壁，无路可逃。一声梆子响处，山崖上万箭齐发，把张郃和十余员部将尽皆射死在木门道中。幸亏那五千军在后，剩下约有两千人，没被射死，舍命奔回，见了司马懿，告诉张郃中计身亡。司马懿悲伤不已，收其尸，班兵回了洛阳。

孔明回成都，见过后主，方知东吴入侵之事，乃是李严因军粮不济，故诓孔明班师而回，免得自己受累。后主察知心事，欲斩李严。众官念他是先帝托孤之臣，奏请免其死罪，贬归乡里为民。孔明又保荐李严之子李丰为长史。孔明逐日积草囤粮。讲阵论武，整治军器，抚恤将士，三年后出征。两川人民军士，皆仰其恩德。光阴荏苒，不觉三年。

时建兴十三年春二月。后主设朝，孔明奏说："臣今抚恤军士已经三年，粮草丰足，军器完备，士卒精明，战马雄壮，可以伐中原了。今番若不扫清贼党，誓不见陛下。"后主说："方今天下已成鼎足之势，吴、魏又不敢来侵，相父为何不安享太平？"孔明说："臣受先帝知遇之恩，就是在睡梦中，也想伐魏之策。臣竭力尽忠，为陛下恢复中原，重兴汉室，此臣平生之愿，以报先帝知遇之恩。"言还未尽，只见班部中一人出来说："以臣愚见，陛下不可再命丞相兴兵。"众官一看，是谯周。未知谯周有何建议，且看下回分解。

第一百二十二回　司马懿渭滨岸安营　诸葛亮造木牛流马

却说谯周官居太史，颇懂天文，见孔明又要出兵，出班向后主奏本，他说："臣今执掌司天，但有祸福不敢不奏。近有群鸟数万，自南方飞来，投于汉水而死，此乃不祥之兆。臣又观天象，见奎星行于太白之分，盛气在北，不利伐魏。

又成都人民，都闻柏树夜哭。有此数件异事，都是不祥之兆。丞相只宜紧守，不可妄动。"孔明说："我受先帝托孤之重，当竭力以讨贼，岂可以虚妄之灾，而废国家大事？"遂设坛大祭，告于昭烈皇帝之庙，孔明涕泣祝告。

> 诸葛亮执意定要伐中原，你看他誓师告庙泪珠弹。
>
> 眼望着昭烈主位把头叩，臣如今无功于国有罪行。
>
> 自那年白帝托孤受遗命，渡泸水剿除孟获去征南。
>
> 托洪福平定蛮方征北魏，历年来提兵五次出祁山。
>
> 愧为臣智浅才疏难济事，羞煞人未得寸土撤兵还。
>
> 回成都积草囤粮练军马，到如今养精蓄锐已三年。
>
> 臣只得亲身祭告辞先帝，领三军再征北魏破长安。
>
> 报天恩鞠躬尽瘁分内事，劳王事死而后已理当然。
>
> 倘能够天公一旦从人愿，臣必要恢复汉室扫中原。

孔明祭告毕，拜辞后主，统领军马，星夜到汉中，聚集诸将，议论出兵。忽报关兴病亡，孔明放声大哭，昏倒于地，半晌方醒。众将再三劝解，孔明叹说："可怜忠义之人，天不给长寿。我今番出师，又少一员大将。"遂下令起程伐魏。孔明引蜀兵三十四万，分五路进兵。令姜维、魏延为先锋，皆出祁山会齐；李恢先运粮草，在斜谷道口等候。

长探马报入洛阳，魏主曹睿大惊，急召司马懿商议说："蜀人三年不曾入侵，今孔明又出祁山，这如何是好？"司马懿说："臣夜观天象，只中原旺气正盛，奎星犯太白，不利于西川。今孔明自负才智，逆天而行，乃自取灭亡。臣托陛下洪福，前去破他，臣愿保荐四人同去，才能成功。"曹睿说："何人可去？卿可调用。"司马懿说："夏侯渊有四子：长子名霸，次子名威，三子名惠，四子名和。霸、威二人，弓马娴熟；惠、和二人，精通韬略。此四人常想为父报仇。臣今保荐夏侯霸、夏侯威为左右先锋，夏侯惠、夏侯和为行军司马，共参军机，以退蜀兵。"魏主说："早年夏侯楙驸马违误军机，失陷了许多人马，至今羞惭不回。今这四人与驸马一样吗？"司马懿说："驸马与这四人不能比。"魏主从其言，即请司马懿为大都督，一切将官叫他量才委用，各处人马任其调遣。司马懿受命，辞朝出城，魏主又以手诏赐与司马懿，诏书中内容是：

> 卿到渭滨，坚壁固守，勿与交锋。蜀兵不得志，必诈退诱敌，卿慎勿追。待其粮尽，必将自走，然后乘虚攻击，则取胜不难，也免人马疲劳之苦。计莫善于此。

司马懿叩头受诏，提兵到长安，聚集各处军马共四十万，俱到渭滨安营下寨。

话说司马懿严查各处隘口，按兵不动，但等孔明粮尽退兵而后攻击。此时，孔明兵出祁山，安下五个大营，按左、右、前、后、中央，自斜谷直到剑阁，一连又下十余寨栅，以屯军马。忽报司马懿于渭河水面上搭起九座浮桥，河的两岸俱安下大营，命郭淮、孙礼提陇西大兵于北原一带下寨。孔明闻报，对众将说："魏兵于北原安营，是怕我断其陇西之道。今可虚攻北原，司马懿必去救应。暗令人扎起大筏百余只，上载草把引火之物，顺流而下，烧尽浮桥，使其南北不通，首尾不能相顾，则向渭水之南进兵不难了。"诸将受计，按令而行。吴懿、吴班引木筏之兵，去烧浮桥。马岱、魏延渡渭水去攻北原。王平、张嶷为前队，姜维、马忠为中队，廖化、张翼为后队，兵分三路，去攻渭水两岸之营。

　　魏延、马岱兵渡渭水，天已黄昏，忽然喊声大震，左有司马懿，右有郭淮，两路兵马杀来。二将不能取胜，大败而回，军士多半死于水中。吴班、吴懿领兵来烧浮桥，被两岸乱箭射住，吴班中箭落水而死，余军皆逃，木筏尽被夺去。此时，王平、张嶷领兵正行，天才初更，两处逃回的败兵报告说，攻北原、烧浮桥的两路人马俱已失败。王平、张嶷大惊，进退两难。左右号炮齐响，四面埋伏兵杀来，火光冲天。两军混战一场，蜀兵折伤很多。孔明回到祁山大寨，约折一万余人，心中十分不乐。正在发愁，忽报费祎自西川来见丞相。孔明接入，说："我有一书，相烦送至东吴，未知肯去否？"费祎说："丞相差遣，不敢不去。"孔明大喜，立刻写书一封，交给费祎，让他立即起程往东吴拜见吴主，呈上孔明的书信。孙权拆书观看，上写着：

　　　　汉室不幸，王纲失纪，曹操篡逆，蔓延至今。亮受昭烈皇帝托孤之重，敢不竭力尽忠？今大兵已会于祁山，狂寇将亡于渭水。望陛下念同盟之义，命将北征，共取中原，同分天下。书不尽言，万希圣听！

　　孙权看完，很是高兴，对费祎说："朕久想兴兵，未得会合孔明。今既有书到，即日朕亲自领大军征讨，先取新城；再领陆逊、诸葛瑾等人取襄阳；孙韶、张承等出兵文陵取淮阴等处。这三处一齐进军，共三十万，同日兴师。"费祎谢过说："若能如此，中原不日可破。"孙权设宴款待费祎，举杯问说："今诸葛丞相军前用谁当先锋？"费祎说："魏延为首。"孙权说："此人勇有余而心术不正。若一旦没了孔明，必为祸患，孔明难道不知道吗？"费祎说："陛下言极是，臣今归去，即以此言告孔明，使他早做防备。"宴完，费祎拜辞回了祁山，见了孔明，说吴主起大兵三十万，御驾亲征，兵分三路而进。孔明问说："吴主还有别的话讲吗？"费祎把说魏延话告知，孔明叹说："真聪明之主，我不是不知，实为爱其勇而用他。"正说话间，忽报有魏将来降。孔明唤入问话，其人跪而说话。

　　　　来人双膝跪连把丞相尊，我乃是魏国偏将名郑文。
　　　　与秦朗同为部将领人马，现如今安营下寨在渭滨。

咱二人枪马一般无二样，谁料想都督相待有偏心。

都只为渭河两岸一场战，黑夜间失落雕弓没处寻。

回营来我把实言告帅主，司马懿不饶小过怒生嗔。

若不是众将官员把情讲，难脱过开刀斩首在辕门。

更可恨秦朗也无立功绩，即刻地将他封为上将军。

而竟然他享荣华我受辱，只觉着脸面无光难见人。

咱因此弃暗投明寻别主，自古道择木而栖是良禽。

望丞相见怜收留于帐下，情愿效犬马之劳报大恩。

  郑文说完，孔明还未回答，人报秦朗引兵在寨外单挑郑文。孔明说："此人武艺比你如何？"郑文说："我当立斩他。"孔明说："你要杀了秦朗，我就不疑你了。"郑文欣然上马出营，与秦朗交锋。孔明亲自出营观看，只见秦朗挺枪大骂说："反贼将我战马盗来，还不快快给我？"催马拧枪直取郑文。郑文拍马舞刀相迎，只一合，斩秦朗于马下，魏兵各自逃走。郑文提了首级入营。孔明回帐，郑文便来献功。孔明大怒，命左右推出斩了。郑文说："小将无罪，为何斩我？"孔明说："我认识秦朗，你今所斩的并不是秦朗，如何能瞒得过我？"郑文拜告说："此实秦朗之弟秦明。"孔明说："司马懿使你前来诈降，想从中取事。若不实说，定斩你首。"郑文只得实说，承认是来诈降，哭着请求免死。孔明说："你既求生，可写一书，叫司马懿来劫营。若捉住司马懿，那时可饶你性命，还算你立一大功。"郑文只得写书呈于孔明。孔明吩咐把郑文囚禁起来，待捉住司马懿，再行发落。众将问说："丞相是怎么知道此人是诈降？"孔明说："这是明摆着的事，有什么难知的？"

自古道大将用兵不厌诈，司马懿做成圈套把人欺。

差郑文假意投降来取事，更使人冒名秦朗来讨敌。

他二人马走疆场只一趟，而竟然刀斩来人献首级。

想一想既然主帅封大将，必不至本身武艺这般低。

此种事仔细想想难瞒过，我怎能不察虚伪就认实？

又何况不责郑文叛逆事，仅仅是骂他临行盗马匹。

在阵上猜透不是真秦朗，因此上郑文诡诈不难知。

  孔明说完，众将俱各拜服。孔明即选一胆识皆全且善言的军士，附耳吩咐："如此如此。"军士领命，持书直投魏营求见司马懿。司马懿唤入，拆书看完说："你是什么人？"军士答说："小的乃是中原人，流落蜀中，与郑文原是同乡。今孔明因郑文刀斩秦朗有功，用为先锋，特叫小人前来送书，约于明日晚间，举火为号，请都督提大兵前去劫营。郑文为内应，便能捉住孔明。"司马懿反复盘问，军士对答如流。司马懿又将来书仔细斟酌，果然是郑文笔迹，遂信而不疑。即赐军士酒食，吩咐说："明日二更为期，我提大兵亲去劫寨，大事已定，还有重赏。"军士拜辞，回去见孔明，告知其事。孔明即唤王平、张嶷吩咐如此；又唤马忠、马岱吩咐如此如此；又唤魏延吩咐如此如此。众将受计，各自去了。孔明自引数人，坐于高山之上，指挥众军。

此时司马懿见了郑文的书，便想同二子提大兵去劫蜀寨。长子司马师说："父亲为何只据片纸而亲入重地？倘有疏忽如何是好？可令别将先动，父亲为后应。"司马懿从其言，命秦朗引一万军去劫蜀营，自己引兵在后接应。是夜初更风清月明，将到二更，忽然阴云四合，黑气漫空，对面看不见人。司马懿喜说："这是老天助我成功。"

> 忽然间阴气昏昏雾迷空，仰面瞧月遮云埋不见星。
> 司马懿狗咬尿泡空欢喜，令秦朗速提大军去偷营。
> 悄悄地人皆衔枚马勒口，不多时杀入祁山蜀寨中。
> 到寨内不见三军在何处，而竟然五营四哨尽皆空。
> 急忙忙传令收兵往后退，又只见四面火光一片红。
> 刷的声寨外伏兵一齐起，顷刻间四面围得不透风。
> 左前边闯上马忠和马岱，右手下杀来张嶷与王平。
> 四员将枪刀剑戟齐下手，眼看着秦朗无路可逃生。

话说马岱、马忠、张嶷、王平围住秦朗，四面攻打，秦朗死战不能得脱。后边司马懿见蜀寨火光冲天，喊声不绝，不知魏兵胜败，只顾催兵向前，望火光中杀来。忽然喊声大震，鼓角喧天，左有魏延，右有姜维，两路军马杀出。魏兵大败，十伤八九，四散奔逃。此时，秦朗所引一万军，俱被蜀兵围住，箭如飞蝗，秦朗死于乱军之中。司马懿收败兵，回到本寨。三更后，天气晴朗。原来二更时，阴云暗黑，乃孔明用遁甲之法，以破魏兵。孔明得胜回营，斩了郑文，再议进兵之计。

> 诸葛亮得胜回营把兵收，司马懿损兵折将满面羞。
> 蜀家军屡向渭滨来讨战，可笑他紧闭营门不出头。
> 两下里鹬蚌相持皆不退，彼此间不分高下谁肯休？
> 但可惜西川路远粮难运，叫孔明昼夜不安无限愁。
> 无奈何拣选能工和巧匠，用巧方打造流马与木牛。
> 喜只喜不吃粮草不饮水，运粮草竟像旱地来行舟。
> 走起来好似乘风顺水流，也不怕高山大岭与深沟。

孔明自出样子，自定尺寸，令匠人造成木牛流马，宛然如活的一般，上山下岭，各尽其妙。众将见了，无不欢喜。孔明令上将军高翔引一千兵，驾着木牛流马，自剑阁直抵祁山，往来搬运粮草，供给蜀兵。

说唱三国

早有细作报知司马懿。司马懿大惊说："我所以固守不出，为其粮草不能接济，欲待其日自退。今用此奇法，搬运粮草，必为久远之计，不想退兵，这如何是好？"遂唤张虎、乐綝吩咐说："你二人各引五百军，从斜谷小路而出，待蜀兵驱过木牛流马，让他过尽，一齐杀出，抢几只便回。"二人依令，各引五百兵埋伏于斜谷。不久果见高翔引兵驱木牛流马而来，将要过尽，两边一齐杀出。蜀兵措手不及，弃下数匹而去。张虎、乐綝大喜，驱回本寨。司马懿一看，果然像活的一般。即刻令巧匠百余人，依样制作二千余只木牛流马。派镇远将军岑威去陇西搬运粮草。

细作报入孔明。孔明大喜说："我正想让他抢去，照样打造运粮，果不出我所料。"即唤王平吩咐说："你引一千兵，扮作魏军，乘夜偷出陇西大路埋伏，等他用木牛流马运粮到来，突然而出，杀散护粮军士，尽驱木牛流马而回。如魏兵赶来，你们将牛马口中舌头扭转过来，牛马就不能行动，你们丢掉而走。随后魏兵赶到，牵拉不动，扛抬不去。我另有兵到，你便回去，把牛马口中舌头扭过来，长驱大进。魏兵必以之为怪事。"王平受计，引兵去了。又唤张嶷吩咐说："你领五百兵，扮作六丁六甲神兵，鬼头兽身，用五彩涂面，一手执绣旗，一手执宝剑，身挂葫芦，内盛烟火之物，伏于山傍。待木牛流马到时，放起烟火，一齐拥出，驱牛马而行。魏军见了，必疑是鬼神，不敢来追。"张嶷受计而去。

再说岑威率军驱木牛流马运粮，忽报前面有兵巡粮，一看原是魏兵，便放心前进，两军合在一处。忽然，本队中喊杀声大起，魏军措手不及，岑威被蜀军大将王平所杀。败兵飞奔报入北原寨内，郭淮闻听军粮被劫，即刻领兵来救。王平急令军士扭转木牛流马口中舌头，都丢在路上。郭淮来到眼前，不追蜀兵，要先驱回木牛流马。众军士使尽力量，推也不走，拉也不动。郭淮十分疑惑，无可奈何。忽然鼓角喧天，喊声四起，两路军马杀来，乃是魏延、姜维。王平复又引兵杀回，三路夹攻，郭淮大败而逃。王平令军士将木牛流马口中舌头又扭转过来，驱赶而走。

郭淮望见，欲回兵再追。只见山后烟云突起，一队神兵拥出，鬼面兽身，十分凶恶，执旗仗剑，拥护木牛流马而行，如同风卷残云而去。郭淮大惊说："此必神力。"众军惊讶，不敢再追。此时，司马懿闻听木牛流马被王平抢去，郭淮兵败北原，急提大兵来救。方到半途，一声炮响，两路伏兵杀出，喊声震地，为首大将乃张翼、廖化。司马懿一看大惊！

> 司马懿来救郭淮赶蜀兵，又遇着张翼廖化二英雄。
> 弄了个狭道相逢难回避，两下里一场死战大冲锋。
> 不多时已见雌雄分高下，魏家军连伤带死半凋零。
> 西蜀兵齐乱吆喝擒主将，司马懿频催坐骑把枪拧。
> 舍性命杀条血路往外闯，出重围匹马单枪逃了生。

司马懿钻入林中，廖化追赶切近，司马懿急忙绕树而转。廖化一刀砍去，正好砍在树上，等拔出刀来，司马懿已出林外。廖化急忙赶出林来，不知去向，但见树林东边，掉落一顶金盔。廖化将盔挂在马上，一直往东追赶。不知是否能追上，且看下回分解。

第一百二十三回 ┃ 上方谷司马懿被困 五丈原诸葛亮祈祷

话说廖化往东追赶，却不知司马懿使一条脱身之计，把金盔弃在林东，诓蜀将往东追赶，从林西逃走了。廖化追了一程，不见踪迹，只得回见孔明。此时，姜维、魏延、张翼等俱都回营。王平早已归寨，将木牛流马交割完。廖化献上金盔，孔明大喜，记为头功；王平得粮万余石，记为二功；其余将官，按功叙赏，设宴庆贺，大犒三军。魏延因廖化得了头功，心中不乐，口出怨言，这暂且不讲。

再说司马懿逃回本寨，查点军马，折伤大半，又被抢去千只木牛流马、万石军粮，挫尽锐气，十分烦恼。忽然有使者捧诏到，说东吴兵分三路入侵，魏主要亲去迎敌，命司马懿坚守勿战。司马懿受了此诏，深沟高垒，坚守不出。此时，魏主曹睿闻孙权三路兵来，也兵分三路迎敌：命刘劭引兵救江夏；田豫引兵救襄阳；魏主与满宠同率大军救合肥。满宠先引一军至巢湖口，望见大江东岸，战船无数，旌旗整肃，急回中军来奏魏主，说："东吴不料咱君臣速来，必不防备。若今夜乘虚劫其水寨，可获全胜。"魏主说："此话正合我意，即可速行。"满宠领旨，令骁将张球为先锋，满宠为后队，各引五千精兵，捎带火具，乘夜驾船渡江去劫东吴水寨。

> 他二人各引精兵整五千，　捎带着火具烧营驾战船。
> 悄悄地三军出离巢湖口，　大伙儿扬帆搬棹扑东南。
> 哗啦啦一篙冲破千层浪，　飘悠悠恍惚人在彩云间。
> 低头瞧半江星斗天连水，　仰面看一片浮云月挂山。
> 凑巧是天助西北风几阵，　不多时兵到东吴水寨前。
> 安排下出其不意攻无备，　东吴军大被蒙头梦未还。
> 眼看着五营四哨火光起，　魏家军一拥杀入各争先。
> 只杀得吴兵慌乱齐逃命，　诸葛瑾急驾扁舟一溜烟。

满宠、张球杀得吴兵大败而逃，烧毁战船、粮草、军器不计其数。诸葛瑾带领败军逃走，魏军大胜而还。此时，孙权领兵正围新城。陆逊因诸葛瑾兵败，修表去奏孙权，请孙权撤回新城之兵，以击曹睿之后。陆逊提大兵以击其前，使其首尾不能相顾。不料送表人走到半途，被魏军劫去了，消息走漏了。陆逊见计不成，遂将三路人马悄悄退去。满宠便要追杀，魏主说："陆逊用兵不亚孙、吴，必然有诈，不可追他，令众将分守险要江口。"自领大军屯扎合肥，以观其变。

此时，孔明在祁山想久驻之计，乃令蜀兵与魏民相杂种田，军一分，民二分，彼此相让，并不侵争扰民。魏民皆安心乐业，而无刀兵之苦。早有细作报入魏营，司马懿长子司马师入谏其父。

> 诸葛亮聚兵民共屯土田，定一条久远之计驻祁山。
> 咱昨前失却木牛和流马，被孔明劫去军粮几万千。
> 他如今更要安排久远计，令军民渭滨一带共屯田。
> 倘若是草广粮多皆足用，但恐怕从今不想返西川。
> 这就如眼中有钉肉里刺，好比似蔓草生根欲剪难。
> 总不如出其不意攻无备，咱和他大战疆场再一番。

司马懿听了儿子的一番话，沉思良久说："昨有圣旨到来，令我坚守，岂可轻动？"话未完，忽报魏延刀挑都督前日所失金盔，前来骂阵。众将愤怒，俱要出马。司马懿笑说："圣人讲：'小不忍则乱大谋。'不如坚守为高。"众将只得听令，闭门不出。魏延骂了半日方回。

孔明见司马懿不肯出战，生出一条诱敌之计来，遂于上方谷中埋伏下地雷火炮，周围谷崖之上多用柴草虚搭寨栅，令众将各回原地。仍令魏延天天前去骂阵，告知魏延："要骂得司马懿性起，自然出战。如司马懿出战，只许败走，不可取胜，引他的兵入上方谷中擒他。"于是魏延天天骂阵，司马懿说："这是孔明诱敌之计，不可出战。"左右先锋夏侯惠、夏侯和二人说："都督若如此疑虑，西蜀何时能消灭？我兄弟二人，当奋力决一死战，以报国恩。"司马懿说："既如此，你二人分头出战。"遂令兄弟二人各引五千兵，分头去了。

> 司马懿一时出于无奈何，乃允许夏侯兄弟动干戈。
> 都只为元帅惧怕诸葛亮，皆笑他避剑畏枪不出战。
> 不多时离寨走有十余里，又只见木牛流马满山坡。
> 驮的是草料钱粮与器械，前后的护送兵丁不太多。
> 兄弟俩见此光景心欢喜，领三军闯到近前乱抢夺。
> 护粮兵不敢迎敌撒腿跑，一个个枪刀满地舍铜锣。

蜀兵大败逃走，许多木牛流马尽被魏兵擒获，解送司马懿大营而来。次日，二将又出战，又捉住蜀兵百余人，解回大寨。司马懿细细考问，蜀兵告说："孔明料定都督坚守不出，令我们四散屯田，以为长远之计，不想却被擒来。"司马懿问完，将蜀兵放回。夏侯和说："为什么不杀了？"司马懿说："像这样小卒，杀了何用？放了可收买其心。这是吕蒙取荆州之计。以后你要捉住蜀兵，都要放回，不许杀害。"兄弟二人依命，领兵出战，直入上方谷内。夏侯惠等不时截杀，半日时间，连胜数阵。司马懿见蜀兵屡败，心中欢喜，已有进取之心。

忽报魏延领兵，刀挑元帅金盔，又来骂阵。司马懿大怒，亲自出营与魏延交战，战不几回，魏延拖刀拨马便走。司马懿父子三人，一同左右先锋，共提大兵，随后追来。魏延且战且走，竟赶入上方谷中去了。司马懿遂令左右二先锋分兵去取祁山大寨，自与二子杀入谷口。司马懿恐有埋伏，令人先入谷中打探，回报说谷中没有伏兵，两边山上都是草房。司马懿说："必是孔明囤积粮草之地。"遂大驱士兵杀入谷中。司马懿见草房上许多干柴，前面魏延已不见了，心中生疑，回顾二子说："倘若蜀兵截断谷口如何办？"话还未说完，只听一声炮响，火光四起。

> 司马懿心中生疑要退兵，忽听得惊天大炮震耳鸣。
>
> 山崖上无数儿郎齐呐喊，四下里突起火光一片红。
>
> 回头瞧已经礌石塞归路，苦煞人周围无路可逃生。
>
> 乱纷纷齐向谷中抛柴草，顷刻间烧断线药着灰绳。
>
> 沟底下如同闪电霹雳响，轰隆隆地雷无数乱飞腾。
>
> 眼看着人仰马翻挤成堆，满谷中一片号啕痛哭声。
>
> 又搭上魏延兵在高冈处，一个个齐拉铜胎铁把弓。
>
> 如同是风吹叶落下秋雨，密麻麻凭空乱放雁雕翎。
>
> 司马懿纵然就有冲天力，看起来要脱灾殃万不能。
>
> 想必是大寿未终不该死，猛然间一阵风来大雨倾。

话说司马懿无路可逃，下马抱住二子大哭说："我父子三人皆死于此处。"父子正哭时，忽然狂风大作，黑云漫漫，一声霹雳响过，大雨倾盆，将满谷大火全部浇灭。司马懿大喜说："这是上天保护我父子，不就此时杀出，更待何时？"于是父子一齐上马，奋力往外冲杀。外面又有张虎、乐綝领兵前来接应，因而能逃回大营。不想渭南一带营寨，早已被蜀兵俱各夺了。郭淮、孙礼正在浮桥上与蜀兵交战，见司马懿败兵到来，蜀兵方退。司马懿驱兵渡河，烧断浮桥，拒住北岸。此时，夏侯惠、夏侯和去攻祁山大寨，闻听司马懿遭困，急忙退兵。四面蜀兵齐起，杀得十伤八九，死了无数，余下的败回。

孔明在山上见魏延将司马懿诱入谷中，火光齐起，只想司马懿父子三人及所领的大军尽皆烧死，不料天降大雨，把火浇死了，地雷不响，他父子逃脱，不由仰天而叹说："天将兴魏，谁能灭他？"

不说孔明嗟叹，再说司马懿在渭滨北寨中传令说："今渭南寨栅已失，如有再言战者，立斩不饶。”众将听令，据守不出。郭淮入告说：“今孔明引兵各处巡哨，必是要择地安营，我们不可不预防。”司马懿说：“孔明若出武功县界而东，我等皆危矣；若出渭水西南五丈原下寨，方可无事。”即令人前去打探，果然在五丈原屯兵。司马懿两手抚额而贺说：“此乃大魏皇帝洪福，我无忧了。”遂命众将坚守勿出。

孔明在五丈原屯扎已定，屡差大将前去讨敌，魏兵只是不出。孔明取巾帼并妇人缟素衣服，盛在大盒之内，修书一封，派人送到魏营。司马懿不知盒中装的何物，打开一看，内有巾帼及妇人衣服，加上一封书。司马懿拆开观看，书中说：

> 仲达既为大将，统领中原之众，不思被坚执锐，以决雄雌，乃甘窟守土巢，畏枪避剑，缩颈埋头，与妇人又何异哉？今遣人送巾帼素衣至，如不出战，可再拜受。倘有羞耻之心，有男子胸襟，便早批回，依期赴敌。

司马懿看完，心中大怒，但装笑说：“孔明笑我像妇人，这也无妨。”命人收下衣服，款待来使。司马懿问说：“孔明饮食多少？事情烦简如何？”使者说：“事无大小亲自经理，年纪已高，饮食渐减。”司马懿对众将说：“孔明食少事烦，能支持长久吗？”使者辞归，以司马懿的话告诉孔明。孔明叹说：“仲达深知我也。”主簿杨颙说：“兵主像家主，事情千条，各有职掌，家主高枕饮食而已。今丞相亲理细事，终日流汗，实乃太劳了。司马懿之言，真是至言也。”孔明听后掩泪涕泣。

> 孔明长叹气悄然掩泪眼，先帝他托孤任重而道远。
> 一朝受遗命时刻挂心坎，日理千万机俱要亲自管。
> 年老心力衰饮食渐渐减，我如今鞠躬尽瘁理当然。
> 想当初身居南阳学耕稼，抛掉那身外浮名总不管。
> 徐元直凭空多了几句话，刘皇叔茅庐三顾受风寒。
> 无奈何出仕致身保明主，好歹地形成鼎势占西川。
> 大不幸先帝驾崩龙入海，受遗诏同辅幼主坐金銮。
> 白帝城一天大事托给我，好叫人千斤重负得全担。
> 只得是五月渡泸征孟获，平蛮后兴师扫北收长安。
> 历年来两国相持纷争战，屈指算大兵六次出祁山。
> 上方谷死里逃生老司马，我只得移寨兵屯五丈原。
> 这一回不是鱼死是网破，两下里不见雄雌誓不还。
> 也不过拼将一命酬先帝，有谁肯老而怕死把生贪？

话说孔明正谈命时，忽报费祎到来，孔明请入。费祎说：“魏主曹睿闻东吴三路进兵，乃自引大军到合肥，令满宠、田豫、刘劭分兵三路迎敌。满宠渡江偷营，火烧东吴战船、器械、粮草。陆逊上表于吴王，约会前后夹攻。不料连表带人，中途被魏兵所获。因此，机关泄露，吴兵无功而还。”孔明闻听此言，长叹一声昏倒于地。众将急救，半晌方才苏醒。孔明长叹说："我心昏乱，旧病复发，恐怕不久于人世了。"说话之间，已到二更后，孔明扶病出帐，仰观天文，只见将星昏暗欲坠，心甚惊讶，乃令姜维领甲士四十九人，皆执皂旗、穿皂衣巡查帐外，不许闲人来往。自己在帐中摆设香烛祭物，分布七盏大灯，外点四十九盏小灯，中央坐着本命灯一盏。孔明跪于灯前，叩头稽首下拜祷告。

孔明祈祷完，就在帐中跪拜，以待天亮。次日，扶病理事，吐血不止。日则计议军机，夜则焚香祷告。此时，司马懿在营中，忽一日夜观天文，大喜，对夏侯霸说："我见将星失位，孔明必然有病，不久便死。你可引一千军去五丈原哨探。若蜀兵不出战，孔明必然患病，我当乘势攻击。"夏侯霸领兵而去。

此时，孔明在帐中祈祷已经三夜，见主灯明亮，心中甚喜，忽听寨外呐喊，正要令姜维出去问话，魏延飞奔入告说："魏兵来了。"因魏延步疾生风，竟然将主灯扑灭。孔明弃剑而叹说："生死有命，不可强求。"魏延惶恐，伏地请罪。姜维大怒，拔剑想斩魏延，孔明急止说："这是我命当绝，不是文长的过错。"姜维收剑忿忿而止。孔明吐血数口，卧在床上。要知孔明性命如何，请看下回分解。

 第一百二十四回 ┃ 五丈原孔明身亡
见木像司马丧胆

话说孔明口中吐血，卧在床上，吩咐魏延说："魏兵这次来，是司马懿料我有病，故让人探听虚实。你可急出迎敌，他便不知实信。"魏延领命出帐上马，引兵杀出寨来。夏侯霸一见，飞奔而走。魏延追杀二十余里方回。

孔明自觉病重，见姜维来至床前问安，就令他坐于病床上，嘱托诸事。

我亲受昭烈皇帝托孤重，安心要鞠躬尽瘁报恩酬。
谁料想大功未成得了病，有一件牵心要事怎甘休？
原来想重兴汉室安天下，到如今未复中原报前仇。
想一想更有何颜见先帝，就到那九泉之下也含羞。
恨煞人一事无成空有志，恼天公不从人愿枉强求。
武乡侯话到伤心肠欲断，姜伯约尊声丞相莫多忧。

孔明洒泪，嗟叹不已。姜维劝说："丞相保重，莫生忧烦，将息贵体，完成先帝之托。"孔明说："天意如此，旦夕之间，我将死矣。我平生所学已著书二十四篇，计十万四千一百一十二字，内有八务、七戒、六恐、五惧之法。我遍观众将，并无可传人，独有你可传我书，切勿推托。"姜维哭拜而受。孔明又说："我有'连弩'之法，不曾用得。其法矢长八寸，一弩可发十矢，皆画成图本，你可依法造用。"姜维拜受。孔明又嘱咐说："蜀中诸道，皆不必担忧；唯阴平之地，切须仔细把守，此地虽然险峻，久必有失。"又唤马岱入帐，附耳低语，授给密计说："我死后，你可依计而行。"马岱领计而去。稍后，杨仪入帐，孔明唤至榻前，授一锦囊，密嘱说："我死后，魏延必反。待他反时，你可拆锦囊看，自有斩魏延之人。"孔明一一安排完，便昏然倒下，到晚上方醒，便写表奏后主。后主看表大惊，急命尚书李福星夜至军中问安。孔明一见李福自成都而来，代后主来请安，不觉伤心，痛哭流涕，嘱咐后事。

孔明嘱完，李福十分感动，匆匆辞别而去。孔明强支病体，令左右扶上小车，出寨遍观各营，自觉秋风吹面，彻骨生寒，乃长叹说："再不能临阵讨贼了！"叹息良久，回转帐中，病情更为沉重。又唤杨仪吩咐说："马岱、马忠、廖化、王平、张翼、张嶷等皆忠义之士，久经战场，多负勤劳，俱堪重用。我死之后，凡事皆依旧法而行，缓缓退兵，不可急退。你深通谋略，不用多嘱。姜伯约智勇双全，可以断后，重托无妨。"杨仪泣拜受命。孔明令人取过文房四宝，于病榻上手写遗表，以达后主。表略说：

> 伏闻生死有常，难逃定数；死之将至，愿尽忠愚：臣亮赋性愚拙，遭时艰难，蒙先主委以重托，平南之后，兴师北伐，屡出祁山，功未成就；何期病入膏肓，命垂旦夕，不能终事陛下，饮恨无穷！伏愿陛下：清心寡欲，约己爱民；达孝道于先皇，布仁恩于百姓；进取贤良，远避奸邪，以厚风俗。

> 臣家有桑八百株，薄田十五顷，子孙衣食，自有余饶。至于臣在外任，别无调度，随身所需，悉仰于官，不别治生，以长尺寸。臣死之日，不使内有余帛，外有赢财，以负陛下也。

孔明写完表文，又嘱杨仪说："我死后，不可发丧。只用一大龛，将我尸身坐于龛中，以米七粒放我口里，脚下用明灯一盏，军中安静如常，切勿举哀。我的精气上升，能使将星不坠。司马懿见将星不坠，必然惊疑。我军可令后寨先行，然后一营一营缓缓而退。若司马懿领兵来追，你可布成阵势，将我从前所雕木像，放于车上，推出军前，令大小将士分别左右。司马懿见了，必然惊走。"杨仪一一领命。

黄昏后孔明昏厥，不省人事。众将正慌乱时，忽报尚书李福又到，一见孔明昏厥，乃大哭说："我误国家大事了。"停不多时，孔明醒来，二目遍视，见李福立于榻前，孔明说："我知公复来之意。"李福说："我奉天子之命，问丞相百年后，大事何人可托？"孔明说："我死后，可任大事者，乃蒋琬也。"

姜伯约总督军马堪为帅，他学的雄才大略占人先。

我死后尚有一人当大任，诸臣中才智双全蒋公琰。

一切的国政军机他执掌，尽可以团结群臣保西川。

诸葛亮话到这里吁吁喘，昏沉沉目瞪口张蹙眉尖。

孔明喘息多时，李福又问说："公琰之后，谁可继之？"孔明说："费祎可继之。"李福又问："费祎之后，谁可继之？"孔明闭目不答。众将近前一看，气已绝。此时，乃建兴十二年秋八月二十三日。诸葛亮寿仅五十四岁。后人有诗赞孔明：

拨乱扶危主，殷勤受托孤。

英才过管乐，妙策胜孙吴。

凛凛《出师表》，堂堂八阵图。

如公全盛德，应叹古今无！

孔明已死，众将极度悲愤。杨仪、姜维遵孔明遗命，不举哀，依嘱成殓，安置龛中，左右两面与后面皆用木板，就像庙中神宫一般。令心腹将士三百人守护，由姜维领兵断后，各处拔营起寨，缓缓而退。

此时，司马懿夜观天文，见一大星自东北流于西南方，坠于蜀营，三起三落，隐隐有声。司马懿惊喜说："孔明死了。"即传令速起大兵追赶。上马方出寨门，忽又生疑。

司马懿唯恐中计，收兵回寨，依然不出战。只令夏侯霸暗引数十骑，往五丈原僻处，探听消息。五丈原营寨俱空，不见一人，乃急回报司马懿。司马懿十分后悔，同二子共提大兵追赶。兵过五丈原，前到一山，山后一声炮响，喊声震地，树影中飘出中军大旗，上写一行大字："汉丞相武乡侯诸葛亮。"司马懿大惊，定睛看明，只见数十员大将拥出一辆四轮车来，车上端坐孔明，纶巾羽扇，鹤氅皂绦。司马懿大叫说："孔明尚在，我轻率到此，中其计了。"遂拨马急走。背后姜维大叫说："贼将休走，你中了我家丞相之计了。"魏兵魂飞魄散，弃甲丢盔，各自逃命，自相践踏，死者无数。司马懿奔逃三十余里，头也不回。背后两员魏将赶上，扯住马嚼环叫说："都督勿惊，蜀兵已去远了。"司马懿用手摸脑后说："我头还在吗？"二将说："都督休怕，蜀兵不曾追来。"司马懿喘息多时，神色方定，睁眼一看，是夏侯霸、夏侯惠，于是徐徐按辔，与二将寻小路奔回本寨。后人有诗赞孔明：

命未归天计已成，四轮车出退追兵。

中原虽生司马懿，不如西川死孔明。

话说司马懿回营后，便令众将领兵四处哨探，回报说："蜀军退入谷中时，哀声震地，军中扬起白旗，孔明果然死了。大兵前行，只留姜维引一千兵断后。前日车上的孔明乃是木人。"司马懿说："我能料其生，不能料其死呀！"因此，蜀中人说："死诸葛吓走活司马。"

司马懿引兵回长安，分拨诸将各守隘口，自己回洛阳面君去了。此时，杨仪、姜维共提大军缓缓而行，退兵已入栈阁道口，忽然报说："前面有军阻拦。"杨仪、姜维急令人打探。要知谁家军马拦路，请看下回分解。

第一百二十五回 | 孔明遗计斩魏延 魏主废后建宫殿

话说杨仪、姜维扶孔明灵枢前进，走到栈阁道口，忽报前面有一支军马拦路，急令人探听，原来是魏延恼恨孔明不用他执掌大权，却令杨仪、姜维总管兵权，心中愤怒不平，因此前来截杀。杨仪大惊说："丞相在日，料此人久后必反，谁想今日果然如此。丞相真有先见之明。"

杨仪思念孔明，眼中落泪。费祎说："魏延既然造反，烧绝栈道，阻我归程，我们可面奏天子，陈述魏延反情，然后图之。"姜维说："此山之西坡有一条小路，虽然险峻崎岖，可以抄出栈道之后，以攻魏延。"杨仪从其言，一面上表奏天子，一面提兵悄悄由小路而行。

此时，后主在成都寝食不安，动止不宁。夜得一梦，成都北锦屏山崩倒，遂惊醒，坐到天亮，聚集文武，入朝圆梦。太史谯周奏说："臣昨夜仰观天文，见一星，赤色，光芒有角，自东北落于西南，主丞相有大凶。今陛下梦山崩，正应此兆。"话没说完，忽报李福从五丈原回来，后主急召入问话。李福顿首奏说："丞相已亡。"并将临终嘱咐的话，细述一遍。后主一听，放声大哭。

后主哭声不止，侍臣扶入后宫，太后听了也放悲声大哭。众官无不哀痛，军中个个涕泣，后主连日悲伤，不能设朝。忽报魏延表奏杨仪造反，群臣大惊，入奏后主，同看魏延表文。

> 征西大将军、南郑侯臣魏延，诚惶诚恐，顿首奏：杨仪自握兵权，率众造反，劫丞相灵枢，勾引敌人入境。臣先烧绝栈道，以兵拒之。谨此奏闻。

后主听完，问："众卿之意如何？"蒋琬奏说："以臣愚见，杨仪为人虽然秉性过急，不能容物，至于筹度粮草，参赞军机，与丞相办事多年，今丞相临终委以重任，绝不是背反之人。魏延平素以功高自大，人人都让着他，唯独杨仪不买账，魏延必然怀恨。今杨仪总握兵权，魏延不服，故烧栈道，以拒归程，又诬奏以图陷害。臣愿以全家性命保杨仪不反，实不敢保魏延。"群臣也这样认为。后主说："看来魏延果然反了，当用什么计策呢？"蒋琬说："丞相临终时，必有遗计授给杨仪。

如果杨仪没有计策，怎能保护丞相灵柩而退军呢？陛下放心，魏延即反也必中杨仪之计。"后主听后，稍放宽心。

此时，魏延烧断栈道，兵屯南谷，把住隘口，自以为得计。不想杨仪、姜维等星夜引兵抄到南谷之后，扶灵柩往汉中而去。唯恐魏延来追，令王平引三千兵来拒住魏延。魏延见王平前来讨敌，才知杨仪、姜维从山僻小路抄过南谷，已赴汉中去了。遂心中大怒，急忙披挂提刀上马，领兵迎敌。两阵对圆，王平出马，大骂说："反贼魏延，早来送死。"魏延也大骂说："你助杨仪造反，还敢骂我？"一边说着，指挥川兵困住王平。

> 王平横刀立马困在重围，用好言来把川兵劝一回。
> 像你们身列行伍随征战，历年来丞相何曾将你亏？
> 原就该全始全终心不变，为什么自找不义助反贼？
> 但恐怕事到头来恶贯满，惹一场杀身之祸没处推。
> 休弄得马到临崖收缰晚，那时节懊悔无及埋怨谁？
> 你们等俱有父母与妻子，他那里盼望家人早日归。
> 却不想满门团聚回家去，竟甘心流落他乡惹是非。
> 落一个反叛臭名传千古，人死后留下骂名罪之魁。

话说川兵听了王平之言，回心转意，一声大喊，散去大半。魏延大怒，挥刀纵马，直奔王平，王平挺枪接战。战不数合，王平诈败而走，手下士卒俱随王平去了，唯有马岱所领三百人不动。魏延空自发怒，却也无可奈何，对马岱说："你我同谋举事，现在没成。杨仪、姜维已扶灵柩奔赴汉中，追赶王平也没有用。你我不如投魏去？"马岱说："将军之言，不够明智。大丈夫为何不自图霸业，而轻屈膝人下？我看将军智勇足备，两川之士，谁敢抵敌？我虽不才，愿助将军先取汉中，后攻西川，共图大事。"魏延大喜，随同马岱领兵，直取南郑。

杨仪、姜维大军屯扎南郑城中，闻听魏延兵到，二人登城观望，只见魏延、马岱领兵蜂拥而来。杨仪与姜维商议说："魏延勇猛又有马岱相助，虽然兵少，也得用计退他。"杨仪说："丞相临终遗一锦囊嘱我说：'若魏延造反，临城对敌时，方可拆看。斩魏延之计，即在其中。'今可取出看看。"遂拿出锦囊看，上面有行字，写道："待与魏延对阵马上，方可拆开，自有斩魏延之人。"

> 诸葛亮妙算神机眼力强，预先里算就遗策留锦囊。
> 早知道魏延将来必造反，身死后果应其言变了腔。
> 与马岱兵临城下攻南郑，带领着三千精甲似蜂狂。
> 姜伯约急忙商量杨长史，即刻地披挂上马提刀枪。
> 咕咚咚三声炮响城门闪，两下里列开阵势在疆场。

说唱三国

姜伯约立马提枪收坐骑，阵头上高声大骂气昂昂。

骂了声该死魏延无道理，最可恨凭空造反乱家邦。

想一想丞相哪里有负你，为什么见他归天就变样？

须知道良心改变天不佑，准备着恶贯满盈有灾殃。

姜维破口大骂，魏延哈哈冷笑说："姜伯约少发狂言，这不干你的事。我今造反也不是没有原因，叫杨仪出来，我和他有话说。"杨仪在门旗下拆开锦囊一看，原是如此如此。看完大喜，轻骑而出，立马头前，鞭指魏延笑说："丞相在日，知你久后必反，叫我提防，如今果然应其言。你今到此，在马上连叫三声'谁敢杀我'，便是真大丈夫，我就献汉中城池与你。"魏延闻听大笑说："杨仪匹夫休得饶舌，若孔明在日，我尚怕三分。他今已去世，谁能抵我？休说叫三声，便叫三千声，三万声，有什么难的？"遂在马上按辔提刀大叫说："谁敢杀我？"一声未完，脑后一人厉声而应说："我敢杀你！"手起刀落，斩魏延于马下。众人皆骇然，斩魏延的，乃是马岱。原来马岱已受孔明之计，待魏延喊叫时，出其不意斩他。

却说马岱斩了魏延，与姜维合兵一处。杨仪写表星夜奏闻后主。后主降旨说："魏延造反，既已处决，罪有应得。念其前功，赐棺椁埋葬。"杨仪遵旨，将魏延葬于南郑城处，扶孔明灵柩到成都。

话说后主同文武百官痛哭一场，衣衫尽湿，命扶灵柩入城，停在相府，孔明之子诸葛瞻守孝居丧。诸事安置停当，后主才还朝。杨仪自缚面君请罪，后主命近臣去其缚说："若不是卿家执行丞相遗计，灵柩何日得归？魏延何时能灭？大事保全皆卿之功，何罪之有？"遂封杨仪为中军师。马岱有讨逆之功，即以魏延上将军之爵赐他。后主降旨厚葬孔明，费祎奏说："丞相临终命葬于定军山，不用墙垣砖石，也不用一切祭物。"后主从之。择于本年十月吉日，后主亲扶灵柩至定军山安葬。后主降诏致祭，谥号忠武侯；令建庙于沔阳，四时享祭。后主因丞相亡故，日夜流涕。

忽一日近臣奏说："边疆来报，东吴令大将全琮引兵数万，屯于巴丘界口，未知何意？"后主大惊说："丞相新亡，东吴背盟侵界，这便如何是好？"蒋琬奏说："臣保王平、张嶷二将引兵三万屯于白帝城，以防不测。陛下再命一人去东吴报丧，探其动静。"后主说："选一个舌辩之士可去。"一人应声而出说："微臣愿往。"众人一看，乃南阳人氏，姓宗名预，字德艳，官居中郎将右参军。后主大喜，即命宗预往东吴报丧，以探听虚实。宗预领命到金陵入见吴主孙权。礼毕，只见左右皆穿素衣。孙权变色说："吴、蜀已为一家，卿主何故在白帝城增兵？"宗预说："依臣看来，东吴加强巴丘的守卫，西蜀增加白帝城的兵力，事势宜然，是无足怪的。"孙权闻言大喜说："卿的胆识不亚昔日邓芝。"

孙仲谋称赞宗预有见识，比起来邓芝与你无高低。

他当初滚热油锅双足跳，　　幸亏了拉住衣衫我不依。

两下里愿结同盟归和好，　　不料想互相猜忌出差池。

诸葛亮数出祁山不取胜，　　送书来约会同攻司马懿。

我也曾兵分三路兴人马，　　到如今事未成功不必提。

五丈原亡了孔明汉丞相，　　疼得我寝食不安痛悲啼。

自古道口说不如亲眼见，　　实情是文臣武将穿素衣。

虽然是添了巴丘兵数万，　　却原来为镇中原不是西。

既然是吴蜀两家结唇齿，　　又何必各不相信起猜疑？

从今后须念先前修旧好，　　你回去报与西川蜀主知。

劝谏他始终如一休改变，　　我们要尽力帮助相扶持。

孙仲谋披肝沥胆诉一遍，　　宗德艳拜谢辞行忙作揖。

孙仲谋说完，宗预拜谢说："天子因丞相新亡，特命臣来报丧。"孙权遂取金翎箭一只，折断发誓说："朕若负前盟，子孙灭绝。"又命使官带香帛奠仪，入川致祭孔明。宗预辞吴主，同吴使回成都，入见后主奏说："吴王因丞相亡故，日夜流涕，令群臣尽皆挂孝。今折箭为誓，永不背盟，遣使来祭丞相。"后主听后大喜，重赏宗预，厚待来使。使臣致祭孔明完，自回东吴去了。

后主依孔明遗言，封蒋琬为大将军，兼管丞相尚书事；封费祎为尚书令，分理丞相府事；封吴懿为车骑将军，总督汉中军马；姜维为辅汉将军、平襄侯，总督诸处人马，同吴懿去汉中屯兵，以防魏兵；其余将校，各依旧职。杨仪没有加封，心中不平，口出怨言。后主欲斩他，幸有群臣保奏。后主降旨，废为庶人，杨仪羞惭自刎而死。此时，正是建兴十三年，魏主青龙三年，东吴嘉禾四年。

三国各不兴兵。这时，魏主曹睿见安享太平，便要从心所欲了。

都因为三国太平不兴兵，　　这曹睿从心所欲又胡行。

洛阳城兴工新盖朝阳殿，　　更造起凤阁龙楼起半空。

御花园轩台亭池一齐起，　　广栽种奇花异树不知名。

他有个元配夫人毛氏女，　　登基时册立为后做正宫。

西宫里郭氏贵妃颜色好，　　心昏惑朝朝晏乐恋花丛。

时常间也有大臣奏谏本，　　他只是意乱心迷总不听。

毛皇后好言相劝惹下祸，　　最可怜断送残生数尺绳。

郭美人出离偏宫驾正位，　　从此才风流天子有灾星。

话说魏主将毛皇后赐死，立西宫郭美人为正宫。一夜，魏主在宫中正坐，忽然一阵阴风将蜡烛扑灭，只见毛皇后带着十余人来面前大哭索命，惊得魏主得了大病。要知魏主性命如何，请看下回书。

第一百二十六回

曹睿病亡曹芳继位
司马装病骗擒曹爽

话说曹睿病渐沉重，召光禄大夫刘放、孙资前来，说："朕要从宗族内选一人为大将军，辅佐太子曹芳，总揽朝政，不知何人可当此大任呢？"刘放、孙资二人久得曹真恩惠，乃奏说："唯曹子丹之子曹爽。"魏主从其言，即封曹爽为大将军，总揽朝政。

此时，司马懿总督中原军马，驻扎洛阳，闻魏主得病，急来许昌问安。问安完，魏主召太子曹芳、大将军曹爽及光禄大夫刘放、孙资等皆至御榻前。魏主手拉司马懿的手，泣而告说：

> 想当初云长命丧东吴手，刘玄德怀恨兴师大报冤。
>
> 被陆逊放火烧营七百里，白帝城羞愤成疾太难堪。
>
> 成都府召来军师诸葛亮，托孤儿当面交代小刘禅。
>
> 嘱孔明竭力尽心辅幼主，他果然南征北战伐中原。
>
> 朕如今病势危急不久长，抛下了幼子曹芳十二三。
>
> 尽把这一天大事托付你，从今后千斤担子你全担。
>
> 必须要协同众官与宗党，大伙儿共保江山莫忘怀。

魏主曹睿又将曹芳唤至近前嘱咐说："司马仲达与朕一体，尔宜礼敬。"遂命司马懿携曹芳上龙床，曹芳搂抱司马懿脖颈不放。魏主泣说："都督勿忘幼子今日相恋之情。"司马懿叩头出血，痛哭流涕。魏主口不能说话，以手执太子，目视司马懿而亡。在位十三年，寿三十六岁。司马懿、曹爽等一面扶太子登基，一面料理丧事。葬曹睿于高平陵，谥为明帝；尊郭皇后为皇太后；改元正始。这曹芳虽即帝位，原非曹氏正支，是曹睿收养之子，秘藏宫中，人们不知他的由来。

话说曹爽自为大将之后，恐司马懿分其兵权，乃密奏曹芳，将司马懿封为太傅，管文不得管武。一国兵权都到曹爽手中，遂命其弟曹羲为中领军，曹训为武卫将军，曹彦为散骑常侍。这三胞弟各引三千御林军巡宫，任意出入禁宫。又用下人何晏、邓飏、丁谧为尚书，毕轨为司隶校尉，李胜为河南尹。这五人都是曹爽爪牙，日夜与曹爽议事。

司马懿见曹爽专权，心生一计，推病不出。二子也辞职退朝，在家闲居。故意纵容曹爽任意胡为，待他惹下大罪，那时再杀他。曹爽不知司马懿是真病还是装病，使心腹人司隶李胜前去问病，以探真假。李胜到司马懿榻前拜说："大将军曹公多日不见太傅，特让晚生过府请安。现在太傅老大人贵体如何？"司马懿装聋不答，左右说："太傅耳聋，听不清楚。"李胜要笔纸，将所言写在纸上，呈司马懿看。司马懿看完说："我的耳朵聋了，多蒙大将军厚意，派你前来看我。"此时侍婢进汤，司马懿以口就之，汤流满襟。司马懿对李胜说："我已衰老病重，死在旦夕了。两个儿子没有出息，您今后还要多多指教。"

李胜只当司马懿真病，辞别司马懿，回报曹爽。曹爽信以为真，更加肆行无忌。此时，曹芳年弱无能，一切国政俱由曹爽管理。曹爽每日和三兄弟等饮酒作乐，所穿衣服，所用器物，也与朝廷无异。各处进贡来的奇珍异宝，先将上等的留下自用，然后再送进宫。黄门官谄媚曹爽，私自选先帝侍妾七八人，送入曹爽府中。曹爽不以为足，又选民间良女四十余人，命乐师教以歌舞，昼夜宴乐，习以为常。佳人美女，充满府院。

司马懿闻听曹爽行径后，大喜说："我杀曹爽有名了。"这一日，忽报曹爽请着魏主曹芳出城去了，一是祭高平陵，二是游玩狩猎，手下门客及心腹将士，俱随驾出城去。司马懿立刻同兵部司徒高柔，带领大部军马，先封了城门，后到曹爽私宅，捉出先帝侍妾，要她们作证，据实奏明郭太后。郭太后一见这些侍妾都是先帝宠幸之人，今被曹爽奸淫，大怒说："曹爽奸贼真有可杀之罪。"司马懿奏说："曹爽背叛先帝托孤之恩，好淫乱国，安心篡位，正应拿问，以正国法。"郭太后准奏，即传密旨，让司马懿领兵出城，谎称接驾，实则为捉拿曹爽。

大将军随心所欲任胡为，司马懿乘机入宫说是非。

郭太后准奏依言传密旨，发兵将立刻拿问捉奸贼。

由兵部司徒高柔挂帅印，带领着御林军士走如飞。

这曹爽游猎尽兴无防备，同魏主自在逍遥并马归。

老太傅带领众官来接驾，身后边师昭二子紧相随。

猛然间大喊一声拿钦犯，呼啦啦从旁闯上众英魁。

好一似鹰抓燕雀齐下手，秉国法奉旨拿人肯饶谁？

先捉住爽羲训彦四兄弟，又绑了勋纣为虐门下客。

吓坏了懦弱曹芳年幼主，在马上抖衣而战皱双眉。

司马懿和兵部司徒高柔同心协力，捉了曹爽兄弟四人和门下许多宾客。魏主曹芳大惊，指司马懿问说："卿想造反吗？"司马懿跪下奏说："臣怎敢造反，大将军曹爽奸淫乱国，久有谋逆之心。臣等钦奉太后密旨，前来捉拿，以致陛下受惊。虽是臣等之罪，实出太后之意。"曹芳说："既然大将军乱国谋逆，又奉太后密旨捉人，卿等不但无罪，而且有功。现将曹爽等人押解回宫，审问发落。"

司马懿遵旨，将曹爽等一干人犯押解进城，遂同曹芳来审问。先审问侍妾："你们是怎么到曹爽府中的？"侍妾异口同声说："黄门官张当谄媚曹爽，无以为敬，将我们七八人，强逼送到大将军府中。"司马懿命人立刻将张当拿来，严加拷问。张当说："不是我一人之罪，更有何晏、邓飏、李胜、毕轨、丁谧、曹羲、曹训、曹彦等，并许多门客，同谋篡逆。"司马懿取了张当口词，令众人作证。曹爽等不能抵赖，从实承招。遂将一干人犯押赴午门之外，开刀斩首。并灭其三族，一时死的大小男女等人七百余口，午门外尸横如山，血流成河。

 第一百二十七回 | 魏政归司马氏 姜维败牛头山

话说司马懿将一干人犯尽皆斩首后，出示晓谕，凡曹爽门下之人，不知谋逆之情的，俱免其死，有官的仍守其职。安抚军民，守土乐业。曹芳因司马懿除叛逆有功，封为丞相，令其父子三人，同秉朝政。

司马懿既为丞相，一国之权都在父子三人手中。忽然想起曹爽全家虽然都被杀了，但是曹爽的亲族夏侯玄统领一方军马，镇守雍州，他要知道曹爽全家被害，必然来兴兵报仇，不如早早除掉，以绝后患。即刻下诏赴雍州，令征西大将军夏侯玄进京议事。谁曾想诏命未到，夏侯玄之叔夏侯霸已知情，便领本部兵造了反。

凉州镇守使郭淮闻知夏侯霸造反，即率本部军马来与夏侯霸交战。一见面，郭淮大骂说："你既是皇家亲族，天子又不曾亏待你，而竟敢背叛朝廷，真是罪该万死。"夏侯霸也骂说："我祖父为国家建立大功劳。今司马懿是何等人，竟敢灭我曹氏宗族，又来诬我。他早晚必要篡位，我仗义讨贼，何反之有？"郭淮大怒，催马挺枪来战。夏侯霸挥动大刀，纵马忙迎。二人杀在一处，才战十余合，郭淮败走。夏侯霸随后赶来，忽听后军呐喊，忙拨马而回，原是郭淮的副将陈泰引兵杀来。郭淮复回，两下夹攻，一场好杀。

郭淮、陈泰两路夹攻，夏侯霸不能抵敌，兵折大半，大败而走，无处可奔，遂投汉中来降西蜀。

有人报给姜维，姜维唯恐有诈，令人盘问详细，方许入城。夏侯霸拜见完，哭诉前事。姜维说："昔日微子去周，成万古之美名。公若能匡扶汉室，无愧古人。"随即设宴相待。姜维就席前问说："今司马懿父子掌握大权，有窥我国之意否？"夏侯霸说："老贼刚图谋篡逆完，还没有顾上外侵。但魏国新出二人，正在少年之时，若使其领兵马，实吴、蜀的大患。"姜维说："这二人是谁？"夏侯霸说："一人现为秘书郎，颍川人氏，姓钟名会，字士季，太傅钟繇之子，自幼喜读兵书，稍长深明韬略，司马懿甚服其才；另一人现为掾吏，义阳人，姓邓名艾，字士载，幼年丧父，素有大志，通晓兵法。"此二人的雄才大略，不在司马懿之下，甚是可畏。

二人谈今论古，甚是投机。宴完席终，歇息一夜，次日同赴成都，入见后主。姜维奏说："司马懿谋害了大将军曹爽，灭其三族，又来诓骗夏侯霸，夏侯霸因此来降。目前司马懿父子三人，总掌魏国大权。曹芳懦弱，魏国将危矣。臣在汉中数年，兵精粮足，愿提大兵，以夏侯霸为先锋，进取中原，重兴汉室，以报陛下之恩，以终丞相之志，伏乞陛下应允。"后主尚未回话，尚书令费祎谏说："近日蒋琬、董允相继而亡，内治无人。伯约只宜坚守待时，不可轻举妄动。"姜维说："人生如白驹过隙，似这样迁延岁月，何日才能恢复中原呢？"费祎又说："孙子云：'知彼知己者，百战不殆。'我等远不如诸葛丞相，丞相尚不能恢复中原，何况我们呢？"姜维闻听失声而叹！

> 姜伯约双眉紧蹙叹连声，不是我与公口舌苦相争。
> 想当初桃园结义因何故？怕的是刘氏江山不太平。
> 他三人誓扶汉室同生死，冒风雪三顾茅庐聘孔明。
> 昭烈帝苦战血争多半世，好歹地得占西川数十城。
> 汉丞相不得中原心不死，因此才六出祁山亲领兵。
> 凭空里五丈原上将星暗，汉营中病倒军师不能行。
> 今将那平生所学传与我，再亲口几番嘱咐又叮咛。
> 盼着我后来能继他的志，伐中原到底要将汉室兴。
> 若把他临终遗言置度外，九泉下有何面目见先生？

姜维奏完，后主说："卿既要伐魏，可竭力尽心，勿被他人挫了锐气，以负朕意。"姜维说："臣受丞相遗教，又领陛下旨意，怎能有不尽心竭力之理？"说完辞驾出朝，同夏侯霸到汉中，商议如何兴兵。

姜维说："我久居陇上，深得羌人之心，今若结连羌人，虽不能克复中原，但陇西地方，可得而有也。"夏侯霸从其言。姜维使人赴西羌致书送礼，以通和好；然后出西平关，进雍州；先筑二城在麴山之下，令部将句安、李歆同引一万五千兵守之。二城东西相连，句安守东城，李歆守西城。

早有细作报给雍州刺史郭淮。郭淮闻报，一面申报洛阳，一面遣副将陈泰引兵五万，来与蜀兵交战。句安、李歆一齐领兵出迎，因兵少不能抵敌，退入城中，坚守不出。陈泰分兵围了二城，四面攻打。郭淮大兵又到，将二城周围看了一遍，心中大喜，安下大寨，便与陈泰共议破城之策。

郭淮、陈泰兵困二城，城中无水，蜀军慌乱，屡次往外冲杀也冲不出去。句安和李歆商议说："姜维领的兵至今未到，魏军围困甚急，现在缺粮缺水，这便如何是好？"李歆说："你我被困多日，岂可坐以待毙？我今舍命杀出，去搬救兵。"说完，遂引数千骑开了城门，杀将出来。雍州兵四面围来，李歆死闯重围，方才得脱，落个独自一人。数千随行士卒，都死于乱军之中。李歆受了重伤，急往汉中而逃。

当夜天降大雪，城内蜀兵化雪煮饭而食，以等救兵到来。李歆从山僻小路走了几天，迎着姜维大兵到来，慌忙下马，伏地告说："麹山二城皆被魏兵围困，绝了水道。幸得天降大雪，因此化雪而食。末将舍命冲出重围，身受重伤，负痛到此。都督可速去解救。"姜维说："因羌兵未齐，迟误几日。"遂将李歆送往成都养伤去了，对夏侯霸说："羌兵未到，魏兵围困麹山甚急，将军有何高见？"夏侯霸说："末将倒有一计，不知可否？"

咱如今势危事急要速行，万不可迟延时日等羌兵。

倘若不星夜兼程去解救，但恐怕失陷麹山二处城。

贼郭淮会同陈泰兴人马，在那里围困句安并力攻。

我料他得胜顾前不顾后，抛撇下雍凉二处定虚空。

咱原该出其不意攻不备，速往那牛头山前扎大营。

悄悄地暗取雍州袭其后，这一去他若闻知必退兵。

弄他个猛虎回头空费力，到头来一事耽误两不成。

夏侯霸说完，姜维说："此计大妙，可速行。"即传号令，催促兵马往牛头山进发。

此时，陈泰见李歆杀出重围急急走了，向郭淮告说："李歆此去告急，那姜维料我大军俱在麹山，必从牛头山袭取雍州，攻我们后防。将军可引一军埋伏在洮水，截断蜀兵粮道。我分兵一半去往牛头山攻击他。他见粮草不到，必然退走。你我两下夹攻，姜维可擒矣。"郭淮从其言，遂引一军暗取洮水。陈泰引兵取牛头山。姜维兵至牛头山，忽听前军发喊，报说："魏军截住去路。"姜维忙到军前观看，陈泰当先大喝说："你想袭我雍州，我已等候多时了。"姜维大怒，催马拧枪，直取陈泰，陈泰挥刀忙迎战，战不到三合，陈泰败走。姜维催兵赶杀，雍州兵退去，占住山头。姜维就在山前安营，两下数次列战，胜败不分。夏侯霸在姜维面前又献一计。

实指望乘虚攻取成功易，谁料想来了陈泰老贼囚。

我和他两阵交兵打一仗，魏家军凭高结寨占山头。

连日来屡战不分胜和败，他原是诱敌之计把头勾。

倘若是日久相持无可否，但只怕郭淮兵到更添愁。

还须防兵伏洮水截粮道，劝将军即速拔营莫久留。

岂不知相机而动真杰士，又道是人无远虑必近忧。

夏侯霸话还没说完，忽然流星马飞报，郭淮领兵在洮水截断粮道。姜维大惊，急令夏侯霸头前退兵，亲自引军断后。陈泰见姜维军退，兵分五路赶来。姜维独拒五路总口，抵住魏军。陈泰兵占高冈，矢石如雨。姜维渐渐而退，将近洮水。郭淮引兵杀来，阻住去路，如铁桶一般。姜维奋死杀出，折兵大半，飞奔上阳平关来。忽前面又一彪军来，为首一员大将纵马横刀而出，只见此人生得圆面大耳，方口厚唇，左目下生个黑瘤，瘤上生有数根黑毛。一旁有面大旗，上写："魏国骠骑将军司马师"。姜维看完，便知是司马懿长子司马师。姜维大怒，舞刀拍马前来交战。

这司马师是从何而来呢？原来姜维取雍州时，郭淮飞报入朝，司马懿即命长子司马师，领五万兵前来接应。走到半路，听说姜维兵已退，便从半路攻击。姜维同司马师交战，只三合，杀败司马师。姜维脱身奔阳平关来，城上人开门放入姜维。司马师也来抢关，被姜维用武侯所传连弩之法，两边埋伏连弩百余张，一弩能发十矢，俱是药箭。两边弩箭齐发，射死司马师的兵马不知其数。不知司马师的性命如何，请看下回分解。

第一百二十八回 丁奉用短兵劫魏营 孙峻密计杀诸葛恪

话说司马师从乱箭中逃命。此时，句安在麴山城中等候救兵不到，开城门降魏去了。姜维这一回折兵数万，无奈收集败军，回汉中屯扎。司马师也回洛阳。郭淮、陈泰仍守雍、凉二处，两下俱不动兵。

至魏国嘉平三年秋八月，司马懿染病，日渐沉重，唤二子到榻前。

司马懿大病卧床渐昏沉，你看他长吁短叹把眉颦。

我自从十年出仕把官做，蒙天子册封一品大将军。

老年来又蒙君恩为宰相，屈指算位显爵高有几人？

倒弄得树大招风遭毁谤，人都说为父胸中怀异心。

天下人是非口舌朝朝有，为父的掩耳装聋总不闻。

任人说一心掌正无他意，总是要留有余地给儿孙。

喜只喜膝前有你兄弟俩，尽可能承继先人旺家门。

有几句紧要言语牢心记，我死后扶保中原事魏君。

司马懿嘱咐未完，气息已绝。长子司马师，次子司马昭，痛哭一场，忙备棺椁收殓，入朝启奏后主曹芳。曹芳传旨厚葬。封司马师为大将军，总领尚书机密大事。封司马昭为骠骑上将军，与兄司马师同理朝政。兄弟二人自此心胸渐大，较比其父大不相同，这暂且不表。

再说吴主孙权，先立太子孙登，是徐夫人所生，幼年身亡。又立次子孙和为太子，是王夫人所生。孙和因与全公主不和，被公主所参，孙权给废了，孙和忧恨而死。又立三子孙亮为太子，是潘璋之妹潘夫人所生。此时，陆逊、诸葛瑾皆亡，朝中大小事，俱归诸葛瑾之子诸葛恪管理。

太元元年秋八月初一日，忽起大风，江涛汹涌，平地水深数尺，宫殿水皆满。孙权受惊得病，到次年四月病势沉重，召太傅诸葛恪及大司马吕岱，嘱以后事，嘱完而死。在位二十四年，寿七十一岁。孙权已死，诸葛恪立孙亮为帝，大赦天下，改元建兴。将孙权葬于蒋陵，谥大皇帝。

早有细作探知其事，报入洛阳。司马师听孙权已死，遂同众臣商议起兵伐吴。

司马师一国兵权在手中，这一回较比从前大不同。

忽听得长探报说孙权死，传号令兴师起兵伐江东。

校军场点齐精兵二十万，按次序分作三路往前行。

领头哨前部先锋差王昶，命令他提兵十万取南郡。

第二队镇南都督毌丘俭，司马昭总理中路撮后营。

一路上马多尽饮长江水，不几日大军已到徐州城。

司马昭兵到徐州地界，下寨安营。时值十月寒冬，天降大雪，副将胡遵领兵十万，去江边安营，取东兴城。因天降大雪，进兵不便，与众将在帐中设宴赏雪，忽报江面有三十只战船到来。胡遵出寨来看，见船已经近岸，每船上约有一百人左右，遂回帐中，对众将说："不过三千人，有什么可惧的？我们继续饮酒。"

那江面战船，原是东吴太傅诸葛恪闻听魏兵三路前来，也分三路迎敌。先派丁奉引三千水兵，乘三十只船来救东兴。丁奉得知魏将胡遵在江边下寨，设宴赏雪，并无准备，乃将战船一字摆在江面，对众将说："大丈夫要立功，正在今日。"遂令军士脱去衣甲，卸了头盔，不用长枪大戟，各带短刀利剑，大喊一声，一齐跳上岸来。丁奉提刀当先，众军相随，一拥闯入魏寨，一场好杀。

魏军措手不及，连死带伤折去大半，车仗、马匹、器械、粮草尽被吴军所获。

胡遵舍命而逃。司马昭、王昶、毌丘俭闻知胡遵东兴兵败，也都收兵而退。

却说诸葛恪引兵来到东兴，知丁奉已获全胜，心中大喜，劳军已毕，聚众将商议，乘司马昭兵败北归，提大兵进取中原。一面遣人送书入蜀，约姜维进兵攻其北，许以平分天下；一面催二十万大军，望中原进发。

正行时，忽见一道白气平地而起，遮住三军，对面不见。参军蒋延说："此气是白虹，主丧兵之兆。太傅只可回朝，不可伐魏。"诸葛恪大怒说："你怎敢出此不利之言？乱我军心！"命左右推出斩了。众将再三告免，乃废蒋延为庶人，仍催兵前进。丁奉告说："魏以新城为总隘口，若先取此城，司马昭会吓破胆。"诸葛恪大喜，催兵起程前进，来到新城。

新城守将张特见吴军到，闭门坚守，飞报洛阳。司马师闻报，便和众将商议破敌之策。主簿虞松告说："今诸葛恪兵困新城，不可同他交战。吴兵远来，人多粮少，待粮尽草无，自会败走。他败走时，再攻击，必获全胜。但恐蜀兵犯境，不可不防。"司马师从其言，遂令其弟司马昭引一军去助郭淮，以防姜维。令毌丘俭、胡遵同助张特守新城，以拒吴兵。

诸葛恪连日攻打新城，将近三个月，总攻不开，传令将士并力攻击，有怠慢的立斩不饶。众将奋力攻打，城西北脚将陷。张特与毌丘俭、胡遵等共定一计，命一舌辩之士，捧册籍赴吴寨，求见诸葛恪，行诈来赚东吴。诸葛恪唤入问询，此人叩拜，呈上一纸降书、数本册籍，并说："魏国之法：若敌人困城，守城百日而无救兵至，可出城降敌。今将军围城已九十余日，望能再容几日，我守城之将即可率众出城投降。"诸葛恪听完甚喜，竟然不查虚实就信以为真，兵退半里之处，停止攻城。原来张特是用缓兵计哄退吴兵，急拆城中破庙，并倒塌房屋里砖石木料，把城墙塌陷处修补完。数日已到，够百日了，诸葛恪领兵到城下大叫说："今已满百日之期，张特为何不出来投降？"张特忙登敌楼骂道："我城中尚有半年的粮食，岂肯降你吴狗？"诸葛恪大怒，催兵攻打城池。城上乱箭射下，诸葛恪头上正中一箭，翻身落马，众将救回营。众军士皆无战心，只得收兵还吴。早有细作报入新城。新城众将急开城门，提兵赶杀，吴兵大败而归。

诸葛恪十分羞愧，托病不朝。吴主孙亮亲自前来问安，文武臣僚俱来拜见。诸葛恪恐人议论，搜求众官将的过失，轻则发配边疆，重则斩首示众。文武官僚，无不恐惧。诸葛恪又令心腹张约、朱恩掌管御林军，为自己爪牙。

朝中有一人姓孙名峻，乃孙权之侄，孙权在日甚爱他，命管御林军马，今被诸葛恪夺其兵权，心中愤恨。又有太常卿腾胤，与诸葛恪素有不睦，乘机挑唆孙峻。滕胤对孙峻说："今诸葛恪专权暴虐，杀害公卿，有不忠之心。公系主上皇兄，被他夺去兵权，此等凌辱，你怎么能忍耐？为何不将他早早除掉？"孙峻说："我久有心杀他，但无共事的人，今若公能相助，图他不难。你我速奏天子，请旨诛之。"于是二人同到孙亮面前，密奏其事。孙亮说："朕见此人久有不忠之心，也常想除掉，未得其便。今卿等共举大义，秘密图之，可以。"滕胤奏说："陛下可设一席，召他入朝赴宴，暗伏武士于壁衣柜中，掷杯为号，就席间杀之，计无不成。"吴主从之，即刻下诏，召诸葛恪入朝赴宴，议论军国大事。

此时，诸葛恪箭疮已痊愈，遂乘车驾入朝，才出府门，忽然想："天子为何召我入朝赴宴？有什么军国大事可议的？"心甚疑惑。心腹将张约忙至车前密告："今日进朝赴宴，不知好歹，主公不可轻入。"诸葛恪说："我也怀疑。"遂令返车回府。

都只为天子忽然召赴宴，诸葛恪腹内生疑不入朝。
一声令转车不去回相府，孙峻等慌忙向前躬身腰。
笑嘻嘻一口同音尊太傅，现如今仁明天子宴臣僚。
满朝里许多文武皆已到，老太傅大驾为何不去了？
须知道请客不到是不恭，何况是天子设宴请赴朝。
若果然不入朝堂去赴宴，莫不是你把天子下眼瞧。
且莫说慢怠君王文和武，我二人来此空回也害臊。

话说诸葛恪被二人说得无话可讲，只得相随入宫，见了吴主，施礼完，入席坐了。近待斟上酒来，诸葛恪生疑，不敢饮，推辞说："病体尚弱，不能饮酒。"孙峻说："将太傅在府上所服药酒取来饮用可否？"诸葛恪说："可以。"遂令心腹人回府取来自制药酒，才放心去饮。酒过数巡，吴主孙亮托事出去。孙峻下殿，脱去朝服，闪出铠甲，执剑上殿，大呼说："天子有诏，共诛逆贼。"诸葛恪大惊，掷杯于地，急忙拔剑来迎。孙峻出剑声响，诸葛恪头已落地。诸葛恪心腹张约见主子被孙峻所杀，挥刀直取孙峻。孙峻一闪，刀尖伤其左指。孙峻转身一刀，砍中张约右臂。武士一齐拥出，砍倒张约，剁为肉泥。孙峻一面令武士去取诸葛恪家眷，一面令人将诸葛恪并张约尸首用芦席包裹，以小车载出，弃于城南门外石子岗乱尸坑内。此时，诸葛恪之妻正在房中，忽觉心惊肉战，正在纳闷，家僮报御林军已将府第包围。

孙峻把诸葛恪全家斩首，方解了心头之恨。吴主孙亮因孙峻讨逆有功，封孙峻为丞相、大将军、富春侯，总管内外军国大事，自此东吴大权又归孙峻之手。再说姜维接到诸葛恪来书，约其相助，兴兵北伐中原。姜维接书大喜，遂入成都奏后主，后主准奏。延熙十六年秋，蜀汉大将军姜维起兵二十万，令廖化、张翼为左右先锋，夏侯霸为参军，张嶷为运粮官，大兵出阳平关，北伐中原。要知胜败如何，请看下回分解。

第一百二十九回　司马昭困铁笼山　司马师废主曹芳

话说姜维出兵阳平关，北伐中原。姜维与夏侯霸商议说："前者你我同取雍州，不胜而还。今若再出，司马师又有准备，公有何高见？"夏侯霸说："陇上诸郡唯有南安钱粮最广，若先取下以为根本，再伐中原，则有资助了。另外，上次无功而返，实因羌兵不至，今可差人联络羌王。"姜维赞成，即刻写书遣使，携带金银蜀锦，直入西羌，结好羌王。羌王迷当得了礼物，即起大兵五万，令羌将俄何烧戈为先锋，引兵往南安而来。

雍州守将郭淮闻知此事，飞报洛阳。司马师对众将说："今蜀军入境，谁敢前去迎敌？"辅国将军徐质说："末将愿往。"司马师知徐质英勇过人，心中大喜，即令徐质为先锋，司马昭为大都督，领大兵往陇西进发。兵至董亭，正遇姜维大军到来，两下各安行营，列成阵势。徐质使开山大斧出马挑战，蜀阵中廖化迎敌。战不数合，廖化拖刀败走。张翼纵马举枪迎战，战不数合，又不是徐质对手，败回本阵。徐质驱兵掩杀，蜀兵大败，退三十里安营。司马昭亦收兵回，扎下大寨。

姜维二次出兵，又败一阵，心中十分烦恼，便同夏侯霸商议进兵之策。夏侯霸说："明日诈败，以埋伏之计胜他。"姜维说："司马昭是仲达之子，家传武艺，岂不知兵法？"

> 姜伯约中军帐里把头摇，就说道参军之计不算高。
> 魏国里先锋徐质多骁勇，杀得咱董亭一阵大奔逃。
> 大都督原是仲达之次子，谁不晓文武全才司马昭？
> 常言说将门之子多随父，一定是兵法精通懂略韬。
> 再不能轻入诱敌埋伏计，纵就是佯输诈败枉徒劳。
> 想当初截咱粮道断洮水，不用说旧道怎行那一条？
> 往汉中去取木牛和流马，来往这铁龙山前走几遭。
> 引诱他蜂拥前来把粮抢，那时节却用伏兵发火烧。
> 再伏下一支军马截归路，管叫他难脱龙潭出虎巢。

姜伯约说完，夏侯霸大喜说："此计甚妙，可速行。"姜维即唤廖化吩咐如此如此，又唤张翼吩咐如此如此，二将领命去了。

徐质连日领兵讨战，蜀兵只是不出。哨马飞报司马昭说："蜀兵在铁笼山。用木牛流马搬运粮草几次了，还有五万羌兵不久到来。"司马昭闻报，便同徐质商议说："昔日在雍州所以胜蜀兵，是因断其粮道。今姜维又用木牛流马由铁笼山运粮，以待羌兵。现在他坚守不出，必是久远之计。今夜你引五千兵，去断其粮道，则蜀兵自退。"徐质领命，二更时引兵望铁笼山来，果见蜀兵二百余人，驱百余头木牛流马装载粮草而行。魏兵齐声呐喊，徐质当先截住，一齐抢夺，蜀兵尽弃粮草而走。徐质分兵一半押送木牛流马回寨，引兵一半追来。追不到十里，前面车仗横截去路。徐质想恐有伏兵，忙往右退。

徐先锋马上传令把军回，猛听得一声炮响似春雷。

顷刻间草车之上火光起，呼啦啦药箭伤人扑面飞。

四下里无数儿郎齐呐喊，乱吆喝捉拿徐质狗奸贼。

乱哄哄潮涌疯狂往上闯，弩箭手一发十矢腕过谁？

好似是层层密撒天罗网，待叫人四面无门无处飞。

幸亏了先锋徐质多英勇，舍死命杀条血路闯重围。

火光中且战且走寻旧路，身后边无数追兵把马催。

苦煞人舍命飞奔十余里，猛然间山林窄处遇姜维。

他二人话不投机就动手，催战马兵刃齐抢杀成堆。

话说徐质与姜维交手，人困马乏，不能抵敌，被姜维一枪刺倒战马，跌将下来，被众军乱刀齐砍，剁为肉泥。那二千五百护粮军及押送运粮草的木牛流马，走到半路，也被夏侯霸伏兵所擒，俱都降顺了。

夏侯霸将魏兵衣甲叫蜀兵穿了，魏军马匹也叫蜀兵骑上，装扮妥当，打着魏兵旗号，从小路奔回魏军寨来。魏军见是本部兵回，开门放入。蜀兵就从寨中杀将起来。魏军措手不及，忙乱成堆。司马昭急忙披挂，提刀上马。前面廖化引兵杀来，不能前进；想后退，姜维大军又从背后杀到。司马昭前后无路，只得败上铁笼山，据守高岭。原来此山只有一条路，四面全是陡崖难上。山上只有一泉，仅能供百余人饮用。此时，司马昭手下共有六千人马，被姜维堵住路口，不能下山取水，山上泉水又不够饮用。没有饮用水如何能活？司马昭仰天叹说："我今死于此地了。"行军主簿王韬说："昔日耿恭被困，拜井而得甘泉，将军何不仿效他？"司马昭从其言，遂到泉边洗手焚香拜而祈祷。

司马昭拜完，泉水涌出，取之不竭。此时姜维在山下困住魏兵，对众将说："早年丞相在上方谷不曾捉住司马懿，我深为恨，今司马昭必被我所擒。"众皆点头赞成。这时郭淮得知司马昭在铁笼山被困，准备提大兵前去解围。副将陈泰谏说："不可。今姜维会合羌兵先取南安，听说羌兵已到，将军若撤兵去救铁笼山，羌兵必然乘虚袭我之后。不如令人诈降羌兵，从中取事，以解铁笼之危。"郭淮从之，遂令陈泰引五千兵，直到羌王寨内，卸甲而入，泣拜说："郭淮妄自尊大，常怀杀我之心，故来投降。郭淮军中虚实末将尽知。今夜愿引一军前去劫寨，便可成功。兵到魏营，自有内应。"羌王迷当不察虚实，闻言大喜，遂令先锋俄何烧戈同陈泰去劫魏寨。只见寨门大开，陈泰当先骤马而入，俄何烧戈纵马提枪直往里闯，连人带马跌落陷坑内了。

> 俄何烧戈纵马来劫魏营，　没提防失脚翻身落陷坑。
>
> 刷的声四面埋伏一齐起，　与郭淮内外勾结杀羌兵。
>
> 大寨里回身杀出陈副将，　一个个俱执挠钩利刃锋。
>
> 不服降枪刀之下丧了命，　归顺的何曾躲过一条绳。
>
> 西羌兵连伤带死折大半，　剩下的贪生怕死降魏营。
>
> 俄何烧戈困陷坑无出路，　抽宝剑咽喉一断似寒冰。
>
> 魏家军飞奔杀入羌人寨，　把迷当活捉生擒绑捆住。

迷当措手不及，被魏军生擒活捉了，众将皆投降。郭淮慌忙下马，亲解其缚，用好言抚慰说："朝廷素知大王忠义，今何故背反，去助西蜀？大王若肯为前部，去解铁笼山之危，退了蜀兵，我奏准天子，大罪赦免，更有重赏。"迷当羞惭伏罪，欣然从命。即引羌兵在前，魏兵在后，直奔铁笼山来。是值黑夜，难辨虚实，郭淮先令人报告姜维，就说羌王迷当亲领五万兵到。姜维大喜，传令请入相见。魏兵早已夹在羌人队伍中来到蜀寨前，姜维令大军在营外各寨屯扎。羌王迷当引百余人到中军帐前，姜维、夏侯霸二人出大帐迎接。魏将不等迷当开言，就从帐前杀将起来。姜维大惊，急忙上马时，羌兵一拥杀入，蜀兵措手不及，四散奔逃，各自逃生，好可怜啊！

姜维败走三十余里，天已微明。郭淮急追不舍。姜维手无寸铁，腰中仅有一副弓箭，因走得慌忙，箭都丢了，只剩空弓一张。郭淮见姜维手无兵刃，追得更急。看着临近，姜维着急虚拉空弓，连响十余次。郭淮连连躲闪不见箭到，便知姜维是拉空弓，急忙把手中枪挂在马鞍桥，拈弓搭箭来射姜维。姜维侧身闪过，顺手接住箭，扣在自己弓弦上，只见郭淮追近，回身一箭，正中郭淮面门，郭淮应声落马，姜维急忙回马来杀郭淮。魏军一拥而到，姜维来不及下手，只得舍了郭淮急逃。魏军也不追赶，急救郭淮归寨，拔出箭头，郭淮流血不止而死。司马昭见姜维寨被破，挥兵冲下铁笼山来追赶，见郭淮中箭，姜维走远，只得收兵而回。

夏侯霸逃走，正与姜维同行。二人见面叙说，折了许多人马，又一路收了不少逃兵，往汉中去了。

司马昭犒赏羌兵，打发他们回到羌地。随后班师回了洛阳，与兄司马师同掌朝政。全朝群臣莫敢不服。

魏主曹芳每见司马师入朝，战栗不已。一日曹芳设朝，见司马师上殿，慌忙下

说唱三国

座相迎，司马师笑说："岂有君迎臣的道理，请陛下坐下。"说话之间，群臣到齐，奏上本章，司马师自己批复，不理曹芳。时至退朝，司马师昂然下殿，乘车而去，前呼后拥，不下数千多人。曹芳退入后殿，只见左右只有三人，是太常夏侯玄、中书令李丰、光禄大夫张缉。张缉是张皇后之父，曹芳的皇丈。曹芳斥退近侍，与三人同入密室，执张缉之手大哭。

<blockquote>
小曹芳未曾开口自伤心，二目中纷纷洒泪湿衣襟。

司马师倚仗父子功劳大，也不知安的是个什么心？

寻常里拿着寡人当儿戏，说什么六部九卿众大臣。

兄弟俩同恶相济专权柄，早晚间要把中原一口吞。

眼看着魏国江山归司马，谁能保曹氏社稷得长存？
</blockquote>

曹芳痛哭流涕，三人无不落泪。大家哭了一回，李丰奏说："陛下不要悲伤，臣愿以陛下的明诏，聚四方的英杰，以除此贼，来保社稷。"夏侯玄也奏说："臣叔夏侯霸降蜀，是因惧司马兄弟谋害的缘故。今若除掉此贼，臣叔必然回来相助。臣是国家旧戚，奸党乱国，怎敢坐视？愿同奉诏讨他。"曹芳又哭说："恐卿等不能做到。"三人一齐哭奏说："臣等誓死同心讨贼，以报陛下龙恩。"曹芳遂脱下龙凤汗衫，咬破指尖，写了血诏，授给张缉，嘱咐说："朕祖武皇帝时，因董承行事不密而被诛。卿等切要小心谨慎，不可疏忽泄露。"李丰说："陛下为何讲不吉利的话？臣等非董承之辈，司马师怎能和武祖皇帝相比？陛下勿忧，臣等竭力尽心，事必成矣。"说完辞驾而出。

话说张缉、李丰、夏侯玄三人辞驾出朝，走到东华门外，见司马师带剑而来，跟随的甲士数百人，皆拿兵器。三人一见，躬身立于路旁。司马师问说："你三人退朝为什么这么晚？"李丰答说："圣上内庭观书，我三人侍读，故回来迟了。"司马师说："所看何书？"李丰说："乃夏、商、周三代的书。"司马师说："圣上观看此书，问何故事？"李丰说："圣上所问乃伊尹扶商、周公摄政的事，我等都奏说今司马大将军即当年的伊尹、周公。"司马师冷笑说："你等将我比作伊尹、周公，其用心实指我为王莽、董卓。"三人同口说："我等全是将军门下的人，怎敢如此呢！"司马师大怒说："我问你们方才同曹芳在密室中所哭何事？"三人说："并无此事呀？"司马师斥责说："你三人眼睛尚红，怎能抵赖呢？"夏侯玄想此事已泄露，乃厉声大骂说："我等所哭的是因为你兄弟二人，同恶相济，威震天子，将要预谋篡位。"司马师闻听大怒，命人把三人拿下，遍身翻找，从张缉身边翻出一件龙凤汗衫，上有血字。司马师观看，诏书上写：

<blockquote>
司马师兄弟共持大权，将谋篡位，屡屡欺朕，卿亲所见。所行诏制，皆非朕意。卿等聚集将士官兵，同倡大义，剿灭贼臣，共扶社稷，功成之日，重加
</blockquote>

爵赏。

司马师看完，勃然大怒说："原来你等要谋害我们兄弟两个，情理难容。"即刻将三人腰斩于市，灭其三族。司马师腰带宝剑，直入后宫。此时，魏主曹芳和张皇后正商议此事。皇后说："内宫中那奸贼的耳目很多，倘有泄露，连累妾身。"正说话时，只见司马师带怒而入，魏主曹芳和张皇后大吃一惊。司马师手按宝剑，从袖中取出龙凤汗衫，掷在地上说："这是何人之物呢？"曹芳同张皇后，吓得魂飞天外，魄散九霄。曹芳战栗答说："此皆他人所逼的缘故，朕岂敢有此心？"司马师说："你诬蔑大臣造反，应当是什么罪呢？"曹芳跪而告说："朕实有罪，望大将军恕罪。"司马师说："陛下请起，国法不可废。"曹芳这才起来，躬身而立。司马师手指张皇后，怒目而说："你是奸贼张缉的女儿，不能不除掉。"曹芳再三哀告，恳求司马师饶恕张皇后。司马师坚执不允，命左右武士将张皇后推出东华门外，用白绫绞死。司马师又将魏主曹芳废为齐王，非宣诏不许入朝。曹芳大哭而去。

司马师遂立高贵卿公曹髦为君。曹髦字彦士，乃魏文帝曹丕之孙，东海定王曹霖之子。改嘉平六年为正元元年，大赦天下。赐大将军司马师、黄钺入朝不跪，奏事不用报名，带剑上殿。其余文官武将各有封赏。自此，司马师兄弟更加猖狂不法了。

第一百三十回　文鸯单骑退雄兵　姜维背水破大敌

话说魏正元二年正月，扬州都督镇东将军领淮南军马毌丘俭，得知司马师擅行废曹芳，又立曹髦为君，心中大怒，乃和其部将文钦商议讨伐司马氏。文钦说："我儿子文鸯有万夫不当之勇，常想杀司马师兄弟，今可令其为先锋。"毌丘俭大喜，即令文鸯领兵六万来征讨司马师。此时，司马师左眼下生一肉瘤，不时痛痒，命医官割掉，以药封口，在府中养病，不敢轻出。闻听毌丘俭兵来，有心遣将迎敌，恐不是毌丘俭对手，只得亲领大兵而出。

> 都只为扬州都督伐中原，司马师亲领大兵走一番。
> 同部将王基邓艾和钟会，来到这寿春城外立营盘。
> 两下里列开旗门相对垒，疆场上交锋大战各争先。
> 司马师手提大刀亲临阵，来了个万将无敌小文鸯。
> 呼啦啦匹马踏破千军队，一杆枪取命追魂谁敢拦？

好一似出水蛟龙下山虎，撞着的透铠穿袍血一摊。

如同那长坂坡下常山将，大都督将广兵多取胜难。

话说文鸯独闯魏营，如入无人之境，顷刻间被他杀了个三进三出，伤损许多兵将。幸亏邓艾随后杀到，才将文鸯杀退。司马师被文鸯一阵杀得心如火烧，左眼下边肉瘤疮口复发，疼痛难忍，只得闭营门不出。

毌丘俭先胜后败，于是在寿春城中屯兵歇马。此时镇东将军诸葛诞闻听司马师和毌丘俭在寿春城外日久，两下相持，遂领豫州大兵杀来，和邓艾、王基困了寿春城。城内粮草没有了。文钦父子开城门而出，杀出重围，投奔江东孙峻去了。毌丘俭在项城知寿春城已失，城外三路兵马已到，便率领十余骑夺路而走。奔至慎县城下，县令宋白开门迎入，设席相待。毌丘俭喝得大醉，被宋白令人杀了，将头献于司马师。

司马师得胜，淮南平定，即唤诸葛诞入帐，赐给印绶，加为征东大将军，总领扬州诸路军马。司马师班师回了许昌，卧床不起，眼睛疼痛难忍，每夜见李丰、张缉、夏侯玄立于榻前。司马师觉得病势沉重，心神恍惚，料知性命难保，令人到洛阳把兄弟司马昭叫来。司马昭连夜来许昌，见兄病重大哭，拜于床前。司马师见弟到来，自病床上伸出手来，拉住司马昭，痛哭不止。

司马师病榻之上泪珠抛，悲切切伸手拉住司马昭。

咱父亲尽心保国功劳大，只挣得官居一品在当朝。

也多亏你我能继他的志，兄弟你学问本事比人高。

因此上一国大权我执掌，众文武谁敢将咱下眼瞧？

我如今眼睛为患多沉重，自觉着大数已终不能逃。

就将这一切权柄交给你，贤弟将千斤担子肩上挑。

军国事万不可付他人手，须防备高冈大树把风招。

大约为兄的心事你猜透，贤弟呀响鼓何须重锤敲。

司马师嘱咐时，喘息甚急，急忙命把印绶交给司马昭。司马昭正要问以后的事，只见司马师大叫一声，眼珠迸出而死。此时，正值正元二年二月。司马昭一面申奏魏主，一面发丧。魏主曹髦遣使持诏到许昌，让司马昭兵屯许昌，以防东吴。司马昭接了魏主的诏，心中犹豫未决，帐下谋士钟会谏说："今大将军新亡，人心未定，将军若留守在此，万一朝廷有变，悔之不及。"司马昭听从钟会的话，即起大兵屯于洛水之南，相距洛阳很近。曹髦闻听大惊，太尉王肃奏说："今司马昭相继其兄，掌握大权，陛下不可轻视他，可授其官爵，以安其心。"曹髦从其言，即命王肃持诏赴洛水之南，封司马昭为大将军，行尚书事。司马昭接了诏命，入朝来谢恩。自此中外大事军情，尽归司马昭管理。

早有细作报入西蜀。姜维奏请后主说："今司马师新亡，司马昭初握大权，必不敢擅离洛阳。臣请乘机伐魏，以恢复中原。"后主从之，即命姜维兴兵伐魏。姜维领命回到汉中，调遣人马。汉中太守张翼说："蜀地狭隘，钱粮少缺，不可远征，应据险死守，是恤军爱民保国之计。"姜维闻听大有不悦。

姜伯约闻听谏言双眉蹙，　便说道将军怎把我拦阻。

想当初大汉丞相诸葛亮，　他也曾画成鼎足三分图。

既知道北魏东吴不可灭，　原就该安分守己在成都。

为什么六出祁山劳军马？　致使他呕碎肝肠心血枯。

次后来五丈原头落大星，　可怜他未得遂心废半途。

我也曾亲身聆听他教诲，　细传授阵法战策与兵书。

到如今若不继承丞相志，　怎算是堂堂须眉大丈夫？

须知道为臣就该把忠尽，　我如今舍命要将后主扶。

倘能够恢复中原成一统，　也不忘丞相临危亲口嘱。

姜维说完，张翼低头不语。夏侯霸说："将军说得很对，当日受丞相之命，原该尽忠报国，以继其志。今魏国有机可乘，不就此时征讨，还待何时？"张翼也顺口说："前边两次伐中原没能取胜，皆因兵出太迟。今要火速进兵，出其不意，攻其不备，使魏军不及提防，方可获全胜。"姜维赞成，即引大兵百万，望南安郡进发。兵至洮水，魏国守边军士报知雍州刺史王经、副将军陈泰，王经先起马步兵七万来迎敌。姜维吩咐张翼如此如此，又吩咐夏侯霸如此如此，二将领计去了。姜维这才引大军背洮水列摆阵势。王经引数员部将出，向姜维问话。王经说："如今吴、蜀、魏已成鼎足之势，你屡次起兵入寇中原，这是为什么？"姜维说："司马师无故废主，邻邦理应问罪，何况我们是仇敌之国。"王经大怒，便在马上回顾部下张明、花永、刘达、朱芳四将，对这四将说："蜀兵背水为阵，要败时都得淹死在水中。姜维又骁勇难敌，只得你们四将齐出而战。"四将答应，一拥而出，来战姜维。

姜维和四将略战几回，拨马望本阵便走。王经大驱兵马，一齐赶来。姜维率军往洮水而走，走至洮水边，姜维大呼："情况紧急，诸将何不拼命一战！"蜀军将士奋力杀回，魏兵大败。张翼、夏侯霸早已抄在魏兵之后，分作两路杀来，把魏兵前后夹攻，困在垓心内。姜维奋勇扬威杀入魏军中，左冲右突寻找王经不见。魏兵大乱，没处逃，自相践踏，死有大半，其中逼入洮水而死的甚多。姜维斩首万颗有余，尸体堆放数里。王经引败兵百余骑奋力杀出，奔入狄道城，闭门不出。姜维大获全胜，赏军完，便要攻打狄道城。张翼谏说："不可。将军功绩已成，可以停止。今若再往前进，倘不成，便是画蛇添足。"姜维说："前者兵败，尚能前进。今日洮水一战，魏人胆裂。我料狄道城唾手可得，岂可自毁其志？"遂领大军围困狄道城，四面攻打，一连数日也攻打不开。

一日黄昏后，忽有流星马来报说："有两路兵马前来，一路是征西将军陈泰，一路是兖州刺史邓艾。"姜维闻报，大吃一惊，急命夏侯霸引兵迎击陈泰，留张翼继续攻打狄道城，自己率军来迎邓艾。行不过五里，忽然东南一声炮响，鼓角震地，火光冲天。姜维纵马观瞧，只见周围皆是魏军旗号，知中了邓艾埋伏之计，于是传令夏侯霸、张翼各弃狄道而退至汉中，自己率军断后。姜维退入剑阁后，方知魏军火鼓二十余处都是虚张声势而已，实则只有千余人。

邓艾收兵而回，王经迎接进城，拜谢解围之恩，设宴款待，大赏三军。陈泰将邓艾之功表奏魏主曹髦。曹髦封邓艾为安西将军，同陈泰屯兵于雍、凉等处，以防姜维。邓艾上表谢恩已毕，陈泰设宴为邓艾庆贺。

第一百三十一回 | 邓艾用计败姜维 魏主被迫去亲征

话说陈泰设宴为邓艾庆贺，陈泰说："今姜维乘夜逃去，不敢再出兵了。"邓艾笑说："不然，我料姜维必然引蜀兵出，其理由有五。"

> 姜伯约虽则奔回剑阁关，但他终有洮水得胜之势。
>
> 西蜀军孔明训练皆精锐，魏国兵弓马枪刀不熟娴。
>
> 咱这里旱地山寨多劳力，不及他沿江而下最相安。
>
> 他到来指东攻西无定准，好叫咱没处提防拒阻难。
>
> 姜伯约多从南安入陇西，西羌人一送军粮几万石。
>
> 邓艾细说完西川兵必出，喜得那王经陈泰笑开言。

话说王经、陈泰听邓艾说姜维必出后，都齐声说："公料敌如神，蜀军有何惧的？"于是陈泰和邓艾结为生死之交。邓艾将雍州、凉州等处的兵，每日亲自操练，各处隘口皆立营寨，以防不测。

再说姜维退入剑阁，只闻魏兵空自呐喊，俱不来追，便知中了邓艾疑兵之计，入剑阁歇马三天，设宴大会诸将，共议伐魏的计策。众将齐口谏说："将军屡出未获全功，今日洮水之胜，魏军将士既服，威名远播，何故又出兵？万一不利，前功尽弃。"姜维说："你等只知魏国地宽人广，急不可得，却不知我攻魏有五可胜他今兵败洮水，挫尽锐气，我兵虽退，不曾损折，今若进兵，锐倍从前，这是一可胜；

我兵乘船而进，不致劳困，他从旱地来迎，人倦马乏，这是二可胜；我是久经训练之兵，挡他生疏散乱之众，这是三可胜；我兵由祁山而出陇西，可掠秋谷为粮，又有羌人供给，这是四可胜；魏兵各处防守，我军一路前往，他们合兵最难，不能救急，这是五可胜。"夏侯霸说："邓艾虽年轻，但机谋深远，最近又被封为安西将军，必然会在各处准备，非同往日呀！"姜维厉声反驳："我怎么可能害怕他！诸位休长他人锐气，灭自己威风！我主意已定，必先取陇西！"众人见此情景，不再言语，于是姜维领兵杀奔祁山来。

哨马报说："魏军已先在祁山立下数处寨栅。"姜维闻报，急引数骑登高瞭望，果见祁山九寨势如长蛇，首尾相顾，马上回顾左右说："人说邓艾智能过人，看来真是如此。此寨形势绝妙。昔日我师诸葛丞相智力过人，今观邓艾不在我师之下。"说完下了高冈，传令安下大寨，唤众将入帐，对众将说："魏人既有准备，必知我来了。我料邓艾必在此。你们可虚张我的旗号，据此谷安营，每日令百余骑出哨。每出哨一回，换一番衣甲旗号，按青、黄、红、白、黑五色更换，以疑邓艾。我提大兵暗出董亭，去取南安。"遂令部将鲍素屯于祁山谷口。姜维率大军，向南安进发。

此时邓艾知姜维兵出祁山，早和陈泰下寨安营，做好准备。见蜀兵连日不来讨战，一日五番哨马出寨，或十里或十五里而回。邓艾登高瞭望后，入帐笑着对陈泰说："姜维不在这里。陈将军你破了祁山谷口大寨，兵屯董亭，先断姜维之后。我引一军去救南安，先占住武城山头。姜维必舍南安而走武城山。武城山外有一谷，名为段谷，其谷地狭山险，正好埋伏。姜维若来争武城山谷，先伏两军于段谷，可以把姜维擒住。"陈泰闻言大喜说："我在此地二三十年，不能如此明察地理。将军所说，真是妙算。你领兵速救南安，我破他此寨栅。"于是邓艾引军星夜抄近路急行，直到武城山，下寨完，蜀兵竟还未到。即令其子邓忠和帐前校尉师纂，各引五千兵，先到段谷埋伏，吩咐他如此如此而行。二人受计去了。邓艾在武城山大寨传令，偃旗息鼓，以待蜀兵。

却说姜维领兵由董亭望南安而来，到武城山前，对夏侯霸说："前面有一山，名武城山，隔着南安不远。若先占了此山，就可以夺南安了。只恐邓艾多谋，恐早有准备。"正在疑虑时，忽闻山上一声炮响，鼓角齐鸣，旌旗竖立，俱是魏军。中央有一面黄旗，被风吹到半空，上面大书"邓艾"字样。姜维一见，大吃一惊。

姜伯约只见山头皆魏兵，不由得心中志忑暗自惊。

邓艾他猜透我的计谋了，这一回兵进南安去不成。

一瞬间数处精兵齐杀到，声声要捉拿姜维立大功。

姜伯约一见激起心中火，哗啦啦急催坐骑把枪拧。

安排着抖擞精神战邓艾，最可恨没有大将下山峰。

无奈何兵退四十安营寨，两下里不见高低不退兵。

每日里武城山下来骂阵，一定要疆场会会大英雄。

话说姜维连日讨战，不见邓艾下山，催兵杀上山去，对方滚木礌石一齐打将下来，不能上去。姜维和夏侯霸商议说："今南安未得，不如仍回祁山，以图进取。"计议已定，令夏侯霸兵屯武城山下，和邓艾相持，自引大兵而回，由山僻小路奔走。走到天亮，只见山势险峻，道路崎岖，乃问乡导官："此处叫什么地名？"乡导官说："此处叫段谷。"姜维大惊说："此名不好，'段谷'者，断谷也。倘若魏兵断其谷口，如何是好？"正在疑虑，前军来报，山后尘土大起，必有埋伏。姜维闻听，急令退兵，这如何能退呢？

蜀兵十分精壮，两家大杀一阵，魏军退回，姜维同夏侯霸仍回祁山。忽流星马来报，祁山寨已被陈泰攻破，鲍素阵亡，全寨残军均退回汉中去了。姜维闻报，不敢取祁山，和夏侯霸收兵回汉中。

邓艾见蜀兵退去，同陈泰设宴庆贺，大赏三军。陈泰表奏邓艾之功。司马昭遣使持诏加邓艾官爵，赐给印绶，并封其子邓忠为亭侯。此时，魏主曹髦改正元三年为甘露元年。司马昭自为天下兵马都督，出入常常三千铁甲骁将，前后簇拥，以为护卫。一切军国大事，不奏朝廷，就在相府自己裁处。自此，常怀篡逆之心。他有心腹人姓贾名充，字公闾，为司马昭府下长史。此人见司马昭心怀篡逆，便要助纣为虐，一日对司马昭说："今主公掌握大权，四方之人必然要议论，应当暗访一番，然后须图大事。"司马昭说："我也正要这样做。你可为我东行，以慰劳出征军马为名，以探听消息。"贾充领命先到淮南来见镇东大将军诸葛诞。诸葛诞字公休，是琅琊南阳人，孔明的族弟，自幼事魏。因孔明在蜀为相，因此不得重用。孔明亡后，官封高平侯，总督两淮军马。此日，见贾充到来，迎入设宴款待。

他二人换盏推杯把酒喝，不多时赶月流星醉醺醺。

贾公闾竟来试探诸葛诞，便在这酒席宴前漏话音。

你如今领兵镇守淮南地，洛阳的许多言语也该闻。

俱说是魏家天子多懦弱，实不该执掌江山管万民。

缘何与蜀吴二国鼎足立，却原来亏了司马大将军。

司马公尽忠保主已三世，论功德天下无双第一人。

就叫他禅代魏主非为过，想当初神尧虞舜让贤臣。

现如今人心天意皆如此，但不知你的心中有何人？

贾充说完，诸葛诞大怒说："你是贾豫州之子，世代食魏禄，怎敢出此乱言？"贾充忙说："我以他人的话来告诉公，并非我的意思。"诸葛诞说："朝廷有难，我当以死相报。"贾充一看不好，辞别诸葛诞回了洛阳，见了司马昭，细告其事。司马昭大怒，便发密书给扬州刺史乐綝，叫他设计捉拿诸葛诞，以除后患。不料送书的人半途被诸葛诞捉住。诸葛诞得知密书内容，即刻兴兵，取了扬州，杀死乐綝，一面写表历数司马昭之罪，使人申奏洛阳；一面大集两淮军马十余万，积草囤粮，准备进兵。又令部将吴纲将其子诸葛靓送入东吴为质，借兵共讨司马昭，以伸大义于天下。

此时，东吴丞相孙峻病亡，从弟孙綝辅政。孙綝问其来意，吴纲答说："诸葛诞是诸葛武侯的族弟，在魏国为官，见司马昭废主弄权，久怀篡逆之心，想兴兵讨伐，而力量不够，故来相投帮助。又恐无凭，吴主不肯，特送其子诸葛靓为人质。希望东吴发兵相助。"孙綝从其请求，差遣大将全怿、全端为主帅，于诠为后应，朱异、唐咨为先锋，降将文钦为向导，起兵七万，分三路进兵。吴纲事已办妥，回寿春报知诸葛诞。诸葛诞大喜，等候东吴兵到来，共伐洛阳。

此时，诸葛诞的表文到洛阳，司马昭见了大怒，想亲自前去讨伐。贾充谏说："不可。"

> 现如今天子无才多懦弱，魏国中大小事情将军担。
> 不过是承受父兄旧基业，须知道却无恩泽万民沾。
> 倘若是弃舍天子去淮南，谁敢保不生变故在中原？
> 常言说事要三思免后悔，万不可粗心大意失机关。
> 总不如奏明太后和天子，挟带他御驾同行去征边。
> 倒省得留在洛阳生闲事，这才能明哲保身计万全。
> 贾公间献条调虎离山计，司马昭一团喜色上眉尖。

贾充说完，司马昭大喜说："此言正合我意。"即刻入奏太后，对太后说："今诸葛诞造反，臣同文武众将议妥，请太后和天子御驾亲征，以继先帝之遗志。"太后畏惧，只得顺从。次日司马昭请魏主曹髦起程，曹髦说："大将军总督天下军马，任凭将军调遣，何用朕亲征？"司马昭说："不对。昔日太祖武皇帝纵横四海，文帝、明帝俱有宇宙之志，吞并八方之心，凡遇大敌，必须亲自前去。陛下正应追随先帝，扫清天下，为何退缩不前？"曹髦威其兵权，只得答应。司马昭即下诏，起洛阳、许昌两都兵二十六万，命征南将军王基为正先锋，安东将军陈骞为副先锋，监军石苞为左军，兖州刺史州泰为右军，保护车驾浩浩荡荡，杀奔淮南而来。

路上正遇东吴兵到，先锋朱异当头讨战。魏军王基迎敌，两下战不数合，朱异败走。唐咨出马，战三两合又败走。王基驱兵掩杀，东吴兵大败，退五十里下寨安营。长探报入寿春城中，诸葛诞自引本部精锐之兵，会合文钦并其子文鸯、文虎雄兵数万，来战司马昭。

第一百三十二回 │ **救寿春于诠死节**
                           取长城姜维五伐

话说司马昭闻听诸葛诞会合吴兵前来决战，同散骑长史裴秀、黄门侍郎钟会商议破敌之策。钟会说："吴兵帮助诸葛诞，为贪利而来。我们以利诱他，必获全胜。"司马昭从其言，令石苞、州泰各引一军去往石头城埋伏，王基、陈骞领兵在后，却令偏将成倅引兵数万先去诱敌；又令陈俊引车仗牛马驴骡，装载赏军之物，四面聚集于阵中，如敌人来，就全部舍弃。

次日，诸葛诞令吴将朱异在左，文钦在右，两路军齐出。见魏军阵中人马不整，诸葛诞大驱士兵前进。成倅故意退走，来诱诸葛诞。诸葛诞以为魏军真败，催兵追杀，只见牛马驴骡，遍满郊野，淮南士兵，东吴士兵，各相争抢，俱无战心。这就上当了。

> 但只见遍野牛驴和马骡，俱各有赏军之物身上驮。
>
> 东吴兵一见贪财皆图利，一个个无心恋战动干戈。
>
> 不由得舍去敌人不追赶，乱哄哄抢的抢来夺的夺。
>
> 众将官齐声呵斥止不住，猛听得一声大炮响山坡。
>
> 就这时两路伏兵一齐起，密麻麻如同地网与天罗。
>
> 当先是大将石苞和州泰，带领着雄兵数万似疯魔。
>
> 虽然有淮南士兵江东将，看起来不及中原人马多。
>
> 好一似十里埋伏乌江岸，就如同东洋大海起洪波。
>
> 弄了个虎头蛇尾诸葛诞，急忙忙传令收兵往后挪。

诸葛诞大惊，收兵急退，后面王基、陈骞又引兵一齐杀来，淮南、江东两处军马大败而逃。诸葛诞收集败兵，夺路而奔入寿春城，闭门不出。司马昭率将督兵四面围困，并力攻城。

此时，东吴兵退入安丰，魏主车驾驻在项城。钟会对司马昭说："今诸葛诞虽然兵败寿春城中，粮草尚足，更有东吴军马屯扎安丰，以为救兵。我们围城攻打，缓，则他坚守；急，则死战。吴军如乘势夹攻，我军急攻寿春城也是无益。不如三面攻它，留南门大路，容他自出，出来后我们好打，可获全胜。吴兵远来，粮草运送不及。我引轻骑抄在他的后面，可不战而自退。"司马昭大喜，用手抚钟会之背说："君真是我的好参谋。"遂令王基撤退南门之兵，单等诸葛诞出城逃走时再打，这且不提。

再说吴兵退屯于安丰，孙綝唤朱异入帐责备说："一个小小的寿春城我们都不能解围，怎能吞并中原？以后出马，若再不胜，定斩不饶。"朱异满面羞惭，回到本寨，来和于诠商议。

> 你看他眼望于诠秉秉手，就说道将军用耳细听言。
>
> 咱昨日初次出马一场败，好叫我寸功没立心不安。
>
> 想一想为将既挂先锋印，纵然就疆场战死也应该。
>
> 司马昭兵困寿春城一座，现如今南门以外撤兵还。
>
> 倒不如带领三千精壮士，闯进去会同诸葛把力添。
>
> 将军你应战讨敌到魏寨，交锋时号炮三声将信传。
>
> 我悄悄驱兵突出南门外，给他个前后夹攻取胜雄。
>
> 朱先锋一心要将寿春救，众将士齐摆枪刀备战鞍。

于诠说完，朱异说："将军主意甚高，可速行。"于诠遂同全怿、全端领兵一万，直从南门杀入。魏兵没得将令，不敢拦阻，任凭吴兵进城去了。魏军困城将士慌忙报与司马昭，司马昭说："吴兵突然入城，是要内外夹攻，以破我军。"乃唤王基、陈骞吩咐说："你二人各引五千兵，截断朱异来路，等他来时，从背后攻击，可获全胜。"二人领计，引兵而去。

朱异领兵往寿春而来，正在向前走，忽然背后喊声震地，金鼓齐鸣，左有王基，右有陈骞，两路伏兵一齐杀来，吴兵进退两难。那于诠在寿春城中，相离尚远，一字不知，如何能来救？两下混战一场，吴兵大败，回去见孙綝。孙綝大怒，指朱异大骂说："屡败之将要你有何用？"令武士推出辕门斩首。众将无不吃惊。孙綝斩了朱异，又唤全端之子全祎，斥责说："若救不了寿春城，退不了魏兵，你父子三人抬着棺材来见我。"责骂完竟回建业城去了。

早有探马将此事报进魏营，钟会大喜，对司马昭说："今孙綝斩将退兵，外无救兵，寿春城可围而攻之。"司马昭传令四面攻城。

小将全祎见孙綝退去，魏兵势大且攻城甚急，救寿春谈何容易！于是领本部军马投降司马昭。司马昭大喜，封全祎为偏将军。全祎深感司马昭大恩，写家书一封说："孙綝暴虐不仁，不如降魏，以图功名。现在我已降魏，父亲快同叔父来降。"将信绑在箭上，射进城去，恰好全怿拾着，遂和其兄全端商议已定，领数千人出城投降。

诸葛诞在城中得知很生气，但也无可奈何，自己愁闷。帐下谋士蒋班、焦彝说："城中粮少兵多，不能久守，不如开城决一死战，比死守坐以待毙要强。"诸葛诞听后大怒说："我主张守，你们主张战，莫不是有异心吗？再若多言定斩不恕。"二人含羞而出，仰天长叹说："诸葛诞将要亡了，我们不如早降，以免一死。"二人商议定，便于夜间偷开城门降魏了。司马昭大喜，重用来将。从此，城中忠勇将士不敢说出战。诸葛诞时常到城头上亲自观看，只见魏兵营寨，四面筑起土城，提防淮水上涨，以作久困之计。诸葛诞死守寿春城，指望天降大雨，淮水泛涨，淹没魏军土城时，再开城攻击。谁想自秋至冬并无下雨，淮水不涨。

诸葛诞困在寿春城半年多，城中粮草已尽，依然捱着，不想办法出城。文钦同其二子并力守城，见手下军士渐渐饿倒，只得来告诸葛诞说："粮食已没有了，军士在受饿，不如将北方的兵放出城去，还省点儿粮食。"诸葛诞大怒说："叫我放去北方兵，莫不是有图我之心。"遂令武士把文钦斩首。文钦二子文鸯、文虎见父亲被杀，各拔短刀一口，杀了十多人，飞身上马放箜而下，越城而走，出城望魏寨投降去了。

司马昭怀恨文鸯之父文钦曾和毌丘俭共讨其兄司马师，被文鸯单骑闯了魏营，斩军杀将，气得司马师眼珠冒出而死。于是想斩文鸯，以报气死胞兄之仇。钟会谏说："不可。以前的事，各为其主，罪在文钦。今文钦已死，二子来降，如杀他们，是坚城内人之心，而闭投降之路。"司马昭从其言，遂唤文鸯、文虎入帐，用好话安慰，俱赐好马锦衣，封为偏将军、关内侯。二子谢恩上马绕城而走，大喊说："我二人是大将军仇人，尚蒙大将军赦罪、封侯。你们何不早降？"

话说寿春城的守城军士俱说投降的话，诸葛诞大怒，亲自日夜巡城，以杀为戒。此时，魏营钟会知城中人心已变，入帐告司马昭说："可乘此时攻城。"司马昭大喜说："此言正合我意。"遂传令三军，四面围攻，一齐攻击。不消三两日，就有诸葛诞的部将，因饥饿难忍，私开城北门，放魏兵一拥入城。诸葛诞听魏兵已入北门，忙引帐下数百人自南门突然而出，方到吊桥边，正遇魏将胡奋，手起刀落，斩诸葛诞于马下，数百人均被活捉。王基领兵杀到西门，正撞着于诠出城来。王基大喊说："你为何还不投降？"于诠大怒说："我既生为武将，死于战场是大幸。"急挥大刀奋勇死战三十余合，人困马乏，被乱军所杀。

司马昭驱大兵入寿春城，将诸葛诞全家老小俱都斩首，灭其三族。众将活捉诸葛诞部卒数百人，绑缚来见司马昭。司马昭说："你们肯降我吗？"众皆大呼说："愿和主将同死，也不降你这贼。"司马昭大怒，令武士推出去，一个一个地用刀指着说："愿降的免死，不愿降的立斩。"反复问，并无一人肯降。司马昭无奈，下令全部斩首。东吴之兵也有不少投降的。长史裴秀告诉司马昭说："今东吴的士兵投降的，很多人家小都在东吴，今若留此降兵，久后必变，不如挖坑埋了，以绝后患。"钟会上前谏说："万万不可。"

> 裴谋士要坑降兵把舌饶，钟会说这样主张却不高。
>
> 既然是挂印悬牌为将帅，他必须爱惜儿郎似同胞。

士兵们有罪要罚功要赏，总叫他赴汤蹈火不辞劳。

您不见东吴孙綝施暴虐，对将士不论是非就开刀。

才逼得全门父子来降魏，士兵们走的走来逃的逃。

话说司马昭闻听钟会的话，点头说道："此话说得对。东吴之兵被逼来降，若是掘坑埋了，是不仁也。如怕生变，可放他们回去，以显我魏国宽大胸怀。"遂将吴兵全部放回本国去了。孙綝部将唐咨，因没得胜，惧怕孙綝，不敢回国，也来降魏。司马昭即重用此人。

淮南平定，司马昭正欲退兵，忽报西蜀姜维起兵来取长城。司马昭闻报大惊，急唤众将计议退兵之策。此时蜀汉后主刘禅延熙二十年，改为景耀元年。姜维屯兵汉中，每日操练人马，得知淮南诸葛诞起兵讨伐司马昭，东吴孙綝发兵相助，司马昭挟着太后并魏主一同出征去了。姜维说："此时不伐魏更待何时？"遂奏后主兴兵伐魏。中散大夫谯周闻知，搔首而叹。

谯大夫闻听姜维又起兵，你看他搔首踟蹰叹几声。

昭烈帝驾坐西川成都府，那时节鼎足三分势已成。

都只为誓与关公把仇报，陆伯言沿江七百焚连营。

武乡侯六出祁山心使碎，最可怜五丈原头落大星。

可叹那将士归来席未暖，每日里演习军马总不停。

又加上君王少小风流惯，图欢乐沉溺酒色在深宫。

原就该各守边疆恤军士，为什么凭空生事又兴兵？

形成了三分天下鼎足立，要打成一统江山万不能。

谯大夫心中不想兴人马，取纸笔立刻写成书一封。

谯周写书一封，使人寄到汉中，劝谏姜维不要兴兵。姜维接书看完大怒，将书扔在地上说："这是腐儒之见。"遂提大兵去伐中原，临行问帐下傅佥说："以公高见，兵出何地？"傅佥说："魏军粮草皆在长城，以末将拙见，不如兵出骆谷，越沈岭，直抵长城，先烧其粮草，然后取秦川，则中原指日可得。"姜维大喜说："将军高见和我想的相同，可谓不谋而合。"随即出兵骆谷，越过沈岭，直扑长城而来。

长城镇守大将军司马望，是司马昭族兄。城中粮草甚多，人马却少。闻听蜀兵到来，急忙同部下王真、李鹏二将，引兵离城二十里下寨，预备迎敌。次日，姜维大兵已到，司马望带领王真、李鹏二将临阵。姜维率众将出马。姜维在马上，用手中丝鞭指着司马望说："欺君篡国之辈，听我说。"

我如今钦奉蜀汉天子诏，领大兵吊民伐罪取中原。

你若是改邪归正回心意，总不如马前拜伏降西川。

常言说不知进退非君子，休弄得错了机关后悔难。

姜维说完，司马望一声大喝："休出狂言，你们数次侵犯我国，如不早退，叫你片甲不留。"话还没说完，背后王真挺枪出马，蜀阵中傅佥来迎。二将大战十余合，傅佥卖个破绽，王真看出空子，一枪刺来，傅佥侧身闪过，回头将王真生擒活捉过来。李鹏大怒，纵马舞刀来救王真，傅佥有意勒马慢行，等李鹏将要赶上，便把王真用力摔在地下，暗取四楞铁简在手。李鹏赶上抢刀便砍，那刀还没落将下来，傅佥眼快手快反背一简，正打在李鹏面门，打得他眼珠冒出，死于马下。王真被蜀兵乱枪刺死，姜维驱兵大进。司马望不能抵敌，大败而走，弃寨入城，闭门不出。

姜维收兵回营，歇了一夜。次日平明，领兵直抵城下，用火炮、火箭一齐打进城去，落在草屋上，大火立即烧起。魏军大乱。姜维又令蜀兵取木柴干草堆入城墙下，一齐点燃，烈火冲天，好惊人啊。

话说姜维火攻长城，眼看要破。忽然背后喊声震地，一旅救兵到来。姜维勒马回头看时，只见旗幡蔽空，俱是魏兵字样。急忙传令，后队改为前队，立马于门旗下，等待魏兵到来。不多时魏兵已到，列开旗门，有一员小将，全装惯带，挺枪纵马而出。只见他二十余岁，面如傅粉，唇似涂朱，来到阵前，勒马大呼说："认识邓将军吗？"姜维闻听，心中暗想此人必是邓艾，遂挺枪纵马，飞临疆场，二人并不答话就交锋，战在一处，难解难分。这一场死战，比寻常大不相同。

二人大战三四十合，胜败不分，那位小将军的枪法，并无半点破绽。姜维心中暗思说："这个小冤家骁勇无比，枪法熟娴，不能力胜，只能计取。"主意已定，便拨战马，望左边山中小路而走。那个小将军骤马追来。姜维偷眼瞧着，心中大喜，便将长枪挂在鞍桥上，暗取雕弓羽箭往背后一射。那小将眼力乖滑，早看清楚，弓弦一响，将身子往鞍桥一伏，箭擦身而过，用两个膝盖把马一顶，两手端枪，往姜维后心便刺。这姜维的箭原本是百发百中，实指望那小将应弦落马，待回过头看时，长枪已到。此时，姜维的枪仍然挂在鞍桥，还没来得及摘下，赤手空拳。小将军这一枪来，实难招架。好姜维身子一歪，那枪便从肋下扎过去，顺势用力把枪夹住，急取铜锤来打小将。小将也把铜锤接住，两下里用力争夺。姜维力大，小将夺不过他，无奈撒手舍了锤枪，拨马而走。姜维催马赶来，只见一员大将纵马提刀而出说："姜维匹夫休赶我儿，邓艾在此。"原来那小将乃邓艾之子邓忠。

姜维想战邓艾，又想人困马乏，恐难取胜，用枪一指邓艾说："我今日认识你父子，我们各自收兵，来日决战如何？"邓艾在马上答说："既如此，我们各自收兵，如果暗算不是大丈夫。"于是两军皆退。邓艾据渭水下寨，姜维跨两山安营。

此时长城的火已经救灭。邓艾寄书给司马望说："我们不可战，以待蜀兵粮草尽时，我军分三面攻击，可获全胜。"司马望见书，固守不出。邓艾又派遣其子邓忠相助司马望守长城，一面使人向司马昭处求救。

再说姜维使人到邓艾营中下战书，相约来日决战。邓艾假意应允，使者回报姜维，姜维信以为真。次日，五更令三军造饭，天明布阵，等候交锋。等了半天，只见邓艾营中偃旗息鼓，却如无人之状。姜维等到天晚，只得收兵而回。次日，又使人来下战书，责怪邓艾失信，邓艾以酒食款待使者，对使者说："偶因身得疾病，误了交锋日期，明日出寨交战。"使者回去把邓艾的话告诉姜维，姜维将邓艾谎话认为是真。次日，又引兵来战，邓艾仍旧不出。如此几次，傅佥向姜维说："邓艾必有阴谋，须多加防备。"姜维说："莫不是去取救兵前来，三面攻击我军。我不如送书给东吴孙綝，求他出兵相助。"话没说完，忽报司马昭攻打寿春城，杀了诸葛诞，吴兵皆降，孙綝败回江东，司马昭领兵回洛阳，便要领兵来救长城。姜维闻报大吃一惊说："今番五伐中原又成画饼，不如暂且回去。"

说唱三国

第一百三十三回 ｜ 丁奉定计斩孙綝
姜维斗阵破邓艾

话说姜维传令，将军器、车仗和军需同大军先退，然后亲领军马断后。细作报给邓艾，邓艾笑说："姜维深知司马大将军救兵要到，故先退走，不要去追，要追必中他的计。"令人往姜维退兵的路上查看，果然骆谷狭窄处堆积干柴，要烧追兵。众将皆称赞邓艾将军才智过人。

　　且不言料事如神邓将军，再说那东吴孙綝奸相人。
　　他自从寿春一败回建业，单等着探事蓝旗送信音。
　　有一日流星马跑前来报，就说道全门父子变了心。
　　小全祎弃旧迎新降了魏，老全端会同全怿献城门。
　　弄得来画虎不成反类犬，诸葛诞两段分尸血染身。
　　贼唐咨倒卷旌旗投司马，而竟然忘了江东故主恩。
　　唯独有尽节于诠不怕死，他情愿捐生殉难做忠臣。

长探说完，孙綝怒发冲冠，令御林军立刻把降将满门老小全部斩首。

此时，吴主孙亮年方十六岁，虽然年小，却很聪明，但孙綝独霸朝纲，因此不得自主。孙綝令弟弟威远将军孙据、武卫将军孙恩、偏将军孙干、长水校尉孙闿，分屯诸营。

一日，吴主孙亮在宫中闷坐，黄门侍郎全纪在帝侧。全纪是国舅爷，孙亮因他是国戚，向他泣告孙綝专权，妄杀大臣，欺君太甚，如不早除，必为后患。全纪跪下泣说："陛下有用臣之处，臣万死不辞。"孙亮说："卿速点齐禁兵，和镇殿将军刘丞共守青琐门，朕自己去杀孙綝。此事不可让卿母知道，卿母是孙綝的姐姐，倘若泄露，误朕大事。"全纪说："乞陛下赐诏给臣，临行事时，将诏念给大家，使孙綝手下人见诏，不敢妄动，杀孙綝也不难了。"孙亮从其言，即写密诏交给全纪。全纪受诏归家，密告其父全尚。全尚得知此事，告诉其妻。全尚说："三日内杀孙綝。"他妻子说："孙綝无礼，应该杀。"口虽这样讲，却私下令人持书报知孙綝。

孙綝大怒，把全尚父子和刘丞两家老小俱拿下。吴主孙亮听宫门外金鼓声起，便令内侍去打探消息，内侍回奏说："孙綝兄弟五人，领兵围了禁门。"孙亮大怒，手指全后骂道："你父兄误我大事了。"乃拔剑欲出。全后和内侍齐扯他的衣服大哭，不放孙亮出来。此时，孙綝把全尚、刘丞全家都杀了。然后召文武百官入太庙，孙綝对文武百官说："今主上荒淫酒色，处事昏暗不明，不可以奉宗庙，今当废去。你们有不从的吗？"众文武皆惧怕，谁敢不从？齐声答说："愿从大将军之命。"这时，尚书桓彝大怒，挺身而出，手指孙綝骂说："今天子乃聪明之主，你为何出此言？我宁死不从你这贼臣之命。"孙綝大怒，拔剑将桓彝斩首，即入内宫用剑指孙亮骂说："无道昏君，凭空要害我，本应杀死你，以谢天下。看先帝之面，废你为会稽王。我选有德之人立为君。"命中书郎李崇夺其玺绶，令邓程收着。

吴主孙亮虽是聪明君主，但单丝不成线，也无可奈何，只得交了印绶，同全后出了宫门，夫妇大哭而去。孙綝便立琅琊王孙休为君，孙休是孙权第六子。孙綝将他请入大殿，升御座，即天子位。孙休再三谦让，方受玉玺。群臣朝贺完，大赦天下，改元永安。封孙綝为丞相兼荆州牧，各官员俱有封赏。一国大权全归孙綝。吴主孙休恐怕生变，外施恩宠，内实防备。孙綝自立孙休为君，骄横愈甚。

是年冬十二月，孙綝带牛酒入宫，给吴主祝寿。吴主辞而不受。孙綝恼恨，带着牛酒到左将军府中与将军张布共饮，酒至半醉，乃向张布说："我废孙亮为会稽王时，人都劝我为君，我不自立，而立孙休。我今入宫祝寿，他竟辞礼不收，我早晚必报复他。"孙綝醉酒后将实言吐露，他本无心说的，张布却有心听。酒宴完，孙綝辞去。次日张布密将孙綝的话上奏孙休，孙休大惊，日夜不安。此时，偏将军魏邈、武卫士施朔，二人密奏孙休说："今孙綝使心腹将孟宗领兵一万五千，屯于武昌，又将武昌库里许多军器，都叫孟宗带去，早晚必变。"吴主闻奏，更是惊恐万分，急召张布商议。张布说："老将丁奉年高计广，智略过人，能断大事，可请来共议其事。"孙休立刻传旨，密将丁奉召来，共议其事。

也不知老臣年庚多少岁？但见他根根须发似银条。

笑吟吟秉手当胸尊陛下，　为臣的早有除奸计一条。

到明晨速于宫中排席宴，　传圣旨宣召孙綝来入朝。

只说是庆贺腊月共饮酒，　宫门内暗伏武士执枪刀。

悄悄地鹰拿燕雀下毒手，　他纵然两肋生翅也难逃。

从今后斩草除根绝后患，　有谁肯既拔大树留枝梢？

劝陛下稳坐深宫休烦恼，　臣如今尽心竭力不辞劳。

丁奉说完，孙休大喜，君臣五人计议已定：丁奉与施朔、魏邈掌外事，张布为内应。

是夜狂风大作，飞沙走石，将许多老树连根拔出，天明大风方住。孙休使臣奉旨来请孙綝入朝赴宴。孙綝起身穿衣时，忽然摔倒在地，如人推倒一般，心中不悦。遂令侍者十余人，拥簇入宫。家人上前说："一夜狂风不停，今早又无故跌倒，恐不是吉兆，不可入宫赴宴。"孙綝说："我兄弟五人，共管禁军，同秉朝政，谁敢谋我？如有变故，可在府中放火为号，自有救兵到来。"嘱咐完，坐轿入宫而来。吴主孙休忙离御座相迎，酒过数巡，众官惊说："宫门外看到火光起来。"孙綝听说，便要起身。孙休说："丞相请坐好，外面失火自有救火的人，不劳丞相分心。"话未说完，左将军张布拔剑在手，引武士三十余人抢上殿来，口中高声叫道："奉旨擒反贼孙綝！"孙綝欲逃，早被武士擒下。

张布把孙綝捉到午门斩首，提着首级回来缴旨。文武百官魂不附体。张布宣诏说："罪在孙綝一人，其他人都无事。"百官闻听此话，心才放下。张布请吴主孙休登五凤楼，方才坐下，只见丁奉、魏邈、施朔等擒孙綝四个胞弟前来。孙休传旨，即刻将兄弟四人斩首。孙綝的宗党死有数百人，灭其三族。加封丁奉、施朔、魏邈三人的官爵。写书报入成都，后主刘禅遣使回贺。吴使薛羽入成都答礼，自西蜀回江东。吴主孙休向薛羽问道："蜀中近日有什么举动？"薛羽说："近日蜀主刘禅宠幸中常侍黄皓，公卿多半阿谀奉承，朝中没有直言的，民间百姓有怨言。真所谓燕雀居堂，不知大厦将倾矣！"孙休听后，长叹说："若诸葛武侯在时，何至如此？"又写书一封，使人送入成都，书中说："司马昭不久定要篡魏，必先侵犯吴、蜀，以逞其威。我们各要做好准备。"书到成都，姜维得知此信，立即上表后主，再议出师北伐中原。

臣不才屡蒙圣上加恩宠，　历年来军机国政总权衡。

武乡侯临危之际传遗命，　嘱咐我扶保西川苦尽忠。

屈指算伐魏兴师三五次，　羞煞人罪大如天没立功。

也不曾夺过中原尺寸土，　俱都是半途而废回汉中。

为臣的败军之将心不死，　要打就一统江山定太平。

特来至金殿面君辞圣上，到明日誓师告别就兴兵。

姜维奏完，后主说："孤的江山全凭大将军操持，任凭大将军主张就是了。"姜维闻听此言，拜辞后主，直到汉中与夏侯霸商议。以廖化、张翼为先锋，王含、蒋斌为左军，蒋舒、傅金为右军，胡济为合后，姜维和夏侯霸总中军，起蜀军二十万，北伐中原。姜维说："这次出兵应当先攻何地呢？"夏侯霸说："祁山是用武之地，可以进兵。早年诸葛丞相六出祁山，因别处不可出。"姜维从其言，速令三军往祁山前进，兵到谷口下寨。

此时，邓艾正在祁山寨中，忽流星马报说："姜维大兵又来在谷口，安下三个寨栅。"邓艾听说，急忙登高远望，看完，回营升帐说："不出我所料。"因邓艾早已看好地形，故留蜀军下寨地。自祁山寨至蜀营寨，早挖了地洞，以待川兵到。姜维兵至谷口，分作三寨屯兵。地洞正通左寨，是王含、蒋斌下寨之处。所以邓艾登高一望大喜，回营吩咐邓忠、师纂各引精兵为左右冲击，令郑伦引五百掘子军，于当夜二更时，从洞中直到蜀军左营，从帐后地下拥出。

姜维正在中寨帐里夜看兵书，忽听左寨叫杀连天，料知有了内应外合的敌兵，遂急上马，立于中军帐前，传令说："如有妄动者，斩！有敌兵来到寨前，不要问他，只用弓箭射他。"同时传令右营也这样办。果然魏兵前来，一连冲击十余次，俱被乱箭射回，直到天明魏兵不敢杀入。

邓忠、师纂、郑伦天明回营，见了邓艾，诉说只破了左寨，去攻中寨十余次，俱被乱箭射回。邓艾叹说："姜维深得孔明之法！兵在夜而不惊，将闻变而不乱，真是将才。"次日，王含、蒋斌收集败兵，伏于大帐前请罪。姜维说："不是你们的罪，是我不明地埋的缘故。"又拨军马，令二将安营。将战死的尸体填于地洞中，用土掩埋好。

话说姜维处理了善后，当即使人去下战书，单要邓艾交战。邓艾应允。次日，两军列于祁山前，姜维摆了一个阵势，按孔明八阵法，依天、地、风、云、鸟、蛇、龙、虎的形，分布已定。邓艾出马，见姜维布八卦阵，也按样布了个八卦阵，左右前后，门户与姜维布的阵半点不差。姜维挺枪纵马大喊说："邓艾匹夫，你既能摆八卦阵，也能变阵吗？"邓艾笑说："你以为此阵只有你能摆不成！我既能摆此阵，就能变阵，你勒马看我变来。"说完，拨马入阵，把令旗左右摇动，人马一齐动转。顷刻之间，变成八八六十四门户。变阵完，提马出阵前，向姜维说："我的变法如何呢？"姜维说："你今变阵，虽然不差，你敢和我摆阵相斗吗？"邓艾说："有什么不敢的？"于是两军各依队伍前进，互相冲击阵法，彼此不乱。姜维把手中令旗一摇，蜀军盔缨闪闪，刀枪乱晃，顷刻间变成长蛇卷地阵，把邓艾困在垓心。

邓艾被姜维困在阵中，左冲右突不能出去，在马上仰天长叹说："我一时自逞其能，中姜维的计了。"忽见西北角上一彪军马杀到，邓艾见是魏兵，便乘此机会，同众将奋力杀出阵来。救邓艾的是司马望。待到救出邓艾时，祁山九寨俱被蜀兵夺去。

邓艾引败兵退到渭水南下寨。邓艾向司马望说："将军怎么知道这个阵法？能救我出来？"司马望说："我幼年时曾游历荆南，常和崔州平、石广元为友，讲论此阵。今日姜维所变的是长蛇卷地阵。若从他处攻击，必然破不了。我见其头在西北，故从西北攻击，才破此阵。"邓艾谢说："今日若不是将军相救，我必死于此地。我虽学过此阵，但不知变法。将军既知此阵变法，明日以变法复夺祁山寨栅如何？"司马望说："我学的恐瞒不过姜维。"邓艾说："将军明日和他去斗阵法，我暗地引一军去袭祁山后，旧寨可夺回。"遂令郑伦为先锋，邓艾自引一军取祁山后；一面令人去下战书，叫姜维明日再斗阵法。

姜维将书批回同意，便和众将议论。姜维怀疑邓艾下战书有诈。廖化说："想必赚我们去斗阵法，他领军袭我们后山。"姜维点头笑说："正是这样。"姜维即令廖化、张翼引一万兵去山后埋伏，以防备魏军。

次日，姜维把九寨之兵布于祁山之前。司马望领兵离开渭水大营，直到祁山之前，出马与姜维答话。姜维催马而出说："你约我重斗阵法，你布阵给我看。"司马望指挥军马仍布成八卦阵势。姜维笑说："这是我昨日摆的八卦阵，你今仿效它，有什么奇怪的？"司马望说："你非生而知之，也是从他人学来的。"姜维说："你既摆此阵，应知此阵有多少变法吧？"司马望说："九九八十一变。"姜维笑说："太少了些，我的阵法，按周天三百六十五变。你是井底之蛙，怎知其中玄妙？你叫邓艾出来，和我斗阵法。"司马望说："邓将军今日有奇谋，不用斗阵就能胜你。"姜维大笑说："他的奇谋我已尽知，不过是叫你赚我在此斗阵，他却暗暗引军攻击我的后山，这叫什么奇谋？"

> 姜伯约机关猜透说其详，司马望闻听吓得面焦黄。
>
> 安排着催动三军来混战，也不过两下杀个乱嚷嚷。
>
> 但只见姜维鞭梢只一摆，而竟有数万雄兵在两旁。
>
> 刷的声左右齐攻俱动手，把魏军团团困在正中央。
>
> 恶狠狠枪刀鞭斧连环箭，一个个争先恐后齐逞强。
>
> 只杀得中原人马纷纷跑，好一似鹰捕燕雀虎吞羊。
>
> 猛然间隔山又响连珠炮，听了听声音如同翻了江。
>
> 邓士载引兵才到山坡下，两旁里伏兵齐出动刀枪。
>
> 魏先锋郑伦出马当头阵，被廖化拦住去路交手战。

说唱三国

勇廖化刀斩郑伦落了马，可怜他咽喉一断鲜血淌。

廖化刀劈郑伦丧命，邓艾大惊，急忙收兵后退。张翼一军拦住，廖化后边追杀，两下夹攻，魏军大败。邓艾舍命闯出重围，身受数箭，奔回渭南寨。

这时司马望也领兵到来，二人入帐商议退蜀军之策。司马望说："近来蜀主刘禅宠幸内侍黄皓，日夜以酒色为乐，可用反间计，使刘禅召回姜维，此危可以解。"邓艾大喜说："此计甚妙，但不知谋士中何人敢去西蜀办理此事呢？"话未完，一人应声而出说："在下不才，愿当此任。"众人一看，是襄阳人党均。邓艾大喜，即令党均携带金珠宝物，速到成都贿赂黄皓。

黄皓得贿赂，即暗使人散布流言说："姜维嫌弃蜀主软弱无能，不久要去降魏。"成都人纷纷乱讲，黄皓奏知后主。后主不知内中机关，立刻下诏，星夜去宣姜维回朝。姜维接了诏旨，不知何事，只得班师回朝。

 第一百三十四回 | 曹髦驱车死南阙 姜维弃粮胜魏兵

姜维传令班师回朝，先锋廖化谏说："将在外，君命有所不受。我们将要擒住邓艾，为什么退兵？"副先锋张翼劝说："西蜀的人民认为大将军连年出兵，俱有怨言，退兵是可以的。"

> 常言说事要三思免后悔，休弄得错过机关左右难。
> 咱自从诸葛武侯下世去，屈指算大兵六次出祁山。
> 历年来有胜有败好几回，耗费了军需钱粮万万千。
> 众将士枪刀林里熬岁月，只杀得战袍铠甲血光寒。
> 逐日里干戈劳扰无休歇，须知道难免儿郎有怨言。
> 现如今文武全才邓士载，他和咱相持日久在祁山。
> 虽然是两下斗阵皆得胜，但也是长城段谷败两番。
> 依我看收兵回到成都府，在西蜀养精蓄锐待几年。
> 只等得粮草丰足军马壮，那时候大兵再出伐中原。

张翼说完，姜维说："这话是对的。"遂令各军依法而退，令廖化、张翼断后，以防魏兵追赶。

早有细作报给邓艾。邓艾引兵急追，只见蜀兵旗帜整齐，人马徐徐而退。邓艾叹说："姜维深得孔明之法，不可追他。"遂收军回祁山大寨。

姜维回到成都，入见后主，问为何召回。后主说："朕因为卿久在边关，恐劳将士，故召卿回，别无他意。"姜维说："臣已得祁山大寨，正要捉邓艾而立大功，不想半途而废，此必中邓艾反间之计。"后主默然不语。姜维又奏说："臣誓讨魏贼，以报国恩。陛下不要听小人的话而生疑忌。"后主沉吟好久说："朕不疑卿，卿且回汉中，以待魏国有变，再出大兵讨伐吧。"姜维叹惜出朝，自投汉中去了。

此时邓艾的谋士党均行了反间计，回到祁山寨来，见邓艾复命。邓艾喜说："姜维退军，我已知计成了。"遂重赏党均，和司马望商议说："西蜀君臣不和，必有内变。"

邓艾和司马望商议已定，就令党均入洛阳，将西蜀君臣不和的事，报知司马昭。司马昭大喜，便有图西蜀之心，乃问护军贾充。司马昭说："姜维屡次出西川以伐中原，他如今已中反间计。我想兴师去伐西蜀，你看如何？"贾充说："不可去伐西蜀。现今天子对主公有怀疑，如轻出，内必生变。旧年有黄龙两次出现于宁陵井中，群臣上表祝贺，以为祥瑞。天子说：'不是祥瑞，龙是君像，却上不在天，下不在田，屈在井中，是幽囚之兆。'遂作潜龙诗一首。诗中之意，明明指的主公。其诗说：

> 伤哉龙受困，不能跃深渊。
>
> 上不飞天汉，下不见于田。
>
> 蟠居于井底，鳅鳝舞其前。
>
> 藏牙伏爪甲，嗟我亦同然！

司马昭闻听大怒，对贾充说："此人想效曹芳，若不早图，必然害我。"贾充说："我愿为主公早晚图之。"此时，乃魏国甘露五年夏四月。司马昭带剑上殿，曹髦起身来迎。群臣奏说："司马大将军功德巍巍，应封晋公，加九锡。"曹髦低头不答。司马昭厉声说："我父子兄弟三人有大功于魏，群臣保奏为晋公，你竟低头不答，莫不是不愿意吗？"曹髦说："不敢不从命。"司马昭怒目说："潜龙之诗将我等比作鳅鳝，是何道理？"曹髦低头不能答。司马昭冷笑下殿去了。众官无不惧怕。

曹髦回了后宫，宣召侍中王沈、尚书王经、散骑常侍王业三人入宫。曹髦哭泣说："司马昭心怀篡逆，人所共知，朕不能坐以受废辱，卿等可助朕讨之。"王经奏说："陛下不可。"

> 王尚书微微而笑把头摇，他说道陛下主见不甚高。
>
> 自魏国开基立业为天子，司马公尽忠保国已三朝。
>
> 现如今吴蜀相连结唇齿，安排着共伐中原捣龙巢。
>
> 姜伯约历年屡次兴人马，两下里大战祁山好几遭。
>
> 是何人派兵遣将去阻挡？多亏了文武双全司马昭。

加九锡封为晋公不为过，若不然尽忠谁还受操劳？

现在是一国大权他执掌，再休想轻举妄动招祸端。

但恐怕画虎不成反类犬，须知道树大根深难动摇。

王尚书说话分明向司马，魏天子闻听变脸蹙眉梢。

王经说完，曹髦说："司马昭欺朕太甚，实难忍受。朕意已决，虽死不辞。"说完入后宫告太后去了。王沈、王业说："事已这样，我们不要自取灭亡，先往司马大将军府下自首，以免一死。"王经说："二公的话很对。"三人计议已定，去报司马昭去了。

曹髦令护卫焦伯聚集殿中宿卫苍头官僮三百余人，自己仗剑升辇，带领众人同出南阙。方到朝门，只见贾充乘马前来，左有成倅，右有成济，领五千铁甲禁兵，呐喊杀来。曹髦在辇上仗剑大喝说："我是天子，你们突入宫廷，敢杀君吗？"禁军一见曹髦，全不敢动。贾充向成济大呼说："司马公养你何用？正为今日事！"成济手提画杆戟，回顾贾充说："是应当杀，还是绑了？"贾充说："司马公有令，是要死的。"成济催马提戟，直到辇前。曹髦大声说："匹夫敢无礼吗？"话未完，被成济一戟刺透胸前。

话说成济刺死曹髦，官僮四散而逃。贾充报知司马昭，司马昭入内，见曹髦已死，乃装作失惊状态，以头撞辇而哭，即令人报与各大臣得知。太傅司马孚入内，见魏主已死，枕其尸骨而哭说："杀陛下者，臣的罪过。"遂将曹髦的尸体用棺木盛好，停在偏殿。司马昭坐在中殿，召开群臣会议。群臣一拥齐到，唯有尚书右仆射陈泰不到。司马昭让陈泰的母舅尚书荀凯去召来。陈泰大哭说："人皆以甥儿比舅爷，今舅爷实不如甥儿。"乃披麻戴孝而入，哭拜于灵前。司马昭也假哭而问说："今日事应当如何处理？"陈泰说："独斩贾充堵众人之口，才可以谢天下。"司马昭沉思良久，又问说："再想想帮助贾充的。"陈泰说："我只知贾充杀君，不知何人主使？何人相助？"司马昭说："成济大逆不道，可千刀万剐，灭他三族。"成济大骂说："不是我的罪，是贾充传你的令，让杀天子。你怎把大罪推给他人？"司马昭传令，先割掉成济舌头，然后推出斩首。成济至死叫屈不止。又将其弟成倅也斩于市，灭其三族。又使人将王经全家皆腰斩于市。太傅司马孚请求按君王之礼葬曹髦，司马昭应允。

贾充等大臣劝司马昭受魏禅，即天子位。司马昭说："昔文王三分天下有其二，以服事殷，故圣人称为至德。魏武帝不肯受禅于汉，犹我不肯受禅于魏。"贾充等闻听此话，已知司马昭欲把帝位留给儿子司马炎，也就不再劝了。司马昭乃立曹奂为帝，曹奂是曹操的孙子，燕王曹宇的儿子。是年六月，曹奂即帝位，改元景元年。封司马昭为丞相，加晋公。文武百官，俱有封赏。

全朝里许多文武加封赏，夏六月改了国号叫景元。

汉中府早有数匹长探马，急忙忙来报姜维好几番。

姜伯约闻听此事心欢喜，便安排兴师起马伐中原。

一封书送入东吴求帮助，又写表奏知后主入西川。

立刻就点齐精兵十万整，携带着军器粮草有数千。

二先锋仍差张翼和廖化，他自己坐镇中军掌大权。

传号令兵分三路一齐进，子午谷斜谷骆谷出祁山。

邓士载闻听姜维兵又到，聚众将大家同定巧机关。

常言说将在谋而不在勇，这一回两军要用计连环。

话说姜维令廖化取子午谷，张翼取骆谷，自己取斜谷，兵分三路前进，俱到祁山之前会齐。此时，邓艾在祁山训练兵马。长探报说："姜维兵分三路，杀奔祁山而来。"邓艾聚众将商议如何迎敌，参军王瓘说："我有一计，不可明言，现写下在此，呈将军自览。"邓艾接过，拆看已完，笑着说："此计虽妙，但恐怕瞒不过姜维。"王瓘说："末将情愿舍命前去。"邓艾说："公志若坚，功无不成。"遂拨五千兵交给王瓘，连夜从斜谷迎来，正遇蜀兵前哨。王瓘叫说："我是魏国降兵，你们报知主帅。"哨马报知姜维，姜维吩咐不许众兵上前，只叫为首的来见。王瓘拜伏于地说："我是王经的侄子王瓘。"

你看他假意虚情装得像，未开口长吁短叹蹙眉梢。

凄惨惨二目流下几滴泪，呼了声将军听我诉根苗。

司马昭暗和贾充商议妥，却叫那舍人成济杀曹髦。

而竟然浑装不知他顶罪，可怜我全家老幼俱挨刀。

好叫我心中痛恨入骨髓，带领着部下军兵暗里逃。

闻听说将军兴师来问罪，特地来半路投降走一遭。

倘蒙将军收留如把我用，即便是赴汤蹈火不辞劳。

姜维对王瓘说："你既诚心来降我，岂能不诚心相待？我所虑的是军粮无人押运，现有军粮数千，就在川口，你来得正好，可负责此重任，将粮押运祁山。我就去攻取祁山大寨。"王瓘大喜，心中只说姜维中计了，欣然应允。姜维说："你去川口往祁山运粮，不必用五千人马，可领三千人马去，留下二千给我引路去，攻打祁山。"姜维说完，王瓘恐怕姜维生疑，乃引三千军马去了。姜维令傅佥引二千魏军，随时听用。忽报夏侯霸到来，姜维忙请入中军坐下。夏侯霸说："都督何故轻信王瓘的话？我在魏时，没听说王瓘是王经的侄子，其中必有诈，请将军细细察之。"姜维大笑说："我早知王瓘是诈，故分他兵力，将计就计而行。"

于是姜维不出斜谷，却令人沿途埋伏，以防王瓘奸细。不几日，伏路军果然捉

说唱三国

住下书人来见姜维。姜维问了情节，搜出私书，书中约于八月二十日，从小路运粮，送到魏寨，叫邓艾于山谷中迎接。姜维看完，立刻将下书人斩了，却将书改为八月十五日，约邓艾亲率大军，于山谷中接应。姜维使一精细人扮作王瓘士卒，往魏营下书；一面令人把数百辆运粮车卸了粮，换上干柴茅草及引火之物，外用黑布罩了，令傅佥引着二千投降的魏兵，打着运粮旗号前进。姜维和夏侯霸各引一军，去山谷中两旁埋伏。令蒋舒出斜谷，廖化、张翼去取祁山。

此时，邓艾得了那封假书，信以为真，心中大喜，写了回书。令下书人回去告知王瓘，定于八月十五日行事，莫误日期。

> 邓士载接了王瓘书一封，没猜透其中原有计牢笼。
> 大寨里急忙写书付回信，而竟然八月中秋兴了兵。
> 带领着五万儿郎精壮士，悄悄由西山谷口往南行。
> 一路上使人几次登高望，居然有无数粮车在谷中。
> 眼望着头哨前来不太远，俱打着王瓘旗号甚分明。
> 不多时日落西山黄昏后，抬头看一轮明月又东升。
> 呼啦啦骤然跑来两匹马，王将军急叫催兵往上迎。
> 大伙儿拥护粮车出谷口，紧后边姜维觉知有追兵。
> 邓士载闻言催车急急进，这一回坠入姜维圈套中。

邓艾听说王瓘粮草队伍后面有追兵，大吃一惊，急忙催兵接应。时至初更，明月如昼，只听山后呐喊声起，只当是王瓘在山后和姜维的追兵相遇，催促大兵直扑山后而来。

忽然树林里一彪军马冲出，为首大将是西蜀傅佥，纵马大叫说："邓艾匹夫已中我主将之计，何不早早下马受死？"邓艾大惊，拨马回走。车上顿时火起，两山蜀兵齐出，杀得魏军七零八落。四面齐喊："捉住邓艾，赏千金，封万户侯。"吓得邓艾弃甲丢盔，撇了战马，夹在步兵当中，爬山越岭而逃。姜维、夏侯霸只望马上为首的捉拿，不想邓艾步行走脱。蜀军赶杀数里，恐有伏兵，收军而回，便以得胜之兵去接王瓘的粮草车。

此时，王瓘将粮草车仗整备妥当，以待二十日行事。忽有心腹人来报，事已泄露，十五日晚间，邓将军被姜维骗入谷口，杀得大败，不知性命吉凶。王瓘闻报大惊，使人探听，回报说："三路蜀兵杀奔川口而来。"王瓘令人放火，把粮草点燃，一时车仗火光齐起，满天皆红。王瓘大喊说："事危急，你们要死战。"三千军齐声答应，奋勇往西杀出。姜维三路兵随后追赶。王瓘不回中原，却往汉中而去。因为兵少，恐怕追兵赶上，遂将栈道并各处关隘全部烧毁。姜维恐汉中有失，连夜提兵从山僻小路赶来，把王瓘四面围住。王瓘无路可走，投江而死，所领的魏兵全被姜维杀了。姜维虽然胜了邓艾，却折了许多粮草，又毁栈道，只好收兵回了汉中。

第一百三十五回　后主信谗下三诏
姜维屯田为避祸

话说蜀汉景耀五年冬十月，姜维差人连夜修复了栈道，整顿了兵器军粮，又于汉中水路调拨了战船。诸事俱已完备，上表奏请后主。

$\qquad$臣自从武侯故去承恩宠，一心里要伐中原司马昭。

$\qquad$最可恨文武全才邓士载，他学得胸中韬略比人高。

$\qquad$两下里阵摆祁山打几仗，疆场上屡屡被获又奔逃。

$\qquad$虽然是为臣没把全功立，也战得魏军胆落魂魄销。

$\qquad$现如今歇马中秋交十月，汉中府兵粮足备甚丰饶。

$\qquad$众儿郎不宜日久安然坐，该叫他与国出力动枪刀。

$\qquad$况且是军恩效死将用命，更有谁鞠躬尽瘁肯辞劳？

$\qquad$愿吾皇速传圣旨兴人马，臣情愿去伐中原再一遭。

后主看完奏章，心中犹豫不决。谯周出班奏说："臣夜观天文，见西蜀分野，将星暗而不明。今大将军又要出师，此行唯恐不利，陛下可降诏，加以制止。"后主说："且看此行如何，如果有失，再制止不迟。"谯周再三劝谏，后主只是不从。谯周叹息归家，自此推病不出。

却说姜维遵旨出兵，临行前对廖化说："我今出师，想恢复中原，应当先取何处？"廖化说："连年征伐，军民不宁，更况魏有邓艾，足智多谋，不是等闲之辈。将军不可强行出师。"姜维闻听，勃然大怒说："昔日诸葛丞相六出祁山，也是为国为民；我今八伐中原，岂为一己之私？今当取洮阳，如有违令的斩首。"遂留廖化守汉中。自己提兵三十万，直取洮阳。

早有细作报入祁山大寨。邓艾正和司马望在大帐谈兵，一听此信，便令人前去探哨，回报蜀兵尽奔洮阳而去。司马望说："姜维计谋多，莫不是虚取洮阳，而实来取祁山？"邓艾说："今姜维实出洮阳。"司马望说："将军怎么知道？"邓艾微微而笑说："这是容易知道的事。"

$\qquad$姜维知你我一处安营寨，猜透了洮阳小县必无人。

$\qquad$洮阳城一得尽可囤粮草，又可去结好西羌共取咱。

我们要暗定一条空城计，可急往洮阳路上调三军。

在那里布张罗网等狐兔，管叫他飞蛾自入热汤盆。

邓艾说完，司马望说："空城计怎样设呢？"邓艾说："可尽撤此处的兵，分为两路去救洮阳。离洮阳二十五里，有侯河小城，是洮阳咽喉的地方。将军引一军，伏于洮阳城内，偃旗息鼓，大开四门，如此如此而行；我引一军，伏于侯河，必获全胜。"商议定，各自依计而行。只留偏将师纂守祁山寨。

却说姜维令夏侯霸为前部，先引一军取洮阳，望见城上并无一杆旌旗，四门大开，夏侯霸心下疑惑，不敢贸然入城，在马上回顾众将说："莫不是有诈？"众将说："明明是座空城，只有几家居民，听大将军兵到，都弃城跑了。"夏侯霸不信，自己纵马到城西去看，只见城后边无数老小，都朝西北而走。夏侯霸大喜说："果然是座空城。"遂当先杀入城中，众人随后而进。忽然一声炮响，城上鼓角齐鸣，旌旗遍竖，撤去吊桥。夏侯霸大惊说："误中邓艾的计了。"城上矢石如雨，可怜夏侯霸同五百军皆死于城中。司马望自城中杀出，蜀兵大败而逃。幸亏姜维领兵到来，杀退司马望，就在洮阳城边下寨。闻听夏侯霸死于乱箭之下，姜维叹声不已。是夜三更，邓艾自侯河城内暗令一军悄悄杀入寨来，蜀兵大乱。姜维禁止不住，城上鼓角喧天，司马望引兵杀出。两下夹攻，蜀兵大败。姜维左冲右突，死战得脱，退二十余里下寨。

姜维对众将说："胜败乃兵家常事。今日虽然损兵折将，不足为忧。成败之事，在此一举。你们不要动摇，必得始终如一，如有说退的立斩不饶。"众将闻听此言，都低头不语。先锋张翼说："魏兵虽然得胜，末将有一计，足可以雪洮阳之耻。"

姜伯约拿定主意不退兵，大帐前先锋张翼打一躬。

常言说将在谋而不在勇，咱如今绝妙机关尽可行。

邓士载尽撤大兵来此处，不用说祁山九寨都虚空。

将军你在此讨敌去交战，我悄悄暗引精兵乘夜行。

倘若是一举尽得祁山寨，咱二人夹攻邓艾立全功。

那时将两营军马合一处，离洮阳去取长安入西京。

张翼说完，姜维大喜，即令张翼引后军去取祁山。姜维自引精兵三千，来讨战邓艾。邓艾领兵出马，两阵对圆，二将交锋数十合，不分胜败，鸣金收兵，各自回营。次日，姜维又来讨敌，邓艾按兵不动，姜维令三军一齐辱骂。邓艾自思说："姜维被我们打败一场，全然不退，连日反来讨战，想必是分兵去取祁山。祁山守寨之将师纂，兵少智短，必然会败。我当亲自去救。"于是唤其子邓忠吩咐说："你用心把守此处，任他怎样骂阵，切勿轻出。我于今夜引兵去往祁山救应。"邓忠领命，依嘱而行。是夜二更，姜维正在寨中，忽听寨外喊声震地，鼓角喧天。

巡营将士来报说："邓艾引三千兵前来夜战。"众将要出敌，姜维制止说："不要妄动。"众将听令，不敢出营，停不多时，而竟没有动静了。这是邓艾引兵来蜀寨前探哨一遍，然后乘势去救祁山。邓忠自己引兵入城去了。姜维对众将说："邓艾虚作夜战之势，必然去救祁山寨。"遂令傅佥守洮阳寨，不许交战，嘱咐完自引三千兵来助张翼。

话说张翼正攻打祁山，眼看便要破城，不想邓艾救兵杀到，蜀军战败。邓艾将张翼人马困在山后，绝其归路。忽听喊声震地，鼓角喧天，只见魏兵纷纷倒退，左右报说："大将军姜维杀到。"张翼乘势回兵死杀，把邓艾两下夹攻。邓艾大败，退入祁山寨中，闭营不出。姜维用兵四面攻打。

话说后主刘禅在成都听信宦官黄皓的话，又沉溺酒色，不理朝政。有一位大臣刘琰，他的妻子胡氏甚有姿色，因入宫朝见皇后，皇后将她留在宫中，一月才出宫。刘琰疑其妻和后主私通，乃唤帐下军士五百人，在帐前立一木桩，将胡氏绑在木桩上，令军士用鞋底打她的脸，打得死去活来。后主得知大怒，立刻拿下刘琰，命有司议刘琰的罪。有司认为，士卒不是打妻的人，脸面也不是受刑的地方，按法律应当斩。后主传旨立斩刘琰。从此，受过皇帝封号的妇人，再无人敢入朝。一时群僚因后主荒淫，贤人渐远，小人渐近。有一名右将军阎宇，身无寸功，只因阿谀黄皓，遂得重任。此时，姜维兵在祁山与邓艾相持。阎宇挑唆黄皓，让黄皓在后主面前进谗言："姜维屡战无功，可命阎宇代替他。"后主听信黄皓谗言，连续几次发诏，去召姜维回来。姜维正在祁山攻打邓艾，一日三道圣旨下，叫姜维班师回朝。姜维只得遵命，先令洮阳兵退，次后才同张翼徐徐退兵。

邓艾在寨中，只听一夜鼓角喧天，不知何意。至天明来人报，蜀兵全退，只剩空寨尚存。邓艾恐怕有诈，不敢用兵追赶。姜维回到汉中，歇住人马，同使臣入成都来见后主。后主一连十日不上朝理事，姜维心中甚是疑惑。一日到东华门外，遇见秘书郎郤正，姜维迎上去说："天子急召我班师回朝，公知为什么吗？"郤正笑说："大将军竟还不知吗？黄皓想要心腹人阎宇立功，所以奏闻天子发诏取回将军，让阎宇顶你位子。又闻邓艾善能用兵，因此事情才拖下来。"姜维闻言大怒说："我必杀此奸贼，以除国患。"郤正制止说："不可。大将军继武侯之事，任重职高，岂能造次？倘若天子不容，反而不美。"姜维谢说："先生的话很对。"说完辞去。次日，后主和黄皓在后园饮宴，姜维引数人一直闯入。早有人报知黄皓，黄皓急忙躲避在湖山一侧。姜维来到亭下跪倒，泣而进谏。

说什么男儿有泪不轻弹，须知道人遇伤情心自酸。

姜伯约亲受诸葛武侯命，因此上往来八次伐中原。

战邓艾肝肠使碎呕心血，无非是舍生忘死保西川。

不料想朝出奸臣生内变，汉天子为君耳软信谗言。

发圣旨一天三次来宣召，姜伯约遵旨只得把兵还。

因后主十日不朝没得见，无奈何挺身直入后花园。

臣不才将破祁山攻九寨，为什么连续去诏两三番？

莫不是哪个佞臣惑我主？愿陛下亲贤远谗早除奸。

为臣的屡伐中原非为己，出死力定要恢复汉江山。

今陛下朝中听信奸臣话，但恐怕西蜀山河难保全。

姜维苦苦进谏，后主默默无话。姜维又奏说："今黄皓奸诈专权，即是汉帝时的十常侍。陛下近可鉴张让，远可鉴赵高。赵高弄权而亡，张让惑主以乱汉。前车既覆，后车当戒。望陛下早杀此人，朝中自然太平，中原可早日恢复。"后主笑说："黄皓是一小臣，纵然专权，也乱不了国。昔年董允甚恶黄皓，朕很是怪他。卿为什么也怪此人？"姜维又叩头奏说："陛下今日不杀黄皓，大祸不远了。"后主说："人的爱恶原来无凭，爱之欲其生，恶之欲其死。卿为什么容不下一个宦官？"令内侍从湖山侧唤出黄皓到亭下。后主命他拜伏姜维，向姜维求饶。黄皓叩拜说："我早晚侍奉圣上，并不敢管大将军的事，大将军不要听外人的话，就来杀我。我的性命都在大将军手中，望大将军可怜。"一边说着叩头流涕。

姜维愤愤而出，去见郤正，细告此事。郤正说："将军大祸不远了。将军若有危险，国家也将被灭。"姜维说："既如此，就求先生教我保国安身之策。"郤正说："陇西有一地方，名叫沓中，此地极其肥壮，将军可效武侯屯田之事，奏知天子前去沓中屯田。"

将军你远远屯田去沓中，细看来因有四便甚相应。

那地方土壮民肥多收麦，不用愁军粮马草不丰盈。

倘若要攻取城池图陇右，即可去西边求助结羌兵。

论地势咽喉要道查关隘，使魏国不敢兴兵图汉中。

将在外一国兵权仍在手，尽可以全身远祸得安宁。

郤正说完，姜维大喜说："先生金石之言，使我顿开茅塞。"次日，姜维进宫奏知后主，请求往沓中屯田，以效昔日武侯之事。后主准奏。姜维遂回汉中，聚诸将说："我屡次出兵伐中原，因粮草不足，未能成功。今提兵八万去沓中种麦屯田，徐徐图进取。你们久战劳苦，可守汉中歇息。待有可乘之机，再伐中原即可。"遂令胡济守汉寿城，王含守乐城，蒋斌守汉城，蒋舒、傅金同守诸处关隘。分拨已完，自己引兵八万来沓中种麦，以为久远之计。

再说邓艾得知姜维沓中屯田，沿路安下四十余营，联络不断，如长蛇之势。暗差细作偷看了姜维安营地方，并照着地形画成图本，上表申奏。晋公司马昭见了大怒说："姜维屡犯中原，今又种麦积粮，终成心腹大患，不可不除。"贾充说："姜维深得孔明传授，急切难除。可使一勇士去行刺，以免动兵之劳。"从事中朗荀勖说："两国相争，为什么用行刺达到成功？"

> 荀中郎微微而笑把头摇，他说道这般计策不为高。
>
> 现如今西蜀北魏争天下，万不可用计除奸在本朝。
>
> 倘若是使一勇士去行刺，但恐怕无门而入枉徒劳。
>
> 不记得王瓘去献诈降计，巧机关竟被姜维猜透了。
>
> 到头来西山谷里一场败，小王瓘命丧江中水上漂。
>
> 常言说前车既覆后当戒，又岂可险事重演第二遭？
>
> 小刘禅荒淫酒色多昏乱，宠幸着宦官黄皓害臣僚。
>
> 姜伯约屯田种麦沓中去，他原是避祸远离计一条。

话说荀勖看破姜维屯田是避祸之计，请求司马昭出兵讨伐。司马昭说："应出兵讨伐，但伐蜀谁可为将呢？"荀勖说："邓艾是世上良才，再加钟会为副将，大事可成。"于是司马昭让钟会前来，对钟会说："我想用你为大将去伐东吴行吗？"钟会说："主公的本意不是伐吴，实为伐蜀吧？"司马昭大笑说："将军知我之心！但不知伐蜀，卿有何良策呢？"钟会说："我料主公必然伐蜀，早已画一个图本在此。"一边说着，将图本交给司马昭。司马昭展开一看，其中记载进兵路线上安营下寨屯粮积草的场所，从何能进，从何能出，一一都有法度。司马昭看完大喜说："真是一名良将，卿和邓艾合兵去伐西蜀如何？"钟会说："遵命。蜀道虽险，小路很多，不可一路去，我和邓将军分兵而进。"司马昭说："可以。"遂封钟会为镇西将军，总督关中军马，调遣青、徐、兖、豫、荆、扬六州军马。加封邓艾为征西将军，总督关外陇上诸路军马，和钟会并力伐蜀。部署完，司马昭大会文武于朝中，向群臣说伐蜀之事。前将军邓敦出来说："不可呀，不可！"

> 常言说为人应要知进退，又道是得好休时须好休。
>
> 姜伯约文武全才谋略广，论本事如同诸葛武乡侯。
>
> 历年来大战祁山七八次，邓士载何时曾把大功收？
>
> 每日里耗费钱粮劳人马，只杀得尸体如山血水流。
>
> 原就该各守封疆安本分，又岂可不知进退胡搜求？
>
> 谁不知此去西川多险要，一路上洞陡山深树木幽。
>
> 再休想深入虎穴得虎子，但恐怕坠入龙潭不自由。
>
> 常言说人心不足蛇吞象，总不如就此安分可无忧。

司马昭大怒说："我兴仁义之师，伐无道之主，你怎敢逆我之意？"令武士推出立刻斩首。众官尽皆失色。司马昭说："我自征东以来，已歇六年，兵已练好，各种准备齐全，想伐吴、蜀久矣。今先取西蜀，再吞并东吴。我料西蜀将士守成都的八九万人，守边境的不过四五万人，姜维领屯田的不过六七万人。我已令邓艾领关外陇右之兵十余万，牵制姜维于沓中，使他不能东顾；令钟会引关中精兵二三十万，直抵骆谷、斜谷、子午谷，三路以取汉中。蜀主刘禅昏庸，外有强邻压境，内有奸佞乱国。他一味荒淫酒色，不理朝政，必亡无疑。"文武百官俱各拜服。

此时，钟会受了镇西将军的印，唯恐泄露伐蜀的消息，就以伐吴为名，令部将唐咨于登、莱等州傍海处打造海船。司马昭不知其意，召见钟会来问。司马昭说："你从旱路去取西川，为什么造船？"钟会闻听，微微而笑。

> 常言说大将行兵不厌诈，全仗着实实虚虚鬼弄神。
>
> 现如今吴蜀相通结唇齿，两下里俱与中原仇恨深。
>
> 倘若是一直兵进成都府，姜伯约必向江东去借军。
>
> 我因此虚张声势把船造，使东吴不敢兴兵来相助。
>
> 大约着一年就把西川破，那时节船舰已成去吞吴。
>
> 这原是指东打西一条计，自然有绝妙机关暗里存。

钟会说完，司马昭大喜说："真是将才，大功必成。"钟会于魏国景元四年七月初三日出师，司马昭送于城外十里方回。

第一百三十六回 ｜ 钟会分兵汉中路 武侯显圣定军山

话说钟会出城二十里下寨安营，升帐大集众将听令，帐下有大将卫瓘、胡烈、田续、庞会、田章、夏侯咸等八十余员。钟会说："我今兴师伐蜀，必须有一员大将为先锋，好逢山开路，遇水搭桥，此任谁敢承担？"一人应声说："末将愿往。"众人一看，是虎将许褚之子许仪。众将齐声说："非此人不可为先锋。"钟会大喜，唤许仪近前说："你是虎体猿臂，父子各有大名。今众将都保荐你，你可挂先锋印，领五千军马取汉中。我兵分三路，你领中军出斜谷，左军出骆谷，右军出子午谷。都是崎岖山险的路，可让军士填平道路，修理桥梁，开山破石，勿得阻碍。违令的定按军法斩首。"许仪领命，引兵去了。钟会随后提十万大兵星夜起程。

> 眼看着大将征西起了程，这一回西蜀北魏见雌雄。
>
> 中原兵兼程而进分三路，令差官马上飞传书一封。

约邓艾两军会齐汉中府，他即刻檄文发出就兴兵。

结羌人西去先差司马望，诸葛绪截住姜维扎大营。

天水郡太守王颀领人马，悄悄地直从左肋取沓中。

用精兵一万五千攻其右，差遣那陇西太守老牵弘。

命金城太守杨欣去断后，他自己往来接应忙不停。

流星马飞奔急报沓中去，姜伯约急忙写表奏朝廷。

话说细作报入沓中，姜维写表请求后主下诏，令左车骑将军张翼领兵护守阳安关，右车骑将军廖化领兵守阴平桥头，这二处最要紧。此外，还应遣使入东吴求救。此时，后主改景耀六年为炎兴元年，每天和宦官黄皓在宫中娱乐。忽接姜维的表章，后主问黄皓说："今魏国邓艾、钟会大起人马，分路前来，这应该怎么办呢？"黄皓奏说："这是姜维想立功名，故上这样的表章，陛下不要管它。"后主听信黄皓的话，每日在后宫饮宴作乐。姜维多次写表奏告，表章都被黄皓隐匿起来。

再说钟会大兵星夜往汉中进发，前军先锋许仪要立头功，领兵先到南郑，对众将说："过了此关即是汉中。这关人马不多，我们要奋力夺关。"众将听令并力向前。守关蜀将卢逊早知魏兵将要到，先在关前木桥左右伏下军士，准备下诸葛武侯所造十矢连弩。等许仪兵来到，一声梆子响，矢石如雨，一连射倒数十骑。魏兵大败而走。许仪回报钟会，钟会自领帐下百余骑来看，果然弩箭齐发，甚是厉害。钟会拨马上关，卢逊引五百军杀下关来。钟会拍马过桥，桥上土塌，陷住马蹄，把钟会几乎掀下马来。那马挣扎不起，钟会弃马步行，卢逊赶上，一枪刺来，却被钟会步将荀恺回身一箭，竟把卢逊射死。钟会指挥众将，乘势抢关。这时关上军士因蜀军俱在关前，恐伤自己人马，不敢放箭，被钟会夺了高关。钟会即以荀恺为护军，以全副鞍马铠甲赐他，并急唤许仪前来。

钟会指责许仪违军令，命斩许仪。众将一齐说："其父许褚有大功于朝廷，望大将军饶恕他。"钟会大怒说："军法不严，怎么能率众将？"命立刻斩首示众。众将无不骇然。

此时，蜀将王含守乐城，蒋斌守汉城，傅佥、蒋舒守阳安关。钟会令前军李辅围乐城，护军荀恺围汉城，自引大军取阳安关。傅佥令蒋舒守城，自己去迎敌。和钟会大战三合，钟会败走，傅佥引兵来追。不料蒋舒立起降旗，献了关。傅佥孤掌难鸣，自刎于钟会万马营中。钟会得了阳安关，关上所积粮草甚多，军器广有。钟会大喜，大犒三军。

是夜魏军宿于阳安城中，忽闻西南方喊声不断。钟会忙出帐看，又无动静。魏军一夜不敢安睡。次夜三更，西南上喊声又起。到天明钟会令人前去打探，回来报说："离此十余里，并无一人。"钟会惊疑不定，自引百余骑去西南巡视，前到一山，只见杀气四面突起，雾锁山头。钟会勒马问乡导官："此山叫什么名字？"乡导官回答说："这山叫定军山，昔年夏侯渊阵亡在这里。"钟会听说，心中闷闷不乐，拨马而回。

闻听说夏侯将军在此亡，钟都督悄然不乐心感伤。

同军士一齐拨马往后退，山坡下飞沙走石大风狂。

从后边军马数千追杀到，一个个喊声连连舞刀枪。

吓得那钟会加鞭忙逃走，众将士丢盔抛甲把命逃。

大伙儿飞奔回到阳安寨，许多人跌破面门牙被伤。

钟会奔回关时，不曾损人失马，却多半丢了头盔，跌伤面门。众将俱说："见阴云中人马杀来，到了近前，却不伤人，只是一阵旋风而过。"钟会对降将蒋舒说："定军山有神庙吗？"蒋舒说："并无神庙，只有诸葛武侯坟墓在前。"钟会大惊说："此必是武侯显圣，我当亲自祭奠。"次日，钟会备了祭礼，到武侯坟前拜祭，祭完，狂风立止，愁云四散，不多时，天气晴朗。魏兵大喜，一齐拜谢回营。

话说姜维在沓中得知魏兵要到，令廖化、张翼、董厥提兵接应，一面分兵列将以待。忽报魏兵到来，姜维引兵迎敌。魏阵中为首大将，是天水太守王颀。王颀出马大喊说："我今大兵百万，上将千员，分二十路而进，已至成都。你不思早降，为何还来抗拒？"姜维大怒，挺枪纵马直取王颀，战不到三合，王颀大败而走。姜维驱兵追杀，追了二十余里，只听得金鼓齐鸣，一支兵马来到，为首的乃陇西太守牵弘。姜维笑说："这样鼠辈也敢领兵前来？"姜维催兵追赶十余里，又遇邓艾领兵到，两军混战乱杀。姜维抖擞精神，大战邓艾二十余合，胜败不分。背后锣鼓又鸣，姜维恐怕后军有失，急忙后退。忽报数处寨栅都被金城太守杨欣烧毁了。姜维闻言，吃一大惊。

急忙忙带领后军前来看，却和那杨欣对面两相迎。

杨太守不敢交锋拨马走，姜伯约随后急赶不放松。

不多时敌人急把高山占，乱纷纷石木如雨往下倾。

好叫人前进不能退不肯，听后面叫杀连天画角鸣。

又只见邓艾领兵追杀到，把姜维围围困困在正当中。

四面里将海兵山风不透，密匝匝枪刀齐上几千层。

一个个耀武扬威齐呐喊，乱吆喝捉拿姜维立大功。

气得那姜维眼红炸了肺，恶狠狠急催战马把枪拧。

哗啦啦匹马踏碎千军队，好一似长坂坡前赵子龙。

不多时杀透重围归大寨，无奈何急闭营门等救兵。

姜维闭寨门不出，单等救兵到来。忽流星马探到报说："钟会打破阳安关，守将蒋舒投降，傅金战死，汉中已归魏了。乐城守将王含、汉城守将蒋斌，得知汉中已失，也投降了。胡济抵敌不住，逃回成都求援去了。"

姜维闻报大惊，急忙拔寨，乘夜而走。是夜兵到彊川口，前面一军摆开，为首大将是金城太守杨欣。姜维大怒，交锋只三合，杨欣败走。姜维取弓扣箭来射，连射三箭不中。姜维大怒，自折弓箭，挺枪赶来，马失前蹄，将姜维掀下马来。杨欣回马杀来。姜维跃身而起，一枪刺去，正中杨欣坐骑脑门。背后魏兵齐到，把杨欣救去了。姜维复上马欲追，又报邓艾大兵来到，姜维不敢久停，传令去夺汉中。哨马报说："雍州刺史诸葛绪已断了归路。"姜维无奈，据山险处安营。魏兵屯于阴平桥头，使姜维前后无路，姜维仰天而叹说："天丧我也。"

姜维愁叹不止，副将宁随说："今魏军断了阴平桥，雍州军马必少。你我若从孔函谷直取雍州，诸葛绪必撤阴平桥头之兵，去救雍州。我们不取雍州，急奔剑阁关而守，汉中可再夺回来。"姜维说："好计谋。"即领兵入孔函谷，诈称去取雍州。

细作报知诸葛绪。诸葛绪大惊说："雍州是我军合守重地，倘若失掉，朝廷必然问罪。"急撤大兵从南路去救雍州，只留一支军守阴平桥头。姜维兵入北路，约走三十多里，料知魏兵起程赴雍州去了，急撤兵回，直扑阴平桥头。果然魏军大队已去，只留一支人马，被姜维一阵猛杀，四散而逃，把寨栅烧毁。姜维领兵过了阴平桥，正走着，前面一军到来，是左将军张翼及右将军廖化。姜维问说："为何来迟？"张翼在马上，未曾开口，失声长叹。

> 今主上酒色迷心多软弱，最可恨听从黄皓任意行。
> 前几日成都接到将军表，他只是无故拖延不发兵。
> 闻听说魏军已取汉中府，该死的蒋舒双手献阳安。
> 又得知将军被困垓心地，无奈何不用君命就登程。
> 咱如今去守剑阁为上计，然后再设计徐徐夺汉中。
> 说话间两处兵马合一处，大伙儿急奔高关不敢停。
> 眼看着兵到山前不甚远，又听得画角齐鸣喊杀声。

欲知后事如何，且看下回分解。

第一百三十七回　邓士载偷渡摩天岭 诸葛瞻战死绵竹城

　　话说姜维、张翼、廖化正往前走，忽然鼓角齐鸣，旌旗遍竖，喊声大起，一支军把住关口。这关就是剑阁关。原来是辅国大将军董厥得知魏兵十余路入境，乃引二万兵守住剑阁，当日看到关前尘土大起，疑是魏兵到来，急令军士把住关口，自己到关前看。董厥一看是姜维、张翼、廖化三位将军，慌忙迎接入关。礼毕，董厥哭诉后主宠信黄皓之事。姜维说："将军勿忧，有姜维在世，绝不容魏国吞蜀。大家据守剑阁，徐图退敌之计。"董厥说："此关虽然可守，但成都无人，倘若敌人去袭，大事去矣。"姜维说："成都地方，山险路陡，不是很容易取的，可不用担忧。"正说话时，忽报诸葛绪领兵杀到关下。姜维大怒，急引兵五千杀下关来，直入魏阵，左冲右突，杀得诸葛绪大败而逃，退二十多里下寨。魏军损折很多，蜀兵抢了无数器械，这才收兵回关。

　　此时，钟会大兵来到诸葛绪下寨的地方，安下大营。诸葛绪入寨来见钟会请罪。钟会大怒，要斩诸葛绪，监军卫瓘说："诸葛绪虽然有罪，但他是邓艾将军所差的人，今若杀了恐伤和气。"钟会说："我奉天子诏，晋公司马大将军的钧旨，特来伐蜀，便是邓艾有罪也当斩。"众将齐力劝解。钟会将诸葛绪打入囚车，解赴洛阳，任凭司马昭发落。他把诸葛绪所领的兵，都收在自己部下。

　　有人将事报知邓艾，邓艾大怒说："好钟会，我和你官品一般大小，我久镇边疆，于国多功劳，你初执兵权，竟敢妄自尊大。"其子邓忠劝说："小不忍则乱大谋。父亲若和他不睦，必误国家大事，不如暂且容忍他。"邓艾说："我儿说得对。"邓艾虽然这样说，心中难免怀恨，乃引十余骑来见钟会。钟会闻听邓艾到来，便问左右："他带多少兵来？"左右答说："十余骑。"钟会令帐内帐外列武士数百人。邓艾下马入见钟会，钟会接入帐中。邓艾见他军容整肃，心中不安，乃用话挑逗说："将军得了汉中，是莫大的功劳，可决策早取剑阁。"钟会说："将军有什么高见吗？"邓艾再三谦逊，自说无能。钟会坚持问计，邓艾说了一计。

　　　　邓士载再三谦逊自无能，我有条计策不知中不中。

　　　　现如今咱军既得汉中地，又取了南郑阳安几处城。

　　　　姜伯约损兵折将一场战，用诡计败回剑阁去屯兵。

　　　　眼前里要定机关求进取，自汉中暗从小路赴阴平。

　　　　悄悄地穿山而入成都府，姜伯约必截半路去交锋。

那时节将军乘虚取剑阁，敢保你大兵一到就成功。

邓士载当面设出一条计，钟会说妙算无双尽可行。

邓艾说完，钟会大喜说："此计大妙，将军可引兵去，我在此处专候佳音。"钟会与邓艾饮酒相别。钟会回到本帐向诸将说："人皆言邓艾甚能，今日看是个庸才。"众人问其故，钟会说："阴平小路都是高山峻岭，若西蜀以百余人守住险要，断其归路，邓艾的兵全被饿死。我只以正道而行，何愁西蜀不破？"遂造云梯炮架，一心攻打剑阁关。

却说邓艾出辕门上马，回顾左右说："今日钟会待我如何？"左右说："看他脸色和说的话，没把将军的话放在心里，是假意奉承而已。"邓艾说："他料我不能取成都，我偏要去取。"说话之间，到了本寨。儿子邓忠问邓艾："今日和镇西将军钟会面谈，他有什么高见吗？"邓艾说："我以实话告他，他以庸才看我。他今得汉中，以为莫大的功劳。若不是我在沓中牵制姜维，他怎么能成功？我今若取了成都，胜取汉中百倍。"当夜下令拔寨起程，往阴平小路进发，离剑阁七百里下寨。有人报知钟会，钟会笑他无知。

此时，邓艾聚众将于帐下，对众将说："我今乘虚去取成都，与你们同立不朽功名，你们肯听从我令吗？"众将齐说："愿听将军命令，万死不辞。"

众将士愿遵军令不辞劳，邓士载闻听喜色上眉梢。

即刻就亲手写成书一纸，密使人洛阳去禀司马昭。

令邓忠带领五千精壮士，叫他们卸甲丢盔脱战袍。

不过是短衣软带遮身体，各带着斧头钢锤把石凿。

凡遇着崖险狭窄难行处，大伙儿开劈穿山路一条。

倘若有无底沟涧悬崖陡，一处处修成石磴搭浮桥。

又挑选年富力强兵三万，沉甸甸干粮绳索上肩挑。

话说邓艾带领三万兵，各携绳索，装上干粮等物，走了百余里地，留三千兵扎下一个营寨，又往前走百余里，又留下三千兵扎下一个营寨。是年十月自阴平进兵，行走于巅崖岭峻之中，二十多日，行七百余里，全是无人区。一路上下了六七个营寨，到此只剩下二千人马。前到一岭，名为摩天岭，马不能行。邓艾步行上岭，只见邓忠和那些开山的军士们俱各哭泣。邓艾问说："我军到此走了七百余里，不往前行，为何哭泣？"邓忠答说："此岭西边俱是峭壁悬崖，不能开凿，空受劳苦，前功尽弃，因此在此哭泣。"邓艾说："已走了七百多里，过了这个地方，便是江油县了，岂可半途而废？不入虎穴，焉得虎子？我和你们此去，如能成功，富贵大家同享。"众军士齐声说："愿听将军的命令，虽死不辞。"邓艾大喜，吩咐先将兵器抛将下去，自取毡毯裹身体，领头先滚下去。部将士卒有毡毯的裹身滚下，无毡毯的用绳束腰攀木挂树而下。

邓艾、邓忠及二千军士、开山壮士都翻越了摩天岭，忽见路旁一石碣，上面刻着诸葛武侯四句话："二火初兴，有人越此。二士争功，不久自死。"邓艾看完大惊，慌忙对碣拜说："武侯真神人，可惜我不能以他为师。"说完再拜。然后领兵继续前行，又见一个大空寨出现在面前，左右告说："闻听武侯在时，曾拨一千兵住在此，防守险隘。今被后主刘禅废了，故留空寨在此。"邓艾说："若有人马在，我们能平安越过摩天岭而到此处吗？但有一件，我们是有来路，无有归路了。前面是江油城，城中粮草齐备。我们前进可活，后退死路一条，必须拼力死攻。"众军士齐声答说："愿决一死战。"邓艾大喜，步行头前带领两千余人，星夜赶路来抢江油城。

却说江油城守将马邈闻汉中已失，虽然也做了准备，只是提防大路；又仗着姜维大兵守住剑阁，遂将军情不以为重。当日操练人马回家，和其妻李氏饮酒。李氏问："屡闻边情甚急，将军全无忧虑，这是为什么？"马邈说："国家大事有姜伯约负责，与我什么相干？"其妻说："虽然如此，将军所守城池不为不重要。"马邈说："天子听信黄皓的话，沉溺于酒色，我料祸不远了，到时只有借机行事，择木而栖。"

马邈说完，其妻大怒说："你为一县将领，怀不忠不义之心，枉食天子爵禄。我有什么脸面和你为夫妇？"马邈闻言，惭愧不语。忽然家人慌慌张张前来报说："魏国将军邓艾不知从何而来，领二千多余人，一拥入城了。"马邈大惊，慌忙出降，拜伏于公堂之下，泣而告说："我有心归降久矣，今愿率城中居民及本部人马投降。"邓艾大喜，准他投降，并收江油军马在部下调遣。用马邈为向寻官，兵发成都。大家正在商议出发，忽然从内宅跑来几个使女说："马夫人李氏自缢身亡。"邓艾问马邈："你妻因为什么自尽呢？"马邈以实相告。邓艾甚感李氏的刚烈，令以厚礼安葬，并亲往拜祭。魏国将士无不叹息。

邓艾接管了江油，传令来时一路扎下营寨的兵全部到江油会齐。大家歇马三天，准备进兵攻打涪城。部将田续说："军士涉险而来，甚是乏困，可再歇息数日，然后进兵不为迟。"邓艾大怒说："我因军士疲劳太甚，歇三天是不得已。你还要歇息不动，这不是乱我军心吗？"喝令左右武士推出斩了。众将一齐跪倒，苦苦为他求情，才免一死。田续自此常怀恨邓艾。邓艾引兵到涪城，涪城官吏军民疑为神兵天降，全都投降。

长探报入成都，后主得知，忙召黄皓来问。黄皓说："这是谣传，现有姜维把守剑阁，魏兵怎能入境？陛下不用担忧。"后主闻言，犹豫未决。此时，远近告急表文纷纷前来，雪片相似，使者往返联络不断。后主上朝商议，不想百官面面相觑，并无一人说话。这时，卻正出班奏本。

> 金殿上武将文臣俱不言，秘书郎卻正挺身忙出班。
> 现如今邓艾暗度阴平路，竟从那摩天岭上下西川。
> 闻听说江油马邈投了降，更可恨涪城官吏顺中原。
> 不久后大兵就到成都府，有谁能出马交锋到阵前？
> 大将军张翼廖化不在此，和姜维屯兵剑阁镇高关。
> 须知道远水难把近渴解，退敌兵莫靠全朝文武官。

　　卻正奏完，刘禅大惊失色，向众臣说："似这样如何是好？"卻正说："朝中文武都不能退敌，可召诸葛武侯之子来商议退兵之策。"这武侯之子即诸葛瞻，字思远，其母黄氏，即黄承彦之女。黄氏容颜甚陋，而有奇才，上通天文，下察地理；一切韬略遁甲诸书，无所不晓。早年武侯在南阳时，闻此女贤惠而有才，求娶为妻。武侯所学，黄夫人多有赞助。武侯死后，黄夫人不久也去世，临终时勉嘱其子，以孝悌为国尽忠。诸葛瞻自幼聪明，后主刘禅以女许他，招为驸马都尉。次后，袭他父官爵为武乡侯。景耀四年，封行军护卫将军。因黄皓弄权惑主，故托病不出。当下后主听从卻正的话，即刻发诏，宣诸葛瞻入朝。后主泣诉说："邓艾的兵已到涪城，成都危险了，卿看先君的面，救救寡人。"诸葛瞻闻听，也泪流满面。

> 想当初只因徐庶临行荐，刘先主雪中三次顾茅庐。
> 我父亲义不容辞得应允，无奈何同去新野握兵符。
> 每日里定计布谋心使碎，好歹地三分鼎足占成都。
> 昭烈帝龙归沧海晏了驾，白帝城临危受命亲托孤。
> 因此才祁山六出兴人马，安排着并吞北魏灭东吴。
> 最可叹五丈原头大星落，弄得来未得遂心废半途。
> 臣如今子承父爵蒙宠爱，羞煞人汗马功劳寸也无。
> 论君恩肝脑涂地难补报，哪怕就战死疆场骨血枯。
> 陛下将成都军马交给我，臣必然尽心竭力保西蜀。

　　诸葛瞻说完，后主即将成都兵将七万交给诸葛瞻。诸葛瞻辞了后主，整顿军马，聚集众将，对众将说："谁敢为先锋，以挡前部呢？"一少年小将应声而出说："父亲即掌大权，孩儿愿为先锋。"众将一看，是诸葛瞻的长子诸葛尚。此子年方十九岁，博览兵书，习学武艺，虽则年轻，却有大将之才。诸葛瞻见他要做先锋，心中大喜，即令诸葛尚为先锋，亲率大军出了成都，来迎战魏军。此时，邓艾得了马邈所献西川地图一本，上面写着："涪城到成都三百六十里山川道路，涧狭险峻。"邓艾看后，大惊失色说："若只守涪城，倘被蜀兵据住前山，如何能成功呢？迁延日久，姜维兵到，我军就危险了。"想到这里，即唤部将师纂及儿子邓忠前来，吩咐说："你二人同引一军，星夜去绵竹城，以拒蜀兵。我领大兵随后就到。切不可怠慢，若被蜀军占了险要地，定斩你二人首级。"二将答应，急领兵行，将到绵竹，恰遇蜀军到来。

二将看见四轮车上之人，纶巾羽扇，皂绦鹤氅，俨若孔明一样，心中十分惊疑，又见车旁飘起一面黄旗，半空中飞舞，上边有一行大字，写着"大汉丞相诸葛武侯"。吓得师纂、邓忠汗流全身，回顾军士说："原来孔明还在，我们完了。"急忙收兵返回。蜀兵掩杀追赶，魏军大败，纷纷逃走。蜀兵追杀二十余里，撞着邓艾救兵到来，这才各自收兵。邓艾安下行营，升帐而坐，唤师纂、邓忠责备说："你二人因为什么不战就退呢？"邓忠说："只见蜀阵中诸葛孔明领兵来了，因此没敢交锋，急急奔回。"邓艾大怒说："纵然孔明复生，也是一个人，有什么可怕的？你俩轻退，导致失败，按军法应斩。"众将苦苦求饶，邓艾怒气方息。令人前去打探，回报说："孔明的儿子诸葛瞻为大将，诸葛瞻的儿子诸葛尚为先锋，车上坐的人，是木刻孔明遗像。"邓艾冷笑一声，对师纂、邓忠说："成败在此一举，你二人再去交战，如不胜，定按军法从事。"二将领命，引一万军又去讨战。

第一百三十七回　邓士载偷渡摩天岭　诸葛瞻战死绵竹城

诸葛尚拧枪催马声声喊，　安排着初次临敌要占先。
魏阵中师纂邓忠齐动手，　蜀先锋单身独战二魁元。
疆场上三马盘桓滚成团，　看光景如同饿虎来争餐。
又只见两路蜀兵分左右，　喊一声一拥而来齐上前。
中央里帅字大旗迎风摆，　出来了文武全才诸葛瞻。
大将军匹马闯入千军队，　呼啦啦左冲右突谁敢拦？
眼看着师纂败阵中了箭，　小邓忠枪伤左肋撤兵还。
父子俩催兵追杀二十里，　诸葛瞻收兵下寨立营盘。

这一阵魏兵死得很多，师纂、邓忠带伤而逃，回见邓艾。邓艾见二人都伤得很重，不便加罪，和众将商议迎敌的计策。邓艾说："今西蜀诸葛瞻继其父孔明之志，甚有韬略，被他两阵杀得死伤万余人马，若不早除，必为后患。"监军丘本说："将军何不写书，招他来降。"邓艾从其言，遂写书一封，使人送入蜀营。守寨将士将来使送入中军帐。使者呈上书，诸葛瞻拆封观看，书中大略说：

　　魏征西将军邓艾，致书于行军护卫将军诸葛思远阁下：切观近代贤才，未有如公之尊父。昔日自出茅庐，一言已分三国，扫平荆、益，遂成霸业，宁西蜀，古今没有；后六出祁山，不是智力不足，乃天数。今后主昏弱，王气已终。我奉天子之命，率大兵伐蜀，已得了一些城池，成都也危在旦夕。公为何不应天顺人，仗义来归？我即奏明天子，封公为琅琊王，以光耀祖宗，决不虚言，伏望照鉴。

诸葛瞻观罢敌人书一封，霎时间气炸心肝两眼红。

令武士推出辕门斩来使，让从者提其首级转回营。

邓士载立刻引兵来讨战，诸葛瞻出马迎战大交锋。

两下里兵对兵来将对将，杀了个七零八落炸了营。

魏家军大战一场往后退，西蜀将急急追杀不放松。

谁料想邓艾埋下人和马，那两边来了王颀和牵弘。

刷的声四面八方往上闯，齐呐喊一拥围来不透风。

诸葛瞻奋勇杀透千军队，领兵将拨马奔回绵竹城。

诸葛瞻见魏军势强，败入绵竹城中，闭门不出。邓艾领兵把绵竹城围得铁桶一般。诸葛瞻令大将彭和携书杀出，去往江东求救。吴主孙休为钟会造战船，先灭蜀后伐吴的事，只顾本国利益，不发救兵。

诸葛瞻见救兵不到，对众将说："久守不是良策，不如出城决一死战。"遂留诸葛尚守城，自己披挂上马，引三军大开城门杀出。邓艾见城中大兵出，速撤军退下。诸葛瞻奋力追杀，忽然一声炮响，四面伏兵齐起，把诸葛瞻困在垓心。诸葛瞻引兵左冲右突，杀死数百人。邓艾令军士一齐放箭，蜀兵被箭所伤，四散奔逃。诸葛瞻中箭落马，大呼说："我已尽力了，当以死报国。"遂拔剑自刎而死。其子诸葛尚在城上，见父亲死于军中，勃然大怒，即刻披挂上马。部将张遵说："小将军不要轻出，应保其身，徐图复仇之策。"诸葛尚一声长叹说："我父子祖孙，受国家厚恩，今我父死于敌军，我怎能偷生？"遂催马杀出城来，战死在千军队中。

邓艾怜他父子是忠将，令父子合葬，并乘虚攻打绵竹。张遵、黄崇、李球三人各引一军杀出，都战死于魏军之中。邓艾得了绵竹，劳军完，即发兵取成都。未知成都是否能保，请看下回分解。

第一百三十八回 ｜ 刘禅投降西蜀亡 二将争功入西川

话说后主在成都得知邓艾取了绵竹城，诸葛瞻父子战死，吃一大惊，急召文武商议。近臣奏说："城外百姓，扶老携幼，哭声震天，纷纷逃命。"后主惊惶无措。忽又报说魏兵已到城下，多官议说："兵微将寡，难以迎敌，不如早弃成都，奔南中七郡。其地险峻，可以自守，就借蛮兵，再来收复。"光禄大夫谯周说："不可。南蛮是久反之地，昔日武侯七擒七纵，仅能使其不反。今若去投，必遭其祸。"众官又奏说："蜀、吴系同盟，今事急，何不去投？"谯周又谏说："不可。"

好一个纸上谈兵谯大夫，你看他叩头连把陛下呼。

常言说事要三思免后悔，必须要细加斟酌莫心粗。

想一想寄居他国为天子，为臣的算来此事古今无。

现如今事急图存去避祸，万不可机关用错失之初。

司马昭一同邓艾和钟会，早晚会旌旗东指必吞吴。

咱若是称世降吴把江过，但恐怕不久再为魏所屠。

纵不如暂且投降邓士载，或还能分疆列土在成都。

御座前大夫谯周奏一本，汉后主心中犹豫犯踟蹰。

谯周奏完，后主未决，退入后宫。次日，谯周复又上本，劝后主降魏。后主听信谯周的话，便要写降表。忽然屏风后转出一人，厉声大骂谯周："偷生迂儒，妄议社稷大事！自古有天子投降的吗？"后主一看，是第五子北地王刘谌。刘谌自幼聪明，英敏过人。后主对刘谌说："今大臣都议投降，你仗血气之勇阻挡，莫不是让满城百姓都为肉泥吗？"刘谌说："不是。昔先帝在日，谯周未曾管理国政。今妄议大事，口出乱言，没有道理。臣知成都的兵，尚有数万人。姜维的大军现在剑阁，他若知魏军困成都，必来救应。那时内外夹攻，可以获胜。为什么要听信迂儒妄言，葬送先帝基业呢？"后主斥责说："你是小儿之见，不知天时，不必多言。"刘谌叩头大哭。

后主令近臣将刘谌推出宫去，命谯周写降表，城上竖起降旗。又派遣谯周、张绍等捧着玉玺、降表和文簿出城交给邓艾。文簿记载户口二十八万，男女九十四万，带甲将士十万二千，官吏四万一千，仓粮四十余万石，金银各两千斤，锦绮丝绢各二十万匹。余物在库，不及细数。择十二月初一日，君臣出降。邓艾大喜，重赏来人，作了回书，交与谯周带回呈后主。谯周等人回成都，见了后主。后主下诏，敕令姜维早早降魏。

北地王刘谌闻听，怒气冲天，带剑入宫。其妻崔夫人问说："大王今日脸面异常，是为什么呢？"刘谌说："魏兵将近，父王已写降表，明日君臣出降，社稷从此斩绝。我不忍从视，想先死，早见先君于地下，绝不屈膝他人。"崔夫人说："贤哉！贤哉！妾请先死，大王再死不迟。"刘谌说："你为什么死呢？"崔夫人说："大王为亡国而死，妻也为亡国而死，其意一样，何必多问？"说完，碰柱而死。刘谌杀其三子，并割下妻头，提到昭烈皇帝庙中，伏地大哭。刘谌大哭一场，眼口流血，拔剑自刎而死。西蜀军民得知，无不哀痛。

后主得知刘谌同妻子俱死，洒了几滴眼泪，令人埋葬。次日，后主率太子诸王及群臣六十余人，双手捆在后背，抬着棺木，同出北门来降。邓艾一见，亲扶起后主，去其绳索，焚烧棺木，与后主并车入城。成都居民，皆拿香花迎接魏军。邓艾拜后主为骠骑将军，其余文武，各分高下拜官。后主出榜告示，远近官民齐来降魏。邓艾一面令人去说姜维来降，一面差人赴洛阳报捷。因黄皓奸险，邓艾想斩他。黄皓用金银珠宝贿赂，买通各方，才得免死。自此汉家天下灭亡。

却说邓艾差太仆蒋显到剑阁，入见姜维，传后主命令，敕他归降。姜维大惊，不能说话。帐下众将听知此事，一个个切齿咬牙，拔剑砍石大呼说："我等出力死战，主上为何投降呢？"号哭之声传数十里。姜维见人心思汉，用话抚慰说："众将勿悲，我有一计，可恢复汉室。"众皆止泪说："将军有什么计策呢？"姜维与众将附耳低言，即于剑阁关上竖起降旗，先令人报入钟会寨中，说姜维引张翼、廖化等前来投降。钟会大喜，急忙出寨迎接。姜维引将士到来，二人同入大帐。钟会说："伯约为何来迟？"姜维流涕说："国家全军都在我手，今日到此是快的。"钟会高兴，忙下座相拜，待为上宾。

> 姜伯约目中流泪假伤心，悲切切双眉紧蹙呼将军。
>
> 自从你兵进西蜀初尝试，掌大权妙策无双压万人。
>
> 咱两家对交锋几场战，杀得我尸横遍野血流津。
>
> 不几日占城得了汉中地，那时节莫大威名人皆闻。
>
> 我在那阴平桥下生巧计，才败到剑阁高关紧闭门。
>
> 真叫人服输甘把下风拜，到如今投降纳贡也甘心。
>
> 若是那志气骄横邓士载，必和他一决雌雄把阵临。

钟会闻言大喜，遂折箭为誓，和姜伯约结为兄弟，仍令照常领兵。姜维暗暗欣喜。

此时邓艾得了成都，封师纂为益州刺史，牵弘、王颀等各领州郡，大会蜀中诸将，赴宴饮酒时口中说些自尊自大的话。这时蒋显自剑阁回来告说："姜维投降钟会去了。"邓艾因此痛恨钟会，即写书送入洛阳。书中大意说："刘禅初降不可解京，应厚待他，封他为扶风王，赐其子为公卿，以安慰投降将士的心，使他们无怨。"司马昭看完书，甚疑邓艾有自专之心，遂发回书给邓艾，说凡成都大小事，必得请命而后行，不许自作主张。邓艾大怒说："将在外，君命有所不受。"以后成都的事，竟不请命，任意而行。

司马昭听说大惊，忙同贾充计议说："今邓艾恃功而骄，任意行事，反形已露，应该怎么办呢？"贾充说："何不封钟会的官爵高在邓艾之上，以制约他。"司马昭从其言，即封钟会为司徒、万户侯，封其二子为亭侯。令卫瓘监督两路军马，又以手书给卫瓘，使他和钟会伺察邓艾，以防其变。钟会接诏受封，便对姜维说："今邓艾之功在我之上，封太尉之职。司马昭疑邓艾有反意，故令卫瓘为监军，让我制约他，将军有何高见，可以教我。"姜维闻听暗喜，说："请退左右，我有一事密告将军。"钟会令左右退下。姜维自袖中取出一图，递给钟会，向他说："昔日武侯初出茅庐时，以此图献给刘先帝，并对先帝说：'益州地方，沃野千里，民殷国富，可为霸业。'因此得霸成都。今邓艾得了西川，怎能不猖狂呢？"钟会接图后展开看，指问西川地形，姜维一一相告。钟会问姜维说："要用什么计谋，才能除掉邓艾呢？"姜维说："乘司马公疑忌他时，当急上表，说邓艾有谋反迹象。晋公必然令将军讨伐他，那时名正言顺，一举可擒矣。"钟会从其言，写表奏与司马昭，说邓艾独霸西川，任意横行，结交蜀人，早晚必反。钟会又令人中途截了邓艾的表文，照所寄的书辞，模仿他的笔迹，按邓艾的口气，写上傲慢的语句，送给司马昭。司马昭一见大怒，即刻差人到钟会军中，令钟会急把邓艾捉下。一面同魏主曹奂带领许昌、洛阳两处人马，御驾亲征。

侍郎邵悌说："钟会之兵多邓艾六倍，钟会完全可以捉拿邓艾，何用将军自己去呢？"司马昭笑说："你忘了早先说的话吗？你说过钟会日后必反。我今此行不是为邓艾，实为钟会。"邵悌也笑说："我怕明公忘了，故意相问。现在看还没有忘记，万望保密，不可泄露。"司马昭说："那是自然。"遂提大兵起程。贾充也疑钟会有变，密告司马昭。司马昭说："到长安就明白了。"

大兵到了长安，司马昭命钟会急捉邓艾父子解到洛阳。

 第一百三十九回 | **钟姜设巧计落空**
司马炎篡魏称晋

却说钟会请姜维计议捉拿邓艾之策，姜维说："可先令监军卫瓘去收，邓艾不服，必杀卫瓘，那他反情就实了。将军可起兵讨之。"钟会从其言，遂令卫瓘引数十人入成都，收邓艾父子。

> 此一时梦中邓艾不知信，酒醉后躺卧深宫享自然。
> 没提防监军兵入成都府，四门下俱把皇帝圣旨悬。
> 他说道天子有诏擒邓艾，哪一个武将文臣敢动弹？
> 领军士一直闯入深宫里，竟把那征西将军绳子拴。
> 小邓忠五花大绑上了锁，俱打在囚车起解入中原。

话说卫瓘捉了邓艾父子，上了囚车。府中将士想劫人，忽望见尘土大起，哨马报说："钟司徒大兵已到。"将士不敢动手，各自四散奔逃。钟会和姜维下马入府，见邓艾父子被捆在囚车上。钟会用鞭指着邓艾骂说："养犊小儿，何敢猖狂到此？"姜维也骂说："匹夫行险侥幸，也有今日！"邓艾也回骂。钟会令将邓艾父子送洛阳去见司马昭献功。

钟会同姜维入成都，尽得邓艾军马，于是对姜维说："我今日才遂平生之愿。"姜维说："昔日韩信既为三齐王，部将蒯通劝他自图大业，他不听，才有后来未央宫杀身之祸；春秋战国时，越国大夫文种不听范蠡隐遁于五湖的意见，后来勾践果然把文种杀了。此二人功名，岂不显赫？但他们利害不明，对于要发生的事预见得不早，才有如此后果。今将军大功已成，威震其主，何不激流勇退，辞朝归山，甘隐林泉，以乐天年。"钟会闻言，抚掌大笑。

> 钟会他哈哈大笑把头摇，就说道将军把话讲错了。
> 我现在未满四十年正壮，还不曾萧萧白发似银条。
> 正该是建立功名求进取，有谁肯半途遁世归山林？
> 常言说胸无大志非杰士，又道是人要心雄胆量高。
> 邓艾他软弱无能何足齿，说什么诡诈多端司马昭。
> 大丈夫举手能托泰山动，真杰士张嘴掀起大海潮。
> 若没有摘星换月拿云手，如何能称王做帝把名标？
> 不是我眼空四海吹大话，咱两个堪称盖世二英豪。
> 钟会他吞吐之间皆有意，姜伯约面生喜色展眉梢。

钟会说完，姜维笑说："若不归隐，即当早定良策，以图大事。这是明公智力所能，无用老夫多言。"钟会又鼓掌笑说："伯约知我心矣。"自此二人每日同谋大事。姜维密寄后主书说："望陛下且忍数日之辱，臣将使社稷危而复安，日月暗而复明，必不使汉室终灭。"此事钟会一字不知，整日和姜维谋反。

忽报司马昭领兵屯于长安，很快相见，先以书报知。钟会看完大惊说："我兵多于邓艾数倍，智勇也不比他差，何愁邓艾难擒？今日晋公司马昭引兵前来，是对我有怀疑。"遂和姜维商议。姜维说："君疑臣则臣必死，岂不见邓艾吗？"钟会说："我意已决，事成则得天下，不成则守西蜀，亦不失作刘备也。"钟会主意已定，又请姜维出谋。姜维说："近闻郭太后亲亡，可诈称太后有遗诏，叫杀了司马昭，以正欺君之罪。据将军之才，中原可席卷而定。"钟会说："既如此，就烦伯约做先锋来助我。事成后，富贵同享。"姜维说："愿效犬马之劳，但恐众将不服。"钟会说："明日元宵佳节，夜于故宫大张灯火，请众将赴宴而说明，有不服的先杀。"姜维心中暗喜。

次日，二人大会众将。饮酒数巡，钟会掩面大哭。众将惊问其故，钟会用袍袖擦泪相告。

郭太后当初之时传遗诏，嘱咐我除残伐暴杀奸臣。

历年来没敢轻动因无权，我只得且将遗诏暗收存。

司马昭大逆不道谁不晓？他原来南阙行凶曾杀君。

现如今心内奸诈欺天子，早晚间篡位夺权才称心。

告列位今宵宴会无他意，望大家同心协力把贼擒。

一者是求取功名图富贵，二者是救驾有功报国恩。

钟士季说出一番心腹话，众将官吓得好像泥塑人。

众将无不大惊，面面相觑，并无一人讲话。钟会拔剑在手，厉声说："违令者斩。"众将惧怕，齐口应允。钟会叫他们各自写上名字，画好押，把众将囚禁在宫中，用兵把守。钟会和姜维商议，如众将有不服的，立刻打在坑中埋了。不想被困众将中有一人名叫胡烈，他有一子，名唤胡渊，领三万兵在外把守关口，相距成都很近，得知父亲被钟会所困，领兵来杀钟会，以救出父亲。此时钟会正同姜维商议。钟会说："现将所困的人放出来，一一审问如何？"姜维说："不可。我看众将都有不服的心，留下这些人必为害，不如乘此机会杀了。"钟会从其言，即令姜维领许多武士刀斧手去杀众将。刚想动手，姜维忽然一阵心痛，昏倒在地，左右扶起，半日方醒。

忽报宫外喊声震地，四面八方无数兵来，已入内院。钟会急令关上殿门，各处火起，外边士兵劈门而入，把钟会乱刀砍死。姜维心痛未止，不能抵敌，自刎而死，时年五十九岁。魏将为报前仇，将姜维的腹剖开，看其胆大如鸡蛋。众将又将姜维全家杀害。

监军卫瓘见钟会、姜维已死，暗想："若邓艾被放出囚车，他父子必报复我捉拿之仇，今若不除掉，我死无葬身之地。"于是领兵赶到半路，困住囚车，把邓艾父子杀了。张翼也死于乱军之中。西蜀太子刘璿、关公之孙关彝，俱被魏兵杀害。军民大乱，自相残杀，死者不计其数。幸有贾充到来，出榜安民，方才安定。

魏将押解后主赴洛阳，只有尚书令樊建、侍中张绍、光禄大夫谯周、秘书郎郤正等数人跟随。廖化、董厥皆托病不出，后来忧愁而死。

司马昭回洛阳，召见后主责备说："公荒淫无道，废贤失政，理应诛杀。"后主面如土色，不能回话。文武皆奏说："蜀主既失国纪，幸早归降，宜怜而赦免。"司马昭将谯周、郤正等皆封侯爵。封后主为安乐公，后主谢恩而出。因黄皓误国害民，令武士押出示众，凌迟处死。

次日，后主亲到司马昭府中拜谢。司马昭设宴款待，先以魏国乐舞戏于前，蜀官皆伤感，独后主有喜色。司马昭又令蜀人扮蜀乐于前，蜀官都落泪，后主嬉笑如常。司马昭对贾充说："人无情乃至于此，即使诸葛孔明在世，也辅佐不了，何况姜维呢?"乃问后主说:"公思蜀吗?"后主说:"此处最乐,不思蜀。"

话说后主起身更衣,郤正跟随其后,郤正对刘禅说:"陛下为什么答不思蜀?他若再问是否思蜀,陛下可泣而答说:'先人坟墓,远在蜀地,无日不思蜀。'陛下能这样回答,晋公必放陛下归蜀。"后主牢记入席。饮酒微醉,司马昭又问说:"公思蜀否?"后主就按郤正说的答复,想哭但又无泪,只好闭上两眼。司马昭说:"公说的话莫不是郤正说的?"后主睁开两眼说:"正是郤正说的。"司马昭及其左右皆笑。因此,司马昭深信后主诚实,对他不以为意。

司马昭自改晋公,自封为晋王。此时,魏主曹奂名为天子,其实不得自主,一切国政全由司马氏,谁敢不从。司马昭追封其父司马懿为宣王,其兄司马师为景王。其妻王氏生二子,长子名司马炎,人长得魁伟,发长垂地,双手过膝,聪明英武,胆量过人;次子名司马攸,性情温和,恭俭孝悌,司马昭最疼爱。因司马师早死无子,司马攸过继给司马师为子。司马昭常向人说:"天下是我兄的天下。"乃想立司马攸为世子。贾充谏说:"不可呀,不可!"

> 岂不知立君为嫡传今古,为什么废长立幼乱纲纪?
>
> 大相公生得魁伟多出众,果真是堂堂仪表世无双。
>
> 且莫说体魄尽堪为世子,论天姿日后还该称帝王。
>
> 有谁肯低头甘败他人下,他自幼聪明过人气轩昂。
>
> 立后嗣文武大臣有公论,须知道颠倒成规是不祥。
>
> 也不知微臣拙见对不对?愿主公龙心斟酌细细想。
>
> 好一个谋士贾充有见识,他一说百官一口俱同腔。

贾充奏完,众官皆赞同。司马昭便立司马炎为世子。建天子旌旗,乘銮舆,进王妃为王后。司马昭肆意横行,心中甚喜,回到宫中,正想就餐,忽然中风不语。次日病危,众官入宫问安。司马昭不能说话,以手指司马炎而死。此时,正是八月中秋。司徒何曾说:"天下大事,皆在晋王,可立世子为晋王,然后祭葬。"是日司马炎即晋王位,封何曾为晋丞相,司马望为司徒,石苞为骠骑将军,陈骞为车骑将军。追封其父为文王,对其父进行安葬。

安葬完毕,司马炎召贾充、裴秀入宫问说:"昔日曹操说:'若天命归我,我为周文王吗?'果有此事吗?"贾充说:"曹操食汉禄,恐人议论篡逆之名,故说这样的话,明明是叫曹丕为天子。"司马炎说:"孤的父王比曹操如何呢?"贾充说:"曹操虽然功盖华夏,百姓畏其威而不怀其德。其子曹丕继父业,以力服人,不是心服。今我宣王、景王屡建大功,布恩施德,天下万民归心已久。文王吞并西蜀,功盖天下,曹操怎能比得上?"贾充说完,司马炎大喜说:"曹丕尚能继汉统,孤何妨不能继魏统呢?"

次日，司马炎带剑入宫，魏主曹奂忙下御榻相迎。让座完，司马炎问说："魏得天下，谁的力量？"曹奂说："是晋王父祖的力量。"司马炎笑说："我看陛下文不能论道，武不能经邦，何不让给有才德的？"曹奂闻听，吃一大惊，口不能讲话。一旁有黄门侍郎张节大喝说："晋王的话说得不对。早年魏祖武皇帝，东荡西除，南征北讨，不容易得此天下。今天子有德无罪，何故让位给他人？"司马炎大怒说："这个社稷是大汉的社稷。当年曹操挟天子以令诸侯，自为魏王，篡夺汉室。我祖父三世辅魏，得了天下，此事四海皆知。我今日难道不能继魏的天下吗？"张节怒目又说："如继魏的天下，那是篡国之贼。"司马炎大怒说："我给汉家报仇，有何不可？"喝令随身武士把张节乱棍打死。司马炎起身愤愤而出。曹奂泣泪对贾充、裴秀说："事已至此，如何办呢？"贾充闻言，奏明自己的想法。

　　常言说不知进退非君子，又道是人顺时行才算乖。

　　天下事守经不如从权好，须知道逆地违天做不来。

　　若不是见机而作思退步，但恐怕祸到临头躲不开。

　　陛下你事急就该拿主意，万不可火燎眉毛再想辙。

　　总不如仿效当年汉献帝，传诏旨让位速筑受禅台。

　　司马氏三世辅国功劳大，就叫他继承魏统理应该。

　　论形势人心天意该如此，望陛下斟酌思量仔细裁。

曹奂无奈，只得服从，即令贾充筑受禅台。十二月甲子日，曹奂亲捧传国玺，立于台上，大会文武，请晋王司马炎登坛受玺。曹奂下台，立于文臣班首。司马炎端坐于台上。贾充、裴秀列于左右，执剑令曹奂再拜，跪伏台下听命。贾充说："自汉建安二十五年，魏受汉禅，已经四十五年。今魏永终，天命在晋，而司马氏功德隆盛，极天际地，可即皇帝正位，以继魏统。封曹奂为陈留王，去往金墉城居住，即时起程，非宣召不许入朝。"曹奂泣拜而去。太傅司马孚哭拜在曹奂面前说："我身为魏臣，终身不背魏。"司马炎见司马孚如此，遂封他为安平王，司马孚不受而去。文武百官再拜于台下，齐呼万岁。自此国号大晋，改元泰始，大赦天下。魏国灭亡。

　　看起来人生何必苦相争，谁都是回头转眼一场空。

　　汉高祖斩蛇起义图王业，弄得来楚汉争斗战血红。

　　到后来项王自刎乌江岸，才打下一统江山四百秋。

　　实不幸二百年后王莽篡，汉光武南阳访将又中兴。

　　后有位软弱无能汉献帝，各地里盗贼蜂起不安宁。

　　又出了桃园结义三兄弟，齐心要恢复汉室立大功。

　　曹孟德独霸中原欺天子，孙仲谋虎踞龙盘占江东。

刘皇叔仅得西川尺寸土，大不幸辞世归天白帝城。

小阿斗断送祖先旧基业，司马炎谋朝篡位自称雄。

瞬息间万里江山更换主，好叫人感慨兴废痛伤情。

话说晋帝司马炎灭了魏，每日设朝，计议讨伐东吴的事。欲知东吴命运，且看下回分解。

第一百四十回 | 羊祜荐杜预伐吴 孙皓降三分归晋

话说吴主孙休闻听司马炎灭蜀篡魏，受惊染病而死。群臣立孙皓为君。孙皓字元宗，是孙权的孙子，孙和的儿子。当年七月，孙皓即皇帝位，改元元兴。追封其父孙和为文皇帝，封其母何氏为太后，老将军丁奉为大司马。孙皓为君甚是凶暴，酷溺酒色，群臣有谏诤的立斩，还灭其三族。因此，东吴的贤臣多数隐归故里。

孙皓令镇东将军陆抗领兵屯于江口，以图襄阳。早有细作报入洛阳。晋主司马炎闻听此报，便同群臣商议。贾充站出，上奏一本。

我听说吴主孙皓多暴虐，一味地荒淫酗酒尽追欢。

有许多贤臣辞官归故里，只因他忠言逆耳信谗言。

现如今机会可乘堪进取，却不要错过时光后悔难。

请陛下即刻传旨宣羊祜，整军马防备东吴来犯边。

单等着国乱丛生内变起，那时节乘势兴兵下江南。

贾充说完，晋主司马炎大喜，即下诏旨送到襄阳，宣谕羊祜。时下羊祜镇守襄阳，甚得军民之心，常披轻裘，系宽带，不穿盔甲，帐前侍卫不过数十人。一日，部将入帐告说："东吴陆抗军法不严，士卒都很懈怠，可乘他不备而袭击，必获全胜。"羊祜说："此人是陆逊的后代，家传兵法，足智多谋。今日他为大将，不可轻看。我们只能自守，待其内变，方可图他。若不审时度势，而轻举妄动，是取败之道。"众将皆服其说。

一日，羊祜引诸将打猎，正值陆抗也同众将打猎。羊祜下令不许过吴国交界，众将得令，都在晋国地方打猎，不犯吴境。陆抗望见感叹说："羊将军之兵有纪律，不可犯他。"傍晚各自回去。羊祜回到军中，查问所猎的禽兽，被吴人先射伤的，尽皆送还。吴人皆欢喜，把羊祜送的猎物送到陆抗军中。陆抗把晋国送猎物的军士唤入，问他："你们主帅能饮酒吗？"军士回答说："有好酒才能饮。"陆抗微微而笑。

> 常言说来而不往非礼也，须知道不识高低是小人。
> 虽然是东吴北魏争天下，也不可各起猜嫌疑忌心。
> 我自有亲酿美酒藏多年，如今想赠给将军好睦邻。
> 回营去多多拜上羊元帅，就说道陆某蒙情感激深。
> 一边说亲手写成书一纸，同美酒交与来人起了身。

话说陆抗连书带酒交给来人带回。左右问："将军送酒是何主意呢？"陆抗说："他既有情于我，岂可不报？"众将愕然而退。不想此事竟被吴主孙皓得知，孙皓大怒，怕陆抗与魏国私通，而罢了陆抗兵权，调回吴国。令左将军孙冀代领其职。群臣皆不敢谏。

吴主孙皓任意胡为，自改年号，为凤凰元年。内外皆有怨声。丞相万彧、将军留平、大司农楼玄三人见孙皓无道，直言苦谏，皆被孙皓所杀。前后十余年，杀忠臣四十多人。孙皓出入常铁甲五万，群臣恐怖，也无可奈何。

此时，羊祜得知孙皓失德，见吴国有可乘之机，写表上奏晋主，请旨伐吴。司马炎看完表文，心中大喜，便令兴师。贾充、荀勖、冯沈三人力言不可行，司马炎听其言没出兵。羊祜闻晋主不允许兴兵，唉声叹气说："天下事不如意者十有八九，今天能伐吴而不伐，岂不可惜？"到咸宁四年，羊祜入朝上表，辞归乡里养病。司马炎说："卿今归故里，有什么安邦之策，以教寡人。"羊祜闻听，失声而叹。

> 想当初吴主孙皓疑陆抗，即刻把兵权解卸回江东。
> 那时节臣在襄阳曾上本，实指望吾皇下诏即兴兵。
> 也不知陛下因何不准奏，空叫人错过东吴隙可乘。
> 但恐怕一朝昏主身辞世，又能有贤君更立再中兴。
> 这是臣保国一场心腹话，望陛下圣意尊裁斟酌行。

羊祜奏完，司马炎大悟说："卿即领大兵征伐东吴如何？"羊祜说："臣年老多病，不堪当此大任。陛下另选智勇双全的人，担当如此大任吧。"遂辞朝告职而归。

这年十一月，羊祜病危，司马炎起驾亲往其府问安。羊祜一见司马炎，双目落泪说："臣万死也不能报陛下的大恩。"司马炎也泣说："朕深悔不能用卿伐吴的计策，误了国家大事。今日谁还能继卿的志愿，去讨伐东吴呢？"羊祜含泪说："臣快要死的人了，不敢不尽忠。遍观群臣当中，能担当伐吴大任的，有一人可行。"司马炎急问何人，羊祜喘息一回说："右将军杜预，可担当此任。"司马炎说："举善荐贤是好事。朕知道卿一生中所荐的人不少，但都把奏稿烧了，不让所荐的人知道，这是为什么呢？"羊祜说："拜官公朝，谢恩私门，为臣不取。"说完而亡。司马炎大哭回宫，敕赠羊祜为钜平侯。南州百姓听说羊祜死，罢市大哭。江南守边将士也皆哭泣。襄阳人为纪念羊祜，在砚山建庙立碑，来往的人见庙和碑文无不流涕，故名为"坠泪碑"。

晋主司马炎采纳羊祜的意见，拜杜预为征南大将军，总督荆襄诸路军马。杜预为人老成练达，好学不倦，最喜读左丘明所作《春秋传》，坐卧不离，每次出入必使人持《左传》于马前，人们称他为"左传癖"。时奉晋主命令，在襄阳抚民养兵准备伐吴。此时，司马炎虽有伐吴的心，但因群臣意见不一，犹豫不决。一日，司马炎在后宫和秘书丞张华下围棋，忽近侍奏说："襄阳镇南大将军有表到来。"晋主司马炎接过观看，上面写的什么言语呢？

> 上写着镇南将军臣杜预，自襄阳写本奏明圣主前。
> 现如今东吴孙皓施暴虐，溺酒色冷落全朝文武官。
> 又加上丁奉年老身辞世，气得那休官陆抗赴黄泉。
> 眼前里抽去两条擎天柱，这孙皓锦绣山河塌半边。
> 想当初挂印取蜀钟士季，预先里各处兴工造成船。
> 到如今日久年深多腐朽，最可惜花费钱粮万万千。
> 伐东吴当前即有可乘隙，为什么甘心错过好几番？
> 但恐怕孙氏再出中兴主，那时节再想伐吴是枉然。
> 司马炎观完镇南将军表，你看他又把张华问一番。

晋主看完表文，即向秘书丞张华问道："杜预上表伐吴，和羊都督意见一致，卿以为吴可伐否？"张华突然而起，推乱围棋，向前奏说："陛下圣武，国富民强；吴主淫虐，民忧国危。今若讨伐，可以获胜。愿陛下决断勿疑。"晋主说："卿所说利害分明，朕还有什么可疑的。"即日下诏，命镇南将军杜预为大都督，引兵十万出江陵；镇东大将军琅琊王司马伷出涂中；安东大将军王浑出横江；建威将军王戎出武昌；平南将军胡奋出夏口；各引大兵五万，皆听杜预调用。又派龙骧将军王濬、广武将军唐彬，浮江东下，领水陆兵二十余万，战船数万艘。又令冠军将军杨济出兵屯襄阳，节制诸路人马。

早有细作报入东吴。吴主孙皓大惊，急召丞相张悌、司徒何植、司空滕循，计议退兵策略。张悌奏说："可令车骑将军伍延为都督，进兵江陵，迎战杜预；骠骑将军孙歆拒夏口等处军马。臣为军师，领左将军沈莹、右将军诸葛靓，引兵十万，出兵牛渚，接应诸路军马。"孙皓从其言，令张悌引兵去了。孙皓回到后宫，有个幸臣中常侍岑昏，见孙皓面带忧色，惊问缘故。孙皓长吁短叹，蹙眉告说："爱卿，晋兵大至，江山眼看不稳了。"

> 孙皓说闻听长探前来报，吓得我心口发慌跳如梭。

只因为中原杜预法度好，他如今吞吴挂印把城得。

虽有那张悌领兵去阻挡，但恐怕寡不敌众枉张罗。

西蜀兵顺流而下多锋锐，不屑说争先奋勇动兵戈。

最可怜已灭刘禅汉后主，还有那九伐中原姜伯约。

他也曾发书前来把兵借，悔煞人不去相帮旁观瞧。

但恐怕西川既失东吴丧，大兵到掀翻孙氏安乐巢。

好一个临渴掘井吴国主，说得那岑昏张口笑哈哈。

孙皓说完，岑昏大笑不止。孙皓说："卿家为何发笑？"岑昏："臣笑陛下胆气小。臣虽不才，有条妙计，能令中原数万船只，都可粉碎。"孙皓大喜说："卿有何妙计？快快奏来。"岑昏说："江南铁很多，可打连环索数百条，每条长数百丈，重数十斤，沿江紧要处横截住。再造铁锥数万根，每根长二三丈，插在水中，锥头朝上。若晋船乘风而来，遇锥必破，遇索截住，还能渡江吗？"孙皓闻听大喜，即刻传令打造铁索、铁锥。安排停当，等候中原战船到来。

此时，晋国大都督杜预兵出江陵，令部将周旨引水手八百人，乘夜坐小船暗渡长江，夜袭乐乡，多立旌旗于山林之处，白天放炮擂鼓，夜间各处举火，以惊吴军。周旨领命，引众渡江，伏于巴山，依计而行。次日，杜预带领大军水陆并进。前哨报说："吴主遣伍延出旱路，陆景出水路，孙歆为先锋，兵分三路前来。"杜预引兵前进，孙歆船已到。两军初交战，杜预便退，孙歆催兵上岸追来。

杜将军一见吴兵就退回，孙先锋传令催军上岸追。

不多时顺路赶了十余里，猛听得惊天炮响似春雷。

刷的声两路伏兵一齐起，从后边截断路途无处回。

东吴军急忙转身往后退，那一边来了杜预将英魁。

带领着数万雄兵齐动手，一个个疆场举刀肯饶谁？

恶狠狠乱杀乱砍好一阵，眼看着血流满地尸成堆。

杜预这一场战，杀死吴兵不计其数。孙歆大败，逃到乐乡城边。此时，周旨的八百军杂在吴军之内，就城上各处放火。孙歆大惊说："中原的兵莫不是从大汇上飞过来的？"急领军士出城而走，方到城门下，被周旨大喝一声，斩于马下。此时，陆景在船上，远远望见江东岸上，一片火光冲天而起，急忙把船奔东岸，只见巴山顶上，风飘一面黄旗，上写着："晋镇南大将军杜预"。陆景一见大惊失色，急忙向东逃命，被晋将张尚截住，一刀斩了。此时，伍延在江陵见孙歆败，弃城逃走，被伏兵捉住，绑了来见杜预。杜预说："此人留他无用。"命武士推出斩了。遂得了江陵。

杜预自江陵直抵黄州，一路大小城池望风而降。杜预俱各安抚，秋毫无犯。

第一百四十回　羊祜荐杜预伐吴　孙皓降三分归晋

遂进兵攻取武昌，武昌守将也降了。杜预遂大会诸将，共议取建业之策。胡奋说："江东乃久霸之地，不可立破。何况眼下春水泛涨，难以久存，可待来春，再求进取方妥。"杜预说："不可。"

大都督微微而笑把头摇，就说道将军之见不为高。

咱如今挺进江陵一场战，直杀得东吴兵将大奔逃。

最可喜直抵黄州无阻挡，一路上望风而降不用招。

眼看着江东大厦将倾倒，要等那树根深了难动摇。

好一似囊中伸手去取物，论时势应如破竹执钢刀。

万不可半途而废失机会，弄一个自甘暴弃枉徒劳。

杜将军定要提兵攻建业，上流头数万战船水上漂。

杜预话还未说完，忽长探来报说："龙骧将军王濬率水军顺流而下。"杜预大喜，传令众将一齐进兵，这且不提。

再说王濬带领战船而来。前哨报说："东吴造成铁索，沿江横截；又以铁锥密密竖在水中，准备伤损战船。"王濬闻听哈哈大笑，遂令一些士卒入山伐木，造成许多大木筏，上面缚草为人，披甲执仗，立于木筏周围，顺流而下。吴兵见了，以为活人，望风先走。不想水中铁锥都插入木筏之中，顺水带走。又在木筏上用大竹绳做成火炬，长十余丈，粗十余围，内装麻油。凡遇铁索，就将火炬点燃烧铁索，不多时铁索烧断。因此，两路军马一拥过了江。所到之地，并无阻挡。

此时，丞相张悌令左将军沈莹、右将军诸葛靓领兵来迎晋军。得知晋军两路杀来，诸葛靓对张悌说："今晋兵用木筏带去铁锥，竹绳烧断铁索，顺流而下，势不可挡。东吴危矣，何不逃去？"张悌闻听痛哭流涕，要殉国难，不肯偷生。诸葛靓只好涕泣而去。

晋兵来到，张悌和沈莹挥军抵敌，被晋兵困在垓心。张悌死于乱军中，沈莹也被晋兵所杀，吴兵四散奔逃。晋兵得了牛渚等处城池，随即深入吴境。

王濬使人过江，赴洛阳报捷音。晋主司马炎大喜。贾充奏说："我军久劳于外，不服水土，恐生疾病，不如召回军马，再图后计。"张华说："不可，不可。今大兵已入吴境，吴人吓得胆落，不消一月，孙皓必被擒。若轻易召回，则前功尽弃，实在可惜。"晋主还没来得及回答，贾充说："你不知天时地利，怎敢谈论军机？你这是自邀功劳，困乏士卒，真该斩首。"司马炎说："此是朕意，张华与朕意见相同，何必争辩？"话还未完，忽报杜预有表到来，晋主展开观看，表中也说宜速进兵。晋王即刻下诏，速速进兵。

杜预接了诏命，兵分水旱两路而进，声势浩大，所到之地望风而降。孙皓闻听晋兵深入吴境，大惊失色。群臣说："晋兵已到，江东军民不战而降，这可怎么办呢?"孙皓说:"众将为何都不战而降呢?"群臣长叹说:"今日之祸,都是岑昏惹的,请陛下杀了他。臣等情愿出城决一死战。"孙皓说:"岑昏不过是一名宦官,他怎能误国呢?"群臣大叫说:"陛下不见西蜀黄皓吗?"遂不等吴主的命令,一齐拥入宫中,把岑昏碎割万段。左将军陶濬领三万兵,乘大船往上流头迎敌;前将军张象领二万兵,也乘大船自下流头阻挡。二人提兵正行,不想正值西北风大起,冲得七零八散,只剩张象及手下几十人。

张象无奈也请降。王濬说:"若是真降,便为前部立功。"于是,张象乘船直到石头城下,叫开城门,接入晋军。孙皓闻晋兵入城,便要自刎。中书令胡冲奏说:"陛下为何不效安乐公刘禅呢?"孙皓只好听从众臣劝说,也抬棺材自绑,率群臣到王濬军中投降。王濬亲释其缚,焚其棺木,以王礼相待。

东吴四州八十三郡,三百一十三县,户口五十二万三千,军吏三万二千,兵二十三万,男女老幼二百三十万,米谷二百八十万斛,舟船五千余艘,后宫五千余人,皆归大晋。大事已定,王濬出榜安民,封了府库。次日,琅琊王司马伷并王戎大兵到,见王濬成了大功,心中甚喜。又次日,杜预也到,大犒三军,开仓赈济吴民。吴民安然如故。王濬上表报捷。

晋主司马炎得知东吴已灭,大会文武,设宴相贺。司马炎执杯流涕。

> 洛阳城闻听东吴已被平,　众文武庆贺齐将万岁呼。
> 司马炎手擎酒杯心酸痛,　你看他满面流涕泪扑簌。
> 想当初荆襄羊祜施妙计,　生弄得江东陆抗解兵符。
> 他也曾屡奏洛阳频上本,　就说到吴隙可乘要急图。
> 那时节寡人不听他的本,　是因为文武群臣屡劝阻。
> 羊将军辞朝告职归田里,　皆因为机关错过失吞吴。
> 朕后来御驾亲临去探病,　荐杜预谆谆切切亲口嘱。
> 现如今吴国江山归大晋,　但可惜羊老将军目未睹。
> 司马炎大功告成思羊祜,　众文武闻言心悦而诚服。

司马炎因羊祜病危时举荐杜预伐吴,果然成功,故以大功归羊祜,挥泪大哭。到此,群臣才知道杜预是羊祜所荐。

杜预班师,带吴主孙皓回到洛阳面君。孙皓登殿来见晋帝,晋帝赐座,笑说:"朕设此座等候卿很久了。"孙皓答说:"臣在南方,也设此座以待陛下。"晋帝闻听哈哈大笑。贾充在旁向孙皓说:"闻君在南方,挖人眼睛,剥人面皮,这是什么刑罚?"孙皓故意骂贾充说:"人臣弑君及奸狡不忠,都用这种刑。"贾充被孙皓用这话打着旧疮疤了,只羞得面红无语。晋帝封孙皓为归命侯,封其子为中郎相,随来投降的宰辅皆封列侯。丞相张悌事吴尽忠,为国阵亡,封其子仍在晋朝做官。

封王濬为镇国大将军、杜预为辅国大将军，其余大小官员，各有封赏。

自此三国山川皆归于晋司马炎。正所谓"天下大势，合久必分，分久必合"。后来蜀主刘禅亡于晋泰始七年，魏主曹奂亡于太安元年，吴主孙皓亡于太康五年，皆善终。

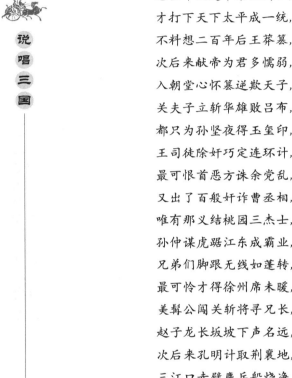
说唱三国

人生在世应求但莫强求， 从来是前人田地后人有。
想当年灭楚平秦汉高祖， 将项羽逼在乌江自刎头。
才打下天下太平成一统， 实指望子孙富贵永千秋。
不料想二百年后王莽篡， 幸亏了光武中兴大报仇。
次后来献帝为君多懦弱， 董卓贼大兵起于西凉州。
入朝堂心怀篡逆欺天子， 曹孟德虎牢关下会诸侯。
关夫子立斩华雄败吕布， 反弄得洛阳宫殿做土丘。
都只为孙坚夜得玉玺印， 最可怜虎头蛇尾把兵收。
王司徒除奸巧定连环计， 貂蝉女谌称闺阁女班头。
最可恨首恶方诛余党乱， 老王允身殉国难跳城楼。
又出了百般奸诈曹丞相， 不几年群雄尽做梦悠悠。
唯有那义结桃园三杰士， 要保全汉家天子复兴刘。
孙仲谋虎踞江东成霸业， 刘皇叔东西南北任漂泊。
兄弟们脚跟无线如蓬转， 老刘表三让荆襄他不收。
最可怜才得徐州席未暖， 又弄得全家失散使人愁。
美髯公闻关斩将寻兄长， 辞曹操封金挂印表千秋。
赵子龙长坂坡下声名远， 张翼德当阳桥上勇无俦。
次后来孔明计取荆襄地， 因此才三国争雄战不休。
三江口赤壁鏖兵船烧净， 华容道关公仗义释曹囚。
诸葛亮三计气死周公瑾， 赴江东舌战群儒个个羞。
送画图张松来把西川卖， 成都府刘璋软弱把降投。
刘玄德开基坐殿来称帝， 最可怜关公战死失荆州。
白帝城昭烈托孤龙入海， 亲自把刘禅交与武乡侯。
诸葛亮祁山六出肠空断， 姜伯约八伐中原血尽呕。
小阿斗软弱不能承父业， 他竟然敌檐之下愿低头。
曾几时西蜀丧邦东吴灭， 司马炎篡魏夺权报汉仇。
到头来三分天下全归晋， 蜀魏吴龙争虎斗到此休！